Dictionary of Disaster Terminology

防災事典

監修
日本自然災害学会

編集委員長 幹事長
土岐憲三 河田惠昭

刊行にあたって

　1995年の阪神・淡路大震災を契機として，減災の研究は自然科学と社会科学を融合した視点から積極的に進められてきました。阪神・淡路大震災では，「震災は自然科学的現象であるとともに，社会科学的現象である」ということが，大きな意味をもったのです。つまり，災害の防災，減災のためには，災害のもつ諸要素を理解し「災害を知る」「災害に対して弱いところを知る」，そして，「災害対策を練る」ことが，重要なのです。そのために，これらを網羅する横断的な用語事典の刊行が強く望まれてきました。

　また，近年，わが国のみならず，世界的に大規模な災害が頻発しています。中国や，バングラデシュの大洪水，中南米のハリケーン，中央アジア・南アジアの干ばつ，インドや東南アジアの洪水，エルサルバドルやインドでの地震によって多くの人命や財産が失われ，年を追って被害が増加の一途をたどっています。自然外力の異常さのほかに，都市化に代表される社会環境が激変したことにもおおいに関係しているのです。災害による被害には年々人為的な要因が大きく影響してきているといえます。2001年9月11日に発生したアメリカ同時多発テロ事件は，その後の対応について，大災害時のそれと類似のものでした。よって，本事典でも災害と社会の問題について，たとえば，災害と情報，危機管理，被害想定，復旧・復興などについて，より詳説しました。

　1988年には前版にあたる『自然災害科学事典』が刊行されておりました。しかし，刊行から10年余を経過して，この間の災害の変貌とそれに関する研究成果，その後に発生した阪神・淡路大震災などの災害に関しての新しい知見を加え，さらに災害に対する考え方の推移を踏まえて，21世紀の災害問題にも十分対応できる新たな用語事典を刊行すべく，ここに，多数の防災研究者，行政関係者，ライフライン企業の実務家などの積極的な賛同と共同を得て，5年の歳月をかけて『防災事典』を編纂しました。

　防災の実務を行う上で標準的かつ適切な情報を提供できる唯一の事典として，全国の防災に携わる方々はもとより，一般市民にとっても防災知識を深め，災害に備えるために，本事典がお役に立てば幸いです。最後に，本事典の出版にあたってご協力いただいた関係者各位に対し，深く感謝いたします。

　2002年　6月

　　　　　　　　　　　　　　　　　　　　　　　　　　　「防災事典」編集委員長　土岐憲三

監修・編集委員一覧

監修

日本自然災害学会

編集委員一覧

編集委員長

立命館大学理工学部土木工学科教授　土岐憲三
京都大学名誉教授

幹事長

京都大学防災研究所　河田惠昭

編集主査

[海外の災害]	渡辺正幸 国際協力事業団	[災害復旧]	中林一樹 東京都立大学大学院都市科学研究科
[海岸災害]	高山知司 京都大学防災研究所	[地震災害]	佐藤忠信 京都大学防災研究所
[火災・爆発災害]	田中哮義 京都大学防災研究所	[地盤災害]	嘉門雅史 京都大学地球環境学大学院
[火山災害]	石原和弘 京都大学防災研究所	[雪氷災害]	小林俊一 新潟大学積雪地域災害研究センター
[河川災害]	椎葉充晴 京都大学大学院工学研究科	[都市災害]	岡田憲夫 京都大学防災研究所
	宇多高明 国土交通省国土技術政策総合研究所	[被害想定]	熊谷良雄 筑波大学社会工学系
[気象災害]	石川裕彦 京都大学防災研究所		宮野道雄 大阪市立大学大学院生活科学研究科
	谷池義人 大阪市立大学大学院工学研究科	[防災行政]	野田順康 内閣府参事官　現・国連ハビタット
[災害情報]	林　春男 京都大学防災研究所		井野盛夫 富士常葉大学環境防災学部
			齋藤富雄 兵庫県副知事

凡例

本事典は，項目名，読みがな，英語表記，分野名，解説からなる．

［項目の配列］
 1　読みがなの50音順に配列した．
 2　長音記号，促音および拗音は音順にかぞえた．
 3　清音，濁音，半濁音の順とした．
 4　英語表記は一般に慣用されている読み方に従った．
 5　項目の解説が，特定の用法に限定される場合は，【　】内にその用法範囲を示した．
 　　例) 振動【強風による】

［外国語］
 1　項目に対応する英語表記を収録した．
 2　同一項目に対して二つ以上の英語表記がある場合は，／で区切って並記した．
 3　一部単語の言い換えができるもの，略語は(　)内に示した．

［解説］
 1　同義語は，▶ で示した．
 2　関連項目に解説をゆずった場合，それらの項目を → で示した．
 　　また，項目の理解を深めるため，参考項目を解説の末尾に → で示した．
 3　解説文中の ▸ 印は，その後の用語が本事典内に項目としての解説があることを示す．ただし，その様な用語のすべてに，印があるわけではなく，必要と思われるものに限り，項目のさらなる理解の一助とした．
 4　解説の末尾には，執筆者名を記した．
 5　項目の複数の定義がある場合，〔1〕〔2〕と並記した．
 6　項目に，分野によって異なる解説がなされる場合，分野名の後にそれぞれの解説を並記した．

［学術用語］
 　　学術用語は主として，各専門分野で用いられる『学術用語集』『自然災害科学辞典』によったが，最終的には本事典独自の判断に基づいて表記した．

［英語索引］
 1　項目名の後に示した英語を収録した．
 2　配列はアルファベット順とした．
 3　数字は配列とは無関係とした．

［分野別項目リスト］
 1　項目の分野ごとに，項目名を50音順に配列した．
 2　共通項目は，全分野のリストに加えた．

［分野記号］

記号	分野	記号	分野
海外	海外の災害	地震	地震災害
海岸	海岸災害	地盤	地盤災害
火災・爆発	火災・爆発災害	雪氷	雪氷災害
火山	火山災害	都市	都市災害
河川	河川災害	被害想定	被害想定
気象	気象災害	行政	防災行政
情報	災害情報	共通	共通項目（全分野に共通する項目）
復旧	災害復旧		

ア行

ア

アーマーレビー armor levee [河川] 通常の形を大きく変更することなく，仮に洪水による越流が生じても直ちに破堤しないようにコンクリートブロック張りなどで表面を強化した堤防で，耐越水堤防とも呼ばれる。耐越水のための保護工は，一般に越流水による侵食から天端・裏法を直接保護する天端・裏法保護工，裏法尻から先の堤内地の洗掘が堤体に波及するのを防ぐ法尻保護工からなる。また，堤防が越水する状況では浸透破壊の可能性も高まるため，浸透外力に対する抵抗力の増大を併せ持つ構造も検討されている。　　　　　　　　　　　　　　　◎角 哲也

アーマリング armoring [河川] 混合砂礫河床では，粒径毎の砂礫の流送特性が異なるため，分級現象が生じる。その結果，ダム下流のように河床低下が生じる個所では，河床表層の下には細かな成分が多く含まれているのに，表層は粒径の大きな砂礫のみによって覆われることになる。このような現象をアーマリングといい，アーマリングによって形成された河床表層をアーマ・コートと呼ぶ。
　　　　　　　　　　　　　　　　　◎藤田正治

アア溶岩 [アアようがん] aa lava [火山] 溶岩流の形態の一種で，やや高粘性の▶玄武岩質の溶岩流または安山岩質の溶岩流に見られる。語源はポリネシア語に由来。溶岩の粗い表面には小さいとげが密集して凹凸に富み，コークス状の岩塊(クリンカー)が覆う。溶岩流の平均の厚さは数～10数 m。アア溶岩と対照的に，流動性のよい溶岩流は▶パホエホエ溶岩と呼ばれる。アア溶岩の流下速度はパホエホエ溶岩よりも遅く，時速数 km 以下である。しばしばパホエホエ溶岩が流れ下ると先端付近でアア溶岩になるが，逆の例はない。　　　　　　　　　　◎鎌田浩毅

RC 造の被害 [アールシーぞうのひがい] damage to reinforced concrete buildings [被害想定] [地震] ▶鉄筋コンクリート造の被害

Is 指標 [アイエスしひょう] Is index [被害想定] 耐震診断手法で定義される建物の耐震性能を表現するためのひとつの指標で，水平力に対して建物が保有する強度を表す指標(C 指標)とねばり強さを表す指標(F 指標)の積で定義される保有性能基本指標(Eo 指標)に，建物の構造計画上の非整形性や経年劣化に応じた低減係数(それぞれ S_D 指標，T 指標)を乗じた数値として定義される($Is = Eo \times S_D \times T$)。1995年兵庫県南部地震以降，既存不適格建物の耐震診断および耐震改修が全国的規模で展開されるようになり，これらの耐震性能の検討や耐震改修計画後の性能評価において広く用いられるようになってきている。　◎中埜良昭

ICS [アイシーエス] Incident Command System [情報] 個々の災害状況は，災害の種類，規模，動員される人など，どれをとっても千差万別である。しかし，どのような災害対応においても，次の5つの機能が必要であることは共通している。この点に着目して効果的な災害対応の調整を行うシステムが ICS である。すなわち，①方針決定と全体的な調整を行う「指令官(Incident Commander)」が一人存在すること，②情報収集・評価・広報を行う「情報」処理がなされること，③実際の災害対応に当たる「実行」部隊が存在していること，④災害対応に必要となるサービス，物資，機材，人員を「調達」できること，⑤資金を管理し，購入や支払いのための伝票を処理する「財務」の仕事である。ICS は，1970年代のカリフォルニア州での山火事における現場対応の調整から発展したシステムである。現在カリフォルニア州では，災害対応に当たる全ての組織が，行政だけでなく企業や地域の自主防災組織も含めて，ICS の5機能を満たす組織作りをすることを法律で義務付け，効果的な災害対応を行う SEMS(Standardized Emergency Management System)を構築している。
　　　　　　　　　　　　　　　　　　◎林 春男

アイスオーガー ice auger [雪氷] 雪渓，氷床，海氷や湖氷に孔を空けるだけのものと雪氷コア試料を同時に採取するものの2種類がある。前者は，スパイラル形式で深さ1m までの孔空けに適し，主に海氷に使用されている。後者は，外側に帯状スパイラルを付けたコアバレルで1回の掘削で約80 cm のコア試料を採取できる形式のものである。このコアバレルに1m 単位の延長棒を繋ぎ合わせることによって手動で10 m 以上の孔空けと試料の採取ができる。　　　　　　　　　　　　　　　　　◎成田英器

アイスレーダ radio-echo sounder / ice radar [雪氷] 氷床・氷河の表面から電波を発射し，基盤からの反射波を検知し，往復の伝播時間から氷の厚さを測定する装置。電波氷厚計ともいう。南極やグリーンランドの氷床では，1960年代から10 MHz～1 GHz の各種アイスレーダが開発され，3000 m を超える氷厚が測定されている。航空機や雪上車搭載型，人力の携帯型など様々な機種があり，さらに使用周波数によりアンテナの大きさが異なる。また氷体内部の誘電率の異なる境界からも電波が反射されるので，近年は氷床・氷河内部の構造や不純物層の研究にも使われている。また数十 cm から数 m の厚さの積雪深を測定するレ

■アイソスタシーの代表的なモデル

Prattのモデル　　Airyのモデル

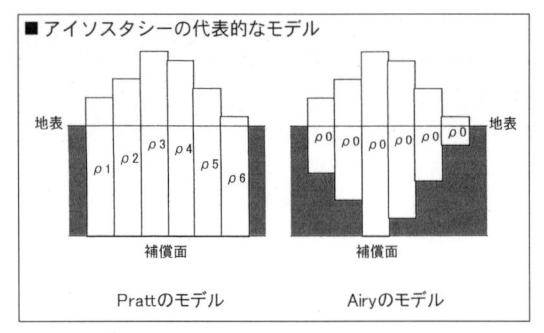

ーダや，積雪内の異物を探査するレーダも開発されている。
◎成瀬廉二

アイソスタシー isostasy ［地震］　地殻変動により隆起・沈降した地殻が，ある深さの仮想面より下にある地球内部の流動により静的な力学平衡に達した状態。流動部分と地殻を境する仮想面を補償面といい，この面で圧力が一定と考える。アイソスタシーにある地殻構造のモデルとして，高い山ほど小さい密度の地殻が補償面より上にあるPrattのモデル，一定密度の地殻が標高に比例した深さだけマントル内に突き出したAiryのモデルなどがある（図）。スカンジナビア半島やカナダで氷河消失後に観測されている地殻の隆起は，新たなアイソスタシーへ移行する過程と考えられている（isostatic rebound）。◎橋本 学

アイソパックマップ isopach map ［火山］　等層厚線図の意味で，地層やシルの厚さが同じ点を連結し，等しい層厚間隔で表現した図。一般にアイソパックマップは野外地質踏査・坑井データをもとに作成され，堆積物の水平変化を量的に知ることができる。アイソパックマップは，地質構造の調査，石油・石炭・地下水などの地下探査や地盤災害調査に活用される。また火山噴火による降下火砕物のアイソパックマップを用いて，噴出源の位置と噴出体積を求めることができる。◎鎌田浩毅

アイルランドのポテト飢饉 ［アイルランドのポテトききん］ Irish potato famine ［海外］　1845年から1848年の間に猛威をふるった飢饉の遠因は，1650年代のクロムウエルによるアイルランド占領にある。クロムウエルはカトリック農民を厳しく差別し，土地を取り上げて強制的に移住させた。穀物法による特権で不在地主はアイルランド産のコーンと肉を無競争でイングランドへ移出できたために，アイルランドには穀物や肉は残されず，農民は生存のために少ない農地で高い収量を上げる必要があり，ポテトの単作に依存せざるを得なかった。現金収入の機会も限られたため，寒さに耐えられない貧しい家屋構造や衛生状況に置かれた。加えて，アンデスから持ち込まれたポテトの遺伝資源は限られたもので，病気に対する抵抗を次第に失っていった。1845年の異常に温暖な気候がポテトの病気を発生させて収量を激減させて飢饉となった。さらに，1846～1847年の寒い冬が抵抗力を失った多くの人の死因となった。1500万人が死に1500万人が国外へ移住を余儀なくさ
れた。◎渡辺正幸

アウトリーチ outreach ［情報］［復旧］　要望や悩みが持ち込まれるのを待つのではなく，被災者や防災担当者を自ら訪れて対応にあたること。被災者復興支援会議の特徴の一つであるアウトリーチは，座して必要な情報を待つのではなく，会議のメンバーが自ら出かけていって，情報の収集や交換を行うことであった。ことに行政自体が被災から復旧中という事態では，急激な状況の変化に的確，柔軟，迅速に対応するためには，被災者の要望や悩みあるいは行政の悩みを，何らのフィルターも通さずに聞くことが不可欠であった。これによって，既存の枠に囚われない対応策の検討が可能になった。→被災者復興支援会議 ◎小西康生

青潮 ［あおしお］ anoxia / milky water / blue tide ［海岸］　夏季から初秋の成層期に底層の貧酸素水が表層に湧昇し，海洋生物や漁業に大きな被害をもたらす現象で，海水表面が白濁状の青色ないし青緑色を呈するので青潮と呼ばれる。富栄養化が進んだ閉鎖性水域で成層が形成されると上下層の→海水交換が弱まり，底層水が貧酸素化する。海水中の酸素がほぼなくなると硫酸塩還元細菌の働きで硫黄粒子を含む硫化物が生成されるようになる。こうした状況に達した内湾で湾奥から湾口に向かう強い離岸風が吹くと表層水が湾口方向に流出し，底層水が湾奥方向に向かう鉛直循環流が形成され，底層水の湧昇と海面の白濁化が生ずる。東京湾奥部，伊勢湾などでしばしば発生し，貝類の大量斃死事例が報告されている。→ネクトン ◎中野 晋

赤潮 ［あかしお］ red tide ［海岸］　微小生物が異常に増殖して海水が変色する現象を広く潮と呼ぶ。水域は赤く変色することが多いが，プランクトンの種類によって黄褐色や緑色を呈することもある。赤潮となるプランクトンには藍藻類，不等毛類，黄色鞭毛藻類，珪藻類，渦鞭毛藻類，殻鞭毛藻類，緑藻類などが挙げられる。特に渦鞭毛藻類の中には魚毒性の物質を出すものや粘性物質を出して魚のえらを詰まらせるものがあり，養殖イケス内の魚類をしばしば斃死させ，大きな漁業被害をもたらす。かなりの降雨の後に穏やかな日が続いた海で起こることが多く，栄養塩類の補給，塩分量の低下，日照および赤潮生物が集積するのを妨げない平穏な海況条件が発生条件として考えられている。→ネクトン ◎中野 晋

アクセス access ［海外］　地域社会のネットワークに組み込まれて加害力や災害に対する脆弱性に関する情報を得たり，災害の場合には家族以外の人々から支援が寄せられるという社会の機能や個人の権利をいう。防災技術の開発や移転よりも階層や経済力の格差，権力の有無などによって差別が行われてアクセスが不平等である社会状況を改善することが防災の本質だとの説がある。社会的発言力の小さい貧困層が加害力に対する脆弱性の大きい地域に住むことを余儀なくされ，その結果，より多く災害の犠牲になっているとの事実認識に基づいている。◎渡辺正幸

アコースティック・エミッション acoustic emission
[地盤] 材料が外力を受けて変形および破壊を生じる過程で，構造変化や亀裂の発生に伴って，音響エネルギーを放出する現象。略して AE と呼ぶ。使用面では非破壊検査と破壊予知の2分野がある。前者では，変形初期の AE を検出することで，弾性限界や変形集中箇所を特定する。後者では，AE の時刻歴変化などを用いて破壊の前兆把握や，AE 源の特定から破壊箇所を決定する。例えば，斜面崩壊，地盤陥没，トンネル内欠陥診断での調査がある。
◎田中泰雄

浅瀬 [あさせ] shoal [海岸] 通常，砂浜海岸の波打ち際近くの浅水域や，内湾の湾奥部や河口周辺の▶潮間帯でしばしば見られる砂泥質の底質からなる干潟のことをいう。潮位偏差の大きな地域の▶干潟や砂浜は，豊富な太陽光により，植物プランクトンなどによる基礎生産が盛んに行われる領域で，さらに潮汐変動に伴う栄養塩と餌の流入と酸素供給が繰り返し行われる。このような環境を持つ浅瀬は，アサリその他の底棲生物や魚類，甲殻類の生育に重要な役割を果たすと同時に，水質浄化機能を有する領域である。また，能登半島沖の大和堆に代表される浅海域も浅瀬と呼ばれ，漁場として重要な場である。
◎出口一郎

アジア防災政策会議 [アジアぼうさいせいさくかいぎ] Asian Natural Disaster Reduction Conference [行政] 1995年，兵庫県神戸市において，アジア地域を中心とする28ヵ国の防災政策担当大臣などが一堂に会し（1994年の横浜戦略における地域レベルの協力の第一歩），国際防災協力の推進に向けて，①国家間の効率的かつ効果的な相互協力を一層強化すること，②被災国の自助活動を基本として，緊急援助活動を迅速かつ円滑に行うため，最大限の努力を払うこと，③防災センター機能を有するシステムの創設について各国が具体的検討をすることなどを柱とする「神戸防災宣言」を採択した。
◎井野盛夫

暖かい雨 [あたたかいあめ] warm rain [河川][気象] 水の3相のうち，氷相が関与せずに地表に到達する雨のこと。低緯度帯で起こりやすい。低緯度の海洋性気団では海塩を凝結核にして，大きな粒径の降水粒子が生成される。液相の降水粒子は40μm 以下の小さい時には凝結過程による成長が支配的で，大きくなると衝突・併合過程による成長が支配的になる。衝突・併合過程は粒径が大きいほど成長効率が高く，大きな粒径の降水粒子は衝突・併合過程を繰り返すことによって雨滴に成長する。→冷たい雨
◎大石 哲

圧縮強さ [あっしゅくつよさ] compressive strength [地盤] 物体の破壊時の最大圧縮応力を圧縮強さという。一般にはコンクリートの強度は圧縮強さで表現される。しかし，土や岩では地盤中にあるため，土被り圧を受けており，その土被り圧によって強度が異なることから，一軸圧縮強さ，あるいは三軸圧縮強さを求めており，これらは圧縮強さの一種である。
◎西垣好彦

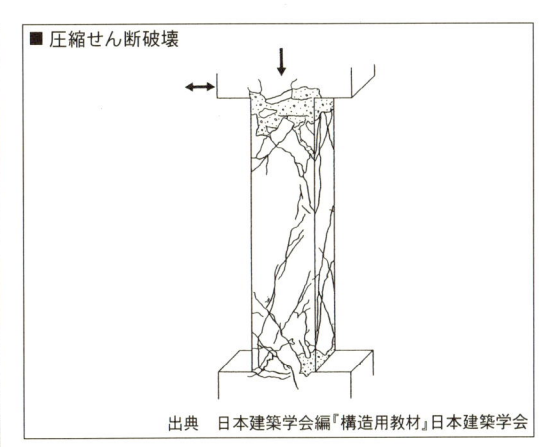

■圧縮せん断破壊

出典 日本建築学会編『構造用教材』日本建築学会

圧縮破壊 [あっしゅくはかい] compression failure [地震] 鉄筋コンクリート部材の破壊形式の一種であり，鉄筋量が多い場合には鉄筋の応力が弾性範囲にある間に圧縮側コンクリート合力が限界に近づき，圧縮合力を増すために中立軸が下がり，応力中心距離もやや減少する。最後には鉄筋が降伏しないままコンクリートが急激に破壊し，極めて脆い破壊モードを示す，作用圧縮力がコンクリートの圧縮耐力を超えた時に生じる破壊形式である。柱では曲げモーメントと軸力が作用して曲げ圧縮破壊をもたらし，建物の完全倒壊に至る危険性が強い（図）。→付着破壊，曲げ破壊，せん断破壊
◎藤原悌三

圧密沈下 [あつみつちんか] consolidation settlement [地盤] 間隙が水で飽和した土が，荷重を受けたため土骨格の体積圧縮が始まり，このため地盤がその境界から水を排出しつつ時間をかけて徐々に沈下する現象を，地盤の圧密沈下と呼ぶ。等体積せん断変形による地盤の局部的な沈下（即時沈下）とは区別される。土骨格の体積変化は間隙水の存在のため抵抗を受ける。このため載荷によって地盤内に過剰間隙水圧が発生する。間隙水の移動はダルシー則に従い，圧密沈下は地盤内のこの過剰間隙水圧分布の一様化過程で起こる。テルツアギーは彼の一次元圧密理論の中でこの一連の現象を最初に記述した。土は一般に体積圧縮によって強度を増加させるから，地盤改良の原理にもなり，サンドドレーン工法が有名である。
◎浅岡 顕

圧力差分布 [あつりょくさぶんぷ] distribution of pressure difference [火災・爆発] 流体の密度を ρ，高さの差を z，重力加速度を g として，流体中の高い位置の圧力は低い位置の圧力より $\rho g z$ だけ小さくなる。この関係を流体密度がそれぞれ ρ_i および ρ_j である2つの空間に適用すると，同一水平面においてそれぞれ $-\rho_i g z$ および $-\rho_j g z$ である。従って，両空間の基準高さにおける圧力差を $\Delta \rho$ とすると任意の高さ z での圧力差は $\Delta \rho - (\rho_i - \rho_j) g z$ であり，高さとともに変化する。高さと圧力差との関係を圧力差分布という。火災時の煙の流動，竪穴空間の▶煙突効果，自然排煙による煙排出などには，圧力差分布が重要な

関係を持っている。→中性帯
◎松下敬幸

圧力制御　[あつりょくせいぎょ]　pressure control　[火災・爆発]　火災時に保護すべき空間への煙の侵入防止を空間の圧力を制御することによって行う時は、汚染部位の圧力を相対的に低下させるか、保護すべき部位の圧力を相対的に高くすればよい。▶機械排煙は汚染部位の圧力を人為的に低下させ相対的に周囲空間圧力を高くする方法であり、▶加圧防煙は保護されるべき空間の圧力を人為的に最も高くして相対的に周囲空間圧力を低くする方法である。▶煙制御での圧力制御においては空気の流れを明確にすることが重要であり、吸引室での空気の入口あるいは加圧室からの空気の出口を考慮しておく必要がある。
◎松下敬幸

後浜　[あとはま]　backshore　[海岸]　平均干潮汀線より海岸線までを浜と呼ぶ。そのうち、砕波後の波が遡上する所までを▶前浜、前浜の陸側端から海岸線までを後浜という。後浜は、荒天時に波が潮位の上昇を伴って遡上する所である。波形勾配が比較的小さい波で海浜に砂礫が堆積する時は、前浜と後浜の境界付近に▶浜崖が形成されることが多い。
◎伊福 誠

肋筋　[あばらきん]　stirrup　[地震]　鉄筋コンクリート梁において長さ方向と直交または斜め方向に配される、せん断力に抵抗させるための補強鉄筋。ねじりに対する補強や、曲げ圧縮を受けるコンクリート部分の靱性改善、梁主筋の座屈防止、付着性能改善を目的とする場合もある。肋筋は一般に上下の梁主筋を内側に取り囲むように環状に加工されるが、外周だけでなく断面の上下辺の中間に位置する主筋を上下に結ぶ副肋筋と組み合わせて用いられることも多い。
◎藤井 栄

アボイドマップ　map for avoiding natural disaster　[復旧]　神奈川県では、1988年以降発行している自然災害回避地図を通称でアボイドマップと呼んでいる。内容からいえば、一種のハザードマップである。神奈川県によれば、「自然災害から県民の生命・財産を守るために、災害が発生する危険性が高い土地についての情報を的確に県民に伝え、県民と行政が協力して自然災害による危険性を回避した土地利用を促進し、安全な環境づくりを促進すること」をねらいとしている。すなわち、各種災害に対する情報を住民に提供し、住民自らも災害を受けないように居住地の選択や防災に努力してほしいとの政策から生まれた。図は縮尺1万分の1で作成され、過去の災害履歴と被害予測が盛り込まれている。→ハザードマップ
◎松田磐余

アマチュア無線　[アマチュアむせん]　citizens band　[情報]　アマチュア無線は、HF帯(1.9/3.5/3.8/7/10/14/18/21/24/28MHz帯)、VHF帯(50/144MHz帯)、UHF帯(430/1200/2400MHz帯)、SHF帯(5600MHz, 10.1GHz帯)など様々な周波数を利用して行われる趣味の範囲で通信。わが国には約85万局が総務省から免許を受けている。災害による有線系通信網の輻輳や断線が発生した中で、これまでの災害で災害時の通信確保に、アマチュア無線が威力を十分に発揮してきている。その実績から、社団法人日本アマチュア無線連盟(JARL)は総務省の非常通信協議会(中央非常通信協議会の他に各管区の総合通信局毎の地方非常通信協議会)にも構成機関として参加登録され、非常通信訓練にも参加している。しかし、災害時の活動はあくまでもボランティアとしての参加である。災害時の無線ボランティア活動人口としてJARLでは2000名以上が登録している。
◎篠原 昇,林 春男

雨水　[あまみず]　storm-water　[都市][河川]　「うすい」と読む。→雨水貯留，雨水利用

アメダス　AMeDAS　[気象]　気象庁が全国に展開している自動気象観測システム(アメダスとはAutomated Meteorological Data Acquisition Systemの頭文字から名付けたもの)で、全国に約1300カ所設置されている。このうち約840カ所が降水量、気温、風向・風速、日照時間の4つの要素を、約460カ所が降水量のみの観測を行っている。また、北日本や北陸地方などを中心に雪の多い地方の約250カ所には積雪の深さを計る積雪深計も設置されている。アメダスの観測結果は、毎時間東京にある地域気象観測センターに集信されて、各地の気象台などに配信される。アメダスは約17キロメートル四方に1カ所と観測密度が高く、測器の精度も優れていることから、局地的な気象の監視に重要な役割を果たしている。また、防災上欠かせない機能として、異常気象時には臨時報と呼ばれる10分毎の集配信が可能で、台風の上陸時の中心位置の決定や大雨時の強雨域の追跡などに利用される。
◎村中 明

あられ　graupel / soft hail　[雪氷][気象]　数mmから5mm前後の球形や紡錘形の白い塊として降る固体の降水粒子、あるいはそれが降る現象をいう。水分量の多い雲の中では、雪の結晶や凍結水滴が、落下中に過冷却状態の雲粒に次々と衝突する結果、それらが瞬間的に凍りついた数ミクロンから数十ミクロンの微細な氷粒の集合体ができる。これがあられである。氷の粒と粒の間に空気を含み、光の乱反射によって白く見えるものが一般的であるが、落下中に一部が融けて再凍結すると半透明状の氷あられになる。あらればかりでできた積雪層はその面がすべりやすく、雪崩のすべり面となる場合がある。
◎石坂雅昭

アルプス造山運動　[アルプスぞうざんうんどう]　Alpine orogeny　[地震]　ヨーロッパのアルプス山脈を形成した造山運動。アフリカ大陸とヨーロッパ大陸が衝突したために生じたと考えられている。これは、中生代から新生代にかけて起こり、同時代に起こった造山運動を包括して呼ぶこともある。この場合、ヨーロッパアルプスの他に、ヒマラヤ山脈、環太平洋造山帯の山脈が含まれる。◎千木良雅弘

アルプスヒマラヤ地震帯　[アルプスヒマラヤじしんたい]　Alps-Himalayas seismic zone　[地震]　ヒマラヤから、アフガニスタン、イラン、トルコ、ギリシャを経てヨーロ

ッパアルプスに至る地震帯。大局的にはユーラシアプレートとインド，アラビア，アフリカの各大陸プレート相互の衝突境界が連なったものといえる。 ◎片尾 浩

アンカー anchor [地震]　鉄骨構造物では，一般に鉄骨部材端部を鉄筋コンクリート製の下部構造に定着することを指し，特に柱を基礎に定着する場合には，柱脚と呼ぶ。代表的なアンカーの方法としては，鉄筋コンクリート製の下部構造にアンカーフレームなどにより定着されたアンカーボルトに，部材端に設けられたベースプレートをナット締めする露出形式の方法がある。この他にも，埋め込み形式，根巻き形式などのアンカー方法がある。アンカーの強度や変形能力が不十分な場合には早期に破断し，構造物の倒壊を招くことがある。 ◎大井謙一

アンカー工 [アンカーこう] anchor works [地盤]　引張り力を地盤に導入するためのシステムで，削孔した孔にグラウトの注入によって造成されたアンカー体，鋼材や連続繊維補強材による引張り部とアンカー頭部によって構成される。地すべり防止や斜面安定工における抑止工の一つとして用いる場合には，法枠工，擁壁工などと併用し，すべり面に対する垂直力を増大させる締めつけ効果とすべり土塊の滑動に対して引張り応力で抵抗する待ち受け効果を発揮させる。 ◎中村浩之

暗渠 [あんきょ] culvert / conduit [河川]　内水排除などのために河川，海岸，湖岸の堤防の一部に設けられた構造物のことを暗渠(カルバート)という。河川構造物に見られる暗渠は，樋門，樋管といわれ，明確な区別は明らかでないが，通水断面の大きいものを樋門，小さいものを樋管と呼んでいる。これらは堤防を横断して設けられるが，堤防の機能を持つと定義される。設置にあたっては，暗渠などにより堤防の一部が置き換えられ，堤防の弱点となる恐れがあることから，その設置個所数を少なくするとともに，できるだけ構造物の複雑化を避ける必要がある。また，その方向は堤防法線に直角とし，その断面は出水時の外水位と継続時間，堤内地の内水位，湛水量，湛水時間などを考慮して定める。 ◎増本隆夫

安山岩 [あんざんがん] andesite [火山]　斑状組織を示すことの多い暗灰色〜灰色系統の中性の火山岩。語源はアンデス山脈の斑状の火山岩に由来。斑晶としてごく普通に含まれる斜長石の他に，輝石・角閃石・鉄鉱・かんらん石などの苦鉄質鉱物をしばしば含む。大陸の造山帯や成熟した島弧において，→溶岩・火山砕屑岩としてごく一般的に産出する。全岩化学組成では53〜63重量％のSiO_2量の範囲の火山岩を指し，深成岩としては閃緑岩にほぼ対応する。 ◎鎌田浩毅

安心生活圏【神戸市】 [あんしんせいかつけん] safety-living spheres [復旧]　阪神・淡路大震災では地域レベルの防災活動の役割が再認識され，被災後の生活の安定を図るため，ライフラインが復旧するまでの間，地域毎の自立が求められた。また多くのボランティアが被災者の生活支援のために活動し，事業者は地域の一員として被災者の受け入れ，救援に貢献した。神戸市では，区が中心となって地域での救援活動を展開した。このことは地域の特性に応じた身近な圏域で行う防災活動の重要性を示している。そこで神戸市は復興計画において，迅速かつ適切な対応ができる環境づくりを進めるため，市民と協働し，それぞれの活動の圏域広がりに応じて安全都市づくりの大きな柱として「近隣生活圏」「生活文化圏」「区生活圏」を設定し「安心生活圏」と総称して，市民にとって身近で，自立性の高い安心な生活圏の整備を進めている。→防災生活圏，防災福祉コミュニティ ◎田中直人

安全係数 [あんぜんけいすう] safety coefficient [地震][地盤]　構造物の設計に用いられる材料や支持力の不確実性(バラツキ)を考慮し，構造物の安全性を確保するための係数で限界状態設計法において用いられる。鉄筋コンクリートの設計では材料係数，荷重係数，構造解析係数，部材係数および構造物係数がこれに該当し，それらの値は各要因の不確実性を考慮して定められる。許容応力度設計法では，安全率が用いられる。これも思想は同じであるが，鉄筋ではその降伏点をもとに，地盤の支持力は極限支持力をもとに定められる。 ◎西村昭彦

安全市街地形成土地区画整理事業 [あんぜんしがいちけいせいとちくかくせいりじぎょう] land readjustment project for safe and disaster-proof environment [復旧]　阪神・淡路大震災において，道路・公園などの都市基盤整備が十分でなく老朽建物が多く残存している木造密集市街地に被害が集中したことを教訓として，三大都市圏などにおいて，区画街路や公園など都市基盤施設が未整備で，防災上危険な木造密集市街地を対象として，防災性の高い市街地の形成を推進するための土地区画整理事業の一種で，1996年に創設された。地方公共団体，都市基盤整備公団，地方住宅供給公社，土地区画整理組合などが事業主体となり，1 ha以上の地区で，公共用地率20％未満と都市基盤の整備水準が低くかつ建物棟数密度60棟/ha以上と高密度で，木造住宅棟数密度が50棟/ha以上，震災時に延焼または建築物倒壊による危険性が高い木造住宅等が50％以上密集した地区で，地域防災計画等に定められている，または定められることが確実である地区を対象とした土地区画整理事業である。1999年度からは，都市再生十地区画整理事業の一形態(安全市街地形成型)になった。→土地区画整理事業の多様化 ◎中林一樹，池田浩敬

安全性のレベル [あんぜんせいのレベル] levels of safety [海外]　安全性(safety)は，危険性を生み出す自然災害と，受ける側の人間や施設の双方の兼ね合いで決まる。最も安全性が高いのは，自然災害の発生度が低く，しかも施設の災害に対する強度が大きい場合である。中間的なレベルは，災害現象の発生危険性は高いが社会的な強度

も高い場合，あるいは，自然災害の発生度は低いが社会的な条件が脆弱な場合である。最も安全性が低いのは，自然災害の発生度が高く，あるいはひとたび発生すると非常に大きな影響をもたらし，しかも社会条件も脆弱な場合である。
◎R.K.Shaw

安全度　[あんぜんど]　degree of safety　[河川]　通常，治水あるいは利水に対する確実性を安全度ということが多い。治水事業は，社会資本を整備する事業の中でも国民の生命と財産を守る最も根幹的なものであり，河川改修，ダム建設，砂防設備の整備などにより，治水の安全度の向上が図られてきた。治水安全度は，計画（あるいは目標）とする治水の規模（雨量，流量あるいはその発生頻度）とそれに対する治水施設の整備水準などで評価される。一方，異常な河川流況によって，水需要に対して供給が一時的に不足した状態を渇水と呼ぶが，利水の安全度は，通常，渇水の発生頻度（超過確率）で評価される。
◎端野道夫

安全率　[あんぜんりつ]　safety factor　[地震]　[海岸]　[地盤]　安全の度合いを表す指標という意味で使われているが，狭義には破断する応力と許容応力の比の材料安全率として定義されている。許容応力度設計では，材料によって許容応力度が設定されるが，単一部材の破断と構造物の崩壊との関係は構造形式にもよるので，また，荷重発生に関わるバラツキが大きいこともあって，安全の度合いは，必ずしも材料安全率では表現できない。構造物の耐力も，発生する荷重の大きさも共に確率量であり，従ってそのバラツキを適切に判断して耐力と荷重それぞれに安全率を組み込むことが望ましい。バラツキを考慮した上で平均値としての耐力と最大荷重効果との比は中央安全率と呼ぶことがある。限界状態設計では，安全や使用性の限界となる耐力の平均的に推定される値や，基準となる期間に生ずる荷重の最大値の平均予測値に，安全係数としてそれぞれ耐力係数（一般に1より小）や荷重係数（1より大）を乗じて設計耐力，設計荷重が評価される。その時は荷重係数を耐力係数で除したものが中央安全率を与えるが，その場合でもバラツキの大小によって安全率の見かけの数字が異なるので，注意する必要がある。確率的なモデルに基づく，バラツキに依存しない安全性の定量化指標としては信頼性指標が用いられる。
◎神田順

安息角　[あんそくかく]　angle of repose　[地盤]　砂や礫などの，粘着力のない粒状体が，外部からの攪乱のない状態のもとで静止し得る最大の傾斜角をいう。礫から成る崖錐斜面の勾配はこれに相当する。その角度は砂礫の粒径や粒度分布，粒形などによって多少異なるが，28〜34度のことが多い。安息角は厳密にいうと，2種類ある。1つは粒状体斜面（例えば崖錐斜面）を徐々に急傾斜にした時に発生する乾燥岩屑流の，発生直前の限界角度（angle of initial yield, critical angle of repose）であり，もう1つは，その乾燥岩屑流が流動後に停止した時の斜面角（angle of rest after avalanching）である。従って，崖錐斜面の勾配は，この2つの安息角の範囲で変動することになる。砂の安息角は，わずかの高さから注いでできる砂山の斜面角度として，あるいは傾斜箱（tilting box）や回転ドラムなどを利用して計測することができる。それぞれ，注入法，傾斜法と呼ばれている。安息角は，その粒状体の内部摩擦角に等しいという考えもあるが，前者は主に転がり摩擦に支配され，後者はすべり摩擦（せん断）に支配されており，両者は全く異なった物理量である。
◎松倉公憲

安定解析　[あんていかいせき]　stability analysis　[地盤]　物体力や表面力負荷に対する地盤や土構造物（斜面，土留工，擁壁，構造物基礎など）の安定性を評価するための解析手法。極限解析法と極限平衡法に大別される。前者は塑性力学における極限定理（上界定理，下界定理）に基づく手法である。関連流れ則の成立する枠組み内で，理論の自己整合性に特徴がある。後者は，直観的な仮想すべり面の導入に特徴づけられる実用解析手法である。仮想すべり面の形状や，仮想すべり面に沿う土のせん断強度の動員に関する仮定，崩壊地盤ブロック全体系（および分割細片）における力の釣合条件の設定などに応じて，多くの提案（Bishop法，Janbu法，Spencer法など）がある。いずれの極限平衡法においても，想定外力条件のもとで，対象とする地盤や土構造物が崩壊（破壊）に対してどれだけ余裕があるかを，通常，安全率で表示する。例えば，仮想すべり面として円形すべり面を採用すると，対象とする地盤の安定性は，安全率＝（試行すべり円の中心に関する抵抗モーメント）／（試行すべり円に関する起動モーメント）の値によって表しうる。すなわち，一連の試行すべり円に対して試算を行い，得られた最小安全率の値でもって地盤の安定性を表す。安全率＝1.0の状態が崩壊状態に対応し，この時の試行すべり円を破壊すべり円と呼ぶ。安全率の値が1.0を上回る程，崩壊に対して余裕があることを意味する。安全率の評価式に組み込む土のせん断強度式としては，通常，有効応力表示のMohr-Coulomb式が用いられる。ただし，粘性土地盤の短期安定問題では，圧密や地下水変動の影響は無視し得る場合が多く，実務では粘性土の非排水せん断強さに着目した全応力法もよく用いられる。また，外力としては自重の他に，地震荷重や風荷重を適切に設定しなければならない。近年では，都市化に伴う斜面災害リスクの軽減を図るために，上述のような古典的な安定解析法に加えて，地盤破壊の前駆過程のモニタリングや，地盤破壊後の崩土の運動様式および流動距離の予測手法にも関心が高まっている。
◎関口秀雄，三浦房紀

安定河道　[あんていかどう]　stable channel　[河川]　拡幅，堆積，侵食の起こらない河道のこと。流れの掃流力と砂礫の限界掃流力が釣り合った状態の静的安定と流送土砂量が同一で堆積も侵食も生じない状態の動的安定がある。流路幅については，実河川の幾何学的諸量と流量との

関係について経験的に調べたレジーム則から求める方法が知られているが，横断面内のせん断力分布から動的安定形状を求める方法も提案されている。

◎藤田正治

イ

飯田大火復興計画 [いいだたいかふっこうけいかく] urban reconstruction plan after the Iida city fire 〔復旧〕〔火災・爆発〕 1947年4月20日11時58分，長野県飯田市で煙突からの飛び火によって火事が発生，強風にあおられ市街地の約3/4およそ60ha(焼失3742棟，罹災人員1万7771人)を焼く大火となった。内務省山田正男技官や県技師団は急遽現地に赴き，段丘突端の公園緑地，防火帯3路線，固定式ポンプ付き貯水槽18カ所，土地区画整理，裏界線(りかいせん：街区背割り側に設けられた避難用通路)の通路活用などを内容とする復興都市計画が策定され実施された。1952年9月，焼け跡に心を痛めた市立東中学松島校長と学友会は幅員25mの防火帯の道路緑地に「リンゴ並木」を発案，1953年秋に全校生徒で苗木を植えた。1955年には4個しか収穫できなかったが，努力が内外に伝わり，翌年からは多くのリンゴが実り，防災都市のシンボルとして今に継承されている。

◎吉川 仁

EPS工法 [イーピーエスこうほう] expanded polystyrene construction method 〔地盤〕 発泡スチロール(EPS：Expanded Polystyrene の略)を用いた超軽量盛土工法。ポリスチレンに発泡材を加えて型内発泡法または押出発泡法により製造した EPS ブロック(標準寸法：2m×1m×0.5m)を，その軽量性(土の密度の1/50〜1/100)，自立性，施工性のよさなどを利用して盛土材や裏込め材として用い，軟弱地盤の沈下抑制と安定性確保，拡幅盛土や壁体背面の土圧低減，地すべり地や急傾斜地上の盛土体のすべり防止など，地盤対策工として適用される。

◎巻内勝彦

錨氷 [いかりごおり] anchor ice 〔雪氷〕〔河川〕 晶氷が流下中に過冷却した河床の砂利や玉石に付着して河床面に形成されるフロック状の氷。夜間の放射冷却の程度により一晩で数十センチの厚さに成長し白い氷のカーペットが河床全面を覆い尽くすことがある。朝，日射とともに水温が上昇すると錨氷は剥離して流下するが，冷気が続くと錨氷はさらに成長し，固化するとアイスダムが出現する。過冷却が生じにくい下流部や乱れの弱い土や泥の河床では錨氷が見られることはまれである。

◎平山健一

生き埋め [いきうめ] buried alive 〔被害想定〕 阪神・淡路大震災では住家・建物約11万棟が全壊し，建物内にいた人が閉じ込められ，生き埋めとなった。倒壊建物内の滞留者は自分で脱出可能と，生き埋めに分かれ，生き埋め(閉じ込め)となった人は，窒息や圧挫損傷による数分以内のほぼ即死と救助を待つ場合に分かれる。生き埋め者の生存率は地震後の時間，日数経過により大きく低下する。図に神戸市消防局による救助活動の推移を示す。瓦礫のサイズが小さいほど隙間が小さく生存率低下が早くなることが，海外の地震事例から報告されている。1999年トルコ・コジャエリ地震では鉄筋コンクリート集合住宅の倒壊により1万7400人の犠牲者が出た。

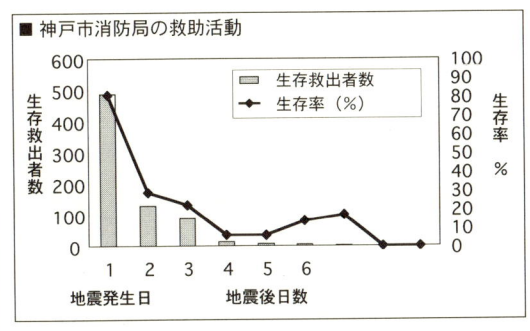

◎村上ひとみ

異形ブロック [いけいブロック] concrete block 〔海岸〕 主に海岸堤防や防波堤の表法に作用する波のエネルギーを消散し，打ち上げ高さや越波，作用波力を軽減させるために設置するコンクリート製のブロックで，消波工以外にも，根固め用ブロック，被覆用ブロックなどがある。消波はブロック表面の粗度およびブロック群内部の空隙によるエネルギー消散に期待され，その安定性は自重とブロック間のかみ合わせによるため，消波用のブロックは突起を有する形状が一般的である。

◎水谷法美

異常乾燥 [いじょうかんそう] abnormal dry weather 〔気象〕 空気が異常に乾燥することをいう。大気の湿潤度を表すのには，相対湿度(飽和水蒸気に対する水蒸気圧の比)が用いられる。また，家屋などの湿潤度を表す指標として，過去数日の湿度変化の履歴を考慮した実効湿度が用いられる。湿度が30〜50％以下(地域により異なる)，実効湿度が60％以下になると乾燥注意報が発令される。異常乾燥が発生しやすいのは，冬型気圧配置時の太平洋側，日本海を低気圧が通過する際の日本海側などである。異常乾燥時には火災が発生しやすく，各自治体は乾燥注意報を受け，火災警報を発令することがある。

◎石川裕彦

異常気象 [いじょうきしょう] unusual weather 〔気象〕 気象学的定義によれば，気温，降水量，風速，湿度，日射量等々の様々な気象要素について，過去30年間の平均値から標準偏差の2.2倍以上の偏差が生じた場合をいう。しかし，個々の気象要素についても，例えば，降水量についていえば，1時間降水量が異常なのか，日降水量あるいは月降水量が異常なのか，など様々な統計が可能である。台風発生数や雨天日数，霧発生日数などの気象要素を対象とする場合もある。異常気象の原因としては，大気変動の自律的なメカニズムの中で生じる自然変動，大規模火山噴火

による日射量の減少のような自然的な外力に起因するもの，地球温暖化に代表される人為起源によるものが考えられているが，ある異常気象現象について，その原因を特定するのは容易でない。人為起源の環境変化と異常気象との関連を明らかにすることは急務である。
◎石川裕彦

異常震域 ［いじょうしんいき］ region of anomalous seismic intensity ［地震］ 震度は通常，震源から離れるに従って小さくなるため，一つの地震について震度の分布を地図上に描いてみると，震央から遠ざかるに従い小さくなる同心円に近い分布となる。しかし，地震によっては，震央から遠いところに，震央付近よりかなり震度の大きい地域が見られることがある。このような地域のことを異常震域という。異常震域は深発地震でよく見られ，地球内部の地震波減衰の違いを反映したものと考えられる。例えば，日本海西部で起こった深発地震で，日本海沿岸ではほとんど無感なのに，北海道から東北，関東地方にかけての太平洋沿岸で震度3以上が観測されることがある。これは，日本海沿岸に到達する地震波が上部マントルで大きく減衰されるのに対し，太平洋側では減衰の少ない沈み込む太平洋プレート内部を地震波が伝わることによるものである。このように，沈み込むプレートの形状と地震波の伝播経路を考えると，異常震域の説明ができることが多い。
◎三上直也

異常潮位 ［いじょうちょうい］ unusual tide ［海岸］ 天体運動に伴う天文潮以外の現象で生じる潮位の総称。気象庁では，▶津波や▶高潮のように直接的な原因がはっきりしており予測可能な現象による異常潮位を除く潮位と定義している。異常潮位は，気圧変動，風の変動，海流の変動，暖水塊の接近などが引き金となっている場合が多く，周期が数分から数日，長くは数年という長周期かつ広範囲な海面変動を伴って出現する。海流の蛇行，湾水振動や陸棚波などに伴う極端な海面上昇もこれに含まれる。また，南西諸島では太平洋側から接近する暖水塊に起因する異常潮位が問題となっている。
◎仲座栄三

異常波浪 ［いじょうはろう］ extreme wave ［海岸］ 通常来襲することがあまり予期できない性質を持つ波。明確に定義された波ではなく，台風など非常に強い風の場において発生する波高の非常に大きな波や，周期が非常に長い波に対して用いられる。その他，連続した高い波の波群全体や，波高の非常に大きな波浪場全体を指す場合もある。構造物を設計する際には，構造物の耐用年数を基準にして，その期間に来襲する最大の波を予測してそれに耐えることができるように設計を行う▶設計波。このように予測された波より大きな波は異常波浪と呼べる。ただし，全ての海域で設計波が定義されているわけではないので主観的に判定される余地がある。磯崎(1990)は有義波高が7 mを超える場合を異常波浪と定義することを提案している。また，北海，南アフリカ海域などで，極めて大きくて，孤立した freak wave と呼ばれる波が存在することが船乗りの伝承にある。これは統計則に従わない波であるといわれているがその実体はまだ明らかでない。
◎木村 晃

■ 天然のコンブ漁場

■ 磯焼けの海底

位相速度 ［いそうそくど］ phase velocity ［地震］ 地震波において，震源から射出された同位相の波(波形の山または谷)の伝播する速度。位相速度は，層構造の厚さ，P波速度およびS波速度，剛性率などの媒質のパラメータと幾何学的な境界条件によって決まる。深さ方向に速度が変化する媒質を伝播する表面波の位相速度は，基本モードといくつかの高次モードを持ち，それぞれのモードにおいて周期(波長)の関数となる。
◎澁谷拓郎

磯焼け ［いそやけ］ isoyake / seaweeds withering phenomenon of a beach ［海岸］ コンブやアラメなどの大型海藻類の群落(海中林)が形成されていた岩礁地帯(写真上)において，大型海藻類が消失し，下草の石灰藻類が岩礁を白く覆うように見える現象(写真下)。海中林がなくなり，岩だけになるので，「磯焼け」と呼ばれ，数年から数十年持続することもある。海藻類はアワビなどの餌料であり，海中林などの藻場は魚類やエビ，カニなどの隠れ場，産卵場となるので，重要な沿岸漁場であるが，磯焼けは漁業生産に大きな打撃となる。原因は海水温の上昇，出水による塩分低下・土砂流出による濁りなどの環境変動とされ，持続する原因は，藻食魚類やウニの食害による生態系の不均衡が指摘されている。近年，ウニの摂餌圧を回避して磯焼けを回復する藻場造成が試みられている。
◎綿貫 啓

委託 ［いたく］ trust ［行政］ 一般的には，法律行為または事実行為(事務)をすることを他人または他の機関に依頼すること(法令用語辞典)をいい，私法関係についても，公法関係についても用いられ，公法関係においては，ある機関が本来その権限に属する事務または業務を対等の

関係に立って他の機関または一般人に依頼して行わせる場合に用いられる。例えば，災害対策基本法には，災害時に市町村の事務の一部を他の地方公共団体に委託する場合の手続きの特例について定めた規定(第69条)がある。なお，委託と類似した用語例として，「委嘱」「嘱託」「委任」がある。
◎井野盛夫

一次運用 [いちじうんよう] primary fire-fighting operations 〔被害想定〕 ➡消防力の地震時一次運用

一軸圧縮強さ [いちじくあっしゅくつよさ] uniaxial compressive strength 〔地盤〕 柱状供試体を軸方向に圧縮し，その最大軸方向応力をいい，q_vで表す。透水性の低い粘性土や軟岩・硬岩を対象とした強さを表し，地盤の材料特性を知るための一指標として利用される。飽和軟弱粘土の場合は，非圧密非排水条件の試験と見なし，$\phi_u=0$とし，$c_u=q_u/2$を粘着力とし，安定計算に用いられる。
◎西垣好彦

一時集合場所 [いちじしゅうごうばしょ] gathering space for regional evacuation 〔復旧〕 ➡一時集合場所 [いっときしゅうごうばしょ]

一時提供住宅 [いちじていきょうじゅうたく] houses for temporary dwelling 〔復旧〕 被災者の避難所生活を早期に解消するため，公的住宅，民間住宅の空き家などを活用して一時的な入居に充てる住宅の総称である。阪神・淡路大震災では各都道府県などから公的住宅の空き家の提供を受け，入居決定戸数はピーク時には1万1618戸にも達した。1年間に限り家賃無料とし，供与期間経過後も引き続き入居を希望する者，行き先のない者には正式入居を認めていった。民間アパートの借上げ，企業社宅・保養所の活用もなされたが，入居世帯は少数にとどまった。
◎濱田甚三郎

一時的滞留者 [いちじてきたいりゅうしゃ] travelers and other non-residents 〔被害想定〕〔復旧〕 ある地域に実在する人口は，その地域の居住者とその地域以外からやってきた非居住者とからなる。居住者は一時的に地域外にいる人もいるので，これは居住人口から差し引かれる。地域外からこの地域にやってくる人は一時的滞留者と呼ばれるが，これにはその地域の職場や学校に通勤・通学する人や，買い物や行楽，商用などの目的で来る人などがいる。その地域の特定時刻における一時的滞留者のことを浮動人口ということもある。→NHK生活時間調査，昼間人口，PT調査
◎辻 正矩

一時入所 [いちじにゅうしょ] temporary accommodation at social welfare facilities 〔復旧〕 災害が発生した場合に，高齢や各種の障害のために社会的な介護が必要となる人々を災害弱者と呼ぶ。災害発生後の応急対応期に起きる各種ライフラインの途絶や交通渋滞などのために，災害弱者は健常者に比べて多くの生活困難を経験する可能性が高い。それに対する対策の一つとして，復旧対策が進展し社会的なサービスの提供が安定するまでの間，介護施設などに一時的に収容し，または滞在させることを一時入所と呼ぶ。
◎林 春男

一次被害の想定 [いちじひがいのそうてい] estimation of direct damages 〔被害想定〕 地震による被害の様相は他の災害と同様に時系列的に変化していく。最初に現れる被害は，地震動もしくは津波がある地域に来襲することによって発生する施設の被害である。これを一次被害という。すなわち，地盤の震動(地震動被害)・地盤の液状化・斜面崩壊に伴う施設の直接被害と，津波による同様な被害である。活断層が震源となる場合には，台湾の集集地震(1999年)のように，地震断層が地表に出現し，その両側の地盤の相対的な変位により，断層をまたいでいる施設が引き裂かれることもある。津波が海岸などにいる人間を死傷させるのも一次被害といえなくもないが，一般的には地震による人的被害は，施設の倒壊や地震火災に伴って発生するので，二次被害に分類される。一次被害の想定は被害想定の基礎になる。それは二次被害や間接被害の算定の根拠に使用されるからである。一次被害の想定では，地盤を分類し，各分類毎に想定地震時の震動特性や液状化の可能性などが計算される。その結果と施設の耐震性能とを重ねあわせて，理論的に施設の脆弱性が評価される。津波を入力する場合には波源域をモデル化し，海岸部での波高を求め，さらに陸上への遡上が計算される。
◎松田磐余

一部損壊 [いちぶそんかい] partial collapse 〔被害想定〕 ➡全壊・半壊・一部損壊

一様流 [いちようりゅう] uniform flow 〔気象〕 流速が場所によらず一定である風の流れを一様流という。地表付近の風は一般に乱流状態であるので，一様流は現実の風としての意味は持たない。しかし，建設場所の風の性質がよくわからない，構造物と風の関係における風の乱れの影響がよくわかっていない，風洞実験の信頼性に問題が残っている等々の理由によって，一様流は構造物の耐風性の研究，予測において重要な役割を果たしている。特に，構造部材の渦励振，ギャロッピング，フラッターのように，比較的低風速の風が対象となるような現象については，対象となる振動の周期に比べて十分長い時間にわたって乱れの小さい風が吹くということがよくあるので，一様流による研究は現実味を帯びてくる。
◎大熊武司

一級河川 [いっきゅうかせん] class A river 〔河川〕 河川法第4条の規定により，国土保全上または国民経済上特に重要な水系で，政令で指定したものに係る河川で，国土交通大臣が指定したものをいう。現在109水系が指定されている。上記政令の指定および国土交通大臣の指定に際しては，社会資本整備審議会および関係都道府県知事の意見をきくことになっている。一級河川の管理は国土交通大臣が行うが，区間を指定して(指定区間という)その管理の一部を都道府県知事に行わせることにしている。
◎金木 誠

■一定率一定量放流方式

■一定量放流方式

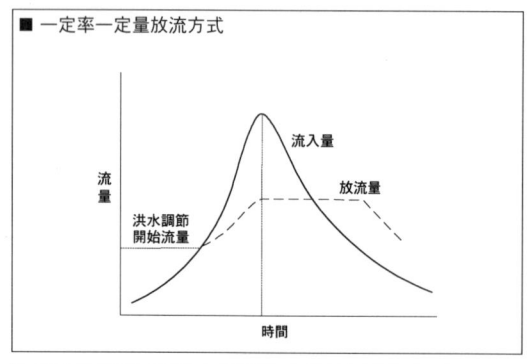

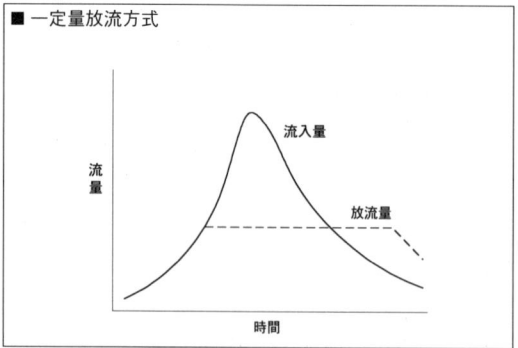

一定率一定量放流方式　[いっていりついっていりょうほうりゅうほうしき]　constant rate and constant discharge method　[河川]　ダムによる洪水調節方式の一つで，下流域の堤内地や河道内の各施設に大きな被害を及ぼさない流量をもとに決定される洪水調節開始流量以上の流入量に対し，流入量がピークに達するまでは流入量に対して一定の率の流量をカットして放流し，流入量がピークに達した以降は一定量（流入量がピークに達した時の放流量）を放流する方式。治水計画上の最大放流量を一定量放流方式と同じとした場合，必要とするダムの治水容量は一定量放流方式より大きくなる。洪水調節開始流量を治水計画上の最大放流量より小さく抑える方式であることから，中小洪水の場合にもダムの洪水調節効果が期待でき，ダム下流の河道改修が進んでいない河川においてもある程度の効果を発揮できる。
◎箱石憲昭

一定量放流方式　[いっていりょうほうりゅうほうしき]　constant discharge method　[河川]　ダムによる洪水調節方式の一つで，ある一定の流量以上の洪水をダムに貯留することによりダム下流へ一定流量を放流する方式で，いわゆるピークカット方式である。ダム下流の河道改修が終了していて，ある一定の流量まで安全に流下させることができる場合には非常に効果的な洪水調節方式である。ダム下流河川に未改修区間があることなどにより，中小洪水から洪水調節効果を発揮させる必要がある場合には，治水計画上の最大放流量より小さな流量から一定の率の流量をカットする一定率一定量放流方式が採用されることが多い。
◎箱石憲昭

一時集合場所　[いっときしゅうごうばしょ]　gathering space for regional evacuation　[復旧]　東京都は，地震後の大規模な市街地大火から都民の生命を守るために，東京都震災予防条例(1976年公布，2001年に震災対策条例の改定)に基づいて，区部を対象に地区ごとに広域避難場所を割り当て，都知事の避難勧告・避難指示によって広域的に避難する，広域避難計画を策定している。この計画を受けて，自由に多数の人々が避難をすると大きな混乱が生じる恐れがあるため，区が広域避難場所に至る過程で一時集合場所を事前に設置し，自治会や町内単位で助け合って集団で避難することができるようになっている。この考え方に従って，地域の人たちが一時的に集合する場所として，身近な学校や神社などで，ある程度の安全が確保されるスペースのある場所を「一時集合場所」に指定している区もある。一次避難地という場合もある。→広域避難計画，避難場所
◎中林一樹

一般化極値分布　[いっぱんかきょくちぶんぷ]　generalized extreme-value (GEV) distribution　[河川]　ジェンキンソン(Jenkinson)はグンベル分布，対数極値分布A型および対数極値分布B型を1つの式形に統一して，一般化極値分布(GEV分布)の導入を図った。GEV分布のcdf(分布関数)は次式で定義される。

①$F(x)=\exp\left\{-\left[1-\dfrac{k(x-c)}{a}\right]^{1/k}\right\}$　$(k\neq 0)$

ここに，$k>0$の時，$-\infty<x\leq c+(a/k)$であり，$k<0$の時，$c+(a/k)\leq x\leq\infty$となる。cとaはそれぞれ，位置母数と尺度母数である。また，kは極値分布がどの型式に属するかを決める形状母数である。特に，$k=0$の時，グンベル分布に一致する。GEV分布のクオンタイル式は式①の逆変換により，次式で算出される。

②$x_p=c+\left(\dfrac{a}{k}\right)\left\{1-\left[-\ln(p)\right]^k\right\}$　$(k\neq 0)$

ここに，$p\equiv F(x)$：非超過確率。GEV分布の母数推定にはPWM(確率重みつき積率)法あるいはL積率法が用いられる。
◎星　清

一般化パレート分布　[いっぱんかパレートぶんぷ]　generalized Pareto (GP) distribution　[河川]　全洪水ピーク流量資料のうち，ある特定値(閾値)c以上の洪水資料はpartial duration series (PDS：非毎年値系列)と呼ばれる。この特定値(閾値)cを超える洪水ピークの発生間隔(到着率)がポアソン分布に従い，cを超える洪水ピーク値が独立に生起し，しかも同一の一般化パレート分布(GP分布)に従うと仮定すると，年最大値の確率分布は理論的に一般化極値分布(GEV)で表現される。GP分布のcdf(分布関数)は次式で定義される。

$G(x)=1-\left[1-\dfrac{k}{a}(x-c)\right]^{1/k}$　$(k\neq 0)$

ここに，a, k, c：分布母数(c：閾値)。GP分布の母数推定にはL積率法が用いられる。この時，年最大値の理論GEV分布は次式の分布母数k_*, a_*, c_*を持つ。

$k_*=k$, $a_*=a\lambda^{-k}$, $c_*=c+\dfrac{a}{k}(1-\lambda^{-k})$　$(k\neq 0)$

ここに，λは閾値cを超える年平均洪水回数である。

◎星 清

一般化風力 [いっぱんかふうりょく] generalized wind force 〔気象〕 多自由度を持つ構造物が風によって振動する現象をモード重合法により解析する際，各モード間の直交性を考慮すると，互いに独立でその自由度に等しい個数の1質点系の運動方程式が得られる。この時の外力となる風力を一般化風力と呼び，各モード次数毎に得られる。具体的には，ある時間tにおいて，全長Hの構造物のある位置xに作用する風力を$F(x,t)$，構造物のi次の振動モードを$\Phi_i(x)$とすると，$\int_0^H F(x)\Phi_i(x)dx$で与えられる。

◎谷池義人

一般道路の被害想定 [いっぱんどうろのひがいそうてい] damage estimation of streets 〔被害想定〕 高架道路を除く一般道路でも，立体交差の高架橋である陸橋，河川を渡る橋梁で落橋や倒壊といった大被害が発生する可能性がある。一般道路の通行止めは，これら橋梁の倒壊や落橋やひび割れの他，上を交差する高速道路や鉄道の落橋や倒壊や桁落下，擁壁損傷，法面崩壊，盛土沈下，路面亀裂，民家倒壊などが原因となる。なお，路面の段差やジョイント部の段差，橋台背面の沈下，橋脚損傷，歩道陥没，延焼火災，煙による視界不良，消火活動，避難活動などに伴い交通が規制される。歩道橋およびトンネルに関しては，被害の発生は少ない。震災時における物資の迅速な輸送を確保するため，平常時に緊急輸送路(緊急物資輸送ネットワーク)が選定されている。→高速道路の被害想定，道路啓開，道路の復旧

◎川上英二

一般ボランティア [いっぱんボランティア] volunteer without special skills 〔情報〕 ボランティアのうち，自らの専門的な技能や知識を活動に活かすことを特に意図しない人々や，特定の所属団体を離れて活動する人々。例えば，看護以外のボランティア活動に参加する看護婦や，所属団体(企業，労働組合，宗教団体など)を離れて，個人として活動するボランティアである。災害救援の現場には，専門性を活かそうとする専門ボランティアや，所属団体のプログラムに沿って活動するボランティアとともに，一般ボランティアも参加する。救援現場では，安全と効率が特に求められるので，専門や所属団体によってある程度限定した活動に従事するボランティアだけでなく，臨機応変に活動を展開できる一般ボランティアをコーディネートすることが非常に重要となる。ボランティアは，義務や職務として活動に参加するのではないことに配慮し，個々のボランティアの特性や心理を十分に考慮したコーディネートが必要である。→災害ボランティア，専門ボランティア

◎渥美公秀

移動限界 [いどうげんかい] initiation of motion 〔海岸〕 水底の砂や粘土が波の運動や流れにより移動し始める限界。これらの底質には水の運動に伴う掃流力が働き，底質は他の粒子との摩擦や粘着などにより抵抗する。

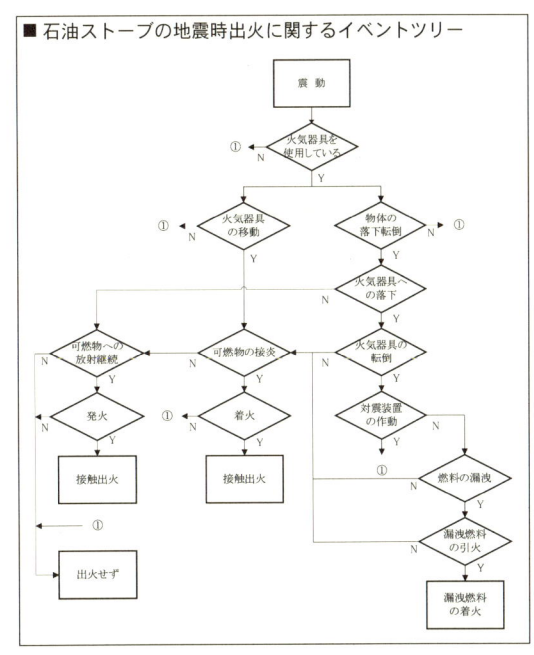

■石油ストーブの地震時出火に関するイベントツリー

掃流力と抵抗力の釣り合った最大の状態が限界状態である。砂や礫などの非粘着性底質の場合には底質粒子間の摩擦やかみ合わせが主な抵抗力となり，シールズ数と摩擦速度を用いた粒径レイノルズ数が移動限界を与える主な無次元パラメータとなる。一方，粘土成分を10％以上含む底質では粘着による抵抗力が卓越してくる。堆積後間もない底質の抵抗力は堆積時のフロック形成の状態に影響を受け，また圧密が進み締め固められた底質では抵抗力は底質の乾燥密度の関数で表される。

◎真野 明

イベントツリー event tree 〔都市〕〔被害想定〕 信頼性解析の分野で利用される樹形図(図参照)のことで，システムを構成する各要素(event)を階層的に記述し，各要素の成功事象(succeed)または故障事象(fail)を上位(initiating event)から下位へ2分岐させて記述する方法である。システムの故障確率の算定，さらにはシステムの信頼性向上などの目的に使用される。全ての事象の組み合わせを記述するbasic treeと"fails"以下を省略するreduced treeとがある。event tree法は，FMEA (Failure Mode and Effect Analysis)法などと並び，ある事象が生起すると次に何が生起するかというforward approachによる信頼性解析の手法である。これに対し，ある故障がどういう原因で発生するかを解析するbackward approachとしてFTA (Fault Tree Analysis)が知られている。システムの故障解析，ひいては信頼性解析を行うには全ての原因を網羅する必要があり，両者を併用する方法などが考えられる。

◎若林拓史

イベントツリー解析 [イベントツリーかいせき] event tree analysis 〔被害想定〕 一つの出来事(原因,事故など)により，どのような事象が発生し，どのような結果が予想されるかを一連の系統図(上図は石油ストーブの例)で表し

分析する方法である。災害の拡大要因，経過，影響を図上で追跡することができ，類似の事故や災害の予防対策に活用されることが一般的である。東京消防庁では，地震時の出火危険度測定において，火気器具ごとのイベントツリーを作成し，モンテカルロ・シミュレーションによって，応答加速度別や使用環境別などの出火率を算定している。
◎川村達彦

イモチ冷害 ［イモチれいがい］ cool summer damage due to blast ［雪氷］［気象］　水稲が低温により生育の遅延，発育の障害を受けなかったとしても，冷害が発生しそうな悪天候，例えば前線の停滞による長雨，日照不足やこうした悪天候により防除作業が遅れたり，薬剤効果が低下することによりイモチ病が多発し減収，品質低下する場合をいう。東北地方南部の太平洋側に発生しやすい。
◎ト蔵建治

医療機能の被害想定 ［いりょうきのうのひがいそうてい］ assumption of medical functions ［被害想定］　災害時の初期集中医療は，患者の選別（▸Triage），治療（Treatment），搬送（Transport）の3Tが重要であり，緊急医療機能は，負傷者の発生，被災地内の医療機能，高度治療のための搬送（転院）および後方医療によって想定される（震災関連死などの災害長期化に伴う医療需給は除外）。被災地内の医療機能支障は，主に病院建物の崩倒壊や，電気・水などのライフラインの供給断をもとに想定される。被災地内におけるトリアージと治療は，病院に参集した医師や看護婦などの医療スタッフ（病院のない地域では，診療所の医師）による時間毎の処置可能な患者数で算出される。ちなみに，宮城県沖地震では，約3分の1の医療機関が開院し，阪神・淡路大震災の兵庫県では，6割以上の病院が被災したが，9割以上の病院が診療していた。また，搬送については，救急車やヘリコプター，船舶による搬送可能数で想定されるが，阪神・淡路大震災では，道路支障などにより地震後1週間の救急車による患者搬送率は，約24％と限られ，ヘリ搬送数もわずかだった。
◎高梨成子

医療サービス需給 ［いりょうサービスじゅきゅう］ supply and demand of medical services ［被害想定］　災害発生後の緊急医療需要数は，重症者（▸トリアージレベル赤の要入院患者）と軽症者（緑）に区分する場合が多いが，中等症者（黄）まで想定することもある。過去の地震災害による負傷は，建物倒壊や落下物等による打撲や裂傷，擦過傷などが多いが，関東大震災では，火災による死者が約9割であった。東京都のように，負傷原因から各負傷者数を想定する方式もあるが，過去の地震災害の建物崩壊などによる死者，重症者，軽症者の割合で算出されることもある。大規模延焼が加わると，死者や熱傷重症が極めて多数になる可能性もある。医療サービス供給量は，重症者の混在度や医師の外科治療の熟達度によって，対処可能数はかなり異なる。医師1人当たりまたは医療救護班の対処可能数で示される。▸病院選択における受診者心理
◎高梨成子

引火 ［いんか］ ignition ［火災・爆発］　可燃性の液体，固体から発生した可燃性の蒸気（気体）と周囲の酸化剤が混合してできた可燃性混合気に口火などの着火源で火がつく現象をいう。引火の起きる最低温度を引火点という。引火で生じた火炎からの熱が活発な蒸気発生を促すと，可燃性液体（固体）上に拡散火炎ができ燃え続ける。なお可燃性気体と酸化剤の混合気の着火現象も引火とすることもある。英語では着火と引火を区別しないが引火点(flash point)はある。
◎佐藤研二

インバージョン法 ［インバージョンほう］ inversion ［地震］　自然界の物理現象は原因があって結果を生じるものである。この結果を観測することによってその原因を探ることは逆問題となる。インバージョンとはこの逆問題を意味する。逆問題は入力―システム―出力系において，入力，出力の一部あるいは全部を観測することにより対象系の状態を推定する問題である。システムそのものを明らかにする問題はシステム同定，システムの構造は既知であるが，その支配方程式のパラメータを求める問題はパラメータ同定という。対象系の境界条件を求める問題も逆問題となる。システムだけでなく入力も同時に推定することもある。このような逆問題を解くのに，計測制御理論の発展過程で多くの逆解析法が開発されてきた。カルマン・フィルタはその解析手法の一つである。地震工学分野では地震動入力波形と応答波形を用いて，構造系や地盤系の動特性（減衰定数，固有円振動数など），非線形系の支配方程式を同定する問題に応用されている。
◎野田 茂

インピーダンス impedance ［地震］　地盤の解析では，質量と波動の伝播速度の積をいう。隣接する2つの層のインピーダンスの比により境界で波動が透過，反射する割合が決まり，大きいインピーダンスの層に入射すると反射成分が多くなる。地盤と構造物の相互作用解析では，半無限の地盤のばね定数を動的インピーダンスと呼ぶ。動的インピーダンスは複素数で，周波数に依存する。インピーダンスの逆数としてコンプライアンスやアドミッタンスが使われることがある。
◎吉田 望

飲料水の需給 ［いんりょうすいのじゅきゅう］ demand and supply of drinking water ［被害想定］　災害時には，上水道施設の被害などに伴う断水や住宅の被災などにより飲料水の確保が困難となる人が発生することが想定される。飲料水の需要量は，生命維持に必要な量である1人1日当たり3lを目安として，断水期間中の延べ断水世帯人口をもとに求められる。一方，供給対応としては需要量に見合う飲料水の備蓄・調達が必要となる。応急給水施設である応急給水槽，浄水場，給水所などにおける飲料水の確保が重要対策である。
◎池田浩敬

ウ

ウインドプロファイラー wind profiler ［河川］［気象］
▶境界層レーダー

ウェーブセットアップ wave setup ［海岸］ 砕波によって汀線近傍の平均水位が上昇する現象。この現象については海岸での観測で早くから知られていたが，発生原因については明らかでなかった。1962年に至って，Longuet-Higgins と Stewart は波高が異なる場所では運動量に変下が生じ，見かけ上応力（ラディエーションストレス radiation stress）が生じたようになって平均水位が変下することを示した。平均水位の上昇量は，波の遡上や▶越波，海浜変形に影響する重要な要素である。
◎高山知司

ウェーブレット変換 ［ウェーブレットへんかん］ wavelet transform ［気象］ 無限遠でゼロに収束する小さい波（wavelet）を基底とした関数変換。対象となる関数が時系列データの場合，その周波数領域での性質を調べるために用いられる。無限に拡がる正弦波を基底としたフーリエ変換とは異なり，時間とともに変化する周波数領域での性質を容易に捉えることができ，風の乱流構造や自然風中の風力・応答など，非定常な現象の解析に有効である。
◎谷口徹郎

ウォッシュロード wash load ［河川］ 洪水時の流水中には河床材料に含まれない微細な粒径の成分が含まれる。このような成分をウォッシュロードという。ウォッシュロードの成分となる粒径はおよそ0.1mm あるいは0.2mm以下である。ウォッシュロードの輸送量は裸地や渓岸堆積物から供給される土量に大きく支配され，水理条件のみでは決定されないが，同じ流域であれば流量との相関が強い。
◎藤田正治

浮き石 ［うきいし］ detached rock / loose rock ［地盤］ 斜面が基岩でできている場合に，元の位置にありながら，亀裂が発達して基岩から既に切り離された状態になっている石。転石と区別して用いることが多い。浮き石が落下する場合を浮き石型落石あるいは剥離型落石と呼ぶ。→落石，転石
◎諏訪 浩

浮防波堤 ［うきぼうはてい］ floating breakwater ［海岸］ 水面あるいは水中に浮遊する構造物により波を制御する防波堤の総称である。固定式の防波堤に比べて一般に消波効果は高くないものの，水の流れを遮断しないため，防波堤建設により水質悪化を招かない点が特徴である。また，設置水深が大きい場合や水底地盤が軟弱な場合には固定式防波堤に比べて建設費が安くなるといったメリットも有している。浮防波堤はその構造および消波機構からポンツーン型とバリアー型に大別される。前者は浮体（ポンツーン）によって直接波を反射させたり，浮体の動揺によって発生する波との位相干渉を利用して伝達波高を小さくするものである。後者は，水平板や有孔板などにより波を砕波させたり乱れを誘起して波のエネルギーを逸散させるものである。構造上，波のエネルギーが水面付近に集中する短周期の波浪を対象とする場合が多い。
◎青木伸一

受皿住宅 ［うけざらじゅうたく］ affordable house for local resident ［復旧］ 災害後の市街地復興において，防災的に安全な市街地に復興するためには，基盤整備と合わせた面的整備や建物の共同化・不燃化などの整備事業が必要となる。地区に災害前から居住していた借家住まいの住民の中には，地主や大家が事業に協力し土地や家屋を売却したために元の地に住まいが再建されない場合が生じる。復興事業を進めるために住み続けることが困難になる事業地区内の居住者に対して供給する，公的賃貸住宅のことを受皿住宅という。
◎児玉善郎

受け盤 ［うけばん］ anaclinal overdip ［地盤］ 地盤を形成する堆積岩あるいは溶岩の層理面の傾きが地表面のそれと反対方向を向いている時，この状態を受け盤という。受け盤は急峻な崖を作ることが多く，落石・トップリング（転倒崩壊）が発生しやすい。
◎平野昌繁

渦 ［うず］ vortex ［気象］ 水，空気などの流体の特別な形態の一つで，流体力学的には流線の閉じた状態をいい，一種の回転運動である。大気中には様々な大きさや形の渦が存在する。大は▶台風，竜巻，トルネードの渦，小は風の息，変動性も渦のなれの果てである。鈍い物体まわりの流れには剥離した渦が存在し，後流で分裂して渦の群れ（▶カルマン渦）となる。これが原因で構造体に▶渦励振などの振動が誘起される。
◎宮田利雄

雨水貯留 ［うすいちょりゅう］ detention facility ［河川］ 流域内に雨水を一時的に貯留または浸透させて流出を抑制する施設。雨水貯留施設として遊水池，防災調整池，棟間貯留，各戸貯留，雨水浸透施設としては浸透枡，浸透トレンチ，浸透池，透水性舗装などが挙げられる。これらの施設には，都市化に伴う不浸透域の拡大によって失われた雨水保留機能を補完し，洪水流出の増大を抑える役割がある。また，雨水流出の一時的集中を緩和して洪水時の排水路や排水機場などの雨水排除施設の負担を軽減する役割も果たしている。総合治水対策では，河川の改修や排水機場の新設などによる従来どおりの雨水排除対策と並んで，これらの雨水貯留・浸透施設の持つ遊水・保水機能による流出抑制対策が重視されている。
◎近森秀高

雨水利用 ［うすいりよう］ storm-water utilization ［都市］ 雨水を一時的に貯留し，その貯留水を利用することであり，下水，産業廃水などの再利用に比べ，処理施設が小規模で維持管理も比較的容易である。もちろん，中水道としての配水システムは必要である。渇水対策施設としてビルの地下に貯留される場合，渇水に備えて常に必要水量を貯留しておく十分大きな容量が必要となる。また，雨

水は地下水涵養や都市河川の水量維持などの地域環境に寄与する部分が多く，実施にあたっては，都市の水循環の変化(地下水涵養，舗装上の表面流出)という点からも十分な影響評価が望ましい。現在，水洗トイレなどに年間約0.05億m³以上が使用されている。　　　　　　◎小尻利治

渦励振　[うずれいしん]　vortex induced vibration　気象　鈍い断面の物体が流れの中に置かれると，断面の背後に渦が放出される。渦励振はこの後流渦により励起される物体の振動であり，流れに直角方向と流れ方向の2つの振動が存在する。円柱の場合，流れに直角方向の振動は▶ストローハル数の逆数で与えられる無次元風速U_{cr}付近で発生し，流れ方向振動はその約半分の風速で発生する。矩形柱では前者の振動はU_{cr}付近で発生するが，その$U_{cr}/2$付近にも低風速励振と呼ばれる領域が存在する。この領域で流れは常に側面上で再付着している。一方，後者の振動は円柱同様$U_{cr}/2$付近で発生することが特徴である。渦励振はある限られた風速範囲で，限られた応答振幅が発生する限定的な振動である。私たちの生活する周囲でこの振動が発生するかどうかの目安は，物体や構造物の形状と大きさ，固有振動数，それに流速の3者の関係で決定される。振動振幅は▶スクルートン数の増加とともに急激に低下する。　　　　　　◎宮崎正男

卯建／宇立　[うだつ]　udatsu / Japanese traditional style of gable wall　復旧　火災・爆発　切妻屋根の妻面の壁を屋根より高く伸ばし，上に小屋根を葺いた部分(図)。棟束を意味する宇立(うだち)が転化。板葺き屋根端部のめくれ上がり防止のために設けられたが，『洛中洛外図』によると中世末の京都では，店を構えた一人前の商人を示すサインとなる。近代の木造校舎のモルタル塗り防火区画と意匠が似ているためか，延焼防止策との説もあるが，板葺きなどの事例が多く防火的な効果は期待できない。町家の妻壁を前に伸ばしたものも「(袖)卯建」と呼ぶ。江戸後期には，卯建をあげることが商家の富の証しとなり，いつまでたっても出世しないことを「うだつが上がらない」というようになったとされる。　　　　　　◎波多野 純

雨滴粒径分布　[うてきりゅうけいぶんぷ]　rain drop size distribution　河川　気象　単位体積内に含まれる大きさ毎の雨粒の数の分布。落下中の雨滴は実際には変形しているが，球形であった場合の直径に対して定義され，一般には小さい雨滴が多く，大きい雨滴が少なく，指数関数で近似される。場合によっては直径0.1～1 mm程度に頻度のピークが観測されることもあり，この場合ガンマ関数で近似される。降雨強度のみならず，降雨タイプによっても変化する。　　　　　　◎沖 大幹

うねり　swell　海岸　風の効果で波が発達している海域を風域と呼び，この風域から外に出て，もはや風の効果によって発達しない波をうねりと呼んでいる。風域を出た直後の波は，不規則な特性が非常に強く，エネルギーの周波数分布や方向分布の幅が広いけれども，風域から離れるに従って周波数分布や方向分布は幅が狭まってきて，波高が小さくなりながら規則的な波に変化する。この原因としては，周波数によって波の進む速度が異なる周波数分散や方向が異なる波は離れていくといった方向分散によってエネルギーがピーク周波数と主方向付近に集中するためである。うねりは長距離伝播し，太平洋を縦断する場合もある。このような波は係留している船舶の運動に大きな影響を与え，荷役稼働率を大きく低下させることがある。　　　　　　◎高山知司

雨氷　[うひょう]　glaze　雪氷　気象　粗氷，樹氷と同様に，過冷却水滴が物体に付着して凍りつく着氷の一種で，透明で表面のなめらかな氷となる。0℃に近い比較的高めの気温で，水滴が大きい場合に発生する。物体に付着した水滴が完全に凍結する前に，次々に過冷却水滴が衝突するため，表面が濡れた状態で成長(濡れた成長 wet growth)する。　　　　　　◎佐藤篤司

埋立　[うめたて]　reclamation　地盤　被害想定　河川，湖沼，海岸などを人工的に土を投入することにより新しく陸地を造成することをいう。埋立材としては，山砂のような良質材料を用いるのが望ましいが，浚渫土，廃棄物といった残土処理を兼ねた埋立地造成も行われるようになり，周辺の環境保全にも十分留意する必要がある。埋立に伴って発生する最も典型的な問題は沈下に代表される地盤変状である。近年，埋立地が沖合の大水深海域にも展開されるようになったため，埋立土量の増大によって上載荷重が大きくなり，深部更新統層の長期にわたる沈下が顕在化している。また，1995年に発生した兵庫県南部地震に際し，阪神間の埋立地で広い範囲で液状化が発生したことからもわかるように，埋立地盤は地震防災上の問題箇所であり，造成後に締固めや地盤改良を実施することによって十分な液状化対策を施す必要がある。　　　　　　◎三村 衛

雨量計　[うりょうけい]　rain gauge　河川　気象　雨や雪などの降水を，地中に浸透しなかった場合の水の深さとして計測するための測器。古くから利用されてきたのは，ロート状の受水器で降水を集め，貯水器にたまった水を専用のメスシリンダー（雨量ます）で測るタイプのもので，貯水型指示雨量計と呼ばれる。受水器の口径は，国によって様々であるが，日本ではほとんどが20 cmであり，ごく一部で10 cmのものが使用されてきた。観測に人手が必要なこともあり，最近は日本や欧米ではほとんど使用されなくなったが，機構的には最も正確な降水量を観測できる雨量計である。現在の日本で最も一般的な雨量計は，受水器で集めた降水を小さな三角形のますに貯め，一定量になるとますが転倒して電気信号を発生させ，この信号を記録して降水量を測るタイプのもので，転倒ます型雨量計と呼ばれる。受水器内に予め水が貯めてあり，雪などの固体降水を容易に溶かせるようになっている溢水式雨量計も普及しているが，内部構造は転倒ます型雨量計と同じである。受水器の口径は，ほとんどが20 cmである。転倒ますのサイズは，0.5 mmで1転倒するタイプが大部分であるが，近年0.2 mmや0.1 mmのものも導入されるようになった。

　転倒ます型雨量計は，少雨時にはますからの蒸発があり，豪雨時にはますの転倒時の取りこぼしがあることなどから，指示雨量計に比べて少ない観測値となることが知られており，長期的な降水量を検討する際には注意が必要である。しかし，観測所や所管機関にかかわらず，測器がほぼ完全に統一されている意義は大きい。近年の技術進歩により，雨量計の記録装置は，従来の記録紙へのペン書きから，データロガーへの電子的な記録へと飛躍的に進歩したが，雨量計自体は既往のものが利用されている。これは，転倒ます式雨量計への転換以後は，測器の変化による観測値への影響を心配しなくてよいということでもある。
◎牛山素行

うわさ　rumor　情報　類似語に流言（飛語），ゴシップ，伝聞などがあるが，うわさの特質は，その内容の真偽を問わず，曖昧な情報であり，それがある社会的拡がりを持って伝播，拡大していく連鎖的コミュニケーションであるという点にある。災害時のうわさのほとんどはとるべき対応行動を示唆する道具的機能としての流言であり，また，流言には災害の不安や恐怖を説明し正当化する機能もある。→流言
◎津金澤聰廣

雲仙普賢岳噴火災害復興計画　[うんぜんふげんだけふんかさいがいふっこうけいかく]　reconstruction plan of Shimabara after volcanic disaster of Mt. Fugen in Unzen　復旧　復興計画には地元の自治体による島原市復興計画（1993年），同改訂版（1995年）および深江町復興計画（1993年）がある。復興のビジョンの明示により，市民や関係機関に復興に関する理解と協力を醸成するとともに，今後展開する復興事業の効率化や整備水準の向上を図ることを目的とした。災害の教訓と課題に基づき，計画は生活再建，防災都市づくりおよび地域の活性化の3つから構成される。これらの復興計画に，安中三角地帯の嵩上げ，深江町立大野木場小学校被災校舎の保存などが盛り込まれた。被害が島原半島全体に及んだことから，長崎県によって半島全体の復興を目指した島原半島復興振興計画（1993年）および島原地域再生行動計画（1997年）が策定された。
◎高橋和雄

運動学的手法　[うんどうがくてきしゅほう]　kinetic method　河川　→気象レーダーを用いた→短時間降雨予測手法の一つ。数kmの観測分解能力を持つレーダー情報や気象衛星情報から得られる降雨分布の変動パターンを捉えて，時間的に外挿させる手法である。これには様々なバリエーションがあるが，国土交通省や地方自治体において実践的な手法として日々利用され私たちに有効な情報を提供してくれている。しかし，実用上予測が可能なのは，わが国の大河川流域での洪水予測に必要な情報としては1時間先程度まで，中小河川や都市域での雨水排除のために必要なより空間的に細かな情報としては30分程度先までである。これは，豪雨を形成している個々の積乱雲の寿命が30分から1時間程度であること，地形の影響等により積乱雲群の振る舞いが複雑であることによる。
◎中北英一

運命統制　[うんめいとうせい]　fate control　情報　kelley & thibaut（1959）による対人関係のあり方を説明する概念。二者関係において，片方が相手に一方的に依存する場合，依存する人は自らの行動選択にかかわらず，相手がどのような行動を選択するかによって，その人の満足感が決定される状況である。依存する人の行動に応じて，依存する人に満足感を与える行動を適当に選択することで，依存していない人は相手の行動を完全に統制することが可能になる。関係の継続は依存していない人の裁量によって決まり，コミュニケーションは活発になりにくい。→行動統制
◎藤原武弘，林 春男

エ

エアロゾル　aerosol　気象　大気中に浮遊する粒子状物質の総称。無機物質の場合，潮解湿度以下では固体，それ以上では液滴。有機物質の場合，ガス状物質が飽和蒸気圧以上で凝結した液滴。直径1〜2 μmを境に粗大粒子と微細粒子（直径2 μm以下をPM2と呼ぶ）の二山形の粒径分布を持つ。前者は自然起源の土壌，海塩などが主で，後者は硫酸塩など大気中で生成した二次粒子である。大粒子は重力落下により大気中から容易に除去される。直径10 μm以下の粒子（PM10 or suspended particulate matters）は大気中での滞留時間が長く，発癌性成分なども含むため，環境基準をわが国では1時間値100 mg/m³としている。PM2あるいはPM2.5を環境基準にする動きもある。エアロゾルが，日射を遮る効果や雲の性状を変化させる効果により地球の寒冷化をもたらす効果も注目されている。

◎植田洋匡

永久凍土 ［えいきゅうとうど］ permafrost 雪氷 地盤
大地や地盤が，引き続いて2ヵ年以上にわたって0℃以下の凍結状態にある場合，これを永久凍土と呼ぶ。地球上には北半球の極・亜極域に永久凍土が分布し，全陸地面積の約15%を占める。連続的永久凍土地域は，水平的にも垂直的にも途切れることがなく，地盤は凍結しており，その深さは数百mにも及ぶ。不連続的永久凍土地域では，場所によって凍土が途切れる。北極海の大陸棚には海底下永久凍土が分布し，最終氷期に海面低下時の永久凍土が，その後沈水した後も存在し続けている。中緯度帯でも高山地域には山岳永久凍土が分布しており，北海道大雪山や富士山の山頂部に存在することが確認されている。

◎福田正己

永年変化 ［えいねんへんか］ secular variation 地震
比較的短期間に起こる変化や周期的な変化を除いた，長期間一方向に変化する現象をいう。経年変化ともいう。地盤の変動が長期間沈降あるいは隆起を示す場合，長期間地盤に"縮み"あるいは"伸び"の変化，また一方向の傾斜変化が見られる場合，これを地殻変動の永年変化という。

◎尾上謙介

鋭敏粘土 ［えいびんねんど］ sensitive clay 地盤
時間効果などにより高位な構造を有する粘土のことであり，乱さない状態の強度と，練り返しなどを行って乱した状態の強度が著しく異なる。高位な構造を保持した状態でのせん断強さと，それを繰り返した時のせん断強さの比で定義される鋭敏比の値は，1以上となるものを指す。一般に液性指数も1以上であることが多い。鋭敏粘土の中で鋭敏比が8以上の粘土を特にクイック・クレイと呼び，乱されると著しい強度低下を引き起こす。北欧やカナダに広く分布しているが，わが国でも東大阪粘土や有明粘土が鋭敏粘土として有名である。鋭敏性の発現は海成粘土中の塩分が淡水によって溶脱されることによって生成される。こうした地盤では，わずかな外力によって強度低下が起こるので，その部分を端緒として大規模な進行性破壊が発生する。1978年にノルウェーのリサで発生した流動破壊は有名である。

◎三村衞，北村良介，田中洋行

栄養塩 ［えいようえん］ nutrients 海岸 植物は，無機態元素を体内に取り込み，光合成を行い，有機物として自己の体を作り出す。この有機物合成に必要な元素を栄養塩という。有機物合成には，一定の量比で種々の元素が必要となり，たとえ他の栄養塩が十分あっても1つでも必要量比を下回ると，その栄養塩が全体の合成有機物量を制約することになる（リービッヒの最小律）。海域では，窒素，リンなどが合成有機物量を規定する制限栄養塩となることが多い。閉鎖的な内湾や内海では，陸域などからの高い負荷があると，栄養塩濃度が上昇する。富栄養化の進行と呼ばれる。夏期には豊富な日射と高い水温に支えられ，植物プランクトンの光合成により，過剰な有機物生産が促進され，▶赤潮（植物プランクトンの異常発生）や▶青潮（貧酸素水塊）の発生などの水質上の問題を引き起こす。富栄養化対策のため，栄養塩の環境基準値が主要内湾で設定されている。

◎細川恭史

液状化 ［えきじょうか］ liquefaction 地盤 海岸 地震 被害想定 常時は強度や支持力を有する地盤が，地震や波浪などの作用（繰り返しせん断）を受けて突然強度や支持力を失う現象。特に地震時に多く発生しているため，一般に地震力により発生する液状化を指す。緩く堆積した砂質土地盤で，地下水位が浅い場合に発生しやすい。このような地盤では，地震時に繰り返しせん断力を受けると，負のダイレタンシー特性により土粒子の骨格構造が次第に崩れていく。それに伴って有効応力が減少して，ついにはせん断強度が失われて液体状になる。この時，過剰な間隙水圧も発生するため，地震後に地上に砂とともに噴き上がって，噴砂や噴水を生じる。液状化が発生すると，地盤上に建てられた構造物は沈下や傾斜し，地中に埋設された軽い構造物は浮き上がる。さらに，場合によっては地盤全体が流動して（地盤の流動）構造物に甚大な被害を与える。1964年新潟地震，1983年日本海中部地震，1995年兵庫県南部地震などの際には液状化による大きな被害が発生した。→噴砂

◎安田進，山下隆男

液状化に伴う地盤の流動 ［えきじょうかにともなうじばんのりゅうどう］ liquefaction-induced flow 地盤 海岸 地震 被害想定 地盤の液状化に伴って地盤全体が流れ出す現象。特に緩く堆積した地盤が流動しやすく，水平変位量が数mに及ぶ場合もある。側方流動とか永久変位などとも呼ばれるが，側方流動とは従来飽和粘土の変形を指してきたので，液状化に伴う地盤の流動と呼ぶほうが紛らわしくない。流動が発生するためには，液状化しただけでなくさらに動き出すため駆動力が必要である。これまでの被災事例では砂丘末端斜面などの緩やかな傾斜地盤で発生したものと，岸壁や護岸が移動や転倒したために背後地盤が流動したものがある。流動に伴い大きな水平変位が発生すると，埋設管や杭基礎などの構造物に強制変位を与え，被害を生じさせやすくする。

◎安田進

液状化による構造物の被害 ［えきじょうかによるこうぞうぶつのひがい］ damage to structures due to liquefaction 被害想定 海岸 地震 地盤 液状化によって生ずる構造物の被害は，①マンホールや埋設管路など地中構築物の浮上，②地盤の支持力の著しい減少による建物などの沈下，傾斜および倒壊，③護岸や擁壁など土圧に対抗する構造物（抗土圧構造物）の移動と傾斜，および④液状化地盤の側方

流動による地中構造物および基礎の破壊，が挙げられる。①の被害は，地盤が液体化し，その浮力によって生ずるものである。②の構造物の沈下・傾斜は既往地震において最も頻繁に観測されてきた被害である。③の抗土圧構造物の被害は液状化によって構造物に作用する土圧が増大するとともに，構造物の基礎地盤の強度減少によって生ずるもので，1995年兵庫県南部地震では埋立地の護岸が数mのオーダーで移動，傾斜した。側方流動は液状化した地盤が大きく水平移動する現象であり，これによってライフライン・システムの埋設管および構造物の基礎杭などが甚大な被害を受けてきている。
◎濱田政則

液状化の推定 ［えきじょうかのすいてい］ estimation of liquefaction 被害想定 地震 地盤
地盤が地震時に液状化するかどうかの推定には一般に2つの方法が用いられている。第1の方法は微地形などによる推定の方法で，比較的簡便であることから，広域にわたるライフライン・システムのための推定や自治体などのハザードマップの作成のために活用されている。この方法では，埋立地や沖積平野などが最も液状化しやすい地盤とされ，反対に丘陵地や洪積台地などが液状化の可能性がない地盤と判定されている。第2の方法は，地震動の大きさや地盤の液状化に対する強度によって推定する方法で，その地点でのボーリングにより地中各深さの▶N値やシルト，粘土などの粗粒分含有率を調査する必要がある。→土質柱状図，FL値，PL値
◎濱田政則

液性指数 ［えきせいしすう］ liquidity index 地盤
粘土，シルトのような細粒土の自然含水状態における相対的な硬さを示す指標であり，次式で表される。

$$I_L = \frac{\omega_n - \omega_p}{I_p}$$

ここで，I_L：液性指数，ω_n：自然含水比，ω_p：塑性限界，I_p：塑性指数。I_L が0に近い程硬く，1に近い程軟らかい。正規圧密状態の粘土地盤の自然含水比は，液性限界に近いので，$I_L \fallingdotseq 1$ となる。土によっては，$I_L < 0$，$I_L > 1$ となることがある。
◎北村良介

液面燃焼 ［えきめんねんしょう］ pool burning 火災・爆発
容器中の可燃性液体は上部に水平なプール状の液面を持つが，着火すると液面上に火炎が燃え拡がり燃焼する。液面燃焼の燃焼過程では，液面から可燃性液体が蒸発し，蒸気が空気中の酸素など，周囲の酸化剤と拡散混合して燃え熱エネルギーを放出し，その一部は可燃性液体を加熱して蒸発を維持するという熱エネルギーの循環をたどる。直径1m以上の液面燃焼では，液面降下速度は燃焼熱に比例し，蒸発潜熱に反比例することが知られている。
◎斎藤 直

SRC造 ［エスアールシーぞう］ steel framed reinforced concrete structure 地震 ▶鉄骨鉄筋コンクリート構造

SI値 ［エスアイち］ SI value 被害想定
Housner博士により考案された地震動強度指標で，スペクトル強度（spectral intensity）の略。速度応答スペクトルにおいて，構造物に与える影響が大きい周期帯（0.1〜2.5秒）で積分して平均値をとったもので，単位は速度と同じくカイン（cm/秒）。建物や地下埋設管の地震被害との相関が最大加速度よりも高いとされ，緊急対応の判断基準や被害推定式の説明変数として用いられる。なおSI値は最大速度との相関が比較的高いことが知られている。
◎能島暢呂

S造の被害 ［エスぞうのひがい］ damage to steel buildings 被害想定 地震 ▶鉄骨造の被害

S波 ［エスは］ S wave 地震 被害想定
振動方向が伝播方向に垂直な横波。P波よりも伝播速度が小さく，常にP波の後に現れるので，secondary waveからS波と呼ばれるようになった。shear waveという意味もある。振動面は2つあり，地表に垂直な振動面を持つS波をSV波，平行な振動面を持つS波をSH波と呼ぶ。異方性媒質中を伝播するS波は，速度が大きい方向に平行な振動面を持つS波と垂直な振動面を持つS波に分離する。これをスプリッティングという。→基盤地震動の推定
◎澁谷拓郎

越波 ［えっぱ］ wave overtopping 海岸
波が海岸堤防，護岸あるいは防波堤を越えて，堤内地へ侵入する現象（写真）。越波の大きさは，堤内地へ越波した水の総容積としての越波量または，単位時間内に単位幅当たりの壁面を越える水量で表され，越波流量（m³/m·s）として定義される。越波流量が大きくなると，護岸や海岸堤防の場合には，堤内地の浸水が激しくなり，家屋の水没や，変電設備，鉄道，道路などの社会資本の機能が阻害される。また，堤防や護岸の背後の▶洗掘が生じ，堤体本体の破壊を生じる場合がある。防波堤を波が越えて港内へ伝播する場合には，港内の波高増大をもたらし，港内の静穏度を低下させる場合がある。越波量の大きさは，堤防や護岸の形状によって変化し，直立堤に比較すると，消波ブロックで被覆された護岸の場合には越波流量が減少する。越波現象は，構造物の安定性や破壊を引き起こすだけでなく，親水性護岸や親水性防波堤では，少量の越波でも，人の転倒や水流による流出事故を引き起こす危険性があり，短時間にどれだけの越波が生じ，利用者に危険性を及ぼすかについても検討しておく必要がある。
◎平石哲也

■ 護岸の越波状況

越波対策 [えっぱたいさく] countermeasure against wave overtopping 海岸　越波が激しくなり，越波流量が大きくなると護岸の舗装が剥がれたり，堤体本体が崩壊する危険性がある．越波を防ぐためには，護岸や堤防の天端高を高くすることが最も有効であるが，高い天端は海へのアクセスを困難にしたり景観を損ねる可能性がある．また空港護岸では，飛行機の離発着に支障が出ないように，天端高が制限されている．また，護岸周囲に家屋が密集している場合には，護岸の天端高を高くすることが困難である．それらの場合には，護岸を消波ブロックで防護し，波のエネルギーを減衰させたり，前面に▶離岸堤や▶潜堤を設置することによって沖合で波を砕波させてエネルギーを消散させる手法を用いることができる．さらに堤内地においては適切に排水溝や排水機場を設けて，浸水した水量を排出する必要がある． ◎平石哲也

越波モデル [えっぱモデル] numerical modeling of wave overtopping 海岸　越波量や越波流量を数値計算で推定するモデル．二次元断面水路における越波実験結果から，合田(1975)による直立護岸および消波工被覆護岸における越波流量算定グラフが導かれ，護岸の設計などに広く用いられている．ただしグラフの適用範囲が限定されているため，各種の消波工や任意の海底勾配に適用できる数値計算プログラムが提案されている．近年は，二次元計算に関しては，Navier-Stokes方程式を有限差分法で直接解いて波動運動を数値解析し，直立護岸を越流する波の状況を微小時間毎に求める手法が開発され，越波時における波形変化まで計算できるモデルが提案されている．波が▶多方向不規則波の性質を有する場合には，単一方向波より越波流量が低下する場合があり，近似解を求める計算プログラムが提案されている． ◎平石哲也

越流堤 [えつりゅうてい] overflow levee 河川　洪水調節を目的として河道沿いや合流点付近に堤防で囲って設置される調節池において，本川洪水時に河道から調節池に自然越流するように設計される堰構造物．河道からの越流条件は，越流堤の長さと天端高さにより決定され，一般には，計画高水流量のピーク付近における流量調節効果を高めるために，天端高さを比較的高くし，長さを長くすることが多い．越流量は堰の天端形状と越流水深により決定され，標準越流頂や台形越流頂などの標準的な形状に対して越流堰に関する越流公式が得られている． ◎角 哲也

NHK生活時間調査 [エヌエイチケーせいかつじかんちょうさ] daily activity survey by NHK 被害想定　日本人の生活行動を時間の使い方の面から調べたNHK(日本放送協会)による全国規模の調査．個人の1日における行動を，睡眠，食事，仕事，家事，通勤，通学など41項目に分け，15分刻みで記録している．これらを集計した結果から，全国や都道府県単位での住民の在宅率，通勤・通学率，勤務率，買物率などを知ることができる．このデータは時刻別の地域の一時的滞留者数を推定する場合の傍証データとして用いられる．→昼間人口，一時的滞留者 ◎辻 正矩

NGO [エヌジーオー] non-governmental organization 情報 海外 復旧　NGOは，一般的に非政府組織であるが，特に国際社会で市民権を強めている非営利団体を想定する場合が多い．国際連合憲章第71条民間団体の規定（「経済社会理事会は，その権限内にある事項に関係のある民間団体と協議するために，適当な取極を行うことができる．この取極は，国際団体との間に，また，適当な場合には，関係のある国際連合加盟国と協議した後に国内団体との間に行うことができる」）との関連で国連の場でNGOの発言が積極的に容認され，さらに会議への参加が保障されるなどして，その国際的承認が進んできた．近年では，様々な領域で，例えば国境なき医師団や地雷廃絶国際キャンペーンなどのようにノーベル平和賞が贈られるような重要な活動を展開している．多くは高い専門性を持ち，国連や国家に対しても対等の意識が強い．国際的災害救援でも不可欠の役割を果たしている．→NPO，防災非政府組織活動 ◎岡本仁宏

N値 [エヌち] N-value 地盤 被害想定 地震　▶標準貫入試験から求められる地盤の硬軟や相対的な締まり具合を表す値．この値から地盤の力学的な性質を推定できる様々な経験式が示されている．粘性土で4以下，砂質土で10～15以下は軟弱地盤と判定される．杭基礎を支持させる良質な支持層は粘性土で20，砂質土で30以上とされている．→土質柱状図 ◎安川郁夫

NPO [エヌピーオー] non-profit organization 情報 復旧　非営利非政府組織のこと．NPOは，営利組織for-profit organizationに対する非営利組織のことであるが，NGOに比べどちらかといえば一国の中の文脈で使われることが多い．NPOは，日本では法律上，民法上の公益法人（財団法人，社団法人），社会福祉法人・学校法人・医療法人・宗教法人などの特別法に基づく公益法人，特定非営利活動法人，法人格を持たない社団に分類される（協同組合などのいわゆる中間団体については議論がある）．レスター・サラモンとH.K.アンハイアーの非営利セクター調査の定義的要件では，①正式な組織，②民間，つまり政府とは別組織，③利益配分をしない，④自己統治組織，⑤自発性が挙げられている．

防災や災害救援などの公共的な仕事は政府だけではなく，NPOよっても遂行される．ボランティア活動や献金などの市民の活動は，政府よりもNPOによる組織化によってこそその特性が生きてくる．このことを日本で強く示したのは阪神・淡路大震災である．また震災は，日本の市民社会領域の拡充に対して重要な意義を持つ「特定非営利活動促進法」の形成を促し，NPOがようやく日本でも比較的簡単な方法で法人格を取得することが可能になった．→NGO，防災非政府組織活動 ◎岡本仁宏

FL値 [エフエルち] FL (factor of liquefaction resistance) value 被害想定 地震 地震時に地中の各深さに発生するせん断応力と液状化に対するせん断強度の比をFL値と称し,これが1.0を下回った場合に液状化が発生するものと判定する。液状化抵抗率。地中の各深さに発生するせん断応力は地表面の最大加速度,および,深さなどによって計算される。液状化に対する強度の推定方法には,N値や細粒分含有率などをもとに推定する簡略法,および,実地盤から採取した資料の動的載荷試験に基づく方法などがあり,建設される構造物や施設の重要度などにより,適切な方法が選定される。→液状化の推定,PL値

◎濱田政則

mn比 [エムエヌひ] m-n ratio 被害想定 火災・爆発 都市大火時における人命安全性確保のための避難場所選定条件の検討を目的として,故浜田稔博士が火災の熱的外力を想定するために,火炎の形状,大きさとそれらから放散する輻射放熱を求め,避難場所を選定する手法を1967年に構築した際に,炎の傾きや高さを設定する式の中に全建物平均・建蔽率:mと延焼速度比:nの積が用いられており,これをmn比という。延焼速度比:nは次式により定義される。

$$n = \frac{a+b}{a+\frac{b}{0.6}}(1-c)$$

$$a+b+c=1$$

ここで,a:純木造混在率,b:防火造混在率,c:耐火造混在率。

特に,炎の傾きに関してはその導出過程が文献的に十分明らかではないが,炎の高さに関する導出過程と比較検討すると,火災による単位地区面積当たりの発熱速度がmn比に比例することを仮定して式中に組み込まれたものと思われる。この成果は,さらに発展して,東京都防災会議の報告(1973年)において,都市大火時の道路,河川,鉄道などによる焼け止まりを評価するために,前面空地を隔てて建つ木造家屋に延焼着火しない許容輻射受熱と対比して焼け止まり条件式を構築した際にも用いられている。

◎糸井川栄一

MUレーダー [エムユーレーダー] Middle and Upper radar 河川 気象 上方にのみ電波を発射するvertical pointingレーダーの一種。また,ウインドプロファイラーの一種でもある。世界で最大規模のものを京都大学宙空電波科学研究センターが保有する。降水粒子ばかりでなく大気そのものの鉛直方向のドップラー速度(ドップラーレーダー)の強度分布(ドップラースペクトル)を観測できる機能を持っている。この2つの情報から大気の鉛直流れに相対的な降水粒子の落下速度の分布を直接推定でき,その結果として落下速度が依存する降水粒子の粒度分布の鉛直分布が推定可能となる。また,機械操作でないphased array方式でビーム方向を変化させることができるので,ほとんど同時に水平風速の観測も可能である。

◎中北英一

エルニーニョ現象 [エルニーニョげんしょう] El Niño 海外 気象 数年に一度,太平洋東部赤道域の広い範囲で海面水温が平年より2~5℃も暖かくなる現象をいい,この現象は地球をめぐる大気の流れに影響し,世界各地に影響を与えることが知られている。逆に,この海域の海面水温が平年より低い状態が続く現象は,ラニーニャ現象と呼ばれ,エルニーニョ現象ほど顕著でないが,同様に異常気象との関わりが指摘されている。通常,太平洋赤道域の海面付近では東から西へ貿易風が吹いており,表面付近の暖かい水は西側に吹き寄せられ,東部の南米側では,深層から冷たい水がわきあがっている。ところが貿易風が何らかの原因で弱くなると,西部に蓄積されている暖水を維持できなくなって暖水域が東側に移動するのがエルニーニョである。暖水域の海上では大気中に上昇流が見られるが,これが移動することで大気の状態が変化する。逆に,ラニーニャ現象では貿易風が強まって暖水域がより西側に移動する現象である。

◎饒村 曜

LPガスボンベの地震時出火想定 [エルピーガスボンベのじしんじしゅっかそうてい] estimation of earthquake fires from LP (liquid petroleum) gas cylinders 被害想定 地震によりLPガスボンベから出火した事例は少ないが,ガスボンベが転倒しガスが漏洩することが多く,漏洩すると空気より重い性質から低所に滞留し,何らかの火源があれば引火し火災に至る。東京都では,振動実験,被害事例および転倒防止措置の実態調査などから設定した地震時のLPガスボンベの転倒率と,転倒ボンベからのガス漏洩率から地震時の出火率を設定し,地域別のLPガス消費施設の分布数により出火件数を想定している。

◎川村達彦

塩害 [えんがい] salt injury / salt damage 気象 台風・津波などの高潮で塩分濃度の高い海水が低地の陸地に侵入して起こる災害(塩水害 salt water damage)と,強風により風浪が発生し,しぶきを上げ,そのしぶきが陸地の奥まで飛んできて発生させる災害(塩風害 salt wind damage)および灌漑水や土壌に含まれた塩分が蒸発散により地表近くで濃縮される災害(塩土害 salt soil damage)があり,塩害はそれらの総称である。塩水害は海水が侵入し,塩類がたまると,塩化石灰や塩化マグネシウム,塩酸などが生じて作物の生育を著しく阻害したり,干拓地や埋立地などではコンクリート内の鉄筋老化を促進する。塩風害は,海上から陸上に吹き込む強風によって運ばれた多量の塩分粒子が陸上植物や送電線に付着し,植物の生理的阻害作用に影響を及ぼし,収量を低下させたり枯死したり,あるいは送電線を故障させ停電事故を発生させたりする。塩土害は,日本では降水量が蒸発散量を超えるので一般的には発生しないが,乾燥地や半乾燥地では土壌の塩類化

(salinization of soil)が大きな問題となっている。

◎早川誠而

沿岸砂州 [えんがんさす] longshore bar 海岸
沿岸砂州は海浜の平衡縦断形状を規定する重要な要素である。平衡縦断形状は，発達した沿岸砂州を伴う▶暴風海浜(冬型海浜)と沿岸砂州のない▶正常海浜(夏型海浜)に大別される。暴風海浜は汀線が後退する侵食型であり，正常海浜は堆積型である。自然海浜の場合，冬型・夏型が示す通りに，この2つのパターンが交互に出現し，長期的に見ると顕著な汀線変化は生じない。高波浪時には汀線が後退し，侵食された土砂は砕波帯外縁部に堆積して沿岸砂州を形成する。静穏時には，沿岸砂州は徐々に岸向きに移動し，汀線に付着して乗り上げバームを形成し，消滅する。このように沿岸砂州は海象条件によって生じる汀線付近の地形変化を支える重要な働きを担い，高波浪時には土砂の貯留場所として，大量の土砂の深海部への流出を抑制するとともに，砂州の存在による水深の減少によって砕波を促進して波浪のエネルギーを減衰させ，海浜の縦断地形を安定化させている。

◎後藤仁志

沿岸漂砂 [えんがんひょうさ] longshore sediment transport 海岸 海浜における砂移動現象を▶漂砂と呼び，汀線に平行な移動が沿岸漂砂である。砕波現象を介在して生じるため，その機構が十分には解明されておらず，岸沖方向に積分された全漂砂量を砕波点における波動エネルギーフラックスの沿岸方向成分の関数として定式化することが多い。代表的な式にはCERC公式や，砕波波高の空間分布を加味した小笹・ブランプトン式などがある。ただし，これらの式中の係数は普遍的なものではなく，実測や数値モデルによる検証計算をもとに，対象とする海浜毎に定めているのが実状である。沿岸漂砂量式と一次元底質保存則とを組み合わせることにより汀線変化の予測を行うことができる。one-lineモデルと呼ばれ，多くの実務計算が行われている。

◎田中 仁

沿岸流 [えんがんりゅう] coastal current / longshore current 海岸 沿岸域に特有の岸に平行な流れを沿岸流と呼ぶが，2種類の流れが混同されている。coastal currentは，海岸から数十km沖合までの沿岸域の流れを指し，主に▶潮流，吹送流および密度流である。長期間継続する流れでは，海岸に平行な流れによるコリオリ力と，岸沖方向の水面勾配や密度勾配による圧力勾配とが釣り合っている。▶砕波帯から海岸までの浅水域では，砕波による質量輸送で生じる流れが卓越し，海浜流(nearshore current)と呼ばれ，その中で岸に平行な流れをlongshore currentと呼ぶ。

◎吉岡 洋

円弧すべり [えんこすべり] circular slide 地盤
地すべりや崩壊の移動体が運動方向に平行に切った縦断面上で弧状のすべり面に沿って運動する場合をいう。無層理の軟質な地層，特に盛土の安定解析には円弧すべりを仮定する場合が多い。斜面構成層が層理面，節理，断層などを持つなど不均質な場合には円弧すべりにはならない。しかし，すべり面の中央部が平板状でも，上部と下部を円弧で代用することはできる。

◎大八木規夫

援助 [えんじょ] aid 行政 他人の事業，活動などを助けることをいい，法令上では，特定事業の促進を図るため，融資，助言者の派遣などの手段により助力することをいう。なお，援助には，通常補助は含まれないが，「激甚災害に対処するための特別の財政援助等に関する法律」のように，地方公共団体に対する補助，交付金の交付，負担金の減少などを総称して，「財政援助」の用語を用いる場合もある。

◎井野盛夫

援助依存症 [えんじょぞんしょう] aid dependency 海外 生存限界に近い生活水準を余儀なくされている途上国の社会にあって，防災のための支出の優先度は極めて低い。低い財政能力や人材が乏しいために，災害の事前対策や制度の準備を独自に行うのは困難である。大きな災害が起きると緊急救援さえも自助努力だけではできない。緊急救援から復旧を経て復興に至る全ての過程で外国の援助に依存することになる。防災環境のうち，社会的風土(災害下位文化)は災害で打ちのめされて立ち上がれない貧困層の増大で向上することはないし，独自でできる範疇にある組織に関連した業務は外国の援助を受け入れるための手続きや要請書の作成程度になってしまう。その結果，被災経験を将来に活かすという最も基本的なことさえ政策に活かすことができなくなる。➡援助疲れ

◎渡辺正幸

延焼拡大 [えんしょうかくだい] fire spreading 火災・爆発 建築火災においては，火災が発生した区画(室)から他の区画(室)へ拡大することをいう。市街地火災では，火元建物から他の建物へ火災が拡大することをいう。また類焼ともいう。後者の場合，延焼拡大には連続延焼と飛躍延焼があり，連続延焼は接炎・輻射熱を主要な延焼拡大要因として次々に隣棟が延焼していくことであり，飛躍延焼は飛び火，熱気流を主要な要因として火災建物から離れた位置にある建物に着火が及ぶことをいう。

◎糸井川栄一

延焼火災 [えんしょうかさい] spreading fire after fire fighting 火災・爆発 被害想定 出火建物のみで火災が鎮火せず他の建物への延焼を生ずるに至った火災をいう。地方自治体が行う地震被害想定では，地震における出火のうち延焼拡大に至る出火件数を推定することは，火災による被害を予測する上で非常に重要である。延焼火災件数の算定にあたっては，想定される総出火件数を基本に過去の地震経験に基づく住民による初期消火率の想定や，防災市民組織，消防団，消防隊の一次運用による消火率の推定，および出火建物周辺の建物構成が考慮に入れられる。東京都の被害想定のように，延焼火災件数を求めた後，消防隊の二次運用によって消火可能な火災を求めているところもある。➡輻射延焼

◎糸井川栄一

延焼限界距離［えんしょうげんかいきょり］critical distance of fire spread ［火災・爆発］ 延焼が進展しないと見なせる隣棟間隔の最小値をいう。建物の構造，規模等によってこの距離は異なるものと考えられるが，この概念を初めて数式化した浜田の延焼速度式やこれに続く堀内の延焼速度式などでは，風速のみに依存するかたちとなっており，建物が均等に格子状に並んでいると見なした場合の隣棟間隔がこの値よりも大きければ，延焼は拡大しないと判定している。浜田の延焼速度式に基づくと，例えば，風速が6 m/sであれば風下方向の延焼限界距離は出火直後で8 m，1時間後で40 mとなる。→市街地火災
◎糸井川栄一

延焼遮断効果［えんしょうしゃだんこうか］fire-breaking effect ［火災・爆発］ 河川，鉄道，道路，公園などのオープンスペースを主とした公共施設群や，連続する耐火建築物群，あるいはその組み合わせなどの線的に連続する施設群によって，周辺に発生した市街地火災の進展を防御，抑止すること，またはその効果をいう。計画的に整備された延焼遮断効果を有すると考えられる線状の施設群が延焼遮断帯。ただし，延焼遮断帯に一定条件下での延焼遮断の効果があるかどうかは，→市街地火災の加害要因としての輻射熱量，風下気流温度，火の粉などが延焼遮断帯を挟んだ反対側の市街地の木造建築物に到達する量に依存し，各種加害要因の総合効果によってその木造建築物が着火するかどうかによって判定される。着火すると判定された場合には，延焼遮断効果なしと見なされる。延焼遮断効果判定には浜田の延焼理論と旧建設省総合技術開発プロジェクトの方法が著名であるが，最近では，延焼遮断する/しないの2値判定ではなく，延焼遮断確率に基づいて市街地整備が計画されるケースも見受けられる。
◎糸井川栄一

延焼遮断帯［えんしょうしゃだんたい］fire-break belt ［被害想定］［火災・爆発］［復旧］ 大規模地震時に市街地大火の危険性の高い木造家屋が密集する地域を，防火ブロック（都市防火区画）に分割しておき，同時多発火災によって延焼拡大した火災を防火ブロック内で焼け止まらせ，被害を局限化するための防火ブロックを構成する要素である。防火帯とも呼ばれる。一般的には，河川，鉄道，道路，公園などの都市のインフラを軸として，ここに耐火建築物群，空地などを保全，整備，建設，または誘導することにより，市街地火災を焼け止まらせるために計画的に構成された帯状の領域である。国土交通省（旧建設省）が所管する都市防災推進事業の中の都市防災不燃化促進の延焼遮断帯型整備では，避難路整備道路，河川，鉄道等の都市基盤施設などとその両側に指定される不燃化促進区域を含めて概ね45mの幅員とされている。
◎糸井川栄一

延焼出火［えんしょうしゅっか］spreading earthquake fires ［被害想定］［火災・爆発］ 地震被害想定における焼失範囲を算定する際，出火後一定時間内に周辺の建築物などに延焼すると想定される出火。出火する建築物などで初期消火がなされなかった火災の中から，一定時間内での延焼不拡大，住民による組織的な消火，消防団による消火，常備消防による一次運用・延焼不拡大火災からの転戦・二次運用による消火を差し引いた火災。
◎熊谷良雄

炎上出火［えんじょうしゅっか］framed earthquake fires ［被害想定］［火災・爆発］ 水野式を導出する際に用いられた過去の地震時出火分類の一つ。建物全体に火が回ってしまったかあるいは延焼の火元になった火災であり，全出火から即時消止火災（地震で出火したが，建物内に拡大する前に，まわりの人が消し止めた火災）を差し引いた火災。過去の地震記録において炎上出火の件数は確度の高いものとされる。また，関東大震災から1974年伊豆半島沖地震までの出火のあった13の地震を対象に分析された結果では，住家全壊率が1〜50％の場合，炎上率（炎上出火件数/全出火件数）は36〜50％であった。→水野式
◎熊谷良雄

延焼速度式［えんしょうそくどしき］formula of fire spreading velocity ［被害想定］［火災・爆発］ 気象条件として風速の他，市街地構成の情報として隣棟間隔，家屋の大きさ，建物構造別の構成比などをパラメータとして，風向別に市街地火災が拡大する速度（延焼速度）を数学的計算手続で簡便に計算する式。代表的な延焼速度式として，→浜田式，東消式，東消拡張式，→東消式97などがある。一般的に，延焼の想定の際にはこれらの延焼速度式が用いられ，一定の領域内における上記の市街地構成などに関するデータに基づいて延焼速度を計算し，時刻別の被害量を推定する。従来は，簡便な浜田式がよく用いられてきたが，阪神・淡路大震災後，木造建築物の倒壊等の影響も取り扱うことができる東消式97が開発され，東京都における直下の地震被害想定（1997年）の延焼想定に適用されている。その後，地震被害を受けた耐火造建築物等も加味した「東消式2001」も開発されている。
◎糸井川栄一

延焼阻止線活動［えんしょうそしせんかつどう］fire-fighting along fire break belt ［火災・爆発］
▶消防力の地震時二次運用

延焼中の死傷者［えんしょうちゅうのししょうしゃ］casualties caused by spreading fires ［被害想定］［火災・爆発］ 地震火災による延焼中の死者数は，燃え拡がりの速さに関連して変わることが考えられるため，過去の大火事例における単位時間当たりの焼失棟数（焼失棟数/延焼時間）と死者数との関係からなる回帰式を求めて算出する。1997年の東京都による被害想定の検討では関東大震災や函館大火のような大規模な火災の発生では単位時間当たりの焼失棟数が多く，また複数の火災が合流することによって多くの死者が発生する一方で，合流火災の発生しないような，単位時間当たりの焼失棟数の小さな中小規模の火災では死者は発生しないか，少ないことが明らかになっている。
◎宮野道雄

延焼動態図 ［えんしょうどうたいず］ chart of fire spreading 火災・爆発 被害想定　出火後の一定経過時間毎に出火場所からの火面（火陣 fire front ともいう）の位置や延焼の進んだ方向（火流 fire current）の情報を含む▶市街地火災(都市火災)の進展状況を図上に描いたもの。延焼動態図は，当該火災に対して活動した消防隊，消防団や住民への聞き取り調査や記録映像によって作成されることが多い。関東大地震火災の際に震災予防調査会によって作成されたものが最初とされる。　　　　　　　　　　◎糸井川栄一

延焼の想定 ［えんしょうのそうてい］ estimation of fire spreading 被害想定 火災・爆発　主として地方自治体などが地震被害想定を行う際に，主要な地震被害の一つとして想定される火災による被害の拡大について，定量的に把握するための計算方法，過程。延焼の想定をする際には，不燃領域率などの指標によって，延焼危険が小さく火災の拡大が想定されない地域は，予め除外されることが多い。風向，風速の想定とともに，別途想定される出火件数や出火地点の情報に基づいて，延焼拡大が考えられる出火点について，自主防災組織による消火，消防隊および消防団による消火・延焼阻止線活動，都市のインフラによって構成される延焼遮断帯の遮断効果等を計算し，消火件数・延焼火災件数等の他，時刻別の焼損棟数，焼損延べ面積，焼損地域面積およびそれらの割合などが算出される。比較的大規模な空間を対象として計算をすることが多いため，建築物一棟一棟を対象として計算することは少なく，ある程度まとまった地区ごとの市街地状況に関する情報に基づいて，延焼速度式を活用して計算が行われることが多い。
　　　　　　　　　　　　　　　　　　◎糸井川栄一

延焼不拡大火災 ［えんしょうふかくだいかさい］ non-spreading earthquake fires 被害想定 火災・爆発　地震被害想定において，想定される出火点の中で出火後一定時間を経ても周辺の建築物などに延焼する恐れがない火災。一般に，一定領域内の建築構造別の混成比率，全建物平均建蔽率，木造と防火造の平均階高，および，放任火災における建築構造：iから建築構造：jへの平均延焼確率を用いて，一定領域毎に出火した建築物の構造別に判定される。東京都の地震被害想定では，常備消防の出場の対象とはするが，現場到着後消火活動をせずに他の火災に転戦するものとされている。　　　　　　　　◎熊谷良雄

延焼防止 ［えんしょうぼうし］ prevention of fire spread 火災・爆発　建築物内部または隣接する別の建築物への火災の拡大を防ぐことをいう。建築物内部の延焼防止は基本的に▶防火区画の設定によりなされることが多い。防火区画は，不燃材の壁，防火戸，スパンドレル，防火ダンパーなどで構成される。隣接建築物への延焼防止は，建築物同士の離隔距離を保つこと，および建築物の外周部や開口部を防火的構造にすることなどでなされる。
　　　　　　　　　　　　　　　　　　◎田中哮義

延焼ユニット ［えんしょうユニット］ fire spreading unit 被害想定　延焼の想定に際して，延焼阻止効果がある道路，鉄道，河川などの領域に囲まれた地域。延焼の想定では比較的広い空間を対象として計算をすることが多く，計算の効率化を図るため，延焼ユニットを単位としてその内部の市街地は均質であると仮定し，その地域の市街地状況に関するマクロ情報から延焼速度式を用いて延焼拡大計算を行うことがある。1つの延焼ユニットから別の延焼ユニットへの▶延焼拡大では，2つのユニットの境界に延焼遮断帯となり得る線的施設があるものとして，延焼遮断効果の判定が行われる。東京都の延焼想定手法の一環として用いられている。→市街地火災　　　　　◎糸井川栄一

延焼予測 ［えんしょうよそく］ prediction of fire spreading 火災・爆発 被害想定　▶市街地火災が時々刻々どのように延焼拡大していくのかを予測することをいう。地方自治体の行う地震被害想定では計算機を用いたシミュレーションで一定時間後の具体的な焼失面積や焼失範囲，あるいは延焼速度の算定のために延焼予測を行っている。また地域危険度評価のように地域の相対的な延焼危険性を評価するためにも用いられている。延焼予測は，浜田(1951)の▶延焼速度式と藤田(1973)によって示された延焼拡大過程の計算手順によって大きな進展を遂げた。従来は，浜田の延焼速度式に代表される延焼速度式と延焼拡大過程の計算手法に，要所要所での延焼遮断判定を組み合わせた予測手法が多く，そのためのデータは，建築物一棟毎の情報ではなく，木造混成率や建蔽率などの市街地のマクロな情報が用いられた。しかし，最近では火元建築物からの輻射熱量を計算して，受害側建物が着火するかどうかを判定し，個々の建築物の着火や鎮火時間をシミュレートして，延焼予測するものが主流になっている。実際に火災が発生してからリアルタイムで延焼予測を行うという構想もある。
　　　　　　　　　　　　　　　　　　◎糸井川栄一

援助行動 ［えんじょこうどう］ helping behavior 情報　他者が身体的に，また心理的に幸せになることを願い，ある程度の自己犠牲を覚悟して，人から指示，命令されたからではなく自ら進んで，意図的に他者に恩恵を与える行動，つまり「向社会的行動」と，広義には，同じ行動として扱われる。災害に関連するものに，時間，労力，金銭などを提供して行う奉仕行動，貴重な持ち物を提供する分与・共有行動，危険を覚悟して緊急事態で行う救助行動，被災者を慰め，励ます精神的援助などがある。
　　　　　　　　　　　　　　　　　　　◎高木　修

援助疲れ ［えんじょづかれ］ aid fatigue 海外　1990年代に入って先進援助国において，財政状況の悪化や景気の後退のため援助供与額が伸び悩む傾向を意味する。援助量の横這いまたは減少の背景には，財政状況の悪化の他に，主要な援助対象地域であるアフリカ諸国の経済的停滞や後退ならびに被援助国の指導者の汚職や政府職員の腐敗に見られるように，援助の効果が表れないための苛立ち

や援助の方法や効果について疑問が生じて援助予算に対する国民の関心と支持が減退したことも挙げられる。被災地の絶望的な状況は報じるが緊急救援や生活再建のための支援が成功した事実を報じない報道機関の姿勢も開発援助や災害救援に対する関心を薄め実績が低下する原因の1つである。→援助依存症

◎渡辺正幸

援助物資の供与作業 [えんじょぶっしのきょうよさぎょう] logistics for disaster relief 海外 元々は軍事用語で，軍需物資の備蓄，保管から輸送および伝達までの全ての手順を一括した意味を持つ作業で兵站と訳される。災害に対応する場合は，救命，生活再建，復旧，復興そして事前対応などそれぞれの時期ならびに変化に対応して，必要とされる品質を持つ物資が必要とされる量だけスムーズに供給することが求められる。要請された物資は即刻引き出されて輸送できるように倉庫の管理と輸送手段が事前に周到に準備されていなければならない。援助国や援助団体の多くは送り出す側として体制を整えてきた。ロンドン，シンガポール，ワシントンなどには日本が物資を備蓄しており，主要援助国も飛行場に倉庫を持っていて緊急時に人材や救援物資を優先的に輸送する協定を航空会社と結んでいる。しかし，問題は被災した現場にあることが多い。物資の横流し，内乱による輸送手段の断絶，受取り側の調整不足や通信・輸送手段の不足による滞留や破損などで被災者に届かない事例が報告されている。

◎渡辺正幸

遠心模型実験 [えんしんもけいじっけん] centrifuge model test 地盤 粒状体の集合である土の力学特性は応力レベルに強く依存する一方，土構造物の変形や破壊には自重応力が支配的に働く場合が多い。また，自然材料である土は種類だけでなく，密度や含水状態で力学性質が大幅に変わるので，力学特性を数学的にモデル化することが難しい。そのため，研究と実務で遠心模型実験がよく行われる。この場合，想定する実物を縮小しただけの模型を用いると，自重応力がごく小さくなるので，実物の挙動を模型に期待することができない。そこで縮尺$1/n$の模型を重力加速度のn倍の遠心加速度場に置くと，土の単位体積重量がn倍になる効果によって，模型の自重応力分布が実物と同一になり，縮小模型に実物の挙動再現が期待できる。

◎高田直俊

遠地地震 [えんちじしん] distant earthquake / teleseism 地震 地震を震央距離によって分類し，約1000 km以上離れた地震をいう。短周期の波は減衰するため，長周期の波動として伝わってくるので，長周期地震計で観測される。地球内部の反射屈折などにより，多数の波が観測される。地球を数回まわる波が観測される場合もある。巨大地震の場合は有感地震になることもあるが，被害を生じることはほとんどない。

◎伊藤潔

堰堤 [えんてい] dam 地盤 河川 ダムのこと。堰堤とは流れを横断してその疎通を妨げることを指し，堰堤とはそのような機能を持った堤である。通常は貯水や取水を目的として築造されるが，砂防堰堤のように急激な土砂流出を抑制するためのものもある。貯水堰堤の築造目的は，洪水制御と発電，農業，工業，生活などの用水や正常流量の維持といった水資源の確保であり，同一の堰堤に複数の目的を持たせた多目的ダムもある。堰堤の主な型式には，強度と経済性から，コンクリート構造のアーチ，バットレス，中空重力，重力と，土（アースダム）か岩石（ロックフィルダム）が用いられるフィルがある。ダム年鑑（財）日本ダム協会）2001年版によれば全国で3150の高さ15 m以上のダムがある。

◎藤田裕一郎

煙突効果 [えんとつこうか] stack effect / chimney effect 火災・爆発 階段室やエレベーターシャフトなど高い竪穴空間の温度が外気より高いと，内外の空気の密度差によって竪穴空間と外気の間で高さ方向に圧力差分布ができる。竪穴空間の気体質量の保存関係から，外気から竪穴空間に流入する空気と，竪穴空間から外気に流出する空気流量は等しくなければならないことから，竪穴空間の圧力は下部では外気より低くなり，逆に上部では高くなる。このため竪穴空間の下部と上部に開口があれば，下部の開口からは外気が流入し，上部の開口からは内部の空気が流出する。これは，煙突が煙を排出する時と同一の物理的機構による現象なので，煙突効果と呼ばれるが，火災時の建物内煙流動に重要な影響をおよぼす。→自然排煙

◎松下敬幸

エントロピー entropy 河川 エントロピーとはシャノンが情報理論の分野で不確定さの尺度として定義した概念。この概念は，水文学の分野においてもよく用いられている。例えば，降雨・流出変換系のエントロピー的解釈，長期流出系のエントロピーモデル，最大エントロピー原理を用いた水文量の確率密度関数の推定などである。特に，最後に述べた確率密度関数は最大エントロピー分布と呼ばれ，治水・利水計画を策定する時の確率水文量の評価に有効である。

◎寒川典昭

エンパワーメント empowerment / community empowerment 海外 この概念が生まれたのは，1990年代半ばになって，「GNPの拡大が社会の底辺のレベルアップにつながる」とするそれまでの経済成長至上の開発政策が必ずしも成功せず，直接貧困層に焦点を当てた開発の必要性が認識されるようになってからである。貧困問題を解決するためには，社会的弱者を生み出す社会制度や社会通念を打破する行動が欠かせない。防災では，社会の防災力は「顔見知りの範囲」の集団が，加害力が作用した時に持つ対応能力が基本になると考えて，地域社会の防災力を大きくすることを目的として考える。地域社会の住民が持つ自分たちの安全を自分たちの努力で守るという意識と被災経験をもとに，積極的な住民参加，技術移転，政府機関との調整を進めて加害力に対する抵抗力を大きくする事業を実施

する。事業の実施には高い専門性を持つNGOの参加が不可欠である。災害による損失を上回る経済余剰を生み出すメカニズムを作り出すことが事業の成功の鍵であり総合防災が開発へ移行するということの意味である。この意味で現金収入を増加させることが重要である。→災害復興ボランティア　　　　　　　　　　　　◎大井英臣，渡辺正幸

遠方操作　[えんぽうそうさ]　remote operation　[河川]　ダムのゲート，バルブなどの放流設備の操作を，現場機器から離れたダム管理所などで行う方式。不測の事態の発生に備えて，機器側および遠方操作において，手動による開閉操作を他のシステムから独立して行えることを基本としている。ダム管理所には，通常これらの放流操作制御装置とともに，ダム水位，降雨量などの水文・気象情報監視システム，放流操作のために必要な目標開度などの自動演算処理システム，ITVカメラによるダムおよび周辺状況監視システム，降雨データ等に基づく流入量予測計算システムおよび記録等の管理データ処理システムなどを合わせて設置して，ダム管理の的確化と効率化を図っている。
◎井上素行

煙霧　[えんむ]　haze　[気象]　肉眼では見えないごく小さいかわいた粒子が，大気中に浮遊している現象。ちり煙霧，黄砂，煙，降灰などで，悪視程になることが多い。地物の輪郭がはっきり認められなくなる距離で煙霧の強度を表し，4 km以上を弱または0とし，2 km以上4 km未満を並または1とし，2 km未満を強または2とする。煙霧の中の相対湿度は75％未満のことが多い。　◎根山芳晴

涎流氷　[えんりゅうひょう]　extruded ice　[雪氷] [海外]　道路上などに流れ出て盛り上がるように凍った氷塊を涎流氷という。滲出氷，ロシアではナレージ(Nalade)，氷河ではアゥフアイス(Aufeis)ともいう。中国黒竜江省のアムール川周辺，大興安嶺地域では山腹の地中から湧き出た地下水が道路上に流出して凍結し，その上にまた凍結することを繰り返して厚い氷となり，道路雪害の原因ともなる。池から溢れ出た水が道路に流れ出して凍った涎流氷，上流のダムが決壊して流出した水が土手を作るように凍った涎流氷もある。　　　　　　　　　　　　　　　　◎対馬勝年

塩類風化　[えんるいふうか]　salt weathering / salt fretting　[地盤]　炭酸塩，硫酸塩，塩化物などの塩類の析出によって岩石が機械的に分解・細粒化される風化作用。その主要なメカニズムとしては，①空隙にある塩類が熱により膨張する時の圧力，②水和作用によって生じる応力(例えば無水石膏と石膏とが相互に水和・脱水する時に生じる体積変化)，③溶液から塩の結晶が成長する時の圧力，などがある。一般に高温乾燥地域や海岸で起こりやすい現象であるが，温暖湿潤な日本の内陸においても，第三紀の堆積岩などで生起する。九州宮崎(宮崎層群)でのコンクリートの基礎の破壊や，福島いわき(湯長谷層群)での住宅地下の床の持ち上がりなどの災害は，いずれも硫酸塩の析出によるものであり，塩類風化と類似のメカニズムで引き起こされたものと考えられる。
◎松倉公憲

オ

応急井戸　[おうきゅういど]　emergency well　[都市]　普段は使用していないが，渇水などの緊急時に応急的に使用を再開する井戸。水道事業が予備水源として確保するケースや，個人の井戸を災害用として登録しておき，緊急時に一般に開放するようなケースがある。大規模な水道事業の緊急用に使用するには，水量的に不足する場合が多く，地域のための井戸として地域で管理するケースが多い。
◎松下　眞

応急仮設住宅　[おうきゅうかせつじゅうたく]　temporary house / prefab　[復旧] [行政]　災害救助法に基づいて，自力では住宅の確保が困難な被災者に供給される一時的住居。災害発生後20日以内をめどに建設を開始し，速やかに設置するとしている。応急仮設住宅は約1年間の使用を前提としているが，状況によって延長される。使用料は無償であるが，水道・光熱費は入居者の負担となる。1997年に基準が改正され，1戸当たりの床面積は29.7m²(台所，トイレ，ユニットバス付き)となったが，短期使用が前提で，基礎は簡易で，断熱材などが使用されていないため，夏は暑く冬寒いなど，居住性能は低い。阪神・淡路大震災では，約4万8000戸建設されたが，用地難や迅速な供給のため，郊外や埋め立て地の公有地に大量建設された。このため，被災者は，近隣関係の崩壊や孤独死などの問題が提起され，ふれあいセンターの設置や生活支援などの新しい取り組みが実践された。
◎塩崎賢明，厚生労働省

応急仮設住宅共同施設　[おうきゅうかせつじゅうたくきょうどうしせつ]　public facility for temporary houses　[復旧]　阪神・淡路大震災では，今までの居住地から離れた郊外に多くの仮設住宅が立地し，またそこでの生活が長引くことが予測され，孤独死などの問題が指摘されたので，独居老人などが住宅に閉じこもることを防ぐために，仮設住宅団地内に「ふれあいセンター」が建設された。これは洋室，和室，相談室を持つ平屋建ての仮設プレハブで，被災者の自立支援，ボランティアやコミュニティ活動の場として活用された。50戸以上の団地に1カ所以上建設され，運営は仮設住宅自治会やボランティア団体に委ねられた。
◎塩崎賢明

応急危険度判定　[おうきゅうきけんどはんてい]　emergency damage assessment　[復旧]　地震等の災害で被害を受けた建築物について，その建築物への居住や利用が安全であるかどうか，またその建築物が周辺に対して危険

を及ぼすことがないかという立場に立って，余震等による倒壊の危険性や落下による危険性を，災害後速やかに調査し，その結果に基づいて危険度を危険，要注意，安全の3区分によって判定するものである。日本では1990年代初めに神奈川県，静岡県で制度化され，阪神・淡路大震災において初めて実施された。その後，すべての都道府県で制度化されている。判定は事前に登録され訓練を受けた応急危険度判定士が行う。応急危険度判定士は建築士の資格を持つ技術者のボランティアである。アメリカではロマプリータ地震(1989年)で初めて実施された。　　◎小川雄二郎

応急救護活動　[おうきゅうきゅうごかつどう]　emergency relief activities　被害想定　災害により家族や住まいを失った，もしくはその危険に瀕する住民に対して，自治体が応急的に避難所を開設し，飲料水・給食，生活物資，医療介護などを提供し保護する活動。被災地内外を結ぶ通信手段を確保し，被災地生活情報を広報するなどの複合的な支援活動を含む。学校や集会施設でのプライバシーを欠く避難生活を長く続けるのは困難であり，早期に仮設住宅を用意して近隣関係を保つかたちで入居を図ること，公営住宅や賃貸住宅の空き家活用，家賃補助などの選択肢を増やすことが救援対策として有効である。救護にあたっては，高齢者，心身障害者，外国人など災害弱者への配慮が求められ，災害ボランティアによる支援活動が大切である。阪神・淡路大震災ではピーク時に30万人の被災者が避難所に暮らし，約4万8000千戸の仮設住宅が建てられて被災者の生活支援に関わる様々な課題が現れた。　　◎村上ひとみ

応急戦略　[おうきゅうせんりゃく]　emergency response strategy　都市　地震直後の緊急対応は発災後の地震対策の成否を大きく左右する重大な問題である。従って応急戦略は地震発生前の段階から周到な準備を積み重ねて，発災直後に，的確かつタイムリーに対応策が実行できるように事前に練り上げておかねばならない。特に意思決定システムはシンプルかつ体系的に整備しておくことが肝要である。応急戦略において重要な事項は情報戦略である。これは地震動の大きさ，分布，被害の状況，それに基づく対応策の実行に必要不可欠である。また，発災直後においては対応策を実行するのに必要な情報が全て入手されることはまれであり，被害予測システムの活用など状況に応じて臨機応変に対応策を実行することが重要である。交通施設の場合には，主に応急被災度調査と応急復旧対策からなり，二次災害防止のための応急復旧工事の計画・実施，本復旧に向けた準備などを指す。　　◎小川安雄，田中　聡

応急ポンプ　[おうきゅうポンプ]　emergency pump　都市　緊急時などに応急用として使用するポンプ。渇水などの場合の各種用水の汲み上げ，また，耐震貯水槽や防火水槽の水を利用するためのポンプなどをいう。水道事業用の応急ポンプは各事業者において保管・管理されるが，耐震貯水槽用の応急ポンプは学校や公園内の防災倉庫に保管される。　　◎松下　眞

応答スペクトル　[おうとうスペクトル]　response spectrum　地震　被害想定　ある特定の動的外乱によって揺れる弾性1自由度系において，系の固有周期もしくは固有振動数を横軸に，揺れの最大値を縦軸にとって表したものをいう。外乱が地震である場合には地震応答スペクトルと呼び，また揺れの大きさを加速度で表した場合を加速度応答スペクトル，速度で表した場合を速度応答スペクトル，変位で表した場合を変位応答スペクトルと称する。応答スペクトルは外乱の特性や大きさによって異なり，また付与する粘性減衰によっても変わる。動的外乱に対して安全なように構造物を設計する場合，揺れの最大値を知ることが基本となるので，応答スペクトルは耐震設計で多用される。　　◎中島正愛

応答変位法　[おうとうへんいほう]　seismic deformation method　地震　地盤　地下埋設管，シールドトンネルなど各種の都市トンネル，地下駐車場など，見かけの質量が周辺地盤のそれと比較して小さく，地震時の挙動がそれら自身の慣性力よりも周辺地盤の変位やひずみに支配される地中構造物を対象とした耐震計算法。周囲を地盤によって拘束されているこれら地中構造物の地震時応力や変形は，地盤変位の場所毎の違い(地盤ひずみ)と，構造物と地盤との質量や剛性の差に起因する相互作用特性によって決まるものと考え，周囲を地盤バネで支持した構造物モデルに対し，自由地盤の地震応答計算から算定した変位を静的に作用させて(横断面方向の計算では周面せん断力も加える)，構造物に生じる断面力や変形を計算する。地震荷重となる自由地盤の変位・周面せん断力の算定方法には，工学的基盤面上で与えられた速度応答スペクトルから一次元地盤震動的に計算する簡便なものから，不整形地盤などを対象として動的FEMなどで二次元，三次元の地盤応答を計算するものもある。　　◎清野純史

応力集中　[おうりょくしゅうちゅう]　stress concentration　地震　地盤　孔の周辺や隅角部のように，材料の断面が急に変化する部分において，応力が他の部分に比べて増える現象をいう。応力集中の度合いは，応力集中部の応力がその部分の平均応力に対して持つ比として定義される応力集中係数などによって表される。応力集中は材料の破断を誘発する原因となるので，構造物の安全性を確保する上で常に留意しなければならない。　　◎中島正愛

応力歪曲線　[おうりょくひずみきょくせん]　stress-strain curve　地震　地盤　材料に作用する応力とそれに対応するひずみの関係を描いた曲線で，応力を縦軸にひずみを横軸にとって表す。コンクリートの場合はコンクリートシリンダーに対する圧縮試験から，鋼の場合は鋼片に対する引張り試験から，応力歪曲線を求めることが多い。この曲線から，ヤング係数，降伏応力，最大応力，伸び能力など，材料の基本特性が得られる。　　◎中島正愛

狼少年症候群 ［おおかみしょうねんしょうこうぐん］ inattention due to false alarms 〔情報〕 →誤報

大雪 ［おおゆき］ heavy snowfall 〔雪氷〕〔気象〕〔河川〕 雪が激しく降ることをいうが，それによって結果的に新積雪深が大であることを主に表す。大雪そのものは降雪強度や積雪深などの数値で定義されてはいない。しかし防災の目的で出される大雪注意報や大雪警報には基準値があり，地域（管区）によって評価の違いがある。大雪に慣れている多雪地帯ほど基準値が高く，例えば，新潟地方，札幌管区，仙台管区の順である。さらに同じ地域でも山沿いと平地では，山沿いのほうが基準値が高い値である。→豪雪，多雪年
◎遠藤辰雄

沖波 ［おきなみ］ deepwater waves / offshore waves 〔海岸〕 海底面の存在が水面波に影響を与えない程度の大水深における波。深海波ともいう。海岸付近の波は，海底地形の影響を受ける浅海波であるが，浅海域での波の特性量を規格化する基準量として沖波の諸量（沖波波高，沖波波長など）が用いられる。慣用では，添字0を付して沖波であることを表す。例えば，海浜の平衡縦断形状は，来襲波がもたらす波流れ系と漂砂系の相互作用を通じて決定されるが，縦断形状の概略は，沖波波形勾配（沖波波高と沖波波長の比）および海底底質の粒径を用いて領域区分される。このように沖波の諸量は海浜変形の駆動力の程度を示す指標として有用である。
◎後藤仁志

屋上制限令 ［おくじょうせいげんれい］ fire-proofing building and roof regulation order 〔復旧〕〔火災・爆発〕 1880～1881年にかけて東京は繰り返し都市大火を被ったため，防火を中心とする焼跡地の都市改造に取り組むとともに，主要街路を防火路線に指定し建築構造の防火化を義務付けた「防火路線並ニ屋上制限規則」を，1881年2月25日に公布した。日本橋，京橋，神田の3区の街路および運河沿いに22路線を指定し，その沿道の建築物は煉瓦造，石造，土蔵造とし，その他の都心地区の全建物は屋根を不燃材で葺き，長屋の路地の幅員を6尺以上にするなどの建築制限を定めた。近代日本の最初の防火建築制限で，沿道不燃化も目指した。
◎中林一樹

奥尻町復興計画 ［おくしりちょうふっこうけいかく］ reconstruction plan of Okushiri town 〔復旧〕 1993年7月12日に発生した北海道南西沖地震および津波によって壊滅的な被害を受けた北海道奥尻町では，北海道の支援を得て，「奥尻町災害復興計画」(1995年3月)が策定された。復興の基本方針は，地震災害からの早期の復興を目指すとともに，防災に配慮した集落の整備および地域振興を積極的に展開することとし，①生活再建：住宅の再建，基幹産業の再建，生活の安定および社会生活基盤の確保，②防災まちづくり：各地区のまちづくり，集落の嵩上げ，避難対策，防災活動体制の強化，③地域振興：水産業の振興，農業の振興，観光の振興，芸術・文化の振興，などを内容としている。計画の財源には，国庫補助，道補助の他，全国からの義援金を原資として創設された「奥尻町災害復興基金」が充てられた。→まちづくり集落整備事業
◎南 慎一

屋内収容物による死傷者 ［おくないしゅうようぶつによるししょうしゃ］ casualties caused by household items and furnishings 〔被害想定〕 基本的には揺れによる被害に伴って発生する死傷者と位置付けられる。屋内収容物の移動，転倒による死者発生は兵庫県南部地震を除けばほとんど事例がないが，兵庫県南部地震でも家屋倒壊を主因とするものと峻別することは困難と考えられる。被害想定の事例としては，1984年の静岡県の被害想定では屋内器物の移動，転倒による（死者／負傷者）の比は他のどの要因よりも小さいと考え，ブロック塀，石塀の倒壊による値0.021の1／100であるとして，死者数＝0.0002×負傷者数とした。また，同じ想定において宮城県沖地震の調査結果に基づいて，負傷者数＝0.386×揺れによる全負傷者数としている。なお，1997年の東京都の被害想定では，屋内収容物の移動，転倒による負傷者数は揺れによる負傷者数の中に含むこととし，建物被害によって怪我をする人の数～10数％程度と考えている。
◎宮野道雄

屋内収容物の震動による挙動 ［おくないしゅうようぶつのしんどうによるきょどう］ behavior of household items and furnishings cause by seismic wave 〔被害想定〕 地震時には建物が大きく揺れることにより，屋内の家具などが転倒，滑動，ジャンプなどの挙動をすることが多い。乳幼児や高齢者といった災害弱者が転倒した重量家具の下敷きになると死亡や骨折などの重大な負傷に至る危険性がある。転倒や飛来した家具による受傷は避難行動を妨げる要因ともなるため避けなければならない。兵庫県南部地震による震度5以上の戸建住宅を対象にした調査結果によれば，本棚，タンスなどの転倒率は30～50％であった。芦屋浜の高層住宅では家具の平均転倒率は上層階60％強，中層階40％，下層階20％と階数による転倒率の差が明らかであった。この他，地震時には天井や壁に取り付けられた照明器具の落下などによる被害が発生することがある。
◎宮野道雄

押え盛土 ［おさえもりど］ loading berm 〔地盤〕 軟弱地盤上に盛土をする場合に生じる底部破壊防止や地すべりの斜面先破壊の抑止対策に採用される。斜面先に盛土し，カウンターウエイトとしての役割を機能させ，すべりに対する抵抗力（抵抗モーメント）を増加させることを目的にしている。余分な用地を必要とするが，極めて効果的な方法である。土留めの根入れ不足対策やトンネル坑口の偏圧対策（保護盛土ともいう）に用いられることもある。
◎中澤重一

オゾンホール ozone hole 〔気象〕 大気の気柱積算したオゾン量の過少の領域。南・北両極で春先，成層圏（オゾン層）のオゾンがクロロフロロカーボンCFC（フロン類）

によって破壊されて形成される。特に，南極の春先に顕著で，南極大陸全域（2000年時点）を覆う。平常時，成層圏（約10〜50 km）では，太陽紫外線の照射により，酸素分子は光解離し，これがオゾンを生成して，オゾン層を形成している。大気中に放出されたCFCは成層圏に達すると太陽紫外線により分解して塩素原子を遊離し，これが触媒的に作用して大量の成層圏オゾンを壊す。

◎植田洋匡

オックスファム Oxford Committee for Famine Relief 海外 英国を本部とする被災した開発途上国の救援と開発を目的とし英国に本部を置く国際NGO。第2次世界大戦中のギリシャで食糧不足に悩む子どもたちを救援するために1942年にOxford Committee for Famine ReliefによりオックスフォードでF募金が行われたのが始まりである。戦後は戦争難民を救援する団体として成長したが，1960年から開発途上国で農業振興と食糧増産のための援助を実施するようになった。その原則は，人材を派遣して研修を施し現地の住民の自助努力を促すことにある。1970年以降はアメリカ，カナダ，ベルギー，オーストラリアに支部を置いて組織を拡大して洪水・地震・干ばつなどの被災者の救援事業を行っている。

◎渡辺正幸

オバリング ovalling oscillation 気象 鋼製煙突，クーリングタワー，サイロなどの薄肉円筒シェルに見られる横断面内で動的変形をする振動である。原因の一つは，円筒後流に周期的に放出される▶**カルマン渦**であり，カルマン渦の発生周波数またはその高調波と，ある面内変形振動モードの固有振動数とが一致した場合に大きな振動を生じる。ただし，カルマン渦はオバリングの必要条件ではなく，頂部付近の複雑な流れに起因する空力負減衰効果による▶**自励振動**と解釈されるものもある。

◎田村幸雄

帯筋 ［おびきん］ hoop 地震 鉄筋コンクリート柱の主筋の周囲に，一定間隔で配置する鉄筋。柱のせん断補強，主筋の座屈の防止，主筋とともに囲まれたコンクリートの拘束に効果があるので，繰り返し曲げ塑性変形や高い圧縮軸力を受ける場合の脆性破壊を防ぐために用いられる。せん断補強には長方形の帯筋が有効であるが，コンクリートを拘束するたがとしては円形の帯筋やスパイラル筋が有効である。従って十分な靭性を必要とする柱では，正方形の帯筋とスパイラル筋を併用することもある。

◎塩原 等

帯工 ［おびこう］ river bed girdle 地盤 河床の侵食を防止して計画河床高を維持するために設置される横工（河川を横断して施工される工作物）であり天端高は計画河床高と同一とし落差が生じないように計画される。通常は落差を有する床固工と組み合わせて適当な間隔を置いて連続的に配置される。下流側河床の洗掘を防止するために捨て石やふとんかごなどを設置する。通常コンクリート構造であり，袖部も設けて渓岸の侵食防止も兼ねる場合が多い。

◎石川芳治

親潮 ［おやしお］ Oyashio 海岸 北太平洋の千島列島沿いに南下し，北海道南東岸沖から枝分かれしつつ本州三陸沖を経て常磐沖で黒潮とぶつかる寒流。北太平洋亜寒帯循環の西岸強化流にあたる。流速は最高1.3ノット位，流量は北海道沖で1500万トン位で黒潮の3分の1程度である。黒潮に比べて低温低塩分で，栄養塩やプランクトンに富み，魚が豊富に育つので親の名が付いた。異常気象との関連が見られ，本州沿岸沿いに南下する親潮沿岸流（親潮第一貫入）が犬吠埼沖まで達する時期は，東北地方では夏に「やませ」と呼ばれる東よりの冷たい北風が吹いて低温，日照不足，濃霧をもたらして冷夏凶作を招き，東北沿岸には異常冷水による養殖被害が発生する。

◎吉岡 洋

オランダの飢餓 ［オランダのきが］ Dutch famine 海外 第二次世界大戦中のオランダで農業生産が半減した。ナチスドイツは占領下のオランダ経済を戦争目的に特化させ収穫した食糧をドイツへ移送した。その際，ストライキで抵抗したオランダの鉄道労働者に対する報復としてナチスドイツは食糧，燃料，電力の輸入を全面的に停止した。さらに連合軍の進撃を食い止めるために国土の8％を意図的に水没させたことが農業生産をさらに減少させた。その結果，都市住民のエネルギー摂取は成人が必要とする量の3分の1である500キロカロリーにまで低下して飢饉となった。アムステルダム市はスープの炊出しを実施して1日16万人に対する給食を行った。その結果，900万人のうち餓えによる死者は1万8000人にとどまった。

◎渡辺正幸

おろし fall wind 気象 ▶**局地風**の一つで，一般に山岳地域から吹き降りる強い風を指している。おろしには冷気塊が斜面に沿って重力流として吹き降りる場合と，山越え気流として斜面を吹き降りる場合（ハイドロリックジャンプ）とがある。いずれも断熱変化によって昇温するが，日本では西高東低の冬型の気圧配置下で発生しているものが多く，相対的に低温な空気塊のため，おろしは一般に冷たい，乾燥した強風を指している場合が多い。那須おろし，赤城おろし，筑波おろし，六甲おろしなど冬季の太平洋側で発生している。

◎渡辺 明

温室効果 ［おんしつこうか］ greenhouse effect 気象 水蒸気や二酸化炭素などの大気の成分気体は，雲とともに，地表面から射出される遠赤外線を吸収して，地球からの過度の熱損失を抑制している。これが大気の温室効果である。地球規模の気候を支配している最重要過程は熱収支であり，それに関与する熱取得と熱損失は，それぞれ，太陽放射の吸収分（約235 Wm^{-2}）と宇宙への同量の遠赤外線である。この結果，地表面温度が約15℃に維持されている。15℃の地表面からの射出遠赤外線は約390 Wm^{-2}であり，吸収太陽放射の約1.7倍である。もしもこれが全て宇宙へ放出されると，取得熱量よりも熱損失が多いので，地表面温度は氷点下約6℃にまで低下する。実際には，温室効果

■ 温室効果ガスの温室効果への相対的寄与率

期間	二酸化炭素	メタン	フロン	一酸化二窒素	その他
1880～1980	66%	15%	6%	3%	10%
1980年代	49%	18%	14%	6%	13%

の結果として，地表面からの射出遠赤外線の大部分(約350 Wm^{-2})が吸収されるので，宇宙への熱放出は抑制されている。その結果，地球は氷の世界にならないで温和な世界となっている。他方，二酸化炭素などの温室効果ガスの増加は，温室効果の異常な増強をもたらして，地球温暖化を引き起こす原因となっている。 ◎山元龍三郎

温室効果ガス [おんしつこうかガス] greenhouse gases 〈気象〉 可視領域の太陽放射に対して透明であるが，遠赤外線領域で顕著な吸収帯を持つ大気の成分気体を，温室効果ガスと呼ぶ。その主なものは，水蒸気・二酸化炭素・オゾン・メタン・一酸化二窒素，フロン11およびフロン12である。これらは，雲とともに，地表面から射出される遠赤外線を吸収して地球からの過度の熱放出を抑制しているので，地球は温和な世界を維持している。水蒸気以外の温室効果ガスは，人間活動に起因して顕著に増加している。その結果として深刻化する地球温暖化が懸念されるので，排出抑制を国際的に規制すべく協議が行われているが，その実施は必ずしも楽観できない。過去における温室効果ガスの温室効果への相対的寄与率は，上表に示す通りである。 ◎山元龍三郎

温水施設 [おんすいしせつ] water warming facilities 〈雪氷〉〈気象〉 寒冷地で冷害対策として農業用水を温めるために設けられる水路や溜め池である。水稲は早植えによる生育の促進が遅延型の冷害防止として求められるが寒冷地では十分な水温が確保され難い。また，高地の水田で周辺の山から雪解け水が流入し水温が上がらないような場合は，農業用水にできるだけ太陽放射を吸収させ水温を上昇させる。用水路の流れを緩やかにし，水田まで太陽放射を吸収する時間を長くするように周囲の地形より勾配を特に緩やかにした水路を温水路という。また，農業用水を広い面積に拡げ十分に太陽放射を吸収するようにした池を温水池という。温水池の大きさは受益面積の5%以下。 ◎卜蔵建治

温泉 [おんせん] hot spring 〈火山〉 日本の温泉法は1948年に制定され，25℃以上の温度があるか，溶存成分を1 g/l 以上含むか，CO_2，$NaHCO_3$，H^+，イオウなど17成分のいずれかが所定の含有量を超えるか，の条件を満たして地表に湧出する水のこと。日本には約3000の温泉地があるが，その多くは火山の周辺にあり，熱源は火山に求められ，溶存成分にもマグマ物質を含む火山性温泉が多い。非火山性の熱源として，放射性元素の崩壊に伴う地球内部からの熱があり，これにより地下水が温められた温泉もある。温泉は，例えばpHが2以下のものを強酸性泉，2～4のものを酸性泉，4～6のものを弱酸性泉，6～8のものを中性泉，8以上のものをアルカリ性泉のように酸性度や温度，主に含まれる陰イオン成分，陽イオン成分などによって分類される。温泉は浴用以外にも，寒冷地では暖房や道路融雪，プール，養魚など多岐にわたって利用されている。 ◎平林順一

温泉沈殿物 [おんせんちんでんぶつ] sinter 〈火山〉 温泉沈殿物は温泉水の湧出に伴う温度低下，pHの変化，溶存成分の空気による酸化，溶存ガス成分の発散などによって生成する。ケイ素の沈殿物は珪華と呼ばれ，溶存していたケイ素が温度低下などで析出したものである。イオウは溶存していた硫化水素が空気酸化され析出したもので，湯ノ花と称され浴用に供するため，温泉水を長い湯樋に流して人工的に生産している温泉地もある。鉄沈殿物は，温泉水に溶存していた二価の鉄イオン(Fe^{2+})が空気で酸化され三価の鉄イオンとなり，水酸化物として沈殿したものが多い。炭酸カルシウムの沈殿は溶存していた炭酸ガスが大気中に発散したために$CaCO_3$の溶解度が減少して析出したものである。 ◎平林順一

温泉変質作用 [おんせんへんしつさよう] solfataric alteration / hydrothermal alteration 〈地盤〉 熱水変質作用の一種。火山ガスや温泉水中の亜硫酸や硫化水素が酸化し地下水に溶解し硫酸酸性の熱水となり周辺の岩石を化学的に変質させる作用。この作用は，岩石中のアルカリ・アルカリ土類・アルミナを順次溶出させ，酸性の熱水に溶けにくいケイ酸(SiO_2)だけが残る。この過程で，スメクタイトやカオリンを主体とする粘土化を伴う。また，明バン石や石膏のような硫酸塩鉱物を伴うという特徴もある。このような粘土は温泉余土と呼ばれ，吸水膨張しやすく，盤膨れや地すべりを起こすことが多い。例としては，丹那トンネルの擁壁の倒壊や箱根大涌谷の地すべりなどがある。最近では，1997年に発生した八幡平澄川地すべりもこの例である。 ◎松倉公憲

温帯低気圧 [おんたいていきあつ] extratropical cyclone 〈海岸〉〈気象〉 亜熱帯高圧帯よりも極側の偏西風帯で発生発達する低気圧。秋から梅雨季にかけて活動が活発で，真夏はあまり発達しない。極側の寒帯気団と赤道側の熱帯気団の境界に生じる大気の不安定性を解消する作用があり，全体として位置エネルギーを運動エネルギーに変換する。エネルギー変換により生じた強風が波浪の原因となる。北半球では，低気圧の東側では暖かい南風が，西側では冷たい北風が吹く。風は低気圧の最盛期に最も強く閉塞段階に達すると弱まる。温暖前線や寒冷前線を伴うのが温帯低気圧の特徴で，この前線付近で天気が悪い。雨量は，温暖前線のすぐ近くで最大となるが，寒冷前線に沿っては雷雨や突風が発生する。温暖前線が通過した後も，温

帯低気圧南側の暖域内で集中豪雨が発生することがある。

◎鈴木善光，荒生公雄

温暖前線　［おんだんぜんせん］　warm front　気象
→前線

音波レーダー　［おんぱレーダー］　acoustic sounder / sodar　気象　　ソーダー(Sound Detection And Ranging)と略されるように，電波の代わりに音波を利用したレーダーと考えることができる。音波パルスをビームとして上空に発信し，大気中の気温の乱れによって散乱されたエコーを受信して，気温の鉛直分布の定性的な情報を得る。また，ドップラーソーダーはドップラー効果を利用して，上層風を測定することができる。原理は3ないし5本の音波ビームを交互に発信し，散乱エコーの周波数と比べることにより，三次元的な風速の鉛直分布が得られる。送受信アンテナを離して設置するバイスタティック方式に加えて，同一機器で行うファイズドアレイ方式が開発された。測定高度は地上数百mまでである。

◎林　泰一

カ行

カ

加圧防煙 ［かあつぼうえん］ pressurization smoke control ［火災・爆発］　建築火災時の煙から保護したい空間の圧力を煙に汚染された空間よりも相対的に高めることにより，煙の侵入を防ぐ煙制御方法である。保護したい空間に直接新鮮空気を供給する場合と，別の場所に供給しておいて間接的に圧力を高める場合がある。火災状況は時間的に変化していくために汚染空間を確定し難いことから，最後まで保護したい付室や階段に給気を行うのが一般的である。この他，火災階を減圧し，非火災階に新鮮空気を供給して加圧するゾーン加圧もある。1978年竣工の新宿野村ビルと新宿センタービルは日本での加圧防煙採用の先駆である。
◎松下敬幸

過圧密 ［かあつみつ］ over-consolidation / over-consolidated ［地盤］　現在受けているより大きな有効上載圧を受けた履歴を有する土層は過圧密状態にあるという。過去の最大有効上載圧は不攪乱試料の圧密降伏応力（p_c）で推定される。過圧密は地盤表層部の侵食または掘削，あるいは，間隙水圧の変動が原因で起こる。過圧密状態では，圧縮性は正規圧密状態に比べて小さく可逆的であり，せん断強度は，間隙比と有効応力状態が同じであれば，正規圧密状態に比べて大きい。
◎清水正喜

海岸決壊 ［かいがんけっかい］ coastal destruction ［海岸］　海岸の決壊は流入する土砂量と流出する土砂量とのバランスが失われることにより生じる。その原因としては，まず，山地での治山・砂防工事が進んだことや，河川での砂利採取やダム建設により海岸への供給土砂量が減少したことが挙げられる。また，海岸線に対して直角方向に建設される各種海岸構造物は沿岸漂砂の連続性を阻止し，漂砂上手での海岸線の前進，下手での後退を引き起こす。仙台湾沿岸に見られる汀線変化を図に示す。同海岸では北向きの沿岸漂砂が卓越している。阿武隈川北側での汀線後退や，防波堤，導流堤の南側での汀線前進，北側での汀線後退が明らかである。また，福島県北部海食崖の侵食防止工事による供給土砂量の減少も侵食の要因となっている。海谷が海岸線近くに迫る急勾配の海岸では深海部へ落ち込むことにより土砂損失が生じる。また，近年，温室効果により海面上昇の長期傾向が見られ，将来砂浜の多くが失われることが危惧されている。
◎田中 仁

海岸侵食 ［かいがんしんしょく］ beach erosion ［海岸］

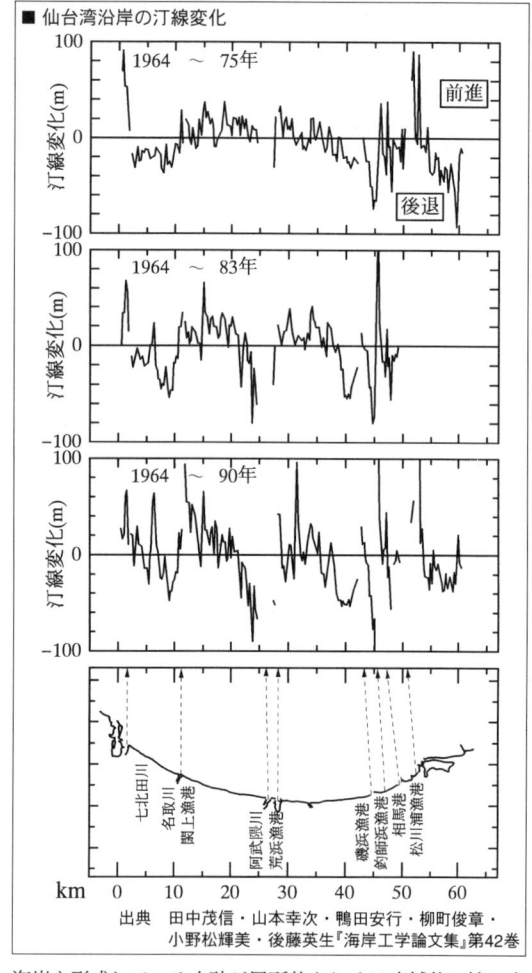

■ 仙台湾沿岸の汀線変化

出典　田中茂信・山本幸次・鴨田安行・柳町俊章・小野松輝美・後藤英生『海岸工学論文集』第42巻

海岸を形成している土砂が局所的もしくは広域的に持ち去られることにより海岸線が後退する現象。海岸線は海岸での流入流出による土砂収支のバランスが保たれることで維持されている。海岸侵食は，河川などからの供給土砂量の減少や，海岸構造物の建設などに伴う漂砂の遮断などにより，そのバランスが崩れるために生じる。日本の海岸は，河川からの豊富な流出土砂により保たれているものが多い。国内での海岸侵食には，近年における河川改修およびダム建設などによる河川からの流出土砂の減少を原因としているものが多くある。また，海岸整備・港湾整備事業などに伴う海岸構造物の建設も隣接海岸での海岸侵食を誘発している。海岸侵食において最も致命的と思われるものは，海浜全体を構成する土砂の絶対量が不足する場合である。現在，土砂の供給源としての河川から海岸までを一体化した土砂管理が進められつつある。
◎三島豊秋

海岸侵食制御工法 ［かいがんしんしょくせいぎょこうほう］

beach erosion control works [海岸] 海岸侵食を防止，緩和するための工法。構造物依存型と▸養浜とに分けられる。欧州の北海沿岸や米国東海岸のように河川，海岸勾配が緩やかで陸棚の発達した海岸では，1950年以降，養浜，維持養浜だけによる海岸侵食制御が行われている。一方，わが国のように，海岸や河川勾配の急な大陸縁辺海岸では，養浜砂の確保が困難なため，構造物依存型の工法が用いられている。養浜は自然環境に大きなインパクトを与えずに，自由度の高い対策が可能であるが，豊富な養浜砂が必要である。構造物依存型の場合は，構造物の設計，波浪，海浜流，漂砂制御機能など，高度な技術を要し，事業費用も高くなる。わが国では，当初は護岸，堤防，消波工で海岸を防護する線的防護法が用いられていたが，海岸侵食制御の効果が上がらず，離岸堤，突堤，緩傾斜護岸，養浜，人工リーフ，安定海浜工法（ヘッドランド工法）などの保全施設を複合的に組み合わせ，漂砂を面的に制御し海浜を安定化させる▸面的防護法に移行してきた。　　◎山下隆男

海岸高潮対策 [かいがんたかしおたいさく] storm surge countermeasures [行政] 海岸法第27条および海岸法施行令第8条に基づくもので，採択基準は海岸管理者が管理し高潮，波浪または津波により被害が発生する恐れの大なる海岸で，防護面積，防護人口が1 km当たり5 ha以上または50人以上を基準として実施する。　　◎井野盛夫

海岸堤防 [かいがんていぼう] coastal dike [海岸] [地盤] 波浪による波の直接的な作用や打ち上げ，▸越波，あるいは▸高潮，津波などの背後地への波浪災害防止や侵食による土砂の流出やそれに伴う災害を防ぐために海岸に造られる堤防。護岸は現地盤を被覆する構造であるのに対し，海岸堤防は，基本的に現地盤を盛土やコンクリートなどにより嵩上げしてあり，裏法を有する。使用材料により，石張式，コンクリート張式などに分類され，表法の勾配により，直立型，傾斜型，緩傾斜型などに分類される。従来は波浪防災を主な設置目的としており，従って直立型や傾斜型が広く採用されてきたが，近年は景観や親水性を考慮した緩傾斜型の海岸堤防も多く造られるようになってきている。　　◎水谷法美

海岸法 [かいがんほう] Seacoast Law [海岸] 海岸法は，戦後の相次ぐ台風災害を経て，海岸防護による国土保全の重要性に鑑み1956年に制定され，以来同法に基づき，高潮や津波対策，侵食対策などの海岸事業が全国的に推進されてきた。その間時代の要請に応じ，堤防や消波工に沖合施設や砂浜を組み合わせ，環境や利用面でも優れた▸面的防護方式が取り入れられたり，海岸環境整備事業なども合わせて行われてきた。しかしながら白砂青松の海岸や貴重な動植物の生息・生育する海岸の保全，あるいは海岸での様々なレクリエーション活動に対する国民の要請が増大するなど，従来の法体系では次世代に良好な海岸を継承することが難しくなってきた。このため，1999年に大幅改正され，法の目的も，津波，高潮，波浪などによる被害から海岸を防護することに加え，海岸環境の整備と保全および公衆の海岸の適正な利用を図ることが位置付けられた。主な改正内容は，計画制度では，国が海岸保全基本方針を策定し，国民に海岸保全の理念を示すとともに，これに基づき都道府県が海岸管理者や地域住民の意向を反映した海岸保全基本計画を策定することとなったこと，海岸保全区域以外の国公有海岸も一般公共海岸区域として法に基づく海岸管理の対象となり，必要な行為規制などが行えるようになったこと，これらの海岸の日常的な管理は海岸管理者が市町村の参画を得ながら自治事務として行うことなどである。　　◎大津光孝

海岸保全 [かいがんほぜん] coastal protection [海岸] ▸津波，高潮，波浪，▸海岸侵食による被害から海岸を防護するとともに，海岸環境の整備と保全および海岸の適正な利用を図ること。日本の海岸線総延長は約3万4804 kmであり，非常に長い。そして，沿岸部に人口や社会資本が高密度に集中している。ところが，沿岸部の自然環境は極めて厳しく，台風などによる高波浪や高潮，地震による津波などの災害を受ける可能性を宿命的に持っている。さらには，戦後のダム建設，川砂利採取などによって海浜への砂の供給が激減し，また沿岸部の港湾などの大規模構造物によって漂砂の連続性が至る所で絶たれたために，全国的に海岸侵食の問題を抱えている。従って，海岸保全の重要性は大きく，1956年制定の海岸法のもとで国土を防護してきた。しかし，防護の観点のみの法制度であり，海岸がハードな保全施設で覆われてきたことに対し，環境と利用の視点も含めた管理を行うことを目的に海岸法が改正され，2000年4月よりこの法律のもとで海岸保全が行われている。　　◎加藤一正

海岸保全施設 [かいがんほぜんしせつ] coastal protection facilities [行政] [海岸] 海岸法第3条では，都道府県知事は防護すべき海岸に係る一定の区域を海岸保全区域として指定できることになっており，この海岸保全区域内にある堤防，突堤，護岸，胸壁，その他海水の浸水または海水による侵食を防止する施設をいう（海岸法第2条）。　　◎井野盛夫

街区再建 [がいくさいけん] block reconstruction [復旧] 阪神・淡路大震災では，個々の敷地単位では建築基準法の基準に抵触するため住宅再建が困難であったり，一部は再建できても住宅まわりの居住環境の安全性や快適性に問題を生じる場合が少なくなかった。神戸の市街地は，戦災復興土地区画整理事業によって100 m毎の区画街路は整備されたため街区規模が大きいものの，街区内部は狭小宅地の密集した基盤未整備の状況にあった。このような被災地区に対して，神戸市は，街区形成が行われている地区では，小規模な土地区画整理を行って▸共同建替えや▸協調建替えを基調とする住宅再建を計画的に誘導する

ことが有効であるとして，街区単位に計画的再建を推進するために，敷地の交換分合，狭あい道路の拡幅や付け替えによって街区内の敷地条件を改varyする「道路整備型グループ再建制度」を創設した。この制度によって土地の交換分合にかかる税金が免除された。また，0.5haから適用できる▶安全市街地形成土地区画整理事業も制度化され，協調化と共同化を基調とする新しい街区再建の手法が展開された。
▶市街地再開発事業　　　　　　　　　　　　　◎中林一樹

海溝型地震　[かいこうがたじしん]　trench type earthquake　[被害想定] [地震]　海洋性プレートが陸側プレートの下に沈み込んでいく海溝部付近で発生するプレート境界型地震。わが国周辺では，1923年の関東地震(M 7.9)，1944年の東南海地震(M 7.9)，1946年の南海地震(M 8.0)，1968年十勝沖地震(M 7.9)，1978年宮城県沖地震(M 7.4)など，数多くの被害地震の例がある。プレート運動によって引きずり込まれた陸側のプレートが，突然，跳ね返ることによって発生し，強い揺れと同時に，海底の急激な隆起に伴って津波を生じることが多い。起震断層面の長さは100〜150 kmに及び，マグニチュード8前後の地震となる。プレート運動を直接の原因としていることから繰り返し性が高く，特定のプレート境界部分に発生する▶地震の再来周期は100〜200年といわれている。➡直下型地震，プレート間地震　　　　　　　　　◎岡田義光

開口噴出火炎　[かいこうふんしゅつかえん]　window flames　[火災・爆発]　建物火災で，室の窓から噴き出す火炎のことをいう。一般に火災室内では室内にある可燃物が熱分解することで発生する可燃性のガスが，窓開口などから流入する空気によって燃焼している。激しい火災では熱分解ガスは発生量が多いため室内に流入する空気のみでは燃え尽くさず，窓開口などから噴出して屋外の空気によって燃焼することにより，噴出火炎が生じる。　◎田中哮義

開口噴出熱気流　[かいこうふんしゅつねつきりゅう]　opening jet plume　[火災・爆発]　火災区画の開口部から噴出する開口噴流は，高温のため噴出後上昇熱気流となる。この熱気流は，火炎を含むこともまれではないが，上階の窓などを高温に曝し，▶上階延焼の主要因となる。火炎を含まない場合，熱気流の開口外における任意の点(x, y, z)温度上昇ΔTについては，無次元温度Θ

$$\Theta = \frac{\Delta T(x/D, y/D, z/D)}{T_\infty} / Q_D^{*2/3}$$

が開口噴流の温度や寸法にかかわらず幾何学的形状のみで定まることが知られている。ただし，T_∞は外気温度，Dは開口噴出熱気流の代表長さである。また$\overset{*}{Q}_D$は次式で定義される無次元熱流量である。

$$\overset{*}{Q}_D \equiv \frac{\dot{Q}_D}{C_p \rho_\infty T_\infty \sqrt{g}\ D^{5/2}}$$

ここに，C_p，ρ_∞，T_∞はそれぞれ空気の比熱，密度，温度，またgは重力加速度，$\dot{Q}_D$は開口噴流が持ち出す熱流量である。開口噴出熱気流の温度分布は開口形状に強く依存し，縦に長い噴出流は外壁から離れて，逆に横に長い噴出流は外壁に近寄って上昇する。従って，前者の場合は温度の最も高い気流軸上と外壁面位置とでかなりの温度差があるが，後者の場合は差が少ない。　◎田中哮義

開口噴流　[かいこうふんりゅう]　opening jet　[火災・爆発]　窓や扉などの開口部を通過する気体は，大きな空間から絞り込まれて次の大きな空間に噴出される。小さな圧力差では明確ではないが，排煙や加圧煙制御時には開口両側での圧力差が大きくなり，上流側の空気が下流側の空間に吹き込む形状となる。このような気流を開口噴流という。開口の両側の温度が等しい場合は開口噴流は一方向のみとなるが，異なる場合には開口の上下で逆方向の噴流が同時に生ずることも多い。なお噴出した気体が浮力により水平から上方に流れの向きを変化して上昇すると周囲空気を連行して▶火災プリュームと類似の挙動を示すので，これを特に開口プリュームということもある。　◎松下敬幸

開口流量　[かいこうりゅうりょう]　opening flow rate　[火災・爆発]　建物の窓開口や扉開口などの開口部を通る空気，煙，高温ガスなどの流量で，単位時間当たりの質量 [kg/s] または体積 [m³/s] で表される。開口流量はオリフィス流量の計算と同様にベルヌイの定理を応用して計算され，開口部分に温度差による上下方向圧力差分布がない場合，あるいは無視できる場合には，流れる気体の密度をρ，圧力差をΔp，開口面積をA，開口係数をαとして，質量流量mは

$$m = \alpha A \sqrt{2\rho \Delta p}$$

で計算される。通常の窓開口や扉開口などの場合，開口係数の値としては0.65〜0.7程度の値が用いられることが多い。開口係数は，流量係数，速度係数とも呼ばれる。

また開口部分での上下方向圧力差分布の影響が大きい場合には，圧力の中性帯からの高さzでの微小高さdzにおける流量$\alpha B(2\rho\Delta\rho gz)^{1/2} dz$を$0 \leq z \leq h$で積分して得られる下式を用いて計算される。

$$m = \frac{2}{3} \alpha B \sqrt{2\rho \Delta\rho g}\ h^{\frac{3}{2}}$$

ただし，Bは開口幅，$\Delta\rho$は開口両側の空間の気体密度，hは圧力の中性帯からの距離である。　◎松下敬幸

海上空港　[かいじょうくうこう]　offshore airport　[海岸] [地盤]　海上空港は，干拓，埋立，桟橋，浮体などにより水面上に滑走路，ターミナル，駐機場などの用地を造成するもので，羽田空港，関西国際空港，大村空港，ホノルル空港など事例が多い。埋立によるものがほとんどであるが，大水深化および軟弱地盤対策として桟橋式または浮体式空港の技術的検討も進められている。海上空港の安全性照査は，越波，しぶき，沈下，地震，浸水，腐食，▶ダウンバースト，動揺，鳥害などについて行う。　◎上田 茂

海上警報　[かいじょうけいほう]　marine warning　[気象]　船舶の運航に必要な海上の気象，波浪などに関す

る警報。全般海上警報と地方海上警報があり，前者は気象庁が全海域に対し，後者は地方海上予報区担当官署が自己の担当海域に対しそれぞれ発表する。海上風警報，海上濃霧警報，海上強風警報，海上暴風警報，海上台風警報，警報なしの6種類がある。これらの警報は海上保安庁の機関を通して，一般船舶に通報されるとともに，テレビ，ラジオなどでも放送されている。
◎根山芳晴

階上への避難 ［かいじょうへのひなん］ evacuation to upstairs 情報 ［1］取りあえず避難する一時避難から，さらに安全な場所へ再度避難すること。例えば，震災で家屋が大きく被災した時，避難所に行くが，その地域で広域延焼する危険がある場合には，再度，避難所を替えなければならない。このように，二次災害の発生など，時間の進行に伴って誘因や被災形態が変化する場合に，それに応じた避難をこのように呼ぶ。［2］洪水災害の際にとられる避難行動の一つ。避難勧告が出された場合に，近隣の公共建物に設けられた避難所に移動せずに，自分の家の上の階へ移動するだけで済ますこと。階上への避難が80％にのぼったという調査報告もある。
◎河田惠昭

海上予報 ［かいじょうよほう］ marine forecast 気象 海上の予報事項，気象および水象の概括的状況，気象および水象の観測結果を一般船舶に対して発表する予報。海上予報の内容は，主に海上の風向，風速，天気，視界，波高などで，全般海上予報は気象庁が，また地方海上予報は地方海上予報担当官署がそれぞれ発表する。各府県の行政区画内の沿岸海上には，各府県予報区担当官署が波浪予報を行っているので，地方海上予報と重複するところもある。
◎根山芳晴

海食崖 ［かいしょくがい］ sea cliff 海岸 地盤 波の衝撃的な力や，砂礫が波で流送される際に生じる研磨作用によって，侵食を受けてできた急斜面を海食崖という。その地形形状や侵食速度には，波の作用力の他，崖を構成する地質が大きく影響する。砂，砂礫などの未固結堆積物で構成された崖では，波食面は斜面状となり，侵食速度は大きい。泥岩や砂岩などから成る半固結・固結堆積岩で構成される崖では，鉛直に屹立した崖となる。火成岩から成る崖では長年の海食作用で奇岩状の海岸となることが多い。
◎浅野敏之

崖錐 ［がいすい］ talus cone 地盤 落・転石や斜面崩壊などによって岩屑が供給され，急崖あるいは裸岩急斜面(free face)の基部に錐状に堆積している状態。イギリスではスクリーコーン(scree cone)と呼ばれることがある。崖錐斜面の特徴は，落・転石および乾燥岩屑流によって形成される場合には30～40°の傾斜角を示し，堆積斜面では傾斜が最も急であるとともに，直線状の斜面形を示すことである。崖錐は土石流・雪崩によっても形成されることがある。崖錐堆積物は非常に未固結な状態で堆積しており，豪雨時には土石流の材料になることがある。
◎石井孝行

海水交換 ［かいすいこうかん］ water exchange 海岸 閉鎖的内湾では，開口部を通じて外海水と内湾水とが入れ替わる。この交換を海水交換という。単位時間当たりでの交換割合を海水交換率と呼ぶ。内湾に流入した淡水や物質の，内湾内における平均的な存在寿命を滞留時間と呼び，この逆数が海水交換率となる。内湾の水質は，陸域からの負荷や湾内滞留時の水質変化とともに，開口部での海水交換によって大きく影響を受けている。内湾開口部における海水交換は，潮汐や風などの外力によって起こり，交換の様子は内湾水と外海水の密度差や成層状況によって変化する。海水交換は，地形性の渦流，潮汐残差流，吹送流，密度差による上層下層の流れの差(流速の鉛直分布)などの機構による。東京湾や大阪湾などでの淡水の滞留時間は，数カ月程度のオーダーである。
◎細川恭史

外水氾濫災害 ［がいすいはんらんさいがい］ flood disaster due to river water 河川 河川水の流入・氾濫による洪水災害のこと。河川堤防によって隔てられた土地のうち，河川側の土地のことを堤外地と呼ぶことから，堤外地の水，すなわち河川水が，堤防の内側の土地に流入・氾濫して引き起こす災害のことをこのように呼ぶ。
→内水氾濫災害
◎市川 温

回折 ［かいせつ］ wave diffraction 海岸 波が防波堤，島，岬などの障害物にぶつかった時，その背後(幾何学的に陰になる部分)に波が回り込む現象をいう。波の回折は，光，電磁波，音波などの波動一般に共通の現象である。防波堤の配置に関して，回折による背後の波高予測が重要である。構造物による直接的な回折の他に，波の屈折により波高が集中する領域から周辺の波高の小さな領域へと波が移行する回折もある。この現象は屈折・回折といわれる。
◎間瀬 肇

外装材 ［がいそうざい］ cladding 気象 瓦などの屋根葺き材，カーテンウォール，窓ガラスなど，建築物の屋根面や壁面を覆っている材をいう。構造上は二次的部材であるが，風圧力はまず外装材から作用して，骨組みに伝わるため，その適切な▸風荷重評価と耐風対策が，建築物の▸耐風設計では最も重要である。外装材の部分的な破壊が全体破壊に結びつくことも少なくないし，飛散物として連鎖被害の原因ともなる。部位や負担面積に応じた適切な▸局部風圧の評価が必要である。
◎田村幸雄

階層震動 ［かいそうしんどう］ classquake 海外 地震が理学の分野でearth-quake(地盤が揺すられる)と表現することをもじって災害の社会的効果を表現した造語で，1976年に発生したグアテマラ地震災害に対する考察をもとにしている。加害力に対して脆弱な地域に貧困層が居住することを余儀なくされ，被災した貧困層が立ち直れずさらに貧困になるという社会的階層分化の進行を問題にしている。
◎渡辺正幸

階段加圧 [かいだんかあつ] pressurized smoke control of stairwell ｟火災・爆発｠ 階段室内に機械的に新鮮空気を送り込み，建物内で圧力を最も高い状態に保持し続けることにより，煙などの汚染物の侵入を防止する方法である．加圧効果に大きく影響する階段扉の開放数の想定方法が確立されていないことなどから現在のところ日本ではほとんど採用されていない．アメリカやカナダでは，➡加圧防煙で通常使用される方法であり設計法が提示されている．特に一定風量での加圧開始と同時に階段の外気側扉を開放して過度の圧力上昇防止を図る方法はカナダ方式といわれることもある．　　　　　　　　　　　　　　◎松下敬幸

階段工 [かいだんこう] stepped dams / terracing ｟地盤｠ [1] 階段ダム工とも呼ばれ，渓流において渓床の侵食防止，渓岸および付近の斜面の安定を目的として多数の砂防ダム，治山ダム，床固工を連続的に階段状に設置する工法．各施設の縦断的配置においては，下流の施設は上流の施設の基礎部の洗掘防止を図るように計画する．[2] 山腹階段工とも呼ばれ，雨水による侵食を防止し，樹木を植栽するために等高線状に水平階段部を設ける工法．
　　　　　　　　　　　　　　　　　　◎石川芳治

階段ダイアグラム [かいだんダイアグラム] stepdiagram ｟火山｠ 火山噴火や地震活動の規則性を知ることを目的とした図．火山の場合は，噴火年代を横軸に積算噴出量を縦軸にとり，噴火間隔と噴出量との間の規則性を読みとる．時間-積算噴出量階段図ともいう．噴火休止期間の長さがそれに先立つ噴火の噴出量に比例する場合(時間予測型)や，噴出量が先立つ休止期間の長さに比例する場合(噴出量予測型)などがあり，次に起こる噴火の開始時期や噴出量を予測できる場合がある．地震現象では，地震の年代を横軸に地震の累積スリップ量を縦軸にとる．地震の先行期間の長さが先立つ地震のスリップ量に比例する場合(時間予測型)や，スリップ量が先行期間の長さに比例する場合(スリップ量予測型)などがある．いずれも，個々の火山噴火や地震活動の内部過程を反映したものと考えられている．　　　　　　　　　　　　　　　◎鎌田浩毅

海底火山 [かいていかざん] submarine volcano ｟火山｠ 海底にある火山で，八丈島から南の富士マリアナ火山帯には明神礁，海徳海山，噴火浅根，海神南の場，福徳岡の場，南日吉海山，日光海山，福神海山など，多くの海底火山が存在する．鹿児島の南約50kmにある薩摩硫黄島の沖，諏訪之瀬島の沖などにも海底火山が存在する．浅い海底火山の噴火では，激しいマグマ水蒸気爆発やベースサージが発生する．また活動の継続で新しい島が生成することもある．最近では1973年に小笠原父島の西約130kmにある西之島に近接して「西之島新島」が誕生した．1986年1月には小笠原南硫黄島の北東約50kmの海底火山「福徳岡ノ場」が噴火し新島が誕生したが，約2カ月後には波浪の侵食により消滅した．深い海底にある火山の活動では，水圧が高いため激しい爆発は起こらない．海底火山の活動時には海水面が白色，黄色，黄褐色，褐色などに変わる変色現象や軽石の浮遊，海面の盛り上がりなどが観測される．海水の変色は，海底に噴出した酸性熱水が海水と反応して，熱水に溶存していた鉄イオン，アルミニウムイオン，ケイ酸イオンなどが共沈した水酸化物による．沈殿物が鉄を多く含む場合は褐色に変色し，アルミニウムやケイ酸を多く含む場合は白色に変色する．海山と呼ばれる深海の火山は太平洋だけでも10^4個はあると推定されている．　◎平林順一

海底地震観測 [かいていじしんかんそく] ocean bottom seismological observation ｟地震｠ 主に海底地震計を用いて行われる地震観測．自己浮上式海底地震計は設置回収が比較的簡便で観測海域を自由に選ぶことができるため，臨時の自然地震観測や構造探査に用いられる．しかし，電池容量の制限などのため長期間の観測には向かない．ケーブル式海底地震計は敷設および維持に莫大な予算が必要となるが，同一地域を長期にわたってリアルタイムでモニターすることが可能で，定常観測網の一環として用いられる．　　　　　　　　　　　　　　　　　◎片尾　浩

海底地震計 [かいていじしんけい] ocean bottom seismograph ｟地震｠ 海底で地震観測をする装置．自己浮上式とケーブル式の2つのタイプに大別できる．自己浮上式は比較的小型の耐圧容器内に，地震計，記録機，電池などを内蔵し，主に海上の船舶から投下して自由落下にて設置する．観測終了後は，海上からの超音波信号またはタイマーにより錘を切り離し，自らの浮力で浮上したところを回収する．ケーブル式は陸上から延ばした海底ケーブルの先端または途中に地震計を取り付け，データ送信，給電ともにケーブルを介して行われる．　　　◎片尾　浩

海底地すべり [かいていじすべり] submarine landslide ｟地盤｠ 海底の斜面の一部が不安定となり，重力の作用で斜面下方へ移動する現象．発生原因，形態，規模は様々である．大規模なものでは崩壊土量が10^{10} m^3 にも及ぶ．海洋構造物や海底ケーブルの破損などの他，沿岸部で発生した場合には崩壊上端の滑落崖が陸地に及び，建物などに被害を生じることがある．すべりの発生には，安息角以上の角度で堆積が進行する場合や，液状化により流動する場合などが考えられる．すべりの誘因としては，暴風時の波浪による圧力や，地震による震動などが考えられる．いずれの場合も海底堆積物中の間隙水圧の増大がすべりの支配的な要因となる．移動を開始した土砂は，その物理的性質と海底地形に依存した挙動を示し，すべり末端部で扇状地状に堆積する場合や，高密度混濁流として相当距離を流下する場合がある．非常に緩い1°程度の斜面で発生し，遠距離まで到達する場合もある．　　　　◎丸井英明

海底底質 [かいていていしつ] sea bed material ｟海岸｠｟地盤｠ 海浜域への土砂の供給は，河川流送土砂および海岸砂丘，海崖の崩壊土砂によって賄われている．河

川からの供給土砂は流送過程で，海岸砂丘，海崖からの供給土砂も波，流れの作用で，破砕，摩耗を通じて淘汰される．漂砂の移動を考える上で重要な海底底質の物理的性質は，粒径（混合砂については粒度分布）および密度であるが，その他にも，形状，鉱物組成，空隙率，透水性などの性質も漂砂量に影響を与える．自然海浜の底質は混合粒径であるが，粒度分布の代表的な指標は淘汰係数 S_0 で，淘汰の進んだ海浜では $S_0=1.25$ 程度（均一砂なら $S_0=1.0$）である．密度は，石英が主体となる一般的な海浜では2.65程度であるが，鉱物組成に依存し，3以上となる場合もある．

◎後藤仁志

海底土石流 [かいていどせきりゅう] submarine debris flow 地盤　海底で起こる土石流．これは，地震，海底火山の噴火，海面の急激な変動，土砂の異常な堆積などによって，海底の急勾配斜面が崩壊し，崩壊土砂と海水が一体となって流れる現象である．崩壊土砂が石礫の場合には，その応力構造から考えて陸地で見られる土石流よりも流動性が低く，到達距離は短いものと思われる．海底土石流によって，海底ケーブルを始め，海底に設置されている各種施設が被災することもある．類語として乱泥流がある．

◎江頭進治

海底噴火 [かいていふんか] submarine eruption 火山　→海底火山

概念モデルを用いた手法 [がいねんモデルをもちいたしゅほう] method with conceptual model 河川　▶気象レーダーを用いた▶短時間降雨予測手法の一つ．大気の支配方程式を厳密には追いかけないが，降雨の概念モデルを導入することで，水・熱収支に配慮するだけでなく高分解能なレーダー情報を物理情報として実時間で利用できるようにして，可能な限り物理過程をベースに降雨予測を行う手法である．例えば，山岳域での予測を主眼とした手法では，細かな空間情報としての三次元レーダー情報ならびに AMeDAS 情報，もう少し大きなスケールの情報としての数値予報情報（▶GPV 情報）から，水蒸気に関する情報を抽出し，降雨の概念モデルを通して予測することによって，従来の各種運動学的手法では予測できなかった山岳域での雨域の発生，発達，衰弱の予測の改善が図られている．

◎中北英一

開発援助委員会 [かいはつえんじょいいんかい] Development Assistance Committee (DAC) 海外　1948年に欧州経済復興のために設立された Organization for European Economic Cooperation (OEEC) が1961年に改組されてできた経済協力開発機構（OECD）の三大委員会の一つで，本部はパリにある．OECD は経済成長，開発途上国援助，貿易の拡大のための加盟国間の情報交換，コンサルテーション，共同研究ならびに協力を目的とし，1998年現在で先進29カ国が加盟している．DAC には先進21カ国と EU が加盟し，援助政策，援助条件と実績に関する開発協力年次報告を発表する傍ら政府開発援助の質・量・実施体制をモニターして審査している．

◎渡辺正幸

海氷 [かいひょう] sea ice 雪氷 海岸　海水が凍結した氷．広義には海で見られる氷の総称．その大半は風や海流で漂流している流氷であり，一部は岸に接して陸続きとなっている定着氷である．冬に生長し，夏には融けきる海氷を一年氷といい，夏を越して複数回冬を迎える海氷を多年氷という．海氷の出現海域は，北極海，南大洋を中心に全海洋面積の約10%に達する．日本近海ではオホーツク海で海氷が見られるが，その氷は全て一年氷であり，多年氷や氷山は存在しない．

◎小野延雄

海浜安定化工法 [かいひんあんていかこうほう] shore stabilization method 海岸　波の作用によって変動する不安定な砂浜を構造物を設置して安定化させる工法で，侵食を受けている海浜や人工的に造った砂浜の安定化を図る目的で施工される．代表的な構造物は以下の通りである．浜から沖方向に細長く突き出した形の▶突堤は，沿岸漂砂の卓越した海浜の侵食対策として設置される．一般に複数の突堤を適当な間隔で配置する．突堤の規模と間隔を大規模にしたのがヘッドランドである．沖合い海域に汀線にほぼ平行に設置される▶離岸堤は，背後を静穏にして砂を堆積させ，舌状砂州を形成する．離岸堤の天端を下げて水没させ，さらに岸沖方向の幅を十分広くした構造物が人工リーフであり，波のエネルギーを減殺して海浜の安定化を図る．最近，砂浜の地下水位を下げて安定化を図る工法が開発されつつある．いくつかの構造物を複合的に組み合わせて面的に配置し，海岸の利用と景観に配慮するようになってきた．

◎加藤一正

海浜過程 [かいひんかてい] coastal processes 海岸　砂浜は常に変化している．夏期には比較的砂が多いが，冬期に波が大きくなると砂が少なくなる．このような砂浜の変化のプロセスを海浜過程といい，海岸付近の力学現象と深く結びついている．台風などの強い風によって起こされた風波が，海岸にうねりとなって押し寄せ，ある深さで波が砕ける．その際に波のエネルギーが乱れとなって砕波帯に放出される．また場所的な波高の変化が大きい所では，波によって▶海浜流が発生する．このように，海浜では波，砕波による乱れ，海浜流というようにいくつかの外力が混在するために非常に複雑な力学現象が起きている．これらの外力のもとでは，砂浜を構成している砂が大量に運ばれ，海浜の形状は常に変化する．暴浪によって大量の砂が沖向きあるいは沿岸方向に運ばれると，岸近くの水深が深くなり，砕波による波エネルギーの乱流への変換，エネルギーの消散が行われなくなり，大きな波が直接海岸に押し寄せるため，海岸防護施設が破壊される場合がある．

◎柴山知也

海浜変形 [かいひんへんけい] beach change 海岸　▶漂砂の空間的な一様性が崩れると海浜の地形が変形す

■ 海浜流

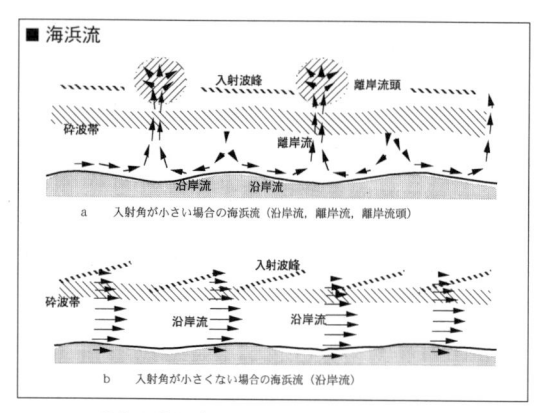

a 入射角が小さい場合の海浜流（沿岸流，離岸流，離岸流頭）

b 入射角が小さくない場合の海浜流（沿岸流）

る。この現象を海浜変形と呼ぶ。漂砂の方向特性から沿岸方向(沿岸流，吹送流の主方向)と岸沖方向(離岸流，波動運動の主方向)とに分離して考えることができる。沿岸方向変化は汀線・等深線変化のような海浜の平面形状を決め，岸沖方向変化は海浜断面を決める。どちらの変化にも安定(平衡)な形状が存在すると考えられ，平衡状態に達する時間スケールは岸沖方向変化(海浜断面変化)は短く，1ストーム～1年，沿岸方向変化(汀線・等深線変化)は，空間スケールに依存するが，1年から数十年である。ポケットビーチやトンボロなどは安定な平面形状(安定海浜)であり，海浜断面変化にも底質，波浪特性に依存する平衡断面(平衡勾配)が存在すると考えられる。また，暴風を伴う海象による海浜変形は波浪と吹送流により発生する広域漂砂のバランスに起因するため，大水深構造物などによる広域な海浜変形を考えなければならない。
〇山下隆男

海浜流　[かいひんりゅう]　nearshore currents　海岸
波浪のみによる水粒子速度は，定常状態では水深方向に積分し時間平均をとると(あるいは，断面平均流速の時間平均は)0となる。しかし浅海域では，断面平均流速の時間平均が0にはならない流れが観測されることがある。このような流れのうち，波浪場の空間的な不均一さによって引き起こされる流れを，海浜流という。入射波浪特性と海浜地形によって様々な海浜流パターンが出現する。特に波高が急変する砕波帯内で強い流れが発生し，海浜変形に重要な役割を果たす。沿岸方向の流れを沿岸流と呼ぶ(図b)。海岸地形あるいは，入射波浪の沿岸方向の不均一性により沿岸流は蛇行し，時として砕波帯を突き抜けて沖に流れる離岸流となる(図a)。このような海浜流は，入射波浪場(波高，波向など)が決まれば，ラジエーション応力の勾配を外力とする流れとして数値的に概略の予測が可能である。→離岸流
〇出口一郎

海面上昇　[かいめんじょうしょう]　sea level rise　海岸
二酸化炭素を代表とする温室効果ガス濃度の産業革命後の急速な増大に起因する地球温暖化は，極付近における地表および海の氷の融解を引き起こすとともに，海水の熱膨張をも起こし，地球規模での海水面の上昇を引き起こすことにつながると予測されている。世界的には過去100年間に約0.7℃の気温上昇があり，10～20cm程度の海水面の上昇があったと報告されている。IPCC(気候変動に関する政府間パネル)の世界気候予測モデルによる最近の成果からは，今後100年間で，気温は1.2～3.9℃高くなり，海面は19～104cm上昇するという予測が出されている。このシナリオは，日本沿岸の砂浜のほとんどが消失し，サンゴ礁も大打撃を受けることになると警鐘を鳴らしている。地球規模の温暖化が注目される以前においては，海面上昇は異常潮位や高潮など数分から数日単位での海面上昇など，いわゆる海岸域の自然災害と密接に関係している現象を指す言葉として用いられてきた。昨今では，上記のように地球規模での海面の上昇に対して主として用いられている。
〇仲座栄三

海洋汚染　[かいようおせん]　marine pollution　海岸
人間活動に伴って様々な物質が海洋に流入し，海洋が汚染されたり，生態系の変化が生じたりすることをいう。海洋汚染の原因となる物質には，①核爆発実験や原子力産業廃棄物の海洋投棄で生ずる人工放射性核種，②タンカー油倉洗浄や自然流入する重油などの炭化水素類，③DDTなどの殺虫剤や熱触媒・絶縁物として広く用いられたPCBなどの有機ハロゲン化合物，④銅，亜鉛，クロム，水銀，カドミウム，鉛などの重金属元素，⑤アルキルベンゼンスルホン酸のような合成洗剤，⑥都市排水や工場排水による有機汚濁やリン・窒素化合物の栄養塩類が挙げられる。このうち放射性物質や有機ハロゲン化合物のように大気経由で入り込むものは地球規模汚染の色彩が強い。重油などは長期間海面を漂い，ときに海岸に漂着する。多くの重金属元素は流入後，早期に沈降し，底質内で高濃度となり，沿岸水産資源に影響する。過剰な栄養塩流入による富栄養化は赤潮の発生原因となる。
〇中野晋

海洋構造物　[かいようこうぞうぶつ]　offshore structures　海岸　人類が，海洋の持つ空間，鉱物資源，生物資源，エネルギー資源などを有効に利用する行為を海洋開発といい，そのために各種の海洋構造物が建設されている。海洋構造物というと，海洋石油，天然ガス開発のためのプラットホームが代表的であるが，広義には沿岸域に建設される構造物も含まれ，設置水深は数十mから数千mもの広範囲にわたる。海洋構造物の利用目的は，港湾，シーバース，空港，防波堤，石油掘削プラットホーム，貯蔵施設，観測施設，海上橋梁，プラントなどである。また，海洋構造物の構造様式は，埋立式(10～25m)，重力式(20～150m)，杭式(20～600m)，浮体式(30～1000m)に分類される。海洋構造物の設計においては，波力，風外力，流れによる力，地震力などを考慮し，安定性，構造強度，地盤支持力，変位，係留力などについて安全性を照査する。
〇上田茂

海洋鉱物資源　[かいようこうぶつしげん]　ocean mineral resources　海岸　現在利用されている代表的な海洋

鉱物資源は，海底の油田や炭田から採掘される化石燃料であり，海底油田からの石油生産量は全生産量の約30％を占めている。これ以外にも海底には豊富な鉱物資源が存在することが知られており，例えば，メタンハイドレートは将来のエネルギー源として，マンガン団塊はニッケルやチタンなどの最先端産業に欠かせない鉱物資源として注目されている。さらに，海水中には様々な鉱物が溶けており，総量として陸上よりも遥かに多いリチウムやウランなどの貴重な鉱物を海水から取り出す技術の開発にも期待が集まっている。　　　　　　　　　　　　　　　　　　◎青木伸一

海洋生物資源　［かいようせいぶつしげん］　ocean biological resources　海岸　世界の漁獲量は年間約7000万トン（うち日本は約1000万トン）である。全海洋での魚類生産量は年間2億トン程度と推定されているが，そのほとんどが面積比としては1割にも満たない湧昇域および沿岸域におけるものである。今後予想される食糧不足に対応するためには，食糧資源としての海洋生物資源の確保が必須であり，近年，栄養塩を多く含んだ深層水を有光層に導き，外洋域の生産性を高めようとする試みが行われている。また医療分野では，海綿やサメの体内から抗癌作用のある物質が発見されるなど，海洋の生物が有する未知の物質も貴重な生物資源として認識されてきている。　◎青木伸一

界雷　［かいらい］　frontal thunderstorm　気象　前線付近で発生する雷。特に寒冷前線の通過による強い寒気の侵入に伴って暖気が強制的に上昇させられ，積乱雲が発生して起こる雷が多い。春秋季に多く発生し，強い雷は落雷を伴って局地的豪雨をもたらすため，洪水，浸水などの災害や人災を引き起こす。しかし現象は短時間で終わる。また梅雨期に停滞する前線上で雷が発生することがあるが，これはほとんどの場合，界雷的性質の他に渦雷の性格を持っており，雷災よりも一時的強雨による水害に注意が必要である。　　　　　　　　　　　　　　◎根山芳晴

海流　［かいりゅう］　ocean current　海岸　大洋中にほぼ恒常的に存在し，海水の大循環の一環をなす流れを海流と呼ぶ。海流の成因の主なものとしては風の応力と海水の密度差などが挙げられ，主要な海流は，流れに直交する方向に作用するコリオリ力と水圧傾度力が釣り合う地衡流として説明される。しかし，大気と海水流動は，相互に干渉し合い，複雑な様相を呈するため，海流発生の機構は必ずしも完全に解明されているわけではない。日本近海では，▶黒潮，対島海流，▶親潮がよく知られている。黒潮の蛇行により，太平洋沿岸各地で異常潮位が引き起こされるという指摘もある。　　　　　　　　　　　　◎出口一郎

外輪山　［がいりんざん］　somma　火山　火山の山頂において，噴火口が単一ではなく何重にも重なった環状の山稜を示す場合に，より外側の高まりを外輪山という。成因的には火口縁（crater rim）と▶カルデラ縁（caldera rim）がある。語源は，火口縁の代表例であるイタリア南部ベスビオス火山のMonte Sommaに由来。これに対し，中部九州の阿蘇火山の外輪山はカルデラ縁の代表例。　◎鎌田浩毅

火炎　［かえん］　flame　火災・爆発　火炎とは，一般に空気中の酸素と可燃性気体とが反応し，熱や光を発している領域のことをいう。空気と燃料を燃焼させる前に混合する予混合燃焼と，混合しない拡散燃焼による火炎がある。ブンゼンバーナーなどで予混合空気量を調整すると，両方式の火炎が観察できる。拡散燃焼では，熱分解で生じた，炭素粒子（すす）の発光が顕著な明るく黄色く輝く拡散火炎（輝炎）が生じ，予混合燃焼では，CHなどの炭化水素イオンなどの発光が顕著な青白い予混合火炎（不輝炎）が生じる。拡散燃焼は，燃料と空気の拡散混合が，主として，分子拡散（分子運動による混合）か乱流拡散（流体の渦運動による混合）のどちらで行われるかで，層流拡散火炎と乱流拡散火炎に区別される。→予混合火炎，拡散火炎，層流火炎　　　　　　　　　　　　　　　　　　◎早坂洋史

火炎高さ　［かえんたかさ］　flame height　火災・爆発　火炎の付け根から火炎の先端までの高さをいう。ただし，火災時の火炎は事実上全て乱流▶拡散火炎であり，周期的な伸び縮みが繰り返されるので火炎の高さは一意には定められず，①連続火炎高さ，②間歇火炎高さ（最高火炎高さ）および，③平均火炎高さのような3種類の高さが可能である。ただし，②と③の実験観測値に大差はない。火炎の先端は，火源から放出される可燃性ガスと空気中の酸素との反応が終了する点であるから，火炎の高さは可燃ガスの放出速度と，火炎の浮力が引き起こす上昇気流による▶空気連行速度に依存する。火源の発熱速度は可燃ガスの放出速度に比例するから，火炎高さは発熱速度と空気連行速度に依存するといってもよい。▶乱流火炎の平均高さ H_f の測定は多くなされているが，例としてZukoskiらの結果を示すと，Q を加減の発熱速度[kW]，D を火源の直径などの代表寸法[m]として

$$H_f = \begin{cases} 0.03(Q/D)^{2/3} & (Q/D^{5/2} < 1{,}120) \\ 0.20Q^{2/5} & (Q/D^{5/2} \geq 1{,}120) \end{cases}$$

とされている。従って，火源寸法に対して▶発熱速度が大きいと火炎高さは火源寸法に依存せず，発熱速度のみで決まる。他の火源測定でもこれと大差ない結果である。→火炎長さ　　　　　　　　　　　　　　　　　　◎早坂洋史

火炎伝播　［かえんでんぱ］　flame spread　火災・爆発　燃料と空気などの酸化剤が予め可燃濃度に混合された混合気に着火すると，燃焼部分の火炎が未燃部分に対する着火源となるので，燃焼が連鎖的に起こり，火炎が移動していく。これを火炎伝播といい，その速度を火炎伝播速度と呼ぶ。また，可燃性の固体が着火した場合も火炎が拡がっていく現象が起こることがある。これも火炎伝播と呼ばれる。火炎伝播は燃焼している部分の近傍が次々と連続的に着火することにより生ずる現象で，火炎伝播して燃焼すること自体が新たな部分への火炎伝播の原因となる。この意味で，

火炎伝播は連鎖的着火現象であるともいえる。固体の火炎伝播速度は，熱的に薄い材と厚い材で性状が異なる。薄い材では予熱部分で材全体が温度上昇して着火温度になるため，火炎伝播速度は単位面積当たりの熱容量に反比例する。他方厚い材では表面付近のみの温度上昇で火炎伝播が起こるので，伝播速度は材の熱特性の一つである熱慣性に反比例する。
◎吉田公一

火炎長さ [かえんながさ] flame length 〔火災・爆発〕
火炎付け根中心から先端までの長さ。何を火炎先端と見なすかによって，長さの定義が異なるが，ふつうは燃焼反応を起こしている反応帯の先端を火炎先端と考える。例えば，ろうそくのようにすす粒子が明るく光っている輝炎では，輝炎先端を火炎先端と考えてよい。青炎となるブンゼンバーナーで，内炎と外炎がある時には，通常外炎先端を火炎先端と見なす。燃料を噴き出す噴流拡散火炎では，噴き出し速度を増すと，層流火炎の状態で長さが増した後，ある流速で先端が乱れ始め，さらに流速を増すと一時的に乱流部分の長さが急増し火炎全長の減少が起きる。鉛直方向に伸びる火炎の場合には火炎高さともいい，火災では延焼危険性などを判断する上で重要である。→火炎高さ
◎佐藤研二

火炎輻射 [かえんふくしゃ] flame radiation 〔火災・爆発〕　火炎輻射は，CO_2 や H_2O からのガス輻射に炭素粒子(すす)などの固体輻射が加わったものである。火炎の輻射熱量 $Q(W)$ は，火炎の厚み $L(m)$，CO_2 や H_2O のガス濃度とすすの濃度により定まる吸収係数 $K(m^{-1})$，火炎温度 $T(K)$ と火炎の表面積 $A(m^2)$ を使って次式で求めることができる。

$$Q = \{1-\exp(-KL)\}\sigma T^4 A = \varepsilon \sigma T^4 A$$

ここで，σ はステファン・ボルツマン定数(5.67×10^{-8} Wm^{-2})，ε は輻射率。この式より，火炎が大きくなるほど，ε は1に近づき，Q は T^4 と A に依存することがわかる。つまり，火炎で大きな火炎が発生している場合には，火炎温度 T を計測すれば，$\varepsilon \approx 1$ として Q/A を求めることができる。一般に，火炎から射出される輻射は，発生熱量の約20〜50%程度とされる。火源の寸法が数mを超すと，大量のすすが発生するので，不完全燃焼を考慮した上での検討が必要となる。
◎早坂洋史

家屋耐用年限 [かおくたいようねんげん] durable period / working lifetime 〔地震〕　建築物の寿命を指すが，建物のライフサイクルコスト評価や環境負荷などの観点から最も重要な意味を持つようになってきている。しかしながら，以下のようにいろいろな意味で用いられる場合がある。①構造的物理的性能劣化，建築物の当初意図した機能の低下やスペース不足，意匠上・設備上の陳腐化などを総合的に評価した使用に耐えなくなる期間，②財務省令「減価償却資産の耐用年数等に関する省令」に定められている税法上の期間，③建築物が，建築物としての当初の用途・機能を果たすと期待される期間を指し，建築物計画時点でどのぐらいの間使用を予定するかを示す期間で，他の意味と区別するために「供用期間」と呼ばれることが多い，④建築物の竣工から取り壊しに至るまでの存続期間，すなわち，実際に建物として存在した期間，単に「建築物の寿命」と呼ばれることもある。
◎高田毅士

家屋被害概況調査 [かおくひがいがいきょうちょうさ] quick survey of building damages 〔復旧〕　緊急に定めるべき復興方針を検討するため，被災後1週間を目途に実施する家屋被害の概況に関する調査が必要となる。被災直後の混乱時には，人命救助被害拡大の阻止などに専ら力が注がれることから，詳細な被害把握は困難なため，災害対策本部に集積する情報(地震計，地震被害予測システムおよびヘリコプターなどによる各種情報)などに基づいて家屋被害の概況を把握する。本調査の結果から，計画的都市復興の必要性およびその方針を判断し，家屋の焼失，倒壊など被災の激しい地区のうち土地区画整理事業，市街地再開発事業などにより都市基盤整備を図るべき地区については，建築基準法第84条に基づく建築制限地区を定めることが必要である。
◎林孝二郎

家屋被害状況調査 [かおくひがいじょうきょうちょうさ] detailed survey of building damages 〔復旧〕　被災後1週間から1カ月以内に実施される詳細な家屋被害調査で，被災市街地内の全建築物を対象として現地調査を行い，全壊，半壊，一部損壊などの被害程度を判定する。阪神・淡路大震災では，多様な目的に対応して各種の被害調査が行われたが，被災地域全域の悉皆調査は日本建築学会，日本都市計画学会および地元の建築系大学が全国から学生などのボランティアを集めて実施したのが，唯一の調査となっている。基本的には，被害状況調査は被災地の区市町村職員が実施するが，被害が甚大な場合は他の自治体職員，公的機関職員，学会，大学などの応援が必要となる。また，調査結果を地図情報システム(GIS)などを活用して短期間のうちに集約，整理し，各種復興施策に活用するとともに，広報紙などを通じて住民に被害状況を的確に周知することが重要である。
◎林孝二郎

加害現象 [かがいげんしょう] hazardous event 〔海外〕
地球物理的な現象(営力)に起因する加害現象で災害の引き金となる。瞬間的に大量のエネルギーが放出される人為的すなわち産業過程ならびに干ばつや疫病なども含む。
◎渡辺正幸

加害力 [かがいりょく] hazards 〔海外〕　加害力は地震，台風などの熱帯低気圧，火山活動など非日常的な量のエネルギーや物質を放出する現象が発生する場合に作用する破壊力であるが，破壊力の作用領域に人間の生命もしくは財産あるいは価値を有するものが存在しなければ加害力として認められないし災害にもならない。加害力に対抗しようとする場合にはリスクの概念が必要である。外力とも

言う。加害力はよくリスクと混同されるが，リスクは加害力が発生する確率を扱う考え方である。加害力は自然によるものであれ人為的なものであれ災害をもたらす可能性がある現象を総称する。太平洋を渡る際に外洋航海用の船を用いる場合と手漕ぎボートを用いる場合，海の深さと大波という危険要素は等しく作用するが，溺れ死ぬというリスクは手漕ぎボートのほうが大きいという例がそれぞれの特性と違いを物語る。加害力は，阪神・淡路大震災で見たようにその作用過程で別種の加害力を連続的に生み出すことがある。 ◎渡辺正幸

加害力に対する脆弱性の悪循環 [かがいりょくにたいするぜいじゃくせいのあくじゅんかん] vicious cycle of vulnerability 海外　加害力に対する脆弱性の形成過程には，root causes → dynamic pressure → unsafe conditions という方向性があるが，同時に，農村の人口増加→都市への移住→スラムの肥大→危険地域あるいは森林への移住→環境悪化→農村の人口増加という循環性が見られる。この循環を加速し輪を大きくして巻き込まれる人の数を増大させるのが災害である。この悪循環が起きる状況では被災経験が知恵やノウハウになってより大きな防災力を獲得することにはならない。 ◎渡辺正幸

加害力の評価 [かがいりょくのひょうか] hazard assessment 海外　サイクロン，洪水，地震，火山活動などの加害性現象のメカニズムを理解して，作用する頻度，強度ならびに作用時間と範囲および物理的な効果を評価する作業である。計測技術の進歩なかんずく人工衛星などによるリモート・センシング技術によってリアルタイムに近い評価が可能になった。しかし，長いリードタイムを要求する。例えば，熱帯低気圧の場合には観測点の数とデータの精度で想定の可否と精度が決まる。1998年に中米を襲ったハリケーン・ミッチの場合には地上と海上の観測データの不足で進路予測はことごとく失敗して被害を大きくした。また，地震力の想定も当面は不可能に近い。 ◎渡辺正幸

加害力を災害に換える圧力 [かがいりょくをさいがいにかえるあつりょく] pressure model 海外　災害は地震，洪水，火山活動などの自然の加害力が引き金として社会に作用する結果，引き起こされる社会現象であると認識すると同時に，加害現象に対する抵抗力を社会が失っていく過程を脆弱性が増大する過程と捉えて脆弱性を増大させる圧力現象を確定してそれらを克服することが防災・減災の方法だという考え方がある。

社会の基盤を作る政治・経済・社会構造が原因になって制度上の欠陥や人権上の制約，あるいは崩れやすい居住・生産構造や環境が生まれ，小さな外力でも犠牲者が出る不安定な社会にする圧力を社会の内部に認めてしまう。従って，不法な土地開発，基準を満たさない建築，危険な土地利用などは取り締まって済む問題でなく，差別され保護を受けられない貧困層，存在しない制度や行政が機能しない現状を技術移転や教育で補えばよいというものでもない。危険な現状を改善すると同時に危険な現状を生み出す圧力を除くことが主眼であると考えられている。 ◎渡辺正幸

加害力を災害に結びつける社会経済的な圧力 [かがいりょくをさいがいにむすびつけるしゃかいけいざいてきなあつりょく] dynamic pressure 海外　自然の加害力が災害を生み出す過程には社会学的な要素が介在するという認識をもとに，加害力に対する社会の脆弱性の形成過程を分析する際に用いられる考え方である。権力や資源に対する制約が厳しく，個人の政治的・経済的活動の自由が大幅に制限されているような社会にあっては，個人は行政，教育，市場取引の恩恵や発言の自由を享受することはない。その一方で人口増加，都市の肥大化，軍事費負担，対外債務の圧力，環境悪化のしわ寄せを受けて生活が苦しくなる一方になる。このような社会環境が真面目に生きるという価値観を損ない，加害力に対する抵抗力を弱めていく圧力として社会や個人を追い詰めていくと考えられている。 ◎渡辺正幸

価格弾力性【水需要】 [かかくだんりょくせい] demand elasticity of water price 都市　水需要が価格の上昇に対して，どの程度変化(低下)するかという程度を水需要に対する価格弾力性という。一般に水需要の価格弾力性は小さいといわれているが，渇水対策の一つとして水道料金の変動による水需要量の抑制が考えられる。すなわち，使用料の増加に伴い料金を高くする逓増型料金体系や使用量が多い場合に追加する追加徴収制，通常時の水使用に比べて節水が実行された場合に料金を軽減する奨励料金制などの変動型価格方式がとられている。これはアメリカで提案された料金体系であるが，近年，日本の水道事業体でも導入されつつある。 ◎小尻利治

化学プラント火災 [かがくプラントかさい] chemical plant fire 火災・爆発　化学プラントは，様々な化学反応によって有用な化学物質を製造している生産施設である。化学反応を行うために原料を必要な組成に調整し，反応器に供給し，反応条件を整えるための装置がある。反応が発熱反応である場合，反応器が熱的に正のフィードバック系となると反応し，異常な昇温が起こって発火や爆発に至る。反応が吸熱反応である場合，外部からの加熱制御によって反応の進行を制御することができる。しかし，高温を必要とする反応の場合には，漏洩によって着火する可能性がある。化学プラントでは，様々な操作が行われており，人間の判断が必要とされる操作も多数存在する。装置の故障や外乱が存在しなくとも人間の誤解や誤操作によって漏洩，火災が起こり得る。従来は，少品種大量生産が中心であったために化学物質の量を中心として安全管理が行われてきたが，現在は多品種少量生産が増加しており，化学物質の特性を把握しながら安全管理を行う必要性が増している。

→産業火災 ◎鶴田 俊

化学薬品の地震時出火想定 [かがくやくひんのじしんじしゅっかそうてい] fire breakout from chemicals 〔被害想定〕 地震時の化学薬品からの出火は，わが国では全ての地震出火の2～3割と大きな比率を占めており，ノースリッジ地震(1994年)や台湾の集集地震(1999年)でも顕著であった。阪神・淡路大震災では，比率は小さかったものの数件の発生が公的に確認されている。化学薬品からの出火の多くは，薬品びんの落下・破損によるものであり，出火形態には，混触発火，発生した可燃性混合気体への裸火などからの着火，空気との接触発火，不安定化学薬品の衝撃や摩擦による発火などがある。主な対策には，びんの落下・破損防止，薬品の分離保管，着火源管理などがある。
➡棚などの転倒率，破びん率，薬品混触　　◎佐藤研二

鏡肌 [かがみはだ] silkenside 〔地盤〕 岩盤が変位する際に，摩擦により形成されるなめらかで光沢を伴う面。その上に平行した条線や段差を持つ凹凸が見られ，変位方向の判別ができる場合がある。地震によって地表に生じた新鮮な断層面で見られることが多い。　　◎平野昌繁

河岸侵食 [かがんしんしょく] bank erosion 〔河川〕 流水の作用により河岸が崩れる現象。直線流路の拡幅現象に伴って生じるとともに，湾曲部の流れが河岸に当たる水衝部で起こりやすい。このような個所は河川の弱点部になるので護岸や水制などで保護する必要がある。通常，河岸侵食は，側岸潤辺が洗掘されることにより水際が後退し，河岸上部がオーバーハングし，その部分が力学的に不安定になり崩落することによって起こる。従って，河岸侵食量は，流砂運動に対する斜面効果，流れと流砂の間の非平衡性，崩落機構を考慮して求める必要があり，これらをモデル化した算定法も提案されている。実河川では，粘着性材料で河岸が形成されている場合も多く，そのような場合には河岸材料の粘着性も考慮しなければならない。　　◎藤田正治

河岸段丘 [かがんだんきゅう] river terrace / fluvial terrace 〔河川〕 河川の流路に沿う階段状の地形。海水面の変動，地盤の隆起や沈降，気候変動による河川流量の変化，火山活動に伴う流路の埋積と縦断勾配の変化などにより侵食力が増大すると，元の河床面に新しい谷が形成される。元の河床面が段丘面となり新しい谷が段丘崖になる。地殻変動，火山活動の激しいわが国では多くの川に河岸段丘が発達する。河成段丘とも呼ばれる。　　◎細田 尚

河岸満杯流量 [かがんまんぱいりゅうりょう] bank full discharge 〔河川〕 単断面の河川において，水位がほぼ河岸の高さになる時の流量。外国河川の蛇行波長や川幅が河岸満杯流量と高い相関を持つことから，河道の平面形態を規定する流量と考えられている。複断面の河川では低水路満杯流量に対応し，わが国では平均年最大流量にほぼ等しいといわれている。　　◎細田 尚

火気器具(石油・ガス)の地震時出火想定 [かきぎ(せきゆ・ガス)のじしんじしゅっかそうてい] estimation of earthquake fires from fire instruments (with kerosene or gas) 〔被害想定〕〔火災・爆発〕 火気器具(石油・ガス)は，過去の多くの地震で出火原因として高い割合を占めている。暖房用器具は，季節により発生割合が異なるものの，調理用器具類は，年間を通して高い割合で発生している。これら火気器具は，地震動により転倒し漏洩した燃料への着火や可燃物が器具と接触し出火する場合が多い。使用されていた(活性状態の)灯油ストーブの1.32%から出火した1968年十勝沖地震での出火率などを用いて火気器具別の出火を想定することもできるが，灯油ストーブの対震自動消火装置の設置など対震性の向上などを踏まえて，➡イベントツリー解析を用いて火気器具別や使用環境別の出火率を想定することが望ましい。　　◎川村達彦

火気器具(電熱機器)の地震時出火想定 [かきぎ(でんねつきき)のじしんじしゅっかそうてい] estimation of earthquake fires from electric heating instruments 〔被害想定〕〔火災・爆発〕 火気器具(電熱機器)は，兵庫県南部地震以前の地震では，出火事例として極めて少なく，また，大規模な地震では，停電になり出火原因として少なくなるものと考えられていた。しかし，兵庫県南部地震では，電気ストーブ，熱帯魚用ヒーター，白熱スタンド，屋内配線などからの出火が多く，また，アメリカのノースリッジ地震(1994年)や台湾の集集地震(1999年)と同様に，停電復旧に伴い地震発生から数時間後あるいは数日後に出火するなど，地震時の出火原因として大きな割合を占めることとなった。これまでの事例が少ないため，地震時における器具別の出火率の設定は難しく，現段階では，➡イベントツリー解析を用いた推定などに頼らざるを得ない。　　◎川村達彦

火気器具保有率 [かききぐほゆうりつ] holding rate of fire instruments 〔被害想定〕〔火災・爆発〕 これまでのわが国における地震時出火の半数以上は，住宅や各種事業所で使用されている火気器具によるものである。しかし，使用されている火気器具の種類や数量および燃料は，地域，建物用途などによって異なる。そこで，地震時の出火を想定するにあたって，ひとつの用途(住宅，事業所など)当たりの平均的な火気器具，電熱器具などの保有台数，すなわち，火気器具保有率を把握することが必須である。保有実態は，地域の特性を加味した上で，建築物の用途毎に火気器具の使用実態に関する調査などを実施することによって把握することが望ましい。　　◎川村達彦

火気使用率 [かきしようりつ] fire instruments usage rate 〔被害想定〕〔火災・爆発〕 地震火災の主な出火原因である火気器具(灯油ストーブ，ガスこんろ，電熱機器など)の地震発生時に使用している割合である。火気使用率は，火気器具保有率や時刻(昼食時・夕食時)，季節(夏・冬)，地域，使用する場所の用途などにより異なる。従って，地

震時出火を想定するにあたっては，事業所や住宅などを対象に火気使用環境の調査を行い，出火原因となる火気器具などの保有率や時刻別，季節別，用途別などの使用率を，地域別に把握する必要がある。　　　　　　　◎川村達彦

河況係数　[かきょうけいすう]　coefficient of river regime　河川　→河状係数

拡散　[かくさん]　diffusion　海岸　気象　河川　流体中の物質や温度が時間の経過とともに拡がる現象を，拡散と呼んでいる。熱の移動の場合は熱伝導ということが多い。拡散は流体粒子の不規則な運動によって，流体中の物質が一様でない場合に流体とともに運動しながら一様になろうとして移動する現象であり，一度拡がった物質が元の状態に戻ることはない。古典的な拡散理論は，生理学者のFickによって確立された。単位面積を通して単位時間にx方向に輸送される物質の輸送量(フラックス)Fは，その点における物質の濃度Cの勾配に比例する。一次元(x方向のみ)の場合にこの関係は，$F = -K_x \dfrac{dC}{dx}$で表される。ここにCは物質の濃度，K_xはx方向の拡散係数である。拡散係数を正とすれば，物質の輸送は高濃度から低濃度の方向に生じるのでマイナスが付く。大気や河川，海洋のように現実の流れの中では乱流拡散が普通であり，この時のK_xは乱流拡散係数と呼ばれる。乱流拡散の理論は，1921年にイギリスの流体力学者Taylorが発表した「連続運動による拡散」の研究で始まった。Taylorの理論は点源から放出される一つ一つの粒子の運動を個別に取り扱ったものであり，"one particle analysis"と呼ばれている。さらにRichardsonは，1926年に相対拡散の理論を発表した。これは，流れの中の2つの粒子の運動を追跡することによって拡散を論じたもので，"two particle analysis"と呼ばれている。→大気拡散，大気境界層　◎鶴谷広一

拡散火炎　[かくさんかえん]　diffusion flame　火災・爆発　燃料と酸素が拡散により混合して可燃性混合気を形成し燃焼する火炎を拡散火炎という。拡散が分子拡散で行われるものは層流拡散火炎，流れの渦拡散が主体となるものは乱流拡散火炎という。層流拡散火炎は規模の小さい火炎に限られる。ローソクの火はその例である。火炎の長さが30cm程度以上の火炎は全て乱流拡散火炎になるといわれている。火災時の火炎は規模が大きく，乱流拡散火炎となる。
→火炎，可燃性ガスの燃焼，層流拡散火炎，予混合火炎
◎早坂洋史

確率降雨　[かくりつこうう]　design rainfall　都市　洪水防御計画，水工施設設計などにおいて，対象とする降雨の規模を超過確率により定めることが多い。一級河川では超過確率 1/200～1/100，中小河川では 1/50 程度である。このような超過確率に相当する雨量を確率降雨という。対象とする降雨継続時間の年最大降雨量データ系列に極値分布などの確率分布(データ年数が少ない場合は経験分布)をあてはめ，所与の超過確率に相当する雨量を求める。こうして得た降雨量を時間的・空間的に配分した一連降雨を計画降雨(design storm)と呼ぶ。　◎寶 馨

確率降雨強度曲線　[かくりつこううきょうどきょくせん]　intensity-duration-frequency curve　河川　過去の降雨量資料に基づき，降雨継続時間 t と t 時間内の平均降雨強度の最大値 r とを図化すると，r の上限に対して包絡線が存在する。これを，
$$r = a/(t^c + b), \quad r = a/(t+b)^c$$
などの式で表すことができる。この式を，降雨強度式といい，図化された曲線を降雨強度曲線という。各継続時間に対する平均降雨強度の年最大値データを頻度解析し，同一再現期間(あるいは超過確率)についての継続時間と平均降雨強度の関係式を確率降雨強度式といい，それを図化したものを確率降雨強度曲線という。従って，上式の定数 a, b, c は再現期間によって異なる値をとる。中小河川の治水計画や雨水排除計画，防災調整池設計の基本となる強雨時のピーク流量などを(合理式などの流出解析法を介して)計算するのによく利用される。　◎端野道夫

確率紙　[かくりつし]　probability paper　河川　河川流量や降水量などの水文量が，想定した確率分布へ適合するかどうかの判断や，その確率分布の統計量や確率水文量，再現期間などの値を視覚的に求めるための特殊なグラフ用紙のことである。確率紙においては，水文データの値を一方の座標軸(通常横軸)にとり，他方の座標軸にそのデータの非超過確率(もしくは超過確率)をとるが，この場合の非超過確率の計算にはプロッティング・ポジション公式が用いられる。正規分布や極値分布など特定の確率分布に対してそれぞれ異なった確率紙が用意されている。例えば，正規分布に従うデータを正規確率紙上にプロットすれば，データの各点が一直線上に並ぶように確率紙上の目盛りが施されている。　◎河村 明

確率水文量　[かくりつすいもんりょう]　probabilistic values of hydrological variable　河川　ある値に対して，非超過確率が $1/T$ あるいは超過確率が $1/T$ である水文量。ここで，非超過確率が $1/T$ の水文量をリターンピリオド T の非超過確率水文量，超過確率が $1/T$ の水文量をリターンピリオド T の超過確率水文量という。確率水文量は水文量のヒストグラムに適合させた確率分布から計算される。従って，いかなる確率分布を採用するか，またその確率分布のパラメータ同定法は何を用いるかによって，確率水文量の値が異なることになるので，注意を要する。最近では水文量の時系列に非定常性が存在することが明らかになってきた。このようになると確率分布は時間(年)によって変化するので，確率水文量を時間的に変化させなければならない。　◎寒川典昭

確率波　[かくりつは]　wave with a return period of N years　海岸　ある再現期間 N 年に1度起こり得る波を N 年確率波という。確率波は極値統計理論により求めら

れ，ある期間内に発生した極値波高資料を抽出し，それらにグンベル分布やワイブル分布などの極値分布を適合させて推定される．再現期間が長い場合には，それに応じて長い期間の観測値が必要であり，一般に▶波浪推算により得られた推算値を補って推定することが多い．確率波は海岸・港湾構造物の設計や防災計画の策定などに用いられる．
◎橋本典明

確率論的解析 [かくりつろんてきかいせき] probabilistic analysis 〔都市〕〔地震〕 被害予測に伴う種々の不確定性を確率論的に処理して行う解析のこと．ライフラインの地震被害予測においては，地震動強度とネットワーク要素の▶フラジリティーカーブを評価した後，これらを組み合わせてリンク被害確率を求め，これに基づいてネットワークの節点連結性や機能性などのシステム信頼性解析を行うような場合が，その典型例である．大規模なライフライン・ネットワークでは膨大な要素を扱う必要があるため，理論的に厳密解を得ることが困難である．こうした場合には，▶モンテカルロ実験によって多数のランダムな被災パターンを生成し，それぞれの標本に対して▶決定論的解析を適用して，全標本のシステム挙動を確率統計的に考察すればよい．地震リスク評価においては，地震ハザードや損失の評価に高い不確定性が伴うため，確率論的解析が必須である．従って，確率論的解析は地震リスクマネジメントにおいても不可欠の手法といえる．
◎能島暢呂

崖崩れ [がけくずれ] landslip 〔地盤〕〔被害想定〕 斜面崩壊のうち，人間生活への影響が最も大きいのが，自然または人工的な崖の崩壊，すなわち崖崩れである．条件によって擁壁崩壊，落石，崩落など，別の呼び方をする場合もある．崖を作る自然の作用としては断層，海岸の波浪，河川の側方侵食などが主なものである．人工的に作られる崖は，道路，鉄道，水路の建設に関わるものと，平坦な土地の造成に関わるものがある．また，切り土斜面と盛土斜面がある．低い崖の崩壊は直線的なすべり面を持つことが多く，ランキンの土圧論で安全性を評価できる．山に接した民家などでは，歴史的に少しずつ裏山の裾を切り取って敷地を拡大してきたことが多く，特に注意が必要である．
◎奥西一夫

崖崩れによる死傷者 [がけくずれによるししょうしゃ] casualties caused by landslip 〔被害想定〕〔地盤〕 基本的に既往地震の崖崩れによる被災戸数と死傷者数との関係に基づいて算出する．静岡県による1993年の被害想定では伊豆大島近海地震の東伊豆町，河津町における山・崖崩れによる木造建物の全壊戸数と死者数，重傷者数の関係から，死者数＝0.181×大破棟数，重傷者数＝0.306×大破棟数とし，中等傷者数＝2.4×重傷者数として死傷者数を算定．一方，1997年の東京都による被害想定では死者数，重傷者数，軽傷者数＝a×被災戸数×［区市町村別の木造建物1棟当たり存在者数／東伊豆町・河津町における1世帯当たり人員(3.51人)］の算定式より求め，係数aの値は死者：0.087，重傷者：0.148，軽傷者：0.474である．なお，この式で被災戸数とは崖崩れによる（全壊＋半壊）戸数の想定値であり，軽傷者数を求める係数は，新潟地震，1968年十勝沖地震，宮城県沖地震，浦河沖地震による重傷者と軽傷者の比率から求めている．
◎宮野道雄

河口閉塞 [かこうへいそく] estuary closing 〔海岸〕 河口が土砂で埋まること．砂浜海岸に位置する河口には沿岸漂砂が運ばれ開口部が閉まる傾向にあり，これを河川流と河口内に出入りする潮汐流が防いでいる．このバランスが崩れた時に開口幅は狭くなる．具体的には①河川流量が減った時，②干潮域が狭められた時，③波が強く沿岸漂砂が増えた時などである．大河川では，開口幅を狭めることによりバランスを回復することがあるが，小河川では閉塞に至ることも多い．また熱帯や亜熱帯の明確な乾期を有する地域では，その間閉塞している河口が多く見られる．河口閉塞は洪水疎通や船舶航行の障害となるため，導流堤を設置して沿岸漂砂が河口内に運ばれるのを防ぐ対策がとられるが，導流堤を長くすると，沿岸漂砂の遮断や，河川からの流送土砂が沖に押し出され海岸の砂の供給源としての役割が減ずるなどの副作用があり，設計には広域的・長期的影響を評価した十分な配慮が必要である．
◎真野 明

河口密度流 [かこうみつどりゅう] density current in river mouth 〔海岸〕〔河川〕 河口域では河川水と海水とが接して密度流を形成するが，その形態は潮汐の強さと河川流量との兼ね合いで変わる．潮汐が卓越すると強混合型となり，上下一様で濃度勾配は流下方向のみとなる．河川流が卓越すると弱混合型となり，塩水楔といわれる2層流構造を持つ．その間は緩混合型となり流下方向にも鉛直方向にも濃度勾配がある．
◎吉岡 洋

火災 [かさい] fire 〔火災・爆発〕 火災は多様な側面を有し定義をするのはそれ程容易ではないが，物理，化学的な面からいえば▶燃焼という現象である．しかし燃焼一般は様々なかたちで人の便益に供されている．火災がこれと違うのは，まず人または社会が望まない燃焼であることである．しかし，煙草でちょっと畳を焦がした程度のものを全て火災といっては際限がないので，さらに規模がある程度大きいという条件が付き，この規模の定義の仕方で火災件数はかなり異なったものになる．総務省消防庁では，この規模を「消火するために消火施設またはこれと同程度の効果のあるものの利用を必要とするもの」としている．この定義によるわが国の火災は年間概ね5〜6万件発生し，1600億円前後の損害を出しているが，そのうち建物火災が件数で60%，損害額で90%前後を占めている．→出火件数
◎田中哮義

火災温度 [かさいおんど] fire temperature 〔火災・爆発〕 ▶区画火災の温度は燃焼により生ずる熱量と，開口および周壁(床，壁，天井)を通じて外部へ放出される熱量との

■ 空間の開放性と火災温度の関係

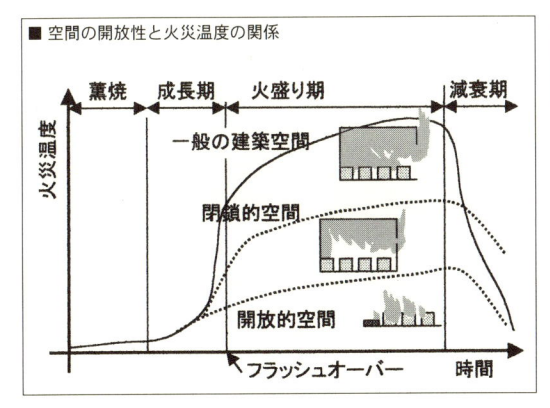

バランスにより決まる。これはすなわち，図に示すように空間の開放性により火災温度が異なることを意味する。例えば，開放式立体駐車場のように開口が大きな空間では，発生した熱は速やかに外部へ放出されるので，火災温度は比較的低い。通常の建築空間では，燃焼に必要な空気は開口を通じて十分に供給されるが，排出された熱が内部にこもりやすいので，火災温度はかなり高くなり，800～1200℃に達することもある。倉庫などの閉鎖的空間では燃焼に十分な空気が供給されないので火災温度は比較的低い。　　　　　　　　　　　　　　　　　　　◎原田和典

火災温度因子　[かさいおんどいんし]　fire temperature factor　火災・爆発　▶区画火災の温度は燃焼により生ずる熱量と，周壁(床，壁，天井)に伝達される熱量，開口を通じて外部へ放射される熱量などのバランスにより決まる。特に，▶換気支配火災では燃焼により生ずる熱量は，換気因子 $A\sqrt{H}$ によりほぼ決まる。周壁に吸収される熱量は周壁の表面積(床，壁，天井の面積の総計) A_T に比例する。結果として，火災温度は両者の比である火災温度因子 $A\sqrt{H}/A_T$ によりほぼ記述でき，火災温度因子が大きい程，火災温度は高くなる。　◎原田和典

火災荷重　[かさいかじゅう]　fire load　火災・爆発　建築物における火災の継続時間は，可燃物の総発熱量に比例する。住宅などの居住系の建築物では木質系の可燃物が主体であるが，事務所などの執務系の建物ではプラスティック系の可燃物も多い。建築物の空間毎に収納可燃物の種類と量から総発熱量を算定し，それを木材の単位重量当たりの発熱量(約16 MJ/kg)で除して等価な木材の重量に換算した値を火災荷重と呼ぶ。平均的な事務所では単位床面積当たり30，住宅では45 kg/m² 程度の値である。　◎原田和典

火災感知　[かさいかんち]　fire detection　火災・爆発　建築火災において初期消火および早期避難開始のために，感知器や火災報知設備などを設けて火災の早期発見を図ることをいう。火災感知が遅れると火災は初期から盛期火災へ徐々に進展し初期消火は不可能になり，熱気・煙などで避難が困難になり逃げ遅れる危険性がある。早期の火災感知のための設備として火災報知設備があり，消防法で定められた防火対象物には設置が義務付けられている。1戸建て住宅など小規模な建物では火災報知設備の義務付けはないが，最近では住宅用の火災警報機も開発され販売されている。　　　　　　　　　　　　　　　　◎渡部勇市

火災気流　[かさいきりゅう]　fire induced flow　火災・爆発　火災に起因して生ずる様々な流れの総称。全て燃焼による発熱が気体の温度を上昇させ，これによって周囲の空気に対して浮力を生じることに起因している。代表的なものの例としては，a)▶火災プリューム，b)▶天井ジェット，c)▶開口噴流，d)開口噴流が特に窓開口で起こる場合の気流。これは窓噴出熱気流または噴出火炎と呼ばれる。e)空間上部に形成される高温層と下部の低温層を伴う流れは成層流あるいは2層流と呼ばれる。f)竪穴空間の煙突効果を伴う流れ。以上のようなものがある。
◎吉田公一

火災継続時間　[かさいけいぞくじかん]　fire duration　火災・爆発　▶区画火災における火災継続時間は，出火とフラッシュオーバーを経て，火盛り期を通じて可燃物が全て燃え尽きるまでの時間として定義される。大雑把には，火災荷重を単位時間当たりの燃焼重量(重量燃焼速度)で割れば火災継続時間となるので，火災荷重が大きく，▶換気因子が小さい部屋程，火災継続時間は長くなる。住宅などの一般の居住空間では，30～60分程度であるが，百貨店や物品倉庫のような窓の少ない建物では，火災が数時間継続することもまれではない。　◎原田和典

火災警報　[かさいけいほう]　fire warning　火災・爆発　火災に関する警報(火災警報)については消防法第22条で定められており，市長村長は気象の状況が火災の予防上危険であると認める時には火災警報を発令することができる。火災警報が発令された時には警報が解除されるまでの間，その市町村にある者は，市町村条例で定める火の使用制限に従わなければならない。火災警報の発令は，実効湿度，最小湿度，最大風速または平均風速に関して定められた基準に従って行われ，発令条件は地域によって異なる。岡山市の例をとれば火災警報の発令基準は，実効湿度60％以下，最低湿度40％以下，最大風速が7 m/s 以上になる見込みの時である。　　　　　　　　　　◎山下邦博

火砕サージ　[かさいサージ]　pyroclastic surge　火山　火山噴火において，固体と気体の混合物が密度のやや低い高速の粉体流として流走する現象。グラウンドサージ，アッシュクラウドサージ，ブラスト，ベースサージなどを包括した名称として用いられることもある。堆積物は多数の薄い葉理からなり，斜交層理・デューン構造が発達する。火砕流噴火・プリニー式噴火・岩屑なだれなどに伴って発生し，広域に分布する。強い破壊力を持ちしばしば高温で火災を起こすが，残された堆積物は厚さ数～数十 cm 程度と極めて薄い場合が多い。　　◎鎌田浩毅

火災時の避難　[かさいじのひなん]　evacuation in case of fire　情報　火災・爆発　火災での死因の多くは，

煙を吸い込むことによる一酸化炭素中毒や窒息死である。そのため煙の性質を知り，煙からの避難方法を習得しておく必要がある。煙は燃焼によって熱せられるため，空気より軽くなり上昇し，天井から充満してくる。つまり「煙の中は這って逃げろ」といわれるように，床スレスレには空気が残っている。その空気を吸うには，両肘を床に付け，床を舐めるようにして這う。そうすると，煙にまかれず見通しもきく。また壁づたいに避難すると方向もわかりやすく，壁際に，より多くの空気が残っていることもある。廊下や室内では，早めに壁際に体を寄せ，階段まで避難できたら，空気が残っている階段の段と段との間のコーナーに顔を突っ込むようにして這い下りる。もしタオルやハンカチを持っていたなら，水に浸し固めに絞り，それで口と鼻を一緒に覆う。ただし水にぬらす時間さえない時は，ハンカチや着ている衣服の一部で口と鼻を覆うこと。学校内では，日頃から複数の避難経路を確認しておく。また修学旅行などでホテルや旅館を利用する際には，到着後必ず非常口を確認することが必要である。→避難行動　　◎青野文江

火災旋風　[かさいせんぷう]　fire whirl　[火災・爆発] [気象] [被害想定]　火災に起因して生じる→竜巻状の旋風で，その中心に火炎柱を含むもの。火災旋風が発生すると毎秒数十メートルに及ぶ回転気流が生じて，その中心部には下から上方に伸びる長い火炎柱がある。火災旋風は，火災気流や大気の不安定によって生じた上昇気流が核となり，火災現場で風速の水平勾配が大きい場所で発生する。同時多発火災においては，自然風と火災気流の相互干渉により渦が発生し，渦と渦の相互干渉により渦の活動が強化されて大きな火災旋風となる。火災旋風は風に流されて移動し，火災域の外に出ると炎を含まない通常の旋風となる。火災旋風の発生は，火災区域の形状にも依存し，「コ」の字型あるいは「L字型」の火災区域がある場合に，その凹部が風下となると，そこで発生するといわれる。火災旋風が発生すると火災の拡大を促進し，燃焼物体を巻き上げて飛び火火災を誘発する。関東大震災では東京の被服廠跡で火災旋風が発生し，人的被害を増大させた。→市街地火災気流　　◎山下邦博

火災損害　[かさいそんがい]　fire loss　[火災・爆発]　火災統計における火災損害は，火災によって受けた損害のうち直接的な損害をいい，罹災のための休業による損失，焼け跡の整理費，消火のために要した経費など間接的な損害を除いたものを指す。火災損害には，建築物や収納品などの焼損による「焼き損害」，消火活動に伴う水損（濡れ損）や破損による「消火損害」，爆発現象の破壊作用によって発生した損害のうち焼き損害や消火損害を除く「爆発損害」，そして火災による死者および負傷者の「人的損害」があり，人的損害以外の物的損害は損害額として評価される。　　◎関沢 愛

火災注意報　[かさいちゅういほう]　fire advisory　[火災・爆発]　火災に関する注意報（→火災警報）が出されると市町村条例で定める火の使用制限が加わる。火の使用制限の内容には地域差があるが，山林原野における火入れの禁止などが含まれる。このような制限が加わると，住民にとって生活する上で支障になることがあり，警報の発令をためらう場合が出てくる。このため，一部の市町村では火災警報に代わり火災注意報を発表して，火災予防に努めている。火災注意報が出されると消防機関は警戒体制を強化し，パトロールして住民に注意を喚起する。火災注意報が出される基準は火災警報と同じように実効湿度，最小湿度および風速に基づいて作成されている。　　◎山下邦博

火災統計　[かさいとうけい]　fire statistics　[火災・爆発]　国（総務省消防庁）および市町村（地方消防機関）が行っている火災事故とその損害，火災による死傷者などに関する統計のこと。現在，わが国の火災統計として全国レベルで集められているものには，「火災報告」，「火災による死者の調査表」，「火災詳報」などがある。これらの報告は国に集められて集計整理され，毎年「火災年報」として刊行される他，一般向けに「消防白書」というかたちでも公表されている。また，各市町村においても，火災を始め救急・救助，消防力の現況などについての統計書が発行されている。わが国で全国レベルの火災統計が実施されているのは，消防組織法に基づいており，各市町村から各都道府県知事を経て，消防庁長官宛に報告を行うことが義務付けられている。　　◎関沢 愛

火災プリューム　[かさいプリューム]　fire plume　[火災・爆発]　火災熱気流は拡散火炎（diffusion flame）—常在する火炎域（flame region）および間欠的な火炎域（intermittent flame region）—と，その上部に火炎がなく熱煙気流のみの流域を形成する。最上域に存在する熱煙気流を火災プリュームという。火災プリュームでは燃焼反応は終了しているので周囲空気の巻き込み（air entrainment）による温度および上昇速度の低下が生じる。点火源からのプリュームは，その中心軸に沿って気流温度は，高さの$-5/3$乗，上昇速度は$-1/3$乗に比例して減衰し，その径は高さに比例して拡大する。火源が室隅部や壁面近くに存在する場合は，プリュームへの壁面側からの空気の巻き込み量が低下したり壁面でのコアンダ効果によって，隅部や壁面へ引き寄せられるが，これが生じるのは壁面との距離が火源代表径の2倍程度までである。→面熱源上の火災プリューム，天井ジェット　　◎須川修身

火災報告　[かさいほうこく]　fire incident report　[火災・爆発]　火災一件毎に，地方消防機関によって調査され，都道府県を通じて国（総務省消防庁）へ報告される火災の報告であり，その内容は「火災報告等取扱要領」に一定の様式が定められている。「火災報告」の対象となる「火災」の定義は，「火災とは，人の意図に反して発生し若しくは拡大し，又は放火により発生して消火の必要がある

燃焼現象であって，これを消火するために消火施設又はこれと同程度の効果のあるものの利用を必要とするもの，又は人の意図に反して発生し若しくは拡大した爆発現象をいう」として規定されている。この火災の定義は，消防行政上からの定義，あるいは火災という災害の社会的性格を反映したものといえる。なお，欧米では「公設の消防隊が出動したものの中から誤報やいたずらによるものを除いたものの全て」を火災件数として算定する方法を採用している国が多い。→出火件数

◎関沢 愛

火災報知設備 [かさいほうちせつび] fine detection and alarm system 〔火災・爆発〕 火災報知設備は，火災の初期の段階で火災により生ずる煙，熱または炎の発生を感知器により自動的に感知し，音響装置を鳴動させ火災が発生したことを防火対象物の関係者に知らせるものである。火災の早期発見と警報を行うことにより，初期消火および早期避難活動を可能とするものである。火災報知設備は，受信機，感知器，中継器，発信器，音響装置および表示灯（標識板）で構成されている。受信機にはP型とR型の2種類がある。P型受信機は，各警戒区域毎に受信機へ並列に個々に配線され，標準的な受信機である。R型受信機は，各警戒区域と受信機の間に中継器を設置し，多重伝送を行い幹線の小線化を図ったものであり，大規模ビルなどで用いられている。感知器には，煙感知器，熱感知器，炎感知器などがあり，音響装置には，ベル，サイレンが用いられている。→消防設備

◎渡部勇市

火砕流 [かさいりゅう] pyroclastic flow 〔火山〕 爆発的な火山噴火において，高温のマグマの砕片とガスの混合物が主に重力によってエネルギーを獲得し，地表を高速で流走する現象。▸火山灰流，軽石流，スコリア流，熱雲などを包括した名称としても用いられる。火砕流の通過後に残された堆積物は，主として軽石，スコリアなど発泡度のよい本質物質と，基地としての細粒火山灰，および火道などを削って取り込んだ外来岩片とから成る。ただし熱雲は，発泡度の悪い本質物質を含む小規模な火砕流に限定して用いることが多い。一般に火砕流の分級の程度は降下火砕物と比べて顕著に悪く，また▸火砕サージと比べてもやや悪い傾向を持つ。火砕流は低粘性の粉体流として挙動することから，火砕流堆積物はごく緩傾斜の上面地形を作ることが多い。高温の火砕流堆積物では堆積直後に溶結現象と結晶化が見られ，堅固な溶結凝灰岩となる。火砕流には非常に小規模なもの（雲仙普賢岳の1991〜1995年火砕流）から100km³を超えるもの（阿蘇火砕流）まである。大規模なものでは，噴出源に陥没カルデラを形成する。火砕流は火山防災上極めて危険な噴火現象の一つである。

◎鎌田浩毅

風波 [かざなみ／ふうは] wind waves 〔海岸〕〔気象〕 海面上を風が吹くと，風のエネルギーが海面に伝わり，波が発生，発達する。このように風の作用により発生，発達する周期が短く波形勾配が大きい波を風波という。風域を抜けると，風波はうねりとなって伝播し，周期が長く波形勾配が小さな波へと変化する。風波の波高や周期は，風速，吹送距離（風が吹いている距離），吹送時間（風が吹き続ける時間）に関係し，これらが大きいほど波高は大きく周期は長くなる。風速，吹送距離，吹送時間から風波の波高，周期を推定する手法（SMB法）も提案されており，風波の予測に用いられている。風波は不規則な波であるが，そのスペクトル形は相似形を保つため，いくつかのスペクトルの標準形が提案されている。例えば，十分に発達した風波に対するPierson-Moskowitzスペクトルや有限吹送距離の風波に対するBretscheider-Mitsuyasuスペクトル，スペクトルピークの鋭いJONSWAPスペクトルなどが有名である。

◎橋本典明

火山ガス [かざんガス] volcanic gas 〔火山〕 マグマ中に含まれる硫黄，フッ素，塩素，炭素，水素，酸素，窒素などの揮発性成分がマグマにかかる圧力減少などによって発泡・分離し，水蒸気(H_2O)，フッ化水素(HF)，塩化水素(HCl)，二酸化硫黄(SO_2)，硫化水素(H_2S)，二酸化炭素(CO_2)，水素(H_2)，窒素(N_2)などとなって地表に噴出するもの。一般的に，水蒸気が主成分で90%以上含まれる。水蒸気以外のガス成分は温度と相関があり，500°C以上の高温の火山ガスにはフッ化水素，塩化水素，二酸化硫黄，水素などが多く含まれる。この他Na, Kなどのアルカリ金属やCu, Pb, Zn, Cdなどの重金属も微量含まれる。100°C程度の火山ガスは硫化水素，二酸化炭素，窒素などの成分が主となる。塩化水素，二酸化硫黄，硫化水素は毒性が強い。特に硫化水素は多くの火山から噴出している火山ガス中に含まれており，これまでしばしばガス中毒事故を引き起こしている。

◎平林順一

火山活動 [かざんかつどう] volcanic activity 〔火山〕 地下深部で生成したマグマが地殻内に貯溜・噴出する過程，およびその間に現れる種々の現象。噴火，噴気，温泉，地熱活動の他，▸火山性地殻変動，火山性地震，火山性微動の発生などが含まれる。火山活動の原因は，主として地下のマグマや火山ガスの挙動によるが，火山地帯やカルデラ地域での群発地震など，火山周辺の地殻活動に起因して現れるものもある。火山活動の活発化は，単に噴火が頻繁に発生することだけを指すわけではい。噴火が起きていない状態でも，火山性地震や火山性微動の増加，噴気温度や地熱の上昇，泉温の上昇，噴気量の増加，火山性地殻変動などの異常が観測された時，火山活動が活発化したという。なお，ハワイでは地下数十kmを震源とする低周波地震・微動が，日本の活火山でも地下20〜30kmを震源とする低周波地震が観測され，これらも火山活動に関連していると考えられている。

◎石原和弘

火山岩尖 [かざんがんせん] volcanic spine 〔火山〕 高粘性のマグマまたはほとんど固化した溶岩が，▸火道内

から地上に低速度で押し上げられてできた柱状の尖塔のような突起．溶岩尖，火山岩塔，ベロニーテとも呼ばれる．▶デイサイトのような高粘性の溶岩によって形成され，側面に擦痕が見られることがある．火山岩尖は崩壊して小規模の火砕流を発生させることが多い．1902年の西インド諸島ペレー火山や1945年の有珠火山昭和新山で形成されたが，後に崩壊した．

◎鎌田浩毅

火山観測 [かざんかんそく] volcano observation / volcano monitoring 〔火〕　マグマ溜まりや火道など火山の地下の状態変化や噴気・噴火活動を計測し，火山体の構造や噴火機構の解明，火山活動の監視・予測のために実施される観測．かつては▶火山性地震の観測が主体であったが，1980年代以降多様な観測手法が火山観測に導入され，それらの有効性が検証されつつある．地下の力学的状態変化を把握するには地震観測や各種の地殻変動の観測・測定が用いられる．マグマの貫入などによって生じる地下の密度変化を捕捉するには重力測定が行われ，地下の温度変化捕捉には火口近傍での▶地磁気観測や地面の電気抵抗の測定が，マグマの温度やその状態変化を評価するためには噴気，温泉ガスの観測，成分分析などが実施される．また，噴火，噴気など，地上に現れる現象の観測には，テレビカメラ，赤外線カメラ，低周波マイクロホンなどが用いられる他，噴出物の調査・分析が行われる．溶岩流出など，顕著な地形変化を伴う場合には，写真測量などがなされる．

◎石原和弘

火山基本地形図 [かざんきほんちけいず] topographic map of active volcanoes 〔火〕　▶火山噴火予知計画の柱の一つ，基礎資料整備の一環として，国土地理院が活火山を対象にして年次的に整備してきた5000分の1あるいは1万分の1の地形図．1997年現在20数火山の地形図が刊行され，顕著な噴火のあった伊豆大島，三宅島，雲仙普賢岳については修正図が作成されている．溶岩流や火砕流などの噴出物量の推定，火山観測，火山災害予測図の作成，火山地質の調査など，多岐に活用されている．

◎石原和弘

火山構造性陥没地 [かざんこうぞうせいかんぼつち] volcano-tectonic depression 〔火〕　大量の火山岩が主に火砕流として比較的短期間に噴出した結果，大規模な地溝状の陥没凹地が形成された地域．火山構造性陥没地は特定の方向に数十 km の長さで延び，地質構造に支配された伸張軸を持つ地溝が集合した形態をとる．また地下数 km の陥没部分のほとんどが火山岩によって埋められることがある．火山噴出物は珪長質マグマ起源のものを主体とすることが多く，複数の▶カルデラが連結し大規模な火砕流台地を伴う場合もある．火山構造性陥没地は大規模火砕流だけでなく大量の溶岩流噴出によってもでき，陥没とマグマ噴出との間には何らかの因果関係があったと考えられている．火山活動と陥没運動とは数百万年にわたって継続（または断続）する．例として，ニュージーランド北島のタウポ－ロトルア地域，インドネシアのトバ地域，中部九州の豊肥火山地域，南九州の鹿児島地溝などがある．

◎鎌田浩毅

火山砂 [かざんさ] volcanic sand 〔火〕　主として火山岩から構成される砂サイズの物質．火山砕屑物の区分上は，火山灰（粒径 2 mm 以下）と火山礫（2 mm 以上64 mm 以下）の境界付近にある粒度の物質を便宜的に指し，2 mm 以上 4 mm 以下のものに用いられることが多い．

◎鎌田浩毅

火山災害 [かざんさいがい] volcanic disasters 〔火〕　火山災害という言葉を広い意味で用いる場合，噴火そのものによる噴火災害の他，火山の地形・地質に原因がある災害までも含めるが，一般には，噴火により直接，間接に発生する災害を意味する．直接的なものとしては，①火口から数 km の範囲に飛散する▶火山弾，火山岩塊，②風によって遠方まで到達する軽石，火山灰など，③斜面に沿って流下する火砕流，岩屑流や溶岩流，④爆発的噴火による山体崩壊，⑤顕著な地形変動を引き起こす溶岩ドーム・潜在円頂丘などである．これらは，人命，耕地や住居などに被害を与える他，▶火山灰は航空機のエンジン，機体に損傷を与える．間接的災害として泥流や火山体崩壊などによる多量の火砕物の海中突入に励起される津波などがある．その他，災害を引き起こす物理的現象として，火山性地震，空振，地盤低下による高潮などがある．また，非噴火時でも火口や噴気孔近傍では▶火山ガスによる中毒事故も発生する．

◎石原和弘

火山災害危険区域予測図 [かざんさいがいきけんくいきよそくず] volcanic hazard map 〔火〕　ある火山で噴火が発生した場合にどの範囲にどのような危険が及ぶかを示した地図を火山災害危険区域予測図という．一般には，火山の▶ハザードマップといわれるものである．住民に対する啓蒙，避難計画および避難施設整備，土地の利用計画など，火山災害軽減の方策を講じる上で不可欠である．火山噴火現象は多種多様であるが，過去数百〜数千年の間に繰り返し噴火した火山では，規模の大小や噴火地点に変化はあるものの，類似した現象・災害が生じることが多いので，火山活動・災害の履歴を参考に火山災害危険区域予測図を作成することが可能である．1970年代から各国で作成が始まり，わが国でも，少数の自治体が研究者の協力を得て作成していた．組織的に作成されるようになったのは，旧国土庁が1992年に火山噴火災害危険区域予測図作成指針を公表してからである．

◎石原和弘

火山災害評価 [かざんさいがいひょうか] volcano hazard assessment 〔火〕　ある火山または火山地域について，噴火その他の地変を予測し，それが原因となって発生する火山災害の時期，性質，範囲，規模などを事前評価すること．各火山について過去の噴火の発生地点・噴火様

式等，および災害の種類・影響範囲などを古文書や地質調査などにより把握することと，火山観測による現在の活動度の評価が基礎となる。これに火山周辺の地形，環境，地域社会・産業などの現状を考慮して行う。火山災害評価には，過去の噴火をもとにした予想される噴火のシナリオ作成，災害実績図と火山災害予測図の作成を含み，それらが，避難計画の策定と避難訓練，避難防災施設の整備，土地利用計画などに活かされることが肝要である。　◎石原和弘

火山砕屑物　[かざんさいせつぶつ]　pyroclastic material　[火山]　火山噴火において地上に放出された後に堆積した破片状の固体物質の総称。しばしば省略形で火砕物と呼ぶ。また火山砕屑物が固結した岩石は火山砕屑岩（火砕岩）という。粒径によって火山岩塊（64mm 以上），火山礫（2 mm 以上64mm 以下），火山灰（2 mm 以下）に区分される。便宜的にごく粗粒の火山灰（または細粒の火山礫；2 mm 以上4 mm 以下）を→火山砂，ごく細粒の火山灰（1/16 mm 以下）を火山塵ということもある。なお，噴火と直接関係せず侵食や風化によって破砕・堆積した火山性物質についても用いられることがあり，この用例の英語は volcaniclastic material である。　◎鎌田浩毅

火山昇華物　[かざんしょうかぶつ]　volcanic sublimate　[火山]　→火山ガスに含まれる成分の昇華現象，ガス成分間の反応，火山ガスに含まれる微粒子や微量金属成分の沈積などによって火山ガスの噴出口周辺に析出する鉱物のこと。また，火山ガスが地表近くで凝縮し，生成した酸性の凝縮水が周辺の岩石や土壌と反応して生成する鉱物も含む。多くの噴気地帯では硫黄の析出が顕著である。火山昇華物には硫黄の他，金属の酸化物，塩化物，硫酸塩，水酸化物，硫化物などの鉱物が多いが，ケイ酸塩やホウ酸なども析出する。高温の火山ガスからは，$NaCl$, $CuCl_2$, CuO などの金属の塩化物や酸化物の析出が認められている。200℃～300℃の噴気孔の周辺にはしばしばホウ酸（H_3BO_3）の析出が見られる。火山ガス凝縮水と岩石，土壌との反応では $CaSO_4 \cdot 2H_2O$, $FeAl(SO_4)_2 \cdot 22H_2O$, $Al_2(SO_4)_3 \cdot 16.5H_2O$ などの硫酸塩の析出が顕著である。　◎平林順一

火山情報　[かざんじょうほう]　volcanic information　[火山]　火山活動を監視している機関が，行政機関，報道，住民に公表する火山活動に関する情報。わが国では，陸上火山については気象庁，海底火山については海上保安庁が発表する。現在，気象庁が発表する火山情報には3種類ある。①緊急火山情報：生命，身体に関わる火山活動が発生した場合，②臨時火山情報：火山活動に異常が発生し，注意が必要な時，③火山観測情報：緊急火山情報，臨時火山情報を補うため，随時発表。なお，2001年に本庁および札幌，仙台，福岡管区気象台に「火山監視・情報センター」が設置され，従来各火山毎に発表されていた定期火山情報は，2002年3月に廃止され，各センターが管轄区域内の火山全てについて活動状況を毎月とりまとめ，解説資料として公表することとなった。火山噴火予知連絡会の統一見解や会長コメントも臨時火山情報などとして公表される。国外では，火山情報の中で火山の活動度をレベルや色（カラーコード）でわかりやすく表現する所もある。例えば，インドネシア火山調査所は，Ⅰ（平常活動），Ⅱ（注意），Ⅲ（警戒），Ⅳ（避難準備）およびⅤ（噴火発生中）の5段階を設けている。　◎石原和弘

火山性地震　[かざんせいじしん]　volcanic earthquake　[火山] [地震]　火山体およびその周辺で発生する地震，震源の深さは地表から概ね10km 以内の地殻上部である。通常，マグニチュードは小さいが，まれに規模の大きな地震が発生する（例えば，1914年桜島地震，$M=7.1$）。通常の地震と同じように応力集中により地殻が破壊されて生じる，P波とS波の位相の明瞭な地震と，マグマの貫入・発泡などにより火道や火口底の浅い所で発生する低周波が卓越するタイプに大別される。前者の震源域は1 km より深く広範囲で発生する。便宜上，A型地震と呼ぶことがある（下図参照）。後者は火山活動が高まった時，火口直下など限られた範囲に集中して発生する傾向があり，震源の深さは概ね3 km より浅い。B型地震あるいは低周波地震と呼ばれ，その震動波形はマグマの性質，噴火様式により異なり，活動の進展によって波形が変化することが多い。顕著な噴火の多くは，A型（高周波）地震の頻発，低周波地震と火山性微動の多発という経過を踏む。震源の移動と合わせて，発生する火山性地震のタイプの変化を把握することが，噴火予測の重要な手がかりとなる。近年，岩手山や富

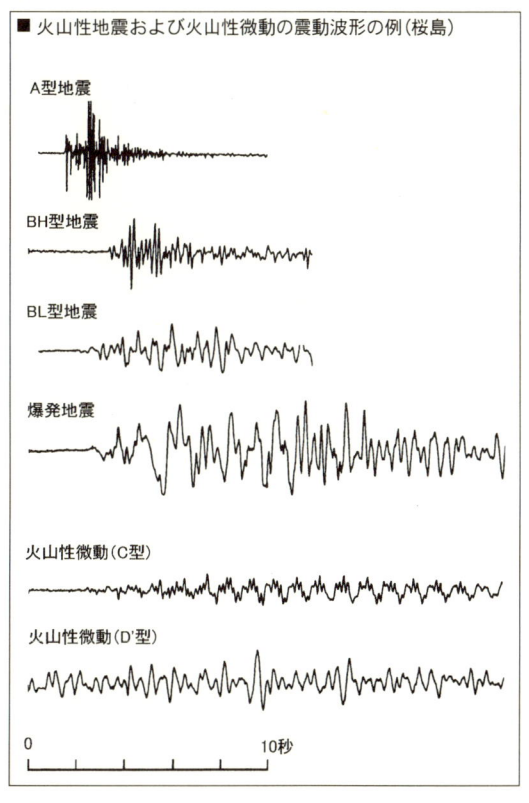

■火山性地震および火山性微動の震動波形の例（桜島）

A型地震

BH型地震

BL型地震

爆発地震

火山性微動（C型）

火山性微動（D型）

0　　　　　10秒

士山などの火山深部(10〜30km)での低周波地震の発生が確認されているが，噴火との因果関係は未解明である。
◎石原和弘，井口正人

火山性地殻変動 ［かざんせいちかくへんどう］ volcanic crustal (ground) deformation ［火山］　火山活動に関連した地殻変動。噴火の準備過程では，地下数〜10数kmにあるマグマ溜まりでマグマが蓄積し広範囲の地盤が緩やかに隆起・膨張する。噴火が間近になり，地表くまでマグマが上昇すると，火山体は局所的な隆起を示す。粘性の高い溶岩が貫入，噴出する時には，地割れ，断層などが観察されることもある。火山観測では，これらの地変を，▸水準測量，潮位計，光波測距儀，▸GPS，傾斜計，伸縮計などを用いて計測する。観測値と理論的計算との比較から，圧力源としてのマグマ溜まり位置やマグマの蓄積量の変化を推定することができる。地殻変動観測は，地震観測とともに，噴火予知のための基本的な観測項目である。
◎石原和弘

火山性微動 ［かざんせいびどう］ volcanic tremor ［火山］［地震］　火山で観測される震動のうち，開始が不明瞭で，火山性地震に比べて継続時間が長いものをいう。その波形の特徴は，火山および活動期によって多様であり，波の周期は0.1秒から数十秒まで幅がある。孤立的に発生する他，数時間以上継続することもある。非噴火時に出現する他，噴煙放出に対応しても火山性微動が発生する。火道中のマグマ，火山ガス，火砕物などの運動や振動によって励起されると考えられている。▸火山性地震の連続的な発生が火山性微動として観測されることもある。
◎石原和弘，井口正人

火山弾 ［かざんだん］ volcanic bomb ［火山］　火口から放出された溶融状態のマグマが，飛行，着陸の際に発泡，固化して堆積した粒径2mm以上の火砕物。特徴的な外形，表面紋様，内部構造によって，パン皮状火山弾，紡錘状火山弾，牛糞状火山弾，リボン状火山弾などと種々の名称に分けられ，それぞれマグマの粘性や発泡時期を反映している。この他に，岩塊を融けた溶岩が取り巻いている有核火山弾，ガラス質の急冷縁を持つ水冷火山弾がある。
◎鎌田浩毅

火山地質図 ［かざんちしつず］ geologic map of volcano ［火山］　火山地域または火山岩分布域の地質図をいい，通常の地質図と同様に野外踏査により作製され，地質分布，凡例と地質断面が表現される。特に，火山地形，溶岩流・火砕流堆積物・岩屑なだれ堆積物などの分布と性質，降下火砕物の分布と層厚，各堆積物の年代，各堆積物の化学組成，火山体の構造などができる限り詳細に図示される。この他，噴火地点，噴気孔，温泉，変質帯，地熱調査井などの噴火および地熱活動に関する情報も記入される。日本国内では，桜島，有珠，草津白根，阿蘇，雲仙などの主要な活火山地域の火山地質図が現在刊行されてい

る。ここには地質概要，噴火史と災害，岩石，火山活動の監視観測，主要な文献と用語などを含む解説が付記されている。
◎鎌田浩毅

火山泥流 ［かざんでいりゅう］ lahar / mud flow ［火山］　火山噴出物が水と混合して谷筋に沿って流下する現象。火山灰など細粒な噴出物が混入することにより水の見かけ密度が増加するので，大きな岩塊も浮力を得て流動しやすくなる。そのため，▸土石流と呼ばれることもある。火山泥流は，流動性と破壊力を兼ね備えていて，火山から数十km以上離れた河川沿いの地域にまで災害を引き起こすことがあり，火山災害の中で最も危険な要因の一つである。小規模な噴火であっても，火山灰などが堆積した地域に強雨があるとごく普通に発生する。1991年ピナツボ山噴火のように，噴出物が多いと長期にわたり繰り返し火山泥流が発生する。この他，火山泥流は，火山噴火直後に発生することもある。▸火砕流や山体崩壊物が河川に突入した時(1980年セントヘレンズ山)，高温の火山噴出物が氷河や積雪を融解した時(1925年十勝岳，1985年ネバド・デル・ルイス山)，火口湖で噴火が発生した場合などである。
→ラハール
◎石原和弘

火山灰 ［かざんばい］ volcanic ash ［火山］　爆発的な噴火の際に放出された粒径2mm以下の破片から成る火山砕屑物で，固結していない粒子の総称。マグマが発泡・粉砕して生じたガラス片および結晶片から成る場合と，これに加えて既存の岩石が粉砕した破片を多く含む場合がある。噴火の際に噴煙から分離し，風によって運搬され地上に堆積したものは降下火山灰と呼ばれる。また一般に火山灰は，火砕流堆積物の基質の主要構成物でもある。
◎鎌田浩毅

火山灰流 ［かざんばいりゅう］ ash flow ［火山］　粒径2mm以下の火山灰が50%以上の体積を占める高温の▸火砕流。灰流(はいりゅう)と省略して呼ばれることがある。しばしば火山灰流による堆積物をも指し，高温のマグマ片とガスが混合した火砕流の多くは，火山灰流に相当する。火山灰流は小規模なものから100km^{3}を超える大規模なものまで知られている。大規模な火山灰流の大部分は流紋岩質〜デイサイト質マグマの噴火によって生じ，その堆積物は広大な火砕流台地を形成し，噴出源には陥没カルデラが形成される。
◎鎌田浩毅

火山爆発指数 ［かざんばくはつしすう］ volcanic explosivity index / VEI ［火山］　火山噴火の規模・強度を表すものとして，Newhallら(1982)によって提案された。地震動の強さを尺度とする地震マグニチュードと異なり，火山噴火には溶岩流出を伴うものや爆発的噴火など種々のタイプがあり，一律にあてはまる物指しを作ることが困難である。火山爆発指数は，噴出物量(10^4m^{3}未満から10^{12}m^{3}を超えるものまで9段階)と噴煙柱の到達高度(0.1km未満から25km以上まで6段階)を指標として，この2つの指

標の組み合わせから，0から8まで9段階のVEIを定義している。Simkinら(1981)によれば，1812年のタンボラ火山噴火は7，1883年のクラカタウ火山爆発は6，1980年のセントヘレンズ山噴火は5，1914年桜島噴火は4，1977年有珠山噴火は3である。　　　　　　　　　　◎石原和弘

火山フロント　[かざんフロント]　volcanic front　火山
島弧〜海溝系上の火山の分布状態を大局的に見た場合に，海溝とほぼ平行なある線のまわりに火山が密集し，その線を越えて海溝側には火山は出現せず，その線から背弧側に向けて火山の数が減るという線が存在する。このように，火山が最も密集する海溝寄りの列を結んだ線を火山フロントと呼ぶ。火山前線ともいい，火山フロントの海溝側にはアサイスミックフロントがある。火山フロントの背弧側では地殻熱流量が大きく，火山噴出物の量は火山フロントから離れるに従い減少する。一方，火山岩中のKやNaなどのアルカリ元素の量は，火山フロントから離れるに従い増加する。一般に，火山フロントはプレートの沈み込み角度によらず深さ約110kmの深発地震面上に位置することから，その成因はマグマ生成上の圧力依存性を持つ現象と考えられている。　　　　　　　　　　◎鎌田浩毅

火山噴火予知計画　[かざんふんかよちけいかく]　national project for prediction of volcanic eruptions　火山　1973年，火山噴火予知5ヵ年計画が測地学審議会から，内閣総理大臣および文部大臣に建議され，翌年度から実施された。以後，1999年からの第6次計画まで6度5ヵ年計画が繰り返された。その骨子は，火山観測研究の拡充強化，基礎研究の推進，基礎資料の整備，火山噴火予知体制の整備である。これにより，火山観測所の整備が年次的に進められ，活火山の集中総合観測などが実施されてきた。また，気象庁，海上保安庁水路部の火山監視体制，防災科学技術研究所，地質調査所，国土地理院などによる活火山の調査研究活動の充実も図られるようになった。1984年から始まった第3次予知計画以降，火山を「活動的で特に重点的に観測研究を行うべき火山」「活動的火山および潜在的爆発力を有する火山」と「その他の火山」に分類して，活動度および社会的環境に応じて，調査研究を効率的に進めることとした。　　　◎石原和弘

火山噴火予知連絡会　[かざんふんかよちれんらくかい]　Coordinating Committee for the Prediction of Volcanic Eruptions　火山　行政　火山噴火予知計画の建議に基づいて，1974年に設置された組織。気象庁に事務局を置く。火山噴火現象について，見通しを含めた総合的な判断を下し，防災活動や噴火予知研究に役立てることを目的に設置された。学識経験者委員と関係省庁委員によって構成され，年3回定期的に連絡会が，緊急時には臨時の会合が開催され，わが国の火山活動について観測データをもとに評価・検討される。顕著な活動に際しては，統一見解または会長コメントを発表し，必要に応じて，観測体制の調整をする。

例えば，1991年5月からの雲仙普賢岳の活動では，事前に溶岩流出の危険性についての会長コメント，継続的な火砕流発生に対する注意が統一見解で発表された。1977年の有珠山噴火や1991年の雲仙普賢岳噴火の際には，現地に拠点を置き，迅速な地元への情報伝達を図った。また，活火山見直し，火山情報の改定などの特定の課題，顕著な噴火活動についてはワーキンググループや部会が設置され詳細な検討が加えられる。火山噴火予知連絡会で検討されたデータや議事録などは定期的に発行される火山噴火予知連絡会会報に掲載されている。構成員は委員30名以内に臨時委員が加わる。　　　　　　　　　◎石原和弘，井野盛夫

火山噴出物　[かざんふんしゅつぶつ]　volcanic product　火山　火山活動によって，火口や噴気孔から放出される物質，あるいは噴出の後に地面に堆積した物質。広義には火山ガスや硫黄などの昇華物も含まれるが，溶岩流や火山弾，軽石，火山灰など固体噴出物を指すことが多い。火山噴出物は，「**溶岩**(溶岩流，溶岩ドーム)」と，「**火山砕屑物**(火砕物)」に大別される。前者はマグマが地表まで上昇し溢れ出るものであり，野外では連続性のよい比較的均質な岩層として観察される。後者は，爆発的噴火により火口からマグマが火山ガスとともに大気中に放出されて生じた，岩塊，礫，軽石，スコリア(黒っぽい軽石)，火山灰などや火砕流堆積物であり，文字通り，破砕された火山噴出物である。野外では，一般に脆い地層として観察される。火砕物が熱による再溶結や圧力で固まった岩を火砕岩という。後者には，火山体崩壊によって起きた岩屑流や土石流・泥流などの堆積物も含まれる。　　　　　◎石原和弘

火山鳴動　[かざんめいどう]　volcanic rumbling　火山
火山のごく浅い場所で起こる地震動に励起された空気振動，火孔からの火山ガスの噴出音，あるいは連続的爆発音が空気中を伝わって耳に聞こえるもの。単発的なものから数秒おきに強弱を繰り返すものもある。噴火の前などに，登山者や山麓の住民が聞くこともある。気象条件や地形によって聞こえる範囲が変化する。例えば，桜島の鳴動が山麓の住民には気づかれず，10km以上離れた鹿児島市内で明瞭に聞こえる場合もある。　　　　　　　◎石原和弘

火山雷　[かざんらい]　volcanic thunder / volcanic lightning　火山　噴火の際，上昇する噴煙柱の中あるいはその周辺，また噴煙と大地の間で発生する雷。高速で噴出された火砕物，ガスが大気と複雑な相対運動を行う結果，帯電して電位差を累積して放電に及ぶものと考えられる。多くは，雷鳴や雷光にとどまるが，強い落雷により，観測・通信機器，家庭のテレビなどに障害をもたらす場合もある。近年の桜島の山頂噴火活動期にも火山雷が頻繁に観察された。　　　　　　　　　　　　　　　　　◎石原和弘

火事場風　[かじばかぜ]　fire induced wind　火災・爆発　被害想定　大規模な火災によって引き起こされる風。自然風に対して火災気流が障害物になることから火災現場で

は，建物の周辺気流に類似した火事場風が起きる。火災気流が自然風の影響を受けて傾くこと，▶火災気流の周囲に伴走流が生じることなどにより，火事場特有の風の場が形成される。火事場風の強風域の大きさと位置は，火災気流の上昇速度に依存する。火事場風が起きる場所は火災に接近した場所に限られる。▶空襲火災のように同時多発火災になると，火災間の相互干渉により，風の乱れが大きい火災嵐が引き起こされる。→市街地火災気流　　　◎山下邦博

河状係数　［かじょうけいすう］coefficient of river regime　河川　河川のある地点での最大流量と最小流量の比で河川の流況を表す指標の一つ。これまでに計測された値や最近10年間の最大・最小値を用いて計算されることが多く，明確な定義はない。この値が大きいことは流量の年間変動が大きく，治水と利水両面での対応の難しさを表す。わが国の河川はヨーロッパなどの河川と比較してこの値が著しく大きい。河況係数ともいう。　◎細田 尚

河床低下　［かしょうていか］bed degradation　河川　河床変動は流砂量の不均衡により生じるが，ダムや床固めなどの河道横断構造物によって流砂が遮断されたり，砂利採集が盛んに行われると，上流からの流砂量が減少し下流では河床低下する。河床低下が進むと砂州が固定化され，局所的な深掘れが顕在化する。また，河床低下は利水施設の運用に支障をきたすだけでなく，護岸や橋脚の河川構造物の基礎を不安定にする原因となる。　　　◎藤田正治

河床変動解析　［かしょうへんどうかいせき］riverbed variation analysis　河川　河床変動を支配する方程式を解析的または数値計算によって解き，河床変動の再現や将来の予測を行うこと。解析的な方法としては基礎方程式から拡散型の方程式を導き，それを適当な境界条件のもとに解くものがある。数値計算による方法は，支配方程式系を差分法などにより解くもので，一次元河床変動だけでなく二次元河床変動も解析できる。最近では，計算機の発達とともに数値計算による方法が主流である。　◎藤田正治

ガス施設　［ガスしせつ］gas facility　都市　地震　ガス施設としては，通常LNGガスを貯蔵する貯槽（地上式，地下式），ガスの熱量や燃焼性を調整，付臭するプラントなどを有する「製造所」と，製造所で作られたガスを各家庭などに送る「導管網」とに大別される。導管網の中にはガス導管以外に導管内のガスの圧力を調整する「ガバナー」，そして1日の需要ギャップを調整する「ガスホルダー」といった施設がある。ガス導管は高圧，中圧，低圧の3つに分けられる。高圧の導管網は通常，1MPa以上の圧力で，主として長距離輸送に用いられている。高圧ガスは，ガバナーで圧力を下げられた後，中圧導管網に送出される。中圧導管網は圧力に応じて中圧A（0.3〜1Mpa），中圧B（0.1〜0.3MPa）の2段階があり，各都市へのガス輸送や大規模な施設への供給に用いられる。各家庭や中小規模の顧客へは，中圧導管網からガバナーによってさらに減圧された低圧導管網を通じて供給される。このようにガス施設はパイプラインネットワークシステムを形成しており，地震防災においてもその特徴に応じた対策が講じられている。　　　◎小川安雄

ガス製造所　［がすせいぞうしょ］LNG terminal　都市　ガス（LNG）製造所の設備はアンローディングアーム，LNG貯槽，LNGポンプ，LNG気化器および熱量調整設備などで構成されている。LNGはLNGタンカーからアンローディングアームおよびタンカーのLNGポンプを用いて荷揚げが行われる。荷揚げ中には，外部からの入熱などによりLNGが気化し，ボイルオフガス（BOG）が発生する。タンカー貯槽の圧力をバランスさせるため，発生したBOGの一部はリターンガスブロワーでLNGタンカーへ返送される。荷揚げされたLNGはLNG貯槽に貯蔵され，LNGポンプにより昇圧した後，LNG気化器で海水などと熱交換をし気化される。気化されたガスはLPGなどで熱量と燃焼性を調整し付臭した後，送出される。また，LNG貯槽内で発生したBOGは圧縮機で圧力を上げて製造ガスとして利用される。　　　◎小川安雄

ガスト影響係数　［ガストえいきょうけいすう］gust response factor　気象　構造物が風速変動に起因して生ずる振動は▶バフェティングと呼ばれるが，その最大応答値を評価するための係数。▶耐風設計では応力や変形の計算は，静的に扱われることが多いので，最大応答値を平均風速による静的▶風荷重から求められる応答値で除したものとして定義される。▶強風の変動特性が周波数領域の▶パワースペクトルやコヒーレンスによってモデル化できるため，▶スペクトルモーダル法により応答のパワースペクトルが評価され，ランダム振動論によるピーク係数を用いて，最大応答値が確率統計的に予測できる。高層建築物の場合は粗度区分に応じた風速変動に関するパラメータと構造物の振動特性によって求めることが可能で，各国の設計規準においても採用されていることが多い。　◎神田 順

ガストフロント　gust front　気象　日本語訳では突風前線または陣風前線と呼ばれる。積乱雲や雷雨の最盛期から衰弱期にかけて，下降気流（ダウンドラフト）が生じる。この下降気流とともに，上空から落下してきた雪，あられ，ひょうなどの融解や水滴からの蒸発によって周囲の空気は冷やされる。この重い空気が雲底下にたまるため，地表には局所的な高気圧が形成される。ここから重い冷気が外へ流れ出すが，その通過時には地表では突風，気温の急降下，気圧の上昇など，あたかも小規模な寒冷前線の通過のように振る舞う。このため，先端はガストフロントと呼ばれる。その先端は周囲の暖気と衝突して上空へ曲げられ，さらに地表付近は摩擦のため流れが遅くなるため，鼻（nose）が形成される。しかし，暖気の上に寒気がある不安定なこの鼻はすぐに崩れてしまい，激しい乱れを生じる。特に▶ダウンバーストのように局所的な下降流に伴うガストフロント

では突風による強風災害が発生しやすい。　　　◎林　泰一

ガスの復旧　[ガスのふっきゅう]　gas recovery　復旧
ガス管は地中に埋設されている上に気体であるため，損壊箇所を特定するのが難しい。ガスが燃焼する気体であるので完全に配管の補修を行うことが必要であること，水道管の損壊や液状化による地下水によってガス管に水や土砂が浸入すること，また，一度供給を停止すると末端機器のガス栓がすべて閉まっていることを確認した上で供給を再開する必要があり，居住者の在宅時に訪ねて作業を行わなければならないことから，復旧には多大な時間と労力を要する。阪神・淡路大震災では復旧までの応急対応として，カセットコンロの無料貸与などが行われた。　　◎佐土原聡

ガス爆発　[ガスばくはつ]　gas explosion　火災・爆発
可燃性ガスが空気あるいは支燃性気体と混合し，可燃性予混合気が形成されている時，何らかの着火源が与えられると火炎核が形成され，火炎が伝播し，燃焼反応によって放出されたエネルギーによって，周囲に熱，圧力，気体の運動エネルギーを及ぼす現象をいう。密閉した区画内で起きるものを「閉囲空間中でのガス爆発」，自由空間中で起きるものを「開放空間中でのガス爆発」と呼ぶ。通常のコンクリート構造物の床面に対する許容応力は，およそ 2〜4 kPa である。区画の体積の5％程度の量の炭化水素可燃性予混合気の燃焼を想定しても区画に作用する圧力は，およそ50 kPa となるので，現実のガス爆発事故の場合，窓，ドアだけではなく壁，天井，床をも破損する可能性がある。
　　　　　　　　　　　　　　　　　　　　◎鶴田　俊

カスプ　cusp　海岸　周期的な波状の汀線の平面形状の呼称。波長が数mから数十mのものをビーチカスプ，数十mから数百mのものをメガカスプ，それ以上のものをジャイアントカスプと呼ぶ。成因は，波浪場の流れ系と漂砂系の相互作用よる不安定現象であるが，スケールに応じて相互作用系の不安定性の支配要因は異なる。ビーチカスプではエッジ波や波打ち帯でのソーティングが形成機構に関連し，ジャイアントカスプは離岸流系に強く支配される。　　　　　　　　　　　　　　　　　　◎後藤仁志

ガスホルダー　gas holder　都市　ガスを貯蔵するための設備であり，高圧，中圧のものとしては球形のものが一般的である。ガスホルダーは，ガス送出量が製造量を上回る時間帯には貯蔵してあるガスを送出し，下回る時間帯にはガスを受け入れ貯蔵する。従ってガスホルダーは，最大送出日について送出量が製造量を上回る時間帯の送出量と製造量の差を送出可能な稼働容量を最低限保有する必要がある。またガスホルダーの機能として，次の要件が挙げられる。①ガス需要の時間的変動に対して，製造が順応し得ないガス量を補給し，供給を確保すること。②ガスホルダーを需要家近くに設置することにより，ガス使用量のピーク時にガス工場からその需要地に至る導管の輸送能力以上に供給能力を高めること。③停電や導管工事などによる製造および供給設備の一時支障に対して，供給の安定性を確保すること。この他に，ガスホルダーは製造ガスを混合させることにより，供給ガスの成分，熱量および燃焼性などを均一化させることにも使用される。
　　　　　　　　　　　　　　　　　　　　◎小川安雄

霞堤　[かすみてい]　kasumitei levee / discontinuous levee　河川　通常堤防が河道に沿って連続して築造されるのに対して，扇状地の急流河川に不連続に設けられる堤防。霞堤の部分は，堤内地に延びていることが多く，水害防備林を配することが一般的である。霞堤は，洪水の一部を不連続部に遊水させて洪水調節を期待したり，平時における堤内地の排水や，上流で破堤した場合の氾濫水を速やかに河道還元し被害を拡大させないことに利点を有している。　　　　　　　　　　　　　　　　　　◎角　哲也

風荷重　[かぜかじゅう]　wind load　気象　一般には構造物に作用する風力全般をいうが，特に設計を意識する時，風荷重の用語が用いられる。通常は表面に垂直な圧力だけを考えればよいが，風方向に長い構造物では，接線方向の摩擦力も無視できない。風速が平均風速成分と変動風速成分に分けられるため，▶風荷重も平均風荷重と▶変動風荷重の和として与えられる。平均風荷重は平均風速から算出され，構造物に静的な荷重効果をもたらす。変動風荷重は風の乱れなどによるもので，構造物に動的な荷重効果をもたらす。通常の構造物では，風の乱れによる▶バフェティングを考慮して，平均風荷重×▶ガスト影響係数のかたちで，最大の荷重効果をもたらす等価静的な風荷重が予測できる。構造物によっては，構造物から発生する渦による風直角方向の風荷重やねじり風荷重，あるいは構造物の振動と気流の相互作用による自励的要素を含む風荷重の評価も必要となる。なお，風荷重算定の基本となるのは▶設計風速であり，地理的位置，敷地周辺の▶粗度区分，構造物の重要度，目標性能などに応じて決められる。　◎田村幸雄

風工学　[かぜこうがく]　wind engineering　気象
風工学という言葉は，wind engineering という言葉に対応させて，1976年頃から日本でも用いられるようになり，その後，急速に定着してきた言葉である。風工学は，当初は構造物の耐風性に関する問題を中心課題としていたが，今日では風に関連する工学上の諸問題全般をその対象としている。台風の常襲地帯にあるわが国においては，▶強風災害，構造物の耐風性に関わる課題の重要性は現在も変わらないが，建築物の周辺気流や換気などの風環境，都市環境，風力エネルギー問題なども，風工学の対象として近年その重要性が増している。このように風工学は，風に関わるあらゆる問題を対象としているために，学際的な性質をその特徴としている。例えば，土木，建築，電気，機械などの工学の分野，流体力学，気象学などの理学の分野が関係している。各分野での研究成果を交流し，協力・共同して，風に関する諸問題を解決しようという機運の中から生まれた言葉といえよう。
　　　　　　　　　　　　　　　　　　　　◎岩谷祥美

■ 神戸市長田区における仮設工場の例
（写真：神戸市産業振興局中小企業指導センター提供）

寡雪　[かせつ]　less snow　雪氷　この言葉は，多雪に対比されて使われる言語であり，気候学的な意味合いで使われることが多い。寡雪の代わりに少雪と使う人もいる。寡雪年時には，冬期の平均気温が高く，仮に降水量が同じでも，降雪が積雪とはならない。冬期の平均気温の高い地方，すなわち，本州の北越地方（新潟・富山・石川・福井県地方）では，積雪量は冬期の平均気温に敏感で，わずかの気温の昇温が積雪量の減少となる。すなわち寡雪年をもたらす。→少雪年
◎中村　勉

仮設建築物　[かせつけんちくぶつ]　temporary building　復旧　応急仮設建築物，仮設店舗などをいう。建築基準法では，災害発生後1月以内に国などが建築する応急仮設建築物，被災者が自ら使用する延床面積30m²以内の建築物には，適用されない（ただし，防火地域内除く）。災害の場合に建築する公益上必要な応急仮設建築物や特定行政庁から1年以内の期間の許可を得て建築する仮設店舗には，防火のための構造規定，敷地の接道規定，用途地域に関する規定などは緩和されるが，建築確認申請は要する。
◎北條蓮英

仮設工場　[かせつこうじょう]　temporary factories　復旧　阪神・淡路大震災により製造工場が倒壊または焼失などの被害を受けた神戸市内中小製造業者に対し，自ら製造工場を確保できるまでの間，暫定的に低廉な賃料で貸し付けることにより，被災企業の経済復興への立ち上がりを支援するとともに，雇用の確保を図ることを目的に神戸市が被災企業用仮設賃貸工場制度を創設した。これは，災害復旧高度化資金制度の特例措置として(財)神戸市産業振興財団が事業主体となって建設するものである。1995年2〜3月に既成市街地部の長田区と郊外の西区の計6カ所，ケミカルシューズ，機械金属業を対象に計170区画，240企業が入居した。家賃500円/m²で，期間は当初入居後3年間であったが，その後2年の更新をして，2000年6月が最終期限となった。（写真参照）
◎北條蓮英

仮設診療所　[かせつしんりょうじょ]　temporary medical clinics located near temporary housing units　復旧　阪神・淡路大震災からの復興にあたっては，住宅を失った人々のために4万8300戸の仮設住宅が建設され，最大で17万人を収容した。建設には公有地を中心に大量の空地が必要となるため，周辺環境が未整備な地域に多くの仮設住宅が建設された。一方，応急仮設住宅入居者には高齢層の割合が高く，住宅付近での医療サービスの提供が重要な生活課題となった。そのギャップを解消するための試みとして，仮設住宅の敷地内や周辺に建設されていたのが，被災者のための仮設診療所である。
◎林　春男

仮設店舗　[かせつてんぽ]　temporary shops and store-houses　復旧　災害により全壊・半壊・損壊の被害を受けた小売店，飲食店，サービス業の事業所が，その本格復興に至るまでの間，使用する応急的施設である。建築基準法上，特定行政庁から1年以内の期間を定めて許可を得る場合，防火のための構造規定，敷地の接道規定，用途地域に関する規定については緩和されるが，建築確認申請手続の必要性は平常時と何らかわらない。低コスト，工期短縮が要請されるためプレハブの他，テント構法が採用される。営業休止状態が長期化すると顧客喪失が懸念されるため，売上高が十分に見込めなくても早急な営業再開を志向する。阪神・淡路大震災では，仮設住宅が郊外部に多く建築されて既成市街地の人口が分散，大幅に減少し，また住宅再建が遅れたことに伴い仮設店舗での営業継続は苦戦を強いられた。
◎北條蓮英

風の変動性　[かぜのへんどうせい]　variability of wind　気象　大気中には様々なスケールの現象がある。地球規模の波動，数千km規模の高低気圧，▶台風，数十km規模の海陸風などは全体として組織的な運動をしているが，空間的には1km程度以下，時間的には数十分以下のスケールでは，▶竜巻などの特殊な現象は別にして，全く不規則な風速変動が見られる。これは地表面などの影響を受けて発生した▶乱流によるものであり，これら乱流はこれよりスケールの大きな運動中においては運動量，熱，水蒸気などの輸送に大きな役割を演じており，一方，スケールの大きな運動からは乱流にエネルギーが供給されるなど，相互に影響を及ぼし合っている。その結果，大気境界層における風速変動は複雑な様相を呈する。加えて複雑な地形が風速変動をさらに複雑にしている。▶強風災害との関連で見れば，▶最大瞬間風速の大きさや風速の時間変動特性が災害発生の重要な因子となる場合があり，風の変動性は様々な側面から研究する必要がある。→平均風速
◎岩谷祥美

河川管理施設　[かせんかんりしせつ]　river management facilities　行政　河川　ダム，堰，水門，堤防，護岸，床止め，その他河川の流水によって生ずる公利を増進し，または公害を除却し，もしくは軽減する効用を有する施設をいう（河川法第3条）。なお，同法でいう河川とは，建設大臣が管理する一級河川，都道府県知事が管理す

る二級河川をいい，河川管理者以外の者が設置した施設を河川管理施設とする場合は，当該施設を管理する者の同意を得たものに限られる。　　　　　　　　　　　◎井野盛夫

河川管理施設等構造令　[かせんかんりしせつとうこうぞうれい]　cabinet order concerning structural standards for river management facilities　[河川]　河川法第13条第2項に基づき1976年から施行されている政令で，河川管理施設または河川法第26条第1項の許可を受けて設置される工作物のうち主要なものの構造について，一般的技術的基準を定めている。主要な河川管理施設などとして，ダム，堤防，床止め，堰，水門および樋門，揚水機場，排水機場，取水塔，橋ならびに伏せ越しを対象としており，治水上の影響の小さいものや陸閘，トンネル河川など設置される事例の少ないものは対象としていない。また構造令は，一般的技術的基準を定めたものであって，最小限確保されなければならない基準値を示し，ダムおよび高規格堤防を除いて，設置基準的な内容および安定計算などの設計基準的な内容は含めていない。これらについては，別途，河川砂防技術基準(案)などで定められている。　　◎三輪準二

河川区域　[かせんくいき]　river zone　[河川]　河川区域は河川法第6条に規定してあり，①流水が継続して存在する土地，および地形や草木の状況からそれに類する状況を呈している土地の区域，②堤防など河川管理施設の敷地となっている土地の区域，③堤外の土地で①の区域と一体として管理する必要があるものとして河川管理者が指定した区域をいう。上記の土地を，それぞれ1号地，2号地，3号地と呼ぶ。特に2号地のうち，高規格堤防の土地の区域で，通常の利用が行われる区域を高規格堤防特別区域，堤外にあるものを除いた河川管理施設である樹林帯を樹林帯区域に指定する。　　　　　　　　　◎三輪準二

河川激甚災害対策特別緊急事業　[かせんげきじんさいがいたいさくとくべつきんきゅうじぎょう]　emergent restoration works for extremely severe river disasters　[行政][河川]　一級河川および二級河川の氾濫により，①流失または全壊家屋数が50戸以上であるもの，②浸水家屋数が2000戸以上であるものなど激甚な被害の改良工事が対象となる。　　　　　　　　　　　　　◎井野盛夫

河川構造物の地震被害　[かせんこうぞうぶつのじしんひがい]　earthquake damage to river embankment and structures　[地震][地盤][被害想定][河川]　河川構造物は，堤防や水門・樋門などの堤内地を浸水から直接防御する施設と，取水堰や床止めなどの河川を利用するための施設，あるいは間接的に堤内地の浸水を防御する施設に大別される。ここでは，河川堤防と水門・樋門を対象としてその地震被害の概要を説明する。河川堤防は構造上，土堤・パラペット堤，自立式構造の特殊堤に分けられるが，洪水や高潮という非日常的な現象を対象としていること，地震と洪水が同時に発生する可能性が少ないことから，自立式構造の特殊堤，高規格堤防を除いては地震力を考慮していない。土堤・パラペット堤では，地震により，堤体の縦断亀裂，横断亀裂，沈下などの変状が発生するが，その多くは旧河道・旧落堀，湿地，旧湿地，干拓地などに区分される軟弱な地盤上の堤防に見られる。旧河道や旧落堀では基礎地盤の液状化が堤防に甚大な被害を与える場合が多い。土堤・パラペット堤の地震被害では堤防の沈下量が堤内地への浸水を防止するための重要な指標になるが，これまでの地震被害事例では堤防高の25％以上の沈下は発生していない。自立式構造の特殊堤は，土地利用の状況やその他特別の事情によりやむを得ないと認められる場合において築造されるものであり，その全部もしくは主要な部分がコンクリート，鋼矢板もしくはこれに準ずる構造とされている。この構造は盛土がなくても自立する構造になっている。設計は地震による外力を考慮している。これまでの地震被害は本体の継ぎ目の開口や沈下・傾斜などであり，基礎地盤が液状化することによって生ずる被害事例も報告されている。水門・樋門の構造設計では基礎の支持力，転倒・活動に対する外部安定と各部材の応力度の確認からなる内部安定の検討が行われており，設計には地震力が考慮されている。地震被害の種類としては，函渠の亀裂，継手の開口，門柱の亀裂・傾斜，翼壁・胸壁の目地の開きなどである。樋門の函渠の破断や水門の床版が破損するような被害事例もあるが，地盤の液状化やそれに伴う隣接堤防の変状が構造物の被害の主要因とされている。

　なお，河川堤防の所要耐震性能は以下のように規定されている。土堤・パラペット堤では「地震により壊れない堤防とするのではなく，壊れても浸水による二次災害を起こさない」。自立式構造の特殊堤や水門・樋門では，多少の変形は許容するものの浸水による二次災害となるような大変形・破壊を起こさないように「地震力に対して所要の安全性を確保できる構造とする」。　　　　　　◎佐藤忠信

河川砂防技術基準　[かせんさぼうぎじゅつきじゅん]　technical standards for river works　[河川]　河川，砂防，海岸，地すべりおよび急傾斜地に関する事業の調査，計画，設計，施工および維持管理を実施するために必要な技術的事項について基準を定めたものである。河川などに関する事業に関わる技術の体系化を図り，技術水準の維持と向上を目的として1958年に策定された。河川砂防技術基準は，河川法等法令に基づいたものではないが，制定・改訂された基準は案として旧建設省河川局長通達で関連部局に通知されており，準用河川に係る事業と災害復旧事業を除く所管事業に広く適用されている。調査，計画，設計，施工，維持管理の5編からなり，1976年以降改訂がなされている。1997年には，国際単位系への移行，安全，環境，技術革新といった観点から改訂の必要が生じたことから，調査編，計画編，設計編について改訂が行われた。

　　　　　　　　　　　　　　　　　　◎三輪準二

河川敷地占用許可準則 ［かせんしきちせんようきょかじゅんそく］ rule of permission for occupancy of land within the river area ［河川］　河川法24条に基づく河川区域内の土地の占用に関して工作物の設置が伴うものに関する許可の基準（法23条の水利使用のための河川敷地の占用には適用されない）。1965年に建設事務次官通達として策定され，その後の改正を重ね現在に至る。主な内容は，以下の通り。①占用の主体および占用施設は公共性の高いものが優先されること，②工作物の設置にあたり治水および利水に支障がないこと，③市町村に対しては占用の許可後に具体的利用方法を決定できる「包括占用」の許可が可能なことからなる。　　　　　　　　　　　　◎益倉克成

河川情報データベース ［かせんじょうほうデータベース］ river information database ［河川］　最も狭義には，雨量・水位・水質などの水文観測データベースや，ダム・堰・揚排水機場等の河川管理施設の操作などに関わるデータベースを総称する。国土交通省の雨量，流量，地下水位，地下水質の各年表や多目的ダム管理年報などは国レベルにおけるその代表例である。また，河川計画，管理に係るデータベースとして河川管理施設の各種台帳や治水経済調査，河川現況調査，主要水系調査書や水害統計などがある。しかし，今後は景観や生態系を含む河川環境関連のデータベースも含む概念と理解するべきであり，河川水辺の国勢調査などのみならず，環境省の自然環境保全基礎調査などの流域環境情報も広義には含まれると考えられる。一方，それらのデータベースの電子化も進みつつあり，代表的なものとして水文水質データベース（http://wdb-kk.river.or.jp/zenkoku/）や，GIS として整備中の河川 GIS，流域地盤環境データ，河川環境情報などがある。　◎深見和彦

河川整備基本方針 ［かせんせいびきほんほうしん］ fundamental river management plan ［河川］　「河川管理者は，その管理する河川について，計画高水流量その他当該河川の河川工事及び河川の維持についての基本となるべき方針に関する事項（以下「河川整備基本方針」という。）を定めておかなければならない」（河川法第16条）。「河川整備基本方針は，水害発生の状況，水資源の利用の現況及び開発並びに河川環境の状況を考慮し，かつ，国土総合開発計画及び環境基本計画との調整を図って，政令で定めるところにより，水系ごとに，その水系に係る河川の総合的管理が確保できるように定められなければならない」（同法第16条2項）。政令による河川整備基本方針に定める事項とは，①当該水系に関わる河川の総合的な保全と利用に関する基本方針，②河川の整備の基本となるべき基本高水，そのダムと河道への配分，主要地点の計画高水流量・流水の正常な機能を維持するため必要な流量などである。河川整備基本方針策定にあたっては，できる限り客観的かつ公平なものとする必要があるため，一級河川においては，国土交通大臣が社会資本整備審議会の意見を聞いて定めることとされている（同条3項）。一方，二級河川において都道府県知事は，知事が統括する都道府県に都道府県河川審議会を置いているところでは，当該審議会の意見を聞かなければならないとされている（同条4項）。さらに，河川整備基本方針を策定した場合において，河川管理者に対して公表を義務付けている（同条5項）。　　　　◎金木　誠

河川整備計画 ［かせんせいびけいかく］ river improvement plan ［河川］　河川管理者は，河川整備基本方針に沿って計画的に河川工事などの河川の整備を進める区間について，具体的な河川整備の計画である「河川整備計画」を定めておかなければならない（河川法第16-2条1項）。河川整備計画は，河川整備基本方針に即し，当該河川の総合的な管理が確保できるように定める必要があるが，この場合において，河川管理者は，降雨量，地形，地質その他の事情によりしばしば洪水による災害が発生している区域につき，災害の発生を防止し，または災害を軽減するために必要な措置を講ずるように特に配慮しなければならない（同条2項）。河川整備計画の策定手続は，同条の第3項以下に規定されており，地域と連携する河川行政のための規定として，1997年の河川法改正の大きなポイントの一つとなっている。まず，河川整備計画の案を作成しようとする場合において，必要があると認める時は，河川に関し学識経験を有する者（河川工学の専門家だけでなく，河川に関わる水利，環境，都市計画などの様々な分野の学識経験者）の意見を聞かなければならない（同条3項）。また，同様に，公聴会の開催など関係住民の意見を反映させるために必要な措置を講じなければならないこととされている（同条4項）。さらに，「河川管理者は，河川整備計画を定めようとするときは，あらかじめ，政令で定めるところにより，関係都道府県知事又は関係市町村長の意見を聴かなければならない」（同条5項）。また，「河川管理者は，河川整備計画を定めたときは，遅滞なく，これを公表しなければならない」（同条6項）。　　　　　　　　　　◎金木　誠

河川伝統工法 ［かせんでんとうこうほう］ traditional river works method ［河川］　河川工事の中で伝統的に使われてきた工法として，蛇籠工，柳枝工，粗朶沈床，牛水制などが挙げられる。これらの技術はコンクリート施工や機械化施工ができなかった時代から行われてきた工法であり，素材は木材や竹，石などを使い，施工は人力に頼るところが大きい。コンクリートなどを用いた近代的な工法と比較すると，強度や耐久性，施工性，職人の確保，材料入手といった点で劣るが，素材として自然物を用いることや河状の変動に対する順応性を持っていることから，年月の経過とともに自然に近い景観を呈し，また，生態系保全の観点からも優れた面を持っている。多自然型の川づくりとして多く用いられている工法である。　　◎三輪準二

河川トンネル ［かせんトンネル］ river tunnel ［河川］　現在の河道の下流部が密集した都市化地域で，河道改修に

よる拡幅や分水路による開水路の設置が困難な場合には，地下に河川トンネルを掘ることがある．河川トンネルは，開水路に比較して流下能力の増大が極めて困難であり，流下物による閉塞の危険性も高く，常時巡回が難しいなどの不利な条件がある．そこで，これを設置する場合には，計画・設計・施工だけでなく維持管理にも十分注意する必要があり，その設計流量は計画高水流量の130％流量以上にする，空気の流通を図り圧力トンネルとしない，設計流速を7 m/s以下にとる，堆砂を防ぐなどの各種の安全性対策が求められている．維持管理では，非高水時に河川トンネル内への流入遮断や資材搬入が可能な構造が必要である．

◎増本隆夫

河川法 ［かせんほう］ river law ［河川］ 河川の管理（工事などの事業の実施を含む）に関する基本法．1964年にそれまでの旧河川法(1896〈明治29〉年公布)を抜本的に改正公布したもの．旧河川法が都道府県主体の区間主義の河川管理体系，治水主体であったものを戦後の社会経済の進展に対応するために，水系を一貫した河川の管理，利水関係の規定の充実などが図られた．これまでに数多くの改正が行われているが，1997年に，河川法の目的への「河川環境の整備と保全」の追加，河川の整備計画制度の改正などを主とする大改正が行われている．主な内容は，①治水，利水および河川環境の保全・整備が法の目的，②河川を水系別に区分し，一級河川は国土交通大臣，二級河川は都道府県知事が管理，③河川および河川管理施設の定義，④水系毎に河川整備基本方針および河川整備計画を策定，⑤河川の土地および流水の占用に関する基準，⑥洪水時，渇水時などの緊急時の措置，からなる．

◎益倉克成

河川防災ステーション ［かせんぼうさいステーション］ banked space for emergency rehabilitation and flood fighting activities ［河川］ 河川沿いに人口，資産が集積している地域や閉鎖性流域において，破堤を防止し，氾濫被害を最小限に食い止めるために，洪水時に円滑かつ効果的な河川管理施設の保全活動および緊急復旧活動を実施できる防災拠点のことを河川防災ステーションといい，1994年度に事業が開始された．河川防災ステーションは河川堤防沿いに洪水時の緊急復旧活動などのためのスペースを確保し，洪水時に水没しないよう，計画堤防高以上の高さまで盛土されている．また必要に応じてヘリポート，車両交換所などを整備したり，鋼矢板・コンクリートブロックなどの緊急用資材，水防活動用竹木の植栽スペースを確保している．例えば，兵庫県龍野市には2市6町の水防拠点として，1997年度に揖保川防災ステーションが完成した．このステーションは約1万8000 m²の面積があり，水防センター，水防資材保管庫，車両交換場所，作業ヤード，備蓄ヤード，ヘリポート，駐車場などが整備されている．

◎末次忠司

河川水辺の国勢調査 ［かせんみずべのこくせいちょうさ］ national census of river environment ［河川］ 1990年度より始められた，一級水系の河川および主要な二級水系の河川やダムに関する環境の基礎情報を収集するための調査のことである．「魚介類調査」「底生動物調査」「植物調査」「鳥類調査」「両生類・爬虫類・哺乳類調査」「陸上昆虫類等調査」および河道の瀬，淵や水際部の状況などを調査する「河川調査」，河川空間の利用者などを調査する「河川空間利用実態調査」の8項目からなっている．5ヵ年で各調査が一巡するように行われ，調査結果は公表されている．

◎島谷幸宏

河川立体区域 ［かせんりったいくいき］ multistory river zone ［河川］ 現在地下空間を利用した地下河川や地下調節池が数多く建設されている他，大深度地下河川として首都圏外郭放水路(国土交通省)，環七地下河川(東京都)，寝屋川南部地下河川(大阪市)が建設中または一部供用を開始している．これまでは民有地下を河川区域に設定した場合，上部空間における建物の新築・増改築などの許可が必要となり，従来制度下での地下河川などの整備は困難であった．これに対して，1995年10月の河川法の一部改正(河川立体区域制度の施行)に伴い，地下または空間の一定範囲を河川立体区域として指定できるようになり，区分地上権が及ぶ範囲が地下のトンネル部分，地下調節池，地下および遊水地のピロティ部分に限定され，上部空間における建物の増改築が基本的に自由となり，地下河川や地下調節池の積極的な整備が行えるようになった．

河川立体区域制度には他に河川立体区域に係る河川管理施設を保全するため，河川保全立体区域を指定したり，河川工事を施工するため必要と認める時は，新たに河川立体区域内となるべき地下または空間を河川予定立体区域として指定することができる．(次頁の図参照) ◎末次忠司

下層ジェット気流 ［かそうジェットきりゅう］ low level jet ［気象］ 中緯度対流圏上層に風速の極大を持つ偏西風ジェットに対して，対流圏下層(～1500 m程度)に風速の極大を持つような帯状の強風域をいう．大気境界層の日変化に伴い夜間に発生するもの(夜間下層ジェット)や前線に伴うものがある．通常の気象観測では検出できない場合が多い．寒冷前線に沿って南から北に向かう下層ジェット気流は，低気圧に向かって暖湿な空気を大量に供給し，しばしば大雨をもたらす原因となる．

◎石川裕彦

仮想点熱源 ［かそうてんねつげん］ virtual point heat source / a virtual origin of fire ［火災・爆発］ 有限規模の円(あるいは平方)形火源からの熱気流は，火災プルームと呼ばれるが，火源に近い領域でほぼ円錐状を呈する．この熱気流を理論的に表現が明快な円錐とした時，熱流束(heat flux)，質量流束(mass flux)の見かけの発生位置は円錐形の頂点に当たるので，これを仮想点熱源という．実火源面から仮想点熱源までの距離を仮想点熱源距離といい，火源の代表径の1.5倍とするThomasの提案がよ

■ 河川立体区域の対象範囲

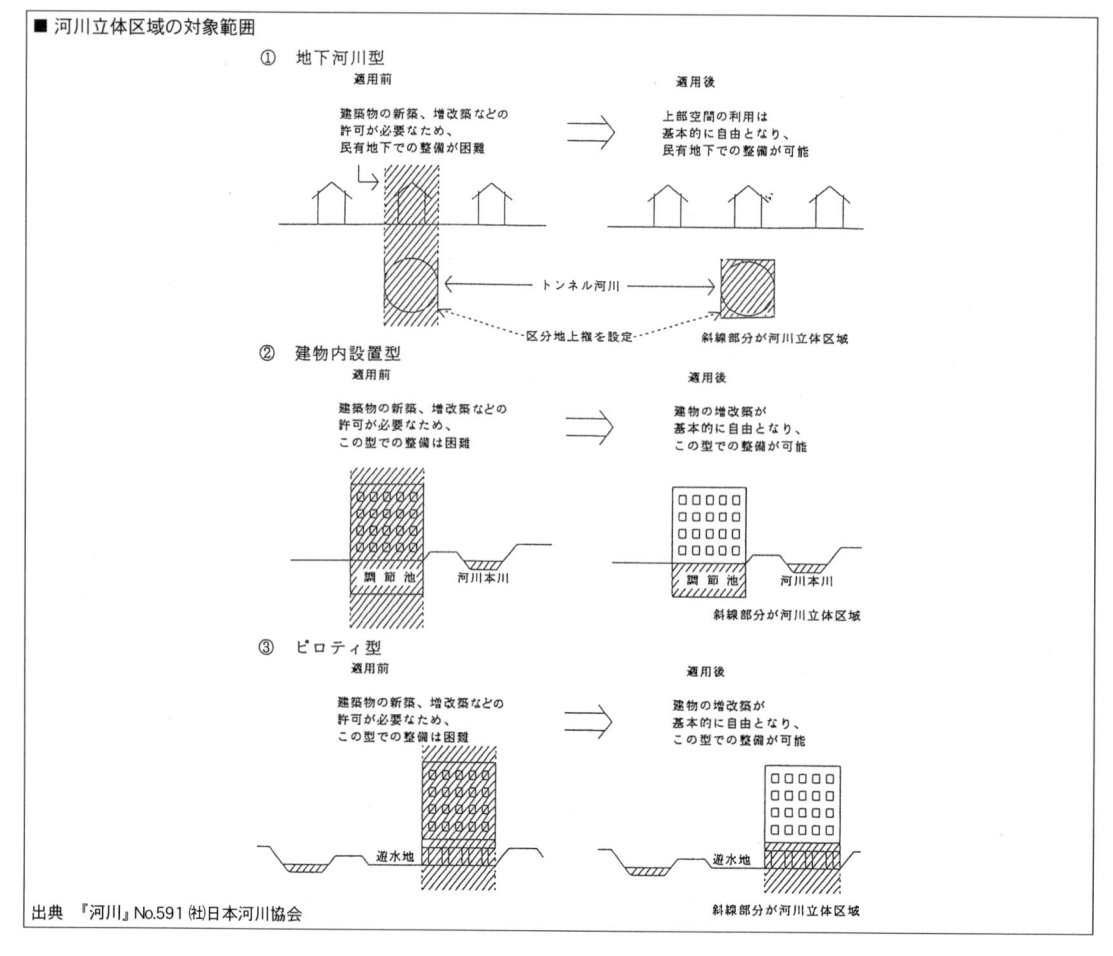

① 地下河川型

② 建物内設置型

③ ピロティ型

出典 『河川』No.591 ㈳日本河川協会

く知られているが，現在は▶火炎長さや▶発熱速度と関連付けた式のほうが頻繁に使われる。　◎須川修身

活火山　[かっかざん]　active volcano　火山　活火山，▶休火山，死火山という以前の分類では，現在噴火しているか，または近い過去（数十年以内）に噴火した火山を指していたが，現在では，「休火山」という分類名称は使わない。わが国では，記録または地質調査によって過去2000年以内に噴火活動があったことが判明している火山，および顕著な噴気活動がある火山（箱根山など）を活火山と定義している。火山噴火予知連絡会での検討を受けて，気象庁が指定。この定義は，今後も噴火発生の危険性のある火山を活火山に指定することを主旨としていて，かつて休火山とされた富士山なども活火山に含まれる。地質調査の最新の成果を受けて，逐次見直しがされる。1998年現在，北方領土，海底火山を含めて86火山。そのうち，20火山が気象庁の常時観測の対象。2000年以上の休止期間の後に噴火する火山もまれではないので，活火山指定の基準について再検討がなされている。　◎石原和弘

活火山集中総合観測　[かっかざんしゅうちゅうそうごうかんそく]　joint observation of active volcanoes　火山　▶火山噴火予知計画に基づく調査研究活動の柱の一つ。活火山の活動を総合的に評価するため，全国の国立大学の火山研究者が協力して，同時並行的に地震，地殻変動，重力，地磁気，地熱，火山ガス，温泉，噴出物，地質などの観測調査を実施する。1974年に火山活動が高まった伊豆大島および桜島で試験的に実施され，1976年以降，1年に2火山に対して計画的に実施されてきた。平常時の火山活動の状態を把握しておき，火山活動が高まる，あるいは，噴火が始まった場合に，前後のデータの比較から活動を評価するとともに，噴火のメカニズム解明に役立てることが主要な目的である。顕著な噴火が起きた三宅島（1983年），伊豆大島（1986年），雲仙普賢岳（1990年）では，事前に集中総合観測が実施されていた。火山研究者間の知識・技術の交換，また，緊急時における共同観測体制構築の事前訓練の場でもある。　◎石原和弘

学校安全組織活動　[がっこうあんぜんそしきかつどう]　organizational activities for disaster management at schools　情報　学校安全に関する組織活動は，防災教育と防災管理を円滑かつ効果的に実施するための教職員の役割分担と協力および家庭，地域の関係機関・団体などとの連携活動をいう。具体的には，学校防災計画などに基づいて，家庭や地域の関係機関，団体などと密接に連携し，

児童生徒などに計画的な防災教育を実施したり，災害時の児童生徒などの安全確保に関わる安全管理や救急体制などの整備，関係者への研修などを行うための活動を行うことになる。
〇戸田芳雄

学校建築 ［がっこうけんちく］ school building 地震
教育の目的を達成するための継続的な公共施設である学校に属する建築物を指す。初等・中等教育機関における校舎のほとんどは鉄筋コンクリート造で作られ，また典型的な校舎では，桁行方向には柱と梁からなるラーメン形式を，張間方向には耐力壁を配した形式を採用している。1995年兵庫県南部地震以降，建築物の耐震診断と耐震改修への要求が高まる中，地方自治体は自らが保有する学校建築物に対する耐震診断や耐震改修を積極的に進めている。
〇中島正愛

学校種別毎の防災教育の重点 ［がっこうしゅべつごとのぼうさいきょういくのじゅうてん］ goals of disaster education at schools 情報 学校では，児童生徒などの発達段階や地域の実情を考慮して次のような重点のもとに，計画を作成する必要がある。(1)幼稚園においては，日頃から様々な機会を捉えて，安全に関する理解を深めるよう指導し，災害時には教員や保護者の指示に従い行動できるようにするとともに，火災など危険な状態を発見した時には教員や保護者など近くの大人に速やかに伝えることができるようにする。(2)小学校：①低学年では，教員や保護者など近くの大人の指示に従うなど適切な行動ができるようにする。②中学年では，災害の時に起こる様々な危険について知り，自ら安全な行動ができるようにする。③高学年では，日常生活の様々な場面で発生する災害の危険を理解し，安全な行動ができるようにするとともに，自分の安全だけでなく他の人々の安全にも気配りができるようにする。(3)中学校では，小学校での理解をさらに深め，応急手当の技能を身につけたり，防災教育への日常の備えや的確な避難行動ができるようにするとともに，学校，地域の防災や災害時のボランティア活動の大切さについて理解を深める。(4)高等学校では，自らの安全の確保はもとより，友人や家族，地域社会の人々の安全にも貢献しようとする態度や応急手当の技能などを身につけ，地域の防災活動や災害時のボランティア活動にも積極的に参加できるようにする。(5)盲・聾・養護学校では，幼稚園，小学校，中学校，高等学校における重点を参考にするとともに，児童生徒などの障害の状態，発達段階，特性等および地域の実情などに応じて各学校で重点を設定する必要がある。
〇戸田芳雄

学校での安否確認 ［がっこうでのあんぴかくにん］ disaster information inquiry at schools 情報 災害発生時の児童生徒等の安否確認については，学校活動中の場合とそうでない場合の2つのケースを考えておく必要がある。まず学校の管理下に児童生徒がいる場合であっても，体育館や校庭にいる時や休み時間中，あるいは遠足や修学旅行など学外で災害に遭遇することもあり，即座に安否確認ができないことがある。従って，このような場合，事態に備え学級担任と受け持ち児童生徒の間で事前に話し合いをしておくことが必要である。また特に遠足や修学旅行のように学校を離れている場合には，学校側に安否情報を伝える方法などを教員間で取り決めておくことが望まれる。児童生徒の在宅時に災害が発生した場合の安否確認は非常に困難となる。阪神・淡路大震災時には，児童生徒ならびにその家族の安否確認のため，教師は多大な労力を費やした。災害発生時には，児童生徒等の安否情報を学校側に提供してもらうこと，また自宅を離れ疎開する場合には学校側に移転先を知らせることなどを，保護者と事前に話し合っておくことが必要である。
〇重川希志依，中村和夫

学校での心のケア ［がっこうでのこころのケア］ psychosocial stress care for children at schools 情報 非常災害が発生し，全ての環境が激変すると，子どもたちの心は恐怖感，喪失感，絶望感，不安感などに陥る。阪神・淡路大震災で被災した子どもたちは，それぞれに精神的に大きな打撃を受け，震災9カ月経過した段階でも教育的配慮を要する子どもの割合が見過ごせない程度いることが推計された。とりわけ心的外傷後ストレス障害(PTSD)と呼ばれる症状の発現の懸念が専門医によって表明され，学校や家庭などで心の健康についての配慮が不可欠であると指摘されている。こうしたことから学校教育において，非常災害時の心身の健康に及ぼす影響の理解，および対処の仕方について，日頃から子どもたちに指導するとともに教職員が理解しておくこと，さらには災害後の心のケアを防災体制の一環として推進するとともに，保健教育や保健管理と密接な連携を持って推進することが必要である。すなわち，日頃からの子ども一人一人へのきめ細かい健康観察，身近な人に気軽に相談しやすい体制づくり，必要に応じて専門家へ相談できる環境づくりが大切である。
〇岩切玲子

学校での避難（防災）訓練 ［がっこうでのひなん（ぼうさい）くんれん］ disaster drills at schools 情報 起こり得る自然災害，人的災害から地域，家庭，教師が児童の安全を確保する手段の共通認識を図り，児童自身が自分を守るための最低限の方法を身につけることを目的として行う訓練。起こり得る災害は，地域性があるため各校の置かれた市町村の防災担当者，地域，家庭と学校が地域的な災害の可能性の大小により訓練計画を立て実施する。学校は，学校の立地環境，職員，児童の実態をもとにし，児童の安全を最優先にした取り組みを基本として作為的に計画し，年間を通して意図的に訓練を実施する。また，この訓練から市町村，地域，家庭がどのような協力・支援ができるかを明確にしていくことも大切である。
〇清水豊

学校と避難所 ［がっこうとひなんじょ］ schools and shelter 情報 学校は地域住民にとって災害発生時には心の拠り所となる場所であり，また地方公共団体の地域

■学校(園)における主な防災教育の機会

（幼稚園）
教育課程 — 幼稚園生活全体 — 健康／人間関係／環境／言葉／表現

（小・中・高等学校）
教育課程内
- 教科：体育・保健体育科／理科／社会・地理歴史科 公民科／生活科／家庭,技術・家庭／総合的な学習の時間（防災関連）
- 道徳
- 特別活動：学級・ホームルーム活動／学校行事／児童・生徒会活動／クラブ（部）活動

教育課程外：部活動等の課外指導／日常生活での個別指導／地域の行事等への参加

防災計画で学校が避難所として指定されている場合が多い。避難所としての利用期間に関しては，災害の種類や被害程度により異なり，数日以内という短期間の利用から，場合によっては数カ月あるいはそれ以上利用されることもありうる。しかしながら学校の本来の使命は児童などに対する教育を行うことであり，学校が避難所として利用されることによって子どもたちに対する教育が阻害されることだけは絶対に避けなければならない。そのためには，①避難所運営のための教職員の業務内容の明確化と役割分担の周知徹底，②避難所としての利用期間に応じた校内施設の使用区分，③避難所運営に関する地域住民などとの事前の話し合いなどが行われることが必要である。とりわけ避難所の運営は避難者自らが主体的に行っていくことが最も望ましく，学校側は住民の自主運営を支援するかたちで関わっていくことが，最終的には被災者の早期の自立再建に向けて最も重要となる。　　　◎重川希志依，中村和夫

学校における防災教育　[がっこうにおけるぼうさいきょういく]　disaster education at schools　[情報]　学校における防災教育のねらいは，①災害時における危険を認識し，日常の備えを行うとともに，状況に応じて，的確な判断のもとに自らの安全を確保するための行動ができるようにする，②災害発生時および事後に，進んで他の人々や集団，地域の安全に役立つことができるようにする，③自然災害の発生メカニズムを始めとして，地域の自然環境，災害や防災についての基礎的・基本的事項が理解できるようにすることを通して，防災対応能力の基礎を培うものである。また，学校(園)における主な防災教育の機会は左図の通りである。　　　　　　　　　　　◎戸田芳雄

学校の安全点検【災害時】　[がっこうのあんぜんてんけん]　safety inspection at schools in case of disaster　[情報]　災害時の安全点検は，学校保健法の規定による臨時の安全点検として実施される。具体的には，気象災害，火山や地震災害，火災などの災害発生前後に，施設設備の破損や異状，人的被害の有無，児童生徒等への危険の有無などについて点検し，事後措置を実施する。特に，状況により，緊急に，危険物の除去，備品等の固定，修理や交換，危険箇所への立入禁止など必要な措置を行う。また，同時に環境衛生の状況なども点検の必要がある。
　　　　　　　　　　　　　　　　　　　　◎戸田芳雄

学校の災害共済給付　[がっこうのさいがいきょうさいきゅうふ]　disaster mutual benefits program　[情報]　1960年旧日本学校安全会法(昭和34年法律第169号)により，学校教育の円滑に資する目的で設けられた制度。その後，特殊法人の統廃合があり，現在，日本体育・学校健康センター（以下「センター」）の業務となっている。義務教育諸学校，初等中等学校，高等学校，高等専門学校，幼稚園(特殊教育諸学校を含む)および保育所(以下「学校」)の児童生徒などを対象とし，97％を超える加入率となっている。加入は，学校の設置者(公立の場合は教育委員会)が児童生徒などの保護者の同意を得て，センターと災害共済給付契約を締結して行う。学校の設置者と保護者は定められた割合で共済掛金を負担する。センターは学校の管理下の災害について給付(医療費，障害見舞金，死亡見舞金)を行う。また，給付には各種の給付制限規定があり，風水害，震災その他の非常災害については給付しないこととされている。制度発足以来，学校の管理下において，新潟地震，十勝沖地震，宮城県沖地震，日本海中部地震で児童生徒が死亡しているが，制度を破綻させるような規模でなかったこともあり，他の法令などの給付と調整し，給付が行われている。　　　　　　　　　　　　　　　　◎鴨下　馨

学校防災活動　[がっこうぼうさいかつどう]　disaster management activities at schools　[情報]　学校防災活動としては，防災管理，防災教育，防災に関する組織活動があり，具体的には次のような事項が考えられる。防災教育では，体育・保健体育科，理科，社会科など関連教科における防災に関する学習，学級活動(ホームルーム)活動，児童(生徒)会活動などの特別活動での防災に関する指導，総合的な学習の時間の学習，様々な災害の発生を想定した

避難訓練の実施などがある。また，防災管理としては，施設・設備の管理および安全点検・事後措置の実施，災害時における児童などの安全確保方策，情報連絡体制の整備，学校安全度の評価・改善，避難所としての運営方策，非常用物資・機器などの備蓄管理，学校教育再開・応急教育に向けての対応などがある。さらに防災に関する組織活動として，防災教育・管理などに関する教職員の研修，保護者・PTAなどと連携した研修や活動，学校防災（安全）委員会などの開催，地域社会と連携した防災活動などがある。
　　　　　　　　　　　　　　　　　　　◎戸田芳雄

学校防災管理　［がっこうぼうさいかんり］disaster management at schools　情報　学校における防災管理は，安全管理の一環として，火災や自然災害などが起こった場合に事故災害の要因となる学校環境や児童生徒等の学校生活における危険を予測し，それらの危険を速やかに除去するとともに，災害が発生した場合に適切な応急手当や安全な措置が実施できる体制を確立して，児童生徒等の安全を確保する活動である。学校では，教職員の指導体制を整え，家庭や地域の関係機関，団体とも連携し，計画的に学校防災管理を行う。
　　　　　　　　　　　　　　　　　　　◎戸田芳雄

学校防災計画　［がっこうぼうさいけいかく］disaster management plans at schools　情報　学校防災に関する計画作成の目的は，①地震などによる被害を最小限のものとするため，学校の施設，設備などの点検，整備を行い，児童などの学校生活における危険を速やかに発見し，それらを除去する体制を整える，②児童などが地震などによる災害から自らの生命を守るのに必要な事項について理解を深め安全な行動をとる能力や態度を育てるよう，計画的な指導（教育）を行う体制を整える，③災害が発生した場合，児童生徒等の避難誘導などや学校が避難所となる場合の対応を含め，適切な緊急措置を講じることができる体制を整えることにある。その計画は，学校防災に関する計画として単独で作成するか，学校安全に関する総合的な基本計画である「学校安全計画」に防災に関する内容を盛り込んで作成するなどの方法がある。また，防災管理に関する具体的な内容については消防法に基づく「消防計画」に盛り込み，詳細にわたる具体計画として充実させることなども考えられる。
　　　　　　　　　　　　　　　　　　　◎戸田芳雄

学校防災と校長の権限　［がっこうぼうさいとこうちょうのけんげん］roles of school principal for emergency management　情報　6000人を超える犠牲者を出した阪神・淡路大震災は，防災対策の必要性を改めて考える機会となった。学校においては，防災の取り組みを進める上で，防災の意識を薄れさせることなく，その高揚を図っていく役割がある。その具現としては，災害時における児童・生徒の生命および身体の安全確保を第一に，学校防災計画を作成し，避難（防災）訓練，防災教育，防災に関する研修の充実を図ることが大事となる。合わせて，学校が避難所

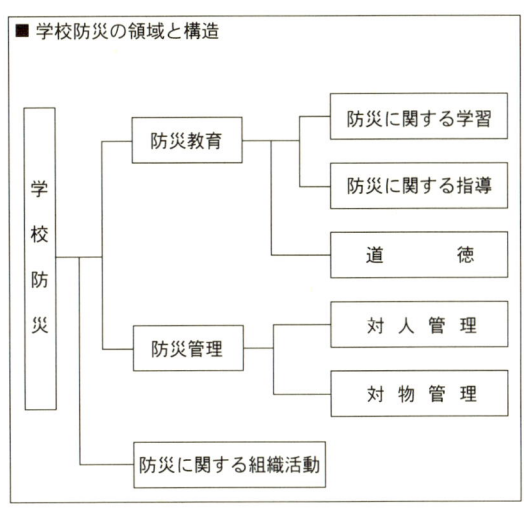

■学校防災の領域と構造

```
学校防災 ─┬─ 防災教育 ─┬─ 防災に関する学習
          │             ├─ 防災に関する指導
          │             └─ 道　　徳
          ├─ 防災管理 ─┬─ 対 人 管 理
          │             └─ 対 物 管 理
          └─ 防災に関する組織活動
```

となる場合の運営計画を作成し，災害の被害を最小限にするための事前の備えが必要である。これらの計画・実践にあたっては，校長のリーダーシップが大きく左右している。校長の職務は，学校教育法第28条に「校長は，校務をつかさどり，所属職員を監督する」と規定されている。「校務」とは，「学校が学校教育の事業を遂行するために行うことを必要とされる全ての仕事を意味している」。このことから，学校防災計画の作成は，校長としての責務であり，校長の権限と責任の範囲内にある職務である。校長は，学校防災の重要さを打ち出し，学校をリードしていくことが大事となる。
　　　　　　　　　　　　　　　　　　　◎米山和道

学校防災と情報　［がっこうぼうさいとじょうほう］information for disaster management at schools　情報　学校防災の目的は，災害において，児童・生徒・学生および園児ならびに教職員の生命や身体の安全を守ること，学校の設備や資源などの損傷を防ぐこと，学校の機能の維持を図ることが主なものとなるだろう。この目的を遂行するための情報として，概ね次の5つが考えられる。①日常時における災害や防災に関する啓発，教育のための情報。例えば，災害現象のメカニズム，災害史，予想される被害とその対応，設備の破損防止や避難訓練などの災害対策，災害時に伝達される予警報などの意味，混乱や流言の防止，学校が避難所などになる場合の対応などに関する情報が挙げられる。②災害発生時またはその直後における生命や身体の安全を保つための情報。例えば，児童・生徒などへの指示や避難などに必要な情報が挙げられる。③災害状況を把握するための情報。例えば，災害因，被害，児童・生徒などや教職員およびその家族の安否，地域および関係機関の対応などに関する情報が挙げられる。④復旧・復興時における学校の業務や生活の維持に必要となる情報。いわゆるライフラインを始めとする生活に必要なシステムやその機能の復旧などの情報が挙げられる。⑤復旧・復興後に，経験した災害から得られた教訓を今後の防災に活かしていくための情報。災害の体験談，具体的な対応事例，抽出・

整理された問題点などに関する情報が挙げれる。なお，学校は，災害時に，その地域の避難所や防災拠点としての役割も求められることから，学校のみならず地域に必要な情報の収集，確認，整理および伝達についても重要な場となることが考えられる。
◎中森広道

学校防災の領域と構造 [がっこうぼうさいのりょういきとこうぞう] domain of disaster management at schools [情報] 学校防災は，学校安全の一環として行われる防災に関する活動の総体であり，防災教育と防災管理を主たる領域として，それを円滑に実施するための防災に関する組織活動からなっている。防災教育は，関連教科，道徳，総合的な学習の時間での防災に関する学習と学級活動・学校行事などの特別活動の防災に関する指導などがその内容である。また，防災管理は対人管理および対物管理がその内容であり，組織活動は，校内の協力体制および家庭や地域との連携がその内容である。前頁の図を参照されたい。
◎戸田芳雄

渇水 [かっすい] drought / water shortage [都市] [河川] 異常な少雨により流量が減少し，水需要に対して供給が一時的に不足した状態をいう。恒常的な水不足は渇水に含めない。渇水は水需給のアンバランスが大きく，長く続けば続く程，事態が深刻になる性質を持つ。この水需給のズレと需要の増大に対処するためダムなどによる水資源開発がなされてきた。その際，概ね10年に1回程度発生すると想定される流況の悪い年を渇水基準年と考え，その流況にあっても安定した取水が行えるよう計画されている。この計画規模を超える少雨，少流量による渇水を異常渇水あるいは超過渇水という。また，ダムなどの運用時に，以後いつくるかもしれない異常な渇水に対処するため，貯水位が下がった時に前もって補給を制限するため，利用者サイドにあっては取水制限となる場合があり，これも渇水といえる。1994年の渇水は列島大渇水とも呼ばれ，その被害が長期的かつ広域的であった。
◎池淵周一

渇水期間 [かっすいきかん] drought period [都市] [河川] 水の供給量が需要量を下回る期間。あるいは，取水制限開始から全面解禁日までの総日数。一般的には，渇水が起こっている期間のことをいう。カリフォルニアでは1928年から1934年までが史上最大の渇水期間として知られており，わが国の河川流域でも2年にまたがる長期の渇水期間を経験することもある。
◎寶馨

渇水再現期間 [かっすいさいげんきかん] return period of droughts [都市] [河川] 渇水の規模を評価するのに，何年に1回の確率というような生起頻度を用いることが多い。この年数を再現期間という。20年の間に2回渇水が起こったとすれば，渇水再現期間は10年ということになる。わが国の利水計画では，10年に1回程度の規模の渇水に耐えられることを計画目標としている。
◎寶馨

渇水持続曲線 [かっすいじぞくきょくせん] drought duration curve [都市] 吉川秀夫・竹内邦良が1975年，渇水時の貯水池放流量の決定問題に関連して提案した指標で，降雨や流量などを対象に，渇水時の任意の期間長(横軸)に，期待できる平均供給量(縦軸)を，危険率(ないしはリターンピリオド)をパラメータに表した曲線である。例えば $f_\beta(m)$ により，任意の年の任意の m 日間に，危険率 β で期待できる，平均日降雨量を表す。洪水時の豊水持続曲線と合わせて，地域水文特性を表す手法としても用いられる。
◎竹内邦良

渇水対策 [かっすいたいさく] drought management [都市] [河川] 渇水は drought や water shortage と翻訳されるように，異常少雨，流量不足の自然現象と，水需要量の増加による社会現象の2面があるが，一般には両者の複合現象といえる。従って，渇水対策としては，計画論的なハード，ソフトでの対応と渇水時における降水予測と適切な水管理体制の提案から成り立っている。供給者から見ると，①安定した水資源の確保，②水資源の効率化，③水利用の合理化となる。具体的には，それぞれ，①ダム・雨水貯留施設の建設，雑用水の再利用，水源多様化の推進，水源地の保全，②長期降水予測手法の開発，広域水ネットワークの整備，渇水調整体制の確保，③合理的水利用社会の形成，ダム底取水などの水源の合理化，水価格調整・用途別取水制限などの渇水時対応策の強化，節水に関する広報の推進が挙げられる。需要側から見ると，個々での節水意識の高揚はもちろんであるが，節水機器の導入，番水制への積極参加，各種節水対策の受入が不可欠となる。
◎小尻利治

渇水対策ダム [かっすいたいさくダム] dam reservoir with drought capacity [都市] [河川] 異常渇水対策として，通常の利水容量とは別に特別に建設される貯水池であり，必要最小限の社会生活の維持に利用される。利水容量は10年に1回程度の渇水までに対応できるように計画されているが，図のような異常渇水(既往最大渇水程度)では，全てを補給しても不足水量が発生することになる。そこで，渇水調整による節水と他水系からの補給に加え，渇水対策ダムから供給で対処するものである。この貯留量を▶**渇水対策容量**と呼ぶ。→経年貯留ダム
◎小尻利治

渇水対策本部 [かっすいたいさくほんぶ] headquarters for drought management [都市] [河川] 建設省(現国土交通省)河川局長から各地方建設局宛通達「渇水対策

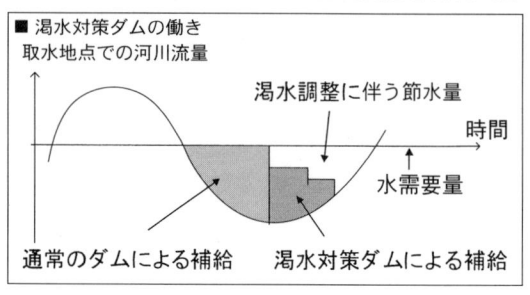

■渇水対策ダムの働き
取水地点での河川流量

の推進について(昭和49年3月22日建設省河政発第26号)」で各水利使用の許可を受けた者相互において，その水利使用の調整につき十分な協議を行う体制の確立を図るため，渇水対策本部の設置が明記されている。この通達では，本部は，本部長，副本部長，班長，本部員をもって組織し，本部長および副本部長は，それぞれ地方建設局長および河川部長をもって充てるものとされている。本部は，渇水時の気象，水象状況および河川水質状況の把握，流況および河川水質の予測，各利水者の取水実態および排水実態の把握，渇水被害の把握，渇水調整案の作成などの業務を行うとされている。また，渇水が生じた場合，県，市，河川部局，水道部局，農業関連部局が各組織毎に渇水対策本部を設置することが多く，情報収集，関連流域の諸団体との連絡調整，節水広報，減圧，時間給水などの業務を総合的に判断する。　　　　　　　　　　　　　　　◎松下　眞

渇水対策容量　[かっすいたいさくようりょう]　capacity allocated for drought / drought capacity　都市　河川　ダムの利水容量が空あるいは少なくなった場合の被害軽減を目的として，渇水時のみに使用するダムなどの利水容量のこと。通常のダム運用では，貯水率が一定の水準を下回った段階で，取水制限を行い，ダム容量を温存する方策が用いられている。取水制限は計画の安全度を下回らないレベルで頻繁に行われるが，渇水対策容量の確保はこうした取水制限の頻度の低減にも効果があるといわれている。
◎田中成尚

渇水調整　[かっすいちょうせい]　drought management / water shortage management　都市　河川　渇水などが生じた場合，認められた水利権の範囲内であっても水源の使用が制限されるため，利水者間で取水制限などの割り振りを行うこと。利水者としては，上水道，工業用水道，農業用水，発電用水などがある。　◎松下　眞

渇水調整協議会　[かっすいちょうせいきょうぎかい]　council for drought management　都市　河川　渇水時における関係利水者の自主的協議が円滑に行われるようにするための組織をいい，渇水が予想される河川について原則として水系毎に常設の渇水調整のための協議会を設立することとされている。協議会の組織は，一級河川においては，原則として関係利水者(水道用水，農業用水，工業用水，発電用水)，関係都道府県の主管部長，関係行政機関の地方支部部局長，ならびに地方建設局長および河川部長で構成されているが，その他の水系についてはこれに準じて組織することとされている(「渇水対策の推進について(昭和49年3月22日建設省河政発第26号)」)。淀川水系では渇水時に「琵琶湖・淀川渇水対策会議(非常設)」が設立され，取水制限の時期，方法などについて決定がなされている。　　　　　　　　　　　　　　　◎松下　眞

渇水年　[かっすいねん]　drought year　都市　河川　降水量や河川の流況は年々変動し流量の多い年も少ない年もあるが，わが国では，10年に1年の割合で起こるような規模の渇水時にも安定的に水が供給できるように利水計画が立てられることから，30年間の第3位や20年間の第2位に相当する水の少ない年を渇水年と呼ぶ。そのような年の水文量を渇水年流量，渇水年降水量，渇水年水資源賦存量などと呼ぶこともある。これに対して，河川流量や降水量が平均的な(2年に1年程度の)年は平水年，もっと流量が多い年は豊水年と呼ばれる。上記のような10年に1年というような計画論的観点に囚われず，「平水年に比べて水の少ない年」あるいは「取水制限の行われた年」のことを渇水年と呼ぶこともある。　　　　　◎寳　馨

渇水被害　[かっすいひがい]　drought damage　都市　河川　渇水の発生により起こる多様な被害を指して，渇水被害という。被害を受けるセクターの違いにより，産業被害と生活被害，経済的な影響か心理的な影響かの違いにより，経済的被害と心理的被害，という分類がされる。また，当事者に直接及ぶ被害(例えば営業停止損失)を直接被害，他者に間接的に及ぶ被害を間接被害(例えば関連する企業や生活者への影響)という。あるいは，他者などに外部的かつ時間的に波及していく間接被害を波及的な被害と呼ぶ。被害を計量する技法として，経済学や心理学などの手法がよく用いられる。　　　　　◎岡田憲夫

渇水リスク　[かっすいリスク]　drought risk　都市　河川　渇水の発生は，不確実な状況のもとでの好ましくない発生事象であり，これをリスクとして明示的に捉える時，渇水問題は渇水リスクに関わる▶リスクマネジメントの問題となる。その際，渇水リスクを規程する指標として，渇水の発生頻度(発生確率)や渇水の規模(例えば降雨量や渇水期間)ならびに被害の程度などが用いられることが多い。大渇水は，低頻度・甚大被害という特徴を持った渇水リスクであると考えられるが，このようなリスクをカタストロフィックリスクという。　　　　　　　　◎岡田憲夫

渇水流量　[かっすいりゅうりょう]　drought river discharge　都市　河川　年間を通じて355日これを下回らない河川の流量をいい，水利使用の許可の基礎になるものである。最小流量，低水流量(275日はこれを下回らない河川の流量)，平水流量(185日はこれを下回らない河川の流量)，豊水流量(95日はこれを下回らない河川の流量)，最大流量と合わせ，河川の流水状況を示す▶流況曲線(次頁の図)を構成する。わが国では渇水流量のほとんどは農業用水で占められており，それ以上の河川水利用を図るためには実際上はダムなどによる流況調節施設の建設とその運用が不可欠である。　　　　　　　◎池淵周一

活断層　[かつだんそう]　active fault　地震　地盤　最近の地質時代に繰り返し活動し，将来，再活動し大地震を発生する可能性の高い断層。活断層は，大地震を発生させた地震断層の変位が累積したもので，扇状地や河岸段丘を切る低断層崖や河谷や尾根の系統的な屈曲などの断層変位

■流況曲線

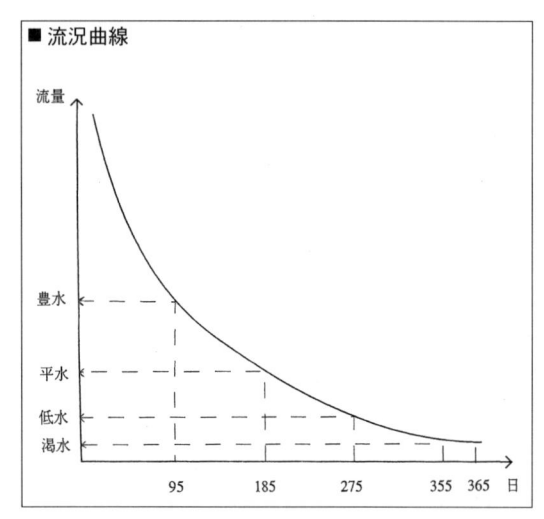

[グラフ: 縦軸 流量（豊水・平水・低水・渇水）、横軸 日（95, 185, 275, 355, 365）]

地形によってその存在が認定されることが多い。活断層のずれの性質は，地下の断層の性質を反映し，地震断層の長さやずれの大きさと地震規模（マグニチュード）との間に経験則が認められることから，活断層の諸要素が地震の長期予測の基本データとして用いられている。また，トレンチ掘削調査などから復元された活動履歴をもとに，地震危険度予測などが試みられている。最近の地質時代の範囲については，第四紀(200万年前)，第四紀後期(数十万年前)，完新世(約1万年前)など，研究目的や実学的な立場から定義が異なることがあるので，注意が必要である。

◎中田 高

カットセット cut set ［都市］　グラフあるいはネットワークにおいて，任意のノード間が非連結となるための必要にして十分なリンクの集合のこと。このため，ミニマル(minimal)カットセットと呼ぶ場合もある。パスセット(ノード間が連結となるための必要にして十分なリンクの集合)と双対的な概念である。信頼性解析ではシステムの規模が拡大すると，計算量やメモリ量は2の累乗で指数的に増加するという問題がある。信頼度関数をカットセット表現あるいはパスセット表現すると，計算量を減少させることが可能となる。パスセット，カットセットによる計算法では，近似計算法が存在し，inclusion-exclusion原理による方法，Esary & Proschanによる上・下限値，パスセット，カットセット数の削減による上・下限値など種々の方法が提案されている。解析対象システムの信頼性の程度およびパスセットとカットセットの総数により適切で効率的な方法を選択する必要がある。→パスセット　◎若林拓史

滑落崖 ［かつらくがい］ landslide scarp ［地盤］　地すべり地形を構成する重要な地形要素の一つ。地すべり現象は斜面の一部または斜面全体が塊となってすべり動く現象で，この滑動の結果として地すべり地形が形成される。1回の滑動ですべり落ちて形成される地すべり地形を単位地すべり地形と呼ぶ。単位地すべり地形は一般に半円形の急崖と，その前面に凹凸起伏のある緩斜面からなる一団の地塊を移動体といい，この2つの地形要素がセットになって構成される地形である。この半円形の急崖が滑落崖である。滑落崖は比較的均質な軟岩や土層では半円形を呈する傾向があるが，断層や節理など地質構造の影響を受ける硬質岩の地域では，直線的な急崖を形成する場合がある。また，滑落崖の側方への延長部分を側方崖，移動体内部に生じている滑落崖を2次，3次，……の滑落崖と呼ぶ。滑落崖はすべり面が地表に露出した部分であるので，その形状は地すべりのメカニズムを考える上で重要である。

◎古谷尊彦

家庭防災教育 ［かていぼうさいきょういく］ disaster education at home ［情報］　家庭での防災教育は，乳幼児期から危険なものを認識させ，安全に行動できるための知恵を教えること，つまり「しつけ」が基本である。具体的には，家庭内にあるマッチやスプレー缶，薬などの危険性を認識させ，水の事故や交通事故なども含めた，日常生活において起こり得る危険から身を守ることができるように教育することが，最も重要である。また学童期になると，行動範囲が広がるため，大雨や台風，地震などから身を守るための基本的な知恵をつけることが大切である。

◎青野文江

火道 ［かどう］ volcanic (magma) conduit ［火山］　噴火が起きた時，溶岩，火砕物，火山ガスなどが地下から地表へ噴出する通路。火道が火口底に現れた部分(出口)を火孔と呼ぶ。火道の形状や大きさは，噴火様式，噴火規模，マグマの性質によって変わる。火道の中で，マグマの発泡現象や火山性微動などが発生すると考えられる。桜島の場合，火山性地震の震源分布や噴火直前に火口底に現れる溶岩の大きさから，火道の直径は100～200m，火孔の直径は20～30mと推定されている。

◎石原和弘

可動堰 ［かどうぜき］ movable weir ［河川］　河川を横断して設置される堰のうち，ゲートによって水位の調節ができるものを可動堰，調節のできないものを固定堰(あるいは洗い堰)という。可動堰は，洪水を流下させる洪水吐きの他，土砂吐き，舟通し，流量調節ゲート，魚道などの可動部で構成され，またはゲートを有しない固定部を有する場合もある。洪水吐きなどの可動部は，ゲート形式により引き上げ式と起伏式があり，特殊なものとして合成ゴム製で水や空気により膨縮されるゴム製布引起伏堰がある。可動堰の堰柱は橋脚と同様に洪水時の河積阻害となることから，河川管理施設等構造令では計画高水流量に応じて径間長の最小値が規定されている。

◎角 哲也

河道方式 ［かどうほうしき］ channel improvement ［河川］　河道の流過能力を増大させることにより，計画規模の高水を安全に海まで流下させる高水処理方式。洪水時の水位が堤内地盤高より高すぎないようにするため，必要な流水断面積が確保できるよう築堤や，低水路・高水敷の浚渫・掘削を行う。河道を安定させるため流送土砂量にも

配慮して河道を設計し，必要に応じて護岸や水制・床固めなどを施す。本方式は直接に氾濫を防止するものであり，古くから洪水対策の基本であるが，住民移転を含む多大な用地取得を必要とすることがあるのに加え，景観や生態環境保全の要請もあり，流量調節や氾濫軽減を含めた総合的な検討が行われる。 ◎中尾忠彦

河道遊水池 ［かどうゆうすいち］ retarding basin in stream 〔河川〕 洪水処理方法の一つである遊水池は，主要洪水防御地域にできるだけ近い河川の中流部の平地において河川の幅を著しく拡大し，ここに洪水の一部を貯留して下流のピーク流量を低減させるものである。遊水池の型式は，河道遊水池と洪水調節池に大別される。一般的に，前者は定量的に計画することが困難であり，遊水池の機能をより有効に発揮するには後者を選択すべきである。河道遊水池は，湛水池が河道と完全に分離されておらず，河道の自然貯留機能を利用したり，または，横堤などを設けて流水を滞留する型式をいう（洪水調節池は，越流堤または水門を設け，湛水池と河道とを完全に分離し，湛水池に洪水の一部を流入させて貯留させる型式）。 ◎播田一雄

神奈川式 ［かながわしき］ Kanagawa Prefecture's formula 〔被害想定〕〔地震〕 1986年に公表された神奈川県地震被害想定調査における地震時出火率の推定。関東大震災時の戸数1000戸以上，住家全壊率0.1％以上の市区町村を対象として，市区町村毎に得られる出火率期待値をポアソン分布にあてはめ，9段階の住家全壊率ランク毎に市区町村のポアソン分布を重ね合わせ，各住家全壊率毎の平均出火率を算定し，この平均出火率と各住家全壊率ランク毎の平均住家全壊率により，以下のような式を推定している。

$$y = \alpha \times \beta \times \gamma_1 \times \gamma_2$$
$$\alpha = 0.7055 \times \log_{10} Z$$

y：想定地震時の出火率
α：関東地震時の出火率
β：時代係数
γ_1：季節係数，γ_2：時刻係数
Z：住家全壊率

→河角式，総プロ式，水野式 ◎熊谷良雄

可燃性液体 ［かねんせいえきたい］ liquid combustible 〔火災・爆発〕 常温で液体の可燃性物質をいう。多くの石油化学製品がこれに相当し，消防法危険物第4類に引火性液体としていくつかの品名にまとめられている。それによれば，特殊引火物，第1石油類，アルコール類，第2石油類，第3石油類，第4石油類，引火点が250℃未満の動植物油類に分類される。特殊引火物はジエチルエーテル，二硫化炭素などで，発火点が100℃以下のもの，または引火点が-20℃以下で沸点が40℃以下のものを指す。その他の石油類は引火点で分類され，各々第1石油類は21℃未満，第2石油類は70℃以下，第3石油類は200℃以下，第4石油類は200℃以上の引火点のものと定めている。身近な可燃性液体として，ガソリン，灯油，軽油，重油，エタノール，菜種油などがある。 ◎斎藤 直

可燃性液体の燃焼 ［かねんせいえきたいのねんしょう］ combustion of liquid combustible 〔火災・爆発〕 可燃性液体とは常温で液体の可燃性物質であり，消防法危険物第4類の引火性液体に分類される多くの石油類，アルコール類，引火点が250℃未満の動植物油などがある。可燃性液体は，蒸発に必要な熱エネルギーを火炎から受け取り可燃性蒸気となり空気と混合して燃焼するため，炎を上げて燃える。従って，可燃性液体に着火し燃焼させるためには，液面上で着火可能な蒸気濃度となる液温に達していなければならない。可燃性液体の代表的な燃焼現象には，液面燃焼と液滴燃焼がある。▶液面燃焼はプール状の可燃性液体の燃焼であり，液滴燃焼は，液体燃料をノズルから噴霧し液体微粒子として燃焼させるものである。液滴燃焼では，火炎から液滴の蒸発に必要な熱エネルギーが容易に供給されるので，蒸気圧の低い重油なども燃焼させることができ，ボイラーからジェットエンジンまで，工業的に重要な燃焼法である。 ◎斎藤 直

可燃性ガス ［かねんせいガス］ flammable gas 〔火災・爆発〕 空気中で燃焼し得るガス。水素，一酸化炭素，メタン，プロパン，アンモニアなど。自然発火性物質のように空気に接触しただけで燃焼はしないが，一旦燃焼が開始すれば通常多量の燃焼熱を発生し高温の火炎を形成する。空気と分離している時は，その境界に▶拡散火炎が形成される。空気と混合している状態では，ある濃度範囲にある時だけ燃焼（予混合燃焼）が起こる。この燃焼可能な濃度範囲のことを燃焼範囲といい，濃度の上限値，下限値を燃焼上限界，燃焼下限界という。アセチレンや酸化エチレンなどのように，酸素なしでも分解燃焼するガスもある。

可燃性の液体や固体の燃焼においても，たいていの場合，燃焼による発熱により液体，固体の蒸発，熱分解が起こり可燃性ガスが発生し気相に火炎を形成し燃焼する。

◎土橋 律

可燃性ガスの燃焼 ［かねんせいガスのねんしょう］ combustion of flammable gas 〔火災・爆発〕 ▶可燃性ガスは，支燃性ガス（酸素など可燃性ガスを酸化させ燃焼を支えるガス）の存在下でエネルギーを与えると着火が起こり，条件が整えば燃焼が持続する。燃焼は，可燃性ガス，支燃性ガスの火炎への供給形態の違いから，予混合燃焼と拡散燃焼という2種類の燃焼形態に大別できる。予混合燃焼は，可燃性ガスと支燃性ガスが予め分子レベルで混合している混合気が燃焼する時の燃焼形態で，ガスこんろやガス爆発時の燃焼がそれに当たる。燃焼反応は非常に薄い火炎の反応帯で起こり，未燃焼ガスは火炎を通過すると高温の既燃焼気体に変化する（次頁の図）。また，予混合燃焼では未燃焼ガス中に燃焼反応が進行していくため，火炎が伝播性を

■ 予混合燃料と拡散燃焼の概要

■ 可燃性ガス／空気 混合気の燃焼限界
（大気圧・室温上方火災伝播）

可燃性ガス	燃焼下限界 (vol%) (当量比)	燃焼上限界 (vol%) (当量比)
メタン	5.0　(0.50)	15.0　(1.69)
プロパン	2.1　(0.51)	9.5　(2.51)
エチレン	2.7　(0.40)	36.0　(8.04)
アセチレン	2.5　(0.31)	100.0　(∞)
メタノール	6.0　(0.46)	36.0　(4.03)
水素	4.0　(0.10)	75.0　(7.17)
一酸化炭素	12.5　(0.34)	74.0　(6.80)
アンモニア	16.0　(−)	25.0　(−)

出典　平野敏右『ガス爆発予防技術』海文堂

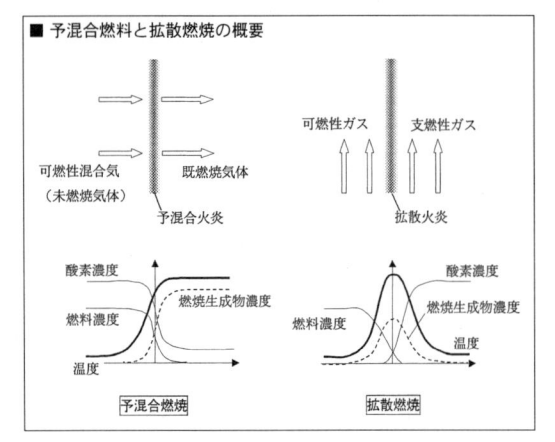

有するという特徴を持つ。ガス爆発は，▶可燃性混合気中を火炎が伝播する現象であり，火炎の伝播状態が爆発挙動を決定する。ガスこんろやバーナーで火炎が定在している（定在火炎と呼ばれる）のは，未燃焼気体の流れの速度が火炎の伝播速度と釣り合っているためである。一方，拡散燃焼は，火炎両側の別々の方向から可燃性ガスと支燃性ガスが供給される燃焼形態（上図）で，その供給速度が拡散速度により決まるため拡散燃焼と呼ばれる。ろうそくの燃焼，木材や紙の燃焼時に気相に形成される火炎で起こっている燃焼などがこれに当たる。→予混合火炎，拡散火炎　　◎土橋 律

可燃性固体の燃焼　［かねんせいこたいのねんしょう］combustion of solid combustible　[火災・爆発]　木炭などの炭素燃料以外の可燃性固体（固体可燃物ともいう）は，通常，炎を上げて燃える。これは，炭素だけの木炭や黒鉛は低温では安定な物質で，また，1000℃以上の高温においてもほとんど気化せず，表面に拡散してくる酸素と直接反応する表面燃焼であるのに対し，その他の可燃性固体のほとんどは，500℃以下の低い温度でも熱分解，昇華などによって可燃性ガスを生成し，有炎燃焼するからである。燃焼によって発生した熱の一部は可燃性固体に戻り，熱分解などによる可燃性ガスの生成に利用される。紙や木材のように熱分解した時，炭素を多く含む多孔質の炭化残渣を生成する可燃性固体は，燻焼することがある。燻焼とは線香や煙草の燃焼のように，炎を伴わず煙を発生して燻りながら燃える燃焼現象をいう。この燃焼は表面燃焼であるが，熱分解により可燃性ガスを発生するため，温度や周囲の酸素濃度が高くなると有炎燃焼に変化する。　◎斎藤 直

可燃性混合気　［かねんせいこんごうき］combustible mixture　[火災・爆発]　▶可燃性ガスと空気などの支燃性ガスの混合ガスで，濃度が燃焼範囲内（上下限界の間）にあるもの。燃焼限界は，火がつき火炎が伝播し得る限界の濃度のことである。代表的な可燃性ガスの燃焼限界の測定値を表に示す。メタンやプロパンに比べ，水素の燃焼範囲が広いことがわかる。アセチレンの上限界は100％となっているが，これは酸素がなくても分解燃焼するためである。燃焼限界は，爆発事故を防ぐための安全管理の基礎データとして重要である。この値は，混合気の種類や濃度，圧力，温度などに依存するので注意が必要である。　◎土橋 律

可燃物　［かねんぶつ］combustible material(s)　[火災・爆発]　酸化剤によって酸化発熱反応を生じる燃焼可能な物質を指す。鉄，アルミニウム，マグネシウムなどの金属繊維，リボン，粉体も酸素と激しく燃焼反応を生じるので可燃物であるが，一般には，家具，建材，内装材，燃料など身近に使われる可燃性の物質，例えば木材，紙，綿などのセルロース系炭化水素，合成樹脂品，灯油，ガソリン，有機溶剤などの石油系炭化水素などのように，熱分解によって高分子状態から可燃性の低分子分解物を生じ，空気中の酸素と反応して燃焼する物質を指す。　◎須川修身

可能最大洪水　［かのうさいだいこうずい］probable maximum flood (PMF)　[河川]　すべての要素が，最大の降雨量と洪水流出量をもたらすような理想的な条件となることが期待される時の最大洪水流量である。推定された可能最大降水量をもとにした計画降雨パターンから求められる。アメリカ諸国においてはダムの洪水吐きなど，その破壊が絶対に起こってはならない構造物の設計に用いられる。本来はその発生頻度を決定することはできないが，近年では，設計におけるコストと安全性の評価のために，その生起確率を評価する動きがある。　◎矢島 啓

可能最大降水量　［かのうさいだいこうすいりょう］probable maximum precipitation (PMP)　[河川][気象]　「1年のある特定の時期に，ある流域内で物理的に起こりうる，ある継続時間に対する理論的に最大化された降雨量（ただし長期的な気候変動は考慮しない）」とWMO（世界気象機関）は定義している。過去に発生した豪雨時の実際の大気状態よりも，高湿度の条件を与えることによって降雨量を増大させる「湿度の最大化」を基本として推定する。この時，単位面積当たりの鉛直気柱に含まれる水蒸気の総量である可降水量（全ての水蒸気が凝結した場合に期待される降水量，通常mm単位で表される）をパラメータとして用いる。アメリカでは，地域毎にその値を示す一般化された図が作

成されている。また，最近では，精緻な気象物理モデルを利用した推定も試みられている。　　　　　　◎矢島 啓

ガバナー　city gas governor　被害想定 都市　ガス導管の有効利用および輸送能力増大のため，高・中圧供給方式が採用されることが多いが，需要家には低圧で供給する必要があり，段階的に減圧しなければならない。ガバナー（整圧器）とは，上記のように，ガス圧力の違いにより階層構造を形成している導管網の途中で圧力調整を行う装置。ガバナーは，二次圧力（下流側の低い圧力）を信号源とし一次圧力（上流側の高い圧力）を駆動力源として作動する自圧式圧力調整弁であり，一次圧力および負荷流量の変動に関係なく，二次圧力を一定に保つ機能がある。直動式とパイロット式があり，パイロット式には，駆動圧力が増大すると開度が減少するアンローディング型と，駆動圧力が増大すると開度も増大するローディング型がある。大都市地域では，地震時の緊急遮断とその後の復旧の効率化を目的として，一定以上の震動を感知すると自動的もしくは遠隔操作によってガスを遮断するガバナーが使用され，ガス供給地域がブロック化されている。　◎小川安雄，能島暢呂

河畔林　[かはんりん]　streamside forest　地盤　河川敷およびその周辺に生育する樹林。高木として河道の付近にはヤナギ類，周辺の低湿地にはハンノキ，地下水が低い箇所ではヤチダモ，ハルニレ，エノキ，ムクノキなどが生育する。洪水流の減勢，堤防の保護を目的に河川敷内に造成されるものを「水害防備林」と呼ぶ。なお，河道付近（河川敷内）に生育するものを「河辺林」，河道より少し離れた場所に生育するものを「河畔林」と区分する場合もある。
　　　　　　　　　　　　　　　　　　◎石川芳治

壁構造　[かべこうぞう]　boxed wall construction　地震　鉄筋コンクリート造建物で，床から伝達される鉛直荷重および水平力に抵抗する主要構造部材としての柱の代わりに壁が箱形に配置された構造。壁量および階高に関する制限を満たす低層住宅用壁構造には簡易な設計法がある。既往の地震では，壁に十分な水平耐力があるために，壁構造には被害が少なかったが，基礎に被害が見られた場合がある。　　　　　　　　　　　　　◎小谷俊介

壁率　[かべりつ]　wall ratio　地震 被害想定　ある階におけるある方向への耐震壁量（断面積で表示）がその階以上の階が有する延床面積に対して持つ比率で，耐震安全性を確保するために有効な耐震壁量を測る指標である。壁率が大きい程耐震能力が高い事実は，過去の地震による鉄筋コンクリート造建築物の被害レベルと壁率の間に高い相関があることを示した志賀マップによって検証されている。壁率は，鉄筋コンクリート造建築物の耐震診断における判定にもよく参照される。組積造建築物や木造建築物においても同様の指標があり，これらの場合には耐力壁の長さを床面積で除した壁量を用いる。➡鉄筋コンクリート造の被害　　　　　　　　　　　　　　　◎中島正愛

雷　[かみなり]　thunder　気象　大気中で上昇気流によって積乱雲が形成され，その雲中で激しい電荷分離が行われて現れた大規模な火花放電。この時，発生する光を電光，音を雷鳴という。雷は大気中での上昇気流の起き方によって，夏の日中の熱雷，前線に伴う▶界雷，両者が混合した熱的界雷，低気圧などに伴う渦雷などに分けられる。落雷によって災害を起こす恐れのある時は雷注意報が発表される。　　　　　　　　　　　　　　　◎根山芳晴

神のなせる業　[かみのなせるわざ]　act of god syndrome　海外　自然災害を被災者に下された神のなせる業と理解して諦める態度をいう。このような考え方は，何が起きるかわからないという不安から逃れる方便にはなるが，加害力が災害に転化する過程に見られる人的・社会的な原因・要素から眼を逸らせて災害の抑止や被害の軽減の可能性を自ら閉ざし責任を回避する結果につながる。この考え方には，被災することは神の意志であり人が持って生まれた運命であるという運命決定論，混沌として説明がつけられない現象であるとの能力の限界の認識，自分の責ではなく政府から神に至るより上位の立場へ責任を転嫁したい願望が含まれる。防災は神の意志に反する行いで罪を受けることになるという考え方すらある。
　　　　　　　　　　　　　　　　　　◎渡辺正幸

火薬　[かやく]　explosive / gun powder　火災・爆発　酸化剤と燃料を混合し，急速に燃焼反応を完了できるようにした物質を指す。比較的小型軽量の装置で短時間に大きな仕事を高い信頼性で行うことが可能である。燃焼の伝播速度（燃焼波）がロケットの推進薬のように推進薬中の弾性波よりも低速の爆薬と，ダイナマイトのように弾性波よりも高速の爆薬に分けることができる。➡爆薬　　◎鶴田 俊

空石張り　[からいしばり]　rock cover protector　地盤　水流などへの耐侵食性が低い土砂で構成された地表斜面を侵食から保護する必要性は高い。その方法の一つに，斜面に沿ってコンクリートブロックや石材を積んだり，張ったりして表面を覆う方法がある。空石張りは，目地や胴込めにコンクリートやモルタルを用いないで斜面に石材を載せていく工法で，流体力が弱くかつ斜面勾配の緩い場合に用いられる。モルタルなどを用いる場合は練り張り，また，石材の重なりが大きくなる場合は石積みといわれる。
　　　　　　　　　　　　　　　　　　◎藤田裕一郎

軽石噴火　[かるいしふんか]　pumice eruption　火山　多数の気泡を持つ高温の軽石を火口から放出する噴火。一般に軽石は白色〜灰白色で珪長質のマグマに由来し，発泡のためしばしば見かけ比重が1以下を示す。多くの場合軽石噴火とは本質的に火砕流噴火と同じ現象であり，火口から高温の軽石，火山灰，火山ガスの混合物が高速で放出され噴煙柱を形成する形態をとる。噴煙柱が崩壊すると軽石を多く含む▶火砕流や▶火砕サージを発生させる。噴煙柱が強い風によって吹き流されると，多量の軽石を含む降下軽石層となる。　　　　　　　　　　　　　◎鎌田浩毅

軽石流 [かるいしりゅう] pumice flow 〔火山〕 軽石塊が50%以上の体積を占める高温の火砕流。しばしば軽石流による堆積物をも指す。なお軽石塊が50%以下の場合でも軽石塊を多く含む火山灰流を軽石流と呼ぶことがある。規模については様々なものを含む。大規模な軽石流の大部分はデイサイト質〜流紋岩質マグマの噴火によって生じ、その堆積物は火砕流台地を形成し、噴出源に陥没カルデラができることが多い。小〜中規模の軽石流は安山岩質マグマのものが多く、フローユニット毎の微地形を残すことがある。　　　　　　　　　　　　　　◎鎌田浩毅

カルデラ caldera 〔火山〕 火山に伴う円形または多角形の凹地形のうち、約2 km以上の直径を持つものをカルデラと呼び、それより小さいものを火口と呼ぶ。複数のカルデラが重なり合い大型のカルデラとなる場合も多い。語源はポルトガル語の大鍋に由来。凹地の内側の急斜面をカルデラ壁、カルデラ壁頂部の尾根の輪郭をカルデラ縁、凹地の底部をカルデラ床という。カルデラ床には後カルデラ火山活動により火口丘群や再生ドームが形成されることがある。カルデラは以下の3種に分類される。①大規模火砕流の噴火により地上に大量のマグマが流出した後、地下の空隙が陥没してできた陥没カルデラ。②爆発的な噴火により火山体の頂部が吹き飛ばされた爆発カルデラ。③火口が侵食によって拡大した侵食カルデラ。この他、カルデラの地下構造の差異により、ピストンシリンダー型カルデラ、じょうご型カルデラ、トラップドアー型カルデラなどと分類される。　　　　　　　　　　◎鎌田浩毅

カルマン渦 [カルマンうず] Karman vortex 〔気象〕 鈍い物体の後ろ側には、物体表面から剥がれて押し出された境界層がその不安定さのために分裂して渦の群れができる。これらの渦列は上下交互、千鳥状の規則的な配列となり、2列の渦間隔と上下の渦間距離の比がある一定値の時安定になる。カルマン(Karman)にちなんでカルマン渦と呼ばれ、渦の放出数は風速と物体の代表長に固有で、その係数を→ストローハル数という。　　　　◎宮田利雄

瓦礫仮置場 [がれきかりおきば] temporary place for disaster waste 〔復旧〕 大規模な災害になると大量の災害廃棄物が発生するので、瓦礫等を一旦仮置きした上で、分別、破砕などの処理を行う瓦礫仮置場が必要になる。たとえ解体現場における分別を前提とする場合であっても、コンクリートガラのリサイクルや木質系廃棄物の焼却を行うためには、前もって破砕処理が必要であるから、分別して搬入されるものの仮置きスペース、破砕作業を行うスペースならびに破砕されたものを一時保管するスペースが必要となる。→積出基地　　　　　　　　◎塚口博司

瓦礫撤去 [がれきてっきょ] debris removal 〔情報〕〔復旧〕 災害で発生した瓦礫を撤去すること。災害に伴って発生する廃棄物としては、損傷を受けた構造物を撤去することによるもの、倒壊・損傷した建物によるもの、被災地の生活から排出されるものなどがあり、前二者は瓦礫となる。1995年の兵庫県南部地震では大量の瓦礫が発生したが、これらの瓦礫を含む災害廃棄物は国庫補助を受けて自治体により行われた。すなわち、廃棄物処理法によれば「災害その他の理由により、特に必要となった廃棄物を市町村が処理するときは、それに要する費用を国庫補助できる」とされていることによる。→災害廃棄物処理　◎勝見 武

河角式 [かわすみしき] Kawasumi's formula 〔被害想定〕〔火災・爆発〕〔地震〕 故河角廣博士が提案した地震時出火率と倒壊率との関係式。関東大震災時に出火のあった市区町村をサンプルとし、出火率(出火件数/木造建築物棟数)と木造建築物倒壊率の対数一次関数を推定し、関東大震災以降の生活様式など社会事情の変化(時代係数)と地震発生の季節(→季節係数)や時刻(→時刻係数)による修正を加えて、現在の地震時出火件数を推定するための基幹的な式。木造建築物倒壊率を震動の代替変数として地震時出火率を推定しようとした点で画期的な式であったが、両対数一次関数を用いることによって出火または木造建築物倒壊がなかった市区町村をサンプルから除外せざるを得ず、統計的には正しくなく、過大な推定となる。→神奈川式、総プロ式、水野式　　　　　　　　◎熊谷良雄

簡易貫入試験 [かんいかんにゅうしけん] simplified penetration test 〔地盤〕 重さ63.5 kgの重錘を用いる標準貫入試験と異なり、より軽量の重錘をエネルギー源とするサウンディング試験の一種である。標準貫入試験の補助として用いられる鉄研式(重錘30 kg、落下高さ35 cm)以外に、土研式と呼ばれるものが多く用いられている。この土研式簡易貫入試験は急斜面である山腹斜面の表土層の深さを測定することを主たる目的に開発されたものである。5 kgの重錘を50 cm自由落下させることにより得られるエネルギーで直径16 mmのロッドの先端に付けた直径25 mm、先端角60°のコーンを貫入させる。測定結果はコーンを10 cm貫入させるに要する重錘の落下回数(N_{10})で表す。六甲山系で表層崩壊を起こす表土層は、この試験法でほぼ $N_{10} = 7〜15$ 程度の値となるようである。→表土層
　　　　　　　　　　　　　　　　　◎沖村 孝

干害 [かんがい] drought injury 〔気象〕 干害とは→干ばつ(ひでりで雨が降らず水がなくなること)で農耕地の土壌水分が欠乏して発生する農作物の被害である。わが国では、古くから冷害、風水害とともに主要な農業気象災害であったが、近年の灌漑施設の整備により干害は次第に減少する傾向にある。特に、「干ばつ(日照り)に不作なし」とたとえられるように、灌漑施設が整備されている農耕地では、干ばつによる日射量や日照時間の増加により収穫量は増加する。1994年の夏季は小笠原高気圧の勢力が強く、平年と比較して全国的に著しい高温・少雨となった。このため、農業用水を溜め池、地下水、湧水などに大きく依存している島々、半島、中山間などの地域では、干ばつによ

■ 1994年夏季の干ばつにより干害が発生した水田の様子
（長崎県世知原町）

る農作物の干害が多発し，西日本を中心に水稲，野菜，果樹など被害総額は1400億円にも達した。世界的に見ると異常気象の多発や人口の増大に伴う耕地の急速な拡大により，干害は依然として最も大きい農業気象災害である。(写真参照)
◎山本晴彦

寒害 [かんがい] cold damage 雪氷 気象 低温により農作物，果樹が受ける被害の総称。霜害，凍害，凍上害，凍裂，寒風害，土壌凍結による乾燥害がある。霜害，凍害は，作物がその耐凍性の限界を超えた低温に遭遇して，細胞内外で凍結を起こして枯死することをいう。短時間，一晩でも大きな被害が出る。冬の成長休止期に起きるものを凍害，秋，春の成長期に起きるものを霜害としている。植物の低温耐性は季節により変わるが，春には多くの植物が低温耐性を弛めて活動を開始する。そのため，晩霜は大きな被害をもたらす。特にモモ，ナシ，ブドウなどの果樹，チャなどに大きな被害が出る。送風，散水などの対策がある。凍裂とは，極端な低温（−30℃以下）により生きた樹木に起きる裂傷害である。凍上害では，作物の根が切れて浮き上がり枯死する。
◎横山宏太郎

灌漑用水 [かんがいようすい] irrigation water 都市 河川 水田，畑地に水を引き，土地をうるおすために人工的に補給するための用水をいう。水田灌漑用水と畑地灌漑用水に分けられる。水田，畑地への補給には降雨もあり，用水量は雨の降り方の影響を受ける。また，灌漑期と非灌漑期によって用水量が大きく変化する。
◎田中成尚

換気因子 [かんきいんし] ventilation factor 火災・爆発 開口を通じて火災区画へ流入する空気量は，火災温度にはほとんど依存せず開口面積 A [m^2] と開口高さ H [m] の平方根との積に比例することが知られており，$A\sqrt{H}$ [m$^{5/2}$] を換気因子と呼ぶ。換気因子は，火災時における換気条件を支配するパラメータであり，燃焼速度の予測に不可欠である。例えば，換気支配火災での流入空気量は約 $0.5A\sqrt{H}$ [kg/s] となるが，燃焼速度も流入空気量に比例し $0.1A\sqrt{H}$ [kg/s] で表せることが知られている。
◎原田和典

換気支配火災 [かんきしはいかさい] ventilation controlled fire 火災・爆発 区画火災の火盛り期においては，室内の可燃物の急速な熱分解により可燃性ガスが大量に発生し，開口から流入する空気と混合して燃焼する。この時，開口から流入する空気量が可燃ガスの発生量と過不足なく反応する量（化学量論的空気量）よりも少なければ燃焼による▶発熱速度は空気の流入量で制約され，室内で反応できなかった可燃性ガスは開口から噴出した後に外気と混合して火炎を生ずる。このタイプの区画火災を換気支配火災という（▶燃料支配火災）。
◎原田和典

管渠 [かんきょ] pipe 都市 下水道施設において家庭や事業所から排出された汚水や雨水を集水し，下水処理場あるいは河川などの公共用水域の吐口まで送水するために設置された管，もしくはそのネットワーク（取付管，本管，マンホールなどで構成される）。対象とする下水の種類により汚水管，雨水管などの分流管，汚水と雨水を流す合流管に分かれる。汚水管，合流管は地下に埋設され暗渠となるが，雨水管の一部は地表で開渠となることもある。材質からは，陶管，ヒューム管（鉄筋コンクリート），塩化ビニール管などに，形状からは，暗渠として円形管，卵形管，矩形渠などに分類される。阪神・淡路大震災においては，本管部のクラック，継手のズレやクラック，たるみ・蛇行などの比較的軽微な被害が大部分を占め，流下機能を損なうまでの被害は少なかったが，それまでの地震では液状化による管渠の浮上や沈下が生じ，流下機能が損なわれる被害が生じている。流下機能が損なわれると，溢れた下水による交通障害や，雨水による浸水などの二次被害を招く恐れが生ずる。
◎渡辺晴彦

環境アセスメント [かんきょうアセスメント] environmental impact assessment 河川 海岸 気象 環境アセスメントとは環境影響評価の通称であり，土地の形状の変更，工作物の新設などの事業を行う事業者が，事業による環境への影響を自ら適正に調査，予測，評価を行い，その結果に基づき，環境保全措置を検討し，事業を環境保全上より望ましいものとする仕組みである。環境影響評価法は1997年に成立し，1999年より施行されている。環境影響評価法の対象となる事業は，国が実施または許認可などを行う事業で，道路，河川（ダム，堰，湖沼水位調節施設，放水路），鉄道，飛行場，発電所，廃棄物処理場，公有水面の埋立および干拓，土地区画整理，住宅市街地開発，流通団地，工業団地造成，港湾などのある一定規模以上の事業について環境アセスメントの実施が義務付けられている。環境アセスメントの方法を記述した方法書，環境アセスメントのまとめ方の素案を示した準備書の段階で住民，地方自治体などに意見を聞き，最終的な評価書に反映させなければならない。環境影響評価項目は，地域の環境の状況，事業の特性などに応じて，方法書の段階で意見を聞きながら，個別案件毎に項目・手法を絞り込み決定する。この絞り込みの仕組みはスコーピングと呼ばれている。標準的な環境アセスメントの対象とする環境要素は大気環境，水環境，植物，動物，生態系，景観，人と自然との触れ合

いの活動の場，環境への負荷などである。実施後には必要に応じてモニタリングが行われる。また一定規模以下の事業についても影響評価の必要性を個別に検討する手続(スクリーニング)が行われる。　　　　　◎島谷幸宏，中野 晋

環境悪化　[かんきょうあっか]　environmental degradation　海外　環境の悪化あるいは劣化。degradationは，価値の低下を招く行為あるいは過程を意味することから，環境悪化は，自然や人為の原因により環境に損害が生ずることを指す。生物の多様性の消失，野生生物の生息地の破壊，エネルギーや鉱物資源そして地下水の帯水層の枯渇などはすべて環境悪化の例である。最近の地球規模の環境悪化の主要なものとして，気候変動(温暖化)，海洋汚染，オゾン層破壊，大気・水汚染，熱帯林の消失がある。近年，環境の悪化によってもたらされる問題は，局地的なものから国や地域を超えて広域にまたがる傾向を強めている。従って，これに的確に対応するためには，国内のみならず，国際的にも様々なセクターの総力を結集することが不可欠な条件になりつつある。　　　　　　　◎城殿 博

環境災害要因　[かんきょうさいがいよういん]　environmental hazards　海外　「環境災害」という用語は日本では一般的に用いられていないが，災害の本質を理解する上で不可欠な認識である。それは，交通事故，盗難，騒音，疫病，自然災害や環境汚染に至るまで平穏で健康な生活を営みたいという人の願望を妨げる災害現象から完全に自由であることはありえないからである。一般に，緩やかに進む環境悪化は財や生命の損失ほどには危機(risk)として認識されない。しかし，産業の事故で排出されるエネルギーや物質の直接間接の影響の大きさはこのような一般認識を変えている。他の1つは被害の認識である。災害要因となる現象は常に加害力として認識されるのではなく，人や社会にとって有益である範囲がある。例えば，降水量はある限界までは水資源として有益であるが限界を超えると災害になる。環境要素は社会が持つ受容範囲の大きさによって資源になり災害要因にもなる。社会が環境要素とその変化をどれ程，許容するかは社会の立地(海水面上昇に敏感)，社会の構成(人口増加で危険地域での居住増加)，社会の経済力(水文，気温変動に敏感)で決まる。　　◎渡辺正幸

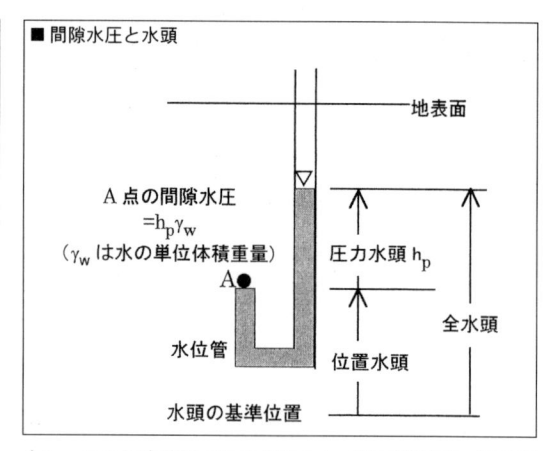

緩傾斜護岸　[かんけいしゃごがん]　gentle slope-type revetment　海岸　表法面勾配の急な直立型あるいは傾斜型の堤防や護岸では，親水性，景観上などの問題を有するとともに，反射波による護岸前面の洗掘の問題，あるいは波の高い打ち上げ高さの問題がある。これらを改善するために護岸・堤防の勾配を緩くし(通常，3～5割)，かつ表法面を孔空きブロック張りとして，突起の粗度や透水性の効果によって，反射波および打ち上げ高さの低減を図った護岸や堤防を緩傾斜護岸あるいは緩傾斜堤という。ただし，この護岸・堤防は沿岸漂砂の本質的な制御効果を持つものではないので，沿岸漂砂によって侵食が生じている場合に，その侵食箇所のみを対象として緩傾斜護岸・堤を用いると問題を生ずることがある。　　　　　◎角野昇八

関係省庁連絡会議　[かんけいしょうちょうれんらくかいぎ]　coordinating meeting of the disaster-related ministries and agencies　行政　災害が発生し，または発生する恐れがある場合において，政府一体となって災害対策にあたるため，災害対策に関係する行政機関相互の密接な連携と協力を行い，各般の施策の連絡調整および推進を図ることを目的に開催する会議。　　　　　　　　◎内閣府

間隙水圧　[かんげきすいあつ]　pore water pressure　地盤　土中の間隙水の圧力。大気圧との差で表す。土中のある点の間隙水圧はその点の圧力水頭に相当する(図)。間隙水圧は飽和土では通常，正であるが，不飽和土では負になる。飽和した土要素に非排水状態で全応力変化を与えると，間隙水圧は変化し，その後，排水状態にするとある平衡状態に至る。平衡状態での間隙水圧からの偏差を過剰間隙水圧という(正または負になる)。排水状態であっても応力変化が速い時やはり過剰間隙水圧が発生する。発生する過剰間隙水圧の大きさは土の剛性や応力変化の大きさと速さに依存する。過剰間隙水圧の消散速度は土の透水性が大きいか，圧縮性が小さい時に速い。　　　◎清水正喜

間隙比　[かんげきひ]　void ratio　地盤　土の間隙の体積と土粒子の体積の比であり，間隙の大きさを示す。他に間隙の量を表すものとして間隙率があるが，間隙比の意義は次のようである。ある土塊の間隙は大きく変化し全体の体積も大きく変化するが，土粒子の体積は変化しない。このように変化しない量に対する比をとるところに意義がある。間隙比は土の詰まり具合を示すが，強度や液状化の起こりやすさなどの力学的な表現に使用する詰まり具合は相対密度に従うほうがよい。　　　　　　　◎八木則男

寒候期予報　[かんこうきよほう]　winter half year forecasting　気象　→季節予報

含水比　[がんすいひ]　water content / moisture content　地盤　土中の水の質量と土粒子の質量の比をパーセントで表したもの。粘性土は，水の含有量により，液体，半固体，固体と状態変化するが，これらの状態の境界を表

すのに含水比が使用される。粘土粒子は水との関わりが強く，粘性土の強度などの力学特性は含水比に依存し，両者の定量的関係は含有する粘土粒子(粘土鉱物)の種類に影響される。
◎八木則男

慣性力 [かんせいりょく] inertia force 海岸　流れの速度が時間的に変化する非定常流の中に置かれた物体，あるいは流体中を加速度運動する物体が受ける流体力の一つ。慣性力の発生は，加速度運動をする流体粒子が運動量を運ぶことに基づいている。すなわち，流体粒子は物体のまわりを過ぎる時加速し，その後減速する。この加速度運動の結果，流体に圧力勾配が生じるとともに運動量が変化し，この変化量が物体に外力として作用する。慣性力の大きさは，物体を流体で置き換えた質量と流体の加速度に比例し，その係数は慣性力係数と呼ばれる。このような慣性力の評価は，非粘性の流体(理想流体)に対するもので，粘性流体では物体の背後に生じる後流などの影響を考えなければならない。しかし，これらの影響は未知の慣性力係数に含めて，慣性力の実際的な算定が行われている。慣性力係数は，流れのレイノルズ数，物体表面の粗さ，および振動特性を表すクーリガン・カーペンター数に依存する。
◎筒井茂明

岩石海岸 [がんせきかいがん] rocky coast 海岸　海岸は構成物質の性状によって岩石海岸と▶砂浜海岸に大別される。岩石で構成される海岸を岩石海岸と呼ぶ。波による岩石海岸の地形変化は，侵食だけであり非可逆的である。岩石とは，地質学的には鉱物の集合体であり，ある程度の強度を持った固まりをいう。従って，土のようなものはほとんど強度を持たないので岩石とは呼ばない。岩石は，1000種類以上の鉱物から成り立ち，主要な造岩鉱物は，石英，正長石，斜長石，黒雲母，白雲母，角せん石，輝石，カンラン石である。
◎伊福誠

岩石破壊実験 [がんせきはかいじっけん] rock fracture experiment 地震　岩石の力学的な振舞いを室内で環境条件を制御して行う実験を岩石破壊実験という。巨視的な不連続のない無垢の試料(intact specimen)を用いて，変形に伴う岩石の弾性あるいは非弾性的性質や破壊強度などの破壊に伴う現象が調べられる。人工的に切断され，あるいは切断面を研磨した試料(saw-cut specimen)や上の無垢の試料を破壊させた破断面を持つ試料を用いて，岩石の摩擦強度など2つの面の摩擦特性が調べられる。応力の加え方によって，1軸試験(uniaxial testing)，2軸試験(biaxial testing)，3軸試験(triaxial testing)がある。3軸試験には，3個の主応力のうち2個を等しくしたふつうの3軸試験と3つの主応力全てが異なる真の3軸試験がある。地震など地下での岩石の振舞いを調べるためには3軸試験が行われる。▶封圧
◎島田充彦

冠雪 [かんせつ] crown snow / snow capped 雪氷　樹木の枝や電柱，杭，石塔などの頂部に，帽子を被ったように積もった雪あるいはその現象をいう。雪は積もった面の上に安息角で安定するが，水分を含む湿雪のように付着力が大きくなると安息角が大きいため高く積もるようになる。高く積もった雪は，やがて自重による沈降によって押しつぶされて広がり，雪との接触面をはみ出し，垂れ下がったキノコの傘のような冠雪となって大きく成長する。樹木に多量の冠雪があるとその重さで幹や枝が折れたり，根返りを生ずるなど，山林や果樹園ではしばしば冠雪害と呼ばれる被害が発生する。また，山麓から見て山頂が雪に覆われて白く見えることも冠雪(snow capped)といい，初雪とともに気象官署では季節現象の一つとして観測している。
◎竹内政夫

岩屑 [がんせつ] debris 地盤　基岩から分かれて生産された固体粒子の総称。専門分野や国によって違いがあるが，岩屑はそのサイズ(粒径)によって，例えば，0.002 mm以下を粘土，0.002〜0.062 mmをシルト，0.062〜2 mmを砂，2 mm以上を礫に分類する。例えば粒径が数メートルの礫も岩屑である。岩屑は，基岩が外的営力と内的営力を受けて分離し，細粒化する過程を通じて生産される。内的営力による岩屑生産プロセスとしては，テクトニックな地殻の変形や断層運動によって岩体中に節理や亀裂が形成されていく過程を挙げることができる。外的営力としては，基岩表面や節理，亀裂から進行する物理風化と化学風化，さらに水流，波浪，氷河，風などによる削磨作用や破砕作用を挙げることができる。地すべりや崩壊，土石流はこのようにして生産される岩屑を主な材料にしている。基岩が削られることによって生産される岩屑は，重力と流体力によって低平地へ向かって絶え間なく移動している。
▶風化，侵食，堆積，岩屑なだれ，土石流　◎諏訪浩

冠雪害 [かんせつがい] crown snow damage 雪氷　樹木，交通信号機，アンテナなどの頂部に帽子状に積もった雪，あるいはその現象を冠雪(crown snow)という。冠雪は，降雪によるが，豪雪時や着雪の起こりやすい気象条件下では，冠雪の断面積は頂部の面積の何倍にもなり，この異常な荷重によって冠雪害が発生する。冠雪害で代表的なのは，広域にわたって発生し被害額の大きい樹冠への冠雪による林木や森林の受ける被害である。56豪雪(1981年)では，北陸地方で主に枝折れによる大規模な冠雪害が発生し，福井県だけで被害額は180億円を超えた。冠雪への抵抗性は樹種によって異なるが，この抵抗性を高めるため間伐，枝打ちなどの対策が行われる。また，雪国の交通信号機が縦型なのは冠雪害を軽減するためである。
◎山田穣

間接的な被災者 [かんせつてきなひさいしゃ] indirect psychological impact 情報 被害想定　▶被災しなかった人の行動

乾雪雪崩 [かんせつなだれ] dry snow avalanche 雪氷　雪崩層の雪に水分を含まない雪崩で，分類基準の一つ。気温が低い時や，降雪が続く場合や，それまでの積

雪の上に数十cm以上の新雪が持続する場合などに起こりやすい。一般に雪煙を伴った運動をする。一点からくさび状に表層の雪がなだれる小規模のものから斜面上の広い面積にわたり，表層または全層が一斉に動き出し遠くまで達して大規模な災害を起こすものまである。
◎川田邦夫

岩屑なだれ ［がんせつなだれ］ rock avalanche / debris avalanche 地盤 火山 斜面表層の岩体が下位の基岩から離れ，斜面を滑落する過程で破砕しながら，雪崩のように高速(秒速数メートル～数十メートル)で移動する現象。地震や水蒸気爆発などが原因で，山体の一部が崩壊して岩屑なだれとなる場合には，移動土石の総体積が10^8～$10^9 m^3$のオーダーとなることも珍しくない。崩壊岩体の一部は十分には細粒化せず，大きさが数メートルから数百メートルの流山(hammock あるいは flow mound)となって岩屑なだれ堆積物の中に点在する。等価摩擦係数は0.06～0.2の範囲であることが多く，移動土石の総体積が大きいほどこの係数は概ねより小さくなる(奥田，1984)。等価摩擦係数がこのように小さな値をとり，移動土石の到達距離が伸びるのは，移動土石と斜面の間の摩擦が小さいか，あるいは移動土石内部のせん断摩擦が小さいためであると考えられている。摩擦低下の原因として一時注目されたエアークッション説，すなわち圧縮空気による潤滑作用説は既に否定され，現在では，粒子衝突による分散圧力や，せん断層に圧力波動が生じるとするもの，あるいはせん断層に過剰間隙水圧が発生するなどの効果によってこの摩擦低下の説明が試みられている。規模の大きな岩屑なだれは高速で遠くまで到達するので，山麓や谷底平地の集落に壊滅的な被害を及ぼす。火山性地震によって1792年に発生した眉山崩壊では，岩屑が有明海になだれ込んで津波が発生し，岩屑なだれと津波とで犠牲者が1万5000人を超す災害となった。1970年のペルー地震の際には，アスカラン(Huascaran)山を駆け降りた岩屑なだれが麓の町ユンガイ(Yungay)を襲い，犠牲者が1万8000人を超す災害を引き起こした。岩屑なだれは斜面を駆け下る過程で，その一部が水で飽和した流れ，すなわち土石流に転化することが多い。なお，英語でrock avalancheと称するものを日本語ではふつう"岩屑なだれ"と呼ぶ。本来なら，rock avalancheは日本語では"岩石なだれ"と呼ぶべきであるが，そのように呼ぶ研究者は少ない。→岩屑，岩盤崩壊，等価摩擦係数，流れ山，土石流
◎諏訪 浩

間接被害 ［かんせつひがい］ indirect damage 共通 直接被害の結果発生する，副次的な被害の総称。災害を原因とする事業の中断・減収・失業など，示す範囲は広く，額を決定する一般的なモデルの構築は，未解決の課題となっている。例えば，電線の切断による電力供給の停止を考えた場合，直接被害額は，電線の修理費用で表されるが，停電による工場の操業停止に伴う損害額の評価項目は，生産予定量の低下，その間の人件費，再開に関わる点検・整備費など多岐にわたり，その算出は容易ではない。阪神・淡路大震災の場合は，様々な説が挙げられており，10兆円から30兆円とその幅は極めて広い。→被害，直接被害
◎田中 聡

観測強化地域・特定観測地域 ［かんそくきょうかちいき・とくていかんそくちいき］ area of special observation 行政 地震 特定観測地域とは，大地震の発生の可能性が高く，全国的基本観測の他，重点的に観測を行うこととされている地域で，現在，地震予知連絡会は，北海道東部，秋田県西部・山形県西北部，宮城県東部・福島県東部，新潟県南西部・長野県北部，長野県西部・岐阜県東部，名古屋・京都・大阪・神戸地区，島根県東部，伊予灘・日向灘周辺を指定している。なお，特に異常隆起や地殻ひずみ蓄積が認められる南関東や東海地域は，特定観測地域よりランクが1つ上の観測強化地域として指定されている。
◎井野盛夫

環太平洋地震帯 ［かんたいへいようじしんたい］ circum-Pacific seismic zone 地震 太平洋をほぼ取り巻くように，南米西岸から，中米および北米西岸，アリューシャン列島，日本列島，マリアナ諸島，フィリピン，ソロモン諸島，トンガを経てニュージーランドに至る地震帯。主に太平洋プレートやナスカプレートなどの海洋プレートが，南北アメリカ大陸や日本列島，マリアナ諸島などの島弧の下に沈み込むプレート収束境界が連なっているもの。地形的には海側の海溝と陸側の山脈もしくは島弧の組み合わせによって特徴付けられる。地震に加え活火山も同じように分布する。沈み込み境界におけるプレート間巨大地震，内陸側の地震，沈み込みスラブに沿った深発地震が発生する。
◎片尾 浩

感潮区域 ［かんちょうくいき］ tidal area 海岸 河川の下流部において，潮汐の影響を受けて水位および流速が変化する区域。潮汐による河口水位の変動は上流へと伝播するが，伝播とともに変動量は減少し，ある距離に達すると潮汐による変動は見られなくなる。この区間は一般に，河床勾配が大きいほど，また，河川の流量が大きいほど短く，潮位差が大きいほど長い。潮位の上昇時には海水が河道に進入するが，淡水と海水の混合が弱い場合には塩水くさびを生じる。また，海水が進入する距離は干潮区域に比べて遥かに短い。海水が進入する区間は汽水域となり，特有の生物相が見られる。感潮域，感潮部ともいう。
◎岡安章夫

関東ローム ［かんとうローム］ Kanto loam 地盤 火山 関東地方の台地や丘陵を覆う赤土のことで，第四紀更新世の降下火山灰，軽石流堆積物およびその二次風成堆積物などテフラを主とする火砕性物質層を指す。テフラの供給源は北関東で浅間，榛名，赤城，男体の各火山であり，南関東で富士，箱根の各火山である。関東ロームの地層構成は段丘面との関連から，堆積時代の古い層から順に，多摩ロ

ーム，下末吉ローム，武蔵野ローム，立川ロームに区分される。関東ロームの構成鉱物は供給源の火山のマグマの組成に主として基づいており，アロフェン，イモゴライトなどの非晶質粘土鉱物を始め，ハロイサイトなどのカオリン粘土鉱物や腐植土から成る。この結果として関東ロームは多孔質であることから保水性が極めて高く，建設工事などで練り返しを受けると泥濘化をきたすことから，取り扱いに慎重な配慮が求められる。 ◎嘉門雅史

貫入試験 [かんにゅうしけん] penetration testing [地盤] コーンなどを地盤に貫入させ，その抵抗力を測定することにより地盤の様子を知るサウンディング試験の一つ。貫入試験には，コーンを静的に貫入させる静的試験と，ハンマーなどの打撃によってコーンを貫入させる動的試験とがある。前者の代表例として電気式静的コーン貫入試験，後者として標準貫入試験がある。標準貫入試験は，63.5 kgの質量のハンマーを76 cmの高さから自由落下させ，30 cm貫入するのに必要な打撃回数を測定するものである。この回数はN値と呼ばれ，基礎の設計や砂地盤の液状化の判定に広く使われている。→サウンディング，標準貫入試験 ◎田中洋行

寒波 [かんぱ] cold wave [雪氷] [気象] 極域を中心にドーム状に蓄積される寒気の循環流が長楕円形の2波数型や，3方向に突起する3波数型となって蛇行して流れる。この蛇行の張りだし部分が低緯度地方に及ぶとそこでは突然の気温低下が起こり，それが長期間続く。この現象を寒波と呼び，高層の大気ほど早く流れるので，この現象は上空の寒気の出現が兆しとなって現れる。 ◎遠藤辰雄

干ばつ [かんばつ] drought / water famine [海外] [都市] [気象] 長い期間にわたって晴天と少雨が続き，高温乾燥天気が卓越して流域，植物，土壌などが水分不足になる状態をいう。水需給の一時的アンバランスといった社会経済的側面の係わりの強い都市活動サイドの実質的，心理的被害現象に冠した渇水に対して，農業サイドを中心に少雨や日照り続きが凶作に結びつくことから農業に水の必要な夏季の日照りを干ばつということが多い。わが国にあっては農業土木技術により干ばつは時代とともに克服され，"日照りに不作なし"の言葉はそのことを表現しているともいえるが，地球上では乾燥・半乾燥地域を中心に干ばつの発生頻度は高く，その被害は農業被害にとどまらず多数の難民や死者をもたらしている。近年の世界的な干ばつとしては，1968～73年と1981～85年が挙げられる。最近25年間(1972～96)の干ばつによる餓死者は180万人余(国際赤十字・赤新月社，1998)にのぼる。干ばつの際には砂漠化も急速に進むことが知られている。干ばつに伴う飢饉の早期警報システム(FEWS)が援助国機関ならびに国際機関によって試みられているが，干ばつの被害は自然的なものよりも人災の要素が強い。→干害
◎池淵周一，牛木久雄

岩盤 [がんばん] bedrock [地震] ある範囲の大きさを有する自然の岩石の集合したもの。大きさとしては土木工事の対象となる程度以上が必要である。一般に，地質学的分離面や岩盤不連続面を含み，不均質かつ異方性である。岩盤の力学特性はそれを構成する岩質のみならず，含まれる割れ目や断層などの不連続面の状態に大きく支配される。地質学では岩体，あるいは岩層，鉱山関係では岩石と呼ばれることもある。 ◎西村昭彦

岩盤崩壊 [がんばんほうかい] rock fall [地震] 大規模な岩盤が崩壊する現象。急崖に発生することが多く，岩盤崩落とも呼ばれる。膨大な体積の岩盤が不安定化して発生する。不安定化の原因としては，急崖の裏側に割れ目が開口する，あるいは急崖の下部が波の侵食などによりとり払われることなどがある。わが国では，1989年の福井県越前海岸，1996年の北海道豊浜トンネル，1997年の北海道第2白糸トンネルの岩盤崩落などが相次いだ。前2者の体積は，それぞれ，1100 m³，1万1000 m³ であった。豊浜トンネルでは明瞭な前兆現象もなく，通行中のバスや乗用車が押しつぶされ，21名の方が亡くなった。北欧では，フィヨルドの急崖の崩落がしばしば発生することが知られている。これは，氷河の消失によって側方の支えを失った岩盤内に急崖に平行な割れ目が形成され，それが次第に開口していって発生する。最も大きな災害を引き起こした岩盤崩壊は，1970年に南米ペルーのワスラカン山で発生したもので，山頂で発生した岩盤崩壊が移動途中で氷雪を巻き込んで岩屑なだれとなり，麓の村を襲い1万8000名の犠牲者をだした。→岩屑なだれ，落石 ◎千木良雅弘

寒風害 [かんぷうがい] cold wind damage [雪氷] [気象] 冬期，乾燥した低温の風によって植物の蒸散が大きくなりすぎて，水分の補給が追いつかなくなるために発生する植物体の障害(落葉など)。土壌が凍結すると植物の吸水を妨げるためさらに発生しやすくなる。柑橘類，常緑広葉樹，野菜などに発生。神奈川県，静岡県などでは冬の季節風が山を越え乾燥した風となって吹き下ろすために発生しやすい。防風林や防風ネットで寒風を遮る，樹体をネットで直接包むなどの対策がとられる。 ◎横山宏太郎

岸壁 [がんぺき] quay / quay wall [海岸] 港湾の基本施設のうち，船舶が離着岸して荷役を行うための施設は係留施設と呼ばれる。その中で陸岸に連続して設けられる構造物を係船岸といい，そのうち前面水深が4.5 mより深いものが岸壁である(前面水深が浅いものは物揚場と称する)。構造形式には，重力式，セル式，矢板式，棚式がある。係留施設には，他に桟橋，ドルフィン(係船杭)，浮桟橋，係船浮標がある。重力式岸壁は，係留施設の中で耐久性に優れていることからも最も数多く作られ，そのためおよびその構造上の弱点のために地震被害事例も多い。兵庫県南部地震(1995年)の際には，①岸壁法線の海側への最大5 mのはらみ出し，②岸壁本体の最大2 mの沈下，③岸壁本

体の最大5度の海側への前傾，④エプロンの最大4mの沈下と段差の発生などの被害を受けたが，耐震岸壁は被害を免れた。このような地震被害の教訓を踏まえ，今後の岸壁設計においては，耐震設計の充実と強化が図られようとしている。
◎角野昇八

ガンマ分布 ［ガンマぶんぷ］ gamma distribution
［河川］ 確率水文学で用いられるガンマ分布族としては，ピアソン型分布(P3分布)，対数ピアソン型分布(LP3分布)，一般化ガンマ分布が挙げられる。アメリカでは，洪水頻度解析に LP3分布が基準法として用いられている。対数変換値 $y=\ln x$ の y が P3分布に従う時，x の分布は対数ピアソン型分布(LP3分布)となり，その確率密度関数(pdf)は次式で定義される。

$$f(x)=\frac{1}{|a|\Gamma(b)x}\left(\frac{\ln x-c}{a}\right)^{b-1}\exp\left(\frac{\ln x-c}{a}\right)$$

ここに，$a>0$ の時，$\exp(c)<x<\infty$，$a<0$ の時，$0<x<\exp(c)$ となる(a：尺度母数，b：形状母数，c：位置母数，$\Gamma(b)$：ガンマ関数)。ガンマ型分布が多用される理由は，形状母数の値の違いによって，指数型分布から漸近正規分布まで幅広く表現できるところにある。LP3分布の母数推定法として，原標本値に対する積率解と対数標本値に P3分布をあてはめる積率解がある。
◎星 清

寒冷渦 ［かんれいうず］ cold vortex ［気象］ 対流圏の上部で目立った低気圧性循環を持ち，中心が低温な低気圧。上層の気圧の谷が深まり，その南西部が切り離されて閉じた循環を持つようになったもので，切離低気圧あるいは寒冷低気圧と呼ばれることもある。寒冷渦のもとでは，大気の成層が不安定になることに加えて，力学的に上昇流が強制されるために，強い積乱雲が発達しやすく，雷雨や降ひょう，突風が生ずることが多い。また，冬季に日本海上空に寒冷渦がやってくると，豪雪やポーラーロウなどの擾乱を生ずることがあるので注意が必要である。
◎新野 宏

寒冷前線 ［かんれいぜんせん］ cold front ［気象］
→前線

キ

気圧傾度 ［きあつけいど］ pressure gradient ［気象］
水平方向に気圧が変化する割合。一定の距離当たりの気圧変化量で表す。天気図上では，気圧傾度は等圧線の間隔に逆比例し，間隔が狭い程気圧傾度は大きくなる。気圧傾度があると，気圧の高い方から低い方に向かって空気を押す力が働く。この力のことを気圧傾度力という。空気の運動，すなわち風を生ずる力の源は気圧傾度力である。気圧傾度の大きいところで風は強くなる。
◎森 征洋

気圧の谷 ［きあつのたに］ pressure trough ［気象］
地球を取り巻く大気の流れは南北に波打っているが，その偏西風帯の流れの中で南の方へ向かって流れその後北向きに流れが変わる領域をいう。気圧の谷は地上の低気圧の上層に重なって対応している。西から東に移動し，時にはその谷が非常に深まる。通過と同時に上空の寒気が溢出する。気圧の谷は偏西風帯から分離し，切離低気圧を形成することがある。
◎根山芳晴

気圧の峰 ［きあつのみね］ pressure ridge ［気象］
地球を取り巻く大気の流れは南北に波打っており，偏西風帯の中で北の方へ向かって流れ，その後南向きに流れが変わる領域をいう。気圧の峰は地上では高気圧に対応している。冷たいオホーツク海高気圧の上に重なったり，冬季シベリア高気圧に重畳すると，地上高気圧は著しく強化発達する。気圧の峰は偏西風帯から分離し，切離高気圧を作ることがある。大気中層では特に顕著に気圧の谷と東西方向に並んで存在している。
◎根山芳晴

気温減率 ［きおんげんりつ］ temperature lapse rate
［気象］ 高さとともに気温が減少する割合。通常，気球を飛揚させて高度毎に周囲の大気の温度を観測して，減少する割合を求める。大気が乾燥しているか湿潤であるかによって減率は異なり，前者では100mの上昇に対し約1℃，後者は0.5℃減少する。上空に寒気が流入して，この標準減率以上の減率を持つようになると，集中豪雨や大雪の異常気象が起きる。
◎根山芳晴

飢餓 ［きが］ famine / hunger ［海外］ 平穏時に得られる食糧資源が得られなくなり，救荒食糧も尽き食糧援助も届けられないために生命の維持に困難をきたし放置すると餓死する状態。アメリカ海外防災援助局の統計によると，20世紀の災害による死亡者数の40%を占めており，戦争(約50%)に次ぐ大きさである。原因は一般的には干ばつによる農産物の減収とされるが，植民地の遺制であるモノカルチャー，戦争，食糧配分の不公平，部族対立，貧富の格差などの社会的要因が入り組んで関連して自然的なインパクトを増幅，拡大させて犠牲者が増加する。世界の災害史でも飢餓は頻度の大きい災害であるが，有名なものに約200万人が餓死した1846〜1849年のアイルランドのポテト飢饉，1958〜1961年に約2000万人が犠牲になった中国の飢饉，1970〜1980年代に数百万人が餓死したサヘル地域の飢饉がある。
◎渡辺正幸

機械的連帯 ［きかいてきれんたい］ mechanical solidarity ［情報］ デュルケムの『社会分業論』(1893)における用語。前近代の共同体の成員が相互に類似していることに基づく連帯。個人意識が共同体の集合意識に埋もれているので機械的とされる。災害の緊急事態に対して住民の防衛的な集合意識が強まり個人意識がそれに融合する状態，また「同じ被災者」という類似の意識が強い状態に見られる連帯に適用される。いかに有機的連帯へ展開していくかが課題となる。→有機的連帯
◎岩崎信彦

機械排煙 [きかいはいえん] mechanical smoke venting 〔火災・爆発〕 機械的に排煙する方法であり、排煙口から吹き込んだ煙を排煙ダクトを通じて、排煙ファンにより排出する。火災条件や外気風などの影響に左右されず安定的に一定量の排煙ができる利点があるが、大量の煙の除去やひどく高温の煙の制御には向かない。また排煙口の開放時期、適切な開放個数、高温における他の部位への延焼危険などの悪影響防止のためのダクトダンパー閉鎖など、各種制御が必要である。現在の法規では、防煙区画の最大を500m²と定めており、1防煙区画について、1分間当り床面積1m²につき1m³の吸引量が必要とされている。吸引に際してそれと見合う量の空気流入が必要とされることから、建物の外壁の気密性が増している現状では過度の圧力差を発生して扉開閉障害や区画破損などの障害が起きることがあるので、空気流路に留意する必要がある。→自然排煙　　　　　　　　　　　　　　　　◎松下敬幸

飢餓早期警報 [きがそうきけいほう] famine early warning 〔海外〕 飢餓、飢饉は、農産物の収穫が少なかった場合あるいは食糧の供給がない場合に発生する。農作物の収量減は豪雨、洪水、冷害、強風、病虫害、獣害などによってもたらされるが、干ばつの影響が乾燥・半乾燥気候の地域では最も大きい。大きな人口が飢饉の問題を深刻にする。干ばつの問題の難しさは対象地域の外に原因があることがあるからである。大河川の流域で行われている定着農業の水利は、下流の住民の生活圏外の遥か上流の流域の降雨の有無、土地利用、森林の荒廃などに支配される。人工衛星を用いたリモート・センシング技術で流域単位の降水状況、流出状況、土壌の含水比、農作物の生育状況を把握するとともに将来の気象変化を推定して干ばつの恐れがある場合は早期に警報を出すことが可能になっている。中南米、中央アフリカならびに東南アジアに干ばつの危険性が大きい。→食糧・農業早期予測　　　　◎渡辺正幸

危機管理 [ききかんり] emergency management 〔情報〕 災害の危機管理は、災害前を対象とするリスクマネジメントと事後を対象とするクライシスマネジメントから構成される。さらに前者は、構造物などのハードウェアによる被害抑止と、情報を中心としたソフトウェアによる被害軽減からなる。後者は、応急対応と復旧・復興で構成される。このように、これら4つの項目が右回りの円を形成することから、米国の連邦緊急事態管理庁(FEMA)は時計モデルと名付けている。阪神・淡路大震災では、時間的に物理的課題と社会的課題が発生し、それらの中間に情報が位置し、大規模都市震災では、防災対策の成否の鍵を情報が握っていることが明らかとなった。2000年東海豪雨水害のような水災害では、被害の出方が時間を追って波状的に現れるので、危機管理によって被害の程度が、都市震災に比べて、大きく左右されることが明らかとなった。
　　　　　　　　　　　　　　　　◎河田惠昭

危機管理センター [ききかんりセンター] emergency management center 〔情報〕 通常、災害時には自治体内に災害対策本部が開設されるが、災害前から災害を想定して、全庁的な視点から関係職員を集約した危機管理センターが設置される例が、阪神・淡路大震災の後、兵庫県において実現した。そこでは、フェニックス情報システムと呼ばれる防災地理情報システムによる被害想定や知事が直接民間のラジオ放送に即時的に割り込める機能などが装備されている。　　　　　　　　　　　　　　　　◎河田惠昭

危機管理対策 [ききかんりたいさく] measures for disaster management 〔河川〕〔情報〕 阪神・淡路大震災(1995年)以降、大災害時に発生する危険を回避するための危機管理対策が強く叫ばれ、1998年に旧総理府に内閣安全保障・危機管理室が創設され、風水害や地震災害などに対処するための15種類の危機管理マニュアルが作成された。また最近は危機回避のための実践的な防災訓練が各機関で行われている。例えば、旧建設省では堤防の破堤などを想定して、各役割担当者へ時間を追って現実に即した約200の状況(災害対策本部への移行、避難勧告、災害発生、マスコミ対応など)が付与され、臨機応変に対応する「危機管理トレーニング」が行われた。

　危機管理で重要なのは、情報、体制が不十分な状況でも必要最低限の行動を開始するとともに、民間を含めて多方面からの情報を迅速に収集し、また他機関の応援を仰ぎながら、可能な限り効率的な防災活動を展開することである。最近の危機管理対策は従来の防災対策に比べて、道路の不通、ライフラインの停止などの危機的状況を想定して、即時対応技術などを応用した対策が見受けられる。例えば、洪水時の危機管理対策としては、通常行われる水防災対策以外に、即時対応技術を含めて、次のような対策が考えられている。情報の収集・加工・伝達：光ファイバー網を活用した詳細な情報の収集・伝達、旧建設省土木研究所で開発された「ハザード・シミュレータ」などの防災GISによる氾濫および被災予測情報の提供、氾濫流制御：二線堤による氾濫流の誘導・拡散防止、緊急排水路による氾濫水の誘導・排水、防災樹林帯による氾濫流の減勢(家屋の流失防止)。洪水時における危機管理の検討内容としては、河川審議会総合政策委員会のもとに、危機管理小委員会が設置され、利根川右岸が破堤してカスリーン台風(1947年)規模の氾濫被害が発生した場合の対応に関する検討などがある。　　　　　　　　　　　　　　　　◎末次忠司

危機の限定化 [ききのげんていか] delimitation of crisis 〔情報〕 被害連鎖をたち切り、被害の規模を時空間的に拡大させないこと。そのためには、災害現象の推移を洞察して、先手先手の対応をする必要がある。特に被害規模の正確な予測に立って減災のための必要人員などの資源の投入量の判断を誤ってはならない。危機管理者は逐次投入に陥ることなく、初期段階での十分必要な資源の投入が

重要である。　　　　　　　　　　　　◎河田惠昭

危機の発見　[ききのはっけん]　discovery of risk　情報　危機はできれば回避することが望ましく、そのためには危機の存在を正確に把握することが大切である。しかも、危機は時間的に固定されているものではなく、変化するものであるから、危機管理者は、災害現場の調査や歴史資料の知見を通して豊かな想像力を養うことが望まれる。　　　　　　　　　　　　　　　　◎河田惠昭

危機の予防・回避　[ききのよぼう・かいひ]　risk prevention and avoidance　情報　リスクマネジメントで最も大切な行為である。特に、災害常襲地帯では危機の存在とそのレベルが予見できるから、事前に必要な予防策や回避策を準備することが可能である。例えば、高潮の場合、防潮堤の建設・嵩上げ、水門の設置は被害の予防であり、居住地の地上げや高地への移転は回避に相当する。これらに要するコストの計算では、将来の便益をいかに評価できるかが重要である。　　　　　　　　◎河田惠昭

危機予測　[ききよそく]　risk prediction　情報　想定被害結果を中心とした事前対応の中心をなすものである。内容は災害の誘因である物理現象の規模などの特徴とそれによる被害の大きさ、発生確率の評価から構成される。すなわち、リスクが被害の大きさと発生確率の積で与えられ、被害の大きさは、外力の規模と社会の防災力の差によって決定され、危機が予測される。ただし、社会の防災力と裏腹の関係にある災害脆弱性を定量的に表示することは困難であるので、現状では予測精度は高いとは言えない。
　　　　　　　　　　　　　　　　　　◎河田惠昭

危険水位　[きけんすいい]　dangerous water stage　河川　洪水時に河川の水位が上昇し警戒水位を超えると洪水の予警報が発令されたり、避難水防活動が始められるが、さらに水位が上昇すると河川水が堤防を越える可能性がかなり高くなる。このような危険な状態を示す基準水位を危険水位と呼ぶ。河川改修が完了していれば、計画高水位が危険水位となる。従来、計画高水位として住民など一般に報知していたが、理解されにくいため、このような呼び方を導入することとしたものである。河川改修が完了していない段階では、危険水位は計画高水位より低くなる。
　　　　　　　　　　　　　　　　　　◎寶　馨

危険性物質の地震被害想定　[きけんせいぶっしつのじしんひがいそうてい]　earthquake damage estimation for hazardous materials (hazmat)　被害想定　地震　新潟地震(1964年)で発生した石油タンク火災に代表されるように、1960～1970年代の地震では危険性物質に係る大規模な被害が発生し、一般住民にも被害が及ぶこととなった。これらの地震被害を教訓として、危険性物質を貯蔵する施設の耐震設計基準が法令化され耐震性が高められてきている。これにより、兵庫県南部地震など近年の地震でも、危険性物質に係る事故は発生しているものの大きな被害には発展していない。東京都の地震被害想定では、危険性物質として、大量に扱われている消防法危険物(引火性液体を含む)、可燃性ガス、毒性ガスを対象に、地震時に一般都民への影響や環境汚染を招く恐れがある具体的な被害形態として、①危険性物質を大量に保有する貯蔵施設での被害、②居住地や商業地の近くでの輸送中の危険性物質による被害、を設定し各被害形態の発生可能性と影響範囲を示している。　　　　　　　　　　　　　◎川村達彦

危険性物質の地震被害想定【貯蔵施設】　[きけんせいぶっしつのじしんひがいそうてい]　earthquake damage estimation for hazardous materials (hazmat) stored in facilities　被害想定　地震　危険性物質の地震被害想定にあたっては、管理形態の異なる貯蔵施設と輸送中とに分ける必要がある。貯蔵施設を対象とする場合には、①引火性液体(屋外タンクの石油類など)の漏洩、火災、②可燃性ガス(液化ガスタンクや都市ガス用大型ガスホルダーからのLPG、LNGなど)の漏洩、爆発、③毒性ガス(液化ガスタンクや冷凍施設のアンモニア、塩素、酸化エチレンなど)の漏洩について、定量的な被害を想定することが多い。想定にあたっては、具体的な被害形態を設定して発生確率を算出し、各被害形態毎に発生可能性と影響範囲を推定する。発生確率については、過去の地震での事例が多い被害形態はその被害率データを用いて統計的に算出し、発生がまれな被害形態については、イベントツリー解析が用いられる。　　　　　　　　　　　　◎川村達彦

危険性物質の地震被害想定【輸送中】　[きけんせいぶっしつのじしんひがいそうてい]　earthquake damage estimation for hazardous materials (hazmat) in transit　被害想定　地震　危険性物質の地震被害想定にあたっては、管理形態の異なる貯蔵施設と輸送中とに分ける必要がある。輸送中を対象とする場合には、①自動車輸送中(タンクローリーなどにおいて石油類、LPG、毒性ガスや毒劇性液体を輸送中の衝突、横転)の漏洩、火災、爆発、②鉄道輸送中(タンク貨車において石油類、高圧ガス、毒劇性液体を輸送中または操車場などに停車中)の漏洩、③船舶受払作業中(港湾および河岸の荷揚施設において石油類を受払作業中)の漏洩、の3形態が定量的に想定可能である。想定にあたっては、具体的な被害形態を設定して、各被害形態について発生可能性と影響範囲を推定する。
　　　　　　　　　　　　　　　　　　◎川村達彦

危険の受容レベル　[きけんのじゅようレベル]　acceptable level of risk　海外　人も社会も完全に危険から逃れられるということはありえない。生存する環境から危険な要素を完全に取り除くことは不可能である。しかし、危険な要素を人や社会が受容できる限度まで取り除いたり低減させることが可能である。受容レベルは、災害の前後に要する費用、社会の立地条件、災害ならびに被害に関する知識・経験の有無、加害力の頻度・強度の変化などによっ

■ 危険物の分類

類	危険性	例
1	酸化性固体	硝酸ナトリウム, 塩素酸ナトリウム, 臭素酸カリウム
2	可燃性固体	赤燐, 鉄粉, マグネシウム, 固形アルコール
3	自然発火性物質および禁水性物質	ナトリウム, カリウム, 黄燐, アルキルアルミニウム
4	引火性液体	ガソリン, 灯油, 重油, 原油, メタノール, ベンゼン
5	自己反応性物質	過酸化ベンゾイル, ジニトロトルエン
6	酸化性液体	過塩素酸, 過酸化水素, 硝酸

て変わる。　　　　　　　　　　　　◎R.K.Shaw

危険半円　[きけんはんえん]　dangerous semicircle　[気象]　台風(あるいは熱帯低気圧)の進行方向右側(南半球では左側)の半円領域をいう。この領域では, 台風の渦による風と一般風(台風よりもスケールの大きい流れ)が同じ方向であるために, 反対側の半円領域(可航半円という)よりも風が強くなる。この事実は, 古くから航海をする人たちの間でよく知られていて, 風が強く, 波が高く, 台風の進む方向へ船を運んでいく危険半円を避けて, 比較的に風が弱くて, 船を台風から遠ざける方向に風が吹いている可航半円に移動した。　　　　　　　　◎藤井 健

危険物　[きけんぶつ]　hazardous materials　[火災・爆発]　火災, 爆発, 中毒を引き起こす物質の総称。消防法では, 同法別表に掲げられ, 一定の発火性, 引火性を有する物質と定義されている。また, 危険性状によって表のように6つに分類されている(図)。危険物を一定数量(指定数量)以上貯蔵, 取り扱いする場合には市町村長などの許可が必要で, また, その施設は一定の技術基準に適合する必要がある。　　　　　　　　◎古積 博

危険物取扱者　[きけんぶつとりあつかいしゃ]　managers for hazardous materials　[行政]　消防法では, 火災発生の危険性が高い, 火災の際の消火の困難性が高いなどの性状を有する物品を危険物として指定し, 火災予防上の観点からその貯蔵・取扱いおよび運搬についての規制を行っているが, 危険物を貯蔵する施設(地下タンク貯蔵所, 給油取扱所, 屋外タンク貯蔵所など)を取り扱うことができる者(立会いも含む)を危険物取扱者といい, 危険物の内容によって甲種, 乙種, 丙種に区分され, 都道府県知事が毎年1回以上試験を実施することとなっている。
◎井野盛夫

危険物の安全管理【学校】　[きけんぶつのあんぜんかんり]　hazardous materials management　[情報]　まず学校内において, 災害時に被害を拡大する要因となるものは何かをチェックすることである。過去の地震災害を見ると, 1978年の宮城県沖地震では, 化学実験用薬品類を収納した容器の転倒落下などによる混合発火が原因で, 火災が発生した。このように特別教室(理科室, 図画工作室, 家庭科室など), 特に理科室における危険物の安全管理には万全を期する必要がある。具体的には, 薬品類は実験台上などに放置せず, 収納戸棚に保管し, 転落を防止する。またこの収納戸棚は, 地震動により転倒しないように転倒防止措置を講ずること。混合すると発火などの恐れがある薬品類は, 分類整備をし, 別々に収納, 保管すること。
◎青野文江

気候変動　[きこうへんどう]　climate change　[気象]　時々刻々変化する大気状態を天気と呼ぶのに対して, 気候は30年程度の期間の平均状態などを意味することが多い。気候変動の原因は, 地球外の要因, 地質学的要因および気候システム内の要因に大別できる。地球外要因の主なものは太陽活動であり, その状況の尺度は太陽黒点数である。地球外要因に属する他の原因は, 周期が2万～40万年程度の地球回転の変化(Milankovitch過程)である。これには, 地球の公転軌道の離心率や地軸の傾斜の変化および歳差運動に伴う近日点の変位が含まれ, 氷期・間氷期の原因として最有力候補である。地質時代の大陸移動や造山運動も気候変動を引き起こしてきた。成層圏に届く噴煙を噴出した火山大爆発が地球を寒冷化するが, 単独の火山爆発の影響は数年以内に終息する。大気は, 水圏や雪氷圏とともに気候システムを構成している。気候システムの構成部分の相互作用により種々の変動が起きており, ▶エルニーニョ現象はその典型例である。　　　　　　◎山元龍三郎

岸沖漂砂　[きしおきひょうさ]　on-offshore sediment transport　[海岸]　汀線に直角方向の砂移動現象であり, 高波浪時には汀線付近が侵食され沖に▶沿岸砂州が形成され, 暴風海浜と呼ばれる海浜断面を形成する。その後, 静穏波浪時に砂が岸向きに移動して汀線付近に堆積が生じ, 正常海浜となる。このように, 波浪の季節的な変動に応じて生じる▶海浜変形であるため, 海谷などへの土砂流失がない限り, 長期間にわたり平均すれば正味の海浜変形は生じない。代表的な岸沖漂砂量式には, Grant and Madsen, 柴山・堀川, 山下らなどがあり, いずれも半周期の漂砂量を無次元せん断力(シールズ数)の関数として定式化されている。正味の移動量評価のためには波動の非対称性や砕波による▶戻り流れの効果を考慮しなければならない。
◎田中 仁

擬似動的実験　[ぎじどうてきじっけん]　pseudo dynamic test　[地震]　地震工学・耐震工学において用いられる実験法で, 構造実験とコンピュータによる解析を併用して, 構造物の動的応答を実験室で再現する手法である。特に, 準静的な(ゆっくりとした)加力による構造実験と, 対象とする構造物の運動方程式を直接積分によって解く数値解析を併用し, 互いが得る情報を交換しながら, 構造物の地震応答を再現する方法を, 擬似動的実験と呼び, オンライン応答実験や仮動的実験とも称されている。日本で生まれ育てられてきた方法で, 今では, 世界各国の研究機関に導入されている。この方法では, 地震応答という動的な現象を再現するのに, 準静的な加力実験を行うことから, 「擬似」や「仮」という言葉が付されている。相対的に大規

模構造物を実験対象にできる，構造部分に対する実験だけから構造物全体の地震応答を再現できるなど，振動台実験では代替できない特長を持った実験手法として認知されている。　　　　　　　　　　　　　　　　　　◎中島正愛

気象衛星　[きしょうえいせい]　meteorological satellite　(気象)　気象観測を目的とする人工衛星。地球から放射される様々な波長の電磁波（可視光，赤外線，マイクロ波など）を放射計で計測し，結果を地上の受信局に送信する。地球の自転と同じ速度で地球を周回する静止衛星（「ひまわり」など）は，赤道上空から常に同じ視野を連続的に観測できる。軌道面が赤道面と一定の角度を持つ極軌道衛星（アメリカのNOAAシリーズなど）は，同一地点の連続観測ができない代わりに1台で地球全体を観測する。雲とその移動を一目瞭然に観察できるのが，気象衛星の最大の利点であり，台風などの気象予報に威力を発揮している。雲の移動から風ベクトルも算出される。赤外画像からは雲の高さや種類の他，海面温度なども算出される。マイクロ波センサーでは，海上風，土壌水分量などが試験的に算出できるようになってきた。→気象レーダーを搭載した最新の試験衛星では，宇宙から降水観測を行うことができる。　◎石川裕彦

気象改変　[きしょうかいへん]　weather modification　(気象)　大気中で自然に起こっている現象を人工的に変えることをいい，気象調節ともいう。意図的な気象改変と非意図的な気象改変とに分類される。意図的気象改変は，主に水資源開発と激しい気象の緩和を目的に行われている。過冷却霧の消散はいくつかの空港で実用化されており，過冷却の地形性雪については，人工氷晶核のシーディングによって10％程度の降水増加がある。しかし，→降ひょう抑制（制御），熱帯低気圧・ハリケーンの緩和，雷制御などの効果については，様々である。非意図的気象改変には，都市活動が原因のヒートアイランドや局地風パターンの変化，工業活動によるエーロゾルの増加や酸性雨の形成，農業活動による局地的なアルベド・地表面温度・湿度・粗度への影響などがある。気象改変による様々な効果・影響を正しく評価するため，個々の物理過程をより深く理解することが重要である。→人工降雪　　　　　　　◎水野 量

気象官署　[きしょうかんしょ]　meteorological office　(気象)　気象に関する観測，予報，通報などを行うために全国各地に設置されている官署。全国の中枢としての役割を果たす気象庁本庁のもとに，全国を6つのブロックに分けて札幌，仙台，東京，大阪，福岡の5つの管区気象台と沖縄気象台が地方の中枢としての業務を行っている。さらに，各府県（北海道と沖縄県では主要な支庁や島毎に）1カ所ずつ地方気象台が置かれており，1日3回の天気予報の発表，異常気象時の気象注意・警報の発表，地上気象観測など様々な業務を行っている。この他，航空気象部門を担当する3つの航空地方気象台と，海洋気象部門を担当する4つの海洋気象台，気象衛星部門を担当する気象衛星センター，高層気象台や地磁気観測所などがある。　◎村中 明

気象業務法　[きしょうぎょうむほう]　meteorological service law　(気象)　天気予報や気象注意報，警報の発令などは国民の生命，財産に大きく関わるものである。このため，気象に関わる業務には一定の基準を設ける必要がある。この目的で1952年に制定されたのが気象業務法である。観測に使用する測器や実施方法から予報，注意報，警報の発令に至るまでの基準が定められている。気象庁以外の組織でも，防災目的に使用する観測や成果を公式に発表する観測などは気象業務法に従わなければならない。また，予報，警報は，気象庁以外が発表することは従来禁じられていた。予報に関しては，平成5年の法改正により，気象予報士を擁する民間事業者が気象庁長官の許可を受けて実施することが可能となった。　　　　　　　　　　◎石川裕彦

気象警報　[きしょうけいほう]　weather warning　(気象)　暴風や大雨など気象が原因で重大な災害が発生する恐れがある時にそれぞれの予報区を担当する気象台が発表する予報で，現在は「大雨」「大雪」「暴風」「暴風雪」の4つに分けられている。気象庁ではこうした4つの気象警報の他に，一般向けに「高潮」「波浪」「洪水」「浸水」「地面現象」「津波」の警報を発表しているが，このうち「浸水」と「地面現象」の警報については，大雨や洪水警報の中に含めて行っている。気象警報で最も重要な点は，予想される最大風速や降水量などの量的な予想値の精度とともに，現象の発生に先立っていかに時間的余裕を持って警報を発表できるかである。自治体などの防災機関では，気象警報の発表に対応して防災体制をとることが多いため，気象警報の発表の意味は非常に大きい。予測精度のよい台風などスケールの大きい現象に伴う暴風や大雨などについては早めの警報発表が可能だが，集中豪雨などスケールの小さい現象では十分な時間的余裕が確保されないのが現実である。
　　　　　　　　　　　　　　　　　　◎村中 明

気象情報　[きしょうじょうほう]　meteorological information　(情報)　広義では，気象に関わるあらゆる情報を意味し，狭義では，大雨，大雪，台風などの気象現象によって生活に大きな影響が生じる可能性のある場合，その状況について関係機関や一般の人々に発表する情報を意味する。後者の意味での気象情報には，大きく分けて次の2つの役割がある。ひとつは注意報・警報を発表する段階には至っていないが，今後，注意報・警報が発表される事態になり得るような場合に事前に状況を伝えるための情報で，もうひとつは，注意報・警報が発表された後に，状況の変化や防災上の注意点などについて解説し，注意報・警報を補完するための情報である。なかでも，大雨警報などが発表された後に出される「記録的短時間大雨情報」は，スーパー警報的な意味を持つ重要な気象情報の一つである。なお，気象庁では，特に災害の防止，軽減を目的として発表する情報を「防災気象情報」としている。　◎中森広道

気象注意報 ［きしょうちゅういほう］ weather advisory
気象　大雨や強風など気象が原因で災害が発生する恐れがある時に各地の気象台が発表する予報。各地の気象台では過去に発生した気象災害とその時の気象の状況から，予め災害の発生する目安となる基準値を作成しておき，その基準値を超えると予想した時に，注意報として発表する。また，災害の発生条件は土地の開発，都市化など社会環境の変化によっても変わるため，基準値と災害発生の関係を適宜調査して，基準値の見直しを行うことになっている。
◎村中 明

気象潮 ［きしょうちょう］ meteorological tide　海岸
風や気圧，日射などの気象現象によって生ずる潮位変化で，通常は→天文潮に比べて小さいが，まれに台風などの強風による吹き寄せ(岸向きの風速の自乗に比例する)や低気圧による吸い上げ(気圧低下1ヘクトパスカルは水位上昇約1cmを作る)が大きな水位上昇をもたらす。潮位の季節変化(1年周期)は主に海水密度や風の季節変化によって起こり，24時間周期変化は，1日周期の気象変化(海陸風，気温，日射など)によって起こるので，いずれも気象潮に属するが，現地において振幅，位相ともにほぼ一定であるので，分潮として扱われ(S_a, S_1)予想潮位を求める時にはこれらを含めて計算する。一方，高潮発生時の潮位偏差(高潮偏差)は，ほとんどが吹き寄せと気圧による吸い上げで起こるので，それが気象潮と呼ばれることがある。
◎吉岡 洋

気象庁震度への換算 ［きしょうちょうしんどへのかんさん］ conversion to JMA seismic intensity　被害想定　地震
被害想定項目によっては入力が震度であるために，また，震度が一般に最もよく知られた地震動強度指標であることから，地表面で推定された地震動を震度に換算する必要が生ずることもある。気象庁は近年，公式の震度を体感震度から計測震度に切り替えたために，それに対応して，童・山崎の式などによって，小数点を持った計測震度と最大速度，最大加速度などとの関係式が提案され，計測震度の推定に使用されている。従来用いられていた河角式は，近年の地震計の感度向上によって誤差が大きくなってきたため，最近はあまり使われていない。
◎山崎文雄

気象データ ［きしょうデータ］ meteorological data
気象　気象に関するデータには，観測データ，統計データ，予報データなどがある。気象観測は，気象官署のみならず，国や地方自治体の公害関連行政，道路・港湾の維持管理や水利に関連する運輸土木行政，消防署などの防災行政などに関連して，様々な公的機関で実施されている。また，交通機関，電力などの企業も気象観測を行っている。気象庁が発信源となる気象情報は，㈶気象業務支援センターが窓口となり一般へ配布されている。また気象サービス会社は，気象庁からの情報と独自の情報を合わせた気象情報を有償で提供している。最近は，防災業務に有用な気象データや予報データなどが無償でwebに公開されるようになってきた(例えば，http://tenki.jp)。衛星放送やケーブルTVの気象専用チャンネルは気象情報を公衆に伝えるメディアとして今後期待される。
◎石川裕彦

気象統計 ［きしょうとうけい］ meteorological statistics
気象　気象要素を対象とした統計。ある期間の統計としては，合計，平均，標準偏差，最大値，最小値，日較差，年較差，極値などがある。極値とは，気象官署開設以来のように長期間あるいは台風来襲時のように一定期間の最大値や最小値である。気象庁では，30年間の平均値を平年値と呼び，10年毎に更新している。この他，気象要素の変動周期や長期的傾向を調べる時系列統計や2組以上の気象要素の関係を調べる相関統計などがある。気象庁による観測値や統計値は，『日本気候表』，『気象庁年報』，『気象庁月報』(CD-ROM版)，『気象要覧』などとして定期的に刊行されている。これらは，気象業務支援センターを通して入手できる。
◎藤井 健

気象レーダー ［きしょうレーダー］ weather radar
気象　河川　気象観測を目的とするレーダー。気象庁は降水粒子を観測するレーダーを全国20カ所に配置し，常時観測を実施している。レーダーで受信される降水粒子からの反射強度は半経験式により降水強度に変換される。この情報は気象業務支援センターを通じて，気象サービス会社などに配信されており，一部ウェブ(web)で閲覧できる。気象レーダーで降雨域の移動と強度変化を監視することは，豪雨の襲来を予見する有効な手段である。国土交通省も河川管理の目的で独自の降水観測レーダー網を運営している。最近では，風速を算出できる→ドップラーレーダー，上層風を観測する→境界層レーダー(ウインドプロファイラー)などが開発され，気象観測に使われ始めた。
→降水レーダー
◎石川裕彦

起震車 ［きしんしゃ］ earthquake simulation van
行政　地震　住民への啓発活動の一環として，トラック(移動が可能)に起震装置，振動ハウスを取り付け，様々な揺れを体験できる車のことで，内蔵プログラムにより関東大震災などの模擬地震動も再現できる。
◎井野盛夫

季節係数 ［きせつけいすう］ seasonal parameter
被害想定　1つの地震，例えば9月に発生した関東大震災時の出火事例を用いて，火気使用率が異なる季節の地震時出火を推定しようとする場合の補正係数。河角式では，9月の1日平均出火件数を1とした比率を用いている。一方，複数の地震時出火を用いている水野式では，1年を春(4月1日～5月31日)，夏(6月1日～10月31日)，秋(11月1日～12月15日)，冬(12月16日～3月31日)に分け，年平均と月別の平均出火件数との比率を用いている。最近では，月別都市ガス送出量や火気器具の実態調査結果などが用いられる。→河角式，水野式
◎熊谷良雄

季節凍土 ［きせつとうど］ seasonal frozen ground
雪氷　地盤　冬季に地表面を積雪が覆うことがなく，寒

冷な条件に曝されると，地盤は凍結する．春季以降には表面から融解し，凍土層は越年することがない．これを季節凍土と呼ぶ．凍結過程では，地中の水分が凍結面に移動し，氷を析出させる凍上現象が発生することがある．このため地盤が隆起したり，地上の建造物を押し上げたりして，凍上災害が発生することがある．日平均気温が0℃以下の日数が1ヵ月以上継続すると，季節凍土は10cm以上の厚みになることがある．
◎福田正己

季節風 [きせつふう] monsoon 〔気象〕 モンスーンともいい，ある季節を代表し，大規模な風系にふさわしい地理的空間分布を持った卓越風をいう．日本付近については，冬季のシベリア大陸から吹き出す北西の季節風，夏季の太平洋高気圧より吹走する南西または南東の風などが顕著である．地球上の大陸と海洋とでは太陽からの受熱量が異なるため，夏と冬とで両者の気圧配置に違いが生じ，それに対応した特徴的な季節風が現れる．→モンスーン
◎根山芳晴

季節予報 [きせつよほう] seasonal weather forecasting 〔気象〕 暖候期予報と寒候期予報があり，前者は毎年3月10日頃，3月から10月までの天候の特性，例えば，春は寒いか，梅雨入り・明けは早いか遅いか，から梅雨か多雨か，冷夏か暑夏か，台風の状況，秋の訪れなどを予報する．後者は10月20日頃発表し，内容は10月から3月までの天候，特に寒冬か暖冬か，多(寡)雪，寒のもどりの有無などを予報する．
◎根山芳晴

基礎 [きそ] foundation 〔地震〕〔地盤〕 基礎は上部構造物の荷重を堅固な地層に伝達し，上部構造物を安定的に支持することを使命としている．基礎は形式の違いから，直接基礎，杭基礎，ケーソン基礎などに大別される．基礎が被災したために上部構造物が倒壊したという例は少なくない．地盤―基礎―構造物系の動的相互作用について考えた場合，上部構造物が振動することによる慣性力が基礎上部に作用し，さらに深さ方向に変化する地盤の振動が基礎に強制力として作用する．前者を inertial interaction, 後者を kinematic interaction という．両者の影響を十分に評価することが，構造物の耐震安全性を考える上で重要であるが，基礎の耐震設計法の多くでは，地盤が振動することによる強制力は小さいとして無視されている．しかし，実際はこのことが基礎に及ぼす影響は大きく，それが原因で発生したと考えられる被害はこれまでも多く報告されている．
◎田蔵 隆

既存不適格建築物 [きそんふてきかくけんちくぶつ] existing buildings of non-conformity 〔復旧〕 建築基準法の各規定を既存の建築物についても適用すると，既存の適法な建築物が法令の改廃または都市計画の決定，変更により違反建築物となるといった不合理が生じる場合がある．このような既存の建築物を救うため，建築基準法およびこれに基づく命令，条例の規定が施行または適用される際，現に存しているかあるいは現に工事中である建築物またはその敷地が，新たに施行または適用になった規定に全面的に適合していないかあるいは一部適合していない場合には，その適合していない規定に限り適用を除外することとしている．このような建築物を，通常，既存不適格建築物と呼ぶ．→建築基準法
◎松谷春敏

既存不適格建築物再建支援事業 [きそんふてきかくけんちくぶつさいけんしえんじぎょう] rebuilding support systems for non-conforming buildings 〔復旧〕〔地震〕 建築基準法や都市計画法の改正によって都市計画制限や建築制限が変更された場合，旧基準に従って建築された建物が，新基準を満たしていない状況が生じることがある．こうした建物を既存不適格建築物というが，その建替えにあたっては，新基準を遵守することが原則である．しかし，阪神・淡路大震災では，既存不適格建築物が被災し，現基準を遵守すると従前建物の再建が不可能になる場合も生じた．特に集合住宅では，住宅規模や戸数の縮小を余儀なくされる事態も生じたため，救済措置として，震災復興型総合設計制度を創設して従来の容積率を上限として被災集合住宅の再建を支援することとなった．この特例は，震災復興にのみ適用されるため，次の建替え時には適用されないことになっている．個別住宅でも同様に，多くの密集市街地では接道義務違反や建蔽率違反など現基準に不適格な状態が生じていたので，その再建のために共同建替えや協調建替えに取り組んだ事例もある．
◎中林一樹

帰宅困難者数の想定 [きたくこんなんしゃすうのそうてい] estimation of victims unable to return home 〔被害想定〕 災害発生直後，鉄道や道路など交通機関の運行停止や不通区間の発生により，オフィス街や駅ターミナルなどにいた大量の人々が足止めされることが考えられる．これらの人々のうち徒歩で帰宅することが困難な人々を帰宅困難者と呼ぶ．特に事業所，学校，商業施設などが集中し，域外から多くの通勤・通学・買い物客などが流入している東京都においては，大量の帰宅困難者の発生とそれに伴う混乱が懸念されており，1997年8月に公表された「東京における直下地震の被害想定」では，帰宅困難者が約371万人にのぼると想定されている．東京都では，対策として，情報収集伝達体制の構築，安否確認手段の確保，水・食料などの備蓄，訓練の実施などの対策を行うこととしている．
◎池田浩敬

軌道設備 [きどうせつび] track facility 〔都市〕 鉄道線路のうち，レール，締結装置，枕木，道床などの構成設備をいう．高架橋やトンネル内では，コンクリートスラブとレールとを直結したスラブ軌道が多い．高速化や乗り心地の向上のため継手部を溶接したり，くさび形の接合面を採用している．軌道狂いを保守管理することは，走行安全性のみならず乗り心地にとっても重要である．強震動下での走行性能を保証するためには，軌道の折れ角が許容値

以内に収まることが必要である。　　　　◎家村浩和

木流し工　[きながしこう]　emergency bank protection with cut trees　地盤　河川　洪水時の水防活動における代表的な工法の一つで，堤防や河岸の流水侵食を防止・軽減する工法である。人力で運搬可能な枝葉のある立木を伐採し，その枝や幹に重り土嚢を固定するとともに，縄の一端を根元に，他端を天端上の杭に緊結した後流水中に投入して河岸斜面に働く流体力を抑制しようとするものである。なお，数本の竹を結び合わせて用いる場合は「竹流し工」と呼ばれる。いずれも施工には危険を伴うので十分な注意が必要とされる。　　　　　　　◎藤田裕一郎

キネマティックウェーブ法　[キネマティックウェーブほう]　kinematic wave method　河川　流域地形をいくつかの矩形斜面とそれらをつなぐ河道網によって表現し，矩形斜面上での表面流，中間流，あるいはそれらを統合した流れを水理学的基礎を持つ物理式によって追跡して洪水流出量を算定する方法。等価粗度法とも呼ばれる。基礎式は，連続式と等流公式とからなる偏微分方程式で表される。モデルパラメータは物理的な背景を持つため，土地利用の変化などによる流出形態の変化をモデルに組み込むことができる。また，流域斜面を矩形だけではなく，収束型あるいは発散型地形としてモデル化し，流出発生場の変動を表現することも可能である。最近は，レーダー雨量データを入力し，数値標高モデルから作成された流域地形モデル上での流れを kinematic wave model を用いて解くことが行われており，洪水流出予測の高精度化が試みられている。対象流域内部での雨水やモデルパラメータの空間分布を考慮することができるため，定数分布型の洪水流出モデルに分類される。　　　　　　　　　　　◎立川康人

機能性能　[きのうせいのう]　functional performance　都市　→連結性能

機能被害　[きのうひがい]　function failure　情報　被害想定　災害による構造物の物理的被害に対して，それぞれの構造物が供給する機能性能に着目して評価された被害。ライフラインシステムの被災を例に挙げると，システムを構成するいくつかの要素構造物が損傷した場合でも，システムの冗長性が高いか，バックアップシステムが完備されている場合，サービスを供給する機能(serviceability)は，物理的な被害と必ずしも対応しない。このようにサービスの供給性能から見た被害を，建築物の機能被害と呼ぶ。　　　　　　　　　◎田中　聡

基盤地震動の推定　[きばんじしんどうのすいてい]　estimation of earthquake motion on bedrock　被害想定　地震　地震動の推定に際しては，まず堅固な基盤面における地震動を震源特性と伝播経路特性を考慮して求める場合が多く，この結果に表層地盤の増幅特性を加味して地表面での地震動が推定される。基盤地震動の推定法としては，震源関数を用いて解析的に地震波形を合成する入倉の方法，速度応答の包絡線を重ね合わせて速度応答スペクトルを求める翠川・小林の方法，基盤面での距離減衰式(経験則)を用いて最大加速度や最大速度を予測するいくつかの方法などがある。基盤面の定義もS波速度 3 km/s 以上の地震基盤から，S波速度 400 m/s 程度以上の工学的基盤まで，方法や提案者によって異なっている。また，「1995年兵庫県南部地震」をきっかけとして，三次元的な基盤構造が地表地震動に大きな影響を与えることが明らかになってきたため，活断層近傍の地震動推定には複雑な数値解析が行われる場合も増えている。→S波　◎山崎文雄

基盤層　[きばんそう]　basement layer　被害想定　地震　地震波の地盤による増幅の問題を論じる際，それより下位の地盤構造は地震波の増幅に寄与しないであろうという最下層を，便宜上，基盤層と定義している。これまで東京礫層，土丹層，先第三系岩盤と地下構造が深部まで解明されるにつれ，基盤層はより下位の層に設定されてきた経緯がある。近年では，先第三系岩盤(地殻の最上層)を地震基盤と称するとの合意のもとに，工学基盤($Vs=700$ m/s 相当層)や工学的基盤($Vs=400$ m/s 相当層)が実務で多用されている。原子力発電施設の耐震分野では，解放基盤相当層($Vs=700$ m/s 以上)という用語が独自に普及している。
　　　　　　　　　　　　　　　　　　◎瀬尾和大

基本高水　[きほんこうすい]　(unimpaired) design flood hydrograph　河川　基準点における洪水防御施設計画策定の対象となるハイドログラフ基本高水は既往洪水や利用できる観測データ期間，流域の重要度などを総合的に考慮して決定される。なお，高水は降水などの同音異義語と区別するため「たかみず」と読むことが多い。
　　　　　　　　　　　　　　　　　　◎吉谷純一

逆断層　[ぎゃくだんそう]　reverse fault　地震　断層面を境に上盤が下盤に対してずり上がるように運動した断層。→断層　　　　　　　　　　　　◎中田　高

逆調整池　[ぎゃくちょうせいち]　afterbay reservoir / compensation reservoir　河川　発電を行う貯水型貯水池からは1日の発電需要に基づいた放流が行われるために大きな流量変動を伴っており，これを逆に調整し自然河川流量に復するための池。発電放流は一般に昼夜の放流量差が大きいピーク発電であり，そのまま河川に放流すると下流の河川利用に支障が発生する。そこで，ある程度の容量を用いて人工的な流量変動を自然流況に戻して放流することが必要であり，上流調整池とは逆の調整を行うことから逆調整池といわれる。必要な貯水容量は上流からの発電放流量により決定され，一般に，変動する流量を日平均流量に戻すのに必要な大きさである。　　　◎角　哲也

逆転層　[ぎゃくてんそう]　inversion　気象　地上から海抜10数 km までの対流圏では平均的には高いところほど気温が低くなっているが，様々な要因で上層ほど，気温が高くなる層が出現する場合がある。これを逆転層とい

う。逆転層には，夜間から早朝に地表付近にできる▶接地逆転と上空にできる上層逆転がある。逆転層では高いところほど，気温が高いため対流が起こりにくく，従って鉛直拡散が抑制される。このため，逆転層とその下層では高濃度大気汚染が生じやすい。 ◎石川裕彦

CAPPI ［キャピー］ Constant Altitude Plane Position Indicator ［河川］［気象］ 複数のレーダービーム仰角で立体的に観測しそれらを水平方向に合成することにより作成される一定高度面のレーダーエコー強度分布図のこと。一定高度面表示とも呼ばれる。一方，単独仰角のレーダービームによるエコー強度分布図(PPI：Plane Position Indicator)は，地表面に曲率が存在するのでレーダーサイトからの距離に依存するかたちで異なった高度のエコー強度を表示することになる。 ◎中北英一

ギャロッピング galloping ［気象］ 風向直角方向の▶自励振動で，大振幅にまで振動が発散し破壊的であることが特徴である。物体の前縁から剥離した流れが側面上で再付着せず完全剥離し，この剥離した流れが物体の変位に対してある位相差を持つことで非定常加振力が形成されることによる。この意味で，ギャロッピングは1自由度型の▶フラッターと考えられる。また，この振動は▶準定常理論を用いて，振動の発生や応答振幅の追跡が可能である。
◎宮崎正男

休火山 ［きゅうかざん］ dormant volcano ［火山］ 歴史時代に噴火記録があっても長く噴火活動を休止している火山に対して使われてきたが，定義が曖昧であり，将来にわたって噴火しない火山という誤解を生む恐れがあるので，現在では使用しない。1990年の雲仙普賢岳の噴火のように顕著な噴火は100年以上の休止期間の後に発生するのが普通であり，1000年以上の活動休止後に噴火活動を再開した火山も珍しくない。富士山など，休火山と分類された火山は，すべて▶活火山に分類される。 ◎石原和弘

給気シャフト ［きゅうきシャフト］ air supply shaft ［火災・爆発］ 火災空間から煙を有効に排出するためには，除かれた煙と入れ替わりに空気を空間に供給する必要がある。その給気のために設けられる専用の筒状のスペースを給気シャフトという。各階空間へは給気シャフトを通じて給気口から給気される。付室に給気口と排煙口とが併設される場合には，排煙口は天井付近，給気口は床面付近に設置し，高温の煙と低温の新鮮空気が混合しにくい状況を考慮する必要がある。→煙制御 ◎松下敬幸

救急救命士 ［きゅうきゅうきゅうめいし］ life person for first aid ［行政］ 救急現場および搬送途上における応急処置，いわゆる，プレホスピタル・ケアの充実を図るため，救急救命士法（平成3年法律第36号）に基づき資格制度として設けられ，医師の指示のもとに，心肺機能停止状態の傷病者に対して，病院または診療所に搬送されるまでの間に高度な応急処置を行うことができることになっている。
◎井野盛夫

急傾斜地 ［きゅうけいしゃち］ steep slopes ［地盤］［被害想定］ 「急傾斜地の崩壊による災害の防止に関する法律」により傾斜度が30°以上の土地と規定され，豪雨などに起因して，突発的に崩壊(崖崩れ)し，犠牲者を出す場合が多い。急傾斜地崩壊危険箇所は，全国に約8万7000カ所(高さ5m以上で保全対象人家5戸以上または公共建物のある箇所，1997年調査)あり，恒久的な崩壊防止工事の実施および警戒避難体制の整備などの対策が急がれる。「土砂災害警戒区域等における土砂災害防止対策の推進に関する法律」（平成12年5月8日，法律第57号）において，全国の急傾斜地(人家要件を必要としない)も対象とされ，災害防止対策の推進が図られている。 ◎門間敬一

急傾斜地崩壊危険区域 ［きゅうけいしゃちほうかいきけんくいき］ fall risk area of steep slopes ［行政］［地盤］［被害想定］ 急傾斜地の崩壊による災害の防止に関する法律第3条に基づき都道府県知事が指定することになっており，指定する基準は，傾斜度30度以上，崖の高さ5m以上，人家5戸以上（ただし，5戸未満であっても公共施設に危害が生ずる恐れがあるものは含む）である。 ◎井野盛夫

急傾斜地崩壊対策 ［きゅうけいしゃちほうかいたいさく］ fall countermeasures of steep slopes ［行政］［地盤］ 急傾斜地崩壊危険区域内において，都道府県知事が実施する急傾斜地崩壊防止対策で，自然崖の傾斜度30度以上，高さ10m以上の急傾斜地で，崩壊により被害の恐れがある家屋について移転適地がなく，かつ家屋10戸以上に倒壊など著しい被害を及ぼす恐れがある場合を対象としている。
◎井野盛夫

救護 ［きゅうご］ aid ［行政］ ▷救助

救護所 ［きゅうごしょ］ first-aid station ［行政］ 災害により，通常の医療等が行えない状況下にあっては，医療救護の多くは，医師などで編成された救護班により行われることとなる。このため，救護班が医療救護活動を行うための拠点として，既存の建物や天幕などを利用した救護所が設置される。救護所を設置しての医療救護活動は，主に次のような状況下で実施される。
①現地医療機関が被災し，その機能が低下または停止したため，現地医療機関では救護しきれない場合。
②負傷者が多数で，現地医療機関だけでは対応しきれない場合。
③被災地と医療機関との位置関係，あるいは負傷者の数と移送能力の問題により被災地から医療機関への傷病者の移送に時間がかかるため，被災地での救護が必要な場合。
◎厚生労働省

救出活動 ［きゅうしゅつかつどう］ search and rescue activities ［被害想定］ 地震発生時に家屋・建物倒壊により生き埋めとなった人の命を救うため，消防・警察・自衛隊などの組織，および近隣住民や家族が，人の所在を捜

し，瓦礫の中から救出し，負傷者を医療機関に搬送する活動。木造家屋の場合は，ジャッキ，バール，鋸など比較的簡単な道具で救出作業が可能なのに対して，鉄筋コンクリート造や鉄骨造建物では削岩機，鉄筋切断用カッター，重機などが必要となりプロの救助隊を要する。

阪神・淡路大震災における消防救助記録の分析より，現場当たり救出所要時間は木造戸建住宅＜木造共同住宅＜非木造建物の順に長くなることが報告されている。捜索救助用の用具，機器の開発も進められており，救助用具を地域の防災倉庫に備蓄している自治体もある。アメリカでは連邦緊急事態管理庁(FEMA)のもとに都市型捜索救助隊(Urban Search and Rescue Task Force)を全米27カ所に配備し，ビルの倒壊救助に備えている。→人命救助

◎村上ひとみ

救助 ［きゅうじょ］ relief ［行政］ 人を助け，これを保護することを意味する用語として，災害救助法，消防法などで広く使われているが，救護は，「救貧」の感を与えるという理由により，今日ではあまり使用されていない。

◎井野盛夫

給水車 ［きゅうすいしゃ］ water tank truck / water wagon ［都市］ 水道による給水が停止した時に，市民に飲料水を供給するための車両。初めから給水タンクを備えたタイプと，タンクだけを用意しておき，災害発生時にトラックなどに載せて運搬するタイプがある。また，阪神・淡路大震災の時には神戸市全域で断水したため，給水タンク車の絶対数が不足し十分な応急給水ができなかった。タンク車はあくまで局所的な事故などに対応する手段であるため限界があり，広域的に対応するには早い時期に管路による応急給水に移行するなどの対策を講じていくことが必要である。

◎松下 眞

給水制限 ［きゅうすいせいげん］ supply control ［都市］ 渇水時において，河川からの取水が制限された場合，供給できる水量が限定されるため，工場，家庭などへの給水を制限すること。給水制限の方法としては，ポンプやバルブを調節して水圧を下げて供給する「減圧給水」と，地区毎に給水時間を決めて供給する「時間給水」などがある。市民生活への影響を考慮して最初は大口使用者に対して給水制限が実施され，さらに状況が厳しくなると一般使用者に対しても給水制限が実施されることが多い。

◎松下 眞

給水制限率 ［きゅうすいせいげんりつ］ supply control rate ［都市］ 平常時の給水量に対する当該年度渇水時の給水量の減少割合をいう。渇水時において，河川からの取水が制限された場合，供給できる水量が限定されるため，需要者側も使用を制限する必要がある。節水呼びかけなどの広報だけでは十分な節水効果が得られない場合は，減圧給水や時間給水などの方法で給水制限が行われることになる。

◎松下 眞

給水装置 ［きゅうすいそうち］ water supply equipment ［都市］ 水道法では「給水装置とは需要者に水を供給するために水道事業者の施設した配水管から分岐して設けられた給水管及びこれに直結する給水用具」とされている。給水管に直結する給水用具は給水管から容易に取りはずしのできない構造であり，有圧のまま給水できる給水栓(蛇口など)などを指す。給水装置の工事は衛生上の見地から各水道事業体の供給規定に基づいて実施されることとなっている。

◎田中成尚

狭あい道路拡幅整備 ［きょうあいどうろかくふくせいび］ improvement of narrow road ［復旧］ 建築敷地は道路に2m以上の間口で接し(建築基準法第43条)，また接する道路の幅員は4m以上であることが求められている(同法第42条)。しかし市街地の道路は歴史的経緯もあって，その幅員が満たされていない場合も多い。法はその適用時に(一般には1950年)既に狭あいな道路に面していた建物は既存不適格建築物として存続を認める一方(同法第42条第2項)，建替え時には道路の中心線から敷地を2m後退させることを規定している。この建替え時の拡幅整備は，建て主の負担となるので守られにくい。これを打開するため，拡幅に要する舗装の費用，塀などの除去費用，宅地から公衆用道路への分筆費用などを自治体が負担し，整備の促進を図る施策も見られるようになってきている。◎髙見沢邦郎

教育機能支障 ［きょういくきのうししょう］ disruption of educational services ［被害想定］ 教育機能の支障は，学校などの教育施設の被害，教材の破損，教師の怪我や死亡，被災児童生徒の教材喪失や精神的支障の他，校舎や体育館・校庭が避難所などに利用されることによる教育支障，通学路の破損による通学時の危険，さらに応急仮設住宅への入居や遠隔地への一時的転居，疎開による教育支障など多様な支障が生じる。阪神・淡路大震災では，校舎などの被害が少なくなかった上，ほとんど全ての公立小中学校は避難所として利用され，その長期化が課題となった学校も多い。被害の著しい学校では，校庭に仮設校舎を建設した。また，被災児童の精神的抑圧の発生と心のケアの問題は，新たな教育機能支障の課題を提示した。→学校での心のケア

◎中林一樹

境界層風洞 ［きょうかいそうふうどう］ boundary layer wind tunnel ［気象］ 自然風を対象とする風洞実験では，自然風つまり大気乱流境界層の性質を保持した気流を測定部内に再現しなければならない。しかしながら，実験対象地点の性質については，おおよその性質しかわからないのがふつうである。つまり，測定部内に作られた気流がどこまで実現象を再現しているかはわからないわけである。この不明確さをできる限り小さくする最善の方法は，実現象と類似のメカニズムで気流を作製することである。この目的のために考案された風洞が境界層風洞で，実験対象地点周辺とその風上側の相当範囲を模型化し，これにスパイヤーなどを介して一様流を吹送させることによって

模型上にその地域固有の▸乱流境界層を発達させ，実際の風に類似した気流を得ようというものである。　◎大熊武司

境界層レーダー　［きょうかいそうレーダー］　boundary layer radar / wind profiler　気象　河川　ウィンドプロファイラーともいわれる。上空に向けて鉛直方向，北と東に約15°傾いた3本の電波ビームを発信して，大気の屈折率の乱れからのエコーを受信し，そのドップラーシフトから三次元的な上層風を測定する装置である。観測高度は約10 kmまでであり，降水時にはそのエコーも観測され，風速の測定に利用できる。数分ごとに風速の鉛直分布が連続観測されるので，1日2回のレーウィンゾンデ観測に比べると遥かに細かい時間間隔で観測ができる。2001年度から気象庁の観測に導入され，全国25カ所に配備された。
◎林 泰一

供給エリア　［きょうきゅうエリア］　supply area　都市　被害想定　一般に，ライフライン系のサービスが及ぶ範囲をそれぞれのライフライン系における供給エリアと呼ぶ。例えばあるひとつの配電用変電所からは複数系統の高圧配電線が引き出されている。高圧配電線は，負荷や分岐のないフィーダー線（給電線）と，需要家に電力を供給する架空線および地中線からなる。供給エリアとは，変電所毎に供給を受ける地域のことをいう。これとは別に，被災時に供給支障が発生している地域を「供給支障エリア」と呼ぶのに対して，供給が行われている地域を「供給エリア」と呼ぶこともある。　◎亀田弘行，能島暢呂

共振　［きょうしん］　resonance　地震　構造物が持つ固有振動数と調和外力の振動数が一致する時の揺れの状態を指し，構造物が線形非減衰であるなら，揺れは時間とともに増え続け，また減衰があってもそれが小さい場合には，定常状態において極めて大きな応答になる。　◎中島正愛

強震観測　［きょうしんかんそく］　strong motion observation　地震　強い地震動でも振り切れない強震計（主にサーボ型）を用い，強震動特性や構造物挙動の把握など，地震防災および耐震設計の基礎となる記録を得るための地震観測をいう。日本の強震観測は1950年代に始められ，1964年新潟地震において初めて被害地震による強震観測記録を得ている。初期の強震計は現地収録であったが，近年の情報伝達技術の高度化により電話回線を用いた記録の即時入手および維持管理が可能となっている。1995年兵庫県南部地震時に強震動特性を十分に把握できなかったため，気象庁による計測震度計（波形収録が可能）の増設，文部科学省による全国強震計ネットワーク，総務省による自治体震度計ネットワークの構築など，その後の強震観測体制が大幅に強化されている。一部の記録はインターネット上で公開されており，各種研究に大きく貢献している。これら強震観測記録を一元管理し，研究資産として継承することが今後の課題である。　◎香川敬生

強震記録　［きょうしんきろく］　earthquake strong motion records　地震　わが国では，1883年東京気象台に標準地震計が設置され，以降設置台数を増やして気象台での観測が業務化された。これらは変位型の地震計であり，構造物の被害と結びつく激しい地震動を正確に捉えることが難しいため，工学上の目的を持った加速度型の強震計SMACが1953年に開発設置された。加速度計は，その後多くの改良が重ねられ，現在では地震直後に回収，解析が可能なデジタル強震計が多く使われている。1968年十勝沖地震により八戸港で得られたSMAC型強震計記録は，アメリカで得られたEl CentroやTaft記録とともに耐震解析における入力地震動として長く使われてきた。堆積地盤における地震動の増幅の様子や地表面での相対的な震動を計測する目的で，多数の地震計を限られた場所に設置するアレー（Array）観測も1970年代から行われるようになり，多数の貴重なアレー強震記録が得られている。　◎杉戸真太

強震動予測　［きょうしんどうよそく］　prediction of strong ground motion　地震　地震防災対策や耐震設計を合理的に行うためには，きたるべき大地震による強震動を的確に予測することが課題となる。強震動予測手法は，経験的方法，理論的方法，半経験的方法の3つに大別できる。経験的方法は，既往の観測結果を地震規模や震源距離などの関数に当てはめて得られた距離減衰式により地震動の強さを推定する。理論的方法は，震源の物理や地殻および表層地質内における波動の伝播特性に基づき理論的に地震動を評価する。半経験的方法は，観測された小地震の記録を経験的グリーン関数として用いて想定地震の地震動を推定する。強震動予測の実用化には，将来の地震の震源パラメータをどのように推定するか，地震の再現性はどうかなどの問題が残されている。　◎松波孝治

協調建替え（協調化）　［きょうちょうたてかえ（きょうちょうか）］　cooperative rebuilding / cooperative housing project　復旧　協調建替え（協調化）は，共同化と異なり，敷地の統合，共有化を行わないが，良好な街並みと居住環境を実現するために，隣接する敷地での個々の建築にあたって，建物の高さや外壁の位置，ファサードのデザインなどを調整し，協調する街並み形成手法である。狭小な敷地を有効に利用するために，隣接する建物間に隙間を作らない「ゼロロット協調化」という建て方によって，長屋のように建築基準法上はひとつの建物として認可される協調建替え事例も，阪神・淡路大震災における住宅再建で実現しているが，合意形成は容易ではない。そのため，こうした協調化に対しても，要綱などに基づく任意の支援事業が準備されている。　◎中林一樹

強度　［きょうど］　strength　地震　地盤　物体の強さを表す指標の総称である。強さの限界点に応じて，降伏強度，引張り強度，圧縮強度，終局強度，最大強度，破壊強度など，多種多様な強度が設定される。　◎中島正愛

共同仮設工場　［きょうどうかせつこうじょう］　temporary

■ 神戸市長田区における共同仮設店舗の例
（写真：熊谷武二氏提供）

complex factories　[復旧]　被災した中小製造事業者に対して設置する応急的な工場，作業所で，共同建築形式のものをいう。自力によるものと，被災支援事業としてのみのものがあるが，前者では，被災前において高度化事業による共同利用建物や環境事業団による工場アパートのような形態で操業している場合には，元々，連棟もしくは共同形式のため，共同で対応行動をとるほうが得策であるが，一般的には，仮設とはいえ共同建築を選択するには困難が予測される。同業者の協同組合などの組織が存在している場合には災害復旧高度化資金制度の活用の途が考えられる。後者は，地方公共団体が賃貸型の共同仮設工場を設置し，支援するものである。　　　　　　　　　　◎北條蓮英

共同仮設店舗　［きょうどうかせつてんぽ］temporary complex stores　[復旧]　災害で店舗を被災した中小企業者が，本格復興を目標に高度化融資制度の活用を予定している場合に，その前段階で応急の事業用施設として設置する共同店舗をいう。融資対象は，仮設店舗の建設費，土地造成費で，用地取得費は対象外である。貸付条件は90％以内無利子，償還期間20年(据置5年)で，万一，本格復興の高度化事業の実施が不可能となった場合には，繰り上げ償還となる。仮設店舗の設置費は，本格高度化事業により設置される建物設置費に含めることができる。(写真参照)
◎北條蓮英

共同溝　［きょうどうこう］utility tunnel　[都市][地震]　ライフライン施設のうち，地下埋設物を共同で収容するために作られた施設。埋設物の補修，点検，増設が容易であることが，利点として挙げられる。また，共同溝の耐震性を向上することによって，個々のライフライン・システムの耐震性向上が図れることから，防災上も利点が大きい。
◎田中 聡

共同建替え(共同化)　［きょうどうたてかえ(きょうどうか)］joint rebuilding / joint housing project　[復旧]　狭あいな敷地が密集した地域では，個別に建物を建築するのではなく敷地を共同利用することによって建築条件が緩和され，良好な相隣環境の実現と効率的な土地利用が可能になる。こうした敷地と建物の共同化には，広義には市街地再開発事業などの法定事業もあるが，通常は複数の敷地をひとつの敷地に統合して共有し，住戸や店舗などを区分所有する集合建築を建設するもので，共同化を促進するために，要綱などに基づく多様な助成・補助を行う任意事業として制度化されている。修復型街づくりとしての密集市街地整備では重要な事業手法として活用されている他，都市防災不燃化促進事業などでも共同化への割り増し助成などの支援措置を講じている。阪神・淡路大震災では，震災復興条例による重点復興地域での狭あいな住宅の再建にあたって共同建替えが活用された。土地権利の共有化は合意形成は難しく，土地を共有化しないで建物を共同化するなどの工夫もされている。　　　　　　　　　　◎中林一樹

協働のまちづくり　［きょうどうのまちづくり］community development with partnership spirit　[復旧]　阪神・淡路大震災からの復興計画において，神戸市がその中心に据えた考え方の一つが協働のまちづくりであり，近年はまちづくりの理念の中心としている自治体も多い。「協働」という言葉には，単なる協力関係を超え，行政と住民は従来ありがちだった従属・依存関係から脱皮して，共に対等の立場として責任を分担し合い「共に汗をかく」関係になるべきである，という意味合いが込められていると考えられる。その背景には，財政の縮小など行政の持つ資源の限界の認識と同時に，NPOの台頭など市民社会の成熟に伴って，従来行政によって独占されてきた公共性を，住民や市民が担える状況が登場してきたことがある。　➡パートナーシップ
◎中井検裕

共同防火管理　［きょうどうぼうかかんり］cooperative fire prevention management　[行政][火災・爆発]　高層建築物(高さ31mを超える建築物)，地下街，準地下街(建築物の地階で連続して地下道に面して設けられたものと当該地下道を合わせたもの)，一定規模以上の特定防火対象物などで，その管理権原が分かれているものを共同で防火管理することをいい，共同防火管理協議会を設けることや統括防火管理者を中心に防火の安全を図ることを各管理権原者に義務付けている(消防法)。　　　　　　　　◎井野盛夫

強度－継続時間－頻度曲線　［きょうど－けいぞくじかん－ひんどきょくせん］intensity-duration-frequency curve　[河川]　➡確率降雨強度曲線

強風　［きょうふう］high wind　[気象]　気象庁では，強風注意報を出す基準は風速が概ね10m/s以上(地方で基準が異なる)となる場合であり，このような風を強い風といっており，陸上と沿岸の海域で風速がおよそ20m/s(その他の海域ではおよそ25m/s)以上となる場合に暴風警報が出され，このような風を暴風といっている。この際の風速は10分間の平均値であって，→最大瞬間風速はおよそこの1.5～2.0倍になる。わが国では強風が生じる現象として，→台風，温帯低気圧，季節風，寒冷前線，竜巻，ダウンバーストなどがあり，台風，温帯低気圧，季節風では広範囲，長時間

にわたって強風がもたらされる。非常に強い風をもたらすのは台風と竜巻であり，1965年の台風23号の際に室戸岬で最大風速69.8m/s，1966年の台風18号の際に宮古島で最大瞬間風速85.3m/sが記録された。竜巻は狭範囲，短時間の現象であり，風速記録が得られない場合が多いが，被害状況から90m/s近くの風が吹いたと推定された例がある。

強風災害 [きょうふうさいがい] high wind disasters 気象 日本における強風災害は▶台風，発達した▶温帯低気圧，竜巻，ダウンバーストなどによってもたらされる。風害には強風の強い風圧力によって起こる災害と，▶強風のもたらす間接的な作用によって起こる災害がある。前者には，①構造物の破壊，破損，機能障害などの被害，②倒木，果樹の落下などの農林被害，③高波による船の沈没，電車の脱線転覆，自動車の横転などの交通災害などがある。後者には，①送電施設の絶縁の悪化がもたらす停電，金属の腐食，植物の枯死など，強風によって運ばれた海塩粒子による▶塩害，②▶フェーン現象下の乾燥した強風により植物が受ける乾燥害などがある。1991年の台風19号の際には様々な強風災害が発生し，家屋の全半壊，一部損壊は約70万棟，送電鉄塔や電柱の倒壊および塩害による停電は740万戸，リンゴの落果などの農林被害は3900億円に達した。厳島神社では社殿が倒壊し，富山県ではフェーン現象下の火災も発生した。　　　　　　　　　　　◎岩谷祥美

強風大火 [きょうふうたいか] conflagration under high wind 火災・爆発 強風に煽られて大規模化する火災を言う。強風下では風に煽られて火災が風下方向に速く拡大し，▶飛び火火災が起きる。強風大火の例として1976年10月に発生した酒田市大火がある。この火災は，平均風速が毎秒13メートルの強風下において11時間にわたって燃え続け，焼損面積が約25haに及び，1774棟の家屋が焼失した。この火災では約15mの道路を越えて火災が拡大した。また，幅50mの新井田川を越えて風下側の街区に飛び火火災も発生した。江戸時代以前において頻発した大火はほとんど全て強風下の大火であったし，明治以降の大火も通常時はもちろん大地震や空襲による大火災も強風が関係したものが多い。1934年の函館大火は最大風速20m/sの烈風に煽られて延焼速度が極めて速く，このため死者2165人を数えた。→市街地火災　　　　　◎山下邦博

橋梁 [きょうりょう] bridge 都市 地震 道路，鉄道などの交通路や水路などの輸送路において，輸送の妨げとなる河川，渓谷，湖沼，海峡，あるいは他の道路，鉄道，水路などの上方にこれらを横断するために建設される構造物の総称。一般に上部構造と下部構造からなる。上部構造は，道路の路面や鉄道の軌道を直接支持する橋桁の部分を指し，下部構造はこの橋桁を支持する橋台，橋脚，および基礎構造を指す。その構造形式により，桁橋，アーチ橋，斜張橋，吊橋，などに分類される。構成材料により，鋼橋，コンクリート橋に分けられるが，両者の特徴を活かした複合構造橋梁も最近では数多く建設されている。剛性の高い橋では地震力の，フレキシブルな橋では風の，影響が大きく，設計上の検討が必要。使用性限界，安全性限界に対応する荷重と構造性能の明示が，要求されてきている。さらに，供用年間におけるライフサイクルコストなども検討され始めている。　　　　　　◎家村浩和，室野剛隆

橋梁構造物の地震被害 [きょうりょうこうぞうぶつのじしんひがい] earthquake damage to bridge structures 地震 被害想定 橋梁構造物は，上部工(橋桁)，下部工(橋脚)，それらを結ぶ支承部，橋梁基礎から成り，地震慣性力や地盤の変形が作用することにより様々な形態の物理的被害が生じる。上部工には，地盤変状や下部工間の相対変位および下部工損傷などに起因する落橋や橋桁の損傷の被害が生じる。下部工被害としては，主に柱の曲げやせん断破壊に起因する橋脚の倒壊や崩成，鉄筋の破断やコンクリートの剥離，亀裂などがある。支承部被害としては，沓座やアンカーボルト，ピンの損傷や破断，抜け出しが，また基礎の被害としては，フーチングや杭のひび割れ，杭頭の破損などが挙げられる。国内の地震による主だった橋梁被害としては，1964年の新潟地震の際の液状化に伴う昭和大橋の落橋や1978年の宮城県沖地震の際の行人塚高架橋の脚柱上端部せん断破壊を始めとする多数の鉄道橋被害や道路橋被害，1982年の浦河沖地震の際の静内橋のコンクリート橋脚のせん断破壊，1995年の兵庫県南部地震の際の阪神高速道路3号線のピルツ形式の高架橋の倒壊や西宮港大橋の落橋，山陽新幹線のRCラーメン高架橋の落橋，2001年芸予地震の際の三原における山陽新幹線ラーメン高架橋の中間梁の損傷などがある。　　　　　　　　◎清野純史

漁業集落環境整備事業 [ぎょぎょうしゅうらくかんきょうせいびじぎょう] fishing community environment improvement projects 復旧 農林水産省所管の補助事業で，事業主体は市町村，補助率50％である。事業目的は，漁港整備と合わせ，漁村の生活の利便，保健衛生，防災安全，生活文化の向上のための施設を整備することにより，漁港機能の増進とその背後集落における生活環境の改善を図る。災害復興事業として適用されたのは，北海道南西沖地震が最初であり，兵庫県南部地震でも採択された。　◎南 慎一

極値 [きょくち] extreme value 河川 海岸 気象 ランダムに発生する事象のうちある期間の最大値(または最小値)を極値という。極値の毎年値系列・非毎年値系列を用いて，災害事象の頻度解析がなされる。この場合，極値データ(資料)の独立性，ランダム性，均質性，斉次性を吟味する必要があり，特に非毎年値系列の資料の収集にあたっては独立性に注意する必要がある。極値の毎年値系列に対する確率分布としてグンベル分布，ワイブル分布，一般化極値分布，平方根指数型最大分布などが理論的に導かれており実用化されている。　　　　◎田中茂信

局地気象 ［きょくちきしょう］ local weather / local meteorological phenomena ［気象］　ある地域の地形や海陸分布，土地利用形態や植生などの影響によって生ずる，その地域特有の大気現象のこと。▶おろし風，▶やまじ風，▶だし風など力学的な要因により山岳風下で起きる局地風，山谷風や海陸風など熱的な要因で海岸地方や山岳周辺で生ずる▶局地風，一般風と地形および熱的な要因の相互作用で生ずる局地前線，都市域と郊外との土地利用形態や植生，人工熱の発生量の違いによって生ずるヒートアイランド，盆地霧などがこれにあたる。力学的要因で起きる局地風は，台風の接近時など総観場の気圧傾度が大きくなった時には，強風による被害を生ずることがある。一方，熱的要因で起きる局地風は，総観場の気圧傾度が小さい時に卓越し，汚染物質の輸送など環境面での影響を起こすことがある。
◎新野 宏

局地激甚災害制度 ［きょくちげきじんさいがいせいど］ designation system of extreme-severity disaster in local area ［行政］　激甚災害法に基づく特例措置を適用すべき災害か否かを判定する基準としては，激甚災害指定基準(1962年中央防災会議決定)が定められているが，災害として全国的な観点から見た場合にはこの基準に達しないものであっても，個々の市町村段階で捉えた場合に被害の程度が非常に大きいものがあり，特に激甚な被害を受けた市町村に対する救済の制度として，1968年に局地激甚災害指定基準が設けられた(1968年11月22日中央防災会議決定)。
◎内閣府

局地地震 ［きょくちじしん］ local earthquake ［地震］　有感半径がおよそ100 km以内の地震。地震の大きさを有感距離で表す時，100 km未満のものを局発地震，200 km未満を小区域，300 km未満をやや顕著，300 km以上のものを顕著地震などと呼ぶ。この局発地震など，小さな範囲で感じられる小規模な地震を局地地震という。
◎伊藤 潔

極値統計 ［きょくちとうけい］ extreme statistics ［海岸］［気象］［河川］　ある母集団の標本集合より極大値群あるいは極小値群データを抽出し，統計資料として解析する手法であり，自然災害の誘因となる強風，洪水，高波などの異常事象の出現確率の推定に用いられる。極値統計では，データとして用いられる期間最大(小)値資料あるいは極大(小)値資料に対して独立性(個々のデータ間の相関がゼロであること)と等質性(個々のデータが同一母集団に属していること)が要求され，これら2つの条件を満たすと考えられる標本集合に対して特定の確率分布をあてはめ，その分布関数を用いてある事象(洪水流量や波高など)の再現期間や再現確率統計量の大きさ，その信頼区間などの推定が行われる。
◎安田孝志

局地風 ［きょくちふう］ local wind ［気象］　一般に，総観スケール(数千kmスケール)によってもたらされる風と対比して用いられる。明確な定義はないが，おおよそ数kmから数十kmスケールを有する地域的に特有な中小規模現象に伴う風をいい，その多くは地域的な強風や卓越風を指している(図)。この風は地形的要因が大きく，その力学的な効果によってもたらされるものと，熱的な効果でもたらされるものがある。熱的な要因が大きい局地風としては海陸風や山谷風などが挙げられるが，これには局地風としての名称は付けられていない。一方，主に力学的効果によるものとして，山が障壁となり，蓄積された冷気が溢流するボラ(bora)は，ユーゴスラビアのアドリア海付近の局地風の名称である。これに類した現象として，清川▶だし(山形県)や荒川▶だし(新潟県)などがある。また，大気が山を越える時に強制的に持ち上げられ，安定成層している時は復元力が働くために，風下で大気振動(重力波)が発生し，山岳波やフェーン(foehn)が発生する。元々フェーンもアルプス山地の温暖・乾燥した局地風の名称である。これに類した局地風は，ロッキー山脈東麓のチヌーク(Chinook)や日本の「しろっこ」(新潟県)，「井波風」(富山県)，「ぽんぽろ風」(石川県)など多くの地域で特有の名称が付けられている。フェーンなどは乾燥した強風のため大火災の発生要因となったり，だしなどの強風で農作物や森林，家屋などに被害をもたらすこともある。また，局地風をもたらす中小規模現象の発生要因には総観スケールの現象が密接に関連している。→おろし，広戸風，やまじ，やませ
◎渡辺 明

■日本の局地風分布

参考　吉野正敏『風の世界』東京大学出版会

局部風圧 [きょくぶふうあつ] local wind pressure
[気象] 建築物の角や突起物で剥離した流れの作る強い渦により，壁面や屋根面に局所的に発生する強い▶負圧をいい，局部負圧とも呼ばれる。その生じる部分を局部風圧領域といい，屋根面の風上軒先部分，側面の風上隅角部，棟部分，煙突周辺部などが挙げられる。風向45°の場合，屋根面上に一対の逆向き円錐渦が生じ，強い局部風圧領域を作ることは特によく知られている。局部風圧領域では，▶外装材の▶耐風設計や施工に特段の注意が必要とされる。
◎田村幸雄

巨大地震 [きょだいじしん] great earthquake [地震]
マグニチュード(M)8弱より大きい地震を指す。1923年関東地震(M 7.9, M_w〈モーメントマグニチュード〉7.9：宇津〈1999〉による。以下同じ)，1946年南海地震(M 8.0, M_w 8.1)など沈み込むプレート境界での低角逆断層型プレート間地震に多い。プレート境界が未成熟な日本海東縁部でも1983年日本海中部地震(M 7.7, M_w 7.7)，1993年北海道南西沖地震(M 7.8, M_w 7.7)などが発生している。内陸でも1891年濃尾地震(M 8.0)のような例もある。M 8を超える深発地震はほとんどないが，1994年ボリビア地震(M_w 8.2, 深さ637 km)のような例がまれにある。計器による観測が行われるようになってからでは，世界最大の地震は1960年チリ地震(M_w 9.5)。経験式に従えば，M 8の地震の断層は長さ約130 km，平均すべり量は約5mである。なお，日本では，$M<1$を極微小地震，$1\leqq M<3$を微小地震，$3\leqq M<5$を小地震，$5\leqq M<7$を中地震，$7\leqq M$を大地震と分類することもある。
◎橋本 学

巨大噴火 [きょだいふんか] gigantic eruption [火山]
火山噴火の規模は，固体噴出物が数千m^3未満の小規模なものから数百km^3に達するものまで大きな幅がある。巨大噴火についての明確な定義や基準はない。固体噴出物がおよそ数km^3以上で顕著な地形変化を生じた噴火に対して使われることが多い。歴史時代に噴出物が10km^3を超えた噴火が発生した火山は，クラカタウ火山(1883)，ラキ火山(1783)など，100km^3以上のものではタンボラ火山(1815)がある。わが国の最新の巨大噴火としては，約6300年前の鬼界カルデラ(薩摩半島南方沖)の噴火があり，数万年さかのぼると，2万数千年前に大量の▶シラスを噴出した姶良カルデラの噴火などが知られている。
◎石原和弘

許容越波流量 [きょようえっぱりゅうりょう] allowable overtopping rate [海岸] 護岸や海岸堤防の背後地への▶越波による水量が，施設被災や施設の利用面で支障を与えない許容量で，通常，単位時間に単位幅当たりで越波する水量($m^3/m \cdot s$)として表される。これは，護岸や堤防の構造，護岸背後地の土地利用状況，排水施設の能力などによってその値が異なる。ただし，大幅な目安として，既往の被災例から合田が被災限界越波流量を表のように示している。さらに，背後に人家，公共施設が密集しており，越波

■ 被災限界の越波流量

種別	被覆工	越波流量($m^3/m \cdot s$)
護岸	背後舗装済み	0.2
	背後舗装なし	0.05
堤防	コンクリート三面巻き	0.05
	天端舗装・裏法未施工	0.02
	天端舗装なし	0.005以下

やしぶきなどにより大きな被害が生じると思われる場合には，許容量として$0.01m^3/m \cdot s$が提案されている。親水性護岸の被災状況調査においても越波流量が$0.01m^3/m \cdot s$を超えると施設の被災が増大することが報告されている。
◎平石哲也

許容応力度 [きょようおうりょくど] allowable stress
[地震] [地盤] 構造物が，設計耐用期間中に，荷重に対して破壊または不当な変形を生じないようにするためには，構造物の各部に作用する応力度を使用材料に応じてある一定限度以下に制限する必要がある。この限度を許容応力度という。この値は材料の基準強度を安全率で除して決める。この安全率は，荷重や応力の見積もり，材料強度のばらつきや信頼性を考慮して，構造各部材に必要な安全度を確保できるように定める。許容応力度を用いた設計法を許容応力度設計法という。
◎室野剛隆

許容応力度設計法 [きょようおうりょくどせっけいほう] allowable stress design methods [地震] [地盤] 設定した荷重に基づいて計算された各部材の各断面に生じる応力度が，その部材を構成する構造材料の許容応力度以下となるようになされる構造設計体系をいう。許容応力度は，構造物の安全性を確保するために材料に許容できる限界の応力度として定められている。わが国の建築基準法も基本的に，この許容応力度設計法を採用してきており，長年にわたる震害経験から建築構造物の安全性の確保を図ってきた。しかし，材料の許容できる限界の応力度は，安全性に対する余裕，材料特性，応力解析，構造耐力計算，施工のばらつきなどを経験により考慮して定められており非常に便利な指標ではあるが，より合理的な設計を目指す場合の障害ともなる。
◎勅使川原正臣

許容湛水深 [きょようたんすいしん] allowable flooding depth [河川] 堤防の建設や内水排除計画など洪水防御対策における計画決定のひとつの手法の中での用語。ある程度の湛水は許容して洪水防御施設規模の拡大を防ぎ，工費の節約を図り効率的な施設規模とする考えで，許容湛水深とは被害が小さく許容し得る湛水時の許容水深をいう。氾濫原が水田の場合は，水稲の湛水被害が最も大きい穂ばらみ期の草丈が30cm以上に達していることを考慮して，通常は30cmを許容湛水深としている。また氾濫原が宅地で家屋浸水がある場合は，床下浸水までは許容できるものとし，建築基準法による床高を考慮して45cmを許容湛水深としている場合が多い。計画では最低地盤高を加えた許容湛水位が使われている。
◎永末博幸

許容沈下量 ［きょようちんかりょう］ allowable settlement ［地盤］　地盤上に構築された構造物や基礎が安定であることと同様に重要な事柄は，上・下部構造に有害な変位を生じさせないことである。構造物が長期的に供用に耐え得るために許容できる最大・可能な沈下量を許容沈下量という。許容沈下量は，地盤の条件，基礎の形式，上部構造物種別，周囲の状況などを考慮し，適切に設定されなければならない。許容沈下量は，圧密沈下の場合と即時沈下の場合とに区別されて提示されることが多い。　　◎八嶋　厚

切土 ［きりど］ cut / excavation ［地盤］　地山を掘削して，所要の断面を構築すること。切土する場合，土質と切土高に応じて，斜面勾配を決め，上部より掘り下げるように施工する。長大斜面になる場合は，出来上がりの地形形状を考慮し，斜面の肩部などの応力集中箇所に，脆弱な岩盤（例えばD級粘板岩）が分布しないよう留意し，切土（掘削）計画を企てる必要がある。また，切土によって，掘削斜面に小規模な崩壊が生じた場合は，背後に大きな地すべり地形を控えていないか，その上部斜面をよく観察し，仮に亀裂などの発生を見た場合は注意する必要がある。その場合は，現在の斜面勾配のまま押さえて，上部斜面をほぼ水平に切るべきである。　　◎守隨治雄

切れ波 ［きれなみ］ short-crested waves ［海岸］　船の上や航空写真などで観察すると，沖合の波は1波ごとに形が異なり，波高，波長，波向がばらばらであり，波の峰が短く切れ切れになっていることがわかる。このような波は"切れ波"あるいは"短頂波"と呼ばれ，様々な方向からの波が重なり合って生じる現象であると考えられている。このような多方向性を持つ海の波は，▶多方向不規則波とも呼ばれている。　　◎滝川　清

緊急衛星通信システム ［きんきゅうえいせいつうしんシステム］ emergency telecommunications satellite system ［都市］　衛星通信システムは災害に極めて強い特質を持っており，災害時の円滑な復旧や被災地との情報流通に機能を発揮する。まず，衛星車載局とポータブル衛星通信システムを組み合わせて被災地で特設公衆電話の設置が可能である。また，孤立防止のために通信衛星の通信バンド特性を活かして，自治体災害対策本部などの被災地エリアでの被害調査や支援活動に寄与するとともに，衛星携帯電話が使用されることもある。さらに主要通信局間の回線制御のバックアップや有人局間での緊急連絡回線の確保に使用される。このように今後は，災害時の情報流通において，衛星通信システムの多角的利用が進むと考えられる。　　◎中野雅弘

緊急救援 ［きんきゅうきゅうえん］ emergency response / emergency relief ［海外］　災害による被害の実態（種類や数量）に関する情報は調査の時間帯，交通・通信が確保されているかどうか，調査担当者の熟練度ならびに防災担当者の責任感，用語などによって精度が異なる。被害が大きくて国家の対応能力を超える場合には被災国は国連開発計画あるいは国際赤十字赤新月連盟を通して救援を要請する。これらの機関は人材，機材，薬品など必要とされる支援の内容を調査し，その結果を公式アピールとして国際社会に発信する。瀕死の被災者が生存する可能性は被災後の72時間にとられた対応次第なので被災した国と地域の救命作業が進むことが第一であるが，国際社会も従来の経験を活かして医師や救命資材を48時間以内に被災地に派遣するために動員，備蓄，輸送のための体制を整えている。　　◎渡辺正幸

緊急警報放送・緊急警報受信機 ［きんきゅうけいほうほうそう・きんきゅうけいほうじゅしんき］ emergency alarm broadcasting / emergency alarm receiver ［行政］　放送局が，電波に特殊な信号をのせて災害に関する警報（警戒宣言・津波警報など）を送信することをいい，家庭のテレビやラジオに緊急受信機を接続すれば，スイッチを自動的にオンにできる機能を備えることができる。　　◎井野盛夫

緊急災害対策本部 ［きんきゅうさいがいたいさくほんぶ］ headquarters for emergency disaster control ［行政］　著しく異常かつ激甚な非常災害が発生した場合において，災害の規模その他の状況により，国として総合的な災害応急対策を効果的に実施するため，特別の必要があると認める時に，臨時に内閣府に設置される組織。本部長は内閣総理大臣（災害対策基本法28条の2）。　　◎内閣府

緊急事態 ［きんきゅうじたい］ state of emergency ［海外］　警察法および自衛隊法では治安維持上急迫した危険が存在するような意味に用いられるが，災害が発生しその影響が通常の対応では処理できない場合，政府は「緊急事態」を宣言して様々な緊急措置を講じる。緊急措置には一般に，①食糧，飲料水，燃料など必需品の確保，②交通および人の移動の規制，③土地などの一時的取得または使用制限などが含まれる。わが国では，災害が発生した場合，まず都道府県および市町村がそれぞれの地域防災計画に基づき応急対策を実施するが，災害の範囲が広範囲に及びひとつの地方公共団体だけでは対応が困難な場合，国（内閣府）に「非常災害対策本部」（本部長は国務大臣）を設け，さらに災害が激甚である場合には「災害緊急事態」を布告し「緊急災害対策本部」（本部長内閣総理大臣）を設置する（災害対策基本法第2章）。なお，「緊急災害対策本部」の設置は，従来，「経済統制を必要とするような社会情勢の混乱があり災害緊急事態が布告された場合」に限っていたが，阪神・淡路大震災の後法律が改正され（1995年12月），緊急事態の布告がなくても災害が激甚である場合には設置することができることとなった。　　◎大井英臣

緊急遮断弁 ［きんきゅうしゃだんべん］ emergency shutoff valve ［都市］［地震］［被害想定］　緊急遮断弁の駆動方法には種々のものがあるが，一般的に用いられているものは，炭酸ガス式とばね式のものがある。炭酸ガス式は，

操作器からの作動信号により，炭酸ガスボンベからの気体圧を用いて弁を回転させてガスの遮断を行うものであり，ばね式は操作器からの作動信号により，マグネットアッセンブリーの永久磁石の磁界に瞬時に逆磁界を加えることによって吸着力を減少させ弁体をばねで押し下げ，ガスの遮断を行うものである。最近では作動信号を感震器と連動させた事例も出てきている。地震時のシャットオフ・システムとしては無線・遠隔操作式のものと，感震器と連動させた感震自動遮断式のものが用いられる。
◎小川安雄

緊急消防援助隊　[きんきゅうしょうぼうえんじょたい]　emergency fire fighting aid units　行政　1995年1月の阪神・淡路大震災の教訓を踏まえ，全国の消防本部相互による迅速な援助体制として，1995年6月に発足した組織で，救助部隊，救急部隊の他，組織には，先行調査や現地消防本部の指揮支援を行う指揮支援部隊，応援部隊が被災地で活動するために必要な食糧などの補給業務を行う後方支援部隊などが編成に加えられ，大規模災害時には，消防組織法に基づき消防庁長官の要請により出動することになっている。
◎井野盛夫

緊急措置ブロック　[きんきゅうそちブロック]　zoning blocks for emergency shutoff　被害想定　地震　ガス事業者は，地震発生後の二次災害防止と復旧迅速化のため，緊急遮断弁(ブロックバルブ)や→ガバナーなどの自動・遠隔・手動閉止によって導管網の緊急措置ブロックを形成して供給を遮断する。ブロック規模には，中圧A導管のバルブ閉止による大ブロックと，中圧B導管のバルブ閉止による中ブロックの2種類があり，SI値が30～60カインで緊急供給停止(状況に応じて供給停止)，60カイン以上で即時供給停止(直ちに供給停止)とするよう提案されている。この他，閉栓，修理，検査，開栓の復旧作業を効率的に進めるため，概ね2000～3000戸からなる復旧ブロック(セクター)が形成される。→ブロック化
◎能島暢呂

緊急対応期　[きんきゅうたいおうき]　emergency response phase　情報　災害対応はひとつのサイクル(ないしスパイラル)を成すものとして理解されており，いくつかの段階に分けることができる。その中で，発災直後の，主として人命救助を直接の目的とした活動が行われる段階を緊急対応期と呼ぶ。緊急対応期の主な活動は，捜索救助，消火・水防，医療応急処置，医療機関への搬送・収容などであるが，救援活動の組織化(立ち上げ)もこの段階の重要な活動である。緊急対応期の長さは災害の規模や種類によって異なるが，地震災害における生き埋め者の生存可能性の限界を考慮すると，概ね72時間をひとつの目安とすることができる。
◎小村隆史

緊急対応機関　[きんきゅうたいおうきかん]　emergency response organization　情報　被害想定　災害対応に携わる様々な機関のうち，主として緊急対応期において人命救助に直接関わる活動を職務として従事する機関のこと。具体的には，消防，警察，自衛隊のいわゆる「実働三省庁」の他，災害医療に関わる機関などが該当する。広義には，自治体やマスコミ，ライフライン関連企業，中央政府の一部機関などを含むこともある。初動期の重要性から24時間態勢の保持が求められる。実働機関のみならず，対策本部立ち上げを支援し本部の中核となる緊急調整チーム(ECT・Emergency Coordination Team)や，早期被害評価チーム(RAT, Rapid Assessment Team)も該当するが，日本では一部の例外を除いて制度化の途上にある。
◎小村隆史

緊急対応機能の想定　[きんきゅうたいおうきのうのそうてい]　estimation of emergency responses　被害想定　災害(地震)発生に伴って生じる消火，救出，医療，給水などの緊急対応需要に，個別防災組織および防災組織のネットワークがどの程度対応し得るかを想定すること。単に防災組織の機能の質的・量的低下(変化)と捉えるのではなく，発生する緊急対応需要にどの程度対応することができるのかという視点で想定することにより，防災組織の機能低下要因の抽出にとどまらず，機能的限界の見極めおよび需要に対応しきれないと想定される場合の補完対策(他の手段の検討や需要の低減対策)の明確化を図ることができる。実際の想定にあたっては，時間，空間，対象機能，対象組織などに一定の限定を加えた操作概念が構築される必要があるが，現段階では，「施設機能」「職員参集」「情報機能支障」「ネットワーク支障」といった機能低下要因についての検討が端緒についたところであり(東京都)，多角的な想定は今後の課題といえる。
◎黒田洋司

緊急復興方針　[きんきゅうふっこうほうしん]　principal policy of recovery and reconstruction　復旧　被災市街地復興推進地域に関する都市計画において定めることとされている，緊急かつ健全な復興を図るための市街地の整備改善の方針である。地域全体および地区毎の整備改善の目標，土地利用の方針，公共施設の整備の方針，想定される整備手法などを記述し，市町村はそれに従って，具体の土地区画整理事業などの市街地開発事業，公共施設整備，都市計画決定などを迅速に行っていくこととしている。阪神・淡路大震災においては災害直後には被災市街地復興特別措置法が未制定であったので，任意に緊急の復興方針が2週間目頃に公表された。
◎林 孝二郎

緊急防災基盤整備事業　[きんきゅうぼうさいきばんせいびじぎょう]　emergency disaster prevention base development program　行政　阪神・淡路大震災の教訓を踏まえ，地方単独事業による「災害に強い安全なまちづくり」を緊急に実施するため，平成12年度までの間に行われる公共施設などの耐震化や防災基盤の整備に対する措置として，平成7年度から新たに一般事業債の中に設けられた事業である。この事業の対象事業は，以下の通り。
(1)公共施設などの耐震化

地域防災計画上その耐震改修を進めるべきもので，次のようなものが対象とされる。①地域防災計画上の避難地とされている公共施設，公用施設②不特定多数の者が利用する公共施設など③災害時に災害対策の拠点となる公共施設，公用施設
(2)平成12年度までに地域防災計画に基づき重点的に推進すべき重要な防災基盤整備

従来からの防災関係の地方単独事業に加えて，平成12年度までに地域防災計画に基づき緊急かつ重点的に行われ，災害時に直接使用される防災基盤の整備，増強一般が対象とされる。なお，この事業の充当率は90%で，当該地方債の元利償還金の50%が後年度において事業費補正により地方交付税の基準財政需要額に算入される。

なお，▶防災対策事業の創設に伴い，2002年3月31日をもって本事業は廃止された。
◎消防庁

緊急木造住宅密集地域防災対策事業 ［きんきゅうもくぞうじゅうたくみっしゅうちいきぼうさいたいさくじぎょう］ high-priority disaster-proofing improvement program for densely-inhabited wooden houses district 復旧　東京都が「防災都市づくり推進計画」に基づいて指定した木造住宅密集地域のうち特に早急に整備すべき「重点整備地域」において，不燃領域率40%以上の基礎的安全性を確保するために，独自の事業手法である「東京都木造住宅密集地域整備促進事業」をさらに強化・拡充し，1997年に創設した東京都独自の補助事業である。区市町村が事業主体となり，都内の重点整備地域内の東京都木造住宅密集地域整備促進事業対象地区で，10年間にわたって行う，住民のまちづくり活動支援，住家の共同建替えの促進，主要生活道路の整備，細街路や広場の整備などに対し，東京都が補助する事業である。
◎中林一樹，池田浩敬

緊急輸送 ［きんきゅうゆそう］ emergency transportation 行政　大規模震災時などにおいて，広域的な応急対策活動を行うために，物資・要員などを速やかに輸送する必要がある。そのためには，応急対策の活動要領（アクションプラン）や広域輸送拠点の運用などについて，防災関係機関などが連携した体制を整備しておくことが必要である。
◎内閣府

緊急輸送路 ［きんきゅうゆそうろ］ emergency transport road 行政　地震発災後の人的・物的資源の確保等応急対策などの迅速な遂行を図るため特に重要である道路のことをいい，東名高速道路などの高速自動車国道や国道など広域的に縦貫する道路を第1次緊急輸送路，市町村役場や市町村支所とを連絡する道路を第2次および第3次緊急輸送路として区分している。➡道路啓開
◎井野盛夫

銀座煉瓦街 ［ぎんざれんががい］ brick buildings street in Ginza 火災・爆発 復旧　わが国最初の煉瓦造建築物による街区計画。1872年2月に銀座を中心とする大火があり，その後，東京府はゆくゆくは府下全戸を不燃化することを目指した遠大な近代都市建設を計画し，銀座の復興に着手した。その手法は地券を発行して焼け跡地を買い上げ，区画整理の上，旧地主に旧価格の割合で払い渡し，建築は原則耐火構造とし，これを官営にすることとしたものである。新橋〜京橋間で工事が行われたが，その後，資金手当や床需要の不足，雨漏り，居住性の悪さなどから未完のまま終わった。しかし，これに続いて日本橋，神田などで大火が相次いだため，政府は1881年，16本の防火線路を指定し，これに面する建築物の不燃化を義務付け，土蔵造を中心とした街路が形成された。➡土蔵造
◎糸井川栄一

均等係数 ［きんとうけいすう］ uniformity coefficient 地盤　砂質土など粗粒土の粒径加積曲線で通過重量百分率が10%，60%に相当する粒径を D_{10}, D_{60} とするとき，$U_c = D_{60}/D_{10}$ で表される指標で，粗粒土の粒度分布の良否の程度を表す。この値が大きいと対象とする材料は広範囲の粒径の粒子で構成されていて地盤材料として良好であり，逆に小さいと粒度分布が悪い土となり，締固めにくく地震時に液状化を起こしやすい。
◎三村衛

ク

杭 ［くい］ pile 地震 地盤　杭基礎はその経済性，施工性などから，近年最も多用されている基礎工法である。1995年の兵庫県南部地震では杭基礎にも被害が発生した。地盤変形に伴う強制力によって被災したと考えられる事例が多く報告されており，上部構造物の慣性力しか考慮されていない現行の杭基礎の耐震設計法の問題点が指摘できる。また，1964年の新潟地震でも見られた被害であるが，液状化に伴う地盤の側方流動によって杭基礎にも甚大な被害が生じることが兵庫県南部地震でも明らかになり，その有効な対策法が求められている。
◎田蔵隆

杭工 ［くいこう］ pile works 地盤　地すべり防止や斜面安定工の一つとして用いる場合，通常は300〜500mm，肉厚10〜数十mm程度の鋼管をボーリング削孔された孔にすべり面を横切り，十分な根入のある状態で建て込み管内を中詰めし，周辺をグラウトする。鋼管杭の抑止効果には方向性はないが，通常2〜4m間隔で単列，千鳥配列で地すべり地を横断するように施工される。杭の設置位置によって設計上くさび杭，抑え杭にその抑止機能を分類している。
◎中村浩之

空気力 ［くうきりょく］ aerodynamic force 気象　構造物が▶強風を受けた時に発生する空気力は，構造物まわりの流れのパターンによって決まり，構造物の断面形状，振動の有無などによって流れ場が大きく変化することか

ら，空気力もそれに応じて変化する。一般に，静止した構造物に作用する空気力は，静的空気力と呼ばれることが多く，▶揚力，抗力，ピッチングモーメント(以上の3空気力を▶3分力と呼ぶ)，横力，ローリングモーメント，ヨーイングモーメント(以上の6空気力を6分力と呼ぶ)として表現される。これらは，時間平均的な値であって，▶カルマン渦などによる非定常な項は一般には含めない。またこれら3分力や6分力は動圧(空気密度と風速の2乗値を2で割った値)と受風面積で除して，断面形状固有の無次元の空気力係数として表される。一方，振動状態にある構造物に作用する空気力は，▶非定常空気力と呼ばれ，空力振動現象を議論する時に重要な意味を持つ。ところで，橋梁の桁断面や，高層建築物の断面は，上流端に鋭い角部を有することから，そこで流れが剥離し，断面側面や後流域に渦が生成されやすい。このような断面は，流体力学的にブラフ(bluff)な断面と呼ばれ，翼断面のような流線形状断面と区別される。また，流れに含まれる乱れによって生じる変動空気力は，▶空力アドミッタンスと呼ばれる周波数の無次元関数により，乱れと関係付けられる。正弦波的な鉛直ガストによる薄翼あるいは薄平板の変動揚力は，Sears関数としてポテンシャル理論に基づき求められている。また，揚力係数(上向きを正)と迎角(気流に対し，断面上流端頭上げを正)の関係で，負勾配つまり $dC_F/d\alpha < 0$ (α：迎角)の生じる断面は，流れと直交する方向に発散型の振動する▶ギャロッピングを生じる。これらの関連性は，断面の流れ直角方向の振動速度と接近流の比，y/U，を近似的に静的な相対迎角として非定常な空気力を静的な空気力と同等として扱う理論(準定常空気力理論)を適用することで，その限界風速やその非線形応答特性がうまく説明される。

◎松本 勝

空気連行 [くうきれんこう] air entrainment 火災・爆発
火源上には燃焼熱によって温度の上昇した高温の燃焼ガスができるが，高温のガスが周囲の空気に比較して密度が小さいため浮力を生じ上昇する。すると粘性の存在によって周囲の空気が上昇する気体に引きずられて上昇し，燃焼ガスと一体となった▶火災プリュームとなる。これを空気連行または空気巻き込みという。火災の火源上にできる火災プリュームは乱流となるので，上記の粘性は渦粘性であり分子粘性による場合に比較して空気連行量は格段に大きい。

◎田中哮義

空襲火災 [くうしゅうかさい] air-raid fire 火災・爆発
空襲時に焼夷弾を中心とする爆撃により発生する市街地火災。第二次世界大戦の終戦直前に，戦意を喪失させるため多数の焼夷弾が日本や西ドイツなどの各都市に投下されて，大規模な空襲火災が発生した。1945年3月10日，北北西の強風が吹いている折に東京浅草区，本所区などの下町に無差別絨毯爆撃が行われ，風下に位置した深川区，城東区方向に延焼拡大した。この時に下町の広い範囲が焼失し，約10万人の死者を出した。その後も数次にわたって東京に空襲が行われた。東京以外でも3月13日に大阪で，3月17日に神戸で空襲があり，市街地のほとんどが焼失した。このような空襲は，西ドイツのハンブルクやブレーメンなど各都市でも行われ，大規模な空襲火災が発生した。多数の焼夷弾の投下により▶同時多発火災が発生し，火災間の相互干渉の効果により嵐状の強風が引き起こされ，被害を大きくした。

◎山下邦博

空振 [くうしん] air shock 火山
火山体崩壊・爆発的噴火発生時に突発的な火山ガス・噴出物の放出によって励起される強い空気振動であり，火山近傍では衝撃波としての性質を有する。1980年のセントヘレンズ山の火山体崩壊を伴う噴火では周辺の樹木がなぎ倒された。近年の桜島の爆発でも窓ガラス破損などの被害が出る場合がある。数千km以上離れた地点で周期数秒以上の超低周波音波(インフラソニック波)として観測されることがある。

◎石原和弘

空中消火 [くうちゅうしょうか] air fire fighting 火災・爆発
林野火災や地震等大規模特殊災害に対応するため，航空機を使って上空から火災に水を投下して消火を図る手段。都道府県や消防機関が保有する消防・防災ヘリコプターや都道府県知事からの災害派遣の要請を受けて出動した自衛隊のヘリコプターが多く使われる。空中消火は，道路や消防水利がなくても短時間に火災現場に到着して，水を投下できることから林野火災に対しての実施件数は増加している。2000年度消防白書によると，空中消火の実施状況は，1999年には92件と前年比77％増となった。空中消火には，バケットに水を入れて搬送する方法とベリータンクと呼ばれる機体底部にタンクを取り付けて搬送する方法がある。

◎山下邦博，井野盛夫

空力アドミッタンス [くうりきアドミッタンス] aerodynamic admittance 気象
狭い意味では，ガストによって生じる二次元的な変動空気力と変動風速のそれぞれ▶パワースペクトルを関連付ける関数をいうが，広くは，両者の時刻歴変化を直接関連付ける周波数に関する複素関数として定義される。薄翼や薄平板では，Sears関数がそれに相当する。一般の構造断面では，Sears関数を $dC_F/d\alpha$ で補正して用いられたり，あるいは，準定常空気力理論を適用して，全ての周波数帯域で，$\frac{dC_F/d\alpha}{2\pi} \cdot 1$ として仮定されたりすることが多い。特にガスト応答が問題となる構造物では，▶風洞実験により，▶抗力，揚力，およびピッチングモーメントについての空力アドミッタンスを計測することが望ましい。

◎松本 勝

空力減衰 [くうりきげんすい] aerodynamic damping 気象
物体が流れの中で振動すると，物体には振動を助長したり減衰させようとする▶非定常空気力が発生する。この空気力の作用により発生した減衰力を空力減衰と呼ぶ。空力減衰は▶ギャロッピングや▶バフェティングのよう

に制止物体に作用する定常空気力を用いて表現できる場合もあるが，フラッターや渦励振では振動する物体に作用する非定常空気力を直接測定しなければならない。▶自励振動の発生は，これら空気力の負減衰効果による。
◎宮崎正男

空力不安定振動 [くうりきふあんていしんどう] aeroelastic instability 〔気象〕 空力不安定振動とは，▶自励振動の一種であり，物体自らの運動に伴って発生する付加的な空気力が物体の減衰力に匹敵し，振動系全体の減衰が小さく(場合によっては負に)なることによって振動が増大または発散する現象を指す。エネルギー的に見れば，流体の運動エネルギーが振動系に入り込み，減衰力によるエネルギー散逸を上回って物体の振動エネルギーに変換されるのである。この振動は，高層建物や吊り橋等の長大構造物，鋼製煙突やサイロ等の薄肉円筒状構造物，吊り屋根や空気膜等の大スパン構造物などの軽量で，細長く，柔らかい構造物に生じる恐れがある。この振動は，通常，ある限界の風速において発振し，その後，風速の上昇につれて振幅が急激に増大し，ひいては構造物の破損や崩壊につながる危険性を有するものである。
◎谷池義人

クオンタイル法 [クオンタイルほう] method of quantiles 〔河川〕 3母数対数正規分布(LN3分布)の母数推定法として，岩井法で代表されるクオンタイル法がある。この推定法は，特に分布両端部での適合度を主眼に置いた有用な方法である。今，確率変数Yが$N(\mu_y, \sigma_y^2)$に従い，Xが下限値aを持つLN3分布に従う確率変数とする時，確率レベルpに対する対数正規変量(クオンタイル)x_pは次式で計算される。

① $x_p = a + \exp(\mu_y + \sigma_y z_p)$

ここに，z_pはN(0,1)のクオンタイル。下限値は式①から次式で得られる。

② $a_i = \dfrac{x_{(i)} x_{(N-i+1)} - x_m^2}{x_{(i)} + x_{(N-i+1)} - 2x_m}$　$\{i=1,2,...,m=[N/10]\}$

ここに，$x_{(i)}$：N個の標本値を大きさの順序に並べ替えた時のi番目の値，x_m：メディアン，m：整数値。LN3分布の下限値aの推定には，$a=a_1$とする方法と式②において，m個のa_iの平均値を用いる方法がある。他の母数μ_yとσ_yは積率法あるいは最尤法を用いて推定される。
◎星　清

区画火災 [くかくかさい] compartment fire 〔火災・爆発〕 建築物などの半閉鎖空間における火災は，林野火災などの開放空間の火災とは様子が異なり，燃焼により生じた熱が室内に蓄積する結果，可燃物の燃焼をさらに助長するので，開放空間における火災よりも激しく燃えることが多い。このような性質を持つ火災を区画火災と呼ぶ。図に典型的な区画火災の発熱速度(燃焼による単位時間当たりの発熱量)の経過を開放空間の火災と対比して示す。出火後しばらくの間は，可燃物表面を火炎が拡大していく過程であり，区画火災と開放空間の火災とは大差ない。しかし，その差は徐々に大きくなり，区画火災においてはある

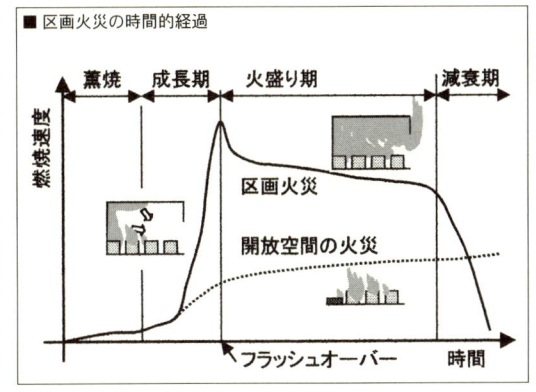

■区画火災の時間的経過

時点で過半の可燃物に一気に着火する▶フラッシュオーバー現象が起こり，窓などの開口部から火炎が噴出するとともに，区画内の温度は800～1200℃に急上昇する(火盛り期)。これを放置すれば区画内の可燃物が燃え尽きるまで火災が継続する。火盛り期の継続時間は区画内の可燃物量や空気供給経路としての開口条件に依存する。
◎原田和典

草の根 [くさのね] grassroots 〔海外〕 「援助がそれを必要としている人に直接届けられる」という援助手法，「援助がそれを必要としている人によって実施される」という参加ないし統治手法，「援助は与えるものではなく自立しようとする貧困層を支援するもの」という主役の認定，そして「自らも貧しいからより貧しい人へ」という連帯といった様々な概念を含む用語である。関連する概念に，alternative, community empowerment, community-based approachなどがある。
◎渡辺正幸

口火着火 [くちびちゃっか] pilot ignition 〔火災・爆発〕 可燃性の熱分解あるいは蒸発により発生した可燃ガスが空気と混合してできる可燃性混合気の▶着火のために火炎，電気スパークあるいは赤熱した電線のような二次エネルギー源が与えられる場合の着火をいう。口火のない場合の着火は▶発火ということもある。口火がある場合の着火はない場合に比較して容易なのでより低い加熱条件で着火する。→自然着火
◎吉田公一

屈折 [くっせつ] wave refraction 〔海岸〕 波の伝播速度が水深の影響を受けるようになる浅海域に進入すると，波速は水深が浅いところは深いところより小さいといったように場所によって異なり，波の峰が海底地形の影響を受けて屈曲する現象をいう。波峰線に直交する線を波向線という。屈折に伴って波峰線は海底地形の等水深に一致するように，また波向線は等水深線に直交するように変化する。波向線が集中する領域で波高が増大する。◎間瀬　肇

屈折波 [くっせつは] refracted wave 〔地震〕 地震波速度の不連続面に対し，速度の小さい側から大きい側へ地震波が入射した場合，入射角が臨界角より大きくなると，射出角が90°となり，不連続面に沿って伝播する波となる。これを屈折波と呼ぶ。モホ面での屈折波はPnおよびSnと呼ばれ，Pnは通常，震央距離150km以遠で小さな初動

として観測される。　　　　　　　　　◎澁谷拓郎

区分所有法　[くぶんしょゆうほう]　divided property rights law　復旧　分譲集合住宅は，様々な共同利用の施設や空間，構造を必要とするため，その管理には戸建住宅や賃貸住宅とは異なる仕組みが必要である。分譲集合住宅が増加し始めた1962年，「建物の区分所有等に関する法律」（区分所有法，あるいはマンション法）は，分譲集合住宅の管理と利用に関する基本的な事項を定めて，計画的，組織的な住宅管理を実現するための基本的事項を定めた法律として公布された。1983年に改正されたこの法律では，区分所有者による管理の責任主体としての「管理組合」を設置して集合住宅を専有部分と共用部分に区分し共用部分の管理は管理組合が行うこと，管理組合は規約を定め，集会を開き，管理者を置くことができることなど，規約を始めとする維持管理や建替えのための決定手続を定めている。建替えなどの重要事項は区分所有者の5分の4以上の同意（合意）によって決定できるとしているが，阪神・淡路大震災では被災地における合意形成の困難さと被災マンションの修理や建替えの迅速実施の必要性から，被災マンション特例として，4分の3以上の合意で可能とした。しかし，分譲集合住宅の建替えは，建替え資金，費用負担を始め，合意形成以外にも多様な課題があり，分譲住宅建替えのための新しい法制度創設の必要性も指摘されている。なお，阪神・淡路大震災に対応するために「被災区分所有建物の再建等に関する特別措置法(1995)」が制定された。
　　　　　　　　　　　　　　　　　◎中林一樹

クライシスコミュニケーション　crisis communication　情報　災害についての利害関係者（ステークホルダー）間での情報のやりとりを指す。これら利害関係者には行政，住民，非政府組織，マスメディアなど多くの人々が含まれる。クライシスコミュニケーションの内容としては，広義には，災害が起こる前にそれに備えるための情報の伝達や災害教育も含むこともあるが，より狭義には災害が発生した後の情報の伝達を指す。クライシスコミュニケーションは，災害前からよく準備されたものでなくてはならない。信頼できる情報源から，迅速で正確な情報が伝えられることが重要である。また，これらの情報は，情報の受け手が誤解したり誤った行動をするのを防ぐために，明瞭であることと複数の経路を使って繰り返し伝達されることも必要である。→リスクコミュニケーション　　　◎吉川肇子

クライシスマネジメント　crisis management　情報　危機管理。特に事後の危機管理を意味する場合が多い。災害，大規模事故，戦争，犯罪，テロなどの緊急事態が発生した際に，速やかに状況を把握し，被害の拡大防止，軽減のために行う組織的対応のことである。クライシスマネジメントは，1995年の阪神・淡路大震災や地下鉄サリン事件で一般的に問題視されるようになった。国，自治体，公共機関だけでなく民間の事業所レベルにおいても，それぞれに有効な検討を行うことが求められている。内容的には，人命の救助・救援，情報収集・把握・共有，災害医療，二次災害対策，防災担当者の非常招集，ロジスティックス（人，もの，資金，情報）の確保などが含まれる。このように，時間的流れとしては，人命の確保についで社会のフロー，社会のストックの確保が問題となってくる。したがって，諸課題が顕在化してから対応するのではなくて，それ以前から準備を始めることが大切である。また，円滑に進めるために，クライシスコミュニケーションの確保が前提となっている。
　　　　　　　　　　　　◎河田惠昭，中森広道

グラウト工法　[グラウトこうほう]　grouting　地盤　地盤の透水性を改変したり，地盤固化を図るために，粘土やセメント材料，または水ガラス（ケイ酸ナトリウム）系材料を地中へ圧入する工法のこと。また，注入する材料のことをグラウト(grout)と称する。地盤中の水の動きを止めるために多用されており，地盤掘削時の安定性を著しく向上させることができる。注入範囲を確実にするために，瞬結性グラウトや二重管注入方式など，新材料・新工法の開発と工夫が見られる。グラウト材は地下水と直接接することになるから，地盤汚染をきたすことがないように，万全の注意を払わねばならない。　　　　　　◎嘉門雅史

クラック　crack　地盤　日本語ではひび割れ，地割れ，亀裂，割れ目などに相当する。地表や露頭で観察される岩層や土層のひび割れで，成因は岩層では地殻構造力によるひび割れと地すべりによる地割れ群がある。土層の場合は活断層・撓曲（とうきょく）によるもの以外は大部分地すべりによる地割れ群である。また，若干の落差を伴うもの，開口しているもの，側方にずれが見られるものなどがある。地すべりによるクラックは，地すべり対策の実務上，2つに分けて扱う必要がある。滑落崖と移動体（地すべり地塊）のセットになった単位地すべり地形の範囲内に生じているものと，範囲外に生じているものとである。前者は地すべりの移動体が進む方向に平行に並ぶ傾向で発達するものと，これに直交傾向の方向のもの，また，移動体の末端で放射状に拡がって分布するものなどがある。これらはそれぞれ移動体内に生じている地すべりによる力学過程を表している。単位地すべり地形の範囲外に生じているクラックは次の滑動の始まりを示し，2次，3次の地すべり滑動の予測をする上で大変重要である。一般に滑落崖の上方に見られるが，地すべり末端の下方にもしばしば生じる。前者は地すべりの上方への拡大発達を，後者は下方への拡大発達を意味する。　　　　　　　　　　　　◎古谷尊彦

クラッシュ症候群　[クラッシュしょうこうぐん]　crush syndrome　被害想定　倒壊した建物などの下敷きになり，長時間にわたり四肢，臀部などの筋肉が圧迫，挫滅されることにより発症する症候群。症状は，圧迫された四肢の弛緩性運動麻痺・感覚異常，低血圧，患部の浮腫，圧迫部の水泡形成などがある。筋の損傷に比較し皮膚損傷が少ない時

は，一見して軽症に見えるので注意が必要である。治療が遅れれば，急速に腎不全に進行し死亡する。尿は，ポートワイン様に赤くなるのが特徴である。救出の時，圧迫されていた筋肉に血液が再灌流するため急速に血中カリウム濃度が高くなり心停止をきたすことがある。救出に際し，挫滅された筋肉の中枢部(心臓に近い部分)を緊縛してから救出し，直ちに医療機関へ搬送する必要がある。挫滅症候群ともいう。

◎甲斐達朗

クリープ creep [地盤]　材料力学では，一定応力の作用のもとで変形が時間とともに累積する現象をクリープと呼ぶ。負荷レベルが低い場合にはクリープ変形の発達は穏やかであるが，負荷レベルがある限界を超えると，変形速度は時間とともに増加し，有限時間後には破壊に至る。このようなクリープ破壊特性を参考にして，斜面破壊時期予測の観測的方法が斎藤・上沢らによって提案され，斜面防災管理に利用されている。一般に，土の構造骨格は多数の固体粒子から構成され，間隙には流体(水や空気)を包蔵する。そのため，土のクリープの出現形態は排水条件に応じて多彩であり，クリープ機構の同定には，有効応力原理に基づく応力・変形/浸透連成解析が有用になる場合が少なくない。地形学や応用地質学の分野では，クリープは斜面におけるマスムーブメントの一形態，すなわち，斜面構成物質が重力の作用によって非常にゆっくりと斜面下方に移動する現象として認識されている。その中には，斜面表層土の季節変動性クリープの他，結晶片岩や砂岩泥岩互層から形成された積層構造の岩盤における大規模クリープ(mass rock creep)などが含まれる。季節変動性クリープは山地表層の土砂生産能に関わっている。後者の岩盤クリープについては，はらみ出し地形や二重山陵地形との関連，地すべりの先行過程としての可能性などが注目されている。ただし，地すべりに至る動力学過程の提示は今後の課題である。

◎関口秀雄

クリープ型地すべり [クリープがたじすべり] creep type landslide [地盤]　降伏値以上の一定応力下に置かれた物体のひずみが時間の経過とともに進行する現象をクリープという。斜面土層が重力の作用によってゆっくりした速度で下方へ変形，移動する現象を指す。通常の地すべりと異なり，すべり面は形成されず，移動土層は連続的に変形し，内部で速度分布を示す。変形量が限界値を超えると，大規模な地すべり性崩壊に至る場合もある。

◎丸井英明

グリーンオアシス整備事業 [グリーンオアシスせいびじぎょう] green oasis development project [復旧]　災害時の安全性を，特に確保する必要がある地区において，市街地に残されたオープンスペースのストックを有効に活用しつつ，地区の防災力および生活環境を向上させることを目的とする国土交通省の補助制度である。事業の対象としては，災害時の一時避難地や避難路となる3カ所以上かつ1カ所につき500m²以上の面積(人口集中地区では300m²以上)の整備を行う地区を「グリーンオアシス」として一括採択する。その際の補助率は，用地費で1/3，施設費では1/2である。整備されたグリーンオアシスは，事業完了後は都市公園として管理される。設置できる災害応急対応施設は，一時避難地と同様に備蓄倉庫および耐震性貯水槽である。

◎中瀬 勲

繰り返し荷重 [くりかえしかじゅう] repeated load [地震]　地震地動のもとで構造物は振動する。地震力の直接的な定義は，構造物各部に生ずる慣性力であり，これは，構造物各部の質量と絶対加速度の積によって表される。絶対加速度は構造物の質量分布，剛性分布，強度分布によって支配され，ひとつの地震地動に対して一定のものではなく，従って，地震力は構造物の変形特性によって多様に変化するものであるといえる。また，時間的にも地震力は時々刻々変化する。その意味で地震力は繰り返し荷重である。地震地動が構造物にもたらす荷重効果をより一般的に表現し得る量は，地震力に変位増分を乗じて，それを構造物の全域ならびに地動継続時間で積分して得られるエネルギー入力の総量である。

◎秋山 宏

グループ・ダイナミックス group dynamics [河川]　人間集合体の全体的性質(集合性)の動態を研究する社会科学。研究対象となる集合体は，二者集合体，小集団，コミュニティ，組織，群集，国家など多岐にわたる。集合体という概念には，複数の人間のみならず，その環境も含まれる。個人の行動や心理が，集合性によってどのように形成されるかも研究テーマの一つである。また，グループ・ダイナミックスでは，研究者と研究フィールドの当事者による共同的実践が重視される。災害に関連する研究テーマとしては，緊急時の組織マネジメント，防災力のあるコミュニティづくり，災害時のネットワーキング，救援ボランティアの活用，パニックに陥らない群集制御などの問題に取り組んでいる。

◎杉万俊夫

グループ入居制度 [グループにゅうきょせいど] group transfer system [復旧]　被災者には自力で災害に対応することが困難な高齢者が多く，応急仮設住宅には多くの高齢者が入居した。そこでのコミュニティの欠如が指摘され，ふれあいセンターの設置やボランティアによる支援活動によって新たなコミュニティが形成されていった。応急仮設住宅から恒久住宅である復興公営住宅への入居にあたって，新たに構築された人間関係を継続することはできないかとの要望が多く，それを実現するために創設されたのが「グループ入居制度」である。応急仮設住宅居住者に限定して2〜5世帯を1グループとして公営住宅への応募を認めた。特に，コレクティブ住宅では，運営をスムーズに行うために積極的にグループ入居制度を導入した。しかし，全体としては，グループ入居の応募はそれほど多くはなかった。

◎中林一樹

黒潮 ［くろしお］ kuroshio 海岸　東シナ海の琉球列島沿いに北上し，吐噶喇海峡を通って太平洋に出て，九州，四国，本州の南岸を東進し，犬吠埼沖で離岸する暖流。本州南岸において，岸に沿って直進する時期と，潮岬から南に大きく蛇行する時期とが数年間隔で交代する。北太平洋亜熱帯循環の西岸強化流にあたる。高温高塩分で懸濁質が少なく透明度が高いので濃い青色を呈する。流速は3〜5ノットに達し，2ノット以上の強流帯は幅30海里，表面から200 m 程度までであるが，流れは1000 m 以深まで及び，流量は毎秒5000万トン程度。現代では黒潮が直接災害を起こすことはないが，表層の渦の一部が沿岸に進入すると定置網などが流失する急潮を起こす。また流路変動に伴って太平洋沿岸に異常潮位が起こり，大潮満潮や高潮などと重なると予想外の沿岸被害を生み出す。一方，台風が黒潮域で停滞中に高水温の影響で勢力を急速に増大させることがある。
◎吉岡 洋

群杭 ［ぐんぐい］ pile group 地盤　杭を1本ではなく複数本用いる基礎形式。群杭の杭間隔がある限界以内になると，杭—地盤—杭の相互作用の影響により，支持力や変形性状が単杭の場合と大きく異なる。この現象を群杭効果といい，単杭の支持力との比をとってその効果を表現し，比の値を群杭効率という。群杭効率は鉛直支持力と水平支持力の各々で若干の違いはあるが，杭種，施工法，杭間隔，杭本数，杭配置，杭と地盤の剛性比，杭の境界条件などの関数である。
◎木村 亮

群集避難 ［ぐんしゅうひなん］ group evacuation 火災・爆発　建物内の火災発生時や市街地大火の発生時に，不特定多数の群集（避難者）が集団となって▶避難すること。群集避難の速度は，群集の中の子どもや老人など歩行速度の遅い者に規定される。広域避難計画は，一時期に大量の群集が発生し，集団となって避難することを前提とし，特定の街路へ避難者が集中することにより避難速度が低下したり，火災危険が高く危険な空間に避難者が滞留することがないよう計画する必要がある。
◎山田剛司

群集流動 ［ぐんしゅうりゅうどう］ crowd movement 火災・爆発　被害想定　不特定多数の人間が一体となった歩行や滞留などの行動特性。群集密度1.5人/m² で自由歩行が困難となり，それ以上になると群集歩行となるといわれる。また，約4人/m² で滞留が始まり，約6人/m² で群集流動が停止するといわれる。広域火災時には，一時期に大量の群集（避難者）が発生する恐れが大きいため，群集の歩行速度と群集密度の関係から避難時間や滞留人数を算定して広域避難計画を策定する。群集の歩行速度は，群集の種類により大きく異なり，買物群集や行楽群集に比べ，通勤群集の歩行速度のほうがかなり速い。広域火災時の避難計算においては，ラッシュ時の群集流動データが広く用いられている。▶避難
◎山田剛司

群速度 ［ぐんそくど］ group velocity 地震　海岸　表面波において，波群が伝播する速度。波群とは，いろいろな周波数を持つ個々の波が強め合うように重なり合った所である。従って，群速度は波動エネルギーの伝播速度と捉えることもできる。群速度は，位相速度とその周波数微分の和に依存する。通常，位相速度の周波数微分は負の値を持つので，群速度は位相速度よりも小さい値をとる。
◎澁谷拓郎

群波 ［ぐんぱ］ wave group 海岸　一定以上の大きさの波高を持つ個々波が連なった波の群。これの最も簡単な例は，波高が等しく周波数や波数がわずかに異なる分散性の波が重なる場合に生じるうなりである。現地波浪においてはうねりのように狭帯スペクトルを持つ場合に顕著となる。また，隣り合う波高間に弱い相関があれば，不規則波であっても一定以上の波高の個々波が連なる群波となる。こうした群波の大小は波群係数（GF）や連長によって表示される。
◎安田孝志

群発地震 ［ぐんぱつじしん］ earthquake swarm 地震　特に大きな地震がなく，地震が多発する場合の地震群をいう。群発地震は火山地帯などで多発するが，火山と関係ない地域でも発生する。継続時間は数時間のものから，松代群発地震，西表島群発地震などのように，消長を繰り返しながら数年に及ぶものもある。一般に，群発地震の最大マグニチュードは5程度で大きな被害はない。また，群発地震の震源は浅く有感範囲は発生域の狭い地域に限られる場合が多い。しかし，人口密集地域で有感地震が長期にわたって多発すると，人心に不安を与える場合がある。
◎伊藤 潔

ケ

警戒区域 ［けいかいくいき］ warning area 河川　行政　災害対策基本法第63条に基づき，災害が発生し，またはまさに発生しようとしている場合において，人の生命または身体に対する危険を防止するため特に必要があると認められるときに，市町村長が設定する区域のことをいい，応急対策に従事する者以外の者に対して立入りの制限，もしくは禁止，または退去を命ずることができる。なお，警戒区域の設定は，火災は消防法第28条，水災は水防法第14条，火災・水災以外の災害は消防法第36条で消防吏員，消防団員または水防団長，水防団員などがそれぞれ警戒区域設定権を有すると規定しているが，本条は市町村の区域の総合的な防災責任者である市町村長に，あらゆる災害についての警戒区域設定権を認めることを意味しているものである。警戒区域の設定は警戒区域設定権に基づく禁止，制限，退去命令について，その履行を担保するために，そ

の違反について罰金，または拘留の罰則が科されるという点において，避難の指示などとは異なっている。例えば，市町村長は地震に関する警戒宣言が出された場合，人の生命または身体に関わる危険を防止するため，特に必要があると認められる場合，津波危険予想地域，山崩れ・崖崩れ危険地域などについて警戒区域の設定を行い，立ち入り制限などを実施するものである。警戒区域は自然災害だけではなく，危険物災害や原子力事故などの場合に対しても，設定される。これまでに設定された警戒区域の例では，例えば，雲仙普賢岳(1991年)では7400名の住民に警戒区域内への立ち入りが禁止されたし，JCOによる原子力臨界事故(1999年)ではウラン加工施設から半径10 km以内の住民に茨城県から屋内待避が要請された。また有珠山噴火(2000年)では1市2町(伊達市，虻田〈あぶた〉町，壮瞥〈そうべつ〉町)の約1万3000人を対象とする警戒区域が設定された。　　　　　　　　　　　　　　◎末次忠司，井野盛夫

警戒宣言　[けいかいせんげん]　warning statement　行政　大規模地震対策特別措置法第9条に基づき，気象庁長官から地震予知情報の報告を受けた場合，地震防災応急対策を実施する緊急の必要があると認められる時に，内閣総理大臣が閣議にかけた上で発する地震災害に関する警報のことをいい，警戒宣言が発せられると，内閣総理大臣は，強化地域内の居住者などに対して，警戒態勢をとるべき旨の公示や強化地域に係る指定公共機関および都道府県知事に対して，地震防災応急対策に係る措置をとるべき旨の通知を行わなければならないこととなっている。また，警戒宣言が発せられると，法律に基づいて，一部私権を制限する権限が内閣総理大臣などに与えられることとなっている。　　　　　　　　　　　　　　　　　　◎井野盛夫

警戒レベル　[けいかいレベル]　alert level　海外　加害力の特性すなわち加害力の種別と強度ならびに接近速度および相対的な距離によって決まる対応の種類と緊張の程度をいう。これまでに警戒の対象とされている加害力は降雨と降雪および干ばつ，洪水，熱帯性低気圧，トルネード，地形災害，雪崩，火山活動，火災，バッタ，疫病である。モニタリング，抑止，減災，避難，救急，救援，復旧ならびに調査などに携わる行政やNGOは宣言されたレベルと到達が期待されるレベルに対応して動員，行動計画を準備し実行することになる。　　　　　　　◎渡辺正幸

迎角　[げいかく]　angle of attack　気象　物体まわりの流れは物体の形状のみならず，流れに対する物体の姿勢によっても変化する。風が吹き上げる，吹き降ろす変動性について，鉛直面内の傾きは傾斜角(水平を0°)と名付けられる。これは入射する流れを物体側から見る時の表し方で，逆に流れの側から物体を見る時は迎角ということがある。気流の入射に対する飛行機翼断面の基準線の設定角をこう呼ぶことに由来する。　　　　　　　◎宮田利雄

計画降雨　[けいかくこうう]　design storm　河川　近年の治水施設計画は，一般に降雨量を基礎として策定する。わが国の主要な河川の洪水防御計画のための計画降雨は，降雨量と，その時間分布・地域分布の3要素からなる。この計画降雨を，計画基準点毎に，また計画対象施設毎に決定する。降雨量については，降雨継続時間(1～3日)を定め，その継続時間に対して降雨量をある計画規模(再現期間)の値として定める。計画規模に対応する降雨量が決まれば，次にその降雨量の時間分布および地域分布を，過去のいくつかの降雨パターンに基づき定める。

中小河川の洪水処理計画や都市域の下水道施設設計，防災調整池設計などには，ピークを挟むいずれの継続時間に対する平均降雨強度も等しい確率年となるように計画降雨の時間分布を作成する方法が採用され，これには通常，確率降雨強度曲線が利用される。この方法による計画降雨時間分布は，各継続時間の雨量は同一の確率を持つが，相互の同時生起性，つまり時系列特性は無視され並べられているという問題点があり，こうした時系列特性を加味した条件付確率降雨強度曲線を利用する方法も提案されている。
　　　　　　　　　　　　　　　　　　◎端野道夫

計画高水位　[けいかくこうすいい]　design water stage　河川　洪水防御計画において定められた計画高水流量に対応する水位。現行の河道の改修がある場合には改修後の河道断面において計画高水流量を流した時の水位。この水位にある程度の余裕を見込んで堤防高さが定められる。
　　　　　　　　　　　　　　　　　　◎寳 馨

計画高水流量　[けいかくこうすいりゅうりょう]　design flood discharge　河川　洪水防御計画における河道計画策定のための流量をいい，基本高水を洪水貯留施設などにより調節した後に河道に流す計画流量に相当する。計画高水流量は，貯留施設の直下流での洪水調節効果相当分を各地点で低減させるのではなく，洪水流出モデルを用いて洪水調節後の下流の各地点での流量として評価する。計画高水位はこの計画高水流量から求められる。河道と洪水調節施設などの配分は，流域の降雨特性，土地利用状況の他，自然，社会条件などを考慮して，技術的，経済的，社会的，環境保全の見地から総合的に決定される。　◎吉谷純一

計画潮位　[けいかくちょうい]　design sea level　海岸　高潮や津波などの異常潮位災害を防ぐ構造物を設計する時に，計画的に守るべき潮位。設計高潮位ともいう。原則として，既往の最高潮位，または朔望平均満潮面に既往の最高潮位偏差を上乗せした値が用いられる。後者の場合，満潮と偏差の同時生起確率を考慮して補正することがある。既往最高潮位偏差も実測値の代わりに，最悪のコースと最悪の台風によるシミュレーション解析によって推算することもある。　　　　　　　　　　　　　　　　◎吉岡 洋

経済的脆弱性　[けいざいてきぜいじゃくせい]　economic vulnerability　海外　経済資産や収益施設が加害力によって直接にまたは間接に損なわれ，その影響が関連施

設や分野に波及して社会の生産力を低下させる可能性をいう。

◎渡辺正幸

経済被害 [けいざいひがい] economic damages 〔都市〕〔情報〕〔被害想定〕 都市の災害によって生じる被害のうち，金銭評価可能な被害を指す。経済的被害には，災害によって生じるストックの損失などの直接被害と，経済活動に支障が生じることによって生じる間接被害(フローとして生じる被害)がある。直接被害には，生産資本や社会資本などの物的資本損傷と人的な資本の損傷がある。前者に関しては，災害後の調査などによって，その使用価値の減少分を被害として計上することができる。また，後者の人的被害に関しても，ホフマン方式や統計的生命の価値などを用いるアプローチにより，直接被害として計上されることがある。また，間接被害の項目として主なものは，ライフラインなどの機能の停止等に伴う営業停止損失や家計部門に生じる厚生の低下などが挙げられる。経済の広域化・グローバル化が進展していく中で，被害は広範囲に波及するようになってきたが，その集計化に際しては，特に間接被害項目に関して二重計算が生じないよう留意する必要がある。

◎多々納裕一

傾斜計 [けいしゃけい] inclinometer 〔地盤〕 傾斜計とは物体の傾きを計る計器で，地盤災害に関係するものでは，「地すべりや斜面崩壊挙動の把握」，「工事に起因する地盤変形や周辺構造物の変位挙動把握」などに用いられている。計測機器は次の3つに分けることができる。①設置型傾斜計：地表面や構造物の表面に取り付けて傾斜を計測する。②孔内傾斜計：地中に設置された計測管を利用して計測するもので，挿入式と孔内設置型に分かれる。③パイプひずみ計：原理はパイプに発生するひずみを計測するものであるが，地中の地盤変形を把握するために用いられる。

傾斜計は最大傾斜の方向を特定できるように，平面的に直交するXY方向の傾斜を計るのが原則であり，設置型，孔内設置型，パイプひずみ計はいずれもXY方向を図るような計器が用意されている。孔内挿入型傾斜計は一方向の傾斜測定しかできないが，計測管に直交する溝があるので，方向を変えて挿入することにより，XY方向の傾斜を計ることができる。挿入型は多点計測自動化が困難で，傾斜・変形管理を24時間体制で監視する場合には自動計測が容易な設置型を使用する。

◎諏訪靖二

tiltmeter 〔地震〕〔火山〕 岩盤(地盤)の傾斜を測定する装置。水管傾斜計は，水容器を岩盤上の離れた2点に置いて連通管でつなぎ，2点の上下変動差を水容器の水位変動差として測定し，それを距離で割って傾斜とする。別に，鉛直振子や倒立振子を利用したり気泡管レベルを用いるなどで1地点での傾斜を測定するタイプがある。地殻変動解析には10^{-9}程度以上の傾斜変化の測定精度が要求されることが多く，気象や人工擾乱の影響を受けにくい深い坑道やボーリング孔底に設置されることが多い。

◎渡辺邦彦

渓床勾配 [けいしょうこうばい] stream bed slope 〔地盤〕〔河川〕 渓流あるいは山地河川の河床勾配。勾配の表し方は，高低差1(m)に対する流下距離n(m)を用いて$1/n$とするか，あるいは流れ方向の傾斜角度によって表示される。渓床勾配は，流れの速さや土砂移動現象を支配する重要なパラメータの一つである。特に，河幅一定の移動床の場合には，土石流や土砂流における流砂濃度は渓床勾配によって一意に定まる。

◎江頭進治

渓床堆積物 [けいしょうたいせきぶつ] bed sediment / stream bed sediment 〔地盤〕〔河川〕 渓床に存在する堆積物。これは，石礫，砂，シルト，粘土，流木などから構成されるが，どういう材料が卓越するかは，土砂の侵食・輸送・堆積のプロセスに依存する。一般に水成作用(水流の作用)を受けている堆積物には微細砂成分が少なく，土石流や崩壊土砂のように水成作用をあまり受けていない堆積物には微細砂から巨石まで含まれている。なお，勾配の急な所に存在する堆積物は，水の供給条件が満たされると流動化して土石流を形成するが，渓床堆積物の存在しない渓流では山腹崩壊が起こらない限り土石流は発生しない。

◎江頭進治

傾度風 [けいどふう] gradient wind 〔気象〕 地表面摩擦の影響が無視できる高度では，空気は等圧線に沿って運動する性質がある。等圧線が曲がっている場合，空気には気圧傾度力と地球の自転に伴うコリオリ力の他に，曲線運動に伴う遠心力が働く。これらの3つの力がバランスした時に吹く風を傾度風という。気圧場が定常な場合，上空の風は一般に傾度風で表される。ただし，台風のように，気圧場が変化する場合には，その効果も考慮しなければならない。

◎森 征洋

K-ネット [けいネット] K-net 〔地震〕 強震ネット(Kyoshin-net)の略称。1995年阪神・淡路大震災を契機に，当時科学技術庁内に設置された地震予知推進本部(後に地震調査推進本部と改称)のもと，大地震時の地震動を正確に測定し，地震学・地震工学などに役立てるとともに，自治体において災害発生時の初期情報として活用することを目的とし，防災科学技術研究所により整備された強震観測網である。日本全国に25km間隔で約1000観測点が設置され，観測点には最大記録範囲2Gのデジタル加速度計が地表に設置されている。気象庁の速報震源と連動して電話回線によりデータを収集し，取得したデータは全てインターネット(http://www.k-net.bosai.go.jp)やCD-ROMを介し，観測点付近の地盤情報と同時に公開されている。

◎福山英一

経年貯留ダム [けいねんちょりゅうダム] dam reservoir storing water over years 〔都市〕〔河川〕 異常渇水対策の一つで，ダム貯水池による水源確保を意味する。通常の貯水池は，年内の降水で満杯になるように設計されるが，経年貯留ダムは，集水面積の小さい山間地や通常の多目的

ダムの上流域に建設されるので，年度を超えた貯留が認められている。その貯留水は，異常渇水時にのみ使用される。→渇水対策ダム　　　　　　　　　　　　　　◎小尻利治

渓畔林　[けいはんりん]　mountain streamside forest　地盤　河川　河川の上流部の山地を流れる河床勾配が急な渓流の周辺に生育する樹木でサワグルミ，シオジ，トチノキなどが生育する。渓流の最上流域に生育するものを渓谷林と呼び区別する場合もある。渓畔林は樹冠による日光遮断，落葉・落枝の供給などにより河川生物相の生息環境に多大な影響を与える。最近，渓流を流下する土砂の捕捉・堆積，渓岸侵食の防止などの防災効果が検討されている。　　　　　　　　　　　　　　　　◎石川芳治

CAPE　[ケイプ]　convective available potential energy　河川　気象　大気の不安定度を表す指標の一つ。大気が潜在不安定な状態の時，何らかの強制力により空気塊が上昇し自由対流高度まで達すると，浮力の働きがなくなる平衡状態まで上昇する。この時空気塊に働く浮力によってなされた仕事を積分したもの（エネルギー）を指す。この値が大きい時には，非常に激しい対流活動を生じる可能性があり，夏の積乱雲の発達がそれにあたる。一般に，下層が高温湿潤である場合に大きくなる。　　◎矢島　啓

警報　[けいほう]　warning　情報　重大な災害の発生が予想される場合に，人々に警戒を促すために出される情報。一般的には自然現象による災害を防ぐための情報を指すが，広い意味では，例えば空襲警報のような人為的な原因による災害を防ぐための情報も含まれる。わが国における最初の警報は，明治16(1883)年に東京気象台（気象庁の前身）が発表した「暴風警報」とされている。気象庁からの警報は，災害の原因または関連する現象名を付けて発表される。その例として，大雨警報，大雪警報，暴風警報，暴風雪警報（以上の4種が気象警報），洪水警報，高潮警報，波浪警報，津波警報などがある。なお，洪水警報に関しては，特定の河川について国土交通省と共同で発表する指定河川の洪水警報もある。気象庁以外の機関から発表される警報としては，水防法に基づいて国土交通省や都道府県が発表する水防警報や消防法に基づいて市町村長が発表する火災警報などがある。「警報」と「注意報」の違いは，予想される被害の大きさによって区分されており，「注意報」よりも「警報」のほうがレベルが上である。　◎中森広道

警報設備　[けいほうせつび]　warning facility　河川　ダムからの放流によって生ずる危害を防止するために，放流に先立って河川区域内にいる河川利用者および河川区域内に立ち入ろうとしている人々に警告を与えるための設備であり，河川法および特定多目的ダム法に規定されている。警報設備は，原則として，サイレン，警報車，立札によるが，河川利用が頻繁な地点や騒音対策が必要な地点などでは，それぞれの地域特性に応じてスピーカー，警報標示板，放流情報表示装置，注意灯などが用いられている。放流警報の範囲は，放流に伴う下流河川の水位上昇量などを基準として定められる。　　　　　　　　　　　◎井上素行

警報の信頼性　[けいほうのしんらいせい]　reliability of warning　情報　警報に求められるのは，①迅速さ②明確さ③正確さの3つの要素である。安全な避難のためには迅速な警報の伝達が必要である。また，警報が何を意味しているかが明確でなければ，受け取る側が的確に対応できない。そして，警報で予想される事態が実際に起こらなければ，人々は次第に警報を正しく評価しなくなってくる。警報が発表されても結果的にはそれほど大きな被害が生じない場合もあるが，このようなことが繰り返されると警報を発表しても人々は事態を軽視するようになり，警報の効果が薄らいでくる。例えば，大雨警報は，大雨によって重大な災害が起こる恐れがあると予想される場合に発表されるが，現状では発表される回数が少なくない。そのため，大雨警報を発表するだけでは，一般の人々は十分な警戒をしない。警報の信頼性を保つためにも，常に，効果的な警報のあり方について検討していくことが求められる。　　　　　　　　　　　　　　　　◎中森広道

警報発令から加害力が作用するまでの時間　[けいほうはつれいからかがいりょくがさようするまでのじかん]　warning lead-time　海外　警報を出す前の段階は，防災担当者にとっても住民にとっても重要である。警報に即応する行動の準備が防災担当者と住民の双方にできていなければ警報は出せないし，避難行動を含む安全確保の行動のシナリオが明確でないと警報を出すタイミングが割り出せないからである。準備段階が長すぎると警報の信頼性が疑われる。周期的な加害現象の場合は過去の事例を根拠にして判断するのが最も無難となる。　　　　　　　　　◎渡辺正幸

激甚災害　[げきじんさいがい]　disaster of extreme severity　河川　行政　復旧　国民経済に著しい影響を及ぼし，かつ当該災害による地方財政の負担を緩和し，または被災者に対する特別の助成を行うことが特に必要と認められる災害であるとして，激甚災害に対処するための特別の財政援助などに関する法律（昭和37年法律第150号。以下「激甚法」という）の規定に基づいて政令で指定された災害をいう。災害が発生した場合において激甚災害が適用される措置として，公共土木施設災害復旧事業などに関する財政援助としては，公共土木施設の災害復旧事業および災害関連事業など（公共学校施設，公営住宅，生活保護施設など）について，これらの事業費に対する通常の事業費に対する通常の国庫の負担額または補助額を控除した地方公共団体の負担額を算出し，その地方負担額の合計額が当該地方公共団体の標準税収入に対する割合が一定基準に該当する都道府県または市町村（特定地方公共団体）につき，当該割合に応じて超過累進的に地方負担額が軽減されるように特別の財政援助を行うものである。なお，2000年3月に中央防災会議において，激甚災害指定基準の改正およ

び局地激甚災害指定基準の改正が行われ，さらに特定地方公共団体の基準の改正についても閣議決定・公布されたところである。
◎平井秀輝

下水道施設 [げすいどうしせつ] sewage system 都市 復旧 被害想定　家庭や事業所から排出される汚水を集水，輸送，処理し，衛生的な都市環境の形成と公共用水域の水質改善を図るとともに，都市域における雨水を適切に排除するための施設の総体。集水，輸送の機能を持つ管渠，汚濁物質の除去機能を持つ処理場，揚水機能を持つポンプ施設で構成される。管渠は，さらに取付管，本管，マンホールで構成される。地震などにより下水道施設の機能が損なわれると，都市の衛生環境が悪化し雨天時には浸水が発生する。一方，復旧に長時間を要する場合に下水道の使用制限（下水道法第14条）が出されると日常生活において水洗トイレ，炊事，洗濯，風呂などの使用ができなくなる。また，水道の復旧に伴い汚水の流入が増える一方で処理機能の回復が遅れると，放流先水域の水質汚濁に大きな影響を及ぼす可能性が高くなる。このため，まず節水を呼びかけ，効果が現れない場合にトイレの使用制限を行い，これを除く雑排水の流入に対応するなど，水道の復旧と協同した応急戦略が必要となる。復旧においては，人的被害につながる二次災害を防止するための緊急措置，下水道の機能を暫定的に確保するための応急復旧，そして施設の本復旧の3段階に分けた復旧戦略をとる必要がある。
◎渡辺晴彦

下水道施設の耐震基準 [げすいどうしせつのたいしんきじゅん] earthquake-resistant standards for sewage system 地震　下水道施設の耐震対策は，主に㈳日本下水道協会の「下水道施設地震対策指針と解説」に基づいて実施されている。下水道施設は，面的に広がる管路網および拠点施設としての処理場，ポンプ場などの土木・建築構造物から成るが，各施設の構造面での耐震化と並行して機能確保のためのシステム的な面からも耐震化が行われる。耐震設計に際しては，設計地震動としてレベル1とレベル2の2段階の入力地震動を考慮して重要度に応じた耐震性能を確保しながら，地域特性や地盤特性を勘案して耐震計算を行う。また，地震動による直接的な物理被害に続く二次的な機能被害への対策にも配慮するとともに，種々の施設の根幹的なシステム機能の保持，および管路施設のネットワーク化や冗長化を推進することによって，下水道施設の耐震性の向上を図ることとなっている。既存施設については，耐震診断による耐震性能の明確化が要求され，必要とあらば適宜補強を行う。
◎清野純史

下水道施設の被害想定 [げすいどうしせつのひがいそうてい] damage estimation of sewage systems 被害想定 地震　下水は需要家から枝線，幹線，ポンプ場を経て下水処理施設へと向かうが，東京都(1997)では枝線のみを対象とした被害想定が行われている。自然流下方式の枝線は非圧力管であるため，管渠の破損が流下機能に直ちに影響することは少なく，地盤の液状化に伴う管渠内の土砂堆積が下水滞留の原因となる場合が多い。このことから，液状化危険度P_Lのランク毎に土砂堆積被害率の標準値を設定して，管渠の土被り深さによる補正係数と管渠延長を乗じて土砂堆積延長が求められ，土砂堆積延長率と普及人口の積によって，流下機能支障人口が算定されている。復旧に関しては，堆積土砂の除去作業に要する高圧洗浄車および作業人員の投入量と，復旧作業効率に基づいて，復旧曲線と復旧完了日数が推定されている。
◎能島暢呂

下水道の応急戦略 [げすいどうのおうきゅうせんりゃく] emergency strategy for sewage system 都市 復旧　ガスや上水道と比較して，下水道機能停止による緊急危険度は一般に低い。しかし，上水道が機能している場合は下水管渠からの大量の汚水の流出など課題も多い。そこで，地震発生直後には被災情報の収集を行い，被災程度の評価に応じて，緊急措置として道路，周辺施設への影響を考慮して危険箇所の表示・通行規制，可搬式ポンプによる排水，下水道施設の使用中止の依頼が行われる。ついで，二次災害への拡大防止のために，管路・マンホール内部の土砂の浚渫，止水バンドによる圧送管の止水，可搬式ポンプによる下水の排除，仮水路・仮管渠の設置などが応急対策として行われる。阪神・淡路大震災の折には東灘下水処理場が壊滅状態となって河川を締め切って汚物を放流するという応急対策が行われた。
◎高田至郎

下水道の復旧 [げすいどうのふっきゅう] sewage recovery 復旧　下水道が損壊すると下水が漏れて地下水を汚染する可能性があり問題である。下水管は地中に埋設されている上，流した下水が漏れているか否かを把握するのが困難なため特に損壊箇所の特定は難しく，復旧には比較的時間がかかる。なお，上水道が復旧しないうちは下水の流入量も少ないが，末端処理施設が被災していると汚水処理は大きな問題となる。
◎佐土原聡

下水道の復旧戦略 [げすいどうのふっきゅうせんりゃく] restoration strategy for sewage system 都市 復旧　応急戦略が一段落した後に実施される下水道機能の回復手段を復旧戦略と呼んでいる。中枢施設となる処理物が被災した場合にはシステム機能全体に影響を与えるので早期の復旧が必要である。特に，埋設管渠については被災状況の判断が難しいが，種々の調査法が開発されている。本復旧は下水道施設を原形に復する目的で行われるが，改良工事を行ったり，応急復旧工事のみで当面の機能を維持させた後，新規に計画している別の管路施設に切り替えられる場合もある。早期の復旧のためには，下水道管路施設の台帳の整理，平時の維持管理記録の整理，優先的に点検すべき箇所の抽出，復旧体制の検討，災害時情報連絡手段の整備，可搬ポンプの整備などを事前に検討しておくことが望

ましい。　　　　　　　　　　　　　　　◎高田至郎

桁行　[けたゆき]　rigid direction　地震　建築構造物などで，柱，梁などの軸組部材で構成される骨組構造において，小屋梁に直行する方向を示す。「桁行方向」ともいう。構造物の矩形平面の長辺方向を「桁行」と呼ぶこともある。桁を支える両端の柱の中心間距離は「桁行間隔」。「桁」は建物長手方向側面の柱の上に載る水平材を指す。小屋梁と平行の方向を▶梁間，▶スパン方向という。　◎小野徹郎

決定論的解析　[けっていろんてきかいせき]　deterministic analysis　都市　被害予測に伴う種々の不確定性を考慮することなく，特定の被災パターンに対して確定的に行う解析のこと。ライフラインの地震被害予測においては，既往地震における被災事例に基づいた被災パターンを対象として事後評価する場合や，想定される地震によって発生する確率の高い少数の被災パターンを限定的に評価対象として分析を行う場合に用いられる。▶確率論的解析のように多数のパターンを考慮する必要がなく，少数の事例を集中的に分析できるため，被害発生後のシナリオを詳細に分析することが可能である。想定した被災パターンが将来の地震によって厳密に再現される可能性は低いが，特定のシナリオを克明に追えるメリットは大きく，コンピュータを用いた机上災害対応訓練などにおいて有効に利用される。また，確率論的解析において用いられる▶モンテカルロ実験の手続の中で，各標本に対するシステム評価は決定論的解析によって行われる。　◎能島暢呂

結氷　[けっぴょう]　freezing / freeze over　雪氷　河川，湖沼，海洋の表面に氷が張ること，またはその水面を覆う氷。河川では，下流は両岸間の全面結氷の姿が見られるが，上流の流れの急な場所では，張りつめることができずに，晶氷や氷泥が集塊となって流下する。最初に結氷が観測された日を結氷初日，最後に結氷が姿を消す日を結氷終日，その間の日数を結氷期間という。また，淡水や海水から氷結晶が析出することを結氷と呼んで，氷の析出温度を結氷温度と名付ける使い方がある。　◎小野延雄

煙　[けむり]　smoke　火災・爆発　燃焼または熱分解で発生する固相，液相の粒子が可視的に浮遊している気体。火災時に発生する煙は，大きく分けて，水蒸気が凝結した液相からなる白煙と，炭素粒子(いわゆるすす)が多く含まれる黒煙からなる。一般的には，火災初期には燻焼や燃焼分解に伴う白煙が多くなり，火災盛期以後，酸素不足となった後は，黒煙が多くなることが観察される。白煙は，薄く致命的ではない場合でも，刺激性が強く，呼吸時にせき込むなど，避難者にパニックを誘発する危険性がある。また黒煙は，気道閉塞，また酸素不足により致命的な影響を及ぼす。　◎山田常圭

煙型雪崩　[けむりがたなだれ]　powder snow avalanche　雪氷　雪崩の運動形態について記述する時の表現。運動が終末速度段階にある時，雪煙を上げて走る。乾雪の表層雪崩に多く見られる。大規模なものは数十mの高さに達するものもあり，高速の空気流を伴う運動となる。雪崩本体の速度は数十m/sec以上になり，地形的な雪面流路に沿わない場合もある。雪崩内部には大小の雪塊を含み，高速運動をするため，破壊力は非常に大きい。　◎川田邦夫

煙感知器　[けむりかんちき]　smoke detector　火災・爆発　煙感知器は，火災で発生する煙などの燃焼生成物を煙センサーにより感知し，火災報知設備の受信機へ火災信号を発信するものである。煙感知器には，煙センサーが一定以上の濃度の煙を感知した時に火災信号を発信する非蓄積型と，一定の濃度以上の時間が継続している場合に火災信号を発信する蓄積型がある。最近では，真のアナログ信号を中継器または受信機に発信し，多段階的な信号により火災と判断するものもある。煙感知器に使用されている煙センサーはイオン化式と光電式がある。イオン化式は，電極間にごく微量の放射線源アメリシウム241が入れてあり，α線によりイオン化されているイオン室内への侵入煙による電極間の電流変化を利用している。光電式は，光源からの煙による散乱光を受光素子で受ける散乱光式と煙による減光を受光素子で受ける減光式がある。→熱感知器　◎渡部勇市

煙制御　[けむりせいぎょ]　smoke control　火災・爆発　在館者の避難や消防隊の活動上支障となる煙を排出またはその拡大を防止する対策のこと。▶自然排煙と▶機械排煙に大別される。自然排煙は，高温の煙の浮力効果を利用し，窓や排煙口などの開口部から屋外への排出を図る方法，これに対し機械排煙は，排煙ファンによって強制的に煙を制御する方法である。機械排煙では，従来煙を吸い出し屋外に排出する排煙が多かったが，付室，廊下などの安全区画に給気しそれらの空間への，煙の侵入防止を図る加圧方式も普及してきている。その他，吹き抜け空間のように，天井直下に大容積がある建物では，煙の降下時間が遅くなるので蓄煙と呼ばれる煙制御方法も採用されている。→給気シャフト，付室加圧　◎山田常圭

煙層　[けむりそう]　smoke layer　火災・爆発　建物内で火災が発生した場合，火源から上昇する高温気流(煙)は，空気に比較して比重が小さいため部屋の上部に蓄積されていく。高温層の内部は対流によって攪拌され，比較的均質な高温成層が形成される。これを煙層または高温層と呼ぶ。これに対して，部屋の下部は常温層(空気層)と呼ばれ，両者を隔てる境界面は安定し，界面を介しての物質移動は非常に小さい。こうした層により簡便化された工学的火災モデルを二層ゾーンモデルと呼び，煙層はこのモデルで不可欠な概念である。　◎山田常圭

減圧給水　[げんあつきゅうすい]　reduced pressure supply / water supply in reduced pressure　都市　供給水圧を減じて給水すること。水道の供給方式には，ポンプによる加圧給水と自然流下による給水があり，加圧給水の場

合，ポンプの吐出圧を下げることにより減圧することができる。自然流下の場合，管路の仕切り弁や各家庭のメーター手前で止水栓を絞ることにより減圧できる。前者の場合は根元で一括して水圧調整できるが，後者の場合，適当な水圧に調整することが難しく，利用者の自発性に期待する部分も多いため，大きな効果は期待できない。また，高台地区における出水不良など不公平を生じることのないよう配慮する必要がある。　　　　　　　　　　◎松下　眞

原位置試験　[げんいちしけん]　*in situ* test　地盤
地盤の性質を知るために行う室内試験に対して用いる用語で，地盤があるがままの位置，深さでその性状を調べる試験の総称をいう。そのため非常に多種の試験法があり，どの範囲の試験を原位置試験とするかは解釈によって異なる場合がある。地表あるいはボーリング孔からの物理探査，ボーリング孔を利用する検層，ボーリング孔壁を利用する試験，地盤に抵抗体を挿入・貫入・回転する試験（一般にサウンディングという），現場せん断試験・載荷試験，現場透水試験・孔内透水試験など多種の試験法がある。施工管理試験も原位置試験の一種と見ることもある。　◎西垣好彦

原位置透水試験　[げんいちとうすいしけん]　*in situ* permeability test　地盤　　地盤の浸透特性である透水係数や貯留係数などを原位置で計測する試験法である。単孔式透水試験や揚水試験などが実施されている。単孔式透水試験は，ボーリング調査の中で実施され，小孔径のポンプによる定流量揚水試験（定常法）とボーリング孔内の水位を一時的に低下させ，その回復速度を計測する方法（回復法）がある。地盤内の深さ方向の透水係数が求められる利点がある。しかし，高透水性地盤の透水性の評価は困難であり，求めている透水係数は狭い範囲のものである。一方，揚水試験は揚水井により多量の水を一定流量で揚水して周囲の観測井の水位（水圧）低下により透水係数と貯留係数を計測する方法で広域地下水の浸透特性が求められる。
　　　　　　　　　　　　　　　　　　　◎西垣　誠

限界動水勾配　[げんかいどうすいこうばい]　critical hydraulic gradient　地盤　　地下水が地表へ噴き出す時に，地盤を不安定にすることがある。これは地下水を流動させる水理的な力が地盤を構成する土粒子にも作用し，これを押し流そうとするからである。γ_tを土の単位体積重量，zを高さ，Pを間隙水圧とする時，土圧以外の力Fは単位体積当たり，

$$F = \gamma_t \mathrm{grad}\, z - \mathrm{grad}\, P$$

となる。そのうち第1項は土粒子の自重で$\mathrm{grad}\, z$は鉛直下向きの単位ベクトルである。第2項は流動圧と浮力の合力を表す。Fの鉛直上向き成分が正の時，側方拘束土圧がなければ地盤は地下水の力で持ち上げられ，崩壊する。ゼロの時は限界状態である。その状態をふつうは上式の間隙水圧勾配ではなく動水勾配（水頭勾配）で示す。　◎奥西一夫

減災　[げんさい]　disaster reduction　共通　　災害による人命，財産ならびに社会的・経済的混乱を低減させる試みの総体。災害の発生は加害力と社会の防災力によって規定される。そのため減災法は理論的には次の3つに大別される。①加害力を減勢あるいは制御する方法（これを英語ではpreventionと呼ぶ），②災害の発生を予防できるよう社会の防災力を強化する方法（これを英語ではmitigationと呼ぶ），そして③予防できなかった災害から回復できるよう社会の防災力を強化する方法（これを英語ではpreparedness），である。自然災害の場合には，加害力そのものを減勢制御することは極めて難しい。そのため，減災の中心は社会の防災力向上を目的とした後者2つの方法が中心にならざるを得ない。前者の試みは加害力と防災力を基本的には物理化学法則が適応できる自然現象としてとらえる。これを災害抵抗力あるいは被害抑止力と呼ぶ。後者は災害発生による社会の混乱の回復を目的として社会現象として災害を捉える。これを災害回復力あるいは被害軽減力と呼ぶ。それぞれの地域は加害力の大きさや社会的・経済的な発展状況に応じて，被害抑止力と被害軽減力を適当に組み合わせ，それぞれの地域に応じた社会の防災力向上をはかることが重要である。→災害抵抗力，災害回復力，被害抑止，被害軽減　　　　　　◎渡辺正幸，林　春男

原子力委員会　[げんしりょくいいんかい]　Atomic Energy Committee　行政　　原子力委員会は，原子力基本法に基づき，原子力の研究・開発および利用に関する国の施策を計画的に遂行し，原子力行政の民主的運営を図る目的をもって1956年1月1日旧総理府に設置された。

原子力委員会は，原子力の研究，開発および利用に関する政策に関することなど原子力に関する重要事項について企画し，審議し決定する権限を有している。　◎文部科学省

減衰　[げんすい]　attenuation of seismic waves　地震　　地震波が地球内部を伝播する間に振幅を減少させる現象。まず，波面拡大に伴う幾何学的減衰により，実体波の振幅は伝播距離の-1乗，表面波の振幅は$-1/2$乗に比例して減衰する。さらに振動エネルギーが熱に変わることによる非弾性的減衰（内部減衰），直達波エネルギーが波形後方に移動する散乱減衰の両者により地震波振幅は伝播距離（あるいは伝播時間）の指数関数により減少する。減衰の強さは1周期の間に失われる振動エネルギーの割合で定義され，その逆数をQ値と呼ぶ。　　　◎西上欽也

減衰定数　[げんすいていすう]　damping factor　地震
振動を止める作用をするものが減衰と呼ばれるものである。減衰の原因は構造物まわりの空気抵抗，部材内での熱エネルギーへの変換や，地盤へのエネルギー逸散など，種々の振動エネルギー逸散に起因する。これら減衰量を臨界減衰量で無次元化したものを減衰定数と呼んでいる。減衰定数が大きい程振動の振幅が抑えられたり，振動が早く減衰する作用をするので，耐震工学的には重要なものである。しかし，構造物の減衰量を理論的に求めることはできない

ので，振動実験などから工学的に求められている。例えば鉄筋コンクリート造で5％，鉄骨造で2％などが慣用的に用いられている。　　　　　　　　　　　　　◎西川孝夫

健全な水循環系　[けんぜんなみずじゅんかんけい]　sound water cycle system　[河川]　水に関する関係5省（環境省，国土交通省，厚生労働省，農林水産省，経済産業省）は，1998年8月に「健全な水循環系構築に関する関係省庁連絡会議」を設置し，1999年10月には，今後の連携・協力のあり方などの基本的事項について，中間的なとりまとめを行っている。このとりまとめの中では，「健全な水循環系」について，「流域を中心とした一連の水の流れの過程において，人間社会の営みと環境の保全に果たす水の機能が，適切なバランスの下にともに確保されている状態」であると定義している。また，同連絡会議による現在の水循環系に対する認識は，以下の通りである。水は，地球上の限りある資源であり，私たちの生活や産業に不可欠な基本要素である。また，大気から大地，河川などを経て海域に向かう水の循環は，河川・地下水の水量の確保，水質の浄化，水辺環境や生態系の保全に大きな役割を果たす一方，ときには洪水などの災害をもたらす。さらに，水の循環過程における人との関わりは，他の活動や水循環系全体に影響を及ぼしている。わが国における現在の水循環系は，治水，各種用水や再生可能なエネルギー源としての利用など，安全，快適で豊かな人間生活を目指して太古の昔から人の手により工夫が施され，長い時間をかけて人為的な水循環系と自然の水循環系とが有機的に結びついたものになっている。例えば，適切な農林業活動などを通じて発揮される森林や農地などの涵養機能や，下水道などの排水処理による汚濁負荷の軽減も，水循環系に大きな役割を果たしている。その一方で，都市への急激な人口・産業の集中と都市域の拡大，産業構造の変化，過疎化・高齢化・少子化の進行，近年の気象の変化などを背景として，問題を引き起こしていることも事実である。このようなことから，21世紀の持続可能な発展のためには，健全な水循環系の構築が重要な課題であり，安全で快適な生活および健全な生産活動が実現するとともに環境の保全に果たす水の機能が確保されるなど，人間の諸活動と水循環系との調和を図っていくことが肝要である。　　　　　　　　　　　　　　◎金木　誠

懸濁物質　[けんだくぶっしつ]　suspended solids　[海岸]　水を濾過した時に濾過材上に残留する物質を，懸濁物質という。その内容は様々であり，砂泥のような主として無機鉱物質や，動・植物プランクトン，デトリタス（動・植物の遺体の分解物や動物の排泄物に由来する）などがある。プランクトンや浮遊性デトリタス（懸濁物質）は，アサリやハマグリのような懸濁物摂食者の餌であり，干潟などの食物連鎖の基礎段階に位置する重要な役割を果たしている。懸濁物質の試験には，孔経1μm濾過材としてガラス繊維濾紙（GFP），有機性濾過膜（メンブランフィルターなど），金属製濾過膜などを使用する。　　　　　　　◎鶴谷広一

建築学　[けんちくがく]　architecture　[地震]　建築に関する学術・技術・芸術の体系をいい，技術と人間に関わる広い領域を包含している。建築学の最も古い文献としてローマ時代のヴィトルヴィウスによる「建築十書」（BC30年頃）がある。明治以後に発達した日本の建築学は，近代建築技術の導入や耐震構造の重要性など，わが国に特有の状況もあって，工学技術の側面を多く含んだ包括的・総合的な性格を持つこととなった。1886年に造家学会が創立され，1897年にこれが改称されて日本建築学会が発足している。建築学の領域には，建築史・意匠，建築計画，都市計画，都市防火，建築材料，建築構造，建築施工，建築設備，環境工学，建築経済など多くの分野がある。　◎柴田明徳

建築確認　[けんちくかくにん]　legal confirmation of building design code　[復旧]　建築基準法第6条では，建築（新築，増築，改築または移転）または大規模な修繕や模様替えをする時には，建築主に対して，着工前にその建築計画が建築基準関係諸規定（単体規定，集団規定）を遵守していることについて確認申請書を建築主事に提出し，確認を受け，確認済証の交付を受けることを義務付けている。建築主事は建築申請書を受理した場合には，3週間以内に確認行為を行うこととなっている。2000年の法改正によって，第6条2項の規定に基づく指定確認検査機関においても建築確認を行うことができるようになった。建築確認の制度は，設計時の確認事項を確実に実施しているか工事の監理を行う着工後の中間検査の制度を強化し，建築基準法を遵守した安全で快適な建築物の実現を担保する重要な仕組みである。建築確認は法定受託行為で自由裁量の行為ではないが，建築確認の申請は，共同化や協調化など個別建築行為を街づくりへ誘導する重要な機会でもある。そのため，阪神・淡路大震災では，震災復興緊急整備条例によって震災復興促進区域内では建築確認申請の30日前に事前届出を義務付けることとしていた。➡**建築基準法**，**単体規定**，**集団規定**　　　　　　　◎中林一樹

建築基準法　[けんちくきじゅんほう]　building standard law　[地震]　1950年に制定された法律。その目的は同法第1条に，「建築物の敷地，構造，設備及び用途に関する最低の基準を定めて，国民の生命，健康及び財産の保護を図り，もって公共の福祉の増進に資する」と記されている。法の解釈，取り扱い法，具体的な技術的規定などは，建築基準法の下位に属する建築基準法施行令や国土交通省告示に明示されている。建築確認手続の合理化，建築規制内容の合理化，建築規制の実効性の確保を要点として1999年6月に大改正され，建築確認・検査の民間開放，建築基準の性能規定化など基準体系の見直し，土地の有効利用に資する建築規制手法の導入，中間検査の導入，確認検査などに関する図書の閲覧などの新機軸が打ち出されている。➡**既存不適格建築物**，**建築確認**　　　　　　　◎中島正愛

建築構造 ［けんちくこうぞう］ building structure 〔地震〕
木造，土蔵造，組積造(木骨，鉄骨骨組のものもあるレンガ造，石造，ブロック造)，構造観念を明確に意識したRC(鉄筋コンクリート)造，SRC(鉄骨鉄筋コンクリート)造，S(鉄骨)造などがあり，また大スパン架構や工場建築などの特殊形態が含まれる。柱，梁を構成要素とするフレーム構造が基本であり，耐震壁が活用されるが，低層建築物では壁式も多い。高さを31m以下に抑える1931年以来の法的規制が1963年に事実上撤廃され，一般建築に対する建築基準法の通常枠を出る超高層建築が登場した。標準的にはRC・SRC造の単位面積重量は1.0t/m²内外(S造ではその半分程度)であり，水平振動の基本固有周期は$(0.04～0.12)×$(層数)秒，鉛直振動ではその1/10程度の値をとる。地震時における応答挙動は支持地盤との連成作用に影響され，スウェイやロッキングに伴う周期の伸びと地下逸散減衰の効果が重要となる。
◎滝澤春男

建築制限 ［けんちくせいげん］ building restriction 〔復旧〕 計画的に都市の復興を推進するため，大規模に被災した地区のうち，都市計画事業を予定する区域では建築行為の制限措置がとられる。建築制限区域においては，法に定められたもの以外の建築は禁止される。建築制限には，建築基準法第84条に基づくものと被災市街地復興特別措置法第7条に基づくものがある。いずれの場合も，関係住民などの理解と協力が得られるよう，広報活動や復興相談所を開設するなどにより，適切な情報提供ときめ細かな相談，支援活動を同時に行うことが重要である。→災害危険区域，都市計画決定
◎林 孝二郎

建築制限【建築基準法第84条】 ［けんちくせいげん］ building restriction according to article 84 of building standard law 〔復旧〕 建築基準法に規定されている建築制限措置。特定行政庁は，市街地に災害が発生し甚大な被害が生じた場合に，都市計画または土地区画整理法による土地区画整理事業のため必要があると認める時は，区域を指定し，災害が発生した日から1カ月以内の期間に限り，その区域内における建築を制限し，または禁止することができる。また，国土交通大臣の承認を得た場合，さらに1カ月を超えない範囲内において期間を延長することができる。1976年酒田大火からの復興および1995年阪神・淡路大震災からの復興にあたっても指定された。
◎林 孝二郎

建築制限【被災市街地復興特別措置法第7条】 ［けんちくせいげん］ building restriction according to article 7 of special act urban reconstruction of damaged built-up area 〔復旧〕 被災市街地復興推進地域内において課せられる建築制限措置。地域内において建築行為などをしようとする者は，都道府県知事の許可を要することとされており，市街地開発事業の施行を困難とする建築などを禁止することができる。建築基準法による建築制限が最長2カ月間であるのに対し，最長2年間の建築制限が可能である。告示による建築基準法第84条の建築制限に引き続き都市計画決定に基づく本制度により，一定の時間をかけて住民と十分協議し，復興都市計画を決定していくことが可能となった。
◎林 孝二郎

建築物 ［けんちくぶつ］ building 〔地震〕 建築基準法第2条第1項で，「土地に定着する工作物のうち，屋根及び柱若しくは壁を有するもの(これに類する構造のものを含む)，これに附属する門若しくは塀，観覧のための工作物又は地下若しくは高架の工作物内に設ける事務所，店舗，興行場，倉庫その他これらに類する施設(鉄道及び軌道の線路敷地内の運転保安に関する施設並びに跨線橋，プラットホームの上家，貯蔵槽その他これらに類する施設を除く)をいい，建築設備を含むものとする」と定義される。
◎中島正愛

建築物の機能的被害 ［けんちくぶつのきのうてきひがい］ functional damage of buildings 〔被害想定〕 主要構造体の被害が比較的軽微な場合においても，振動による通信施設や各種機器の落下・転倒・ずれ，電力・上下水道設備の被害，非構造部材あるいは局部的な構造部材の損傷による施設の機能不全など，様々な被害が地震時に発生する可能性がある。建築物に要求される機能は用途に応じ様々であるが，発災後の緊急活動における拠点となる庁舎，警察・消防署，医療機関，避難所などでは，機能維持の可否がその後の災害規模の拡大，縮小に大きく関わるため，その構造的被害による人命損失の回避に加えて機能維持が強く要求される。従って，建築物の耐震点検時には，構造体に予想される振動や変形の程度，局所的な被害を考慮するとともに，必要に応じ機能的被害の回避を目標とした事前の補強，改善を建物毎に計画することが極めて重要である。
◎中埜良昭

建築物の構造的被害 ［けんちくぶつのこうぞうてきひがい］ structural damage of buildings 〔被害想定〕〔地震〕 過去の震害では，構造被害の程度と被害率が，建築物の年代，すなわちいつの耐震基準によって建築物が設計されたかに大きく依存することが報告されている。従って，被害棟数の推定にあたっては建築物の年代毎に被害棟数を推定し，これらを合計して当該地区の被害棟数を算定するのが一般的である。なお，各自治体が実施した被害想定では，被害程度を表す指標(大破，中破あるいは全壊，半壊など)の定義が自治体間で必ずしも統一されていないため，同一指標であっても被害程度が対応しない場合があることに留意する必要がある。
◎中埜良昭

建築物の地震被害 ［けんちくぶつのじしんひがい］ earthquake damage to buildings 〔地震〕 建築物の被害は大地震の度に生じ，建築物の種別や地震動と地盤の性質，国情の違いなどにより被害の様相も多様である。木造建物の被害はわが国では最も数が多い。1948年福井地震の木造被害を契機として，木造建物の壁率の規定が1950年制

定の建築基準法に取り入れられた。規定はその後も強化され，木造建物の耐震性は時代とともに向上している。しかし，1995年阪神・淡路大震災では住家全・半壊24万戸以上，住家全・半焼6000戸以上が生じ，死者6000余人という被害を招いた。鉄筋コンクリート造建物では，1968年十勝沖地震における学校建物の短柱せん断破壊が顕著であり，この後日本の耐震構造に関する研究は大きく進展し，1978年宮城県沖地震の被害経験を経て，1981年新耐震設計法の制定に至る。1999年トルココジャエリ地震では中空レンガ壁付き鉄筋コンクリート造集合住宅の倒壊により1万5000余人の死者が出た。鉄骨造建物ではブレースの破断，溶接部の不良などの被害が多い。1985年メキシコ地震では21階建て鉄骨造ラーメン建物の1棟が倒壊，2棟が傾斜し，1994年ノースリッジ地震では柱・梁接合部の被害が多発した。 ◎柴田明徳

建築物の被害想定 [けんちくぶつのひがいそうてい] estimation of building damage 被害想定 地震 地震による建築物の被害想定では，その構造形式に応じて木造，非木造あるいは木造，鉄筋コンクリート造，鉄骨造などに分類して各構造形式ごとに被害を予測することが一般的である。被害の要因としては，揺れや地盤の液状化の他，斜面崩壊や津波，火災などが挙げられるが，これらのうち，建築物の被害想定で考慮される項目は，主に揺れおよび液状化であり，その他の影響が議論される例は多くない。また建築物の焼失については，一般に地震火災の出火・延焼の検討で取り扱われることが多い。揺れによる被害の想定では，想定される地震動に対し，①これに耐え得るために建築物に要求される耐震性能と既存建築物の耐震性能との比較による方法，②1995年兵庫県南部地震など既往の被害地震における地震動と被害率を表す関係式を用いる方法，などがある。①の方法では，地震動の応答スペクトルと耐震性能を比較する手法や被害建築物群の耐震性能の分布に関する確率・統計論的考察を応用する手法などがある。→建築物被害による死傷者 ◎中埜良昭

建築物被害による死傷者 [けんちくぶつひがいによるししょうしゃ] casualties caused by building damages 被害想定 1950年の建築基準法施行以前の被害地震の多くにおいては，倒壊家屋の下敷きや火災，津波に伴う死傷者が多かったため，揺れによる全壊の他，焼失，流失家屋数と死傷者数との間には強い相関性が見られた。その後，兵庫県南部地震までは大量の住宅が倒壊被害を受ける地震が発生しなかったため，死傷原因も多様化していたが同地震では約5500人の死者の9割が建築物被害に関わって生じた。この地震では，非木造建築物でも死者が発生したため，その後の東京都の被害想定(1997)では木造と非木造とに分けて次のように死者数を推定している。すなわち，木造建築物被害による死者率＝0.0315×木造建築物全壊率，および非木造建築物被害による死者率＝0.078×非木造建築物大破率の回帰式を求め，これらにそれぞれの建築物内存在人口を乗じることによって死者数を算出している。→建築物の被害想定 ◎宮野道雄

厳冬 [げんとう] midwinter 雪氷 気象 冬季，平均気温が平年より低い冬を寒冬というが，その中でもとりわけ寒い冬を厳冬という。大陸の強い寒気が日本付近に移動してくると寒気に覆われた地域は低温傾向となるが，北極を中心とした大気の流れのパターンが日本に強い寒気をもたらすような型になると，寒気の移動が繰り返され，長期にわたって寒冷な状況が続くと厳冬となる。厳冬は多雪年と重なる。なお，冬の最も寒い時期を厳冬期というがこれは冬の一時期についてのことである。 ◎長谷美達雄

減歩 [げんぶ] contribution / reduction of housing lot 復旧 土地区画整理事業での換地に伴い，一定の割合で土地の一部を出し合うことをいう。出し合った土地は，地域生活環境の向上のために道路や公園となる他，保留地として宅地処分され，事業費用に充当される。法律上存在しない用語であるが，条理として通用している。その割合を減歩率というが，戦災復興事業では，概ね25％，昭和40年代以降に着手した都市改造事業では，17～20％であった。阪神・淡路大震災復興土地区画整理事業においては，用地の先行取得を進めるなど，震災の特殊事情下での被災者負担軽減の目的で政策的に9％以下という低い率で設定された。 ◎森崎輝行

玄武岩 [げんぶがん] basalt 火山 細粒緻密な苦鉄質の暗灰色〜黒色系統の火山岩。語源は兵庫県玄武洞の岩石に由来。斑晶として細粒の斜長石，輝石，鉄鉱，カンラン石などをしばしば含む。全岩化学組成では，SiO_2量が45〜52重量％，Na_2O+K_2O量が5％以下の範囲の火山岩を指し，深成岩としてはハンレイ岩にほぼ対応する。広義に，アルカリ玄武岩，アルカリカンラン石玄武岩を含めることもある。玄武岩は海嶺，▶溶岩台地，火山島，造山帯などにおいて最も普通にかつ多量に産出し，海洋地殻の主要構成物質と考えられている。高温の玄武岩溶岩流は粘性の変化により▶パホエホエ溶岩，アア溶岩などを生ずる。 ◎鎌田浩毅

建蔽率 [けんぺいりつ] building coverage ratio 火災・爆発 復旧 被害想定 一般には，敷地面積に対する建築物の建築面積の割合をいう。都市計画区域内においては，用途地域の種別，その他都市計画の指定に応じて，建築基準法53条に建蔽率の上限が定められている。これらの法律に規定される建蔽率は，道路，空地などの周辺の土地の面積を含まないため，ネット建蔽率(または純建蔽率)と呼ばれることもある。これに対して，一定の地域の市街地面積全体に占める建築面積の合計の割合は，周辺の道路，空地などの周辺の土地面積を含むため，グロス建蔽率(または総建蔽率)と呼ぶ。市街地面積から一定規模以上の道路，空地などを除いた面積に占める建築面積の合計の割合をセミグ

ロス建蔽率と呼ぶ。建蔽率は市街地の火災性状と密接な関係があるが，上記の建蔽率のうち，セミグロス建蔽率が活用されることが一般的である。→ mn 比，容積率

◎糸井川栄一

コ

高圧ガス [こうあつガス] high pressure gas 火災・爆発 被害想定 気体を室温下で定温的に圧縮すると気体の臨界温度が室温よりも高い気体は液化し，液化ガスとなる。臨界温度が室温より低い気体は，気体状態の圧縮ガスとなる。この液化ガスと圧縮ガスを高圧ガスと呼ぶ。高圧ガス保安法では，常用の温度において0.2 M Pa 以上の蒸気圧を持つ液化ガスや常用の温度において 1 MPa 以上の圧力の圧縮ガスなどを高圧ガスと呼んでいる。高圧ガスの中には，可燃性気体，支燃性気体，毒性気体などが含まれている。高圧ガスが流れる配管，高圧ガスの容器，高圧ガスの製造設備などは，構造的な破壊や漏洩による火災，中毒，窒息などを予防する目的で，法令などに従った自主保安を原則とした機器，設備，施設の管理が求められている。

◎鶴田 俊

高圧ガス施設の地震時出火想定 [こうあつガスしせつのじしんじしゅっかそうてい] estimation of earthquake fires from high-pressure gas facilities 被害想定 火災・爆発 地震 わが国では，兵庫県南部地震において大規模な漏洩事故があったものの，高圧ガス施設からの地震時の出火事例はなく，海外でも事例が少ない。しかし，他の出火要因と比較して被害の大きさが懸念されることから，貯槽および配管，容器別の出火危険を評価することが望ましい。想定にあたっては，地震時の事例がほとんどないことから，平常時の事故事例を中心に地震時にも予想される火災・爆発モードを作成し，高圧ガスの流出(漏洩)率を設定し，高圧ガス施設の分布数を踏まえ，出火件数を推定することになる。

◎川村達彦

広域応援体制 [こういきおうえんたいせい] mutual aid system among local governments 情報 被害想定 いわゆる災害対応「実働三省庁」のうち，消防は，組合消防こそあれ基本的には市町村単位の組織であり，警察は都道府県単位の組織である。「自分の土地の災害は自分で対処する」のが災害対応の原則であるが，災害の種類と規模によっては，対応能力を超える事態も当然発生し得る。そのような事態を想定して，管轄を超えて救援活動を行いまた受けることを広域応援と呼び，そのための体制を広域応援体制という。広域応援体制の代表例として，消防の「緊急消防援助隊」，警察の「広域緊急援助隊」，地方自治体間で結ばれている「相互応援協定」などがある。なお，広域応援の言葉は用いていないが，災害対策基本法に規定する行政職員の応援要請，ライフライン企業の災害時相互支援なども，基本的には同じ概念のものである。

◎小村隆史

広域地下水 [こういきちかすい] ground water in the basin 地盤 人類が地下水と関係するのは，揚水による利用や地盤掘削時の湧水処理で，比較的狭い範囲であった。しかし，工事規模の拡大や揚水量が多量になって影響が広範囲に及ぶに至り，広範囲の地下水を把握する必要が生じた。地下水の繋がりのある領域範囲，換言すると分水嶺を越さない範囲を考える。広域地下水の流動を把握するためには近年，数値シミュレーション計算が可能であるが，帯水層定数(透水量係数＝透水係数と帯水層厚さの積，貯留係数の2要因)，帯水層構造，境界条件，給排水源(降水量，揚水量など)などの把握が必要である。特に原位置で帯水層の透水性を計測するため，原位置透水試験法である揚水試験や注水試験が種々工夫されている。

◎宇野尚雄

広域導水 [こういきどうすい] regional water conveyance 都市 河川 従来は，河川の自流取水やダム・河口堰から導水路を経由して，自流域内での広範囲の水利用を指していた。しかし，河川利用率の増加につれて自流域では必要水量を確保することができなくなり，複数の河川を接続して互いの流況を調整し，広範な水資源利用が行われるようになった。水質保全，水質浄化，維持用水確保，渇水対策の利水目的だけでなく，洪水防御，内水排除などの治水目的にも供用されている。対象となる河川は流況調整河川といわれ，利根川広域導水事業，木曽川導水事業，佐賀導水事業，霞ヶ浦導水事業などがその代表例である。

◎小尻利治

広域避難 [こういきひなん] wide area evacuation 火災・爆発 大地震後の市街地火災等から生命・身体を守るために安全な公園，広場等へ移動する(させる)こと。多くの場合，日常的な行動圏の外への長距離かつ集団的な歩行を前提としている。関東大震災時の▶同時多発火災が市街地大火に拡大した際の広域避難は，その後の防災対策に多くの教訓を与えた。関東大震災の広域避難中の障害要因で最大のものは風向きにより刻々と変化し拡大した火災の延焼状況であった。破裂した水道管から吹き出した水や放置された荷物なども避難を困難にしている。また，橋や避難地の入口などの狭あい部分が避難経路上のネックとなり大量の死者が発生している。安全と思われた避難地(被服廠跡など)でも，▶火災旋風の発生などにより多くの人が焼死している。

◎山田剛司

広域避難計画 [こういきひなんけいかく] wide area evacuation plan 火災・爆発 消防力の限界を超えて市街地に全面的な火災が発生するという最悪の場合でも，広域避難地(場所)とそこに至る避難路を確保することによって人命の安全を守るという都市の骨格的な防災計画。広域

避難地は原則として10 ha以上の公園，緑地，広場などの公共施設で，誘致距離は2 km以内とされている。また，避難路は，幅員15 m以上の道路(緑道などの場合10 m)で，概ね500 m以内の歩行距離で到達できるものとされている。→一時集合場所，避難場所
◎山田剛司

広域避難地 [こういきひなんち] evacuation site for wide area 〔行政〕〔地震〕 →避難地・避難路

広域避難場所 [こういきひなんばしょ] refuge base for urban fire 〔河川〕〔火災・爆発〕〔都市〕 →避難場所

広域防災応援協定 [こういきぼうさいおうえんきょうてい] wide area mutual aid agreement for disaster prevention 〔行政〕〔被害想定〕 大規模災害や広域的な災害が発生した場合には，当該地方公共団体の区域を越えて機動的，効果的に対処する必要があるため，複数の団体間で人員や物資などに係る応援の仕組みなどを予め取り決めておくもの。阪神・淡路大震災では，迅速，的確に広域応援を実施する上で，地方公共団体間で応援要請の手続，情報連絡体制などを定めておくことの重要性が強く認識された。そこで，震災後，災害対策基本法が改正され，「地方公共団体の相互応援に関する協定の締結に関する事項」が，特に実施に努めなければならない事項に追加された。これまでに都道府県間では，全国および全ての地域ブロック単位などで計21の協定が締結された他，2252の市町村が協定を有している(2000年4月現在)。また，兵庫県から，大震災を教訓に，専門的な見地から被災都道府県の災害対策に関する助言，支援を行う常設の広域支援体制(広域防災機構)の必要性が提唱され，→人と防災未来センターの中で実現が図られることになった。
◎齋藤富雄

降雨域の伝播 [こういきのでんぱ] storm propagation 〔河川〕〔気象〕 →線状対流系や→マルチセルストームのように積雲あるいは積乱雲が自己組織化した降水システムによってもたらされる降雨域の動きをいう。個々の→降雨セルの移動(translation)に加え，移動する降雨セルの周囲に新たな降雨セルが順次発生するとともに次第に古いセルが消滅することによる伝播(auto propagation)とが重なり合った動きをする。古い降雨セルのどの方向に新たなセルが発生するかは周囲の大気場の条件による。さらに，山岳が作り出す収束域や山岳そのものなどによる強制的な雨域の発生(forced propagation)が加わると集中豪雨となる。
◎中北英一

豪雨災害 [ごううさいがい] heavy rainfall disaster 〔河川〕〔気象〕 気象災害のうち，被害の主要因が豪雨である災害。狭義の豪雨災害は，河川の氾濫や破堤などによる洪水災害と，斜面崩壊や土石流などによる土砂災害の2つに大別できる。実際には豪雨とともに強風や高潮などが発生することも多く，これらによる被害も合わせて豪雨災害と見なす場合も多い。
◎牛山素行

降雨セル [こううセル] rain cell 〔河川〕〔気象〕 レーダーによる観測画面に見られる細胞状の雨域。セルとは細胞を意味する。積乱雲による降雨はレーダー観測画面においてセル状をなし，豪雨の場合はいくつかのセルが組み合わさってひとつの構造をなしていることが多い。レーダーを用いた→運動学的手法による短時間降雨予測ではセルまたはセルの集まりの動きを追跡し，予測する(→降雨域の伝播)。
◎中北英一

豪雨の階層構造 [ごううのかいそうこうぞう] hierarchical structure of heavy precipitation 〔河川〕〔気象〕 豪雨をもたらす降水システムは，しばしば様々な時空間スケールを含むマルチ(多重)スケール構造を示す。例えば，梅雨末期に九州西部に豪雨をもたらす降水システムは，複数の積乱雲が水平スケール数十km(メソβスケール)の積乱雲群に組織化されており，さらにその積乱雲群は梅雨前線上に発達する数百〜数千km程度(メソαスケール)の中間規模低気圧に伴う雲群に埋め込まれていた。豪雨の階層構造を構成する各スケール間には強い相互作用が見られることがわかっており，階層構造の成因を明らかにするためには，個々の対流を解像することのできるメソスケール雲解像モデルの利用と計算に用いるための詳細な観測データの蓄積が不可欠である。
◎藤吉康志

公園の復旧 [こうえんのふっきゅう] restoration of parks 〔復旧〕 阪神・淡路大震災を契機に，公園が避難地や地域の防災拠点として重要な施設であることが再認識されるとともに，その被災に対して，1998年に公共土木施設災害復旧事業費国庫負担法の対象施設に追加された。これによって，従来よりも高い補助率(基本率2/3，激甚災害指定では4/5)での復旧事業が可能となった。なお，負担法の適用を受ける公園施設のうち，植栽，生垣については，適用対象から除外されている。
◎中瀬勲

高温時耐力 [こうおんじたいりょく] strength at elevated temperature 〔火災・爆発〕 主要構造部，例えば鉄骨造

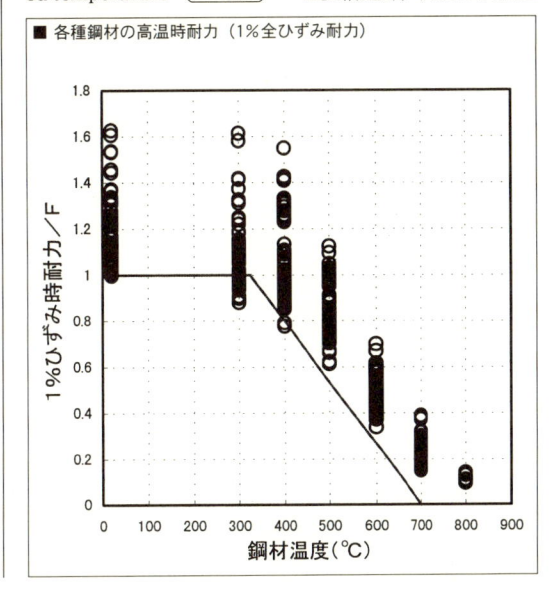

■ 各種鋼材の高温時耐力(1%全ひずみ耐力)

の柱の限界温度は，① T_B：柱が高温時の耐力低下により全体座屈を生じる温度，② T_{LB}：柱が高温時耐力低下と架構の変形により，局部座屈を生じる温度，③ T_{DP}：架構の熱膨張により生じる部材角を制限するための上限温度，④ 550℃ ボルト接合部などの継手の破断の検討を省略するための上限温度，の 4 つの温度のうち最も低いものとなる。ここで，T_B，T_{LB} は，鋼材そのものの高温時耐力に依存する。建築基準法施行令108条の 3 に規定する技術的基準(耐火性能検証法)では，鋼材の高温時耐力を 1 ％全ひずみ耐力で評価している。これは，鉄骨造の架構の崩壊が部材の塑性ヒンジ発生に依存し，塑性ヒンジは概ね全ひずみが 1 ％近辺で発生するからである。前頁の図は，各種鋼材の 1 ％全ひずみ耐力の温度依存性を示す。鋼材の種類，強度ランクなどにより大きくばらつくが，技術的基準(耐火性能検証法)では，ばらつき 3σ を考慮して，高温時耐力を，

$F : T<325℃$

$F×(700-325×T) : 325℃<T≦700℃$

と規定している。この式において，F は鋼材の基準強度，T は鋼材温度(℃)を表すものである。→耐火建築物

◎作本好文

高温における構造安定性 [こうおんにおけるこうぞうあんていせい] structural stability at elevated temperature 火災・爆発　建築基準法施行令第108条の 3 に規定する技術的基準(耐火性能検証法)では，主要構造部が，屋内において発生が予測される火災および建築物の周囲において発生する通常の火災による火熱に，火災が終了するまで耐えることとしている。すなわち，主要構造部の火災保有耐火時間(屋内火災保有耐火時間および屋外火災保有耐火時間)が，前節で述べた火災の継続時間以上であることを確かめることとなる。主要構造部，例えば鉄骨造柱の火災保有耐火時間は，① 部材(柱)の限界温度 [℃]，② 火災温度上昇係数(一斉火災時の室温が火災時間の 1/6 乗に比例するとした場合の比例係数) [K/min$^{1/6}$]，③ 部材近傍火災温度上昇係数(発熱速度が3000 kW 程度の局所火災における火源上温度が火災時間の 1/6 乗に比例するとした場合の比例係数) [K/min$^{1/6}$]，④ 部材温度上昇係数(任意時間後の鉄骨温度を指数関数で表すための係数など) [min^{-1}]，から計算する。

◎作本好文

降灰 [こうかい] volcanic ash 火山 行政　気象学や火山学・火山工学の分野では，"こうはい"というが，活動火山対策特別措置法を所管している内閣府防災担当や地方自治体では"こうかい"という。→降灰 [こうはい]

◎熊谷良雄

光化学オキシダント [こうかがくオキシダント] photochemical oxidants 気象　オゾン，PAN(peroxyacetyl nitrate)，その他の過酸化物など，大気中酸化性物質の総称。ヨウ化カリウム水溶液と接触させるとヨウ素を遊離させる物質すべてを指すが，オゾンが主要成分。大気中に排出された窒素酸化物と炭化水素とが，太陽紫外線により光化学反応して生成される。光化学大気汚染の原因物質で，目，のどの刺激，喘息様発作などの人体影響，農作物の減収，森林衰退などの環境影響をもたらす。

◎植田洋匡

光化学スモッグ [こうかがくスモッグ] photochemical smog 気象　大気中に放出された窒素酸化物と炭化水素とが日射を受け，光化学反応を起こして酸化力の強いオキシダント(オゾン，PAN〈peroxyacetyl nitrate〉，その他の過酸化物など)を生成し，これがさらに硫黄酸化物，窒素酸化物，炭化水素を酸化して酸性ガス(硝酸など)，二次粒子(硫酸塩，硝酸塩，有機酸エアロゾル)を生成する現象。smog は smoke と fog の合成語。オキシダント，二次粒子は，人体や動植物に被害を与える他，視程障害を引き起こす。

◎植田洋匡

高架橋 [こうかきょう] elevated viaduct 都市　都市内での交通の立体化や軟弱な地盤上の 盛土 の代替として，地上面より高所で，道路や鉄道を支持する構造物をいう。交通路線の直線性を確保するのに有効な手段ではあるが，通常時には，騒音，振動，廃ガスなどが環境に及ぼす影響について，検討を要する。兵庫県南部地震時には，大きな被害が発生したが，当該構造物の建設時の設計地震力を遥かに上回る地震力が作用したためである。最近，設計地震力が大幅に引き上げられた。都市内の高架橋のほとんどで検討され始めているが，耐震診断と耐震補強を着実に実施する必要がある。

◎家村浩和

高規格堤防 [こうきかくていぼう] super levees / highstandard levees 河川 地盤　普通の堤防は，計画規模以下の洪水を堤内地に溢れさせることなく安全に流下させることを目的に造られており，超過洪水(計画の規模を上回る洪水)への対策は考慮されていない。これに対し，高規格堤防は，普通の堤防よりも遥かに緩やかな幅広の裏法部を持つ盛土構造を基本とする堤防であり，超過洪水の発

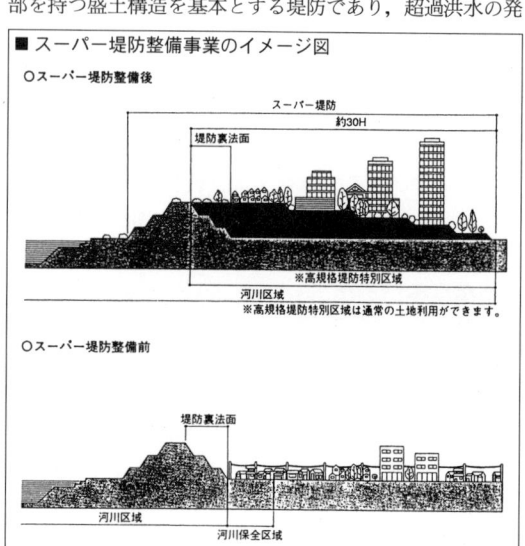

■ スーパー堤防整備事業のイメージ図

生時に作用すると予想される越流水，洪水流による洗掘・浸透に対して堤体が破壊されないように造られるため，超過洪水による破堤に伴う甚大な被害の発生を回避して治水安全度の向上を図ることができる。加えて，幅広の堤防裏法面では通常の土地利用が可能であり，河川近傍の地盤が全体的に底上げされるため，河川へのアクセス，景観など様々な面で河川および周辺環境の質的向上を図ることができる。こうしたことから現在，高規格堤防は，人口・資産・情報が高度に集積した大都市を氾濫原に持つ主要河川の超過洪水対策の主役として位置付けられている。スーパー堤防ともいう。(前頁の図参照)

◎諏訪義雄

公共土木施設災害復旧事業 [こうきょうどぼくしせつさいがいふっきゅうじぎょう] disaster restoration works of public works facilities [河川] [復旧] 公共土木施設災害復旧事業については，公共土木施設災害復旧事業費国庫負担法(1951年)に基づき，「暴雨，洪水，高潮，地震その他の異常な天然現象により生じる災害」を対象の災害とし，復旧の程度は「原形に復旧すること」としている。なお，原形復旧とは狭い意味においては「被災前の位置に被災施設と形状，寸法および材質の等しい施設に復旧すること」を指すが，法律の概念としては，施設の効用復旧も含まれている。災害復旧事業に対する国の補助・負担率は，これらの施設などの新設，改良に比べ一般に高率であり，地方公共団体の負担軽減が図られている。また，国が援助，助成する災害復旧事業については，法律，政令，省令，通達などにより制度の仕組みと詳細な取り扱い細目が定められている。

◎平井秀輝

工業用水 [こうぎょうようすい] industrial water [都市] 工業生産に必要な水として淡水と海水が用いられているが，そのうちの淡水による供給を一般に工業用水と呼ぶ。工業用水は回収率が高いため，生産に必要な使用水量と使用水量から回収水を除いた補給水量に分けて表記される。工業用水の水源は，一般に工業用水道および上水道および自己水(主に地下水，河川水など)である。→都市用水

◎田中成尚

工業炉の地震時出火想定 [こうぎょうろのじしんじしゅっかそうてい] estimation of earthquake fires from furnaces [被害想定] 工業炉からの地震時出火は，過去の地震において数事例が発生している。工業炉は，他の出火要因と比較して高温で熱容量が大きいことから被害を受けた場合の出火確率が高く，また，火災に至った場合の消火が非常に困難である。東京都では，工業炉を用途と使用燃料(液体など，電気)の組み合わせにより8タイプに分類し，各タイプごとに出火，爆発に至る確率を算定して，地域別分布数と使用率を掛け合わせることにより出火件数を想定している。

◎川村達彦

航空機火災 [こうくうきかさい] aircraft fire [火災・爆発] 航空機が駐機，滑走，離陸，巡航，着陸中に発生した火災を指す。航空機は，経済的な運行のために機体の重量や体積には大きな制約が存在し，しかも飛行に必要な動力を得るために高出力のエンジンを装備し，大量の燃料を離陸時に積載している。また旅客機の内部は，軽量で強度の高いポリマーが壁面，座席などに使用されている。旅客機は，巡航時の空気抵抗を低減する目的で，成層圏を飛行するために機体は密閉加圧構造とされ，強制換気が行われている。飛行中に火災が発生した場合，安全に着陸するまでは，脱出できない。このような制限の大きい航空機火災による被害を低減するためにハードとソフト双方の努力が行われている。

◎鶴田 俊

航空気象学 [こうくうきしょうがく] aviation meteorology [気象] 航空機の運航の安全性，定時性，快適性，経済性を確保するため気象の実況把握と予測を研究する気象学の一分野。航空機の運航，最も影響を与える風を始め，視程，降水，雲，雷，気温などが研究対象である。具体的には離着陸時における低層の▶乱気流，水平や鉛直の風の▶シアー，霧などによる悪視程，夏季の高温などが，また巡航時におけるジェット気流，晴天乱気流，▶山岳波，雷雲，着氷などが対象となる。空港における気象観測，気象予報，運航管理などの応用面では，迅速性と定量化が要求される。近年のトピックとして，空港周辺に発生するダウンバーストを監視する▶ドップラーレーダーの設置や，空港周辺に限定した数値予報モデルの開発計画などが挙げられる。

◎石原正仁

剛構造物 [ごうこうぞうぶつ] rigid structure [地震] 耐力壁を十分に配するなどして，剛く強い構造形式をとる構造物の総称で，相対的に柔らかいが十分な粘りを付与した柔構造物の対語である。構造物の耐震安全性は，構造物が持つ強さと粘りによって確保されるが，剛構造物は主として強さに期待するもので，一般に剛く従って固有周期も短く，また揺れによる変形も小さい。

◎中島正愛

黄砂 [こうさ] yellow sand dust / Asian duststorm [気象] 中国西北部の黄土地帯で低気圧によって吹き上げられた砂塵(黄砂)が，上空の偏西風に乗って日本列島に到達し，視程が低下し(6～10 km程度)，天空が著しく混濁する現象。黄砂という言葉は砂塵の意味にも，黄砂現象の意味にも用いられる。春先の2～5月に西日本ではしばしば観測されるが，東日本では比較的少ない。著しい場合は車の屋根やフロントガラスに黄褐色の砂塵が堆積する。また，黄砂混じりの雨や雪が降ることもある。

◎荒生公雄

公式救援要請 [こうしききゅうえんようせい] international appeal [海外] 災害が発生し，被災国が自助努力で緊急救援ならびに復旧を行えないと判断すると国連開発計画(UNDP)常駐代表に対して公式に救援要請が出される。UNDP常駐代表は公式要請を国連人道支援局(OCHA)長に伝達し，これを受けてOCHAは国際社会に対して救援要請に応えるよう促す。International appeal

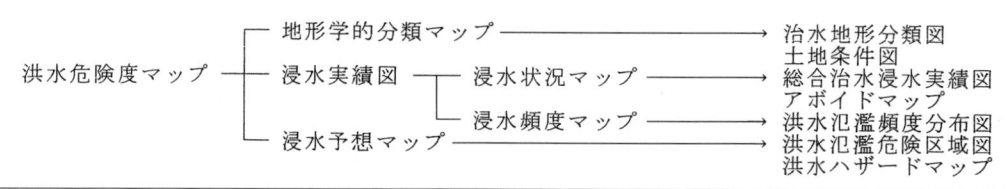

■ 洪水危険度マップ

```
                    ┌─ 地形学的分類マップ ──────────────→ 治水地形分類図
                    │                                    土地条件図
洪水危険度マップ ──┼─ 浸水実績図 ──┬─ 浸水状況マップ ──→ 総合治水浸水実績図
                    │              │                      アボイドマップ
                    │              └─ 浸水頻度マップ ──→ 洪水氾濫頻度分布図
                    └─ 浸水予想マップ ────────────────→ 洪水氾濫危険区域図
                                                          洪水ハザードマップ
```

には，災害の種別，発生位置，時刻，規模，必要とされている支援の内訳の概略が記される。　　　　　◎渡辺正幸

硬質塩化ビニル管　[こうしつえんかビニルかん]　hard PVC pipe　[都市]　塩化ビニル樹脂を主原料とし，安定剤，顔料を加えて，加熱した押し出し形成機によって製造した管のこと。一般に塩化ビニル管，塩ビ管とも呼ばれている。この管は耐食性，耐電食性に優れ，軽量で接合作業が容易な反面，衝撃や熱に弱く，紫外線により劣化し，凍結によって破損しやすい。　　　　　　　　　◎田中成尚

硬質地盤　[こうしつじばん]　hard ground　[地震][地盤]　一般的に明確な規定はないが，洪積層，岩盤など直接基礎などが設置できる比較的固い地盤を指すことが多い。従って，地盤のせん断弾性波速度300～500(m/s)，N値にして砂質地盤では50，粘性土で30以上の層がこれに当たる。
　　　　　　　　　　　　　　　　　　　　◎西村昭彦

更新統　[こうしんとう]　Pleistocene (series)　[河川][地盤]　第4紀更新世(約180万年前～約1万年前)に形成された地層。最新世は同義別訳語。わが国の海岸平野や盆地の地下に拡がる数百～数千mの厚さに達する地層。関東平野では上総層群，大阪平野では大阪層群(大阪層群最下層部はより古い第3紀鮮新世末)がその代表。各地の海岸平野に分布する多くの段丘構成層(関東地方では多摩，下末吉，武蔵野，立川の各段丘)や，この時代の活発な火山活動により堆積した火山灰層も更新統に属する。
　　　　　　　　　　　　　　　　　　　　◎細田　尚

降水確率　[こうすいかくりつ]　probability of precipitation　[気象]　対象地域内の任意の地点で特定時間内に測定可能な降水がある確率として定義され，％で表される。気象庁が発表する「東京地方の午前6時から正午までの降水確率は30％」という降水確率予報は，東京地方のどの地点でも午前6時から正午までの時間内に1mm以上の降水量となる確率が30％であることを意味する。降水がある場合に受ける損害をLとし，この損害はコストCを払う対策によって防げるとする。降水確率pの予報がn回あるとすると，何も対策をとらない場合に受ける損害の期待値はnpL，対策をとる場合のコストはnCである。これより，p(降水確率)>C/Lの場合には何も対策をとらない場合の損害が大きくなるため，対策をとる方法が全体として経済的である。　　　　　　　　　　　　　　　　◎水野　量

洪水危険度マップ　[こうずいきけんどマップ]　flood risk map　[河川]　洪水危険度を表すマップは①地形学的分類マップ，②浸水状況マップ，③浸水頻度マップ，④浸水予想マップに分類される。①の木曽川下流域濃尾平野の水害地形分類図(1956年)は伊勢湾台風(1959年)による被害状況を的確に予測したことで有名である。他には総合治水対策特定河川の**浸水実績図**(1981年～)や神奈川県が作成したアボイドマップ(1988年)などがある。近年氾濫解析技術の向上により，氾濫状況を予測する技術が進んだため，洪水の浸水予想マップが数多く作成されるようになった。洪水ハザードマップはその代表格で1994年より作成されている。従来建設省で作成していた**浸水予想区域図**(1987年～)などとは異なり，大縮尺(およそ1/10000～1/25000)で作成されているため，自分の家，地域の水害危険性を判断しやすくなっている。建設省が作成した洪水氾濫危険区域図をベースとして，主として，計画降雨発生に伴う洪水により堤防が破堤した場合の浸水予想区域，最大浸水深(複数の破堤箇所からの氾濫水の範囲，水深を包絡している)，浸水実績，避難所，情報伝達経路図などが記載されている。避難路や避難方向が記載されたマップもある。

　作成主体は市町村で，国土交通省がデータ提供・技術指導を行っている。1997年には(財)河川情報センターより「洪水ハザードマップ作成要領　解説と運用」が発刊(2000年に改訂)され，作成技術も進んできている。2001年7月現在，全国で114市町村の洪水ハザードマップが作成されている。特徴的なマップとしては，氾濫水の到達時間分布を示した「上越市関川水系洪水ハザードマップ」，成人用に水害避難マニュアル，子ども用にハザード・パスポートを作った「岩沼市浸水予測図」などがある。→ハザードマップ
　　　　　　　　　　　　　　　　　　　　◎末次忠司

洪水期制限水位　[こうずいきせいげんすいい]　normal top water level for flood season　[河川]　洪水調節を目的とするダムの貯水池計画において，計画洪水に対し必要な洪水調節容量を確保するために設定する水位で，洪水期の流水の貯留を制限するものである。洪水調節あるいは洪水に達しない流水の調節を行う場合を除く洪水期の貯水池の最高水位である。治水と利水は水管理上競合する性格を持つので，貯水池の使用は多目的相互間の調整が必要となるが，洪水調節容量は他の目的に優先して確保するべきであり，制限水位を設けて流水の貯留を制限している。利水計画はこれを考慮した上で立てる必要がある。洪水調節などで制限水位を超えた時は，速やかに水位を下げなければならない。
　　　　　　　　　　　　　　　　　　　　◎永末博幸

降水強度 [こうすいきょうど] precipitation intensity
気象　雨や雪，あられなどによる降水量は水の深さ(mm)で表され，単位時間当たりの降水量を降水強度という。通常，mm/hの単位で表される。10分間降水量，1時間降水量など，単位時間の長さを付けた降水量で表すこともある。降水強度は，降水による水の質量フラックス(単位面積当たり単位時間に落下する降水粒子の質量)でもある。$1\ mm/h$は，$1\ kgm^{-2}h^{-1}$に相当する。雨粒の粒径分布$n(D)$と落下速度$v(D)$が与えられている場合，降水強度Rは次式で求められる。
$$R = \int_0^\infty \frac{\pi}{6} \cdot D^3 n(D) v(D) dD$$
ここで，D：雨粒の直径である。　　　　　　◎水野 量

洪水調整方式 [こうずいちょうせいほうしき] discharge control 河川　上流で洪水の流水を貯留することによって下流の最大流量を減少させる高水処理方式。ダムなどにより貯水池を形成する方法と，平地沿川の低平地が自然に有する流量低減作用を増進させて計画に取り込む方法とがある。宅地開発などに伴う流出増大効果を補償するために浸透・貯留施設を設置することも行われる。ダムは，水没に伴う社会的影響や，魚類の遡上を阻害するなど生態系に関わる環境変化が問題とされるが，下流河道の改修規模を小さくできるだけでなく農業・都市用水の開発や発電などの利水機能があり，これらを総合判断して計画される。
◎中尾忠彦

洪水調節池 [こうずいちょうせつち] flood control reservoir 河川　洪水の一部を貯留して下流のピーク流量を低減させるための貯水池である(遊水池でいう「洪水調節池」も広い意味で含まれる)。一般に，ダム築造により洪水調節池を新設する。洪水調節池(洪水調節用貯水池)は，主要洪水防御地域に対してできるだけ近いことが望ましい。ダムサイトの地形地質，貯水量の確保とともに自然環境の保全，水没地域実態などを総合的に勘案して位置が決められる。洪水調節方式には，自然調節方式，一定量放流方式，一定率調節方式などがある。　　　　　　◎播田一雄

洪水調節容量 [こうずいちょうせつようりょう] storage capacity for flood control 河川　洪水調節を目的とするダム計画において，洪水調節の対象とすべき洪水を調節するために必要な容量で洪水の規模や調節方式によって決定される。一般には計画洪水の流入に対して計算される容量に2割程度の余裕が見込まれている。洪水期は制限水位を設けて洪水調節容量を確保することが多いが，ダムによっては予備放流によって洪水調節容量を確保する場合もある。洪水調節容量は，流域相当雨量を概ね100 mm以上とすることが望ましいが，やむを得ずそれ以下となる場合にはゲート一定開度調節方式や自然調節方式といったゲート操作の伴わない方式を採用し，ダム管理の安全を期する必要がある。　　　　　　◎永末博幸

洪水追跡 [こうずいついせき] flood routing 河川
洪水が河道を流下する状況を解析して，河道に沿う主要地点での流量・水位ー時間曲線の両方を求めること。手法として開水路非定常流の一次元連続式，運動方程式を解く水理学的追跡法と貯留方程式(連続式)と貯留関係式(貯留量と流出・流入量の関係)を用いる水文学的追跡法の2つに大別される。前者を用いる場合，対象とする河川流は常流であることが多く，この時，特性曲線理論から上流・下流端で水位または流量時間曲線の一方が境界条件として必要とされる。数値解析法として固定格子点の特性曲線法，有限差分法，有限体積法に基づいた方法が多数提案されている。後者は下流の影響が顕著でない場合に用いられ，代表的方法にマスキンガム法がある。最近では計算機の進歩により，数十kmにわたる河道対象区間を一般座標系での平面二次元流モデルにより解析し，治水計画のより詳細な基礎資料を得ることが通常になってきている。　◎細田 尚

洪水到達時間 [こうずいとうたつじかん] flood concentration time 河川　ある河川流域においてその出口から見て上流の流域界の力学的最遠点に降った雨水の影響(擾乱)が出口まで伝播するのに要する時間をその河川流域の洪水到達時間，または洪水集中時間という。これは流域の地形，地被，表層の土壌性質，流路網構成などの地域特性と有効降雨の波形，強度，流量規模などによって左右される可変量で，その同定は容易ではない。合理式によって洪水のピーク流量を推定する方法では，便宜上，流域固有の一定値をとるとされる。　　　　　　◎友杉邦雄

洪水吐 [こうずいばき] spillway 河川　ダムおよび貯水池が洪水の流入に対して安全を確保するために設けられた放流設備の総称で，常用洪水吐と非常用洪水吐とがある。常用洪水吐はサーチャージ水位以下の水位で洪水調節を行うための放流設備であり，非常用洪水吐はこの常用洪水吐と合わせてダムに想定される最大規模の流量(ダム設計洪水流量)を放流するための放流設備である。構造面から見ると管路型の放流設備と越流型の放流設備とに分類される。また水理機能により，上流側から流入部，導流部，減勢工に区分される。非常用洪水吐はゲートを有さない構造が望ましい。洪水吐には「余水吐」と呼ばれるものもある。　　　　　　◎永末博幸

洪水ハザードマップ [こうずいハザードマップ] flood hazard map 河川　→洪水危険度マップ

洪水氾濫解析 [こうずいはんらんかいせき] flood inundation analysis 河川　破堤または河川の溢水により氾濫が生じた場合に，氾濫水が堤内地でどのように拡がるかを調べる解析手法であり，コンピュータによる数値シミュレーションが一般的である。解析法の代表的なものにはタンク法(ポンド法)と二次元平面の非定常流の解析法とがある。前者は氾濫域を多数の水槽(タンク)に分割し，水槽の水位で氾濫水位を表し水槽間の流れで氾濫水の流れを表すものである。後者は連続式，運動量式から構成され

る二次元浅水方程式を基礎式とし，氾濫域を格子分割して数値的に解くものである。数値解法としては差分法と有限要素法があるが差分法が一般的である。差分法では一般曲線座標や非構造格子を用いたモデルの高度化も進められている。
◎戸田圭一

洪水氾濫危険区域図 ［こうずいはんらんきけんくいきず］ flood hazard map ［河川］ →洪水危険度マップ

洪水比流量曲線 ［こうずいひりゅうりょうきょくせん］ enveloping curve for regional specific maximum discharge ［河川］ 洪水ピーク流量に関する比流量と流域面積の関係をある地域の洪水について包絡するように表した曲線。Creager曲線がよく知られている。地域の設定にあたっては豪雨特性の類似性に留意する必要があり，わが国では，Creager曲線をもとに地域係数などの検討を加えた地域別比流量図が旧建設省河川砂防技術基準(案)に示されている。角屋はDAD関係をもとに洪水比流量曲線の関数形を求め，全国に適用できるよう総合化した上で，旧建設省河川砂防技術基準(案)とは少し異なる地域区分毎に観測最大洪水の比流量を包絡する洪水比流量曲線の地域係数を提案している。地点毎に再現期間が異なっている観測最大洪水を取り扱う代わりに，各地点の洪水ピーク流量を一定の再現期間で確率評価したものを用いると再現期間に対応した洪水比流量曲線を得ることができる。
◎田中茂信

洪水保険 ［こうずいほけん］ flood insurance ［情報］ →災害時の保険

洪水予測 ［こうずいよそく］ flood forecasting / flood prediction ［河川］ 洪水の発生状況を事前に数値的に把握することであり，水工施設設計に際して外力規模を決めるためのオフライン予測と，水工施設の管理や災害対応のためのオンライン(実時間)予測がある。オフライン予測には水文統計解析が主として用いられる。実時間予測では，流出モデルと時々刻々得られる観測情報を組み合わせ，確率的に流域各地点の流量や水位の予測値を更新していく方法がある。貯水池の最適操作や統合操作には，実時間洪水予測が不可欠である。
◎堀 智晴

洪水予報 ［こうずいよほう］ flood forecasting and warning / flood advisory ［河川］ 気象庁が単独で発表するものと，国土交通省もしくは都道府県と気象庁が共同で発表するものと2種類の洪水予報がある。前者は，ある県内のある広い地域(例えば○○県北部)内にある全ての河川を対象としており，対象地域の予測降雨量をもとにして，洪水によって災害，もしくは重大な災害が起こる恐れがある場合に，それぞれ洪水注意報，もしくは洪水警報として気象庁から発表される。一方，後者は，水防法第10条第2，3項，および気象業務法第14条第2，3項の規定に基づいて，洪水により国民経済上重大な損害を生ずる恐れのある河川(洪水予報指定河川)を対象として国土交通省もしくは都道府県と気象庁が共同で発表する。その後者の洪水予報は，洪水注意報，洪水警報，および洪水情報(前2者の補足情報)の3種類からなり，いずれも，対象となる予報河川区間の水位や降雨量を基準として発表される。その具体的基準は，発表対象の河川，予報区間毎に定められている。これらの洪水予報は，水防団の水防活動や，防災関係機関の警戒・避難などのための防災活動，および流域住民による自衛措置などを，迅速かつ円滑に実施するために活用される。2001年4月1日現在で，全国108水系，191河川が洪水予報河川として指定されている。
◎深見和彦

降水レーダー ［こうすいレーダー］ precipitation radar / rain radar ［河川］［気象］ アンテナからパルス状の電波を送信し，大気中の降水粒子(雨滴や降雪粒子)によって散乱する電波を同じアンテナで受信することによって，降水の強さとその位置を計測する装置。距離の測定には，パルス波の利用と，連続波の周波数変化(FM-CW)を利用する方法がある。アンテナを回転させることにより，二〜三次元のデータ取得が可能であり，降水粒子の移動速度を計測するドップラーレーダーや電波の面を切り替えながら観測する偏波レーダーも開発されている。→気象レーダー
◎小池俊雄

剛性率 ［ごうせいりつ］ story stiffness ratio ［地震］ 建築基準法施行令82条に規定された用語であり，ある階の層間変形角の逆数を建物全層にわたる平均値で除したものをいう。それにより高さ方向の剛性の急変する層が定量的に評価できる。基準法施行令では0.6以上であることが求められている。剛性の割合を表すということで，せん断弾性係数を意味する時もあるが，紛らわしいので，その意味で用いられることは少ない。
◎神田 順

洪積層 ［こうせきそう］ Diluvium ［河川］［地盤］ 更新統と同義に扱われるが，地質年代を表す用語としては更新統が適切。→更新統
◎細田 尚

降雪 ［こうせつ］ snowfall ［雪氷］［気象］ 地上気温が氷点下であると落下してくる降水が個体であり，結晶化している場合が多い。雪は雲粒付きが進んだあられと雪結晶が互いに併合してできる雪片(ぼたん雪)とに大別され，これらを総称して降雪という。結晶形は大部分が樹枝状結晶である。わが国の場合，地上気温が氷点下10℃以上であり，雲の高さが2000〜3000 m以上であるので，雲の中に−15℃の気層が必ず存在し，その温度の雪結晶の成長速度が最も速く，その結晶形が樹枝状結晶である。従ってこの結晶形の降雪が卓越するのである。
◎遠藤辰雄

豪雪 ［ごうせつ］ heavy snowfall ［雪氷］［気象］ 特に社会的に重大な災害をもたらすような大量の雪が降り積もる(大雪，多雪)ことで，そのような冬の豪雪は年号を付して呼ばれる(36，38，56，59，60，61豪雪)。この言葉は昭和36(1961)年の大雪より使われるようになり，同年，災害対策基本法で初めて豪雪が災害の対象として認められ

た。→大雪，多雪年
◎小林俊一

降雪雲 [こうせつうん] snow cloud 〔雪氷〕〔気象〕 正式な雲の分類には使われていない言葉であるが，地上に降雪をもたらす雲ということで雨と区別して，実用的にはしばしば使われる。それらは冬季の日本海側海岸に局所的な降雪をもたらす，いわゆる筋状の雲列がそれである。これによる降雪は降る所は風が強く，また晴れる所と近接しているのが特徴で交通機関に混乱をもたらすことで恐れられている。また冬の低気圧による降雪の時に，広域にわたって湿った重い雪を降らし送電線の倒壊などが起こる。多くの場合，上空の雲の中では降雪となっていて，それが夏では地上に達する時に融けて例外なく雨であるが，秋口から冬にかけては雨であったり雪のままで降ったりすることが起こる。これは地上の交通機関に及ぼす影響が大いに異なるので，防災の立場から，その予報は重要視されている。地域や相対湿度によっても異なるが，概ね地上気温が2℃以上では雨かみぞれとして降り，それ以下では雪になることが多い。
◎遠藤辰雄

降雪強度 [こうせつきょうど] snowfall intensity 〔雪氷〕〔気象〕 降雪の激しさを示す数量である。除雪や雪害対策の現場では時間当たりの新積雪深をセンチメートルで表す(cm/h)ほうが実用的である。しかし，これは雪質や密度によって変わるなどの地域性があるので，定量的評価にふさわしくないことがあり，降雨にならって雪を融かして雨量に換算した単位で表すほうが一般的である。その場合には毎時何ミリメートル(mm/h)という雨のたまった時の厚さをミリメートルで表した単位が使われる。理論的には個々の雪粒子がそれぞれの落下速度で水平な単位面積を単位時間に鉛直に上から下へ通過する降雪の質量の積算値として，溜まり水に換算した水の厚さを毎時何ミリメートル(mm/h)で表している。
◎遠藤辰雄

降雪検知器 [こうせつけんちき] snowfall detector 〔雪氷〕〔気象〕 大気中を落下する雪片を検知するか，板の上にごくわずか積もった降雪を検出することにより，降雪現象を自動検出して報知信号を発生する装置。利用目的は降雪の有無の報知，道路，屋根，建築物などの融雪設備の自動制御である。板の上に降った雪を検出する方法として，傾斜した受雪板の上面に一対の対向した櫛歯状電極を，裏面に面ヒータを配置した水分検出部と，わずかな新積雪の温度を検出する判別温度検出部で構成される二要素型降雪検知器がある。これは降雪の開始・終了時刻を高精度で検知できる。主として道路の散水融雪の自動制御に多用されている。
◎田村盛彰

豪雪地帯 [ごうせつちたい] heavy snowfall area 〔雪氷〕〔行政〕 豪雪という言葉は，本来学術用語として使われていたわけではなく，報道機関が使い出した用語であるが，最近は学界でも使われている。豪雪という言葉は字句通り，雪の多い地帯をいうが，その地域で本来降ったこともないような大雪が降り，社会的にも混乱をきたしたような時に用いられている。それゆえ時と場所によって使い分けられているので，学問的には定量的な定義はない。しかし，法律的には，豪雪地帯対策特別措置法(1962年法律第73号)が制定され，この法律に基づいてわが国には豪雪地帯として定義された地域がある。それは，累年平均積雪積算値が5000 cm・日(横軸に日を，縦軸に積雪深をとった時の面積)以上の地域で，道府県または市町村について指定されている。北海道，青森，岩手，秋田，山形，新潟，富山，石川，福井，鳥取の1道9県は全域指定で，1府13県が一部市町村単位で指定されている。指定市町村数は961(153市，585町，223村。平成13年4月現在)で，全市町村数の約3割を占める。→特別豪雪地帯
◎中村 勉

豪雪発生機構 [ごうせつはっせいきこう] mechanism of heavy snowfall 〔雪氷〕〔気象〕 豪雪は北海道のドカ雪と同様にジャーナリズムの作り出した用語であるが，いわゆる大雪である。この発生機構は概ね低気圧性の降雪と季節風型の降雪とに二分される。低気圧性の降雪は南成分の風が移流してくるので暖かく，雲頂高度も高く絶対湿度が高いので降雪量も多く，しかも気温が高いので湿り雪であり，重くて屋根雪災害や電線の着雪事故が起こりやすく，特に太平洋側の南東斜面に激しい降雪をもたらす。降雪域は一般に広範囲に及ぶために交通機関に与える被害は大きい。季節風型の降雪はいわゆる西高東低の気圧配置で，特に発達する低気圧の東方への移動直後のいわゆる低気圧の後面の北風の場面で発生する筋状の雲列の雲によって，もたらされる降雪である。
◎遠藤辰雄

構造運動 [こうぞううんどう] tectonic movement 〔地震〕 ◉造構造運動

構造計算基準 [こうぞうけいさんきじゅん] standard for structural calculation 〔地震〕 構造計算は構造計画と合わせて構造設計の根幹を成す行為である。構造計画では，建築物の用途，規模，構造法，骨組の形や大きさ，基礎の種類などを決定する。それを具体的な細部にまで推し進める過程が構造計算で，荷重計算，応力計算，部材，接合部，基礎の算定などから構成される。構造計算を具体的に実施するための諸規定を明示したものを，構造計算基準と称する。建築物構造設計基準書の代表として，1981年に改定された建築基準法の運用書として位置付けられる「建築物の構造規定──建築基準法施行令第3章の解説と運用」がある。また学会なども構造計算に資する規準類を独自に出版している。例えば日本建築学会からは「鉄筋コンクリート構造計算規準・同解説」，「鋼構造設計規準」などが出版されている。
◎中島正愛

構造工学 [こうぞうこうがく] structural engineering 〔地震〕 構造工学は，構造物の挙動を明らかにし，設計や施工を行うための基礎となる学問体系であり，構造力学・解析学，鉄骨構造・鉄筋コンクリート構造などの各種構造

学，耐震・耐風工学，構法・施工学などから成り立っている。地震地域に建設される建築物や土木構造物は，地震に対する構造安全性と機能保持能力を持つことが要求され，建築物の耐震安全性に対する最低レベルは建築基準法で定められている。さらに公共性の高い土木構造物については，交通・通信網や，電気・ガス・水道などのライフラインが損なわれないよう十分な安全性と機能性の確保が求められる。耐震性の検定方法には静的と動的の2種類があり，過去の震災経験や地震記録，あるいは地震工学に基づいて設定される設計用水平力または設計用地震動に対し，構造物の静的または動的挙動を解析によって求め，変形や応力が許容限界内に収まることを確認する。　　◎上谷宏二

構造地形［こうぞうちけい］ structural landform / tectonic landform ［地盤］　［1］造構運動による地形，すなわち活褶曲や活断層を反映した地形で，変動地形(tectonic landform)と呼ばれる。変動地形には，断層崖，三角末端面などがある。変動地形は，活断層の認定や活動履歴の解明，新しい造構運動の解析に用いられている。最近では，変動地形と同様の地形が山体の重力による変形でも形成されることがわかってきた。［2］地質構造を反映したもの，すなわち岩石の削剝に対する抵抗性に起因する地形を指すもので，組織地形(structural landform)と呼ばれる。組織地形には，ケスタ，ホグバック，メーサなどがある。　　◎千木良雅弘

構造部材［こうぞうぶざい］ structural member ［地震］　構造物においては，柱や梁のように，長さの寸法が断面寸法より格段に大きい棒状の部品から構成されることが多い。これら棒状の部品を部材と呼び，またその中で構造物の自重や積載荷重，積雪荷重，風荷重，地震荷重，衝撃荷重などを支える部材を構造部材という。　　◎中島正愛

構造物［こうぞうぶつ］ structure ［地盤］　私たちは様々な用途の構造物を作り出し利用しながら生活を営んでいる。土木・建築構造物については，積載荷重，地震，強風に対して壊れたり機能を失わないよう構造工学に基づく適切な構造設計と施工がなされるが，わが国ではほとんどの場合，地震荷重によって構造体が決定される。強度と靱性(粘り)によって地震力に抵抗し得る構造物を作るのが耐震設計の基本であり，ラーメン構造を用いた建物では鉄骨や鉄筋コンクリートの部材が十分な塑性変形能力を示すように，また変形能力に乏しいレンガ造やコンクリート造の壁式構造，あるいはブレース付き鉄骨架構では，それに見合った高い強度を保持するように設計される。最近は，基礎部に積層ゴムやすべり支承を設けて地震動を遮断する免震技術や，種々のダンパーや減衰装置を建物に組み込んで効果的なエネルギー吸収を図ることにより応答や損傷を低減する制振技術の開発と実用化が進んでいる。
　　◎上谷宏二

高速道路の被害想定［こうそくどうろのひがいそうてい］ damage estimation of highways ［被害想定］　高速道路とは，首都高速道路，日本道路公団などが管理している高速道路および有料道路であり，インターチェンジやランプがある道路である。高速道路は，トンネル部と地上部に分けられるが，トンネル部には過去に被害事例は少なく，地上部の被害が主である。被害想定に際しては，まず，地形図より対象とする道路およびインターチェンジ，ランプの位置(有無)を路線毎に読みとり，道路の現況データを作成する。過去の地震被害の調査結果より，不通率を震度および地震後の日数毎に求め，高速道路の被害程度の指標とする。その際，不通率は，(ある震度の地域を通過する不通区間総延長)/(ある震度の地域を通過する総延長)で定義する。インターチェンジ間，ランプ間の単位で不通率を評価し，これをもとに不通区間を想定する。→一般道路の被害想定　　◎川上英二

交通荷重［こうつうかじゅう］ traffic load ［地盤］　→振動

交通機関利用者数［こうつうきかんりようしゃすう］ users in transportation system ［被害想定］　交通機関利用者数には，交通機関の車輛内にいる乗客数と，駅の乗降人員(改札口を出入りする人数)とがある。このうち想定人口と関連が深いのは乗降人員である。これは1日の延べ乗降人員で集計されることが多いが，電鉄会社や市交通局などの交通機関が行う流動人員調査では，1時間(ラッシュアワーは30分間)毎の駅の乗降人員を調査している。このデータを利用して，駅周辺の一時滞留者数を推定することができる。→PT調査　　◎辻 正矩

交通事故による死傷者［こうつうじこによるししょうしゃ］ casualties caused by traffic accidents ［被害想定］　地震時の交通事故による死傷者は車の走行中に揺れでハンドルをとられ，他の車や電柱，ガードレールなどに衝突，接触して発生することが考えられる。しかし，その発生率は車の走行速度に大きく影響され，走行速度は地域や時間帯によってかなり異なることが考えられる。また，地震時の交通事故による人的被害に関する基礎的データがないため推定が極めて困難である。東京都の1997年の被害想定では，平常時の交通事故の統計から事故1件当たりの死者を0.01人とし，地震時にはより多くの交通事故が発生すると考えられるものの，東京都の被害想定時刻(夕方6時頃)における車の走行速度が20～30km／時程度であることから，死者の発生は少ないと考えている。負傷者についても，同じ理由から軽傷程度と見積もり，定性的な表現にとどめている。　　◎宮野道雄

交通施設［こうつうしせつ］ traffic facility / transportation facility ［都市］　交通を構成する3要素は，移動の主体，交通手段(交通具)，交通路であり，交通施設とは交通具を除いた交通路のことである。交通は，交通具を移動させるための線状空間もしくは施設であり，移動空間

と起終点施設から成る。前者は，道路，鉄道線路，運河，航路，航空路などであり，後者は駐車場，バス・トラックターミナル，駅，港湾，空港などである。防災上の観点からは，これらの構成要素である橋梁，高架橋，トンネル，盛土，駅舎，軌道設備，港湾施設，空港施設などが挙げられよう。このうち道路の機能は，交通機能，土地利用誘導機能，空間機能の3つであり，交通機能はさらにラインホール処理としてのトラフィック機能と沿道出入りのためのアクセス機能（イグレスを含む）に分けられる。また，空間機能はさらに避難路や延焼防止のための防災機能，ライフライン施設や軌道を収容するための都市施設収容機能，街区形成や遊び場などの生活環境機能に分類される。

◎若林拓史

交通施設の被害想定 ［こうつうしせつのひがいそうてい］ damage estimation of transportation facilities 被害想定　道路，鉄道，港湾施設に大別される交通施設それぞれに対して，地震被害の想定は，物的被害，機能被害，復旧過程の順に行う。道路は高速道路，一般道路，細街路に分類でき，橋，盛土，トンネル，横断歩道橋などの震動や液状化などに伴う物的被害，停電などによる信号故障，交通事故，沿線火災による不通や交通渋滞などの機能被害，復旧に必要な日数や人数や資材量などの復旧過程を想定する。鉄道に対しては，列車の脱線や転覆，影響を受ける旅客数なども想定する。港湾に関しては，岸壁，港湾施設の被害なども想定する。想定の流れとしては，まず，過去の地震による被害事例を分析し，震度などの外力の関数として施設被害率，脱線率，不通率などを設定する。次に，対象地域での外力の分布の想定結果と各施設の延長や交通量や列車運行状況などの現況データから，各施設の被害箇所数，道路の混雑度，列車の脱線数，人的被害，不通区間，復旧日数などを想定する。

◎川上英二

交通渋滞の想定 ［こうつうじゅうたいのそうてい］ estimation of traffic congestion 被害想定　地震後の交通渋滞は交通容量の減少，交通需要の増加，走行経路の変更により発生する。交通容量の減少は，橋梁や高架橋や路面などの道路構造物の被害，電柱などの転倒物，落下物，建物の倒壊，浸水，火災および消火活動，放置された駐車車両などによる。交通需要の増加は，救援，消火，緊急物資輸送，復旧復興工事，ガレキや廃棄物の輸送などの輸送需要の増加による。走行経路の変更は，不通，閉鎖，混雑した高速道路および一般道路からの迂回により発生する。被災地においては道路の被害箇所，信号の消えた交差点など交通容量が極小となるボトルネックを先頭に交通渋滞が発生するが，交通需要が交通容量を数%超えるだけでも生じるため，交通規制などの運用が重要である。　◎川上英二

交通雪害 ［こうつうせつがい］ snow damage to traffic 雪氷 都市　雪が発生要因となる交通災害，交通障害。吹雪による吹きだまりや，雪崩，融雪出水などに加え，処理が追いつかない大雪も，鉄道を含む地上の交通手段に大きな影響を与える。大雪で飛行場の除雪が間に合わなかったり，機体の雪処理で航空便に影響が出ることもある。近年，雪国でも高速交通が可能になるに従い，吹雪や雪煙による視程障害時の多重衝突事故が増える傾向があり，種々の対策が講じられつつある。従来の個別災害対策だけでなく，雪関連情報の社会的共有を促進し，社会全体の連携を強め，雪による影響を最小限にする総合的対策の充実についても，注目され始めている。

◎石本敬志

行動統制 ［こうどうとうせい］ behavior control 情報 Kelley & Thibaut（1959）による対人関係のあり方を説明する概念。二者関係において，両者が互いに相手に対して対等な場合，2人は互いに適当な行動の組み合わせを選択することによって，満足感を得ることができる状況である。自分にとって満足できない結果となった行動を次の機会に変更する傾向がある。そこで，試行錯誤を通して，あるいはコミュニケーションによって，互いに満足が得られる行動の組み合わせを発見し，その行動を継続的に選択することによって関係の維持が図られる。→運命統制

◎藤原武弘，林　春男

行動の収斂 ［こうどうのしゅうれん］ convergence of behavior among people 情報　災害時の人間行動については，実際に体験する機会が少ないために誤解されていることが多い。その極端なものの一つに，災害が発生すると人間は人格も一変し，平常時とは全く違った行動をとるという誤解がある。平常時に人々の行動が収斂し，規則性を持つメカニズムとして運命統制や行動統制がある。災害時に人々の行動が変化するとしても，それは行動収斂のメカニズムが変化するわけではなく，その場の統制条件が変化するためである。

◎林　春男

港内埋没 ［こうないまいぼつ］ shoaling of harbor 海岸　漂砂が航路や泊地に堆積し，港内の水深を浅くする現象を港内埋没という。河口付近や潮流，吹送流の強い海域の港湾では漂砂の堆積が激しく，船舶の航行や岸壁への離着岸などに支障をきたすため，計画水深を確保するために多大の浚渫維持費が必要となる。特に，粘土やシルトなどの底泥が航路や泊地に堆積する現象を→シルテーションと呼び，欧州北海沿岸，東南アジア，中南米の河川流域や河口部の港では大きな問題となっている。港内埋没対策としては，埋没量を軽減するため防波堤の延伸による港口部の沖出し，防波堤に沿って移動する漂砂を制御するための港口部横堤の設置，潜堤による航路埋没防止や流れを利用した漂砂制御，砂だまりポケットによる航路維持浚渫費の縮減などの対策がなされている。

◎山下隆男

降灰 ［こうはい］ ash fall 火山　地面に降下した，あるいは降下中の→火山灰。火山噴火による噴煙は風下側に流れ，風下の地域に火山灰が降下する。降下した火山灰は単に粉塵として日常生活に不便をきたすだけではない。

耕作地や家屋を埋没したり，泥流発生の原因となる。火山灰は酸性ガスを付着しているので，農作物に被害を与え，車両や家屋の金属部分の腐食，屋内の電子機器の障害や，送電線の碍子の絶縁不良による停電を起こすこともある。
◎石原和弘

荒廃渓流 [こうはいけいりゅう] torrent stream 地盤
土砂の流送が激しく，渓流水系全般を通じて局所的な土砂の洗掘，堆積など，変化の激しい渓流を荒廃渓流と呼ぶ。つまり，渓床の洗掘区間では渓床低下に伴う山体斜面の崩壊が誘発され，堆積区間では渓床上昇に伴う越流災害となる。また，土砂の液状化を誘発し土石流の発生源となる場合もある。これらの渓床の安定化には渓流水系を一貫した平衡勾配へ誘導することを目途とするが，治山，砂防ダムを系列的に設置することにより誘導している。◎山口伊佐夫

荒廃山地 [こうはいさんち] devastation slope land 地盤 山地林相が未熟で表土の裸出が激しい山地のこと。特に，深層風化深成岩帯では表層部が裸出すると酸化作用により母岩が細粒化され，表面侵食，表層崩壊が発生する。また，新規堆積岩帯では裸出すれば炭素化作用により膠結材が流亡し，礫，細砂が分離して表面侵食，浅層崩壊が発生する。このような山地は一旦植生が破壊されると植生の自然侵入の余地を与えない。従って，人為的に緑化工を実施し，表層部を早期に植生で被覆することによって侵食の進行を防備している。◎山口伊佐夫

光波測量 [こうはそくりょう] electro-optical distance measurement 地震 火山 光波測距儀を用いて光により距離を測定する方法。測定側から測定地点の反射プリズムに向け一定周波数で変調した光を発射し，発射光と反射してきた光の位相差を測定して2点間の距離を求める。レーザーを光源とした光波測距儀では最大50km程度まで1cm以下の精度で測定可能である。誤差要因として測定光路の気温，気圧，水蒸気圧の影響が大きく，1 ppm以下の測定精度を得るには光路上の気象要素の把握，温度勾配の小さい日没時間帯での測定，波長の異なる数種の光の使用などの工夫が必要となる。◎古澤 保

後発開発途上国 [こうはつかいはつとじょうこく] Least Developed Countries (LDC) 海外 開発途上国の分類援助に携わる国際機関によって異なっており，世界銀行，開発援助委員会（DAC），国連ならびに国連開発計画が独自の基準を持っている。国連総会で定められた後発開発途上国の場合はほとんどの国が以下のような問題を1つ以上抱えている。すなわち，①1人当たりのGNPが300ドル前後またはそれ以下，②内陸国，③離島，④砂漠化および自然災害。その数は1996年現在で48カ国である。あるいは①1人当たりGDPが699ドル以下，②製造業のGDPに占める割合が10％以下，③成人の識字率が20％以下の条件に該当する国である。さらに，1人当たりのGDPが356ドルを超えても427ドル以下の国，または識字率が20％を超える国であっても他の2つの条件に該当すればLDCとして指定される。LCDが被災した場合，回復能力はなきに等しく，緊急救援から復旧に至るまで外国の援助に期待せざるを得ない。◎渡辺正幸

公費解体 [こうひかいたい] governmental subsidiary for collapsed housing 情報 復旧 災害などで損傷した建物を，国や自治体などの費用によって解体すること。地震などにより損傷した建物などには公的な関与は従来想定されておらず，所有者責任で実施されてきたのが現状であったが，1995年の兵庫県南部地震では，震災が阪神間全域に及ぶ大規模なものであること，個人の処理能力を超えること，公共空間の確保が急務なこと，人命，財産に危険が及ぶこと，家屋倒壊の危険性を早急になくす必要性があることなどから，個人，中小企業の損壊建物の無償撤去を，特例的に廃棄物処理法（廃棄物の処理及び清掃に関する法律）の災害廃棄物処理事業として所有者の承諾のもと市町村の事業として行い，公費負担（国庫補助1/2）の対象とされた。◎勝見 武

降ひょう抑制 [こうひょうよくせい] hailfall control 雪氷 気象 日本で降るひょうは大きいもので梅干大であるが，アメリカ大陸では野球ボール程の大きさのものもある。いずれにしろこれらが農作物や家畜に与える被害は甚大である。これを抑制するために発生初期の雲に人工的な雲核や氷晶核を大量に撒き散らし，いわゆる「オーバーシーディング」と称する，多すぎる初期結晶を発生させることによりお互いに水蒸気の奪い合いを起こして，より大きく成長することができない状態に持っていく，これによってひょうのような大きな降水粒子の発生を抑制することである。フランスでは小型ロケットを雲に打ち込む方法で実用化している。◎遠藤辰雄

降伏点 [こうふくてん] yield point 地震 応力が弾性限以上の値に達すると応力の増加に対してひずみが急に大きくなる。このような限界点を降伏点と呼び，降伏点に対応する応力とひずみを，それぞれ降伏応力と降伏ひずみと称する。軟鋼など多結晶組織を持つ金属材料では降伏点が明瞭に現れるが，コンクリートや木材では応力増分とひずみ増分の関係が徐々に変化するので降伏点を判別しにくい。このような場合には，応力を取り除いた後の残留ひずみが0.2％になるような応力レベルを降伏応力と規定することもある。◎中島正愛

神戸住宅復興メッセ [こうべじゅうたくふっこうメッセ] Kobe Housing Exposition 復旧 阪神・淡路大震災からの市民による住宅の自力再建を総合的に支援するために，神戸市住宅供給公社が主催して組織された住宅情報拠点である。耐震，耐火の住まいづくりなどの技術情報の提供はもちろん，敷地に合わせた住宅モデルプランの提示，協調建替えや共同建替えをテーマとする街づくり情報の提供，設計事務所やプランナー，コンサルタントの派遣，住

宅メーカーや工務店，デベロッパーの紹介や契約手続など，住宅の再建から復興まちづくりに関するあらゆる分野を結集した支援の取り組みでもある。復興住宅メッセは，阪神・淡路大震災から2カ月後の1995年3月17日に公表された神戸市震災復興住宅整備緊急3カ年計画(案)に「まちづくりと連携した住宅整備」に関する施策として提案されたもので，1995年6月22日から1998年3月31日まで開設され，多くの成果を挙げた。しかし，当時は被災地にはまだ空地が多く残存しており，メッセの新長田会場は「住宅再建相談所」として活動を継続した。→住宅復興計画 ◎中林一樹

後方医療 [こうほういりょう] medical services outside of stricken area [被害想定]　被災地内で発生した高度医療を必要とする患者(特にクラッシュ症候群や重症熱傷)は，被災地外の設備が整った三次医療機関などで治療する必要がある。阪神・淡路大震災では，激甚被災地区周辺の震度5以下の病院が後方医療機関として患者を受け入れていたが，病院間の情報連絡が円滑に行かなかった。このため，阪神・淡路大震後，各都道府県では災害拠点病院を指定し(平成13年5月時点で全国で531病院)，厚生労働省では広域災害・救急医療情報システムの普及を図っている。 ◎高梨成子

後方医療支援 [こうほういりょうしえん] logistics for disaster medical system [行政]　軍陣医学では，戦場あるいは戦場近くの野戦病院で負傷者の応急処置を行う前方医療支援(第一線救護)に対し，前方医療では処置困難な負傷者を戦場から離れた医療機関で本格的な治療を行うことを後方医療支援という。一方，災害医学では，災害で混乱している被災地内の医療を被災地周辺の医療機関が支援することをいう。具体的には，災害で発生した重症負傷者あるいは被災地では治療継続不可能な入院患者の受け入れ，被災地内の医療機関で不足している医療従事者などの人的あるいは薬品などの物的資源の被災地への投入がある。これらを実行するための，医療情報の交換，患者搬送手段の手配，搬入された傷病者の被災地外医療機関での適正な分配などの調整も含む。 ◎甲斐達朗

合理式 [ごうりしき] rational formula [河川]　ある流域からの洪水流出のピーク流量の推算式の一つで，洪水到達時間内の平均降雨強度に流域面積(集水面積)と流出係数を乗じるかたちをしている。降雨の空間分布の一様性の仮定のもとに理論的に得られる関係式に基づいていることがその名称の由来とされる。流出係数は，降雨分布と流域の特性，および洪水到達時間の定義に依存する補正係数である。河川関係では，洪水時の流量観測資料が乏しく，洪水調節施設を上流に持たない200〜300km²程度以下の中小流域の治水計画で用いられる。また，最近，ピーク流量だけでなくハイドログラフの予測計算に用いられることがある。 ◎友杉邦雄

抗力 [こうりょく] drag force [海岸][気象]　流れの中に置かれた物体，あるいは静止流体中を運動する物体が受ける流体力の一つ。抗力の主な発生原因は，物体のまわりの流体に圧力差が生じることにある。川のような一方向の流れでは，物体の上流側の圧力より低圧力の領域(後流)が物体の下流側に発生し，物体は抗力を受ける。抗力の大きさは，流れの方向と直交する平面への物体の投影面積と流れの速度の2乗に比例する。比例係数は抗力係数と呼ばれ，流れのレイノルズ数および物体表面の粗さに依存する。抗力の作用方向は流れの方向と一致し，流れの上流側から下流側に向かって作用する。一方，波動運動や振動流のように流れの方向が時間的に反転する場合には，後流は物体の上・下手側に交互に発生し，物体は作用方向が反転する抗力を受ける。この時の抗力係数は，レイノルズ数と物体表面の粗さに加えて，クーリガン・カーペンターにより提唱された振動特性を表すKC数に大きく影響される。→3分力 ◎筒井茂明

高齢単身者 [こうれいたんしんしゃ] single household elderly [情報][復旧]　単身で暮らすいわゆる「独り暮らし高齢者」は，1980年に91万人，2000年に272.4万人，さらに2010年には306万人になると国立社会保障・人口問題研究所は推計している。男性対女性の比率は2対8の割合で女性が圧倒的に多く「独り暮らし高齢者」の問題は女性の問題であるともいえ，また核家族化や都市化の影響で今後ますます増えていくと予測される。阪神・淡路大震災では仮設住宅で誰にも看取られることのない「孤独死」が問題になった。 ◎藤田綾子

航路 [こうろ] waterway [海岸]　港湾，湾口部，海峡部などにおいて，船舶が安全に通航するために設けられる特別な水路で，その水深，幅員などは，対象とする船舶と波浪条件などを考慮して決定される。航路の法線は，船舶の操舵が容易となるように，風，潮流，波などの影響を考慮して決定されるが，特に波向きの影響の強いことが知られている。そして，航路の方向は，波の主方向から30〜60°の範囲内に設定することが推奨されている。航路の水深は，船舶の最大吃水と波浪動揺による沈下量を考慮して決定される。動揺沈下量は，船舶の規模により，最大波高の2分の1〜3分の2程度とされている。航路幅は，危険回避などのために航路上で船舶の方向転換が可能となるように，通航最大船舶の船体長の1.5〜2倍程度にとられる。また，港口幅はこの航路幅を許容するように設定されている。 ◎中村孝幸

港湾 [こうわん] port / harbor [海岸]　港湾とは，狭義には，外海の波浪に対して船舶が安全に碇泊できる水域を有するものをいう。一般には，これに加えて水陸交通の連絡設備を有するものをいう。それゆえ，港湾の基本施設としては，航路および泊地などの水域施設，防波堤および護岸などの外郭施設，岸壁などの係留施設，道路および鉄道などの臨港交通施設がある。最近は，広義に，環境や防

■ 港湾構造物の地震災害

災の拠点として港湾を捉える見方も現れている。港湾法により港湾を分類すれば、特定重要港湾(22港)、重要港湾(特定重要港湾を含み128港)、地方港湾(避難港を含み960港)の計1088港であり、漁港法により漁港(計2937港)を分類すれば、規模の小さい順に第1種、第2種、第3種、特定第3種漁港があり、また別に第4種漁港がある。港湾施設は、台風や高潮、地震、津波の被害を受けやすいが、被災額から見ると、防波堤などの外郭施設の被災が過半数を占め、ついで、係留施設、水域施設の順となっている。兵庫県南部地震(1995年)を契機にして、災害時の緊急輸送、避難場所および物資補給の拠点として、地域の防災機能の向上と災害時の支援活動に果たす役割が港湾に期待されてきている。　　　　　　　　　　　　　　　　　　　◎角野昇八

港湾構造物　[こうわんこうぞうぶつ]　port structures
[地震] [海岸] [被害想定]　港湾における防波堤、護岸などの外郭施設や岸壁、桟橋などの係留施設などの構造物。主なものとして、係船岸、防波堤、ドルフィン、クレーンなどがある。係船岸には、砂などで中詰めしたケーソンやコンクリートブロックを用いた重力式、矢板を隙間なく一列に打ち込んで壁面を作る矢板式、鋼管杭やコンクリート杭を用いた直杭式(斜杭式)横桟橋、鋼版や鋼矢板によるセルを砂などで中詰めしたセル式などがある。また、防波堤には、斜面での砕波によりエネルギーを散逸させる傾斜堤、全面が鉛直である壁体を海底に据え、波のエネルギーを主として反射させる直立堤、捨石部の上に直立壁を設けた混成堤などがある。

港湾構造物の設計においては、重力式係船岸などに震度法が用いられる他、直杭式横桟橋などには修正震度法、沈埋トンネルなどには応答変位法が用いられる。また、特に重要な施設でその耐震性能を強化する耐震強化施設においては、耐震性能の照査が行われる。　　　　　　◎一井康二

港湾構造物の地震災害　[こうわんこうぞうぶつのじしんさいがい]　earthquake damage to port structures　[地震] [被害想定]　港湾構造物の地震災害としては、1995年の兵庫県南部地震における神戸港の被害がよく知られている。神戸港にはケーソンによる重力式係船岸が多く、これらの岸壁が海側へ最大5m程度移動し、前面へ傾斜しながら沈下した。その結果、ケーソン背後地盤との間には大きな段差が発生した(写真)。また、岸壁上のクレーンにも股裂き状になるなどの被害が発生した。その他の構造形式の被害例としては、同じく兵庫県南部地震における高浜岸壁(直杭式横桟橋)、1983年日本海中部地震における大浜2号岸壁(鋼矢板式)などの例がある。

港湾構造物の被害は地震動による慣性力の他、地盤の液状化によるものも多い。そこで、設計時に液状化判定を行い、液状化すると判定されたものについては液状化対策を行っている。1993年釧路沖地震においては液状化対策済みの岸壁が無被災にとどまった例があり、港湾構造物への液状化対策の有効性が確認されている。　　　◎一井康二

港湾施設の復旧　[こうわんしせつのふっきゅう]　restoration of port facilities　[復旧]　港湾施設の復旧に関しては、応急復旧バースを利用しながら隣接するバースの本復旧を行い、工事完成後に利用バースを入れ替え、暫定利用していたバースの本復旧を行うといった、復旧工事と荷役作業の両立が不可欠となる。さらに、原状回復だけでなく、施設の重要度に応じた耐震性の向上(設計震度の引き上げ)、地震応答の異なる構造形式の組み合わせといった港湾施設の耐震性の強化が必要となる。なお、構造・機能面での復旧が終了した後も、施設利用が事前水準に戻るまでにはさらに時間を要することが多い。　　◎塚口博司

港湾の被害想定　[こうわんのひがいそうてい]　damage estimation of port facilities　[被害想定]　臨海部では津波による被害の他に、液状化に伴う沈下または側方流動により、岸壁、エプロン、防波堤の被害が想定される。重力式のケーソン式岸壁では、滑動、前傾、沈下などの変状が生じ、船の接岸、荷揚げなどができず使用不能になるものがあると想定される。しかし、大きな設計震度を用いて、液状化に対する耐震対策がなされた耐震強化岸壁には被害がなく地震後も使用可能であると考えられ、渋滞が予想される道路交通に代わって緊急物資の輸送に対応できる。その際、港湾の輸送機能上、耐震強化岸壁とともに重要なのは、岸壁へのアクセスルートとなる道路の耐震性の確保である。阪神・淡路大震災では、神戸市の耐震岸壁は地震で被害を受けなかったが、アクセス道路の不通、背後道路の被害、交通渋滞などのため十分に機能しなかった。耐震強化岸壁には複数のアクセスルートを建設し、交通渋滞を考慮した道路網を構築しておく必要がある。　◎川上英二

コーピング行動　[コーピングこうどう]　coping behavior
[情報]　災害や事故による危機、不調・病などの急性・慢性のストレスなど、通常ならその人の対応能力を超えそうな事態に対応するために、認知(事態の見え方)や行動を変えて乗り切ろうとする努力のこと。課題解決と感情コントロールという2つの方向がある。この時、当事者がストレス源を脅威と感じることが少なく、自分の対応能力やソー

シャル・サポートといった個人的・社会的資源が使えることを思いつき，また，事態の否認に陥らなければ，心身の困難は少なくなるといわれている。
◎羽下大信

氷 [こおり] ice 雪氷　字句上は，液相の水分子が固相になったものをいう。しかし，結晶学的には，固相への変化過程を問わない。例えば，雪の結晶も結晶学的には氷の結晶である。水はいろいろな点で不思議な物質であり，結晶学的にもその温度と圧力に応じて5つの晶系(六方・立方・菱面体・正方・単斜晶系)に属する10個の形(多形)を持つ。通常我々が生活する場所で見受ける氷(雪)の結晶は，氷Ihと呼ばれる六方晶系の氷である。氷の雪氷防災に関する未解決の最大の難問は，路面凍結による走行車の高速性の不保持性，ならびに氷上でのスリップによる衝突事故回避問題であろう。電線着氷問題も大きいものである。地球環境問題では，南極氷床の融解による海水面上昇問題がある。
◎中村 勉

氷雪崩 [こおりなだれ] ice avalanche 雪氷 海外　氷河の一部(氷)が崩れる雪崩(なだれ)で「氷河雪崩(glacier avalanche)」とも呼ぶ。実態は観測が困難なために明らかにされていないが，氷河を頂く山を登る登山家たちが遭遇する恐ろしい雪崩である。形態は多数の氷ブロックを含む煙型の雪崩で遠方まで到達するので危険予測が難しい。世界最大の氷雪崩災害は，1970年3月31日，ペルーのワスカラン峰で発生し，ユンゲイ市を埋没させ2万人以上の死者を出したものである。
◎小林俊一

氷の焼結 [こおりのしょうけつ] ice sintering 雪氷　融点近傍の温度において固体粒子の接触部に結合が生じ合体する現象が焼結である。地球上で人類が活動する環境の温度は氷の融点の80%(−55℃)の範囲にあるから，氷の焼結は常に進行している。例えば，降り積もった雪が圧密とともに機械的強度が増すのは，単に密度が増え構造が緻密になったためではなく，個々の雪粒子間に焼結によって結合が生じたためである。雪が樹木の小枝や電線に積もることができるのも，また，氷が種々の物質に付着するのも，単なる機械的な引っかかりだけでなく焼結の効果による。氷は，地球上の水循環，大気循環，気候変動，雪氷災害に深く関わっているが，氷や雪の物理的性質が，焼結作用のため時々刻々変化していることを忘れてはならない。
◎前野紀一

氷の摩擦係数 [こおりのまさつけいすう] friction coefficient of ice 雪氷　氷とタイヤやスケートとの摩擦係数は小さくスリップ事故の原因ともなっている。摩擦係数は自動車用各種タイヤの0.1～0.2からスケートの0.003～0.01まで変化する。摩擦材料と摩擦形式，摩擦速度，温度によって異なる値をとる。スパイクのように滑走材の突起が氷に食い込んで溝を掘っていく時，大きな抵抗が現れる。氷の摩擦が小さい理由としては古くは水潤滑を仮定する圧力融解説，摩擦融解説が有名で，とりわけ摩擦融解説が有力であった。しかし，解け水を作るのに摩擦熱が必要なこと(スケートのパラドックス)から，スケートのように小さな摩擦は凝着説で説明するのが妥当である。つまり，氷の高い硬度と極端に低いせん断強度が摩擦の小さい原因と考えられる。
◎対馬勝年

氷薄片 [こおりはくへん] thin section of ice 雪氷　氷の結晶粒組織やC軸方位，氷の中の気泡形状などを調べるため，氷を厚さ1～2mmの薄片にしたもの。薄片作成は，厚板氷の一面をミクロトーム，あるいはカンナを用いて平らな面を作り，その面をガラスに凍着する。さらに，反対の面を削り，厚さ1～2mmの一様な板に仕上げるのが一般的方法である。この薄片を2枚の偏光板の間に置くと，氷の結晶粒組織を観察することができる。また，気泡の観察は偏光板を使用しない方が観察しやすい。
◎成田英器

護岸 [ごがん] seawall / revetment 海岸 地盤　高潮および津波，波浪による海水が陸地へ侵入するのを防ぎ，越波を減少させて，陸岸の侵食を防止する目的で海岸線付近にそれに沿って築造される構造物を護岸あるいは堤防という。わが国における海岸防護施設のうち，約95%を占める。このうち，盛土とコンクリート打設などにより背後の陸地よりも高くしたものを堤防と称し，陸岸の前面を整形してコンクリートなどで被覆したものを護岸と称する。その形式は，多い順に，直立型(表法勾配が1割未満)，消波型(前面に消波工を設けたもの)，緩傾斜型(表法勾配が3割以上)，傾斜型(同1割～3割)あるいは混成型となる。また構造は，一般に天端，胸壁(パラペット)，表法面からなるが，堤防の場合，1959年の伊勢湾台風以来，波力に耐えられるようにコンクリートの三面張りが標準となった。緩傾斜護岸・堤以外の護岸の難点として，親水性に欠けることの他，大きな表法勾配からの反射波による構造物前面の洗掘・侵食の増大があり，被災要因のうちの半数以上が前面洗掘によるものとなっている。
◎角野昇八

国際協力事業団 [こくさいきょうりょくじぎょうだん] Japan International Cooperation Agency (JICA) 海外　1974年に開発途上国に対する政府開発援助(ODA)の実施機関として設立された特殊法人で，外務省が監督官庁である。2000年4月現在職員数は1218人，年度予算は1874億円。開発途上国の経済，社会の発展に寄与し国際協力の促進を図るため，2国間贈与のうちの技術協力，無償資金協力のための調査と実施促進業務を担当している。具体的な事業内容は次の通り。①技術協力事業(研修員受入れ，専門家派遣，機材供与，プロジェクト方式技術協力，開発調査)，②青年海外協力隊派遣，③技術協力のための人材養成と確保，④無償資金協力事業の調査と実施促進，⑤開発協力事業，⑥移住者・日系人の支援，⑦災害緊急援助事業。→政府開発援助
◎青木利通

国際緊急援助 [こくさいきんきゅうえんじょ] international emergency aid 海外　1919年に赤十字連盟(後に国際赤十字・赤新月社連盟と改称)が設立されるまでは災害援助は全て2国間で行われていた。その後も宗教団体や人道団体が個々に救援や援助を実施していたが，1946年に設立された国連児童基金(UNICEF)や1963年に設立された国連食糧農業機関(FAO)の世界食糧計画が国際社会の意思として被災後の救援事業を始めた。1970年に推定数十万人の死者を出したバングラデシュのサイクロンによる災害で行われた救援活動に，タイミング・救援物資の品質不良ならびに量の不十分などの問題があったこと，災害の前の警報，避難から事後の被害調査と救急ならびに救援に至る制度，組織，技術の改善強化の必要性が認識されたことから，国連は1972年欧州本部に国連災害救援調整官事務所(UNDRO)を設立して災害前後の体制整備と災害救援実務の調整を行うようになった。UNDROは1992年の国連の機構改革で廃止され，その業務は国連のニューヨーク本部の人道問題局(DHA)に移され，1998年にさらに人道援助調整局(OCHA)が実施するようになった。
　　　　　　　　　　　　　　　　　　　◎渡辺正幸

国際緊急援助隊 [こくさいきんきゅうえんじょたい] Japan Disaster Relief team (JDR) 海外　1987年「国際緊急援助隊の派遣に関する法律」により発足した制度。海外の地域，特に開発途上国地域における大規模な災害に対し，被災国または国際機関からの要請に応じて実施される。事業は，国際緊急援助隊の派遣，援助物資の供与，資金援助に大別される。このうち，資金援助については外務省が実施し，他は外務大臣の派遣命令および物資供給指示によって国際協力事業団(JICA)が実施する。援助隊には，①人命の救出・救助を行う「救助チーム」(警察庁・消防庁・海上保安庁の職員から構成)，②救急医療・防疫を行う「医療チーム」(JICAに登録されている医師・看護婦〈士〉などの中から隊員を選出)，③災害応急対策や災害復旧を行う「専門家チーム」(関係省庁からニーズに応じて専門家を確保)がある。1992年から自衛隊の海外への派遣が可能になった。発足から1999年3月までの派遣実績は救助チーム6，医療チーム23，専門家チーム17である。　◎青木利通

国際ケア機構 [こくさいケアきこう] Cooperative for American Relief Everywhere (CARE International) 海外　1945年にアメリカとカナダで設立され，戦後の欧州やアジア35カ国へ食糧や衣料を送る団体として活動を始めた。国際CAREは10カ国のCAREの連合体である。相手国内の専門家や団体を通して活動することを原則とし，その分野は土地の活用，土壌保全，食糧援助，給水，栄養補給と栄養教育ならびに家族計画を主体にしている。1962年からは1958年に組織された国際医療協力機関(Medical International Cooperation Organization)を併合して開発途上国の僻地の医療や保健専門家の教育・訓練ならびに所得向上事業を実施している。現在では日本を含むアジアならびに西欧諸国に支部を設けて組織を拡大している。
　　　　　　　　　　　　　　　　　　　◎渡辺正幸

国際消防救助隊 [こくさいしょうぼうきゅうじょたい] International rescue team of Japanese fire-service 行政　1985年11月14日(現地時間13日)に発生したコロンビアのネバド・デル・ルイス火山の噴火による泥流災害に際し，被災者の救援活動を行うため，わが国の消防救助隊の派遣について外務省から消防庁に対して打診が行われた。この救援活動は結局，実現に至らなかったが，消防庁は，このような事態が再び発生した場合に国際協力の一環として積極的に対応することとし，1986年に市町村の消防救助隊員により構成する国際消防救助隊(International Rescue Team of Japanese Fire-Service 略称"IRT-JF"愛称"愛ある手")を独自に発足させた。その後，政府は外務省が中心となり，海外で大災害が発生した場合の国際緊急援助体制の整備を進め，1987年9月に「国際緊急援助隊の派遣に関する法律」が公布施行された。この法律は，海外における大規模災害時に，被災国政府などの要請に応じて実施する総合的な国際緊急援助体制の整備を図ることを目的としたものであり，消防庁長官は，外務大臣からの協力要請および協議に基づき，消防庁職員に国際緊急援助活動を行わせるとともに，消防庁長官の要請を受けた市町村はその消防機関の職員に国際緊急援助活動を行わせることができるようになった。現在，国際消防救助隊員は，警察庁，海上保安庁の要員とともに世界でトップレベルの救助技術を有する「国際緊急援助隊」として出動し，海外において救助活動や支援活動を行っている。近年では，トルコ西部における地震災害や台湾地震災害において迅速に出動し，高度な資機材を用いて救助活動をしたところである。　　　　　　　　　　　　　　　　　◎消防庁

国際赤十字・赤新月社連盟 [こくさいせきじゅうじ・せきしんげつしゃれんめい] International Federation of Red Cross and Red Crescent Societies (IFRC) 海外　第一次世界大戦中のソルフェリーノの戦いの惨状にショックをうけたアンリ・デュナンの提案を基にして，1919年に赤十字連盟(League of Red Cross Societies)が設立された。1983年にイスラム諸国を加えて赤十字・赤新月社連盟(The League of Red Cross and Red Crescent Societies)となった。新たに加えられた「赤新月社」の文字は，「赤十字」がキリスト教の教義を意味するとして反発するイスラム諸国の意向を汲んでイスラム教がシンボルとする新月を赤く塗って共通の原則に則るとしたものである。その後，1991年にInternationalを追加し，LeagueをFederationに変更して標記のように改称して現在に至っている。IFRCは各国の赤十字社ならびに赤新月社で構成されていて，本部をスイスのジュネーブに置いている。活動は7つの基本原則すなわち，人道，公平，中立，独立，奉

仕，単一，世界性に則っている。その目的は，「人類の被災を防止し緩和するために各国赤十字・赤新月社の人道的活動をあらゆる形で奨励し，便宜を図り，促進することによって世界平和の維持と促進に貢献する」ことである。災害時には被災者に替わって国際アピールを出し救援のための寄付，物資，サービスを国際社会から受け入れる。主要業務は救援活動，開発，災害対策に加えて献血，疫病と伝染病の予防，社会福祉などの分野ならびにこれらに関する情報サービスである。
◎渡辺正幸

国際防災協力 [こくさいぼうさいきょうりょく] International cooperation for disaster prevention 行政　日本は，災害の経験国，防災の先進国として，防災分野の国際協力に積極的に活動している。政府では①研修生の受け入れ，専門家の派遣などの技術協力，②無償資金協力，③円借款，④国連機関を通じての協力，の4分野で進められている。特に，1987年に「国際緊急援助隊の派遣に関する法律」が制定され，救援物資の供与を含む総合的な緊急援助体制が整備された。民間部門では，日本赤十字社を始めとする民間団体が災害時の緊急援助などを行っている。
◎内閣府

国際防災の10年 [こくさいぼうさいのじゅうねん] International Decade for Natural Disaster Reduction (IDNDR) 海外 行政　20世紀最後の10年を国際社会が協力して，特に開発途上国における，自然災害による被害を軽減することを目的として1989年の国連総会で決議された実行計画である。事務局はジュネーブの国連欧州本部人道問題調整局に置かれている。計画が対象とする災害は地震，強風，津波，洪水，地すべり，火山活動，森林火災，バッタの食害，干ばつ，砂漠化その他の自然災害である。自然の加害力が作用して発生する災害を抑止し被害を軽減する能力を強化するために国際社会が協力して開発途上国を支援するのが目的である。理学や工学的な知識ならびに技術の移転を重視しているが，加害力が災害を生み出す root causes に対する取り組みはなされていない。しかし，人の命が自然の加害力によって不条理に失われていく事実に対抗する行動を，国際社会が一致してとることになったことは人権を普遍的な価値とする人類の歴史の歩みに合致する。わが国では，内閣総理大臣を本部長とする「国際防災の10年推進本部」が設置され，「1994年国連防災世界会議（横浜）」「1999年国際防災の10年記念シンポジウム（東京）」などを開催した。また，民間部門においても推進組織が設けられた。1999年で終了し，2000年からの「国際防災戦略：ISDR (International Strategy for Disaster Reduction)」に引き継がれた。
◎内閣府，渡辺正幸

国際連合災害救援調整官事務所 [こくさいれんごうさいがいきゅうえんちょうせいかんじむしょ] Office of the United Nations Disaster Relief co‐Ordinator (UNDRO) 海外　災害が起きた時に行われる緊急救援と平常時の防災支援業務を国際社会の中で調整する中心機関として1972年3月に国連欧州本部（スイス）に設置され，国連事務次長が主席を務めた。1990年の組織改革で廃止され，その業務は国連本部の人道局(DHA)を経て人道問題調整局(OCHA)に引き継がれている。災害が発生すると information report を出して国際社会の注意を喚起し，被災した国の要請を受けると situation report を出して資金，物資，技術を見積もり援助国，団体に配信する。また，救援実務の進行状況に関する情報を配信して援助を募るとともに，援助がタイミングよく，重複や過不足なく被災者に届くように調整する。死者の収容，傷病者の保護，仮設住居の設営と給食などの緊急事態が終了すると援助総括報告とともに終了宣言を行う。平常時には災害と救援経過を総括してより効果的・効率的な支援体制を整備したり災害多発国・地域の協力体制を固めるための支援を行う。
◎渡辺正幸

国際連合児童基金 [こくさいれんごうじどうききん] United Nations Children's Fund (UNICEF) 海外　第二次世界大戦の犠牲になった欧州の児童を救済することを目的にして1946年に設立された国際連合児童緊急基金(United Nations International Children's Fund)を前身とする国連機関である。欧州の復興に伴い，1953年に対象を欧州の児童から開発途上国および災害で被災した国の児童に拡大し，組織も短期基金から長期常設の機関になった。その際，名称が変更されたが，略称はそのまま存続して使用されている。援助対象国は創設直後の欧州ならびに中国から，パレスチナ難民を含む世界の途上国のほとんどに及ぶ。活動内容は児童を対象にした保健衛生，栄養改善，飲用水供給，母子福祉，天災・戦災時の緊急援助である。わが国も脱脂粉乳(1949年)，1953年の風水害，1956年の北海道の冷害，1959年の伊勢湾台風，1960年のチリ津波災害などの際に援助を受けている。本部はニューヨークにある。欧州を中心に33カ国に国内委員会があり，民間ベースで協力が行われている。
◎大井英臣

国際連合食糧農業機関 [こくさいれんごうしょくりょうのうぎょうきかん] Food and Agriculture Organization (FAO) 海外　農業分野の国連機関で1945年に設立された。「人類の栄養および生活水準を向上させ，食糧および農産物の生産および分配の能率を改善し，もって拡大する世界経済に寄与する」ことを目的に，栄養，食糧，農業，天然資源保全などの分野で各国に対する指導，国際調整を行っている。本部はローマにあり，5つ（アジア太平洋，近東，アフリカ，ラテンアメリカ，欧州）の地域事務所と2つ（ワシントン，ニューヨーク）の連絡事務所を持っている。
◎大井英臣

谷底平野 [こくていへいや] valley plain 河川　両側を谷壁に囲まれた細長い平野で，河川による沖積作用すなわち，洪水氾濫の及ぶ範囲をいう。一般的に上流側は岩盤の露出する侵食性谷底平野，下流側は砂礫の堆積する堆

積性谷底平野である。また山地だけでなく，台地を刻むものも谷底平野と呼ばれる。一般的に谷底平野は傾斜が急である。洪水時には，川幅が谷幅と同じくらいに膨らむこともあり，流速も速いが，排水も速い。　　　　◎大矢雅彦

国連・FAO世界食糧計画　[こくれん・FAOせかいしょくりょうけいかく]　UN・FAO World Food Program (WFP)　[海外]　国連と国連食糧農業機構の多国間食糧援助共同事業計画として1961年に設立された。食糧危機に陥った国の要請に基づいて，①食糧を現物給与して干拓や灌漑などの労働集約的な開発プロジェクトを実施する，②バランスのよい食糧を供給して食糧不足を解消する，③世界の食糧安全保障を実現することを目的としている。
　　　　◎渡辺正幸

国連開発計画　[こくれんかいはつけいかく]　United Nations Development Program (UNDP)　[海外]　開発途上国に対する技術協力を推進する国連機関で1965年に設立された。134の開発途上国に事業所を持ち，資金を供与して政策から個別プロジェクトの実施，モニタリング，評価に至る広範な開発事業を実施する。事務所長は管轄国にある国連機関の業務を調整する権限を持ち災害時にはOCHAの代表として救援調整を行う。事業の目的は，持続可能な成長を支援することで，そのために技術移転と訓練，貧困解消，人間の安全保障を重視している。重点分野は，①貧困解消，②よい統治，③生計手段，④環境保全，⑤女性の地位である。　　　　◎渡辺正幸

国連海洋法条約　[こくれんかいようほうじょうやく]　United Nations Convention on the Law of the Sea　[海岸]　国連海洋法条約は，海洋の法的秩序に関する包括的な国際約束を作成することを目的とした第3次国連海洋法会議における審議の末，1982年に採択され，1994年に発効した条約である。領海，接続水域，公海，国際海峡，排他的経済水域，大陸棚，深海底，海洋環境，海洋調査，海洋技術の開発など，海洋問題一般を包括的に規律している。その主な内容は次の通りである。
(1) 領海：12海里を超えない範囲で領海の幅を定めることが可能。
(2) 接続水域：領海の外側に沿岸から24海里までを接続水域として設定することが可能。接続水域において沿岸国は出入国管理，通関などの法令の違反の防止，処罰をすることが可能。
(3) 排他的経済水域：200海里以内の周辺海域を排他的経済水域として設定することが可能。排他的経済水域内において沿岸国は，①天然資源の開発などに関する主権的権利，ならびに②人工島，設備および構築物の設置および利用，③海洋の科学的調査，④海洋環境の保護保全，に関する管轄権を有する。
(4) 大陸棚：200海里以内および一定の条件のもとでは200海里を超える海底を大陸棚とすることが可能。大陸棚において沿岸国は，①天然資源の開発に関する主権的権利，②人工島，設備および構築物の設置および利用に関する管轄権，を有する。
(5) 深海底：国際海底機構を設置，私企業および国家は一定の条件のもとで開発活動が認められる。
(6) 海洋環境の保護および保全：排他的経済水域などにおける海洋環境の保護および保全について，旗国主義の原則を維持しつつも，一定の条件のもとで沿岸国の管轄権を認めている。
(7) 紛争解決：国際海洋法裁判所を新設。　　　　◎吉田 隆

国連災害救援現状報告　[こくれんさいがいきゅうえんげんじょうほうこく]　United Nations disaster situation report　[海外]　国連人道局ならびに国際赤十字・赤新月社連盟は被災国の要請を受けて被災の程度と必要とする人材，技術，物資，資金などの支援を国際社会に公式に要請(international appeal)する。要請を受けた国家や団体は多様な援助を実施するが，時間の経過とともに被害の実態，必要とされる支援内容などは変化していく。現地に届いた援助の実績や約束された支援の内容，不要になった支援や不足したり新たに必要となる支援の内容を時間の経過や事態の変化に応じて国際社会に発信する報告をいう。
　　　　◎渡辺正幸

心のケア　[こころのケア]　psychosocial stress care　[情報][被害想定]　災害被災者のほぼ全員に，「再体験，否認・心的マヒ，覚醒亢進」という特有のストレス反応が生じる。その長期化を予防するのが心のケア活動であり，阪神・淡路大震災後注目されるようになった。ケアの基本は以下の3点である。①症状のノーマライゼーション。災害後のストレス症状により，被害者は「自分は普通ではなくなった」という強い不安感を持つ。現在の状況の意味(異常な事態に対する正常な反応)や，今後の展開について見通しを与えるのが専門家の仕事である。②協働とエンパワーメント。ストレス症状の最良の癒し手は，被災者自らであり，また被災者と日常接する非専門家の支援者たちである。従って，被災者が尊厳や有能感を回復するには専門家・非専門家の協働が不可欠である。③個別化。災害ストレスから回復する過程は個人により千差万別である。支援者は，被災者個人の固有の回復の道筋を共に歩んでいく姿勢が大切である。→精神的ダメージ　　　　◎立木茂雄

護床工　[ごしょうこう]　river bed protection　[地盤][河川]　堰や床止め・床固めのような河道横断構造物による上流からの土砂供給停止や高速の越流水が引き起こす河床洗掘を防止・軽減するための工作物であって，水叩きの下流に接続して河床を覆うように設置される。流れの減勢効果も期待して種々の形状のコンクリートブロックや捨て石で水叩き面と同じ敷高となるように施工されるが，河床土砂の抜出しによる変形に追随できる屈撓性構造であるので，時間の経過とともに沈下などが生じやすい。
　　　　◎藤田裕一郎

固体可燃物 [こたいかねんぶつ] solid combustible
[火災・爆発] 常温で固体の可燃物を指し，種類が非常に多い。日常生活で利用している家具や調度品においても，木材，紙，綿，絹，羊毛，皮革，ゴム，その他の天然高分子や，合成繊維，プラスチックなどの合成高分子を材料として利用している。これらの高分子材料はほとんど固体可燃物であるといってよい。この他，消防法の危険物第2類には固体可燃物として，赤燐，硫黄，鉄粉，金属粉，マグネシウム，引火点が40℃以下の引火性固体などが挙げられている。さらに，危険物第3類で自然発火性物質および禁水性物質とされるアルカリ金属のリチウム，ナトリウム，カリウム，アルカリ土類金属のカルシウムなどの金属類は，激しく反応する固体可燃物である。　◎斎藤 直

古地磁気 [こじき] paleomagnetism [地震] [火山]
火山岩が冷える時，磁化を獲得（熱残留磁気）し，その時の地球磁場の方向を保持していることが，20世紀の初期に明らかにされた。今日では堆積岩や海底，湖底堆積物（堆積残留磁気）などからでも過去の磁場（古地磁気）の強さや方向を探ることができる。これらのことを利用して大陸の移動や回転がわかるようになり，今日のプレートテクトニクス誕生の大きな原動力となった。また，地球磁場が数十万年周期で磁極の反転を繰り返していることも明らかにされた。このような地質時代の古地磁気学をパレオマグネティズムという。さらに人類が土器や煉瓦を焼いたかま跡などの遺跡からも古代の磁場の偏角や伏角がわかる。これから遺跡の年代を推定することもなされる。これをアーケオマグネティズムという。　◎住友則彦

国境なき医師団 [こっきょうなきいしだん] Médecins sans frontièrer [海外] 医師と保健婦を主体にした非政府国際機関で，世界人権宣言をもとに次の4項の原則に則った行動をする。①抑圧された人，被災者，戦争難民を人種，宗教，政治信条に無関係に救援する，②医師の倫理と人道主義を基本にした自由な活動の保障を求める，③政治，経済，宗教から独立した職業倫理による専門性による業務，④業務の危険性を理解して行動し補償を求めない。年間3000人の医師を動員して治療にあたる他，人権保護団体と協力して静粛な外交といわれる政治的外交的な手段で問題の改善を図る。　◎渡辺正幸

子どものPTSD [こどものピーティーエスディー] PTSD in children [情報] [被害想定] PTSD（→**心的外傷ストレス障害**）は，非常に強い恐怖を伴う体験をした後に起こる特徴的な障害で，子どもにも見られる。子どもの場合，自我機能が発達途上であり，心身が未分化であるために，大人と違った症状の示し方をし，発達段階を考慮に入れねばならないことが指適されている。大人とは異なる特徴として，以下の4点が指摘されている。①反復される視覚的もしくはその他の知覚的な記憶（大人に比べて視覚的な記憶の再体験が多い），②ポストトラウマティックプレイ（遊びの中でトラウマを再演しやすい），③トラウマに特異的な恐怖症を示しやすい，④人，人生，将来に対する態度の変化（将来が厳しく制限されてしまったような感覚）。また，トラウマを受けた年齢，回数，期間などによっても異なる。→**災害による心の変調**　◎広常秀人

■ 湖面を横断する御神渡り

湖氷 [こひょう] lake ice [雪氷] 湖に生じる氷のこと。湖水が海水程度の塩分を含む時にできる定着氷は海氷と同じ性質を持つようになるため，淡水氷に比べ載荷強度は著しく弱くなるので注意が必要である。淡水湖氷については，全面結氷後の定着氷であっても，湖の氷は，冬中動き続け，氷質も変化していることに注意を払う必要がある。湖が全面結氷した後氷の温度が低下すると，湖面の氷は収縮してその表面の至る所に裂け目ができる。その亀裂に氷の下の水が上がってきて凍った後，気温が上がると，今度は氷が膨張する。膨張の過程で，比較的幅の広い亀裂に薄い氷が張って間もない弱い部分を押し壊して盛り上がって氷の峰を形成する。これが，御神渡りである（写真）。一度御神渡りになった部分は冬中活動を続ける氷の破砕帯なので，渡渉中に御神渡りを横切る時は，迂回するなど十分な注意が必要である。氷上に降りて水深が0.5mより深い沖合いに出る時は，十分な安全教育を受け，氷上経験豊かな案内ガイドの同行が必要である。そして，ライフジャケットの着用や救命筏，氷厚を測る道具などは欠かせない。また，近くに白鳥など水鳥の越冬地があるような場合は，これを刺激せず，怯えさせないような，十分な配慮のもとに行動しなければならない。　◎東海林明雄

誤報 [ごほう] wrong information / false report / false warning [情報] 広義では，誤った情報全般を指し，不正確な情報，誇大な表現やセンセーショナル（扇情的）な表現を伴う情報，流言・デマなどが含まれる場合もある。狭義では，テレビ・ラジオ・新聞・雑誌などにおける誤った報道，広報などにおける誤った告知を意味する。なお，防災の分野では，「誤った警報」を意味することもあり，この意味では，①情報システムの誤作動，誤操作によるもの，②災害に関する予言・流言の社会的拡散によるもの，③科学的根拠のある災害因の予知・予測が的中しないもの，などのケースが挙げられる。　◎中森広道

コミュニティの連帯 [コミュニティのれんたい] community solidarity [情報] コミュニティは，一定の地域に

おける人々の生活の中から自然に形成される共同性と連帯感(われわれ意識)を表す。日本では町内会などの伝統的集団を基礎に形成されてきたが，都市化の中でこれらの集団の機能が弱くなったので政府の提唱により1970年代にコミュニティ政策が推進された。阪神・淡路大震災の場合，住民がコミュニティ活動を積極的に展開していた地域では避難と救援の活動がスムーズに行われた。　　　◎岩崎信彦

コミュニティ防災　[コミュニティぼうさい]　community preparedness　[海外]　防災施策を講じる際に「費用をだれが負担するか」と「個人の自由と公共の利益の兼ね合い」が問題になるが，適切な施策を実行するには，災害や防災に関してわきまえていなければならない最低限の共通理解が必要である。問題を理解し何をするべきかが明確でなければならない。個人のレベルでは①災害の経験，②経済力，③やる気が重要な要素である。被災経験がなければ情報や行動の意味ならびにそれらの切実性が理解できないし，経済力がなければ防災手法に選択の自由がなくなる。やる気がなければ生存を確かにする意思決定ができずリーダーシップもとれないし関連機関との調整やルール作りもできない。顔見知りの集団を基本の大きさとするコミュニティ防災とはこのような要素を充足させる自治性の高い仕事である。　　　◎渡辺正幸

コミュニティ放送　[コミュニティほうそう]　Japan Community Broadcasting　[復旧]　1992年1月に制度化されたコミュニティ放送は，2002年1月1日現在，全国で150局が開局，運営されている。コミュニティ放送は，FM放送局よりもっと小さい市町村単位で開設される地域密着型のメディアである。1999年3月にこれまでの出力10Wから20Wに引き上げられ，可聴区域が約半径20kmに広がった。阪神大震災の時，兵庫県が臨時にコミュニティ放送局を開局し，被災者へきめの細かい情報伝達を行った。　　◎渡辺　実

固有振動数　[こゆうしんどうすう]　natural frequency　[地震]　弾性1自由度系が自由振動する時の揺れの振動数をいい，その逆数を固有周期という。固有振動数は系の粘性減衰の大きさによって変わるが，通常の構造物が持つ比較的小さな粘性減衰に対して，その固有振動数は非減衰とした時の固有振動数にほとんど等しい。多自由度系の場合には，自由度の数だけ固有振動数が存在し，最も小さな固有振動数を1次固有振動数と呼ぶ。多自由度系の固有振動数は固有値解析から求められる。　　◎中島正愛

雇用状況調査　[こようじょうきょうちょうさ]　employment survey　[復旧]　災害による雇用の悪化は不可避ともいえる。雇用維持や離職者対策を行うにあたって，被災地の雇用状況把握のために実施されるのが緊急の雇用状況調査である。「被災による事業の状況」「雇用への影響と将来予想」「雇用維持への姿勢」といった現況把握項目の他，震災後の時間の経過による変化を「退職者の状況」「雇用調整の実態」といった点について，アンケートなどを通じて実施されるものである。被災地における復旧過程では，短期的には土木・建設関連雇用が拡大することが考えられるが，中・長期的には本格的な産業再生と連動するものである。深刻化が予見される被災地雇用において，係る調査はきめこまかな雇用対策に不可欠といえる。　　◎加藤恵正

雇用調整助成金制度　[こようちょうせいじょせいきんせいど]　bounty for employment adjustment　[復旧]　この制度は事業活動の縮小に伴い，休業，教育訓練，出向などの雇用調整を実施する事業主に対し賃金の一部を助成する制度。本来，厚生労働大臣による指定業種，特定不況業種，特定雇用調整業種などの事業主である必要があるが，阪神・淡路大震災では特例措置として被災地域に所在する事業主であればよいとした。この中には，被災地域に所在する親事業所からの業務委託を受けている被災地域以外の下請事業所の事業主も含まれている。　　◎加藤恵正

コレクティブハウス　collective house　[復旧]　独立した個人用の居住空間を持ちつつ，共同炊事施設や共用スペースといった共同居住空間を設け，高齢者などの入居者同士が共同生活を楽しむことができるようにした集合住宅である。この共同空間で，炊事や食事を共にしたり，歓談することで，隣人関係が深まり，孤独感や疎外感に陥ることも避けられる。スウェーデン，デンマークなど北欧で生まれた住居形態であるが，兵庫県営，神戸市営住宅で独居の高齢者への対策の観点から，震災後初めて導入され，8団地，261戸が完成している。→シルバーハウジング事業制度　　◎濱田甚三郎

コンシステンシー　consistency　[地盤]　細粒土が含水量によってその状態を変え，それに伴って変形に対する抵抗が変わってくる。この変形抵抗の大小をコンシステンシーという。液体状態と塑性状態の境界の含水比を液性限界(ω_L)，塑性状態と半固体状態の境界の含水比を塑性限界(ω_p)といい，その差を塑性指数(I_p)といい土がプラスチックな状態にある含水量の範囲を示す。土の自然状態における(自然含水比を wn とする)コンシステンシーを表す尺度として，液性指数 I_L が次式のように定義されている。

$$I_L = \frac{\omega - \omega_p}{\omega_L - \omega_p}$$

I_L が1以上になるような土は圧縮性が極めて大きく，また乱れに対して非常に鋭敏になる。　　◎三村　衛，北村良介

コンパクト・シティ　compact city　[復旧]　→ライフスポット

コンビナート　industrial complex　[地震]　生産の効率化を図るため，計画的に設置・結合された，生産工程の密接に関連する工場群。ロシア語の kombinat (комбинат)が語源であり，元来は旧ソ連での鉄・石炭を中心とした結合企業集団を指す。石油―電力コンビナートなどのエネルギーコンビナート，化学工業中心の化学コンビナート，製鉄業中心の鉄―化学コンビナートなどがあるが，わが国では石油化学コンビナートが代表的である。製油所を中心に

多くの関連した工場が集まり，各工場がパイプラインでつながっているため輸送コストを削減できる他，各工場で発生する副産物を他工場で原料として利用できるなど，生産性が向上している。

これらの石油化学コンビナートでは石油，LPGなどの可燃性物質や塩素などの毒性のある物質が大量に貯蔵・使用されており，法令に基づいて災害対策がとられている。また，イベントツリー解析を適用したコンビナートの防災アセスメント手法なども提案されている。　　　◎一井康二

サ行

サ

サーキットブレーカー circuit breaker [都市]　遮断器ともいわれる。電力系統に事故が発生した時には、できるだけ速やかに故障部分を切り離すことが必要となる。遮断器は、故障時に生じる発変電所の全負荷電流よりも非常に大きな電流を速やかに、かつ、確実に遮断することを目的とした電力機器である。遮断器は、負荷状態で回路の開閉を行うだけでなく、故障状態においても故障電流を完全に遮断することが求められる。これに対して断路器は、普通、電流の通っていない状態においてだけ操作できるものである。遮断器や断路器は開閉装置と呼ばれる。遮断器には、絶縁油を多量に使う油入り遮断器、主に碍子の絶縁による碍子型遮断器、圧縮空気によって遮断する空気遮断器、空気より絶縁能力の高い六フッ化硫黄ガスを用いるガス遮断器などがある。開閉装置には地震被害が集中するので、1980年頃から耐震設計指針が整備されてきている。

◎当麻純一

サーチャージ水位［サーチャージすいい］surcharge water level [河川]　ダム計画において、洪水時にダムによって一時的に貯留することとした流水の最高水位で、ダムの非越流部の直上流部におけるものをいう。サーチャージ水位は、治水ダムにおける洪水調節容量または利水専用ダムにおける洪水時の一時的貯留容量および各種利水容量、死水容量、堆砂容量など各種容量の組み合わせによる貯水池容量に対応したダムの最高水位である。サーチャージ水位は、洪水時の貯水池の迎洪水位、対象とする洪水の流入量、洪水吐きからの放流量などの洪水時におけるダムの計画諸元、貯水池の運用操作などによって決まるものである。サーチャージ水位を「計画洪水位」「洪水時満水位」などと称しているダムもある。

◎永末博幸

サーフビート surfbeat [海岸]　海岸線付近において数分程度の周期でゆっくり変動する不規則な水位変化をサーフビートと呼んでいる。サーフビートは来襲する波の連なりと密接な関係があることが明らかになっているが、その発生原因についてはまだ十分には明らかにされていない。サーフビートは海岸における波の▶遡上や▶越波、海浜の安定性に大きな影響を与える重要な要素である。サーフビートの強さは、沖波の波高に比例し、水深が深くなるほど小さくなり、沖波の波形勾配が小さいほど大きくなる特性を有している。下図に合田(1974)によって観測されたサーフビートの一例を示す。

◎高山知司

サーマルマッピング thermal mapping [雪氷] [気象]　表面温度分布の図化。通常は、車両に赤外放射温度計を搭

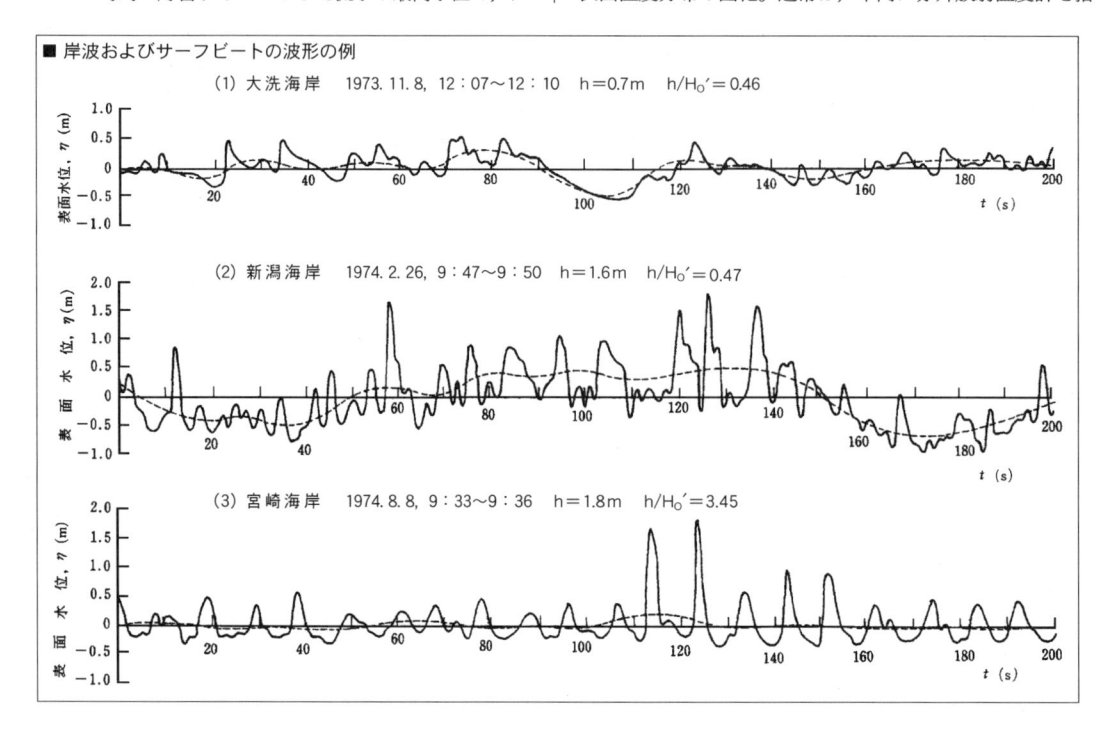

■ 岸波およびサーフビートの波形の例

(1) 大洗海岸　1973. 11. 8, 12：07～12：10　$h=0.7m$　$h/H_0'=0.46$

(2) 新潟海岸　1974. 2. 26, 9：47～9：50　$h=1.6m$　$h/H_0'=0.47$

(3) 宮崎海岸　1974. 8. 8, 9：33～9：36　$h=1.8m$　$h/H_0'=3.45$

載して，道路や滑走路などを走行しながら舗装表面温度を繰り返し測定し，広範囲な面的または線的な温度分布特性を地図上に表現する行為を指す。路面凍結の分布特性を抽出する有効な手段として，近年多く実施されるようになった。
◎松田益義

災害 [さいがい] disaster 共通　自然災害と産業災害（人為災害とは言わなくなってきている）に区分される。近年，両者の境界がますますあいまいになってきている。前者は地震，台風（ハリケーンやサイクロンを含む），集中豪雨，津波，高潮，洪水，干ばつ，地滑り，土石流，なだれなどの異常な自然加害力（ハザード）によって国土，身体・生命，財産が被害を受けることである。後者は，種々の社会経済活動において，たとえば原子力発電施設や化学工場の事故に伴って被害が発生するものを指す。最近では，犯罪，たとえば1995年地下鉄サリン事件や2001年アメリカ同時多発テロ事件なども社会に大きな衝撃を与えたことから，災害の範ちゅうに含め，被害発生から復旧・復興を災害過程として取り扱っている。自然災害では，ハザードを誘因，被災原因を素因と呼び，両者の間に被害拡大要因が一般に存在する。たとえば，震災における1つの組み合わせとして，地震が誘因，臨海埋め立て地における液状化が素因，老朽・密集木造家屋群の存在が被害拡大要因となる。これらの種々の組み合わせによる被害発生過程を被災シナリオと呼ぶ。災害には表に示すように，4つの種類が存在する。すなわち，田園災害，都市化災害，都市型災害，都市災害である。田園災害とは，発展途上国，なかでも最貧国で見られるように，社会の防災力が小さいか，ほとんどないために，被害が自然加害力の大きさに支配される場合である。たとえば，震度や高潮の潮位，風速などで被害の大きさが決まる。わが国では，風水害については1934年の室戸台風災害，地震災害については1923年の関東大震災以前の災害がこれに当たる。都市化災害とは，発展途上国の首都や大都市で1990年代以降，拡大・進行中の都市に爆発的に人口が集中する，いわゆる都市化によって，社会基盤施設の充実と人口急増のギャップが大きくなることで起こる災害である。わが国でも，1958年の狩野川台風による首都圏の崖崩れ，浸水被害というゲリラ的に発生した災害がこれに相当する。都市型災害とは，一応の都市基盤整備が終わった都市域で，災害脆弱性が比較的大きい地域に被害が集中し，別名ライフライン災害と呼ばれる。わが国では1978年の宮城県沖地震による仙台の被害がそうである。アメリカでは1989年のロマ・プリータ地震によるサンフランシスコ，1994年ノースリッジ地震によるロサンジェルスの被害があてはまる。都市災害は，都市のもつ極めて大きな災害脆弱性に起因して，物的被害のみならず人的被害が極めて大きい場合である。1995年阪神・淡路大震災は都市を襲った直下型地震による世界で最初の都市災害となった。以上で紹介した災害は突発的に短期に被害が発生するものであるが，地球の温暖化に起因するような海面上昇や酸性雨，砂漠化，河川流域や沿岸域の開発に起因する海岸侵食などはゆっくり起こる長期化災害として同様に注意しなければならない。→ゆっくり起きる災害
◎河田惠昭

災害医療体制 [さいがいいりょうたいせい] disaster medical system 情報 復旧　災害時には，多数の傷病者が発生するために，相対的あるいは絶対的に医療ニーズと日常の医療体制の乖離が発生する。従って，医療体制が十分に機能している被災地域外へ負傷者を広域に搬送し治療する必要がある。そのため，全国に約500の災害拠点病院を指定し，①24時間緊急対応が可能な重篤救急患者の救命医療を行うための高度な診療機能，②傷病者受け入れおよび搬出を広域に行える機能，特にヘリコプターによる傷病者，医療物資などのピストン輸送を行える機能やヘリコプター搬送の際に同乗する医師の派遣機能，③消防機関と連携した医療救護班の派遣体制や自己完結型の医療救護班の派遣機能などを持たせている。また，これらの拠点病院間あるいは消防機関などとの情報共有化を行うため，広域災害救急医療情報システムを構築している。
◎甲斐達朗

災害援護資金 [さいがいえんごしきん] calamity support fund 行政 復旧　災害救助法の適用を受けた災害

■自然災害の区分（河田，1995）

	被災地域の人口密度	被災地域の人口	都市基盤防災施設整備	防災の種類	主たる被災過程
田園災害	国全体の平均人口密度程度	人口の多さに関係しない	未整備	古典的	単一・既知
都市化災害	経年的に増加中	数万人から数十万人	整備途上	古典的	単一・既知
都市型災害	国の人口密度の数倍から10倍程度	数十万人以上	一応整備完了	物的被害に集中（別名ライフライン災害）	複数・既知
都市災害	同20倍程度以上	100万人以上	不均衡	人的・物的巨大被害	複数・未知

■ 災害援護資金の貸付限度額(2002年現在)
①世帯主が1カ月以上の負傷 ……………150万円
②住宅家財の損害
ア　家財の3分の1以上の損害 ……150万円
イ　住居の半壊 ……………………170万円
ウ　住居の全壊 ……………………250万円
③①+②
ア　①+②のア ……………………250万円
イ　①+②のイ ……………………270万円
ウ　①+②のウ ……………………350万円
④住居の全体が滅失もしくは流出し、またはこれと同等と認められる特別な時 ……………350万円
利率は、年利3％（ただし据置期間は無利子）。

により被害を受けた人が、生活の立て直しを図る時に一定の条件のもとに資金を貸し付ける制度。対象者は、都道府県内において災害救助法による救助が行われた市区町村がある災害で、①療養に要する期間が概ね1カ月以上にわたる世帯主の負傷、②被害金額が当該住居または家財の概ね3分の1以上である程度の住居または家財の損害のいずれかに該当する被害を受けた人。
貸付限度額は、1世帯350万円以内でその被害の程度により、それぞれ上表に掲げる額。　　　　　　　　◎厚生労働省

災害応急対策　[さいがいおうきゅうたいさく]　disaster emergency response　行政　　災害が発生し、または発生する恐れがある場合において、災害の発生を未然に防止または災害の拡大を防止するために行う、災害情報の収集・連絡、活動体制の確立、水防、消防、避難活動、人命救助、救急活動などの各種対策・措置をいう。　　◎内閣府

災害回復力　[さいがいかいふくりょく]　disaster resilience　情報　復旧　　被災した地元自治体や市民が外部からの多額の援助を受けることなく、損失、被害、生産性や生活の質の低下に立ち向かえるようにする力のこと。地域の災害回復力を高めるには、当該地域の環境問題、起こる危険性のある自然・人為ハザード、地域の抱える社会的脆弱性、被災後の住民生活や経済活動への影響などの情報開示に自治体が責任を持ち、住民がそれを理解し、被害抑止について両者がコンセンサスを形成することが重要となる。→減災, 社会の防災力, 被害軽減　　　◎立木茂雄

災害カウンセリング　[さいがいカウンセリング]　disaster counseling　情報　　災害に伴って被災者に生じる様々な困難に対して行われる助言相談。精神保健専門職だけが独立して治療的な活動をするのではなく、総合的な支援体制のもとに、まずは被災に応じた現実的なニーズの充足、被災者の安全感の確立をアウトリーチによって行うべきである。集団への早期危機介入技法としてデブリーフィング(psychological debriefing)、異常事態ストレス・デブリーフィング(Critical Incidents Stress Debriefing：CISD)がよく知られている。　　　　　　　　　　◎広常秀人

災害過程　[さいがいかてい]　disaster process　情報　　「災害は忘れた頃にやってくる」という寺田寅彦の有名な言葉があるように、災害の発生頻度は低く、その間の社会変化を考えると、全く同じ災害が繰り返されることはないといえよう。しかし、災害発生後の社会の対応を見ると、災害発生直後から復旧・復興までの間に似たような問題が、似たような順番で発生している。こうした過程についての理解を深めることは、効果的な災害対応につながるといえる。従って、災害過程とは、災害発生から復旧や復興が完了するまでの間に、どのような人々にとって、どのような問題が、どのような順番で発生し、それらがどのように解決されていくかについての体系的な理解である。　◎林 春男

災害関連事業　[さいがいかんれんじぎょう]　improving restoration work　行政　復旧　　災害復旧助成事業と災害関連事業から成るが、ここでは狭義の災害関連事業である後者について述べる。災害関連事業は、災害復旧事業と合併して施行する事業で、災害復旧箇所またはこれを含めた一連の施設の再度災害を防止し、かつ、構造物の強化などを図る改良計画の一環となるものである。　◎国土交通省

災害義援金　[さいがいぎえんきん]　disaster donation of money　復旧　　災害義援金は、被災国の国民や外国からの自発的意思・善意によって拠出された慰謝激励としての性格が強く、第一義的には被災者の当面の生活を支えるための民間の寄付金をいう。義援金の取り扱いについては、その性格上、迅速性、透明性、公平性が求められるため、兵庫県南部地震の際には、「兵庫県南部地震義援金募集委員会設置要項」に基づき運用が図られた。　　　◎井野盛夫

災害義援品　[さいがいぎえんひん]　disaster donation of goods　復旧　　災害義援品は物品による民間の寄付行為で、発災直後から様々な物資が届けられ、第一義的には主に被災者の避難生活などに必要不可欠な各種物資をいう。各家庭などにある物を中心に寄付されることから、必ずしも被災地で必要な物だけとは限らない。避難生活に必要な物資の不足や、応急対応が一段落した時点で不要となった物資が山積みされ処分に困ることなど、義援品については取り扱う上で課題が多い。　　　◎井野盛夫

災害危険区域　[さいがいきけんくいき]　disaster risk area　行政　　建築基準法39条に基づき、地方公共団体が条例で定めることができる津波、高潮、出水等による危険の著しい区域。地方公共団体は、災害危険区域内における住居の用に供する建築物の建築の禁止、その他建築物の建築に関する制限で災害防止上必要な事項を定めることができる。また、生命の安全を確保するため、災害危険区域内の危険住宅の移転に対しては、崖地近接等危険住宅移転事業などの助成の制度がある。→建築制限

◎糸井川栄一, 熊谷良雄

災害救援常駐調整官［さいがいきゅうえんじょうちゅうちょうせいかん］ resident coordinator / humanitarian coordinator ［海外］　国連開発計画が事務所を置く国の常駐代表は，災害が起きた場合，当該国が救援を要請する際の窓口となる他，当該国に事務所を置く他の国連機関の代表を召集しあるいは国際援助機関の出席を求めて支援事業を調整するための協議を行う権限を持っている。協議の目的は，救援のための支援が現地のニーズに合うタイミングで必要とする質・量の人材ならびに資材・機材が重複することなく届けられることにある。　　　　　　　◎渡辺正幸

災害救援調整官［さいがいきゅうえんちょうせいかん］ disaster relief coordinator / emergency relief coordinator ［海外］　1970年にバングラデシュを襲ったサイクロンが大量死を生んだ高潮災害を機に，1972年に設立されたUNDRO(Office of the United Nations Disaster Relief Coordinator)の長で国連事務次長の地位を有していた。その後1992年にUNDROがDHA(Department of Humanitarian Affairs)に移管されてからはDHAを所掌する事務次長が長となったが，さらに1998年にOCHA(Office for Coordination of Humanitarian Affairs)に所掌替えになってから，事務次長の地位を有するERC(Emergency Relief Coordinator)が長となった。　　　　　　　◎渡辺正幸

災害救助［さいがいきゅうじょ］ disaster relief ［情報］
→防災援助

災害救助犬［さいがいきゅうじょけん］ rescue dog ［海外］　災害救助犬は，地震で倒壊した家屋や廃材の下敷きになって死の危機に瀕した人を探し出してその所在を教える能力を持つもので，雪崩の犠牲者を発見し救出する犬とは異なる。スイスの場合，災害救助犬協会がこの救助活動を代表しており，約50頭が1976年から自国ならびに海外で活動している。救助活動に参加した場合，犬に同伴する飼い主にはスイス連邦軍兵士と同等の給与が連邦政府から支払われるが，その給与は協会の資金になる。犬は会員の個人財産であり，会員の活動は奉仕であるからである。災害救助犬の能力に関しては，満たすべき最低水準を定めた国際的な標準が施行されている。埋没者探索チームは一般に飼い主と犬の3ペアからなり，1番犬は探索と発見の役，2番犬は確認，3番犬は休息をとるという役割分担を20分刻みで繰り返す。飼い主と犬は3年ないし5年の訓練を受けた後，協会の審査に合格しなければならない。合格資格の有効期限は3年間である。　◎P.Bucher, Andreas GOETZ

災害救助法［さいがいきゅうじょほう］ disaster relief law ［行政］［復旧］　昭和22年10月18日制定。災害により，一定規模以上の住家被害や多数の人命が危険にさらされている時，国が地方公共団体，日本赤十字社や国民の協力のもとに応急救助を行い，被災者の保護と社会秩序の保全を図ることを目的としているもので，避難所の設置，食品の給与，被災者の救出，埋葬などの各種救助について定められている。各種救助とは，避難所，応急仮設住宅，炊き出しその他による食品の給与，飲料水の供給，被服・寝具その他生活必需品の給与・貸与，医療，助産，災害を受けた人の救出，住宅の応急修理，学用品の給与，埋葬，死体の捜索，死体の処理，障害物の除去である。　◎厚生労働省

災害査定［さいがいさてい］ disaster assessment ［行政］［復旧］　公共土木施設について，国がその費用の一部を負担し，または国が直接施行する災害復旧事業の事業費は，公共土木施設災害復旧事業費国庫負担法において，地方公共団体の提出する資料，実地調査の結果などを勘案して主務大臣が決定することとされており，事業費決定のために現地調査を行うことを「災害査定」という。　　　　　　　◎国土交通省

災害時における子どものメンタルヘルス［さいがいじにおけるこどものメンタルヘルス］ disaster mental health for children ［情報］　災害の衝撃を受けた子どものメンタルヘルスへの対応の重要性が強調されるようになって，まだ日は浅い。それには，「子どもは幼いので影響を受けず，災害を忘れる」「子どもには柔軟性があり悪い結果を残さない」といった神話があったのも事実である。確かに災害が子どもに成長や成熟をもたらすこともあるが，その反面，個人，家庭，学校，コミュニティといったレベルに様々な外傷的影響を与える災害が子どものメンタルヘルスに与える影響は，重大で長年にわたるものがあり得る。災害の子どもに与える影響は年代によっても異なるが，睡眠障害，悪夢，摂食困難，集中力低下，落ち着きのなさ，引きこもり，親との分離の問題，覚醒亢進，いらだち，怒りの爆発，退行，学業の低下など，情緒・行動面で多岐にわたる。予防的介入，治療が対応として行い得るが，介入は生命への脅威が収まり，環境の安定が得られ次第，できる限り早期に開始されることが望ましい。安全感と信頼感の再確立が最も大きな目標となり，子どもの発達段階に応じた介入が求められる。介入は子ども自身に対してのみならず，両親，教師，コミュニティに向けても行い得る。身近な者の死別を体験した子どもには特に注意を要する。　◎広常秀人

災害時の意思決定［さいがいじのいしけってい］ decision making for disaster response ［情報］　効果的な意思決定を行うためには，①意思決定の目標を明確にすること，②意思決定を行うべき事項の理解が必要となる。緊急時の意思決定の目標には，①生命・安全を守る，②社会のフローの回復，③社会のストックの再建という3つがあるが，上記の3つの目標の意思決定は，互いに干渉し意思決定を阻害する可能性があるので，別個のグループで行われる必要がある。さらに，こういった意思決定を遂行・広報するためのロジスティクスを別に構築しておく必要がある。また，意思決定を行うべき事項を理解するためには，①被害状況，②先例・前例，③制約事項（法制度，防災マニュアルの規定）の3つの情報が必要となる。　◎牧 紀男

災害時の保険 ［さいがいじのほけん］ insurance for disaster losses 情報　自然災害による建物やその中の家財に生じた損害を補償する主な保険として，火災保険や地震保険がある。火災保険の中には，落雷・風・ひょう・雪による損害のほか，台風・暴風雨・豪雨などによる洪水・高潮・土砂崩れなどによる損害を補償するタイプがある。火災保険では補償されない地震，噴火，津波を原因とする建物や家財の火災（延焼・拡大を含む），損壊，埋没，流失による損害を補償する保険として地震保険があり，火災保険にセットで契約することになっている。地震災害は，災害による損害が巨額になり得る上に，災害の発生時期や発生頻度の予測が極めて困難であるため，「地震保険に関する法律」に基づき地震保険が運営されており，一定規模以上の支払保険金が生じた時，政府がその一部を負担する仕組みとなっている。　◎日本損害保険協会

災害弱者 ［さいがいじゃくしゃ］ vulnerable people to disasters 復旧 被害想定 行政　何らかの機能的障害のために健常者と比較して，災害時の周囲の変化に迅速・的確な対応行動をとることができず，大きな被害を受ける可能性が高い人々をいう。応急対応力に着目した国土庁防災局（現内閣府防災部門）の定義によれば，災害弱者とは，身体的弱者として視覚障害者・聴覚障害者・肢体不自由者・乳幼児・高齢者，情報入手・伝達上の弱者（情報弱者）として旅行者（地理に明るくない）・外国人（災害知識と情報理解の両面）を対象としている。さらに，消防庁（現総務省）は傷病者（入院患者）・妊婦などの自力避難困難者も災害弱者に加えている。東京都，神戸市，東京都新宿区などは，施策上の用語として，「災害時要援護者」を用いている。災害弱者に対しては，医療治療が必要な人々も含めて，平常時からきめ細かな対策を実施することが求められている。→バリアフリー　◎井野盛夫，大西一嘉

災害時要援護者 ［さいがいじようえんごしゃ］ vulnerable people to disasters 復旧 被害想定 行政 ▶災害弱者

災害障害見舞金 ［さいがいしょうがいみまいきん］ calamity obstacle solatia 行政　自然災害により怪我をしたり病気にかかって治った時（その症状が固定した時を含む）に，精神または身体に著しい障害が残った人に対し，市町村条例に基づいて支給される。支給対象者は，次のいずれかに該当する災害により傷病にかかり，障害を残した人。
　①1市町村において住居が5世帯以上滅失した災害
　②都道府県内において住居が5世帯以上滅失した市町村が3以上ある災害の場合
　③都道府県内において災害救助法が適用された市町村が1以上ある場合の災害
　④災害救助法が適用された市町村をその区域内に含む都道府県が2以上ある場合の災害
支給額は，250万円（生計維持者以外の場合125万円）以内でそれぞれ市区町村条例に定める額。　◎厚生労働省

災害症候群 ［さいがいしょうこうぐん］ disaster syndrome 情報　精神的外傷に対する共通の反応であり，3段階の行動パターンを呈する。①茫然自失期《直後～2，3日》。災害の衝撃時あるいは直後に発生する。これは心傷性の体験に圧倒されないように，人間を守るための反応であり，茫然として，無感動，無表情となり，じっと立ったり，座ったり，さまよい歩いたりする。②災害ユートピア期《7～10日》。過剰反応であり，通常の社会関係が断たれたために，一種の無階級状況となり，被災者全員が生き残って幸せという共通の価値観を共有できる時期。この場合には愛他心，感謝，集団への強い帰属感などが顕著に現れる。③心的外傷が強度の場合，病的な反応としてPTSD（心的外傷後ストレス症候群）《2カ月～2年》がある。悪夢，不眠，頭痛，反応の鈍さなどが起きる。
　◎甲斐達朗

災害情報 ［さいがいじょうほう］ information report 海外　災害が発生すると，国連の人道支援局（OCHA）長は当該国の国連開発計画の常駐代表から出された災害の規模や被害状況の報告をもとにして，災害が起きて被害が発生している事実を国際社会に伝える。この段階では，被災国からの救援要請は出されていない。　◎渡辺正幸

災害情報システム ［さいがいじょうほうシステム］ information system for disaster management 情報　災害発生は新しい現実の創出を意味する。効果的な災害対応の目的とは人々が新しい現実に適応する過程をできるだけ混乱なく迅速に支援することである。そのためには新しい現実を把握し，その中でどのような対策がなされるべきか，どのようなことがなされてはいけないか，これまでにどのような対策の前例があるのかを参考に，とるべき対策を決定し，その事実を関係者に広く周知することが必要となる。災害情報システムとはこの過程を支援するコンピュータシステムである。　◎林　春男

災害情報伝達システム ［さいがいじょうほうでんたつシステム］ disaster information communication systems 河川　広義の「災害情報」とは，発災直前の予警報，発災直後の災害関連情報の他，平常時の災害啓蒙情報や，災害発生から一定期間を経た後の復旧関連情報なども含めて，災害に関する一切の情報を指している。災害情報が人的・物的被害の軽減や早期の災害復旧・復興などの効果を十分果たすためには，情報が適切な時期に適切な内容で発令されること，迅速かつ広範囲に伝達されること，および住民等がこれを真剣に受け止め適切に対応することなどの条件が必要である。
　東京大学社会情報研究所の廣井脩教授によれば，災害情報の伝達経路は①国の防災機関から都道府県および市町村の防災部局を経て住民にまで至る「行政ルート」，②放送・新聞などの報道機関が災害情報を視聴者に伝達する「マス

メディア・ルート」，③各種の事業所が事業所相互間あるいは従業員や客に情報を伝える「企業組織ルート」，そして，④住民が相互に災害情報を伝え合う「住民ルート」のおよそ4つに分けられるとしている。このうち，行政ルートとマスメディア・ルートは，災害対策基本法や気象業務法などによって災害情報の伝達を義務付けられており，その情報は公的性格を持つとともに，一般に情報の正確性も高い。行政ルートで使用される情報伝達手段としては，専用電話，一般加入電話，防災行政無線，衛星通信，警察無線，消防無線，広報車，サイレン，警鐘などがあるが，特に無線設備は，ケーブル切断による連絡途絶の恐れがないため情報伝達手段として非常に有効である。一方，マスメディア・ルート，特に放送ルートは，電波という特性のために速報性が極めて高く，速報性を必要とする緊急情報伝達には非常に有効である。今後は，メディアの融合を始めとする情報通信技術の飛躍的発展が予想されるため，災害情報伝達システムもいっそうの高度化・多様化が進展するものと予測される。 ◎金木 誠

災害心理学 ［さいがいしんりがく］ psychological research on disaster ［情報］　災害に関わる個人の行動や心理，および，災害をめぐる集合体の挙動や社会心理を研究する分野。従来からの研究テーマには，災害時の群集行動，パニックの発生メカニズム，避難行動と避難誘導，災害情報の伝達，マスメディアの機能，流言の制御，防災意識，防災・災害に関わる家族・組織・コミュニティの対応などがある。また，阪神・淡路大震災を契機として，ボランティアやNPO（非営利組織）の存在を前提とした救援・復興計画も重要な研究テーマとなった。臨床心理学の立場から被災者の「心のケア」に取り組むのも，広義の災害心理学に含まれる。 ◎杉万俊夫

災害神話 ［さいがいしんわ］ disaster myth ［情報］　災害に関して，一般に広まっている誤った観念や根拠のない考え。阪神・淡路大震災以前に多くの人が持っていた「阪神地域には大きな地震は起こらない」という考えも災害神話の一つと考えられるが，代表的なものとしては，「災害時には広範囲にパニックが起こる」「災害時には略奪が多発する」「災害時には犯罪が増加する」といったものが挙げられる。これまでの災害研究によると，災害時におけるパニックの発生，略奪の多発，犯罪の増加といった事例はほとんどないということが明らかになっている。 ◎中森広道

災害ストレス ［さいがいストレス］ disaster stress ［情報］　災害により受ける強いストレスで，関与した人全てが体験し得る。災害時の突然の生命への危機や凄惨な体験などに伴う外傷性ストレス(traumatic stress)が主であるが，対象喪失や環境変化への適応に伴うものなど，複合的で重層的である。災害による心的外傷(trauma)には，個人レベルと集団レベルがある。被害が甚大なほど，被る災害ストレスも大きくなり外傷的となる。時間経過に対する反応過程

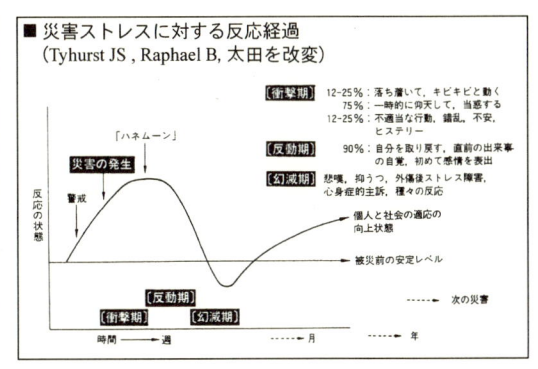

■ 災害ストレスに対する反応経過
（Tyhurst JS，Raphael B，太田を改変）

衝撃期　12-25%：落ち着いて，キビキビと動く
　　　　75%：一時的に呆けて，当惑する
　　　　12-25%：不適当な行動，錯乱，不安，ヒステリー
反動期　90%：自分を取り戻す，直前の出来事の自覚，初めて感情を表出
幻滅期　悲嘆，抑うつ，外傷性ストレス障害，心身症的主訴，種々の反応
　　　　個人と社会の適応の向上状態
　　　　被災前の安定レベル
　　　　次の災害

を知ることは，災害ストレスへの相(phase)に沿った対応に不可欠である（図）。自ら精神保健サービスを必要と思う人や探し求める人はいないために，災害精神保健活動は日常生活の再建への支援に組み込まれ，アウトリーチを取り入れた情報提供，総合的な支援体制の確立といった実践的なものになる。 ◎広崎秀人

災害対応計画 ［さいがいたいおうけいかく］ disaster response plan ［情報］　一般に，自治体が策定する地域防災計画の中で，対応関係の計画をまとめたものである。特に自治体職員はマニュアルがないとどのように対応してよいかわからないことから，マニュアルの整備を優先させるのが一般である。しかし，実際に災害はマニュアル通りに起こらないので，応用能力を訓練によって修得できるかどうかが，災害対応計画の進捗の鍵を握っている。 ◎河田惠昭

災害対応者のストレス ［さいがいたいおうしゃのストレス］ stress held by disaster responders ［情報］　災害対応者(援助者)が，被害者に注ぐものは，熱意と専心あるいは親切である。それらは援助の量と質の向上に貢献する。一方，危機状況の中の被害者にとって，援助者が目の前に現れることで，様々な期待が誘発される。この期待は，彼ら被害者の際限のない要求や注文となって顕在化する。専門家・非専門家を問わず，援助者はこうした期待に応えようとしてしまう。これは被害者の側に，さらなる要求と注文（と，しばしば失望から来る怒り）を呼び起こす。こうして，援助の活動はエンドレス，タイムレスに陥る危険が高まる。そこでは援助者は，自分の休憩の自由を棚上げしてしまったり，引き際を失ったりする。このストレスには災害に対応する援助者への援助のプログラムが必要になる。 ◎羽下大信

災害対策基本法 ［さいがいたいさくきほんほう］ basic act for disaster countermeasures ［行政］　防災体制の充実強化については，1952年の十勝沖地震における日本学術会議による報告書や全国知事会の要望意見書，1958年の狩野川台風の経験を踏まえた行政監察など，各方面からの要望が出されていた中，1959年9月の伊勢湾台風による大災害を契機に，従来の防災体制の不備が指摘され，総合的かつ計画的な防災行政体制の整備を図るため，1961年11月に施行された。本法は，防災に関する責任の所在の明確化，

国および地方を通じた防災体制の確立，防災の計画化，災害予防対策の強化，災害応急対策の迅速・適切化，災害復旧の迅速化と改良復旧の実施，財政負担の適正化，災害緊急事態における措置など災害対策全般にわたる施策の基本の確立を柱としている。

なお，本法は，他の災害関係の法律に対しては一般法としての性質を有するものである。　　　　◎井野盛夫

災害対策法制　［さいがいたいさくほうせい］ disaster legislation　海外　行政　災害対策に関する法制は国際社会ではかなり整備されてきた。これには個々の国の努力があるが，国連災害救援調整官事務所を始め防災関連国連機関ならびに国際機関や団体の強力な支援がある。一般に先進国では法律として制定されている場合が多いが，開発途上国では大統領令を法律としている場合が多い。問題は法や令が定めることが行政として実行されるかどうかであるが，開発途上国では防災行政の優先度は低いので，人材，熟練，資金，機材が不足するためにできることは限られていて，被災時の外国の救援を受け付ける程度になっている国がある。国の行政の不足を補っているのが国際的なネットワークを持つNGOである。緊急救援だけでなく社会の防災力を大きくするための事業を展開している。わが国の防災体制については巻末の資料を見よ。　◎渡辺正幸

災害対策本部　［さいがいたいさくほんぶ］ headquarters for disaster countermeasures　行政　災害対策基本法第23条に基づき，都道府県または市町村の地域について災害が発生し，または災害が発生する恐れがある場合において，防災の推進を図るため必要があると認められる時，都道府県知事または市町村長が都道府県地域防災計画または市町村地域防災計画の定めるところにより，地方防災会議の意見を聴いて設置する機関である。災害対策本部の組織は，都道府県知事または市町村長をもって本部長に充て，副本部長，本部員などには当該地方公共団体の職員のうちから都道府県知事または市町村長が任命することとなっている。災害対策本部は，地方防災会議との間に緊密な連携をとりながら，地域防災計画の定めるところにより，災害予防および災害応急対策を実施することが求められている。この対策を実施するにあたって，必要な限度において，都道府県の災害対策本部長は当該都道府県警察または当該都道府県の教育委員会に対して，市町村の災害対策本部長は当該市町村の教育委員会に対して，情報の提供，出動，連絡など必要な指示ができることとなっている。なお，本法の災害対策本部における所掌事務には，災害復旧は含まれていないので，災害応急対策が終了すれば解散するものであると解釈されている。　　　　◎井野盛夫

災害弔慰金　［さいがいちょういきん］ disaster condolence money　行政　復旧　災害弔慰金の支給に関する法律に基づき，一定規模以上の自然災害によって死亡した者の遺族に対して市町村が支給する弔慰金をいう。死亡した者が主として生計を維持していた場合500万円，その他の場合250万円となっている。また，本法には，災害弔慰金以外に，精神または身体に著しい障害を受けた者に対し支給する「災害障害見舞金」や重傷を負った世帯主および相当程度の住家，家財の損害を受けた世帯の世帯主に対し，生活の立て直しに資するための資金を貸し付ける「災害援護資金」の規定がある。　　　　◎井野盛夫

災害抵抗力　［さいがいていこうりょく］ disaster resistance　情報　将来生ずるかもしれない災害に対する脆弱性を低減させる力のことで，構造的・非構造的手法で高められる。例えば水災害への構造上の対策（堤防・ダム・迂回水路建設など）は，集中豪雨による河川の過度の増水がもたらすかもしれない人的・経済的な被害や損失を抑止する力となる。土地用途規制といった非構造的対策も，河川氾濫の危険度の高い流域の土地・建物の開発を制限することで，被害・損失発生を抑止する抵抗力となる。→減災，社会の防災力，被害抑止　　　　◎立木茂雄

災害難民　［さいがいなんみん］ refugees　情報　→難民

災害による身体の変調　［さいがいによるからだのへんちょう］ physical disorders following disasters　情報　災害直後は激烈な闘争―逃避反応が生じており，自律神経系の覚醒徴候を示す。災害による治療中断で持病の悪化や血管系障害が生じることもある。これらは数時間から数日間続いた後，適応的に向かうことが多いが，災害ストレスの遷延化によって慢性化することもある。特に，不安から生じる身体的症候が長引きやすい。子どもの場合，心身の発達が未分化であるにより身体の変調として生じやすいが，身体症状のみを訴えての医療受診が多いため，身体科医の災害ストレス反応への理解が重要である。　◎広常秀人

災害による心の変調　［さいがいによるこころのへんちょう］ psychological disorder following disasters　情報　災害後の心理的・精神医学的問題として，（心的）外傷後ストレス障害（Post-Traumatic Stress Disorder：PTSD）が象徴的に語られるが，その他の不安障害，感情障害，依存症など，災害ストレスは，あらゆる心理・情緒反応を引き起こし得る。特に急性期は「異常な事態への正常な反応」として被災者，災害対応関係者にあまねく知らしめることが肝要である。被災の激甚な者，死別経験者，住環境の劣悪な者，家族・社会支援の弱い者などは長期的にもハイリスクであり，早期からの介入が求められる。　◎広常秀人

災害のきっかけ　［さいがいのきっかけ］ trigger events　海外　加害力の作用頻度が大きい地域に住む人たちの抵抗力は総体的に小さいから，加害力が作用すると容易に人命・資産が失われる災害になる。近年の災害は，物理的な自然の加害力に対する反応という古典的な災害の理解を超える状況が多い。人の栄養摂取が不十分であれば小さな生活環境の変化でも災害になる。警察や軍隊を含む武装集

団が恣意的な権力を振るう社会状況では生活水準は低下し生活環境の変化に対する抵抗力は小さくなる。人口増加，内戦，資源枯渇などによる人口移動は，限界状況で維持されている社会に対しては災害のきっかけになる。国土の保全に大きな役割を果たす森林資源は極めて脆い。貧困を原因として進む枯渇だけでなく，国内外の軍事戦略の狙いを持つ道路ができた結果，辺境の社会が維持してきた森林資源が収奪された事例，対外債務や構造調整の圧力あるいは権力者の利権の用に供されて失われた事例がある。これらはいずれも河川流域の流出条件を激変させて大災害の原因となっている。　　　　　　　　　　　　　　　◎渡辺正幸

災害の根本原因　[さいがいのこんぽんげんいん]　root causes of disaster　海外　自然の加害力が作用するから災害が起きるのではない。加害力が作用した場合，日常生活が容易に破壊される本質的な理由(脆弱性)が社会にあるから災害になるのであり，脆弱性は大きくなり，かつ再生産されると解釈する。アフリカの干ばつは100万人単位の死者を生み出したがアメリカやオーストラリアではだれも死なないという激甚なギャップがあるのが現実であり，貧困層が最も深刻に被災するというのは公理である。その理由は，経済，人口，政治の実態にあり，地域や人口グループ(部族)間の差別がある。経済力，政治・社会的権利，性差，価値観の違いなどによる差別が警察や軍隊の力でより拡大されて弱小集団が行政の保護から遠ざけられる。従って，加害力の作用の結果として生起する小さな変化が生活を破壊する。そこから classquake のような認識が生まれた。また，root causes が dynamic pressure を醸成して社会の脆弱性を大きくして unsafe conditions を作り出し，その状態に hazards が作用して災害になるという解釈がある。　　　　　　　　　　　　◎渡辺正幸

災害の天譴論・運命論　[さいがいのてんけんろん・うんめいろん]　determinism　海外　災害は王に下された天譴であるとかつてジャワでは信じられていた。被災の不幸はもって生まれた運命だとかあるいは前世からの巡り合わせだとして諦め(させられ)る場合もある。被災者は人間として価値の低い，従って影響力のない階層だからと無視する考え方もある。人間の能力を遥かに超える加害力が作用し制御不可能な現象が進行するという認識ではこのような考えが生まれる素地は当然あるとしても，加害力の発生ならびに作用過程が明らかにされ，災害が社会現象であるとの認識が明確になった現代ではこのような理解は不当である。　　　　　　　　　　　　　　　◎渡辺正幸

災害廃棄物　[さいがいはいきぶつ]　disaster waste　復旧　災害時に処理が必要となる廃棄物には，平常時にも発生し適切に処理されているが，災害時には処理施設の能力低下から処理が大きな問題となるものと，災害によって破壊された種々の構造物などから生じる災害瓦礫がある。ここでは後者を災害廃棄物と呼ぶことにすれば，被災により発生した粗大ごみに相当する廃棄物，災害により発生した道路上の瓦礫，道路・鉄道などの被害箇所から生じた瓦礫，建物などの解体撤去により発生する廃材がこれに含まれる。阪神・淡路大震災においては，住宅・建築物系と道路・鉄道などの公共公益施設系を合わせて約2000万トンの災害廃棄物が発生したと推定されている。解体瓦礫の発生原単位は変動が大きいが，木造家屋の場合は可燃物0.194t/m²，不燃物0.502t/m² であった。　◎塚口博司

災害廃棄物処理　[さいがいはいきぶつしょり]　disposal actions of disaster waste　復旧　災害廃棄物の処理を行うためには，廃棄物の区分などを行う仮置場の確保，最終処分地および積出基地の確保，ならびに輸送路が必要である。廃棄物処理は，解体作業，搬出，仮置場における可燃物と不燃物の区分，不燃物の破砕による減量化ならびに可燃物の焼却，最終処分地への輸送，最終処分地における埋立処分という流れで行われる。災害廃棄物はリサイクルすることが望ましいが，阪神・淡路大震災の場合には，リサイクル率は災害廃棄物全体の約50％であった。また，輸送路として河川敷の管理用水路の活用が提案され，各地で整備が進んでいる。→瓦礫撤去　　　　　◎塚口博司

災害派遣【自衛隊】　[さいがいはけん]　disaster relief dispatch　行政　災害派遣は，「防衛出動」「治安出動」「海上における警備行動」などと並ぶ自衛隊の任務行動である(自衛隊法第6章)。自衛隊は，災害派遣に際し，被災者や遭難した船舶・航空機の捜索・救助，水防，医療，防疫，給水，人員や物資の輸送など，様々な活動を行っている。また，自然災害だけでなく，地下鉄サリン事件での化学防護部隊の派遣，ナホトカ号海難・流出油災害など多様な災害においても，自衛隊は大きな役割を果たしている(平成12年度防衛白書)。　　　　　　◎内閣府

災害復旧高度化事業　[さいがいふっきゅうこうどかじぎょう]　up-grading reconstruction project for small business　復旧　大規模な災害などにより事業活動の運営が著しく困難な状態にあって，次に掲げる復旧を行うために実施する高度化事業である。①既往の高度化事業施設が罹災し，その復旧を行う場合，②中小企業が復旧に際して高度化事業を行う場合，③貸付割合90％，金利・無利子，償還期間20年(うち据置期間3年)以内の特例条件などを内容とする。阪神・淡路大震災では，据置期間を3年から5年に延長，事業計画の受付期間を現行の1年間から3年間に延長などの特例が講じられた。　　　　◎北條蓮英

災害復旧資金融資　[さいがいふっきゅうしきんゆうし]　financial support for recovery of business　復旧　災害で罹災した中小企業者の当面の資金需要に応じるとともに，事業の立ち上がりを円滑にするための特別融資制度である。政府系中小企業金融三機関(中小企業金融公庫，国民金融公庫，商工組合中央金庫)は，貸付限度，貸付期間，据置期間，担保などの貸付条件につき被害実態に即した弾

力的措置をとるとともに，迅速化を図ることとされている。阪神・淡路大震災では，被害の程度の著しい中小企業者に対して災害融資の特例措置（金利の引き下げ，貸付限度額の引き上げ，貸付期間および据置期間の延長）が拡充された。

◎北條蓮英

災害復興公営住宅　［さいがいふっこうこうえいじゅうたく］ low rate public house for sufferer's dwelling / disaster recovery public housing　［復旧］　災害により居住していた住宅が滅失した低所得者に対する賃貸住宅として，地方公共団体が国の補助を受けて供給する公営住宅である。阪神・淡路大震災においては，激甚災害法に基づいて建設費補助，家賃収入補助に対する補助率の引き上げなどが行われた。早期かつ大量供給の必要から地方公共団体の直接建設の他，既存の空き家，公団住宅の借上げなどにより供給戸数の増加を図った。また低所得の被災者に対して地方公共団体が公営住宅の家賃の特別減額を行う場合，減額分の一定割合を国が補助するとともに，当該地方公共団体の負担について特別交付税による支援を行うことによって，例えば神戸市の公営住宅で年収100万円以下の層では家賃6000円程度が実現している。

◎濱田甚三郎

災害復興住宅資金貸付融資制度　［さいがいふっこうじゅうたくしきんかしつけゆうしせいど］ earthquake restoration housing loan system　［復旧］　災害を受けた土地所有者に対し，自宅か，被災者に貸すための住宅建設，購入または補修するための資金を貸し付ける制度である。阪神・淡路大震災では，住宅金融公庫による災害復興住宅資金融資が兵庫県南部地震発生の日から設けられ，また，災害地域の各自治体においては，住宅金融公庫などの融資を受け住宅を新築するか，災害復興住宅を購入する場合に，一定の条件で利子補給をする制度が設けられた。

◎後藤祐介

災害復興ボランティア　［さいがいふっこうボランティア］ disaster recovery volunteer　［復旧］　阪神・淡路大震災に全国・全世界から150万人のボランティアが集まったことから，政府は震災のあった1月17日を「防災とボランティアの日」と定め，防災基本計画にも災害時のボランティアへの対応が記されることになった。災害直後の緊急時とその後の復興期では，結集型と地域型など防災ボランティアの主なタイプに違いが出てくるが，いずれにせよ，被災民の自律（セルフエンパワーメント）支援が目標である。

→エンパワーメント，災害ボランティア　◎小林郁雄

災害文化　［さいがいぶんか］ disaster subculture　［情報］　災害文化とは災害常襲地のコミュニティに見出される文化的な防災策と定義され，災害の抑止や災害前兆の発見，災害発生後の対応において人々がとるべき対応を指示する。災害文化も他の文化と同様に，住民間に共有されている価値，規範，信念，知識，技術，伝承などによって構成される。災害文化の存在は，①対応の効率化を促進し，②災害時の社会的連帯を維持させる反面，③人々に災害は「たいしたことはない」と思わせる「災害なれ」をおこさせる。災害文化のあり方は，①潜在性，②対応の主体，③果たす機能，④共有される範囲の4つの次元で特徴付けられる。災害文化のあり方はコミュニティごとに異なるが，都市化が進行するにつれて，災害を人々の日常生活から切り離された，組織対応を中心とした，道具的な機能が中心となり，少数の専門家だけに共有されがちになる傾向が指摘されている。したがって，都市においては市民の災害文化の形成・充実が大きな防災の課題となる。災害文化の形成を促進する要因として，①繰り返し発生すること，②被害発生までに警戒期が存在していること，③甚大な被害をこうむること，④身近な人が被災すること，の4点が指摘されている。

◎林 春男

災害防疫研究センター　［さいがいぼうえきけんきゅうセンター］ Center for Research on the Epidemiology of Disasters (CRED)　［海外］　1960年にベルギーのルーバンに設置された被災地における防疫を専門とする機関で，そこで開発された災害データベース（EM—DAT）は信頼性が高い。国際救援アピールの根拠になる10人以上の犠牲あるいは100人以上の被災になった災害が記載されている。余儀なくされた移住・干ばつ・飢餓の場合の基準は2000人以上である。現在のデータベース編集基準は，1件当たりの死者100人以上，年間GNPの1％を超える損害，影響を受けた人口が国民の1％を超える場合となっている。

◎渡辺正幸

災害ボランティア　［さいがいボランティア］ volunteer activity in disaster　［情報］　発災後の応急対応期（インフラ・ライフラインが損壊している時期）に，被災者の生活支援と，被災地の復旧支援を目的に活動するボランティアを，災害ボランティアと呼ぶ。専門知識や経験の有無，年齢・性別に関係なく参加できる活動であり，労力，金，物資，場所，知恵，情報などの提供が主な活動となるが，被災地行政との連携を欠かすことはできない。被災地内では，被災者個人ケア，地域復旧支援，公共機関の補完などを担い，被災地外での後方支援としては，被災者への間接支援，ボランティア活動支援，情報中継支援などを行い，活動範囲は全国に広がる。平時の福祉団体，市民活動団体，社会貢献組織は，災害時には各々の特性を活かして，災害ボランティアの母体となり得ることから，救命救急・消火活動など緊急分野を除く全ての民間団体が，災害ボランティア団体として位置付けられる。地域の自主防災意識高揚の延長線上に，災害ボランティアが生まれると考えられる。

→一般ボランティア，専門ボランティア，災害復興ボランティア

◎伊永つとむ

災害ボランティアコーディネーター　［さいがいボランティアコーディネーター］ volunteer coordinator in disaster　［情報］　被災者ニーズに対する災害ボランティアの調整

や，災害ボランティアおよび諸団体の連携推進を目的として，災害ボランティアセンターに配置される。主な役割は，被災地内外の情報の整理と，被災者ニーズに対応する活動計画の立案，さらにボランティアの安全と健康に関する調整や，復旧作業の補完的活動の調整などを行う。常に状況の把握と将来を予測し，災害ボランティアの終結の時期を含む，中長期の戦略を組み立てることによって，災害ボランティアセンター，および災害ボランティア団体指導者への指標を提供する重要な立場となる。 ◎伊永つとむ

災害ボランティアセンター [さいがいボランティアセンター] volunteer center in disaster 情報 災害ボランティアセンターとは，被災地域に臨時に設置される民間を主体とするボランティアセンターを指す。被災地で活動する諸団体やボランティアの活動にとって，地域の窓口としての役割を担うとともに，地域における自発的な災害ボランティア活動の総合的な調整を実施する仲介的役割を担う。このようなセンターの機能は，被災者や地域が持つ様々なニーズに，きめ細かく対応することが大きな役割であり，地方自治体などの進める全体的かつ公平な救援活動と，パートナーを組む窓口となることによって，最も効果的な救援活動を発揮できることになる。 ◎伊永つとむ

災害ユートピア [さいがいユートピア] disaster utopia 情報 災害直後の被災地に見られる状況。災害による大きな物的被害を受け，社会のフローシステムが停止して大きな生活支障を体験しているにもかかわらず，被災者たちが意気軒昂で，相互に助け合いながら愛他的な行動をとる状況。 ◎林 春男

災害要因 [さいがいよういん] disaster threat / hazards 海外 災害要因は人命，財産，環境などの対象に作用するから問題になる。作用する確率はゼロから1の間の値をとるが，被害の深刻さは人命に作用する場合が最大となるものの被災して死ぬ確率には年齢や性差ならびに階層差および地域差があって一様ではない。人の死亡原因から見た場合，災害による死亡は，先進国の場合，低免疫の幼児の死亡や成人病ならびに事故による死亡と比べると遥かに軽微である。開発途上国では災害による死亡率は先進国の約3～4倍になるが，最も重大な自然災害である洪水による死者数よりも干ばつや食糧不足で死亡する人口のほうが多い。また，土地が一部の層に集中して所有されている国では増大する貧困層が火山活動・洪水・土石流のような災害要因によって形成された危険度の高い土地に住むことになる。このような事例はネパール・バングラデシュ・中米諸国などに見られる。 ◎渡辺正幸

災害抑止 [さいがいよくし] prevention / mitigation 海外 加害力が作用しても災害にならないようにするための方法を総称する。加害力の発生頻度は大きいがエネルギーが小さい場合，そして加害力が災害に転化する過程や原理が明らかにされている場合にのみ有効な対処方法である。社会が災害の発生を抑止できる程度は，気象や地形などの環境条件にもよるが，社会が動員できる資源（資金，技術，組織力）の大きさによる。例として，医療に見られるように，病原菌を絶滅させたり免疫をつけて病気を根絶したり発症しないようにしたことが挙げられる。 ◎渡辺正幸

災害連鎖 [さいがいれんさ] disaster continuum 海外 作用している加害力に社会が反応する一連の過程を説明する概念である。一例として，「地震―火災―ガスの誘爆―有毒物質の拡散―環境の荒廃―再建の困難―社会の衰退」のような現象の推移が容易に考えられる。災害は加害現象の発生と後遺現象からなる一連の社会現象の総体である。従って「阪神・淡路大震災から5年」という認識や表現は誤りである。地震という物理現象の終結が災害の終結ではないからである。災害は物理現象が終結した後も社会の構造や被災者を中心にする人々の精神や生活に衝撃を与え激変させる。 ◎渡辺正幸

細街路の通行可能性 [さいがいろのつうこうかのうせい] passable rate of narrow streets 被害想定 幹線道路は，出入りが制限された高速道路を除けば，落橋，斜面崩壊などにより完全な通行止めになることは少なく，路面被害，駐車車両，迂回交通などに起因する交通渋滞が，主な輸送機能低下の要因である。一方，道路のうち幅員の狭い細街路は，街路の両側の建物や電柱などの倒壊，火災により通行不能となる場合があり，地域住民に最も密着した消防車や救急車の通行，避難路の確保に際し問題になる。阪神・淡路大震災での激震地における道路幅員と通行可能性の調査によると，この両者には強い相関がある。幅員4～8m以下の道路では，自動車が通行不能になったものが約1/3であったが，幅員12m以上の道路では，ほとんどなかった。また，建物が道路上に倒壊した場合には，その除去に相当の時間を要した。 ◎川上英二

再活動型地すべり [さいかつどうがたじすべり] re-activated landslide 地盤 過去に活動履歴を有する，初生的でない地すべりのこと。二次(的)すべりともいう。数次の活動を反映し，地すべり地形を形成することが多い。自然斜面における大半の地すべりは，このタイプに属する。多くの場合，すべり面付近には地すべり粘土を主体としたせん断帯が発達する。その平均的せん断強度はピーク～残留強度間の歪み軟化過程上に位置すると考えられている。山間地域では，集落や水田として利用され，独特な景観（棚田）を有している。 ◎釜井俊孝

サイクロン cyclone 海外 海岸 気象 〔1〕インド洋およびオーストラリア近海における強い熱帯低気圧の総称。性質は台風と同じ。最大風速が32.7m/s以上を指す場合と，17.2m/s以上を指す場合があるので注意が必要である。南インド洋では cyclone tropical，オーストラリア近海では tropical cyclone ともいう。最大風速が17.2m/s以上の強い熱帯低気圧は北インド洋では5月と9～12月に

■ 世界の熱帯低気圧

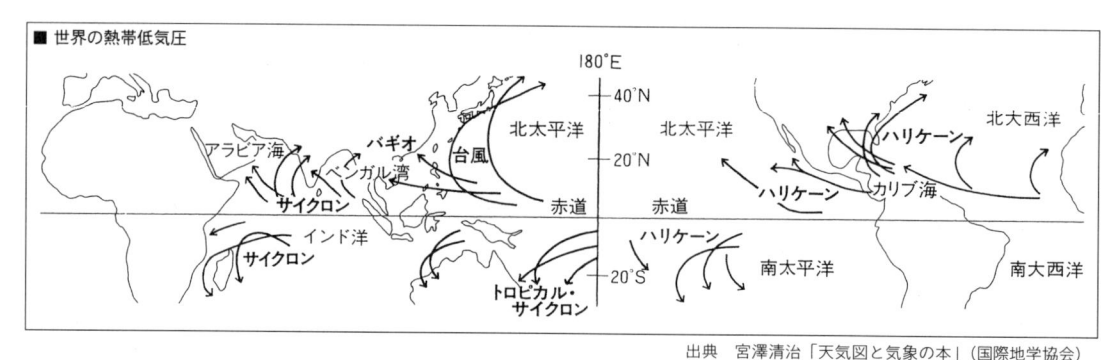

出典　宮澤清治「天気図と気象の本」（国際地学協会）

多く，年間約6個発生している。また，南インド洋では12～3月に多く年間約10個，オーストラリア近海では11～4月に多く年間約16個発生している。32.7m/s以上にまで発達した熱帯低気圧の年間発生数は，北インド洋で約2個，南インド洋で約4個，オーストラリア近海で約6個である（図参照）。

〔2〕一般の低気圧の総称として，サイクロンを用いることがある。サイクロンは暴風雨とともにしばしば高潮を引き起こし，ベンガル湾沿岸の低湿デルタ地帯などに大きな被害をもたらす。最近では1991年4月末にバングラデシュを襲ったサイクロンは，南部沿岸都市のチッタゴン周辺に推定6m以上の高潮をもたらし，13万人を超える死者を出すなどの大災害となった。→台風，ハリケーン

◎饒村曜，鈴木善光

サイクロン・シェルター cyclone shelter 海外
サイクロンによって上昇した海水面は上陸して高波となる。高波の波高は数メートルを超えることが珍しくないため，被災した地域は全滅に近い損害を受ける。ベンガル湾に沿う奥行き約20kmの海岸低地とガンジス・ブラマプトラ河の土砂でできた島は特に危険である。中でも1970年に推定50万人の犠牲者を出したバングラデシュでは類似の損害を防止するため，高波よりも高い床下高を持つシェルターが建設されている。標準的な構造は，鉄筋コンクリート構造，床下高5m以上，2階建，屋上を合わせて延面積約500m²，約3000人以上を収容することができる。平常時は公立の学校として利用される。必要とされるサイクロン・シェルターの総数約2000棟のうち現在までに約800棟が完成している。シェルターには家畜を係留するキラという高盛土が併設されて農民は家畜とともに避難できるように配慮されているが，避難率は最大でも48％である。その理由は，避難中に留守宅が盗難に遭う恐れ，災害は神の思し召しであり宿命との考え，避難を思いつかない，暗闇で避難不可能などが挙げられている。

◎渡辺正幸

再現期間 ［さいげんきかん］ return period 河川
海岸 気象 都市　ある特定のランダム事象の生起時間間隔の平均値。リターンピリオドともいう。水文統計や気象統計の分野では，防災計画基準の表現として，ある防御対象となる量の年最大値がある特定の値（設計外力）を超える確率の逆数を年数で表し，確率年ともいう。

◎友杉邦雄

最高波 ［さいこうは］ highest wave 海岸　一定時間の観測波形記録から抽出される N 個の波の中で最も大きな波高を有する波を最高波という。個々の波高の頻度分布がレーリー分布に従うと仮定すると，最高波高 H_{max} は**有義波**高 $H_{1/3}$ や平均波高 H_m と関連付けられる。ただし，波数 N が大きいほど最高波高は大きくなり，例えば，$N=100$の時，$H_{max}=1.52H_{1/3}$，$N=1000$の時，$H_{max}=1.86H_{1/3}$ となる。なお，波数 N が十分大きい場合には，$H_{max}=(\ln N)/1.416 \times H_{1/3}$ の関係がほぼ成立する。また，観測結果によれば，最高波の周期 T_{max} と有義波周期 $T_{1/3}$ や平均周期 T_m には，$T_{max}≒T_{1/3}≒1.2T_m$ の関係がある。　◎橋本典明

最深積雪深 ［さいしんせきせつしん］ maximum depth of snow cover 雪氷　ある期間中の積雪の深さ（積雪深）の最大値をいう。期間としては日，旬，月，年の寒候期などが利用されている。平年の最深積雪深は2月下旬から3月初めに発生するが，記録としては3月が大半を占めている。冬の低気圧は日本の東方海上に出てから発達するが，春の低気圧は日本海で1日に10hPa以上も発達し，暴風雪となり日最深積雪深を作る。年最深積雪深の記録は，日本一が真川（富山）の750cmで，世界記録はタマロック（アメリカ）の1153cmである。　◎土谷富士夫

サイスミシティ seismicity 地震　ある地域における地震の発生状況を，発生数や時間的空間的分布，それらのマグニチュード分布の総体としてこう呼ぶが，厳密に定義されているものではない。日本語では「地震活動」と呼ぶ。地震活動の活発さを表す時，地震活動が高い，地震活動が低いといった表現も多く用いられる。→地震活動度

◎片尾浩

サイスミックゾーニング seismic zoning 地震
被害想定　当該地域の地震動の発生確率，および予想される地震動の強さが，地域によって異なることが経験的に知られている。また，ある地域が社会的な要請によって高い耐震性を要求されることもある。耐震設計にあたって，このような地域による地震動の特性の違い，その地域に期待される耐震性を反映させるために，自然な境界，あるいは人為的な境界でゾーニングを行うことがある。自然な

境界とは，断層からの距離，ある地域に共通な地盤の種別などがある。サンフェルナンド地震(1971年)の翌年に制定された米国カリフォルニア州の活断層域開発規制法や，ロマプリエタやノースリッジ地震の経験を活かした同州の液状化地盤開発規制法などは，これらの条件に適用されるべき地域がゾーニングで図示されている。日本における耐震設計は，都道府県別の地域係数として示されているが，世界の各国でも同様な地域係数が考案されており，これらは人為的な行政界であることが多い。→地震危険度，マイクロゾーニング

◎岩崎好規

砕屑堆積物 [さいせつたいせきぶつ] detrital sediments / clastic sediments [地盤] 岩石が物理的風化作用により砕かれて，運搬され堆積したもの。主として水が関与しないで山腹斜面から落下して堆積したものを崖錐という。流水によって運搬されて堆積したものに砂礫円錐や扇状地がある。堆積物は粒度によって，礫・砂・シルト・粘土に分けられる。

◎北澤秋司

最大加速度 [さいだいかそくど] peak acceleration [地震] 地動あるいは構築物応答の加速度時刻歴でのピーク値(最大振幅)を指し，単位は gal(cm/sec²)を用いて，または重力定数 g(980.665 gal)との関連で表す。地動のそれは R. Mallet(1862)，J. Milne 以来，破壊能の単一尺度とされ，古く大森房吉(1898)や河角広(1943)により地震被害度と結びつけられた。長らく耐震設計用の標準地震動とされてきた El Centro 記録(1940)では330 gal であるが，1960年代から被害度合いと必ずしも調和しない高加速度の記録が得られ，現在では2g 程度にも達する。構築物の応答に際しては，短周期系で3倍程度にまで増幅される一方，高層・長大の長周期系では低減する。

◎滝澤春男

最大瞬間風速 [さいだいしゅんかんふうそく] maximum instantaneous wind speed / peak gust [気象] 瞬間風速の最大値を最大瞬間風速という。最大瞬間風速は瞬間風速を求める際の平均化時間によっても変化するので，厳密には平均化時間を併記する必要がある。気象庁から発表される台風時などの最大瞬間風速は風速計や記録計の応答速度の影響を受けているので，平均化時間が1～3秒程度(平均風速によって変化する)の値に相当する。日本では1966年の台風18号の際に宮古島で85.3 m/s の最大瞬間風速を観測した例がある。→平均風速

◎岩谷祥美

最大積雪水量 [さいだいせきせつすいりょう] maximum water equivalent of snow cover [雪氷] 一冬期における積雪水量の最大値をいい，2月上旬から3月中旬に出現する。最大積雪深の時期と必ずしも一致せず，それより遅れることが多い。降雨によって積雪水量が減少する場合や，積雪の圧密化や融雪などによる積雪深の減少率が新雪による積雪深の増加率を上回る場合などにより，このような遅れを生ずる。融雪水に関する水文，河川，湖沼や水力発電，農業用水などに関しては，一流域の融雪水の大小の把握が必要になり，最大積雪水量の観測あるいは予測による算出が行われる。

◎佐藤和秀

最大凍結深 [さいだいとうけつしん] maximum frost depth [雪氷] [地盤] 季節凍土の最大の凍結深は，構成する土質，冬期間の寒さ，積雪深に影響される。無積雪状態では，日平均気温が0℃以下の期間の日平均気温の積算値(凍結指数＝I)の平方根を用いて，最大凍結深が推定できる。すなわち $D=\alpha\sqrt{I}$，D(凍結深さ cm) α(土質による係数 砂質土 $\alpha\fallingdotseq 4$，シルト$\fallingdotseq 3$，粘性土$\fallingdotseq 2$)，I(凍結指数℃・日)。例として凍結期間(100日)の平均気温が-1℃で，シルト質の場合，$D=3\sqrt{100}$から $D=30$ cm と推定される。北海道の場合，凍結期間初期に積雪が30 cm を超えて継続して地表面を覆うと，積雪の断熱効果で地盤の凍結は起こりにくい。

◎福田正己

最大歩行距離 [さいだいほこうきょり] maximum travel distance [火災・爆発] 建物内の任意の地点から屋外への出口，または直通階段までの歩行経路に沿った距離の最大値を示す防火法規上の用語。法規では，火災による影響を受けて避難経路が使用できなくなる前に保護された階段などへ安全に避難できる歩行距離の最大値を定めている。特に大規模建物の場合には最大歩行距離を規定することにより，直通階段や屋外の出口など，避難施設の数を十分確保し，それらを，偏りなく配置させる役割もある。

◎萩原一郎

最適操作 [さいてきそうさ] optimal reservoir operation [河川] 貯水池の操作形態を目的関数と制約条件という数理モデルで表現し，目的関数を最大・最小化する放流量系列を数理計画法によって求める方法。浸水被害額などの被害指標や発電量などの生産指標が目的関数として用いられ，解の探索手法には，DPやLP，非線形計画法が用いられる。最適操作には，過去の洪水や渇水に対して主として計画目的で行われるオフライン操作と，実際の管理を対象とするオンライン操作があり，ダム群の統合管理に不可欠な方法である。

◎堀 智晴

再度災害防止対策 [さいどさいがいぼうしたいさく] countermeasures to prevent a second disaster [河川] 一般に，公共土木施設の災害復旧については，原型復旧を原則として，公共土木施設災害復旧事業費国庫負担法に基づき実施している。しかしながら，近年の大規模な出水に対し，災害復旧と合わせ計画的に河川を整備し，再度の災害を抜本的に防止するため治水特別会計において実施する再度災害防止対策事業として，河川激甚災害対策特別緊急事業と河川災害復旧等関連緊急事業がある。河川激甚災害対策特別緊急事業は，洪水，高潮，土石流などについて，災害復旧助成事業または災害関連事業の対象とならない場合に，河川の改良事業ならびに砂防設備および地すべり防止施設の新設または改良に関する事業を緊急に実施することにより，再度災害の防止を図り，もって国土の保全と民

■ 砕波形式

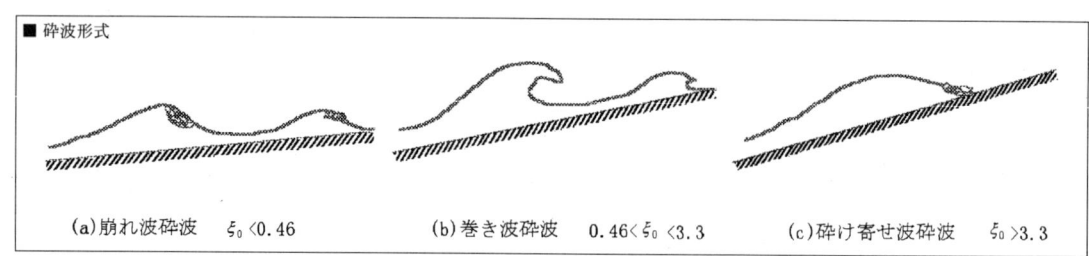

(a) 崩れ波砕波　$\xi_0 < 0.46$　　(b) 巻き波砕波　$0.46 < \xi_0 < 3.3$　　(c) 砕け寄せ波砕波　$\xi_0 > 3.3$

政の安定に資することを目的として，1976年度より実施されている。河川災害復旧等関連緊急事業は，河川等災害復旧事業(災害復旧事業)ならびに直轄河川等災害関連緊急事業，河川等災害復旧助成事業および河川等災害関連事業(改良復旧事業)に関連し，災害復旧事業および改良復旧事業による下流部での流量増加量への対応が必要な区域について，河川の改良に関する事業を緊急に実施することにより，再度災害の防止を図り，もって国土の保全と民政の安定に資することを目的として，1999年度から実施されている。　　　　　　　　　　　　　　　　　　　　◎平井秀輝

砕波　［さいは］　wave breaking／wave breaker　海岸　波高が大きくなると，波面は前傾し，波峰が白く砕けたり，前面に打ち込んだりして，大きくエネルギーを消散し，波高が急速に低減する現象。波峰上の水粒子速度が波速を超えると波形が前傾するようになることから，砕波条件は波峰上の水粒子速度が波速に一致する条件で与えられる。砕波条件は深海域では波形勾配に依存し，浅海域では波形勾配に加えて海底勾配と水深に依存する。深海域や一様水深の浅海域では理論的に砕波条件が求められるが，海底勾配を有する浅海域ではまだ実験に頼らざるを得ない。合田は，既往の多くの実験結果から次式のような砕波条件式を与えている。

$$\frac{H_b}{L_0} = 0.17\left[1 - \exp\left\{-1.5\frac{\pi h}{L_0}(1 + 15\tan^{4/3}\beta)\right\}\right]$$

ここに，H_b と L_0，$\tan\beta$ はそれぞれ水深 h における砕波波高および沖波波長，海底勾配である。浅海域では，海底勾配や波形勾配によって砕波する波の形態が異なる。砕波形態は，サーフシミラリティパラメータ $\xi_0 (= \tan\beta/\sqrt{H_0/L_0})$ の値によって，上図のように崩れ波砕波と巻き波砕波，砕け寄せ波砕波の3つに大きく分類されている。

(a) 崩れ波砕波(spilling breaker)は，波の峰が尖って崩れ始め，波峰前面に気泡が拡がるような砕波で，波形勾配の大きな波が遠浅の海岸に入射する時に起きる。

(b) 巻き波砕波(plunging breaker)は，波峰の前面が切り立ち，波頂部が前面に飛び出して，巻き込むように前方に突っ込む砕波で，波形勾配の緩やかな波が急勾配の海岸に入射した時に起きる。

(c) 砕け寄せ波砕波(surging breaker)は，比較的なめらかな非対称な波形の波が先端部を砕けさせながら遡上する砕波で，波形勾配が非常に小さな波が急勾配の海岸に入射する時に起きる。　　　　　　　　　　◎高山知司

砕波限界　［さいはげんかい］　breaking criteria／breaking limit　海岸　波が波高とおよそ同程度の深さの所にやってくると，波は砕けて波高が小さくなる。この現象を砕波と呼び，その限界の条件を砕波限界という。砕波限界は，波高，波の周期，水深および海底勾配によってほぼ決まり(下図参照)，合田(1970)によって精度の高い砕波限界式が提案されている。海底勾配が50分の1以下の極浅海域では，周期にあまりよらず波高水深比が0.82程度で砕波し，水深が波長に比べて十分に大きな場合には，砕波現象はもはや水深には依存せず，波形勾配(波高/波長)によって決まり，その限界値は0.142である。なお，エッジ波や津波などの長周期波の傾斜海浜上の砕波限界式として，Miche(1944)による砕波限界式がある。　　◎泉宮尊司

砕波帯　［さいはたい］　breaker zone／surf zone　海岸　海岸に来襲する波が浅水化によって砕け始める地点(一番沖側の砕波点)からその打ち上げ限界までの区域であり，地形的には沿岸砂州から前浜までがこれに相当する。砕波によって運動量の輸送や乱流エネルギーの供給が行われ，渦や気泡，漂砂を伴う混相乱流が生成されるため，砕波帯では海浜流，漂砂，曝気，拡散などの現象が活発となる。このため，砕波帯における水理現象の解明は，海浜の安定だけでなく海岸防災や海岸環境保全にも重要である。

砕波帯は海岸に到達した波が運んできたエネルギーの放出を始めてから終わるまでの区域であり，波の作用から陸地を守るための緩衝帯でもある。広い砕波帯(緩衝帯)を持つ遠浅海岸では，波が汀線に到達するまでにそのエネルギーが徐々にかつほぼ完全に放出されるため，汀線は安定に保たれる。これに対し，砕波帯の幅が狭い急勾配海岸ではエネルギーの放出が不十分なために汀線までエネルギーが運

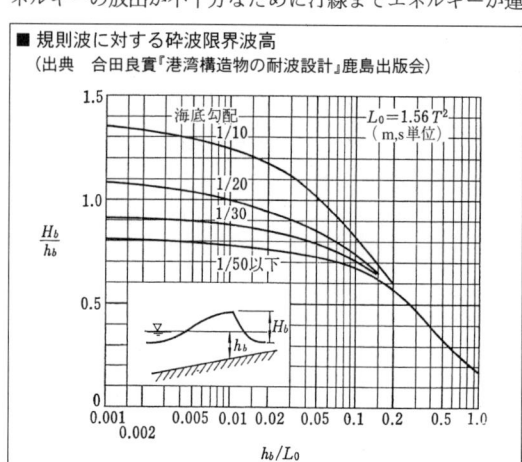

■ 規則波に対する砕波限界波高
（出典　合田良實『港湾構造物の耐波設計』鹿島出版会）

ばれ，侵食が生じやすい。　　　　　　　　◎安田孝志

再付着【流れの】［さいふちゃく］reattachment
気象　空力的に▶鈍い物体においては，流れは物体表面から▶剝離し，後流域を形成する。物体が流れ方向に細長い時，一旦剝離した流れは再び物体表面で接触する。これを再付着と呼び，再付着の有無によって空力特性が著しく変化するので，再付着が生じる物体の断面を再付着型，再付着が生じない断面を完全剝離型と呼んで区別する。これらの中間に位置し，周期的に再付着を生じる断面もある。気流に乱れがある時，連行効果によって再付着が生じやすくなることが知られている。　　　　　　　　◎西村宏昭

最尤推定法［さいゆうすいていほう］method of maximum likelihood　河川　海岸　気象　観測された標本が同時に生起する確率（これを尤度という）が最大となるように母分布の母数を推定する手法。標本間の独立性を仮定すれば，尤度は母数を引数とした確率密度関数の積で表される。一般的に最尤推定法により得られた母数は他の推定法によるものに比べて標本が異なっても得られる推定値がばらつかない性質（有効性）において優れていることが多く，水文量などの母数推定に用いられることが多い。
　　　　　　　　　　　　　　　　　　◎鈴木正人

再利用【水】［さいりよう］water reuse　都市　水の再利用には，繰り返し利用と水質処理による再利用とがある。前者は，工場内での循環利用であり，化学工業，鉄鋼業では，80～90％以上の回収率にのぼるが，パルプ・製紙業では，約40％にとどまっている。後者は，使用水に水質処理を行って雑用水として貯留，配水される。昭和30年代後半より始まり，近年では使用水量は1日当たり27.7万m^3まで伸びている。下水の再生利用には，河川などとつながらない閉鎖系循環方式と河川水と組み合わせる開放系循環方式がある。再生利用の問題は費用であり，上水と雑用水の2種類の供給施設の建設とその維持管理費が必要である。また，水洗トイレ，冷却・冷房，洗車，散水に加えて，環境・修景用水としても使用されている。　◎小尻利治

サウンディング　sounding　地盤　本来の意味は，地表面から叩く（医者の問診と同様）ことによって地盤の内部を知る地盤調査方法であった。しかし，現在ではボーリングによって試料を採取し，室内試験から地盤定数を求める調査方法に対して，試料採取を伴わない地盤調査方法を指す用語となっている。この方法はしばしば原位置試験とも呼ばれているが，両者との間には明確な定義の差はない。代表的なサウンディングに貫入試験，ベーン試験がある。
→貫入試験，標準貫入試験　　　　　　　◎田中洋行

酒田大火復興計画［さかたたいかふっこうけいかく］urban reconstruction plan after the Sakata city fire　復旧　火災・爆発　1976年10月29日夕方，山形県酒田市の繁華街の一角の映画館から出火，折からの強風で拡大し，222.5 ha（焼失1774棟，罹災人員3300人）を焼失する大火となった。1000戸以上を焼失する大火は16年ぶりで，地方都市の火災危険や消防力不備が依然として残っていることが問題になったが，市街地の復興は迅速に行われた。鎮火直後から国，県，市の協議が始まり，11月1日には原案，4日には都市計画審議会の了承が得られ，焼失地を含む31.9 haで土地区画整理事業などによる整備が展開された。計画は，幹線道路の整備，季節風を考慮した区画割りや延焼防止帯，系統的な公園や歩行者空間，商店街のモール化と不燃化・共同店舗，市街地再開発事業による商業拠点形成など画期的であった。しかし，石油危機後の不景気に加え，この頃から中心市街地の商業衰退と人口減少が顕著になり，ついに往時の賑わいは取り戻せず，地域活性化などソフト面が課題として残された。　　　◎吉川 仁

砂丘［さきゅう］sand dune　海岸　地盤　海岸線付近には，波や流れ作用によって輸送された砂礫が堆積し，漂砂の方向に細長く伸びた▶砂嘴（さし）などが形成される。こうした地形はほぼ汀線に平行な海岸砂丘で覆われている。波や流れによって汀線付近に堆積した砂は風によって内陸部あるいは汀線に沿って輸送されて砂丘を形成する。わが国における最も大きい砂丘は，千代川をはさんで拡がる鳥取砂丘である。他には，日本海沿岸や下北半島，鹿島灘，遠州灘などの海岸線に沿って分布している。

宇多(1997)は，茨城県阿字ヶ浦海岸に形成されている砂丘の発達と変形を▶飛砂に着目して検討した結果，1983年から1991年までの平均飛砂量は単位長さ当たり約25 m^3/m/yrであることを得て，海岸線の延長が長い海岸では飛砂によって海浜から失われる量が沿岸漂砂量と比較して無視し得ないことを指摘している。　　　　　◎伊福 誠

柵工［さくこう］fence works　地盤　山腹緑化工の一つで，杭を打ち，杭の背面に粗朶，板，丸太，人工網などの壁材を用い山腹斜面に階段状に柵を作り土砂の流出を防止するとともに，柵背面に埋め土をして，植栽木のために良好な環境条件を作るための工事である。柵に用いる資材によって，編柵工，木柵工，丸太柵工などに分けられる。編柵工はヤナギなどの萌芽力の強い材料を杭あるいは壁材に使うことによって，それらが将来の森林群落の構成木となる可能性があり，生態・環境の面からも好ましい工種といえる。　　　　　　　　　　　　　　◎眞板秀二

サクション　suction　地盤　不飽和領域における土中水は，大気圧下の水に比べて低い負のポテンシャルエネルギーを持つ。このポテンシャルの低下は，土粒子間における毛管作用や土粒子表面での吸着力によって生じるマトリックポテンシャル，溶質のある場合に生じる浸透ポテンシャルなどの和によって表される。サクションは，このポテンシャルエネルギーを表現する用語の一つであって，単位体積当たりのエネルギー量である圧力の単位を用い，符号を正に変えて表す。吸引圧と訳される。なお，マトリックサクションは，マトリックポテンシャルに対応する圧力

座屈 [ざくつ] buckling 〔地震〕　構造部材ないし架構が外力を受ける時，その外力を増していくと突然釣り合いの状態が変わり，異なった変形状態に移る現象をいう。力学的には安定問題，数学的には固有値問題として解析される。材料の弾性限度以下でも生ずる現象であり，この場合は弾性座屈ないしオイラー座屈と呼ばれる。圧縮力を受ける長柱の曲げ座屈，曲げを受ける梁の横座屈，板要素の局部座屈，架構の全体座屈（フレームスタビリティー）などがある。座屈現象が発生すると耐荷力が急激に低下することが多く，構造物の倒壊を招くことがある。　◎大井謙一

砂嘴 [さし] sand spit 〔海岸〕〔地盤〕　海岸において，陸地の端部から一方向に細長く発達する砂礫地形。地形的にほぼ一方から入射する波による強い沿岸流や河川などからの豊富な土砂供給などの要因により，数千年程度の長い年月をかけて発達する。静的には安定とならず，絶えず変形しているので，これらの要因が阻害されると比較的短い期間に侵食が起こり得る。砂嘴地形の代表例としては，美保の松原（静岡県），天橋立（京都府）が挙げられる。
◎岡安章夫

砂州 [さす] sand bar / bar 〔海岸〕〔地盤〕　河川，河口，海岸などにおいて，砂礫が細長く堆積したもの。河川では，河幅程度の大きさを持つ中規模河床形態を指し，交互砂州，固定砂州などがある。海岸では，主に陸地と平行に形成され，河口や湾口に形成される河口砂州，湾口砂州，アメリカ東南海岸のバリアー・アイランドのように陸地と離れて形成される沖の州などがある。また，砕波帯沖側の海面下に形成される堆積地形は沿岸砂州と呼ばれる。
◎岡安章夫

サスツルギー sastrugi 〔雪氷〕　吹雪や風による削剝で形成された積雪表面の起伏。風向に平行に細長く盛り上がった形状を持ち，風上端は尖っている。大きく発達したものは，高さ1〜2m，長さ数m〜10数mになる。スカブラともいう。　◎小杉健二

サスティナビリティ sustainability 〔海外〕　▶持続可能性

砂堆 [さたい] sand dune / dune 〔海岸〕〔河川〕　河川では，常流の場合に河床に形成される波状の地形で，小規模河床形態の一つである。波長と波高は主に水深と関係しており，下流側に移動する。形状は上流側斜面は緩やかで，下流側は砂の安息角にほぼ等しい。水面形は砂堆とは逆位相となる。海岸では，汀線より陸側に，波による▶漂砂や▶飛砂により形成されるやや規模の大きい砂の堆積地形を砂堆と呼ぶことがある。　◎岡安章夫

砂漠化 [さばくか] desertification 〔海外〕　オブレヴィユ(1949)が熱帯アフリカ半乾燥地の土地荒廃現象にこの用語を導入した。現在はUNCED(1992)採択のアジェンダ21で「砂漠化とは，乾燥・半乾燥・乾燥半湿潤地域において気候変動・人間活動など様々な要因に起因して起きる土地の劣化である」と定義されている。砂漠化の現状は，1977年に開催された国連砂漠化防止会議の分布図で説明されるが，その定量化には議論が多くて定着していない。世界各地の砂漠が植生や地形の面で急速に拡大しているという主張には反論も多い。しかし，UNCEDの定義による砂漠化は世界各地で進行しており，国際的な対策が求められている。わが国は「砂漠化に対処するための国連条約」を1998年に批准して協力を開始した。　◎牛木久雄

サヘル地域の飢饉 [サヘルちいきのききん] famine in Sahel region 〔海外〕　食糧，保護と救援，保健衛生，給水など生存のために必要なすべての仕組みがない「ないない尽くし」の災害がサヘルの飢饉であった。サヘルと呼ばれるサハラ砂漠南縁に位置するエチオピア，スーダン，チャド，ニジェールなどを含む地域で，干ばつは1967年から1973年の間続いた。食糧不足と麻疹の組み合わせで少なくとも10万人が死亡した。一般にこの飢饉の原因は干ばつであるとされるが，問題は干ばつがなぜ飢饉をもたらしたかである。森林資源の枯渇や土壌侵食で土地の生産力が小さい，人口の増加，作物が多様化されていないために不作の影響を代替する作物がない，貯蔵，輸送のためのインフラがない貧しさ，現金に困った時の金融手段がない，干ばつで収穫のない年が続いて蓄えを使い尽くした農民が食糧を購入するための現金を持っていなかった，反政府の立場をとる部族に政府が国内の余剰と援助された食糧をまわさなかった，外国から援助された食糧の輸送が妨害されて届かなかったことなど，政治的・社会的な要素が干ばつという一次災害を100万人単位で人が死ぬ飢饉にまで増幅した。
◎渡辺正幸

砂防 [さぼう] sabo 〔地盤〕〔火山〕〔河川〕　わが国では梅雨時や台風シーズンなどに豪雨により土石流などの土砂災害が発生する。これは，山体が急峻で脆弱な上に多雨であるため，流域が荒廃しやすく大量の土砂が生産・流出することによる。同様の土砂災害は，火山噴火に伴う火砕流や降灰，頻発する土石流・泥流などによって，また地震による地すべりや山腹崩壊などによって生じることがある。また，そのような直接的な土砂災害でなくとも，大量の土砂流出は河床の上昇を招き洪水災害の原因ともなる。砂防はこのような土砂災害の防止を主な目的としている。近年の土地利用の高度化や多様化に伴い直接的な土砂災害を被りやすい地域まで開発が進み，砂防の重要性はますます高くなってきている。平成13年4月1日より通称「土砂災害防止法」が新たに施行され，土砂災害の恐れのある区域を指定し警戒避難体制の整備や土地利用を始めとする規制がなされるようになった。最近では，土砂災害防止のみならず危機管理や，山地流域・河川（渓流）における環境問題や海岸まで視野に入れた土砂流出過程の管理，さらには発展

途上国における総合的な土砂災害防止・危機管理，流域管理が今日的課題として精力的に検討されている。

◎宮本邦明

砂防施設 ［さぼうしせつ］ sabo structures 地盤 火山 河川　土砂の生産と流出を抑制・制御し災害を防止・軽減することを目的とする施設(砂防設備と呼ぶ)で，代表的なものに砂防堰堤(砂防ダム)や遊砂地，渓流保全工(流路工)などがある。従来，山間の渓流区間においては，砂防ダムなどで土砂の生産・流出を抑制し，扇状地など土砂が堆積している区間では流路工などで側岸・河床侵食による土砂生産を抑制することにより土石流などによる直接的な土砂災害や土砂堆積に伴う洪水災害の防止を図ってきた。最近では，土砂流出の調節機能が高い施設，荒廃した流域や渓流を良好な環境に変え豊かな生態系を誘導するような施設，大規模な崩壊や火山活動などによる規模の大きな土砂生産・流出に対しても効果的な施設，流木を対象とした施設，流域一貫した土砂管理を意識した施設など新しいタイプの砂防施設が数多く検討され配置されている。

◎宮本邦明

砂防ダム ［さぼうダム］ sabo dam 地盤 火山 河川　砂防ダム(最近では砂防堰堤と呼ばれている)は，豪雨時にしばしば発生する土石流など土砂災害の原因となる大量の土砂流出を調節することを主たる目的として配置される。コンクリート製重力式が主流であったが，最近では堤体にスリットを設けたスリット砂防堰堤や大きな穴を空けた大暗渠砂防堰堤，スリット部に流出土砂調節用のゲートを設けたゲート式砂防堰堤，鋼製のパイプなどを組んで堤体を構築する鋼製砂防堰堤など多様な砂防堰堤が配置されるようになった。これらは，中小出水時には土砂がスリット部や鋼製パイプの間などを通過し砂防堰堤の堆砂域空間を確保するとともに河床位の縦断的変化を小さくすることができるため環境の面からも効果が期待されている。より高い機能や施工性，環境負荷のより小さい砂防堰堤の研究開発が活発に行われている。

◎宮本邦明

砂防調査 ［さぼうちょうさ］ sabo investigation 地盤 河川　砂防事業を計画・実施するにあたって多様な調査がなされている。調査は砂防事業の計画段階，設計段階，施工段階に分けてそれぞれ行われている。設計・施工段階の調査は最近の砂防構造物の多様化と施工技術の目覚ましい高度化により大きく変化してきている。砂防計画立案時の調査は，従来，計画規模の降雨など計画の対象とする現象が生じた時の生産土砂量，流出土砂量，許容流砂量などを評価し，処理すべき超過土砂量を求めることをその主たる目的としていた。しかしながら，砂防計画が流砂系という概念で表現される流域一貫した土砂管理を目的としたものに変化しつつあるため，土砂の流出過程をより詳細に調査することが要求されるようになっている。特に，土砂の流出は水の流出に比べ遥かに長い年月を必要とし洪水の履歴が重要で，かつその過程が粒径により異なるため，これらの過程を評価するための調査が必要となっている。また，これらの他，災害実態，砂防施設の機能に関する調査や土石流などの直接的な土砂災害対策に関する調査などが行われている。

◎宮本邦明

砂防林 ［さぼうりん］ sabo forest 地盤 河川　樹林が土砂の堆積・流出抑制などの効果があるのに着目して，樹林を砂防設備として計画し，同時に緑豊かな環境の創出を計る。このような砂防施設として位置付けられる樹林を砂防林と呼ぶ。砂防林は，山間部の渓流で土砂が広く堆積している区間など洪水時に自然の土砂流出抑制機能が期待される箇所や扇頂部などに確保された遊砂地で砂防林を整備可能な箇所に配置される。

◎宮本邦明

挫滅症候群 ［ざめつしょうこうぐん］ crush syndrome 被害想定　▶クラッシュ症候群

ざらめ雪 ［ざらめゆき］ granular snow / coarse-grained old snow 雪氷　積雪を構成する雪粒は，融雪水や雨などによって水を帯びたり，あるいは融解と凍結を繰り返したりすることで急速に大きくなる。ざらめ雪は，このように水を介在することによってできる，ざらめ糖のような粒の大きな雪粒からなる積雪である。粒径は数 mm 程度と大きく，雪の密度は300～500 kg/m^3 である。どの雪質の雪からも水の関与によってざらめ雪となるので，融雪期の積雪のほとんどは，ざらめ雪から構成されている。

◎石坂雅昭

サルテーション saltation 海岸　跳躍漂砂のこと。波が陸上に遡上する波打ち帯では，特に波が陸域に遡上する場合に，砂が砂床から飛び上がり，波の進行方向に運ばれ，落下する。このような現象は，海岸においては，陸上における飛砂でも観察される。砂の pick up (飛び出し)量と step length(移動距離)を評価することにより，見積もることができる。

◎柴山知也

砂礫海岸 ［されきかいがん］ sand and gravel beach 海岸　同じ海岸でも海浜を構成する底質は，場所によって細砂から大礫までの粒径分布を持つことが多い。粒径分布は波や流れの流体運動の強さ，地形勾配などによって支配される。岸沖方向には，最大粒径は波の作用が大きい砕波点付近に見られ，沖に向かうほど海底付近の波の運動は小さくなるため細粒となる。沿岸砂州の上で砕波し，前浜の基部で再度巻き波砕波が打ち込む場合には，前浜斜面上で粒径が大きく，沿岸砂州上でもやや粗粒化する。沿岸方向の粒径分布は，来襲波のエネルギーや全体的な地形，地質条件が沿岸方向に変化しない場合には，上流側で細粒分が選別的に流され粗粒分が残されたり，細粒分が選別されて下流側に運ばれたりすることで形成される。

◎浅野敏之

砂れん ［されん］ sand ripples 海岸　砂などの底質が波や流れの作用を受けると，流れや底質の条件に対応した砂れんが形成される。砂れんは海底のみならず河床や

風の作用を受ける砂丘上にも形成される。底面に砂れんが形成されると、その近くに渦が発生し、それが鉛直方向の速度成分となって底質を浮遊させる。このように流砂・漂砂の機構に対して砂れんは重要な役割を果たす。さらに、砂れんの形成は底面粗度として機能し流水抵抗を支配する。流れの鉛直分布や底面摩擦による波の減衰には、砂れんの形状が密接に関わっている。一方向流である河川流で形成される砂れんより、往復流である波による砂れんのほうが一般に波形勾配が大きくなるなど、両者にはいくつかの特性の違いが見られる。 ◎浅野敏之

参加型開発 [さんかがたかいはつ] participatory development 海外 近年、開発の分野で住民参加が見直されているが、同様に災害援助の中でも住民参加の必要性が認識され始めている。災害は突発的な天変地異によって引き起こされるものであり、近代科学技術の発展こそが災害に対する唯一有効な解決策であるという認識が今も根強く存在している。こうした認識の中で、住民は受け身で無知な「被害者」として扱われてきた。しかし、近年、災害を社会現象として捉える動きに伴い、近代科学技術のみを災害の解決策とするのではなく災害に対する社会の脆弱性を軽減していくことが災害の解決策であるという認識が芽生えてきた。こうした意識の変化と近年の住民参加型開発への注目により、住民を単なる被害者としてではなく災害に強い社会を作る主体として捉える動きが現れつつある。この過程で住民が主体となった災害対策が防災のサイクルのあらゆる過程で実施されるようになった。
◎田中由美子, 川端真理子

三角州 [さんかくす] delta 河川 地盤 歴史的にはナイル川に代表される、河口に砂泥が堆積してできた三角形の堆積地形。その縦断面は頂置層(頂置斜面)、前置層(前置斜面)、底置層(底置斜面)から成る。最近の研究では沖積平野の中で扇状地、自然堤防地帯の下流域に続く、河成、海成作用でできた低平地をデルタと呼ぶ。この地域は河川による水害だけでなく、高潮、津波災害の危険もある。
◎大矢雅彦

三角測量 [さんかくそくりょう] triangulation 地震 地上に配置された三角点を頂点とした三角形で構成される三角網の三角形の内角測量により水平位置を求める方法。三角網の地球上の位置と三角形の大きさと向きを決めるため、三角点の1点(測地原点)の経緯度、原点から特定の三角点方向の方位、適当な一辺の長さを与えることが必要。繰り返しの測量によって得られる三角点の座標の比較より求まる三角点の水平移動を示す変位ベクトルは地殻の水平変動を検出する有力な方法である。 ◎古澤 保

山岳波 [さんがくは] mountain wave 気象 山岳の風下側に現れる定常波。強い風が山地を吹き越えると風下側では強い下降流となり、これが波状になって定常波を形成する。山岳波の形態は山越え以前の風上側における風の鉛直分布の状態によって決まる。風下側数百kmの遠方にまで達する場合もある。定常波の高さが10kmくらいになることもあり、時にはかさ雲やロール雲が現れることがある。
◎根山芳晴

産業火災 [さんぎょうかさい] industrial fire 火災・爆発 産業火災とは、火災の発生する場所に着目した分類である。産業火災は、生産を行う事業所や輸送を行う経路およびその中継点で発生する火災を指して使われる。産業種別によって核燃料、放射性物質、火薬類、高圧ガス、危険物、毒物、劇物、感染性物質、大量の可燃物などの物質が使用されたり、水に触れることによって水蒸気爆発を起こす大型高温設備などが設置されることがあり、火災によって重大な被害の生じる恐れがある。特殊な物質や設備が存在するので専用の消火設備が設置されたり、事業所単位で自衛消防隊が組織され、定期的な訓練を行って、通常の建物火災と異なる産業火災に備えている。また、近隣の事業所と相互援助協定を結んだり、緊急時の広域対応計画を作成することも行われている。→化学プラント火災 ◎鶴田 俊

産業災害 [さんぎょうさいがい] technological hazards 海外 フリックスボロ(英国)で1974年に起きた化学工場の爆発、セベソ(イタリア)で1976年に起きたダイオキシンガスの流出、スリーマイル島(米国)の原子力発電所の放射能流出、ボパール(インド)のメチル化シアンガスの流出、ウクライナ(旧ソ連)で1986年に起きたチェルノブイリ発電所の核爆発事故などが地域社会や国際社会に与えたインパクトは極めて大きい。これらの災害は人為的な加害力が人命や財産を損傷したという古典的な因果関係を超えて広範囲に環境を汚染し、人間の生存を不可能にするまでに至ったからである。この点を捉えて、環境災害(environmental hazard)とする認識もある。 ◎渡辺正幸

産業被害【渇水】 [さんぎょうひがい] industrial damage / damage to industries 都市 渇水により、減圧給水や時間給水などの給水制限が実施されると、ふだん水を多く使用している飲食店、ホテル、病院などの施設で売上収入の減少、サービス活動への影響などが生じる。給水制限が行われた地域では、工業用水を使用している企業のうち、冷却水の再利用の強化、海水の利用、他地域からの用水の輸送などの対策が講じられることがある。化学工業・鉄鋼業を中心に生産縮小や操業停止を余儀なくされる企業もある。 ◎萩原良巳

産業復興 [さんぎょうふっこう] industrial restoration 復旧 災害による被災地産業へのダメージは、オフィスや工場の倒壊など施設設備の直接被害のみならず、インフラの破損などがもたらす経済活動全般の遅延というフロー面での間接被害に及ぶ。こうした産業活動の停滞は、被災地の生活基盤である雇用に深刻な影響を与えることになる。この点で、災害復旧過程における産業復興は、生活復興と不可分の関係にある。産業活動は中小企業やサービス

産業において地域内部の産業連関性が強く，地域集積に衝撃があると波及的に被害が拡大する可能性がある。産業復興は被災産業の自立を促す短期的な緊急復旧・復興支援や産業基盤の回復と同時に，まちづくりと連携したり，経済の変化を先取する構造転換支援などと連動する中・長期的な視点も重要となる。
◎加藤恵正

産業復興会議 [さんぎょうふっこうかいぎ] industrial restoration committee 復旧　産業界が自らの産業復興のあり方を議論する場として設置する組織。地元商工会議所など経済団体や主要企業を中心に，学識経験者，行政関係者らが構成員となる。阪神・淡路大震災では，会議における協議内容は概ね以下のようである。①被災産業などの事業再開支援と地域経済の早期回復に向けた取り組みと国などへの要望，②地域産業の再生方針について計画策定，③計画の推進方策。ここでの議論の成果は，産業復興計画としてとりまとめられる。
◎加藤恵正

産業復興計画 [さんぎょうふっこうけいかく] industrial restoration plan 復旧　産業界が中心に策定する産業復旧・復興のための企業活動指針。阪神・淡路大震災では，地元産業界を中心に産業復興会議が設置され，産業復興計画が策定された。「既存産業活動の一日も早い復旧・復興」「21世紀の成熟社会に向けての持続的発展」という2つの目的が掲げられた。そこでは概ね3年以内に純生産を震災前の水準に回復させる中期目標と，10年以内に純生産を震災がなかったとした場合の元の成長軌道への復帰あるいはそれを凌ぐ復興を目指す長期的目標を提示している。実際には，新分野進出や事業転換への支援，さらには規制緩和による産業再生などが盛り込まれている。こうした民間の自主的産業復興活動を受け，行政側においても支援のための指針が策定された。
◎加藤恵正

酸性雨 [さんせいう] acid rain 気象 火山　酸性度の高い雨水で，pH が大気中の二酸化炭素で飽和した状態(pH=5.5)以下のものをいう。化石燃料の燃焼や火山噴火などにより放出された硫黄酸化物，窒素酸化物や，大気中で生成した硫酸ミスト，硫酸塩，硝酸塩エアロゾルなどが原因物質である。雨水の酸性化は，降雨液滴中への取り込み(ウオッシュアウト washout)後の液相反応および酸性エアロゾルの雲の凝結核としての取り込み(レインアウト rainout)により，進行する。1852年，イギリスの化学者 Smith が最初に指摘。現状の年平均 pH は，日本では4.6～5.1の範囲にあるが，欧州中部およびアメリカ北東部で最低4.1，中国では4.0以下の地域がある。環境への影響としては，土壌の酸性化による土壌微生物活性の減衰，無機塩類の溶脱，湖沼，河川の酸性化による魚類の死滅，土壌の酸性化に伴う森林の衰退，枯死が顕在化している。地球環境問題の一つ。
◎植田洋匡

酸性霧 [さんせいぎり] acid (acidic) fog 気象　酸性度の強い霧。大気中の酸性物質が凝結核になったり，溶け込んだりして霧水の酸性度を低下させる。普通，霧水の酸性度は酸性雨より強く，酸性雨の植物影響が土壌を介するものであるのに対して，酸性霧の強酸は植物の葉面に直接的に作用して植物被害をもたらす。山岳地域の雲も霧の一種で，この酸性化が山岳地域の森林衰退の一因と考えられる。
◎植田洋匡

酸性沈着 [さんせいちんちゃく] acid (acidic) deposition 気象　大気中に放出された硫黄酸化物，窒素酸化物や，大気中で生成した硫酸ミスト，硫酸塩，硝酸塩エアロゾルなどの大気中酸性物質の，地表への降下過程。湿性沈着(wet deposition)と乾性沈着(dry deposition)とに分けられる。前者は，酸性雨，酸性霧，酸性雪など降水過程による。後者は，大気乱流による拡散，沈着表面での拡散，表面での吸着(吸収あるいは付着)の一連の過程をいい，沈着量は風速や酸性物質の種類に依存する。わが国のような温帯気候帯では乾性沈着量は湿性沈着量にほぼ匹敵する。
◎植田洋匡

酸性雪 [さんせいゆき] acid snow 雪氷 気象　酸性の性質を帯びた雪のことで，通常は融雪水の化学的性質でその性質を議論する。なお pH が5.6以下の降水(雨，雪など)を一般に酸性雨という。大気中の酸性物質は粒子状とガス状のものがあり，雪の結晶生成時に酸性物質が核種となる場合，雪結晶成長の時や降下時に，酸性物質が結晶内に取り込まれる場合などにより，酸性雪となる。読み方は「さんせいせつ」より，間違いにくい「さんせいゆき」が，一般的である。日本の冬期の酸性雪の原因は，国内における発生源による酸性物質によるものと，季節風によってもたらされるユーラシア大陸発生源による酸性物質によるものとがある。東南アジア各国の大陸における活発な経済活動と工業化は，さらに大量の酸性物質を発生しつつあるが，国を越えた情報交換，モニタリングの整備，対策が酸性物質発生の軽減のため，急務である。酸性雪が融解し融雪水が積雪より流出する時，融雪初期に酸性の強い融雪水が生じる時がある。北ヨーロッパや北アメリカでは，acid shock として河川や湖沼の生態系に多大な被害を及ぼした。日本での acid shock の実態はよくわかっていない。◎佐藤和秀

残積土 [ざんせきど] residual soil 地盤　岩石や土の風化物が，移動せずその位置にとどまっているものをいう。これに対し，移動したものを運積土または崩積土という。例えば花崗岩地域の表層崩壊跡では，崩壊後の斜面上において，岩石の風化により残積土であるマサ土が形成されると同時に，斜面上方から土壌匍行や雨洗などで運積土が供給され，いわゆる土層が徐々に厚くなる。そして土層厚がある大きさになると表層崩壊が起こりやすくなる。
◎松倉公憲

山体崩壊 [さんたいほうかい] gigantic landslide / catastrophic rockslide avalanche 地盤 火山　主に火山体の脚部から山頂を含む極めて大規模な崩壊に対して

いう．その規模は一般に体積$>10^9$ m³であり，崩壊物質は岩屑なだれとなって高速移動する．火山体には直径1 km以上の馬蹄形カルデラが形成され，山麓部や山麓の河川・谷底平野には多数の流山が散在する特有の堆積地形を形成する．発生の主な誘因は火山噴火および火山性地震である．発生は成層火山に多く，近年の著名な例では1888年磐梯山，1956年Bezymianny(ロシア・カムチャツカ半島)，1980年Mt. St. Helens(アメリカワシントン州)がある．しかし，溶岩円頂丘での発生もあり，岩屑なだれと津波によって死者1万5000人の大災害となった1792年雲仙眉山の例がある．1つの火山で複数回発生する場合があり，岩手山では過去に8～9回の山体崩壊があったとされている．非火山性山地の場合には，大規模崩壊と呼ぶのが一般的である．
◎大八木規夫

山地災害 [さんちさいがい] disasters in and around a mountainous region 地盤　主に大雨によって，山崩れ，土石流，土砂流，洪水などが発生し，広域にわたって山地が荒廃する災害をいう．一般的には山地から流出した土砂や洪水によって山地周辺の地域も広範囲にわたって被害を受ける．誘因の降雨は梅雨末期の集中豪雨，台風の接近・通過に伴う大雨が多い．近年の例では1889年十津川災害，1953年有田川災害，1961年伊那谷災害，1965年岐阜・福井県の災害などが著しい．都市域が山地斜面や谷底平野に拡大することにより1967年佐世保・呉・神戸の災害や1982年長崎豪雨災害のように山地災害の都市災害化も見られる．大雨の他に大地震がこれを引き起こすこともまれではない．1891年濃尾地震による根尾川・揖斐川流域や1923年関東大地震による丹沢山地や1984年長野県西部地震による王滝村の例がある．
◎大八木規夫

山頂噴火 [さんちょうふんか] summit eruption 火山　中心噴火ともいう．山腹噴火(▶側噴火)の対義語．一般に噴火休止期間の短い火山での中小噴火の場合，マグマが既存の火道を上昇して，山頂火口から噴火が始まる場合が多い．近年の桜島，阿蘇山，雲仙普賢岳，浅間山などの噴火がその例である．山頂噴火から側噴火に移行する，逆に側噴火から山頂噴火へ変化することもある．前者の例は1986年の伊豆大島噴火であり，後者の例として1940年の三宅島噴火がある．
◎石原和弘

暫定水利権 [ざんていすいりけん] temporary water right 都市 河川　水利権とは，河川管理者が公物管理権に基づき特定の者に与えられる河川水の使用権のことである．大別すると，歴史的水利用形態で決まる慣行水利権と新たな水資源開発を目的とする許可水利権があり，後者においては，取水量が，基準渇水量から既得水利権量や河川維持流量を除いた部分とされている．この許可水利権の一つに暫定水利権があり，水源が安定していなくても緊急の水需要として認定された場合(緊急性，流況特性など)に許可されるもので，許可期間，水利用の条件が付帯する．これに対して，河川流量が基準渇水流量を上回る場合にのみ許可される場合を豊水水利権と呼び，豊水時に限定される暫定水利権を暫定豊水水利権ということもある．
◎小尻利治

サンドウェーブ sand wave 海岸　流れ系と漂砂系の相互作用に起因する不安定現象により生じる波状の凹凸の呼称．波浪場におけるサンドウェーブは規模の小さい順に，▶砂れん，砂堆，沿岸砂州に分類される．砂れんには，底面付近の掃流移動が関与するrolling grain rippleと底面付近での剥離渦の発生に伴う浮遊砂が関与するvortex rippleとがある．砂堆は砂れんより規模が大きく，Shields数の大きいシートフロー状態への遷移域で見られる．
◎後藤仁志

サンドバイパス sand bypassing 海岸　▶砂浜海岸に建設された構造物の(漂砂の)上手側に堆積した土砂を，人工的に下手側海岸に輸送する工法のこと．▶沿岸漂砂の卓越する海岸に港などの構造物を建設すると，沿岸漂砂が堰き止められ，上手側海岸に土砂が堆積する．この堆積が進行すると，港口部や航路の埋没が生じる．一方，下手側海岸では土砂の供給量が減少するために，侵食が生じる．漂砂の連続性を回復して埋没と侵食の防止を兼ねる目的で，サンドバイパスが行われることが多い．下手側海岸へ輸送する方法としてパイプ輸送，トラック輸送，海上輸送がある．構造物が存在する限り，継続する必要がある．わが国では，天橋立や大井川港などの事例がある．
◎加藤一正

山腹工 [さんぷくこう] hillside works 地盤　はげ山，崩壊地などの荒廃地に植生を導入することによって，斜面侵食および崩壊の拡大を防止し山腹からの土砂生産を抑制するための工事で江戸時代から行われてきた．その最終目標は森林の復元によって荒廃地を復旧させることにある．植生導入のためには，まず地表の安定が必要であり，そのために，谷止工(たにどめこう)，法切工(のりきりこう)，土留工(どどめこう)，水路工などの山腹基礎工が実施され，その後，積苗工(つみなえこう)，伏工(ふせこう)，実播工(じっぱんこう)，植栽工などの山腹緑化工によって植生が導入される．
◎眞板秀二

サンフランシスコ大地震復興計画 [サンフランシスコだいじしんふっこうけいかく] San Francisco reconstruction plan after the Great Earthquake of 1906 復旧 火災・爆発 地震　1906年4月18日5時12分，サンフランシスコ湾岸地域を地震が襲った．サンアンドレアス断層が，長さ430kmにわたって，最大6.4m，平均3.9mの右横ずれ断層運動をし，烈震・激震地域が断層に沿って600 kmの細長い帯状に延びた．地震動による被害も大きく，特に沖積平野や人工的埋立地，旧河床跡地に建てられた建物は瞬間的に破壊されているが，サンフランシスコ市で地震後発生した大火災の被害が80％を占め，サンフランシスコ大地

震と呼ばれるようになった。その火の中から立ち上るフェニックス(不死鳥)が市のシンボルマークになっている。サンフランシスコ市の復興計画では，当時の建築規制は地震にも火災にも十分とはいえなかったが，早期復興を促すため規制緩和され，風荷重，床荷重，屋根荷重は軽減され，1930年代に改正されるまで，そのままであった。そのため，危険な市街地が再生産され，次の大地震の危険が心配されている。地震後とられた対策としては，消火のための水に困ったことから，地震用特別消火栓網を設けたこと，大火災時にダイナマイトを使って破壊消防を行ったヴァン・ネス(Van Ness)街路を拡幅したことである。地震用特別消火栓網は，市を5ブロックに分け，それぞれ高圧で大量の水が出せるシステムとなっている。旧市街地は1909年に完成している。マリナ地区は，その後，埋め立てられて造成された住宅地で，マリナ地区の特別消火栓は1924年に造られている。1989年のロマプリエタ地震の時，マリナ地区では火災が発生したが，この地震用特別消火栓は，地震直後は使えなかった。その時活躍したのは，消防艇と1986年に開発された1マイル以上離れた場所から大量の水を圧送できる消防用ホース車であった。今日のサンフランシスコ地域は，1981年以降始められた1934年以前のレンガ造などの耐震補強や，1989年のロマプリエタ地震以後の耐震補強，1985年から始められた地震応急対応訓練などが熱心に進められている。
◎村上處直

サンプリング sampling [地盤] 試料や標本を抽出することをいう。地盤を構成する材料の物理・化学・力学的性質を調べる方法は，原位置試験と室内試験に大別される。地盤調査におけるサンプリングは，基礎地盤の設計や施工に必要な地盤情報を得るために土の観察や室内試験に供する試料を採取するために行う。地盤の安定・沈下・透水性などの検討に必要な力学的定数を求めるには，「乱さない試料」が用いられる。地盤材料やその状態に応じた乱さない試料の採取法は，㈳地盤工学会で基準化されている。
◎正垣孝晴

3分力 [さんぶんりょく] three components of forces [気象] 構造断面に作用する静的空気力(あるいは定常空気力)のうち，▶揚力，抗力，ピッチングモーメントを3分力という。特に抗力は，構造物に作用する▶風荷重として▶構造物の▶耐風設計上重要な荷重であり，できる限りその値を小さくすることが望まれる。二次元矩形断面の抗力係数 C_D は，断面辺長比(B/D, B：断面の主流方向長さ，D：主流直角方向長さ)により変化するが，$B/D=0.6$近傍で最大値をとることが知られている(中口ピークと呼ばれる)。これは，この断面で▶カルマン渦が断面背面に最も接近して形成されるためである。また，二次元円柱の場合，C_D は，▶レイノルズ数の影響を敏感に受け，亜臨界($R_e<4\times10^5$)，臨界($R_{ecr}=4\times10^5$)，超臨界($3\times10^5<R_e<3\times10^6$)，超超臨界($R_e>3\times10^6$)の各レイノルズ数域で大きく変化することが知られている。また揚力については，それ自体が構造物(特に橋梁)の静的設計に大きな影響を及ぼすことは少ないが(ただし，陸屋根のup-liftなどは重要なファクターとなるが)，先に述べたように，それが負勾配($dC_F/d\alpha<0$)を有する時には，動的には▶ギャロッピングを生じることから，その勾配を正にするように断面まわりの流れを制御する(一般的には断面の幾何学形状を変化させる)とかギャロッピング限界風速を十分大きくする(例えば，構造減衰を大きくする)など，動的安定性には十分な配慮が必要となる。なお揚力係数が負勾配を有するのは，正の迎角の時，断面下面側に，内部循環流(断面前縁部からの剥離流が断面後縁部と流体干渉を起こし生じる)が形成されることによる。最後に，ピッチングモーメント係数であるが，その勾配，$dC_M/d\alpha$ が正で大きい断面で，かつ構造物のねじれ剛性が十分でない時，▶ダイバージェンスの危険性がある。このダイバージェンスは，正の▶迎角により，頭上げのピッチングモーメントが作用し，そのモーメントによりさらに迎角が増加するといった具合に，どんどん迎角が増加し，ついには構造物が破壊する現象をいう。
→抗力，揚力
◎松本 勝

散乱 [さんらん] wave scattering [海岸] 波が岩礁，円柱構造物，浮体構造物にぶつかって散乱される現象をいう。入射波は障害物によって反射され，障害物を中心として同心円状に波が拡がっていく。このような波を散乱波という。防波堤に波が入射した時，その前面では入射波と反射波が共存した重複波，背後では回折波が形成されるとともに，防波堤先端からは散乱波が生じる。
◎間瀬 肇

散乱波 [さんらんは] scattering of seismic waves [地震] 地震波が速度，密度の不均質，亀裂など(散乱体)を含む媒質中を伝播する間に波形を乱されるとともに，二次的な波動(散乱波)を生成する現象。反射，屈折の特別な場合と考えることもでき，例えば地震波長に比べて十分大きい反射面の中央部では反射波を，端部では散乱波を生成する。散乱体の特徴的な長さ，地震波の波長，伝播距離により散乱現象とその扱いが分類される。散乱体のサイズと地震波長が同程度の時に散乱が最も強く，例えば近地地震のP波，S波の後にコーダ波が形成される。
◎西上欽也

残留沈下 [ざんりゅうちんか] residual settlement [地盤] 自然の粘性土を主体とした軟弱地盤や浚渫粘土を主体とした埋立地盤では，新たな盛土荷重や埋立荷重が加わると圧密沈下が発生する。この圧密沈下の終了には長時間を要し，盛土地盤や埋立地盤の供用後にも沈下が継続して発生することがある。このような供用開始後に発生する沈下を残留沈下という。残留沈下の多寡によって，圧密促進のための地盤改良などが実施される。また，埋立地などでは当初から残留沈下に配慮した建築物や土木構造物などを構築することが行われている。例えば深い支持層で杭支持した構造物は残留沈下の発生とともに杭が抜け出たり

することがあるので，最初から直接基礎にすることにより残留沈下の発生とともに構造物も沈下して，地盤と構造物が一体で挙動するような対策が考えられている。そして，もしも構造物に不等沈下が発生してもジャッキアップなどで調整できるような工夫がなされている。大規模な例として埋立地全ての構造物を直接基礎とした関西国際空港がある。
◎諏訪靖二

残留強さ ［ざんりゅうつよさ］ residual strength ［地盤］ 変位やひずみ制御型のせん断試験を行った場合，最大せん断応力以後せん断力が低下する。この時材料が大ひずみで示すせん断応力のこと。定常値に達する場合もあるが，ひずみによっては漸減傾向にとどまることもある。地すべりなど，過去に大きなひずみ受けた地盤材料や破壊後の材料の変形挙動や安定問題に対して重要である。残留強さは拘束圧に影響される。残留強さを求めるには，大ひずみまで測定可能な試験機が必要である。非常に大きなひずみに対応する残留強さはリングせん断試験機などで求められている。
◎岡二三生

シ

シアー shear ［河川］［気象］ 流れを横切る方向に流速が変化すること，あるいは流体中のある2点間の速度差のこと。気象学では風速場について用いられ，特に鉛直方向の速度差は鉛直シアー，水平方向の速度差は水平シアーと呼ばれる。シアーが大きいほど流れは不安定となり，晴天乱気流の原因とされるケルヴィン-ヘルムホルツ波は，鉛直シアーが大きい時に発生する。また，風の不連続線のように水平シアーが強い時は，しばしば渦状擾乱が形成される。
◎藤吉康志

シアーライン shear line ［気象］ 地表付近の風向，風速が急変する線状，帯状の領域。前線通過時の風の急変，積乱雲やその集合体であるスコールラインの雲底から吹き出す冷気の先端(▶突風前線)，冬季季節風の吹き出しの先端，海陸風前線などに見られる。一般に収束性である。前線通過時の平均的なシアーの強さは数 m/s/km 程度であるが，突風前線では10 m/s/km 以上に達し建物などに被害を与えることがある。
◎石原正仁

GIS ［ジーアイエス］ geographical information system ［都市］［被害想定］［情報］ 広義には地理的・空間的情報を扱う情報処理システムの総称であり，地理情報システムともいう。狭義には操作的な空間解析とこれを支えるデータベース管理機能を備えるシステムを指す。管路解析などのライフライン解析，施設管理，資源管理や地域・都市計画，マーケティングなど多方面に利用されている。これまで防災分野では，①被害想定結果，被害情報の可視化，②被害の原因の分析に利用されてきた。阪神・淡路大震災後，災害の社会的課題を考えるため，空間情報を共通の手がかりとして様々な分野の人々が利用し，それぞれの分析結果をフィードバックし，その成果をもとにさらに分析を行うための基盤となる不特定多数の人々が利用できるGISデータベースの整備が進められている。特に阪神・淡路大震災を契機に，影響要因が複雑であり，かつ時間的に切迫する空間的課題の解決を支援するツールとして防災分野での有効性が認識された。平常時には，事前対応のためのモデル解析結果の空間分布表現やシミュレーション，災害時には被害想定や被災情報の集約，緊急対応や復旧活動の意思決定支援など，研究手段としても実務支援ツールとしても重要な役割が期待されている。今後はデータの作成と更新や共有のしくみづくり，時間軸を加えたデータ管理・解析や原位置における情報取得機能の開発，高解像度衛星画像の利用など，技術的課題および運用上の課題の解決が望まれる。→**地震防災情報システム** ◎吉川耕司，牧 紀男

シーダー・フィーダー機構 ［シーダー・フィーダーきこう］ seeder-feeder process ［河川］ 上層雲から落下した氷晶が中層の過冷却雲に落下すると，氷の飽和水蒸気圧が水よりも低いため，氷晶は中層雲内で急激に成長し，その結果，中層雲のみからの降雨に比べて増雨が生じる現象を指した言葉。あたかも，上空の雲から雨の種まき(seed)が行われ，中層の雲の中でその種が涵養(feed)されたかのように見えるのでこう呼ばれている。このプロセスは，低気圧や梅雨前線など，雲が多層構造を示す雲システムや，地形性豪雨の発生に重要な役割を果たし，人工降雨にも応用されている。現在ではこの概念も拡張され，遠方から流されてきた氷晶や，同じ高度に発生した他の雲からの氷晶が入り込むことによって，雲の降水効率が高まる場合にも使われている。
◎藤吉康志

シーティング sheeting ［地盤］ 岩盤が地表面にほぼ平行に割れる現象，あるいはその割れ目。割れ目はシーティング節理(写真)とも呼ばれる。シーティングは，花崗岩などの深成岩に典型的に見られるが，その他の砂岩などの

■ 花崗閃緑岩に形成されたシーティング節理
右から左に傾斜している

塊状岩石にも見られる。上載圧の減少と地表面での拘束解放によって形成されると考えられているが，その成因は必ずしも明らかになっていない。シーティングは斜面にほぼ平行でそれよりもやや緩傾斜の方向に形成されることが多く，流れ盤斜面を構成する。そのため，シーティングに沿う岩盤すべりもしばしば発生する。通常のシーティングは，数cm～1m程度の間隔で形成されるが，場合によっては数mm間隔で密に形成される場合もある。 ◎千木良雅弘

シートフロー sheet flow [海岸] 波の作用によって海底で生じる砂移動形態の一種であり，底面から数層にわたる砂が層状に移動する形態。波が浅海域に伝播して水深が徐々に浅くなると，底面に作用する波の水粒子速度も徐々に大きくなり表面の砂が移動を始める。さらに浅くなると，海底面には▶砂れんが形成されそのまわりで浮遊砂が発生する。そして，砕波する程度に浅くなると，砂漣が消滅しシートフロー状態になる。特に高波浪時に顕著になる。 ◎加藤一正

GPS [ジーピーエス] global positioning system [河川][火山][気象] 全地球測位システムの略。ナビゲーション(航法)などには，1つの受信機のみを用いて瞬時に位置を算定する単独測位法が用いられ，精密航法には2つの受信機を用いて位置補正を瞬時に行う相対測位法(DGPS)を用いる。一方，地殻変動調査などのmm～cmの誤差で測量を行う場合には2つ以上の受信機を30分以上固定して多数の信号を受信した後に，最小2乗法で各パラメータを算定する静止干渉測位法が使われる。静止干渉測位法で測地誤差をmm～cm程度にするためには，電波が大気を通過する際の速度が真空中を通過する際の速度より遅くなる大気遅延を考慮する必要がある。大気遅延のうち，乾燥大気圧に起因するものを静水圧遅延と呼び，水蒸気圧に起因するものを湿潤遅延と呼ぶ。見方を変えると湿潤遅延とは水蒸気情報のことであるので，GPSを用いて水蒸気量を推定し，それを気象学，水文学などの入力情報として用いる試みがGPS気象学として展開されている。 ◎大石哲

CBO [シービーオー] community-based organization [情報] 地域に根ざした組織の意。一般的には，地域社会に形成されている団体のこと。政府，営利組織，さらに地域に基づかないNPOと区別される。町内会，自治会，部落会などから，地域で組織されている商工会議所，ロータリークラブ，青少年団体，高齢者団体，地域福祉団体，特に地域の改善，開発を目的として掲げるNPOや組合などを指す。特定地域開発を目的として地域住民によって作られた営利企業を含む場合もある。地域の規模は，町内の水準から地域自治体や複数の自治体を含む規模の場合もある。ただし，地域に存在する団体でも外部団体によって作られ地域住民の実質的参加がないような団体は含まれない。これらの地域団体は防災や災害救援においても，政府や一般の営利企業とも，また外来のNPOとも異なった独自の機能を持っている。特に，①一般のNPOよりも地域に密着している，②課題毎の参加者によるNPOよりもコミュニティ全体を代表する可能性がある，③地域住民の参加による組織であり，民主主義的な地域自治の重要な担い手であることなどが注目されている。 ◎岡本仁宏

GPV [ジーピーブイ] grid point value [河川][気象] 気象庁の数値予報では，空間に一定間隔に格子点を配置し，この点で風向，風速，気圧，気温，湿度その他の量を予測計算している。GPVは，このように計算された各格子点での予測値のことをいう。GPVデータは，気象業務支援センターを通じて一般に公開されている。テレビ局などのマスメディアや，気象サービス会社が主に利用しているが，その他機関でも入手可能である。全球予報(1.25°格子，最大192時間予報)，領域予報(アジア域，0.2°×0.25°〈約20 km〉格子，最大51時間予報)，メソ予報(日本周辺域，0.1°×0.125°〈約10 km〉格子，最大18時間予報)などの数値データが利用できる。→短時間予報 ◎石川裕彦

シーム seam [地盤] 石炭や粘土などの薄い層。元々は石炭の薄い層について用いられたが，幅10 cm程度以下の狭い粘土層について用いられることが多い。粘土シームには，岩石が破砕して形成されたもの，熱水変質によって形成されたもの，凝灰岩などの特定の地層が風化して形成されたものなどがある。粘土シームは幅が狭くても平面的に長く続く場合もあり，岩盤すべりの主原因になることもある。 ◎千木良雅弘

ジェット気流 [ジェットきりゅう] jet stream [気象] 噴流のように狭いところに集中して吹く強風。地球規模では，寒帯前線帯上空の圏界面付近にあって南北に大きく蛇行している寒帯前線ジェット，熱帯・亜熱帯の圏界面付近の亜熱帯ジェットが有名である。この近傍で生じる晴天乱流は航空機の運航に支障をきたすことがある。この他，冬季成層圏の極夜ジェット，夏季中間圏の偏東風ジェット，対流圏下層に局地的に出現する▶下層ジェット気流・夜間ジェット・ソマリージェットが知られている。 ◎岩嶋樹也

シェル構造 [シェルこうぞう] shell construction [地震] シェル構造には鉄筋コンクリート系，鉄骨系(スペースフレーム)があり，主に大空間の屋根に使用するため，上下地震動に対処が必要。過去の大地震ではシェル構造自体の損傷，破損による倒壊例は容器状構造以外にはないが，下部構造の被害に起因する損傷が発生。兵庫県南部地震の被害(鉄骨系)の多くは，屋根支承部ボルトの破断による変形で周辺部の部材が座屈したが，修復可能。天井吊り下げ物など非構造材の落下防止が安全上重要である。 ◎國枝治郎

ジェンダー gender [海外] ジェンダーとは，生物としての性差ではなく，社会的，文化的に規定された性差を指す。単なる肉体的な差以外に社会的な位置付けの差異によって，災害で被災した場合，その程度や復興過程で受ける支援に男女の格差がつけられる。多くの場合，男性に比

べて女性のほうが被害の度合いが深刻で復旧・復興時の支援は不十分かつ遅れる。これは男性に有利な資源・情報・機会の分配が行われる平常時の不平等な社会構造の反映である。また，被災度の男女差は富裕層では少なく，貧困層ほど女性の犠牲が大きくなる傾向がある。女性の災害に対する危険度を小さくするには，女性が直接に防災情報を収集し避難の決定ができるような自律性と防災・復旧・復興活動への参加の確保が重要である。　　◎倉田聡子，田中由美子

ジオシンセティック　geosynthetic　[地盤]　合成高分子または天然素材から成る地盤安定用のジオテキスタイル(透水性能を持つ不織布，織布，編物)，ジオグリッド，ジオネット，ジオメンブレン(遮水シート)，およびそれらの関連製品(繊維混合補強土など)の総称。補強，分離，保護，排水，ろ過などの機能がある。ジオシンセティックを用いた補強土工法には，盛土補強と軟弱地盤対策があり，前者では，補強領域土塊の一体化や圧密排水促進により盛土体の安定性を高め，急勾配・高盛土化，軟弱土による盛土構築などを可能にする。後者は，軟弱地盤のすべり破壊抑止，沈下抑制，めり込み防止などに用いる。　　◎巻内勝彦

市街地火災　[しがいちかさい]　urban fire　[火災・爆発]　市街地内の建築物の集団が広い範囲にわたり延焼する火災をいう。集団火災，都市火災などともいう。厳密な量的定義がないが，消防白書では「建物の焼損面積が3万3000m²以上」の火災を「大火」として記録に載せている。また，棟数が50以上，床面積が3300m²以上を焼失した火災を「大火」として数えているものもある。▶都市大火となるのは，昭和30年代まで地方都市に多く発生した強風下の火災と，関東大震災，福井地震，阪神・淡路大震災などに見られる同時多発性の地震火災に分類される。➡強風大火，延焼限界距離，延焼ユニット　　◎糸井川栄一

市街地火災気流　[しがいちかさいきりゅう]　urban fire induced flow　[火災・爆発]　市街地火災によって生じた熱気流をいう。市街地火災気流の性状は，気流の温度分布，速度分布および気流主軸の傾きなどで代表されるが，これらは火災による発熱規模，燃焼範囲，外気風速などに影響される。市街地火災気流の性状は▶市街地火災の延焼速度，飛び火距離などと関係が深く，また特に外気風速が大きい時は気流軸が地表近くまで吹き倒されるので，都市住民の避難や消火活動にも深刻な影響を及ぼす。➡火事場風，火災旋風，延焼速度式　　◎山下邦博

市街地再開発事業　[しがいちさいかいはつじぎょう]　urban redevelopment project　[復旧]　わが国における面的な都市基盤整備事業の一つで，都市再開発法に基づいて既成市街地に公共施設の整備や建築物，敷地の整備を行う事業のこと。事業地区内の権利の処分方法の違いによって，第1種(権利変換方式)と第2種(管理処分方式)がある。木造密集市街地など都市基盤の未整備な地区が災害により大規模な被害を受けた際には，市街地を復旧するだけでなく，防災的に安全な市街地への復興を図る必要があるため，建築物の不燃化と合わせて道路，公園などの都市基盤整備が求められる。1995年の阪神・淡路大震災では，被災した神戸市など3市において4地区，33.4haの第2種市街地再開発事業が復興事業として実施された。しかし，超高層等大規模な建築物の計画・工事や複雑な権利調整に長い時間がかかり，被災者の生活再建が遅れることなどから，災害復興に市街地再開発事業を適用することへの疑問も提起された。➡街区再建，都市再開発法　　◎児玉善郎

自覚できるリスク　[じかくできるリスク]　voluntary risks　[海外]　個人の日常行動の中に好まざる結果を招来することになる懸念を常に自覚しながら冒すリスクをいう。このようなリスクはかなり一般的で社会的インパクトは突発的ではなく，意識的に避けることが可能なものである。involuntary risks(招かざるリスク)とは異なって，喫煙や登山のような危険性の高いスポーツのように個人の意思やライフスタイルに関わるもの，あるいは大気汚染のように政府の行政努力で避けうるものである。産業災害もこの範疇に入る。➡招かざるリスク　　◎渡辺正幸

死火山　[しかざん]　extinct volcano　[火山]　活火山，休火山，死火山という以前の分類方法では，歴史時代に噴火記録のない火山に対する総称として使われてきた。休火山という用語を使用しない現在の分類では，現在の活火山の定義を満たさない火山が死火山に相当するが，火山の調査研究が進展するにつれ新たに活火山に認定される火山もあるので，火山学では，死火山という用語は積極的には使用されない。以前の分類で死火山であったが，現在は活火山とされている山に，箱根山，御嶽山などがある。

◎石原和弘

時間給水　[じかんきゅうすい]　time-limited water supply / water supply for limited hours　[都市]　渇水などの場合において，時間を決めて給水すること。水道設備は常時給水することが基本であるが，渇水で水道用水が不足し需要を満たせない場合，地区を決めて順に給水していく手法がとられる。このため，特定の地区では，一定時間しか水道が使えない状態になる。自然流下で供給する場合，管内にたまった水が出ることがあり，厳密に時間給水することは困難である。また，利用者はこの時間内に水を貯め込むため，一時的に通常の配水量を超える水量が流れることもある。時間給水は，水道の拡張期においてはよく見られたが，最近は水源確保が追いつき，需要が伸び悩んでいることもあり，時間給水の発生事例は少なくなった。水道管は常時水圧を保って管内に水を充満させることにより，外部からの汚染を防止するなどの方法が管路の管理上からも望ましく，時間給水の度に管路が空になる事態は好ましいことではない。　　◎松下 眞

事業評価　[じぎょうひょうか]　project evaluation　[河川]　国土交通省では，公共事業の効率性と実施過程の透明性の

いっそうの向上を図るため，1998年度から「新規事業採択時評価」および「再評価」を実施しており，さらに，1999年度には，事業完了後の事業について「建設省所管公共事業の事後評価基本方針(案)」を策定し，一部事業に対して「事後評価」の試行に着手している。以下に，国土交通省河川局所管事業における事業評価の実施状況について述べる。1998年度には，全ての新規事業箇所名などを公表するとともに，その決定過程の透明性・客観性のいっそうの確保を図るため，緊急性・必要性を表す代表的事項，費用対効果分析結果などを公表している。その後，「建設省所管公共事業の新規事業採択時評価実施要領」(1998年3月26日公表)が制定され，①事業費を新たに予算化しようとする事業およびダム事業の実施計画調査費を新たに予算化しようとする事業について，新規事業採択を実施すること，②評価にあたっては，費用対効果分析を含む総合的な評価を実施し，評価結果を公表すること，③評価の実績などを踏まえつつ，実施要領や評価指標・費用対効果分析等について，必要に応じ改善を行うことなどが定められている。これを受けて，1999年度の新規事業箇所については，学識経験者などから構成される研究委員会を各事業毎に設置して，評価手法について意見を聴き，新規事業採択時の評価手法の検討・策定・改善を実施した上で，これらに基づいて，新規事業箇所の緊急性・必要性について総合的に評価を実施している。2000年度予算の配分においても，1999年8月に改訂された「建設省所管公共事業の新規事業採択時評価実施要領」に基づき，原則として全ての新規事業採択箇所について，費用対効果分析を行い，それを含んだ総合的な評価を実施している。なお，2000年度の河川事業およびダム事業の費用対効果分析については，1999年6月に改訂した「治水経済調査マニュアル(案)」に基づいて評価を実施している。
◎金木 誠

事業用仮設工場 ［じぎょうようかせつこうじょう］ temporary factory for urban redevelopment project ［復旧］ 土地区画整理事業では，建物の移転先は仮換地計画に基づき仮換地または仮移転先に特定される。ところが，造成工事などの事情により移転先である仮換地が長期間使用できない場合が生じた時，施行者は仮移転，長期中断移転となる製造事業者に対し事業用仮設工場を設置することになる。また，市街地再開発事業では，工場は権利変換を受けないで転出を志向することから施行者は仮設工場を設置しないで，むしろ対ценで補償する場合が多い。
◎北條蓮英

事業用仮設住宅 ［じぎょうようかせつじゅうたく］ temporary houses for urban redevelopment project ［復旧］ 都市計画法に基づき，都市計画事業としての整備開発の遂行のために住宅などに困窮する従前居住者などに供給される一時的住居である。災害救助を目的とした応急仮設住宅とは異なり，建築物としての水準は高い。原則として都市計画事業の行われる区域に設置され，旧市街地に建つため，居住者は従前居住地にとどまることも可能である。阪神・淡路大震災では，主として，震災復興市街地再開発事業の行われる地区で建設され，被災者の生活再建にも貢献した。
◎塩崎賢明

事業用仮設店舗 ［じぎょうようかせつてんぽ］ temporary store for urban redevelopment project ［復旧］ 土地の区画形質の変更および公共施設の新設または変更を図る土地区画整理事業では，建物などの移転先として仮換地または仮移転先が特定される。ところが，造成工事などの事情により移転先である仮換地が長期間使用できない場合が生じる。こうした時，仮移転や長期的な営業休止を余儀なくされる店舗に対し事業用仮設店舗を施行者が設置する。なお，市街地再開発事業にあっては工事期間中の営業休止補償に代わる措置として仮設店舗を施行者が設置する。
◎北條蓮英

時空間分布 ［じくうかんぶんぷ］ time-space distribution ［地震］ 地震活動には地域性と同時に時間変化がある。ある地域の地震活動の変化を時間と空間とで同時に表現する時，地震活動の時空間分布と呼ぶ。代表的なものとしては，地表のある点を通る直線に震央位置を投影することなどにより空間分布を一次元化し空間軸とし，地震発生時刻を時間軸にプロットすることにより二次元で表現した図がある。地震活動域が時間とともに拡大したり移動したりする様子を見る場合，大地震前にその周辺で地震空白域，静穏化，活発化などの現象があったかを調べる場合など，研究目的により様々な表現や図示の方法がある。 ◎片尾 浩

時系列解析 ［じけいれつかいせき］ time series analysis ［河川］ 河川流量データのように時間とともに変動する系列は時系列と呼ばれ，時系列の変動特性を明らかにすることが時系列解析であり，その解析モデルを構築利用することにより，時系列現象の諸問題を解決することが時系列解析の目的である。時系列は，その中に確定的成分と確率的成分を含み，通常はこれらの重ね合わせで表現される。確定的成分としては，時系列特性の緩慢な変動であるトレンド，急激な変化のジャンプ，周期的成分などが考えられ，確率的成分は通常，定常や非定常の確率過程成分としてモデル化される。
◎河村 明

自己回帰モデル ［じこかいきモデル］ autoregressive (AR) model ［河川］ 離散的な時系列をモデル化する場合によく用いられる線形モデルの一つであり，ある時点 t の時系列の値 $x(t)$ がそれ自身の過去の値の回帰として表現されるものである。具体的に，p 次の自己回帰モデルは次式で与えられ，通常 AR(p) と記される。
$$x(t)=\sum_{i=1}^{p} a_i x(t-i)+e(t)$$
ここで，係数 a_i は自己回帰係数と呼ばれ，時系列より推定される。$e(t)$ は時点 t の白色雑音である。
◎河村 明

時刻係数 ［じこくけいすう］ hour parameter ［被害想定］ ひとつの地震，例えば正午前に発生した関東大震災時の出

火事例を用いて、▶火気使用率が異なる時刻の地震時出火を推定使用とする場合の補正係数。河角式では、1時間毎の平均出火件数を用いて算出している。一方、水野式では、東京消防庁による実態調査を用いて、1日を13の時間帯に区分して平滑化した値が示されている。最近では、月別都市ガス送出量や火気器具の実態調査結果などが用いられる。→河角式、水野式 ◎熊谷良雄

自己認証 [じこにんしょう] self-certification of conformation to technical standards 行政　国の定める技術上の基準に適合していることを製造業者などが自ら検査し、所定の表示を付すことができる制度のことをいう。消防法では、動力消防ポンプおよび消防用吸管を自己表示対象機械器具などとして定められており、一方、消火器、閉鎖型スプリンクラーヘッド等検定対象機械器具等（14品目）は、検定に合格し、その旨の表示が付されていなければ、販売し、または販売の目的で陳列するなどの行為ができないことになっている。 ◎井野盛夫

自主避難 [じしゅひなん] spontaneous evacuation 情報　災害が発生した際、または災害が発生する恐れが生じた際に、住民が自らの判断により行う避難。災害時には、市町村長が災害対策基本法に基づいて避難の勧告や指示を発令することができるが、それに先立って、住民には自主避難の呼びかけが行われる場合がある。災害の進展が急激な場合や災害に関する情報収集が円滑に行えない場合などでは、避難の勧告や指示が発令できないことがあるため、住民は避難の勧告や指示を待つことなく、自らの状況判断で自主避難をすることが重要である。しかし、過去の災害に関する被災経験が軽微な場合や災害に対する理解が不十分な場合には、避難の必要性を適切に認識できず、避難が行われないことも多い。このため、自主避難が円滑に行われるよう防災教育によって住民の判断能力を培うことが必要である。 ◎片田敏孝

自主防災組織 [じしゅぼうさいそしき] autonomous disaster prevention organization 行政 河川 被害想定　地域における自主防災組織と事業所における自主防災組織がある。地域における自主防災組織は、「自分たちの地域は自分たちで守る」という固い信念と連帯意識のもとに、組織的に、出火の防止、初期消火、情報の収集伝達、避難誘導、被災者の救出救護、応急手当、給食給水等の自主的な防災活動を行うことを目的に組織されたものである。1999年4月1日現在、全国の組織数は9万2452で、結成率は54.3%（世帯数比）である。事業所における自主防災組織は、法令等により義務付けられていない事業所において任意に設置されるものである。 ◎消防庁，高橋和雄

自主防災組織の地震時消火活動想定 [じしゅぼうさいそしきのじしんじしょうかつどうそうてい] estimation of the fire-fighting activities by neighborhood disaster organizations 被害想定　兵庫県南部地震では、同時多数の火災の発生、道路の通行障害、消火栓の使用不能、生き埋め者の救出作業などによって、常備消防が出火直後の全ての火災に対応できず、また、延焼速度が極端に遅かったため、地域の住民が連携してバケツリレーなどによって消火活動を行い延焼をくい止めた火災もあった。そのため、兵庫県南部地震以降、地震被害想定にあたっては、自主防災組織の消防活動の想定が重視されている。東京都の直下地震の被害想定では、可搬ポンプ（C級またはD級）を持つ防災市民組織の拠点（可搬ポンプ保有場所）から100m以内に出火した場合で、かつ、震災時使用可能水利がある場合に消火が成功するものとしている。 ◎川村達彦

地震エネルギー [じしんエネルギー] seismic energy 地震　岩盤に蓄えられたひずみエネルギーはずれ破壊（断層運動）によって解放され、その一部が地震波エネルギーに変換される。残りは摩擦仕事や破壊面形成に伴う破壊（表面）エネルギーになる。単に地震エネルギーという場合には、地震波エネルギーを指すことが多い。地震波エネルギーは震源を取り囲む閉曲面上で、流出する実体波の波動エネルギーを積算することにより得られる。実際には観測点分布がまばらなため、放射パターンや多重反射について何らかの仮定を置いて計算する。実用的な計算式として、グーテンベルグ・リヒターの式：$\log E_s[\mathrm{J}] = 1.5 M_s + 4.8$（$M_s$：表面波マグニチュード）があるが、±1桁程度の誤差は免れない。通常の地震ではE_sは地震モーメントM_oに概ね比例し、$E_s/M_o = 1〜5 \times 10^{-5}$である。一方、津波地震の一つの原因でもある「ゆっくり地震」ではE_s/M_oの値は上記より1桁以上も小さくなる。 ◎菊地正幸

地震火災 [じしんかさい] post-earthquake fire 火災・爆発 地震 被害想定　地震による揺れを原因として発生する火災をいう。特に大規模地震に引き続いて発生する同時多発火災は、その数が消防力を上回ることもあり、全ての火災に対して地域で十分な消防力を投入することが困難なこともあるので、木造住宅が稠密に立地する地域では、急速に火災の規模が拡大する危険性がある。地震時の出火原因としては、関東地震などの比較的古い地震では固形燃料を使用する火気器具が出火原因となっているのに対して、比較的近年の地震では、石油ストーブ・石油こんろなどの液体燃料を利用した火気器具や、薬品の混合、ガス器具からの出火が多くなり、社会生活の環境を反映している。兵庫県南部地震では、これらに加えて、ガスの漏洩・引火、電気器具からの出火や復電時の出火など、これまで考えられてきた出火プロセス以外の原因が相当の割合を占めており、出火原因が極めて多様になっている。→同時多発火災 ◎糸井川栄一

地震火災の被害想定 [じしんかさいのひがいそうてい] estimation of earthquake fire damage 火災・爆発 被害想定 地震　主として、地方自治体などが地震被害想定を行う際に、地震に起因する火災による被害を定量的に

把握するための計算方法および，その結果を指す．関東大震災や阪神・淡路大震災の例を見るまでもなく，木造家屋が密集し広範囲に連なっているわが国の市街地では，火災の拡大が地震被害量を大きく左右する．▶地震火災による被害量を想定するには，出火件数の想定，出火地点の想定，消防活動の想定，延焼の想定が必要である．地震時出火は，極めて確率的な事象であり，その件数や地点を決定論的に想定することには，多くの困難が伴う．消防活動の想定は，応急対策計画に依存するところが大きく，また，住民，自主防災組織，消防団，常備消防，広域的な応援のどれをとっても政策的な側面の比重が大きくなる．さらに，延焼の想定は，消防活動の想定内容によって変動し，また，風向，風速などの気象条件をどのように設定するかによって大きく変化する．
◎糸井川栄一，熊谷良雄

地震活動空白域 [じしんかつどうくうはくいき] seismic gap / seismic quiescence 〔地震〕　ある地域である大きさ以上の地震が起きていない現象．大地震の前に多くの観測例があり地震前兆の一つとして注目される．空間的にある地域で地震が起きていないものを第一種空白域(seismic gap)と呼ぶが，元々テクトニクス的に地震の起きない場所は含まない．かつて活発であった地域の地震活動が静穏化したものを第二種空白域(seismic quiescence)という．
◎片尾浩

地震活動度 [じしんかつどうど] seismic activity 〔地震〕　地震活動の活発さを表す指標．一定の時空間領域における地震発生数やエネルギー放出量をもとに数多くの方法が提案されているが，一般的に用いる明確な量的定義があるわけではない．各地域の活動履歴，観測網の検知能力の差異などにより地域間の単純な比較は難しい．→サイスミシティ
◎片尾浩

地震活動様式 [じしんかつどうようしき] pattern of seismic activity 〔地震〕　地震活動の時間・空間的な推移を類型化して地震活動様式として見ることができる．地震活動は空間的にも時間的にも一様に起こっているわけではない．ある地域の地震発生の状況を詳しく見ていくと，大きな地震の後の余震活動や，群発地震活動といったものの他にも，震源が移動していくように見えたり，ある場所の地震に呼応して別の場所で地震が起きたり，地震の空白域が出現したりといった地震活動の特徴的パターンが見られる．こうした地震活動様式は，地域毎に大きく異なるとともに，同じ地域でも再現するとは限らない．このような多様性は，地下の応力や熱的状態，構造などの複雑さが関係しているものと考えられる．地震活動様式の違いを認識することは，防災上重要なことであり，地震活動の予測につながる場合もある．
◎三上直也

地震観測 [じしんかんそく] earthquake observation 〔地震〕　地震計を用いて地面の震動を測定すること．通常，多点で同時に長期にわたる測定が行われ，観測されたデータから，地震の発生位置，地震の震源特性，地震動の特性などが解析される．設置される地震計の違いにより，微小地震観測，広帯域地震観測，強震観測に分類される．微小地震観測は短周期高感度速度型地震計により，地震波到来時刻を正確に測定し，地震の発生位置を推定することを主目的とする．広帯域地震観測は広帯域速度型地震計が設置され，地震波形を正確に測定し，地震の発生メカニズムを推定することを主目的とする．強震観測は加速度型強震計が設置され，地震動を正確に測定し，地盤の増幅特性や構造物への入力地震動を推定することを主目的としている．それ以外に，地殻構造の推定や震源の詳細なメカニズムの解析にも使われる．
◎福山英一

地震観測網 [じしんかんそくもう] seismic observation network 〔地震〕　地震観測を行うための地震観測点ネットワーク．特定の地域に分布する地震観測点と，得られるデータを収集・整理・配布するデータセンターから成る．地震観測点では▶GPSなどにより観測点間の時刻が精密に同期される．地震波の到来時刻を測定することで地震の発生位置を推定したり，地震波形の解析により地震発生メカニズムを調べたり，地震波の周波数解析により伝播経路や地盤による増幅特性を調べたりできる．日本国内には，現在，微小地震観測網であるHi-ネット，Hi-ネットに併設された強震観測網であるKik-ネット，強震観測網の▶K-ネット，広帯域地震観測網のFREESIA(フリージア)などが存在する．気象庁，大学も独自の地震観測網を有している．横浜市などの地方自治体，東京ガスなどの民間会社も，独自の高密度強震観測網を有している．
◎福山英一

地震危険度 [じしんきけんど] seismic hazard / seismic risk 〔地震〕〔被害想定〕　地震危険度は，地震ハザードと地震リスクの2つの意味で使われる．特定地点で特定の期間に特定の強度以上の地震動が生じる確率を地震ハザード(seismic hazard)という．地震危険度は，対象地点周辺で発生する地震の位置，規模，時期に関する確率モデルと地震が発生した場合に対象地点で生じる地震動強度に関する確率モデルを統合した確率論的地震ハザード解析により評価され，評価結果は地震ハザード曲線(地震動強度と特定期間にその強度を超える地震動が生じる確率との関係)として表現される．地震動強度として，最大加速度や最大速度，加速度応答スペクトル等が用いられている．最新の確率論的地震ハザード解析では，2種類の不確定性(予測不能なばらつきとしての偶然的不確定性〈aleatory uncertainty〉と知識やデータの不足による認識論的不確定性〈epistemic uncertainty〉)を区別するのが一般的であり，認識論的不確定性による地震ハザード曲線のばらつきが論理ツリーなどの手法を用いて評価される．地震ハザードに対して地震リスク(seismic risk)は，一般に，対象地点の構造物の損傷や損失額を含む地震危険度の評価に対して用いられる．地震危険度による面的な地域区分はマクロゾーニ

ングや▸マイクロゾーニングと呼ばれる。➜サイスミックゾーニング　　　　　　　　　　　　◎安中 正

地震記象　[じしんきしょう]　seismogram　地震　地震計の出力を記録したもの。地震計の種類によって変位記録，速度記録，加速度記録がある。地動記録は正確な時計出力とともに記録されるのが普通である。記録媒体も時代とともに変遷しており，初期の煤書きもしくはインク書きの記録紙から，印画紙，アナログテープ，近年の完全なデジタル記録と様々である。　　　　　　◎片尾 浩

地震基盤　[じしんきばん]　seismic bedrock　地震　被害想定　地盤震動を解析する際，地震を入力する基盤となる岩盤あるいは硬質地盤。その地域で一定の空間的広がりを有し，それより下方で地盤のせん断弾性波速度の顕著な変化が見られないことを条件として設定される。一般にはそのせん断弾性波速度が400 m/s以上の層に設定されることが多い。　　　　　　　　　　　　◎西村昭彦

地震計　[じしんけい]　seismograph / seismometer　地震　火山　地面の振動を記録する機械。地震時にも動かない不動点として振り子を用い，機械的，光学的あるいは電磁的といった機構により，振り子と地面との相対的な動きを記録するのが基本的原理であるが，最近はサーボ機構を利用したものも多くなってきた。地震波の周期や振幅には大きな幅があるので，観測目的，使用形態に合わせた様々な仕様の地震計があり，周波数特性や感度により長周期計，短周期計，高感度計，強震計といった分類がある。また，地震計の設計により地動の変位，速度，加速度を出力するものに分かれ，各々変位計，速度計，加速度計と呼ばれる。一般に上下，東西，南北の直交する3成分の地震計を一組として用いることにより三次元的に地震動を測定する。また，地震記録の解析のためには，精密な時計を装備し，地震動を刻時信号とともに記録することが必要である。　　　　　　　　　　　　　　　　◎片尾 浩

地震工学　[じしんこうがく]　engineering seismology / earthquake engineering　地震　地震学，応用力学，構造工学などの学問領域を基礎に，建築物，土木構造物などが地震を受けた時にどのように揺れ，また損傷を受けるかを究明するとともに，地震に対しても安全でまたその機能を失わないように構造物を設計・施工するための諸技術を確立する学問領域を総称して地震工学と呼ぶ。　◎中島正愛

地震財特法　[じしんざいとくほう]　Special Fiscal Measures Act for Urgent Improvement Projects for Earthquake Countermeasures in Areas under Intensified Measures against Earthquake Disaster　行政　地震　「地震防災対策強化地域における地震対策緊急整備事業に係る国の財政上の特別措置に関する法律」の略称で，大規模地震対策特別措置法第3条に基づき内閣総理大臣の指定を受けた地震防災対策強化地域において，地方公共団体などが地震防災上緊急に整備すべき施設などの整備に要する経費に対する国の負担，または補助の割合の特例その他国の財政上の特別措置を定めた法律である。1980年に5年間の時限立法として制定されたが，今まで4度延長されている。　　　　　　　　　　　◎井野盛夫

地震再保険制度　[じしんさいほけんせいど]　earthquake reinsurance system　行政　地震　▶地震保険の再保険制度

地震時出火件数の想定　[じしんじしゅっかけんすうのそうてい]　estimation of number of earthquake fires　被害想定　火災・爆発　地震　地震時の出火は，極めて確率的で，かつ，平常時には考えられないようなメカニズムによって発生する。地震時の出火件数を想定する手法は，▸河角式や▸神奈川式に代表される過去の地震時出火率を地震動の大きさの代替変数である建築物倒壊率によって説明しようとする統計的な手法と，地震時の出火のメカニズムを克明に表現したイベントツリーによる方法とに大別される。統計的な手法は，生活様式の変化を明示的に組み込むことができないことに大きな問題点がある。すなわち，1950年以前の地震時の出火が炭や薪などの固体燃料に関連していたことに対して，1990年代に世界各地で発生した地震時の出火の多くは，何らかのかたちで電力エネルギーに関連している。一方，近年，急速に発達したコンピュータを駆使した▸イベントツリー解析による方法は，用途別時間別の▸火気使用率などの地域特性を反映し得るものの，様々な詳細かつ，地域特性に応じたデータを必要とするため，汎用性に欠けるという問題点がある。　　　　◎熊谷良雄

地震時の出火地点想定　[じしんじのしゅっかちてんそうてい]　estimation of fire breakout points in earthquake　被害想定　火災・爆発　地震　地震火災による市街地の焼失面積や焼失棟数などの被害を想定するには，出火地点を設定して市街地の状況に応じた延焼拡大状況を推定する必要があるが，地震時の出火は極めて確率的な事象であり，決定論的に出火地点を想定できない。そこで東京都では，火気器具などの各種出火要因毎の出火件数を合算し250mメッシュ単位で出火件数を想定している。出火地点の想定にあたっては，各区市町村毎に想定出火件数の高いメッシュから順に出火するものと仮定し，メッシュ内の出火地点については，ランダムに決定している。想定された出火地点の火災が延焼拡大するか不拡大（1棟程度の拡大で類焼しない火災）となるかは，メッシュ内の建蔽率で推定される隣棟間隔分布などをもとに推定している。　　　　◎川村達彦

地震時の消防活動の想定　[じしんじのしょうぼうかつどうのそうてい]　estimation of fire-fighting in earthquake　被害想定　火災・爆発　地震　大規模地震時に想定される同時多発火災とその延焼拡大に対しては，資源的・時間的な側面から多様な消防活動を想定する必要がある。そこで，東京都の地震被害想定では，消防活動の想定を以下のように設定している。①消防力として評価する対象を，防災市

民組織（自主防災組織），消防団，消防隊とする，②消防活動の対象とする時間は，地震発生直後から最終的に全ての火災が鎮火されるまでとする，③使用できる水利は，震災時における水道の水圧低下や消防車通行障害を考慮し耐震防火水槽などの震災時使用可能水利のみとする，④消防力の運用は，初めに防災市民組織が消火活動を行い消火できない火災に対して消防隊と消防団が活動することとする，⑤消防隊と消防団の活動は，一次運用，二次運用（包囲消火活動），二次運用（延焼阻止線活動）の3段階に分けている。　　　　　　　　　　　　　　　　　　◎川村達彦

地震時の避難［じしんじのひなん］evacuation in case of earthquake 情報 火災・爆発 地震　地震時の避難には，主に「命を守るための避難」と「生活再建までの（生活を守るための）避難」がある。前者については，揺れの最中は動かずにその場に適した方法で身の安全を図ること。そしてその後起こり得る津波や火災などから安全な場所へ避難するといったことである。しかし火災による避難については，避難するような状況を招かないようにすることが大事である。後者については，その後の避難所や応急仮設住宅などでの時期がそれに当たる。建物の倒壊，もしくは倒壊の恐れがあり，やむを得ず自宅を離れる場合，最も留意すべきことは火を出さない，そしてもらわないことである。万が一，出火してしまった時は，初期消火を忘れてはならない。また通電火災は，電気が復旧してから発生するため，しばらく経ってから出火する。よって，ブレーカーを下ろしてから避難すること。学校で行われる避難訓練は，校庭へ集合するものが主だが，教室が安全であればむやみに移動させるとかえって危険なため，避難する必要性があるかどうか十分見極めることが大切である。→避難行動　　　　　　　　　　　　　　　　　　　◎青野文江

地震史料［じしんしりょう］record of historical earthquakes 地震　歴史地震（古地震）について記述している文献。明治以前の器械計測が行われなかった時代の地震の調査は，文献と現地調査によって行われる。文献は地震のみについてのものはほとんどなく，日記などを含めて古文書中から地震に関する記述を探し出すことが必要である。実際には文字の正確な読み取り，文書が書かれた時代の暦法，時制，地理などをもとに，地震の日時，場所，揺れの強さなどを読み解く。このようにして『大日本地震史料』がまとめられている。　　　　　　　◎伊藤　潔

地震水害による建築物被害［じしんすいがいによるけんちくぶつひがい］building damage caused by earthquake flood 被害想定 河川　水害による建物被害は，地震水害の性質により異なる。最も激しく被害を受けるのは，津波の被害を別にすれば，河川をダムアップした斜面崩壊物質が水圧に負けて決壊した場合である。このような時には決壊箇所の下流側は大規模な土石流に襲われることになり，途中に存在する建築物は破壊，流出する。その他の地震水害では水流の勢いが大きくないので，建築物が破壊流出することは多くなく，ほとんどが浸水被害である。ただし，0メートル地帯では，堤防が締め切られるまでに長時間を要するので，浸水時間も長くなり，浸水した施設への影響も大きくなる。地盤が沈降する地殻変動を伴う場合は，抜本的な対策が必要になり，復旧計画の立案に時間がかかる。東京など過去に地盤沈下を経験した都市で，かつ，地下鉄や地下街が発達している場合には，地下空間への浸水が懸念される。地震ではまだ事例はないが，豪雨災害では地下室，地下街，地下鉄構内への浸水の事例があり，死者も発生している。0メートル地帯で堤防が決壊し地下鉄構内に浸水することになれば，地下鉄は長期間にわたって運休となろう。また，コンピュータが地階に設置されている場合には被害は深刻になる。　　　　　　　　◎松田磐余

地震水害による死傷者［じしんすいがいによるししょうしゃ］casualties caused by earthquake floods 被害想定 地震　地震に伴う水害による死傷者の発生は，①津波による浸水，②砂質地盤の液状化を原因とする噴水による浸水，③平野部の急性的沈降と堤防の決壊による浸水，④断層の下流側の隆起や斜面崩壊による河川の堰き止め部決壊による浸水，⑤ダムの決壊による浸水などに関連して起こると考えられる。特に，建物地下階や地下街，地下鉄など地下空間の発達した近年の都市における潜在的な危険性に注目する必要がある。地震水害による死傷者発生の実例としては新潟地震がある。この地震では，浸水が原因で死者2人，重傷者3人，軽傷者11人を生じている。　　◎宮野道雄

地震水害の想定［じしんすいがいのそうてい］estimation of earthquake flood 被害想定 地震　地震により発生する水害には次に示す5つのタイプがある。①大規模な斜面崩壊や山体の崩壊により崩壊物質が河川を堰き止めて湖を形成し，その後，ダムとなった部分が崩壊し土石流となって流下，②河川堤防が液状化現象により沈下もしくは決壊して，河川水が氾濫。地盤沈下によりゼロメートル地帯が出現していると被害範囲が拡大する，③地震時に地殻変動により沈降し，そこに海水や河川水が浸入，④地盤の大規模な液状化現象に伴って，大量の水が湧出，⑤津波。①のタイプは予測がほぼ不可能であり，善光寺地震（1847年）時の虚空蔵山の崩壊による事例が有名である。②と④は平野下流部の液状化現象の発生予測と連動して想定でき，詳細な地盤高図があれば浸水範囲を示すことができる。③は過去の地震時の地殻変動から沈降域と沈降量が予測できる。1964年の新潟地震による新潟市の水害では，②〜⑤の原因が重複していた。　　　　　　　　　◎松田磐余

地震前兆現象［じしんぜんちょうげんしょう］earthquake precursor 地震　地震に先行して観測される自然現象。地震は岩盤の破壊現象であるが，不均質な媒体や応力場では，まず弱い部分で小破壊やすべりが起こり主破壊に至る。その主破壊に先行して種々の前兆現象が観測さ

れる。中国遼寧省で起きた1975年2月の海城(ハイチェン)地震では、多くの前兆現象の観測で短期予知に成功した。長期の前兆現象には地震活動の活発化や静穏化があり、地震直前には、土地の傾斜・伸縮、前震、電磁波、地磁気・地電流の変化、電気抵抗の変化、地下水位や化学成分の変化、地中ラドンの変化、温泉の温度変化などがある。大地震の前に顕著な前兆現象があるということは、大地震は起こる前から大地震であることが決まっていることを意味し、このことが大規模地震の直前予知が可能になると考えられる根拠である。 ◎尾池和夫

地震帯 [じしんたい] earthquake belt / seismic zone [地震] 地震活動が活発な地域が帯状に分布していることを指す。複数のプレート境界を連ねたグローバルスケールのものから、数km程度の微小地震の連なりを指すローカルなものまである。プレート境界の場合、その様式により沈み込み帯、衝突帯などとも呼ばれる。地域的なものでは、主要な活断層に沿って定常的に地震が起きている場合などがこれに当たる。活断層が見つかっていなくても微小地震活動の帯状の連なりが認識される例も多い。◎片尾 浩

地震対策緊急整備事業計画 [じしんたいさくきんきゅうせいびじぎょうけいかく] plan for projects for urgent improvement of earthquake countermeasures [行政][地震] 地震防災対策強化地域の指定があった時に、地震財特法第2条に基づき、関係都道府県知事が市町村長の意見を聴き、作成する地震防災上緊急に整備すべき施設などの整備に関する計画で、5ヵ年で達成されるような内容とすることになっており、予め、内閣総理大臣に協議し、その同意を得る必要があることとなっている。事業計画の内容は、①避難地、②避難路、③消防用施設、④緊急輸送路など、⑤通信施設、⑥緩衝緑地など、⑦公的医療機関、⑧社会福祉施設、⑨公立小・中学校、⑩津波対策、⑪地すべり対策上などで必要な避難路などである。 ◎井野盛夫

地震断層 [じしんだんそう] earthquake fault [地震] 地震に伴って、その発生源となった断層運動が直接地表に出現した断層。断層に沿う地表のずれの様子から、地下での断層運動の様式を知ることができる。1891年濃尾地震の際に出現した水鳥(みどり)の断層崖は地震が断層運動によって発生することを象徴的に示す好例として世界的に有名。内陸の大規模な地震断層は既存の活断層に沿って出現したものが多い。地震発生源となる断層として用いられる震源断層との混同を避けるために地表地震断層と呼ばれることが多くなっている。 ◎中田 高

地震調査研究推進本部 [じしんちょうさけんきゅうすいしんほんぶ] Headquarters for Earthquake Research Promotion [行政][地震] 地震調査研究推進本部(略称、「推本」)は、阪神・淡路大震災を契機に1995年6月16日に成立した地震防災対策特別措置法に基づき総理府(当時)に設置され、地震に関する調査研究に関して、①総合的かつ基本的な施策の立案、②関係行政機関の予算などの事務の調整、③総合的な調査観測計画の策定、④関係行政機関、大学等の調査結果の収集、整理、分析および評価、⑤上記評価を踏まえた広報、を行うこととされている。 ◎文部科学省

地震動の想定 [じしんどうのそうてい] estimation of earthquake ground motion [被害想定][地震] 地震被害想定においては、想定地震に対する地表面における地震動分布を予測することが最初のステップであり、これを入力として建築物やライフラインなどの被害予測が行われる。地表面での予測する単位は、500mや1kmなどのメッシュである場合が多いが、さらに細かいメッシュや町丁目単位が用いられることもある。地震動の予測方法は、断層面から放出される要素波形と伝播経路などを考慮して、複雑な計算によって地表面における地震動波形を求めるものから、距離減衰式によって地表面における最大加速度、最大速度、計測震度などを簡易に推定するものまで様々なものがある。いずれの方法においても、地表面における地震動には、マグニチュードや震源深さなどの震源の影響、断層面と地震動予測地点までの距離やQ値などの伝播経路の影響、表層地盤の増幅特性などのサイト特性の影響の3つが何らかのかたちで評価される必要がある。 ◎山崎文雄

地震に関する地域危険度測定 [じしんにかんするちいききけんどそくてい] earthquake area vulnerability assessment [被害想定][地震] 市区町村などの空間単位を対象として地震による被害量を推定する地震被害想定に対して、地域危険度測定は地域や地区間の相対的な危険性を測定することを目的としている。従って、地震被害想定は、特定の地震が特定の季節、時刻に発生した場合の被害の総量を把握し、応急対策計画立案の前提条件とされるのに対して、地域危険度測定は、地震を特定せずに、表層地盤の特性と建築物や人口の構成などによって表される地域の潜在的な脆弱性を、地域や地区毎に相対的に把握しようとするものである。東京都では、1971年に制定した震災予防条例(現震災対策条例)に基づき、1975年に全国に先駆けて地域危険度測定結果を公表、①地震災害に強い都市づくりの指標、および②震災対策事業を優先的に実施する地域を選択する際の参考、とするために概ね5年毎に、建物倒壊、火災、地震動による人的死傷、避難の4つの危険度を、500mメッシュまたは町丁目単位に測定してきている。 ◎熊谷良雄

地震のカタログ [じしんのカタログ] catalogue of earthquakes [地震] ある地域にある期間に起こった地震の震源の位置や規模などの情報をリストしたもの。カタログには、その目的によって、掲載される地震の範囲や情報の項目が異なるいろいろなものがある。代表的なものをいくつか挙げておく。全世界の地震の震源パラメータと観測点での読み取り値などが1964年から国際地震センター

(ISC)により刊行されている。また、アメリカ地質調査所(USGS)も全世界の地震カタログを公表しており、ISCに比べて迅速に処理されるため、速報値は地震発生の数時間後にはホームページ上でも見ることができる。日本周辺の地震については、気象庁が地震火山月報を発行している。これは気象庁の地震観測網の成果をまとめたものであったが、1997年10月以降は大学などのデータも一元的に処理されるようになり、日本の地震観測網をほとんど網羅したカタログとなった。これらのカタログを利用する場合には、観測網や処理方法の変更などに伴い、掲載されている地震の規模の下限や震源精度などは時間的にも空間的にも変化していることに注意する必要がある。　　　　　◎三上直也

地震の再来周期　[じしんのさいらいしゅうき]　earthquake recurrence period　[被害想定] [地震]　地震発生の繰り返し間隔。プレート境界や活断層の各部分では、固有の最大規模地震が周期性を持って繰り返し発生していると考えられており、その間隔は、海溝付近のプレート境界部に発生する巨大地震では100～200年、特定の活断層に発生する大地震では数百～数千年であることが知られている。このような再来周期の概念は、歪蓄積率の一定性と限界歪値の固有性を背景としており、地震発生メカニズムが同一であることがわかっている地震群に対して適用すべきものである。従って、ある地域に被害を与えたということだけで、発生メカニズムの異なる地震をとり混ぜて統計的処理を行うことは、地球物理学的な裏付けが希薄であり望ましくない。　　　　　◎岡田義光

地震の分類　[じしんのぶんるい]　classification of earthquakes　[地震]　地震はいろいろの観点から分類され、名称が与えられている。そのうちよく用いられるものについて、概略を示す。地震の規模（マグニチュード M）による分類として、大地震（$M \geq 7$）、中地震（$7 > M \geq 5$）、小地震（$5 > M \geq 3$）、微小地震（$3 > M \geq 1$）、極微小地震（$1 > M$）がある。巨大地震という場合は、M 8以上を指すことが多い。地震の震源の深さにより、浅発地震（深さ70 km以浅）、やや深発地震（70～300 km）、深発地震（300 kmより深い）と分けられるが、深さの境目は研究者や国により違う値を使うことがある。地震の発生場所により、プレート境界で起きる地震をプレート間地震、プレートの内部で起きる地震をプレート内地震という。火山性地震という名称があるが、多くの場合火山帯やその周辺で発生する浅い地震をこう呼び、必ずしもマグマの移動などの火山現象に起因するものだけを指すわけではない。従って、造構運動に伴う地震である構造性地震とは明確に分けられない。通常の地震より低周波が卓越する地震を低周波地震と呼ぶ。断層の破壊速度が普通の地震に比べ非常に小さい地震をスロー地震、極端に小さいため通常の地震計では観測されないような地震をサイレント地震と呼ぶ。　　　　　◎三上直也

地震波　[じしんは]　seismic waves　[地震]　地震発生に伴い震源から射出され、また地球内部構造により二次的に生成される波動の総称。震源から地球表面まで球面状に伝播する実体波、地球表面に沿って円筒状に伝播する表面波に分けられ、前者にはP波（縦波）、S波（横波）、後者にはレイリー波、ラブ波などが存在する。一般的に、ある地点における地震動はP波、S波、表面波の順に観測されるが、地球表面および内部の速度不連続構造により反射、あるいは屈折した実体波、不均質構造による散乱波（コーダ波）などの波群を伴うことが多い。　　　　　◎西上欽也

地震ハザード　[じしんハザード]　seismic hazard　[地震]　→地震危険度

地震波速度　[じしんはそくど]　seismic wave velocity　[地震]　地震波が地球内部を伝播する速度。一般的に深さとともに漸増するが、組成変化や相転移により速度が不連続的に変化する面がいくつか存在する。これを地震波速度不連続面という。モホ面、相転移による410 kmと660 kmの不連続面、コア・マントル境界、内核境界などが代表的な不連続面である。地殻でのP波速度は6～7 km/s程度、S波速度は3.5～4 km/s程度である。　　　　　◎澁谷拓郎

地震波速度変化　[じしんはそくどへんか]　temporal variation of seismic velocity　[地震]　地震の発生前の応力変化などにより、震源域を通過する地震波の速度が変化することが期待される。地震予知の有効な手段として、特に1970年代にダイラタンシー理論と関連付けられさかんに研究され、地震前にP波とS波の速度比が変化したといった報告がなされた。しかしながら、その後の研究では、観測誤差を超える明確な速度変化は検出されていない。　　　　　◎片尾　浩

地震波の反射　[じしんはのはんしゃ]　reflection of seismic waves　[地震]　地震波が速度の異なる媒質境界面に入射した時、新しい媒質内部に進む波動（屈折波または透過波）以外に、元の媒質内部に戻る波動（反射波）を生成する現象。例えば、P波が入射した場合はP波とSV波（S波を境界面に平行な成分とその直交成分に分けた場合の後者）を反射波として生成し、それらは境界面に沿った速度成分が一定となるような方向に伝播する。低速度媒質から高速度媒質に入射する場合は、ある角度（臨界角）以上の入射に対して全エネルギーが反射する（全反射）。→反射　　　　　◎西上欽也

地震被害推定　[じしんひがいすいてい]　earthquake damage estimation　[共通]　ある規模の災害が発生した場合、あるいは発生を想定した場合に、被害地域の特定、被害の種類・規模の同定を行う作業。災害の発生前の対策立案のために、想定される災害に対して行う被害想定と、災害発生直後に被害の全体像を把握し、対応策を検討するために用いられる、損害（被害）推定がある。近年では、情報通信機器を駆使したコンピュータシステムによる**被害推定システム**が構築されており、そのためのソフトウェア

も多く開発されている。代表的なソフトとして，アメリカで開発されたHAZUS，わが国の旧国土庁で開発されたDISなどが挙げられる。　　　　　　　　　　　◎田中　聡

地震被害推定システム【政府機関】　[じしんひがいすいていシステム]　system for earthquake damage assessment in central government　被害想定　情報　政府機関の地震被害推定システムには総務省消防庁や内閣府などのシステムがある。1996年5月に公開された総務省消防庁の「簡易型地震被害想定システム」は，全国を対象に距離減衰式を用いて地震動分布を求め，木造家屋被害，出火件数，死者数を国土数値情報などを用いて1kmメッシュで想定，表示するもので，システムはCD-ROMで地方自治体に配布されている。内閣府の「地震防災情報システム(DIS)」に組み込まれている「地震被害早期評価システム(EES)」は，発災直後の地震被害推定情報の提供を目的として1996年4月に運用を開始した。気象庁から震度情報を受信して（震度4以上を観測すると自動的に起動），全国を対象に1kmメッシュで地震動分布を求め，建物被害，死者数などを推定する。また，このEESをもととした被害想定手法および被害想定システムは，内閣府ホームページからダウンロードできる。　　　　　　　　　　◎宮本英治

地震被害推定システム【地方自治体】　[じしんひがいすいていシステム]　system for earthquake damage assessment in local government　被害想定　地震　情報　阪神・淡路大震災以前には，川崎市や東京消防庁などのシステムがある。川崎市は1994年4月に各区に設置した地震計と連動した被害推定システムを稼働させた。東京消防庁は1994年12月に「地震被害予測システム」の運用を開始し，1995年度，計測震度計との連動を行った。この推定結果は東京都庁の防災センターに配信されている。阪神・淡路大震災以降では兵庫県や大阪府などの府県，横浜市や名古屋市などの政令指定都市を始め多くの地方自治体に地震観測網と連動した被害推定システムが導入された。主要都市の中には，独自の高密度地震観測網を整備し，応答スペクトルなどを用いて高精度の被害推定を行い，町丁目単位などでの詳細な推定・表示を行っているところもある。
　　　　　　　　　　　　　　　　　　　◎宮本英治

地震被害推定システム【民間】　[じしんひがいすいていシステム]　system for earthquake damage assessment in private sector　被害想定　地震　民間の代表的なシステムとして東京ガスの「地震時導管網警報システム(SIGNAL)」がある。SIGNALは地震発生直後の被災地域におけるガス供給停止の判断や応急復旧計画策定に資する目的で1986年に開発が始まり，1994年6月に運用開始されたもので，ガス供給区域内に設置した331カ所の地震計(SIセンサー)，20カ所の液状化センサーなどによる観測結果をもとに250m×175mメッシュでの地震動，液状化危険度を推定し，ガス導管などの施設被害推定を行う。阪神・淡路大震災後，同様のシステムが大阪ガスなどにも導入された。その他では損害保険各社が地震リスク評価のため，建設各社が構造物の耐震性評価および震災復旧作業支援などを目的としたシステムを開発している。　　　　　◎宮本英治

地震被害想定項目の選定　[じしんひがいそうていこうもくのせんてい]　selection of items for earthquake damage estimation　被害想定　地震　地震被害想定結果が，地域防災計画における応急対策計画の計画条件となっていることを前提とするならば，想定項目は，津波や崖崩れなどの発生という地域固有の被害様相を加味して，応急対策計画を立案する各部門から提示されるべきである。しかし，一般には，様々な地震災害事例を参考とした被害の連鎖をもとに想定項目が選定されているのが現状である。わが国で最も古くから地震被害想定を実施，公表している東京都における最新の2つの想定調査での想定項目を次頁の表に示す。　　　　　　　　　　　　　　　　　　◎熊谷良雄

地震被害想定調査　[じしんひがいそうていちょうさ]　research on estimating earthquake damage　行政　被害想定　防災対策を推進するにあたって必要となる，大規模地震などの災害が発生した場合に想定される被害（人的被害・倒壊家屋など）の調査。南関東地域直下の地震など，広域的な被害を及ぼすものについては，被害想定を実施して防災機関などが被害認識を共有し，連携をとった対策を行うことが不可欠である。　　　　　　◎内閣府

地震被害想定における想定地震　[じしんひがいそうていにおけるそうていじしん]　earthquake scenario for the earthquake damage estimation　被害想定　地震　地震による被害想定を行う際の出発点として仮定する震源のモデル。なるべく現実性のある地震を想定すべきことから，過去に対象地域に被害を与えた地震をモデルとする，もしくは，プレートテクトニクス理論や活断層分布などから発生が予測される地震をモデルとする場合が多い。また，想定地震の設定にあたっては，地震発生の切迫性も考慮すべき重要な要素となる。具体的には，地震断層面の位置・大きさ・向き，ずれの量と方向，破壊開始点の位置，破壊速度などを与えることにより，想定地震は定義される。これらのパラメータに基づいて計算された基盤地震動に各地の地盤情報等を加味することによって，各地点における地表の揺れの大きさなどが求められる。　　　◎岡田義光

地震被害想定の公表　[じしんひがいそうていのこうひょう]　announcement of earthquake damage estimation　被害想定　地震　地震被害想定の多くは，地方自治体によって実施されており，その結果は公表されるべきものである。しかし，被害量のみを公表することによって住民の混乱を招くことを避け，また，実施している対策が不十分であることを追求されることを恐れ，概要のみが公表されることが多かった。特に，想定手法の詳細については，限られた関係者のみに報告書が配布される傾向が強い。しかし，

■ 東京都における地震被害想定項目・手法の比較

被害想定項目			平成9年8月公表の直下の地震	平成3年9月公表の関東地震の再来
地盤			○	○
地震動	基盤地震動		×	○
	地表最大加速度		◎	○
	地表最大速度		◎	×
	最大規模の地震動		◎	○
	気象庁震度階		◎	○
	応答スペクトル		×	○
液状化			◎	○
津波			×	○
建築物	震動	木造	●	○
		S造	●	○
		RC造	●	○
	液状化	木造	◎	○
		非木造	◎	○
	崖崩れ		◎	○
	総合		◎	○
斜面崩壊			◎	○
落下物			◎	○
塀			●	○
屋内収容物			▲	○
危険物	貯蔵施設	屋外タンク 漏洩	◎	○
		火災	◎	○
		爆発	◎	○
		可燃性ガス 漏洩	◎	○
		火災	◎	○
		爆発	◎	○
		毒性ガス	◎	○
	輸送中	自動車輸送 漏洩	◎	○
		火災	◎	○
		爆発	◎	○
		鉄道輸送 漏洩	◎	×
		火災	◎	×
		爆発	◎	×
		船舶輸送 漏洩	◎	×
		火災	◎	×
		爆発	◎	×
出火	出火件数	火気器具(ガス,石油等)	●	○
		〃 (電熱器具)	◎	×
		化学薬品	◎	○
		工業炉	◎	○
		LPガスボンベ	◎	○
		高圧ガス施設	◎	○
		電気機器・配線(建物全壊)	●	×
		自動車	◎	○
		漏洩ガス	●	×
	出火地点		◎	○
消防活動	自主防災組織		◎	○
	一次運用		◎	○
	二次運用(包囲)		◎	×
	二次運用(阻止線)		◎	○
延焼	延焼速度式		◎	○
	焼失		◎	○
上水道	物的被害	配水管	●	○
		給水管	●	×
	機能支障	発災1日後 幹線網	●	○
		配水管網	●	×
		発災4日後 幹線網	●	○
		配水管網	●	○
	応急復旧	全域復旧	●	○
		延焼区域除外	●	○
下水道	物的被害	幹線管渠	●	○
		一般管渠	◎	○
	機能支障		◎	○
	応急復旧		◎	○
電力	物的被害	電柱	●	○
		地中線	●	○
	機能支障		◎	○
	応急復旧		◎	○
都市ガス	物的被害		●	○
	機能支障		◎	○
	応急復旧		◎	○
電話	物的被害	支持物	●	○
		地中ケーブル	●	○
	機能支障		◎	○
	応急復旧		●	○

被害想定項目			平成9年8月公表の直下の地震	平成3年9月公表の関東地震の再来
道路	高速道路		●	○
	一般道路		●	○
	連結性		×	○
	渋滞		◎	○
	通行止め		◎	×
	細街路		▲	×
鉄道	不通率		◎	○
	火災での運休		◎	○
	影響入数		◎	○
港湾	岸壁		●	×
	外郭堤防		◎	○
	内部護岸		◎	○
河川堤防	堤体式		●	○
	護岸式		◎	○
津波遡上			×	○
地震水害			×	○
死者数	震動		●	○
	建物被害		●	○
	出火時		◎	○
	延焼中		◎	○
	地震水害		×	△
	崖崩れ		◎	○
	塀の転倒		◎	○
	落下物		◎	○
	屋内収容物		▲	○
	鉄道被害		◎	○
	交通事故		×	×
	パニック		×	×
負傷者数	震動		●	○
	建物被害		●	○
	出火時		◎	○
	延焼中		◎	○
	地震水害		×	△
	崖崩れ		◎	○
	塀の転倒		◎	○
	落下物		◎	○
	屋内収容物		▲	○
	鉄道被害		◎	○
	交通事故		×	×
	パニック		×	×
生き埋め			●	×
滞留者			◎	○
帰宅困難者			●	○
避難者等	発災1日後		●	○
	〃 4日後		●	○
	〃 1カ月後		●	○
食糧需要			●	×
飲料水需要			●	×
拠点機能支障	拠点施設機能支障		▲	×
	職員参集支障		●	×
ネットワーク機能支障	輸送機能支障		●	×
	情報機能支障		▲	×
医療機能支障	要転院患者数		●	△
	医療受給過不足数 重傷者		●	△
		軽傷者	●	△
	日常受療困難者数 避難所生活者		●	△
		従前住宅生活者	●	△
情報機能支障			▲	△
飲食機能支障		食料過不足数	◎	×
		給水過不足数	◎	×
短期住機能支障			●	×
罹病・病状悪化			●	×
精神的ダメージ			▲	×
中長期住機能支障			●	×
教育機能支障			●	○
清掃衛生機能支障	瓦礫発生量		●	×
	仮設トイレ		●	×
就業機能支障			○	○

●:阪神大震災をもとに定量的手法　▲:阪神大震災をもとに定性的に記述　○:定量的手法
◎:新たな定量的手法　○:前回と同様　×:想定せず　△:定性的に記述　×:想定せず

近年のコンピュータの発達により，地震被害想定に用いられた基礎データや地域別想定結果を電子媒体によって公表する地方自治体も徐々に現れている。　　　　　◎熊谷良雄

地震被害想定の実施体制　[じしんひがいそうていのじっしたいせい]　organization of earthquake damage estimation survey　[被害想定][地震]　地震被害想定は，想定すべき地震に始まり，住民の生活支障に至るまで，数多くの項目が対象となる。また，地震被害想定を前提として策定される応急対策計画には，ほとんど全ての行政部門が関連している。さらに，急速なコンピュータの発達と地震被害想定に関連するデータ整備によって，想定手法は極めて精緻なものとなっている。従って，地震被害想定の実施にあたっては，必要とする想定項目を提示する行政部門，想定手法等を検討する学識経験者，想定結果を試算するシンクタンクやコンサルタントなどが一体となった組織によることが望ましい。　　　　　◎熊谷良雄

地震被害想定の種類　[じしんひがいそうていのしゅるい]　kinds of earthquake damage estimation　[被害想定][地震]　1990年代半ばまで行われてきた被害量を中心とした被害想定は，地震災害の全体イメージを提供するという点では有効であった。しかし，それを具体的に利用しようとすると，①応急対策とのつながりが不明確であり，②個々の建築物が見えず被害の具体的イメージが湧かない，③発生の季節，日時による被害の違いもわからない，といった問題点があった。そこで，①に対しては，応急対策がどう行われその効果がどの程度あるかを評価した「シナリオ型被害想定」が，また，②に対しては，GIS（地理情報システム）という新しい技術を活かした一軒一軒の建物被害が見える「ミクロマッピング型被害想定」が，そして，③に対しては，高性能化したパソコンをフルに活用した「インタラクティブ型被害想定」が行われるようになった。
　　　　　◎吉井博明

地震被害想定の目的　[じしんひがいそうていのもくてき]　purpose of the earthquake damage estimation　[被害想定][地震]　地震被害想定は，一般に，①地域の地震防災対策の推進，②住民の防災意識の向上，を目的として実施される。地域の地震防災対策の推進を目的とした地震被害想定は，災害対策基本法に定める地域防災計画（震災編）における各種計画策定の前提となる。地域防災計画は，災害予防，応急対策，復旧・復興の3つの計画によって構成されるが，地震被害想定は応急対策計画の前提と位置付けられている。従って，対応が不可能な程の過大な想定や，応急対策計画が有効に機能し得る期間を超える想定は必要とされない。一方，住民の防災意識向上のために地震被害想定が果たす役割は間接的なものである。なぜなら，地震被害想定は，想定した特定の地震のみを対象として，一定以上の広がりのある空間単位での"被害の可能性"を示しているのみで，「わが家は燃えるのか？　わがまちの被害は？」という疑問には応え切れないからである。
　　　　　◎熊谷良雄

地震被害想定の利活用　[じしんひがいそうていのりかつよう]　application of earthquake damage estimation　[被害想定][地震]　地震被害想定結果は，地域防災計画（震災編）の前提条件として位置付けられている。人的支障や社会的支障に関する想定結果は，応急対策計画における非常用飲食料品，医薬品などの必要備蓄量の算定に利用されている。住民にとって地震被害想定結果は，ライフライン支障に基づいた必要家庭内備蓄量の設定にも活用し得る。しかし，地域防災計画の災害予防計画に地震被害想定結果が利用されている例はほとんどない。今後は，想定される地震動の大きさや被害量を各種施設計画の計画条件として活用し，また，各種災害予防施策の実施効果算定のために，地震被害想定手法を用いた被害軽減量を算出することが望ましい。　　　　　◎熊谷良雄

地震被害想定の歴史　[じしんひがいそうていのれきし]　history of the earthquake damage estimation　[被害想定][地震]　わが国の地震被害想定は，南関東地域を対象として開始され，1962年3月の警視庁警防部および陸上自衛隊東部方面総監部によってまとめられた「大震災対策研究資料」が最初である。1970年には，消防審議会が「東京地方（南関東地域）における大震火災対策に関する答申」を公表し，1978年には，初めて地方自治体によって実施された東京区部の地震被害想定が東京都によって公表された。これらの想定の全ては1923年の関東大地震の再発を想定したものであったが，1993年には神奈川県西部直下に発生すると想定される地震を対象とした被害想定が，神奈川県によって公表された。1995年の兵庫県南部地震以降は，多くの地方自治体で直下の地震を対象とした地震被害想定が実施されている。1946年以降1998年までの主な地震被害想定調査などの動向を次頁の表に示す。　　　　　◎熊谷良雄

地震被害調査　[じしんひがいちょうさ]　survey of earthquake damage　[地震]　大学などに属する研究者が行う学術目的のものと，国や地方自治体などが実施する行政目的のものがある。その内容としては，地震の揺れの大きさや分布，震源断層などを特定したり地盤による地震動の増幅特性を明らかにするための余震観測など，自然現象としての地震を対象とした調査，建築物や土木構造物の被害状況など地震動による直接的な物理被害（一次被害）の調査，人的被害や電力，上下水道，ガス，通信などのライフライン系の機能被害など，比較的短期的な生活環境に関する被害（二次被害）の調査，社会，経済への影響や，避難所や仮設住宅での住民の生活状況や心理状態など，比較的長期的な地震の影響（三次被害）の調査などがある。調査結果は多くの場合，学会などの調査機関から報告書として出版されたり，研究者グループの名前で公開される。過去の多くの被害地震について実施され，地震防災の基礎資料

■ 1946年以降の主な地震災害，震災対策および地震被害想定調査の動向

年	主な地震災害	国および東京都の主な震災対策等	地震被害想定等の実施状況
昭和21年(1946)	東南海地震		
22 (1947)			
23 (1948)	福井地震	震度Ⅶの設定	
24 (1949)			
昭和25年(1950)		建築基準法公布	
26 (1951)			
27 (1952)	十勝沖地震		
28 (1953)			
29 (1954)			
昭和30年(1955)			
31 (1956)			
32 (1957)			
33 (1958)			
34 (1959)			火災予防対策委員会(東京消防庁)に地震小委員会を設置し被害想定手法の検討開始
昭和35年(1960)	チリ地震津波	災害対策基本法成立	大地震火災の被害の検討結果〔火災予防対策委員会〕
36 (1961)		中央防災会議設置	大震災対策研究資料〔警視庁，自衛隊〕
37 (1962)		防災基本計画策定	
38 (1963)			
39 (1964)	新潟地震	南関東大地震69年周期説〔河角広〕 地震予知についての建議〔測地審議会〕	災害原因別被害想定策定のため東京都防災会議に専門部会設置
昭和40年(1965)	松代群発地震始まる		
41 (1966)			
42 (1967)		東京区部の広域避難計画策定	
43 (1968)	十勝沖地震		石油ストーブの出火機構調査〔東京都防災会議〕
44 (1969)		地震予知連絡会設置〔国土地理院〕	
昭和45年(1970)		特定観測地域・観測強化地域指定	東京地方(南関東地域)における大震火災対策に関する答申〔消防審議会〕 東京における大震火災時の人的被害の推定に関する調査〔東京都防災会議地震部会〕
46 (1971)	サンフェルナンド地震	大都市震災対策推進要綱策定 東京都震災予防条例制定	
47 (1972)		東京都震災予防審議会設置	
48 (1973)	マナグア地震	東京都震災予防計画策定	
49 (1974)	伊豆半島沖地震	国土庁発足 川崎直下地震説 東京都地域防災計画(震災編)策定	地域の火災危険度と対策指針〔東京都火災予防審議会〕
昭和50年(1975)	遼寧省海城地震		地震に関する地域の危険度調査(東京区部)
51 (1976)	グアテマラ地震 唐山地震	東海地震の統一見解〔地震予知連絡会〕	
52 (1977)			
53 (1978)	伊豆大島近海地震 宮城県沖地震	大規模地震対策特別措置法公布	東京都〔東京区部／関東地震〕 静岡県〔全県／東海地震〕
54 (1979)			
昭和55年(1980)	イタリア南部地震	地震防災対策強化地域指定	
56 (1981)			
57 (1982)	浦河沖地震		埼玉県〔全県／関東地震・東海地震・西埼玉・百年確率〕 名古屋市〔全市／東海地震〕
58 (1983)	日本海中部地震	東海地震が東京に与える影響調査	
59 (1984)	長野県西部地震	国土庁に防災局設置	
昭和60年(1985)	メキシコ地震		東京都〔多摩地域／関東地震〕
61 (1986)			
62 (1987)	千葉県東方沖地震		神奈川県〔全県／関東地震・東海地震〕
63 (1988)	アルメニア地震	南関東地域震災応急対策活動要領 南関東直下の地震の切迫性発表	国土庁南関東地震被害想定〔一都三県／関東地震〕 長野県〔全県／東海地震・善光寺地震・2つの活断層〕
平成元年(1989)	ロマプリエータ地震		川崎市〔全市／関東地震・東海地震〕
平成2年(1990)	イラン地震 フィリピン・ルソン地震		
3 (1991)			東京都〔全都／関東地震〕
4 (1992)	ノースリッジ地震	南関東地域直下の地震対策に関する大綱	
5 (1993)	釧路沖地震 北海道南西沖地震 インド南部地震		神奈川県〔全県／神奈川県西部の地震〕 静岡県〔全県／東海地震〕 高知県〔全県／南海トラフ上の2つの地震〕
6 (1994)	北海道東方沖地震 三陸はるか沖地震		
平成7年(1995)	兵庫県南部地震	災害対策基本法改正(2回) 地震防災対策特別措置法成立 防災基本計画修正	栃木県〔県中央部／震度域を想定〕 茨城県〔県南県西30市町村／4つの内陸型〕 愛知県〔全県／東海地震〕
8 (1996)		震度階の見直し 被害者の権利利益の保全等に関する法律	*1
9 (1997)		防災基本計画修正	*2
平成10年(1998)		南関東地域震災応急対策活動要領修正	*3

*1〔1996年〕：千葉県〔全県／関東地震・東海地震・元禄地震・4つの内陸型・活層〕，山梨県〔全県／東海地震・3つの内陸型・4つの活断層〕，滋賀県〔全県／5つの活断層〕，岡山県〔全県／南海道・2つの活断層〕，千葉市〔全市／内陸型〕，大阪市〔全市／2つの活断層〕

*2〔1997年〕：青森県〔全県／太平洋・日本海・内陸型〕，宮城県〔全県／活断層・2つの金華山沖〕，秋田県〔全県／秋田沖・4つの内陸型〕，東京都〔全都／4つの内陸型〕，福井県〔全県／福井地震・活断層〕，三重県〔全県／東南海・南海・12の活断層〕，大阪府〔全府／南海トラフ・4つの内陸型〕，奈良県〔全県／南海地震・8つの活断層〕，鳥取県〔全県／鳥取地震〕，島根県〔全県／浜田市沖・3つの活断層〕，広島県〔全県／南海トラフ・安芸灘・3つの活断層〕，山口県〔全県／2つの活断層〕，徳島県〔全県／安政南海地震・2つの活断層〕，香川県〔全県／南海トラフ・2つの活断層〕，福岡県〔全県／6つの活断層〕，佐賀県〔全県／活断層〕，宮崎県〔全県／2つの海域型・活断層〕，鹿児島県〔全県／2つの海域型・3つの内陸型〕，沖縄県〔全県／2つの海域型〕，札幌市〔全市／プレート型・2つの内陸型〕，仙台市〔全市／3つの海域型・活断層〕，川崎市〔全市／内陸型・2つの活断層〕，名古屋市〔全市／東南海地震・濃尾地震〕，京都市〔全市／南海トラフ・3つの活断層〕，広島市〔全市／芸予地震・3つの活断層〕

*3〔1998年8月20日まで〕：福島県〔全県／福島県沖・3つの内陸型〕，埼玉県〔関東地震・安政江戸地震・2つの内陸型・16の活断層〕，茨城県〔県央県北・鹿島灘沖・4つの内陸型〕，新潟県〔全県／3つの海域型・3つの内陸型〕，富山県〔全県／活断層〕，石川県〔全県／2つの海域型・3つの活断層〕，京都府〔全府／南海地震・10の活断層〕，長崎県〔全県／橘湾～島原半島〕

注：「地震被害想定等の実施状況」欄の都道府県および市の名称標記は地震被害想定の実施，〔 〕内は，対象地域／対象地震

となってきた。組織的に行われるようになったのは1891年濃尾地震以後で，震災予防調査会報告などに詳細な調査結果が見られる。第二次世界大戦中の1946年東南海地震などでは調査自体は行われたが報告書は極秘扱いとされた。戦争直後の1948年福井地震ではGHQ作成の報告書が残されている。
◎澤田純男

地震被害の想定期間 [じしんひがいのそうていきかん]
estimated period of earthquake damage 〔被害想定〕〔地震〕 地震による被害の想定項目には，震動や液状化による建築物の被害のように地震発生からの時間的な流れに依存しないものから，火災の延焼や被災したライフライン施設の応急復旧期間に左右される生活支障などのように時間的な流れに依存する項目まで様々である。さらに，時間的な流れに依存する想定項目の内容は，応急対策の実施内容によって大きく変化する。従って，被害の想定期間を一義的に設定することは困難であるが，ある程度被災者の動向を想定した上で，概ね地震発生後1カ月程度を想定期間とすることが望ましい。
◎熊谷良雄

地震被害のリアルタイム推計 [じしんひがいのリアルタイムすいけい]
real-time assessment system of earthquake damage 〔被害想定〕〔地震〕 大規模地震災害発生直後の情報空白期において，被災地域と被災規模を迅速に把握し，初動体制の立ち上げや緊急対応計画に資することを目的とする被害の推定システム。その趣旨から推定精度，演算速度，状況把握のための概観性，容易な操作性が求められる。一般に，気象庁の震源情報や独自に整備した地震観測網による震度などの情報に基づき，対象地域全体の地区別（1 kmメッシュなど）の地震動分布（計測震度分布，最大加速度分布，SI値分布など）を推定し，引き続いて必要な情報項目毎の被害推定を行い，被害状況を地理情報システムによって表示することが多い。激震地域の被害情報が迅速に収集できなかった阪神・淡路大震災以降，国土庁（当時）などの政府機関の他，多くの地方自治体への導入が推進され，都道府県では市区町村に各1台設置された震度情報ネットワークと連動したシステムを構築して，推定結果を市区町村に配信しているところもある。政令指定都市などの主要都市でも，独自の高密度な地震観測網と連動した高精度な被害推定システムの導入が進められている（例えば，横浜市など）。
◎宮本英治

地震防災応急計画 [じしんぼうさいおうきゅうけいかく]
emergency plan for earthquake disaster prevention 〔行政〕〔地震〕 大規模地震対策特別措置法第7条に基づき，地震防災強化計画の作成義務者以外で警戒宣言が発令された場合に地震防災上の措置を講ずる必要のある者が作成を義務付けられている計画のことをいい，対象は，①病院・劇場・百貨店，旅館など不特定多数の者が出入りする施設で一定の規模以上のもの，②石油類・火薬類など他に危険を及ぼす恐れの高いものを一定量以上製造，貯蔵または取り扱う施設，③鉄道業・バス事業等，④その他社会的弱者の収容施設（学校・福祉施設）である。その主な内容は，①地震予知情報などの組織内部や顧客への情報伝達，②対策を実施するための体制や実施要員，③地震発生に備えての資機材の準備，④施設や設備の停止など応急的保安措置，⑤教育や訓練などである。
◎井野盛夫

地震防災基本計画 [じしんぼうさいきほんけいかく]
basic plan for earthquake disaster prevention 〔行政〕〔地震〕 大規模地震対策特別措置法（大震法）に基づき中央防災会議において作成される，地震災害に関する警戒宣言が発せられた場合における国の地震防災に関する基本的方針などにおいて定められている計画。この計画に基づき，指定行政機関，指定公共機関，地方公共団体等が地震防災強化計画を，特定の民間企業が地震防災応急計画をそれぞれ作成することになっている。想定東海地震の場合には，警戒宣言が発令された場合における国の地震防災に関する基本的方針，地震防災強化計画および地震防災応急計画の基本となるべき事項について定めることとなっている。なお，基本的方針とは，例えば，警戒宣言が発令された場合の警戒本部の設置運営に関する事項などであり，地震防災強化計画および地震防災応急計画の基本となるべき事項とは，例えば，地方公共団体が強化計画中に，地震防災応急対策として記載することが必要な事項などである。
◎内閣府，井野盛夫

地震防災強化計画 [じしんぼうさいきょうかけいかく]
intensified plan for earthquake disaster prevention 〔行政〕〔地震〕 大規模地震対策特別措置法第3条に基づく，強化地域の指定があった時，指定地方行政機関の長（指定行政機関から委任された業務については，当該委任を受けた指定地方行政機関を含む），指定公共機関の長（指定公共機関から委任された業務については，当該委任を受けた指定地方公共機関を含む）が，防災業務計画（災害対策基本法第2条第9号），地方防災会議などが地域防災計画（災害対策基本法第2条第10号），石油コンビナート等防災本部及び防災本部の協議会が石油コンビナート等防災計画（石油コンビナート等災害防止法第31条）で作成している計画をいい，地震防災基本計画を基本として定めることになっている。
◎井野盛夫

地震防災緊急事業五箇年計画 [じしんぼうさいきんきゅうじぎょうごかねんけいかく]
five-year plan for emergency earthquake disaster prevention projects 〔行政〕〔地震〕 地震防災上緊急的に整備すべき避難地，消防用施設，地域防災拠点施設など28施設の整備事業について各都道府県知事が作成することができ，現在全都道府県において平成8年度を初年度とする計画が作成，整備事業が推進されている。消防用施設，公立小中学校等の公的建築物の耐震改修など7施設の整備事業については，国庫補助率の嵩上げが行われている（2005年度末まで）。
◎内閣府

地震防災情報システム(DIS) [じしんぼうさいじょうほうシステム] Disaster Information System (DIS) 行政 地震 情報　防災機関や国民が災害発生後に迅速かつ正確な情報を伝達・共有することにより，政府や地方公共団体が連携のとれた応急対策活動を行い，個々人が適切な避難活動を行うことなどができるようにするシステム。このうち，地震発生後30分以内に大まかに被害規模を推計するシステム(EES)は，1996年度より運用を行っており，政府の初動体制などに活用されている。　◎内閣府

地震防災対策強化地域 [じしんぼうさいたいさくきょうかちいき] areas under intensified measure against earthquake disasters 地震 行政　静岡県全域と神奈川，山梨，長野，岐阜および愛知の各県にまたがる167市町村は，1978年6月に制定された「大規模地震対策特別措置法」に基づき地震防災対策強化地域として指定された。長期的予知によると，駿河湾からその沖合を震源域としてマグニチュード8クラスの巨大地震(東海地震)が近い時期に発生する可能性が高いとされている。東海地震が発生した場合，この167市町村では震度6以上になることが予想され，また大津波の来襲が予想されるなど，著しい災害が発生する恐れがある。このため直前予知のための観測体制を強化したり，予め災害防止の計画を立てるなどの防災対策がとられている。なお，2001年1月から中央防災会議の東海地震に関する専門委員会が設置され，この20数年間に得られた知見に基づき現行の地震防災対策強化地域についての見直しが行われた。その結果，2000年4月に新たに東京都と三重県が加わり合計8都県，263市町村が指定された。
　◎溝上　恵

地震防災対策強化地域判定会 [じしんぼうさいたいさくきょうかちいきはんていかい] Earthquake Assessment Committee for the Areas under Intensified Measures against Earthquake Disasters(EAC) 行政 地震　気象業務法第11条の2によって，大規模地震対策措置法に規定する地震防災対策強化地域に係る地域に大規模な地震が発生する恐れがあると認められる時は，気象庁長官は，学識経験者など専門家から意見を聴き，その地震に関する情報を内閣総理大臣に報告することが定められており，気象庁長官の諮問機関として，1978年に設置された。また，この判定会は，当該判定会会長他5名の委員で構成され，巨大地震の短期的(直前)予知を目的としており，観測成果に異常値が認められた場合には，直ちに委員を招集することになっている。　◎井野盛夫

地震防災対策特別措置法 [じしんぼうさいたいさくとくべつそちほう] Earthquake Disaster Prevention Special Act 行政 地震　阪神・淡路大震災を踏まえ1995年に施行。地震から国民の生命，身体および財産を保護するための**地震防災緊急事業五箇年計画**による地震防災施設などの整備の推進および地震調査研究推進本部の設置について定められている。　◎内閣府

地震防災派遣 [じしんぼうさいはけん] Dispatch for Earthquake Disaster Prevention 行政 地震　大規模地震対策特別措置法第9条に基づく警戒宣言が発せられた場合，地震災害警戒本部長である内閣総理大臣(同法第11条)は同法第13条に基づき防衛庁長官に対し派遣要請(自衛隊法第8条に規定する部隊など)を行うことができることになっているが，この要請に応えて，防衛庁長官が自衛隊の部隊などを支援のため派遣することをいう。地震防災派遣を命じられた部隊などの自衛官の職務の執行にあたっての権限は，災害派遣時のそれと同様である。　◎井野盛夫

地震保険制度 [じしんほけんせいど] earthquake insurance system 行政 復旧 地震　地震保険は，地震などを原因とする火災，損壊等による損害を補填することを内容とする保険であり，1964年6月の新潟地震を契機として制定された地震保険に関する法律に基づき発足した。この制度は，住宅総合保険などの住まいの火災保険契約を主契約とし，原則自動付帯として契約される。地震保険金額は，主契約の保険金額の30％以上50％以下に相当する金額であり，保険料率は，都道府県単位で地域を4区分，構造は木造・非木造の2区分としている。　◎内閣府

地震保険の再保険制度 [じしんほけんのさいほけんせいど] earthquake reinsurance system 行政 地震　地震災害は，1災害による損害が巨額になりうる上に，災害の発生時期や発生頻度の予測が極めて困難であるため，通常の保険にはなじまない性質を持っている。このような地震災害による損害をカバーするため，地震保険は，政府が再保険というかたちで民間保険会社をバックアップすることにより成り立っている。この再保険制度では，民間保険会社と政府との間で，超過損害額再保険方式(1回の地震などによる支払いが一定の額を超える場合，その超過部分についての責任を政府が負担する方式)による再保険が結ばれており，政府が保険責任の一部を負担している。なお，将来，地震などによってどのような巨大損害が発生するか予測できないという地震災害の特異性から，1回の地震などにより支払われる保険金には限度額(総支払限度額)が設けられている(4兆5000億円：2002年4月1日改定)。
　◎日本損害保険協会，内閣府

地震モーメント [じしんモーメント] seismic moment 地震　P波やS波の放射パターンの研究から，震源がダブルカップルと呼ばれる一対の偶力でモデル化されることがわかった。このダブルカップル源の一方の偶力の値を地震モーメントという。地震モーメントはエネルギーと同じ次元を持つが，単位は[J]ではなく[Nm]と記されることが多い。面を境とした食い違い(断層)はダブルカップルと同等の波動場を発生し，地震モーメントは $M_o = \mu DS$ (μ：剛性率，D：食い違い，S：断層面積)と与えられる。M_o は地震波エネルギー E_s とよい相関を持ち，通常の地震

では，$E_s/M_o=1〜5×10^{-5}$である．このことを考慮して，M_oによる地震規模の指標が提案された．それはモーメントマグニチュードと呼ばれ，$M_w=(\log M_o[\text{Nm}]-9.1)/1.5$で定義される．表面波の振幅から求められる表面波マグニチュードM_sは8.5付近で飽和してしまうのに対し，M_wはそのようなことがない．歴代最大は1960年チリ地震の$M_w=9.5$である．

◎菊地正幸

地震予知 [じしんよち] earthquake prediction 地震 行政　地震の発生に先だって，その前兆(先行現象)を捉え地震の発生時期，場所および大きさの3要素についての予報を行うこと．これら3要素のいずれかを欠く場合は，地震予知としての意味がない．地震予知が防災対策に役立つには，これら3要素の精度が社会的に対応が可能な範囲内にあることが必要とされる．前兆はその出現から地震発生に至るまでの時間の長さによって，超長期，長期，中期，短期，直前的前兆などに区別される．プレート境界の巨大地震については，過去の地震の平均的発生間隔，地震空白域の存在などの超長期的・長期的前兆から地震の発生場所と大きさおよび数十年から数年の範囲での発生時期の予知(長・中期予知)を行う．長・中期的に大規模な地震発生の切迫性が高いと判断される地域については，短期的ないしは直前的な前兆を捉えるために，地殻変動，地震活動の変化，地下水，地磁気，重力の変化などについての高密度観測を連続的に行う．直前予知はプレート境界における前兆すべりの早期検知により，地震発生の数日から数時間前の予知を目標とする．内陸地震については，活断層や歴史地震の調査などから超長期ないしは長期的予知が行われているが，短期・直前予知についての確実な手がかりはまだ得られていない．現在の地震学の水準では，日本で地震予知が可能なのは，駿河湾を震源域とするマグニチュード8程度のいわゆる東海地震のみとされる．

◎溝上 恵，気象庁

地震予知関連機関 [じしんよちかんれんきかん] Organizations for Earthquake Prediction 地震 →地震予知計画

地震予知計画 [じしんよちけいかく] earthquake prediction plan 地震　1962年，地震学者の有志数十名からなる地震予知計画研究グループは，「地震予知——現状とその推進計画」を発表し，地震予知に有効と考えられる測地，地殻変動連続観測，地震活動，地震波速度，活断層，地磁気および地電流などの測定を国家的規模で効果的に推進すべきであると提言した．これは「地震予知のブルー・プリント」として，その後の日本の地震予知計画推進の指標となった．1963年文部省測地学審議会は，予知研究計画の実施を建議し，1965年度から第1次計画がスタートした．その後第7次計画に至るまでの約30年間(1965〜95年)の予知計画では，将来発生するであろう地震の場所と大きさを予測する「長期的予知」の手法を基礎とし，地震直前の現象を捉えて地震がいつ起こるかを短期的に予測しようとする「短期的予知」の手法の確立に重点が置かれた．そのため，予知計画は調査観測を主体として進展し，観測体制が整備されてきた．地震の発生場所や規模については，地震活動の空白域や静穏化現象の概念が提唱され，来るべき地震の予測に成功した例もある．地震の発生時については，地震サイクルや固有地震の概念に基づき，プレート境界および内陸で発生する大地震のそれぞれについて繰り返しの間隔に関する調査・研究が行われてきた．一方，地震の発生時を高い精度で予測し短期的予知を実現するには，確度の高い短期的前兆現象を検出する必要がある．しかし，前兆現象の発現様式は複雑であり，前兆現象と地震の発生との系統的な関係を見出し短期的予知を行う段階には達していない．地震は応力・歪状態の突然の変化を伴う突発的・瞬間的な現象であるため，その予知は極めて困難である．しかし，最近の予測科学の分野では，突発的で偶然に発生したかに見える現象でも，物理的な必然性を伴って発生することが明らかにされつつある．1995年1月兵庫県南部地震の発生を契機に，第7次計画までの成果を引き継ぎさらに予測科学的視点を重視し，「地震予知のための新たな観測研究計画」(1999〜2003年度)が策定された．その目標は，長期的な地震発生確率の推定を行うことにより，プレート境界地震および内陸地震のそれぞれについて，地震発生準備過程の段階を把握し，さらに基盤的な観測網などによって明らかにされる地殻活動の準備段階を関係付けて，地震発生の予測精度を向上させることである．また，GPSなどのデータを用いて地殻変動予測モデルを構築し，数年後の状態予測を試み，実際の観測データと比較することによって予測の精度を評価する．地震発生準備の最終段階にある場所での集中監視に関しては，観測体制の整備が進んでいる東海地域を中心とする広い地域において総合的な観測を行い，直前現象の検出，そのメカニズムの解明および地震発生予測の定量化を行う．

◎溝上 恵

地震予知連絡会 [じしんよちれんらくかい] Coordination Committee for Earthquake Prediction 地震 行政　地震予知に関する観測研究を実施している関係機関や大学が情報を交換し，相互間の協力や学術的判断を行うための連絡会．1968年十勝沖地震後，地震予知の実用化が叫ばれた結果，1969年測地学審議会の建議に基づいて国土地理院長の私的諮問機関として発足した．委員は大学や国立研究機関の専門家30名で構成され，年4回定期的に開催されるが，必要に応じて臨時に開催されることもある．関係機関や大学から報告された観測結果は，わが国の地震予知のヘッドクオーター(本部)としての役割を担い，地震予知連絡会報として年2回まとめられる．連絡会は，地震予知に関して特に注意を要する地域として東海地域と南関東の2ヵ所を「観測強化地域」，そのほか8ヵ所を「特定観測地域」に指定し監視を行っているが，それぞれについての検討を

行うために強化地域部会と特定部会が設けられている。2000年2月に「地震予知連絡会30年のあゆみ」が出版された。
◎溝上 恵，井野盛夫

地震リスク ［じしんリスク］ seismic risk ［地震］ →地震危険度

地震力 ［じしんりょく］ earthquake force ［地震］ 地震時に構造物に作用する力を地震力という。地震は断層運動により，広い範囲にわたる地盤の振動現象であり，それが基礎や地下構造を通して構造物に入力されると構造物は振動系として応答し，各部材に荷重効果として応力を発生する。耐震性の評価にあたっては個々の部材の応力の場合もあるが，層毎のせん断力としてあるいは，等価な静的な水平力として捉えることもある。地震力は振動系の動的応答なので，入力や振動系の性質によって大きく異なる。入力の周波数特性は地震断層にもよるが，地盤の特性に大きく左右され，岩盤など固い地盤では卓越周期は1秒よりかなり短いところにあるが，厚い沖積層の地盤では2秒を超えることもある。また，遠地地震では表面波の影響が卓越し7～8秒の長周期成分が顕著となる場合もある。そのような地震入力の周波数特性は応答スペクトルで評価される。中低層の建築物では構造物の一次固有周期に対応する応答スペクトルにより地震力が評価できる。一次固有周期が数秒を超えるような超高層建築物や長大橋などでは二次モードの影響を考える必要がある。また，減衰特性も地震力評価に重要な要素であり，最近の耐震設計では減衰機構を付加することにより地震力の低減が検討されることが多い。
◎神田 順

システム解析 ［システムかいせき］ system analysis ［地震］ ここで考えるシステムは対象となる問題を各種要素を組み合わせて体系化したものとする。この場合，システム解析は体系化の過程を含めた問題解決の方法論であり，問題設定，評価体系，分析・合成，最適化，意思決定，計画などの手続きから構成されている。対象とする問題が何であるかを明確にすることが問題設定であり，漠然としたアイデアの整理や代替案を作成することから始まり，問題の構成要素や構造を明らかにし複数のシステムを提案する。目標の設定や代替案の選択を的確に行うためには評価体系が必要であるので，提案されたシステムを評価するための尺度や，評価の客観性をどのように保証すればよいのか，主観的な評価の数量化，総合評価をどのようにするのかなどを体系化しておくことが必要である。次に，提案されたシステムの数学モデルを構成するために分析と合成の概念が必要となる。ここでは，システム変数の設定法に関する理論，システムが構成される物理的な背景を用いて物理モデルを構成する方法論や，システムへの入出力の観測データに基づいて経験的な統計モデルを構成する方法論，システム構造の縮約化の方法論などが有用である。さらに，システムモデルと評価体系が与えられた場合に，最適なシステムパラメータを決定して，合理的なシステムモデルを構築することが必須になるが，この過程が最適化である。最適化された複数のシステムモデル（代替案）が提案された場合に，その中のどれを選択するかが，意思決定に当たる。最後の計画は問題設定から始まって，意思決定されたプランを実施するための最適資源配分スケジュールを組み立てるところまでを範疇としている。
◎佐藤忠信

システム信頼性 ［システムしんらいせい］ system reliability ［都市］ 社会基盤施設を構成するライフライン系は，水道の浄水場や配水幹線のような基幹施設から末端の給水管まで，多くの要素からなる。これはガス，下水道，電力などにも共通に見られる。これらは，都市を覆うネットワークとして機能することでその役割が果たされるので，個々の構成要素の信頼性とともに，それらが全体系として機能するかどうかというシステム信頼性の概念が重要である。システム信頼性は，個別要素の信頼性を組み合わせて総合化することにより評価される。数理的な手法としてネットワーク解析法が発達してきた。現実の複雑な条件下でのシステム信頼性評価には，▶モンテカルロ実験による数値シミュレーションも多く用いられる。
◎亀田弘行

地すべり ［じすべり］ landslide ［地盤］［被害想定］ 地すべりについては，種々の学術用語と行政・法律用語が混在している。「地すべり等防止法」では，地すべりとは「土地の一部が地下水などに起因してすべる現象又はこれに伴って移動する現象」として定義され，既に地表変動現象が現れているタイプ（再活動すべり）であり，通常は地すべり地形を示している。一方，崩壊は，初めて地表変動現象が生じるタイプ（初生すべり）であり，「急傾斜地の崩壊による災害を防止する法律」では，30°以上の斜面を急傾斜地と定義し，これを崩壊の恐れのある危険斜面としている。一方，学術的な landslide（地すべり）の概念も，必ずしも統一されていなかったことから，地すべり関連の3国際学会とユネスコが協力して組織した世界地すべり目録委員会により，「movement of a mass of rock, debris or earth down a slope：岩，礫，土の塊の斜面下降運動」として統一的に定義された。すなわち，地すべり（landslide）は，すべり，落下，前方回転，伸張，流動を含んだ運動の総称である（次頁の図）。せん断タイプは，①すべり：ピーク強度の破壊線で破壊して残留強度の破壊線に移行するものをピーク強度すべり（崩壊に相当），既に過去にすべりが生じているため残留強度の破壊線で破壊するものを残留状態すべり（再活動すべり：地すべりに相当）②液状化：破壊後，過剰間隙水圧の発生により，強度が著しく低下し，流動状態に移行するものを液状化，その中で特にすべり面のみで液状化が生じるものをすべり面液状化，③クリープ：土中応力が必ずしも破壊線に至らない状態でじわじわ変形が生じるものの3種，材料は岩，砂質土，粘性土の3種に分類される。

◎佐々恭二

■ 地すべり(landslide)のタイプ

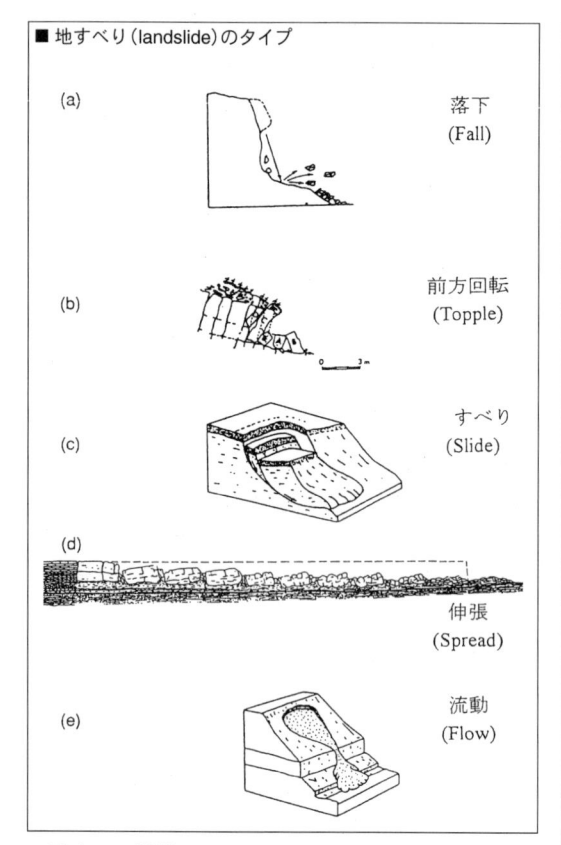

(a) 落下 (Fall)
(b) 前方回転 (Topple)
(c) すべり (Slide)
(d) 伸張 (Spread)
(e) 流動 (Flow)

地すべり対策工 [じすべりたいさくこう] prevention work against landslide 〔地盤〕　地すべりの活動を防止あるいは軽減するための工事で抑制工と抑止工に大別される。抑制工は地すべり地の自然条件の改善を促す工法で、地表水排除工、地下水排除工、排土工、押さえ盛り土工などが挙げられる。一方、抑止工は構造物をもって直接的に地すべりの滑動を防止する工法で、杭工、深礎工(シャフト工)、アンカー工などが代表的な工種である。実際の地すべり対策のためにはこれらの工種を組み合わせて用い、一般には移動中の地すべりの場合には抑制工で活動を軽減させた後に抑止工を施工する、という手順がとられる。人的被害を最小限にくい止める、という観点からはこれらの工法に加えて警戒避難体制の整備などのソフト面の対策も重視されている。
◎綱木亮介

地すべり地形 [じすべりちけい] landslide landform 〔地盤〕　地すべりによって形成された地形、および、形成されつつある地形。前者には過去の地すべり変動によって形成された地表の全ての形態が含まれる。後者にはまだ地すべりとして明瞭には判断されないような初期の変形斜面も含まれる。従って、地すべりの新たな発生場の予測へ発展する概念である。また、この概念の中で最も重要なことは、この語が地すべりの変動領域の全体像を包含していることである。地すべり地形の中で顕著なものは滑落崖、側方崖、下端部の急斜面や末端隆起などの地すべりの輪郭構造を示す地形である。規模の大きい地すべりの場合には地すべり移動体が複数のユニット(ブロック)に分かれ、それらが、二次滑落崖や二次側方崖などによって堺されることが多い。なお、地すべりの語を広義に捉えて、崩壊に関する地形も地すべり地形として取り扱うこともある。
◎大八木規夫

地すべり調査 [じすべりちょうさ] landslide investigations 〔地盤〕　土木構造物のサイトやルートあるいは地区の地盤の適否を決める重要な調査で、地すべり地を避けて計画するためや、施工中・供用後の安全性確保のために実施する。調査は、①地すべり地の有無の判定や、②すべり面の位置、③地下水分布、④変動実態などを明らかにするために、文献調査・空中写真判読・現地調査(ここまでで地すべり地か否かが判明)・ボーリング調査・すべり面の確認・地下水調査(水位・帯水層・補給路など)・地すべり地の動態観測(すべり面の位置や動きの速度などの計測)などを行う。それらを踏まえて安定解析(c, ϕ を求めて安全率を算出)・発生機構の解明(素因・誘因・相互関係など)・対策工法の選定とその設計を行う。地すべりの約90%は過去3万年間にすべったブロックの再移動であるため、地すべり調査では初期段階の調査——とりわけ、①地すべりブロックの確認、②地すべり内の移動土塊の細区分、③移動土塊の動きのタイプなどを明らかにすること——が大切である。その良否によって、以降の調査・対策の適否が決まる。
◎今村遼平

地すべり防止区域 [じすべりぼうしくいき] landslide-threatened area 〔地盤〕〔被害想定〕　「地すべり等防止法」に基づいて主務大臣が指定した区域で、都道府県知事が管理を行う。「地すべり等防止法」では、「地すべり区域及びこれに隣接する地域のうち地すべり区域の地すべりを助長し、若しくは誘発し、または助長し、若しくは誘発するおそれのきわめて大きいものであって、公共の利害に密接な関連を有するものを地すべり防止区域として指定することができる」としている。地すべり防止区域においては、標識の設置、防止工事の施行、防止区域台帳の調製などの他、行為の制限や都道府県知事以外の者が施行する防止工事の承認などが行われる。1999年3月31日現在、建設省所管の区域数は3329カ所、面積11万4023 ha、農水省構造改善局所管の区域数は1868カ所、面積10万7061 ha、農水省林野庁所管の区域数は1725カ所、面積9万7927 haという指定状況となっている。
◎綱木亮介

施設機能 [しせつきのう] functions of facilities 〔被害想定〕　防災組織の活動を成り立たせている機能の一つで、活動拠点としている施設および当該施設内部の設備や物品などを総体とした物的資源が有する活動遂行のための機能と捉えられる。地震動、液状化、ライフライン被害などによって構造的被害や機能的被害が生じると、施設機能は麻痺する。阪神・淡路大震災を踏まえた定性的想定がなされている(東京都)。この想定を通じて、施設の耐震化、

代替施設機能の確保などの課題が明らかにされる。

◎黒田洋司

自然着火　［しぜんちゃっか］　spontaneous ignition
火災・爆発　可燃物自体が常温において空気中の酸素吸収や酸素との反応によって，あるいは自然分解や重合による発熱を生じ，循環的に発熱・蓄熱を生じて，発熱速度が増加しついには着火する現象をいう。蓄熱箇所の中心が最初に発火点に達するので，可燃物の中心部分（芯部）付近から発火する。常温度付近の発火点を持ち空気中で酸化されやすい化学薬品（黄燐，有機金属酸化物，シランなど），自己分解，酸化しやすい物質（さらし粉，ハイドロサルファイド類，酢酸ビニール，新鮮なゴム粉，不飽和脂肪酸を含む天ぷらかすやこれを含むぼろ布）が自然発火を生じやすい。

→着火，口火着火

◎須川修身

自然調節方式　［しぜんちょうせつほうしき］　ungated control method
河川　ダムによる洪水調節方式の一つで，洪水を人為的に調節するためのゲートがない，もしくはゲートを有していても洪水中は一定開度のまま操作しない方法。越流頂にゲートがない場合は坊主ダム方式，放流管にゲートがない場合は穴あきダム方式ともいう。洪水中ゲート操作をしない方式はゲート一定開度方式ともいわれる。ある一定断面積の放流口を有するタンクに水を注いだ時の原理で洪水調節を行うもので，ゲート操作によって放流量を調節しないことから，必要な洪水調節容量は大きくなる（図）。しかし，人為的な操作がないため，流域面積が小さくて洪水の流出が速くダム操作の時間的な余裕がない場合には特に有効であり，管理も容易である。

◎箱石憲昭

自然堤防　［しぜんていぼう］　natural levee
河川　河川が洪水時に上流より運搬してきた砂などが，河川に沿って堆積した微高地。日本では数十cmから数mの比高だが，韓国では10mのものがあった。自然堤防は洪水時に冠水しにくいため，家屋，畑などが立地する。一方，自然堤防間の低地は後背湿地と呼ばれ，洪水時長期間深く湛水し，水田などに利用される。このような土地利用は，都市化が進む以前の日本や，東南アジアで一般的に見られる。

◎大矢雅彦

自然排煙　［しぜんはいえん］　natural smoke venting
火災・爆発　煙などの気体は外気と比べて温度が高いことから，高さとともに相対的に外気よりも圧力が高くなり，高温気体から外気の方向に流れが生じる。この性質を利用して煙を排出する方法が自然排煙である。火災室や煙が侵入した室の底部と天井部付近の開口が同時に開くと，底部開口では新鮮空気の流入，天井部開口では煙の排出が継続して行われる。この現象を自然排煙といい，天井部付近に設置される開口を排煙口という。建築基準法で，排煙口が有効であるための高さや面積が規定されている。→圧力差分布，煙突効果，機械排煙

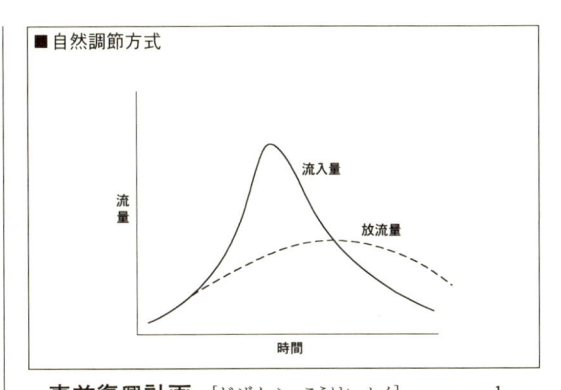

◎松下敬幸

■自然調節方式

（図：流量と時間のグラフ。流入量と放流量の曲線）

事前復興計画　［じぜんふっこうけいかく］　preparedness plan for urban recovery and reconstruction
復旧　阪神・淡路大震災における都市復興事業の推進に関わる諸問題を教訓に，1995年中に抜本改定された防災基本計画に，東海地震など予め大規模災害が予想されている場合には，事前復興計画の作成について研究を行うものとするという内容の事項が国土庁によって盛り込まれた。これは，災害により甚大な被害が生じた場合には，被災後の混乱の中で速やかに復興計画を作成し，迅速かつ計画的に復興対策を実施していく必要があるため，予め大規模な災害が予想されている地域においては，予防対策の推進と合わせ想定される被害に対応して事前に復興対策の基本方針や体制・手順・手法などをまとめた計画を作成しておくべきであるという考え方である。被災後は，この事前復興計画を活用し，早期に実際の被災状況に応じた具体的な復興計画を作成することになる。内閣府では，南関東地域直下の地震および東海地震等からの事前復興計画の検討や，火山その他の災害に対する事前復興計画のモデル検討を進めている。また，東京都の「都市復興マニュアル」や「震災復興グランドデザイン」など，一部の自治体でも事前復興計画への取り組みを始めている。

◎中林一樹，池田浩敬

持続可能性　［じぞくかのうせい］　sustainability
海外　復旧　持続可能であること。ひとつの活動が持続可能な場合には，現実の全ての目的に対してその活動をいつまでも続けることができる。しかし，その活動が持続可能であると定義する場合には，その時点でわかっていることが基礎になっている。現実には多くの関連要因が未知か予知不能な状態であることから，持続可能であることを長期的に保証することはできない。この点から引き出せる教訓は，環境に影響を与えそうな行動については慎重であること，そうした行動の効果については慎重に調査すること，失敗事例から速やかに教訓を学び取ることである。環境と開発に関する世界委員会（WCED）では，「持続可能な開発」を未来の世代の要求に即応できる可能性と能力を損なうことなしに実現できる，現在の要求に見合うような開発，と定義した。すなわち，人々の生活の質的改善を，その生活の支持基盤となっている各生態系の収容能力の限度内で生活しつつ達成することである。災害は，人々の生活の質と生活

の支持基盤である各生態系の収容能力を確実に低下させる。なお、近年ではこの概念は広義に用いられ、阪神・淡路大震災の復興まちづくりにおいても持続可能なまちづくりが議論されている。
◎城殿 博

時代係数　[じだいけいすう]　historical parameter　(被害想定)(地震)　河角式における社会事情の変化に伴う修正と同義の係数。関東大震災のような過去の地震時出火を事例として、地震時の出火件数や出火率を推定する場合に、出火原因の変化を修正するための係数。河角式では、平常時出火件数の集計方法の変化を取り除いた上で、関東大震災前年と想定すべき年次の建物火災出火率の比を用いている。
◎熊谷良雄

市町村相互間地域防災計画　[しちょうそんそうごかんちいきぼうさいけいかく]　multi municipal disaster prevention plan　(行政)(火山)　旧称は指定地域市町村防災計画。2以上の市町村の区域の全部または一部にわたる地域につき、市町村防災会議の協議会が作成するものである。市町村防災会議の協議会は、防災基本計画に基づき、当該地域に係る市町村相互間地域防災計画を作成し、および毎年市町村相互間地域防災計画に検討を加え、必要があると認める時は、これを修正しなければならない。この場合において、当該市町村相互間地域防災計画は、防災業務計画または当該市町村を包含する都道府県の都道府県地域防災計画に抵触してはならない。市町村防災会議の協議会は、市町村相互間地域防災計画を作成し、または修正した時は、その要旨を公表しなければならない。なお、十勝岳、有珠山、北海道駒ケ岳、草津白根山、阿蘇山、雲仙岳、桜島の7火山の関係市町村では防災会議の協議会が設置されており、それぞれ火山の爆発に関連する事前措置その他の必要な措置について、指定地域防災計画が作成されている。また、1997年3月に北海道恵山で、2000年2月には樽前山の関係市町村で防災会議の協議会が設置され、現在、広域的な連絡・協力体制の整備が図られている。
◎消防庁

市町村防災行政無線　[しちょうそんぼうさいぎょうせいむせん]　municipal disaster prevention radio communications system　(行政)　市町村と住民、防災関係機関等を結ぶ無線網である。同報系無線、移動系無線、地域防災無線で構成されている。同報系無線は親局から子局への一斉通報に活用され、子局には屋外拡声方式と各戸毎に受信機を設置する戸別受信方式がある。移動系無線は、市町村庁舎の基地局と車載型および市町村職員が携帯した移動局との相互連絡に活用されている。地域防災無線は、市町村と防災関係機関、行政関係機関および生活関連機関との相互連絡に活用している。
◎消防庁

湿害　[しつがい]　wet injury　(気象)　土壌水分が過剰な時土壌中での空気の占める孔隙が少なくなり、通気性が不良となって作物根への酸素の供給が不足して起こる作物の被害である。湿害を受けた作物根は呼吸が十分行われず、そのため養水分の吸収が阻害されて生育が劣ったり枯死したりする。特に茎や根に通気組織を持つ作物はよいが、そうでないものはこの害を受けやすい。オオムギやコムギは極めて弱い。湿害対策としては、暗渠排水などによる地下水位の降下、比較的酸素要求度の少ない作物を作付けすることなどがある。タマネギ、エンバク、イネなどは湿害には強い作物である。
◎山本良三

実効雨量　[じっこううりょう]　API (antecedent precipitation index)　(地盤)　斜面崩壊や土石流が発生するのは、斜面や流域が限界以上に雨水を貯留した場合であると考え、その程度を実効湿度と類似の発想で、近い過去の雨量ほど影響が大きくなるように重みを付けて累加雨量で表現したもの。例えば、時間雨量について、$r_0+ar_1+a^2r_2+\cdots+a^ir_i$のような、処理をしたものである。ここで、$r_i$は$i$時間前の時間雨量、$a$は低減係数で、$0<a\leq1$。影響が50％になる時間を半減期という。
◎水山高久

実効湿度　[じっこうしつど]　effective humidity　(気象)　火災予防の目的で算出され、木材の乾燥度を示す湿度。木材は数日前からの大気の乾燥状態の影響を受けるので、実効湿度は次の式で求められる。$H_e=(1-r)(H_m+rH_1+r^2H_2+...+r^nH_n)$、ただし、$H_m$：当日の日平均湿度、$H_n$：$n$日前の日平均湿度、$r$：係数（ふつうは0.7）である。実効湿度が60％以下になると火災の類焼が大きくなる危険性が高まる。火災災害防止のため、乾燥注意報の基準には実効湿度60％としてあり、火災気象通報の基準でもある。
◎根山芳晴

実時間災害情報ネットワーク　[じつじかんさいがいじょうほうネットワーク]　real time disaster information network　(河川)　災害が発生した時の実時間対応能力は情報の収集・処理能力に大きく依存する。実時間で災害情報を提供するメディアには、マスメディア、電話、防災無線、インターネットなどがあるが、このうち、インターネットは即時性、蓄積性に優れている。現在、インターネットを利用して、災害科学の成果や災害研究者データベースの構築、災害事象の実時間でのデータ発信を行うネットワークの構築が進められている。また、災害を未然に防ぐためには気象予測情報などを一般住民がリアルタイムで参照できることが必要であるが、これには携帯電話の利用が検討されている。
◎堀 智晴

湿舌　[しつぜつ]　wet tongue　(気象)　地上から1500mぐらいまでの下層で、舌のような形で細長く浸入する水蒸気を多量に含んだ空気。日本付近では梅雨期とか発達した低気圧が日本海を通る場合などに、東シナ海南部から西日本に向かって流入することがあり、その湿舌の先端が上層のジェット気流と交わる領域で豪雨が降る。この湿った空気の根源は熱帯気団である。
◎根山芳晴

湿雪雪崩　[しっせつなだれ]　wet snow avalanche

雪氷 雪崩層の雪が水分を含むもので，雪崩分類基準の一つ。春先の融雪期や冬期でも気温が高い時に起こりやすい。積雪層に水が浸入し，雪粒子間の結合が弱まることにより発生する。表層の一部が崩れて流れる小規模のものから，斜面上部の積雪層にできた割れ目から発生して地肌を削りとって流れる大規模のものまである。雪煙は伴わず，地表上を流れるような運動をする。　　　　　　◎川田邦夫

室内圧 ［しつないあつ］ internal pressure 気象
窓ガラスなどの建物の外壁に作用する風力は，建物の外側から作用する風圧力と建物の内側から作用する風圧力の差となる。このうち，建物の外側から作用する風圧力を外圧，建物の内側から作用する風圧力のことを室内圧と呼んでいる。室内圧は，窓ガラスやドアなど建物の様々な隙間から建物内に入る空気の釣り合いによって決定され，一般に外圧と同様に速度圧に比例する。通常の建物の場合，室内圧を速度圧で除した内圧係数は 0 〜 −0.4 程度であるが，風上側の窓などが破られると，室内圧は速度圧近くまで一気に上昇し，屋根などが飛散する原因になることもある。
◎河井宏允

実播緑化工 ［じっぱんりょくかこう］ direct green planting 地盤　斜面安定，緑化のために用いられる，植物種子の直蒔き緑化工のこと。植生盤，植生袋，プラントシート，種子吹付工などがある。植生種子はヨモギ，ウィーピングラブグラス，ケンタッキーグラス，ヤシャブシ，ハギ類を採用する。ケンタッキーグラスなどは冬期も枯れず緑を保つので広く採用されている。また，火山，地震などによる荒廃山地では危険性も伴うので，ヘリコプターによる空中種子散布を行い，全面緑化の工法も実施されている。
◎山口伊佐夫

実物測定 ［じつぶつそくてい］ full-scale measurement 気象　自然風のもとで実際の構造物に作用する風圧・風力や構造物の応答，あるいは自然風の風向・風速などを測定すること。構造物の設計用風荷重や構造物の建設に伴う風環境の変化は，一般的には風洞実験結果に基づいて評価される。また，最近では数値解析も用いられるようになったが，いずれにせよ，レイノルズ数などの相似則を全て満足させることは困難である。そこで，風洞実験結果や解析結果を検証するために，実物測定は重要な役割を持つ。また外装材や窓などの設計に大きく影響する内圧についても，風洞実験で評価することは困難であり，実物測定によりデータの蓄積が行われている。
◎谷口徹郎

質量輸送 ［しつりょうゆそう］ mass transport 海岸
波浪中の水粒子は，一周期後に元の位置に帰らず少し前に進んだ位置に移動する。そのために，水粒子は波の進行方向に輸送される。この現象を質量輸送と呼んでいる。このような質量輸送は波高の2乗に比例する非線形な現象である。砕波後に波がボアー状になって進行する時にも質量輸送が起きるが，この現象は上述の質量輸送とは現象が異なる。輸送された水は沖に向かって帰っていかなければならない。断面的に帰っていくのが戻り流れで，平面的な一部の場所で大きな流れとなって帰るのが離岸流である。質量輸送は海浜変形にとって重要な現象である。　◎高山知司

指定行政機関 ［していぎょうせいきかん］ designated administrative organs 行政　国家行政組織法第3条に規定する国の行政機関および同法第8条に規定する機関で，災害対策基本法に基づき内閣総理大臣が指定するものをいい，現在，内閣府，警察庁など24機関が指定されている。
◎井野盛夫

指定公共機関 ［していこうきょうきかん］ designated public corporations 行政　公共的機関（業務事態が公共的活動を目的とする機関）および公益的事業を営む法人（業務目的は営利目的などであるが，その業務が公衆の日常生活に密接な関係を有する法人）で災害対策基本法に基づき内閣総理大臣が指定するものを指定公共機関といい，現在，日本銀行，日本電信電話株式会社など60機関が指定されている。
◎井野盛夫

視程障害 ［していしょうがい］ poor visibility 雪氷
気象　正常な視覚で見ることのできる水平方向の最大距離が視程であり，視程が悪くなり交通などの機能が低下することを視程障害という。降雪，吹雪や霧などで発生するが，特に強い降雪や吹雪では雪の他は目に入らないホワイトアウト（白い闇）状態になることもあり，加えて時間や空間的に変化が激しいため交通事故の誘因となる。1992年に北海道の高速道路で視程障害のため186台の車を巻き込んだ多重衝突事故が発生した。
◎竹内政夫

指定地方行政機関 ［していちほうぎょうせいきかん］ designated local administrative organs 行政　指定行政機関の地方支分部局その他の国の地方行政機関で，地方の防災行政上重要な役割を有する機関として，内閣総理大臣が指定したもの（災害対策基本法2条4号）。◎内閣府

指定地方公共機関 ［していちほうこうきょうきかん］ designated local public corporations 行政　港務局，土地改良区などの公共的施設の管理者および都道府県の区域において電気，ガス，輸送，通信などの公益的事業を営む法人で，防災と密接な関係があるとして当該都道府県知事が指定するもの（災害対策基本法2条6号）。　◎内閣府

自動車専用道路の復旧 ［じどうしゃせんようどうろのふっきゅう］ restoration of motorways 復旧　自動車専用道路（高速自動車国道，都市高速道路，一般有料道路）は被災地への重要な輸送ルートとなるから，損傷の程度に応じて橋脚などの応急復旧を緊急に行い，続いて本復旧に移る。復旧過程においては，上下各1車線の対面通行や「間欠交通」といった運用形態も必要である。自動車専用道路は近年，ネットワークとして機能するようになっているから，ネットワーク機能の復旧を念頭に置き，不通区間には一般国道を含めた迂回路の設定を行いつつ，段階的に復旧する

自動車の地震時出火想定 [じどうしゃのじしんじしゅっかそうてい] estimation of earthquake fires from automobiles 〖被害想定〗〖火災・爆発〗〖地震〗　過去の地震災害において自動車からの出火はほとんどなく, 兵庫県南部地震で5件発生したのが最大である。5件の火災は, 全て地震発生から2日目以降に発生している。車両自体(配線)の出火は1件であり, 建物倒壊によって車両から漏洩したガソリンに引火した事例が1件, 他はマッチなどの外的要因が起因した出火であった。現段階では, 建物の全半壊に伴う自動車からの出火のみが定量的に想定可能である(兵庫県南部地震での自動車からの出火率は, 全壊建物1棟当たり0.0047%)。
　　　　　　　　　　　　　　　　　　◎川村達彦

自動通報システム [じどうつうほうシステム] automatic alarm system 〖行政〗　従来の119番通報のような, 関係者からの通報を前提とした受動的なシステムではなく, 住宅を含む全防火対象物の火災情報などを通信回線などを介して, 消防機関などが積極的に把握できる, 高齢者や身体障害者等いわゆる災害弱者との間の「消防緊急通報システム」などのシステムをいう。
　　　　　　　　　　　　　　　　　　◎井野盛夫

地鳴り [じなり] subterranean rumbling 〖地震〗〖火山〗　地面から音が発する現象。火山活動, 地震, 崖崩れなどにより生じる。火山活動では火山性微動や噴火による空気振動により生じる(火山鳴動 volcanic rumbling という)。地震時の地鳴りについては, 空気中の音速よりも地中の地震波速度のほうが速いため, 高周波の地震波により周囲の岩盤や構造物が共振して音波として感じられるものだと解釈される。地震の前に地鳴りがするというのは, 主要動であるS波が振動として感じられる前に, P波が音として感じられるためであろう。
　　　　　　　　　　　　　　　　　　◎片尾　浩

シナリオ型被害想定 [シナリオがたひがいそうてい] earthquake damage estimation for emergency response evaluation 〖被害想定〗　応急対策計画の有効性検証と課題洗い出しは, 被害想定の主要な目的の一つである。しかし, 従来の被害想定は, 消火活動以外の応急対策を内部変数として取り込んでおらず, また, 応急対策に関わる施設の物的・機能的被害を想定していないため, 被害想定結果から応急対策の有効性評価と課題の洗い出しを行うことが困難であった。シナリオ型被害想定は, 消火活動はもちろん, 救出, 医療救護, 被災者救援などの応急対策活動を内部変数とし, 災害発生後の応急対策活動に対する需要と供給のバランスを時系列的に追跡することによって, 応急対策計画の有効性を評価し, 課題を洗い出そうとするものである。
　　　　　　　　　　　　　　　　　　◎吉井博明

地熱 [じねつ] geothermal energy 〖火山〗　地球内部の熱の総称。地熱の一つに地殻中の放射性元素の崩壊やマントルから供給される熱がある。これは全地球表面から放出され, 平均的な地表での熱放出量は1.5×10^{-6}cal/sec.cm^{2}である。このための地温勾配は100m当たり2〜3℃である。この地殻熱流量を除けば, 地球内部からの熱エネルギーの放出は火山・温泉地域に局在する。火山から放出される熱エネルギーは膨大で, 噴火時の桜島火山からは2100MWの熱エネルギーが放出されていると見積もられている。日本の火山から非噴火時に放出される熱エネルギーは約2GWである。地熱は暖房, プールの温水化, 寒冷地での道路融雪など, われわれの生活に有効に利用されている他, 工業, 水産業, 農業, 発電にも幅広く利用されている。1997年の統計では日本の地熱発電量は世界で5番目であり, 発電容量は544MWである。これは水力, 火力, 原子力を含めた全発電量の約0.2%にあたる。浅部での熱水の形成や流動現象およびこれに伴う地震活動, 地殻変動, 温泉活動, マグマに起因する噴気活動やこれに付随する現象を地熱活動という。また, 地下浅所のマグマ, 高温岩体, 熱水対流系などによって熱異常が存在する場所を地熱地帯と呼ぶ。
　　　　　　　　　　　　　　　　　　◎平林順一

地熱活動 [じねつかつどう] geothermal activity 〖火山〗　→地熱

死の順番待ち [しのじゅんばんまち] people living with the constant threat of death 〖海外〗　開発途上国の急激な人口増加は防災の観点から悲劇的な状況を出現させている。それは, 地すべり斜面, 火山山麓, 土石流円錐, 河岸段丘, 河床, 海岸低地, 海中の島など, 現世代の活発な営力下で形成途上の土地に, 相続する土地を得られない農民が住み着いて被災して命を落とす事例が増加していることである。定着していた土地そのものが消失する場合と住民が地上から抹殺される場合がある。バングラデシュの海岸低地やチャーと呼ばれる大河や海岸の砂州では流血の闘争で耕作権を手にした農民が洪水やサイクロンの高波で洗い流される。被災して住人がいなくなった砂州には新たな農民が住み着く。ネパールでは谷底の平坦地に住む習慣はなかったが, 土地なし農民が土石流や洪水が形成した無住の土地に住みはじめ, 土地を形成した同じ力の作用で土地と命を失う。土地を失った農民は教育も技術もないので災害難民化する。同様の現象は中南米でも見られる。
　　　　　　　　　　　　　　　　　　◎渡辺正幸

地盤改良 [じばんかいりょう] ground improvement 〖地盤〗　地盤物性を人為的に改変して, 所要の目的に合った地盤にすること。軟弱な地盤の対策工法として, わが国では古くから工法開発ならびに施工がなされてきた。改良の原理によって, 置換(displacement), 高密度化(densification), 圧密・脱水(dewatering), 固化(solidification), 補強(reinforcement)の5つの分類がなされる。また, 物理的改良工法に対して, セメントや石灰を用いる化学的改良工法も多く採用されている。最近では新しい施工方法の開発によって地下深部(50〜60m程度まで)の改良が可能となっており, 新材料としてジオシンセテ

ィックス(geosynthetics)を用いた補強土工法や，発泡スチロール(EPS)を用いた軽量盛土工法などが開発されている。地震時における液状化対策として地盤改良は極めて有効であり，高密度化を図るサンドコンパクションパイル工法や，変形を拘束して間隙水圧の上昇を抑制する深層混合処理工法などが適用されている。　　　　　　　◎嘉門雅史

地盤―構造物系　［じばん―こうぞうぶつけい］　soil-structure system　地震　被害想定　構造物の動的応答をより精度よく求めるには，地盤も含めてモデル化することが肝要である。このようにモデル化された系を，一般に地盤―構造物系という。地震時に地盤と構造物には力のやりとり，つまり動的相互作用が生じ，両者の振動特性は相互に干渉し合うことになる。地盤―構造物系をモデル化する方法の一つに，有限要素法によるモデル化がある。地層境界や構造物の形状などが忠実にモデル化できる極めて有力な方法である。その他，質点バネ系，有限差分法，境界要素法などによるモデル化がある。強震時には地盤は非線形応答し，このことが構造物の地震時応答に大きな影響を及ぼす。地下水によって飽和された緩い砂地盤の場合は，地盤が液状化し，構造物の耐震安全性を著しく脅かすような事態も発生する。そのため，地盤の非線形応答特性をいかに正当に評価するかが重要となり，高い精度で解析できる方法の提案がなされている。　　　　　　　　◎田蔵 隆

地盤災害　［じばんさいがい］　geo-disaster　地震　低平地における地盤災害と，傾斜地における地盤災害の2つに大きく分類される。前者における代表として地盤沈下(land subsidence)があり，後者におけるそれは地すべり(landslide)である。地盤沈下は典型7公害の一つであり，地下水の過剰揚水に伴う広域に及ぶ地盤沈下であり，工業用地下水だけでなく農業用地下水の毎年の繰り返し揚水による沈下現象や，寒冷地における融雪のための地下水揚水による沈下などが知られている。広義の地すべりである傾斜地の地盤災害については，移動速度の違いから落石・山腹崩壊，土石流，地すべりなどの分類がなされている。降雨と地震が災害発生の主要因であり，最近は降雨強度の増大と地震の多発化によって，災害ポテンシャルは高くなっている。近年では地盤環境災害として，人工的な要因に伴う災害をも含めて広義の地盤災害と考えられることが多く，建設工事に伴う地盤崩壊現象や地盤環境の汚染なども含めて取り上げられている。　　　　　　　　◎嘉門雅史

地盤種別　［じばんしゅべつ］　ground classification / ground type　地震　地盤　被害想定　構造物の耐震設計を考える場合，構造物への入力地震動は表層地盤条件の影響を強く受けることから，地震時の地盤の振動特性に応じて地盤をいくつかのグループに分け表層地盤の影響を簡易に評価することがある。このグループのことを地盤種別という。鉄道や道路などの多くの耐震設計基準では，主に地盤の固有周期により分類されることが多い。例えば，道路

■ 道路橋の耐震設計で用いられている地盤種別

地盤種別	地盤の周期 T (sec)
I種	$T_g < 0.2$
II種	$0.2 \leq T_g < 0.6$
III種	$0.6 \leq T_g$

■ 鉄道橋の耐震設計で用いられている地盤種別

地盤種別	地盤の周期 T (sec)	地盤条件
G0	—	岩盤
G1	—	基盤
G2	$T_g < 0.25$	洪積層
G3	$0.25 \leq T_g < 0.5$	普通地盤
G4	$0.5 \leq T_g < 0.75$	普通～軟弱地盤
G5	$0.75 \leq T_g < 1.0$	軟弱地盤
G6	$1.0 \leq T_g < 1.5$	軟弱地盤
G7	$1.5 \leq T_g$	極めて軟弱地盤

橋の耐震設計では3種類，鉄道橋の耐震設計では8種類の地盤種別が考えられている。表にその例を示す。
　　　　　　　　◎室野剛隆

地盤侵食　［じばんしんしょく］　soil erosion　地盤　主に降雨によって表層土が洗い流されることによって生じる現象のこと。地表面が植物や構造物によって覆われていない裸地の時に，最も地盤侵食が大きく，乾燥気候地帯では近年著しい砂漠化が進んでいる。世界の陸地部における平均表土侵食速度は山地部で500 m³/km²/年(0.5 mm/年)であり，平地部では50 m³/km²/年(0.05 mm/年)であるといわれている。しかし，人間の力が加わるとこの侵食速度は急増する。わが国の場合には，畑地で50～500 m³/km²/年，裸地(農地)では1500～2000 m³/km²/年と見積もられている。特に，沖縄県地方では降雨による地盤侵食が著しく，流出する赤色の泥流が，さんご礁の海岸のヘドロ汚染を招来している程である。斜面部では表層土が水によって流されやすく，水が流下する方向に水みちができる。一旦水みちができると，降雨の度毎に水が集中し侵食がますます激しくなる。その結果，雨裂，リル，ガリなどと呼ばれる表面侵食が進行する。　　　　　　　　◎嘉門雅史

地盤建物相互作用　［じばんたてものそうごさよう］　soil-structure interaction　地震　地盤　地盤と構造物の相互作用を考慮した応答解析を行う上で，構造物に比べて，地盤が著しく大きな広がりを有することを考慮しなければならない。このため，①地盤モデルに遠方への波動の逸散を考慮した境界を付与して，近傍地盤・構造物系を一括して解析する手法に加えて，②これを構造系と基礎・地盤系の2つのサブストラクチャーに分割して解析する手法も用いられる。前者は地盤や構造物の非線形挙動を直接的に取

り込んで解析できる反面，計算量は膨大になる。一方，後者は，構造物，地盤各々の特徴を捉えた効率的な応答評価手法を用いて，両者の境界での連続条件を満たすような重ね合わせを行うので，計算の負担は著しく軽減されるが，反面重ね合わせを前提とするので本質的には，線形あるいは等価線形解析手法として位置付けられることになる。以上のような応答解析では，地盤，構造物のそれぞれを精度的なバランスをとってモデル化することが重要である。

◎小長井一男

地盤沈下 ［じばんちんか］ land subsidence ［地盤］
地下水汲み上げなどに起因する広域的な地盤の沈下をいう。地盤の沈下には，盛土・埋立造成のように地表面に載荷することにより局所的に発生する沈下があるが，これは地盤沈下とはいわない。1年間の沈下量が2cm以上の地盤沈下は，毎年，環境省が公表している。丘陵地や山地が地殻変動などで継続的な沈下を起こしていても1年間の沈下量（1mm/年間）が少ないので地盤沈下とはいわない。地盤沈下は未固結堆積層が圧縮あるいは圧密によって地表面が沈下するもので，その主たる原因は地下水汲み上げである。大きな地盤沈下が発生する地層は軟弱な沖積粘土層であるが，地下水位低下量が大きくなると洪積粘土層，さらには砂質土層も圧縮して沈下の原因になることがある。地盤沈下による構造物の沈下・不等沈下，あるいは杭基礎構造物の抜け上がりなどの被害があるが，これより大きくかつ恐ろしい災害は，天井川の氾濫による水害，内水の処理能力不足による浸水，高潮や堤防の決壊による大規模な浸水である。特に日本では，台風や梅雨の豪雨時に発生する浸水災害は地盤沈下地帯（0メートル地）においては甚大な被害を発生させることが知られている。

◎諏訪靖二

地盤凍結工法 ［じばんとうけつこうほう］ artificial ground freezing method ［雪氷］［地盤］ 冷凍機などによって地盤を一時的に凍結し，地中掘削の際に完全な遮水壁や強固な耐力壁を形成する地盤改良工法。地中温度計測により改良状況を完全に管理できることも，薬液注入工法と大きく異なっている。1974年大分で起きた薬液注入による地下水汚染事故以来，汚染がない地盤改良としてわが国でも広く用いられ380件以上の施工実績がある。また，1994年に台湾で起きたトンネル工事中崩壊事故の復旧にも採用された信頼性の高い地盤改良である。なお，地下水流が大きいと凍結に支障をきたすことや，粘性地盤では凍上が起こり周辺構造物へ影響があるため注意が必要である。

◎伊豆田久雄

地盤の密度 ［じばんのみつど］ density of ground ［被害想定］［地盤］ 地盤を構成する地層各層の単位体積当たりの質量を，簡単に地盤の密度と呼んでおり，土質工学の分野では土粒子の乾燥密度と区別して湿潤密度と定義している。表層地盤の増幅特性を評価する場合に，S波伝播速度とともに，必須の定数であるが，S波伝播速度ほど地層による変化が大きくないのでそれほど重要視されない。未固結層ではおよそ$1.2～2.2 g/cm^3$，固結層（岩盤）ではおよそ$2.0～2.8 g/cm^3$程度の値をとる。地盤密度とS波伝播速度の積を波動インピーダンスと呼び，境界面で接する2つの地層の波動インピーダンス比は地層境界面におけるS波の透過率と反射率を規定する。

◎瀬尾和大

しぶき着氷 ［しぶきちゃくひょう］ spray icing ［雪氷］
海や湖で強風のために水面から飛び上がった波しぶきが，船体，海洋構造物，陸上の地物などに凍着する現象をいう。滝や急流河川で生じる水しぶきによる着氷を含む。航空機や山岳域に多く発生する過冷却水滴や雨滴による着氷に比べて，しぶきのかかり方が間欠的であること，1回にかかる水の量が多いことが特徴である。かかったしぶきは瞬時に凍ることができず，着氷表面を流下しながら凍っていくので，つららのような凍り方となる。

◎小野延雄

地吹雪 ［じふぶき］ drifting snow / blowing snow ［雪氷］ 風によって積もった雪が舞い上がり移動する現象。降雪を伴うものを吹雪と呼んで区別することもある。目の高さの視程がよいものを低い地吹雪，悪いものを高い地吹雪と呼ぶ。舞い上がった飛雪粒子のうち大きい粒子は雪面上を転がったり（転動），雪面に落下して反発したり積雪粒子を弾き飛ばす（跳躍）が，小さい粒子は空気中を漂う（浮遊）。地吹雪の発生臨界風速は気温が低いほど小さい。また，地吹雪の強さは風速とともに強まるが，気温や雪質にも依存する。地形の凹凸，建物，河川などの影響を受け，地吹雪の分布には局所性がある。地吹雪による吹きだまりや視程障害の対策として防雪柵や防雪林を設置する場合，このような地吹雪の性質を考慮する必要がある。◎佐藤 威

地吹雪輸送量 ［じふぶきゆそうりょう］ (drifting) snow transport rate ［雪氷］ 地吹雪で単位時間に，風向に直角な単位幅と地吹雪粒子の飛ぶ限界の高さでできる鉛直平面を横切る雪の総量のことで$kg/m・s$の単位を持つ。風速が大きくなると増加するので風速の関数で表されることが多いが，地吹雪の発達の程度，降雪量や地表面の雪質によっても異なる。地吹雪輸送量が多いと視程障害や吹きだまりによる障害が発生する。防雪施設の設計条件には一冬期間の積算された地吹雪輸送量が使われる。 ◎竹内政夫

地吹雪予測 ［じふぶきよそく］ blowing snow forecast ［雪氷］ 地吹雪は深刻な道路交通事故や視程障害の原因となり，その発生や強度を予測することは積雪地域の防災上重要である。地吹雪は，局所的かつ時間変動の激しい現象であり，その予測を行うには，地上における風速や降雪強度に関する情報を高い時空間分解能で取得することが不可欠。そのため，地上の観測網に加え，ドップラーレーダーなどの気象レーダーを併用し，上空の気象状態と地吹雪の関連を調べる研究も行われている。

◎小杉健二

しまり雪 ［しまりゆき］ compacted snow / fine-grained old snow ［雪氷］ 融雪水などにさらされず，新雪の段階

からある程度の時間が経過した積雪内部の雪では，雪の重みで雪粒同士が密に触れ合う結果，焼結によって雪粒と雪粒の間の結合部が発達して網目状の構造ができる。こうしてできる硬くてしっかりとした雪質の雪をしまり雪と呼ぶ。雪粒は0.5mm前後か，それ以下できめが細かく整形しやすいが，十分圧密を受けたものはスコップも入らないぐらい硬い。密度は250～500 kg/m³程度。 ◎石坂雅昭

シミュレーション simulation 〔共通〕 現象を模擬すること。狭義には電子計算機で物理モデルに従って各種の物理現象を数値的に解くことにより，現象を実験や観測によらずに再現することを意味している。広義には実験を含めて現象を再現するあらゆる方法をシミュレーションと呼ぶことが可能。対象とする現象を表現できる物理的モデルあるいは非物理的なモデルを構築することが，シミュレーションの基本的な課題となる。対象とする現象の物理が明らかな時には，現象を支配している構成方程式と場の方程式のモデル化が適切に行えれば，現象の再現の精度は数値計算の精度に依存することになる。自然現象を対象とする場合には，固体力学や流体力学に基づいた連続体としてのモデル化と物質を構成している粒子に着目して，粒子の相互作用を支配する場の方程式に基づいて全体系をモデル化する方法論がとられる。構築されたモデルの精度は実験に基づいて検証される。現象を支配している物理が明確でない場合や自然現象以外の問題を取り扱う場合には，現象を支配するモデルを構築するための一般的な方法論は存在しないが，現象を支配している要因分析を行って要因の構造化を行うことにより，入出力関係を記述できるシステムモデルを構築したり，入出力の観測値に基づく統計的な分析により非物理モデルを構築したり，よく似ている物理現象のモデルを準用することなどがよく行われる。現象を説明するモデルが構築されると，それを用いて現象を可視化するための方法論もシミュレーションの基本的な技術として，精力的な研究開発が行われている。 ◎佐藤忠信

市民参加 〔しみんさんか〕 public involvement 〔復旧〕
→住民参加

市民消火隊 〔しみんしょうかたい〕 civil organization for fire-fighting 〔火災・爆発〕〔被害想定〕 ●住民消防組織

市民の自覚 〔しみんのじかく〕 public awareness 〔海外〕〔情報〕 加害力，加害力に対する脆弱性，リスク，災害時の対応などに関する知識，経験を持ち行政の役割や流れを知り非常時に対する備えがあるということは災害の抑止あるいは減災を実現する上で極めて有効である。黄金の24時間の成果は住民の自覚と行動力の表れであり，危険度の大きい地形を避けて土地を利用するのは地域社会の合意がいる。予報，警報に反応し，緊急のために資機材を備蓄し，新たな知識や技術を取り入れるのは住民の賢明さである。地域社会が単独で大きな加害力や災害現象に対処するのは明らかに限界がある。地域の枠を超えて協力関係を築きそれを国際的な規模に拡張するのは想像力と人間性と賢さである。これらを築き上げていくのは教育と訓練の制度ならびに技術であるが，生存限界に近い生活水準を余儀なくされている社会では災害に対する市民の自覚を高めることは極めて困難である。 ◎渡辺正幸

市民防衛 〔しみんぼうえい〕 civil defense 〔海外〕 途上国の防災は，フィリピンや中南米のように，市民防衛（civil defence）と呼ばれる制度ないし組織で施行されている事例が多い。防災の枠組みは大統領令をもとにして関係省庁を組織した総合的なものであるが，事務局は軍の内部に置かれて軍人が運営している事例が多い。これは，通信・輸送，救命などの実務ならびに調整に組織力を必要とする緊急事態に対処する能力を持つ組織が軍しかないという事情に負っている。軍隊が動員されることがない平時は問題はないが，国内に対立や紛争を抱える国の場合には防災が疎かにされることにつながる。 ◎渡辺正幸

締固め工 〔しめかためこう〕 soil compaction works 〔地盤〕 道路，フィルダム，空港，その他多くの土構造物の造成工事で，ローラやタンパなどの機械を用いて土を締め固める作業の総称。土の締固めが不十分な場合，十分な強度や剛性が得られないため，造成された土構造物にすべり破壊や沈下を生じることがある。このため，事前に突固め試験や試験施工で土の締固め特性や工学特性について調査を行い，それに基づいて施工管理を行うことが求められる。 ◎建山和由

霜 〔しも〕 hoarfrost 〔雪氷〕〔気象〕 大気中の水蒸気が地面や雪面，または種々の物体上に成長した氷の結晶。成長機構は基本的に雪結晶と同じで，成長条件に応じて針状や樹枝状などの外形を持つものや無定型のものなどがある。霜は一部が物体に付着して成長するため水蒸気の供給が不均一となり，雪結晶ほど外形の対称性がよくない。また，過飽和度が高く水蒸気が微細な霧状になって供給されて直接物体に付着，凍結するような時には，無定型のものが生成される。 ◎古川義純

しもざらめ雪 〔しもざらめゆき〕 depth hoar 〔雪氷〕 寒冷な気温下では，積雪上部が強く冷却されるので，0℃に近い積雪下部との間の積雪層に大きな温度勾配が生じる。このような状態が続くと，積雪内部の相対的に高温な雪粒側では昇華蒸発が起こり，水蒸気が低温側に運ばれ，より冷たい雪粒に凝結し霜状の雪粒に変わる。しもざらめ雪は，このようにしてできる霜特有のコップ（骸晶）状の雪粒を多く含む積雪である。雪の少ない寒冷地でよく見られる。一般に雪粒間の結合が弱いので，雪崩を誘発する弱層となりやすい。 ◎石坂雅昭

遮煙 〔しゃえん〕 smoke stop 〔火災・爆発〕 意図しない部位への煙の侵入を遮ること。遮煙性は，遮煙の性能や程度を意味しており，煙の制御設計においては遮煙条件が明示される。遮煙条件とは広義には煙の侵入を許さない圧

力条件であるが，狭義にはその最小の圧力条件を指すために使用されることがある。また，扉やシャッターなど区画構成部材が煙を通過させないための気密性を遮煙性という。遮煙性は火災加熱を受けても保たれる必要があるが，一般には常温空気条件下で部材に圧力差を与えた時の漏気量によって評価される。　　　　　　　　　　◎松下敬幸

遮炎性　[しゃえんせい]　integrity　[火災・爆発]　防火扉，シャッターなどが火災に耐え，火炎の貫通を防止する性能を遮炎性と呼ぶ。同じ概念を拡張して，パイプシャフト，空調用ダクトなどの設備の取り付け部や，壁や床の目地から炎を漏らさない性能も遮炎性という。その性能は，ISO 834などの耐火試験により評価されている。→耐火性能試験　　　　　　　　　　　　　　　　　◎原田和典

社会参加　[しゃかいさんか]　social participation　[情報]　情報とは，受け手にできるだけ歪みが少なく伝わらなければならない。そのためには，日常生活を支える上で欠かせない情報については，受け手が真剣に関心を向けるような制度的な仕掛けが必要になる。そのひとつの方策が，社会参加である。自らの利害関心のあることについて，自己決定できる，いわゆる参加の機会が多くあると，自我関与を深め，災害などで錯綜した情報に出合っても，冷静に考え行動できるようになる。　　　　　　◎田尾雅夫

社会資本整備審議会河川分科会　[しゃかいしほんせいびしんぎかいかせんぶんかかい]　social capital council river subcommittee　[河川]　社会資本整備審議会に設置され(社会資本整備審議会令第6条1項)，河川法，治山治水緊急措置法の規定により，その権限に属させられた事項を調査審議する他，国土交通大臣の諮問に応じ，河川に関する重要事項を調査審議し，これらについて関係行政機関に対し意見を述べることができる(河川法第80条1・2項)。委員は30名以内，河川に関し学識経験を有する者および地方公共団体の長の内から国土交通大臣が任命する(同法第81条1・2項)河川審議会には，水利調整部会の他，管理部会および計画部会が置かれる(同法第84条1項)。また，特定の河川に関する事項を調査審議するため，特別委員を置くことができる(同法第83条)。その他社会資本整備審議会の組織および運営に関し必要な事項は，社会資本整備審議会令で定められる。なお，2級河川に関する重要事項を調査審議するため，都道府県に条例で都道府県河川審議会を置くことができる(同法第86条)。　　　　◎金木　誠

社会的支障の想定　[しゃかいてきししょうのそうてい]　estimation of social disruptions　[被害想定] [復旧]　地震などによる直接的被害が発生すると，市民生活や社会活動に関する様々な支障が間接的に発生する。その想定手法は，まだ確立されていないが，自宅での個別的生活に支障をきたしている避難者数，食料，飲料水や生活必需物資の過不足，医療需要の発生と医療施設の被害など対応機能から見た医療制約，教育施設の被害や施設の別用途使用等を考慮した教育制約，事業所の建物や設備の被害，ライフラインの停止に伴う生産活動の支障などから生じる一時的および長期的な就業制約，大都市では長距離通勤からの帰宅困難・出勤困難の発生など，→間接被害の想定として取り組まれている。こうした被害想定は，緊急対応や復旧の対策需要を想定する基礎となるとともに，被災者の生活復旧，復興への対策を検討する基礎ともなる。しかし，災害対応対策の進展と被災者の対応行動によっては，社会的支障の状況は大きく変化するため，定量的に被害量を想定することは容易ではない。従って，被害状況の推移をシナリオとして想定していくなど，定性的に社会的支障を想定することもある。→帰宅困難者数の想定　　　　　　　　◎中林一樹

社会的弱者　[しゃかいてきじゃくしゃ]　socially disadvantaged groups　[海外]　1970年代以降，社会学者によって災害の社会的・経済的・政治的な要因が重視され始めたのと同じに，災害と社会的弱者との関連が注目されるようになった。災害を自然現象(自然環境の異変)としてではなく社会現象として捉え，災害によってだれがどのように被害に遭ったかを分析することによって，社会的弱者と災害の関係が明らかになる。災害による被害は社会の最も弱いところである弱者に集中し，復興の段階でもこれら弱者の生活基盤の立て直しは最も遅く困難である。近年ではこういった考え方に基づき，社会的弱者をターゲットとした災害援助が様々な援助団体によって実施されている。
　　　　　　　　　　　　　◎田中由美子，川端真理子

社会的脆弱性　[しゃかいてきぜいじゃくせい]　social vulnerability　[海外]　社会的脆弱性を科学的に評価する方法については完成されたものがあるわけではないが，一般に，社会的な階層，生計維持手段，危険の意識，防災制度，貧困の程度などによって異なる。これまでの事例や経験では次のようなグループの脆弱性が大きいことが知られている。①片親の家庭，②妊娠中あるいは乳幼児を持つ女性，③精神的あるいは肉体的に障害を持つ人，④子ども，⑤老人，⑥新たに移住してきた人。→脆弱性　◎渡辺正幸

社会の防災力　[しゃかいのぼうさいりょく]　vulnerability of the society against disasters　[情報]　当該社会が災害に対して持つ抵抗力と，災害が起きたと仮定した場合の回復力の総称。災害の原因を構成する災害素因と災害誘因のうち，災害素因のこと。→防災力，災害抵抗力，災害回復力，脆弱性　　　　　　　　　　　　　◎林　春男

蛇籠　[じゃかご]　gabion / wire cylinder　[地盤] [河川]　鉄線を材料として網目の籠を編み，内部に玉石や割石などを充填した土木材料である。一般には「円筒形蛇籠」を指すが，断面が方形の「フトン籠」や目的に応じて多様な形状を有する「異形籠」があり，広義にはこれらを総称したものをいう。河川構造物として多用されてきたが，地すべりなどの斜面災害対策工としても広く用いられる。施工が簡単であり，フレキシブルな構造である所に利点がある。

◎野崎 保

弱層 [じゃくそう] weak layer 〔雪氷〕 積雪内で，上下の層より相対的に弱い層。その厚さは数 cm 以下が多い。しもざらめ雪，表面霜，霰，ぬれざらめ雪，雲粒の付かない新雪結晶などが弱層となる。弱層は表面付近で形成され，その後の降雪で埋まったものである。面発生表層雪崩は弱層のせん断破壊が原因と考えられている。弱層上に積もった雪(上載積雪)は雪崩発生の駆動力，弱層の強度は抵抗力となり，両者の大小関係で雪崩発生の危険度が変化。駆動力より抵抗力が大きければ雪崩は発生しないが，上載積雪の上に登山者などが乗ると駆動力が上回り人為発生の雪崩となる。雪崩に遭わないために，積雪内部構造に注目した▶弱層テストが奨励されている。 ◎秋田谷英次

弱層テスト [じゃくそうテスト] strength test of weak layer 〔雪氷〕 積雪の表層内の弱層を現地で検知し，表層雪崩の危険を判定する方法で次の3種類の方法がある。①ハンドテスト：両手で表面付近の雪を掻きのけ円柱状に雪を残し，手で力を加えてせん断破壊させる。②シャベルテスト：シャベル(スコップ)で積雪に切れ目を入れ，雪の柱を作り，シャベルで力を加えて柱をせん断破壊させる。③シアーフレームテスト：シアーフレームにつけた張力計を手で引張り，弱層でせん断破壊させる。この方法は危険度の定量的評価に用いられる。 ◎秋田谷英次

斜面形状 [しゃめんけいじょう] slope form 〔地盤〕 堆積物や岩石などの固体から成る傾斜した面，すなわち斜面は地形の基本的な要素である。斜面の形状は，それを構成する物質の化学的・物理的性質，地殻変動・火山活動を含む内的プロセス(営力)および侵食・削剥を含む外的プロセス(営力)の種類と規模，そしてプロセスの継続時間などを反映している。特に山地・丘陵については斜面形状はプロセス，斜面構成物質の性質あるいは斜面後退を考慮した分類がなされている。例えば，二次元的には単純に直線状斜面，凸形斜面，凹形斜面，これらの形状を含む複合斜面，あるいはプロセスを考慮して斜面上方から順に，凸斜面，崖あるいはフリーフェイス(free face)，岩屑斜面，緩やかな凹形を示すペディメントなどの斜面要素に分類されることもある。三次元的には，例えば，谷形斜面と尾根形斜面に分類されることもある。一方，斜面の傾斜が急に変化する部分は傾斜の変換線(点)と呼ばれ，それは物質の境界・侵食の復活などを示唆する。 ◎石井孝行

斜面災害 [しゃめんさいがい] slope disaster 〔地盤〕 〔被害想定〕 山地・丘陵地などの自然および人工斜面における地すべり・崩壊・土石流などによる災害全体を包含する概念。斜面で崩壊あるいは地すべりが発生すると大量の土砂が生産され，それら土砂岩礫が押し出し流下することによって災害を引き起こすことから，斜面災害は土砂災害とは実態がほとんど同様である。これらの災害を斜面という地形場で捉えるか，土砂という物質として捉えるかによって，災害への視点や対応が異なる。斜面災害は前者すなわち地形場で捉えた概念といえる。最近，急斜面とその近傍の開発が進むことにより斜面崩壊や崩壊物質が斜面とその直下の地域に災害を引き起こす場合が増加し，発生場の問題として注目されている。1995年兵庫県南部地震による神戸市や西宮市の斜面住宅地，1993年北海道南西沖地震による奥尻港の崩壊，1996年北海道豊浜トンネルでの岩盤崩落の例などがある。 ◎大八木規夫

斜面侵食 [しゃめんしんしょく] hillslope erosion 〔地盤〕 斜面における侵食現象には，表面流出に伴うリル侵食などの表面侵食の他に，地下水によって引き起こされる侵食が含まれる。地下水による侵食には，土壌中の地下水によって斜面が不安定となり引き起こされる表層崩壊(shallow landslide)や，深層土層や岩盤へ入った水による深層崩壊(deep-seated landslide)，地すべり(landslide)といったものがある。さらには地下水の流動，湧出に伴って，パイピング侵食(piping erosion)，サッピング(seepage erosion)が引き起こされる。土壌水が凍結した際には，凍結融解に伴い，土壌匍行(creep)，ソリフラクション(solifluction)が発生する。 ◎恩田裕一

斜面積雪の移動圧 [しゃめんせきせつのいどうあつ] pressure by moving snow on slope 〔雪氷〕 斜面の積雪は，地面でのグライドと積雪内部のクリープによって，斜面下方にゆっくりと移動している。この移動を妨げるような物体が斜面にある場合，そこに応力の集中が起こり，物体には斜面下方に大きな圧力が作用する。この圧力を斜面積雪の移動圧，または斜面雪圧という。急斜面ではクリープの移動圧への寄与は小さく，移動圧は主にグライド速度と積雪深に依存する。移動圧により樹木や送電鉄塔，雪崩防止柵などが折損，倒壊することがある。 ◎遠藤八十一

斜面積雪のグライド [しゃめんせきせつのグライド] glide of snow cover on slope 〔雪氷〕 斜面に積もった積雪が地面との境界でゆっくりした速度ですべる現象をグライドという。グライドが進むと，斜面上部にクラック，下部に雪しわ(褶曲)が生じ，全層雪崩になることがある。斜面の構造物にはグライドにより大きな移動圧が作用し，雪崩防止柵などが倒壊することがある。グライドは積雪底面の温度が0℃の場合に起こり，融雪水や雨水の浸透により活発になる。笹やカヤ，灌木の斜面で最もグライドしやすく，全層雪崩も起こりやすい。 ◎遠藤八十一

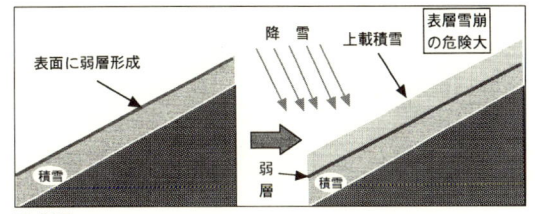

■ 弱層
弱層の形成後，大雪があると表層雪崩の危険が高まる

斜面崩壊［しゃめんほうかい］ slope failure 地盤
被害想定　国際的に，あるいは学問的には，地すべりと斜面崩壊を合わせて landslide として扱うが，日本では地すべり等防止法と急傾斜地崩壊防止法（いずれも略称）によって対処する現象を区別することが多い。地すべりも斜面崩壊も，斜面を構成する地盤内のすべり破壊から始まるが，斜面崩壊では，初期のすべり破壊が極度に加速的で，動きが激しく，ときに地盤構造の崩壊を伴う。地質的原因のために地すべりとなるものや，クリープ運動をする場合の他は斜面の破壊は全て斜面崩壊となる。自然斜面では風化帯が厚くなったり，断層などの地質的特異性のため，地下水が集中することが主要な素因で，地震や豪雨が主要な誘因である。発生場所によって山崩れ，崖崩れなどと俗称されることがある。→落石　　　　　　　　　　　◎奥西一夫

斜面崩壊による建築物被害［しゃめんほうかいによるけんちくぶつひがい］ building damages caused by slope failure 被害想定　どの斜面が崩壊するかの詳細な予測は不可能であるので，斜面の特定な性質と入力する加速度，速度との関係から崩壊率を求めて，崩壊件数を算出する。一般には，斜面の資料は「急傾斜地崩壊危険箇所調査」など危険性が懸念される斜面のデータしかないので，崩壊率は高めにとられる。この調査では，高さ5m以上，傾斜30°以上で，周辺に人家5戸以上または公共的建物が存在する斜面が抽出され，崖上と崖下の家屋数が調査されている。また，斜面全体が崩壊するわけではないので，崩壊幅を仮定する必要があり，斜面幅の2分の1程度と仮定されることが多い。「急傾斜地崩壊危険箇所調査」などで抽出されている斜面の崩壊形態は表層滑落型である。このような斜面で発生する地震による斜面崩壊は，雨による崩壊とは異なり，崩落した物質が流下する距離は短く，せいぜい斜面高と同じである。従って，斜面高と同じ距離に存在する家屋が被害を受けると想定すればよい。ただし，規模の大きな地すべり性崩壊や巨大崩壊では土砂量が多いため，より遠くまで土砂が到達することが多い。谷の対岸に乗り上げたり，小さな尾根を越えることもあるし，谷沿いに下流に遠方まで流下した事例も多い。　　　　　　◎松田磐余

斜面崩壊の素因［しゃめんほうかいのそいん］ unstable factor 地盤　斜面崩壊の素因には，斜面を構成する地盤の物性（土質・岩質）と地質構造と水（地下水）とがある。右の表は崩壊性要因を持つ地質であるが，このうち①～④が地盤物性，⑤⑥が地質構造に関する要因である。地下水位が高い地盤は崩壊を起こしやすいが，特に上部に透水層，下部に難透水層を持つ地質構造では大崩壊を起こすことがある。落石や崩壊，土石流などは急傾斜地で発生しやすいが，地すべりは緩斜面でも発生する。　◎奥園誠之

斜面崩壊の想定［しゃめんほうかいのそうてい］ estimation of slope failures 被害想定 地盤　斜面崩壊の推定法には，①過去の地震時に崩壊した斜面の性質を集約

■ 斜面崩壊の素因となる地質

崩壊性要因を持つ地質	代表地質など
① 侵食に弱い土質	しらす，山砂，まさ土
② 固結度の低い土砂や強風化岩	火山灰土，火山砕屑物（第四紀）崩積土や強風化花崗岩など
③ 風化が速い岩	泥岩，凝灰岩，頁岩，粘板岩，蛇紋岩，熱変質岩
④ 割れ目の多い岩	片岩類，頁岩，蛇紋岩，花崗岩，安山岩，チャートなど
⑤ 割れ目が流れ盤となる岩	層理，節理が斜面の傾斜方向と一致している片岩類，粘板岩など
⑥ 構造的弱線を持つ地質	断層破砕帯，旧地すべり地，崩壊跡地など，崖錐

して斜面要素に点数を付ける方法，②数量化理論を利用して個々の斜面要素に重み付けをし判別解析を行う方法，③動的・静的安定計算によるもの，などがある。しかし，最大の問題点は，限られた数の斜面の資料しか得られないことである。斜面の悉皆調査は不可能で，崩壊予測に必要な比高，傾斜，地質，岩石の風化度，斜面の変形状態などの資料が全域について得られることはほとんどない。また，表層滑落型の崩壊はある程度予測ができるが，より規模の大きい地すべり型崩壊や巨大崩壊の予測は難しい。斜面崩壊の予測は，それ自体に意味があるわけではない。斜面崩壊によって家屋被害や人的被害などの二次被害がどの程度出るのか，救援活動のための道路啓開にどの程度の活動が必要かが重要である。そのため，特定な斜面が想定の対象とされることが多い。　　　　　　　　　◎松田磐余

斜面崩壊の誘因［しゃめんほうかいのゆういん］ triggering factor / provoking cause 地盤　崩壊や地すべりが発生した時に，斜面の不安定化に最終的に効いたと判断される作用，特に直前に急速に加えられたか，または，変化した作用をいう。誘因は斜面の滑動力を増大させる作用と滑動力に対する抵抗力を減少させる作用に大きく二分できる。地震による強震動，斜面上部への堆積などは前者に属し，降雨浸透，地下水の変化，間隙水圧・熱水蒸気圧などの上昇，斜面下部の削剥などは後者に属する。人為作用はこれらの自然現象の誘因との類似性によって前者または後者に分けられる。しかし，これらの要因が作用しても崩壊や地すべりが発生するとは限らない。この場合には誘因とはいわない。しかし，長期的な斜面の不安定化を段階的に進行させる要因，あるいは，これらの作用を契機として，漸移的に斜面の不安定化を進行させる要因と考えられている。　　　　　　　　　　　　　　◎大八木規夫

斜面緑化工［しゃめんりょっかこう］ slope revegetation 地盤　切土や盛土などの斜面の侵食を防ぐため，植物で斜面の表面を被覆する（緑化する）方法をいう。種子を散布する場合は，斜面の土質，土壌の硬度などによって，種子散布工，客土吹付工，厚層基材吹付工などが選択される。その他，使用する材料によって，例えば，切り芝などを張る張芝工，種子と肥料などを装着したむしろなどを用いる

植生マット工の他，筋芝工，植生筋工，土のう工と呼ばれる工法がある．以前は，施工後できるだけ早く侵食防止効果が出現するのがよいとされ（急速緑化工法と呼ぶ），種が大量に入手でき成長の早い外国産牧草類が多く用いられたが，近年は生態系保全の立場からヨモギなどの郷土種を用いる場合がある．さらに，景観も考慮して，樹木類の苗木を植栽する事例もある．　　　　　　　　　◎水山高久

砂利採取　［じゃりさいしゅ］　gravel taken / gravel mining　[地盤][河川]　主に建設資材として使用される砂利を河床，旧河床，海底などから採取すること．高度経済成長期にさかんであった河床砂利の採取は，河川中下流部における河床低下の主原因と判明し，現在では，土砂供給量の大きな区間を除いて禁止されている．海砂利採取も，魚介類の生息や塩分除去の問題から縮小傾向にあり，建設骨材の確保は困難となりつつある．一方，ダム貯水池や砂防ダムの機能回復手段として堆積土砂の採取が注目されている．　　　　　　　　　　　　　　　　　　◎藤原裕一郎

車両火災　［しゃりょうかさい］　automobile fire　[火災・爆発]　自動車など車両の火災．ガソリン，軽油など燃料だけでなく，内装材，塗料，樹脂バンパーなども火災の場合の可燃物となる．過去の火災実験では車両火災最盛期の▸発熱速度は1800～2000 ccの乗用自動車で3～4 MW，バス，トラックで8～10 MWを示し，同時多量の発煙がある．ボンネットや扉などが車両内部への消火水注入を阻害するので消火に手間取ることも多い．　◎須川修身

住家　［じゅうか］　dwelling house　[地震]　一般的には，人が住んでいる家という程の意味．災害対策救助法関係では，災害の被害認定基準の中で，「住家」を，「現実に居住のために使用している建物をいう．従って，学校，病院等の一部に居住している場合はもちろん，通常は非住家として扱われる倉庫または小屋などであっても，事実上居住のために使用している場合は，これを住家として取り扱う」としている．なお，建築基準法には，「住家」という言葉はなく，「住宅」という言葉があるが，意味はより限定されている．また地方税法では固定資産税に関して，「家屋」という言葉があり，「住家，店舗，工場，倉庫その他の建物をいう」と説明されている．　　　　　　　　◎坂本　功

集塊岩　［しゅうかいがん］　agglomerate　[火山]　粗粒のやや角ばった火山性物質からなる火山砕屑岩の総称．集塊岩の厳密な定義はされていないが，凝灰質の基地中に多数の火山弾を包含する岩相の火山砕屑岩に対して用いられることもある．　　　　　　　　　　　　◎鎌田浩毅

週間天気予報　［しゅうかんてんきよほう］　one week forecast　[気象]　各府県予報区を担当する気象台が発表する1週間先までの天気予報．毎日1回，午前11時に発表される．日々の天気予報の他に降水確率，最高・最低気温の予想などがある．192時間先までの全球数値予報モデルの他に，予報期間後半の予測精度の向上を図るために，アンサンブル数値予報も用いている．アンサンブル予報によって客観的な「予報の確からしさ」を示すことが可能となり，日々の天気予報の信頼度を高い信頼度A，平均的な信頼度B，低い信頼度Cの3つの階級に分けて発表している．　　　　　　　　　　　　　　　　　　◎村中　明

住機能支障【短期的・中長期的】　［じゅうきのうししょう］　disruption of living functions　[被害想定]　短期的な住機能支障とは，住まいが全壊しなくても居住生活を困難にするような支障である．高層集合住宅などの都市居住では，電気，上水，ガスは住機能を維持するための基本的サービスである．停電，断水，ガス供給停止は，重大な住機能の支障となるが，住宅の被害が軽微であれば，ライフラインの回復とともに住機能も回復する．阪神・淡路大震災の避難者の推移は上水と都市ガスの回復状況に関連した．中長期的な住機能支障とは，数カ月以上にわたるような支障で，住宅の全壊によって生じるが，被災者の社会経済的状況によって，住機能の回復に要する期間が異なる．阪神・淡路大震災では，中長期的住機能の支障に対応する応急仮設住宅は，震災後5年間に及んだ．　◎中林一樹

就業機能支障　［しゅうぎょうきのうししょう］　disruption of employment and working condition　[被害想定]　地震などによる事業所の建物や施設の被害，設備の破損，ライフラインなどの供給処理機能の停止に伴う生産や営業の停止，被災による消費需要の低下などにより，事業所は倒産や廃業，一時停止，操業短縮や営業縮小などの対応を迫られる．事業を継続する場合も，事業所を移転したり，統廃合する場合もある．また，短期的には，交通機関の停止による通勤困難の状況も発生することがある．こうした状況の中で，賃金の切り下げ，一時解雇のみならず，退職を余儀なくされたり，解雇されるなど，様々な就業機能の支障が発生する．建設業など災害復旧復興に関連して需要が増大する事業も発生するが，被災した事業所の多くは，就業機能の支障を招いている．　　　　　　　◎中林一樹

終局耐力　［しゅうきょくたいりょく］　ultimate strength　[地震]　構造物が終局的に発揮し得る抵抗力を一般的に終局耐力と呼び，地震時に構造物が終局的に発揮し得る水平抵抗力が保有水平耐力である．解析技術の進歩に伴って，保有水平耐力のレベルは拡張され，弾性限耐力，全塑性耐力，最大耐力などが用いられる（次頁の図）．水平地震動に対する構造物の総合的な抵抗力をより的確に表現し得る量としては，保有水平耐力と水平変形能力を乗じて得られるエネルギー吸収能力が重要である．　　　　◎秋山　宏

重金属汚染　［じゅうきんぞくおせん］　heavy metal contamination　[海岸]　自然界に放出された有害重金属による環境汚染のこと．有機水銀による水俣病などのように，自然界中では生物濃縮などを通して人の健康に影響を及ぼすことが多い．影響の大きい主要な重金属に対し人の健康に関する環境基準値が設定されている．また，事業所など

■ 終局耐力

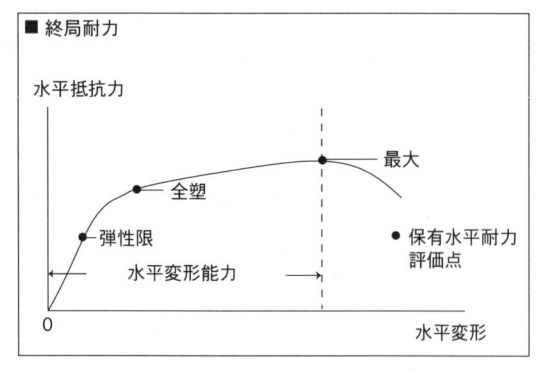

水平抵抗力 — 弾性限 — 全塑 — 最大 — 保有水平耐力評価点
水平変形能力
0 水平変形

からの排水に対しての規制が行われている。海域内では，粘土などの微細な有機粒子に吸着され，微細粒子に運ばれて海底面へと沈降することになる。
◎細川恭史

集合ストレス　[しゅうごうストレス]　collective stress　[情報]　災害は新しい現実を創出する。災害に際して人々は新しい現実に適応するために，それまで以上にストレスを感じる。集合ストレスとは災害に際して人々が感じるストレスの総体。人々の中には被災者はもちろん，災害対応に従事する人や報道関係者，および他所からの応援者やボランティアが含まれる。さらには報道を通して災害を知る人々も含まれる。災害対応とは集合ストレスの低減の過程であるともいえる。
◎林　春男

柔構造物　[じゅうこうぞうぶつ]　flexible structure　[地震]　柱と梁の接合部に十分な強度を与え，柱や梁には十分な粘りを与えることによって，構造物全体として塑性変形能力に富んだ構造形式をとる構造物の総称で，剛く強い剛構造物の対語である。構造物の耐震安全性は，構造物が持つ強さと粘りによって確保されるが，柔構造は主として粘りに期待するもので，耐力壁などを配した剛構造物に比べると相対的に柔らかく，従って固有周期も長い。固有周期が長くなると構造物に作用する地震力が相対的に小さくなる性質も柔構造物の実現に寄与している。　◎中島正愛

充実率　[じゅうじつりつ]　solidity ratio　[気象]　構造物の耐風性を議論する上での充実率とは，トラス構造，ネット，および橋梁桁床板に配置されることのあるグレーチングの，充実率(実質面積をその外形面積で除した比率)を指す。従って，構造物の実質面積は，外形面積にこの充実率をかけたものとなる。トラス橋の場合には，通常およそ30〜40％程度であるが，トラス桁斜張橋などの場合，その値が，40〜50％になることもあり，この時，渦励振が問題となることがある。また，ネットやグレーチングの抗力が，充実率によってはレイノルズ数の影響を受けることがあり注意を要する。
◎松本　勝

自由振動　[じゆうしんどう]　free vibration　[地震]　強制的な外力が作用しない状態における物体の振動。例えば単振子の質点を手で少し傾けてから急に手を離した後に起こる質点の振動。この場合質点には重力，糸の張力，空気の抵抗力などが働くが，強制的な外からの力は働いてい

ない。一般に振動している物体を支配する運動方程式は慣性力，減衰力，復元力などと外力との釣り合いから導かれるが，自由振動をしている物体の運動は，その外力の項をゼロとすることによって求められる。
◎松島　豊

集水井　[しゅうすいせい]　water catchment well　[地盤]　地すべり対策工(抑制工，地下水排除工)の一つで，地表からの横ボーリングでは，延長が長くなり経費がかさみ，孔曲がりの心配がある場合や，深層地下水を排除する場合に，本工法が用いられる。地すべり地頭部付近の比較的良好な地盤(偏土圧がかからない地盤)より掘り(直径3.5mが一般的)，井戸の中から多数の集水ボーリング(横ボーリング)を滑落崖，あるいは断層破砕帯などの地下水流動層に向けて放射状に行い，地すべり地内の地下水を集水する。集水した地下水は，井戸からの排水ボーリング(延長が長くなる場合は途中に中継用の井戸を設ける)によって，地すべり地の外へ排除する。
◎守隨治雄

収束線　[しゅうそくせん]　convergence line　[気象]　前線のように2つの気流が吹き込む境界。ここでは上昇流が生じ，積雲・積乱雲がバンド状に発生して，降水や強風をもたらす原因となる。
◎石川裕彦

住宅移転制度　[じゅうたくいてんせいど]　institution for relocation of houses in hazardous areas　[河川]　1972年の議員立法によって制定された「防災のための集団移転促進事業に係わる国の財政上の特別措置等に関する法律」に基づく国土庁(当時)の「防災集団移転促進事業」が代表的な住宅移転制度で，一定規模の住宅団地を整備し，住民を安全な場所に移転させるために利子補給などの資金援助を行う制度である。この制度は従来の災害復旧事業や防災対策事業では技術的，経済的に見て再度災害を防止することが不可能または非効率な場合，むしろ被災地の集落をより安全な土地に移転させるほうが望ましいという発想に基づいている。この制度は山崩れ，地すべりなどの土砂災害への対応処置として利用されることが多く，例えば熊本県竜ヶ岳町では土石流，山崩れに対して329戸が移転した。通常は対象戸数は数十戸の場合が多い。一方河川氾濫では青森県黒石市黒森および石名坂地区の44戸全戸が1976年に移転した。他に予算補助事業として，建設省(当時)の「がけ地近接等危険住宅移転事業(1995年度改正)」がある。事業の対象は崖地の崩壊，土石流，雪崩，地すべり，津波，高潮，出水などによる危険が著しく，建築基準法第39条または第40条の規定に基づき地方公共団体が条例で建築を制限している区域内にある危険住宅の移転を行う者で，原則として市町村が必要な助成を行う。これらの制度が創設される以前にも，特定地域においてではあるが過疎地域集落移転事業としての国の制度があった。また1961年の伊那谷水害，1967年の羽越水害などに際しても災害復旧事業として集落の集団移転を行った事例がある。
◎末次忠司

住宅市街地整備総合支援事業 ［じゅうたくしがいちせいびそうごうしえんじぎょう］ comprehensive improvement promotion project for urban residential district ［復旧］　1998年に，住宅市街地総合整備事業，特定公共施設関連環境整備事業，大都市農地活用住宅供給整備促進事業，再開発住宅建設事業，都心共同住宅供給事業を統合して創設された事業制度である。大都市の中心市街地を含む既成市街地において，大規模な拠点開発やその周辺の市街地整備と合わせて住宅供給を図るための事業手法である。地方公共団体，都市基盤整備公団，地方住宅供給公社，民間事業者などが事業主体となって，快適な居住環境の創出，都市機能の更新，美しい市街地景観の形成等を図りつつ都心居住や職住近接型の良質な市街地住宅の供給，公共施設・居住環境形成施設の整備等を総合的に推進する事業である。具体的には，整備計画策定，市街地住宅等整備のための設計・除却，共同施設整備，公開空地の整備，従前居住者用住宅等整備，地区内の居住者のための道路・公園・植栽・緑化施設・カラー舗装・照明施設・ストリートファニチャー・電線類の地下埋設などの整備に対し，事業主体に国が必要な助成を行う。阪神・淡路大震災からの復興事業手法としても活用された。
◎中林一樹, 池田浩敬

住宅地区改良事業 ［じゅうたくちくかいりょうじぎょう］ blighted residential area renewal project ［復旧］　住宅地区改良法に基づき，構造や設備など劣悪な不良住宅が密集し，保安・衛生面などの住環境が劣っている地区において，地方公共団体が事業主体となって，不良住宅の除去，生活道路・公園・集会所等の整備，従前居住者の受け皿となる賃貸住宅または分譲住宅の集団的な建設などを行うことにより，住環境の整備改善を図ることを目的とした法定事業である。戦前の不良住宅地区改良法を，1960年に改正して現行制度になった。住環境整備事業の中では最も古く，全国に多数の事例がある。事業主体は区市町村または都道府県で，0.15ha以上の面積で不良住宅が50戸以上，不良住宅戸数比が80％以上，戸数密度が80戸/ha以上の地区を指定する。具体的には，法定決定された事業計画に基づき，不良住宅の買収除去，公共施設・地区施設の整備，改良住宅（賃貸）建設，改良住宅用地の取得造成，改良住宅（分譲）の共同施設整備，一時収容施設の設置などを行う。阪神・淡路大震災の都市復興にも活用された。
◎中林一樹, 池田浩敬

住宅復興 ［じゅうたくふっこう］ housing recovery / house reconstruction ［復旧］　生活の基盤である住宅の再建を図ることは最も重要な復興であり，住宅の再建なしに，まちの復興はない。阪神・淡路大震災では，住宅復興の障害は，①空間条件：接道不良の狭小敷地の多さ，②権利関係の錯綜：借地権，借家権の入り混じった密集住宅市街地の被災，③被災者の経済力の弱さ：低所得，高齢による住宅の自力再建への資金不足などであった。住宅復興を円滑に進めるためには，総合的かつ体系的な住宅対策の構築が不可欠であり，被災住宅の修繕，応募仮設住宅の適切な供給，住宅種別（戸建て住宅，長屋・木賃アパート，分譲マンション等）に応じたキメ細かな住宅対策，収入などに応じた家賃補助等を実施するとともに，住宅対策と地区まちづくりの緊密な連携を進める必要がある。→**不動産活用型高齢者特別融資制度，マンション建替え，二重ローン対策**
◎濱田甚三郎

住宅復興計画 ［じゅうたくふっこうけいかく］ housing recovery plan / house reconstruction plan ［復旧］　地方公共団体が立案する，住宅部門の復興計画であり，阪神・淡路大震災においては，兵庫県，神戸市などで策定した。兵庫県では1995年8月「ひょうご住宅復興3カ年計画」を策定した。同計画は，「基本的な考え方」「供給方針」「供給計画」「計画実現のための主要な施策」で構成。震災により失われた大量の住宅ストックを早期に回復すること，将来につながる計画的で美しい住宅市街地を復興すること，高齢者などにやさしい安全，快適で恒久的な住宅の供給を図ることをねらいとしている。「供給計画」では3カ年に12.5万戸の住宅を供給するとした。翌年8月，災害復興公営住宅等の供給戸数の増加などの変更を加えて同計画の改定を実施した。→**神戸住宅復興メッセ**
◎濱田甚三郎

集団規定 ［しゅうだんきてい］ building standards for harmonizing environment ［復旧］　建築基準法第3章において規定されている，集団としての建築物の秩序に関する制限のこと。建築物の形態，用途，接道などについて制限を加え，建築物が集団で存している都市の機能確保や市街地環境の確保を図ろうとするものであり，原則として計画的な土地利用計画の存在する都市計画区域内の建築物にのみ適用される。具体的な制限としては，敷地などと道路との関係（接道義務），道路内の建築制限，壁面線による建築制限，建築物の用途に関する制限，建築物の延べ面積の敷地面積に対する割合（►**容積率**），建築物の建築面積の敷地面積に対する割合（►**建蔽率**），建築物の高さに関する制限などである。→**単体規定，建築確認**
◎松谷春敏

集中豪雨 ［しゅうちゅうごうう］ local heavy rainfall ［気象］［河川］　量的な定義はないが，時間的・空間的に集中して降る大雨をいう。1982年7月23日の長崎豪雨では，最大1時間降水量187mm，最大3時間降水量366mmで，数十km四方の地域に400mmを超える雨が降っている。豪雨は，台風，低気圧，前線，雷雲に伴って発生する。北九州や中国地方では梅雨前線によって，南九州から房総半島までの太平洋沿岸では台風による豪雨が多い。集中豪雨は，山崩れ，崖崩れ，土石流，河川の洪水，低地の浸水などを引き起こす。集中豪雨自体が短時間に局所的に起こるため，これによる災害も局地的に発生する。集中豪雨の場所と時間，雨量を特定した予想は難しく，集中豪雨の可能性が高いという天気予報を聞いたら，気象衛星，レーダー，アメ

ダスなどの実況に注意し，雷を伴って雨が激しく降り続けたら，早めに安全な場所へ避難する．豪雨のピークが過ぎても，崖崩れなどの危険性があり，斜面の途中から水がわき出してくる場合や斜面から小石などがパラパラと落ちてくる場合などは，崖崩れの危険性が高いため注意を要する．報道や調査報告書などでは，豪雨発生域の地名をもとに「○○豪雨」という通称が用いられることもよくある．ただし，定義がないので，同じ地域で近接した時期に発生した事例が混同されたり，同一事例が全く違った呼称で呼ばれることもあるので，注意が必要である．　　◎水野 量，牛山素行

重点復興地域 [じゅうてんふっこうちいき] priority restoration promotion district 復旧　阪神・淡路大震災後，神戸市を始めとする被災自治体で制定された「震災復興緊急整備条例」に基づいて指定された地域．被災市街地のうち建築物が集中的に倒壊あるいは面的に焼失していて，特に緊急かつ重点的に都市機能の再生，住宅の供給，都市基盤整備，その他市街地整備を促進すべき地域として，市長がそれぞれ地域整備の目標を定めて指定(告示)した．その結果，重点復興地域のうち都市計画事業地区を黒地地域，それ以外を灰色地域という呼び方も定着した．
◎安田丑作

自由度系 [じゆうどけい] degree-of-freedom system 地震　物体の運動を記述するのに必要な独立変数の数を自由度といい，ある自由度を持つ系を自由度系という．ひとつの剛体を記述するには互いに直角な3つの軸方向の変位とそれぞれの軸まわりの回転の合計6つの量が必要なので自由度は6であり，質点ならば3方向の変位だけの自由度を持つ．そのような剛体や質点をバネなどで連結した系が自由度系であるが，実用的にはある方向の変位や回転を拘束し自由度を減らして系を取り扱うことが多い．
◎松島 豊

周波数特性 [しゅうはすうとくせい] frequency characteristics 地震　地震波や風などの性質を表すのに用いられる用語で，どのような周波数成分をどの程度含有しているかを表す．一般に，速い小刻みな動きは高周波数成分が卓越した周波数特性を有しており，ゆっくりとした動きは低い周波数成分が卓越した周波数特性を有している．外力の周波数特性が異なれば，それに対する構造物の応答も異なる．例えば，構造物には，ある振動モードの固有振動数に近い周波数成分を有する地震動が作用した時に，そのモードが大きく応答するという一般的な傾向がある．風力が作用する場合にも同様である．そのため，周波数特性は，地震波や風の構造物などへの影響を評価する上でも重要な指標である．周波数特性は，フーリエ振幅スペクトルに基づいて評価されることが多い．ただし，地震波の場合，構造物への影響を考慮した応答スペクトルに基づいて評価されることもある．両者はよく類似しているが，本質的には別のものであることには注意が必要である．　◎本田利器

周氷河現象 [しゅうひょうがげんしょう] periglacial phenomena 地盤 雪氷　地盤の凍結または凍結・融解の繰り返しによって形成される小規模な地形や地下構造の総称．土の凍上，擾乱，マスムーブメント，熱収縮，岩石の凍結破砕などの周氷河作用によって生じる．高緯度のツンドラおよびタイガ地域から中・低緯度の高山地域にわたって広く見られる．周氷河現象には，構造土，アースハンモック，ソリフラクションロウブなどの最大数mの規模の微地形とアイスレンズや氷楔などの小規模な構造が含まれる．凍結に関連した地形でも，より大規模なピンゴ，アラス，岩石氷河などは，周氷河現象とは呼ばず，周氷河地形に含めることが多い．露頭での断面構造として認識される化石周氷河現象(インボリューション，化石氷楔など)は過去の周氷河気候や永久凍土の存在を示す指標となる．日本でも，高山地域で現成の周氷河現象が見られるのに加えて，北海道から東北地方にかけては氷期に発達した化石周氷河現象が広く見つかっている．　　◎松岡憲知

住民参加 [じゅうみんさんか] resident participation / public involvement 復旧　行政の意思決定に対する直接的な住民の関与，あるいはそれを保証する政治的仕組みのこと．今日では，あらゆる行政分野で住民参加なしの意思決定は考えられないほど重要な概念となっているが，特に地域の生活に密着しているまちづくりの分野においては，中心的な位置付けを与えられていることが多い．参加の方法は様々で，例えば都市計画における公聴会の開催，案の縦覧に伴う意見書の提出などは1968年の都市計画法に則った従来型の方法である．しかしこれらは実態として形骸化しており，より実質的な住民参加の方法として，近年ではワークショップの開催，インターネットの利用など各種の試みがなされるようになってきた．市民社会の成熟に伴い，限られた住民の参加からより広い意味での市民参加へ，あるいは受動形としての住民参加から能動形としての住民主体・参画への発展も期待されるところである．
◎中井検裕

住民消防組織 [じゅうみんしょうぼうそしき] civic organization for disaster prevention 火災・爆発 被害想定　事業所や建物における自衛消防組織や，コミュニティにおける自主防災組織など．自衛消防組織は，災害時に通報・連絡や初期消火，避難誘導などの活動を行うため，事業所や建物毎に事前に整えられた活動体制である．自主防災組織は，災害時に地域住民の一人一人が「自分たちのまちは自分たちで守る」という理念のもと，自主的に，出火防止，初期消火，情報収集伝達，避難誘導，救出救護，給食給水などの活動を行う組織である．　　◎山田剛司

重要水防箇所 [じゅうようすいぼうかしょ] important section for flood fighting activities 河川　洪水などに際して水防上特に注意を要する区間を重要水防箇所といい，河川管理者はその区間を水防管理団体に周知徹底する

こととしている。重要水防箇所は「重要水防箇所評定基準（案）」などにより定められている。評定基準（案）では重要水防箇所は水防上最も重要な区間（A），次に重要な区間（B），やや危険な区間（C）に分類されていたが，1994年に改正され，現在は水防上最も重要な区間（A），水防上重要な区間（B），要注意区間に分類されている。重要度は堤防高（流下能力），堤防断面，法崩れ・すべり，漏水，水衝・洗掘，工作物などを対象に定められており，例えば，堤防高については計画高水流量規模の洪水の水位が，現況の堤防高を越える箇所をAランク，計画高水流量規模の洪水の水位と現況の堤防高との差が堤防の計画上の余裕高に満たない箇所をBランクとすることを基本としている。河川管理者の水防責任に関しては，加治川水害訴訟の東京高裁判決（1981年）において，裁判所は被告である国，新潟県が主張する水防責任論（水防法では水防の第一次的責任は水防管理団体にあり，河川管理者はこれに協力すればよい）を肯定しながらも，県が水防管理団体に対して，洪水が余裕高部分に来た場合の危険性について適切な説明を行い，また適切な指導・助言を積極的に行わなかったことは管理瑕疵にあたると判断した。この意味からも河川管理者が水防管理団体へ重要水防箇所を周知することは重要であるといえる。　　　　　　　　　　　　　　　　　　◎末次忠司

重力異常　[じゅうりょくいじょう]　gravity anomaly　地震　重力異常には，ジオイド形状決定のためのフリーエア異常などいくつかあるが，狭義ではブーゲー異常を指す。ブーゲー異常は，地下岩石の密度分布で決まり，重力測定値から標準地球の正規重力を差し引いたのち，測定点の標高への正規重力の引き直しとジオイド面から上部に存在する岩石全体の引力を除去する2つの補正を施して導かれる。ブーゲー異常には，大小規模の地体構造が反映され，特に，断層（活断層）面を境に密度差が大きい場合には重力急変帯が表れ，地震災害・防災に関わる有力な情報を与える（図）。1984年長野県西部地震では未確認の活断層が特定され，1995年兵庫県南部地震では六甲断層系・有馬―高槻構造線など顕著な重力急変帯が見出された。　◎志知龍一

重力水　[じゅうりょくすい]　gravitational water　地盤　地層の間隙を満たす水のうち，重力によって移動できる水部分をいう。飽和地層中の地下水は，外力としての重力と粘性による摩擦力とが平衡しながら流れるので重力水の一種である。ただし，粘土層には特殊な外力や熱を与えない限り自由に動かない吸着水が多く存在しており，また，土粒子の形状によっては行き止まり間隙（dead-end pore）を満たす水もある。これらは重力の作用では動かないので除かれる。間隙水のうち移動可能な水部分の占める割合は有効間隙率（effective porosity）と呼ばれ，間隙率（porosity）よりもかなり小さい場合がある。一方，不飽和地層中でも，土粒子表面に吸着された水は動かないので，間隙中の水蒸気とともに重力水から除かれる。降雨後の新たな水の浸透

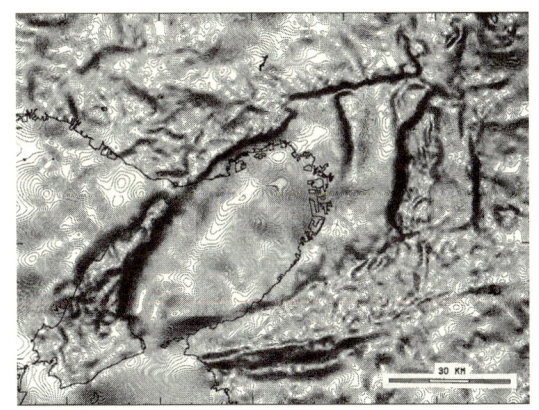

■阪神・淡路地域の重力異常図
（活断層が重力急変帯として濃く表れている）

によって排出される部分が重力水であり，表面張力によって間隙に吊り下げられた形で存在する懸垂水（皮膜水もこの一種である）も重力水に入れられる。　　◎北岡豪一

樹幹火　[じゅかんび]　trunk fire　火災・爆発　樹木の幹が燃える火災。老齢の針葉樹など樹皮の粗い木，エゾマツ，トドマツのように樹脂のしみ出ている木，さらに風倒木，空洞木が樹幹火になりやすい。樹幹火は，地表火から接炎により延焼拡大する。樹幹火は燃焼範囲が小さくても長時間にわたって燃え続ける。火災現場で消火用の水が得られない場合には土を覆うことにより消火を図る。しかし，一度消火したように見えても，再び燃え出す例が多い。→樹冠火　　　　　　　　　　　　　　　◎山下邦博

樹冠火　[じゅかんび]　crown fire　火災・爆発　林野火災の燃焼形態の一つで，樹木の枝葉全体が燃える火災。大部分の林野火災は地表火であり，樹冠部から発生する火災は少ない。樹冠火は樹脂分の多いアカマツ，スギ，ヒノキなど針葉樹に起りやすく，一旦燃え出すと長い炎を上げて燃焼し，消火は困難となる。延焼速度は1時間に2～4kmと遅いが，強風下では燃焼中の枝葉が飛散し，飛び火源となる。樹冠火になると樹木全体が焼失し，森林の被害が増大する。地表火と樹冠火が2層になって燃える場合には森林被害は甚大になる。→林野火災の飛び火，樹幹火
◎山下邦博

授業再開　[じゅぎょうさいかい]　resumption of school programs　情報　復旧　災害発生後の授業再開は，児童・生徒の心の安定を取り戻すのみならず，地域社会の安定や生活再建に向けた意欲の向上のために極めて重要なことであり，可能な限り早期に授業を再開するための努力が必要である。授業再開に向けては，①児童等ならびに教職員の安否の確認，②学校施設の被害調査と復旧工事の実施，③登下校路の安全確認，④被災した児童等の学用品や教科書の手配，⑤段階的な授業再開に向けてのスケジュールの調整，⑥児童等ならびに父兄に対する授業再開に関する情報の周知・徹底などを行うことが必要である。また災害により住まいを失うなどの理由から転出入する児童等に対し

ては，学籍変更を含め子どもたちの心にかかる精神的負担を極力減らすための配慮が求められる。大規模な災害による多数の避難者が学校施設を避難所として利用している場合には，当初より授業再開の妨げにならないように利用教室の調整を行っておくことが必要である。

◎重川希志依，中村和夫

主筋 [しゅきん] main reinforcement / longitudinal reinforcement / flexural reinforcement 〈地震〉 鉄筋コンクリート梁，柱，床スラブにおいて曲げ，または軸方向力に抵抗させることを目的に，部材の長さ方向（軸方向）に配される補強鉄筋。曲げ補強筋，軸方向筋ともいう。曲げに対して効果的に抵抗させるため，一般に柱では断面の周辺に配され，梁，床スラブでは上下辺近くに配される。主筋に分担させる応力によって曲げ引張り鉄筋，圧縮鉄筋と区別されたり，用いられる部材によって，単に梁筋，柱筋，スラブ筋とも呼ばれる。

◎藤井 栄

取水制限 [しゅすいせいげん] intake control 〈都市〉 渇水時において，関係利水者間の調整などに基づき，河川水，地下水などの水源から各種用水として取水される水量（取水量）を減少させることをいう。取水量をベースに制限量を決定する場合（取水量ベース）と，水利権をベースに制限量を決定する場合（水利権ベース）があり，水源開発の状況，実績，水利権の付与の状況などを踏まえて，渇水調整協議会などで2つの方法のいずれかが選択され，社会生活や都市機能に急激な影響を与えることがないよう，関係利水者が申し合わせを行い，取水量を制限するのが一般的である。

◎松下 眞

樹霜 [じゅそう] air hoar 〈雪氷〉 空気中の水蒸気が冷えた物体の表面に昇華凝結してできる霜。風の弱い放射冷却の起こる夜間などによく発達する。一般に，針状や樹枝状の結晶が見られる。広義には着氷の一種であるが（霧氷），密度や付着力は小さく，日射や風によって容易に剝がれ落ちてしまう。

◎佐藤篤司

出火原因 [しゅっかげんいん] fire cause 〈火災・爆発〉 火災の発生する原因のこと。日本における例年の出火原因は，火気の取り扱いの不注意や不始末による失火，および意図的な悪意による放火が圧倒的に多いが，人為的な責任のない天災的原因によるものも若干ある。建物火災の出火原因としては，調理用コンロ，風呂かまど，煙草，放火，ストーブ，火遊び たき火，電気器具の不具合などがほとんどを占めていて概ね原因は絞られている。→出火率

◎吉田公一

出火件数 [しゅっかけんすう] number of fire incidents 〈火災・爆発〉 「火災報告等取扱要領」に定義される火災の件数。火災は地方消防機関によって調査され，都道府県を通じて国に報告される。日本での近年の年間出火件数は概ね6万件強，1日平均で175件であるが，幾分増加傾向にある。その中50％強を建物火災が占め，次いで車両火災10％強，林野火災6％強の順であるが，その他いろいろな種類の火災も約4分の1を占めている。→火災，火災報告

◎吉田公一

出火直後の死傷者 [しゅっかちょくごのししょうしゃ] casualties caused by fire breakouts 〈被害想定〉〈火災・爆発〉 出火直後の火災による死者数は，過去の平常時火災としての建物火災による被害とほぼ同様であると考えられる。1988年から1995年までの統計によれば，東京都の平常時における建物火災1件当たりの死者数は0.078人であった。1997年の東京都による被害想定では出火直後の死者数は下式で算出している。

出火直後の火災による死者数＝0.078×出火件数

◎宮野道雄

出火率 [しゅっかりつ] fire incidence rate 〈火災・爆発〉 出火件数を何らかの母数で除した割合。日本では通常，人口1万人当たりの年間出火件数を指す。この意味での出火率は日本では約5件／年／万人であり，欧米に比較して著しく低い値であることが知られている。しかし，この数値は「火災」の定義にも依存するので，日本で火災が起こりにくいとは言い切れない。出火率は，この他にも例えば建物用途別の棟数当たりの出火件数など，目的に応じて適切な定義と利用が考えられる。→出火原因

◎吉田公一

樹氷 [じゅひょう] soft rime 〈雪氷〉 雨氷や粗氷と同様に過冷却水滴が樹木などに衝突し凍結した着氷。3者の中では約－8℃以下の最も気温の低い条件で成長する。樹氷は風で運ばれてきた過冷却水滴が物体表面で完全に凍結した後，次々に他の過冷却水滴が堆積凍結する（「乾いた成長」dry growth という）。このため風上方向に成長し，空隙が多いため，不透明で白く，強度は比較的小さい。雪山でよく見られる"エビノシッポ"と呼ばれるものや，山形県蔵王連峰の"アイスモンスター"がその典型である。

◎佐藤篤司

需要管理【水】 [じゅようかんり] demand control 〈都市〉〈河川〉 渇水時には，水そのものが減少しており，施設による安定的な水供給に対して，需要量そのものを減少させようとするもので，①漏水防止，②節水型機器の導入・普及，③料金体系と弾力的な価格設定などによって行われる。すなわち，①送配水時の無駄をなくすため，水道本管や枝管での接合部や老朽部分での漏水対策を実施することである。また，②日常の利用料の削減を図る節水ゴマ，節水型トイレ，シャワーなどの普及，③使用量が増えるほど高い料金となる逓増型料金体系や季節別料金，渇水時の追加料金，節水に対する奨励基金など，弾力的な料金体系，価格設定方式によって，水利用を調整するものである。

◎小尻利治

受容できるリスク [じゅようできるリスク] acceptable risk 〈海外〉〈情報〉 個人生活のレベルで，他人に迷惑を与えない範囲で，リスクを伴う行動をとることは自然であり

ときには望ましいことでもある。しかしその場合でも，危険の実態を理解した上で特定の場で特定の行動を起こしたのかどうかが曖昧な場合がある。これは補償金を税金から犠牲者に支払う際にいつも問題になることである。社会的に受け入れられる限度にまで危険度を低下させる倫理的な責任を政府が負わなければならないという考えの根拠になる。ただし，この「社会的に受け入れられる危険の限度」がどれほどの危険度なのかについては定見はない。参考になる危険としては，自動車の運転のように「任意の行動につきものの危険」と伝染病のような「望まざる危険」があるが，それぞれ10万分の1，100万分の1という値が挙げられている。

◎渡辺正幸

巡回相談 ［じゅんかいそうだん］ outreach 復旧 情報
▶アウトリーチ

準定常理論 ［じゅんていじょうりろん］ quasi-steady theory 気象 　風の中で振動する物体に作用する非定常空気力は，微少振動する平板翼を除けば理論的に導くことは難しい。一般的にこれを表す方法がこの理論で，運動する物体の空気力学的特性が，いかなる瞬間にも，その瞬間の物体の速度を一定値として持つ運動状態の特性に等しいと仮定する。全ての場合に形式的に使えるが，前述の仮定が成立する換算風速の大きい場合のみ有効となる。

◎宮田利雄

準防火地域 ［じゅんぼうかちいき］ quasi-fireproof district 火災・爆発 　▶防火地域と同様，都市計画法第8条に定める地域地区の一つであり，都市防火における都市計画的対策の一つである構造的規制対策として位置付けられる。準防火地域に指定されると，地階を除く階数が4以上であるか，または延べ面積が1500m²を超える建築物は耐火建築物とし，延べ面積が500〜1500m²の建築物は耐火建築物または準耐火建築物としなければならない。また地階を除く階数が3である建築物は，耐火建築物，準耐火建築物または政令（令第136条の2）で定める構造の建築物であることが必要である。またその他の建築物は外壁および軒裏で延焼の恐れのある部分を防火構造とし，その外壁の開口部には準遮炎性能のある防火戸を設けることが義務付けられる。これは平常時には火災時の類焼の防止，市街地大火の際には延焼速度を低減することにより消防活動を助け大火となる危険を緩和しているものと考えられる。

◎糸井川栄一

少雨現象 ［しょううげんしょう］ scarcity of rainfall 都市 河川 　降雨が長期にわたって少ない現象。数日間雨が降らなくても人間社会において何ら被害が発生しないが，これが長期にわたると，飲料水，農業用水，工業用水，発電，河川環境，水域生態系などに大きな影響を与える。ただし，少雨の定義は確定したものはなく，同じ降雨量であっても乾燥気候地域と湿潤気候地域とでは捉え方が異なる。当該地域に水不足や渇水災害をもたらすような現象（少ない降雨の量と期間）と考えてよい。

◎寶馨

上階延焼 ［じょうかいえんしょう］ upper floor fire spread 火災・爆発 　複数の階を有する建物のある階で発生した火災が，直上の階またはさらに上方の階に拡大すること。上階延焼は，火災室の窓から噴出する火炎や熱気流によって上階の窓ガラスが破壊し火の粉などが侵入すること，火災の加熱で上階の床や配管などの貫通部に燃え抜けや亀裂が生ずること，配管やダクトなどのシャフトの区画が不備なことなどが原因になることが多い。

◎田中哮義

障害型冷害 ［しょうがいがたれいがい］ cool summer damage due to floral impotency 雪氷 気象 　水稲の栄養生長期は天候が順調に推移したが，穂ばらみ期になって低温に遭遇すると花粉の発育に障害が生じたり，正常な受精が行われず不稔粒が多発し減収する。この時期に低温に遭遇すると，その後の高温により補償されることはなく被害は決定的となる。

◎卜蔵建治

消火設備 ［しょうかせつび］ fire extinguishing system 火災・爆発 　消火設備は，水とその他の消火剤を使用して消火を行う器具または設備である。消火設備には，消火器および簡易消火用具（水バケツなど），屋内消火栓設備，▶スプリンクラー設備，水噴霧消火設備，泡消火設備，二酸化炭素消火設備，ハロゲン化物消火設備，粉末消火設備，屋外消火栓設備，動力消防ポンプ設備がある。これらの消火設備は固定式のものと移動式のものがあり，固定式の消火設備は，それぞれ起動装置，水源，加圧送水装置，弁，放水ヘッドなどで構成されている。また起動装置は人が直接操作を行うものと，自動火災報知設備などと連動して作動する自動式とがある。→連結送水管

◎島田耕一

消火栓 ［しょうかせん］ fire hydrant 火災・爆発 　消火栓は，上水道，工業用水道などの水道施設の配管に設けられた消火用水を供給するための設備であって，地中に埋設された地下式と，地上部分に配置された立管式に大別される。公設消火栓は，原則として直径150 mm以上の管に取り付けられていなければならず，その給水能力は1分間当たり1 m³の給水を40分以上継続できる能力が必要とされている。

◎島田耕一

小規模河床形態 ［しょうきぼかしょうけいたい］ micro scale bed configuration 河川 　河床に形成される河床形態のうち最もスケールの小さなもの。水深や平均流速のような流れの外部変量によって支配される砂堆，遷移河床・平坦河床，反砂堆，縦筋，および河床付近の乱れの構造を支配している内部変量と関係する砂漣，砂線に分類される。砂堆，遷移河床・平坦河床，反砂堆は水表面と河面の水深規模の不安定現象に起因しており，砂堆は常流の時形成され，反砂堆は射流の時発生する。縦筋は縦渦によって形成され，横断方向の間隔は水深の約2倍である。砂漣は粒子レイノルズ数が25より小さい時生じ，波長は粒径の1000倍程度である。砂線は流れのバースティング現象に

よって形成される流れ方向に伸びた筋状の河床形態である。その間隔はバースティングの間隔と一致している。小規模河床形態は流れの抵抗に影響を与えるだけでなく、流砂現象にも大きな影響を与える。 ◎藤田正治

衝撃砕波圧 ［しょうげきさいはあつ］ impulsive breaking wave pressure 海岸 巻き波状の**砕波**が直立壁などの構造物に作用する場合には、衝撃的な波圧が作用することがあり、特に**砕波帯**に構造物を設計する場合に大きな問題となる。衝撃砕波圧は切り立った波面が構造物と衝突するために発生するものであり、波面と構造物の面のなす角度が小さいほど衝撃的となる。ただし、多くの場合、波面によって空気が閉じこめられ、空気の圧縮圧力による衝撃波圧が発生している。衝撃波圧は、短い作用時間ではあるが通常の数倍から数十倍の非常に大きなピーク値を持ち、構造物にとって危険である。衝撃的な波圧は、砕波帯に置かれた円柱などにも作用し、また水面付近に置かれた桟橋上部工には衝撃的な揚圧力が作用する危険性がある。なお、衝撃砕波圧が作用する構造物の設計においては、その動的応答効果を考慮する必要がある。 ◎高橋重雄

常時微動 ［じょうじびどう］ microtremors 地震 地震がなくとも常時見られる特定の振動源によらない微小な揺れのうち、交通振動などの人間活動による地動である。一般的に周期1～2秒より短周期帯域である。**脈動**と違い、昼に振幅が大きく、深夜に小さくなるという振幅の日変化がある。脈動も含めて単に微動と呼ぶ場合もある。常時微動は実体波と表面波の混在した波動と考えられるが、表面波が主体である場合が多い。常時微動の卓越周期、スペクトル特性、上下成分と水平成分のスペクトル比などは地盤の震動特性に関係し、地震動評価に広く活用されている。また、常時微動をアレイ観測することによって地下構造を推定する探査法も開発されている。さらに、構造物での常時微動の測定から固有周期や減衰定数を推定することも行われている。 ◎山中浩明

常時満水位 ［じょうじまんすいい］ normal water level 河川 貯水池計画において、利水目的のために貯留することとした流水の最高水位をいい、灌漑用水、水道用水、工業用水など利水目的で貯留される各種用途に必要な容量、死水容量、堆砂容量などによって決まる貯水池容量に対応した水位である。洪水期には洪水期制限水位が設定されることが多いので、一般には非洪水期の利水のために貯留可能なダムの最高水位である。制限水位は洪水期における常時満水位に相当する。洪水調節あるいは洪水に達しない流水の調節で常時満水位を超えた場合には、次の洪水を安全に迎えるために備えて、速やかに貯水池水位を常時満水位以下に下げなければならない。 ◎永末博幸

浄水施設 ［じょうすいしせつ］ water purification facility 都市 浄水施設は水源から取水された原水を飲用に適するように処理する施設。一般に原水の水質に応じて、凝集、沈殿、ろ過、消毒などの処理を行う。水質基準は給水栓水を対象とした最低限の達成基準であり、よりよい水質を目指すことが必要とされている。 ◎田中成尚

上水道施設 ［じょうすいどうしせつ］ water supply facility 都市 被害想定 下水道や中水道と対比して上水道の用語が用いられるが、一般に水道ともいう。水道法によると、水道事業は「一般の需要に応じて100人を超える人に水道により人の飲用に適する水を供給する事業」である。また、厚生労働省通達によると「計画給水人口が5000人を超える場合」を上水道事業としている。上水道施設はこの上水道事業に必要な取水施設、貯水施設、導水施設、浄水施設、送水施設および配水施設のことを指す。施設やその位置、配列、構造および材質に関して備えるべき要件ならびに水道施設に関して必要な技術的基準は、厚生労働省令で定める水道施設基準によることとなっているが、いまだに定められていないことから「日本水道協会」発行の「水道施設設計指針・解説」に準拠することとなっている。
→水道の多点配水システム ◎田中成尚

上水道施設の被害想定 ［じょうすいどうしせつのひがいそうてい］ damage estimation of water supply systems 被害想定 地震 物的被害に関しては、主に地下埋設管（送・配水管路）の折損や継手離脱などの予測が行われる。鋳鉄管の標準被害率（箇所／km）を地震動強度指標で回帰した被害関数によって算出し、地盤条件、管種、管径、埋設深さ、液状化危険度などに応じた補正係数および管路延長を乗じて被害件数を集計する方法が用いられる。標準被害率の被害関数としては久保・片山式(1975)が知られる。機能的被害については、モンテカルロ法により管路網の被災パターンを生成し、需要節点での取り出し水量を算定して断水率、断水戸数を評価する方法や、管路被害率から統計的に断水戸数を予測する方法が用いられる。復旧に関しては、復旧人員数(職員、協力会社、応援事業者)と復旧作業効率を勘案して、復旧曲線と復旧完了日数が予測される。
→水道の応急戦略，水道の復旧戦略 ◎能島暢呂

上水道の耐震基準 ［じょうすいどうのたいしんきじゅん］ earthquake-resistant standards for water supply system 地震 上水道施設の耐震対策は、主に㈳日本水道協会の「水道施設耐震工法指針・解説」に基づいて実施されている。上水の地震対策には、事前の被害予測と予防対策、直後の緊急対応と防災対策、事後の復旧対策についての総合的な耐震対策を行うことが要求される。取水、貯水、導水、浄水、送水、配水などの各種水道施設は、様々な土木・建築構造物や管路、機械・電気・計測設備より構成されているが、それらの耐震性能は地震動レベルとその施設の重要度の組み合わせによって規定され、またその耐震設計は各種水道施設の構造特性と施設周囲の地盤特性などを考慮した適切な耐震設計法に従って行われる。耐震設計の基本方針に従ってＬ1，Ｌ2という2段階レベルの入力地

震動を設定するとともに，液状化とそれに伴う側方流動，および地震時土圧や地盤ひずみ，動水圧などを考慮することにより，上水道施設の耐震安全性の照査が行われる。

◎清野純史

上水道の復旧 [じょうすいどうのふっきゅう] recovery of water supply systems / public water recovery [復旧] 上水道は地震においては被災直後の火災対応に，その後は生活用水などとして非常に重要なライフラインである。供給管が地中に埋設されているので，損壊箇所の特定が難しく，復旧には比較的時間がかかる。復旧までの応急対応として，井戸水や河川水の利用，道路上での応急給水栓の設置，給水車による供給がある。近年，高層化が進んでいる住宅では給水場所から自宅までの応急給水の運搬が大変である。また，水洗トイレが使えなくなるため，復旧までの応急対応としては，仮設トイレの設置が必要である。

◎佐土原聡

捷水路 [しょうすいろ] cut-off [河川] 河道の蛇行が著しい場合，河道を短縮整形するために新たに開削した水路。ショートカットとも呼ばれる。目的として，①河川改修延長の短縮による工事費の削減，②河床勾配を急にすることにより洪水流下能力を高める，③上流部の洪水時の水位を低下させる，④河床を低下させることにより内水処理を容易にする，⑤湾曲部の河岸侵食や破堤を防ぐなどが挙げられる。捷水路部だけでなく改修区間全体を考慮して計画する必要がある。石狩川，阿賀川，阿武隈川，筑後川などに見られる。

◎細田 尚

消雪 [しょうせつ] disappearance of snow cover [雪氷] 積雪がなくなることをいう。「消雪日」は，根雪の消えた日を指すことが多い。積雪地域では，消雪した後に農作業を開始できることになるため，消雪日は農業にとって重要である。降雪が多かったり，春先に低温で融雪が進まなかったりすると消雪が遅れる。必要に応じ，雪面を黒化する資材の散布や，雪面の畝立てにより消雪を早める方法がとられる。また消雪日を予測する方法も考案されている。

◎横山宏太郎

少雪年 [しょうせつねん] less snow year [雪氷] 平年より雪が少ない年を少雪年という。雪が少ないとは，累積降雪量，最大積雪深，降雪回数など基準があるが，特にどれについてを指標としていっているのではない。雪国では，降雪回数が少ないと累積降雪量も少なく，従って最大積雪深も少ない傾向があることから，どの基準についていっても少雪年であるかどうかが判断できるが，太平洋側では降雪後に積雪がないか，すぐになくなってしまうので，降雪回数を指標で見ることが適当であろう。→寡雪

◎長谷美達雄

焼損面積 [しょうそんめんせき] burned area [火災・爆発] 建物火災の物的な損害あるいは拡大の程度を最も端的に示す指標の一つが焼損面積である。建物の焼損面積は，焼損床面積とも呼ばれ，建物の焼損が立体的に及んだ場合に，その部分を床面積の算定要領で算定し，m²で表したものである。建物は立体的なものであり，建物としての機能を有しているが，焼損したことによってその機能が失われた部分について，床または天井から水平投影した床面積が焼損面積である。

◎関沢 愛

商店街共同仮設店舗整備事業 [しょうてんがいきょうどうかせつてんぽせいびじぎょう] construction project of temporary complex stores for damage shopping street [復旧] 阪神・淡路大震災により被災した商店街，小売市場の商業者の団体に対し，共同仮設店舗の設置費を補助することで，商業者の立ち上がりを支援し，市民への物資の安定供給を図るための制度で，1999年3月に創設された。自らの店舗が全壊，半壊，半焼したことにより営業不能に陥っている構成員5人以上を有する商店街などを対象に，当該団体が共同で使用する仮設店舗の建設または取得，もしくはリース方式などの借受けに要する費用の1/4を補助するものである。

◎北條蓮英

消波工 [しょうはこう] wave-absorbing works [海岸] 護岸・堤防などの構造物からの反射波の低減，越波防止，構造物への波の打ち上げ高さや構造物に作用する波力の低減を目的として，多数の▶異形ブロックで構造物前面に形成された構造物を消波工という。護岸・堤防が存在しなくても，海蝕崖の基部や海浜の汀線付近に独立して設置する場合もある。また，汀線より沖合に独立して設置して，消波のみならず堆砂効果も期待する場合には離岸堤と呼ばれる。さらに，防波堤堤体の前面に設置して，波力の減殺目的で用いる場合もある。これは消波ブロック被覆堤と呼ばれ，日本独特の構造である。いずれの場合でもその機能の発現は，構造体の中の多数の空隙を波動による流体流が通過する際のエネルギー逸散による。

◎角野昇八

消波構造物 [しょうはこうぞうぶつ] wave absorbing structure [海岸] 海岸や港湾など沿岸域に来襲する波のエネルギーを消散させ，反射波，透過波，越波などを低減することを目的とする構造物。消散機構としては，構造体と波との干渉の結果，大規模な乱れや渦流れを生成することで，伝播性の強い波動運動エネルギーを消散させる方法が一般的である。古くからある消波構造物としては，捨石で構築される傾斜堤(捨石防波堤)があり，捨石内での流体抵抗によりエネルギー消散が生じるものと解釈されている。わが国では，大重量の石材資源が十分でないことなどから，コンクリート製の異形消波ブロックが多用され，傾斜堤の被覆材のみならず直立式護岸やケーソン式防波堤の前面消波工としても利用されている。最近では，経済性を考慮して直立堤の前面に多孔壁やスリット壁を適切な距離を隔てて設ける直立式低反射構造物など，明確な消散機構に基づく各種の構造物が開発されるようになり，現地で利用されているものも多い。

◎中村孝幸

晶氷　[しょうひょう]　frazil ice　[雪氷]　河川上流部の乱れた流れでは流水は最大－0.1℃程度過冷却することが知られている。過冷却した流水中で土粒子や微細な氷片を核として発生する針状または粒状の氷結晶を晶氷という。流れの中で晶氷は互いに付着しあってサイズを増すと浮力を得て水面に浮上する。晶氷は流下しながら氷泥，小氷盤，蓮葉氷と名称を変えながら成長して河川結氷を促進する。氷板下面に晶氷が多量に滞留付着して流れが堰上げられる状態を懸垂氷堰と呼ぶ。
◎平山健一

上部マントル　[じょうぶマントル]　upper mantle　[地震]
→マントル

消防　[しょうぼう]　fire fighting　[行政][火災・爆発]　火災を予防，警戒，鎮圧し，国民の生命，身体，財産を火災から保護するとともに，火災または地震などの災害による被害を軽減することをいう。消防の責任は，専ら市町村の責任に属する。消防の組織に関する基本法として消防組織法，消防の実体活動の基本法として消防法があり，また，組織は消防本部および消防署で構成されている常備消防(職員は常勤)と消防団(団員は非常勤)がある。市町村の消防体制は常備消防と消防団が並存している地域(例外的に常備消防のみの市もある)と，消防団のみの地域(いわゆる非常備市町村)があるが，主に，山間地，離島などにある町村の一部を除いては，ほぼ常備化されるに至っている。
◎井野盛夫

消防学校　[しょうぼうがっこう]　fire fighting school　[行政][火災・爆発]　消防組織法第26条によって，都道府県または政令指定都市が設置している学校で，「消防学校の教育訓練の基準」に沿って，消防職員および消防団員の教育を行う施設をいい，全国に56校ある。また，これらの他に国には消防大学校，救急救命研修所などがあり，市町村，都道府県，国などが一貫して専門的な教育訓練を行うシステムとなっている。
◎井野盛夫

消防基金　[しょうぼうききん]　fire fighting fund　[行政]　消防組織法第15条の7の規定により，非常勤の消防団員などが公務上の災害によって被った損害をその内容(療養補償，傷病補償年金，障害補償，介護補償，遺族補償および葬祭補償)に応じて市町村は補償することになっている。市町村の支給責任の共済制度として1956年に設けられた基金のことをいい，順次，退職報償金，福祉事業，消防協力者などの支払いへと拡充されてきている。
◎井野盛夫

消防危険物　[しょうぼうきけんぶつ]　fire hazardous material　[火災・爆発]　消防法では，火災危険性を有する固体，液体物質を第1類から第6類の6つの類に区分し，各類毎に危険物に該当する可能性のある品名を原則として総称的な名称を用いて掲げている。さらに，危険物としての危険性は，各類毎に定義付けられており，品名に該当する物品のうち一定以上の危険性状を示す物品のみが，消防法上の危険物であり，貯蔵・取り扱いなどに関して火災予防の見地から規制されている。第1類は酸化性固体，第2類は可燃性固体，第3類は自然発火性物質および禁水性物質，第4類は引火性液体，第5類は自己反応性物質，第6類は酸化性液体である。
◎島田耕一

情報機能支障　[じょうほうきのうししょう]　disruption of communication functions　[被害想定][情報]　施設機能の一部である電話や防災行政無線などの情報収集・伝達手段の直接的被害，回線の輻輳や停電，要員の不慣れな情報処理といった要因によって防災組織内部，防災組織相互および防災組織と住民間で生じる情報収集・伝達支障。阪神・淡路大震災を踏まえた定性的想定がなされている(東京都)。この想定を通じて，代替手段の確保，情報収集・伝達訓練の徹底，情報の収集・伝達様式の標準化などの課題が明らかにされる。
◎黒田洋司

消防警戒区域　[しょうぼうけいかいくいき]　area to be guarded against fire　[行政][火災・爆発]　火災現場において，生命または身体に対する危険を防止するためおよび消火活動，火災の調査等のため一定の者以外の者の退去命令または出入りの禁止もしくは制限を行う区域として消防吏員等が設定する一定の区域(消防法28Ⅰ)。この設定行為は，事実行為であり，かつ，不特定多数の者に対して一定の時間，客観的に明示されるべき行為であるから，口頭ではなく，ロープなどによって具体的に行うべきである。消防警戒区域を設定し，一定の者以外の立入りなどの禁止，制限等の職権は，消防吏員および消防団員にあるが，①消防吏員または消防団員が火災現場にいない時，②消防吏員または消防団員の要求があった時のいずれかの場合に限り，警察官がこの職権を行うことができる。また，火災現場の上席消防員の指揮によって消防警戒区域を設定する場合には，現場にある警察官は，これを援助しなければならないものとされている(消防法28Ⅲ)。なお，消防警戒区域から退去を命ぜられ，または当該区域への出入りを禁止もしくは制限されない者の範囲は，火災現場の状況に応じ，定められている(規則48)。水災を除く他の災害に関して設置される警戒区域についても同様である(消防法36，規則49)。
◎消防庁

消防計画【市町村】　[しょうぼうけいかく]　fire action plan　[行政][火災・爆発]　市町村の消防機関が災害に対処できるように，組織および施設の整備拡充を図るとともに，防災活動の万全を期することを主眼として，市町村が作成する消防機関の活動に関する計画。消防計画は，消防機関が消防活動を行う上の基本的な指針となるものであるから，その計画は当該市町村の実態に即応して極力具体的，かつ効率的に策定すべきものであって，災害対策基本法に基づく当該市町村の地域防災計画の内容と密接な関連性を保つものでなくてはならない(1966年2月17日消防庁次長通達)。この計画の作成についての基準は「市町村消防計画の基準」(1966年消防庁告示第1号)によって示さ

れている。それによると，消防計画は，消防力などの整備，防災のための調査，防災教育訓練，災害の予防，警戒および防御，災害時の避難，救助および救急，応援協力等のその他の災害対策を大綱とするもので，その内容は同基準の別表に個別に示されている。　　　　　　　　　◎消防庁

消防計画【防火対象物】　[しょうぼうけいかく]　fire action plan　行政　収容人員30人以上または50人以上の防火対象物の管理について権限を有する者が当該防火対象物について防火管理者に作成させる消防に関する計画(消防法8，政令1)。その主な内容は自衛消防の組織，火災予防上の自主検査，消火・通報・避難の訓練の実施等である(規制3)。消防計画の作成については，市町村消防計画との関連もあるので，消防機関は具体的な指導助言を行うことが適当である。　　　　　　　　　　◎消防庁

消防自動車　[しょうぼうじどうしゃ]　fire engine / fire truck　火災・爆発　消防用自動車は，消火を始めとする消防活動を行うための車両である。種々の消防活動の目的に応じて，①消火栓や貯水槽などの消防水利から吸水して消火活動を行うための普通消防ポンプ自動車・小型動力ポンプ積載車，②水槽を搭載し火災現場の直近に位置して即放水できる水槽付消防ポンプ自動車，③消火薬剤タンクと消火薬剤混合装置などを搭載し，油火災などの消火を行うための化学消防ポンプ自動車，④高層ビルなどの人命救助活動や，高所からの放水などを行うためのはしご付消防ポンプ自動車，⑤救助器具などを積載し，人命救助活動を行うための救助工作車などがある。　　　　　　◎島田耕一

消防信号　[しょうぼうしんごう]　fire fighting signal　行政　火災・爆発　情報　火災などの災害の発生，鎮圧およびそれに伴う出場などを報知するための信号。火災信号(近火・出場・応援・報知・鎮火)，山林火災信号(出場・応援)，火災警報信号(火災警報発令・火災警報解除)および演習招集信号があり，各信号によって打鐘信号，余韻防止付サイレン信号その他による方法がある。　　◎井野盛夫

消防水利の基準　[しょうぼうすいりのきじゅん]　standard of fire department water source　行政　1964年消防庁告示第7号。市町村の消防機関が消火活動をするために必要とする消防水利施設の能力および配置等を示した基準で消防法第20条の規定に基づく勧告である。この基準には市街地または準市街地およびこれらに準ずる地域における防火対象物の火災の消火に必要とする水利の設置基準が示されている。ここに示されている消防水利は，市町村が設置し，維持し，管理する水利および指定消防水利の両者を対象としている。　　　　　　　　　　◎消防庁

消防設備　[しょうぼうせつび]　fire protection equipment　火災・爆発　消防設備は，学校，病院，百貨店などの防火対象物に，法令の定めにより設置維持するものである。消防用設備等の種類は，消火設備(消火器，屋内消火栓設備，スプリンクラー設備等)，警報設備(自動火災報知設備等)，避難設備(救助袋，誘導灯等)，消防用水(防火水槽等)，消火活動上必要な施設(排煙設備，連結散水設備等)がある。消火設備は消火を行う器具または設備，警報設備は火災の発生を報知する器具または設備，避難設備は安全迅速に避難するために用いる器具または設備である。消火活動上必要な施設は，消防隊が消火活動を的確に行うための施設である。→火災報知設備，非常用照明，非常用電源
　　　　　　　　　　　　　　　　　　　◎島田耕一

消防設備士　[しょうぼうせつびし]　fire protection engineer　行政　消防設備士免状の交付を受けている者。その受けている消防設備士免状の種類により甲種および乙種があり，甲種は免状に指定された種類の消防用設備などの設置に係る工事および整備を，乙種は整備だけを行うことができる(消防法17の6)。消防設備士は，その業務に従事するときは，消防設備士免状を携帯しなければならない(消防法17の13)。消防設備士でない者は，技術上の基準に従って設置しなければならない消防用設備などの当該設置に係る工事または当該消防用設備等の整備(他人の求めに応じ，報酬を得て行われるものに限る)のうち消防法施行令第36条の2で定めるものを行ってはならず(消防法17の5)，違反者は刑罰に処せられる(消防法42Ⅰ⑧Ⅱ)。
　　　　　　　　　　　　　　　　　　　◎消防庁

消防戦術　[しょうぼうせんじゅつ]　fire fighting tactics　火災・爆発　消防戦術の基本は，火災を火元でくい止めることに主眼を置き，原則として最小単位の消防力で対処することが理想である。消防戦術は多種多様な火災に対し，有効適切に対応するための活動指針であるといえる。消防戦術は火災の延焼と消防の相互の関係で決まる。消防戦術の態様は消防力が優勢な場合の攻勢防御，消防が火勢に対して優勢でない場合の守勢防御に大別できる。また，燃焼の形態や目的によって手段方法が異なることから，火災建物等を周囲から包囲する包囲戦術，火災をはさみうちする挟撃戦術，街区の角，面，内部で発生した火災に対する街区(ブロック)戦術，火災地周辺に社会的，経済的，あるいは，消防上の重要な施設または対象物等に重点を置いて防御する重点戦術，危険物の屋外貯蔵タンク火災等に対し各隊が集中して一挙に鎮滅する集中戦術などがある。
　　　　　　　　　　　　　　　　　　　◎島田耕一

消防相互応援協定　[しょうぼうそうごおうえんきょうてい]　mutual aid agreement on fire protection　行政　市町村は，消防に関し必要に応じ相互に応援すべき努力義務があるため，消防の相互応援に関して協定を締結するなどして，大規模な災害や特殊な災害などに適切に対応できるようにしている。その締結状況は，2000年4月1日現在，同一都道府県内の市町村間の協定数が2382，異なる都道府県域に含まれる市町村間の協定数が621，その合計である全国の協定数は，3003である。また，全国の協定について応援災害別に分類(重複計上)すると，火災2726，風

水害2188，救急2319，救助2191，その他2314となる。現在，全ての都道府県において都道府県下の全市町村および消防の一部事務組合などが参加した消防相互応援協定（常備化市町村のみを対象とした協定を含む）を結んでいる。さらに，特殊な協定として，高速道路（東名高速道路消防相互応援協定他），港湾（東京湾消防相互応援協定他），林野火災（四国西南地域消防相互応援協定他）や空港（関西国際空港消防相互応援協定他）などを対象としたものがある。
◎消防庁

消防装備 ［しょうぼうそうび］ fire equipment 火災・爆発　消防活動に必要な機械器具その他の消防装備は，火災防御行動の能率を高めるためのものである。消防装備は，消防自動車などを単位とする部隊の装備と隊員一人一人の個人装備に分けることができる。部隊装備の主なものは，消防ポンプ自動車，化学消防ポンプ自動車，水槽付消防ポンプ自動車，はしご付消防ポンプ自動車，屈折はしご付消防ポンプ自動車，屈折放水塔付消防ポンプ自動車，耐爆化学車，小型動力ポンプ，手引動力ポンプ，消防艇，排煙車，照明車，救助工作車，救急車，ヘリコプターなどがある。車載品としては，無線電話機，拡声機，投光器，救助用ロープ，救助幕，はしご，救命索発射銃，油圧式救助器具，潜水器具，破壊器具，各種放水器具，発泡器具，および消火剤などがある。個人装備の主なものは，各種防火被服，腰綱，携帯無線電話機，空気呼吸器，警笛などがある。
◎島田耕一

消防組織法 ［しょうぼうそしきほう］ Fire Defense Organization Law 行政 火災・爆発　1947年法律226号。消防の組織に関する基本法であり，消防の実体活動の基本法たる消防法とともに，消防の二大法令である。消防組織法は，第1章で総則として消防の任務，第2章で国家機関として消防庁の設置，消防庁の役割，第3章で自治体の機関として各市町村（特別区は連合して消防組織を持つ）の消防本部・消防署・消防団等の消防機関および消防職員・消防団員の設置，都道府県の役割を定め，第4章で市町村消防独立の原則，消防庁長官および都道府県知事の助言・勧告・指導，市町村消防の相互応援，消防機関と警察機関との関係，非常事態時における消防庁長官の措置および都道府県知事の指示，消防学校の教育訓練等について規定している。
◎消防庁

消防隊 ［しょうぼうたい］ fire brigade 行政 火災・爆発　消防法第2条に，「消防隊とは，消防器具を装備した消防吏員又は消防団員の一隊をいう」とあり，通常動力ポンプを主要装備とし，その装備の操作に従事する数名で構成され，主として直接の消火活動にあたるものであるが，それぞれの隊を集合したものも含めていうことがある。
◎消防庁

消防団 ［しょうぼうだん］ volunteer fire corps 火災・爆発 被害想定 行政　消防組織法に基づき市町村が全部もしくは一部を設けなければならない三つの消防機関のうちの一つ（他は消防本部と消防署）。2001年4月1日現在，全国に3636団（団員数約94万人）が組織されているが，1994年5月末，常勤であった秋田県鹿角郡小坂町消防団が解散し，すべて非常勤となっている。消防団員は，日常，各自の職業に従事しながら，火災・水災などに対する消防活動や応急救護などを任務として消防隊と連携して活動しており，消防長または消防署長の命ずるところにより，立入検査を行うことがある他，消防警戒区域の設定，消火活動中の緊急措置等を行う権限を有している。その生い立ちは，江戸時代の町火消にまでさかのぼるが，1894（明治27）年に消防組として組織され，1939年，警防団令に基づいて警防団となり，1947年，消防団として現在の制度に移行した。近年，高齢化や定員割れの解消が課題となっているが，阪神・淡路大震災以降，地域に密着した防災機関として，大規模災害時の活動が期待されている。
◎島田耕一，消防庁，中野孝雄

消防団の地震時消火活動の想定 ［しょうぼうだんのじしんじしょうかかつどうのそうてい］ estimation of the fire-fighting activities by volunteer fire corps in earthquakes 被害想定 火災・爆発　兵庫県南部地震では，常備消防の消防力が不足していたこともあり，消防機材を保有していた消防団の消火活動が火災による被害軽減に大きな効果を上げた。そこで，大都市の震災時における同時多発火災に対する消防団の消火活動の想定が，地震被害想定における必須の要件となっている。東京都の被害想定では，消防団は大規模地震の発生直後において，ポンプ保有場所から半径200m（区部）または400m（多摩地域）以内の出火で，かつ震災時使用可能水利がある場合に消火が成功するものとしている。その後の消防団の消火活動は，常備消防隊と連携して行うものとしている。
◎川村達彦

情報通信施設 ［じょうほうつうしんしせつ］ telecommunications facilities 都市 情報　情報通信を提供する施設は，それぞれが個々の機能を分担して運用されるようにネットワーク化されたシステムである。情報を多量にかつ安定的に供給する伝送方式として，有線方式と無線方式がある。有線方式の施設としては，情報の伝送媒体である通信ケーブルとそれを収容する土木施設がある。通信ケーブルは従来ではメタルケーブルが使用されていたが，現在では軽量で大容量の光ケーブルが使われている。通信ケーブルは都市内では主に地下に設置された隧道（トンネル）や管路，マンホールに収容され，都市周辺地域では電柱に架設される。また，橋などを横断するための橋梁添架設備に収容される場合もある。無線方式の施設としては，マイクロ無線用のアンテナや通信衛星がある。さらに通信情報を目的とする相手に送るための伝送設備や交換設備があり，それらは通信設備センタービルに収容されている。
◎中野雅弘

情報通信施設の応急復旧　[じょうつうしんしせつの おうきゅうふっきゅう]　emergency restoration for telecommunications facilities　[都市][情報]　被災後の通信サービス低下を最小限にとどめるため，各種の災害対策機器を用いてできるだけ早く通信サービスを復旧する必要がある。対策機器として，交換機，電源装置，無線装置，通信衛星，応急ケーブルが挙げられる。交換機が被災した場合は復旧に時間を要することから，機動性のある可搬型交換機を出動させる。また，通信センターの電源装置の被災にはバッテリーによるバックアップ機能がありこれによって対処するが，電源が確保できない時は移動型電源装置により電力を確保し，通信トラフィックの確保に努める。土砂崩れや道路崩壊により通信ケーブルが切断された場合などは，無線方式により応急的な対処を行う。可搬型無線機を利用するとともに，広域的な場合には通信衛星を利用して迅速に対処する。復旧ケーブルの作業で時間のかかる接続作業の時間短縮には，コネクター付応急ケーブルが使用される。→情報通信施設の復旧戦略，情報ネットワークの復旧曲線，電話の復旧　　　　　　　　　　◎中野雅弘

情報通信施設の復旧戦略　[じょうつうしんしせつの ふっきゅうせんりゃく]　restoration strategy for telecommunications facilities　[都市][情報]　災害発生後の復旧には，①通信リソースの確保と管理，②通信リソースの投入と配分，③緊急衛星情報システムの構築，④危機管理体制の強化，が必要であり，特に大規模災害時には，それらを体系的に進める必要がある。また，災害発生直後の応急復旧時には，まず通信の確保と早期復旧が重要であり，そのために，①重要通信の確保，②早期復旧用機器の確保と運用，③早期復旧体制の確立，を重点的に実施する必要がある。被災地の通信回線が故障しても全面的に途絶しないよう，衛星通信を利用して市町村などの孤立防止を図るとともに，防災機関の最小限の通信を確保する。また，発災後に発生する通信の輻輳現象に対処するとともに情報端末系の停電対策も必要である。可搬型交換機，移動電源装置，可搬型加入者無線機器を整備し，早期復旧機器を確保するとともに，応急光ケーブルによる高速の復旧を行い，復旧体制では広域応援も含めた体制の構築と日常の防災訓練を実施する。→情報通信施設の応急復旧，情報ネットワークの復旧曲線，電話の復旧　　　　　　　　◎中野雅弘

消防同意　[しょうぼうどうい]　consent to building permit　[行政][火災・爆発]　消防が防火の専門家という立場から建築物の火災予防設計の段階から関与して，建築物の安全を高めることを目的として設けられている制度をいい，防火上の安全性および消防活動上の観点から，よりきめ細かな審査，指導を行っている。また，消防機関は，火災予防のために必要がある時は防火対象物に立ち入って，予防のための査察(消防法第4条)を行うことができる。
◎井野盛夫

情報ネットワークの復旧曲線　[じょうほうネットワークのふっきゅうきょくせん]　restoration process curve for information network　[都市][復旧][情報]　被災後に通信機能を早期に復旧させることは，情報化社会において重要である。ライフラインである通信システムは多くの設備から構成され，さらに複雑なネットワークを形成している。そのため，各設備は相互に影響し合いシステム全体にも影響を及ぼす。このようなシステムの被災後の復旧過程は，段階に応じて時間的に実施されるため，縦軸に機能回復，横軸に時間をとると一般的に右上がりの曲線状をなす。通常，復旧は3段階(緊急措置，応急復旧，本復旧)に分類される。緊急措置段階では，被害の概要を把握し二次災害を防止する措置を行う。次の応急復旧では，全体的な被害状況を把握しシステム機能の早期復旧を行い，本復旧への最小限の機能維持を図る。最終的な本復旧では，日常的なサービスを提供するための復旧であり再被害を受けることのない状態を実現させる必要がある。情報通信システムでは，一般的にはバックアップ機能もあり数時間で一部の機能は回復することが多い。→情報通信施設の応急復旧，情報通信施設の復旧戦略，電話の復旧　　　　◎中野雅弘

消防法　[しょうぼうほう]　Fire Service Law　[行政][火災・爆発]　1948年法律第186号。1948年8月1日施行。議員提案によって制定された。火災を予防し，警戒しおよび鎮圧し，国民の生命，身体および財産を火災から保護するとともに，火災または地震等の災害による被害を軽減し，もって安寧秩序を保持し，社会公共の福祉の増進に資することを目的とし，火災の予防のための防火管理者設置等の措置，危険物の規制，消防用設備等の設置・維持の義務および検定，火災の警戒措置，火災の際の出動および緊急措置等，火災の原因および損害の調査，救急業務等について定めている。消防の活動の基本となる事項を定めており，消防組織法と並んで消防の基本法令である。　◎消防庁

消防防災通信ネットワークと防災行政無線　[しょうぼうぼうさいつうしんネットワークとぼうさいぎょうせいむせん]　communication network for fire fighting and disaster prevention　[行政][情報]　災害時において，迅速かつ的確な災害応急活動を実施するための災害に強いネットワークを消防防災通信ネットワークとして構築している。現在，国，地方公共団体，住民等を結ぶ消防防災通信ネットワークは，国と都道府県を結ぶ消防防災無線網，都道府県と市町村等を結ぶ都道府県防災行政無線網および市町村と住民等を結ぶ市町村防災行政無線網で構築されており，地上系および衛星系無線を用いている。都道府県防災行政無線は地上系，衛星系または両方式で全都道府県で運用中である。電話，ファクシミリによる相互通信の他，都道府県から市町村や関係防災機関への一斉伝達が可能である。市町村防災行政無線は，①市町村庁舎の親局から子局(屋外拡声方式と戸別受信方式がある)への一斉通報を行う同報

系無線，②市町村庁舎の親局から移動局(車載型と可搬型移動局がある)との相互連絡を行う移動系無線，③市町村庁舎と防災関係機関との相互連絡を行う地域防災無線，がある。なお，衛星系無線は，消防庁，都道府県，市町村および防災関係機関相互を結ぶ地域衛星通信ネットワークを活用している。　　　　　　　　　　　　　　　◎消防庁

消防防災無線［しょうぼうぼうさいむせん］FDMA'S disaster prevention radio communications system 行政 火災・爆発 情報　国(消防庁)と都道府県を結ぶ無線網であり，地上系無線と衛星系無線の二重化がされている。地上系無線は国土交通省のマイクロ無線設備と設備共用しており，全都道府県で運用している。衛星系無線は地域衛星通信ネットワークにより整備中であり，40都道府県(2000年11月現在)で運用している。消防防災無線の機能は，電話およびファクシミリによる相互通信，消防庁からの一斉指令があり，衛星系はさらにデータ通信，映像伝送の機能も備えている。また，災害発生時の機動的な連絡体制を整備するため車載局，可搬局も整備している。
　　　　　　　　　　　　　　　　　　　◎消防庁

消防用ホース［しょうぼうようホース］fire hose 火災・爆発　消防用ホースは，ホースおよび結合金具で構成される。ホースは，一般的に繊維製の円筒状織物にゴム製または合成樹脂製の内張りを施したものである。現在用いられているホースは，合成繊維のものが主流である。結合金具は，差込式およびねじ式の2種類があるが，着脱の操作性が良好であることから差込式の結合金具が多く使用されている。　　　　　　　　　　　　　◎島田耕一

情報量基準(赤池の——)［じょうほうりょうきじゅん(あかいけの——)］Akaike's Information Criterion (AIC) 共通　最尤推定法により推定されたモデルの候補が複数ある場合に，それらの中から最も適したモデルを判定する基準。モデルの当てはまりのよさを表す最大対数尤度と，パラメータ推定の安定性を意味するモデルの自由パラメータ数により次式で計算される。AIC＝－2×(モデルの最大対数尤度)＋2×(モデルの自由パラメータ数)。AICが小さいほどよいモデルであり，これはパラメータ数が同じであれば最大対数尤度が大きいモデルが，最大対数尤度が同程度であればパラメータの少ないモデルが選ばれることになる。　　　　　　　　　　　　　　　　　◎鈴木正人

消防力の基準［しょうぼうりょくのきじゅん］standard of fire defense capabilities 行政 火災・爆発　1961年消防庁告示第2号。市町村の消防に必要な施設および人員の基準で消防法第20条の規定に基づく勧告である。消防力の基準には，市町村に分布する市街地の規模に応じて，そこに設置する消防署所数，署所および消防団の管理する動力消防ポンプの数，はしご自動車等の配置数，これらを操作する人員および指揮者等の人員ならびに火災の予防，庶務の処理等に従事する消防吏員および消防団員の数の算定方法が示されている。　　　　　　　　　　　◎消防庁

消防力の地震時一次運用［しょうぼうりょくのじしんじいちじうんよう］primary fire-fighting operations 被害想定　平常時の火災では，消防隊などの消防力を消防本部が一体的に運用管理しているが，大都市の震災時に予想される同時多発火災では，消防本部が全ての火災を覚知できるとは限らないことや消防署の消防力を多くの火災に分散し対応できるようにするため，一定以上の震度が観測された場合，各消防署の指揮者の裁量によって，消防隊を運用することができるように活動体制を変えている消防本部がある。東京都の被害想定では，この各消防署の指揮者の裁量によって消防隊を運用することを一次運用といい，その後の消防本部などによる利用可能な消防力の一体的運用を二次運用という。兵庫県南部地震における神戸市の消防本部では，発災後1時間以内に，各消防署毎での消防活動を指令し，消防本部による運用は発災後約5時間を経過した時点以降であった。→消防力の地震時二次運用　　◎川村達彦

消防力の地震時二次運用(延焼阻止線活動)［しょうぼうりょくのじしんじにじうんよう(えんしょうそしせんかつどう)］secondary fire-fighting operations (fire-fighting along fire break belt) 被害想定 火災・爆発　東京都の被害想定では，二次運用(包囲消火活動)で消火できなかった火災に対して，予め，もしくは，消防隊が活動現場で設定した広幅員街路などで延焼を阻止する消火活動を延焼阻止線活動という。延焼遮断効果を有する道路・河川や鉄道など(▶延焼遮断帯)に囲まれた地域を延焼ユニットとし，火災が▶延焼ユニットの境界線に達した時点で，延焼力が延焼遮断帯の遮断力を上回る場合には隣接ユニットに燃え広がり，下回る場合にはそこで焼け止まるとしている。延焼遮断帯で延焼火災が遮断されないと判定された場合には，隣接するユニットへの延焼の早いものから境界線に消防隊や消防団が集結して延焼阻止線活動にあたることとし，延焼を阻止する境界線の長さに対し消防隊と消防団の放水口数が上回り，かつ十分な水利がある場合に延焼遮断に成功するとしている。→消防力の地震時一次運用　　◎川村達彦

消防力の地震時二次運用(包囲消火活動)［しょうぼうりょくのじしんじにじうんよう(ほういしょうかかつどう)］secondary fire-fighting operations (encircling fire-fighting) 被害想定 火災・爆発　東京都の被害想定では，大規模地震発生直後における一次運用の消火活動で，消火できなかった火災に対し，消防署の管轄区域を超えて行われる消火活動を二次運用としている。二次運用で活動する火災のうち，発震後2時間までに消火可能な火災について，消防隊と消防団が連携して包囲消火活動を行うこととしている。延焼危険の高い火災から順に，一次運用の終了時点で，付近の消防隊(消防隊用可搬ポンプを含む)と消防団(一次運用に参加していないもの)が出場して活動を行うものとして，放水可能な消防隊，消防団による包囲可能な長

さと火面周長(延焼している市街地の外周の長さ)とを比較して,包囲できれば消火が成功するとしている.なお,建蔽率18%以下の地域では延焼危険が低いことから,火面周長の50%を包囲した場合に消火可能と判定している.
→消防力の地震時一次運用　　　　　　　　◎川村達彦

初期火災 [しょきかさい] initial stage of fire
火災・爆発　▶区画火災のうち,比較的初期の過程を総称して初期火災と呼ぶ.具体的には,失火,放火,漏電加熱などの何らかの原因により生じた火種が炎を伴って生じた場面から,周辺の他の可燃物群へと燃え広がり,ついにはフラッシュオーバーと呼ばれる急拡大現象を生じて区画全体の火災に至るまでの間を指すことが多い.→盛期火災
◎原田和典

初期消火活動 [しょきしょうかかつどう] initial fire fighting activities　情報　火災・爆発　被害想定　どんな火事でも,最初は小さな火であるため,私たちの力の及ぶうちに消火することが重要である.初期消火は,燃えはじめの1〜2分が勝負といわれている.それにはまず,1人で何とかしようとせず,大声で近くの人に協力を求めること.そうすれば消防署へ通報することや,消火活動にあたることを皆で分担できる.しかし初期消火活動も,「天井に火が移る前まで」といわれるように,自分の安全が確保されていることが条件である.初期消火の限界を知り,避難のタイミングを逃さないようにする.その際は,延焼防止のため扉を閉め,避難する.いざという時慌てないために,そして火災を起こさないためには,日頃から火に親しむことが大切である.火に触れることが減っている今,小さい時からアウトドア炊事や火おこしなどを通して,火のありがたさや怖さを正しく教えておく必要がある.
◎青野文江

初期消火率 [しょきしょうかりつ] initial fire fighting rate　被害想定　火災・爆発　火災の初期段階で,付近にいる居住者や従業員などによって消火される割合である.地震時の火災被害は,初期消火されずに延焼拡大する火災に依存しており,地震時の火災被害想定では重要な要因の一つである.平常時の初期消火率は,使用されている火気器具などの周辺にいる人数や消火機器の存在などの関数であるが,地震時の初期消火率の想定にあたっては,さらに,地震の揺れ(震度)が大きくなればなるほど人の行動が制約され,初期消火率が低下することを加味しなければならない.東京消防庁の出火危険度算定では,過去の地震時の用途別初期消火率を設定した上で(例えば,住宅では0.67),デルファイ法アンケートを用いて設定した補正率(例えば,応答加速度が700galの時0.453)を乗じている.
◎川村達彦

除却勧告 [じょきゃくかんこく] old wooden houses demolition counsel　復旧　密集市街地整備法に規定されたメニューの一つ.防災再開発促進地区内において,省令に示す基準に基づき,防災上問題があると認められた木造建物の除却を市区町村(建築主事不在の場合は知事)が勧告できるとするもの.建替誘導や不燃化促進といった更新誘導型の施策から一歩踏み出した「勧告」という強い行政措置であるだけに,立法過程においても,居住者や建物所有者への対応をどうするかが議論の焦点になった.法律では,建物所有者が居住者の意見を求めて居住安定計画を作成し,市区町村長の認定を受けると,正当事由に関する借地借家法の関係規定が適用除外になるとした.しかし,勧告を出すと行政側にも責任が発生するため,運用は滞りがちである.
◎髙見沢実

職員参集 [しょくいんさんしゅう] assembling of staff
被害想定　防災組織の活動を成り立たせている要因の一つで,防災組織の要員動員能力と捉えられる.要員を,いつの時点でどこにどの程度の人数動員できるかが問われるが,地震の発生日時,要員の居住地分布,要員自身の被災,交通施設被害など,様々な要因の影響を受けるため,不確実性が極めて高い.阪神・淡路大震災を踏まえた部分的な定量的分析がなされている(東京都).この想定を通じて,初動体制の見直しなどの課題が明らかにされる.
◎黒田洋司

植栽 [しょくさい] tree belts　気象　→防風フェンス

植栽工 [しょくさいこう] planting works　地盤　山腹工の最終段階に行う木本導入の工事である.一般に植栽前に山腹基礎工や積苗工,筋工などによって一応生育基盤は改善されているが,植栽環境はよくないので,せき悪地(土層中に含まれる肥料分が極めて乏しい未熟土壌),乾燥などの悪条件に耐えられる樹種を選択する必要がある.主林木として,活着が容易で生長の速いアカマツ,クロマツ,クヌギ,エゾマツ,トドマツなどが,また窒素固定のできる肥料木としてヤマハンノキ,ヤシャブシ,イタチハギ,ニセアカシアなどが植栽される.
◎眞板秀二

食糧・農業早期予測 [しょくりょう・のうぎょうそうきよそく] FAO global information and early warning system on food and agriculture(GIEWS)　海外　国連の組織の一つでローマに本部を持つ世界食糧農業機関(FAO)は食糧と農業に関する地球規模のモニタリングと早期警報のためのシステム(global information and early warning system on food and agriculture: GIEWS)を持っている.システムは人工衛星画像を解析してサヘルを始めとする世界各地域の天候変化・穀物生育状況をモニターして収量・貯蔵量ならびに援助を含む需給ならびに援助必要量の予測を行っている.報告は年5〜6回発表されていてFAOのホームページで見ることができる.→飢餓早期警報
◎渡辺正幸

食料の需給 [しょくりょうのじゅきゅう] demand and supply of foods　被害想定　災害時においては,流通・金融機能の麻痺および住宅の被災による家庭内の食料・現金の喪失などにより自力での食料の確保が困難となる被災者が

発生する可能性がある。こうした災害時の食料供給対策の需要量を推計し，行政などによる備蓄，調達などの計画に基づく供給可能量と比較することにより，その需給バランスを想定し計画内容の評価を行うものである。対策面ではさらに，事業所や家庭における日頃からの備蓄も重要である。
◎池田浩敬

除石工 [じょせきこう] debris exclude works 地盤
ダム，遊砂地などに堆積した土砂を人工的に掘削して排出することにより本来の機能を回復する工法である。貯水ダムの場合には貯水容量が回復し，透過型砂防ダム，遊砂地，沈砂池などの場合には貯砂容量が回復する。また，河道や流路工内に堆積した土砂を取り除く場合もある。一般的に不透過型砂防ダムは土砂が堆積している状態で土砂の調節機能や渓岸，渓床の安定化機能を発揮するため除石は行わない。
◎石川芳治

除雪 [じょせつ] snow removal 雪氷　路面上の積雪を除去すること。一般に機械除雪が実施されているが，機械除雪が困難な箇所などには消融雪施設が設置されている。除雪機械には除雪トラック，ロータリ除雪車，除雪グレーダなどがあり，それぞれ新雪除雪，拡幅除雪，圧雪除去，路面整正などの用途に使用される。また運搬排雪では，ロータリ除雪車やスノーローダによりダンプトラックに雪を積み込んで雪捨て場に運搬する。さらに，道路脇の雪庇や雪堤処理には，ロータリ除雪車や除雪トラック，除雪グレーダにアタッチメントを装着したり，専用の雪庇処理車を用いて対処している。なお，歩道除雪にはハンドガイド式除雪機が多用されている。
◎小林俊市

初動体制 [しょどうたいせい] emergency response on initial stage 行政　大規模な災害が発生した場合，人命を第一に，救助，救急，医療，消火，避難等の災害応急対策を迅速に実施する必要がある。このため，情報収集伝達や要員の非常参集，対策本部設置などによる活動体制の確立などの初動期における対応体制が極めて重要である。災害初期段階において，政府，地方公共団体等が一丸となって，的確かつ迅速に被害状況や応急対策に関する情報の収集・連絡等が実施できる体制をいう。
◎内閣府

除灰 [じょはい] removal of volcanic ash 火山
道路，住宅，耕地などの生活区域から降灰を除去すること。降灰を放置すると粉塵として健康を害する他，生活に様々な害を及ぼす。例えば，降雨があるとスリップが生じやすく交通事故の原因になり，住宅地では排水が悪くなる。また，酸性が強いため，作物の生育に障害を与える。日常的に降灰のある桜島の周辺の市町村では，降灰除去のため，様々な事業を国の補助を得て行っている。集積した降灰を廃棄する場所の確保も難問である。
◎石原和弘

処理場 [しょりじょう] treatment plant 都市　管渠により集水，輸送された汚水中の汚濁物質を処理し，放流先となる公共用水域の水質汚濁防止を行う施設で，水処理と汚泥処理で構成される。下水の性状や必要な処理水質により様々な処理方法が採用される。古くは沈澱処理法，散水ろ床法なども採用されたが，大半の処理場では標準活性汚泥法が採用されている。水質改善のレベルの高まりとともに，これまでの BOD，COD などの有機物を対象とした処理から，リン，窒素など栄養塩類の除去による富栄養化防止のための処理方式に改善されてきている。さらに最近では環境ホルモンと呼ばれる微量有害物質を対象とした処理の必要性も議論されている。阪神・淡路大震災では，液状化により構造物，設備が損傷し処理機能が停止するなど深刻な被害が生じた。地震時に必要な処理レベルに応じた対策を講ずる必要があり，処理レベルの復旧順序としては，揚水などの下水排除，滅菌による伝染病予防，汚水の沈澱放流を先行し，高級処理，汚泥処理を後にする考え方が提案されている。
◎渡辺晴彦

シラス shirasu / nonwelded pyroclastic flow deposits 地盤 火山　元来は火山性白色砂質堆積物一般を意味する鹿児島地方の俗語。最近では大規模火砕流堆積物の非溶結部に限って用いられる。狭義には，鹿児島周辺に一番広く分布する入戸（いと）火砕流堆積物を指す。入戸火砕流は，約2万5000年前鹿児島湾奥部の姶良カルデラから噴出したもので，東は宮崎，北は人吉まで到達し，鹿児島県本土の約6割を覆う。比高100 m前後の広大なシラス台地を形成した。シラスは軽石・火山灰・岩片などが混在し，非常に淘汰が悪い。ふつう砂に比し著しく異なる力学的性状を有することから，土質力学では特殊土と呼ばれる。乱さない状態の地山シラスは自立性がよいため，高さ数十mもの急崖が形成される。その結果，台地縁辺部において崖崩れ災害が多発する。有名なシラス災害である。第二次大戦後は大規模な侵食災害が多かったが，最近は表土が崩れる表層すべりが多くなり，小規模群発の傾向がある。なお，シラスが侵食されて再堆積したものを二次シラスという。
◎岩松　暉

自力仮設工場 [じりきかせつこうじょう] self-built temporary factory 復旧　災害により建屋が被災し製造設備や生産ラインが破損した製造事業所が，取引先との関係，その他の事情から生産休止の長期化が許容されない場合に，工場施設を本格復興するまでの間，必要最小限の生産を維持するために自力で設置する応急的工場をいう。スペースの余地があれば自社敷地内を活用して，または他人の土地を賃借して応急工場を建設し，あるいは他社の遊休工場の設備などを暫定的に賃借して操業する形態がある。
◎北條蓮英

自力仮設住宅 [じりきかせつじゅうたく] self-built temporary house 復旧　災害時に住宅などを失った場合，一時的居住のため，自力で建設する仮設住宅の総称である。阪神・淡路大震災では，神戸市内に約3000棟が建設された。自力仮設住宅には，プレハブ住宅，コンテナやバラッ

ク，輸入住宅，モービルハウス，テント，準恒久住宅などがある。自力仮設住宅は，自己の所有地や借地でも土地の条件が整えば，従前居住地ですばやく生活，営業を回復でき，被災地の活力を生み出す効果がある。今後，大規模災害時に，これらの特性に着目した支援システムも提案されている。
◎塩崎賢明

自力仮設店舗 ［じりきかせつてんぽ］ self-built temporary store ［復旧］　災害で被害を受けた商店街，市場が本格復興するまでの間，商業者自身が自力で設置する応急的な事業用施設の総称である。阪神・淡路大震災では，住宅やライフラインの被害が未曾有で，市街地の復旧がかなり長期を要すると予測されたことから，商業者が町の活力回復のためにも一刻も早い復旧をしようとして設置する例があった。リーダーや商業者組織がしっかりしていて震災前からまちづくり活動を展開している場合に，いち早く仮設店舗の立ち上げに成功している。
◎北條蓮英

自律 ［じりつ］ self-governance / autonomy ［情報］　阪神・淡路大震災の被災者は，未曾有の巨大災害に遭遇した時，「待っていてもだれも人は助けてくれない」ということを学んだ。――だから自分発で己を大切にする行動をとろう。が，かといって自分の行動や欲求を肥大化させてよいわけではない。自らの手で自らを律するのが大人としての務めである――このような精神的気風が，被災地では形成されていった。これが自律であり，連帯と並んで阪神・淡路大震災後の被災地社会での市民意識(市民力)の高まりを説明する中核の概念となった。震災が市民生活や意識に与える長期的な影響を継続して把握するパネル調査の結果からも，市民の生活復興感を高める要因として自律の重要性が確認された。
◎立木茂雄

シルテーション siltation ［海岸］　港湾や漁港の泊地や航路に細砂やシルト，泥などが堆積し，港の機能や船舶の航行に支障が生じる現象。過度のシルテーションにより放棄されることになった港も多い。沿岸漂砂が活発な砂浜海岸や，シルトや泥の成分が多い沿岸に建設された港で生じることが多い。一般には港口から侵入する土砂の堆積が問題となるため，土砂の移動量が少なくなる沖合まで防波堤を伸ばしたり，港口を狭くするなどの対策がとられるが，泊地に侵入する土砂は一般に細かな粒径の底質であり，高波浪時には容易に浮遊状態となって輸送されるため，対策が難しい。例えば港口を狭めると泊地の静穏度が増して，さらに堆積が進む場合もあり，構造物による対策には限界があるため，定期的な維持浚渫での対応が実施される。
◎佐藤愼司

シルバーハウジング事業制度 ［シルバーハウジングじぎょうせいど］ silver housing project system ［復旧］　高齢社会の到来に対応する住宅整備事業として，1987年に建設省(当時)と厚生省(当時)によって創設された制度で，住宅施策と福祉施策の連携により，高齢者が地域社会の中で自立して安全で快適な生活を営むことができるように，高齢者の生活特性に配慮した住宅と支援をモデル的に供給する，という制度である。阪神・淡路大震災では，多くの高齢者が被災したので，復興住宅には格段の高齢者対応が求められた。災害復興公営住宅の建設にあたってはシルバーハウジング事業の全面的な展開が検討され，積極的に実施された。斜路，手すり，開閉容易な引き戸，共同の団らん室，緊急通報システムの設置などの空間整備の他，24時間常駐の生活相談員(life support adviser)の配置や，デイケアセンターなどの併設施設による給食や入浴サービス等の支援策が展開されている。→コレクティブハウス，不動産活用型高齢者特別融資制度
◎中林一樹

自励振動 ［じれいしんどう］ self-excited oscillation ［地震］　物体の振動が，物体自らの運動によって維持される振動をいう。振り子の軸を一方向に回転させることにより振動を始めるフルードの振り子，バイオリンの弦を弓で弾く時の弦の振動，氷が付着し半円形状になった送電線が風によって風と直角方向に上下振動するギャロッピング，吊り橋の橋桁が風によってある軸を中心として回転振動するフラッター等，振動的でない外力の作用によって物体に変位と速度が生じ，それによって物体の振動が励起される現象の総称である。
◎中島正愛

地割れ ［じわれ］ ground fissure / ground crack ［地震］　地面に割れ目が生じる現象。強い地震動による潜在的な斜面崩壊によるものや，液状化や陥没によるものの他，地下の断層変位に起因して系統的な地割れが生じる例がある。
◎片尾浩

人為災害 ［じんいさいがい］ human-made disasters ［海外］　人類の福祉を目的とする科学技術の進歩が人類を危機に陥れるという逆説的な現象が1970年代から顕著になった。その原因は企業の過度の利潤追求姿勢であるとする解釈がある。集積の利益を享受する企業の立地が逆に人命の損傷を大きくすることになる。企業活動の外部負経済を内部化することを重視しない社会の貧しさが災害防止ならびに危機管理のための取り組みを不十分にする理由でもある。
◎渡辺正幸

震央 ［しんおう］ epicenter ［地震］　震源直上の地表の点をいう。この場合震源とは地震の破壊開始点，厳密には最初に地震波を発生した点を指す。震央は地震の深さ，震源時とともに，P波，S波などの観測点への到達時を用いて決定される。震央の精度は観測点の密度によって影響されるので，海域などでは大きくずれる場合もある。
◎伊藤潔

震央距離 ［しんおうきょり］ epicentral distance ［地震］　震央と観測点の大円に沿った距離をいう。地球全体を対象とする長距離の場合は，震央と観測点が地球中心に対して張る角度(角距離)を用いることが多い。地震波が震源から観測点に到達するまでの時間を走時というが，走時を震央

距離に対して表したものを走時曲線といい，これは震源決定などに利用される。
◎伊藤 潔

深海波 ［しんかいは］ deep water wave 〖海岸〗 波が水深の大きい領域にある時には，海底面上では波によって水粒子はほとんど動かず，海底面の影響をほとんど受けることはない。このような水深の大きな海域に存在する波を深海波という。波の波長をL，水深をhとすると，通常水深が波の波長の半分よりも大きい時，すなわち$h/L>1/2$となる関係を満たす波を深海波あるいは→沖波と呼んでいる。深海波は，水深の影響を受けないため，その波長および波速も水深には依存せず，波の周期のみの関数として表される。この波による水粒子の運動はほぼ円軌道で表され，流速振幅は海表面から深さ方向(下方)に向かって指数関数的に減少する。深海波によるエネルギーの輸送速度は，波速とは一致せずその半分である。
◎泉宮尊司

震害率 ［しんがいりつ］ degree of earthquake damage 〖地震〗〖被害想定〗 地震による構造物(通常は木造構造物)に対する被害の割合を表す一般的な言葉で，特に古い文献に多い。ただし，何に対する何の割合を表すかは著者によって異なるので注意が必要。全建物棟数に対する倒壊建物棟数を表すことが多いが，その場合には「倒壊率」というほうがよい。全壊建物棟数を対象とすれば「全壊率」，全壊および半壊の合計なら「全半壊率」となる。「倒壊率」「全壊率」「全半壊率」などを総称して「被害率」という。また，全壊棟数＋1/2半壊棟数を分子として「被害率」とする文献もある。なお文献によっては算定単位が棟数ではなく世帯数である場合がある。→全壊，半壊，一部損壊
◎川瀬 博

新幹線の復旧 ［しんかんせんのふっきゅう］ restoration of Shinkansen(super express railway) 〖復旧〗 一般の鉄道の復旧と本質的な相違はないが，新幹線の復旧においては，運転再開にあたって，工区毎に供用を開始するという段階的復旧はできず，全工区同時完成が必要となる。このため，各系統の工程調整が特に重要となる。この間に不通区間に対しては，在来線に迂回ルートを求めることとなるが，阪神・淡路大震災時には，姫路—新大阪間に播但線ルート，加古川線ルートが設定された。なお，開通に向けた検査は特に慎重に行う必要がある。→新交通システムの復旧，鉄道の復旧
◎塚口博司

新規利水容量 ［しんきりすいようりょう］ newly developed water capacity 〖都市〗〖河川〗 都市用水，農業用水，発電用および不特定(流水の正常な機能の維持)などの新規水量を生み出すための貯水容量をいう。通常，30年間以上の降雨データをもとに利水計算を行い，所定の安全度(1/10とすることが多い)で補給できる水量を開発水量とする。また，洪水調節との兼用を図るダムでは，洪水期と非洪水期で異なる容量が設定されることが多い。
◎田中成尚

震源 ［しんげん］ hypocenter / focus 〖地震〗 2つの意味で使われる。一般には，ある地震が発生し地震波を放射した場所を指す。従ってある広がりを持った地域となり，学術的には震源域と呼ぶ。震源域は地震断層とも呼ばれる。もう一つは，震源域の中で最初に破壊した点，実際には最初に波が放射された点をいう。地震観測から決定されるのはこの点であり，緯度，経度，深さで表される。震源はP波，S波の観測点への到着時によって決定される。従って，決定に使われる観測点によって，震源位置は異なる場合がある。海域の地震などの場合は，数十kmずれる場合もある。
◎伊藤 潔

震源域 ［しんげんいき］ hypocentral region / focal region 〖地震〗 地震が発生するとその破壊域は一定の広がりを持っている。この地震波動を発生した領域を震源域と呼ぶ。震源域は面的な広がりを持つ場合が多く，この破壊域を地震断層という。震源域は広がりを持つので，陸で発生した地震でも震源域は海域に及ぶ場合もある。また，深さ10 kmの地震でも地表に割れ目が達することもある。震源域の長さは地震の大きさとともに大きくなり，マグニチュード7で約50 km，8で150 km程度と大きい。また大地震では震源域の長さと幅がおよそ2対1になる。
◎伊藤 潔

震源移動現象 ［しんげんいどうげんしょう］ migration of earthquake sources 〖地震〗 断層帯や沈み込み帯に沿って大地震の震源域が順に移動する現象。最も顕著な例がトルコ北部の東西1000 km余にわたって走る北アナトリア断層に見られる。1939年に断層東部のエルジンジャンでM_s7.8の地震が発生，死者3万人を出したのを皮切りに，1942, 1943, 1944, 1953, 1957, 1967の各年にM7クラス以上の地震が，ほぼ順番に震源を東から西に移動させながら発生した。断層の西部地域では1967年のイズミット東部の地震(M_s7.1)以降30年余り地震が起こっていなかったため，地震発生のポテンシャルが高い所として注目されていたが，1999年8月17日にまさにそこでM_s7.4の地震が発生した。大断層帯に沿った震源移動と似た現象として，巨大地震の際に大きな余震が主破壊の伝播をたどるように移動する現象もある。このような発生パターンは脆性的な破壊領域(アスペリティ)と破壊伝播の律速領域(バリア)が交互に分布することによって生じると考えられる。
◎菊地正幸

震源過程 ［しんげんかてい］ earthquake source process 〖地震〗 地震波の発生源となる地下の岩盤の破壊過程をいう。自然地震のほとんどは面を境とした食い違い(断層)によって生じる。食い違いは断層面全体で一斉に起こるのではなく，破壊フロントが小領域から拡がっていくかたちで起こる。破壊領域の拡がる速さ(破壊伝播速度)は，通常，2〜3 km/sec，食い違い速度は1〜2 m/secである。地震の規模は最終的に食い違いの及んだ範囲(断層面

積)で決まる。$M8$の地震では約百km, $M7$では数十kmの長さである。破壊伝播は概して不規則で，複数個の離散的な破壊(多重震源)から成ることが多い。このような不規則性は短周期地震動の励起に関わり強震動生成に大きな影響を与える。なお，通常の地震に比べて破壊伝播速度や食い違い速度が数分の1以下の地震が存在する。「ゆっくり地震」(slow earthquake)と呼ばれるこの地震は，揺れの大きさの割に大きい津波を発生する→津波地震のメカニズムと考えられている。 ◎菊地正幸

震源スペクトル [しんげんスペクトル] earthquake source spectrum 地震 →地震モーメントの速度関数$M_o'(t)$の振幅スペクトルをいう。震源から放出される波動の周波数特性を表す。一様無限媒質中では，点震源から放出される実体波の変位波形はモーメント速度関数で与えられる。従って震源スペクトル$S(\omega)$は，震源からの直達波にフーリエ変換を施し，放射パターンや距離減衰の因子補正を行うことによって求めることができる。$S(\omega)$は低周波側($\omega \to 0$)で一定値(=地震モーメント)$M_o = \int M_o'(t)dt$に近づく。一方，高周波側では$S(\omega) \propto \omega^{-2}$のかたちで小さくなることが知られている($\omega^{-2}$モデル)。両対数グラフ上で2つの漸近線の交点の周波数f_cは「コーナー周波数」と呼ばれ，その逆数は震源での破壊継続時間や震源域の長さの目安を与える。比較的大きい地震($M>4$)に対して，$M_o \propto f_c^{-3}$のスケーリング則が成り立つ。これは応力降下量と破壊伝播速度が地震の規模によらずほぼ一定であることに対応している。 ◎菊地正幸

人工海浜 [じんこうかいひん] artificial beach 海岸 砂浜では常に波によって砂が移動しており，砂の堆積あるいは侵食が進行している。このうち，侵食が進行している砂浜では人工的に砂を供給して(養浜という)，砂浜にある程度の砂の量を維持してやる必要がある。人工海浜とはこのような→養浜を大規模に行い，人工的に砂浜を維持している場所をいう。安定した砂浜を得るために，砂の粒径を大きくして砂が移動しにくいようにしたり，→突堤，離岸堤を設置して外力条件を変化させたりして海浜を安定にする。河口から海岸への砂の供給の連続性が，構造物の設置によって損なわれているため，人工海浜の施工例は増えている。 ◎柴山知也

人工霧法 [じんこうきりほう] fogging method 雪氷 気象 防霜対策で作物体が放射冷却で冷え込むのを防ぐために，超微細な水滴(霧)を人工的に作り空中に飛散，滞留させ作物体を包み込む。微細粒子を発生させるために高圧ポンプやノズルが必要である。超微細水滴の気化を防ぐため高分子剤を混入する。 ◎卜蔵建治

人工降雪 [じんこうこうせつ] artificial snow 雪氷 気象 〔1〕自然の降雪システムに人為的効果を加えて降雪制御を行って降らせた雪を指す。天然の雲の中に氷晶の核となる物質を撒くシーディングの量により降雪の促進や抑制が可能と考えられている。〔2〕スキー場での積雪を増やすためにスノーマシンで作る降雪。ノズルから微水滴を空中に噴霧させると同時に，空気の断熱膨張などを利用して氷晶を作って混ぜ，落下するまでに微水滴を凍結させ大量の降雪を作る。〔3〕屋内で自然降雪を模して降らせる雪を指す。研究やディスプレイ用に使用されている。天然での雪結晶の成長条件に合うように温度と湿度が制御され，→中谷ダイヤグラムに従って結晶型のコントロールが可能である。→気象変動 ◎佐藤篤司

人工地震 [じんこうじしん] artificial earthquake 地震 人によって発生されるまたは作成される地震。一般に比較的広範囲の地盤の地下構造を調査するための爆破によって生じる人工的な地震を指すことが多い。これによって，地殻の上面などが推定される。また，構造物の動的解析に用いるため，作成されることもある。実務設計では観測された地震波の位相はそのままとし，振幅を設計スペクトル(一般に加速度応答スペクトル)に一致させる振幅調整波が用いられることが多いが，現在では断層の規模や破壊過程を考慮して，振幅および位相を定めることも行われるようになってきた。 ◎西村昭彦

信号システム [しんごうシステム] traffic signal system 都市 情報 従来，列車の運行管理は，青，赤の目視信号によって実施されてきた。最近の情報の収集・伝達・制御技術の発展にはめざましいものがあり，列車の運行や管理も大幅に自動化されつつある。まず列車を自動的に停止させるATS，列車速度を自動制御するATCが開発され，さらに，新幹線では，全列車を中央制御所で集中管理するCTCが開発された。地震動の発生や軌道の異常をいち早く検出し，CTCに通達・制御するシステムも一部で採用されつつある。 ◎家村浩和

人工知能操作 [じんこうちのうそうさ] intelligent operation 河川 情報 災害防止を目的とするダムや堰の操作では気象現象や河川流量の変化に即時に対応することが求められる。しかし，水文現象は時間変化，地域変動を伴うことから常時正確な値を把握するには多くの困難を伴い，数学モデルや物理方程式をもとに操作量を導出することも難しい問題である。しかし，現実にはおおまかな操作ルールとこれまでの操作経験により得られる知識に基づき操作が行われる。このような経験に基づく操作をシステム化する技術に人工知能(AI：Artificial Intelligence)の技術があり，エキスパートシステムやファジイ推論，ニューラルネットワークなどの要素技術が用いられる。このような技術に基づき行われる施設操作を人工知能操作という。 ◎伊藤一正

新交通システムの復旧 [しんこうつうシステムのふっきゅう] restoration of new transit systems 復旧 新交通システムのインフラ部分は道路管理者によって管理され，車両，軌道面の走行路舗装，案内軌条，車両基地，電

気・通信関係機器，ならびに駅施設は交通事業者によって管理されている。このように，新交通システムには複数の管理主体があり，また専用敷地がなく下部構造が道路上に立体的に設置されているという特徴を有するから，復旧にあたっては，両管理者の連携のもと，道路の復旧工事および沿道建物の復旧工事などと調整して行うことが必要となる。→新幹線の復旧，鉄道の復旧 ◎塚口博司

人工凍土 [じんこうとうど] artificial frozen soil [雪氷] [地盤] 凍土は非常に透水性が低く，強度もコンクリートに近いという特徴を持っている。このような凍土の利点は都市土木工事での地盤凍結工法に利用されるだけでなく，1994年アメリカ・テネシー州で野外実験された人工凍土による放射性地下水の拡散汚染防止にも適用された。一方，人工凍土の欠点として粘性土では凍結膨張（凍上）するため，1976年の冷凍倉庫での凍上災害に見られたような建物被害などを起こす危険性がある。このため，人工凍土を作る時には凍上予測と適切な対策が必要となる。 ◎伊豆田久雄

人工雪崩 [じんこうなだれ] artificial snow avalanche [雪氷] 爆薬，雪崩砲などを使って，不安定な斜面積雪を人工的に雪崩落とすこと。特定の場所の雪崩危険を予め取り除くために行われる場合と，雪崩研究の手段に用いる場合とがある。最近では，斜面（スキー・ジャンプ台など）と数十万個のピンポン球による雪崩運動の観察も行われるようになった。これも一種の人工雪崩（雪崩模型実験）といえる。 ◎清水 弘

人工リーフ [じんこうリーフ] artificial reef [海岸] 作用波の波長に比較して広い天端幅を持つ潜堤であり，幅広潜堤とも呼ばれる。堤体は，一般的に捨石で構築され，捨石マウンドの高さ（天端高）は，その上で砕波が生じるように比較的浅く設定される。人工リーフの消波機構は，主に天端上での砕波および捨石間での流体抵抗によるエネルギー消散である。特徴としては，海域の景観を乱さずに高波浪の低減が可能であり，海岸侵食や越波の防止などを目的とする離岸堤に代わるものとして利用されるようになってきている。 ◎中村孝幸

震災関連死 [しんさいかんれんし] fatalities related to earthquake disaster [被害想定] 地震による家屋・構造物の倒壊，地すべり，火災，津波に起因する直接的死亡に対して，震災後の避難所生活，仮設住宅での孤独な生活，復旧作業のストレスや労災に起因する疾病死亡をいう。その疾病の発生原因や疾病を著しく悪化させたことについて災害と相当因果関係があるとして関係市町で災害による死者とした者。阪神・淡路大震災では直接死約5500人に対して，約900人余の震災関連死が被災市町により認定された。震災関連死を最小限にとどめるためには，地震後に被災者が住まいと暮らしを速やかに再建し，心身の健康を回復するための公的な援護策と市民ボランティアによる支援が重要である。 ◎村上ひとみ

震災時使用可能水利 [しんさいじしようかのうすいり] available water resources during earthquake disaster [被害想定] 大規模地震を前提とした延焼の想定においては，地盤変状による水道管の破断により消火栓の利用が困難となったり，細街路に面した防火水槽は，道路の閉塞などにより消防車の進入が困難な場合があり利用が難しいため，消火活動に用いることのできる水利として，震災時通行可能道路（地盤種別や沿道の建築物耐震化状況，空地の存在状況によって幅員別に設定される）に面した防火水槽などの水利のみを利用可能と設定することがある。これを震災時使用可能水利という。 ◎糸井川栄一

震災復興緊急整備条例 [しんさいふっこうきんきゅうせいびじょうれい] emergency city ordinance for earthquake restoration [復旧] 阪神・淡路大震災後，まず神戸市で，その後芦屋，宝塚，伊丹の各市でも制定された3年間の時限条例。市街地復興の基本的方針とその枠組みを示すとともに，市街地復興の対象となる「震災復興促進区域」と，そのうち特に重点的に住宅供給と市街地整備を進める「重点復興地域」の2層制の地域指定を行い，建築行為などの届出義務を課す一方，行政は都市計画事業やまちづくりについての情報提供を行い，地域整備の目標に沿った建築誘導の行政指導ができるものとされた。 ◎安田丑作

震災復興促進区域 [しんさいふっこうそくしんくいき] earthquake restoration promotion area [復旧] 阪神・淡路大震災後，神戸市を始めとする被災自治体で制定された「震災復興緊急整備条例」に基づいて行われた地域指定の区域で，被災市街地のうち市街地復興の対象となり，震災復興事業などとの整合性を図りつつ災害に強いまちづくりを進める必要性のある大枠の地理的範囲（神戸市では既成の市街地のうち約6000ha）が示された。この区域内であっても，都市計画事業地区を含む重点復興地域以外の地域については，市街地整備や住宅供給のための具体的な事業制度が用意されていなかったため白地地域とも呼ばれた。 ◎安田丑作

伸縮計 [しんしゅくけい] extensometer [地盤] 地すべり地の滑落崖・側方亀裂や末端部の2点に単管や溝が付いた杭を打って，一方の杭の上に計器を固定して杭間にスーパーインバール線を通して杭間の伸縮量を記録する器械。ふつう杭間の距離は15m位で，インバール線が，動植物や風の影響を受けるのを防ぐために塩ビパイプで保護している。よく使われている器械の倍率は5倍で，警戒避難のために警報機も付いている。最近では，衛星電話や無線あるいは有線によるテレメータの器械も市販されている。高速道路調査会(1988)によると，警戒・応急対策・通行止め検討は10〜100 mm/日の移動量が観測された時としている。地すべり地などでは，2〜4 mm/h以上の移動量が観測されたら，緊急避難・地区内立入禁止とされている。伸縮計の観測から崩壊予測の時間を推定する式も多

数提案されて実用化されている。滑落崖に器械を設置して，地すべり対策工の効果判定にも利用されている。
◎末峯 章

[地震] [火山] 岩盤(地盤)の伸縮を，岩盤に片端を固定した基準尺を用いて，尺の他端とその場所の岩盤との相対変位として測定する装置。相対変位を基準尺長で割ればひずみとなるのでひずみ計(strain meter)ともいわれる。レーザー光の干渉を利用する方式もある。10^{-9}ひずみ程度以上の測定精度を有し，地球潮汐や地殻変動の解析に用いられる。ひずみ地震計としても用いられる。GPSが広域変動を主対象としているのに対し，局所的な変化を高精度で測定できる。気象や人工擾乱の影響を受けにくい深い横坑に設置される。
◎渡辺邦彦

伸縮継手 [しんしゅくつぎて] expansion joint [地震] 橋桁の温度変化，乾燥収縮，クリープおよび活荷重などにより桁端に変位が生じても，車両が支障なく走行できるようにするための装置。形式別に分類すると突き合わせ式と支持式に分けられる。伸縮装置とも呼ぶ。沈埋トンネルや開削トンネルなどで，荷重の局部的載荷や地盤支持条件の不均一性，不等沈下，地震の影響などにより生じる応力を軽減するための装置も伸縮継手と呼ばれる。
◎室野剛隆

侵食 [しんしょく] erosion [地盤] 侵食は，流水・氷河・風・波浪など運動する媒体が ▶岩屑・有機物などを捉えることであり，主に重力や太陽エネルギーの影響のもとで地表面の形状を変形・形成する外的プロセス(営力)である。しかし，侵食は，このプロセスと移動・運搬プロセスの双方を含めた意味で用いられることがある。侵食に類似した用語として削剥があり，前者は河川・氷河などのような線的なプロセスに用いられ，後者は風のような面的なプロセスに対して用いられることがある。一方，侵食は削剥に含められることがある。侵食あるいは削剥は，一部は岩屑の捕獲のような機械的なかたちで，一部は溶解のような化学的なかたちで，陸塊を侵食基準面(例えば，海面や湖面など)まで低下・減少させる。侵食の種類には，マスウェスティングを含む斜面・河成・氷成・周氷河・風成・雪食・海岸・溶食・生物などのプロセスがある。風化作用は地表構成物質の変質・分解の原因となり，侵食を容易にさせるが，侵食にとって必ずしも前提条件とならない。
◎石井孝行

侵食海岸 [しんしょくかいがん] eroded coast [海岸] 汀線が経年的に後退している海岸。▶砂浜海岸では，周辺の土砂は波や流れにより移動しており，対象地点から除去される土砂量が供給量を上回る時に汀線は後退する。構造物設置により沿岸漂砂の上流側で土砂の流れが止まり，供給量が減って汀線が後退することが多い。▶岩石海岸は海食により後退する。後退量は到達する波のエネルギーが大きいほど，岩の力学的性質が弱い程大きくなる。後者には岩の硬さやクラックが関係する。
◎真野 明

浸水実績図 [しんすいじっせきず] past inundation area map [河川] 浸水実績図は過去に発生した洪水氾濫の状況(破堤に伴う氾濫が多い)を地図上に表現したものをいう。浸水の状況としては浸水域のみを表示したものが多いが，主要箇所における浸水深を表示しているものもある。浸水実績図の例としては，中野・大矢による「伊勢湾台風浸水状況図」が1960年に公表され，石狩川流域では1904から1961年までの10出水を対象に浸水実績を示した「石狩川洪水氾濫頻度分布図」が北海道開発局石狩川治水事務所により1961年に公表された。また，神奈川県は1988年に水害，土砂害，液状化，津波による危険区域を表示した「アボイドマップ」を公表した。マップの中では，過去の浸水実績が浸水危険区域として表示された。他には東京低地を対象として，中野(1947)により作成された「浸水頻度図」などがある。特に総合治水対策特定河川事業(1979年)の開始に伴って，当該流域の浸水実績図が作成され始めて(1981年)から，作成が本格的となった。浸水予想区域図や洪水ハザードマップなどの浸水予想マップの中にも浸水予想区域とともに，浸水実績が示されている場合がある。→洪水危険度マップ
◎末次忠司

親水性防波堤 [しんすいせいぼうはてい] amenity-oriented breakwater [海岸] 親水性とは，人が水に親しみ，水と楽しむことができる機能であり，親水性防波堤はそのような機能を有し，一般の人が水に親しみ，水を楽しむために立ち入ることを前提として設計・整備された防波堤である。景観はさることながら，親水性と安全性の両立のため，多くのハード・ソフト面の工夫がなされている。ハード面では，転落防止柵や照明設備，ベンチなどの休憩施設などの設置・整備技術，ソフト面では，外力である波浪の変化予測技術や危険情報の伝達技術，などの技術開発の上で成立する構造物であり，そのため，異常時の避難限界が実際に人による室内水理実験などによって検討されている。親水性構造物は防波堤だけでなく，護岸などにも多く見られ，海水浴場でよく見られる階段式の ▶緩傾斜護岸も代表的な親水性構造物である。
◎水谷法美

浸水予想区域図 [しんすいよそうくいきず] flood vulnerable area map [河川] 総合治水対策特定河川制度では，河川行政組織だけではなく，地域住民も参加して，流域全体で都市水害に対処することなどの方針がとられた。その一環として，浸水実績図が作成され，最近では，浸水予想区域図も作成公表されるようになった。その目的は，流域住民に自分の住んでいる地域の浸水の可能性を認識させる，水防への関心を高めて緊急時の水防活動や避難行動に利用する，水害に強い生活用式を工夫させることなどにある。浸水予想区域図は概ね100年に1回発生する大雨を対象としている。地方自治体から発行されている同種の地図では，いくつかの降雨モデルを作成し，シミュレーションを行って浸水範囲を想定しているものが多い。→洪水危険度マップ
◎松田磐余

靱性 [じんせい] ductility 地震　材料，部材，構造物などの粘り強さを靱性と総称し，脆性の対語である。靱性を量として示す代表的な指標に，十分な抵抗力を保持しうる限界の変形(ひずみ)を降伏変形(ひずみ)で除した塑性率がある。また材料力学の分野では，材料に存在する欠陥(亀裂)が拡大することによって最終破壊に至る限界値として破壊靱性が定義されている。　◎中島正愛

新雪 [しんせつ] new snow / newly fallen snow 雪氷　一般には新しく降り積もった雪や，降り積もって間もない積雪を指すが，積雪分類でいう「新雪」は，雪の結晶形など降雪時の雪の形をまだ残している積雪をいう。一般に空気を多く含み軟らかく，密度は軽いもので30 kg/m³ 前後，重いもので150 kg/m³ 程度である。新雪内部では，0℃以下の状態でも昇華蒸発によって雪結晶の角張った部分が消失し，丸みを持った雪粒への変化が起きるので，新雪は時間経過とともに他の雪質へと変化していく。　◎石坂雅昭

新雪深 [しんせつしん] new snow depth / depth of newly fallen snow / depth of fresh snow 雪氷　降雪により，地上に降り積もって間もない雪を新雪といい，その鉛直方向の厚さを新雪深または新積雪深あるいは降雪の深さともいう。新雪による積雪表面は鉛直変動が大きいため，便宜上，ある一定時間に降り積もった積雪の深さをいう。時間的に連続した降雪による新雪深や，1日単位(気象庁の観測方法など)の新雪深がある。実際の地上観測方法では1日1回または複数回の定時の雪板上に積もった積雪深の合計値をその日の新雪深としている。この時の雪板上の雪質は問わない。また降雪があっても雪板上に積雪がない時は0 cm，降雪がなかった時は－と表す。　◎佐藤和秀

深層霜 [しんそうしも] depth hoar 雪氷　古い積雪分類名称の一つでしもざらめ雪と同義。現在は使われない。地面付近(深層)で発達する霜から深層霜の名が付けられた。積雪内の温度勾配によって，雪粒間で昇華蒸発，凝結が起こり，霜の結晶に置き換わったもの。北海道や本州の山岳地帯で見られ，通常脆い。また，放射冷却で表層に発達したものは弱層となり，表層雪崩の危険が高まる。極地や高山の強風地帯では著しく硬いしもざらめ雪ができることがある(写真)。　◎秋田谷英次

深層風化 [しんそうふうか] deep weathering 地盤　岩盤が地表から深さ数十m(場合によってはそれ以上)の深さにまで風化すること。10 m以上の深さまで風化が及んだ場合に深層風化と呼ぶという定義もある。一般に，熱帯地方に多く見られる。岩質としては，花崗岩質の地域で多い。深層風化形成のメカニズムとしては，例えば，花崗岩風化物であるマサが砂質のため透水性がよく，地表からの浸透水が容易にマサの下の新鮮な部分に到達しやすく，そこで化学的風化を起こし新鮮な部分がマサ化するため，徐々に風化層を厚くするというプロセスが考えられている。従って，花崗岩質岩石に限らず，多孔質で透水性のよい岩石は，深層風化しやすいといえる。ところで，「深層風化」という語は，「地下深部での風化」という意味の誤解を与えやすいので，厚く風化するという意味で，「厚層風化」と呼ぶほうがよいという指摘もある。→まさ土　◎松倉公憲

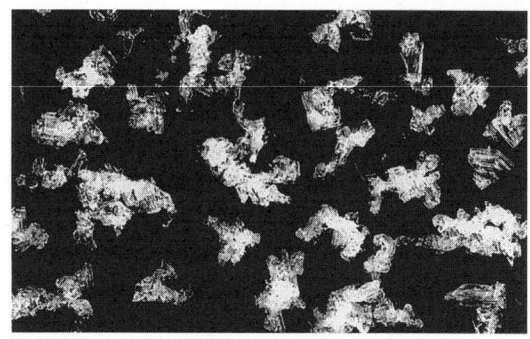

■ 深層霜　しもざらめ雪粒子の接写(写真の幅は約55mm)

深礎杭工 [しんそぐいこう] large diameter cast-in-place pile works 地盤　地すべり防止や斜面安定工の抑止工の一つとして用いる場合通常の杭工では対抗できないような規模の大きい地すべりなどに採用される工法。杭の直径は一般に1.5～6.5 mのもので，現地において鋼製の支保工を用い人力あるいは小型機械を利用して竪孔を掘削し，竪孔内で鉄筋を組み，コンクリートの柱体を地すべり地内に造成する工法。地すべり抑止機能としては杭工と同様で移動土塊の杭周辺地盤の反力が十分に期待できれば杭のせん断抵抗力によりすべり面でのせん断抵抗力を増加させ(クサビ杭)，また地すべり移動層を直接抑えるために地すべり末端部などに施工する場合もある(抑え杭)。中国では長方形断面の杭も多く用いられている。　◎中村浩之

新耐震設計法 [しんたいしんせっけいほう] new seismic design method 地震　復旧　建築基準法は1981年に改定され，耐震設計に関わる規定が大幅に変わった。この改定による耐震設計法は新耐震設計法と俗称される。改定以前は，定められた設計地震力に対する許容応力度設計を基本にしていたものが，新耐震設計法では，大地震と中小地震という2つの地震レベルを考え，前者に対して建築物は多少の損傷は許容しつつも崩壊しないこと，後者に対しては無損傷を目指す二段階設計法が採用された。中小地震に対する設計を1次設計，大地震に対する設計を2次設計と呼び，2次設計においては，建築物が持つ終局耐力の算定，建築物が持つ塑性変形能力に応じた必要保有耐力の調節など，強さと粘りの両者を組み合わせた耐震安全性確認手順が定められた。新耐震設計法は，1999年に建築基準法が大改定されるまで日本の建築物耐震設計の基盤をなし，またその精神は1999年改定後にも受け継がれている。→耐震規定　◎中島正愛

人体の受認限界 [じんたいのじゅにんげんかい] tolerable limit of human body 火災・爆発　火災などがもた

らす熱的・空気的環境に対して人体が生理的に許容できる限界値をいう。人体の受認限界は人体を用いた直接の測定は難しいため，主として小動物を用いた実験の結果などから推定されている部分が多い。このため精度の高い閾値は明示されていないが，有毒ガスに対する受認限界は，有毒ガス濃度×曝露時間の積で表される。なお火災の煙に含まれるガスに関して数時間での長期暴露においても，後に生理的悪影響を残さない受認限界の例としては，一酸化炭素は50 ppm，シアン化水素10 pm，塩素5 ppm，二酸化炭素5000 ppm が許容レベルとされている。放射熱に対する受認限界は着衣にも影響されるが，約 2 kW/m² が受認限界と考えられている。また雰囲気温度に対する受認限界は，雰囲気湿度に非常に密接に関係しており，乾燥状態では，40〜50℃でも受認できるが，火災時の煙のように湿度が高くなる場合，熱傷や気道傷害を起こすことがあり，体温と同程度の36℃をもって受認限界とする説もある。

◎山田常圭

伸張節理　［しんちょうせつり］　extension joint　地盤
岩体が最も伸ばされた方向（最大伸長ひずみ軸）に直交する方向に形成された節理。最大伸長ひずみ軸は，ふつう最小主応力軸と平行と考えられるが，伸長節理が形成されるには最小主応力は圧縮でも引張りでもよい。張力節理は引張りの最小主応力軸に直交に形成されるものであり，それと伸長節理とは必ずしも一致しない。広域的応力場のもとに形成される伸長節理には卓越した方向性があることが多い。

◎千木良雅弘

心的外傷ストレス障害　［しんてきがいしょうストレスしょうがい］　post-traumatic stress disorder（PTSD）　情報
災害，強姦，戦争などによって命の危険や耐えがたい苦しみを経験する，あるいは他人がそうした場面にさらされるのに直面して，強い恐怖，無力感，戦慄を感じたことが心的外傷となって引き起こす心身変調。ベトナム戦争に参戦した兵士たちの症状として最初に注目された。アメリカ精神医学会では心的外傷ストレス障害の診断基準として，外傷的な出来事の再体験5症状，外傷的な刺激への回避7症状，生理的な覚醒亢進5症状の17症状を設け，再体験1症状以上，回避3症状以上，覚醒2症状以上が1カ月以上継続する場合としている。→子どものPTSD，フラッシュバック

◎林 春男

人的支障の想定　［じんてきししょうのそうてい］　estimation of human damages　被害想定　地震災害における人的支障は，様々な発生要因による人的被害および生き埋め，救出・救援活動など救助に関わる内容，さらには災害によって引き起こされるパニック，交通機関被害に伴う帰宅困難などの行動支障を含む。支障の度合いは地震の発生時刻に密接に関わるため，想定人口の設定が必要となる。支障の内容では，初期的人的支障として被災者の側面からすれば，地震に直接的に関連して生ずる死傷，下敷き・生き埋め，商業・業務地などでの滞留などがある。一方，救援者の側については消防，警察，自衛隊や医療関係者などの現場への参集困難度の推定も含まれる。さらに，被災者の中長期的な人的支障としては兵庫県南部地震による震災関連死が注目されたように，罹病・病状の悪化に伴う死亡や精神的なダメージも重要な問題として挙げることができる。

◎宮野道雄

人的被害　［じんてきひがい］　casualty　情報　被害想定
災害や事故によって発生するモノの被害（物的被害）に対して，ヒトの被害，すなわち死亡や負傷（重傷，軽傷または重症，中等症，軽症）のことをいう。災害による人的被害は，例えば斜面崩壊や津波，高潮などの現象に直接的に関わったり，家屋倒壊などの物的被害を原因として発生する場合と，被災後の生活環境変化などに起因して生ずる間接的なものとがある。兵庫県南部地震では，「災害発生後疾病等により死亡したものであるが，その疾病の発生原因や疾病を著しく悪化させたことについて災害と相当因果関係があるとして関係市町で災害による死者とした者」（1996年版消防白書）と定義された「震災関連死」が多発し，社会問題化した。地震などの突発的な災害時には，乳幼児，高齢者，障害者や一時的な滞在者である旅行者や外国人のような「→災害弱者」（1993年版防災白書）の人的被害が大きくなる傾向がある。

◎宮野道雄

人的被害の発生要因　［じんてきひがいのはっせいよういん］　causes of human damage　被害想定　地震時の人的被害は揺れによる建物被害，ブロック塀等の倒壊，落下物，屋内収容物の移動・転倒の他，火災，津波，堤防決壊等による地震水害，崖崩れによる建物被害，交通機関・施設の被害やパニックなどその他の被害など，様々な要因に基づいて直接的，間接的に発生すると考えられる。このうち，間接的な被害にはいわゆる震災関連死が含まれる。人間の属性との関係で見れば，地震被害に直接的に関わって死亡する場合には，一般に災害弱者に位置付けられる乳幼児においては死亡率がやや高く，高齢者ではかなり高く，大規模な火災や津波など流体からの避難を要する場合にはその傾向がより強くなる。さらに，男性に比べて女性の死亡率が高くなることが特徴的である。また，死傷者に占める重傷者の年齢別構成では，死者と同様に高齢者にやや多いが，軽傷者では逆に若い年齢層の比率が高くなる傾向がある。

◎宮野道雄

震度　［しんど］　seismic intensity　地震　ある場所の地震動の強さを，体感，周囲の物体や構造物への影響などに基づき，いくつかの段階に分け数値で示したもの。日本では，1996年4月以降，震度は計測震度計で観測した計測震度に基づくものと定義され，震度0〜4，5弱，5強，6弱，6強，7の10階級となった。計測震度は，加速度計の波形データをフィルター処理し，0.1秒から2秒の周期範囲で地動加速度と速度の中間の特性を持つ波形を作り，

その振幅から継続時間を考慮して算出する。体感などに基づき決定された震度と整合するように決められている。

◎三上直也

振動 [しんどう] vibration 〔地盤〕 道路上を自動車が走行したり列車が鉄道軌道上を走行すると，車輛の荷重は複数の車輪を介して舗装面や軌道に加えられる。この時，舗装や軌道などの走行面は車輪の通過に伴い繰り返し作用する振動荷重を受けることになる。また，走行面に凹凸が存在すると車輪は衝撃的な荷重を走行面に与えることになる。これらの荷重を総称して振動・交通荷重と呼ぶ。この荷重が長期にわたって作用すると走行面下の地盤に沈下が生じ，特に，道路では橋梁のアバットメントなどのコンクリート構造と土構造の境界で土構造部に衝撃的に交通荷重が加わり沈下が生じやすいといわれている。

◎建山和由

振動【強風による】 [しんどう] wind induced vibration 〔気象〕 わが国は世界でも有数の台風常襲地帯に属しており，歴史的な▶台風も数多い。このことは▶構造物を設計する場合に，極めて高風速までを対象として検討しなければならないことを示している。一般的には，この烈風の作用に対して構造物が抵抗できるように静的な設計がなされるが，この設計風速よりも遥かに低い風速で，構造物に風に起因する振動が発生し，構造物全体あるいはその一部が損傷することがある。この種の振動の発生メカニズムを明らかにし，有効な対策を事前に講ずることが耐風工学における振動問題として扱われている。動的▶耐風設計では，▶強風の作用により構造物に発生する不安定振動を予測し，▶制振対策を講ずる。考慮すべき振動としては，比較的低風速での渦励振，高風速域での▶フラッターや▶ギャロッピング，あるいは▶バフェティングが挙げられる。また，これらの振動の発生を十分な精度で予測するために，縮尺模型を用いた▶風洞実験を実施する。

◎宮崎正男

浸透施設 [しんとうしせつ] percolation facility 〔地盤〕 →雨水貯留

振動センサー [しんどうセンサー] vibration sensor / geophone 〔地盤〕 振動センサーは土石流の流下や大きな土砂流出などを検知するために開発されたセンサーの一つである。土石流などが発する振動を拾ってその流下を検知する。従って，連続検知が可能であり信号処理によってはその規模などを推定することも可能であると考えられている。振動センサーに類似したものに音響センサーがある。これは，振動の代わりに土石流などが発する地中音や石礫と音響センサーとの衝突音を用いるものである。

◎宮本邦明

振動台実験 [しんどうだいじっけん] shaking table test 〔地震〕 油圧サーボアクチュエータや電磁式アクチュエータなどの駆動源を用いて，剛な台（テーブル）を動的に揺らせる装置を，振動台と呼ぶ。振動台の上に，構造物やその模型試験体を緊結し，試験体を振動台もろとも揺らせ，試験体の動的応答性状を調べる実験を，振動台実験という。振動台の揺れとして，地震地動を入力すれば，試験体の地震応答が直接再現できるなど，地震工学・耐震工学における中核的な実験手法の一つである。振動台実験の歴史は古いが，今では，振動台を水平二方向と鉛直方向に対して同時に揺らすことのできる三次元振動台や，10 MN（1000 tonf）もの重量を有する試験体を揺らすことのできる大型振動台なども開発され，とりわけ日本を中心に，世界各国の研究機関に導入されている。振動台の揺れとして，構造物の床応答などを用いれば，床上に設置された機器などの動的応答を再現することもできる。

◎中島正愛

人道問題調整事務所 [じんどうもんだいちょうせいじむしょ] Office for the Co-ordination of Humanitarian Affairs (OCHA) 〔海外〕 国連災害救援調整官事務所（UNDRO）の業務が1990年の機構改革で国連人道問題局（DHA）に引き継がれた後で1998年に設立された国連機関で本部をニューヨークとジュネーブに置く。災害救援調整官を長としている。①移住を強制された人たちの支援，②安全保障理事会のもとで人道支援を行う，③人道支援機関の業務の調整を任務とする。調整業務は人道支援機関調整委員会（Inter‐Agency Standing Committee : IASC）を通して行う。調整官はIASCの議長を兼ねる。なお，日本国内でも兵庫県の神戸東部新都心に事務所が開設されている。

◎ Ester Trippel Ngai

震度階 [しんどかい] seismic intensity scale / seismic intensity / earthquake intensity 〔地盤〕〔被害想定〕 ある地点での地震動の強さを表した指数。元々人体感覚，物体の動き，被害などをもとに決められたが，最近では計器によって決められる計測震度も用いられる。日本では気象庁が1949年に定めた震度階が用いられていたが，1996年4月に震度計による計測震度に改定された。震度は加速度計の振幅にフィルターをかけ，周波数0.5～10 Hzで地震動を強調するようにして決められている。計測震度に基づく震度階は計測震度の小数第1位を四捨五入したもので，10階級に区別される。以前の震度階と比べると震度0から7までの8階級であった震度のうち，震度5，6がそれぞれ震度5弱・震度5強，震度6弱・震度6強と2分割されている。この改定の際にそれまで各階級に付されていた弱震，中震，強震などの呼び名も廃止されている。震度は地震の発震機構，地盤の条件によって異なるので，実際のその土地の震度が気象庁が発表するものと一致するとは限らない。上記の震度階は日本独特のもので，欧米では12階級の改正メルカリ震度階（MM震度階）などが用いられる。また，MSK震度階の世界的な統一使用がユネスコによって提案されたが，採用されるには至っていない。（次頁の気象庁震度階級関連解説表を参照）

◎伊藤 潔

深発地震 [しんぱつじしん] deep earthquake 〔地盤〕 稍深発地震が発生する深さは約700 kmまでであるが，深

■ 気象庁震度階級関連解説表

震度は，地震動の強さの程度を表すもので，震度計を用いて観測します。この「気象庁震度階級関連解説表」は，ある震度が観測された場合，その周辺で実際にどのような現象や被害が発生するかを示すものです。この表を使用する際は，以下の点にご注意下さい。
(1) 気象庁が発表する震度は，震度計による観測値であり，この表に記述される現象から決定するものではありません。
(2) 震度が同じであっても，対象となる建物，構造物の状態や地震動の性質によって，被害が異なる場合があります。この表では，ある震度が観測された際に通常発生する現象や被害を記述していますので，これより大きな被害が発生したり，逆に小さな被害にとどまる場合もあります。
(3) 地震動は，地盤や地形に大きく影響されます。震度は，震度計が置かれている地点での観測値ですが，同じ市町村であっても場所によっては震度が異なることがあります。また，震度は通常地表で観測していますが，中高層建物の上層階では一般にこれより揺れが大きくなります。
(4) 大規模な地震では長周期の地震波が発生するため，遠方において比較的低い震度であっても，エレベーターの障害，石油タンクのスロッシングなどの長周期の揺れに特有な現象が発生することがあります。
(5) この表は，主に近年発生した被害地震の事例から作成したものです。今後，新しい事例が得られたり，建物，構造物の耐震性の向上などで実状と合わなくなった場合には，内容を変更することがあります。

震度階級	人間	屋内の状況	屋外の状況	木造建物	鉄筋コンクリート造建物	ライフライン	地盤・斜面
0	人は揺れを感じない。						
1	屋内にいる人の一部が，わずかな揺れを感じる。						
2	屋内にいる人の多くが，揺れを感じる。眠っている人の一部が目を覚ます。	電灯などのつり下げ物が，わずかに揺れる。					
3	屋内にいる人のほとんどが，揺れを感じる。恐怖感を覚える人もいる。	棚にある食器類が，音をたてることがある。	電線が少し揺れる。				
4	かなりの恐怖感があり，一部の人は，身の安全を図ろうとする。眠っている人のほとんどが目を覚ます。	つり下げ物は大きく揺れ，棚にある食器類は音を立てる。座りの悪い置物が，倒れることがある。	電線が大きく揺れる。歩いている人も揺れを感じる。自動車を運転していて，揺れに気付く人がいる。				
5弱	多くの人が，身の安全を図ろうとする。一部の人は，行動に支障を感じる。	つり下げ物は激しく揺れ，棚にある食器類，書棚の本が落ちることがある。座りの悪い置物の多くが倒れ，家具が移動することがある。	窓ガラスが割れて落ちることがある。電柱が揺れるのがわかる。補強されていないブロック塀が崩れることがある。道路に被害が生じることがある。	耐震性の低い住宅では，壁や柱が破損するものがある。	耐震性の低い建物では，壁などに亀裂が生じるものがある。	安全装置が作動し，ガスが遮断される家庭がある。まれに水道管の被害が発生し，断水することがある。[停電する家庭もある。]	軟弱な地盤で，亀裂が生じることがある。山地で落石，小さな崩壊が生じることがある。
5強	非常な恐怖を感じる。多くの人が，行動に支障を感じる。	棚にある食器類，書棚の本の多くが落ちる。テレビが台から落ちることがある。タンスなど重い家具が倒れることがある。変形によりドアが開かなくなることがある。一部の戸がはずれる。	補強されていないブロック塀の多くが崩れる。据付けが不十分な自動販売機が倒れることがある。多くの墓石が倒れる。自動車の運転が困難となり，停止する車が多い。	耐震性の低い住宅では，壁や柱がかなり破損したり，傾くものがある。	耐震性の低い建物では，壁，梁，柱などに大きな亀裂が生じるものがある。耐震性の高い建物でも，壁などに亀裂が生じるものがある。	家庭などにガスを供給するための導管，主要な水道管に被害が発生する。[一部の地域でガス，水道の供給が停止することがある。]	
6弱	立っていることが困難になる。	固定していない重い家具の多くが移動，転倒する。開かなくなるドアが多い。	かなりの建物で，壁のタイルや窓ガラスが破損，落下する。	耐震性の低い住宅では，倒壊するものがある。耐震性の高い住宅でも，壁や柱が破損するものがある。	耐震性の低い建物では，壁や柱が破損するものがある。耐震性の高い建物でも，壁，梁，柱などに大きな亀裂が生じるものがある。	家庭などにガスを供給するための導管，主要な水道管に被害が発生することがある。[一部の地域でガス，水道の供給が停止し，停電することもある。]	割れや山崩れなどが発生することがある。
6強	立っていることができず，はわないと動くことができない。	固定していない重い家具のほとんどが移動，転倒する。戸が外れて飛ぶことがある。	多くの建物で，壁のタイルや窓ガラスが破損，落下する。補強されていないブロック塀のほとんどが倒れる。	耐震性の低い住宅では，倒壊するものが多い。耐震性の高い住宅でも，壁や柱がかなり破損するものがある。	耐震性の低い建物では，倒壊するものがある。耐震性の高い建物でも，壁や柱が破壊するものがかなりある。	ガスを地域に送るための導管，水道の配水施設に被害が発生することがある。[一部の地域で停電する。広い地域でガス，水道の供給が停止することがある。]	
7	揺れにほんろうされ，自分の意志で行動できない。	ほとんどの家具が大きく移動し，飛ぶものもある。	ほとんどの建物で，壁のタイルや窓ガラスが破損，落下する。補強されていないブロック塀も破損するものがある。			[広い地域で電気，ガス，水道の供給が停止する。]	大きな地割れ，地すべりや山崩れが発生し，地形が変わることもある。

* ライフラインの [ ] 内の事項は，電気，ガス，水道の供給状況を参考として記載したものである。
(気象庁ホームページより)

さ300 km以深の地震をいう。これに対して深さ60 km以浅で発生する地震を浅発地震，深さ60〜300 kmの地震をやや深発地震という。稍深発および深発地震は世界中で限られた地域に発生している。プレートの沈み込み帯である島弧では地震の発生場所が，海溝から陸の方に向かって傾いて深くなる薄い層をなしている。この面を深発地震面という。深発地震が浅い地震と同じ原因で発生するかどうかはわかっていない。
◎伊藤 潔

人命救助 ［じんめいきゅうじょ］ search and rescue [情報][被害想定] 災害あるいは遭難などで，生命の危機に瀕している人を救うことをいう。日常の事故に対して人命救助を行う組織としては，消防の中に救助隊があり，エアジャッキ，エンジンカッター，エンジン式削岩機といった救助専門の資機材を所有し，日頃より救助に関する専門的な訓練を受けている。山岳事故，海難事故に対する人命救助では，消防の救助隊以外に警察の救助隊あるいは海上保安庁の海難救助隊があり，ヘリコプターなどによる救助活動を行っている。大災害時に多数の人命救助を必要とする場合，都道府県知事などの要請により自衛隊に人命救助を依頼できる。上記の組織は，倒壊した構造物からの人命救助に必要な装備を保有しているか，あるいは特殊訓練を受けており，USAR(Urban Search and Rescue)と呼ばれる。彼らが行う専門性の高い人命救助は，一般に heavy rescue といわれている。一方，救助に関する訓練を受けていない一般住民が，身近に存在する道具を用いて人命救助を行うことを，light rescue という。地震で発生する倒壊建物による被害者の救出救助の大部分は，heavy rescue が活動する以前に light rescue によって行われるといわれている。→救出活動
◎甲斐達朗

信頼性解析 ［しんらいせいかいせき］ reliability analysis [共通] 建築・土木構造物の耐震性能を定量化するために，地震により生じる構造物の応答および構造物の性能の不確定性を考慮に入れた確率論的手法を援用した一連の解析をいう。構造物の耐震性能には昨今の性能設計に見るように多種多様な要求性能が考えられるが，例えば，解析者が構造物が崩壊しないことを要求性能と指定した時，信頼性解析では崩壊に至らない確率あるいはそれに相当する信頼性指標(reliability index)を尺度として用いて，性能の程度を評価する。簡単なモデルを用いて信頼性解析の要点を次に示す。構造物の耐震性能をR(例えば，構造物の崩壊に至る耐力)とし，構造物に作用する地震荷重をSと記述したモデルを考える。これらの量は確定的に定めるのは困難であるため，信頼性解析では，ばらつきを有する確率変数として扱われる。次にこの性能が満たされるかどうかは，$g=R-S$の関数の符号により判別できる。すなわち，$g<0$の時，性能が満たされない状態を表し，$g>0$の時，性能が満たされている状態を表すことができるから，ある所定の性能が満たされない状態となる確率は，$Prob\{g<0\}$と書くことができる。こうした確率を評価する一連の解析を信頼性解析と呼び，建築・土木構造物の性能設計法のための重要な解析法として認識されている他，構造物の性能保証に関わるリスク解析などにも利用されつつある。
◎高田毅士

心理的被害 ［しんりてきひがい］ psychological damage [都市][復旧] 都市における災害は人命や資産に損害をもたらす。これに加えて，災害は被災地や周辺地域に居住する人々の心にもダメージを与えることがある。この種の被害を心理的被害と呼ぶ。また，社会基盤の整備などによって被害の軽減を図ると，それに伴い安心感などの向上が生じる。この種の効果を心理的被害の軽減ということもある。阪神・淡路大震災以降，⊳心のケアの必要性が叫ばれ，心理的な被害を軽減するための方策の必要性が広く認知されるようになってきている。→精神的ダメージ
◎多々納裕一

森林火災 ［しんりんかさい］ forest fire [火災・爆発] ⊳林野火災の中で特に森林地帯の火災。森林火災は地表の可燃物の量が多く，乾燥している箇所で発生しやすい。樹冠が閉鎖した森林では地表の可燃物が少なく，加えて湿っていることから火災は起こりにくい。一方，幼齢林では地表の可燃物が多く，乾燥していることから森林火災が起こりやすい。間伐，枝刈，下草刈りなどが行われ，管理がよい森林では火災危険性が小さい。管理が悪くて，雑草や灌木が生い茂った森林では一旦，火災が発生すると拡大する危険性が高い。杉，檜などの一斉造林地では樹冠の枝葉密度が高いことから⊳樹冠火が起きることが多い。◎山下邦博

ス

水害訴訟 ［すいがいそしょう］ suit for flood disaster [河川] 国家賠償法第2条第1項では，河川の管理に瑕疵があり，損害を生じた場合，国または地方公共団体は賠償する責任があると規定している。水害訴訟ではこの管理瑕疵について，論争が展開されるが，河川管理には，①段階的整備，②技術的制約，③社会的制約などの特質性が存在する。すなわち，①河川の治水対策を実施するには相応の期間を要する，②改修の緊急性や改修順位を考慮しつつ，河川改修の調査・計画を立てる必要がある，③流域開発に伴う影響や用地取得難などの特質性が存在する。さらに過去の水害訴訟判決において，河川は自然公物であり，道路は人工公物であると解釈され，道路では通行止めなどの一時閉鎖により危険を回避できる(飛騨川バス転落事故判決)のに対して，河川は元々災害の危険性を内包しており，災害を防止することは容易ではないという点において，水

■ 水害訴訟の提訴年

注）ダム，土砂に伴う訴訟は除く

■ 木曽川下流域濃尾平野水害地形分類図
（大矢, 1957；縮小簡略化）

1. 山地
2. 台地・段丘
3. 扇状地
4. 自然堤防
5. 後背湿地
6. 三角州
7. 干拓地
8. 河原
9. 河川・海
10. 伊勢湾台風高潮侵入限界

害訴訟は他の公物管理とは一線を画している。旧建設省河川局関係の訴訟提起件数は北九州，島根，広島などに大きな被害をもたらした1972年7月豪雨に伴う水害以降，数多くの訴訟が提訴されたが，1980年代後半にかけて減少し，その後はまた漸増傾向にある。過去10年間で見れば，提起件数は年間およそ20～40件である。1999年における訴訟係属件数は102件あり，内訳は土地(43件)，許認可(10件)，転落(8件)が多いが，水害訴訟も7件係争中である。水害訴訟は1984年の大東水害訴訟最高裁判決以降，提訴件数が大幅に減少した。大東水害訴訟最高裁判決では「改修中の河川では改修計画が合理的でない場合，または計画が合理的であっても，計画策定後の情勢変化により水害発生危険性が顕著に出ても，早期に改修を実施しなかった場合に河川管理瑕疵が問われる」という判断基準が示され，非常に注目される。なお，水害訴訟における最初の最高裁判決は1978年に山梨県および旧国鉄(被告)が勝訴した富士川水系日川に関する水害訴訟で，1982年には国(被告)が江の川水系馬洗川に関する水害訴訟最高裁判決で勝訴した。また，ダム水害では1993年に国(被告)が川内川の鶴田ダム(多目的ダム)に関する訴訟で勝訴したのが最初の最高裁判決である。
◎末次忠司

水害地形分類図　［すいがいちけいぶんるいず］ geomorphological survey map showing classification of flood-stricken areas　河川　日本の平野は洪水の繰り返しで砂礫が堆積してできた，沖積平野である。従って平野を扇状地，自然堤防，デルタなどの地形要素に分類すれば，各地形を形成した過去の洪水状態がわかるだけでなく，将来的にも予測が可能である。このような観点から作られたものが水害地形分類図である。土地条件図もこの流れを汲んでいる。1956年，濃尾平野水害地形分類図(右図)が大矢により初めて作成され，3年後伊勢湾台風による高潮災害でこの地図の有用性が確認された。図中のデルタと高潮による浸水範囲が一致したのである。その後，この水害地形分類図は日本および東南アジアの主要河川で作成されており，洪水予測だけでなく，土地の特徴を捉える基本データとして応用範囲が広がっている。→洪水危険度マップ
◎大矢雅彦

水源の多様化　［すいげんのたようか］ diversification of water source　都市　河川　わが国では水資源として，1996年では，河川水が約70％(約211億m³)，地下水が約27％(約81億m³)，その他が約3％(約9億m³)利用されている。工業用水では90％以上を回収水でまかなっている業種もある。しかし，ライフスタイルの変化に伴う水需要量の増加と水源地保全による新規開発の困難性により新たな水源が必要で，従来の河川水・湖沼，地下水，溜め池，湧水などから，海水の淡水化，下水・雨水の雑用水利用へと広がっている。さらに，貯水池・河道堰による流況調整，水系間での広域流況調整，水田などのカスケード型水利用，下水・産業廃水などの再生水による閉鎖型水利用，地下ダムの開発，および水利用の合理化，制度の整備なども図られている。
◎小尻利治

水質汚濁　［すいしつおだく］ water pollution　海岸　河川　人間活動の結果，河川，湖沼，海域などの公共用水域に種々の物質が排出され，本来の水の状態と異なる状況になることで，温排水による水温上昇や着色なども含まれる。水質汚濁には有機物の流入により酸素消費が起こり酸素が欠乏する有機汚濁，重金属，農薬などの微量化学物質やコレラ菌などの微生物の流入による水質汚染，リンや窒素の栄養塩類が過剰に流入して生じる富栄養化，無機懸濁物質の流入による濁度の増加などがある。1960年代の高度成長時代には工場排水による負荷が大きかったが，排水規制の結果，現在では生活排水や農地排水の影響が大きくなっており，これら非特定発生源からの汚濁負荷の削減が重要な課題となっている。
◎中野晋

水質改善　［すいしつかいぜん］ water quality improvement　海岸　劣化した水質を種々の手法で改善すること。海域における水質は，汚染負荷，海域内の移動や希釈拡散，海域内での変質などによって変化する。汚染負荷を海域に持ち込まないような水際部での工夫，清澄な海水の導入や希釈の促進，海域内での分解浄化の促進など，汚染物質の特性や海域の水理特性などを考慮した手法がある。中でも，流入負荷対策が基本とされている。資金やエネルギーを投入すれば，一定の水質レベルに改善すること

は技術的に可能とされているが，自然水系中での改善では対象とする水量が極めて大きくなるため，自然浄化能の活用が注目されている。 ◎細川恭史

水質保全 ［すいしつほぜん］ water quality conservation 海岸 河川 背後に大都市や大きな汚染源を有する内湾などの閉鎖性海域では，陸から流入する汚濁負荷が自然の浄化能力に勝り，有機汚濁による富栄養化や重金属・環境化学物質の蓄積をもたらしている。東京湾，伊勢湾，大阪湾（瀬戸内海）は総量規制の対象海域であるが，水質が依然として改善されておらずCODの他，窒素・リンの対策が大きな課題となっている。水質を保全するための対策として，陸域では，下水道整備の促進を図るとともに，合併処理浄化槽，農業・漁業集落排水施設の整備などの生活排水対策，工場排水の総量規制基準の強化等の産業排水対策などが進められている。海域では，底質からの栄養塩の再溶出を防ぐため，浚渫や底質を良質な砂で被覆する覆砂が行われ，海面浮遊ゴミの清掃・流出油の回収などが実施されている。また，近年では，沿岸部の砂浜，干潟，浅場，藻場の造成などにより，バクテリアや藻類などの生物的浄化能力を向上させる対策がとられている。 ◎綿貫 啓

水準測量 ［すいじゅんそくりょう］ leveling 地震 火山 高さを決める測量方法。離れた2点に標尺を立て，中間に水平に置いた水準儀で標尺の目盛を読むことにより2点間の比高を求める直接水準測量の他に，三角水準測量と気圧測高がある。平均海水面を基準にした水準原点に基づく高さの基準となる一等水準点が主として国道沿いに約2km毎に設置されている。水準測量は各種土木工事の調査・設計に応用されているが，反復測量した基準点からの比高の差から地殻変動や地盤沈下などの変動量を知ることができる。 ◎古澤 保

水蒸気爆発 ［すいじょうきばくはつ］ phreatic explosion / steam explosion 火山 マグマの噴出を伴わずに圧縮された水蒸気の作用のみで起こる爆発的な噴火活動。水蒸気噴火ともいう。火山体の内部でマグマに熱せられた地下水が気化し高圧を生じる場合と，マグマから分離し地下の空隙に蓄積した水蒸気が爆発を起こす場合がある。水蒸気爆発の堆積物は古い山体や火道壁を構成する岩石片からなり，高温のマグマ起源の▶本質物質を含まない。水蒸気爆発の産状としては，火山活動の初期に爆発を起こし直接マールなどを形成したもの，溶岩流や火砕流が川・湖・海と接触し水蒸気爆発を起こしたもの，成層火山の成長末期に山体を崩壊したものなどがある。なお高温のマグマと水が接触し爆発的な噴火を起こした場合は，▶マグマ水蒸気爆発と呼ばれる。 ◎鎌田浩毅

水浸による沈下 ［すいしんによるちんか］ collapse 地盤 不飽和土中の間隙では土粒子接点に水が保持され，メニスカスを形成している。土粒子はメニスカス部の水の表面張力により互いに結合されており，土の構造骨格を形成している。この状態の土が降雨などによる水浸を受けるとメニスカスが消失するとともに土粒子の移動が生じ，コラップスと呼ばれる沈下が生じる。コラップス沈下は水浸前の土の飽和度が低い程，また間隙が大きい程，顕著であるため，施工に際しては締固め土の含水比と密度を管理し，その防止に努める必要がある。 ◎建山和由

スイス災害救援隊 ［スイスさいがいきゅうえんたい］ Swiss Disaster Relief unit（SDR） 海外 1976年に発足したスイス連邦の人道援助機関（Federal Humanitarian Aid）の下部機関で，災害（自然，人為の双方）や内戦によって危機に曝された生命を守り苦痛を和らげることを目的とする。東欧の経済混乱による困窮者に対する支援も含んでいる。活動には国連，国際機関に対する支援とスイスのNGOが行う援助に対する支援があり，人材派遣，資金協力，食糧ならびに救援物資の支給のいずれかあるいはそれらの組み合わせとなる。施策として，減災（火山活動のモニタリング，援助担当者の研修・訓練），救命，生存保障（飲料や食糧の供給），公共施設の緊急復旧（学校，病院，主要道路ならびに橋梁），保健・衛生を重視している。永世中立国という特別の立場を生かした出足の早さを特徴としている。 ◎ Andreas GOETZ

水制 ［すいせい］ groin / spur dike 河川 河岸，堤防から川の中心部に向けて突出して造られる構造物。古来より各地の川の特性に応じた，「出し」，「牛」と呼ばれる様々な水制が考案されてきた。主に水流に対して粗度要素となり流速を減少させる，直接障害物となり水流の方向を変化させるなどの働きがある。この働きにより河岸付近の洗掘，侵食，護岸の破損を防ぐこと，低水路法線形の整正や幅・水深の維持を目的に設置されてきた。近年では生態系の保全・育成，景観の改善のために設けられる場合もある。

構造から透過水制，不透過水制に分けられる。牛類や杭出し水制のような透過水制では，その部材が流れに対する抵抗として作用することで流速が減少し，土砂の堆積を促進する。不透過水制は土や石を主材料とした出し水制のように流れを透過しない構造のもので，水制上を越流するかどうかで越流型と非越流型に分けられる。不透過水制は流れに対する抵抗が大きいため水制頭部周辺に局所洗掘が生じやすく，水制まわりを沈床，捨石で保護することが必要とされる。いずれの場合も何本かの水制を組にして水制群全体として役割を果たすように使用されることが多い。 ◎細田 尚

推定断層 ［すいていだんそう］ inferred fault / assumed fault 地震 地質構造などから存在が推定されるが，存在が不確かな断層。活断層においては，明確な線状構造（▶リニアメント）は認められるが，それが断層運動によって直接形成されたものかどうか不明確である場合に用いられる。これには，リニアメントが断層運動以外の原

因で形成された可能性があるものと，リニアメント形成が最近の地質時代(第四紀後期)であることが不確かな場合とがある。
◎中田 高

水道の応急戦略 ［すいどうのおうきゅうせんりゃく］ emergency strategy for water supply system 都市 復旧 　水供給システムは水源，取水，浄水，送水，配水，給水とこれらに関わる機械・電気設備から構成されている。また，水供給システムは地域の地形に応じて，自然流下方式と圧送方式に区分され，階層別・ブロック別配水区域を形成している場合が多い。ポンプなどの関連設備，電気機械がそれぞれにシステムを構成している。地震発生直後には上述の各施設災害状況の把握，テレメータその他の方法による配水池貯水量，送水可能量などを確認の後，必要に応じて弁操作などの緊急措置が行われる。さらに，被害形態に応じて給水タンク車などによる運搬給水や消火栓からの給水，主要配水池における拠点給水の方策により応急給水が実施される。飲料水，消防用水確保のために損傷した管路からの漏水を少なくする目的で，2池配水池のうちの一つを緊急遮断する方式も存在している。→上水道施設の被害想定
◎高田至郎

水道の多点配水システム ［すいどうのたてんはいすいシステム］ multiple-point distribution system 都市 　水道事業では，給水区域内をいくつかの配水ブロックに分け，各配水池からの水供給を配水ブロック単位で管理することが多い。さらに，配水ブロックの中を管理の目的に見合った規模にブロック化することもある。このようなブロック化は，ブロック内の水量・水質情報を的確に把握するとともに，ブロック間の調整を行いやすくするものであり，平常時，事故時および災害時の水運用の効率化，円滑化を目的としている。ブロック化を前提として，日常的に複数の配水池から水供給が行われていたり，災害時等に連絡管を通じて応援のための水融通が行われるなど，複数の配水系からの水供給を受けることが可能な水道システムを多点配水システムという。このようなシステムでは，地震などにより水道管路などに被害が生じ，水量や水圧の安定した供給が困難となった時，他の配水系からの水供給を受けることが可能であり，水融通機能に冗長性があるため減災につながる。→上水道施設
◎萩原良巳

水道の復旧曲線 ［すいどうのふっきゅうきょくせん］ restoration curve of water supply systems 都市 復旧 →上水道施設の被害想定

水道の復旧戦略 ［すいどうのふっきゅうせんりゃく］ restoration strategy for water supply systems 都市 復旧 　各水道事業体によって異なるが，概ね震度5以上の地震発生に対し，動員体制がとられ，職員は指定された場所に出動して復旧作業が開始される。復旧作業は配水系統の切り替えによって断水区域を最小限にした上で，断水区域の早期解消を目標に行われる。断水地域に対しては，断水状況，応急給水方法などに関する広報活動がとられる。水量や水圧などは日常的に公衆回線テレメータを用いて，中央のコントロールセンターで状況把握が行われており，それらを利用して情報連絡を行うとともに，公衆回線が輻輳している場合には行政無線も用いられる。さらに，災害時補修用管路類などは保管されているが，「11大都市災害時相互応援に関する協定」「7大都市水道局災害相互応援に関する覚書」など，復旧要員，資材の相互援助が取り決められている。広域避難地などの都市防災計画と関連して，これらの地域に応急給水を可能にする大型耐震性貯水槽，貯水管の設置も行われている。→上水道施設の被害想定
◎高田至郎

水道用水 ［すいどうようすい］ municipal water 都市 　都市用水のうち水道を使用する用水をいう。都市用水から，水利用者が独自に地下水，河川水，回収水および雨水などを利用する水を除外した用水で，かつ，水道からの補給水によるものを指す。
◎田中成尚

水道料金 ［すいどうりょうきん］ price of municipal water supply 都市 　水資源の開発コスト(建設・管理費)より算出されており，地域の水需給水源の開発状況によって異なっている。1997年度の全国平均上水道給水原価は約180円/m^3で，用途，口径別体系となっている。工業用水は約23円/m^3，農業用水は使用料金として表現するのは不適当であるが，水利負担金は約8322円/10アールである。今日では，建設単価が上昇しているので減価償却の割合が増えている。水利用の合理化の促進と渇水時の水利用を抑制するために，使用料が増える程高くなる逓増型料金体系や使用量が多い場合に追加料金を徴収したり，節水に対する奨励料金(使用料が少ない場合への料金の軽減)，などの変動型価格方式をとる水道事業体が増えてきている。
◎小尻利治

水防 ［すいぼう］ flood-fighting / levee protection 行政 　洪水または高潮に際し，水災を警戒し，防御し，被害を軽減することをいい，水防の責任を有する水防管理団体および水防管理団体の組織，水防活動，費用負担について定めたものとして，水防法がある。→水防法
◎井野盛夫

水防管理団体 ［すいぼうかんりだんたい］ flood fighting administrative bodies 河川 　水防管理団体とは，その区域において水防を十分に果たすべき責任を有する市町村，水防事務組合，水害予防組合の総称である。このうち，水防事務組合は地形の状況により，市町村が単独で水防責任を果たすことが困難な場合に，関係市町村が共同で水防を行うもので，地方自治法でいう一部事務組合である。水害予防組合は水害予防組合法に基づいて設立された水害を防御するための地縁的な公共組合で，前2者と違って地方公共団体ではない。水害予防組合は過去に発生した水害区域を防御対象区域に設定している場合がある。水防管理団体は2000年4月現在，全国に3256団体あり，そ

■水防管理団体

	指定	非指定	合計
市町村	1925	1279	3204
水防事務組合	37	0	37
水害予防組合	13	2	15
合計	1975	1281	3256

建設省治水課調べ（2000年4月現在）

のうち1975団体が指定水防管理団体である（表）。水防管理団体のうち，水害予防組合および水防事務組合は30年前の約半数であり，順次市町村へと移行しており，自発的な水防組織から行政依存型の組織へと変わってきている。特に水害予防組合は治水施設の整備に伴う水害被害の減少，水防法の改正（1958年）により大きく減少している。また，都道府県知事が水防上公共の安全に重大な関係があるとした水防管理団体は指定水防管理団体となり，水防団の設置，水防計画の作成，水防団および消防機関の水防訓練の実施が義務付けられる。しかし，旧建設省土木研究所が実施した全国調査結果（1998年）によると，実施率は水防計画の作成が81％，水防訓練の実施が52％である。水防管理団体のもとでは，水防団が水防活動を実施している。水防団員数は2000年4月現在，全国に約97万人いるが，経年的に減少傾向にある。この原因としては農業従事者の減少，団員のサラリーマン化，水害被害の減少などが考えられる。水防団員の98％は消防団員との兼務であり，兼務していない専任水防団員は特に大きく減少しており，現在約1万8000人である。指定水防管理団体の水防団員の定数は都道府県の条例により定められ，水防上特に重要な箇所は堤防延長20 mにつき水防団員1人，その他の箇所は堤防延長50 mにつき水防団員1人という例が多い。　　　　◎末次忠司

水防警報　［すいぼうけいほう］　warning for flood fighting　河川 情報　水防法第二条7項において，「洪水または高潮によって災害が起こるおそれがあるとき，水防を行う必要がある旨を警告して行う発表」と定義され，国土交通大臣もしくは都道府県知事が，水防管理団体の水防活動に対して，待機，準備，出動などの指針を与えることを目的として発令される。国土交通大臣もしくは都道府県知事は，「洪水又は高潮により国民経済上重大な損害を生ずるおそれがあると認めて指定した河川，湖沼又は海岸」について水防警報を行わなければならない（同法第10条の4）。国土交通大臣指定の水防警報河川は，全国109水系，317河川（2001年4月1日現在）となっており，さらに多数の都道府県知事指定河川がある。水防警報が発せられた時は，水防管理者（水防管理団体の長または管理者）は，都道府県毎の水防計画で定めるところにより，水防団および消防機関に対して水防活動を指令する。水防警報の具体的な種類や内容，発令基準などは水防計画に定められる。一般には，待機，準備，出動，警戒，解除の5種類からなり，気象予報，洪水予報や警戒水位などに関連付けて発令基準が定められている。

◎深見和彦

水防工法　［すいぼうこうほう］　flood fighting methods　河川　洪水時などに洪水被害が発生しないように水防団などにより水防活動が実施される。水防活動の中で，特に前線で実施される活動に用いられるのが水防工法で40種類以上の工法がある。水防工法は洪水時などに地先で短時間に入手できる資材などを用いる工法が多く，伝統的な工法を踏襲しているものが多い。堤防の破堤原因の7～8割は越水によるものであり，他に洗掘，漏水，法面崩壊などにより破堤が発生している。そのため，旧建設省土木研究所が実施した全国調査結果（1998年）によれば，洪水時に実施された水防工法も越水防止が54％と最も多く，次いで洗掘防止29％，漏水防止11％となっている。工法別に見ると，土のう積み50％，木（竹）流し14％，表シート張り11％，月の輪9％となっている（次頁の図）。ただし，河道，地域特性に違いがあるため，採用されている工法は地域により異なっている。都市化に対応した工法としてはマンホール噴出防止工，水マット式釜段工・月の輪工などがある。水防工法の実施にあたっては，複数の水防団や組織は交じらずに指揮命令系統および作業分担を明確にして活動を行う必要がある。また竹尖げ，杭拵え，土のう作りは水防工法の基本となる。例えば，土のうは作る係（2人1組），運ぶ係，積む係に分けるなど，分担を決めておくと作業がスムーズになる。なお，水防活動の際に使用した水防資材は，17品目（布袋類，竹，杭，土砂など）については国庫補助の対象となっている。

◎末次忠司

水防団　［すいぼうだん］　flood fighting corps　河川
→水防管理団体

水防法　［すいぼうほう］　Flood Fighting Act　河川　水防法は1949年に制定。地縁的な水防に関する法律としては，まず水利組合条例の施行（1890年）により，従来の自治水防組織である町村会・水利土功会が法制化され，法律のもとで実質的に自治水防組織が水防事務を処理することとなった。水利組合条例は，その後，若干の不備が生じてきたため，水利組合法（1908年）へ改正された。水利組合法では町村会や水利土功会を積極的に水害予防組合へ変更させることが謳われた。戦後，食糧難から穀物増産のために水利施設の整備の必要性が高まり，土地改良法の施行（1949年）により灌漑排水事業は土地改良区が行い，水利組合法は水害予防組合にのみ適用される法律となって，名称も水害予防組合法（1949年）へと改名。一方，国家行政体系での消防組規則（1894年）は戦時中の状況により廃止され，新たに警防団令（1939年）が制定。消防団に代わる警防団の任務と

■ 水防工法の概要図

[積土俵(土のう)]

[表シート張り]

[月の輪]

[木流し]

して、消防・水防の他に防空の任務が付け加えられた。戦後、防空の必要性がなくなると警防団を廃止し、消防団を設置することになり、法律としては消防団令が施行(1947年)された。こうした官設消防から自治消防への移行の傾向をさらに強めたのが消防組織法の制定(1947年)である。このような水防に関する法体系の二元化は、①河川法により都道府県知事が河川管理の責任を有している一方で、市町村や水害予防組合の水防員・地元住民が水防活動を行っている。②消防団は水防活動を行うにあたって、消防法の一部規定を準用している。といった法制度上の矛盾が残っていた。当時、枕崎、阿久根、カスリーン、アイオンといった大型台風が相次いで襲来し、国土に大被害をもたらしたことが、水防法の制定を前進させる契機となり、地縁的な水防のための水利組合法と国家行政としての水防のための消防組規則に由来する二元化した法体系が、水防法として1949年に一元化された。現行の水防法(全40条)の骨子は、「①水防の一義的な責任は水防管理団体が負う、②都道府県及び指定水防管理団体は水防計画を策定する、③水防費用は水防管理団体または都道府県が負担する」となっており、分類すると水防組織、水防活動、費用分担、水防従事者に対する災害補償、罰則規定などの水防に必要な事項が定められている。水防法は1955年、1958年に大幅な改正が行われ、洪水予報の規定、水防警報の発令、補助金交付の見直し、水害予防組合から水防事務組合への積極的な移行が図られた。なお、水防法の中では水防活動を有効に実施するため、水防管理者や水防団長などには各種権限(警戒区域の設定および立入禁止・退去、居住者などの水防への従事、土地・土石などの使用、避難のための立退指示)が付与され

ている。→水防

◎末次忠司

水門 [すいもん] water gate / sluice 〔河川〕 門扉が堤防天端まで達し、堤防を分断して河川または水路を横断するように設けられる制水施設であり、洪水時や高潮時に河川の水位が高くなると閉じて洪水の侵入を防ぐ堤防の役割を果たす。また、派川の分派点には分流量を調節するために分流水門が設けられる。これに対して、河川を横断して門扉を設ける工作物のうち、洪水時などにゲートを全閉せず流下させるものは堰と呼ばれる。また、水門のうち、一般に通水断面の上方が開放し、その径間が大きいものを水門、通水断面が函渠形式で径間の小さなものを樋門、通水断面がさらに小規模で暗渠形式のものを樋管と呼ぶ。

◎角 哲也

水文観測 [すいもんかんそく] hydrological observation 〔河川〕 降水量、水位、流量などの水の循環に関する観測。これらの観測は、計画・管理上の必要性から、河川管理者などにより定常的に観測され、年表として公表される。管理上重要な観測はテレメータによりオンラインでモニターされ、洪水予報などに利用される。蒸発量、蒸散量、地下水位、土中水分量なども水文観測に含まれ、必要に応じて観測される。河川の水流は管路とは大きく違い、流量変化幅が極端に大きく、流れの境界も大きく変動するため、河川流量観測は非常に手間がかかる。通常、観測値から求めた期間限定の水位流量曲線式と水位から流量を決定する。水文観測は、防災に限らず水資源や環境に関する計画・管理にも幅広く利用される。

◎吉谷純一

水文頻度解析 [すいもんひんどかいせき] hydrological frequency analysis 〔河川〕 観測された水文資料よ

り水文量の母集団の性質を推定することで，任意の水文量が生起する確率を求めたり，逆に生起確率を与えて相当する水文量を求めること。解析を行う前提として，水文量の母集団は一つであること(均質性)が仮定される。また，母分布の推定モデルとして一変数の確率分布を用いる場合にはデータ間に相関がないこと(独立性)も仮定される。

◎鈴木正人

水利権の移転 [すいりけんのいてん] transfer of water right 〔都市〕 緊急時に期間限定で認められる暫定水利権と，異なる用途間での融通を意味する水利権の転用がある。前者は豊水時を前提とし，水貯留・管理施設完成までの取水を条件としたものである。後者は変遷する土地利用，水利用の実態に合った合理的な水利用を目的としたもので，急激に増加した都市用水に対して，水田の減少や利用効率化で生じた農業用水の一部を振り向ける効率的運用である。水資源開発においては，渇水に対する安全性の向上のため水需要量の抑制や循環型水利用，水源の確保などが進められる一方，水利権の許可，使用方法を弾力的に運用し，効率的な水利用を達成する。

◎小尻利治

水理地質図 [すいりちしつず] hydrogeological map 〔地盤〕 地下水の状態は地下水面または地下水頭，帯水層の厚さと透水性(またはこれらの積である透水量係数)，貯留係数，被圧の有無，涵養・流動・消費などをパラメータとして表現されるが，水理地質図では，対象地域において重要と思われる主要パラメータの分布を地図形式で表現する。帯水層パラメータの定量的な評価ができていない場合は，帯水層を構成する地層の岩質区分を示すことがある。

◎奥西一夫

水路工 [すいろこう] channel works 〔地盤〕 降雨，湧水およびそれらの浸透水の作用による斜面侵食，斜面崩壊，地すべりなどを防止するために降雨による表面水や湧水を集めて安全に斜面の外に排出するための水路であり，山腹工，法面工・斜面安定工，地すべり防止工などの基本的な施設である。水路工は斜面や法面において湧水が生じている箇所，地表水が集中しやすい箇所に設置し，湧水，地表水をスムーズに集水して，速やかに排水できるように計画，設計する。

◎石川芳治

数値天気予報 [すうちてんきよほう] numerical weather prediction 〔気象〕〔情報〕 大気運動や気温の変化を，流体の運動方程式や熱力学の第1法則などの物理法則に基づいて記述し，その将来の状態をコンピュータで計算しようというのが数値天気予報である。まず，世界各地で観測された様々な気象データをもとに各計算格子点上での初期値(客観解析値)を推定する。数値モデルを用いてそれからの時間発展を計算することにより，将来の気象状態を予測する。局地モデルによる数日間の予報から全球モデルを用いた1週間，1カ月，季節の予報まで，いくつかの領域・期間の予報がある。数値モデルの時間発展結果はそのまま予想図として出力され，また，格子点値をもとに統計的処理が施されて，日々の天気予報に用いられている。

◎余田成男

数値風洞 [すうちふうどう] numerical wind tunnel 〔気象〕 ▶構造物の作用▶空気力や空力不安定現象を把握しようとする場合，▶風洞実験によるシミュレーションが現在のところ最も確かな方法である。これは構造物が複雑な形状をしていることや，自然風をシミュレートする▶乱流モデルの精度や計算負荷が解析の妨げとなってきたことによる。しかしながら，コンピュータの計算能力の急激な発達で，機械，航空，建築，土木などの分野では高次精度の風上差分による計算法や，修正 k−ε モデルやダイナミック・サブグリッド・スケール・モデルといった乱流のモデル化によって，物体背後の流れや表面圧力分布，あるいは振動する物体の▶非定常空気力を，風洞実験に代わって求める試みが積み重ねられている。

◎宮崎正男

スーパーセルストーム supercell storm 〔気象〕 環境場の水平風の鉛直方向の勾配(鉛直シア)が強く，成層の不安定度も大きい場に発生する特殊な積乱雲で，しばしば▶ひょうや竜巻などの被害を生ずる。アメリカにおける強い竜巻の多くはスーパーセルによって作られると考えられている。スーパーセルは1964年にその概念モデルを提出した K.A.Browning による造語である。通常の積乱雲は約1時間でその寿命を終えるのに対し，スーパーセルは世代交代を繰り返しながら数時間以上持続することが多い。発生後1時間程経つと，進行方向に向かって右側後方にメソサイクロンと呼ばれる直径数 km，鉛直渦度$10^{-2} s^{-1}$以上の低気圧性の循環が形成され，この循環による雨粒の移流により，レーダーの PPI 画像で鉤状の反射強度の分布(hook-shaped echo)が見られるようになる。竜巻はメソサイクロンの中で発生すると考えられており，ドップラーレーダーによるメソサイクロンの循環の検出や，通常レーダーによる鉤状の反射強度分布の探知は，竜巻の予知にとって重要な情報である。近年は，スーパーセルにも小型のもの(mini supercell)，多くの降水を伴うもの(high precipitation supercell)，ほとんど降水を伴わないもの(low precipitation supercell)など様々な形態のものがあることが知られており，Browning の概念モデルにあてはまるものは特に「古典的スーパーセル」と呼ばれる。➡マルチセルストーム

◎新野宏

スーパー堤防 [スーパーていぼう] super levees / high-standard levees 〔河川〕〔地盤〕 ▶高規格堤防

眇漏り [すがもり] sand leak 〔雪氷〕 積雪地では屋根上の積雪が暖房などにより，小屋裏などからの伝熱で融解し，その融雪水が屋根ふき材の隙間から屋根裏に漏り，雨漏りする災害現象をいう。また眇漏れとも呼ぶ。その対策として屋根雪を融雪させないように天井や小屋裏の断熱や換気をしっかりすることが必要である。また屋根軒部の

ヒーティングなどにより，氷堤ができないようにすることなどがある。　　　　　　　　　　　　　　　◎三橋博巳

スクリーンダム　screen dam　[地盤]　砂防ダム，治山ダムの上流壁面にH型鋼，鋼管などを比較的密な間隔（15〜30 cm）で，すのこ状に並べたスクリーンを有しているダムである。スクリーンを支える骨組構造はバットレス型式をしている場合が多い。透水性はよいが平常時の流下土砂はスクリーンにより捕捉されるため不透過型ダムに分類される。なお，底面水抜スクリーンは河床面より少し上方に水平に鋼製スクリーンを並べた構造をしており，流下してくる土石流の泥水部を透過・分離して，砂礫部のみをスクリーン上に停止堆積させる。　　　　　　◎石川芳治

スクルートン数　[スクルートンすう]　Scruton number　[気象]　風の作用による振動を強制振動と考える時，作用►空気力は質量比または質量慣性モーメント比と構造減衰の線形結合，すなわち$(m/\rho D^2)\cdot\delta$によって大小を評価することができる。自励的な特性を示す►渦励振の最大振幅や►ギャロッピングの発振風速に対しては，このパラメータを用いた推定がよく結果を説明する。この無次元パラメータはスクルートン数と呼ばれ，1983年の風工学国際会議で提唱者Scrutonの業績を称えて命名された。　◎宮崎正男

スケープゴート　scapegoat　[情報]　集団は成員の持つ共通価値のありようによって内部凝集力に影響を受ける。ふつう外集団との葛藤は内集団の凝集力を高める傾向を持つ。そこで社会不安状況下で内集団の解体を防ぐために，鬱積した攻撃や憎悪をふりむける，敵意を抱いている直接対象ではない報復する力のない対象を主として外部集団に求めることがある。この対象がスケープゴートで，それへの敵対行動や偏見的態度を表明することで情緒的に満足しようとする。　　　　　　　　　　　◎藤田　正

スコールライン　squall line　[気象]　積乱雲が長さ数十km〜数百kmにわたって線状に並んだメソスケール対流系で，積乱雲の列にほぼ直交する方向に速い速度で移動するもの。対流系の前面の地表付近には，後面の降水域で作られて下降した冷気と前面の暖湿な空気との間に形成された陣風前線（►ガストフロント）があり，その通過時には突風が吹く。また，陣風前線のところで持ち上げられた暖湿な空気は活発な対流雲を形成し，強雨や降ひょうを生ずる。一方，後面には，層状性の雲域が広がり，弱い雨が降る。　　　　　　　　　　　　　　　　◎新野　宏

スコリア　scoria　[火山][地盤]　黒灰色・暗褐色などの黒色系統の色を示し，軽石状の多数の気泡を持つ，高温のマグマの急冷した►火山砕屑物。岩滓（がんさい）ともいう。スコリアは玄武岩質および安山岩質の苦鉄質マグマの発泡によって生ずる。発泡度には様々な程度があり，非常によく発泡している場合は見かけ比重が1以下となる。なお多孔質の溶岩などを表現する場合に，スコリア質という語が用いられることもある。　　　　　　　◎鎌田浩毅

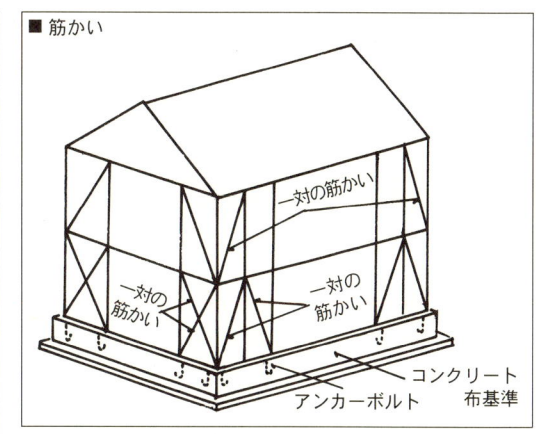

■筋かい

スコリア流　[スコリアりゅう]　scoria flow　[火山]　黒色系統の色を示し多数の気泡を持つスコリア塊が50％以上の体積を占める高温の►火砕流。スコリアの他にスコリア質火山灰，岩塊などからなり，しばしばスコリア流による堆積物をも指す。噴火の規模としては中〜小規模のものがほとんどで，安山岩質〜デイサイト質マグマの噴火によって生じたものが多い。スコリア流堆積物はしばしばフローユニット毎の微地形を残す。　　　　　　　◎鎌田浩毅

筋かい　[すじかい]　diagonal bracing　[地震]　矩形の構面内に対角線状に配置した斜材，ブレースともいう（上図）。構面が菱形状に変形することを防ぎ，地震力・風圧力などの水平力に抵抗する。屋根面や床面に配置して屋根や床を通じた荷重伝達を保証するための水平筋かいや，軸組構面内に配置して水平力抵抗要素とする軸組筋かいがある。特に耐震要素として用いる軸組筋かいの最近の設計では，筋かいの接合部より筋かい軸部の降伏が先行するように留意されるが，従来の設計法では，筋かい接合部において破断する被災例が多い。　　　　　　　◎大井謙一

筋工　[すじこう]　simple terracing work　[地盤]　荒廃山地および崩壊跡地の復旧緑化として植栽工が実施されるが，まず法切工を実施し一応の安定化が得られた後，次頁の図のような積苗工，萱筋工を実施する。植栽木はクロマツ，ヤシャブシ類，ハギ類を交互に植栽し，肥料として鶏糞，藁，大豆粕，石灰などを施肥していた。極めて集約的工法で，現在はほとんど実施されていない。◎山口伊佐夫

スタッドレスタイヤ　studless tire　[雪氷]　低温でも"しなやかさ"を失わない特殊配合ゴムを使用し，タイヤの溝の形状などに工夫を加え，積雪路，凍結路での走行性能を高めた冬用タイヤ。接地部に大きなブロックパターンを採用し，接地面に細かいサイピング（切り込み）が施されている。ブロックの剛性を小さくし，接地面積を広げ，サイピングのエッジ効果（凸部の角で雪を引っかくことによる抵抗）で，氷との摩擦力を高めている。➡スノータイヤ，スパイクタイヤ　　　　　　　　　　　　◎大山　晋

スチフナー　stiffener　[地震]　鋼構造物に多用されるH形鋼や鋼板の補強に用いられる板で，薄い板（H形鋼

■ 積苗工と萱筋工

〔積苗工〕 天芝／たて芝／控芝／肥料／敷芝 0.4〜0.6m／1.0〜2.0m／5枚積苗／1:0.2〜1:0.3／0.4〜0.5m／3枚積苗

〔萱筋工〕 肥料／1.0〜2.0m／0.5〜0.6m

■ 砂浜海岸地形の名称

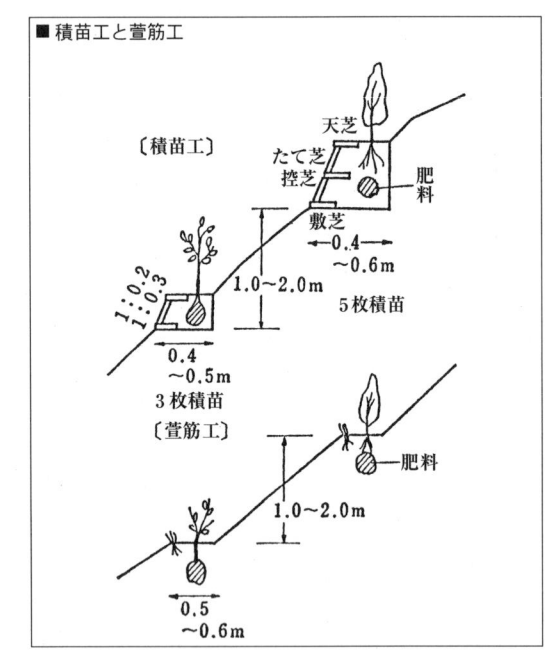

沖浜帯／砕波帯／波打ち帯／沖浜／外浜／前浜／後浜／砕波点／浜崖／径浜／海崖／沿岸砂州／トラフ

の場合にはウエブやフランジ）の局部座屈を防止するために設けられる。局部座屈を防止することによって，鋼構造部材に十分な強度と粘りを確保することが可能になる。
◎中島正愛

捨石工 ［すていしこう］ riprap works 〔地盤〕 河川や海岸の堤防などの護岸で，護岸前面の流れの勢いを弱め，護岸基礎の洗掘を防止するために設けられる根固工の一つで，古くから用いられている工法である。水流によって移動しない割石や河道内の大きな石を根固め部分に捨て込むだけの最も簡単な工法であるが，屈撓性に優れ，沈降あるいは流出した場合でも復旧が容易であるという利点を持つ。水制あるいは海岸の突堤でも根固めのために捨石工が行われる。
◎眞板秀二

ストリップ理論 ［ストリップりろん］ strip theory 〔気象〕 風の中で，長い等断面の柱状物体の長軸直角方向に作用する空気力特性は，どの位置でも同じようになると考えられる。このような特性を二次元性という。等断面部分が有限の長さのものでも，近似的に二次元性が保持されると考えられる時，柱状物体全体の**空気力**を二次元的に求めた空気力から計算できる。このような計算法をいい，物体の幅に対して長さが短い場合には使えない。
◎宮田利雄

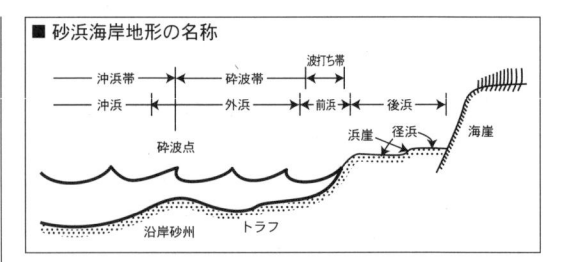

ストローハル数 ［ストローハルすう］ Strouhal number 〔気象〕 流れの中に置かれた鈍い物体の後流中には規則的ないわゆる**カルマン渦列**が観測される。1対の渦の放出振動数を f_s，平均流速を U，物体の代表長を D とすれば，よく知られた関係 $S = U/(f_s \cdot D) =$ 一定となる関係が存在する。この無次元量 S をストローハル数と呼ぶ。ストローハル数はその物体に固有のものであり，**渦励振**と密接に関係する。ストローハル数は物体の幾何学的形状や**レイノルズ数**によって大きく変化する。
◎宮崎正男

ストロンボリ式噴火 ［ストロンボリしきふんか］ Strombolian eruption 〔火山〕 比較的短い時間間隔で，火口から小さな**火山弾**や**スコリア**などを周期的に放出する噴火様式。イタリアのストロンボリ火山にちなんだ名称である。噴出物の放出速度は秒速数十 m 程度であり，噴出物の飛散範囲は通常火口周辺に限られる。わが国では，諏訪之瀬島，阿蘇山など，マグマの粘性の比較的低い火山で，マグマの上端が火口付近まで上がってきたある時期に見られる。しかし，短時間のうちに爆発的噴火に移行することがある。
◎石原和弘

砂溜工 ［すなだめこう］ sand catching works 〔地盤〕 上流域の治山・砂防工事によって対応しきれない土砂が生ずる場合に，この土砂を緩流河川の上流で処理するために計画される工法である。流路工に付帯して計画されることが多く，流路の一部を拡幅した形態をとり，その拡幅部に土砂を堆積させることにより，下流部の土砂害を防止する。砂溜工では，常に貯砂容量を確保しておく必要があり，堆積した土砂の排除が必須である。このため，排除作業の便を考慮して土砂搬出路などが計画される。
◎眞板秀二

砂浜海岸 ［すなはまかいがん］ sandy beach 〔海岸〕 海岸所管4省庁が1988〜89年の2年間に全国の海岸域を調査した結果によれば，わが国の砂浜海岸は総延長の24％を占める。底質別延長で見るとその72％は砂浜であり，20％が礫浜となる。全海岸の平均砂浜幅は約30 m であり，底質がシルトの時，幅が広く（平均65.8 m），礫海岸で狭くなる（平均18.7 m）。砂浜海岸の約半分の43％が侵食傾向にあり，堆積傾向にあるのは6％にすぎない。

砂浜海岸地形の断面地形とその用語を図に示す。海岸工学上，水面下の部分も海岸として含めるのは，陸上部の海岸地形変化にも水面下の部分の漂砂過程，地形変化過程が密接に関係するためである。砂浜の地形変化は，広域〜狭域の全スケールにわたって，周辺地形や人工構造物と密接な関わりを有している。また砂浜は**砂嘴**（さし）やトンボロなどの特徴的微地形を呈することがあり，それぞれに固有の漂砂機構を有している。なだらかな砂浜は背後地を波浪から防御する作用を有しており，養浜工はこの性質を利用したソフトな海岸防御工法ということができる。
◎浅野敏之

スノーサンプラー snow sampler 〔雪氷〕 積雪から一定体積の試料を採取する用具のことをいう。一般には，雪面から地面までの積雪全層を採取する円筒形の採雪器を

■ スノーシェッド

指すことが多く，ある流域に積もった全積雪水量調査（スノーサーベイ）などに使用される。内法断面積20 cm²，長さ75 cmの金属製円筒がネジで継ぎ足しできる改良神室（かむろ）型スノーサンプラーが市販されている。採取された円柱状積雪全層の重量を断面積で割れば積雪水量が，さらに積雪深で割れば平均密度が求められる。　　　　　◎和泉 薫

スノーシェッド snow shed [雪氷]　雪崩防護工の一つで，道路や鉄道の上に屋根を設け，その上に雪崩を通過させる構造物。道路や鉄道が雪崩の走路を横切っている箇所に用いられている（下写真）。特に，発生区が大きく，走路が狭まっているところでは効果が大きい。わが国では，鋼製，PC製，RC製が多く施工されている。スノーシェッドの背後はポケットを設けず，斜面にすりつけることが望ましい。　　　　　　　　　　　　　　　　◎上石 勲

スノータイヤ snow tire [雪氷]　積雪路，圧雪路での牽引力と制動力を高めるため，溝を一般タイヤより深くし，接地部にブロックパターンを採用した冬用タイヤ。スノータイヤは，➤スタッドレスタイヤと同様に，残り溝が新品時の50％未満となると冬用タイヤとしては使用できない。タイヤの周上4カ所（溝深さ50％）に，冬用タイヤとしての使用限界の目安「プラットホーム」が設けられている。➤スパイクタイヤ　　　　　　　　　　　　　　　◎大山 晋

スノーボール snow ball [雪氷]　斜面を雪塊が回転しながら落下し，筒状に発達した雪の塊で，春先に多く見られる。積雪表層が濡れると粘着力が増すので，雪塊が転がると，雪だるま式に，次から次へと下の雪を付着させ，大きくなる。大きなものは，幅や直径が50 cm程度。雪塊の最初の落下は雪庇や樹木からの落雪，登山者の歩行などがある。平地で強風時にできる同様な雪塊をスノーローラーといい，両者を区別することがある。　　　◎秋田谷英次

スパイクタイヤ studded tire [雪氷]　接地部に剛性の大きいブロックパターンを採用し，ブロックの接地面に穴を空けておき，そこにスパイクピンを打ち込んだタイヤ。スパイクタイヤの制動・駆動力は，ゴムの摩擦力の他に主にスパイクピンの爪が氷を引っかく力による。道路を損傷して粉塵公害をもたらし，また騒音を増大させ社会問題となった。1990年にはスパイクタイヤの製造が中止され，その後販売が中止され，「スパイクタイヤ粉じんの発生の防止に関する法律」も公布された。➤スタッドレスタイヤ，スノータイヤ　　　　　　　　　　　　　　　　◎大山 晋

スパン span [地震]　建築構造物などで，柱，梁などの軸組部材で構成される骨組構造において，小屋梁に平行な方向の，横架材を支える両端柱間の中心間距離をいう。梁，アーチなどの支点間の距離。支柱から支柱までの距離。橋脚から橋脚までの距離。日本語では「梁間」，「梁行」，「径間」という。小屋梁に平行な方向を「スパン方向」という。また，柱割りのことを「スパン割り」ともいう。小屋梁と直行の方向を「桁行」，「桁行き方向」という。◎小野徹郎

スプリンクラー設備 [スプリンクラーせつび] sprinkler system [火災・爆発]　スプリンクラー設備は，防火対象物の天井面下などにスプリンクラーヘッドを取り付け，火災を自動的に感知し，散水消火するもので，地下街，高層建築物，無窓建築物など消火活動が困難であったり，人命危険・延焼拡大危険が高い防火対象物に設置するものである。水源，加圧送水装置，配管，制御弁，その他の弁類，流水検知装置，自動警報装置，スプリンクラーヘッド，送水口その他の付属装置から構成され，ヘッドの種類などによって分類されている。常時配管内に水を充填加圧しておき，ヘッドの感熱開放とともに散水する閉鎖式（湿式）のもの，劇場などの舞台部などに設置されるもので，開放型ヘッドを設け，自動火災報知設備の感知器または閉鎖型スプリンクラーヘッドの作動により連動して（または手動操作により）加圧送水装置を起動させ散水する開放式（乾式）のものなどがある。➤消火設備　　　　　　　　　　◎島田耕一

スペクトル強さ [スペクトルつよさ] spectrum intensity [地震]　SIといわれるもので，地震動の振動数成分が反映された強度指数であり，カリフォルニア工科大学のG. W. Housner教授が1959年に提案した。地震の加速度を入力とする減衰定数0.2の1質点系の速度応答スペクトルを計算し，その値の固有周期 T の0.1秒から2.5秒にわたる平均値で次式のように定義されている。

$$SI = \frac{1}{2.4}\int_{0.1}^{2.5}S_v(T,h)dT$$

地震動の揺れの大きさを表す指標として，気象庁震度階や加速度が用いられることが多いが，社会基盤施設の被害程度と地震動強度を関連付ける場合に，ある周期帯域内における構造物応答速度の平均強度を指標とすると，地震被害と地震動強度との関連性がよく説明できる場合があることが見出されて，広く利用されるようになった。　◎佐藤忠信

スペクトルモーダル法 [スペクトルモーダルほう] spectrum modal method [気象]　スペクトルモーダル法は，様々な振動モードを持つ構造物の振動を，振動モード毎に分解し，それぞれのモードにおける振動特性を周波数領域で評価する方法である。風によって生じる風力変動は低周波数成分が大きく，高層建築物などの風による振動をスペクトルモーダル法で評価する場合には，特殊な場合を除き，振動モードとしては一次振動モードのみを考慮するのが普通である。この方法を統計的応答解析方法と組み合わせる

スラッシュ slush [雪氷] 水で飽和した雪。雪泥ともいう。路面上にある時は水べた雪ということもある。流れているスラッシュを雪泥流(slush flow)という。スラッシュからなる雪崩はスラッシュ雪崩(slush avalanche)と呼ばれる。密度は，全部が水の場合の1000 kg/m³と全部が氷の場合の917 kg/m³の間である。雪泥流は，氷と水からなる凝集構造を持つ固液混相流であり，この凝集構造よりも小さな構造物には水よりも大きな衝撃力を与える。
◎納口恭明

スラッシュ雪崩 [スラッシュなだれ] slush avalanche [雪氷] 大量の水を含んだ雪が流動する雪崩で，地肌が露出した三角形状を呈する。富士山周辺では，「ユキシロ」とも呼ばれる。同様の現象で大量の水を含んだ雪が主に渓流内を流下するものは「雪泥流」という。積雪層中の氷板や凍結した地面が不透水層となっている時，激しい融雪や大雨により発生する。20°以下の緩斜面でも発生し，見通し角の経験則の範囲外にも到達する。極圏や富士山で発生するが，近年東北・北陸地方での被害も報告されている。
◎山田 穣

スランプ slump [地盤] 地中に円筒状・スプーン状など弧状のすべり面を有する地すべり滑動の様式。地質学では，崩落を除いた水面下の重力の作用に基づく斜面物質の塊状移動全般を扱っているので，地質学を基礎としている研究者がこの語を使用している場合は異なった現象を指している場合がある。地すべり研究の上では，Sharpe, C. F.S.(1938)が水面下の斜面物質移動の形態については不確実な推論が多いので，陸上の斜面物質の塊状移動に限定し，Terzaghi(1929)がせん断すべり(shearing slide)の名称で使用した地すべりに相当するものに適用すると述べている。今日でも地すべり現象を扱う際はこの考え方の延長上にある。
◎古谷尊彦

スリットダム slit dam [地盤] 透過型砂防ダムの一種で，比較的幅の広いスリット(細長い隙間)を持つコンクリートおよび鋼製ダムである。平常時に流下する土砂はスリット部を通過するため上流への土砂の堆積は生ぜずダムの容量を維持でき，洪水時および土石流流下時にはダム上流に土砂を堆積させたり土石流や流木を捕捉できる。土石流流下区域に設置される場合にはスリットにより巨礫や流木を捕捉するためスリット間隔は最大礫径の1.0～1.5倍程度以下とする。一方，掃流区域では洪水時におけるスリットによる流水の堰き上げによる掃流力の低下により土砂を堆積させるためスリット間隔は巨礫などにより閉塞されない間隔(通常は最大礫径の約2.0～3.0倍以上)とする。
◎石川芳治

スレーキング slaking [地盤] 軟岩が吸湿(吸水)乾燥の繰り返しによって，完全に崩れたり，細片化したりする現象。第三系の泥岩・凝灰岩で多く見られる。スレーキングしやすい岩石は，スメクタイトなどの吸水膨潤する鉱物を多量に含有し，岩石中の空隙が小さいものである。大きな空隙や中間隙が多い岩石では，スメクタイトを含有していてもその膨潤圧が間隙に吸収されるためスレーキングしにくくなる。スレーキングしやすい岩石の分布する地域では地すべりが多発する。軟岩地域のトンネル工事や掘削，あるいは軟岩を用いた盛土やフィルダム工事では，スレーキングに細心の注意が必要となる。
◎松倉公憲

セ

静圧 [せいあつ] static pressure [気象] 風の中にある物体に作用する風圧力は，ベルヌイの定理によれば，物体がない場合の流れ場の圧力と物体を置くことによって生じた圧力の差となる。すなわち，物体がない場合の圧力は物体に作用する▶風圧力の基準となる圧力で，これを静圧と呼んでいる。▶風洞実験の場合，物体の影響を受けない場所での風洞内の圧力を静圧とするが，実物建築物における風圧観測などでは，ピトー静圧管や円筒，円板タイプの静圧管を屋上建物の影響を受けない場所にマンホールを設けその中の静圧を測定したりポールなどに設置し静圧を測定する。しかし，多くの場合，観測点の圧力は建築物の影響を受けるため，静圧を正確に評価することは困難である。
◎河井宏允

整圧器 [せいあつき] pressure regulator [都市] [被害想定] ▶ガバナー

生活支障の想定 [せいかつししょうのそうてい] estimation of living disruption [被害想定] [情報] 生活の基本は衣食住であるが，都市的生活では，ライフラインや流通などの基本的サービスに依拠して成立している。災害によって住まいを失うということは，単に建物被害にとどまらず，衣食住の拠点を失うということであり，その被災程度に応じて被災者は多様な生活支障を被る。しかし，供給処理施設の被災や交通機能の停止によって，断水，停電，ガス供給停止，通信混乱，物流停止など都市生活の基本的サービスが停止すると，都市居住者の生活に致命的な支障をもたらす。住宅が被災していなくても，ライフラインなどの都市の基本的サービスが停止すると，自宅での生活継続が困難になり，避難所での生活を求めたり，被災地域外に一時的に流出する事態が発生する。生活支障の想定とは，地震などによって居住者の生活に生じる支障を想定することで，住宅の全半壊やライフライン施設の被災状況など，

直接被害の想定がもたらす被災地域での生活の困難さを想定するものである。　　　　　　　　　　　　　◎中林一樹

生活被害【水】　[せいかつひがい]　damage to daily life　[都市]　渇水により，節水が求められたり，減圧給水や時間給水などの給水制限が実施されると，世帯で生じる被害として，ポリバケツの購入や外食が増えるなどによる金銭的な被害，給水制限による時間的な制約を受ける被害，水汲み労働などによる健康への被害，火災や水道水の水質悪化を心配する精神的な被害，平常時からの生活リズムが狂うなどの被害が考えられる。高齢者世帯などでは，代替行動がとりにくいため，被害を受けやすい。　　◎萩原良巳

生活復興　[せいかつふっこう]　livelihood recovery and rehabilitation　[復旧][情報]　生活復興とは，建物や施設など市街地復興としての都市復興に対して，災害により失われた生活基盤としての住まいや日々の生活，仕事などの暮らしを確保し，従前の生活を維持することが困難となった被災者に安定した暮らしを取り戻すことをいう。災害後の復興過程において，行政は被災者の生活復興が1日も早く実現できるよう，必要となる支援を行うことが重要である。被災後の生活復興を早期に実現していくためには，被災者の住まい確保のための応急住宅，公的住宅の提供，自力での住宅修理や再建への融資の実施，災害により失職した被災者の雇用確保対策や産業振興施策の実施，身体的・精神的な被害を受けた人への医療・福祉・保健面での対策の実施，学校教育の早期再開など幅広い分野にわたる多様な支援が必要となる。　　　◎中林一樹，池田浩敬

生活復興マニュアル　[せいかつふっこうマニュアル]　livelihood and economic recovery planning manual　[復旧][情報]　被災市街地では，被災者の生活面での復興も重要な課題である。被災者の生活復興では，被災者が元の安定した暮らしを1日も早く取り戻すことができるよう，行政は必要な支援を行うことが求められる。被災者の個々の生活復興を早期に実現していくためには，生活の基盤となる住宅や雇用の確保など自立的復旧復興への支援対策，身体的・精神的な被害を受けた人への医療・福祉・保健面での支援や対応など，幅広い分野の諸対策を，様々な被災者の条件に適合するように，複線的かつ体系的な対策として準備しておく必要がある。東京都は，都市復興マニュアルと同時期に，阪神・淡路大震災を教訓に，ノースリッジ地震時にカリフォルニア州および連邦緊急事態管理庁（FEMA）が準備していた"How to get money, food and service"という冊子も参考として，被害想定を前提に，生活復興マニュアルを作成。東京都生活復興マニュアルは，復興の基本方針，総合的な復興のための組織と体制，住まい・暮らし・仕事に関する生活復興対策を実施する際の役割分担，現行制度の運用体制と問題点，参考となる資料などを，わかりやすいかたちで整理し，事前の準備や災害時の行動の指針となるようまとめたもので，広く都民に公開している。　　　　　　　◎中林一樹，池田浩敬

生活保護　[せいかつほご]　social security / public assistance　[復旧][情報]　日本国憲法では国民が最低限の文化的な生活を送る権利を保障している。個人の努力でそうした生活水準を確保し得ず，かつ社会的に納得できる理由がある場合，生活の維持に必要となる経費を公的資金によって提供する社会制度として生活保護制度がある。災害によって大きな損失を受け，特に収入の手段を失ってしまう場合も多く，生活保護を必要とする人を潜在的に増加させることになり得る。　　　　　　　　　◎林　春男

正規圧密　[せいきあつみつ]　normal consolidation / normally consolidated　[地盤]　地盤または土要素の有効応力履歴を表す概念。地盤では有効上載圧（土被り圧）を，土要素では平均有効応力を用いて履歴を表現する。地盤では現在の有効上載圧より大きい有効上載圧を受けたことがない場合，正規圧密状態にあるという。沖積地盤は地質学的観点より正規圧密状態にあると考えられる。正規圧密状態では圧縮性が大きく，その挙動は非可逆的である。また，非排水せん断強さは有効応力の大きさに比例する。
　　　　　　　　　　　　　　　　　　　　◎清水正喜

盛期火災　[せいきかさい]　fully developed fires　[火災・爆発]　建物内で出火した火災が，フラッシュオーバーを経て拡大し，区画全体に燃焼が及んだ状態を盛期火災と呼ぶ。盛期火災には▶燃料支配火災と▶換気支配火災の2種類があるが，これは室内の可燃物量と窓開口などの空気供給経路との相対的な大きさによって決まる。窓開口が小さい時には，換気支配となり熱がこもりやすいことから火災温度が高くなり，区画を構成する壁，床ならびにそれらを支えている架構に大きな熱が加わる。また，開口からは火炎が噴出することが多く，▶上階延焼の危険が生じやすい。→初期火災　　　　　　　　　　　◎原田和典

性差　[せいさ]　gender　[海外]　▶ジェンダー

脆弱性　[ぜいじゃくせい]　vulnerability　[海外]　ある地域に加害力が作用する場合，加害力の強度，頻度，継続時間が大きく，または作用する確率が大きい場合，あるいは加害力の特性がその地域の人，グループ，社会が許容できるレベルに近い場合，加害力が作用する場や作用対象は脆弱（vulnerable）であるという。脆弱性はその要因を削減する努力が行われなければ増大する。開発途上国においては，貧困・特定部族や階層による資源や権力の独占，低い教育レベル，性差，内戦などの深刻かつ複雑な政治的・社会的・経済的な問題が加害力に対する社会の脆弱性を大きくしている。通常，災害の影響の程度は被害の大きさで0から1までの段階で区分される。0は無傷を意味し，1は地域社会の滅亡を意味するが，加害力が人や地域社会に作用した場合に，人や社会やそのシステムがその被害を大きくする（1に近づく）ように振る舞う要因をいう。脆弱性には立地的・構造的・社会的・経済的なものがある。脆弱

■ 海浜断面形状

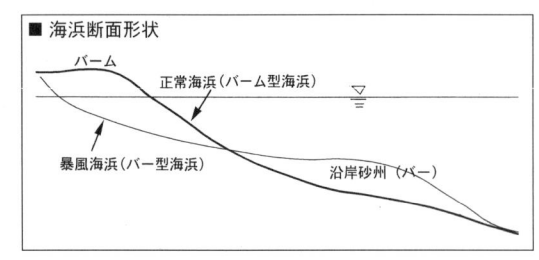

バーム
正常海浜（バーム型海浜）
暴風海浜（バー型海浜）
沿岸砂州（バー）

性を的確に認識して削減することが防災の本質である。
→被災する可能性・脆弱性，物的脆弱性，社会的脆弱性，社会の防災力
◎渡辺正幸

脆弱性診断　[ぜいじゃくせいしんだん]　vulnerability analysis　海外　加害力が作用して災害になる条件として，社会の次のような特性が挙げられる：立地条件，人口密度，所得の大きさ，性差，家屋の所有と占有状況，家屋・建築物・公共施設の強度，農作物の収穫パターンなど。それは脆弱性が，地形・地質に関わる立地の脆弱性，建造物・公共施設・農業などの施設の構造の脆弱性，貧困層や社会的に低いとされる階層が置かれている安全度・産業が置かれている安全度・慣習などの社会学的な脆弱性，生産ならびに収益活動が被る恐れがある直接・間接の損害など経済的脆弱性があるからである。社会的脆弱性に関しては，貧困層が最も深刻な損害を受けるという事実に加えて，災害弱者といわれる人たちに対する配慮の必要性が認識されてきた。この他に貧困の中の都市化，危険地域の人口増加，原生地域の環境破壊，武器の流入と紛争の多発，弱体な行政など脆弱性を大きくする要因には事欠かない。システマティックな診断法の開発はこれからである。
◎渡辺正幸

正常海浜　[せいじょうかいひん]　normal beach　海岸　比較的荒い底質の海岸で，あまり大きくない波浪が入射した場合に，向岸方向の漂砂移動によって形成される▶バームを有する海浜断面形状を正常海浜という。最近はバーム型海浜と呼ばれることが多い。入射波の特性が変化し，周期，底質粒径，海底勾配との関係から決定される限界値以上の波高となると，離岸方向の漂砂移動によりバームが消失し，バーが形成される▶暴風海浜に変形することがある（図参照）。
◎出口一郎

正常化の偏見　[せいじょうかのへんけん]　normalcy bias　情報　危険や脅威を無視したり，認めようとしない信念。この信念は，災害などに対する日頃の準備やいざという時の避難行動に大きく影響する。例えば，警報や避難勧告などが発表される状況になっても，近い過去に災害を経験している人などを除いては，それほど大きな被害は生じないだろうと事態を楽観視したり，何かあっても自分は大丈夫だろうという意識を持ってしまい，その結果，的確な対応ができず死傷してしまうことなどがある。
◎中森広道

正常流量　[せいじょうりゅうりょう]　normal discharge　河川　河川における流水の正常な機能を維持するために必要な流量。維持流量（渇水時において維持すべきであるとして定められた流量）とそれが定められた地点より下流における流水の占用のために必要な流量（水利流量）を同時に満たす流量として設定される。維持流量は，舟運，漁業，景観，塩害の防止，河口閉塞の防止，河川管理施設の保護，地下水位の維持，動植物の保護，流水の清潔の保持などを総合的に考慮して設定される。
◎矢島啓

制震　[せいしん]　seismic response control of structures　地震　応答制御の概念あるいは機構を組み込んで地震時の揺れを低減し，居住性，安全性の向上を図る建築土木構造物。アクティブ型とパッシブ型に分かれる。前者は，センサーが応答を計測し，それに応じてコンピュータが制御装置を動かす。後者は，センサー，コンピュータなしで，制御機構が動き，外部エネルギーの供給を必要としない。免震も広い意味のパッシブ制震の一つ。アクティブ制震を，制震と呼ぶこともある。→制振
◎西谷章

制振　[せいしん]　structural response control　地震　気象　制震は主に地震時の応答制御であり，地震に限らずより広い外乱を対象とする構造物の振動制御であることを明確にする意図からは「制振構造」となる。制振と制震は区別せずに用いられることも少なくないが，制振のほうがやや広い概念となる。制震同様，アクティブ制振とパッシブ制振に分かれる。現在，柔軟構造物である高層建物に対しては，アクティブ型，パッシブ型を問わず何らかの制震機構が採用されるようになってきている。→制震
◎西谷章

制振対策　[せいしんたいさく]　suppression methods of wind-induced vibrations　気象　自然風に曝された▶構造物，構造部材がたわみやすい特性を持つと，固有振動数が低く，振動減衰性も小さいために，各種の振動，▶渦励振，ガスト応答，▶ギャロッピング，フラッターなどを経験することがある。初めの耐風設計の段階から発生の可能性が予測できる場合には，問題を回避するとともにそれぞれの発生原理に応じた対策が考えられる。ところが，完工後に初めて風による振動事故に出合うことも少なくなく，そこでは制約された条件のもとで制振対策が迫られる。このような制振対策には，大別して，構造物などの形状を改良する，または安定化のための部材を付与する空気力学的対策と剛性・質量・減衰・抑制力の付加による相互連結拘束法，油圧ダンパー，アクティブコントロール法などの構造力学的対策とがある。
◎宮田利雄

精神的ダメージ　[せいしんてきダメージ]　psychological damage　被害想定　阪神・淡路大震災では極度のストレス状態に陥る被災者が急増し，震災がもたらす「心の問題」（精神的ダメージ）が問題となった。避難所でのストレス，怪我や病気の回復が長引くことへの不安，肉親や財産を失ったショック，将来の生活設計への不安などが要因となり，抑鬱状態，不眠症，高血圧，恐怖過敏症などの精

神的ダメージを被ることが考えられる。専門家，ボランティアなどの連携による被災者のメンタルケア対策が重要である。→心理的被害，心のケア　　　　　　　　◎池田浩敬

静振動　[せいしんどう]　seiche　海岸　湖沼あるいはダムなどまわりを囲まれた水域において，水域全体が非常に長い周期(数分から数時間)で比較的規則的に振動している現象をいう。気圧の変化，風の時間的・空間的な変化，水密度の平面的な変化によって引き起こされる。現象的には→湾水振動に極めて類似している。振動の規則性は水域が固有周期を有することに起因しており，湖などの水深および幅や長さによって規定される。　　　◎仲座栄三

脆性破壊　[ぜいせいはかい]　brittle failure　地震　破壊に至るまでの塑性変形能力が小さく，エネルギー吸収の少ない破壊形式を脆性破壊と称し，鉄骨溶接部の低温時の衝撃，切り欠きによる応力集中や鉄筋コンクリート部材のせん断破壊などに見られる。1968年十勝沖地震による短柱の破壊や1995年兵庫県南部地震による高層鉄骨造柱の破壊がその例である。→せん断破壊　　　◎藤原悌三

清掃衛生機能支障　[せいそうえいせいきのうししょう]　disruption of clearing and sanitation functions　被害想定　地震や水害による建物や家財の被害は，大量の廃棄物を発生させて，焼却処理とともに瓦礫の処分は大きな問題となる。他方，上水道の被害による断水は，家庭での調理を困難にし生活ゴミの発生を減らす一方，水洗トイレの利用も不可能にし，仮設トイレなどの新たな汚物処理が必要となる。しかし，廃棄物処理施設が被災し，下水処理施設が被災して，被災地域の清掃衛生機能に支障が生じると，被災地域の衛生状況の悪化が問題となる。阪神・淡路大震災は，冬季間の災害であったが，夏季の災害では清掃衛生機能支障は大きな問題を引き起こす場合がある。阪神・淡路大震災では，下水処理施設の被災のために夏季の海岸での遊泳が禁止されたり，建築廃材の焼却処理に伴うダイオキシンの発生などの課題も生じた。　　◎中林一樹

生存者が抱く罪悪感　[せいぞんしゃがいだくざいあくかん]　survivor's guilt　情報　震災などで家族や身近な人を喪失した時に「なぜ自分だけが助かったのか」「なぜ助けようとしなかったのか」などと自らを責める感情。震災直後には震災と自分との関係における幸運・不運といった理由で，生存と喪失を位置付けるが，自らの能力と努力が不可欠となる日常生活の復旧時に，自分と他者との比較に注目せざるを得なくなることから生じる。が，自らの内を再構成しようとする時の感情の一つでもある。　　◎藤田正

生存有資格者　[せいぞんゆうしかくしゃ]　entitlement　海外　Amartya Senがその著作『貧困と飢餓』の中で食糧へのアクセスに関して提示した観点である。1970年から1980年にかけて水も食糧も尽きて飢饉となったエチオピアで100万単位で餓死者が出た時，現地にいた援助関係者やジャーナリストからは餓死者が出なかった。現金を所有している人はいつでもレストランで食事ができたからである。購買力のない農民は収容されたシェルターですら食糧を得ることはできなかった。現金さえあれば飢饉の最中でも食糧は入手できた。大量に餓死者が出たゴンダル州に隣接したゴジャム州は干ばつの影響を受けなかったので余剰食糧があった。しかし，余剰食糧はゴンダルを素通りして首都アディスアベバに届けられた。購買力がある都市住民は食糧を入手する資格を有していた。　　　◎渡辺正幸

正断層　[せいだんそう]　normal fault　地震　断層面を境に，上盤が下盤に対してずれ下がるように運動した断層。重力性断層ともいう。→断層　　　◎中田高

静的震度法　[せいてきしんどほう]　static seismic coefficient method　地震　構造物の耐震設計法の一つであり，耐震設計に際して地震力(地震荷重)を構造物の重量と設計震度の積として求め，この静的地震荷重によって部材などに生ずる力(応力度)をある値(許容応力度)以内に抑えて構造物全体に関わる地震時の安全性を確保する手法である。設計震度が関東地震の翌年(1924)に世界で初めて市街地建築物法の施行規則に採用されて以来，本耐震設計法は規定類が整備されて最近まで広く世界中で使われてきた。現在日本では1968年十勝沖地震以降の地震災害の教訓を踏まえて多様な耐震設計法が開発されてきているが，なお一部の構造物に適用されている。　　◎村上雅也

性能設計　[せいのうせっけい]　performance design　地震　構造物が持つべき性能を明確に規定した上で，その性能を満たすための設計行為の総称である。性能設計の概念が注目されるようになったのは，構造物の地震時における損傷に基づくコストを勘案して構造物を設計することにより，地震被害を低減するための規範として用いることが提案(Vision 2000：SEAOC 1995)されてからである。具体的には，構造物が保有しなければならない基本構造特性としていくつかのレベルを設け，構造物に入力する地震動のレベルもいくつか設定した上で，両者の組み合わせで設計される構造物の耐震性能を表現するものである。基本構造特性としては，人命の保護を目的とした安全性を保証する「安全限界」，構造物の損傷が設定範囲以内に収まり修復が可能であることを保証する「修復限界」，地震後も構造物の機能が保証される「使用限界」などが考えられる。地震動の入力レベルの設定は再現期間をパラメータとして設定されることが多い。再現期間が1000年の地震動は構造物の供用期間が50年であれば，当該構造物が設定された以上の地震動を経験する確率が5％であることを意味している。構造物の限界状態や入力地震動のレベルはいずれも不確定性を有している値であるから，構造物の耐震性能の達成度も確率的に評価しておく必要がある。構造物の耐震性能の達成度が明確になると，当該構造物のライフサイクルコストを評価することにより，地震被害を低減するためにどの程度のコストが必要になるかが明確になり，構造物の重要

度に応じて構造性能を選択することが可能になる。

◎佐藤忠信

整備開発又は保全の方針　[せいびかいはつまたはぜんのほうしん]　master plan of urban improvement / development and conservation　復旧　1968年都市計画法の狙いがスプロールの防止にあったことを受けて，同法第7条第4項では，「市街化区域及び市街化調整区域の区分」を行う際には「整備開発又は保全の方針(整開保と称される)」を定めることとされていた。しかし全国的に都市化が進むにつれて，区域区分を行う大都市だけでなく，都市計画区域全般について将来への方針(マスタープラン)を策定する必要が大きいと認識されるようになり，2000年の都市計画法改正では第7条第4項を廃止するとともに，新たに「第6条の2」を設け，都市計画区域の整備，開発および保全の方針を定めることとされた。阪神・淡路大震災復興計画の策定において，既定の都市計画や基本構想が従前の各種の都市計画その基礎となっている。これからの防災都市づくりや復興都市計画の推進には，その内容が都市計画のマスタープランに提示されていることが求められる。この「都市計画区域の整開保の方針(マスタープラン)」には，都市計画の目標，第7条に関わる区域区分の有無，防災を含む土地利用や都市施設の整備および市街地開発事業に関する方針などが記載されることとなる。1992年の改正(同法第18条の2の追加)で先行していた「市町村の都市計画に関する基本的な方針」を追うかたちで都道府県レベルでの「方針」策定が義務化され，計画体系が充実した。しかし都市計画区域外の自然的な区域までは計画の対象とされていないことから，わが国の都市計画マスタープラン体系はまだ十分ではないとの批判も聞かれる。→都市計画マスタープラン

◎髙見沢邦郎

政府開発援助　[せいふかいはつえんじょ]　Official Development Assistance (ODA)　海外　経済協力開発機構(OECD)の開発援助委員会(DAC)加盟国の公的機関が，実施する借款や無償供与の純支出額をいう。開発途上国に対する経済協力の中心をなすもので，①政府もしくは政府の実施機関によって供与される資金の流れであること，②途上国の経済開発や福祉の向上に寄与することを目的とすること，③資金協力の条件が途上国にとって重い負担にならないように，グラント・エレメント(贈与を100%とした場合の援助条件の緩やかさを示す指標)が25%以上が基準である。ODAは2国間援助(贈与と貸付)と多国間(国際機関への出資・拠出)に大別される。贈与は，無償資金協力と技術協力からなる。日本のODAは1992年6月に閣議決定されたODA大綱の基本理念すなわち，①人道的見地，②相互依存関係の認識，③自助努力，④環境保全の4点と，①環境と開発を両立させること，②軍事的用途および国際紛争助長への使用を回避すること，③軍事支出，大量破壊兵器・ミサイルの開発・製造，武器の輸出入などの動向に注意を払うこと，④民主化の促進，市場志向型経済導入の努力ならびに基本的人権および自由の保障状況に注意を払うことの4点を基本に実施されている。

◎渡辺正幸

生物的危険　[せいぶつてききけん]　biological hazard　海外　人間が遭遇する環境中の危険の中で，最も恐ろしい敵は微生物である。人類の微生物との長い闘いの歴史の中で，微生物の脅威を根絶することは非常に困難ではあるが，微生物との均衡を保ちながら共存することは可能であることがわかってきた。しかし，環境を改変し自然の生態系を攪乱する人間の活動が，この均衡を微生物に有利な条件へと崩してしまう可能性がある。感染症の根源の多くは自然環境の条件に密接に結びついている。例えば，コレラなどの下痢疾患は，不適切な上下水道の利用や，非衛生的な条件と関連しているし，マラリア，住血吸虫症など動物が媒介する疾患には，その媒介動物が生存可能な生態的条件が必要である。多くの場合，人間活動によりそうした好適条件が作り出されたり増強されている。

◎城殿　博

精密海底火山地形図　[せいみつかいていかざんちけいず]　bathymetric chart of submarine volcanoes　火山　火山噴火予知計画の柱のひとつ，基礎資料整備の一環として，海底火山，火山島および海域カルデラの海底地形調査が海上保安庁水路部により年次的に実施され，1998年現在で20数海域について，5万分の1あるいは20万分の1の海底地形図が刊行されている。わが国の活火山の3分の1は，海底火山，島嶼，あるいは海域カルデラに隣接している火山であるので，火山の調査研究，船舶の安全確保にとって重要な資料である。

◎石原和弘

セーブ・ザ・チルドレン　Save the Children　海外　1932年アメリカ・アパラチアの炭坑夫の子どもを救済するために設立された。その後第二次大戦中欧州の戦争難民の子どもたちに衣類，ミルク，食糧を援助している。1950年から貧困農村でインフラを整備し，農業を中心に地域企業の支援と保健事業を始めた。現在では25カ国の団体の連合体 International Save the Children Alliance を組織して100カ国で事業を展開している。

◎渡辺正幸

世界気象監視計画　[せかいきしょうかんしけいかく]　world weather watch program　海外　気象　世界気象機関の中心事業で，地球上の気象とその変化を監視する。観測，通信に関する技術基準を規定するとともに，全球観測システム(GOS)，全球通信システム(GTS)，全球データ処理システム(GDPS)を中核としている。このうち，GDPSでは世界的な規模のサービスをする世界気象センター(WMC：World Meteorological Center)がワシントン，モスクワ，メルボルンに，地域的なサービスをする地域気象センター(RMC：Regional Meteorological Center)が東京，北京，ニューデリー，ローマなど世界で26カ所にある。さらに，一国単位のサービスをする国家気象中枢(NMC：National Meteorological Center)があり，日本

では気象庁が指定されている。RMCのうち，特別任務を付加されているのが地域特別気象中枢(RSMC: Regional Specialized Meteorological Center)で，熱帯低気圧に関するものは，東京の太平洋台風センターの他に，マイアミ，ニューデリー，レユニオン，フィジーにある。➡世界気象機関，太平洋台風センター，熱帯低気圧計画　　　◎饒村曜

世界気象機関　[せかいきしょうきかん]　World Meteorological Organization(WMO)　海外　気象　気象分野の国際機関で設立は1950年。前身は気象台長を構成員として1897年の設立された国際気象機関(IMO)である。事業は，①世界気象監視網(WWW)：全球的気象観測，②熱帯低気圧計画(TCP)：台風・ハリケーンなどに対する防災体制の強化，③海洋観測総合組織(IGOSS)：海洋航行の安全と海洋大気の研究，④世界気候計画(WCP)：世界的な気候の変化を記録し影響を分析，⑤水文水資源計画(HOMS)：水資源の利用，水質ならびに水災害に関する研究と情報の提供，⑥大気環境計画(AREP)：オゾン層の減衰に代表される大気組成や気象予報に関する研究・技術開発である。航空気象(CAeM)，農業気象(CAgM)，大気科学(CAS)，基礎組織(CBS)，気候と応用気象(CCAM)，水文(CHy)，測器と観測法(CIMO)，海洋気象(CMM)の8つの専門委員会がある。1999年1月現在で185の国と地域が参加しており，本部はスイス・ジュネーブ。アジア，アフリカ，南米，北・中米，南太平洋，ヨーロッパの6地域支部がある。➡世界気象監視計画　　　◎饒村曜

世界保健機関　[せかいほけんきかん]　World Health Organization(WHO)　海外　保健衛生分野の国際機関で1948年に設立された。「世界全ての人が可能な最高の健康水準に到達すること」を目的に，国際保健事業の指導的かつ調整的機関として，各国に対する指導，伝染病撲滅など広範な任務を遂行している。本部はジュネーブにあり，6つ(西太平洋，東南アジア，アフリカ，東地中海，ヨーロッパ，アメリカ)の地域事務所がある。緊急・人道援助はDivision of Emergency and Humanitarian Action (EHA)が担当している。その活動内容は，緊急援助(緊急時のニーズの把握・援助のモニターと調整でOCHAとの連携で行う)と，平常時の国および地域の防災体制の改善・強化の指導である。　　　◎大井英臣

堰　[せき]　dam / barrage / weir　河川　地盤　河川や水路に横断して設置される構造物で，堤防の機能がないものの総称。広義にはダム(堰堤)を含むものと考えられるが，狭義には，取水などを目的として上流側水深を高くするために河川や水路の底に接するように横断して設置して流れを堰き止める低堰堤を意味し，ダム(固定部の天端までの高さが15m以上)や水門，樋門(河川を横断して設けるが堤防の機能がある)は除外する。堰を形態で分類すると，ゲートによって水位調節が可能な可動堰と，ゲートによる調節のできない固定堰の2種類に分かれる。堰の用途で分類すると，分流堰，潮止堰，防潮堰，取水堰および総合目的を有する河口堰などに分かれる。このうち，取水堰は河川の水位を調節して，都市用水，灌漑用水および発電用水などを取水するものであり，河口堰は，潮止および取水などの機能を併せ持つ多目的堰である。一般に堰は貯留機能を持たないが，最近は流量調節を行って積極的に流水の正常な機能の維持を行う堰も設置されている。　　　◎角哲也

積雲・積乱雲　[せきうん・せきらんうん]　cumulus・cumulonimbus　気象　積雲は対流による空気塊の上昇により生じる雲である。一つ一つが孤立していて，輪郭がはっきりしている。積雲が発達したものが積乱雲で，高さは10km以上に達することもある。夏のよく晴れた日の午後発生する入道雲やかなとこ雲は積乱雲がさらに発達したものである。また，寒冷前線に沿って発生する雲や冬季の季節風に伴い日本海側で発生する雪雲も積乱雲である。積乱雲の中には強い上昇気流が存在し，これにより雨滴やあられ，ひょうなどが形成される。積乱雲の通過に伴い，地上では突風，強い降水，降ひょうなどが生じる他，ダウンバーストや竜巻などの激しい現象が発生する場合もある。また，積乱雲内では雷が発生することも多く，雷に対する警戒も必要である。　　　◎石川裕彦

積算寒度　[せきさんかんど]　accumulated freezing temperature　雪氷　日平均気温が0℃以下になる値の絶対値を総和したもので，積算寒冷度と呼ばれたこともある。単位は℃・dayを使用する。総和する期間がまちまちであるので，凍結指数と区別される。凍結指数はその年次の積算寒度の最大値に相当する。湖沼の氷の氷厚さを算定するために利用され，土の凍結深の算定にも用いられている。簡易推定式によると，最大凍結深D(cm)は，積算寒度F(℃・day)の平方根に比例する。$D = \alpha\sqrt{F}$ であり，係数 α は凍結する物質の熱的性質によって決定される。
➡積算気温　　　◎土谷富士夫

積算気温　[せきさんきおん]　accumulated air temperature　雪氷　気象　地盤　時間平均(例えば，一日とか，一時間)の気温と基準温度(例えば，雪氷の分野では氷の融点温度0℃)との差をある期間について積算したもので「ディグリーデー」とも呼ぶ。例えば，融雪量を推定する場合には，プラスの気温(➡融雪係数)を積算し，土壌の凍結深や海氷や湖氷の厚さを推定する場合には，マイナス(氷点下)の気温を積算(➡積算寒度)する。　　　◎小林俊一

赤新月社　[せきしんげつしゃ]　Red Crescent Societies　海外　➡国際赤十字・赤新月社連盟

積雪　[せきせつ]　snow cover deposited snow　雪氷　上空から降ってきた雪(降雪)や地吹雪で運ばれてきた雪が堆積したものを積雪という。堆積当初の積雪は降雪結晶やその破片から成る雪粒の集合体であるが，時間の経過とともに雪粒の形や大きさは変化し，互いに網目状につながり，性質の異なる種々の積雪(雪質)に変化する。また，積

雪は自重により容易に塑性変形し，時間とともに密度を増す。新雪の密度はふつう50〜100 kg/m³であるが，融雪期には400〜500 kg/m³になる。積雪と氷の境界は通気度がなくなる密度830 kg/m³で定義される。
◎遠藤八十一

積雪荷重　［せきせつかじゅう］　snow load　雪氷　単位面積当たりの積雪の重量。積雪が深いほど，積雪密度が高いほど大きくなる。屋根などの建造物の耐荷重を検討する場合によく使われる。先端に刃の付いた筒状のスノーサンプラーで雪面から鉛直に地面までの積雪を採取し，その重さを量り断面積で除して求める。自動測定する方法もある。一般的には，簡便に測れる積雪深にその時の推定積雪密度を乗じて算出することが多い。
◎阿部 修

積雪含水率　［せきせつがんすいりつ］　liquid-water content of snow cover　雪氷　積雪中に含まれる液相の水の割合を示す数値。日本では液相の水の質量と雪全体の質量との比(重量％として，欧米では液相の水の体積と雪全体の体積(または全空隙の体積)との比(体積％)として表すことが多い。近年，日本では雪試料の融解に要する熱量を計測して含水率を求める熱量計方式の含水率計(秋田谷式含水計，遠藤式含水率計)や，積雪の誘電率から含水率を求める装置がよく用いられている。濡れ雪の力学的強度は含水率によって大きく変化するので，水を含んだ積雪の諸現象を調べる上で含水率の測定は重要である。
◎河島克久

積雪空隙率　［せきせつくうげきりつ］　porosity of snow cover　雪氷　積雪の中の空隙が占める割合。ある体積の積雪の中の空気の占める体積を全体の体積で除した値で示す。空隙率は積雪の密度から計算で求めるのが一般的である。積雪の密度をG，氷の密度をG_i(917 kg/m³)，空隙率をPと置く，$P=1-(G/G_i)$で表される。密度100 kg/m³の乾き新雪の空隙率は0.891，密度500 kg/m³の硬い乾きしまり雪では0.455である。多くの積雪は半分以上が空気で占められているので断熱性が高い。
◎秋田谷英次

積雪硬度　［せきせつこうど］　hardness of snow cover　雪氷　平板や円錐体(コーン)により速やかに力を加えた時の積雪の破壊強度。硬度計には，木下式，カナディアンゲージ，プッシュゲージ，四手井式，ラムゾンデなどがある。四手井式は120°，ラムゾンデは60°の頂角を持つコーンの貫入径またはラム値で表し，その他は平板の単位面積当たりの圧縮破壊強度で表す。これらの中でラムゾンデは唯一，積雪硬度の鉛直分布を測定する測器で，雪崩の発生要因となる弱層の検出などに用いられる。
◎阿部 修

積雪重量計　［せきせつじゅうりょうけい］　snow weight meter　雪氷　地面や屋根，橋梁などの建築物にかかる単位面積当たりの積雪荷重(kg/m²)を定期的または連続的に自動計測する装置。メタルウェファー式や宇宙線雪量計があり，固定地点で連続自動測定が行われている。メタルウェファーは面積2 m²，厚さ12 mmの長方形のステンレス薄板製密閉容器4枚を地面に並べて設置し，内部に不凍液を充填し，半導体圧力ゲージで内圧を測定して積雪重量を連続自動測定する。簡易な構造を特徴とし，多雪地での実用性が確認されている。山岳地や遠隔地の計測には電話回線や衛星通信回線を用いてデータ収集が行われている。
◎田村盛彰

積雪深　［せきせつしん］　snow depth / depth of snow cover　雪氷　地上に降り積もった積雪の鉛直方向の厚さをいう。積雪表面での新たな降水(雪や雨など)の付加，積雪内部での自重による圧密化，積雪底面での地中からの水や水蒸気の付加，そして全ての場所での融解，蒸発，凍結，凝結などにより，積雪深は常に変化している。積雪期と融雪期では積雪深変動の原因は異なるが，日本の平地では1日ふつう数mmから数十cmのオーダーで変化する。観測方法には①雪尺(目盛を付けた白い棒)を地面に鉛直に立て，目視で積雪表面をcm単位で読みとる方法，②超音波や赤外線，光ファイバーを使った自動積雪深計による計測方法，③山地の移動観測では測深棒(細い金属棒)で計測する方法がある。
◎佐藤和秀

積雪深計　［せきせつしんけい］　snow depth meter　雪氷　積雪上面の地上高，積雪深を連続的もしくは定期的に自動計測する装置。①地面に鉛直に立てた柱の側面に適当な間隔で光学繊維の一端を開口させ，雪面の上下の受光量の鉛直分布から積雪深を計測する方式，②最大積雪深より数m程度上方の固定点から，三角測量によって雪面までの測距を行う赤外線反射方式，③雪面上方の固定点と雪面の間の超音波の往復時間により測距を行う超音波方式，④雪面上方の固定点と雪面間を光の往復時間から測距する光波位相差検出方式が実用に供せられている。④は小型，軽量で設置が容易，±1 cmの精度で積雪深を計測できる。
◎田村盛彰

積雪水量　［せきせつすいりょう］　water equivalent of snow cover　雪氷　積雪を水の量に直したもので，積雪の水当量，積雪相当水量ともいう。雨量と同様にその場所の単位面積当たりの水柱の長さ(mm, cm, mの単位)や，水柱の質量(kg/m²＝mm)で表現する。水資源や水文，河川関係の分野では融雪による水量把握のため，積雪深より積雪水量が重要になる。また雪崩など積雪重量に関する量としても重要である。

実際の積雪水量を算出するには，積雪深と積雪の平均密度を乗じて算出する方法と，積雪表面から底面までの積雪を採取し重さを測定する方法がある。後者の方法では，断面積がわかる筒型の採雪器を表面より底面まで突き刺し採雪し重さを測定する。
◎佐藤和秀

積雪調査　［せきせつちょうさ］　snow survey　雪氷　水資源調査，雪崩の発生予測のための弱層調査，積雪分布とその地域特性の調査などを目的として，河川流域，山地斜面，様々な地域などにおいて，面的あるいは線的に積雪

■ 積雪沈降力により折損したガードレール

■ 積雪のクラック
ササ地斜面にできた積雪のクラック，この斜面は全層雪崩常習地

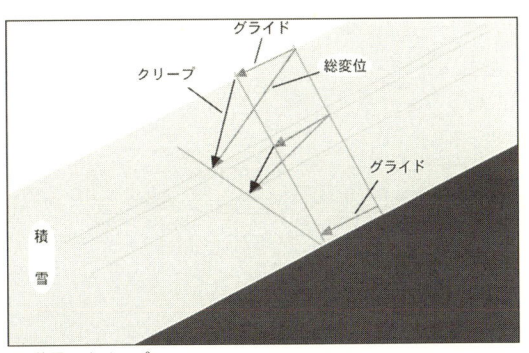

■ 積雪のクリープ
斜面積雪のクリープ模式図，斜面積雪の変位はクリープとグライドに分解される

の量と物理的諸性状，および層構造や雪質などを調査すること(広域積雪調査)。広義には，定点で積雪にピットを掘り，鉛直に切り出した断面を用いて行う積雪断面観測も含まれる。広域積雪調査においては，多くの場合，多数の地点を比較的短期間で調べる必要性があるため，その調査目的に応じて測定項目や観察内容が選択される。例えば，水資源調査においては積雪深と積雪水量の測定に，また雪崩の発生予測を目的とした弱層調査では雪質の観察と積雪の硬度やせん断強度の測定に重点が置かれる。水資源調査を目的とし，ある流域の積雪水量分布をスノーサンプラーなどを用いて調べることを特にスノーサーベイと呼ぶことがある。
◎河島克久

積雪沈降力　[せきせつちんこうりょく]　settlement force of snow cover　[雪氷]　重力で積雪が沈降する際にその中に埋まっている構造物などに及ぼす緩慢な力。積雪に埋まった構造物は，積雪の沈降を妨げる存在となるので，積雪はその周囲で大きく褶曲し，直上の積雪ばかりでなくその周囲の積雪の荷重も構造物に集中することになり，予想外に大きな力がかかる。ガードレールの折損(写真)や果樹の枝折れなどの雪害を引き起こす原因となる。特に引張り強度の大きな高密度のしまり雪層が発達する，寒冷多雪の冬に被害が増大する。
◎阿部 修

積雪内の水みち　[せきせつないのみずみち]　water-channel in snow cover　[雪氷]　積雪表面で生じた融雪水または雨水が積雪内を選択的に浸透流下した部分。一般にそこの雪はざらめ化し，粒径が大きく組織が粗い。雪面に現れる無数のくぼみ模様(雪えくぼ)の下には常に水みちが存在する。積雪全層が濡れていない時期であっても，融雪水は水みちを経て積雪内深くまで到達することがある。水みちは融雪水や雨水の，積雪下面への急速な流下を促すので，全層雪崩発生の誘因の一つになる可能性も考えられる。
◎竹内由香里

積雪のクラック　[せきせつのクラック]　crack of snow cover　[雪氷]　斜面積雪にできる雪の割れ目。融雪期の山肌によく見られ，全層雪崩の前兆現象の一つである。通常，斜面積雪のグライド(底面でのすべり)によって生ずる。グライドの結果生じた積雪の引張り破壊なので，グライドクラックということもある。破断面は地面にほぼ直角である。ササやカヤで覆われた斜面はグライドが活発なのでクラックができやすく，全層雪崩の常習地となる。クラックが発生しても全層雪崩にならないこともある(写真)。
◎秋田谷英次

積雪のクリープ　[せきせつのクリープ]　creep of snow cover　[雪氷]　積雪に破壊が生じない程度の力をかけると，時間とともに変形が緩やかに進む。この現象をクリープ(匍匐：ほふく)という。斜面に積もった積雪は重力により，厚さ方向に縮むと同時に，斜面下方にも流動する。その結果，斜面積雪の各点は図に示したように変形する。クリープのしやすさをクリープ係数で表し雪崩予防柵などに加わる雪圧を計算する際に使用する。なお，雪崩予防柵等の構造物に作用する雪圧はグライドの効果が大きい(図)。
◎秋田谷英次

積雪の衝撃波　[せきせつのしょうげきは]　shockwave in snow cover　[雪氷]　衝撃波は急激な応力を加えた時その波面の前後において圧力や温度等の物理量が急激な変化を伴い進行する波である。積雪の場合，圧縮衝撃波として塑性波が知られているが，引張り強度が小さいために伸長性衝撃波は存在しない。積雪を衝撃的に圧縮すると衝撃体の前面では雪粒間の連結が破壊され，分離した雪粒は圧縮体前面に次々と圧密される。こうして形成された圧縮部の先端は圧力および密度の不連続的増加を伴いつつ，ある速度で進行する。この先端の波面は雪氷学では塑性波と呼んでいる。実験的に求められた塑性波速度 U は衝撃圧縮速

度vの増加関数であり，また積雪密度の増加によりUの増加の割合が大きくなることがわかっている。　◎佐藤篤司

積雪の通気度　［せきせつのつうきど］　air permeability of deposited snow　雪氷　積雪の多孔構造を空気の流れやすさで示す物理量で，単位気圧勾配下での積雪内の空気の流速で与えられる。積雪の密度は圧縮によって単純に増加するが，通気度の変化は積雪の多孔構造(粒子構造)に支配されて，その変化は圧縮に対しても一様ではなく，密度が750～830kg/m³の範囲で通気度が0になる。通気度が0になった時，積雪は氷化したといい，氷化直前の空孔は気泡となって残る。純氷の密度は0℃で約917kg/m³である。　◎清水 弘

積雪の透水係数　［せきせつのとうすいけいすう］　water permeability of snow cover　雪氷　積雪内を水が透過する際の通りやすさの指標。土壌と同様に動水勾配と水体積フラックスとの比例係数として表されるが，積雪の場合は動水勾配が1の場合における透水係数，すなわち自然重力下での水の流下速度が主に用いられる。積雪内を流下する水の形態は，間隙を埋めながら流下する水路流下と雪粒の表面を膜状に流下する皮膜流下とに大別され，その速度は水路流下ではしまり雪で1.2～1.5cm/sec，ざらめ雪で2～3cm/sec，皮膜流下では0.5～0.6cm/min程度である。ただし，積雪全体を考える場合には，層構造によって生じる止水面や滞水層の存在を考慮する必要がある。
　◎小南靖弘

積雪の破壊強度　［せきせつのはかいきょうど］　strength of deposited snow　雪氷　雪を変形させるに従い，それに対応する応力は増大する。雪に破壊が起こると，応力は減少する。この時の最大応力を破壊強度という。雪は粘弾性物質であるために，歪速度の違いでその強度は異なる。しかし，脆性的破壊の場合はほとんど歪速度によらずその強度はほぼ一定である。延性破壊の場合は脆性―延性遷移速度付近で最大となり，それから歪速度が小さくなるに従って強度は減少する。雪の脆性―延性遷移速度は，圧縮変形で約$9×10^{-4}$/sec，引張り変形で約$7×10^{-5}$/secである。引張りの脆性的強度は，例えば，温度-6℃，密度0.37g/cm³のしまり雪で4Pa，圧縮では1Pa程度である。遷移速度付近で起こる引張り延性破壊では12Pa，圧縮では3Pa程度である。また，この強度は温度，雪質で異なる。
　◎成田英器

積雪の摩擦係数　［せきせつのまさつけいすう］　friction coefficient of deposited snow　雪氷　積雪上の歩行，積雪路面上の自動車の走行，屋根材と雪の摩擦，山岳の斜面と積雪の摩擦，航空機，飛行船，流雪溝などと雪の摩擦，スキー，橇，スコップ，プラウなどと雪の摩擦がある。摩擦は突起部のかみあい抵抗とせん断抵抗となる。せん断抵抗では付着強度と真の接触面積の大小が摩擦を左右する。密度が大きく局所的に氷化した雪の摩擦が特に小さく危険である。摩擦係数の値は0.05～0.5程度である。　◎対馬勝年

積雪薄片　［せきせつはくへん］　thin section of snow cover　雪氷　積雪は大きな空隙を持ち，氷の粒が複雑に結合した網目構造をしている。この構造を観察するために積雪を厚さ0.1～0.5mmにしたものをいう。積雪は脆いため，薄片作成時に空隙をアニリン(凝固点-12℃)で充填し，約-20℃で固化させる。これをミクロトーム，あるいはカンナで削り，その面をガラス板にアニリンのみを溶かして張り付け，さらに片側面を削って薄片に仕上げる。観察は，それを約-5℃に昇温してすべてのアニリンを溶かして行う。　◎成田英器

積雪比表面積　［せきせつひひょうめんせき］　specific area of snow cover　雪氷　積雪の網目状に連結し合った氷粒子の表面積を単位体積，または単位重量当たりの表面積で表したものをいう。積雪の比表面積は，密度が同じでも，氷粒の大小により，また雪質によって変わる。積雪比表面積の値は以下のようである。新雪(密度0.05～0.15g/cm³)35～55，こしまり雪(同0.15～0.25)40～60，しまり雪(同0.25～0.5)35～55，ざらめ雪(同0.3～0.5)25～40，雪渓のざらめ雪(同0.55～0.7)5～15。単位はcm²/cm³である。
　◎成田英器

積雪密度　［せきせつみつど］　snow density　雪氷　乾いている時には氷と空気，濡れている時にはそれに水が加わった単位体積当たりの質量。ただし，空気の密度は氷の密度に対してごく小さいので通常は無視することが多い。また，水を除いた密度のことを乾き密度と呼ぶ。各種の積雪の物理的性質は積雪密度の関数として表されることが多いが，構成する雪粒子の形状などの他の要因が重なると分散が大きくなる。これまでわが国で観測された積雪密度の最小値は約20kg/m³である。　◎阿部 修

石綿セメント管　［せきめんセメントかん］　asbestos cement pipe　都市　石綿繊維(アスベスト)，セメント，珪砂を水で練り混ぜて製造したもの。アスベストセメント管，石綿管とも呼ばれる。耐食性，耐電食性があり，軽量で加工性がよく，価格も安価なことから昭和50年代まで多く布設されてきた。しかし，石綿セメント管は耐用年数が25年程度とされており，また衝撃に弱く，経年劣化しやすいという欠点を有している。人体内への石綿吸引による健康への影響が問題となり，現在製造が中止されている。
　◎田中成尚

石油コンビナート等特別防災区域　［せきゆコンビナートとうとくべつぼうさいくいき］　special disaster prevention area for petroleum industrial complexes and other petroleum facilities　行政　石油コンビナート等災害防止法に基づき指定された，一定量以上の石油または高圧ガスを大量に集積している地域のことをいい，33都道府県の85地区が指定(2000年10月1日現在)されており，また，459の第一種事業所，370の第2種事業所(2000年4月1日現在)が

■石油コンビナート等防災計画

1 関係機関等の処理すべき事務又は業務の大綱
2 関係機関等の防災に関する組織の整備及び防災に関する事務又は業務に従事する職員の配置等に関すること。
3 防災に関する調査研究に関すること。
4 特定事業所の職員及びその他の関係機関等の職員の防災教育及び防災訓練に関すること。
5 特定事業者間の相互応援に関すること。
6 防災のための施設,設備,機械器具及び資材の設置,維持,備蓄,調達,輸送等に関すること。
7 災害の想定に関すること。
8 災害が発生し,又は発生するおそれがある場合における情報の収集及び伝達並びに広報に関すること。
9 自衛防災組織及び共同防災組織の活動の基準に関すること。
10 現地本部の設置及びその業務の実施に関すること。
11 火事,爆発,石油等の漏洩又は流出その他の事故による災害に対する応急措置の実施に関すること。
12 地震,津波その他の異常な自然現象による災害に対する応急措置の実施に関すること。
13 災害時における避難,交通の規制,警戒区域の設定等に関すること。
14 災害時における関係機関等以外の地方公共団体等に対する応援要請に関すること。
15 特別防災区域内の公共施設の災害復旧に関すること。
16 その他災害の予防,災害応急対策及び災害復旧に関すること。

同法の規制を受けている。　　　　　　　　　　◎井野盛夫

石油コンビナート等防災計画 [せきゆコンビナートとうぼうさいけいかく] disaster prevention plan for petroleum industrial complexes and other petroleum facilities 行政　石油コンビナート等特別防災区域の防災対策を総合的かつ計画的に推進するため,火災,爆発,漏洩,流出などの災害の発生に備えて,関係機関および特定事業所等が行うべき各種防災対策などの事項を定めることが必要であり,この防災計画を作成することが石油コンビナート等災害防止法(1975年)により義務付けられている。この防災計画は上表の項目について,石油コンビナート等防災本部(本部長:都道府県知事)および防災本部の協議会(ひとつの特別防災区域が2以上の都府県にわたって所在する場合は協議会を設置する)が作成し,毎年,検討,修正することとなっている。なお,災害想定については防災アセスメントを実施して,予想される災害の種類,程度,影響範囲などに応じた防災計画とすることが望まれている。

◎横山昭司

石油タンク火災 [せきゆタンクかさい] oil tank fire 火災・爆発　石油製品やその原料となる原油を貯蔵するタンクの火災を指す。大量の石油類を貯蔵する石油タンクは,その最大容量までの任意の量の石油類を大気中の酸素に接触させることなく,貯蔵する必要がある。そのため,タンク内に水や不活性ガスを充填したり,可動式の屋根や中蓋を設けたりしている。大型の地上式タンクとして用いられる浮き屋根式タンクの火災は,浮き屋根とタンク側板の間からの漏洩によるリング火災,浮き屋根沈没後のタンク全面火災,タンク内の水の急激な沸騰に伴うボイルオーバー後の噴出油による防油堤内火災,側板あるいは底板破損後の防油堤内火災などに分けることができる。

◎鶴田 俊

積率 [せきりつ] moments 河川 海岸　Xを確率変数,$f(x)$をその確率密度関数(pdf)とする時,原点のまわりのr次の理論積率(ν_r)は以下のように定義される。

$$①\nu_r=\int_{-\infty}^{\infty}x^r f(x)dx \quad (r=1,2,3,...)$$

N個の標本値$x_1, x_2, ..., x_N$が与えられた時の標本積率も同様に計算される。平均値,標準偏差(あるいは変動係数)およびひずみ係数は水文諸量の分布特性を表す指標として重要である。特に,水文資料数が少ない場合には,ひずみ係数の偏り(bias)の補正が必要となる。最近,新しい分布母数推定法として,確率重み付き積率(PWM:probability weighted moments)とL積率(L moments)が開発された。PWMは次式で定義される。

$$②\beta_r=E\{X[F(X)]^r\}=\int_0^1 xF^r dF \quad (r=1,2,3,...)$$

ここに,$E(\cdot)$:期待値演算子,$F(X)$:確率変数の分布関数(cdf)。通常の積率では式①に示されるように,xのr乗操作が行われるのに対して,PWMではr乗の操作が非超過確率Fに対してなされているため,偏りや変動も小さい。L積率は次に示すPWMの線形和で表される。

$$③\lambda_1=\beta_0(第1次), \lambda_2=2\beta_1-\beta_0(第2次), \lambda_3=6\beta_2-6\beta_1+\beta_0(第3次)$$

多くの確率分布形について,PWM解ないしL積率解が求められている。

◎星 清

セグメント segment 河川　沖積河川の縦断形はほぼ同一勾配を持ついくつかの区間で構成され,それぞれの河道区間では河床材料粒度分布,洪水時の掃流力や低水路幅,水深もほぼ同一の値になるといわれている。このような同様な特徴を持つ河道区間のことをセグメントと呼ぶことがあり,セグメントは河川の特性を把握する際の基本単位とされる。山地河道の区間はセグメントM,扇状地上を流下する区間はセグメント1(代表粒径2cm以上,勾配1/60～1/400),自然堤防帯の区間はセグメント2(0.3mm～3cm,1/400～1/5000),さらに下流の細砂,シルトが卓越する区間はセグメント3(0.3mm以下,1/5000以下)と分類される。セグメント2はさらに河床材料が砂利のセグメント2-1,粗砂・中砂のセグメント2-2に分類される。

◎細田 尚

雪温 [せつおん] snow temperature 雪氷　積雪内部の温度。積雪層の熱収支によって決まる。融雪が進んで積雪全層が濡れると全層0℃で一様な温度分布となる。積雪が乾いている時には深さによって雪温が異なる。一般に積雪下面と地面との境界は常に0℃であり,雪面付近で温度変化が大きい。ただし地面が凍結する地域では積雪下

面も氷点下になる。積雪断面観測では雪壁が外気に曝されて雪温が変化するので，雪穴を掘り終わった直後に雪温分布を測定するのがよい。
◎竹内由香里

雪害 ［せつがい］ snow damage 〔雪氷〕〔都市〕 降積雪現象をもとに生じる積雪荷重，落雪，雪崩，視程障害，吹きだまり，着雪，融雪などを素因とする災害。雪国の救済を求めた政治運動から昭和初期に生まれた造語とされる。わが国では北海道から山陰にかけての日本海側の多雪地域を中心に，古くから雪崩，吹雪，融雪洪水などの雪による災いが多く見られた。しかし近年の雪害の観念には，こうした直接の人的・物的被害の他に，雪処理費用の負担などによる経済的損失や都市機能低下などによる社会的障害が含められることが多い。多雪地域では降積雪現象が日常的かつ広域的に生じるため，雪害は社会構造や生活様式の変化に敏感な災害であり，時代とともに多様な新しい雪害現象が出現してきた。最近では，地域社会の高齢化に伴う住居周辺の雪処理事故や，高度に発達した都市の交通，物流および供給処理システムの豪雪時における機能マヒが大きな問題になっている。
◎沼野夏生

雪害度 ［せつがいど］ amount of snow damage on urbanized area 〔雪氷〕〔都市〕 降雪，積雪に起因する都市雪害の度合いを，貨幣単位で表したもの。雪による不便益と雪対策費用の和として定義されている。対象となる地域の，降積雪に関する気象統計値，地価，都市施設および除排雪施設にかかる諸費用データなど汎用性の高いデータのみで算出できるため，比較的容易に地域の雪害の度合いを知ることができる。除排雪システムの導入前後の雪害度を求めることによって，その費用対効果を評価することもできる。
◎上村靖司

雪寒法 ［せっかんほう］ law of government policies / procedures for cold and snowy districts 〔雪氷〕〔行政〕 雪寒対策の主な法律には，「積雪寒冷特別地域における道路交通確保に関する特別措置法」（昭和37年法律第72号，略称「雪寒道路法」）と「豪雪地帯対策特別措置法」（昭和37年法律第73号）がある。前者は道路での対策を目的とし，積雪地域または寒冷地域について，交通量または重要性により対象となる道路を指定し，国，道府県または市町村が除雪，防雪，凍害防止の事業を行うとしている。積雪，寒冷のいずれかまたは両方に入る地域は，人口で全国比22.4%，面積で61.6%である。後者は，積雪が多いことにより産業，生活面において阻害または停滞がある地域を指定し（豪雪地帯），雪害の防除および社会基盤の基礎的改善の総合的計画と推進を図ることにしている。さらに，積雪が特に多く，生活に支障が大きい地域を特別豪雪地帯に指定している。豪雪地帯の全国比は，人口で18.1%，面積で51.4%，特別豪雪地帯は，同2.9%，20.0%である（1995年国勢調査による建設省道路局，国土庁地方振興局資料による）。
◎杉森正義

雪渓 ［せっけい］ snow patch 〔雪氷〕 雪が局所的に多く堆積した場所では，夏期になっても融解しきらない積雪域が見られることがある。この孤立した残雪全体を雪渓と呼ぶ。特に窪地や山稜の風下斜面に形成されたものを雪田と呼ぶこともある。日本の山岳地では，谷筋や沢筋に主に雪崩によって形成される雪渓（雪崩型雪渓）と，窪地や山稜の風下斜面に雪の吹きだまりによって形成される雪渓（吹きだまり型雪渓）が見られる。消耗期間が過ぎても溶けきらず複数年にわたって残存し続ける雪渓を多年性雪渓（越年性雪渓）または万年雪と呼ぶ。雪渓は顕著な流動現象を示さないため氷河のように大きく地形を侵食することはないが，雪食作用（ニベーション）によって雪窪と呼ばれる凹地形を形成することがある。雪渓の規模の変化には気候の変化が敏感に反映されるので，気候変動の指標として有用である。
◎河島克久

設計火源 ［せっけいかげん］ design fire source 〔火災・爆発〕 建築物などの火災安全設計において想定する燃焼規模を設計火源と呼ぶ。例えば，スプリンクラーや火災感知器，避難経路の設計においては，初期火災を想定して発熱速度が at^2（α：火災成長率 [kW/s²]，t：時間 [s]）のように時間とともに拡大する火源とし，空間用途により火災成長率として0.0125〜0.2 [kW/s²] 程度の値が使われる。
◎原田和典

設計震度 ［せっけいしんど］ design seismic coefficient 〔地震〕 ▶静的震度法

設計潮位 ［せっけいちょうい］ design water level 〔海岸〕 港湾施設の構造の設定および安定の検討に用いる潮位。構造物が最も危険となる潮位をとる。防波堤天端高設計においては，越波量が最大になる潮位であり，朔望平均満潮面が使われ，さらに高潮の恐れがある場合は，既往の最高潮位，または朔望平均満潮面に既往の最大潮位偏差を上乗せした値が用いられる。安定計算に際しては，より低い潮位で最も不安定になる場合があれば，それが設計潮位とされる。
◎吉岡洋

設計波 ［せっけいは］ design wave 〔海岸〕 海中構造物を設計する際に設計外力の計算対象とする波。設計波は2つの段階を経て決定される。第1段階は年最大有義波波高の母集団の確率特性の推定，第2段階は1ストームの波の母集団の確率特性の推定である。第1段階の推定には極値統計解析の手法が用いられる。観測値の分布と極値Ⅰ型，Ⅱ型，対数正規あるいはワイブル分布などとを比較して最も適合性のよいものが採用される。確率分布関数 F が決定されると，N 年確率波高は $H=F^{-1}(1-1/N)$ で与えられる。ここに F^{-1} は F の逆関数である。第2段階の短期波浪の確率密度関数にはレイリー分布が非常によい適合性を持つことがわかっている。この特性を用いて，第1段階で決定した N 年確率波高の1.8倍あるいは2.0倍したものを設計波とすることが多い。ただし，浅海域で砕波する場合

には砕波波高が設計波となる。一方，周期は第1段階で用いた年最大有義波高とその周期との関係をプロットし，両者の平均的な関係から決定する。　　　　　　　　◎木村 晃

設計波力　[せっけいはりょく]　design wave force　海岸
海岸・港湾構造物のように海中に設置する構造物に対して最も大きな影響を与えるのが波浪外力である。そのため，海中構造物の設計においては波浪によって生じる波力が重要な要素となる。波力は波高が高い程大きくなるので，所要の期間中における最大の波高を用いて算定した最大波力で設計することになる。この最大波力が▶設計波力である。設計波力の算定には経験波力公式を用いて算定することが多い。経験公式は構造物の形状によって異なるために，適切な公式を適用する必要がある。海の波は不規則波であるために，不規則波の波群中における最大の作用波を用いることが原則であるが，構造物の形状によっては最大波力だけではなく，大きな波力の連なりや継続特性によっても安定性が支配されるために，有義波高を用いて算定する場合もある。このような場合の典型として捨石防波堤の安定重量の算定がある。また，設計波力が最大の波高で生じない場合もある。特に，浮体構造物では，波高が小さくても波の周期が浮体の固有周期に近いと大きな共振運動が起こり，この時が設計波力になる場合がある。　　　◎高山知司

設計風速　[せっけいふうそく]　design wind speed　気象　▶耐風設計にあって▶風荷重を算定するために設定する風速を設計風速と呼ぶ。風速としては10分間平均風速を用いることが一般的である。その値は構造物のどのような性能を照査しようとするかによって異なる。年最大風速は過去の統計に基づき▶極値分布でモデル化することによって風速値を確率的に評価することが可能であり，100年あるいは50年再現期待値と呼ばれる，年超過確率の100分の1や50分の1に対応する値を基本にして，係数を乗じたり，設定する確率や▶再現期間を変化させたりして，要求される性能に応じた設計風速が決められる。風速は地表付近で鉛直方向に変化しており，その傾向は地表の粗度によって左右される。また，隣接構造物や局地的な地形の影響を考慮する必要のある場合もある。地域によって▶強風の発生頻度は大きく異なる。例えば，平坦な田園地帯における地上10mの最大風速の100年再現期待値は，九州，四国，関東の太平洋沿岸地域で36m/sから40m/sなのに対し，北海道，中部地方，中国地方の内陸部では30m/s程度かそれ以下という具合である。→べき法則，対数(法)則　◎神田 順

節水　[せっすい]　water saving　都市　水道水の使用量を減らすこと。渇水時には水道事業体は給水制限を行う前にまず自主的な節水を呼びかける広報活動を行うのが通常である。節水の方法としては，個人の行動を節水を意識したものにすることや，蛇口に同じ開栓をしても流出する水量が減少する節水コマと呼ばれる器具を取り付ける方法，さらに風呂の残り湯や貯留した雨水を雑用水として利用する方法などがある。東京都水道局が1994年に行った水道モニターアンケートでは，「いつも節水に心がけている」という答えが79％であり，その方法としては風呂の残り湯の洗濯，掃除，撒水などへの利用，蛇口のこまめな開け閉めが多かった。最近では家電メーカーが争って水使用量の少ない節水型の洗濯機の開発を行っている。　◎細井由彦

節水意識　[せっすいいしき]　water-saving awareness　都市　水を無駄に使うのはもったいない，あるいは水は貴重な資源であるという考えから，少ない水で暮らそうとする意識。過去に渇水を経験した人は節水意識を有している傾向があり，福岡市では1978年の大渇水を契機に使用水量が10％以上減少し，節水意識や節水行動が定着したといわれている。使っている水量を意識するだけでも，節水につながるという報告もある。　　　　　　◎渡辺晴彦

節水型社会　[せっすいがたしゃかい]　water-saving society　都市　都市域内での雨水・排水の利用，雨水貯留施設による水の確保，再利用配水施設の建設，下水処理水の利用，節水コマなどによる利用可能水量の減少などを行い，節水型の社会システムに移行しようとするものである。また，下水処理水の工業用水・雑用水への供給，あるいは，閉鎖循環型住宅・建築物の推奨，節水型トイレの普及などの水利用方法の改良に加え，送水管のろ水防止，効率的運用なども重要項目である。　　　　　　　◎小尻利治

節水キャンペーン　[せっすいキャンペーン]　water-saving campaign　都市　水供給を行う事業体が節水の呼びかけを行う活動。水道においては，テレビなどマスコミを利用した広告やチラシの配布，街頭アナウンス車などの広報活動により節水の方法をPRし，一般市民への協力を呼びかける他に，大口需要者や公共施設への節水要請，一般家庭への節水コマの配布などが行われる。渇水時以外にも，水の日や水道週間などに定期的に行われている。　　　　　　　　　　　　　　　◎渡辺晴彦

節水行動　[せっすいこうどう]　water-saving activity　都市　水使用者が節水のために行う行動や水供給事業体が行う節水対策のこと。家庭においては，風呂の残り湯の再利用，タンク式水洗トイレの水量調節，蛇口のこまめな開け閉め，流し洗いを貯め洗いにするなどの方法がある。長期的に影響の少ない節水率は家庭で10～20％，都市活動でその半分程度といわれている。水供給事業体では，大口への節水依頼や減圧給水による漏水削減などが行われる。　　　　　　　　　　　　　　　◎渡辺晴彦

節水コマ　[せっすいコマ]　water-saving packing in a water faucet　都市　蛇口の中にあるパッキン(コマと呼ばれる制水弁)を特殊な形状としたもの。蛇口を少しひねった時の水の出を抑えることにより，手洗い，洗面や調理などでの出しすぎによる無駄を減少させる。蛇口を半回転させた範囲では，水量が普通コマの場合の約半分となるが，1回転させると普通コマと同じ水量となる。東京都などで

は無料で配布しその普及を図っている。　　◎渡辺晴彦

雪線　［せっせん］　snow line　［雪氷］　日本では，積雪域と無積雪域との境界線を指すことが多い。これは季節的雪線ともいう。すなわち雪線は，秋→冬→春→夏にかけて山の斜面を下降，上昇する。氷河では，質量収支の平衡線を雪線ともいう。現在の日本では多年性雪渓の下限を結んだ線，氷期では圏谷底を結んだ線を雪線と呼ぶこともある。雪線は様々な定義がなされているので，この語を使用する時は十分な注意が必要である。　　◎成瀬廉二

接地逆転(層)　［せっちぎゃくてん(そう)］　surface inversion　［気象］　地表面に沿う大気最下層に形成される逆転層のこと。地表面の放射冷却に伴い夜間から早朝にかけて形成される。接地逆転層の中では，下層ほど冷たい(重い)密度成層が形成されるため対流が抑制され，乱流も生じにくい。このため，上空で強風が吹いていても，地表付近ではほとんど風が吹かない状況が生じる。日中，日が昇り太陽光により地表面が加熱されると接地逆転は解消する。接地逆転が解消すると，上空の強風の影響が地上に達するようになり地上風が強まる。　　◎石川裕彦

雪堤　［せってい］　snow pile　［雪氷］　道路除雪によって積まれた雪の塊をいう。道路除雪は主に車道を対象とし，雪堤は路肩や歩道に積まれ，特に歩行者に障害となる。道路計画では雪堤のための堆雪帯を設けてもよいが，実例は少ない。近年歩道(自歩道)を広くとる傾向にあり，雪堤の影響が及ばない範囲が確保でき，歩道除雪や住民の協力が得やすくなっている。雪堤断面の開き幅と高さの比はおよそ等しく，雪堤のピーク位置と高さから道路の積雪状況が概ねわかる。　　◎杉森正義

雪泥流　［せつでいりゅう］　slushflow　［雪氷］［河川］　渓流や河川内を埋めている雪が，雨と融雪水によりどろどろの状態となって流動する現象をいう。新潟県南魚沼地方では古くから「雪中の洪水」として知られており，例えば，天井川として知られている鎌倉沢川では時々雪泥流による床下および床上浸水に見舞われてきた。発生の原因としては，雪崩，吹きだまり，雪捨てなどにより河川内が雪で閉塞することおよび冬季の水量が乏しい河川のように雪が堆積していることが条件で，そのような時，雪が雨や融雪水で飽和状態となって突然発生すると考えられている。これまでの最大の災害は，1945年3月22日，青森県鰺ケ沢町大然(おおじかり)の赤石川で発生したもので，死者88名を出す惨事であった。　　◎小林俊一

接道義務　［せつどうぎむ］　road contact requirement of building site　［復旧］　建築基準法第42条の規定により，建築物の敷地は，一般通行の他，避難，消防などの点で支障のないよう幅員4m以上の道路に2m以上接しなければならない。ただし，敷地の周囲に広い空地を有する建築物，その他国土交通省令で定める基準に適合する建築物で，特定行政庁が交通上，安全上，防火上および衛生上支障がないと認めて建築審査会の同意を得て許可した場合は，必ずしも2m以上接しなくてもよい。一方，特殊建築物(例えば学校，病院，劇場，映画館，百貨店，旅館，共同住宅，工場，自動車車庫等)，無窓建築物，大規模な建築物(延べ面積が1,000m²を超えるもの)などについて，避難や安全を期し難い場合には，条例で別の制限を付加することが可能である。　　◎松谷春敏

雪庇　［せっぴ］　snow cornice　［雪氷］　地形が緩斜面から急斜面に変化する場所に，風下側に形成される吹きだまりの一種。雪庇の先端および風下斜面に，吹雪や地吹雪粒子が付着，堆積しながら成長する。庇が片持梁のように長く伸びると，雪庇の上からは尾根との区別が付きにくい。そのため，登山者による雪庇の踏み抜きや滑落事故，またそれが引き金となる雪崩も多い。道路の切土区間，除雪による雪堤にできる雪庇は，交通障害，視程障害を引き起こす。　　◎成瀬廉二

雪氷学　［せっぴょうがく］　glaciology / science of snow and ice　［雪氷］　雪や氷の学問(▶雪氷研究)。雪氷学は基礎研究として雪(氷)結晶の構造・成長，積雪や湖氷，河川氷，海氷，流氷，土壌氷など，各種氷の物理的性質の研究がある。実用研究としては各種雪害(都市雪害，雪崩，吹雪など)，凍上害，流氷害などの基礎と対策の研究，水資源としての雪氷，雪氷の積極利用，さらに地球科学的研究として，氷河，氷床，永久凍土，極域海氷，南極など極地の雪氷，およびそれらと地球環境，気候変動との関係など，また近年は宇宙の氷もその対象としている。雪氷学の研究は，地学，気象学，海洋学，物理学，農林科学，工学，化学などの周辺分野との協力が重要である。　　◎若濱五郎

雪氷圏　［せっぴょうけん］　cryosphere　［雪氷］　一般的に地球の表面で水が固体の氷として，積雪，雪渓，氷河，氷床，海氷，湖氷，永久凍土，季節凍土などのかたちで存在する範囲を呼ぶ。また，気温が0℃以下の大気圏を含む範囲を指す考えもある。日本語訳として，寒冷圏，固体水圏などと呼ぶ場合もある。ギリシャ語で「寒冷」，「霜」を意味するKruosから派生したcryo-を用い，Dobrowolski(1923)などに使われ始めた言葉である。地球上で雪氷圏がほぼ年平均気温が0℃以下の範囲を指すところから，南北極域の地域の大部分，赤道付近でも高度の高い高山地域も雪氷圏と呼ぶ。　　◎西尾文彦

雪氷研究　［せっぴょうけんきゅう］　studies on snow and ice　［雪氷］　北日本各地の多雪地や寒冷地では，毎冬，各種の雪害や水・地面の凍結による被害が多発する。そこで，明治以来，鉄道では線路の除雪，防雪の研究が，また，農林業，電力などでも斜面の雪，雪の沈降害，電線の氷雪害などの研究が行われてきた。これらの研究者は1939年，日本雪氷協会〔現在(社)日本雪氷学会〕を設立し，雪氷研究を強力に推進した。一方，北海道大学の中谷宇吉郎による雪結晶の研究をもとに1941年，低温科学研究所が設立さ

れ，以後，雪氷研究の中核となった。第二次大戦後は，都市雪害など，雪氷の防災的な研究が産官学の協力により盛んに行われてきた。1957年の南極観測の開始以降は，世界各地の氷河，永久凍土，極域海氷野と地球気候との関係など，雪氷の地球科学的研究が盛んになった。衛星利用の雪氷の水資源調査，宇宙の雪氷の研究も進められている。

◎若濱五郎

雪氷混相流 ［せっぴょうこんそうりゅう］ mixed-phase snow / ice flow 雪氷 雪氷混相流は，雪氷粒子を含む気相あるいは液相の流体の総称である。流体としては，空気などの気相の場合と，水などの液相の場合がある。前者の典型的な例が吹雪と雪崩であるが，広い意味では，降雪雲や除雪中の雪などもこれに含まれる。後者の例としては，流雪溝を流れる雪，融雪期の雪泥流，スラッシュ雪崩，あるいは海や河川の凍結初期に見られるフラジル・アイスなどが挙げられる。流体としての雪氷混相流の性質は，雪氷粒子の存在のためにもとの流体とはかなり異なる。例えば吹雪の場合，雪面近傍の粒子跳躍層(雪面上数十cmまで)から上層の粒子浮遊層(雪面上数十m)まで粒子の空間密度は$1 \sim 0.0001 \, \text{kg/m}^3$の変化をし，それに伴って混相流の粘性，熱伝達係数，光透過率などが大幅に変化する。雪崩の場合も同様で，典型的な乾雪雪崩では下部の流れ層から上部の雪煙り層まで，雪粒子空間密度は数百〜$0.01 \, \text{kg/m}^3$まで変化する。

◎前野紀一

雪氷測器 ［せっぴょうそっき］ measuring instrument of snow and ice 雪氷 降雪，積雪，氷の諸性質を測定する機器。測定項目別に異なる測器がある。降・積雪の調査においては，降雪の深さは降雪板，積雪深は積雪標柱と測深棒，積雪密度と積雪水量はスノーサンプラー，積雪硬度はラム硬度計・木下式硬度計・プッシュプルゲージ法がある。積雪中の水分測定には，秋田谷式含水率計，簡易型では遠藤式がある。積雪中の氷粒の大きさの計測用に方眼紙を用いる粒度ゲージがある。また凍土の深さの測定には凍土深計がある。以上は主として野外調査に用いる測器であるが，1968年以降人手に頼らず，定期的または連続的に雪氷データを自動計測，収集する測定器，例えば積雪深計，積雪重量計などの開発が進み，それらを雪氷測器と呼ぶ場合がある。また，雪に関わる複数の測定項目を自動的に同時測定する総合計測システムが実用化している。

◎田村盛彰

雪氷防災 ［せっぴょうぼうさい］ mitigation and prevention of disasters due to snow and ice 雪氷 この用語は比較的新しいものである。雪国が現在の姿になる前のこの用語に相当するものは，雪害対策といえよう。昭和30年代のモータリゼーションの波は，雪国にも押し寄せた。これに伴って雪国，特に豪雪地帯の除雪対策は進んだ。中でも，公道の車道の除排雪は急激に進んだ。これは路上に堆積するであろう大量の雪の除去が主眼であった。この大量の降積雪が除去されるに従い，大量の降積雪の除排雪のみならず広く雪や氷が原因で発生する被害や災害を防ごうという意識と観点から，この用語が使われ始めたと考えられる。雪氷防災に含まれる雪氷現象には，吹雪，地吹雪を始め，路上の圧雪や氷を含む路上の降積雪，屋根雪，雪崩，着氷雪など全ての雪氷現象を含む。また，雪対策は，点から線へ，線から面への対策というように進んできた。

◎中村 勉

雪片 ［せっぺん］ aggregates / snowflakes 雪氷 雪の結晶が落下途中に互いに衝突して付着し，ひとつの塊となって落ちてくる降雪である。雪同士の付着力は気温が高い程大きいので，0℃付近の暖かい気温下での降雪で多く見られる。構成雪結晶は様々であるが，枝があり機械的にも絡みやすい樹枝状結晶から成るものが大きくなりやすく，ひとつの雪片が数十個から時には数百個の雪結晶からできている場合がある。特に大きいものは「ぼたん雪」と呼ばれる。

◎石坂雅昭

雪面温度 ［せつめんおんど］ snow surface temperature 雪氷 積雪表面の温度。雪面の熱収支によって決まる。サーミスター温度計や棒状温度計を用いる場合にはセンサーが日射で加熱されないように日陰を作って測定する。赤外線放射温度計を用いると測定が容易であり，特に連続測定に便利である。しかし一般に放射温度計は射出率の設定があり，誤差も大きいので検定や補正が必要である。融雪が生じて雪面が濡れている時の雪面温度は0℃で一定である。

◎竹内由香里

雪面の熱収支 ［せつめんのねつしゅうし］ heat balance of snow surface 雪氷 積雪表面における熱エネルギーの出入りの収支。エネルギーの保存則で表される。一般に積雪が水平方向に無限に広がると仮定して，熱の出入りを鉛直方向に限定して考える。雪面での熱エネルギーの出入りは様々な形態をとる。すなわち放射には日射，雪面からの反射，大気放射，雪面からの地球放射の成分があり，乱流による大気からの伝達熱としては顕熱伝達と蒸発，凝結に伴う潜熱伝達がある。さらに雪中伝導熱や降雨によってもたらされる伝達熱が考えられる。積雪が加熱されて0℃になると融雪が生じる。融雪量を推定したり雪面と大気の相互作用について物理過程を明らかにするためには雪面の熱収支を知るのが有効である。

◎竹内由香里

節理 ［せつり］ joint 地盤 岩石中に系統的かつ普遍的に発達する割れ目で，方向の異なるものが組み合わさって発達することが多く，玄武岩に見られる六角柱状のものは特に顕著。節理面に平行した変位は一般には認められず，主に引張りによって生じたと考えられ，地層や溶岩においては層理面に垂直なものがしばしば発達するが，深成岩においては圧縮によって生じる共役せん断面である場合もある。風化によって明瞭な分離面となり，落石などに対する岩盤の安定性に関係する。

◎平野昌繁

瀬と淵 ［せとふち］ riffle and pool 河川 　蛇行を繰り返す河川の内岸(滑走斜面)側には固定砂州が形成され，外岸(攻撃斜面)側には湾曲部の流れ構造により河床が洗掘され淵と呼ばれる深みが形成される．2つの砂州の間には，水深が浅く流速の大きい瀬と呼ばれる領域が存在する．瀬は河床砂礫の粒径が大きく波立っており，水面が泡立っている区間を早瀬，穏やかに波立っている区間を平瀬と呼んで区別する．山地河川では，蛇行に関係なく滝状の瀬とその下に形成される淵の繰り返しが見られる．瀬と淵は河川生物の多様な生息空間の形成にとって欠かせない地形構成要素となっている．　　　　　　　　　　　　◎細田 尚

セメント注入 ［セメントちゅうにゅう］ cement grouting 地盤 　岩盤や砂礫地盤の空隙にセメントミルクを主材とするグラウトを圧入する懸濁液型注入工法である．主に，止水を目的にしているが，地盤固結のために採用することもある．特に，ダム基礎岩盤の浸透流防止を目的とした基礎処理に多用されている．空隙の多い沖積地盤の改良の場合，複合注入の前処理として採用されることもある．通常の溶液型地盤注入材のようにゲルタイムを調節できず，また浸透注入には限界がある．　　　　　　　　　◎中澤重一

セルフエンパワーメント self-empowerment 情報 復旧 　自らの志による復元力の回復，すなわち自律の励起をいう．緊急時を過ぎてからの災害復興における被災者支援の基本目標である．ボランティアなどによる外部からの災害支援は，結局被災者自らの力による自律復興への支援でなければならない．大規模都市災害であった阪神・淡路大震災において，膨大な数の被災市民が自らの力と相互のつながりをもとに復興を目指す「自律と連帯」が最重要な基本課題となり，「参画と協働」がその最優先の行動原理となった．平常時においても，自律的な市民力(シビリアンパワー)や率先市民主義(シビリアンボランタリズム)の確立・向上こそが，災害対応・被害軽減につながる．都市防災のソフト基盤である．　　　　　　　　　◎小林郁雄

0次谷 ［ゼロじだに］ zero-order valley / hollow 地盤 　河川においては最上流の支流のないものを1次の水流とするが，谷の場合は等高線の切れ込みで示される谷の最上部が1次谷で，その上方には擂鉢状の谷頭部が存在し，これを0次谷と呼ぶ．降雨による斜面崩壊は，土層が発達しかつ表面流の集中するこの部分で発生する場合が極めて多いので，崩壊発生箇所の予測に重要である．ある地域における0次谷の数を谷あるいは水流の数と次数に関する法則(分岐比が一定)にもとづいて推定することもある．　　　　　　　　　　　　　　　　　◎平野昌繁

ゼロメートル地帯 ［ゼロメートルちたい］ zero meter area 地盤 海岸 河川 　地盤沈下などにより，平均海面より低くなった地域をゼロメートル地帯と呼んでいる．わが国で有名なのは新潟市，東京都江東区，濃尾平野三川河口付近，西大阪低地，尼崎低地，佐賀平野などがある．この他には干拓地(干潟を土地にしたもの)もゼロメートル地帯である．ゼロメートル地帯は，豪雨時，台風時，地震時に堤防や護岸が決壊して浸水することで，人命にも影響を及ぼす大きな災害になることが多く，過去あるいは最近でも台風・豪雨・地震で大きな浸水災害が発生している．また，集中豪雨でも内水排水能力が不足していると浸水災害が発生するため，防災上の機能強化が絶えず必要となる．災害が発生するのは，満潮時と台風などが重なるなどの異常気象時が多いので，平均海面ではなく満潮海面で防災・被害対策などを考えておかなければならない．　◎諏訪靖二

背割堤 ［せわりてい］ separation levee 河川 　2つの河川の合流点において，両川を分離するために設置される堤防．分流堤とも呼ばれる．勾配や流砂特性が異なる2河川が合流する場合や支川が本川の高水位の影響を強く受ける場合には，2河川をすぐに合流させずに，堤防で分離して一定の距離を併行して流下させる必要がある．代表的な例としては木曽川・長良川・揖斐川の木曽三川合流点，木津川・宇治川・桂川の淀川三川合流点における背割堤が挙げられる．　　　　　　　　　　　　◎角哲也

浅海波 ［せんかいは］ shallow water wave / waves in transitional depth 海岸 　水深が波長の半分よりも小さい時，波は水深の影響を受けて，波長や波速も波の周期だけでなく水深に依存して変化する．波の波長を L，水深を h とすると，$1/20 < h/L < 1/2$ の時，その波は浅海波と呼ばれる．浅海波による水粒子の運動は，ほぼ楕円軌道で表され，波長に比べて水深が相対的に小さくなる程，その楕円軌道はより扁平となる．この波による水粒子速度の大きさは，水面下に向かって減少するが，相対水深 h/L の値が小さくなる程減少度合いが小さくなり，$h/L < 1/20$ 条件下では水表面と海底面上での流速がほぼ同一となり，このような波は極浅海波(very shallow water wave)または長波(long wave)と呼ばれている．　　　　◎泉宮尊司

全壊・半壊・一部損壊 ［ぜんかい・はんかい・いちぶそんかい］ complete collapse, half collapse and partial collapse 地震 被害想定 　災害による建物被害の程度を表わす指標の一つ．であり，被害統計，罹災証明，保険等の目的や組織によって基準が異なるので，相互の比較にあたっては注意を要する．「全壊・半壊・一部損壊」は，気象庁，自治体，警察および保険関連の組織が用いてきた．しかし，どの程度の被害が「全壊」や「半壊」に該当するかは，組織によって定義が少しずつ異なっていたため，1968年に統一的な被害認定基準が定められた．その後，2001年に「災害に係る住家の被害認定運用指針(内閣府)」として改訂され，住家の場合，居住のための基本的機能がどの程度失われたかを基準とすることとされた．すなわち，「全壊」は"全部が倒壊，流失，埋没，焼失したもの，または，損壊が甚だしく，補修により元通りに再使用することが困難なもの"と定義され，具体的には損壊等の床面

積が延床面積の70％以上，または主要な構成要素の経済的な損害割合が50％以上と定められた。「半壊」は"損傷が甚だしいが，補修すれば元通りに再使用できるもの"とされ，損壊部分の床面積が20％以上70％未満，または主要な構成要素の経済的な損害割合が20％以上50％未満のものとされた。なお，住家の総数に対する割合を「住家全壊率」や「住家半壊率」等と表現することがあり，"全壊率＋半壊率×0.5"を「住家被害率」と呼ぶことがある。
→大破・中破，倒壊，震害率　　　◎鈴木祥之，大橋好光

遷急点　[せんきゅうてん]　knick point　[地盤]　侵食環境が長年月にわたって一定であると，河川の縦断形状は平滑化され，河床勾配は上流から下流に向かって徐々に減少する。現実の河川では所々で河床勾配の増減が見られるが，下流に向かって急増する地点(遷急点)は地形学的に重要である。断層によって生じた遷急点や，多輪廻山地で，異なる地形発達段階にある部分の境界(侵食前線)をなす遷急点の付近では侵食活動や斜面崩壊が活発であり，災害が起こりやすい。　　　◎奥西一夫

洗掘　[せんくつ]　scouring　[地盤][海岸][河川]　流れや波によって周囲の河床・河岸よりも深く侵食される現象あるいはその状態。河川では洗掘は，蛇行部や湾曲部の外岸近傍，河幅の縮少部，橋脚など人工構造物の周辺に見られる。河川の蛇行部や湾曲部においては，流路に沿って流れが曲げられるために外岸部の水位が上昇し，河床付近に内岸側へ向かう流れ(2次流)が形成され，河床材が2次流によって内側方向へ輸送されるために洗掘が起こる。また，河幅が狭くなっている所は，洪水時に流れが集中するために洗掘が起こる。橋脚前面の洗掘は，橋脚の直径や水深に依存する渦によって引き起こされる。海岸では，防波堤や護岸などの堤体構造物やプラットホームなどの柱状構造物の周辺が，洗掘される。構造物周辺では流速の大きさが場所的に有意に変化することや馬蹄形渦などの発生によって，他の場所より土砂が運ばれやすいことから洗掘が生じている。構造物周辺では波の反射によって波高が大きく，その波による海底面上の圧力変動によって地盤内の有効応力が減少し，液状化状態になることにより洗掘されやすくなっていることが，最近明らかとなった。洗掘を助長する反射波を小さくするため，▶緩傾斜護岸などが設置されるようになった。　　　◎江頭進治，泉宮尊司

線形振動　[せんけいしんどう]　linear vibration / linear oscillation　[地震]　地震や風など動的外乱を受ける構造物などの振動は，運動方程式で記述されるが，慣性力の空間分布の取り扱いによって，集中質量系と分布質量系に分類され，一般に集中質量系は常微分方程式で，分布質量系は偏微分方程式で記述される。方程式に含まれる変数の変動が小さい時などでは，線形の方程式で書くことができる。このような振動系の振動は線形振動と呼ばれる。特に，微少変形時のように復元力が変形に比例する弾性領域の場合には，弾性振動とも呼ばれる。　　　◎鈴木祥之

潜在円頂丘　[せんざいえんちょうきゅう]　cryptodome　[火山]　高粘性のマグマが上昇した場合に，地表のごく近くまで貫入したが噴出することなく，地面をゆっくりと押し上げてドーム形の丘(屋根山)を形成し，そのまま噴火活動が終息したもの。潜在円頂丘の頂部には火山ガスの抜けた小さな火口ができることもある。1910年に有珠火山にできた明治新山(四十三山)や，1977〜78年にできた有珠新山などの例がある。　　　◎鎌田浩毅

潜在不安定　[せんざいふあんてい]　latent instability　[河川][気象]　自由対流高度まで達する大気の上昇があって初めて大気が不安定な状態になること。空気塊が上昇する時，飽和するまでは乾燥断熱減率Γ_d(100 mにつき約0.98 ℃)で温度が減少し，飽和後は湿潤断熱減率$\Gamma_m(<\Gamma_d)$で減少する。周囲の大気の気温減率$\Gamma > \Gamma_d$の時は絶対不安定と呼ばれ大気はすぐさま上昇し，$\Gamma < \Gamma_m$の時は絶対安定と呼ばれ大気は上昇しても負の浮力の働きにより元の高度に戻ろうとする。その中間である条件付き不安定の状態において，ある高度の空気塊が強制力を受けて上昇し，周囲の大気よりも温度が高くなる自由対流高度に達すると，空気塊は正の浮力の働きにより外力なしに上昇する。このような大気状態を潜在不安定という。　　　◎矢島啓

全出火　[ぜんしゅっか]　whole of earthquake fires　[被害想定][火災・爆発]　水野式を導出する際に用いられた過去の地震時出火分類の一つ。即時消止火災(地震で出火したが，建物内に拡大する前に，まわりの人が消し止めた火災)と炎上火災の和で表され，記録に残されている個々の地震における出火件数の全数。全出火という概念を設定したのは，▶炎上出火のみが記録に残されている場合があること，また，延焼する可能性のある火元数を求めるためである。震動の代替変数である住家全壊率との関連で見ると，全出火率は炎上出火率と比較して遥かにばらつきが大きくなる。→水野式　　　◎熊谷良雄

線状凹地　[せんじょうおうち]　linear depression　[地盤]　線状に長く続く凹地。広義には侵食や断層運動によって形成された地形も含むが，狭義には山上の多重山稜に挟まれる狭小な凹地や山向き小崖に伴う線状の凹地を指すことが多い。この線状凹地には谷に連続する出口を持たないものが多い。成因としては古くは周氷河作用によるもの，差別侵食によるものなどが考えられていたが，近年では多くの線状凹地が重力による山体変形の地形的表れであると考えられている。→多重山稜　　　◎千木良雅弘

線状対流系　[せんじょうたいりゅうけい]　line type convective system / squall-line　[河川][気象]　積雲あるいは積乱雲が線状に組織化されたものをいう。組織化されてゆく過程によって次の4つのタイプに分類される。個々の▶降雨セルがほぼ同時に線状にぽつんぽつんと発生してから次第に線状につながる破線型)broken line

type），繰り返し新しいセルが発生し発達しながら移動することによって線状となるバック形成型）back building type），漠然と集まっていたセルが線状に組織化される破面型）broken area type），層状性の降雨域の中に対流性のバンドが形成される埋め込み型）embedded area type）である。どのタイプの線状対流系になるかは周囲の大気場の条件により，→シアー，→CAPEや→リチャードソン数によっておおよそ分類できる。日本の集中豪雨はバック形成型をなしている積乱雲群によってもたらされることが多い。
→層状性降雨と対流性降雨　　　　　　　　◎中北英一

扇状地　［せんじょうち］　fan　河川　地盤　　河川が山地から平野へ流れ出る場合，谷の出口を頂点として河道変遷を繰り返し，砂礫が堆積して形成された半円錐形の地形。扇頂，扇央，扇端部に分けられる。扇状地を流れる河川では網状流，河岸侵食が見られ，扇頂，扇央部では伏流し，扇端で水が湧くなど，水の浸透，変化が著しい。洪水は布状に流れるので，桑などの洪水に強い作物が植えられた。
◎大矢雅彦

前震　［ぜんしん］　foreshock　地震　　地震に先行して，その震源近くで起こる地震。通常，→本震の直前に本震の震源近くで発生するものを前震と呼ぶが，広い範囲で本震に先行するものを広義の前震という場合がある。前震には発震機構が一定するなどの特性があるが，顕著な規則性は未確認であり，本震が発生するまでは前震と判断できない。伊豆地域のように地下構造の不均質性が高いところに前震が起こりやすい傾向がある。1995年兵庫県南部地震では前震は前日に数個観測されただけであるが，震源近くに発生した1916年の中規模地震は広義の前震である。
◎尾池和夫

浅水変形　［せんすいへんけい］　wave shoaling　海岸　水深の変化に伴う波の波高変化をいう。波エネルギーの伝播速度（すなわち，→群速度）は水深によって異なり，浅い程小さくなる。一方，波エネルギーと群速度を掛け合わせたエネルギー流束は一定であることから，水深が浅く群速度が小さくなれば，それだけ波エネルギーが大きくなって波高が増大する。津波が沿岸に到達し巨大な水壁を形成するのも，エネルギー流束一定の原理に基づく浅水変形によるものである。
◎間瀬　肇

前線　［ぜんせん］　front　気象　　気温や密度の異なる気団の境界付近は，南北方向の水平気温傾度が大きく，前線面または前面と呼ばれる。そして，前線面の地面との交差線を前線といい，これが地上天気図上の前線である。通常，温帯低気圧の東側に温暖前線，西側に寒冷前線が形成される。温暖前線付近では南寄りの暖気が寒気の上面を這い上がり，前線の北側の広い範囲に降雨域を作り，前線面の傾斜の度合いは100分の1から200分の1程度である。寒冷前線付近では北側からの寒気が暖気の下面にもぐり込み，暖気を押し上げるので前線付近に対流性の降雨をもたらす。その前線面の傾きは50分の1程度で温暖前線よりも大きい。風速が強く寒冷な下降流に後押しされる寒冷前線は移動速度が大きいために，しばしば温暖前線に追いつき，両者が重なる部分を閉塞前線という。また，上空の偏西風の蛇行が弱く，ほとんど南北方向に動かない前線を停滞前線という。梅雨前線，秋雨前線などがこれにあたる。
◎荒生公雄

全層雪崩　［ぜんそうなだれ］　full-depth snow avalanche　雪氷　　地表面をすべり面として，積雪の全層が崩落する雪崩。一般には，融雪期の気温上昇時に発生する面発生湿雪全層雪崩を指し，発生源のクラックや雪しわなどの前兆現象で発生をある程度予測できる。全層雪崩の末端から発生点を見通した角度（見通し角）は24°が最小といわれている。ただし，新雪を多く含む面発生乾雪全層雪崩では，見通し角が24°以下の遠方まで到達することがある。地表の植生がササやカヤの急斜面は全層雪崩の常習地である。
◎和泉　薫

船体着氷　［せんたいちゃくひょう］　ship icing　雪氷　気象　　寒冷海域を航行する船舶に海水のしぶきなどが凍りつく現象をいう。船体上部に氷が着くと，船の重心位置が高くなって復元力を損ない，かつ着氷によって風圧側面積が増すので突風や横波の影響を受けやすくなり，転覆海難の原因の一つに挙げられている。瞬時の転覆と寒冷海域のため，着氷海難は救助される生存者が極めて少ないという特徴がある。日本近海では，1960～70年に船体着氷が原因で沈没した漁船が23隻あり，乗組員総数362名のうち，救助されたのはわずか2名，ゴムボート上で凍死して発見されたのが11名で，残りは行方不明のままであった。気温と風速から船体着氷が予想される時，気象庁から船体着氷注意報が発令される。
◎小野延雄

せん断応力　［せんだんおうりょく］　shear stress　地震　地盤　河川　海岸　　例えば，まな板の上にこんにゃくを置き，垂直面で切った断面を考えてみよう。次に，手のひらでこんにゃくの上部を押さえながら左の方向に手をゆっくり動かそうとする。この時，こんにゃくは，まな板との摩擦のために接触面では動かないが，上部は少し左側にせり出していびつな形になる（長方形から平行四辺形へ変形）。この状態での力の釣り合いを考えてみよう。まず，まな板との境界面を挟んで，こんにゃく側にはまな板を左の方向に動かそうとする，まな板面に平行な力が働いている。この力は，まな板とこんにゃくとの接触面の面積と単位面積当たりにこんにゃくが平行にずれようとする応力との積に等しい。一方，まな板の表面では左の方向に動くことに抵抗する右向きの力が働いているはずである（もちろんこんにゃくと同じく，表面に応力が存在するからである）。この力はこんにゃくの底面に働く力と等しい。すなわち，境界面を挟んで同じ大きさで向きが相反する力が一対存在することになろう。この応力をせん断応力と呼び，この場合，

■ 短柱の圧縮せん断破壊

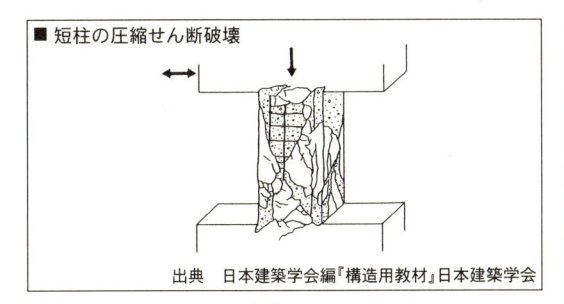

出典　日本建築学会編『構造用教材』日本建築学会

摩擦応力と名付け，力を摩擦力と呼ぶ。一方，こんにゃくの内部に，まな板の上面と平行な仮想面を考えてみよう。この場合，仮想面を挟んで，前述したまな板とこんにゃくの境界面と同じような力の平衡が成立しているはずである。この仮想面に平行に働いている単位面積当たりの力をせん断応力と呼び，これに仮想面の面積を掛け合わせるとせん断力が与えられる。この力がこんにゃくの抵抗力(せん断抵抗と呼ぶ)より大きければ，仮想面を境にこんにゃくは左右に破断され，破断面ができることになる。破断面を挟んで相手側が右手に動く(あるいは残る)場合，右横ずれ運動になる。野島断層は鉛直よりも水平方向に大きく動いたが(前者が40～50cmに対し，後者は1.5m前後動いた)，空から見た場合，北側の地盤は東へ，南側の地盤は西へ動いたために破断面が現れた。破断面をはさんでいずれも相手側の地盤は右に動いたので，右横ずれ断層である。

◎河田惠昭

せん断質点系　[せんだんしつてんけい]　lumped mass shear system　[地震]　質点系の変形は一般にせん断変形と曲げ変形の和で表されるが，そのうち，せん断変形が支配的で曲げ変形が無視できるような質点系。例えばずんぐりした形の低層建築では層と層の間の水平変形がその層に働く水平せん断力にほぼ比例すると見なせるので，層数に等しい数の質点をせん断バネで連結したせん断質点系に建物をモデル化することができる。曲げ変形が無視できない細高い高層建築ではこのようなモデル化は必ずしも適当でない。

◎松島 豊

せん断強さ　[せんだんつよさ]　shear strength　[地盤]　せん断力に対する材料の抵抗力であり，せん断応力―ひずみ関係から求まる最大せん断応力値のこと。せん断強度またはせん断破壊時の強度ともいう。地盤材料の安定や変形の問題を解析する上で重要な量であり，排水条件，拘束圧やダイレイタンシー特性の影響を受ける。せん断強さを求めるには，3軸試験機，ねじりせん断試験機，単純せん断および直接せん断試験機などが使われている。地盤材料では拘束圧依存性が強いため摩擦角で破壊強度を示すことも多い。

◎岡二三生

せん断破壊　[せんだんはかい]　shear failure　[地震]　鉄筋コンクリート部材の破壊形式の一種であり，梁や柱などのRC部材にせん断力による斜め亀裂が発生し，脆く崩壊する現象である。せん断破壊時の部材の変形能力は，曲げ破壊時に比して劣り，破壊後の耐力低下も急激で，脆性的である。RC造柱がせん断破壊すると，軸力を保持できなくなるため，構造物に致命的な被害をもたらしたり，崩壊に至らしめることもある。1968年十勝沖地震による学校建物の短柱の被害が代表例であり，その後せん断抵抗力を増大させる工夫がなされ，現在では曲げ降伏先行の設計が推奨されている(図)。→付着破壊，曲げ破壊，圧縮破壊，脆性破壊

◎藤原悌三

潜堤　[せんてい]　submerged breakwater　[海岸]　異形コンクリートブロックなどで，汀線とほぼ平行に形成された天端が海面下に没した消波構造物を潜堤という。天端上での砕波に伴うエネルギー逸散によって，波の打ち上げ，越波，沿岸漂砂量の軽減とともに，それらによる海浜の安定化を目的として設置する。潜堤は，離岸堤などのようには景観を損なわないことや，海域利用を妨げないことなどの利点の他，岸向き流れの発生による水質改善，また海洋生物の良好な繁殖と生育の場となることなどが期待できる。潜堤のうち，特に天端幅の広いものを人工リーフといい，その広い天端幅のために，潜堤に比べて天端水深を比較的深くとることができ，従って反射率を低く抑えることができる。

◎角野昇八

線熱源上の火災プルーム　[せんねつげんじょうのかさいプルーム]　fire plume above line heat source　[火災・爆発]　火源が帯状に細長い場合の火災気流の理論的扱いを簡単にするために用いられる概念で，面積がなく無限に長いと想定される熱源上の上昇気流のことをいう。市街地火災の場合などでは，地表面上の可燃物の密度が低いので，燃焼領域が広がるにつれて中央部が燃え尽き，周辺部のリング状の部分のみが燃えているような状況が生ずることが多い。これは林野火災などでも同様である。このような場合は燃焼領域における発熱が線熱源上に集中していると見なして種々の解析が行われることが多い。線熱源上の火災気流は熱源を長辺とする倒立楔状に広がるので，温度や流速は熱源の伸びる方向には一様で変化せず，これと垂直の二次元断面内のみで変化する。線熱源上の火災プルームの性状に関して次のようなことが知られている。横井によれば線熱源の単位長さ当たりの発熱速度をQ'，熱源からの高さをzとして，

1) 気流軸上の温度上昇 $\Delta T_0(z)$
$$\Delta T = \propto Q'^{2/3} Z^{-1}$$

2) 気流軸上の流速 $w_0(z)$
$$w = \propto Q'^{1/3}$$

これからでもわかるように，線熱源上の火災プルームでは気流軸上の温度上昇が高さzに反比例し，流速がzに無関係に一定になる。→点熱源上の火災プルーム

◎須川修身

船舶火災　[せんぱくかさい]　ship fire　[火災・爆発]　船舶で発生する火災。船舶は，その推進機関に用いる燃料を

大量に保持している。また，原油や石油精製品，化学製品，石炭など，可燃物を大量に運送する場合が多い。一方で船舶には，多くの旅客や乗員が搭乗し，数日あるいは数ヶ月にわたって船上生活を送る。従って，火災が発生しそれが人に危害を及ぼす危険性は，一般の陸上生活よりも高いと考えられる。船舶には，可燃物の監視，火災危険場所と人が通常いる場所との分離，効果的な火災探知設備と消火設備など，船舶火災の危険性を低減し防止するための措置が多くとられている。石油タンカーや天然ガス運搬船が衝突すると火災を発生することがあるため，衝突の予防も火災予防につながる。　　　　　　　　　　　　◎吉田公一

浅発地震　[せんぱつじしん]　shallow earthquake　[地震]　深さ60 km以浅に起きる地震をいい，それより深い所で発生する稍深発，深発地震と区別している。浅発地震は全地球上の地震のうち，数で約80％，エネルギーで約70％を占めている。海溝沿いでは巨大地震が発生し，陸域においては都市直下で発生すると都市直下型地震となって，大きな災害を引き起こす。　　　　　◎伊藤　潔

全米災害救援ボランティア機関　[ぜんべいさいがいきゅうえんボランティアきかん]　National Voluntary Organizations Active in Disaster (NVOAD)　[海外][情報]　アメリカで全国レベルの災害救援活動を行う任意団体のグループで31の団体が加盟している。NVOADが組織された背景には，1969年のハリケーン・カミルの災害で多くの団体が救援活動に参加したが，援助の重複など非効率が問題になった。1970年初めよりこれら団体が定期的に集まりより効率的な援助を目指して情報交換を行うようになった。現在では，災害の現場でNVOADが中心になって援助団体間の調整を行うことにしている。平常時には情報交換，メンバー間の政策・計画の調整，州レベルの団体の訓練，法律制定支援などの活動を行っている。　　　　◎大井英臣

専門家派遣制度　[せんもんかはけんせいど]　dispatch system of town planning consultants　[復旧]　被災した市民などが進める復興まちづくりや建築物共同化・協調化事業を支援・促進するために，まちづくりコンサルタント・プランナー，建築家や弁護士などの専門家が地元のまちづくり協議会などに派遣される制度。通常は地元からの要請により，行政が経費を負担し，専門家が仕事として，現地へ赴く。神戸市で震災前から制度化されていたことが大変役に立った。　　　　　　　　　　◎小林郁雄

専門ボランティア　[せんもんボランティア]　volunteer with special skills　[情報]　ボランティアのうち，専門的な技能や知識を活動に活かすことを意図して参加する人々。災害救援では，土木，建築などハード面の専門性だけでなく，看護やいわゆる心のケアなどソフト面を含めて，様々な専門技能や知識を持った者が，ボランティアとして活動に参加する。1995年の阪神・淡路大震災を契機として，災害救援に活用できる専門技能や知識を有する人々を予め登録しておき，緊急時にその技能・知識を活かしたボランティア活動に参加を求める制度が整備されつつある。国土交通省OBで構成される防災エキスパート制度は，その一例である。しかし一方で，専門ボランティアは，専門性を活かすことだけに囚われないよう活動することも必要である。→災害ボランティア，一般ボランティア
　　　　　　　　　　　　　　　　　　◎渥美公秀

ソ

ソイルクラスト　soil crust　[地盤]　土壌表面にできる薄い皮膜のこと。土壌クラスト。雨滴衝撃によって，裸地表面の土壌の団粒構造が破壊または圧密され，形成される衝撃クラスト(structural crust)，細粒土粒子の堆積によって形成される堆積クラスト(depositional crust)，塩類土壌，火山灰などにおいて土壌粒子の化学的凝集力により形成される化学クラスト(chemical crust)に大別される。いずれも，クラスト形成前と比較すると，浸透能を著しく低下させることから，降雨時に表面流出の発生が引き起こされ，結果として土壌侵食，土石流といった土砂災害の引き金となりやすい。　　　　　　　　　　◎恩田裕一

霜害　[そうがい]　frost damage (injury)　[雪氷][気象]　土の表面にできたのが霜柱，土中にできたのが凍土。秋から初冬の農作物などに発生する被害を早霜害(early frost damage)，春から初夏の農作物や苗木などに発生する被害を晩霜害(late frost damage)，真冬の規模の大きい凍土の発達による地面の持ち上がり被害を凍上(frost heaving〈lifting〉)という。古い時代の大飢饉は，晩霜害と冷夏が重複したために発生している場合が多い。凍上は作物などの根に害を与えたり，地上の構造物などを壊すので，雪の少ない世界の寒冷圏に共通する災害である。　◎塚原初男

相関　[そうかん]　correlation　[共通]　2つの変量の関係の強さを表す概念。その強さは相関係数で評価される。相関係数rは$-1 \leq r \leq 1$の範囲にあり，-1に近づく程負の相関関係，$+1$に近づく程正の相関関係が強くなる。また，rが0に近づく程相関関係が弱くなる。実用例としては，流域平均年最大k日雨量と懸案地点の最大流量との相関係数を計算し，それが一番大きい年最大k日雨量を対象流域の治水計画に利用している。また，欠測雨量を補完する場合にも用いることがある。　　　　　　◎寒川典昭

造構造運動　[ぞうこうぞううんどう]　tectonic movement　[地震]　地殻を構成する岩石，地層を変形させ，褶曲，断層などを引き起こす運動の総称。元々は，Haarmann(1926)が山地の隆起運動(狭義の造山運動)と地質構造の変形運動を区別するために提案した用語。しかし，プレー

トテクトニクス理論と地球物理学的観測に基づくテクトニクス研究の進展に伴い，地殻，マントルなど地下深部に起因する広域の運動によって大構造が形成されていくことが明らかになった。このため，最近ではプレート運動などの広域の運動によって地質構造が形成されていく運動ないしは過程と捉えられるようになりつつある。 ◎橋本　学

造構（造）応力 ［ぞうこう（ぞう）おうりょく］ tectonic stress ［地震］　プレート運動などの造構造運動に伴って地殻・マントル内に働く応力。一般に，鉛直方向の主応力は静水圧(lithostatic pressure)にほぼ等しいと考えられているが，水平方向の主応力はプレート運動などの影響により地域的に異なる。鉛直応力が最小主応力の場合逆断層型，中間主応力の場合横ずれ断層型，最大主応力の場合正断層型の地震，地形，地質構造が卓越する。火山噴火の様式も支配される。直接測定の他，測地測量，地震の発震機構，活断層や火山の側火口列の分布などから推定することができる。 ◎橋本　学

総合治水対策 ［そうごうちすいたいさく］ comprehensive flood disaster prevention measures ［河川］　都市域においては，1960年から1970年代前半にかけての急激な都市化の進展に伴って，地表面が被覆化され地中への雨水浸透量が減少した結果，雨水の流達時間が短縮されると同時に洪水ピーク流量が増大していった。そのため，都市河川流域では浸水被害が頻発する結果となった。こうした状況に対して，1976年に建設大臣（当時）から河川審議会へ諮問「総合的な治水対策の推進方策はいかにあるべきか」が出され，それに対して1977年6月に河川審議会から「総合的な治水対策の推進方策についての中間答申」が行われ，都市河川流域における緊急避難的対策が提示された。1979年からは「総合治水対策特定河川事業」が開始され，都市化の進展に伴って治水安全度が大幅に低下した河川を対象に1979年に9河川，1980年に1河川，1981年に2河川，1982年に2河川，1988年に3河川の計17河川がモデル河川として指定された。モデル河川においては，流域毎に流域内の市町村，河川管理者としての都道府県または建設省の関係部局からなる流域総合治水対策協議会を設置するとともに，河川流域の特性に応じた総合治水対策の具体的施策を盛り込んだ流域整備計画の策定や浸水実績図の公表が行われた。総合治水対策の対策目標は，概ね時間雨量50 mm（年超過確率1/5～1/10）相当の降雨に対する治水安全度を確保することを目標としている。総合治水対策メニューとしては，河道改修や遊水地といったハードの施設整備だけではなく，流出抑制対策としての浸透施設（浸透マス，浸透トレンチ，透水性舗装など），貯留施設（防災調節池，駐車場貯留施設など）の他，盛土規制，施設の耐水化，警戒・避難情報の伝達などソフトな施策も含めて，流域まで含めた面的な対策がとられている。 ◎末次忠司

総合的渇水対策 ［そうごうてきかっすいたいさく］ comprehensive countermeasures against drought ［河川］　ダムなどによる水資源の確保，渇水調整による水資源の効率的利用などの供給側における対策のみならず，節水型機器の導入，灌漑用水を順番に使用する番水，節水プログラムへの自主的参加，プールの使用中止など，需要側である利用者・生活者の対策も含めた総合的な渇水対策。渇水は市民生活および経済活動に大きな影響を及ぼすこととなるので，地域の水利用の将来予測などを踏まえて長期的な視野から総合的渇水対策を策定しておく必要がある。 ◎箱石憲昭

総合防災計画 ［そうごうぼうさいけいかく］ conprehensive disaster management plan ［海外］　防災事業は個々のプログラムを個別に断続的に実施していては効果を挙げることはできない。加害力が作用する以前の平常時に実施すべきこと，加害力の作用が想定される場合に実施すべきこと，加害力の作用に即応して実施する作業，災害後の復旧と再建のそれぞれの過程のプログラムが連続して進められるように計画される。それぞれのプログラムは目標，用いることができる手段や資材，分担する責任，統制と連携関係が明快でなければならないし，必要とされる技術と熟練が維持されるよう訓練がされなければならない。緊急時には普段に実行していないことはできないし過去の経験を活かすことなしには進歩はないからである。開発途上国の社会や生産機構の中では防災の優先度は高くないので，計画は多くの場合名目的に存在するのみで，災害発生直後は緊急救援を待ち，復旧や復興の実務は経済・技術援助に待つということがある。 ◎渡辺正幸

■総合治水対策特定河川のリスト

開始年度	河川名	水系名	級	都道府県
1979	鶴見川	鶴見川	1級	東京, 神奈川
	新河岸川	荒川	1級	埼玉, 東京
	猪名川	淀川	1級	大阪, 兵庫
	引地川	引地川	2級	神奈川
	境川	境川	2級	神奈川, 東京
	巴川	巴川	2級	静岡
	真間川	利根川	1級	千葉
	新川	庄内川	1級	愛知
	伏篭川	石狩川	1級	北海道
1980	中川・綾瀬川	利根川	1級	埼玉, 東京, 茨城
1981	残堀川	多摩川	1級	東京
	目久尻川	相模川	1級	神奈川
1982	大和川北部河川	大和川	1級	奈良
	境川	境川	2級	愛知
1988	神田川	荒川	1級	東京
	境川	木曽川	1級	岐阜
	寝屋川	淀川	1級	大阪

相互応援協定 ［そうごおうえんきょうてい］ mutual assistance agreement 行政　大規模な災害や特殊な災害などに，迅速かつ的確に対応できるよう，地方公共団体相互間で，救急救護，輸送，災害復旧，物資などに関する支援について定めている協定をいう。
◎井野盛夫

相互作用【建物間】 ［そうごさよう］ interaction (between two buildings) 気象　2つの物体が作用を及ぼし合うことを相互作用というが，強風下で▶構造物が振動する場合においては，風の流れ場が，構造物の振動によって変化することにより作用する荷重も変化するので，振幅が大きくなると空気と構造物との相互作用が無視できない。▶空気力によって生ずる減衰効果も相互作用の一種であり，それが励振力として作用する場合に▶自励振動と呼ばれる。構造物の後流下に別の構造物がある場合は，後流の変動風力により風下の構造物が振動する時も，作用は一方向的であるが，2棟間の相互作用と呼ぶ。
◎神田 順

相互連関【ライフライン】 ［そうごれんかん］ system interaction 都市　ライフライン系が災害を受けると，水道，電力，ガスなどの個別システムの被害の他に，異なるライフラインシステムの被害が相互に影響を及ぼすことがあり，この関係を被害の相互連関と呼んでいる。多くのライフラインが同時多発的に被災する地震災害において相互連関の問題は最も顕著であり，それらは，ライフライン間での物理的被害波及(道路被害による管路の破壊など)と機能的被害波及(停電による断水など)，復旧段階におけるシステム間の相互影響(管路復旧の競合など)，システム間代替性によるバックアップ機能(ガス供給停止による電力需要の増加など)，ライフライン関連の複合災害(停電後の復電によるガス火災など)のかたちで現れる。相互連関による被害の軽減のため，依存するシステム間の結合の多ルート化による強化と，システム間の依存性に関するバックアップシステムを持つことにより独立性を強める，などの方法がある。
◎亀田弘行

操作支援システム ［そうさしえんシステム］ operation (management) support system 河川　ダムや堰等の放流設備などを操作するために，操作タイミング，操作手順，操作量などの判断情報を提供するシステムのこと。操作支援システムは支援のみを行い制御は行わない。操作支援システムは観測情報の適否の判断を行う機能，水理諸量の予測を行う機能，操作計画を提案する機能，操作に伴う現象をシミュレーションする機能，意思決定のための判断情報を提供する機能などにより構成され，情報収集装置，出力装置などと連携されて設けられる。操作支援システムの一部には人工知能の機能が組み込まれ，過去の操作経験に従った操作手順や操作タイミングの提示，利用者からの問い合わせに対応して情報を提供できる機能などが実現されることもある。
◎伊藤一正

造山運動 ［ぞうざんうんどう］ orogenic movement / orogeny 地震 地盤　山脈を作る運動。一般に地形学者は山脈を作るような大規模な隆起運動について用い，地質学者は山脈の内部構造を作る褶曲運動について用いる傾向がある。造山運動は比較的短期間に進行する地殻変動について用いられ，これに対して大陸全体が長期間にわたって隆起する現象を造陸運動と呼ぶことがある。プレートテクトニクスによれば，プレートの衝突や沈み込みによって造山運動が起こる。
◎千木良雅弘

走時 ［そうじ］ travel time 地震　震源から射出された地震波が，地球内部を伝搬し観測点に到達するまでの時間。横軸に震央距離，縦軸に時間をとり，走時をプロットしたグラフを走時曲線という。地球内部の低速度層は，走時曲線ではシャドーゾーンとして現れる。また，速度が急増する層は，走時曲線のトリプリケーションを作る。観測走時と理論走時の差を走時残差と呼ぶ。震源決定では，地震波速度構造を固定し，走時残差が最小となるように震源を求める。これに対し，走時トモグラフィーでは，走時残差が最小となるような速度構造を求める。近年，トモグラフィーにより種々のスケールでの三次元速度構造が求められている。
◎澁谷拓郎

相似地震 ［そうじじしん］ earthquakes with similar wave form / earthquake family 地震　地震が狭い地域で多発する場合，同一観測点で観測した地震波が全体として極めてよく似ている場合がある。このように波形全体が類似した地震を相似地震という。地震波形は地震の起こり方，地震波の伝播経路に関係するが，相似地震は非常に近くで同じような破壊によって発生したと考えられる。これらの地震を用いて，地震群を分類することができる。また，相似地震の時間変化から地震発生の変化を検出する試みもなされている。
◎伊藤 潔

相似則 ［そうじそく］ similarity law 気象 海岸 河川　強風下の▶構造物の耐風挙動を明らかにするためには，多くの場合，▶風洞実験によることが多い。その時，構造物を適宜，スケールダウンした風洞模型を用いて実験を行い，得られた結果より実物構造物の耐風応答を推定することになる。この時に，実物構造物の耐風応答と風洞実験での模型の挙動とを1対1に対応付けるために必要な法則が，相似則である。一般には，その挙動を示す基本式に対して，バッキンガムのパイ定理を適用して得られる各種の無次元量を同一にする必要がある。その基本的なものを次に挙げる。構造系，あるいは構造系と流体系の間に要求されるものとしては，構造物断面の幾何学形状，空力弾性模型の場合には振動モード形状，鉛直，水平たわみ，ねじれなどの振動数比，剛体模型，空力弾性模型とともに，▶レイノルズ数，広義の▶ストローハル数(または，換算振動数)，換算風速，フルード数，▶スクルートン数(あるいは質量減衰パラメータ)，構造減衰，剛体模型の場合，曲げねじれ振動数比などがある。また，流れに要求される条件としては，乱れ

強度，乱れのスケール比，乱流スペクトル，乱れの空間相関特性，wind profile などがある。これら種々のパラメータのうち，レイノルズ数は，特殊な場合を除き，通常，それを風洞実験で一致させることは困難(風洞実験では，実物のそれに比べ10^2〜10^4程度となり小さい)で，無視されることが多い。これは，鋭い前縁部を持つ bluff な構造断面では，円柱断面と異なり流れの剝離点がレイノルズ数によらず一定で，それが空力挙動に与える影響は十分に小さいことにその妥当性を求めているためである。しかし，最近の研究では，辺長比の大きな二次元矩形断面のストロハル数がレイノルズ数により影響を受けたり，また隅角部に隅切りを施した矩形断面の▶渦励振が，レイノルズ数4000付近で大きく影響を受けることなどが指摘され，レイノルズ数相似については今後の課題の一つといえる。また，重力の影響を表すフルード数についても，特殊な条件以外，無視されることが多い。さらに，強風を対象にすることから，温度は大気中立状態にあるものとして，その影響は特殊は状況を除き考慮されないことが多い。　　◎松本　勝

層状性降雨と対流性降雨　[そうじょうせいこううとたいりゅうせいこうう]　stratiform precipitation and convective precipitation　[河川][気象]　層状性降雨とは，広範囲にほぼ一様に長時間にわたって降る比較的弱い雨のことを指す。梅雨初期の雨や，温帯低気圧の温暖前線接近時の雨がその典型であり，空はほぼ全面雲で覆われている。対流性降雨とは，地上の狭い領域で短時間に降る強い雨のことを指す。夏の夕立や，温帯低気圧の寒冷前線や台風通過時の雨がその典型である。レーダー画像上での両者の最も大きな違いは，鉛直断面内で，0℃高度付近にブライトバンドと呼ばれる強いエコーが存在するかどうかである。ブライトバンドは，強い上昇・下降流が存在しないこと，また，0℃高度以上に雪片が存在していることを意味しているため，ブライトバンドが出現している場合には層状性降雨と呼んでいる。　　◎藤吉康志

送水施設　[そうすいしせつ]　water transmission facilities　[都市]　浄水場から配水池までに浄水(浄水場により水質を飲料に適する水質とした水)を送る施設をいい，調節池，送水ポンプ，送水管，送水トンネルおよびその付帯施設のこと。送水施設はその役割の重要性から平常時の安定給水はもとより，事故時，渇水時などの異常時においても市民の生活に著しい支障を及ぼすことのない程度の安定した送水を確保する。なお，送水は浄水の水質の安全性を確保するために原則，管水路による。　　◎田中成尚

造成地　[ぞうせいち]　improved land　[地震]　造成地は，平坦で広い面積の天端を持つ盛土からなり，飛行場，鉄道ヤード，駐車場などの交通施設や宅地，学校，スポーツ施設，産業施設などに用いるために建設される。山間部に造成される場合には，背後の自然斜面の切土工事と掘削斜面の安定化工事を伴うことが多い。盛土の防災の問題については，▶土構造物の地震被害と▶盛土の項を参照されたい。ここでは，特に海岸，湖岸などに沿って水面化に盛土工事をする場合と，山間部で切土を伴う造成工事の防災問題について触れる。水中盛土の場合は，空気中の盛土の場合と異なり，盛土の高い乾燥密度を実現することが難しくなる。それは，均等係数の高い盛土材料を水中投棄すると大粒径と小粒径が分離してしまい，また非常に緩い状態で水中堆積するからであり，均等係数の小さい盛土材料の場合よりも相対的に緩く不安定な状態になることが特徴的である。従って，均等係数が小さく水中落下速度が大きくなる大粒径の盛土材料を用いるほうがよい水中盛土ができる。その場合でも，盛土の乾燥密度は十分に大きくならない。このため，盛土工事完了後に締固め工事を別途行わないと，地震時に液状化する危険が極めて高くなる。地盤が液状化すると，重量構造物に対する支持力を失うだけでなく，平均比重が2.0よりも小さな地下埋設構造物は浮上し，また盛土の端部は外側に流動的に変位し，地盤内や地盤上の構造物に大変位をもたらす。水中盛土を締め固める最も有効な方法は盛土内部に振動を与える方法であるが，同時に砂や礫の排水性のよい盛土材量を地盤内に振動的に押し込んで杭を造成する方法もある。山間部の切土工事では，元々安定に対して限界状態にある自然斜面の掘削をすることが多いので，掘削後の斜面の安定性を失わないためには，かなり高い位置まで掘削する必要がある場合が多い。しかし，その場合土工量が増え環境を破壊する自然状態の斜面の面積が大きくなり，かつ掘削斜面が長期的に安定である保証はない。従って，掘削斜面の下部に擁壁などを設ける場合がある。しかし，従来型の擁壁を建設する場合は壁高が大きくなると工事費が急激に高くなるので，最近は地山補強土工法がかなり行われるようになってきた。この工法では，斜面を段階的に掘削し，1〜2 m程度の高さの各掘削段階毎に，斜面内に削孔して孔内に異形鉄筋などを引張り補強材として挿入して，それをグラウトで固定し最後に仮の法面工として掘削斜面にコンクリート吹き付けをし，これを繰り返すことにより安定的斜面掘削を完了する。最後に本設の法面工を設置する場合も多い。この工法を用いると工事面積が大幅に減少する。さらに大規模な工法としてグランドアンカー工法があるが，宅地造成に用いられることは多くない。→宅地造成，土地造成　　◎龍岡文夫

掃雪　[そうせつ]　snow sweeping　[雪氷][復旧]　路面上に雪を残さないようにブラシなどを用いて行う除雪作業。高い除雪精度を必要とする滑走路，電車軌道などでの圧雪形成による摩擦係数の低下を防ぐことを目的として，金属製の回転ブラシ付き除雪機械(スイーパ)を使用して行われることが多い。この作業は，軽い新雪が浅く積もった段階か，または，深く積もった新雪をプラウやロータリなどの他手段で除雪した後，残存する雪をさらに完全除去する必要が生じた時に実施される。
　　◎松田益義

創造的復興 ［そうぞうてきふっこう］ creative reconstruction 復旧 被災前の環境・機能水準に回復する復旧に対して，被災前を上回る水準への再建や再生を目指すのが復興である。阪神・淡路大震災では「阪神・淡路震災復興計画」（ひょうごフェニックス計画）の推進と進行管理のために復興計画推進委員会が設置された。「緊急復興3ヵ年計画」の終了にあたって，同委員会が取りまとめた各種の意見や提言を受けて，兵庫県は「阪神・淡路震災復興計画推進方策」を策定し，その最終節に「創造的復興への戦略」を付記した。それは，震災以前の水準に回復する緊急復興は3年間でおおむね達成されたが，「震災がなければ達成したであろう活動水準との開きは大きく，復興計画全体の目標を達成するための本格的取り組みはこれからが本番だ」とし，「高齢社会下の近代都市を直撃した未曾有の大災害からの復興，その前例のない目的を実現するためには，常に復興の目的と復興事業の意義を問い直しながら，現在進めている復興の過程やあり方自体が，新しい文化，いわば『復興文化』の創造であるとの認識をもち，果敢に創造的復興への道を歩んでいかなければならない」とした。→阪神・淡路大震災復興計画，復興，復興戦略

◎中林一樹

相対的剥奪 ［そうたいてきはくだつ］ relative deprivation 情報 ▷わりを食いたくない心理

相対密度 ［そうたいみつど］ relative density 地盤 砂質土の締まり具合を規定する指数で，最大間隙比 e_{max} と最小間隙比 e_{min} を求め，現在の間隙比 e として

$$D_r = 100 \times (e_{max} - e)/(e_{max} - e_{min}) \, (\%)$$

で定義される。相対密度は土のせん断強さや液状化抵抗と強い相関があり，D_r の大きい砂質土は密詰めで比較的強く，小さい場合は緩詰めで弱いと考えてよい。しかしながら，細粒分を多く含む土や礫質土への適用性，最大・最小間隙比の妥当性などの問題を含んでおり，絶対的な物性値ではなく，砂質土の締まり具合を表す一つの指標と考えるべきである。

◎三村 衛

想定地震 ［そうていじしん］ scenario earthquake 都市 地震 地震防災において，対象とすべき将来の地震についてその規模と位置に関するパラメータを予め特定の値に想定したもの。想定地震は，地域の地震防災計画，広域的なライフライン施設の地震対策，特定の重要構造物の耐震設計などにおける外力条件設定の方法として広く用いられる概念で，地震によって同時に発生する地震動の地域分布を知る必要がある広域的な防災課題や，重要構造物の耐震設計で強度，周期特性，継続時間などの地震動特性を詳細に検討する必要がある場合などに有効である。

◎亀田弘行

想定地震の諸元 ［そうていじしんのしょげん］ modeling of scenario earthquakes 被害想定 地震 地震被害想定に用いる想定地震の諸元としては，マグニチュード，震源の位置，震源断層の幾何学的形状などの断層パラメータが挙げられる。マグニチュードは地震エネルギーの大きさを表しており，M 8級の▶海溝型地震や M 7級の▶直下型地震などが，想定地震としてよく採用される。震源の位置や幾何学的形状は，過去に起こった地震の推定起震断層などにより決定されることが多いが，過去の活動履歴がよくわからない活断層については，どの範囲で設定するか難しい場合も多い。地震エネルギーを放出する震源域は，面的な広がりを持っているため，面震源としてモデル化するのが厳密であるが，線震源や点震源でモデル化している例も見られる。断層パラメータは，幾何学的形状を表すものとして断層面の幅と長さ，走向，傾斜角など，断層変位を表すものとしてずれの量や方向などがある。

◎山崎文雄

想定人口の設定 ［そうていじんこうのせってい］ estimation of population 被害想定 「人口」には様々な人口があるが，災害時の想定人口と最も関連があるのは夜間人口と昼間人口である。しかしこれらは滞留人口（実際にいる人口）ではないので，これを推定する必要がある。人口の推定には直接的な推定法と間接的な推定法がある。直接的推定法は区域の流動（出入）量を手動カウンターや自動センサーで測定するものであるが，これは対象区域が狭い場合に限られる。間接的な推定法では，国勢調査，交通機関利用者数調査，▶PT 調査，NHK 生活時間調査，建物床面積調査，事業所統計調査などの各種の資料をもとに推計する。大震火災時の想定人口を推定する時期としては最も被害が予想される冬期の夕食時とすることが多い。

◎辻 正矩

送電線 ［そうでんせん］ electric transmission line 都市 発電所から1次変電所までの基幹系統，1次変電所から配電用変電所までの2次系統がある。その電線路の種類には，架空送電線路，地中送電線路，特殊電線路（橋，高架道路などへの施設）がある。電圧区分からは，1000 kV，500 kV，275 kV，220 kV，187 kV，154 kV，110 kV，77 kV，66 kV の電線路がある。わが国における送電線の回線延長は約15万 km である。送電線の脅威となる自然災害としては台風が最大である。近年では，1991年台風19号や，1999年台風18号の際に，西日本において大型の送電鉄塔が倒壊する被害が出ている。これに対して1995年兵庫県南部地震を含め，これまで地震による送電鉄塔の倒壊はほとんどない。これは，鉄塔の設計において風荷重が地震荷重を上回っているためと解されている。なお，1999年台湾・集集地震では，倒壊を含めた鉄塔被害が大きく，停電の長期化の主な原因となった。

◎当麻純一

創発集団 ［そうはつしゅうだん］ emergent group 情報 発災前には存在せず，被災後の設立が計画されているわけでもなく，緊急時が過ぎれば解体してしまうこ

との多い一時的集団。組織的救援の不可能な最初期に，被災現場で生じる探索・救助集団や，情報の欠落や不適切な組織間調整のため至るところでタスクの重複や排除が生じた場合に，情報を収集したり諸活動を調整する集団などが一時的に発生する。既存システムによる対応の不備を補完する機能を持つといえる。
◎野田 隆

創発リーダー [そうはつリーダー] emergent leader
情報　災害時には，権限を持つ者の不在もしくは役割遂行不能，組織内における権限・正当性の曖昧化などの理由によって，権威構造が不明になる場合がある。この時自然発生的にリーダー役を担う人を指す。職業威信の高い人，平時から指導的立場にある人やネットワーカー的立場の人などが創発リーダーになりやすいといわれている。なお，創発集団のうち被災社会のリーダー役となる調整集団を創発リーダーと呼ぶこともある。
◎野田 隆

造波抵抗力 [ぞうはていこうりょく] wave-making resistant force　海岸　流体中を浮体が運動すると，周りの流体を動かし，波を発生させる。また一方，浮体は流体から反作用として流体力を受ける。この流体力が造波抵抗力である。造波抵抗力は，浮体運動の加速度に比例する力と速度に比例する力から成っている。加速度に比例する力はあたかも浮体の質量が増加したような▶慣性力として働き，加速度に対する比例係数を▶付加質量と呼んでいる。また，速度に比例する流体力は浮体の運動を減衰させるように作用する。造波抵抗力は，浮体の運動成分毎に，また運動周期によっても異なる値になる。共振現象で浮体の運動が大きくなると，浮体運動の2乗に比例する抵抗力が顕著になってくる。
◎高山知司

送風法 [そうふうほう] wind machine method　雪氷
気象　霜による作物の被害を防ぐ(防霜対策)方法で，地上5～10mに大型の扇風機(ウインドマシン)を設置し，上空の比較的気温の高い空気と地面付近の低温の空気を攪拌し，放射冷却で冷えた作物に熱を供給し作物体の温度降下を防ぐ。茶園などで広く普及しており，自動化が容易である。逆転層が形成され上空に暖かい空気が存在することが条件である。
◎卜蔵建治

総プロ式 [そうプロしき] Sopuro's formula　被害想定
火災・爆発　建設省(現国土交通省)の総合技術開発プロジェクト「都市防火対策手法の開発(都市防火総プロ，1977～1981年)」で開発された地震時出火率と住家全壊率との関係式。それまで提案されていた▶河角式や▶水野式は出火や建築物倒壊，全壊がなかったサンプル(市区町村)を除外して対数1次関数を推定していたため出火率が過大に推定されていた。そこで，住家全壊率を対数的に9段階に分割し，出火や住家全壊のなかったサンプルを含めた平均出火率と平均住家全壊率を用いて対数1次関数を以下のように推定している。

夏：$\log_{10} y = 0.728 \times \log_{10} x - 2.09$

冬：$\log_{10} y = 0.814 \times \log_{10} x - 2.82$

　　y：出火率(出火件数/世帯数)
　　x：住家全壊率(全壊世帯数/世帯数)

→神奈川式
◎熊谷良雄

層別平均法 [そうべつへいきんほう] layer-averaging method　河川　▶B-β法によって降雨レーダーを用いて降雨強度分布を推定する場合の，2つのパラメータBとβとを決定する一手法。同時観測された降水強度とレーダー反射因子との組み合わせに対して両者の対数をとって線形回帰を適用すると，頻度が多い弱い降雨強度の影響が大きくなり，強い降雨強度に対する推定精度が悪くなりがちである。そこで，降水強度あるいは反射強度のランク(層)毎に平均をとり，そのランク毎の降水強度と反射強度の組に対して両者の対数をとって線形回帰をあてはめる手法が層別平均法であり，強い降雨強度や，総雨量などへの適合度が一般によくなる。
◎沖 大幹

層理(面) [そうり(めん)] bedding / stratification (bedding plane)　地盤　地層の生成時の条件に対応して構成粒子あるいは化石や炭質物などの配列により生じた縞状の構造。その中で地層の生成時のほぼ水平な堆積面は層理面と呼ばれ，強度の小さい分離面であるが，溶岩流の単元の境界においても類似の構造が生じる。層理面はその後の地殻変動で傾いたり褶曲し，すべり面になることもあるので，構造的に重要である。
◎平野昌繁

層流 [そうりゅう] laminar flow　気象　▶レイノルズ数の極めて小さい流れでは，隣り合う層の流体粒子が混じり合わず，非常にきれいな流れとなる。このような流れを層流という。レイノルズ数がある限界値を超えると，隣り合う層の流体粒子が混合し，流れは乱れた状態を示す。このような状態を乱流という。自然風のほとんどは▶乱流状態にあり，風速は時々刻々変動するとともに，場所によっても大きく異なる。従って，自然風中にある▶構造物まわりの流れも，通常，層流ではなく乱流状態にある。→乱流
◎河井宏允

掃流 [そうりゅう] bed-load / bed-load transportation
地盤　水流の作用を受けて河床を構成する砂礫が滑動，転動あるいは小跳躍の状態で移動する現象であり，単位時間当たりの輸送量を掃流砂量という。水流の作用力すなわち掃流力(河床せん断力)が小さい間は砂礫は静止しているが，これが大きくなるに伴い掃流砂量は増加する。掃流砂量は，河床せん断力と砂礫粒子に働く重力で作られる無次元掃流力に依存する。なお，わが国の沖積河川の変動は，掃流砂量の不均衡によって引き起こされることが多く，河道計画にあたっては，流砂量が不均衡にならないように留意する必要がある。
◎江頭進治

層流火炎 [そうりゅうかえん] laminar flame
火災・爆発　火炎帯付近の流れが層流であり，物質や熱の輸送現象が分子拡散により行われているような火炎のこ

と。燃焼前の燃料と空気の混合方式により，層流予混合火炎と層流拡散火炎の2種類がある。層流拡散火炎での火炎高さ(長さ)は，バーナでの燃料の噴出速度に比例する。
→乱流火炎，火炎，拡散火炎　　　　　　　◎早坂洋史

掃流砂　[そうりゅうしゃ]　bed load　河川 地盤　流れの掃流力の作用によって，河床上を転動，滑動または河床付近を小跳躍しながら移動する砂礫のこと。掃流砂の移動限界を表す図表として Shields 曲線が著名である。河床材料が混合砂礫の場合は，大きな礫の遮蔽効果を考慮しなければならない。掃流砂量式として，揚力モデル，抗力モデル，サルテーションモデル，確率過程モデルなどが種々提案されている。　　　　　　　　　　　　　◎藤田正治

掃流状集合流動　[そうりゅうじょうしゅうごうりゅうどう]　immature debris flow　地盤　3～15°程度の勾配区間では，水流は微細粒子をほとんど含まない状況下で，勾配に応じて2～25%の高濃度で砂礫を運ぶことができる。しかし，その濃度は発達した土石流と掃流砂との中間で，砂礫は全水深にわたって分散することができず，砂礫と水が混合した層の上に水流の層が生じる。このような流れを掃流状集合流動という。砂礫混合層内の濃度はほぼ一定で，その層厚が全水深に占める割合は勾配が急である程大きい。　　　　　　　　　　　　　　　　◎高橋　保

掃流漂砂　[そうりゅうひょうさ]　bed load by waves　海岸　波や流れの作用を受け，海底付近で底面と頻繁に接触を繰り返しながら移動する土砂。底質の土砂は，作用力が増すに従って静止状態から，▶移動限界，掃流状態，浮遊状態，▶シートフロー状態と変化する。定常流に対する掃流砂量はシールズ数の関数として表され，ブラウン公式など多くの公式が提案されている。振動流に対しては適当な公式はなく，シートフロー状態に対する漂砂量公式が準用される。　　　　　　　　　　　◎真野　明

疎開児童生徒への対応　[そかいじどうせいとへのたいおう]　care for evacuated pupils and students　情報　疎開をしてきた児童生徒は，身近に生命を落とされた方がいたり，自らが危険に遭遇したりしている。この経験は，災害に対する恐怖心からのストレスとなり，吐き気や食欲低下などの身体症状や，イライラしたり，退行的な行動や攻撃的な行動をとるようになると指摘されている。まず受け入れ校の児童生徒に対し，災害の状況を説明し，疎開児童生徒への思いやりの心を持つよう，事前に指導することが望まれる。また，必要に応じて，疎開直後から臨床心理士などの専門職による相談体制を確立し，長期にわたって児童生徒の心のケアを図ることが大切である。◎長谷川純一

疎開人口の想定　[そかいじんこうのそうてい]　estimation of evacuated population　被害想定　避難所人口と同様の手順で建物構造別疎開率，建物被害別の疎開率を設定し，人口データ，被害データをもとに算定を行う。地域への定着性が高い程，高齢者程，地域活動が活発である程，近隣での協力体制に期待しがちなため，疎開率は下がる。こうした要因については地域係数を定めて補正する。
　　　　　　　　　　　　　　　　　　　　◎大西一嘉

即時沈下　[そくじちんか]　instant settlement　地盤　地表面に構造部を載せたり，載荷したりすると瞬時に発生する沈下があり，これを即時沈下と呼んでいる。沈下が経時的に継続しながら発生する沈下を圧密沈下と呼び区分している。地表面に構造物を瞬間的に構築することは困難なことから，建設中に現れて建設が終われば即時沈下も終わっている性質のものである。即時沈下に似たものに，水浸沈下がある。これは人工的な盛土造成地盤が雨水の浸透などにより粒子の再配列が起きて，沈下するもので直接基礎構造物を不等沈下させたりすることが知られている。
　　　　　　　　　　　　　　　　　　　　◎諏訪靖二

測地測量　[そくちそくりょう]　geodetic survey　地震　ある地点の座標値を準拠楕円体あるいは世界基準座標系に基づいて決定することを目的とした測量をいう。明治時代に始められた三角測量によって一等三角点の水平座標が決定され，高さは水面を基準とする水準測量によって独立に決定されて，わが国の近代的な地図の骨組みが確立された。その後，大地震に伴う地殻変動，徐々に進行する日本列島の変形などを把握するために三角測量(1970年代には光波測距儀による辺長測量〈光波測量〉に変わった)，光波測量および水準測量が多大の労力と時間を使って行われてきた。1990年代に入り，GPSの高精度化によって測地測量は地上測量から GPS による連続測位に移行することとなった。現在では国土地理院が全国に1000点を超える「電子基準点」を設置してそれらの位置を連続的に決定している。これにより，電子基準点の時々刻々の変動が観測され，地殻変動が明らかにされてきており，大地震発生の長期予測に役立つものと期待されている。2002年4月から，わが国の経緯度の基準は GPS 測位などに基づく世界測地系に従うことになった。これにより，測量地点の座標は明治時代に定義された日本測地系から，遥かに精度の高い世界測地系によって与えられることになった。→ GPS
　　　　　　　　　　　　　　　　　　　　◎田中寅夫

速度圧　[そくどあつ]　velocity pressure　気象　流体塊の単位体積当たりの運動エネルギーであり，流速の2乗と流体密度の積の1/2で表される。ベルヌーイの定理でいう動圧に相当する。風圧係数や風力係数は，▶風圧力や風力を，▶構造物の影響のない十分に離れた位置での平均風速による速度圧で除して，無次元化したものである。構造物の▶風荷重の算定においては，設計風速による速度圧が最も重要な量の一つであり，圧力と同じ次元を持つ。
　　　　　　　　　　　　　　　　　　　　◎田村幸雄

側噴火　[そくふんか]　lateral eruption　火山　山腹噴火ともいう。火山体中心(通常は山頂)の火口ではなく，山腹や山麓で生じる噴火をいう。三宅島など▶玄武岩質溶

岩を流出する火山でよく見られる割れ目噴火も側噴火に含まれる。安山岩質やデイサイト質火山でも発生する。有珠山東山麓に昭和新山が出現した1943年の噴火，山頂を挟む両方の山腹から溶岩を流出した桜島の1779年や1914年の噴火がその例である。なお，宝永山を生成した1707年の富士山噴火も側噴火である。　　　◎石原和弘

遡上　[そじょう]　run up　海岸　来襲波浪や津波が重力あるいは流れに抗して遡上する現象であり，防波堤などの構造物との衝突による海水の打ち上げ，海浜の這い上がりからさらに陸上への侵入，河口から上流への伝播などがある。波の衝突面が直立壁の場合，波高が小さい入射波では重複波が形成されるだけであるが，波高が大きくなって砕波するようになると衝突によって衝撃圧が発生し，入射波高の2倍を超える鉛直上向きの打ち上げが生じることになる。衝突面が斜面となって傾きが増すと，砕波をしても衝撃圧は発生せず，波のエネルギーは流れに転化し，斜面を這い上がることになる。こうした打ち上げ高や這い上がり高は海岸護岸の法線や天端高などを決定する上で重要な要素となるため，多くの実験式が提案されているが，最近では数値計算によって検討されるようになってきている。河口から上流への遡上は，流れが常流である場合に生じ，逆流中での波動伝播問題として扱うことができる。
　　　◎安田孝志

塑性　[そせい]　plasticity　地震　物体に力を加えた時その形は変化するが，力を取り除いた後原形に戻る性質を弾性，原形に戻らない場合を塑性という。また原形に戻らない時の永久変形を塑性変形と称する。金属材料の場合，塑性変形は主として金属結晶間のすべりによって生じる。塑性変形は，地震によって構造物に投入されるエネルギーの消費源となるので，構造物の耐震安全性を支配する重要な性質である。→弾性　　　◎中島正愛

塑性図　[そせいず]　plasticity chart　地盤　土の液性限界を横軸に，塑性指数を縦軸にとった図である。図中にA線など土の圧縮性，透水性，硬さ，乾燥強さなどを反映したいくつかの特性線が引かれており，プロットされた位置により細粒土を分類することができる。最初はアメリカで用いられたが，わが国でも地盤工学会によって右図に示すような塑性図が提案されている。　　　◎北村良介

■ 塑性図

A線：$I_P = 0.73(w_L - 20)$
$I_P = w_L - 50$
$I_P = 20$
(CH), (CL), (C'H), (ML), (MH)
B線
縦軸：塑性指数 I_P
横軸：液性限界 w_L (%)

塑性変形　[そせいへんけい]　plastic deformation　地盤　地盤に外力を加えた後，それを取り除いても残留する変形をいう。盛土や構造物などの外力作用による軟弱地盤の沈下は，即時沈下と長期沈下に分類されるが，両沈下とも弾性沈下と塑性沈下(変形)が含まれる。局所載荷によって生じたせん断変形により軟弱地盤が一旦塑性化すると，以降の圧密過程で予期しない大きな残留沈下と水平変位が生じることもあるので注意しなければならない。また一次元圧密においても，圧密降伏応力を超えた外力を作用させると塑性変形としての大きな沈下が生じる。一次圧密の終わり頃から認められる長期的な二次圧密は，やはり残留沈下であり，この意味で塑性変形である。◎八嶋厚

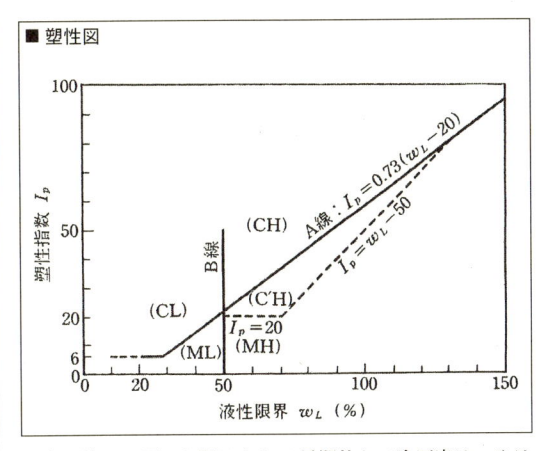

粗朶伏工　[そだぶせこう]　wicker work　地盤　荒廃斜面緑化工の一種である。斜面に林木の枝葉部分を列状に伏せ，木杭で押さえる。表面侵食の防備と植物の自然侵入を目途とする。緩勾配斜面ではそのまま実施するが，急勾配斜面では木柵により階段工を付属し，その区間斜面に実施する。木柵はマツ，スギなどの油性の多い植物を利用し，高低差は1～2m以下とする。これらはやがて腐植していくが，その段階では林木によって被覆され安定した斜面に移行したとの前提を持つ。従って，木柵高はあまり高くしない。最近，間伐材利用として木柵工法も大いに推奨されている。　　　◎山口伊佐夫

措置命令　[そちめいれい]　improvement order　行政　→立入検査・措置命令

側刻　[そっこく]　lateral erosion　地盤　河川　河川の侵食過程のうち，河岸を側方に侵食して河床幅を拡大する過程であり，側方侵食，渓岸侵食ともいう。河床を低下させる下刻または下方侵食の対語である。若い谷では下刻が卓越し欠床谷を生じるが，河床縦断形が平衡状態に近づくと，下刻より側刻が卓越して床谷を生じ，さらに谷底侵食低地を形成する。ただし，生育蛇行では下刻と側刻が共に進行する。側刻は蛇行の攻撃部で著しく，滑走部では起こらない。側刻速度は河川の掃流力と河岸構成岩石の抵抗力の比に制約される。　　　◎鈴木隆介

粗度区分　[そどくぶん]　terrain categories　気象　大気境界層は地表面の粗度の大きさや密度によって気流特性が変化する。構造物が受ける風力は気流特性によって変化するので，構造物の耐風設計においては，その構造物が建設される地域の気流特性を設定する必要があることから，地表面の粗度によって地域を便宜上4～5のカテゴリーに分類する。そのカテゴリーを粗度区分といい，各カテゴリーでは，境界層高さ，平均風速の勾配，乱れ強さの高さ方向分布，平均風速の分布を一様とする地表面近くの高さなどが耐風設計基準によって定められている。

◎西村宏昭

粗度係数 ［そどけいすう］ roughness coefficient
[河川][気象][地盤] 河川や水路の路床や壁面が流れに及ぼす抵抗を係数として定量的に表したもので，現在ではマニング公式の係数を指すことがほとんどである。マニング公式の根拠は粗面上の流速分布を表す対数則に求められ，水深が増加しても粗度係数がほとんど変化しないことが示される。マニングの粗度係数は(時間)・(長さの−1/3乗)の次元を有する量であり，m—s(メートル—秒)単位系で表すことに統一されている。人工水路では0.01—0.03，河川では0.025—0.08程度の値となる。　◎細田 尚

外浜 ［そとはま］ inshore / nearshore [海岸] 沖浜の陸側端から平均干潮汀線までの領域を外浜と呼ぶ。この領域では波や流れによって砂礫の移動が顕著であり，沿岸砂州や段が形成される。また，底面近傍では水粒子速度が増大し▶砂れんは消滅し，底質は▶シートフロー状態になる。砕波が卓越する場所では砕波による乱れ強度が増大し，多量の砂粒子が浮遊した状態にある。この浮遊砂粒子は沿岸流によって汀線に沿って輸送されたり，▶離岸流によって沖側に輸送される。　◎伊福 誠

粗氷 ［そひょう］ hard rime [雪氷] 樹氷や雨氷と同様に過冷却水滴が物体に付着して凍り付く着氷。発生条件は−3〜−9℃で，また性質も両者の中間に位置する。細かい気泡を多く含む乳白色の氷体で，比較的硬く，付着力も大きい。　◎佐藤篤司

ソリフラクション solifluction [地盤] 寒冷地域の斜面表層部で生じる凍結・融解に伴う緩速度のマスムーブメント。凍上性の高い細粒土で発生しやすい。斜面に垂直方向に起こる凍上とその後の鉛直方向への沈下の繰り返しで生ずる土粒子の移動(フロストクリープ)と，凍土の融解時に起こる飽和土の流動(ジェリフラクション)を合わせて指すことが多い。ソリフラクションによる1年当たりの土の移動速度は一般に0.5〜5 cm程度であるが，凍結・融解繰り返し頻度の高い中・低緯度高山地域の急斜面では1 mに達する場合がある。ソリフラクションによって深度約50 cmまでの土が移動し，ソリフラクションロウブやソリフラクションシートなどの寒冷地域に特有な地形が発達する。　◎松岡憲知

損失期待値 ［そんしつきたいち］ expected losses
[海外] 自然現象が原因となり，自然的，人工的なものに対して災害などの影響を及ぼすことによって，直接的に物が壊れる被害，また，間接的に営業活動を始めとする社会的な行動に支障をきたすなどの影響を含めた損失が生じる。損失としては，被害を原型に復旧するのに必要な費用(額)として算定するケースと，さらに間接的な経済的，心理的な被害までを含める場合とがある。対策を検討する場合，将来のある一定期間にどれだけ自然災害現象が発生し，それによってどれほどの被害が生じて損失はどれほどが想定されるかを考えておくことが大切である。このために，将来のある一定の期間内でどれだけの損失額(費用)を想定するべきかが「損失期待値」である。　◎R.K.Shaw

タ行

タ

第一次地盤分類 [だいいちじじばんぶんるい] primary classification of ground 〔被害想定〕 多くの地方自治体では，将来発生が予想される特定の地震に対して被害想定調査を行い，地震防災対策に資する試みが行われている。ここで最も重要な情報は，震源モデルの想定，地盤資料の収集整理とモデル化，現存する建物・施設や人口の分布状況などである。このようなデータを可能な限り詳細に分割したメッシュ毎に収集・整理した上で，地震時の地盤増幅特性や液状化の危険度などを評価するための地盤モデルをメッシュ毎に構築する必要がある。ボーリング資料やその他の地盤資料を総合し，メッシュを代表する基盤層より浅い地盤モデルを作成することを，第一次地盤分類と称している。メッシュ数が膨大となるため，作業の省力化のために類似の地盤モデルを統合することを第二次地盤分類と称している。なお，地震工学的地盤分類は第一次地盤分類とほぼ同義である（例えば，横浜市総務局災害対策室・地震予知総合研究振興会：横浜市における直下地震被害想定調査，1990年3月）。 ◎瀬尾和大

ダイオキシン対策 [ダイオキシンたいさく] dioxin control 〔河川〕 焼却過程などで非意図的に生成するポリ塩化ジベンゾ-パラ-ジオキシンとポリ塩化ジベンゾフランは，極めて低濃度で発癌，奇形，生殖障害などを起こす強い毒性物質である。これらと構造が類似のコプラナーポリ塩化ビフェニール（コプラナー PCB）も含めて，ダイオキシン類と呼ばれる。国は，許容1日摂取量や大気，水，土壌の環境基準の制定，排出基準によるダイオキシン類の排出削減対策などの推進，健康および環境への影響の実態把握，廃棄物処理およびリサイクル対策の推進などを柱とするダイオキシン類対策特別措置法を1999年7月に制定した。 ◎田中宏明

大火 [たいか] great fire / big fire / conflagration 〔火災・爆発〕 消防白書では消失面積が3万3000m²以上の火災を大火としている。また江戸期においては出火点から焼け止まり点までの距離が15町(1.635km)以上の火災が大火に分類されている。しかし，大火についての明確な定義はなく，消火能力を上回って広範囲に燃えた火災を一般に大火と称している。大火の発生は，乾燥，強風などの気象条件や地勢に由来するフェーン現象に大きく依存している。大震災に伴う大火は，同時に多発する火災によるもので，個々の火災が合流して大火に至っている。大火に伴う現象には火災旋風があり，急速な熱エネルギーの移動によって延焼の拡大と重大な人的被害をもたらしている。大火は，建物の集中，すなわち都市の誕生とともに歴史に刻まれてきた。大火の教訓は，建物の不燃化，道路幅員の拡張などの都市計画，建築および消防関係法規などの整備に活かされ，また消防組織制度や火災保険制度が誕生する契機にもなっている。 ◎高橋太

耐火建築帯 [たいかけんちくたい] fire break buildings 〔火災・爆発〕〔復旧〕 都市防火区画の延焼遮断帯を構成する耐火建築物群。▶延焼遮断帯は，幹線道路，河川，鉄道などの骨格的延焼遮断路線と，耐火建築帯，空き地，緑地などの延焼遮断ゾーンによって構成される。また，▶広域避難計画における避難施設周辺の耐火建築帯は，火災から避難者の生命・身体の安全を確保するための機能も有する。耐火建築帯を計画的に整備する手法としては，都市防災不燃化促進事業（補助事業，融資制度）などがある。→都市防火区画計画 ◎山田剛司

耐火建築物 [たいかけんちくぶつ] fire resistant building 〔火災・爆発〕 耐火建築物は，建築基準法第2条の9の2により，主要構造部が，①耐火構造であること，②屋内において発生が予測される火災および建築物の周囲において発生する通常の火災による火熱に，火災が終了するまで耐えることが，施行令第108条の3および告示第1433号に規定する技術的基準により確かめられた建築物をいう。建築基準法の性能規定化により，①の仕様規定によらずとも，②でその耐火性能が確認された建築物は，耐火建築物と同等に取り扱われることとなった。→高温時耐力 ◎作本好文

耐火構造 [たいかこうぞう] fire resistant structure 〔火災・爆発〕 耐火構造は，建築基準法第2条の7により，壁，柱，床，梁，屋根，階段が，施行令第107条で定める技術的基準，すなわち，通常の火災による火熱が同条で規定する時間（要求耐火時間）が加えられた場合に，構造耐力上支障のある変形，溶融，破壊その他の損傷を生じないものであって，①国土交通大臣が定めた構造方法を用いるもの（告示第1399号「耐火構造の構造方法を定める件」），②国土交通大臣の認定を受けたもの，をいう。国土交通大臣の認定は，建築基準法第77条の56に規定する「指定性能評価機関」において耐火性能試験を実施し，建築基準法第68条の2に規定する「構造方法等の認定」となる。 ◎作本好文

耐火時間 [たいかじかん] fire resistance time 〔火災・爆発〕 耐火建築物の耐火時間は，建築基準法により

次のように規定されている。①主要構造部を耐火構造とした建築物においては，施行令第107条に規定する時間(要求耐火時間)とする。②施行令第108条の3に規定する技術的基準(耐火性能検証法)に基づいて，屋内において発生が予測される火災の継続時間を算定する場合は，建築物の室毎に次の式により計算する。

$$t_f = Q_r / 60 q_b$$

この式において，t_f，Q_r および q_b は，それぞれ，各室における次の数値を表すものである。t_f：火災の継続時間(分)，Q_r：可燃物の発熱量(メガジュール)，q_b：可燃物の1秒当たりの発熱量(メガワット)。

②の耐火性能検証法を用いることで，耐火時間を，階数による規定によらず，各室の設計条件(用途，内装用建築材料の種類，室および開口部の面積など)から計算することができる。なお，建築物の周囲において発生する通常の火災の継続時間は1時間(延焼の恐れのある部分以外の部分においては30分間)としている。　　　　　　　　◎作本好文

耐火性能試験 [たいかせいのうしけん] fire resistance test 〔火災・爆発〕　建築部材などが火災に耐える性能を耐火炉を用いて調べる試験方法で，耐火試験とも言う。耐火性能試験は，指定性能評価機関において性能評価書(防耐火性能試験・評価業務方法書)に基づいて実施される。1998年の基準法改正に伴い，耐火性能試験においては，①柱，梁の耐火性能試験に載荷加熱試験が導入されたこと，②構造上主要な構成材料が不燃および準不燃材料以外の材料である壁および床(可燃物を含む)が性能評価の対象とされたことが特記される。→遮煙　　　　　　　　◎作本好文

大渇水年 [だいかっすいねん] largest drought year 〔都市〕〔河川〕　1978年，西日本とりわけ福岡市においては287日もの給水制限，8160不足％・日を記録し，昭和における全国規模での大渇水年であった。1994年は春先から異常高温・少雨に見舞われ，関東以西のほとんどの地域で，しかも九州の一部や近畿の一部では越年するといった厳しい渇水状況が続き，平成の列島大渇水とも呼ばれている。水道の断減水の影響を受けた人口は約1600万人で，これは1978年の約1100万人を凌いでいる。この渇水は今日，計画上の既往最大渇水年となっている。　　　◎池淵周一

大気汚染 [たいきおせん] air pollution 〔気象〕　化石燃料の燃焼による煤煙，硫黄酸化物，窒素酸化物など健康に直接影響を与える物質が産業革命以後の大気汚染の主役であった。これらの物質は規制が進み，その影響は軽減されつつある。近年ではこれらに代わり，オゾン層破壊をもたらすフロンなどのハロゲン化合物や，地球温暖化の原因となる温室効果ガス(二酸化炭素，メタンなど)が大気汚染物質として注目されている。大地震時などに副次的に発生する大気汚染(ガスタンクからのガス漏れや化学プラントからの有毒物質の漏洩)なども複合災害として今後考慮されるべきである。　　　　　　　　◎石川裕彦

大気拡散 [たいきかくさん] atmospheric diffusion 〔気象〕　大気乱流により，大気中の水蒸気や汚染物質などの分布が拡がっていくことをいう。上下方向の拡散(鉛直拡散)と横方向の拡散(水平拡散)に分けて考える場合が多い。一般的に大気境界層内では拡散が強く，それより上空では拡散は弱い。夏の日中など対流の盛んな時や強風時に特に大気拡散は強い。大気拡散が強いと大気汚染物質は広い範囲に拡がるが最大濃度は低くなる。逆に拡散が弱い場合には，限られた地域に高濃度が出現する。→拡散
　　　　　　　　◎石川裕彦

大気境界層 [たいききょうかいそう] atmospheric boundary layer / planetary boundary layer 〔気象〕　太陽からもたらされる熱は一旦地表面で吸収され，これが大気を下から加熱する。下から暖められた大気中には対流が生じ，次第に上層へと熱が輸送される。夜間には，地表面は冷やされ，大気も下層から冷却される。また，地表面の凸凹は大気の流れに摩擦として働き風速を弱める作用がある。このような地表面の作用が直接及ぶ大気の下層部分を大気境界層という。境界層の厚さは，定義にもよるが，日中で概ね地上から1～2 kmの範囲，夜間では100～数百 m である。大気境界層は，人間の生活と密接に関連しており，特に強風災害を考える上で，境界層内の乱流は重要である。→拡散　　　　　　　◎石川裕彦

大気大循環 [たいきだいじゅんかん] atmospheric general circulation 〔気象〕　地球規模で見た場合の全地球的な大気の運動。他の惑星の大気運動についていうこともある。海洋大循環とともに全地球的なエネルギーや物質の循環を担い，気候システムの根幹をなし，気候の変化・変動を支配している。この大規模な循環の概略は，太陽からの放射(短波放射)と地球・大気系から宇宙空間へ出ていく長波放射の熱エネルギー収支によって駆動されている。すなわち，地球が自転している球形であることから，熱エネルギーの収支が低緯度で正，高緯度側で負という緯度方向の熱的な不均衡状態にあり，東西方向にほぼ一様な大規模大気運動(風)の場が生じている。また，大気は地表面の状態に大きな影響を受け，大規模な海陸分布・山岳の凹凸などの非一様な熱的・力学的強制による大気運動が加わり，さらに大規模大気運動の不安定性から二次的運動(総観規模の擾乱)が生まれる。こうして生じる擾乱間の非線形相互作用の下で大気大循環が維持されている。
　　　　　　　　◎岩嶋樹也

大規模地震対策特別措置法 [だいきぼじしんたいさくとくべつそちほう] Large-Scale Earthquake Countermeasures Act 〔行政〕〔地震〕　大規模な地震に係る地震予知情報が出された場合の防災対策の整備強化について定められている法律。大震法は略称。1976年秋の地震学会において「駿河湾地域に大規模な地震が発生する恐れがある」との発表や1978年1月に発生した伊豆大島近海地震を期に，1978年6月に成立した。この法律は，大規模な地震の発

生が予知された場合に，予め定められた地震防災計画に基づき，一斉に官民が協力して地震災害を防止または軽減するための地震防災応急対策を講ずることにより，大規模な地震による災害から国民の生命，身体および財産を保護し，公共の福祉に寄与しようとするもので，科学技術の進歩の成果を直接防災に結合させようとする世界に先がけた画期的な法律であり，事前措置として，①地震防災対策強化地域の指定，②地震防災計画の作成，③地震防災訓練の実施を，異常現象発見後は，①警戒宣言の発令，②地震災害警戒本部の設置，③地震防災応急対策の実施を柱としている。なお，現在，事前措置としての地震防災対策強化地域には，駿河トラフ沿いに大規模な地震が発生する可能性が高いと考えられている，いわゆる，「東海地震」に関係する静岡県の全域を含む6県167市町村が指定されている。 ◎井野盛夫，内閣府

第三紀層地すべり ［だいさんきそうじすべり］ landslide in tertiary strata 地盤 小出博(1955)による地質条件に基づく地すべり分類の一つ。第三紀層の泥岩，砂岩，凝灰岩などの分布地域で発生し，日本の地すべりの約70％を占める。新潟，長野に集中し，北陸，東北，山陰，九州の日本海側に分布する。第三紀層は生成年代が新しく，土層の固結度が低く，岩質が軟らかいため，風化の進行による強度低下を生じ，地すべりが発生しやすい。 ◎丸井英明

堆砂 ［たいしゃ］ deposited sediment 地盤 河川 渓床，扇状地，砂防ダムなどに土砂が堆積することをいう。貯水池での土砂の堆積についても用いる。河床(渓床)勾配の減少，川幅の増加，流量の減少などに応じて，土砂の輸送能力が減少し，流入土砂と流出土砂の差だけ堆積する。定期的な測量によって期間内の堆砂量を測定しているものもある。 ◎水山高久

耐震改修 ［たいしんかいしゅう］ seismic retrofit / rehabilitation 復旧 地震 構造物の耐震性能の改善や向上のために施される補修，補強，復旧の総称。補修とは地震などによって低下した性能を損傷前の性能まで回復させることであり，復旧とは損傷した構造物に補修・補強を施して再使用を可能とすることである。耐震改修には，構造体本体の性能向上だけでなく，外壁や間仕切り壁等の非構造部材や設備機器などの耐震性能を，向上させることも含まれる。現在の耐震規定に対する既存不適格建物に被害が多かったとして，兵庫県南部地震(1995年)を機に公布された「建築物の耐震改修の促進に関する法律」(1995年12月施行)が有名である。→耐震補強 ◎北山和宏

耐震壁 ［たいしんかべ］ structural wall 地震 建物内で主要な構造部材として構造設計された鉄筋コンクリート造あるいは鋼板の壁。建物各階の同じ位置に配置される壁を連層耐震壁とすることが多い。建物に作用する地震力は水平力に対する剛性およびせん断耐力が大きい耐震壁に作用する。日本では，通常，柱と柱の間に挟まれた壁を耐震壁とすることが多く，鉛直荷重あるいは壁の曲げ応力は耐震壁周辺に配される側柱が抵抗する。耐震壁が多く配置された建物では地震被害が小さいことが知られている。 ◎小谷俊介

耐震規定 ［たいしんきてい］ seismic provisions 復旧 地震 構造物の設計や製造・建設の際に，地震動に対する抵抗性能を必要水準まで到達させるために，要求される諸事項のこと。一般には国が定める建築基準法や施行令の他に，日本建築学会やアメリカコンクリート工学協会など多くの機関から出版されている基規準類のうち，耐震構造に関する部分を指す。耐震規定には，実現すべき耐震性能の定義，構造物に作用する地震力の定め方，構造解析の方法，構造物や構成部材に要求される性能を発揮するための設計の詳細，各種強度の求め方など，広範な内容が含まれる。また，研究によって科学的に明らかにされた事項と，今までの経験から得た工学的判断との両者から構成される。日本では十勝沖地震(1968)を教訓として1971年に，さらに宮城県沖地震(1978)を教訓に1981年に，それぞれ改定されている。→新耐震設計法，耐震診断 ◎北山和宏

耐震計画 ［たいしんけいかく］ seismic planning 地震 構造物を含むより広範囲な系の地震に対する総合的対策を立案すること。個々の構造物に対しては耐震設計によって地震時の安全性や機能保持が検討されるが，人間の避難，火災対策，水道・ガス・電気・交通などのライフラインの検討を含む。関連するハードウェアに対してはそれぞれの耐震性能の適切な目標設定が重要である。要求される機能とそれを満足する性能のグレードは経済性も考慮の上で総合的な判断が必要とされる。また，地震の激しさは，地震動の揺れの大きさ，継続時間，地理的範囲によって異なる。単一の地震の想定でなく，規模も含めた多様な条件に対する検討が必要である。耐震設計において設計用地震動が画一的に決められるのでなく，性能要求や地震発生確率を反映した評価に基づくのと同様である。また，災害軽減の対策としては時間的な要素も考慮に入れることが重要であるとされるようになり，例えば地震前，地震時，震災後の状況に応じて，人間の生活環境を確保できるソフトウェアの対応策が欠かせない。情報伝達システムや危機管理計画も構造物の挙動と合わせて多様なシナリオの上で考慮されるべきであろう。 ◎神田 順

対震自動消火装置 ［たいしんじどうしょうかそうち］ anti-seismic automatically put-off device 被害想定 石油ストーブなどの燃焼器具に取り付けられ，一定の加速度等を感知すると自動的に消火させる器具。1968年5月に発生した十勝沖地震では，強震動に見舞われた青森県十和田市などで，活性状態(使用されていた)の石油ストーブの1.32％(9件)から出火した。この出火率を当時の東京区部にあてはめると，約6600件(使用率15.8％の場合)の出火と推定された。当時，東京都では，区部の地震時出

火件数を732件と想定していたため，早急な石油ストーブからの出火防止対策の実施が必要となった。そこで，本装置が開発され，現在，火災予防条例に基づいて，ほとんどの市町村で石油ストーブなどへの対震時自動消火装置取り付けが義務化され，ほぼ100％普及している。自動消火の機構によっても異なるが，埃などによって適切に作動しないことがあり，定期的な掃除・点検が必要。　◎熊谷良雄

耐震診断［たいしんしんだん］seismic evaluation　地震　復旧　既存構造物が現在の耐震基準に照らし合わせて十分な耐震性能を有しているかどうかをチェックする行為の総称である。構造物の寿命が数十年にわたることを考えると，わが国は第二次世界大戦後の復興期から高度経済成長期に建設された膨大な量にのぼる構造物ストックを抱えている。これらの構造物は，建設当時の経済，技術によって建設されたものであるから，現在の社会が構造物に要求する耐震性能を満たしていない場合が少なくなく，さらに経年劣化も見逃せない。これら古い構造物がもつ耐震性能を再チェックし，その結果耐震性能において不十分であると判定された構造物を，既存不適格構造物と呼ぶ。既存不適格構造物に対しては，それを十分な耐震性能をもつように補強する必要があり，この行為を▶耐震改修と総称する。→耐震規定，耐震補強，　◎中島正愛

耐震設計［たいしんせっけい］earthquake-resistant design　地震　構造物，機器などを地震に対して安全であるように設計すること。中地震に対しては無被害にとどまり機能が保持される，大地震に対してはある程度の損傷は許容するが倒壊などによる人身被害は防ぐ，という原則が一般に認められている。中地震に対しては弾性範囲を考えて許容応力度設計法が用いられ，大地震に対しては構造物の靱性，弾塑性地震応答の性質を考慮した極限設計法，保有耐力設計法が一般に用いられる。構造物の耐震設計では作用地震力を等価な静的水平地震力に置き換える静的設計法(静的震度法)が通常用いられる。設計用地震力は構造物の周期を考えた設計用スペクトルのかたちで与えられ，地域特性，地盤特性，高次振動の影響，弾塑性応答特性などのための係数が考慮される。また，超高層建物などの特別な構造物に対しては，構造物の振動系モデルの設計用入力地震波に対する地震応答解析により，耐震性の検討を行う動的設計法が用いられる。　◎柴田明徳

耐震継手［たいしんつぎて］earthquake-resistant joint　都市　地震　地震の外力による変形に伴い地中の埋設された管路は変形する。特に，地質の急変地点や剛性の異なる連結部では大きな相対変位が生じる。このため，こうした場所には地震による変位を吸収する伸縮可撓性の性質をもつ耐震継手を設けることになる。水道施設耐震工法指針(1997年)では，地震によって想定される伸縮量や曲げ角度に対応するよう耐震計算を実施して安全性を評価するとしている。　◎田中成尚

大震法［だいしんほう］Large-Scale Earthquake Countermeasures Act　行政　地震　▶大規模地震対策特別措置法

耐震補強［たいしんほきょう］seismic retrofit　地震　復旧　既存の構造物の耐震性能を高めるために行う対策の総称。耐震性診断などにより構造物が十分な耐震性を有していないと判断された場合や，耐震設計基準の変更などに伴い，構造物の耐震性を高める必要が生じた時に，既存の構造物に対して施される。RC(鉄筋コンクリート)柱の断面の拡張，壁の増設やブレースの設置などにより，高い剛性を確保するという従来の考え方に基づく工法も広く採用されている。しかし，これらの方法で確保できる剛性には限界があり，非常に大きい地震動に対して十分な耐震性を実現することは難しい場合もある。また，例えば上部構の剛性を高めることは基礎などへの負担の増加が伴うため，既存の基礎の耐震性能に余裕がない場合などには必ずしも耐震性能の向上につながらない。そのため，ある程度の損傷は認めつつ構造物の崩壊は防ぐという，▶靱性を確保する構造を実現するための補強も重要性を増している。例えば，RC柱構造物の場合，鋼板巻立て工法や，炭素繊維シートなどを用いた新しい補強技術も用いられるようになってきている。広義には免震化も含めて，阪神・淡路大震災以後に新しい補強技術が開発されている。→耐震改修，耐震診断　◎本田利器，北山和宏

帯水層［たいすいそう］aquifer　地盤　水によって飽和された地層のうち，透水性のよい地層部分をいう。透水性のよい地層は一般に間隙に富むので水の貯留性にも優れている。平地部地下の堆積層は一般に透水層，難透水層，不透水層などの互層からなり，帯水層はその中で井戸による水の採取が持続して行えるような，ある程度の空間的な広がりをもった透水層に対して使われる。岩盤中においても，亀裂や節理が発達していて水の通路として機能している場合，その透水性のよい部分に対して使われることがある。帯水層は，土壌を介して大気に通じた地下水面(water table)をもつ不圧帯水層(unconfined aquifer)と，その下にあって不透水性の地層によって不圧帯水層と水理的に遮断され，不圧帯水層の水位と関係しない高い水頭(水位)をもった地下水を満たす被圧帯水層(confined aquifer)とに分けられる。帯水層はその透水性のよさから水圧の伝播特性に優れており，特に被圧帯水層ではその弾性的特性も加わって不圧帯水層よりも水圧変動の伝播が速くかつ減衰も小さい。　◎北岡豪一

対数正規分布［たいすうせいきぶんぷ］logarithmic normal distribution　共通　対数をとった変数が正規分布に従う時，対数をとらない元の変数が従う分布。すなわち変数 x の対数 $y=\log x$ が正規分布に従う時，x は対数正規分布に従うという。一般には，2母数対数正規分布と3母数対数正規分布がある。これらは大きい方に長い尾を

引く分布である。年最大日降水量や年最大流量などのような水文量は右にひずんでいるため、一般にこの分布に従うと見なして確率水文量やリターンピリオドを計算することが多い。 ◎寒川典昭

対数（法）則【風速】[たいすう(ほう)そく] logarithmic law 気象 海岸 平均風速の鉛直方向の分布形状を近似する方法の一つで、地上高さz(m)における平均風速$U(z)$(m/s)を、$U(z) = \frac{u^*}{k}\log\left(\frac{z-d}{z_0}\right)$と表す。ここで、$k$はカルマン定数で0.4とすることが多い。また、$u^*$(m/s)は摩擦速度、$z_0$(m)は粗度長、$d$(m)は零面変位と呼ばれ、地表面の粗度形状によって変化し、$U(z)$の観測値から決定される。一般の市街地においてz_0およびdは、それぞれ平均建物高さの5〜25％および0〜60％の値をとる。なお、通常は$d=0$とすることが多い。→設計風速 ◎丸山 敬

堆積[たいせき] sedimentation 地盤 地球表面付近で固形物質が積み重なるプロセス、すなわち堆積物が形成されるプロセスである。堆積物の多くは、侵食によって生産された物質から成り、供給源から離れた場所で有機物あるいは無機物として堆積する。一部には火山砕屑物あるいは深海底で堆積する物質もある。堆積物の特徴は、例えば流水・氷河・波浪・風・マスウェステイングなどの侵食・運搬プロセスの種類と規模、粒度組成・密度など移動・運搬される物質の性質、堆積環境などを反映する。従って、同じ種類の移動プロセスであっても、その規模、物質の性質、堆積環境によって堆積物の構造は、水平・垂直方向で変化することがある。一方、同じような特徴を持つ堆積物が同一の運搬・堆積プロセスによって形成されるとは限らないことがある。→岩屑 ◎石井孝行

堆積海岸[たいせきかいがん] depositional coast 海岸 土砂が堆積して汀線が経年的に前進している海岸。周辺の土砂は波や流れにより移動しており、土砂供給量が除去量を上回るとき汀線は前進する。河川が沿岸漂砂量を上回る大量の土砂を供給している場所では、河口周辺の海岸は前進し、海側に飛び出した地形を形作る。また、海岸構造物などにより沿岸漂砂が止められたところの上流側は堆積が進み、汀線の前進が上流に向かって広がる。 ◎真野 明

体積ひずみ計[たいせきひずみけい] volume strainmeter 地震 岩盤内部の体積ひずみ(dV/V)を測定する装置。密閉された容器にシリコンオイルを封入して岩盤中にコンクリート埋設し、周囲の岩盤の体積ひずみ変化を容器内のオイルの液面の昇降変化として測定する。10^{-9}程度以上の体積ひずみ変化を検出できるが、ひずみの方向成分の分離はできない。気象庁では関東・東海地方でいわゆる「東海地震」のための常時監視用としても用いられ、「地震防災対策強化地域判定会」召集の判断資料の一つとされている。 ◎渡辺邦彦

タイセット【信頼性解析】 tie set 都市 グラフ理論でいうループを構成するパスセット(path set)のこと。しかし、文献によっては経路を表すパスセットと同じ概念で用いられている場合があり、ライフライン地震工学の観点からは後者として扱ったほうが望ましい。このパスセットは、グラフあるいはネットワークにおいて、任意のノード間が連結されるための必要にして十分なリンクの集合のことである。信頼性解析で連結信頼度を計算する際に用いられる概念である。信頼性解析では、システムの規模が拡大すると、計算量やメモリ量は2の累乗で指数的に増加するという問題がある。事象空間法(総当たり法)では、計算量がシステムの構成要素数に規定されてしまうので、システム信頼度の計算可能性には限界がある。信頼度関数をパスセット表現すると計算量を減少させることが可能となる。同様に、カットセットによって連結信頼度を計算することができる。近似解析法としての上・下限値も計算できる。→パスセット ◎若林拓史

耐凍性[たいとうせい] frost resistance / freezing hardiness 雪氷 0℃以下で発生する凍害や霜害に対する抵抗力。農作物や樹木の耐凍性は、種、季節や年齢などの発育段階、土壌や立地条件、組織などによって左右される。第三紀から第四紀の寒冷気候に適応したモミ、トウヒ、カラマツ、マツの各属には耐凍性の高い樹種が多く、第三紀的気候をとどめる地域に残存分布するスギ科は耐凍性の高い樹種が少ない。生育経過による耐凍性の変化は、標高、緯度、樹齢、品種によって違う。秋から冬にかけて耐凍性が高まるのは、冬芽の形成、落葉など形態的な変化の他、細胞内の水分の減少、細胞液の糖類濃度の増加による細胞浸透圧の上昇などの生理的変化が起こるためである。 ◎塚原初男

大都市震災対策専門委員会提言[だいとししんさいたいさくせんもんいいんかいていげん] Proposal by the Central Disaster Prevention Council's Expert Committee on Earthquake Countermeasures for Large Cities 行政 地震 阪神・淡路大震災の教訓を踏まえ、大規模な地震が発生した場合に被害が甚大かつ広範となり、国や複数の都府県が連携した対策を行っていく必要がある大都市地域の震災対策について、1998年6月に中央防災会議大都市震災対策専門委員会が検討結果を報告した提言。この提言に基づき、中央防災会議において「南関東地域直下の地震対策に関する大綱」が改定され、対策の推進が図られている。 ◎内閣府

ダイバージェンス【流体振動】 divergence 気象 迎角0°で、ピッチングモーメントが正または負の値をとり、その勾配(dC_M/da)が大きい場合、風速の増加に伴い、ピッチングモーメント(の絶対値)が増加し、迎角が正または負の方向にどんどん増え、ついには構造物が破壊に至る静的な不安定現象をダイバージェンスという。その限界の風速は、$2K_\theta/(\rho(dC_M/da)b^2)^{1/2}$で与えられる。ただし、

k, ρ, b はそれぞれねじれ剛性, 空気密度, 構造物の半弦長を表す. 曲げねじれ振動数比が1.0の場合, 連成 ▶フラッターは発生せず, 代わってダイバージェンスが生じることが知られているが, 多くの場合, このダイバージェンスが生じる限界の風速より, ねじれフラッターや連成フラッターの限界風速のほうが低くなることが多く, そのため, ダイバージェンスが問題となることはごく限られた場合となる。　　　　　　　　　　　　　　　　　　◎松本　勝

大破・中破 [たいは・ちゅうは] major damage, minor damage 〔被害想定〕〔地震〕　建築物の被害の程度を表す指標の一つ. 従来は, 全壊・半壊・一部損壊が, 建築物が「倒壊しているか」に重点を置いた指標であるのに対して, 「大破・中破」は被害の重さに視点を置いた指標であった. しかし, 建築物の「全壊・半壊」が, 建築物の基本的な機能がどの程度失われたかを基準とするように改定された結果, 両者は同様の意味で用いられるようになった. ただし, 両者は混用されない. 被害の程度は, 工学的には建物に生じた変形の大きさを示標として判定することが多い. ただし, 変形量と被害の関係は建物の構造形式によっても異なるので一律でない. また, 経済学的には, 被害金額で分類することが多く, 時価に対して損失した割合で分類する場合が多い. しかし, 建築物の機能を回復するという観点からは, 古い建築物では時価の評価は下がっているにもかかわらず, 修復の費用は高額になることが多いなどの問題点が指摘されている. →全壊・半壊・一部損壊
◎大橋好光

台風 [たいふう] typhoon 〔気象〕〔海岸〕　気象庁では, 北西太平洋(南シナ海を含む)で発生する▶熱帯低気圧のうち, 域内の最大風速が17.2 ms^{-1} を超えたものをいい, 毎年発生順に番号を付けて, 1号, 2号, ……と呼んでいる. 一方, 国際式名称は, これまで英名であったが, 2000年よりアジア名になった. 台風は, 直径数百 km, 高さ10数 km の反時計回りの渦巻きである. 大気境界層で周囲から吹き込んだ気流が中心を取り囲む眼の壁付近で上昇し, 背の高い積乱雲が発生している. また, 眼の壁から外に向かって積乱雲の列(レインバンド)がらせん状に延びている. これらの積乱雲の中では強い上昇流が存在し, その中で水蒸気が凝結し, その際に放出される熱が台風のエネルギー源となる. 台風による強風は, 進行方向右側で, 中心経路から数十 km 離れた地域で最も強い. また, 来襲前に停滞していた前線などによる雨で増水した河川や地盤が弛んだ場所では, 台風の大雨により氾濫や山・崖崩れが起こる. さらに, 湾内では強い風による海水の吹き寄せ, 波浪, 気圧下降による吸い上げなどによって海水面が上昇し, 高潮災害が発生する. →サイクロン, ハリケーン　　◎藤井　健

台風委員会 [たいふういいんかい] typhoon committee 〔海外〕〔気象〕　台風による災害防止を目的として設置された機関で略称はTC. 国連のアジア太平洋経済社会委員会(略称 ESCAP)の地域協力プロジェクトとして1968年に設置された. 加盟国はカンボジア, 中国, 朝鮮民主主義人民共和国, 香港, 日本, ラオス, マカオ, マレーシア, フィリピン, 韓国, タイ, アメリカ, ベトナムで, 本部はタイのバンコク. 気象分野では各国の気象機関による情報交換, 施設の改善, 台風観測を, 水文分野では主要河川に洪水予報・警報のパイロットシステムの設立を, 防災分野では防災セミナーの開催, 情報交換を行っている. →太平洋台風センター, 熱帯低気圧計画　　◎鏡村　曜

耐風設計 [たいふうせっけい] wind resistant design 〔気象〕　▶構造物が強風下にあっても, 要求される性能を満足するように, 部材とその構成を決定することを耐風設計という. 性能が満足されるか否かは, 性能に対応した耐力や変形が, 設計風速によって生じる荷重効果としての応力や変形を上回ることを確認することで照査される. 強風の中に置かれた構造物には▶風圧力が働き, それが▶投影面積にわたり積分されて風力となる. 構造物の▶外装材に作用する力は, 外圧と内圧の差圧によるが, 構造物を構成する部材に作用する応力や変形は, その部材に影響する構造物全体に作用する力を考慮して求める. 風速から風圧力や風力を推定するためには▶風洞実験により, 風力係数を求めることが望ましいが, 一般的な形状の場合は設計資料として取りまとめられているものを参考にする. 構造物の剛性が低い時, スパンの大きな場合, 高さの高い場合などでは, 風速変動に起因する応答を評価して▶風荷重を検討する必要がある. 最大応答値を推定するには, ▶ガスト影響係数を用いることが多い. 剛性がさらに低い時や形状によっては, 自励振動についての検討も必要となる. 最近は風揺れに対して, 減衰を付加する制振対策がとられることも少なくない.　　　　　　　　　　　　　　　　　　◎神田　順

台風による豪雨 [たいふうによるごうう] heavy rainfall by typhoon 〔河川〕〔気象〕　台風による豪雨事例は, 前線による豪雨事例などと比べて比較的短時間中にまとまった量の降雨があること, 豪雨だけでなく強風や高潮などを伴って被害を生じやすいことなどが特徴である. しかし, 台風はあくまでも気象学的に定義された用語にすぎない. 例えば, 定義上台風から低気圧に変わっても突然雨が弱まるものではないし, 雨域は台風の中心から同心円状に分布しているわけではない. 台風とは直接関わらないが大きな被害を生じた豪雨事例も多数ある(近年の例では1982年長崎豪雨など). 台風の存在やその位置だけを警戒の対象とするのではなく, 降雨状況など, 現に発生している現象の情報に関心を向けることが, 防災上は重要である.　◎牛山素行

太平洋台風センター [たいへいようたいふうセンター] RSMC Tokyo-Typhoon Center 〔海外〕〔気象〕　気象庁は, 世界気象機関から熱帯低気圧に関する RSMC (Regional Specialized Meteorological Center)である「太平洋台風センター」に指定されており, 北西太平洋にお

ける熱帯低気圧の解析情報や予報プロダクトを台風委員会加盟各国の気象機関への提供，ならびに技術指導を通じた各国の防災気象業務の支援を担当している。→世界気象監視計画，台風委員会　　　　　　　　　　　　　　◎饒村 曜

タイヤチェーン　tire chain　[雪氷][都市]　路面に積雪がある場合や凍結している場合に，車輪のすべりを防ぎ牽引力を増すためにタイヤに取り付けるチェーンのこと。当初は金属製のタイヤチェーンが用いられていたが，1980年頃からゴムやプラスチック製のいわゆる非金属タイヤチェーンが普及し始め，1986年以降は非金属製タイヤチェーンの占める割合が高くなっている。　　　　◎小林俊市

耐用年数　[たいようねんすう]　lifetime　[河川][地震][海岸]　構造物がその機能，性能を支障なく発揮すべき期間として設計時に規定される供用年数をいう。一般的には構造体が劣化して危険になる物理的耐用年数，構造物が使用上その機能が陳腐化する機能的耐用年数であるが，この他減価償却資産に関する財務省令に定める法定耐用年数もある。なお構造物の設計にあたっては，その使用目的，使用材料，管理計画などにより耐用年数を想定する必要があり，その耐用年数を考慮して耐震設計に対する地震力，耐風設計に対する風圧力が決められることになる。
◎村上雅也，友杉邦雄

大陸氷　[たいりくひょう]　continental ice　[雪氷][海外]　陸上に存在する氷の大きな集塊を大陸氷または単に陸氷と呼ぶ。しかし現在この呼称は専門用語としては使われず，陸氷の個々の形態の名称を用いている。それらの主なものは，南極やグリーンランドのような広大な陸地を覆う氷床，北極の島々や高山の頂上部を帽子のように包む氷帽(または氷冠)，山岳地の斜面の窪地や谷を埋める山岳氷河である。広義の氷河はこの大陸氷を指す。現在の地球上に存在する淡水の77％は固体の氷，すなわち陸氷である。その陸氷の90％は南極氷床に存在している。氷期には，南極，グリーンランドの他にスカンジナビア半島，北米大陸中北部，南米南部パタゴニア地方に大きな氷床が発達した。
◎成瀬廉二

対流不安定　[たいりゅうふあんてい]　convective instability　[河川][気象]　初め，ある厚さの気層の中の気温が安定な鉛直分布を持ち，かつ相対湿度が100％以下の値であったとする。この大気層が，前線や山の斜面などによって強制的に上昇され，層の下方で相対湿度が100％になり，水蒸気の凝結が起こると，雲が発生した下層の気温の温度減率は上層よりも小さいため，層内の気温の鉛直分布が安定から不安定な状態に変化する。このような成層状態を，対流不安定あるいは潜在不安定と呼ぶ。　　　◎藤吉康志

耐冷性品種　[たいれいせいひんしゅ]　cool weather resistance variety　[雪氷]　広い意味では水稲やマメ類などの夏作物の低温に対する抵抗性の強い品種をいうが，水稲が減数分裂期(いわゆる穂ばらみ期)に低温に遭遇した場合，障害型冷害が生じにくい品種をいう。水稲の耐冷性は品種により9段階に分けられている。
◎卜蔵建治

ダイレイタンシー　dilatancy　[地震]　ダイレイタンシーは，応力(または差応力)荷重による変形中に生じる非弾性的な体積膨張現象である。砂のような粒状物質については古くから知られていた現象である。岩石についても一軸圧縮下のみならず封圧下においても破壊前に体積膨張を示すことが見出され，この現象は岩石の主破壊に先行する微小クラックの発生による空隙の増加によって起こることが明らかにされた。これに基づいて，1973年には地震予知のダイレイタンシーモデルが提唱された。　　◎島田充彦

[地盤]　粘土や砂のような地盤材料にせん断力を作用させると，正規圧密粘土や非常に緩い砂などでは体積が収縮し，過圧密粘土や密な砂では体積が膨張する。dilatancyそのものの意味は「膨れる」ということであるが，せん断応力を受けて体積が変化することを一般にダイレイタンシー特性という。等方弾性体やmisesタイプの塑性体ではせん断応力の大きさにかかわらず体積は一定なので，このダイレイタンシー特性は地盤材料などの粒状性に起因する。
◎中井照夫

ダウンバースト　downburst　[気象]　日本語では陣風と呼ばれることがある。積雲や積乱雲から発生する冷却されて重くなった下降気流が地面に到達すると同時に激しく水平に発散することによって，強風を生じる。その速度は75 m/sに達することもある。広がりの大きさが4 km未満をマイクロバースト，それ以上をマクロバーストと区別する。アメリカでは航空機の離着陸の際に，向かい風から突然追い風に変わり失速するため地面に激突する事故が発生し，500人以上の死傷者を出したこともある。　　◎林 泰一

高潮　[たかしお]　storm surge　[海岸][気象]　天体の運行に伴って発生する規則的な潮位変化を天文潮と呼ぶのに対して，気象要因によって生ずる潮位変化を気象潮と呼ぶ。高潮は，気象潮の中でも，強風や気圧の変動などの気象要因によって，沿岸や港湾などの潮位が平常より著しく高まる現象を意味する。わが国では，高潮は，台風の通過によって発生することが多い。高潮の要因としては，気圧の低下によって海面が吸い上げられることと，強風によって海水が風下に吹き寄せられることが挙げられる。後者の吹き寄せ効果は水深が浅いほど大きいため，水深が比較的浅い内湾で高潮による水位上昇は顕著になる。このため，わが国では，東京湾，伊勢湾，大阪湾，瀬戸内海，および有明海などで高潮被害を受けているが，これらの沿岸域は，わが国の中でも，特に，人的物的な資源が集中している地域であるため，ひとたび高潮が発生し氾濫が起こると，その被害は甚大なものとなる。　　　　◎永井紀彦

高潮数値モデル　[たかしおすうちモデル]　storm surge numerical estimation model　[海岸]　高潮の高さは，数値計算によって予測される。気圧変化と風が高潮の主たる

外力であるが，これらは海面に法線応力と接線応力を発生させ，海水の流動と海面の傾斜を引き起こす．この時に，海底面での摩擦力や地球自転の偏向力（コリオリの力）などが二次的に作用する．高潮数値モデルでは，こうした複雑な現象を，地形条件や台風条件（気圧と風）を入力データとして，タイムステップを追って数値的に解析する．

◎永井紀彦

高潮対策 [たかしおたいさく] countermeasure against storm surge 海岸 高潮の被害を防ぐための対策．護岸や堤防のかさ上げなどのハードによる対策に加えて，台風や潮位のモニタリングシステムなどのソフト面での対策も重要である．前者は，伊勢湾台風(1959年)後の名古屋港高潮防波堤の建設に代表されるが，全国の多くの港湾・海岸で対策工事が行われている．後者としては，近年の観測技術や情報通信技術の発達に伴い，気象情報と潮位観測実況とを組み合わせたシステムが開発されている．規模の大きな高潮はそれほど頻繁に発生するものではないが，ひとたび発生すれば沿岸域に甚大な被害をもたらすため，都市計画・地域計画や地域の行政活動と一体になった，総合的な高潮対策が必要である．

◎永井紀彦

高潮氾濫 [たかしおはんらん] inundation by storm surge 海岸 高潮によって潮位が海岸堤防の天端高さを超えると，陸域に海水が侵入する．これを高潮氾濫と呼び，多くの高潮災害を引き起こす．東京，大阪，名古屋などのわが国の主要都市では，地盤高が海面より低く海岸堤防によって海水の侵入を防いでいる地域，いわゆるゼロメートル地帯があり，これらの地域では，高潮氾濫の潜在的な可能性があるため，十分な地域防災対策が必要である．

◎永井紀彦

高潮被害 [たかしおひがい] storm surge damage 海岸 高潮による被害のこと．被害形態としては，越流や波による建物・構造物や自動車の破壊流出，塩水や潮風による農作物被害，地下街・地下鉄の水没などがある．潮位偏差は内湾域で大きくなることが多いため，わが国では，東京湾，伊勢湾，大阪湾，瀬戸内海，および有明海などで高潮被害を受けている．1959年の伊勢湾台風では約5000人の人命が奪われた．また，1991年の台風19号でも瀬戸内海・有明海沿岸域の被害があった．海外，特に開発途上国では，より深刻な高潮被害が報告されており，1970年と1991年のバングラデシュの高潮では，それぞれ，50万人（うち25万人はコレラで死亡），14万人が死亡したと伝えられている．

◎永井紀彦

卓越周期 [たくえつしゅうき] predominant period 地震 被害想定 地震動には様々な周期成分が含まれており，震源特性，伝播経路，局所的な地盤特性によって各周期成分の強度が大きく異なる．地震動のスペクトル解析などにより得られる，スペクトル強度が最も大きな周期を卓越周期という．一般に，地震規模が大きいほど，また地盤が軟弱なほど，卓越周期が長くなる．多くの強震記録の卓越周期は，概ね0.1～5秒程度の範囲にある．◎杉戸真太

ダクタイル鋳鉄管 [ダクタイルちゅうてつかん] ductile iron pipe 都市 被害想定 鋳鉄に含まれる黒鉛を球状化させたもので，鋳鉄に比べて強度や靭性に富んでいる．施工性が良好で耐震性もあるため水道用に広く用いられている．重量が重いことが短所である．→ダクティリティ

◎田中成尚

宅地造成 [たくちぞうせい] land reclamation 地盤 農地，山林等自然の地形を切り取りや「盛土」などにより人工的に改変を行い，住宅用の土地を造成すること．昭和30年代の人口の都市への集中により，都市周辺では住宅不足となり，既成市街地の周辺で宅地造成が積極的に行われることとなった．この工事が傾斜地にまで及び，しかも工事そのものがずさんであったため，1961年の集中豪雨により，多くの住宅地で擁壁倒壊などの災害が発生した．このため1962年には宅地造成工事を許可制とする「宅地造成等規制法」が策定され，以後良好な宅地が供給されることになった．宅地の供給量は近年では毎年1万ha程度で推移している．1995年に発生した兵庫県南部地震により多くの宅地地盤や擁壁が被害を受けたが，これらは規制法制定以前の古い宅地や擁壁であったことが報告されている．→造成地，土地造成，盛土

◎沖村 孝

ダクティリティ ductility 地震 ductility（靭性）とは粘り強さのことである．ダクティリティファクター（ductility factor, ductility ratio）は，建物の耐震安全性の尺度の一つであり，塑性率，靭性率と訳され，アメリカのBycroftが第1回世界地震工学会議で発表した論文が最初である．部材が弾性域を超え塑性域に入った後，強度を保持しながら変形できる能力を表し，履歴特性（荷重―変形関係）の繰り返しによって消費されるエネルギーを表すともいえるもので，地震による建物への入力エネルギーの大半は履歴消費エネルギーと粘性減衰エネルギーによって消費される．履歴消費エネルギーの重要性は1935年に棚橋諒博士によって最初に指摘されたが，現在では一般に大地震に対する設計理念の基礎となっており，巨大地震に対しても弾性限層間変位の2倍以下になるよう設計する場合が多い．→ダクタイル鋳鉄管

◎藤原悌三

ダクト duct 地震 ダクトの基本的な概念は気体や液体などの物質を輸送したり，通したりすることのできる筒状や溝状の構造体にあり，生物学では血管，リンパ管，胆管などを，植物学では導管と呼ばれる筒状の長い細胞などを総称するのに使われている．地震工学の分野では，水路や送水路のことをaqui-duct，高架橋のことをvia-ductというように，物資を輸送する手段として使われるライフライン系の導管，輸送管，通気管，共同溝などの水路状や管路状になっている構造物の総称である．

◎佐藤忠信

濁度 [だくど] turbidity 海岸 河川 水の濁りの

原因としては，無機質，有機質の浮遊物および微生物などが原因として考えられる。河川や沿岸域では，降雨による出水とともに排出される泥土が濁りの原因であることが多いが，季節によっては赤潮などのプランクトン起源の濁りが卓越する場合もある。

　水の濁りの程度は水の種類，状態や濁りの要因物質によっても変わるため，これを客観的に表すことは非常に困難である。そこで，標準物質(主としてカオリン)を用いて濁りの程度を定義し，濁りの調査や水の管理などに用いている。濁度の単位としては，水 1 l 中にカオリン 1 mg を含む水の濁りを 1 度としている。最近ではホルマジンも用いられるようになっているため，それらを区別する必要がある場合は，"度(カオリン)"，"度(ホルマジン)"として表す。
◎鶴谷広一

多結晶氷 [たけっしょうこおり] polycrystalline ice 雪氷　複数の氷結晶粒からできた氷塊を多結晶氷という。微細な結晶粒からできた氷も大きな結晶粒からできた氷も全体を扱う時は多結晶氷である。市販氷，電線着氷，路面で雪が圧縮されて氷化した氷，積雪内に浸透した水が雪とともに凍った氷，湖沼の氷，海氷などは全て多結晶氷である。一般に，水の凍った氷は個々の結晶粒が大きく，雪が圧縮された氷は結晶粒が小さい。個々の結晶粒は時間的に不変なのではなく変化する。
◎対馬勝年

タコマ橋崩壊 [タコマばしほうかい] failure of the Tacoma Narrows Bridge 気象　タコマ橋(アメリカ・ワシントン州)は1940年7月に完成した全長1740m の3径間吊橋で当時としては世界第3位の規模であった。完成直後から揺れる吊橋として有名であったが，同年11月7日には17m/sの風で対称振動モードの▶渦励振が発生，午前11時に風速が19m/sに達した時，逆対称一次モードのねじれ▶フラッターが生じて中央径間より崩壊，落橋した。幸い死傷者はなかったが，渦励振やねじれフラッターといった▶空力不安定振動が実際の橋で生じた様子が世界で初めて16ミリフィルムに撮影され，これが以後の耐風工学の発展に大いに寄与した。事故後ワシントン大学で大がかりな▶風洞実験が実施され，新タコマ橋では補剛桁のねじれ剛性向上とグレーチング構造が採用された。
◎宮崎正男

だし dashi wind 気象　陸から海に向かって吹く，船出する時に便利な風という意味で名付けられた▶局地風を指す。「だし」という語は主に日本海側の地域で用いられており，生保内だし(秋田県)，清川だし(山形県)，荒川だし(新潟県)など，地域や川の名前と合わせて用いられている。いずれもオホーツク海や三陸沖に高気圧があるか，日本海に低気圧がある東高西低の気圧配置下で出現し，東ないし南系の風向を有し，10 m/s以上の強風になることが多い。だしの多くは，山地の谷(川)に沿って狭窄した地形により大気が収束して噴出する。このため大気成層は安定で，対象としている山地の高度近辺に逆転層が出現している時に顕著に発生する。局地的な強風災害となり，農作物や森林，家屋などに大きな被害を発生させることもある。
◎渡辺 明

多自然型川づくり [たしぜんがたかわづくり] river restoration projects 河川　多自然型川づくりとは，河川が本来有している生物の生息環境に配慮し，あわせて美しい自然景観を保全あるいは創出する河川事業と定義され1990年より施行された。この事業は，スイス，ドイツで行われていた近自然工法を参考にして始められたものであり，内容的には近自然河川工法と多自然型川づくりは基本的に同じものである。多自然型川づくりが始まった当初は多孔質な護岸など工法に主眼が置かれていたが，近年は河道の線形，横断形状など河道計画そのものが多自然型川づくりの対象となりつつある。多自然型川づくりは，生物のすみかとしての河道の形態の保全，復元が中心であるが，広義には，水域の連続性の確保，水質の保全，水量の保全，土砂流出量の管理，有害な外来種の駆除なども含まれる。
◎島谷幸宏

出しっぱなしの警報 [だしっぱなしのけいほう] warning overkill 海外　防災担当者も住民も長期の待機や緊張の連続には耐えられない。警報は必要最小限のもので現象のピークに対応し，関係者の士気が上がり，住民の注意力も集中している時期に出されなければならない。そうでないと信頼・実行されなくなる。誤報の繰り返しや低いレベルから警報を出した場合には本当にアクションが必要な警報が無視される危険性がある。
◎渡辺正幸

多重山稜 [たじゅうさんりょう] multiple ridges 地盤　地盤災害山稜の上部が1つの尾根線でなく，複数のほぼ平走する尾根線を持つ場合，この山稜を多重山稜という。2つの平行する尾根線を持つ山稜は，二重山稜(double ridges)あるいは二重稜線と呼ばれる。これらの尾根に挟まれた部分は線状凹地と呼ばれる。多重山稜の成因としては古くは周氷河作用によるもの，差別侵食によるものなども考えられていたが，近年では多くの多重山稜が重力による山体の変形の地形的表れであると考えられている。斜面を構成する岩盤が谷方向に倒れたり，谷方向にはらみだすことによって山頂が陥没して形成されるものや，山頂まで含んだ岩盤が少しすべったことにより形成されるものなどが知られている。多重山稜は大規模崩壊の前兆地形となっている場合もある。→線状凹地
◎千木良雅弘

多重反射 [たじゅうはんしゃ] multiple reflection 地震　地震動が媒質の異なる層に入射すると，その層境界で反射波と透過波が発生し振幅が変化する。多層地盤では，この反射，透過が各境界面で繰り返し発生し，結果として複雑な地盤応答となる。堆積地盤において，ある深さより浅い部分で剛性が大きく減少する境界面があると，その深さの4倍の波長に相当する波が反射を繰り返し，結果としてその周期の地震動が大きく卓越する。
◎杉戸真太

多雪年 [たせつねん] heavy snow year 〔雪氷〕 平年より雪が多い年を多雪年という。雪が多いとは，累積降雪量，最大積雪深，降雪回数などいろいろな基準があるが，特にどれについてを指標としていっているのではない。雪国では，降雪回数が多いと累積降雪量も大きく，従って最大積雪深も大きい傾向があるが，太平洋側では降雪後の積雪がないか，すぐになくなってしまうので，多雪は降雪回数を指標で見ることが適当であろう。多雪年の現れ方は全国で同じではなく，地域によって発生年がいろいろである。
➡大雪，豪雪
◎長谷美達雄

ただし書き操作【ダム】 [ただしがきそうさ] dam operation when a flood exceeds the design inflow 〔河川〕 ダムの操作規則においては，定められた洪水調節方法に対して「ただし，気象，水象その他の状況により特に必要があるときにはこの限りでない」とする条文（いわゆる「ただし書き」）があり，これに基づく操作のこと。洪水調節計画を超える規模の洪水により，貯水位がサーチャージ水位を超えることが予測される場合に，ダムの安全性を確保するために行う放流操作を指す場合が多い。その場合，非常用洪水吐きにゲートを有するダムにおいては，サーチャージ水位において計画高水流量を，設計洪水位においてダム設計洪水流量を放流できるように，貯水位に応じてゲートを開けていく操作を基本とする。
◎箱石憲昭

立入検査・措置命令 [たちいりけんさ・そちめいれい] entry for inspection 〔行政〕〔復旧〕 都道府県知事または市町村長は，災害応急措置の実施を担保するために特に必要があると認める時は，災害救助法の適用により従事命令，協力命令もしくは保管命令を発することができる。また，その職員に施設，土地，家屋等への立入検査を行わせることができる（災害対策基本法71条）。
◎内閣府

竜巻 [たつまき] tornado / waterspout / funnel-aloft 〔気象〕 積雲や積乱雲などの対流性の雲によって作られる鉛直軸まわりの激しい渦で，しばしば漏斗状または柱状の雲を伴う。アメリカでは陸上の竜巻（トルネード tornado），水上の竜巻（waterspout），上空の竜巻（funnel-aloft）を区別するが，日本ではこれら全てをまとめて竜巻と呼ぶことが多い。強い竜巻の多くは➡スーパーセルストームに伴って発生するが，局地前線に伴って発生する竜巻も存在する。1961〜93年の日本の竜巻の統計によれば，1年間に約20個の陸上竜巻が発生し，0.6人の死者，30人の負傷者，17棟の全壊家屋，39棟の半壊家屋，329棟の一部損壊家屋を生じている。竜巻による被害域の平均的な幅と長さは98mと3.2kmであり，平均寿命は12分である。竜巻の強さは，➡藤田（F）スケールと呼ばれる被害の程度と風速を対応づける風速スケールで表されることが多い。その風速は，映画に撮られた飛散物の動きの追跡や，単純な形の構造物の被害に基づく工学的な推定により求められてきたが，近年はトラックに搭載可能な小型の➡ドップラーレーダーによって竜巻の中の三次元的な風速分布が求められるようになり，1999年5月3日のアメリカ・オクラホマ州の竜巻では142 m/sという風速が測られている。竜巻には，ロープ状で細いもの，乱流状で太いもの，親渦のまわりを数個の吸い込み渦と呼ばれる子どもの渦が回転する多重渦構造のものなど様々な形態のものがある。強い竜巻は多重渦構造のものが多く，吸い込み渦の下では特に激しい被害が生ずると考えられている。
◎新野 宏

竪穴区画 [たてあなくかく] shaft compartmentation 〔火災・爆発〕 建築物の中には筒状の空間が多数ある。典型的には階段，エレベーター等の垂直方向の移動経路や，空調ダクト，ダムウェータ等の物品搬送路などが挙げられる。これらは，火災時には火炎や煙の伝播経路となりやすいので，大規模な建物の竪穴はコンクリート等の耐火性のある材料で造り，その出入口には鉄製の扉，シャッターなどを設けて区画することが法規で求められている。階段などの火災時の避難に使う部分は，火炎だけでなく煙の侵入も防止する必要があるので，階段の前に前室を設けたり，遮煙性のある防火戸を設置して特に厳重に区画する。➡面積区画
◎原田和典

建物火災 [たてものかさい] building fire 〔火災・爆発〕 建物で出火し，または建物を焼損する火災。日本では建物の火災は出火件数で例年全火災の50％強を占める。ちなみに出火件数の2位は車両火災の10％強である。また建物火災による損害額は全火災損害の約90％，また死者数は全体の約3分の2を占めている。建物火災の中で見ると，件数の約55％，死者数の約85％は住宅の火災で発生しており，特に高齢者の死者の割合が高い。➡木造家屋の火災
◎吉田公一

建物内煙流動 [たてものないけむりりゅうどう] smoke movement in building 〔火災・爆発〕 火災時に発生した煙が建物内を流動する現象を総称していう。典型的な流動形態としては，出火空間において初期に見られる煙層の降下，建物内の諸開口を通しての煙の流出あるいは流入，竪穴空間を通じての上階への煙拡大などが挙げられる。火災初期の煙層降下には火源上に形成される➡火災プルームの性状が重要な関与をし，竪穴空間を通じての煙拡大には➡煙突効果が大きな影響を及ぼす。また開口を通る煙の流入―流出には建物内各空間の圧力配置が関係する。さらに煙制御手段としての自然排煙や機械排煙なども煙流動性状に大きな影響を及ぼす。建物内煙流動の制御は，避難安全や消防活動の確保にとって極めて重要であり，建築物の火災安全対策の主要課題の一つになっている。
◎松下敬幸

棚などの転倒率 [たななどのてんとうりつ] turnover rate of shelves 〔被害想定〕〔地震〕 地震動による棚などの動きには，ロッキング，転倒，ジャンプ，横すべり，落下などがある。転倒は，人的被害の大きな要因であると同時に，化学薬品の棚では薬品びんの破損をもたらし出火の引

き金ともなる。転倒率には，棚にもたらされる加速度，棚形状，収納物の状態，周囲への固定の方法などが影響を与える。背が高く底面が細長い形状の棚では，冷蔵庫類に比べ転倒率が数倍高く，建物階数の増加により生じる転倒率増加も顕著である。→化学薬品の地震時出火想定

◎佐藤研二

谷密度 [たにみつど] valley density 地盤　一定面積当たりの谷の数をいう。例えば面積 A，水源の総数 N の流域では N/A が定義される。また，流域内の本流と支流の総延長 L を全合流点の数 n で除した L/n を谷密度とする例や，単位面積当たりの谷の数を谷密度として扱う場合もある。一般的には利用しやすい，吉村が考案した，地形図を使って 1 km² の方眼をかけ，この方眼の四辺を横切る谷の総数をその方眼の谷密度として分布図を作成することが多い。谷密度は地形の大小起伏や傾斜に影響するところが大きく，また地形の侵食による発達過程を考える上でも重要な地形要素の指標である。

◎古谷尊彦

多年性雪渓 [たねんせいせっけい] perennial snow patch 雪氷　消耗期間が過ぎても溶けきらず複数年にわたって残存し続ける雪渓を意味する。越年性雪渓または万年雪と呼ぶこともある。日本では北海道と本州の山岳地に多数の多年性雪渓が存在し，一般に吹きだまりによって涵養される多年性雪渓は標高約1400 m 以上の場所に見られる(写真1)。雪崩涵養型の多年性雪渓は標高1000 m 以下の場所でも見られる(写真2)。多年性雪渓の中には，上部のフィルン(高密度の積雪)層の下に連続的な氷化層(氷体)を有するものもある。氷河との相違点として，顕著な流動現象を示さないことや涵養域と消耗域との明瞭な区分けができないことなどが挙げられる。

◎河島克久

多変量解析 [たへんりょうかいせき] multivariate statistical analysis 共通　多くの変量を統計的に分析する手法の総称。多変量解析法には，回帰分析法，主成分分析法，判別分析法，数量化法，因子分析法，グラフ解析法，クラスター分析法などがある。例えば，流域内に多くの環境変化因子があり，これを多変量と見なして，主成分分析法で1個の主成分にまとめ上げ，一方流出量から直接流出率を求め，流域の変化と流出率の変化の関係を定式化した研究など，多変量解析法による河川災害の分析の適用例がいくつか見られる。

◎寒川典昭

多変量確率分布 [たへんりょうかくりつぶんぷ] multivariate probability distribution 共通　複数個の確率変量の分布。例えば水工学では，多地点の雨量，本川流量と支川流量，ピーク流量と総流入量，高潮と降雨量など，複数個の水文量を同時に勘案すべき場合が多く，必然的に多変量確率分布理論とその応用に関する研究が進められてきた。とりわけ，多変量正規分布は，条件付分布，周辺分布も正規分布するという，応用上有用な特性を持っている。

ところが，雨量，流量などの，水文量は非負で，その分

■1　吹きだまり型の多年性雪渓（大雪山のヒサゴ雪渓）

■2　雪崩型の多年性雪渓（越後駒ケ岳の桑ノ木沢雪渓）

布形は歪んでいることが多く，水文統計の分野では，非正規の多変量確率分布に関する理論的研究も進められてきた。実用上最も取り扱いが容易な方法は，対数変換あるいは Wilson-Hilferty 変換などにより，原変量を正規化し，これに多変量正規分布理論を適用する方法である。例えば，2変量非正規分布として，井沢の2変数ガンマ分布がある。しかし，密度関数に変形ベッセル関数などを含むため，条件付き確率密度などを計算するには，数値計算によらざるを得ない。そのため，指数関数のみからなる Freund の2変数指数分布などが実用的な場合がある。

◎端野道夫

多方向不規則波 [たほうこうふきそくは] multi-directional random waves 海岸　私たちが目にする実際の海の波は，大きな波，小さな波が不規則に連なって見えるように，一連の波群を形成する波の全て，またはその一部は，波向，波高，波数(周期)が不揃いな波動である。このような波は不規則波と呼ばれる。また，沖合では様々な方向からの波が重なり合っているため，波の峰が短く切れ切れになっており，このような波は"切れ波"あるいは"短頂波"と呼ばれている。このような多方向性と不規則性を併せ持つ海の波は，多方向不規則波と呼ばれている。大水深海洋構造物を対象とした水理模型実験においては，単一方向波ではなく，多方向波を用いた実験が必要となってくるが，実験水槽で多方向不規則波を造波する施設として，世界およびわが国の主要な水理実験場でサーペント型造波装置が開発されている。

◎滝川 清

ダム開発 [ダムかいはつ] development of dam reservoirs 都市　時間的，季節的，経年的に変動する河川流量に対して，都市化による都市用水の増加や水質保全を図

るには，安定した水供給が必要になる。こうした水資源開発のために建設されるダム貯水池は，都市用水，工業用水，農業用水から河川水の保全・浄化，維持用水の確保などの多目的利用に供される。通常，10年に1回程度の渇水に対応できるように利水容量を決定されているが，渇水対策ダムと呼ばれるのものは，異常渇水時のみの使用を目的としたもので，集水面積が少なくても経年的な水貯留によって容量を確保できるように設計されている。近年では，ダム開発による水没あるいは水量低下による生態系への影響など，広範囲の環境アセスメントが求められている。

◎小尻利治

ダム決壊　［ダムけっかい］dam failure　［河川］　漏水，パイピングや基礎岩盤の問題，余水吐能力を超えた洪水による越流，保守運営の問題，地震など多様な原因により生じるダムの全面的または部分的破壊。大きな被害をもたらした全面的決壊の例として基礎岩盤の破壊が一因と考えられているフランスのマルパッセ(Malpasset)ダムの決壊(1959，アーチダム，死者420人以上)，パイピングによるアメリカのティートン(Teton)ダムの決壊(1976，アースダム，死者11人)などがある。その他，地すべりにより生じた段波がダムを乗り越えて下流に甚大な被害をもたらしたイタリアのバイヨント(Vajont)ダム(1963，アーチダム，死者1900人以上，ダムは決壊していない)や，地震によりダム本体に甚大な被害が生じたアメリカの下サン・フェルナンド(Lower San Fernando)ダム(1971)，鉱滓(こうさい)ダムであるイタリアのスタバ(Stava)ダム(1985，死者268人)の決壊などの事例がある。わが国では大ダムの決壊は生じていないが，鉱滓ダムや農業用ため池の決壊例が知られている。

◎細田 尚

ダム操作規則　［ダムそうさきそく］dam operation rules　［河川］　洪水調節や用水補給など，ダムの目的を達成するためのダム操作方法を具体的に定めたもの。河川法による河川管理施設であるダムでは河川管理者が，特定多目的ダム法によるダムでは国土交通大臣がこれを定めることとなっている。操作規則に定める事項は，多目的ダムの場合，①洪水期，灌漑期などの別を考慮して定める各期間における最高および最低の水位ならびに貯留および放流の方法，②多目的ダムおよび多目的ダムを操作するために必要な機械，器具などの点検および整備，多目的ダムを操作するために必要な気象および水象の観測ならびに放流の際にとるべき措置に関する事項，③その他多目的ダムの操作に関し必要な事項となっている。

◎箱石憲昭

ダム貯水池　［ダムちょすいち］dam reservoir　［河川］　ダムによって河川を堰き上げて造った人工の湖でダム湖ともいう。多目的ダム事業では，貯水池の水位によって複数の事業目的ごとに貯水容量が配分される。ダム計画上重要な貯水位には，サーチャージ水位，常時満水位，最低水位がある。さらに，最低水位から常時満水位までの容量を利

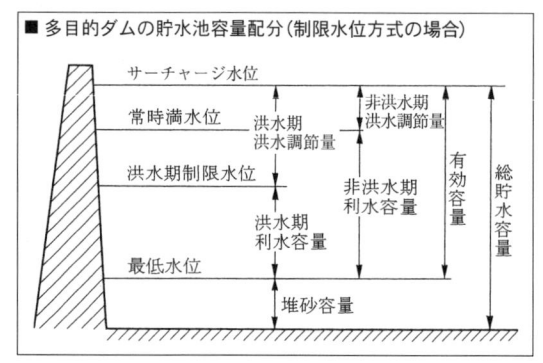

■多目的ダムの貯水池容量配分(制限水位方式の場合)

水容量，常時満水位からサーチャージ水位までの容量を洪水調節容量と呼ぶ。最低水位以下には堆砂容量として，一般に100年間に流入すると予測される堆砂量に相当する容量が確保される。貯水池の総貯水容量とは，堆砂容量，利水容量，洪水調節容量を合わせたものをいい，総貯水容量から堆砂容量を除いたものを有効貯水容量と呼ぶ。ダムによっては，洪水期に常時満水位よりも下の水位に維持して洪水調節容量を大きく確保する場合(制限水位方式)があり，この貯水位を(洪水期)制限水位と呼ぶ。また，常時満水位時において貯水池水面が占める区域を湛水域，またこの面積を湛水面積と呼ぶ(図)。

◎角 哲也

ダムの地震被害　［ダムのじしんひがい］earthquake damage to dams　［地震］　ダムの建設地は，地質調査でその存在が確認されたり，あるいは疑わしい地震断層を極力避けるよう選定されてきた。実際，これまでの地震では，フィルダムにおいては天端盛土の沈下，地山，アバットメントの境界部での亀裂，コンクリート洪水吐の損壊など，重力ダム，アーチダムではジョイント部のコンクリートの圧壊など，その被害の多くは堅固な基盤上の揺れによるものであった。これに対して1999年9月の台湾の集集(Chi-Chi)地震では石岡(ShihKang)ダム直下で伏在断層が上下に10m程の食い違いを見せ，このためダムの右岸側洪水吐3門が大破したという前例のないものであった。地震被害調査では，その被害の原因と被害状況を明確にすべく，ダム堤体内に残留している変形(フィルダムでは沈下，コンクリートダムでは亀裂)，漏水量の変化などが調査の対象となる。また地震計が監査廊や基盤上などに設置されている場合には，これらの記録解析も被災過程を解明する上で重要になる。

◎小長井一男

ため置き【水】　［ためおき］on-site water storage　［都市］　地震などにより断水が発生した時のために必要最小限の水を確保しておくこと。給水事業体，地域，家庭など様々なレベルで対策が考えられる。家庭の場合，1人1日当たり飲料水としては2リットル，水洗便所用水としては20リットル程度が目安となるであろう。飲用以外の水は浴槽や洗濯機に貯水しておくことが勧められる。地域レベルでは，路地や公園に雨水貯留設備を設け，災害時の緊急用水にすることが行われている。応急給水された水を貯

めおく場合，阪神・淡路大震災後の神戸市水道局の実験によると，ポリタンクに入れた水は冬季においては直射日光下でも5日間ぐらいは保存が可能であると考えられる。

◎細井由彦

多目的ダム［たもくてきダム］multipurpose dam
河川　ダムを建設する目的には，洪水調節や河川維持用水，灌漑用水，水道用水，工業用水など各種用水の補給のための水源確保，またはこれら用水の補給を利用した発電などがある。ダムによる流水の貯留は，一般には洪水を貯留して渇水時にこれを放流するので治水と利水の機能を兼ね備えている場合が多いが，複数の目的を有するダムを多目的ダムと称している。河川管理施設または河川法第26条の許可を受けて設置されるダムについては，政令（河川管理施設等構造令）で構造に関する一般的技術基準が定められている。多目的ダムには余水路，副ダムその他ダムと一体となってその効用を全うする施設または工作物も含まれている。

◎永末博幸

単位図法［たんいずほう］unit hydrograph method
河川　単位時間，単位降水強度の有効降雨があったと仮定した場合の流域からの流出量の時間変化を単位図といい，単位図と有効降雨との畳み込み積分によって流出量を算定する方法を単位図法と呼ぶ。単位図法は，流出現象に線形性が成り立つことを基本的な仮定としている。この手法は，Shermanによって1932年に提案され，アメリカの比較的平坦な大流域を対象流域とした。わが国の山地流域では，単位図法の線形仮定が成立しない場合が多く，降雨規模毎に単位図を作成する必要があることが指摘されている。洪水流出現象に非線形性が強く現れる山地流域では，単位図法の適用に注意する必要がある。

◎立川康人

炭化［たんか］charring　火災・爆発　植物や動物を形作る物質や，人工的に合成された繊維や樹脂は炭素，水素，酸素，窒素，硫黄などを組成としている。これらを原料とした可燃材料は，加熱されると分解し，水素，酸素，窒素，硫黄などが気体として失われ，炭素を主成分とする物質が残る。このように炭素の骨格構造を持つ物質の熱分解過程を炭化という。→炭素残渣

◎鶴田 俊

段丘［だんきゅう］terrace　地盤　河川沿いや湖岸・海岸に沿って，平坦な面と急な崖とが組み合わさって，階段状に配列した，かつての河床面や湖底面・浅海底面の離水して陸化した地形。平坦な面を段丘面，この面を縁どって境する急な崖を段丘崖と呼ぶ。河岸段丘・湖岸段丘・海岸段丘がある。段丘面は過去の水位面と関係し，流水や波浪の侵食作用や堆積作用で平坦化され，また段丘崖は平坦面の側面が侵食され，急崖化して成立する。侵食作用による平坦面は侵食段丘面，堆積作用による砂や礫から成る平坦面は堆積段丘面である。段丘面が階段状に配列されるのは，氷河の生長に伴う氷河性海面変動と地殻内部の活動に起因して起こる隆起などによる。この時，侵食量と侵食基準面である水面の低下速度が釣り合っていると形成されないので，その場の侵食条件が関係する。侵食基準面に関しては，海成段丘では氷河性海面変動と地殻変動との複合作用によって説明される。河成段丘ではその地域の河川の流水作用の消長に関係し形成される。流水作用の消長は流量・物質の供給量・河床幅・侵食基準面の変化による河床勾配の変化などに関係する。その主な原因は気候変化・地殻変動・火山活動などである。湖成段丘については，火山活動や氷河の消長に伴った堰止め湖の場合，湖の開口による排水速度の変化，閉塞湖の場合は気候変化に伴う降水量や蒸発散量の増減に関係する湖面の変化による。段丘は顕著な平坦面を伴うため，地質時代の明確なマーカーとなる他，段丘面の数・高さ・大きさ・形・構成層の性格などが，それぞれその地域のその時代の地形・地質・地殻活動などの地学的環境，気温・降水量・蒸発散量などの気候環境に応じて形成されている。そのため段丘は第四紀の環境変遷・地殻活動・地形発達などを考察する上で地形学上の重要な位置を占める。

◎古谷尊彦

短期予報［たんきよほう］very-short-range forecast
気象　河川　情報　予報の期間が明後日までの天気予報。天気予報は気象庁や各地の気象台が，担当する都道府県などをいくつかに細分した予報区に対して，午前5時と11時，午後5時の1日3回，「今日」「明日」「明後日」の3つ（ただし，午前5時の予報は明日まで）の予報期間に分けて発表する。予報の内容は「晴れ」と「曇り」と「降水」の3つの現象を組み合わせた文章形式のものと，降水確率，最高・最低気温，最大風速，最小湿度，降水量，海上の波の高さなど個々の気象要素の量的な予想から成っている。また，天気予報の予報区よりさらに細分した約20km四方の地域毎に24〜30時間先まで予報を発表している地方天気分布予報と地域時系列予報も短期予報の一つである。

◎村中 明

単結晶氷［たんけっしょうこおり］single crystal of ice
雪氷　氷体全体が一つの結晶粒でできている氷を単結晶氷という。氷の粒の大きさは問わない。薄片を2枚の偏光板の間に挟んで観察すると単結晶氷は単色になることが多い。氷晶のような小さな単結晶氷から氷筍氷や氷河末端の氷の中にある巨大単結晶氷が見出されている。単結晶氷は結晶面によって硬さや塑性，摩擦が異なるなど，力学的な異方性が強い。

◎対馬勝年

暖候期予報［だんこうきよほう］summer half year forecast　気象　→季節予報

唐山地震復興計画［タンシャンじしんふっこうけいかく］Tanshang reconstruction plan after the earthquake of 1976　復旧　地震　1976年7月28日，中国大陸の人口の密集した工鉱業都市，河北省唐山・豊南一帯は，マグニチュード7.8の強い地震に見舞われ，震源真上の唐山市が壊滅的に破壊され，被害は北京・天津にかけて死者24万

2469人，重傷者16万4851人に達した。活断層が地表に現れた震源地唐山市は，全国からの人的支援を得ながら自力復興を目指し，5年間の国に納入する税金を免除してもらうことによって，まず生産施設の復興を第一とし，歳入を確保しながら10年間で全く新しい復興都市が造られた。復興にあたっては，都市計画の段階から設計，施工に至るまで地震の教訓をまとめて，耐震防災指導方針を作り，それを確実に実行し，耐震都市として再建された。中国の大都市（人口40万以上）を制限する政策に従い，25km北方の地盤のよい豊潤県域の東部に新区を設け，旧市の東方25kmにあった鉱山の町東鉱区と合わせて，お互いにほぼ等距離で鉄道と道路で結び，それぞれの方向に2カ所ずつの接続点を設けるよう配慮されている。計画人口は旧市(40万)，新区(25万)，東鉱区(30万)としていた。特に道路と公園整備に力を入れ，幹線道路を50m，次幹線道路を30m，一般道路が20mとし，公園は居住小区1人当たり1 m^2，居住区に1人当たり2 m^2，市全体で1人当たり3 m^2，計1人当たり6 m^2の緑地・公園が造られている。またライフライン施設として病院，給水，電力，通信，消防，都市交通などを挙げている。例えば地震前に地下水だけに頼っていた上水道は，ダムを造って地表水，地下水などを使い，5つの浄水場の建設と合わせて多水源方式を採用した。電力なども多ルート化方式を採用するなど，総合的耐震都市の建設が行われている。また地盤性状と地震被害の相関がはっきりしたことから，復興に際し，▶マイクロゾーニング的配慮もされており，設計の耐震強度は日本に比べ低いが，丁寧な施工によって設計以上の強度をねらった合理的な選択がなされている。 ◎村上處直

短時間降雨予測 [たんじかんこううよそく] short-term rainfall prediction / short-term rainfall forecast 河川 情報 短時間降雨予測（降水短時間予報）とは，数時間先の降雨分布を数kmという水平空間分解能で予測することを目的としたもので，その予測情報は豪雨災害の軽減を目的とした実時間洪水予測，土砂崩れや土石流発生予知，ひいては人命に関わる避難警報等の発令などの情報源として極めて重要な役割を果たすものである。一般に，長時間先を対象とする予測のほうが難しいと思われがちであるが，短時間降雨予測は各種の予測のうちで最も時間・空間的にきめ細かな予測が要求され，理解されていない部分が多いメソβスケールという200km以下のスケールの気象現象を直接的に取り扱う必要がある。現在実用化あるいは鋭意開発が進められている短時間降雨予測手法は，▶運動学的手法，降雨の▶概念モデルを用いた手法，メソスケールモデルによる手法に大きく分類される。どの手法も▶気象レーダーにより時々刻々得られる降雨分布情報を用いる。 ◎中北英一

短時間予報 [たんじかんよほう] very-short-range weather forecast 気象 河川 情報 気象庁の現業予報のひとつ。短期予報に比べて空間的に小さい領域に対して，短い時間間隔で行う天気予報。目先数時間から12時間程度先までを対象とする。現在実用化されている短時間予報としては，5km四方の領域毎に，初期時刻から3時間先まで毎時間降水の予測を行う降水短時間予報がある。降水短時間予報は，実況で得られた降水域の移動速度をパターンマッチングと呼ばれる手法で外挿するほか，数値予報の予測資料から風や湿りの予測値を利用したり，地形の効果による降水域の発達や衰弱も加味されている。大雨域の移動や盛衰など防災上有効な予測資料として利用されているが，雷雨のように短時間で大きく変化するような現象の予測精度は十分とはいえない。このため，現在では10キロメッシュの局地数値予報モデルを用いた18時間予報が進められている。 ▶GPV ◎村中明

断水 [だんすい] water supply suspension 都市 需要変動を吸収する目的で設置された配水池が空になり，管路内の水圧が失われたため，給水栓から水が出ない状態。自然流下による給水の場合，配水池内の水が失われても管内の水量が続く限り水が出ることもある。ただし，管内の汚染を防いで供用再開を早くするなどの管理上の問題から，仕切弁により管路を遮断して管内水圧を保つこともある。この場合は，遮断された時点で給水が止まることになる。 ◎松下 眞

淡水化 [たんすいか] desalting 都市 海水の淡水化は，主要な渇水対策の一つであり，海水を加熱—蒸発させて水蒸気を冷却する蒸発法が有名である。しかし，この方法は大量のエネルギーが必要で日本では造水コストが極めて高い。他に，塩分を透さない半透過膜を利用する逆浸透法，陽イオン交換膜と陰イオン交換膜の間に海水を通す電気浸透法，海水を凍結させ融解によって淡水を得るLNG冷熱利用法，水蒸気のみを通す透過気化膜を利用する透過気化法などが存在する。費用は約200〜600円/m^3(約2000 m^3生産級)を要し，河川水の開発に比べると割高で，離島，夏期限定，異常渇水時，中近東などの電気料金の安価な地域での造水に用いられることが多い。 ◎小尻利治

弾性 [だんせい] elasticity 地震 物体に力を加えた時その形は変化するが，力を取り除いた後原形に戻る性質を弾性，原形に戻らない場合を塑性という。鋼などの材料においては，降伏点と呼ばれる応力を超えなければ弾性を保ち，またこの場合応力とひずみはほぼ線形の関係を持つ。応力増分のひずみ増分に対する比は，弾性係数や弾性率と呼ばれる。 ▶塑性 ◎中島正愛

弾性限界 [だんせいげんかい] elastic limit 地震 荷重を受けて変形した材料がその荷重を除去した時，完全に元に戻り，永久変形や残留変形が生じない場合，その材料は弾性であるという。材料が弾性の性質を失う点を弾性限界，またそれに対応する荷重を弾性限界荷重と呼ぶ。例えば，鋼の場合，弾性限界は，降伏応力(yield stress)や降伏

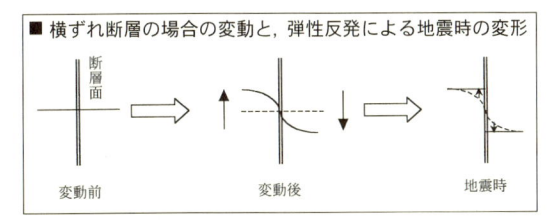

■ 横ずれ断層の場合の変動と，弾性反発による地震時の変形

ひずみ(yield strain)などで代表される。

◎中島正愛

弾性地震応答 [だんせいじしんおうとう] elastic earthquake response 〔地震〕　地震動を受ける構造物の弾性領域の応答。構造物は，柱，梁，壁などの構造部材から構成されている。構造物が地震動を受けると，地震動の強さ，レベルに応じて構造部材の変形領域が弾性領域にとどまる揺れか弾性領域を超えた揺れを経験する。前者の揺れを弾性地震応答といい，後者を弾塑性地震応答という。弾性地震応答の特徴は，部材の変形領域が弾性域，線形領域にあり，その意味で線形の揺れ，線形振動にある。部材の力と変形の関係が線形関係にある限り，力がゼロなら変形もゼロとなり，いわゆる残留変形はない。地震終息後には，建物は地震の開始以前の元の位置に必ず戻っている。従って，どんな大きさの地震動を受けるどのような構造物も，弾性領域の地震応答を経験するが，この領域には一切の損傷，被害がなく，その大きさは，地震動レベル，構造物の質量と弾性範囲の剛性から決まる固有周期と半無限の地盤に逸散する減衰の大きさにより決まる。

◎浅野幸一郎

弾性波 [だんせいは] elastic wave 〔地震〕　弾性体中を伝播する波。振動方向が伝播方向に平行なP波(縦波)と，垂直なS波(横波)がある。また，自由表面を有する弾性体では表面に沿って伝播する表面波が存在する。これに対し，P波とS波は実体波と呼ばれる。震源から遠方では，実体波の振幅は1/(距離)で，表面波の振幅は1/(距離の平方根)で減衰する。

◎澁谷拓郎

弾性反発 [だんせいはんぱつ] elastic rebound 〔地震〕　1906年サンフランシスコ地震前後の地殻変動の観察に基づいて，Reid(1910)が提唱した地震発生のメカニズムに関する考え。固着した断層の周辺でプレート運動などにより弾性ひずみが蓄積し，これによる応力が断層固着面の摩擦強度を超えた場合に，断層面を境に両側の岩盤が急激にずれ(地震発生)，ひずみを解消すること(図)。

◎橋本 学

断層 [だんそう] fault 〔地震〕〔地盤〕　地殻に蓄積されたひずみを解放するため，地層や岩石が面や帯に沿ってずれるせん断破壊現象。ずれた面が断層面で，この上にある地塊を上盤，下にある地塊を下盤と呼ぶ。上盤と下盤の相対的なずれの方向によって縦ずれ断層と横ずれ断層に分けられ，垂直断面での見かけのずれによって，上盤が下盤に対して相対的にずり落ちた重力性の断層を正断層と呼ぶのに対して，上盤が下盤にずり上がったものを逆断層あるいは衝上断層と呼び，断層面の傾斜が45°以下のものを押し被せ断層という。一方，横ずれ断層では，水平断面での見かけのずれが，断層を挟んだ反対側の地塊が相対的に右にずれたものを右横ずれ断層，左にずれたものを左横ずれ断層という。断層の走向・運動様式と広域的な地殻応力には密接な関連があり，現在，日本列島はほぼ東西方向の圧縮の場にあり，東北日本では南北走向の断層に沿って逆断層運動が，西南日本では北東—南西走向の断層に沿って右横ずれ運動，北西—南東走向の断層に沿って左横ずれ運動，九州中部では東西走向の断層に沿って正断層運動が卓越する。

◎中田 高

断層崖 [だんそうがい] fault scarp 〔地震〕〔地盤〕　▶断層は地層の食い違いを生じるが，断層変位による地表面の形状変化(▶断層地形)の中で，形態的に最も特異なものは断層崖であるといえる。▶正断層や逆断層はもちろん，横ずれ断層も鉛直変位を伴うのが普通であり，断層線に沿って崖を生じる。断層崖は地震や地下水のために崩壊することが多く，断層崖は必ずしも断層変位を保存しない。斜面崩壊や侵食による断層崖の二次的変形は減傾斜(従順化)と後退の2つの要素を持つ。従って，地質的過去に生じた断層崖の地形から断層活動を評価するためには，これらの二次的地形変化を考慮する必要がある。

◎奥西一夫

断層地形 [だんそうちけい] tectonic landform 〔地震〕〔地盤〕　断層によって生じた特異な地形である断層地形は，一般地形学において重要な研究対象であるが，災害科学においては断層を探す手段として重要である。▶断層崖は断層の存在を直接反映する地形である。しかし，活断層によって生じたものは低い崖であり，古い断層崖は崩壊・侵食など他の地形変化を受け，断層の存在を明瞭に示さないことが多い。そのため，場合によっては，下記のような容易に発見できる断層地形も利用される。三角末端面：断層崖によって尾根が切断され三角形を呈するもの。断層線谷：地質的弱線としての断層に沿って侵食が進んで生じた直線的な谷。横ずれ断層では，谷地形が不明瞭でも，ある直線を境に河谷の位置に系統的なずれが見られることがある。ケルンコル：ある直線に沿って尾根を切り欠いたような鞍部の直線的なつながりで断層線谷の変種といえる。リニアメント：地表面に見られる線状構造。新しい活断層などで，断層変位が小さい場合は，地形的に検知することが難しいが，空中写真などでは線状の不連続は発見しやすい。ただし，断層以外の原因でリニアメントができることにも注意が必要である。段丘面の変位：比較的新しい段丘は平らであり，活断層によってできた地表面のギャップを比較的容易に発見できる。

◎奥西一夫

断層粘土 [だんそうねんど] fault clay / gouge 〔地盤〕　断層面に沿って存在する粘土状物質。暗色のものを断層ガウジということもある。断層運動に伴う断層面周辺の岩石の粉砕によって形成されると考えられている。しかし通常断層粘土といわれているものの中には粉砕された鉱物が地

■断層パラメータ

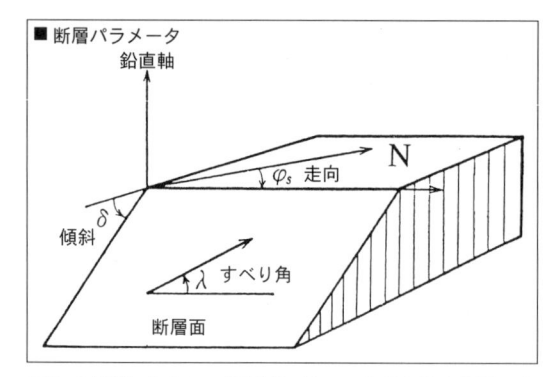

下水で変質したもの、断層面に沿って生じた熱水作用による産物も多く含まれていると考えられている。一般に大規模な断層すなわち変位量の大きい断層ほど、厚い断層粘土を伴う。最近、断層粘土中の石英粒子を用いて、その表面の微細構造の電子顕微鏡観察を行ったり、電子スピン共鳴(ESR)法によって絶対年代測定をすることにより、断層の活動時期を知るという方法が確立されつつある。

◎松倉公憲

断層パラメータ [だんそうパラメータ] fault parameter 〔地震〕 地震の発生源である震源断層を特徴付ける物理量。幾何学的パラメータとして、断層面と食い違い(すべり)の方向を表す3つの角度(走向、傾斜、すべり角)がある(図)。大きさを示す量として、地震モーメント M_0、断層面積 S、食い違い量がある。M_0 と S の値から、震源域での平均的応力降下量が $\Delta\sigma = c M_0/S^{1.5}$ (c：断層面の縦横比による無次元定数でふつう2.4〜2.5)と求められる。この他、動的パラメータとして、破壊伝播速度、食い違い速度などがある。また、断層面の摩擦すべり特性を表す物性量として、臨界すべり量 D_c や限界応力がある。これらの物性は断層近傍での地震動に大きな影響を与える。 ◎菊地正幸

炭素残渣 [たんそざんさ] residual char 〔火災・爆発〕 植物、動物、合成繊維、合成樹脂を原料とした可燃物、加熱されると分解し、水素、酸素、窒素、硫黄などが気体として失われ、後に炭素を主成分とする物質が残る。この残渣を炭素残渣と呼ぶ。→炭化 ◎鶴田 俊

弾塑性地震応答 [だんそせいじしんおうとう] elasto-plastic earthquake response 〔地震〕 地震動を受ける構造物の弾塑性領域の応答。▶弾性地震応答と対比されて、構造部材は弾性範囲を超えた非線形領域での振動を受ける。構造部材の種類、構造形式により弾性範囲を超えた領域の力と変形の関係は、多種多様であるが、骨格曲線と履歴曲線で特徴付けられる。部材の非線形性は直接構造物の被害、損傷に通じ、ひび割れ、クラック、破損、損壊につながる。弾塑性地震応答の特徴は、損傷の程度により決まる剛性の低下に対応する構造物の固有周期の伸びと地震終了後の残留変形にあるが、構造物の損傷・被害と直結する履歴曲線によって特徴付けられるエネルギー消費が極めて重要である。激・烈震などの大地震時に構造物が安全であるかどうかは、地震動により供給される入力エネルギーを構造物が消費できるかどうかにかかっている。エネルギーのやりとりを直接計算する代わりに、構造物または部材の弾性限を予め定めておいて、この弾性限の何倍までを許すかにより安全性を判断することが、一般に行われている。

◎浅野幸一郎

単体規定 [たんたいきてい] building standards for structure and healthy condition 〔復旧〕 建築基準法の第2章において規定されている、個々の建築物が単体として、具備していなければならない安全性確保のための技術的基準のことである。一般的に建築物が具備していなければならない安全性とは、本来の使用方法に従って、その建築物を使用している間に関係者の生命、健康および財産に損害を与えないことと把握されており、全く予期し得ないオーバーロード、天災、事故などによる建築物の崩壊や破損は、安全性を欠いていたこととはされない。具体的には、建築物の構造強度、建築物の防火と避難施設、建築物の環境衛生などとそのための構造、設備などに関する基準が定められている。→建築確認、集団規定、容積率 ◎松谷春敏

短柱 [たんちゅう] short column 〔地震〕 断面の大きさに比べて丈の短い柱。短柱は同じ層にある他の柱に比べて剛性が高いので、地震時に水平力を集めやすく、小さな層間変形で脆性的な▶せん断破壊を起こす原因となる。鉄筋コンクリートや組積の腰壁や垂壁がついた柱では、それらが非構造壁であっても腰壁や垂壁のない部分に変形が集中するので短柱となりやすい。腰壁や垂壁と柱の間にスリットを設けて切り離すなどの耐震設計上の注意が必要とされる。 ◎塩原 等

暖冬 [だんとう] warm winter 〔雪氷〕〔気象〕 冬季、平均気温が平年に比べて高い場合、この冬を暖冬と呼んでいる。対象とする期間は通常12月から2月までの3ヵ月間で、この間の平均気温を平年値(過去30年間の平均値、現在は1961〜90年を使用している)と比較して規定以上(およそ0.5℃)高い場合を暖冬としている。1987、88年の冬以降、暖冬傾向が続き、異常気象の一環ではとの見方も出ているが、1998、99年の冬はほぼ平年並みに戻っている。降雪時の気温が雨雪の境に近い温度帯の北日本や北陸地方では、暖冬年は降雪が雨に変わり、積雪量が少なくなる。大雪による被害は減る一方、積雪地帯の縮小は雪融け時の水量が少なくなるために夏季に水不足を招く恐れがある。

◎長谷美達雄

段波 [だんぱ] surge / hydraulic bore 〔地盤〕〔海岸〕〔河川〕 水門などの急開や天然ダムの決壊により、流量が急激に増加すると、段状の水面(正段波)が形成されて下流に伝播する。また、潮差が大きく、ラッパ状の湾に河口を有する河川では、大潮の時には段波が形成され、河川を遡上する現象が見られる。中国の銭塘江では大潮の時に発生する tidal bore が観光名物になっている。その他、土石流

の先端部も水面が不連続になっているので土石流段波といわれることもある。なお，段波の前後では，水位や運動エネルギーが急激に変わるため，段波の発生は災害につながることが多い。　　　　　　　　　　　　　◎江頭進治

断裂　[だんれつ]　fracture　[地盤]　岩石の破壊によってできた破断面の総称。裂罅（れっか），節理，断層などに分けられる。普通肉眼的に認められるもの以上の大きなものについて用いられる。裂罅は，面に沿っての変位は認められないが，面に直交方向に変位が認められるもの，すなわち面が開口しているもの，あるいは非固結の粘土などに充填されているものである。節理は，平面的で，面に沿う変位が認められないかわずかなもので，たいていの場合，複数の平行な節理が群をなす。断層は，その両側で岩石のずれがある面，あるいは幅を持つ帯である。　◎千木良雅弘

チ

地域型応急仮設住宅　[ちいきがたおうきゅうかせつじゅうたく]　community-based temporary houses　[復旧]　阪神・淡路大震災で建設された仮設住宅の一種で，宮城県からの寄贈がきっかけとなって造られ，県下で2389戸建設された。応急仮設住宅の多くが郊外に立地したため，様々な問題が発生したが，地域型仮設住宅はその弊害を軽減するために，旧市街地に配置され，高齢者や障害者に配慮して，生活援助員（LSA）の巡回などのケアも導入した。住宅のプランも障害者に配慮したもので，中廊下の両側に個室が並び，共同浴室，共同台所などのコモンスペースを備えたものであった。芦屋市では，これをLSAが24時間常駐するケア付き仮設住宅とし，福祉と住宅が一体となったものとして，入居者から高い評価を得た。　◎塩崎賢明

地域区分　[ちいきくぶん]　zoning / zonation　[海外]　土地を現実のあるいは想定される被災危険度や構造や成因などの属性に応じて区分し区画すること。洪水・火山活動，地震，高波などの加害力の影響による区分の他，地すべり，土石流，断層，地盤の液状化などの現象の影響圏の区分ならびに地形や地質のような土地の属性による区分がある。　　　　　　　　　　　　　　　　　　◎渡辺正幸

地域地震情報センター　[ちいきじしんじょうほうセンター]　regional earthquake information center　[行政][地震]　地震調査研究推進本部本部長の要請に基づき気象庁長官が管区気象台などを単位とした地域ごとに地震に関する調査結果などを収集する際に用いる名称。　◎気象庁

地域総合化　[ちいきそうごうか]　regionalization　[河川]　一地点のデータだけでは洪水事象の母集団を把握するには記録年が短すぎる。洪水のような限界値の観測記録にはゆゆしい誤差が生じがちである。このような欠点を考慮して，水文学者たちは同質の（または同質と推定される）地域から得られるデータを総合化し，必要な再現期間のより実際的な洪水の評価をすることを考えた。このことを地域総合化といい，地域洪水頻度解析ともいう。
　　　　　　　　　　　　　　　　　　◎友杉邦雄

地域組織　[ちいきそしき]　community-based organization　[情報]　▶CBO

地域地区制度　[ちいきちくせいど]　zoning regulation system　[復旧]　地域地区とは，都市計画法やその他の法律で定められている，用途地域，特別用途地区，高層住居誘導地区，高度地区または高度利用地区，特定街区，防火地域または準防火地域，美観地区，風致地区，臨港地区，流通業務地区，伝統的建造物群保存地区などの地域，地区，街区のことである。都市の区域内の土地は機能的に異なるいくつかの地域に分化するが，このような土地利用に計画性を与え，適正な制限のもとに土地の合理的な利用を図ることは都市計画上最も重要なことの一つである。都市計画区域内の土地をどのような用途に利用すべきか，どの程度に利用すべきかなどということを地域地区に関する都市計画として定め，建物の用途，容積，構造などに関し一定の制限を加えたり，あるいは土地の区画形質の変更，木竹の伐採などに制限を加えたりすることにより，その適正な利用と保全を図ろうとするものである。→都市計画法，地区計画　　　　　　　　　　　　　　　◎松谷春敏

地域と連携した防災教育【学校】　[ちいきとれんけいしたぼうさいきょういく]　disaster education in collaboration with local communities　[情報]　学校制度の狭い枠組みの中で行われる防災教育には，おのずと限界がある。学校にはそもそも防災専門家が不在のため，教科書的知識の受け売りや単なる避難訓練が主体となりやすく，マンネリ化や防災意識低下が避けられない。一方で，地域社会には防災関連の様々な専門家，団体，機関が存在し，防災に関する社会教育・生涯教育プログラムもある。学校と地域社会の開かれた連携が，防災教育においても最良の結果をもたらし得る。　　　　　　　　　　　　◎小山真人

地域に特有の防災の知恵　[ちいきにとくゆうのぼうさいのちえ]　Indigenous Knowledge System（IKS）　[海外]　災害は望ましくない現象なので歴史のある集落では災害を抑止し被害を軽減するための伝統的な知恵やしきたりを持っている。その多くは被災経験をもとにしたものといって過言ではない。歴史の浅い集団にはそのようなものはなく，また，自然環境が変化した所では役に立たなくなったものもあるのでその有効性を過信してはならない。加害力が接近する過程ではいわゆる「観天望気」，動物の挙動異常や日常的な現象の急変などを察知して警報や動員をかけたり避難あるいは貴重品を移転することなどがある。加害力の作用中は住民を動員して身近な資源を集め統制のとれた行動

を組織し習熟した技術を行使することがある。構造物の基礎工事や修理，石組，築堤，洪水の制御などの技術が挙げられる。作業の指揮ならびに労働に対する報酬や犠牲に対する補償，助け合いなどに地域集団の安全と秩序を守る知恵がある。被災後そして常時は次の災害に備える知恵，技術で，避難台地，水船，仏壇を吊り上げる滑車，地揚げ(高床，浮稲)，植林ならびに聖牛や籠工の材料の備蓄がある。雪国では雪崩災害防止の雪割突角がある。　　◎渡辺正幸

地域防火計画　[ちいきぼうかけいかく]　regional plan for fire prevention　火災・爆発　地域の火災危険の軽減を図ることを目的として，防火対策を系統的に運用するための計画。地域防火計画は，防火計画と地域計画の両側面を持ち，地域空間全体を対象にして，ハードな対策に加えてソフトな対策の積極的な導入を図りつつ，防火対策の空間的・時間的な体系化を図る総合的な計画である。地域防火対策は，その目的により，出火防止対策，延焼防止対策，避難対策に大別され，さらに，延焼防止対策は，消防力などによる対策，▶延焼遮断帯などによる対策に分けられる。また，その方法により，設備的対策(器具や装備の充実によって危険の低減を図る)，空間的対策(建物や地域の構造や体質の改善により危険の低減を図る)，管理的対策(設備や空間の管理やコントロールによって危険の低減を図る)に分けられる。　　　　　　　　　　　　◎山田剛司

地域防災拠点施設　[ちいきぼうさいきょてんしせつ]　local disaster prevention base facility　行政　地震防災緊急事業五箇年計画について緊急的に整備すべきものとして定められている，災害時において応急対策を行う拠点となる施設。災害時に地域の拠点となる機能の他，飲料水や食料の備蓄機能，平常時において防災教育を行う機能を兼ね備えた地域防災拠点施設のモデルとなるような施設について，「地域防災拠点施設整備モデル事業」として国庫補助が行われており，これにより2000年度現在22施設の整備が図られている。　　　　　　　　　　　◎内閣府

地域防災計画　[ちいきぼうさいけいかく]　local plan for disaster prevention　行政　災害対策基本法に基づき作成される防災計画の一つで，①都道府県の地域につき，当該都道府県の都道府県防災会議が作成するもの(同法第40条)，②市町村の地域につき，当該市町村の市町村防災会議または市町村長が作成するもの(同法第42条)，③2以上の都道府県の区域の全部または一部にわたる地域につき，都道府県防災会議の協議会が作成するもの(同法第43条)，④2以上の市町村の区域の全部または一部にわたる地域につき，市町村防災会議の協議会が作成するもの(同法第43条)をいい，災害の内容によって，風水害災害などの一般対策編，震災対策編，火山対策編などの防災計画がある。また，この地域防災計画は，国の作成する防災基本計画に基づき作成され，毎年計画に検討を加え，必要がある時は修正しなければならないことになっている。

◎井野盛夫

地域防災計画と学校　[ちいきぼうさいけいかくとがっこう]　role of schools in local plan for disaster prevention　情報　地域防災計画は災害対策基本法に基づき，市町村が作成するものであり，平常時における予防対策，災害発生時における応急対策，さらに災害後の復旧・復興対策などに関する計画が記述されている。災害時に学校は，教育活動の円滑かつ効果的な推進を図り，また場合によっては地域の避難所として機能する上で，学校，家庭，地域が十分に連携し相互補完していくことが重要である。このために，災害時における学校の役割について地域防災計画内に位置付け，行政，学校，地域住民それぞれが平常時から互いの役割を確認しておくことが必要である。さらに，地域防災計画の中で学校が果たすべき機能が明確に定められていることにより，学校や地域が連携して防災計画を検討したり，学校と行政と地域が一体となった防災訓練などがよりいっそう円滑に行われるようになる。　　◎重川希志依

遅延型冷害　[ちえんがたれいがい]　cool summer damage due to delayed growth　雪氷　気象　田植え後に低温が続くと活着，生育，分げつなどの栄養生長が不十分となり総籾数の減少により減収の要因が生ずる。その後天候が好天に転ずれば生育の遅れは回復する場合もある。しかし，秋の寒冷な時期に生育がずれ込むと稲は実ることはなく，晩秋に青立ちという現象を呈する。　　◎卜蔵建治

地塊　[ちかい]　block / massif　地盤　断層に両側，あるいは周囲を囲まれた地殻の一部。断層地塊とも呼ばれる。地塊が剛体のように振る舞って相互にずれ動く運動を地塊運動と呼ぶ。地塊運動には，隆起，沈降，傾動がある。精密な水準測量によって，地殻が地塊に分かれていること，そして，地塊運動があることが明らかになった。特に造山帯において，周辺岩石よりも剛性の高い岩石から成る地形的また構造的塊を地塊(massif)と呼ぶこともある。

◎千木良雅弘

地下街の被害想定　[ちかがいのひがいそうてい]　damage estimation of underground shopping centers　被害想定　地震　地下街は一般に地上構造物より揺れが小さいため，被害の発生する危険性は少ないと考えられている。兵庫県南部地震でも地下街の被害は軽微なものにとどまっている。従って，1997年に行われた東京都の被害想定でも地下街の安全性については，停電，火災，ガス漏れ，換気，避難，各テナントにおける屋内収容物の転倒，落下などの問題に絞られている。ただし，地震の発生時刻によっては多数の人々が地下空間に滞留していることが考えられ，浸水などの悪条件が重なった時の避難困難など状況の変化に応じた被害想定を行う必要がある。　　◎宮野道雄

地下河川　[ちかかせん]　underground tunnel system　河川　地下河川は一般に洪水流量の一部を地下水路に負担させる放水路形式のものが主体であり，道路などの地

下の空間が利用される例が多い。小規模なものは開水路流れによる自然流下を基本としているが、国土交通省が建設中の首都圏外郭放水路などはポンプ運用による圧力管方式を採用している。地下河川では、全体が完成するまでに多大な年月を要するため、工事完成区間から暫定的に調節池として供用し、治水安全度の向上を図ることとしている。地下河川は大深度地下の利用という観点から魅力的であるが、建設に要するコストを勘案すれば、治水効果とともに非洪水時における地下河川空間をいかに有効利用するか、その技術の確立も望まれるところである。 ◎戸田圭一

地下空間洪水対策［ちかくうかんこうずいたいさく］ underground inundation counter measures ［河川］ 都市域の地下空間には地下街、地下鉄、ビルの地下、地下室、共同溝など、数多くの地下施設があり、災害対策としてはこれまで火災や地震に対する対応がとられてきた。しかし、地下鉄や地下街などにおいては、これまでにも多くの地下水害が発生していた。また1999年には福岡、新宿において地下施設内において浸水により死者が発生し、社会的にも大きな問題となった。

地下施設は低い場所に位置し、浸水が流入しやすく、一旦流入すると排水が非常に困難であることが特徴である。また、ビルの地下や地下室といった床面積が狭い施設では浸水の上昇が非常に速い。地下施設における浸水の上昇は地下施設の床面積(A)と出入口幅(B)で規定される。旧建設省土木研究所における水理模型実験結果などによれば、例えば、浸水が地下1階の天井(3 m)まで達する時間はA/Bが100 mで約22分、A/Bが20 mで約13分と短時間で浸水が上昇するのが特徴である。地下空間の洪水対策としては地下施設への出入口を一段高くしたり(ステップ)、防水板や防水扉を設置する。近隣のビルや他の地下施設などと接続している場合、防水扉や防水シャッターを設ける他、地下街などの最下層には地下貯水槽(通常は地下水の漏水対策)を設置することが効果的である。福岡市博多駅地下のデイトスでも地下貯水槽があったために、浸水被害を軽減することができた。地下鉄の場合、換気口(通常歩道面の高さにある)から最も浸水しやすいので、浸水防止機(手動、自動)を設置したり、隧道(通路、トンネル)内には防水扉を設置して、浸水域を広げない工夫も必要となる。地下空間における浸水災害は他の災害と異なって、1カ所でも氾濫水の浸入対策を怠れば、被害が発生することになるので、施設への出入口や接続箇所に漏れなく対策を施す必要があることに注意する。防水板などの設置に対しては日本政策投資銀行による低利融資制度「都市防災対策融資制度」や地方自治体による各種助成制度がある。 ◎末次忠司

地殻応力［ちかくおうりょく］ crustal stress ［地震］
→造構応力

地殻構造［ちかくこうぞう］ crustal structure ［地震］ ［地盤］ 地表からモホまでの岩石からなる部分を地殻という。モホの他に1925年にコンラッド(Conrad, V.)は、もう一つの地震波速度の不連続層が深さ15 km程度に存在することを見つけた。それはコンラッド(不連続)面と呼ばれ、それより上を上部地殻、それとモホとの間を下部地殻という。海洋下の地殻には上部地殻に相当する速度の層はなくコンラッド面はない。上部および下部地殻の弾性波速度を持つ岩石は、それぞれ花崗岩および玄武岩やガブロなどのマフィック岩石である。大陸地殻の大部分の基盤岩は花崗岩であり、海洋下には花崗岩が存在しないという地質学的事実から、大陸の上部地殻は花崗岩質層、また大陸下の下部地殻と海洋下の地殻は玄武岩質層と呼ばれることがある。地殻の構造は、爆破地震学によって詳細に研究されている。それによると、下部地殻をさらに2層に分けるほうが都合がよいことが多い。また、下部地殻の反射面の存在が明らかになり、地殻地震発生の下端と関連して大地震発生に対する新たなモデルが構築される可能性があり注目されている。→地球の内部構造、モホロヴィチッチ不連続面 ◎島田充彦

地殻変動［ちかくへんどう］ crustal movements / crustal deformation ［地震］ 地球表面付近が地球内部にある原因によって上下や水平にゆっくりと、あるいは急激に変動することをいう。1年間に数cm移動するプレート運動が引き起こす、隣り合うプレートとの相互作用によって生じる変位や変形、地震の時の急激な断層運動、地震の後に見られる余効変動、あるいは断層の定常的なすべりなどの総称である。ひずみの蓄積速度はわが国の場合最大で年間$5×10^{-7}$程度である。地殻変動によってひずみが徐々に蓄積して、10^{-4}程度と考えられる限界を超えると大地震が発生し、ひずみエネルギーを一挙に解放する。上下運動成分の卓越が予想される断層調査には重力異常の調査が有効である。広域地殻変動は、以前は三角測量、水準測量、光波測量など測地測量によって観測されてきたが、現在ではGPSやINSARなどの宇宙技術によって効果的に把握されている。地震予知を目的とした微小で異常な地殻変動の観測には高い感度を持つ傾斜計、伸縮計、体積歪計などが用いられている。 ◎田中寅夫

地下構造物の地震被害［ちかこうぞうぶつのじしんひがい］ seismic damage to underground structures ［地震］ ［地盤］ ［被害想定］ 地下構造物は地震による被害は受けにくいと考えられてきた。しかし、1995年の兵庫県南部地震による神戸高速鉄道の「大開駅」での甚大な被害(次頁の写真)は、地下構造物に対する耐震安全性の重要性を再認識させた。地下構造物は、管路、トンネル、地下鉄、共同溝、地下街、地下駐車場、地下タンク、地下変電所などと多岐にわたる。いずれもその地震時挙動は、地盤の挙動に支配され、その耐震安全性はいかに地盤挙動を適切に評価するかが鍵となる。地中構造物の地震被害は、地形あるいは地盤条件が変化する部分、また立坑とトンネルの接合部とい

■ 1995年兵庫県南部地震による神戸高速鉄道「大開駅」の被害
（出典 INCEDE NEWSLETTER Vol. 4, No. 4）

った構造条件が変化する部分で発生している。地下構造物が被災した場合，地上構造物と大きく異なる点は，復旧に多大な時間と費用がかかること，また人的な被害が発生した場合，救助活動が格段に難しくなることである。今後も地下に重要な構造物が多く建設されるようになるが，その耐震安全性に対しては十分な配慮が求められている。→地下鉄道の被害想定
◎田蔵 隆

地下侵食 ［ちかしんしょく］ underground erosion / subsurface erosion ［地盤］ 透水性の高い土層や，結晶片岩地すべりなど岩屑斜面などでは，土中の水みちを流れる地下水の流速が速く，土層内で細粒土砂の侵食・運搬，すなわち地下侵食が生じる。地下侵食は，豪雨時や山すべりなど土層内で変動が生じる時には活発化し，湧水の水が濁ったり，崩壊がなくても川の水が濁る。透水性の低い土層では表面侵食が卓越し，透水性の高い土層では，地下へ浸透した地下水による地下侵食により，土層の空隙の増大に起因する土層沈下や地すべりなどの斜面変動が生じる。
◎佐々恭二

地下水 ［ちかすい］ ground water ［地盤］ 地下水は砂礫層などの高い透水性地層を通過し，貯留される。粘土層にも貯留されるが，低い透水性のため排水に時間を要する。揚水に伴う水圧低下による砂層層の圧縮量は，粘土層に比べて無視される。地下水は地盤内部の土中を浸透流下するために，水量・水温・水質が安定していて，特に河川水などの地表水に恵まれない地域では，井戸から揚水されて貴重な水資源となる。平野部での工場揚水が集中した大阪平野など至る所で粘土層の圧密により著しい地盤沈下が生じたけれども，揚水規制などの努力により保全されて水位は回復できる。地下水位が高いと地盤液状化の懸念や工事の湧水処理の困難さのため，地下水位や揚水量の適正化が要望される。
◎宇野尚雄

地下水流 ［ちかすいりゅう］ groundwater flow ［河川］ 地下に存在する水を広く地下水ということができるが，通常，飽和して帯水層を形成している水を地下水，その流れを地下水流という。地表から地下水帯までの間は，不飽和帯と呼ばれる。不飽和帯の下で大気と接している地下水面を自由地下水面と呼び，自由地下水面を持つような地下水は，不圧地下水と呼ばれる。これに対して，上位，下位をシルト層，粘土層などの浸透性の低い層に挟まれて加圧されている帯水層を被圧帯水層，その水を被圧地下水と呼ぶ。地下水流流速は流体ポテンシャルの勾配に比例するという関係をダルシー則といい，その比例係数を透水係数という。不飽和の流れでも透水係数が飽和度の関数として，ダルシー則が成り立つ。
◎椎葉充晴

地下鉄道の被害想定 ［ちかてつどうのひがいそうてい］ damage to underground railways ［被害想定］［地震］ 山岳トンネルやシールドトンネルなどの地中構造物は，一般に地震に対して強いといわれているが，比較的古い時期に建設された開削工法によるトンネルでは，中柱の破壊，側壁の損傷などが発生する可能性がある。しかし，過去の地震被害の事例が少ないために統計的な方法による被害想定は難しい。構造物が建設された際に準拠した設計基準を考慮して，力学的な検討に基づき被害想定が行われる。また，地下鉄道では津波や堤防被害に伴う浸水の可能性もあるが，地形上浸水の可能性が高い駅では出入り口が歩道より高くなっており，また，止水板を設置できるようになっている。路上の換気口も遠隔操作や浸水感知器により閉鎖することができる。万一浸水した場合には，防水ゲートを閉鎖し排水ポンプを運転する。→地下構造物の地震被害
◎川上英二

地下鉄の復旧 ［ちかてつのふっきゅう］ restoration of subways ［復旧］ 地下鉄の復旧工事では，地上あるいは高架構造の鉄道とは違って，資材の搬出入路，作業スペースの確保など，地下構造物ゆえの各種制約の中で実施しなければならない。また応急復旧によって地下構造物の安全性を確保した上で開業し，営業しながら本復旧を行う場合には，部分的な供用を行いつつ引き続き工事を実施することになるから，乗客の安全を確保するための場所と作業場所の区分などにより，施工にさらに大きな制約を受けることとなる。
◎塚口博司

地下配線 ［ちかはいせん］ underground subscriber facilities ［都市］ 一般に通信施設は，都市内での掘り起こし制限や景観などの目的で地下に埋設されることが多く，それらは同時に耐久性や地震時での信頼性向上に寄与しているものと考えられる。設備面では，各ユーザーへの通信ケーブルを収容する配線用管路とマンホールおよびハンドホールがある。管路の材質には合成樹脂(主に硬質塩化ビニル)が主として用いられ，一部には鋼材が使用されることがある。マンホールとハンドホールには鉄筋コンクリートやレジンコンクリートが使用される。それらに収容されている配線ケーブルは，従来メタルケーブルが主であったが，今後はマルチメディア時代に対応した光ケーブルが各企業や家庭に引き込まれる(FTTHが普及する)ことから，従来とは違った設備形態や容量のあり方が検討され

ている。また，国土交通省および自治体では今後電線共同溝(CC-BOX)や情報 BOX を整備する計画があり，関係機関での総合的な調整が必要であろう。　　　　◎中野雅弘

地球温暖化　［ちきゅうおんだんか］　global warming　気象　海岸　地球温暖化は，二酸化炭素などの温室効果ガスの濃度増加が引き起こす地球規模の温度上昇を意味する。遠赤外線領域で，二酸化炭素やメタンの吸収波長が大気の窓の縁辺に位置しているので，これらの気体の増加は温暖化作用を効率的に増強する。地球温暖化とそれに伴う環境変化の予測の研究が進められているが，予測の曖昧さは不可避である。それでも，工業地帯の対流圏内の硫酸塩粒子による温暖化抑制作用を加味すると，コンピュータシミュレーションは，19世紀以降現在までの温室効果気体の増加に伴う気温上昇の実状をかなり忠実に再現できている。従って，コンピュータシミュレーションと同じ手法による将来予測はある程度の信頼性を持っており，21世紀末の地球全体の気温上昇は 1〜3℃，海面水位上昇は 0.3〜0.5 m だと予測されている。地球温暖化に伴う地域的気候の変化や，干ばつ，台風，集中豪雨などの極端な天気の動向の予測は，今後の研究に期待される。　　◎山中龍三郎

地球化学的地震先行(前兆)現象　［ちきゅうかがくてきじしんせんこう(ぜんちょう)げんしょう］　geochemical precursor of earthquake　地震　水やガスの中の特定の化学成分の濃度や同位体比が地震発生前に変化する現象。対象とする水やガスは主に地下水や地下ガスであるが，地表付近の水(海水も含む)や大気中の化学成分濃度が地震前に変化したとの報告もある。日本においては，地下水位，地下水温などの地震前の変化も「地球化学的地震先行現象」と呼ぶことがあるが，このような変化は明瞭な物理的変化であるから，これらを「地球化学的地震先行現象」とするのは厳密ではない。地球化学的地震先行現象は過去に多数報告されているが，地下数〜数百 km で発生する地震と，地表付近の水やガス中の化学成分濃度変化を結びつける理論的裏付けが不十分という課題がある。また，地下水や地下ガス・大気中におけるラドン濃度変化は，地球化学的地震先行現象として最も報告例の多いものである。それは，ラドンが，①放射性ガスなので，放射線の α 線を測定することによって低濃度でも測定できる，②不活性ガスなので濃度変化の理由として物理的な要因のみを考えればよい，③土壌内のガスの濃度が大気中のそれに比べて数千倍であるという特徴を持つからである。ラドンには，^{222}Rn(半減期：約3.8日)・^{220}Rn(半減期：約55秒)・^{219}Rn(半減期：約3.9秒)の３つの同位体があるが，存在比や半減期を考慮して，地震先行現象としてのラドン濃度変化において，^{220}Rn(トロン)や^{219}Rn は通常は無視される。　◎小泉尚嗣

地球潮汐　［ちきゅうちょうせき］　earth tides　地震　月と太陽の引力によって，海水の干満に見られるように，地球の固体部分も変形している現象で，わが国では30〜40 cm の振幅に達する。従って海辺で見られる潮位変化は正確にいえば，海面の変位と地球潮汐による地面の変位の差である。傾斜計，伸縮計，GPS などによって地殻変動を観測する場合，同時にこの地球潮汐が観測される。大地震の発生は，潮汐との関係がそれほど明瞭ではないが，群発地震などではその発生が地球潮汐と関係することがしばしば見られる。以前は「地殻潮汐」といわれていたこともある。　　　　　　　　　　　　　　　　　◎田中寅夫

地球電磁気　［ちきゅうでんじき］　geomagnetism / geoelectricity　地震　地球内部に起因する電磁気現象と，電離圏，磁気圏など固体地球外に見られる電磁気現象を含めて地球電磁気という。地磁気の大部分の原因は，地球の中心核に電磁ダイナモが存在し，これにより地球磁場が作られていることによる。磁力線は南磁極から出て北磁極に入る。磁力線の及ぶ範囲を磁気圏という。磁力線は太陽から飛来する高エネルギー粒子を遮るバリアーの役割をしている。高エネルギー荷電粒子の中には磁力線に沿って運動し，南北両磁極付近から地球内部大気圏に進入するものがある。これらは中性大気と衝突して発光現象をもたらす。これをオーロラという。地球外部の磁場変化により地球内部に誘導電流(地電流)が生じ，地表で磁場変化や地電流変化が観測される。誘導電流は地球内部の電気伝導率に依存して強弱がある。岩石に地殻応力が加わると，その磁化や電気伝導率が変わることがある。これらの性質を利用して，地震予知のための電磁気観測がなされている。
　　　　　　　　　　　　　　　　　◎住友則彦

地球の核　［ちきゅうのかく］　earth's core　地震　地表から深さ約2900 km(半径では3480〜3485 km)から深部は核と呼ばれ，半径1220 km より外側の外核と内側の内核に分かれている。外核は液体の金属鉄からできており，この中で発生する流れ(電流)によって地球磁場が生成されている。内核の主成分も金属鉄だが，地球の自由振動の観測からこちらは固体であると推定されている。　◎平原和朗

地球の内部構造　［ちきゅうのないぶこうぞう］　structure of the earth's interior　地震　地球は，第一近似的には半径6371 km の球と見なされる。現在最も深くまで掘ら

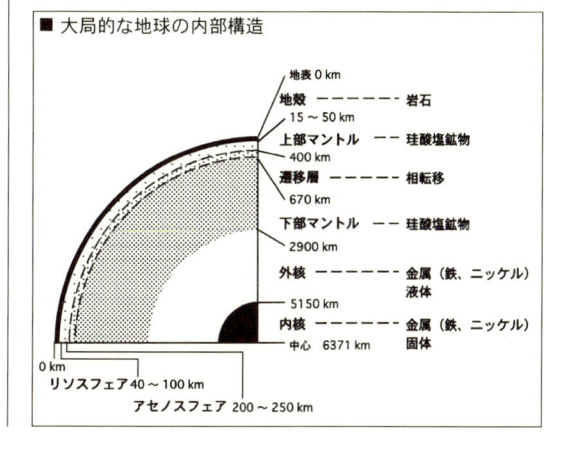

■ 大局的な地球の内部構造

深さ	層	構成
地表 0 km	地殻 15〜50 km	岩石
400 km	上部マントル	珪酸塩鉱物
670 km	遷移層	相転移
2900 km	下部マントル	珪酸塩鉱物
5150 km	外核	金属(鉄，ニッケル) 液体
中心 6371 km	内核	金属(鉄，ニッケル) 固体

0 km　リソスフェア 40〜100 km
アセノスフェア 200〜250 km

れた穴でも十数kmである。それにもかかわらず，測地学的，地震学的，その他の地球物理学的手法による地表での観測から地球の中心までの状態は明らかにされている。また，同時に宇宙の元素の存在度，地球外物質，特に隕石の研究や高温高圧実験を併用することにより地球内部の物質構造も明らかにされている。地震波は，震源から観測点まで，地球の内部の情報をもって伝播する。地震波の解析から地球内部の構造が詳細に研究されている。大局的な地球内部の構造を前頁の図に示す。岩石からなる地殻はモホより下部の比較的単純な鉱物からなるマントルと境される。2900km以深では地震波横波が通過しないことと地磁気の存在から液体金属(主として鉄とニッケル)と考えられている。そこは核(core)と呼ばれ，さらに中心部は固体金属からなると考えられている。液体核を外核，固体核を内核という。→地殻構造，マントル，モホロヴィチッチ不連続面

◎島田充彦

地区計画　[ちくけいかく]　district plan　[復旧]　地区計画とは，広い意味では地区レベルの都市計画をいう。都市計画が一般に都市全体を対象とするのに対して，街区，近隣住区，地区などの小区域が対象の計画で，都市デザイン，詳細計画による土地利用規制，独自の住民参加システムなどが主題になる。一方，1980年に都市計画法に導入された地区計画制度は土地利用制度で，建築物の建築形態，公共施設その他の施設の配置から見て一体としてそれぞれの区域の特性にふさわしい態様を備えた良好な環境の街区を整備，保全する計画とされ，沿道地区計画，集落地区計画，再開発地区計画，防災街区地区計画など10以上の類型の総称である。これらは用途地域規制に対して規制強化型と緩和型の地区計画に二分される。また，土地区画整理事業や市街地再開発事業と重複して決定し，より良好な都市整備を目指すことが多い。→都市計画法，地域地区制度

◎日端康雄

地形学　[ちけいがく]　geomorphology　[地震][地盤]　地形学は地表面の形状(地形)を取り扱う学問分野であるが，その成立当初から，地形の形成を明らかにすることと，自然環境の一つの要素としての地形を明らかにするという，2種類のアプローチが行われてきている。地形形成過程の解明においては，長い時間スケールの地形変化(地形の進化)を，比較と類推によって解明する地形発達論と，比較的短期間の地形変化を数学，物理学，化学の理論に基づいて定量的に解明する，いわゆる営力論に分類されるが，最近はその両者をつなぐ学問的方法として，陸水循環・水の地形形成作用と地形変化の間の相互作用を解明する水文地形学が注目されている。応用地形学の一分野としての災害地形学では，断層地形，地すべり地形，崩壊地形などの，災害に関係する過去の現象を地形特性から解明したり，地すべり，斜面崩壊，および土石流・泥流を含む土砂災害の発生条件を地形学的立場から解明することが行われている。災害地形学は地形形成論と環境地形学の両方に関連している。

◎奥西一夫

地形図　[ちけいず]　topographic map　[地盤]　基準点測量成果を用い，地表面の形状および人工物の位置を，一定の投影法と図式に基づいて表示した地図。地表面の形状の表現は，多くの場合等高線が用いられる。行政機関により，管内の地理情報を正確に表示する基図として作成されることが多い。わが国では，国土地理院の2万5000分の1地形図・地方自治体の2500分の1都市計画基図が代表的。大縮尺の地形図では平板測量も用いられているが，ほとんどは空中写真測量によって作成されている。図化の方法は，近年は解析図化機を用いたデジタルマッピングが主流となっている。多くは紙地図であるが，近年ベクターデータまたはラスターデータで表現したデジタルマップの利用も盛んである。

◎岩橋純子

地形性降水　[ちけいせいこうすい]　orographic precipitation　[気象]　山岳のような地形の障害物の上で湿った空気が上昇することによりもたらされる降水をいう。障害物の風上や風下にその影響が及ぶこともある。厳密には，障害物がない場合に擾乱(低気圧や台風など)によってもたらされる降水の部分は含まない。台風による降水や冬の季節風に伴う降水の場合，湿った空気が山岳に長時間吹くため，地形性降水が顕著である。地形性降水のメカニズムには，シーダー・フィーダー・メカニズム(seeder-feeder mechanism)，斜面滑昇凝結(upslope condensation)，地形性の対流(orographic convection)，がある。地形性上昇流による断熱的な凝結水の鉛直積分量は，$\alpha \int U(z) (d\rho_{ws}/dz)_{ad} dz$，で与えられる。ここで，$\alpha$：地形の傾斜，$U(z)$：山岳を乗り越える水平風速，$(d\rho_{ws}/dz)_{ad}$：断熱過程における飽和水蒸気密度，である。地形の傾斜と山岳に直交する風速，下層の水蒸気密度が大きいほど，地形性の凝結が増大する。

◎水野量

地形・地質災害要因　[ちけい・ちしつさいがいよういん]　geological hazards　[海外][地盤]　人や社会の環境を構成する地形ならびに地質要素は外的・内的営力で変化する。地表の地形，地質要素を変化させるのは温度，降雨，火山作用などの物理的，化学的な外的営力である。地殻に作用する内的営力は地震，断層，火山活動などの災害要因を作り出す。これらの災害要因がリスクを大きくするのは，破壊的な震動を伴うと同時にマス・ムーブメントといわれる現象を生み出して社会の存立基盤である表層地形を突然かつ大規模に変化させるからである。マス・ムーブメントの典型には，地すべり，土石流，溶岩流ならびに火砕流がある。

◎渡辺正幸

地形調査　[ちけいちょうさ]　geomorphological survey　[地盤]　地表面の形態的特徴や構成物質，形成時期，形成営力について調査すること。同一の営力によって形成された一連の地表面は地形種と呼ばれる。それぞれの地形種は

類似の構成物質や形態的特徴を示すが，形成時期が異なると，侵食や風化によって，構成物質の性質や形態も異なってくる。同一の形態的特徴，構成物質，形成営力および形成時期を示す一連の地表面は地形面と呼ばれ，地形調査では地形面の性格と分布を明らかにするための作業を行う。通常，地表の幾何学的形態に基づいて地形面分類を行い，個々の地形面の構成物質や形成時期，形成営力を調査し，再び地形面分類をし直す。地形面の性格や分布に基づいて，土地の性格や地表面の変化過程を検討することができる。
◎大森博雄

地形と豪雨 [ちけいとごうう] topography and heavy rainfall 河川 気象　地形は主に2つの過程を通して降雨の分布に影響を及ぼす。一つは山岳そのものによる直接的な効果としての強制上昇，もう一つは，収束域や水蒸気の流れ込みやすい領域の生成など，風や水蒸気の流れに影響を及ぼすという間接的な効果である。共に，気象状況に依存した形で地域特有の降雨分布をもたらすことが多い。▶層状性降雨の場合は山岳斜面に沿った強制上昇により水蒸気の凝結が促進されて周囲より多くの降水がもたらされる。特に，台風時にように強風が伴う場合は豪雨となる。一方，対流性降雨の場合は，強制上昇や収束域の存在がきっかけ（トリガー）となって積雲や積乱雲を発生する。もし，大気の条件が整えば同じ所で繰り返し積乱雲が発生したり，一旦発生した積乱雲が自己組織化して複数の積雲や積乱雲からなる降水システムを形成・維持して長時間豪雨をもたらすことになる（▶降雨域の伝播）。また，日射によって山岳域において熱雷が発生しやすいのも地形と豪雨の関係といえる。
◎中北英一

地形発達 [ちけいはったつ] geomorphic development 地盤　地表形態が地殻変動や侵食・堆積などによって変化していくこと。一連の地形変化の歴史を地形発達史あるいは地形形成史と呼ぶ。地表は隆起や沈降によって，あるいは，海面変動によって海面からの高さを変え，それに伴って，河川は侵食したり堆積したりする。氷期・間氷期などの気候変動は各地に降水量や気温の変化をもたらし，形成される地形種も変化する。また，次に形成される地形は現在の地形条件（傾斜や起伏）に強く規定される。現在見られる地表形態は，こうした内的営力や外的営力の変化，あるいは，地形そのものの変化によって形成された様々な地形種が重なり合って作られている。地形発達を解明することによって，土地の変化や環境変化を考察できる。
◎大森博雄

地形分類 [ちけいぶんるい] landform classification 地盤 被害想定　土地の形状をその形態，成因，性質などから分類することで，具体的には，その土地が山地であるか，台地であるか，低地であるか，または人工改変地かどうかなどを区分することである。通常，それらの大地形区分をさらに細分して凡例を組み立てる。目的によって，地形の成因や年代に留意した地形発達史に基づくもの，起伏量・谷密度など地形の形態をもとにしたもの，災害の危険度の観点からの防災的なものなど，様々に考えられる。主に，空中写真・地形図などの判読と，現地調査をもとに行われる。わが国で代表的な地形分類図は，国土地理院の土地条件図（縮尺2万5000分の1）と，国土交通省土地分類基本調査の地形分類図（縮尺20万分の1および5万分の1）である。
◎岩橋純子

地形面 [ちけいめん] geomorphic surface 地盤　同一時代に，同一地域に形成された同種の地形の集合。本来様々な傾斜の地形を含むが，通常は，ある程度の広がりを持つ平坦面ないし小起伏面を呼称する。堆積作用によってできた堆積面と，侵食作用によってできた侵食面に区分される。具体的には，段丘面・準平原・火砕流堆積面など。地形面を形成するためにかかる時間は様々であるが，一連の連続した作用によって形成されていることが同一地形面の条件となる。地形面の新旧や地層との前後関係を調査することによって，地形編年が行われる。地形面は，火山性のものを除き，それが形成された時代の基準面と深く関わっており，地殻変動や基準面変化を解明するための重要な手がかりとされている。
◎岩橋純子

地溝 [ちこう] graben 地盤　両側をほぼ平行な断層で限られた狭小な低地で，周囲から相対的に沈降して形成された凹地。地溝の語は，一般には両側の断層が正断層で，地溝の中心に向かって傾斜するものである場合に用いられる。grabenの語は，元来ドイツの鉱山用語であったが，後に地質用語となった。ふつう，造構運動によって形成された構造について用いられるが，地すべりのように局所的な変形によっても形成される。すなわち，平面的なすべり面を持つ地すべりの場合，地すべりの頭部が引張り応力場となり，そこに正断層と，それらに挟まれた地溝が形成されることがある。
◎千木良雅弘

地向斜 [ちこうしゃ] geosyncline 地盤　地殻が下方にたわみ，長期間にわたって厚い地層が堆積する区域。1859年に提唱されて以来，様々なタイプの地向斜の概念が考えられてきたが，代表的なものは，火成活動が盛んな優地向斜（ユウ地向斜）とそれに比べて地層が薄く火成活動のないミオ地向斜である。これらは対となって正地向斜をなし，後に造山帯に移り変わると考えられた。近年，海洋地域での著しい知見の増加とプレートテクトニクス理論の発展によって，地向斜に関連する現象の多くは海洋底の拡大と収束に関連していると考えられるようになった。
◎千木良雅弘

治山ダム [ちさんダム] check dam 地盤　渓床の侵食を防止し，山腹斜面の脚部を固定して，林地の保全を図ることを目的とするダム。コンクリート製，鋼製が多いが，古くは石材，木材を用いて建設された。一般に数m程度以下の小規模なものが多い。元々の目的は，上記のとお

りであるが，火山泥流，土石流などを対象とする大型のダムも建設されている。　　　　　　　　　　　　　◎水山高久

治山・治水　[ちさん・ちすい]　erosion control and flood control　地盤　河川　行政

治山は，水源の涵養に加えて，山崩れを防止したり，崩れた土砂を下流へ流出させないという森林の機能を確保し，もしそれが損なわれた場合は，その機能を回復させることを目的としている。この目的を達成させるために，山地の荒廃地の整備，山地災害の防止，水源涵養のための森林整備が，主として農林水産省で行われている。一方，治水とは河川の氾濫や高潮から住民の生命や財産および公共施設や農地など，社会基盤を守るために洪水を制御することである。加えて，上水道や農業用水などの水源を確保する利水も含まれる。この目的を達成するための事業は，河川に関するもの，河川の上流域の砂防に関するもの，地すべりに関するもの，多目的ダムに関するものなどがあり，これらの事業は主として国土交通省で行われている。

わが国では，1896(明治29)年の全国規模の大水害を契機に，治水三法と呼ばれる河川法，砂防法，森林法が制定され，近代的な治山・治水が始まった。その後も1910(明治43)年の大水害などを経験したが，第二次世界大戦後には，1945年の枕崎台風，1947年のカスリーン台風，1953年の集中豪雨，1954年の洞爺丸台風，1958年の狩野川台風，1959年の伊勢湾台風など，それぞれ1000人を超える死者・行方不明者を出す自然災害が続発した。このため，災害防止のため，治山・治水事業を主体とした国土の保全事業が積極的に推進された。その結果，1959年以降，台風や集中豪雨などによる自然災害による死者・行方不明者数は激減した。平成7年度より第9次治山・治水事業7カ年計画が進行中である。　　　　　　　　　　◎沖村　孝

治山治水緊急措置法　[ちさんちすいきんきゅうそちほう]　erosion and flood control emergency measures law　河川

1945年の終戦の後，約10年の間わが国はカスリーン台風，キティ台風，ジェーン台風など大型の台風に見舞われ，戦争による打撃が加えられた。このような災害に対処するため，政府は1953年に「治山治水基本対策要領」を策定し，総額1兆8650億円にのぼる事業計画をうちたてた。しかし，これに対し十分な財政的裏付けを得ることができず，1957年までの4カ年の実績はわずか11％程度にとどまった。1959年には，伊勢湾台風を始め大きな台風が連続して襲来し，未曾有の被害をもたらした。このような背景から，1960年4月，治山治水緊急措置法が制定された。同法は，「治山治水事業は，国土の保全および開発を行い，経済基盤を強化し，もって国民生活の安定と向上を図る見地から極めて緊要な施策であって，その促進を図ってきたが，近年における台風，豪雨等による激甚な被害ならびに産業経済の発展に伴う諸用水の需要の事態に鑑み，治山治水事業につき，1960年度を初年度として，新たな構想のもとに長期計画を策定し，これを強力かつ計画的に推進すること」(制定当時の提案理由より)を趣旨として制定された。以降，これに基づき，総合的計画をもって国土保全の実を上げるべく，「治山・治水事業十か年計画(前期五か年計画4100億円，後期五か年計画5600億円，総額9700億円)」が閣議決定され，戦後初めて財政的裏付けのある治山治水長期計画が確立され1960年より実施され，1965年には「治山・治水事業10か年計画」を廃止し，新たに「新五か年計画(総額1兆170億円)」を発足させることとなった。これは後に「第二次治山・治水五か年計画」といわれているもので，以後5カ年計画に基づき事業を実施している。　　◎平井秀輝

地磁気　[ちじき]　geomagnetism　地震

地球が巨大な球形の磁石であることは，17世紀初頭にギルバートによって指摘された。その後，ガウスによって地磁気の原因はほとんどが地球内部にあることが証明され，今日では地球の中心核に電磁ダイナモが存在し，磁場を作り続けていると考えられている。一方，岩石は弱い磁性を帯びており，その磁化方向や磁化強度は岩石が生成された時の地球磁場に依存していることがわかり，古い時代の地球磁場の研究(→古地磁気)が進められた。この結果，大陸の移動や地磁極の度重なる反転が見つけられた。磁極反転の仕組みはまだ解明されていない。　　　　　　　　　　　　◎住友則彦

地質学　[ちしつがく]　geology　地震　火山　地盤

地球，特にその表層部の組成や構造そしてその形成史を研究する自然科学の一分野。地質学は，微視的な鉱物およびそれらの集合体である岩石を研究する鉱物学および岩石学，地球物質の構造やその形成過程を研究する構造地質学，古生物や同位体年代決定などにより地層の層序を研究する層序学や地史学などの分野からなる。地質学の研究手法は，災害をもたらす地震，火山や地すべりなどの自然現象に関連する活断層，活構造，基盤構造や地盤構造などの研究に応用される。近年，地質学は，太陽系の惑星をも研究対象とする地球惑星科学や，それぞれの物質やエネルギーの循環により地球の各圏を有機的に結びつけた地球システム科学において主要な分科になっている。地質学は，研究対象が地球の深部や宇宙に拡大するとともに，これまでの地質学的方法に加え，新たな研究手法が取り入れられさらに発展しつつある。　　　　　　　　　　　　◎尾上謙介

地質構造　[ちしつこうぞう]　geological structure　地震　地盤

一般には，地殻に見られる岩石や地層の構造を，その規模の大小に関係なく，地質構造と呼ぶ。堆積直後の地層に見られる構造や，マグマが固結する時にできる構造のように岩石や地層自体ができると同時にできた構造を初生構造または一次構造といい，その後，地殻変動により岩石や地層が曲がったり，断ち切られたりしてできた構造を後生構造または二次構造と呼ぶ。通常，地質構造は後生構造を指す場合が多い。物質の配列が二次元的に一様なら面状の構造ができ，一次元的に一様なら線状の構造が

できる。面構造としては地層の層理面や片理面で構成される層状構造，断層や節理のような断列面構造がある。線構造には，褶曲軸，背斜軸や向斜軸，また2つの面の交線で示される軸構造などがある。複雑な地質構造もこれらの面構造と線構造が組み合わされてできている。

◎尾上謙介

地質図 [ちしつず] geological map 〔地盤〕 地殻表層部に分布する地層や岩体を，地質時代や岩質で分類し，色や模様で図示した分布図。地層の走向傾斜や断層，褶曲軸など地質構造も，記号で合わせ示される。色や模様・記号などについては，国際的な取り決めや慣例がある。また，三次元的な地質構造をわかりやすく示すために，断面図や柱状図を付すことも多い。理学的な地質図では，一般に，地表を薄く覆う土壌・火山灰・崖錐堆積物，あるいは沖積層などは省いて表現される。しかし，これらを中心に表現した表層地質図のほうが，防災地質学的にはより重要である。斜面堆積物は土砂災害の素因となるし，地震動災害や水害は沖積平野の軟弱地盤に発生するからである。

◎岩松 暉

地質調査 [ちしつちょうさ] geological survey 〔地盤〕 地層や岩体の分布およびそれらの相互関係や地質構造などを知るために行う調査。調査結果は地質図，断面図，柱状図などで示される。狭義には，ハンマー・クリノメーターなど簡単な器具だけを用いる地表地質調査，いわゆる地質踏査を指すが，調査目的，対象，精度などにより，いろいろな種類があり，ボーリングや各種物理探査など様々な機器・手法を用いる。防災調査の場合，地盤災害の素因となる地形・地質状況の把握が中心となる。土砂災害を例に挙げると，崩壊源の地形・地質構造・岩石の風化状況・すべり面形状・残留土砂量・水文状況，あるいは堆積源での崩土量などを調べ，崩壊メカニズムの推定と二次災害発生の有無を判定するとともに，対策工立案の基礎資料を得る。地震災害では，沖積地盤の性状と厚さ・分布，基盤の形状などの第四紀学的調査や活断層調査が被害想定に直結する基礎資料となる。被災後の変状調査も重要である。

◎岩松 暉

治水特別会計 [ちすいとくべつかいけい] Flood Control Special Accounting Act 〔河川〕 治水特別会計は，治山治水緊急措置法に規定する治水事業七箇年計画に基づき，治水事業を計画的かつ着実に実施するため，治水事業および多目的ダム建設工事に関する政府の経理を合理化することを目的として1960年度に設けられたものであり，各年度の治水事業費を一般会計と区分して経理することにより，治水事業の投資予定と実績が明確化されている。治水特別会計では，次の3つを経理している。(1)河川，砂防，地すべりおよび多目的ダムの建設工事に関する事業(災害復旧事業等を除く)で，①国が施行するもの，②地方公共団体が施行し，かつ，これに要する費用の一部を国が負担し，または補助するもの，③水資源開発公団が施行し，かつ，

これに要する費用を国が施行するもの，(2)直轄治水事業に密接な関連のある工事で国土交通大臣が委託に基づき施行するもの。(3)国が施行する災害復旧事業などに関わる事務費。

◎平井秀輝

地中火 [ちちゅうび] peat soil fire 〔火災・爆発〕 地中の可燃物が燃焼するタイプの火災。土壌の内部にある泥炭層あるいは石炭層が燃える火災も地中火である。土壌中の枯れた根が燃え出すと大量の水を使わない限り完全に消火することは難しい。泥炭層，あるいは有機質層が燃え出した火災に対してはその周囲に溝を掘ったり，集中的に溝に水をかけて火災の拡大防止を図る。地中火は空気の供給が少ないため，その延焼速度は小さい。わが国では，地中火は北海道地方に見られ，まれに中部山岳地帯に起こる。
→地表火，林野火災の延焼速度

◎山下邦博

地電流 [ちでんりゅう] earth current 〔地震〕〔火山〕 地中を流れる電流を地電流と呼ぶ。実際の測定では2点間の電位差を測定する。測定電位差をその電極間隔で割った量で示され，単位は[mV/km]を用いる。その変動の原因は，自然現象起源と人工電流源によるものがあるが，一般的には前者を地電流と呼ぶ。その一つとして地磁気変化，特に磁気嵐により誘導されたものがあるが，この地磁気と地電流の変化を組み合わせて地下の電気伝導度を推定する地磁気地電流法(MT法)がある。地震の発生や，火山の噴火に伴って地電流が変化したという報告が数多くある。

◎大志万直人

地熱 [ちねつ] geothermal energy 〔火山〕 一般には「じねつ」と続む。➡地熱

地表火 [ちひょうび] fire over the ground 〔火災・爆発〕 地表面を覆っている雑草，低木，落葉，枯れ枝などが燃える火災。地表火の燃焼強度は，地被物の堆積量と乾燥度合いに影響される。地被物の量が多く，乾燥している場合には火炎長が大きくなり，延焼速度が大きくなる。このタイプの火災は林野火災の中で一番多く見られる。地表火の延焼速度は，地形，気象(特に風)に左右される。強風に煽られて多数の→飛び火火災が起きる場合には延焼速度は1時間に0.4～0.6 kmであるが，多数の飛び火火災が発生すると1時間に4～7 kmにもなる。→地中火，延焼速度式，林野火災の延焼速度

◎山下邦博

地表風 [ちひょうふう] surface wind 〔気象〕 地表付近で吹く風のことで地上風ともいう。地表付近では，地表摩擦の影響を受け上空ほど風が強くなる。高さ方向の風速分布は，→べき法則や→対数法則により近似的に記述される。風向は，地表から上空に向かい時計回りにわずかに変化する傾向がある。日変化があり，日中強風，夜間から早朝に弱風となる。乱れ(風の息)が強いのも特徴で，瞬間風速は平均風速の1.5倍以上になる場合もある。測定に際しては，地上10mの10分平均値を用いるが，近年，都市域での観測などでは，周囲の地物の影響により，測器の高度を

決定できない場合が多い。また，気象台でも合同庁舎の屋上に風速計を設置している場合もあり，データの利用には注意が必要である。　　　　　　　　　　　◎石川裕彦

地表面地震動の推定　［ちひょうめんじしんどうのすいてい］　estimation of earthquake motion on ground surface　被害想定　地震　地震被害想定において，建築物やライフラインの被害推定に入力として用いるのは，自由地表面における地震動である。地震動は，地表面の加速度波形として▶**表層地盤**の地震応答解析により計算される場合もあるが，多くの場合は，表層地盤の増幅特性を増幅率などで考慮して，加速度応答スペクトル，最大加速度，最大速度などが推定される。また，対象地域に影響を及ぼすような様々な地震の発生確率を考慮した地震危険度解析に基づいて，百年確率などの頻度に対する最大加速度，最大速度を求める場合もある。地表面地震動は表層地盤の増幅特性による影響が大きいので，その推定精度を高めるには，被害想定対象地域に対する詳細な地盤データベースを▶GIS（地理情報システム）上で準備することが不可欠である。現状では，この地盤データベースとして，全国を1kmメッシュでカバーする国土数値情報を用いる場合が多いが，ボーリングデータや地質図などに基づいて，独自の地盤データベースを構築している自治体などもある。
　　　　　　　　　　　　　　　　　◎山崎文雄

地方分権推進計画【第2次】　［ちほうぶんけんすいしんけいかく］　second plan for the promotion of decentralization　共通　政府は，地方分権推進法（1995年法律第96号）に定める基本方針に即しつつ，第5次勧告（地方分権推進委員会から，地方分権の観点から，中央省庁等改革に関連する国の行政組織や事務事業の減量化などに関する地方分権推進委員会の勧告〈1998年11月〉）を最大限尊重して，新たに第2次地方分権推進計画を定め，先の計画と合わせ，地方分権の推進に関する施策を総合的かつ計画的に推進していくため1999年3月に閣議決定がなされた。当該計画においては，公共事業のあり方の見直しを基本的考え方として，中央省庁等改革基本法を踏まえ，国と地方の役割分担の明確化，国の役割の重点化の観点から，国の事務事業の内，地方公共団体にゆだねることが可能なものはできる限りゆだねることとし，直轄等事業については，その範囲の見直し，個別の事業の基準の明確化，範囲の見直し，直轄事業負担金の見直し，直轄事業等の見直しに伴う財源の確保など，また補助事業については，統合補助金の創設，地方道路整備臨時交付金の運用改善，一部補助金の廃止，地方財政法第16条の補助金の見直しなどが定められている。　　　　　　　　　　　　　　　◎平井秀輝

地方防災会議　［ちほうぼうさいかいぎ］　local disaster prevention council　行政　都道府県防災会議と市町村防災会議からなり，国において中央防災会議を設けて関係省庁間の連絡調整を図るのと同様に，都道府県，市町村においても関係機関の間を連絡調整し，総合的，計画的な防災行政を行うために設置する（災害対策基本法14条，16条）。　　　　　　　　　　　　　　　　◎内閣府

着雪　［ちゃくせつ］　snow accretion　雪氷　雪が物体に付着する現象，または付着した雪をいう。雪は温度が0℃に近付くほど付着性が増し，さらに雪が水を含んで湿ると，水の表面張力によって特に付着しやすくなる。災害を起こす着雪に電線着雪，列車着雪がある。電線着雪は送電線や配電線に湿雪が付着する現象で，ひどい時は雪が電線のまわりを直径10〜20cmの筒状に付着し，電線の切断，鉄塔の倒壊を引き起こすことがある（▶**電線着氷雪**）。列車着雪は新幹線などの列車が高速走行する時に舞い上がった雪が車体下部に付着することによって起こる。現在は電線着雪も列車着雪もその対策がほぼ完成し，被害は極めて少ない。　　　　　　　　　　　　　　　◎若濱五郎

着雪荷重　［ちゃくせつかじゅう］　load of snow accretion　雪氷　送電線，列車や交通標識などに付着した雪の重さを着雪荷重という。着雪とは，降雪片どうし絡まったり，湿った雪片の水分の作用で雪が物体に付着する現象をいう。気温や降雪の状況が着雪に適していると，大きく発達することがある。着雪して標識に書かれた内容が読めなくなったり，その重さによって標識などが壊れたり，送電線が切れるなどの事故を起こすことがある。送電線では，1m当たり数kg，数百mの径間では数トンの荷重がかかって鉄塔が倒壊した事例がある。　　　　◎長谷美達雄

着霜　［ちゃくそう］　frosting／hoarfrost formation　雪氷　よく晴れた風の弱い冬の夜（早朝）は，強い放射冷却のため地面付近の空気が冷やされ，空気中の水蒸気が過飽和状態になる。すると余分になった水蒸気は昇華凝結を起こし，木の枝などに霜となって付着する。この現象を一般に着霜，特に樹木に付いた場合は樹霜という。着霜は日射や風ですぐ脱落するから災害を起こすことは少ないが，鉄道の架線に着霜があると，電車の進行に支障となることがある。　　　　　　　　　　　　　　　　◎若濱五郎

着底構造物　［ちゃくていこうぞうぶつ］　bottom-seated structure　海岸　海域構造物のうち，海底地盤に基礎をおいて固定されるもの。海洋構造物の構造形式は，有脚式構造物，重力式構造物，浮体式構造物に分類できる。このうち，ジャケット式構造物に代表されるように，海底地盤に杭を打ち込んで固定する有脚式構造物，および自重により海底地盤に固定する重力式構造物が着底式構造物に分類される。海岸・港湾構造物は，捨石マウンドなどを有する場合があるが多くは重力式の着底構造物である。これらの構造物の設計にあたっては，死荷重，稼働荷重，風荷重，波力・潮流力，地震荷重，接舷荷重，氷荷重などが考慮される。従来の着底構造物は，波力や地震力のような動的荷重に対して自重によって剛に対抗してきたが，最近では，海底に直接固定せず，多少の変位を許す軟着底構造物も建

設されるようになってきている。軟着底構造物は，海底地盤との接触面積が一般に大きく，構造物の重量も小さいため，海底地盤への応力が小さくなり，軟弱地盤への建設の長所も有する。　　　　　　　　　　　　　◎水谷法美

着氷　[ちゃくひょう]　icing / ice accretion　雪氷　冬期，過冷却した雲粒が風に乗って山の樹木や送電線（→電線着氷雪），山頂構造物などに衝突すると，その場で凍結し，風上側に氷が成長する。この現象またはその氷を着氷という。特に樹木に付くのを樹氷という。着氷の成長速度は，気温，風速，雲水量，物体の大きさと熱伝導度などによって変わる。これらの条件の違いにより，形態，性質の異なる着氷が形成され，それは樹氷（エビの尻尾状，白く軟らかい），粗氷（半透明），雨氷（透明，なめらか）の3つに分類される。飛行機の翼にも着氷が起こるが，その対策は完成している。一方，漁船の転覆を起こす船体着氷は海水のしぶきが船体に付着，凍結することで起こる。　◎若濱五郎

着氷雪予測　[ちゃくひょうせつよそく]　prediction of snow or ice accretion　雪氷　着氷の成長速度は主に気温，風向（電線となす角度），風速，雲水量によって決まるので，これらの気象条件の予測ができ，また，電線の直径（雲粒の捕捉率に関係する）がわかれば電線着氷量を予測できる。一方，電線着雪は，弱風型と強風型があるが，気温（着雪適温帯0～2℃にあること），降雪強度，風向，風速，およびその継続時間などに支配されるので，これら気象条件を予測すれば着雪量の予測ができる。船体着氷は，海上での気温（－10℃以下），風向（北から西），風速，風浪が大きい時，強い着氷が起こるので，気象情報をよく調べてから航行しなければならない。　　　　　　◎若濱五郎

着火　[ちゃっか]　ignition　火災・爆発　可燃性物質はある熱源によって加熱されると，→熱分解あるいは蒸発して可燃性のガスを発生する。この可燃性ガスが空気（酸素）と混合して燃焼可能な混合気になり，これに，何らかのエネルギーが→着火源として与えられると燃焼が開始する。これを，着火という。→自然着火　　　　　◎吉田公一

着火温度　[ちゃっかおんど]　ignition temperature　火災・爆発　ある規定条件の状況のもとで可燃物の燃焼が開始できる物質の最低温度。規定条件とは，周囲の酸素濃度，空気の流れ，物質の加熱の仕方および着火のためのエネルギーの与え方をいう。着火温度はこれらの条件によって異なる。　　　　　　　　　　　　　　◎吉田公一

着火源　[ちゃっかげん]　ignition source　火災・爆発　可燃物に燃焼を開始させるために与えるエネルギーをいう。着火源は様々な形態をとり，金属加工の際に出る火花，放電火花，線香の火，マッチ，ライター，バーナー口火などの小さな火炎，高温空気，高温熱面，集光された太陽光，落雷，その他がある。→可燃性ガスと空気が混合した可燃性混合気には，1 mJ以下の小さなエネルギーで着火させることができる。しかし，プラスチックのような固体可燃物の着火の場合には，熱分解して可燃性ガスを発生させる必要があるため，より大きな着火エネルギーを必要とする。落雷などの巨大なエネルギーを持つ着火源の場合には，雨で湿った生の立ち木などを燃え上がらせることができるようになる。　　　　　　　　　　　　　◎斎藤　直

着火限界　[ちゃっかげんかい]　ignition limit　火災・爆発　可燃性ガスと空気との混合気が着火できる可燃ガスの濃度の限界。可燃ガスの濃度が低すぎても高すぎても着火が起こらないので，上限界と下限界がある。燃焼範囲と同義。また，可燃物が熱分解あるいは蒸発して可燃ガスを発生し，空気との混合気を形成して着火を生じるために必要な可燃物の温度，あるいは加熱強度をいうことも多い。温度の場合は着火温度に同義。加熱強度の場合は着火限界加熱強度ともいう。→燃焼範囲　　◎吉田公一

着火時間　[ちゃっかじかん]　ignition time　火災・爆発　ある規定の条件のもとで可燃物を熱源に曝し始めてから，その物質が着火するまでの時間。すなわち，その状況のもとで物質の温度が→着火温度に達するまでの時間ともいえる。同一物質でも着火時間は，周囲の酸素濃度，空気の流れ，物質の加熱の仕方および着火のためのエネルギーの与え方によって異なる。建築材料の着火時間を測定する試験方法としてはISOのコーンヒータ→着火性試験ISO5657やコーンカロリメータISO5660がある。　◎吉田公一

着火性試験　[ちゃっかせいしけん]　ignitability test　火災・爆発　可燃物着火特性を測定するための試験。建築材料など可燃物のISOの着火試験では→着火時間および→着火温度を異なる輻射加熱条件のもとで測定することができる。→燃焼性試験　　　　　　　　　　◎吉田公一

注意報　[ちゅういほう]　advisory　情報　災害の発生が予想される場合に，人々に注意を促すために出される情報。「警報」と「注意報」は，予想される災害の重大さによって区別され，「警報」のほうがレベルが上となる。気象庁が発表する注意報は，災害の原因または関連する現象名を付けて発表される。その例として「大雨」「洪水」「大雪」「強風」「風雪」「濃霧」「雷」「乾燥」「なだれ」「着氷」「着雪」「霜」「低温」「融雪」「波浪」「高潮」「津波」などがある。気象に関する注意報の始まりは，1935年から実施された「気象特報」とされる。それまで，警報は「暴風警報」のみだったが，警報だけでは，発表される回数が増えると効果が低くなってしまうため，災害への注意を促す情報として「気象特報」を発表し，特に重大な災害が生じる恐れがある場合に「暴風警報」を発表することになった。その後，1952年に「気象特報」は「気象注意報」に名称が変更された。　　　　　　　　　　　　　　　◎中森広道

中央構造線　[ちゅうおうこうぞうせん]　median tectonic line　地震　西南日本のほぼ中央部を1000km以上縦走する大地質構造線で，断層帯（～群）を構成。中央構造線はナウマン（Naumann, E., 1885）が提唱。この両側は全く異

■ 中央構造線とフォッサマグナ

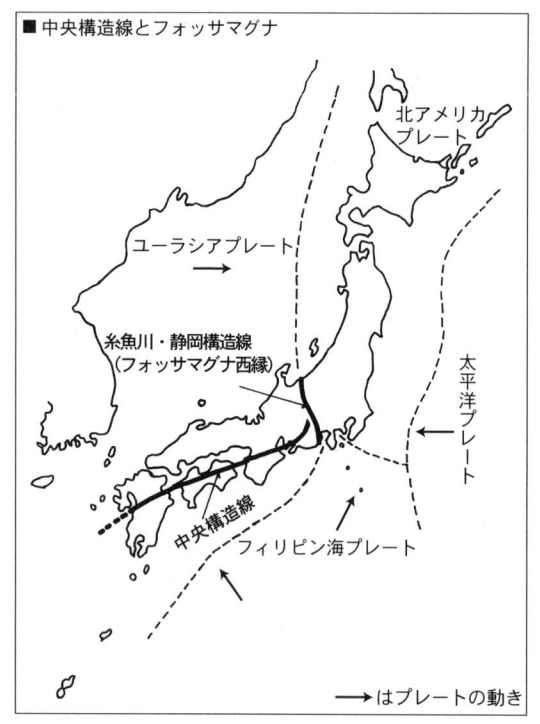

なる岩石で構成され，北西(内帯)側には高温低圧型の領家変成岩類や花崗岩類が，南東(外帯)側には低温高圧型の三波川変成岩類が分布．紀伊半島中部以西では，中生代末期の和泉層群が領家変成岩類を覆うので，和泉層群と三波川変成岩類との境界となる．中央構造線は中生代白亜紀前〜中期頃に発現し，その後も異なる様式の断層活動が繰り返してきた．四国から紀伊半島西部にかけての中央構造線は日本列島の陸上部で最長の活断層であり，活動度が高い．右横ずれの変位地形が各所で認められ，平均変位速度は四国中〜東部で1000年につき 7 m 程度．紀伊半島や四国の西部などでは，その数分の 1 以下である．上下変位の向きや量は場所により異なるが，変位速度も横ずれの数分の 1 以下．トレンチ調査により，活動史が詳しく解明されてきたが，四国域では最新の活動は16世紀前後と見なされる．このように歴史時代に活動した部分もあるが，そうでない部分もあり，大地震発生源としてだけでなく，地すべりや崩壊などの斜面災害を含めた防災対策が必要．(上図参照)

→フォッサマグナ　　　　　　　　　　　　　◎岡田篤正

中央防災会議　[ちゅうおうぼうさいかいぎ] Central Disaster Prevention Council　行政　各省庁に分散している防災行政の総合的かつ計画的な運営を図るために総理府に設置された機関．各省庁の防災に関する施策および試験研究の総合調整を行うとともに，防災基本計画の作成，総合的防災対策の審議等を行う(災害対策基本法11条)．
◎内閣府

中央防災無線網　[ちゅうおうぼうさいむせんもう] central disaster prevention radio communication network　行政　大規模地震などの災害時において，NTT などの電気通信事業者回線が途絶したり，電話の殺到により通信回線が輻輳してつながらない場合においても，非常災害対策本部などと総理大臣官邸，指定行政機関および指定公共機関などとの間で迅速かつ確実に災害情報の収集・伝達を行うために，1978年に整備が開始された．中央防災無線網の通信系は，固定回線系(画像伝送回線も含む)，衛星通信系，移動通信系から構成されている．
◎内閣府

昼間人口　[ちゅうかんじんこう] daytime population　被害想定　特定の地域に昼間(例えば午前11時とか正午)に現在する人口のこと．国勢調査では従業地・通学地で集計された人口のことを昼間人口と呼んでいるが，これは都道府県や区市町村単位でしか人口が集計されていない．地区レベルで滞留人口を調べるには，区域の外周の出入口での流出入人数を継続的に計測し，調査開始時の居住人口に流入数累計を加え，流出数累計を差し引くことによって，特定時刻の近似的な滞留人口を求めることができる．→一時的滞留者，NHK 生活時間調査
◎辻 正矩

中間流　[ちゅうかんりゅう] subsurface flow　河川　林草地の透水性の高い層を横方向に流れる雨水の流れのこと．この透水性の高い層を高棹(1962)は A 層と呼んだ．わが国の山地の A 層の透水性は非常に大きいので，林草地では，雨水は一旦 A 層に浸透し，A 層を横方向に流れ，A 層だけでは流れきれなくなった地点で，流れが表面に現れる．この表面流を飽和表面流という．飽和表面流の生起範囲は，一雨の中でも変動する．A 層が侵食剥奪されたガリを水みちという．A 層に浸透した雨水は，水みちへ流出するか，山腹斜面下流端で河谷へ流出するか，A 層の底からさらに地中に浸透する．降雨規模が小さいと水みちからの流出，中規模では中間流出が加わり，大規模では，飽和表面流も加わった流出形態になる．
◎椎葉充晴

中規模河床形態　[ちゅうきぼかしょうけいたい] meso scale bed configuration　河川　移動床流れにおいては水の流れと流砂の相互作用により大小様々な河床形態が形成される．中規模河床形態は川幅(水路幅)のスケールに支配される最も大きなスケールの河床形態であり，一般的には砂州と呼ばれている．そのうち最もよく見られる交互砂州は，流下方向および横断方向に河床が連続的に侵食，堆積を繰り返したものであり，三次元的な形状となっている．また，下図に示すように川幅水深比に応じて横断方向に並

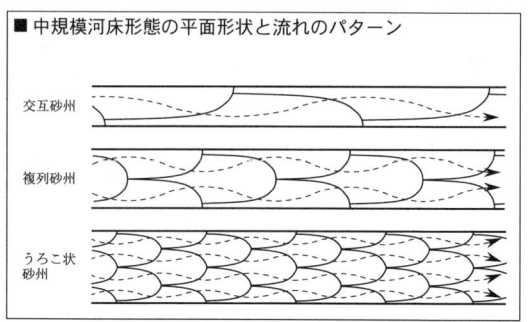

■ 中規模河床形態の平面形状と流れのパターン

交互砂州

複列砂州

うろこ状砂州

ぶ砂州の列数は変化し，単列，複列，多列交互砂州（うろこ状砂州）となる。中規模河床形態は流路変動に影響を及ぼし，単列交互砂州では蛇行河道が，複列・多列砂州では網状流路が形成される。通常これらの砂州は時間の経過に伴い下流へと移動するが，蛇行河道において蛇行振幅が大きくなると砂州の移動が阻害されるようになり，湾曲部凸岸に固定砂州が形成される。
◎里深好文

中国東北部の飢饉　［ちゅうごくとうほくぶのききん］　famine in northern China　海外　1958年から1961年の間，中国東北部では大規模な飢饉が発生した。冷害が続いて食糧の生産が減少していたにもかかわらず，共産党中央が求める確認のための調査に対する地方の共産党幹部の回答は「食糧生産に問題なし」であった。作況は時間が経てば回復するだろうという根拠のない希望と，一度中央に対して出した「問題なし」とする回答を「食糧のため救援を要請する」という内容に変更するのは地方幹部の体面と権威にかかわり，毛主席の怒りにふれるとの判断で，「作付けにも収穫にも問題なし」との回答が出された。事態が悪化しても共産党の中央に対する地方の対応は変わらず，増産のための資材も救援の食糧も届かず1400万人から2600万人が死亡したと考えられている。4000万人という犠牲者数を挙げる報告もある。
◎渡辺正幸

中水道　［ちゅうすいどう］　wastewater reuse system / water supply system for miscellaneous use　都市　雑用水とも呼ばれ，専用の送水管を設置し，生活用水の中で，低水質でも支障のない範囲で使用される下水・産業廃水の再生水，雨水などの総称。再生水や雨水の利用による水道水使用量の減少，排水量・汚濁負荷量の減少による公共用水域の水質保全，水道の給水制限時での制約の緩和などにつながるという利点があるが，雨水貯留施設や中水道配水施設などの建設に伴って，施設の建設管理費用が必要になるなどの欠点もある。利用方法には，①ビルなどの個別の建物で行う個別循環方式，②小さな地区で共同給水を行う地区循環方式，③広域的，大規模に供給する広域循環方式がある。
◎小尻利治

中性帯　［ちゅうせいたい］　neutral plane　火災・爆発　非等温の気体が接する境界面には高さ方向に圧力差の分布が生じる。圧力差は高さによって変わるので，ある高さで圧力差がゼロ，すなわち両方の空間の圧力が等しくなる高さが存在する。これを中性帯という。ある空間を多数の室が取り囲む場合，一般的にはそれぞれの室との境界面毎に中性帯の高さは異なる。→圧力差分布
◎松下敬幸

沖積層　［ちゅうせきそう］　alluvium　河川　地震　地盤　更新世後期の最終氷期最盛期（約1万8000年前）以降に堆積した地層。最終氷期最盛期の海水面は現在より100〜140 m低く，河川は流路を延長し河谷を形成した。その後の海面上昇により谷地形は埋積され，現在の海岸平野が形成された。一時的な海進，海退に対応する砂礫層，泥層のサイク

ルが認められる。地質学では性質の異なる完新世（約1万年前以降）の地層を完新統と呼び区別する。河川により運ばれてきた土砂の堆積物という意味で使われることもある。
◎細田 尚

鋳鉄管　［ちゅうてつかん］　cast-iron pipe　都市　被害想定　鉄，炭素（含有量2％以下），ケイ素からなる鉄合金（鋳鉄）で作られた管。1959年に靭性の強いダクタイル鋳鉄管が規格，製造化されたことによりほとんど製造されていない。古い鋳鉄管は管内面に防食が施されていないことがあり，古くなると錆こぶができて赤水が発生したり，流水阻害を起こし水量水圧不足の原因となる。さらに管自体の強度が弱いため地震により鋳鉄管が折れて漏水発生となりやすい。
◎田中成尚

中波　［ちゅうは］　minor damage　被害想定　地震　→大破・中破

潮位偏差　［ちょういへんさ］　storm surge deviator　海岸　→高潮の高さを示す指標。沿岸や港湾などの潮位は，地球の自転や公転および月の運動に伴って，月や太陽の地球との位置関係によって発生する→天文潮位と呼ばれる潮位成分と，強風や気圧の変動などの気象要因によって発生する気象潮と呼ばれる潮位成分の和として，表現する。天文潮位は規則的に変動するため，あらかじめ予測できるので，気象要因による高潮の高さは，観測された潮位から天文潮位を差し引いた値（潮位偏差）として表記することが多い。潮位偏差の観測値としては，名古屋港で3.45 m（1959年），大阪港で2.92 m（1934年），東京港で2.26 m（1917年）などが既往最大値となっている。
◎永井紀彦

超過確率　［ちょうかかくりつ］　exceedance probability　河川　水文量がある閾値 x_c 以下となる確率を非超過確率 $F(x_c)$ といい，x_c 以上となる確率を超過確率 $W(x_c) = 1 - F(x_c)$ という。洪水流量のように大きなほど危険な場合には超過確率が危険度の指標とされる。年最大値を一連の独立した時系列と見なして $W(x_c)$ を求めた時，x_c 以上の値を持つ年最大値は，平均して $1/W(x_c) = T$ 年に1回の割合で生起する。この T を x_c のリターンピリオド（再帰年数）あるいは確率年といい，x_c を T 年確率水文量という。
◎栗田秀明

超過洪水　［ちょうかこうずい］　excessive flood　河川　一般に治水計画においては流域の自然条件や流域および氾濫原の社会経済条件などを考慮して基本高水流量や計画高水流量が決められ，これに基づいてダムなどの洪水調節施設や堤防などの河川管理施設が計画，設計，施工される。この計画を超える流量や水位となる洪水を超過洪水と呼び，これが発生した場合の人命の安全の確保や被害の最小化を図ることが重要である。なお，計画された治水整備が達成されるには長期間を要するため，整備途上の段階においても整備水準を超える洪水による被害を最小化する対策も重要である。
◎田中茂信

潮間帯 [ちょうかんたい] intertidal zone 海岸　満潮時には水没し，干潮時には干出する領域を潮間帯という。岩礁域の潮間帯では，磯が形成され，干満差の大きな内湾の湾奥部や河口周辺の潮間帯では，しばしば砂泥質の▶干潟が形成される。岩礁性潮間帯では，基質が動かないため，鉛直方向に帯状構造をなす付着生物群集が形成される。砂浜海岸の潮間帯や干潟はアサリに代表される貝類や，有用魚類，甲殻類の生育に重要な役割を果たすといわれている。
◎出口一郎

長期予報 [ちょうきよほう] long-range forecast 気象　予報期間に着目すると，週間天気予報の範囲を超える予報を長期予報と呼んでいる。また，予報を作成する予報技術の上でも大きな違いがあり，天気予報や週間天気予報が数値予報やそれに基づく予測資料によって日々の予報を作成するのに対して，長期予報では1カ月予報にアンサンブル予報が導入されている他は，過去との類似や周期性など主に統計的手法に基づいて予報を作成する。現在，気象庁では長期予報として1カ月，3カ月，寒候期，暖候期の予報を発表している。これらの予報は期間によって，予報する要素や予報の表現が少しずつ異なるが，アンサンブル予報が導入された1カ月予報では，確率表現も取り入れられるようになった。
◎村中　明

超高層建築 [ちょうこうそうけんちく] super high-rise buildings 地震　建築基準法・同施行令では高さ60mを超える建築物を超高層建物と定義している。一般の建築物と同様，構造計算によって，その構造耐力上の安全性を検証しなければならないが，特に超高層建築などでは国土交通大臣の定める方法に従って，構造方法や振動性状などに応じて，▶強風や大地震などの荷重・外力による建築物各部に生ずる力や変形を把握することになっている。大臣の定める方法は大臣告示にやや具体的に示されている。すなわち，強風による▶風圧力や地震動の大きさ，構造耐力上の限度の考え方が示されると同時に，検証に際しては建物の振動を表す運動方程式を解くことを規定している。その上で，検証の結果は，やはり大臣の指定した認定機関において認定・評価を受けなければならない。
◎高梨晃一

長周期波 [ちょうしゅうきは] long period wave 海岸　通常，波の周期が30秒以上の波を長周期波という。この長周期波の多くは，風波の非線形干渉や浅海域での砕波現象によって発生するが，低気圧や前線の通過に伴う気圧や風速の変動によっても生じる。水深20m以下の浅海域で発生する長周期波は，サーフビートと呼ばれており，特に沿岸方向に伝播する波はエッジ波と呼ばれている。湾や港湾内に存在する長周期波による水面変動は，セイシュ，▶湾水振動，副振動あるいはあびきと呼ばれている。これらの長周期波は，一般に砕波減衰することなく，浅海域に増幅しながら伝播してくるので，長崎湾のあびきのように1mを超える水位変動に発達することがある。
◎泉宮尊司

調節土砂量 [ちょうせつどしゃりょう] controlled sediment 地盤　砂防ダムでコントロールされる土砂量をいう。元々は，出水の前後に砂防ダムに堆積している土砂量(堆砂量)の差を指し，大出水後の中小出水で侵食され出水前の状態にまで戻って次の大出水に備えるとされた。しかし，出水の終了時点に堆積土砂量が必ずしも最大になっていないことが認識され，また，スリット砂防ダムなど出水中に一旦土砂が堆積し，出水後半には一部が流出する構造物が採用されるようになって，砂防ダムに堆積する最大量と平時の堆積土砂量との差をいう場合もある。
◎水山高久

長波 [ちょうは] long wave 海岸　波形の進行する速度である波速がその波の周期に依存しない水面波が長波である。長波になるためには，波長に対する水深の比が25分の1以下であることが条件になる。海底地震で発生する▶津波は，周期が10分から1時間程度の周期を持つために，波長が非常に長く水深が数千mもある太平洋の中央でも長波である。長波の波速は水深をh，重力加速度をgとすると，$\sqrt{gh}$で進み，水深が深いほど速く，浅いほど遅くなるために，大きく屈折する。また，長波では，水深が浅くなると浅水変形で$h^{-1/4}$に比例して波高が大きくなる。津波のような長波では，屈折と浅水変形によって沖合で波高が小さくても，特定の沿岸で非常に大きくなる。海底勾配が緩やかで，長い海域を長波が伝播すると，波の非線形効果で，波の峰が立ち上がり，前傾してソリトン分裂(波の峰の部分が周期の短い波に分かれること)を起こし，動的効果で波力が大きくなる。
◎高山知司

重複波圧 [ちょうふくはあつ] standing wave pressure 海岸　進行波が防波堤，護岸などの海岸構造物の壁に直角に当たると，波は反射され，同じ周期および波長を持つ波が逆方向に伝播する。このように伝播方向が異なる2つの波が共存する場合に形成される波は重複波と呼ばれ，進行波と異なり，水面が上下運動する定在性の波となる。その波圧が重複波圧である。海岸構造物が砕波点より深い位置にある場合には，その前面海域では重複波が発生し，重複波圧が作用する。波圧―時間曲線は，波高・波長比が大きくなると，2倍周波数の圧力成分の影響が現れ，最高水位付近で波圧のピークが2つ見られる双方型となる。重複波圧の算定式としてはサンフルーの簡略式が，また実用的な式として合田の式が挙げられる。(次頁の上図参照)
◎筒井茂明

重複反射 [ちょうふくはんしゃ] multiple reflection 地震　半無限媒質(基盤)の上に厚さHの層(地盤)が存在し，基盤から地盤へSH波がほぼ垂直に入射した場合を考える。SH波は地盤内で地表面および基盤と地盤との境界面で反射を繰り返し波の干渉が生じる。その結果，周波数$f=(Vs/4H)(2n+1)$，(f：SH波の周波数，Vs：地盤内のS波速度，$n=0,1,2,3,……$)のSH波成分は，陽に干

■ 重複波圧の時間変化（1周期）

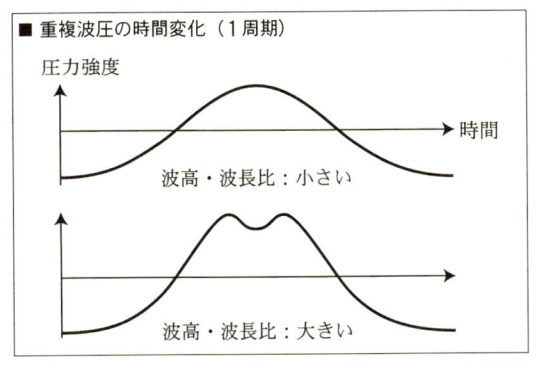

圧力強度／時間
波高・波長比：小さい
波高・波長比：大きい

渉を受け地表の地震動が増幅される。特に，$n=0$の周波数（周期）は地盤の卓越周波数（周期）と呼ばれる。実際の表層地質は多層構造で各層内での地震波の減衰の仕方も異なり共振点の現れ方は複雑となる。多くの場合，地盤の伝達関数はHaskellによるマトリックス法を用いて計算される。また，地盤の卓越周期の推定には脈動や微動を使って水平成分と鉛直成分の比から求める方法（H/V法）も用いられている。 ◎松波孝治

重複歩行距離 ［ちょうふくほこうきょり］ common path of travel 火災・爆発　建物内の任意の地点から異なる2つの避難方向を選択できる地点までの歩行距離。火災の発生する位置は予めわからないので，どこで発生しても反対側に避難できる経路を確保するために法規によって制限がなされている。歩行距離の重複部分では避難経路は1つに制限されるため，できるだけ短い距離とすることが望ましい。多くの国では，重複歩行距離を→**最大歩行距離**の半分程度に制限している。避難開始地点は，通常，居室内の出入口から最も離れた地点にとる。ただし，共同住宅や宿泊施設の場合には，住戸または宿泊室のドアからの歩行距離をとることもある。（下図参照）→二方向避難 ◎萩原一郎

潮流 ［ちょうりゅう］ tidal current 海岸　月や太陽の引力によって生ずる往復流。沿岸海域では他の流れより卓越し，地形の影響で残差流を作り出して長期的な移流効果までもたらし，物質の拡散や漂流などに重要な役割を果たす。大潮期と小潮期で流れの強さが異なるので混合効果も異なり，通常は大潮期に混合が大きいが，成層期には混合の差が鉛直成層の強さに影響して，成層が強い小潮期に海水交流が促進されることもある。 ◎吉岡 洋

■ 重複歩行距離

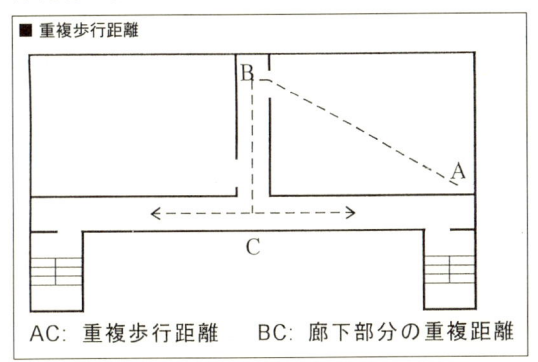

AC：重複歩行距離　　BC：廊下部分の重複距離

■ 海溝型地震と内陸型地震（直下型地震）

内陸型地震（直下型地震）／海溝型地震／圧縮力／陸側プレート／海側プレート／プレート運動に伴う引きずり込み

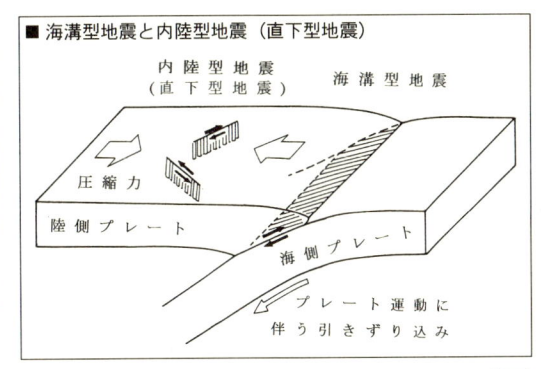

直接被害 ［ちょくせつひがい］ direct damage 共通　道路・建物・各種施設や自然環境などに対する，災害の外力による物理的な被害の総称。一般に，被災した構造物や施設の件数と復旧にかかった費用で表現されることが多く，阪神・淡路大震災においては，およそ10兆円と評価されている。→被害，間接被害 ◎田中 聡

貯水池 ［ちょすいち］ reservoir 都市 河川　貯水池は豊水時の水を貯留し，降水量の変動を吸収して取水の安定化ならびに給水の安定化を図るために設置する施設である。一般に新規に河川水を取水しようとする時は，他の水利権との競合を避けるために貯水池を設置する必要がある。貯水池は水道専用の小規模なものと，水道以外のものと共用する多目的貯水池があり，前者は建設，管理を水道管理者が実施し，開発単価が高いのに対して，後者は開発単価が低いという特徴がある。 ◎田中成尚

貯水池堆砂 ［ちょすいちたいしゃ］ reservoir sedimentation 地盤 河川　1993年現在，わが国には100万m^3以上の貯水容量を持つダムが729あり，総貯水量約173億m^3の6.9％に相当する約12億m^3が土砂に埋もれている。貯水池は通常100年間の推定土砂流出量を計画堆砂量として築造されているが，天竜川，大井川，木曽川など土砂流出量が多い河川のある中部地方では，既に平均で，計画堆砂量を上回って堆砂しており，中には全貯水容量が埋没して，満砂状態になっているダムもある。ダム堆砂による弊害は，①貯水容量減少による洪水調節効果および利水容量の減少，②貯水池上流の河床上昇による洪水危険性の増大，③取水施設の機能低下，④ダム下流への土砂流送遮断に伴う河床低下，海岸侵食の助長などが挙げられる。このままでは，今後益々堆砂が進行して弊害を助長することが懸念されるので，一部のダムで既に実施されている排砂を，効率的・経済的・環境保全的に行うための技術開発を急がなければならない。 ◎高橋 保

直下型地震 ［ちょっかがたじしん］ near field earthquake 被害想定 地震　都市部直下のごく浅いところに発生する被害地震。最近では1948年の福井地震（M 7.1）や1995年兵庫県南部地震（M 7.3）がその典型例である。ただし，「直下型地震」はマスコミによる造語であり，正確な地震学用語ではない。通常，内陸の活断層を震源とする地震

が大都市のすぐ近くに発生した場合，局地的な強い揺れと被害を生じ，直下型地震と呼ばれることが多い。しかし，例えば海溝型地震である1923年の関東地震（M 7.9）の断層面は神奈川県小田原市や平塚市の地下数 km を通過しており，これも直下型地震ということができる。地震学的には，海溝型地震（海・陸プレート境界地震）と内陸型地震（陸側プレート内地震）とに区分するのが適切である。図（前頁）に海溝型地震と内陸型地震（直下型地震）の発生場所を模式的に示す。→海溝型地震　　　　　　◎岡田義光

貯留関数法　［ちょりゅうかんすうほう］　storage function method　河川　流域からの流出量と流域内の雨水貯留量との間に関数関係を仮定し，それと連続式とを組み合わせて，流域からの流出量を算定する方法。上流部河道における洪水追跡計算にも用いられることがある。一般に，洪水時の雨水貯留量と流出量との関係は，洪水の上昇期と下降期とでループを描き二価関数となる。木村は遅滞時間と呼ばれるモデルパラメータを導入することで，この二価関係を巧みにモデルの中に導入した。貯留関数法は，数個のモデルパラメータを含む常微分方程式で表され，流出現象の非線形性を表現することが可能である。実際の洪水流出ハイドログラフをよく表現することができるため，河川計画における洪水流出計算によく用いられる。この方法は，計算負荷も非常に少ないため，実時間での洪水流出予測にもしばしば用いられる。対象流域内部での雨水の空間分布やモデルパラメータの空間分布は考慮されないため定数集中型の洪水流出モデルに分類される。　　　　　　◎立川康人

地理情報システム　［ちりじょうほうシステム］　geographical information system　情報　都市　被害想定　▶GIS

地塁　［ちるい］　horst　地盤　両側をほぼ平行で中心から遠い方向に傾斜する正断層によって挟まれた細長い地塊。アメリカ合衆国西部のベイズン・アンド・レンジ（Basin and Range）に多くの地塁の事例がある。地塁は，地殻の伸張と断裂によって形成されると考えられている。地塁は構造を表す用語であり，必ずしも地形に構造が表現されていなくてもよい。　　　　　　◎千木良雅弘

沈下抑止工　［ちんかよくしこう］　countermeasure against land subsidence　地盤　地盤の圧密沈下を抑止するための対策工法。一般に軟弱地盤改良工法と呼ばれている工法を適用できる。置換工法，サンドコンパクションパイル工法，プレローディング工法，深層混合処理工法などがある。沈下の原因となる荷重を軽量化する方法もある。これらの対策工法は比較的狭い範囲の沈下に適用可能。地盤沈下の原因そのものを取り除くことも広義の沈下抑止工と考えることができる。地下水の過剰揚水が原因で起こるような広域の地盤沈下に対して，地下水の利用を制限したり，取水源を地表水に転換することが効果的である。特殊な例として，地下水に含まれた天然ガスを抽出後，地下水を地盤中に戻すという対策がとられた例もある。

◎清水正喜

沈降　［ちんこう］　subsidence　地震　地球表層における突然の沈下やゆっくりとした下方への移動をいう。水平方向の運動はほとんどない。運動は，速度や大きさ，地域に限定されない。その原因はゆっくりとした地殻の変形，地下の溶岩の移動，圧密，活断層運動などの自然の地質学的過程や，鉱山開発や地下水汲み上げなどの人為的な原因などが考えられる。また，地殻の広い範囲における沈下として，構造運動によるリフトバレーなどの沈降帯の形成や海岸の沈下などが挙げられる。変位の基準面（海水面，標高など）が必要で，それに対して現象の前後で相対的に低下することを意味する。　　　　　　◎竹村恵二

沈砂池　［ちんしゃち］　sediment pond　地盤　流水に含まれる土砂を捕捉するために設ける池状の構造物のことをいう。一般に流水は土砂を侵食し，それを下流に運搬，堆積する。流水に土砂が混入すると，流下流量が増大し，また濁水が発生したり，水力式発電所においては管路や水車に摩耗を起こすなど，好ましくない。このため流水を一時，沈砂池に導き，ここで滞留させることにより，水中の土砂を沈降させ，池の提体に設けた水吐けなどから水のみを流下させる。神戸市では1967年7月豪雨で造成中の裸地からの土砂流出高さが最大3.5 cm であったところから，設計では 5 cm の土砂流出高さに対応できる沈砂池が設計された。
◎沖村　孝

つ

通学路の安全点検　［つうがくろのあんぜんてんけん］　safety check of commuting routes around schools　情報　子どもたちが登下校する通学路の安全は，毎日のことだけに考えておく必要がある。通学途中に災害に遭遇した場合，適切に身を守ることができるよう，日頃から通学路の安全点検，確認をして，危険箇所や安全箇所，災害時に役立つものなどを把握しておくこと。「もしここで火災に遭ったら……」「もしここで地震が起きたら……」などと，それぞれが被害をイメージして，その対応策を考えておくようにする。屋外における人的被害として，1978年の宮城県沖地震を見ると，18名がブロック塀の下敷きとなって死亡している。　　　　　　◎青野文江

通信施設の耐震　［つうしんしせつのたいしん］　earthquake-proofing telecommunications facilities　地震　情報　情報通信ネットワークは，通信設備や地下設備，建物などで構成され，面的な広がりを持つシステムである。システム全体としての耐震性については，①ネットワークの信頼性向上，②通信の途絶防止，③サービスの早期復旧

の3つの基本方針がある。各震度階に対しては，強震（V）：運用上全く支障を生じさせない，烈震（VI）：通信の質の劣化はあっても途絶させない，激震（VII）：通信網の大幅な機能の低下を防ぐ，の基本的概念が定められており，システムを構成する個々の設備について，この考え方でそれぞれ耐震設計がなされている。また，ネットワークとしての耐震性で，分散配置，伝送路の2ルート・多ルート化，ユーザー回線の二重帰属，通信呼のコントロールなどを行う。途絶防止では，無線方式や衛星通信の利用を図り，特設公衆電話やインターネットの利用などを確保する。さらに，早期復旧では可搬型設備や応急ケーブルなどを配備して対応する。　　　　　　　　　　　　　　　◎中野雅弘

通話規制　［つうわきせい］　telephone communication control　被害想定　情報　災害時の▶輻輳を緩和するためのネットワーク運用対策の一つ。被災地外から被災地への着信呼を規制する着信規制と，被災地における発信呼を規制する発信規制がある。着信規制は輻輳している特定地域を対象とすることから「対地規制」といわれ，一般加入電話から被災地の市外局番への着信の25〜100％が，状況に応じて交換機で自動的にブロックされる。政府機関，警察，消防，報道機関など防災関係機関の重要回線や，グレー，黄，緑色の公衆電話は通話規制の対象とならない。
　　　　　　　　　　　　　　　　　　　◎能島暢呂

継手　［つぎて］　joint　都市　地震　継手は管と管の接合，管とバルブの接合などに用いるものであり，多くの種類の構造，性能を持ったものがある。構造で分類すると，ネジ形，フランジ形，摺動型，溶接などがある。また，性能で分類すると，伸縮継手，可撓性，抜出し防止継手，耐震継手などがある。→ライフラインの被害想定　◎田中成尚

土構造物の地震被害　［つちこうぞうぶつのじしんひがい］　earthquake disaster of soil structures　地震　地盤　被害想定　従来，通常の道路・鉄道盛土，宅地盛土，河川堤防などの土構造物は，数値解析による耐震設計を行っていない。使用禁止盛土材料（例えば粘性土）の指定，盛土締固め度の規定，法面勾配などの構造規定により耐震性を確保する方針であった。ただし，破壊した場合の被害（周囲への影響，復旧の困難さも含む）が大きい5m程度以上の高い盛土は，数値解析による耐震設計を行う場合が多い。また，被害を受けても鉄筋コンクリート構造物と比較すると復旧が比較的容易であることも，高度な耐震設計をしてこなかった理由の一つである。従って，従来の地震では必ずといってよいほど盛土の被害が生じていたが，盛土被害の報道などが少なく，注目を浴びる場合が少ない。しかしながら，例えば新幹線盛土，川面・海面下の居住地を守る河川・海岸堤防などが破壊した場合の被害は甚大である。このことから，これら盛土の耐震性を確保する努力がなされている。また，1995年兵庫県南部地震以降設計地震動レベルが高くなり，盛土の耐震性のレベルを従来よりも高める必要が出てきた。盛土の激しい地震被害を防ぐためには，盛土の支持地盤の液状化等による著しい弱化を地盤の締固めやセメント改良などにより改良する方法，盛土本体の流出を矢板などで防ぐ方法，盛土本体ができるだけ自立性を持つようによく締め固めたり，ジオテキスタイル補強材を水平に敷きつめる方法などが有効である。
　　　　　　　　　　　　　　　　　　　◎龍岡文夫

津波　［つなみ］　tsunami　海岸　津波とは，地殻変動によって起きる異常な長周期の水位変動のことで，気象変動によって起こる高潮などとは区別されている。津波を起こす地殻変動としては，海底地震や火山噴火，地すべりがある。しかしながら，ほとんどの津波は海底地震によって起こされ，火山噴火や地すべりによるものは非常にまれである。火山噴火と地すべりによる津波としては，1883年8月27日にインドネシア Krakatoa 火山爆発によって起こり，Sunda 海峡沿岸で3万6000名の犠牲者をだした津波と，1792年5月21日に雲仙岳前山の崩壊土砂が有明海に流入し，有明海沿岸で1万5000名の命を奪った「島原大変肥後迷惑」と呼ばれている津波が有名である。わが国周辺では，東から太平洋プレート，西からユーラシアプレート，南からフィリピン海プレート，北から北米プレートがせめぎあっており，プレート境界では歪みエネルギーが地盤内に蓄積され，これが開放されるときに，津波を起こすマグニチュード $M>7$ の巨大地震が発生している。地震津波は，地震断層のずれの影響が海底面を変位させ，これとほぼ同じ変位が海面にも生じ，この海面変位が重力の作用で周囲に伝わる波のことである。この津波が沿岸部で増幅されて来襲し，大きな災害をもたらす。明治以降の津波記録によると，わが国では被害を与えるような津波が約10年に1回来襲していることがわかる。　◎高山知司

津波地震　［つなみじしん］　tsunami earthquake　地震　地震のマグニチュードのわりに大きな津波の発生する地震。1896年の明治三陸津波，1975年の根室沖地震などの例がある。明治三陸津波では，平凡な地震の揺れであったため高台などへの避難が実行されなかったところへ，地震から約35分後に高さ10mから20mに及ぶ大津波が来襲し，死者2万人を超える大災害となった。このように津波地震の場合，体感した地震の揺れから津波を予測することが難しく，大災害を招く危険性が高い。　◎一井康二

津波対策　［つなみたいさく］　countermeasures against tsunami　海岸　津波から人命や財産を護るための対策のことである。津波対策には，人命だけは防護する，避難を対象にしたソフト対策と，人命も財産も防護しようとする，構造物によって防ぐハード対策とがある。突然発生する地震津波では，地震発生後，数分で来襲するものがあり，このような津波にはソフト対策だけでは十分でなく，ハード対策による防護が必要となる。ハード対策としては，陸域への津波の侵入を防ぐ防潮堤の建設と，来襲する津波を沖合いで低減させる津波防波堤の建設とがある。また，近

年では，人工地盤による家屋の嵩上げなどの対策も考えられている．しかしながら，津波の上限がわからない現状では，ハード対策だけで津波が防護できるとはいえない．そこで，ソフトとハード対策を調整しながら，総合的な津波対策を立てることが重要となっている．　　　　◎高山知司

津波による建築物被害　[つなみによるけんちくぶつひがい]　building damages caused by tsunami　[被害想定][地震]　津波の破壊力は非常に大きい．それは，津波の先端の速度が大きいことと，津波の波長が長いために大量の海水が供給されることによる．防潮堤が破壊されたり，海岸のテトラポッドが陸上に運ばれたりするほどである．阪神・淡路大震災では老朽化した木造建築物では1階は完全につぶれたが，2階は1階の上にそのまま乗っかっていたものが多かった．しかし，北海道南西沖地震で大被害を受けた奥尻島の青苗では，打ち寄せる津波で木造家屋は完全にバラバラに破壊され，引き返す波で海上に流出し，土台しか残らなかった．そのため，避難が遅れれば，人的被害が発生する．一家6人全員が行方不明という例もあった．港に係留されていた船が，陸上に運ばれ，建築物を破壊することもある．津波により建築物が被害を受ける可能性がある範囲は，遡上計算で求めるが，波高が特に大きくなければ，便宜的には海岸での予想最高水位を基準にして，その標高のところまでとしてよいであろう．湾に面している地域では，セイシュの影響が考えられるので，最高水位は湾口の水位よりもかなり高くなる場合があるし，引き波による被害も大きいことに注意する必要がある．　　◎松田磐余

津波による死傷者　[つなみによるししょうしゃ]　casualties caused by tsunami　[被害想定]　津波による人的被害は，避難途中で流され溺死する場合や，流木などの漂流物に当たって死傷することが考えられる．また，流失家屋とともに津波に巻き込まれることもある．一方，既往の被害調査結果によれば，津波の遡上高と死者数および津波による家屋全壊数と流失数の和と死者・負傷者数との間に強い相関性が見られることが明らかになっている．したがって，津波による死傷者数の推定においては，まず既往の津波被害に基づいて，家屋被害棟数を説明変量として人的被害を算定する回帰式を求めておき，津波シミュレーションなどにより得られた津波を原因とする家屋被害棟数の想定値をあてはめることにより，死傷者数を算出することが多い．　　　　　　　　　　　　　　　　　　　　◎宮野道雄

津波の数値モデル　[つなみのすうちモデル]　numerical model of tsunami　[海岸]　津波の発生源から沿岸部までの津波の変形を計算する数値モデルのことである．地殻変動から生じる海面の変形を初期波形として，この波形の伝播変形を計算し，津波の遡上高を推定する．地震津波では，断層モデルの諸元からマンシンハ・スマイリーの理論で海底地形変化を算定し，水面の初期波形がこれに等しいと仮定する．水深にわたって鉛直方向に積分した二方向の線流量を用いて表した，長波近似の運動方程式と連続式を時系列的に解くことで計算される．水深が浅くなると，津波が大きくなり，非線形効果が強くなるために非線形項を考慮した計算が行われる．陸上遡上の計算では，局所的な地形の影響が強く，上記のような平面二次元の計算では精度が悪くなるために，近年ではVOF(Volume Of Fluid)法による三次元計算が行われるようになってきている．
　　　　　　　　　　　　　　　　　　　◎高山知司

津波の想定　[つなみのそうてい]　estimation of tsunami hazard　[被害想定]　津波の想定は以下の手順で行われる．震源断層のパラメータを決定し，海底の鉛直変位量を求めて，それを波源域の初期水位とする．その際，断層の活動時間は瞬時と見なし，波源域付近の水面の形状は，海底の地殻変動に従うとする．津波の伝播は地殻変動終了後より始まると考え，伝播の過程は水深により2つに分ける．水深が大きな海域では，津波の伝播は線形長波理論により計算する．水深が小さくなったら，非線形伝播と海底の摩擦を考慮する．両者の境界は30m程度をとればよい．海岸に到達後は遡上の計算をする必要があるが，海岸部の地形や人工構造物についてのデータを必要とする．非線形伝播や陸上での遡上を考慮するかは，求められている精度による．注意しなければならないのは湾内のセイシュの影響である．津波の周期と湾内の水面の振動周期が近い時には，湾奥の波高が湾口部の波高の数倍になる．　◎松田磐余

津波の増幅　[つなみのぞうふく]　amplification of tsunami　[海岸]　津波発生時の初期波形はせいぜい数mの変位にすぎないが，この津波が沿岸部に到達すると，海面上数10mも遡上するようになる．このような変化は，浅水変形や屈折，反射，共振現象によって生じる．浅水変形は，津波が数1000mの震源域から数mの沿岸域に伝播することによって生じる増幅現象である．津波は，波長が数10kmに及ぶため常に海底地形の影響を受けて屈折する．屈折によってエネルギーが集中する沿岸では津波が大きくなり，発散する沿岸では小さくなる．津波は，波形勾配が非常に小さい波であるために，沿岸部で反射される．特に，V字型湾では両岸で反射された津波が湾奥に集中するために大きく増幅される．それぞれの湾は湾水振動の固有周期を有している．この固有周期に近い周期の津波が来襲すると，湾内は共振現象によって次第に大きくなる．実際の現象では，これらの要素が複雑に絡み合って津波の変形が生じる．
　　　　　　　　　　　　　　　　　　　◎高山知司

津波の遡上　[つなみのそじょう]　run-up of tsunami　[海岸]　津波が陸上部に這い上がる現象．遡上高とは，這い上がった津波の先端の高さを基準海面から鉛直方向に測った高さである．遡上高は，沿岸部での津波の大きさと局所的な陸上地形に大きく依存する．そのために，複雑な地形の海岸では，場所的に遡上高は大きく変動する．わが国で起きた最高の津波遡上高は1771年に起きた八重山地震

津波で，石垣島で85m に達した。遡上高が20〜30m に達する津波は，わが国ではそれほど珍しい津波ではない。
◎高山知司

積出基地 [つみだしきち] base of shipment 復旧
災害廃棄物のうち，建設資材や海面埋立用材などとしてリサイクルされるコンクリートガラならびに金属屑を除いて，その他の廃棄物は最終処分地に送られる。最終処分地は海上あるいは内陸部に設定されるが，前者の場合には積出基地が必要になる。積出基地は仮置場と最終処分地との位置関係，利用可能な輸送ルートなどを勘案して決定される。阪神・淡路大震災では主要な最終処分地がフェニックスであり，深江，兵庫南など8カ所の積出基地が設けられた。➡瓦礫仮置場
◎塚口博司

冷たい雨 [つめたいあめ] Bergeron-Findeisen rain 河川 気象
上空で一度氷相を経たものが落下して融解し，雨となるもの。0℃以下の大気中には，過冷却水滴と氷晶が混在している。氷の飽和水蒸気圧は水のそれよりも小さいため，昇華による氷の成長効率は凝結による水の成長効率より高く，氷晶は，粒径が大きくなると過冷却水滴を捕捉し成長する。従って，多数の過冷却水滴が存在する雲中では氷晶はあられやひょうといった密度の大きな氷粒子になり，落下する。➡暖かい雨
◎大石 哲

つらら icicle 雪氷
空中に流れ出した水が，寒気によって棒状に凍結したものがつららである。冬季，住宅の軒先，橋梁，トンネルなどに発生し，事故の原因になることもある。つららの成長は先端だけで進行するのではない。長さは先端の懸垂水滴中の樹枝状成長で増え，太さは側面の水膜の凍結によって増える。成長しつつあるつららの中心には必ず未凍結の水が残され，それはつららの長さと太さの成長が止まってから凍結する。その結果，つららの中心部には気泡が縦に並んで入る。
◎前野紀一

て

DIS [ディーアイエス] Disaster Information System 行政 情報 地震 ➡地震防災情報システム

DAD解析 [ディーエーディーかいせき] depth-area-duration analysis 河川
ある場所の(通常の)雨量計で観測される降雨量(地点雨量という)は，その地点の雨量でしかなく，河川防災などでは地域全体に降った雨量(面積雨量という)を推定する必要性が生じることがある。この面積雨量(depth)と地域の広さ(area)，降雨継続時間(duration)の間の関係を調べることをDAD解析という。
例えば，面積Aについての面積雨量Pと面積Aの間には$P=P_0\exp(-kA^n)$なる関係があることがHortonによって見出された。ここに，P_0は地点雨量の最大値で，k，nは係数であり，地域や降雨特性によって異なる。また，Fletcherは，地域の広さがAで降雨継続時間がDである時，面積雨量の最大値Pは次式で表されることを確かめた。
$$P=\sqrt{D}\left(a+\frac{b}{\sqrt{A+c}}\right)$$
ここでの，a，b，cは定数であって，対象とした地域によって異なる。
◎端野道夫

低温気流 [ていおんきりゅう] low temperature air current 雪氷 気象
周囲より低温の気流で，農作物に低温害を発生させることがある。作物に対しては風の強さによる害ではなく，低温による害である。
◎横山宏太郎

低温障害 [ていおんしょうがい] low temperature injury 雪氷 気象
0℃以上の連続的な低温によって農作物，林木，苗木などの生育が障害を受ける現象。種，季節や年齢などの生育段階，その他の環境条件の違いによって，単なる成長量の低下，一部組織の枯損，個体全体の枯死など，障害状態は多様である。夏作物の成長期に異常な低温が続くと冷害(cool-weather damage)が発生する。熱帯・亜熱帯産の植物には2〜5℃で冷温障害または寒傷(chilling injury)を受けるものが多い。これらは，低温条件における吸水障害が植物細胞の水分欠差(water deficit)など生理的機能の低下を引き起こすためとされている。古い時代の稲の大凶作で代表される大飢饉の主要な原因は，長期間の異常な日照不足，冷夏，多雨の場合が多い。
◎塚原初男

定期借地権 [ていきしゃくちけん] period lease ownership of land 復旧
定期借地権は，1992年に施行された改正借地法により導入された制度である。従来の借地権では，契約期間が満了しても，借り主が契約更新を望めば，地主に「正当事由」がない限り更新されるが，定期借地権では一般に50年以上の定めた期間が過ぎれば更地として返却される。地価の高い都市部の建替えにおいて活用が広がっている。阪神・淡路大震災では，被害の大きかった旧市街地において，賃貸住宅や店舗などの再建が遅れ，更地のまま残された土地が目立ったため，神戸市および兵庫県が地主と借地希望者の間に立ち，「定期借地権」の契約を斡旋し，震災で空地となったままの更地を活用し，旧市街地の賃貸住宅や店舗の建替えを促進した。
◎後藤祐介

テイ橋崩落 [テイきょうほうらく] Tay bridge collapse 気象
スコットランドのテイ橋は1879年に完成後，1年半にして暴風の際，たまたま通過中の旅客列車もろとも水中に転落し，75名の人命が奪われた。この橋は全長3 km，85径間の錬鉄製トラスで，当時，最大規模の構造物であった。この頃はまだ橋の設計に考慮すべき適切な設計規準もなく，設計・風荷重の配慮が不十分で，主構と橋脚が吹き倒されたと推定されている。
◎宮田利雄

ディグリーデー degree day 雪氷 気象 地盤 ➡積算気温

デイサイト dacite 〔火山〕 しばしば斑状組織を示す白色～灰白色系統の珪長質の火山岩。語源はルーマニアDacia地方の火山岩に由来。全岩化学組成では約63～70重量％のSiO_2量の範囲の火山岩を指し、深成岩としては花崗閃緑岩やトーナル岩にほぼ対応する。斑晶として斜長石、輝石、角閃石、黒雲母、鉄鉱などの鉱物をしばしば含む。石基はガラス質から結晶質まで変化に富む。大陸の造山帯や島弧において、▶安山岩や流紋岩に伴って溶岩、火山砕屑岩としてごく一般的に産出する。デイサイトの溶岩流は粘性が高く流動性に乏しい。なお日本ではデイサイトに対して石英安山岩の用語が用いられてきたが、石英の斑晶を含まない場合が多いことからデイサイトを用いるほうがよい。
◎鎌田浩毅

定常流 ［ていじょうりゅう］ steady flow 〔気象〕 ▶乱流状態であっても、その性状が時間とともに変化しない流れを、定常流と呼んでいる。これに対して、▶竜巻時のように、風速が時間とともに急速に増大したり減少したりする流れを非定常流と呼ぶ。また、風の中で振動している物体のまわりの流れのように、物体の振動に伴ってその性状を変化させる流れ場も非定常流と呼ぶことがある。この場合、定常流は風の中で静止している物体のまわりの流れを指す。
◎河井宏允

底生生物 ［ていせいせいぶつ］ benthos 〔海岸〕 ➡ベントス

汀線後退 ［ていせんこうたい］ retreat of shoreline 〔海岸〕 岸沖漂砂の卓越する場においては、暴浪時に沖向きの漂砂が発生して汀線が後退するものの、その後の静穏な波浪時に沖に堆積した砂が岸向きに回帰し、可逆的なビーチサイクルを呈する。一方、沿岸漂砂が卓越方向を有する場合、海岸構造物による漂砂経路の遮断により、漂砂の下手側で汀線後退を引き起こす。特殊な事例としては▶カスプ移動に伴う汀線変化が挙げられ、大規模カスプの湾入部に当たれば顕著な汀線後退を生じる。
◎田中 仁

汀線測量 ［ていせんそくりょう］ shoreline surveying 〔海岸〕 海岸線の短期的あるいは長期的変動の傾向を把握するために汀線位置の測量が行われる。水際位置の平面的な形状を平板やトータルステーションなどの測量器具により定める。また、航空写真を用いれば海浜全体の汀線形状を容易に得ることができるが、水際の判定に誤差を伴うことがある。実際の水際位置は潮位変動に伴って移動するため、通常は平均潮位に対応する海岸線位置を汀線とする。よって、海浜の勾配を考慮して潮位補正を施す必要がある。
◎田中 仁

低速度層 ［ていそくどそう］ low velocity layer 〔地震〕 地球内部では深くなるほど地震波速度が速くなるが、上部マントルの浅い部分(深さ数十km)では逆に遅くなる層があり、低速度層と呼ばれている。海洋下で特に顕著である。岩石が部分的に溶融しているため低速度になっている。この層は力学的に弱い(軟らかい)ため、その上に存在する高速度の硬いリソスフィアとも呼ばれる厚さ80km程度のプレートを動きやすくしている。
◎平原和朗

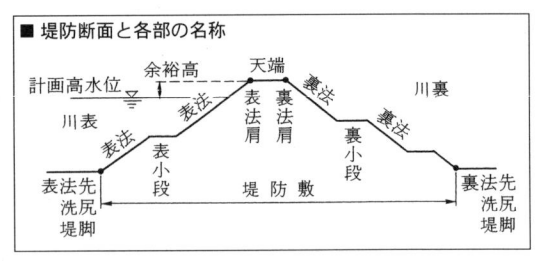

停滞前線 ［ていたいぜんせん］ stationary front 〔気象〕 ➡前線

ディブリーフィング psychological debriefing 〔情報〕 被災者や援助者がその活動を続けることで日常的に、また、必然的にもたらされるストレスを軽減するためのグループ・ワークの一つ。援助者の援助にあたるケアの技法として多用される。グループのメンバーは同じ援助に関わる当事者とグループ・リーダーの2者のみである。リーダーはメンバーが語る際の心理的な安全を図りつつ、メンバーに、決められたテーマ、時間、順番で語るよう促す。ディブリーフィングとは、事後になされる長目の報告の意である。
◎羽下大信

堤防 ［ていぼう］ levee 〔河川〕〔海岸〕〔地盤〕 狭義には、流水が河川外に流出するのを防ぐために、流路に沿って設けられる盛土構造を原則とする河川構造物。広義には、河川の流水を制御する堤状の構造物で、これには導流堤、背割堤、囲繞堤、越流堤なども含まれる。一般に河川堤防をいうが、海岸堤防も含め単に堤防と呼ぶことが多い。なお、河川下流部の高潮堤防や計画高水流量の定められる湖沼の湖岸堤においては、土地利用状況その他の特別の事情によりやむを得ないと認められる場合に、盛土構造の堤防に、コンクリート構造の胸壁を有するパラペット構造の特殊堤とされる場合がある。盛土構造による堤防の基本定規断面は、計画高水位に余裕高を加えた堤防高さと天端幅、さらに、一般に50％以下の勾配がとられる法(のり)勾配、川表側3～5m毎、川裏側2～3m毎に設置される幅3m以上の小段により規定される(図)。なお、余裕高と天端幅は共に計画高水流量に応じて必要最低値が規定される。
◎角 哲也

■堤防断面と各部の名称

泥流災害 ［でいりゅうさいがい］ muddy debris flow disaster 〔地盤〕〔火山〕 泥流とは微細な土砂を高濃度に含む流れを総称していう。火山活動に伴い発生する泥流は火山泥流と呼ばれ一般に規模が大きい。特に、冠雪や氷河の融雪に伴う泥流、火口湖、天然ダム、氷河湖などの湖沼の決壊に伴い生じる泥流などは、大量の水がほとんど瞬時に供給されるため極めて規模の大きな泥流災害を生じさせる。最近では、1985年、コロンビアのネバド・デル・ルイス火山が噴火した際、大規模な火山泥流災害が生じている。

この泥流は火砕物による山頂氷河の融解が原因とされており，山麓のアルメロ市街をほぼ壊滅させ，約2万5000人もの被害者を出した。わが国でも過去に同様の災害が発生している。1926年5月24日，北海道の十勝岳が爆発した際，山頂火口丘の一部が崩壊し山頂付近の残雪を融かし，火山泥流が発生している。この泥流は美瑛川，富良野川の両河川に流れ込み，富良野川の下流にある上富良野町では144人の被害者を出している。また，1783年7月8日，浅間山が噴火した際にも吾妻川を*火山泥流*が流下し，烏川との合流点よりさらに下流の地点まで被害を及ぼしている。→ラハール

◎宮本邦明

適合度 [てきごうど] goodness of fit 〔共通〕 理論（またはモデル）と実際との一致性を計る尺度。例えば，確率変量と見なせる一群のデータに確率分布をあてはめた時，理論曲線(分布関数)と観測データとの乖離の度合いが小さいほど適合度がよいことになる。適合度の判定は，目視による一致性(visual consistency)や，統計学的な適合度検定手法としてカイ二乗検定やコルモゴロフ・スミルノフ検定によってなされる。一般に，モデル計算値と観測値との乖離を観測値で割ったもの(相対誤差)や平均二乗誤差などで適合度を定量的に評価することも多く，このような誤差が客観的な指標として用いられる。

◎寶 馨

鉄筋コンクリート [てっきんコンクリート] reinforced concrete 〔地震〕 鉄筋で補強したコンクリート。安価で圧縮力に強いが脆性的な特性を示すコンクリートを，引張り力に強い靭性材料である鉄筋で補強した構造で，ダム，橋梁，建築などの構造として利用されている。構造部材に曲げ応力が作用する場合には，軸方向に配筋した軸鉄筋が引張り力に抵抗するため，梁あるいは軸方向力が小さい柱では，大きな変形能力を発揮する。しかし，曲げ応力と大きな軸方向力が同時に作用する柱では，コンクリートの圧縮破壊が先行するので，変形能は小さくなる。部材に直交するせん断力が作用する場合には，コンクリートが斜め方向にひび割れて脆性破壊(せん断破壊)を生じるので，部材軸に直交する方向にあばら筋あるいは帯筋と呼ばれる横補強筋を配筋する。しかし，大きなせん断力が作用する太短い部材(耐震壁あるいは短柱など)では，横補強筋を増やしても，コンクリートの圧縮破壊が先行することになり，せん断破壊を防止するのは難しい場合もある。

◎小谷俊介

鉄筋コンクリート構造 [てっきんコンクリートこうぞう] reinforced concrete structure 〔地震〕 主要構造部を鉄筋とコンクリートで構成させる構造形式をいう。圧縮には強いが引張りに弱く脆いコンクリートの中に，引張りに強い鉄筋を埋め込むことによって，圧縮と引張りの両方に耐えうる構造物が構築できる。コンクリートの中に埋め込まれた鉄筋は錆びない，鉄筋とコンクリートの間に十分な付着力を付与することができる，鋼とコンクリートの熱膨張係数がほぼ等しい，鋼とコンクリートのヤング係数の比と材料強度の比がほぼ等しいなど，鋼とコンクリートが互いに補い合う特徴を持って鉄筋コンクリート構造は大きく発展し，全世界における代表的な構造形式となっている。鉄筋は柱や梁の材軸方向に配される他(これらの鉄筋を主筋と呼ぶ)，その外周を巻くように鉄筋を配することによって(柱では帯筋，梁ではあばら筋と呼ぶ)，圧縮強度，せん断強度，さらに耐震設計にとって重要な粘りを確保している。
→鉄骨鉄筋コンクリート構造，鉄骨構造

◎中島正愛

鉄筋コンクリート造の被害 [てっきんコンクリートぞうのひがい] damage to reinforced concrete buildings 〔被害想定〕〔地震〕 1995年兵庫県南部地震における鉄筋コンクリート造(RC造)建築物の被害は旧基準建築物を中心に生じ，その特徴は，①1階での層崩壊，②中間層での層崩壊，③パンケーキ状破壊，④転倒，に大別できる。①は世界各地の被害地震で見られる最も典型的な被害形態の一つで，1階部分が店舗や駐車場となっているために上層階に比べて耐力壁が少ない場合など，1階部分で強度・剛性が減少する場合に最も生じやすい。中高層建築物では②中間層部分での層崩壊が生じた例があり，強度・剛性の急変，SRC造からRC造への移行点，設計用外力分布の過小評価による中間階での耐力不足などが原因として指摘されている。また建物の耐力が総じて著しく乏しい場合は，各階の崩壊が連鎖反応的に生じ，スラブが重なるように建築物全体が崩壊する③パンケーキ状破壊が生じた。②～④は，日本における既往の地震被害にはあまり見られなかった被害形態であるが，特に②は兵庫県南部地震において主要な公共施設でも見られるなどその被害事例が少なくなかったことから注目を集めた。→壁率

◎中埜良昭

鉄筋挿入(補強土)工法 [てっきんそうにゅう(ほきょうど)こうほう] reinforced earth method by steel bar installation 〔地盤〕 鉄筋挿入工法は一般に1～10m程度の鉄筋を地山や切土法面に挿入して斜面を補強する工法であり，斜面崩壊を防止する目的で用いられる。使用機械が小型軽量であるため，施工が簡便である特徴を持つ。グラウト工に比べて補強効果の信頼性がある。鉄筋のせん断強度，定着部の引抜き抵抗力(アンカー効果)，打設部の仮想擁壁化(地盤改良効果)などの効果を期待した補強土工法であり，ネイリングやルートパイルと同義で用いられる。

◎松井 保

鉄骨構造 [てっこつこうぞう] steel structure 〔地震〕 主要構造部に鋼材を用いる構造形式をいう。柱や梁などにはH形鋼や鋼管など棒材を配し，それらを溶接または高力ボルトによって緊結することによって骨組みを構成する。また水平方向に対する剛性と強度を確保するために，筋かいと称する棒材を斜め方向に配することもある。柱脚部分は鉄筋コンクリート基礎梁に緊結するが，アンカーボルトによって両者をつなぐ露出柱脚や，基礎梁の中に柱の一部を埋め込む埋込み柱脚などがある。梁の上にデッキプレー

トと称する薄い鋼板を敷きつめ，その上に鉄筋を組みコンクリートを打設することによって床を仕上げる。鉄骨構造は，材料から部品までを工場で製作しそれを現場で組み立てるという方法をとるので，建設現場工期が短い，品質確保が容易であるなどの利点を持っている。さらに鋼が持つ高い比強度（強さの比重に対する比）と粘りは，耐震性能の確保を容易にするなど，鉄骨構造は，低層建物から超高層建物に至るまで幅広く用いられており，その構造材料別シェアは住宅に使われる木造に次いで高く，年間総着工延床面積の約30％を占めている。→鉄筋コンクリート構造，鉄骨鉄筋コンクリート構造 ◎中島正愛

鉄骨造の被害 [てっこつぞうのひがい] damage to steel buildings [被害想定] [地震] S造（鉄骨造）建築物は，1978年宮城県沖地震を除けば，過去の地震ではあまり被害が報告されていない構造形式であったが，1995年兵庫県南部地震ではそのS造建築物にも多大な被害が生じた。兵庫県南部地震で見られた被害形態は，①箱形断面材を柱に用いた構造の被害，②軸組筋違構造の被害，③薄肉断面の型鋼の錆による経年劣化の著しい建築物の被害，④厚肉大断面部材の脆性的破断，⑤隣接建築物との衝突による被害，に大別できる。被害の割合は，概して旧基準建築物に被害程度のより大きな建築物が多いことはRC造建築物と共通である。一方，被害部位別に見ると，溶接部の破断や梁の被害率は，現行基準建築物と旧基準建築物とで同程度ではあるが，大破以上の建築物に限定した場合は，その被害率はむしろ現行基準建築物でより高い値となっており，またその他の部位（柱，筋違，柱脚）での被害率も同程度あるいはそれ以上生じているのが特徴である。
◎中埜良昭

鉄骨建物 [てっこつたてもの] steel building structure [地震] 構造体の主な部分が鉄の合金である鋼（steel）で作られた建築物。鋼は重さに比して強度が大きいので，柱や梁といった曲げによって力を伝える部材には薄い板で構成される鋼管材，形鋼材が用いられ，部材間の接合は溶接や高力ボルトを用いて行われる。鋼はまた変形能力にも優れた粘り強い材料であるから，激震時には塑性変形に伴うエネルギー吸収効果によって揺れに耐えるという考え方で設計がなされている。過去の震災における鉄骨建物の被害は比較的少なかったが，阪神・淡路大震災では鉄骨建物の被害件数は1776件を数え，そのうち457件は倒壊または大破した。古い建物ほど被害率が高く，腐食などによる老朽化，設計や施工の不適切さが明暗を分けた。主な被害形態として，梁端部の亀裂発生や脆性破断，柱頭部の溶接破壊，種々の座屈，筋かいや筋かい取り付け部の破壊，柱脚部アンカーボルトの引き抜けや破断などがある。 ◎上谷宏二

鉄骨鉄筋コンクリート構造 [てっこつてっきんコンクリートこうぞう] steel framed reinforced concrete structure [地震] 鉄筋コンクリート構造と接骨構造の長所をあわせ持つ構造として，鉄骨鉄筋コンクリート構造（SRC造）がある。鉄筋コンクリート構造において，鉄筋量を増やすには，鉄骨化することが合理的であり，鉄骨構造の周りに鉄筋を配して，コンクリートを打ち込んだ構造である。高層建物でも柱の断面積を小さく抑えることができるとともに，鉄骨構造よりも高い耐火性能を得やすいといえる。
→鉄筋コンクリート構造，鉄骨構造 ◎河田惠昭

鉄道施設の被害想定 [てつどうしせつのひがいそうてい] damage estimation to railway systems [被害想定] [地震] 鉄道施設である橋梁の地震被害としては落橋，倒壊，橋脚破損などがある。軌道の被害としては盛土部で路盤の沈下や移動や崩壊，軌道の変状，道床肩の崩れや沈下や流出，レール継ぎ目の破損などがある。駅舎やホームの損傷，送電線・電車線・き電線・配電線の垂下や断線，ビーム破損，電柱倒壊，信号機傾斜なども発生する。トンネルの被害としては中柱，側壁，覆工のひび割れ，剝離，破損などがある。被害想定に際しては，過去の被害事例を分析し，路線単位長さ当たりの施設被害率を設定し，不通区間を想定する。延焼火災に伴う煙による視界不良や消火活動，避難のための運転見合わせなども考えられる。
◎川上英二

鉄道車両の被害想定 [てつどうしゃりょうのひがいそうてい] earthquake damage to railway vehicles [被害想定] 過去の地震による列車の脱線や転覆の原因は，高架橋や盛土などの構造物の崩壊，軌道の変状，震動などである。また，列車が地すべりに巻き込まれた例もある。列車が揺れにより信号機やホームに接触して，車体や窓枠や側扉が破損する被害も発生している。被害想定に際しては，過去の地震被害の事例から，震度別に脱線率＝（脱線列車数／運行列車数）を設定し，これと運行列車本数の現況データをもとに，列車の脱線数を想定する。 ◎川上英二

鉄道の自然災害 [てつどうのしぜんさいがい] natural disasters impacts on railway [気象] 風，雨，雪，地震，凍上，津波などによって鉄道が被る自然災害の総称。運転阻害事故という名の統計による自然災害の年平均発生件数は約600件である（1989年度から1998年度まで）。その内訳は，水害33％，風害22％，雪害17％，震害3％，雷害8％，その他17％である。戦後の代表的な自然災害には，風による山陰線余部事故（1986年），豪雨による関門トンネル水没（1953年），土讃線繁藤駅斜面崩壊（1972年），長崎線災害（1982年），豊肥線災害（1991年），洪水による東海道線富士川橋梁流失（1982年），土石流による信越線妙高災害（1978年），長雨による能登線列車脱線事故（1985年），地震では兵庫県南部地震（1994年），チリ地震津波（1960年）の各被害，雪害では38豪雪，56豪雪の各雪害，濃霧では宇高連絡線紫雲丸沈没事故（1955年），台風では青函連絡線沈没事故（1954年）などがある。 ◎藤井俊茂

鉄道の雪害対策 [てつどうのせつがいたいさく] meas-

ures of railways against snow damage　[雪氷]　鉄道の雪害に対する方策で，多岐にわたる雪氷害の種類に応じて各種の対策がある。雪害対策はハード対策とソフト対策に分けられる。前者はさらに線路側の対策と車両対策とに分けられる。線路側の対策としては，防雪設備や消融雪設備，防雪林などの地上施設のほか，除雪車両，除雪機械による除雪・排雪，凍上・つらら対策，雪崩対策，分岐器の対策，トロリー線着氷防止対策があり，車両側の対策としては寒さや雪に強い車両構造の採用がある。ソフト対策には列車の運行を限定する運転規制や冬ダイヤのほか，降積雪や除雪等の情報システム，雪崩パトロール，人工雪崩などがある。雪国での新線建設時には雪害対策を十分に構築しておくことが必要である。
　　　　　　　　　　　　　　　　　　　　　◎藤井俊茂

鉄道の雪氷害　[てつどうのせっぴょうがい]　snow damage to railways　[雪氷]　雪や寒さによって鉄道が被る災害。鉄道はそれ自体が多くのシステムの集合体であるため，雪氷害の種類は多岐にわたる。例えば，線路上の降雪，積雪の量や雪の吹きだまり量が多くなると列車は走行不能になり，脱線することもある。トンネルではつららなどの凍結氷が列車の通過を阻害し，鉄橋の冠雪は落下して鉄道車両の損傷をもたらし，斜面からの雪崩は列車を脱線あるいは転覆させたり，電車線の着雪・着氷はパンタグラフの集電を困難にする。また，新幹線では走行時に車体へ付着した雪氷塊が落下して列車自体や沿線住民に被害をもたらす。これらは，迂回などの措置をとることができない線路上を列車が走るという鉄道の宿命によるものである。
　　　　　　　　　　　　　　　　　　　　　◎藤井俊茂

鉄道の耐震基準　[てつどうのたいしんきじゅん]　seismic standard for railway structures　[地震]　鉄道構造物の耐震設計を規定した基準で1998年12月に旧運輸省から通達された。構造物の耐震性能を規定し，動的解析を主体とした設計法。兵庫県南部地震の被害調査および解析などに基づき設定された。鉄道構造物の耐震設計にあたっては，構造物の性能(耐震性能)を定め，地震時の応答が性能から定まる制限値の範囲以内に収まることを照査する。構造物の耐震性能は主として地震後の補修の難易性を考慮し，部材および基礎の損傷と補修の関係から3段階に定められている。設計計算では，まず構造物の重要度に基づいて目標とする耐震性能を定める。そして基盤で設定した地震動を用いて，表層地盤の応答計算を行い，その地震動を構造物に入力して動的解析により応答を求め，その応答値が目標とする耐震性能から定まる値を超えないことを照査する。構造物の耐震性能から定まる制限値は部材および基礎の非線形性を考慮した静的非線形解析(プッシュオーバーアナリシス)で求める。
　　　　　　　　　　　　　　　　　　　　　◎西村昭彦

鉄道の復旧　[てつどうのふっきゅう]　restoration of railways　[復旧]　鉄道の復旧に関しては，高架橋，橋梁，トンネル，土構造物，駅施設，軌道設備，電気設備，駅施設，車両，車両基地の復旧が必要となる。構造物の復旧方法の基本的考え方には，補強による方法および再構築による方法がある。鉄道の復旧には長期間を要するため，部分開通を繰り返し不通区間の縮小を順次図る，複々線区間では2車線を早く復旧させるといった方法がとられる。不通区間に対する対応としては，鉄道迂回ルートを設定するとともに，代替バスによる輸送も必要となる。阪神・淡路大震災においては，鉄道の不通区間は地震発生時に640 kmに及んだが，2カ月半後には阪神間の輸送事情が震災前に近い状況となり，7カ月後にはほぼ復旧した。→新幹線の復旧，新交通システムの復旧
　　　　　　　　　　　　　　　　　　　　　◎塚口博司

鉄道被害による死傷者　[てつどうひがいによるししょうしゃ]　casualties caused by railway damages　[被害想定]　地震による鉄道施設の被害は，福井地震，宮城県沖地震，日本海中部地震などで見られ，兵庫県南部地震では新幹線の高架橋が被災した。兵庫県南部地震では鉄道の脱線による死者は0人，負傷者が56人であり，この時の乗客数は1075人であったため，負傷者は5.209％となる。1997年の東京都の被害想定では，負傷者56人のうち，重傷者11人，軽傷者45人であったことから，両者の比率を1：4として配分を行い，死者率については既往の列車事故事例より負傷者数に対する死者数の割合を1.619％と求めて，下式のように算定している。死者数，負傷者数＝[列車被害本数(上り)×1本当たり乗客数(上り)＋列車被害本数(下り)×1本当たり乗客数(下り)×a／100]。ただし，死者数を求める場合のaは0.084であり，負傷者数の時は5.209である。
　　　　　　　　　　　　　　　　　　　　　◎宮野道雄

鉄道防災　[てつどうぼうさい]　railway disaster prevention against natural hazards　[気象]　鉄道を自然災害から守ることであり，狭義では鉄道建造物の維持管理と災害防止対策とからなる。広義では狭義の防災に環境保全を加えることがある。モンスーン地帯に位置し，豪雨・豪雪型の気候で，地質年代が新しく，地震が頻発し，厳しい地形条件という環境下にある日本国土に敷設された鉄道線路網のほとんどが第二次世界大戦以前に建設されたものであり，また鉄道建造物も旧式の材質と構造形式であるものが多数を占めている。これらの建造物を有する路線は急峻な地形の合間を縫って敷設されていることが多いため自然災害を受けやすく，鉄道にとっては自然災害の発生防止が極めて重要な課題である。鉄道では，各種の自然災害に対する弱点を補強し，災害防備の施設を施して災害に備えるとともに，災害発生の危険を察知して事前に処置を施すことによって災害の発生を未然に防いだり，被害規模を最小限にくい止めるための努力が払われている。
　　　　　　　　　　　　　　　　　　　　　◎藤井俊茂

鉄砲水　[てつぼうみず]　flash flood／rapid flood　[地盤]　山地からの急激な流量増大を伴った短期間の流出の一形態のことをいう。突然流量，流速が急増するところから，この名称が付けられた。集中豪雨，急激な融雪，

または流路が一時的に閉塞されこれが破れた時などに出現する．下流では降雨がない状態でも急激な流出が見られることがある．また渓流に緩い土砂堆積物があると，この鉄砲水により土石流が引き起こされ，下流に大きな被害を発生させることがある．　　　　　　　　　　　◎沖村　孝

テフラ tephra 〈火山〉　噴火の際に火口から放出されて空中を飛行し，地表に堆積した火山放出物の総称．語源はギリシャ語の「灰」に由来．元来の定義では様々な粒径範囲の降下火砕物を包含してテフラと呼んだが，最近では降下火砕物，火砕流堆積物，火砕サージ堆積物の総称として，▶火山砕屑物とほぼ同義に用いられることも多い．テフラから派生するテフロクロノロジー（tephrochronology　火山灰編年学）は，層序もしくは年代のわかっている降下火砕物を鍵層として地層の対比編年を行い，火山噴火史などを解明する手法．　　　　　　　　　　◎鎌田浩毅

デブリ debris 〈雪氷〉〈地震〉〈火山〉　様々な外的営力によって生産される岩片や岩屑のこと．氷河では，岩壁からの落石，雪崩とともに落下した岩片，あるいは氷河底面から氷体内を運ばれてきたティルや岩屑が氷河表面に存在する時，これらを総称してデブリと呼ぶ．雪崩によって運ばれた雪や氷の堆積物を雪崩デブリともいう．雪崩のデブリは，積雪層構造が乱れ，一般に密度，硬度は高く，樹の枝，葉，土砂などが含まれることが多い．→土石流　◎成瀬廉二

テフロクロノロジー tephrochronology 〈火山〉　→テフラ

テレメータ telemeter 〈河川〉　被測定量を電気や光の信号に変換し，無線または有線により離れた場所に信号を送ることにより遠隔測定を行う装置，もしくはそれを備えた観測所のこと．例えば旧建設省や自治体などでは，洪水や土砂災害を防止し河川，ダム，道路などを適切に管理するために，1955年以降，無線による雨量・水位等のテレメータを鋭意整備してきた．国土交通省関連では，1999年3月時点で雨量観測所の約67％，水位観測所の約50％が無線テレメータ化されており，最新仕様では河川流域全体で10分毎の観測データ収集が可能となっている．
　　　　　　　　　　　　　　　　　　◎深見和彦

電気探査 ［でんきたんさ］ electrical exploration 〈地盤〉〈火山〉〈地震〉　地層の電気的性質に基づく物理探査（法）．狭義の電気探査法には，大地に直流電流を流し電位を計測する比抵抗法，強制的に分極を起こすIP法，自然的原因による電位を計測する自然電位法などがある．広義の電気探査法にはさらに，時間的に変動する電磁場を用いるMT法などの電磁探査法が含まれる．災害関連では火山活動などに伴う物質輸送で起こる流動電位の測定や空中から実施できる空中電磁探査法などが有用なことがある．
　　　　　　　　　　　　　　　　　　◎小林芳正

電気伝導率 ［でんきでんどうりつ］ electric conductivity 〈地震〉　電気伝導度，導電率，電導率，単に伝導度ともいう．電流密度と電場の関係式 $J=\sigma E$ の係数として定義され，電気の流れやすさを示す．単位は［S/m］．岩石では一般に温度が高くなるほど電気伝導率は大きくなる．また，岩石の空隙中の水の電気伝導率にも依存する．電気伝導率の逆数 $1/\sigma$ を比抵抗 ρ と呼ぶ．▶電気探査などでは，見かけ比抵抗という量が定義されることもあり，比抵抗を用いることが多い．比抵抗の単位は［Ωm］．各種の比抵抗探査法を用い活断層周辺での比抵抗分布の不均質性が調べられている．　　　　　　　◎大志万直人

電気配線による地震時出火想定 ［でんきはいせんによるじしんじしゅっかそうてい］ estimation of earthquake fires from electrical wiring 〈被害想定〉〈地震〉　電気配線からの出火は，兵庫県南部地震において注目された．その原因の多くは，建物倒壊時あるいは停電復旧時の短絡や半断線による発熱であった．兵庫県南部地震での電気配線からの出火は，全壊建物1棟当たり0.003％であったが，地震時の電気配線からの出火想定にあたっては，停電復旧時の通電により出火するか否かに大きく左右されるため，地震発生からの時間帯別再通電率の設定と，時間帯別避難率に応じた初期消火率の低下を加味する必要がある．　◎川村達彦

電磁気的先行現象 ［でんじきてきせんこうげんしょう］ electromagnetic precursor 〈地震〉　地震の直前に電磁場に現れる自然現象．地磁気・地電流など固体地球に現れる現象もあり，電離層の高度の変化を反映する現象もあると考えられている．磁気嵐などの外部原因の現象と分離して見ることが必要．短周期の地磁気変化に対する電磁誘導から地球内部の電気伝導度変化を検出する場合もある．応力変化が岩石の帯磁を変化させて起こる現象もある．ギリシャでは地電流の変化を地震予知の試行に利用している．
　　　　　　　　　　　　　　　　　　◎尾池和夫

天井川 ［てんじょうがわ］ raised bed river 〈河川〉　河道内に土砂が堆積し，河床高が周囲の地盤高より高くなった河川．河床の上昇と堤防のかさ上げの繰り返しが周囲と河床の標高差を大きくしたといわれている．わが国の河川流域は土砂流出量が多く，沖積平野を流れる河川の多くが天井川となっている．特に近畿地方の風化花崗岩（マサ土）地帯を流れる河川では，河床上昇が著しく川の下を鉄道，道路が通っている場合がある．　　　　◎細田　尚

天井ジェット ［てんじょうジェット］ ceiling jet 〈火災・爆発〉　火源から上昇した熱気流が天井面に衝突した後の，水平あるいは傾斜天井面に沿う流れのこと．火源からの上昇気流が天井に衝突して方向を変化する付近をよどみ領域（stagnant region）または変換領域（turning region），その外側で流れが天井面に沿って広がる領域を天井下噴流域（ceiling jet region）あるいは天井下流れという．水平天井ではほぼ円形に，傾斜天井面では放物状に流れの包絡外周が形成される．天井ジェットの気流温度，速度は，天井下2〜3cm付近にその最大値を持つ垂直分布を示す．→火災プリ

ューム　　　　　　　　　　　　　　　◎須川修身

天井面流れ　[てんじょうめんながれ] ceiling jet　火災・爆発　■天井ジェット

転石　[てんせき] boulder　地盤　基岩から分離し，元の位置から移動した石で，かつ，斜面上にあるもの，あるいは斜面上に露出してきたもの。斜面が堆積物から成る場合，斜面の侵食とともに，堆積物中の石礫が地表面に現れてくる。石を支える周囲の表土層の侵食が進むと問題の石は安定限界に達して落下する。傾斜が大きな斜面上の転石はこのようにして落下しやすい。転石が落下する場合を，転石型落石あるいは抜け落ち型落石と呼ぶ。→落石，浮き石
◎諏訪 浩

電線着氷雪　[でんせんちゃくひょうせつ] ice and snow accretion on power lines　雪氷　電線に雪や氷が付着する現象。冬期，気温が−0.5〜1.5℃，風速が3m/s以下の弱い時，季節風下で大雪が降ると電線着雪が起こり(弱風型着雪)，電線の切断などの被害が起こることがある。一方，強い低気圧が接近し，10m/s程度の強風下，気温が0〜2℃で，強いみぞれが降り続くと大規模な電線着氷が起こる(強風型着雪)。いずれの着雪も上記の条件が揃えば，どの地域でも起こり，鉄塔倒壊，電線切断などによる長時間停電を起こすことがある。現在はその対策が進み，電線着雪による大規模災害はなくなった。一方，山岳部を走る送電線に強風下で着氷が起こると，鉄塔に被害を生じたり，強風によるギャロッピング(電線の大きな縦揺れ)を起こし，電線同士が接触，ショートして停電を起こすことがある。着氷対策には熱的・機械的表面処理法などがあるが，まだ問題点が多い。
◎若濱五郎

伝達関数　[でんたつかんすう] transfer function　地震　ある振動系への入力に対する出力の増減倍率を周波数領域で表現したものをいう。地震工学の分野では，基盤から堆積地盤上への地震動の増幅倍率や，構造物の入力に対する応答倍率を，周期もしくは周波数の関数で表したものをいう。これらは周波数応答関数とも呼ばれ，系を質点系で表した場合，質量，減衰係数，およびバネ定数によって決まる複素関数となる。
◎杉戸真太

転倒　[てんとう] overturning　地震　転倒に対する検討は，高層建築物や擁壁などの構造物，あるいは基礎であれば直接基礎がその対象となる。安全性は対象構造物に作用する合力の作用位置が構造物底面のどこにあるかによって判定される。例えば直接基礎の場合，常時には底面の中心より底面幅の1/6以内，地震時には1/3以内になければならない。なお，墓石の転倒から水平加速度の推定が昔から行われている。また最近では家具の転倒が地震防災上重要な問題となっている。
◎三浦房紀

伝統的建造物群の防災　[でんとうてきけんぞうぶつぐんのぼうさい] disaster prevention of historical buildings and townscape　復旧　歴史的な街並みの保存は，1960年代後半における，高山市上三之町や妻籠宿の活動を契機に，金沢，倉敷，萩などへと全国的な展開をし，1975年の伝統的建造物群保存地区制度へと結びついた。この制度は，街並みの凍結を目指すのではなく，環境の激変を防ぎ，記憶の風景の連続性を維持しようとするものである。伝統的建造物群保存地区の多くは，木造建築密集地帯であるが，街並みの保存が都市全体の防災性の低下に直結しないように，函館市元町末広町地区では，大規模修繕に際して下見板の内側に難燃材を挿入することが義務付けられた。また，福島県下郷町大内宿や岐阜県白川村荻町では，放水銃，消火栓が整備され，住民による初期消火を図っている。ただし，このような地区は100年以上にわたって大規模な火災を出していないからこそ残ったのであり，住民の防災意識や防災組織に優れた地域であることも忘れてはならない。
◎波多野 純

伝統的都市防災　[でんとうてきとしぼうさい] traditional urban disaster-resistant technologies　復旧　火災　木造市街地としての伝統を持つ日本の都市は，多くの都市大火を経験し，都市防火の伝統的技術を発達させてきた。木造家屋の防火対策としては，瓦屋根，塗り込め壁，▶土蔵造，通り抜けの土間などの多様な建築技術が発達したし，都市の防火対策としては▶火除け地，火除け堤，▶広小路，天水桶，消火水路網などの都市構造技術に加え，町の定火消し制度などの社会技術も発達した。その他，五重塔の心柱を中空に浮かせた柔構造，貫と土壁の伝統木造構法は，耐震技術として再評価されているし，輪中集落や水屋，城下を洪水から守るために河川の堤防高に高低差を付け，城下側を高くし反対側を越流堤にするなど，多様な防災技術が存在していた。これらの伝統的都市建築防災の技術は，明治以降の近代化とともに失われていったが，路地尊など現代の防災街づくりに通じる発想もあり，再評価されつつある。→塗家造，土蔵造，焼家造，焼家の思想
◎中林一樹

転倒モーメント　[てんとうモーメント] overturning moment　気象　建築構造物が風を受けた時，建物各部分に作用する風力により，建物基礎部に建物を転倒させるような方向のモーメントが働く。このモーメントを転倒モーメントと呼び，一般に風方向と風直角方向の2成分に分けられる。なお，構造物の一次振動モードが直線モードになる時，一般化風力は転倒モーメントの形で与えられ，▶風洞実験においては，通常，模型底面における転倒モーメントを風力天秤で測定して求められる。
◎谷池義人

点熱源上の火災プリューム　[てんねつげんじょうのかさいプリューム] fire plume above a point heat source　火災・爆発　実在的な火源は必ずある有限の大きさを持つが，▶火災プリュームの性状の理論的取り扱いを容易にするため，火源での発熱が1点に集中していると見なした仮想的な熱源を点熱源といい，点熱源を仮定した火災プリュームを点熱源上の火災プリュームという。火炎からの距離

が大きい位置での火災プリュームの性状は点熱源を仮定した火災プリュームの理論によりよく説明できる。点熱源上の火災プリュームについては以下のような性状があることが知られている。点熱源からの高さを z, 発熱速度を Q として,

1) プリュームの広がり幅 $b(z)$
 $b(z)/z = C_l$
2) プリューム軸上の温度上昇 $\Delta T_0(z)$
 $\Delta T_0(z)/T_\infty = C_T Q^{*2/3}$
3) プリューム軸上の流速 $w_0(z)$
 $\dfrac{w_0(z)}{\sqrt{gz}} = C_V Q^{*1/3}$

ただし, g は重力加速度, T_∞ は周囲空気温度, また Q^* は次式で定義される無次元発熱速度である。

$Q^* \equiv Q/C_p P_\infty T_\infty \sqrt{g z^{5/2}}$

定数 C_l, C_T, C_V は実験値をもとに得られる値で, プリュームを乱す気流がない静穏な環境中では $C_l=0.13$, $C_T=9.1$, $C_V=3.9$ 程度とされる。

火災プリュームの軸から水平方向の位置 r における温度および流速の分布は無次元距離 r/z に対し次のような相似を保つ。

$\Delta T(z,r)/\Delta T_0(z) = \Phi(r/z)$ および $w(z,r)/w_0(z) = \varphi(r/z)$

温度分布 Φ および流速分布 φ は厳密には少し差があるが, 共に正規分布に近い分布形を示す。→線熱源上の火災プリューム　　　　　　　　　　　◎須川修身

天然ダム　[てんねんダム]　natural dam / landslide dam / debris dam　[地盤]　地すべり, 山崩れ, あるいは土石流が河川を堰き止めたものである。急勾配の渓流で生じた場合, その決壊によって土石流が発生する。また, 勾配が緩い河川の場合には, 堰止め湖が大きく, その決壊は大規模洪水を引き起こす。天然ダムは通常短命で, 豪雨・洪水時に発生したものは, ほとんどその洪水期間中に決壊する。しかし, 中には時間をおいて決壊する場合や安定な湖水を形成しているものもある。従って, 天然ダム形成直後の安定性の判定と, とるべき対策の実行は危機管理上の重要事項である。わが国には数多くの事例があるが, 1847年の善光寺地震(形成後19日で決壊), 1953年の有田川災害(67日後決壊)は有名である。　　　　　　　　　◎高橋 保

天文潮　[てんもんちょう]　astronomical tide　[海岸]　潮汐は, 月と太陽の引力による天文潮, 気象の作用による気象潮, 浅海域での波の変形による浅海潮に分けられる。その中で最も卓越している天文潮は月と太陽の地球に対する相対位置で決まり, その複雑な変化は約30種の固有周期の余弦関数すなわち分潮(component of tide)の重ね合わせで表現できる。分潮の中で4分潮(O_1, K_1, M_2, S_2)が卓越している。天文潮は外洋では余弦関数型の進行波の特性を持つが, 浅海域に入ってくると海底の影響で波形がひずんで, 卓越分潮の整数倍の周波数を持つ倍潮(overtide)や, 異なる卓越分潮の周波数の和および差の周波数を持つ複合潮(compound tide)を発生させる。これらは天文潮と区別して浅海潮(shallow water tide)と呼ぶ。　◎吉岡 洋

電力系統　[でんりょくけいとう]　electric power system　[都市]　電力系統は, 発電機, 送電線, 変圧器, 母線, 負荷などの要素の組み合わせからなる。わが国では昭和30年代頃からの大停電の経験を踏まえた基幹送電系統の整備が電力系統としての大規模停電防止策の土台となっている。すなわち, 基幹系統では, 単一事故が発生しても供給支障が生じないことを基本としている。2次系統では単一事故に対して短時間の供給支障は許容する場合が多いが, その場合でも系統切り替えにより短時間に支障を解消できるような設備形成がなされている。これらは, 雷害のようにかなりの頻度で起こりうる電気的故障を想定したものであるが, 大地震のような低頻度の広域災害時にもこうした設備形成が早期復旧に役立つ。大規模電源の立地地点が遠隔地化していることから, 長距離大容量送電設備が必要となってきており, その防災対策が建設コストの引き下げと並んで重要な課題である。　　　　　　　　　　　◎当麻純一

電力施設　[でんりょくしせつ]　electric power supply facilities　[都市] [被害想定]　電力の供給に関わる設備の総称であり, 発電, 送電, 変電, 配電, 通信などの設備が含まれる。わが国における電力供給は, 地域毎に設立された電力会社10社によって行われている。各社の需給状況や大規模停電に備えて沖縄以外は送電線がつながっており, 会社間で電力を融通できる。停電規模, 被災頻度の点で電力施設が最も被害を受ける自然災害は台風である。送電線事故のみに限ると落雷による事故が大半を占める。これら自然災害に備えて, 浸水対策, 塩害対策, 鉄塔の耐風設計, 雷雲レーダーの開発などが行われてきている。地震については, 大都市の電力施設が被災した1978年宮城県沖地震や1995年兵庫県南部地震などの事例も踏まえ, 耐震設計基準の整備が行われてきている。1999年11月の自衛隊機墜落に伴う高圧送電線の断線は, 首都圏に大規模停電をもたらし, 都市災害の点で新たな問題を提起した。　　　　◎当麻純一

電力施設の応急戦略　[でんりょくしせつのおうきゅうせんりゃく]　emergency response of electric power supply facilities　[都市]　応急対応ともいう。一般的には, 重要な箇所を中心に施設被害の概略を把握し, 二次災害につながる可能性のある場合に緊急的な施設管理上の対応をとる段階から, 全体的な被害状況を把握して必要に応じた応急復旧を行う段階までの初期対応に関わる手段選択を指す。電力供給の特徴として, 供給状況のモニタリングにより被災地の停電状況がリアルタイムに把握できるので, その情報が応急戦略の立案とその効果の判断に役立つ。そのためには, 本社のバックアップ体制, 中央給電指令所のバックアップ体制, 災害対策要員の確保が要となる。兵庫県南部地震での応急対応での経験から, 需要家の屋内配線の損傷,

■ 停電件数の時間推移
（資源エネルギー庁『電気設備防災対策検討会報告』より）

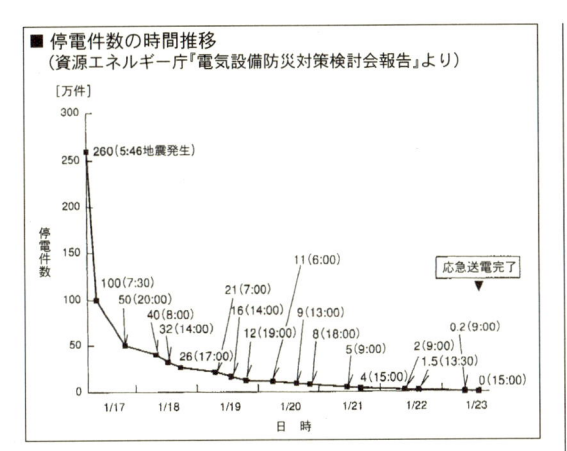

[万件]
300
260 (5:46地震発生)
250
200
150
100 (7:30)
100
50 (20:00)
40 (8:00) 21 (7:00)
50 32 (14:00) 16 (14:00) 11 (6:00)
26 (17:00) 12 (19:00) 9 (13:00) 応急送電完了 ▼
　　　　　　　　　　 8 (18:00)
　　　　　　　　　　　 5 (9:00) 2 (9:00) 0.2 (9:00)
0   4 (15:00) 1.5 (13:30) 0 (15:00)
 1/17 1/18 1/19 1/20 1/21 1/22 1/23
日 時

室内の電気機器の転倒，落下による電気火災の発生する恐れがある場合，迅速な送電再開と安全確保の両立が課題として指摘された。
◎当麻純一

電力施設の被害想定 ［でんりょくしせつのひがいそうてい］ damage estimation of electric power supply facilities 〔被害想定〕 物的被害に関しては，発電，変電，送電施設は対象外とされ，配電用変電所より下流側の→**供給エリア**における配電設備（電柱，架空配電線，地中配電線）の被害予測が行われることが多い。電気設備防災対策検討会報告(1996)には1995年兵庫県南部地震における配電設備の被害率が震度階毎に集計されている。この他液状化被害率，焼失被害率などを考慮して，架空設備と地中設備の被害関数が仮定され，被害件数が集計，予測される。機能的被害に関しては，配電線がツリー構造を形成していることから，被災箇所より下流側の需要家数を集計して停電戸数が推定される。復旧に関しては，他のライフラインと同じく復旧投入人員数と復旧作業効率を勘案して，復旧曲線と復旧完了日数が予測される。
◎能島暢呂

電力施設の復旧曲線 ［でんりょくしせつのふっきゅうきょくせん］ restoration curve of electric power supply facilities 〔都市〕 一般に，震害を受けたライフライン施設の機能が正常の機能に回復するまでの復旧時間と復旧率との関係を表す曲線を指す。電力施設の場合には，ふつう，停電件数の時間推移として表現される。上図は1995年兵庫県南部地震における電力の復旧曲線である。地震発生時，送変電設備および配電設備の被害により260万件の需要家に停電が発生した。切替送電により地震発生後2時間以内には停電は約100万件にまで減少し，地震発生から6日後には全域で送電可能な需要家へ応急送電を完了している。復旧曲線の予測やリアルタイムの評価は，ライフライン施設の地震対策にとって重要である。→**電力の復旧**　◎当麻純一

電力施設の復旧戦略 ［でんりょくしせつのふっきゅうせんりゃく］ restoration strategy of electric power supply facilities 〔都市〕 被災した電力施設について，社会的影響度，経済性，施設の強度などを勘案して，最適な復旧のあり方を検討することを復旧戦略の策定と呼ぶ。これには，事前に準備されるものと，実際の復旧作業に伴って策定されるものとがある。復旧戦略の策定で考慮すべきこととして，①重要な電力需要家を優先する，②停電件数（または，供給支障電力）の時間的な累積を最小にする，③停電による損失と復旧費用の総和を最小にする，④停電に起因する社会経済的影響を最小にする，などの考え方があり，これらをバランスよく配慮する必要がある。復旧戦略の策定に際しては，供給側の論理だけでなく，需要家側の論理も適切に取り入れて，復旧箇所や工法を選定することや，その優先順位を決定することが大切である。→**電力の復旧**
◎当麻純一

電力設備の耐震基準 ［でんりょくせつびのたいしんきじゅん］ seismic design codes for electric power supply systems 〔地震〕 発電用原子炉施設以外の耐震性確保の基本的な考え方として，①供用期間中に1～2度発生する確率を持つ一般的な地震動に際しては，機能に重大な支障が生じない，②発生確率は低いが→**直下型地震**または海溝型巨大地震に起因する高レベルの地震動に際しても人命に重大な影響を与えない，③個々の構造物などの耐震設計に加え，代替性の確保，多重化などにより総合的にシステムの機能を確保する方策も含む，の3つに分類される。ダム，LNGタンク，石油タンクなどの耐震性区分Ⅰの設備は，①および②の考え方で設計され，発電所建屋・煙突，タービンおよび付属設備，ボイラーおよび付属設備，変電設備，送電設備，配電設備，給電所，電力保安通信設備などの耐震性区分Ⅱの設備は，①および③の考え方で設計されている。個々の構造物に適用される基準は，電気事業法，河川法，建築基準法，消防法，公益事業部長通達，港湾局長通達，日本電気協会指針などに定められている。発電用原子炉施設については日本電気協会指針で設計され，原子力委員会が定めた審査指針に基づき，その設計方針の妥当性が国によって審査される。
◎澤田純男

電力の復旧 ［でんりょくのふっきゅう］ electricity recovery 〔復旧〕 電力供給の停止は都市活動への影響が大きいことから，特に早い復旧が望まれる。ライフラインの中では電力の復旧は比較的早いが，阪神・淡路大震災では復旧による漏電が原因と考えられる火災（通電火災とも称された）が見られ，今後，避難時にブレーカーを遮断するなど，電力の復旧に関連して対策を講じる必要性が指摘された。電線，変圧器などの仮設置による電力の仮復旧までの代替手段として各建物の自家発電設備，移動式の電源車の利用等があるが，燃料の調達まで含めた対応を考慮する必要がある。→**電力施設の復旧曲線，電力施設の復旧戦略**
◎佐土原聡

電話施設の被害想定 ［でんわしせつのひがいそうてい］ damage estimation of telecommunication systems 〔被害想定〕 東京都(1997)における被害想定では，交換局（総括局，中心局，集中局，端局）とそれらを結ぶ中継線路

設備は十分な耐震性を持つため対象外とされ，市内系電話設備設備（支持物，架空ケーブル，地中ケーブル）の被害予測が行われており，構造が似ている→**電力施設の被害想定**における手法が流用されている。電話の不通率の推定に関しては，端局毎に基線ケーブル，地中ケーブル，架空ケーブルのネットワークがツリー構造でモデル化され，ケーブル被害確率に基づいて端局から切り離される加入者数の期待値が推定されている。復旧については，支持物，架空ケーブル，地中ケーブルそれぞれの復旧作業効率と復旧人員および資機材の投入量に基づいて，復旧曲線と復旧完了日数が推定されている。
◎能島暢呂

電話の復旧　［でんわのふっきゅう］　telephone service recovery　[復旧]　電話は施設の損壊による機能停止ばかりでなく，施設の処理能力以上に多くの電話が同時にかかった場合に機能が停止する，輻輳による不通が発生する。復旧には施設の補修と輻輳の解消が必要である。また，最近の多機能電話は電気が復旧しないと使えないなど，電話機能の復旧は電気の復旧にも依存している場合がある。なお，阪神・淡路大震災では避難所などで生活をしている被災者の通信を確保するために無料の特設公衆電話が設置された。→**情報通信施設の応急復旧**，**情報通信施設の復旧戦略**，**情報ネットワークの復旧曲線**
◎佐土原聡

と

投影面積　［とうえいめんせき］　projected area　[気象]　見付面積ともいい，→**構造物**の風力係数や風圧係数を定義する時に基準となる面積である。風力の作用方向に直交する面への投影面積と→**速度圧**を風力係数に乗ずれば，所定の風力が得られる。一般には，偏角（風向角）や→**迎角**によって投影面積が変化して煩雑となるため，実務では，ある代表面に正対する投影面積を角度によらず用いることも多い。壁面，屋根面など部位毎に風圧係数を規定する場合は，各対象面に正対した投影面積を考える。
◎田村幸雄

倒壊　［とうかい］　collapse　[地震]　一般には，災害による建物などの崩壊に至る大きな被害を表す。被災度判定では，国による住家の被災度区分として全壊，半壊が用いられているが，日本建築学会などによる建物などの構造的な被害を主にする調査では，被害程度の大きい順に，倒壊，大破，中破，小破，被害軽微，無被害の6段階が用いられている。ここでは，倒壊は，建物全体あるいは一部の層が崩壊するなど建物の変形が著しい場合をいう。→**全壊・半壊・一部損壊**
◎鈴木祥之

凍害　［とうがい］　frost damage / frost injury　[雪氷][地盤]　凍害は，凍結によって生ずる災害の総称である。凍上現象によって道路が持ち上がり舗装道路に亀裂が入ったり，建物が地盤の融解時の不等沈下し亀裂が入るなどは凍害の顕著な例である。また，凍結によってコンクリートやサイディングボードなどに，ひび割れや表面剥離が発生する場合もある。これは，材料中の水が凍結すると体積膨張し，その膨張圧で材料を劣化させる場合と凍上現象により損傷させる場合がある。この対策として，無数の微細な気泡をコンクリート中に混入し，膨張圧を吸収する工夫が試みられている。また生物に関しては，低温により植物が凍結し，死んだり，その生育が阻害されることを凍害という。
◎石崎武志

等価粗度　［とうかそど］　equivalent roughness　[河川]　→**キネマティックウェーブ法**において，等流公式にマニングの平均流速公式を用いた場合の粗度係数のこと。等価粗度の値は，流量観測値に適合するように決定される。等価粗度は物理的な概念を持つモデルパラメータであるため，流域内の土地利用の変化に伴う流出形態の変化を等価粗度を変化させることによってモデルに反映させることが可能である。ただし，等価粗度の値は流域の分割の仕方に依存することに注意する必要がある。
◎立川康人

等価摩擦係数　［とうかまさつけいすう］　equivalent coefficient of friction　[地盤]　崩壊が発生した場合に，その崩壊源の冠頂最高点から停止した崩壊堆積物の最尖端を縦断面上で結んだ傾斜角（見通し角）をαとした時の$\tan\alpha$をいう。これは崩壊移動体底面と走路表面との間の平均的摩擦係数に近い。クーロンの式によればこの値は崩壊移動体の体積に依存しない。しかし，移動体の体積Vが0.5×10^6 m^{3}以上では，体積が大きい程等価摩擦係数fは小さくなり，$\log f = a \log V + b$の関係がある（$a<0, b>0$）。爆発噴火や自由落下など摩擦以外の機構が含まれる場合には，崩壊源の最上端と堆積物の最尖端との比高Hと水平距離Lの比$H/L=\tan\alpha$は「見かけの摩擦係数」と呼ばれ同義的に使われ，現象の比較に有効である。この値は火山体では$0.05\sim 0.2$，非火山体では$0.08\sim 0.6$である。→**岩屑なだれ**
◎大八木規夫

同期現象　［どうきげんしょう］　lock-in phenomenon　[気象]　鈍い物体の後流渦の放出振動数は風速が増すとともに直線的に増加するが，ある風速域では放出の振動数が物体の固有振動数に一致したまま，風速が増加しても変化しないことがある。これを同期現象と呼ぶ。同期現象が→**渦励振**の発生風速域とたまたま一致していることから，この現象は渦励振の代表的な特徴の一つと考えられていたが，渦励振発生風速域を若干超えた領域でも同期現象の存在が確認されている。
◎宮崎正男

等危険度線　［とうきけんどせん］　equi-risk line　[河川]　洪水防御対策は，河川，トンネル，ポンプなどの排水対策と，ダムや遊水池などの貯留対策に大別される。この両対策をいかに有機的に機能分担させるかが計画上の最重要課

題となる。排水施設と貯留施設を持つ治水システムの治水安全度は、洪水ハイドログラフのピーク流量と総流量の結合確率分布に基づいて評価する必要がある。江藤らは、一雨降雨の降雨継続時間、ピーク雨量、総雨量の関係を表す確率模型を提案した上で、ピーク雨量と総雨量の結合確率分布を考慮した等危険度線の方程式を理論的に導いている。等危険度線とは排水施設容量 x_o と貯留施設容量 y_o を軸とする平面座標上で、治水安全度を一定の水準に保つために必要な x_o と y_o の関係を表す線である。さらに、x_o と y_o が所与の場合には事業費が算定でき、この平面上で等事業費線も描くことができる。この時、等危険度線と等事業費の接線を結んだものが、排水施設と貯留施設の最適機能分担線となる。

◎栗田秀明

統計量 [とうけいりょう] statistics 共通 確率変数である一連の統計的データ(標本)から必要な情報を導き、標本の重要な特性を示す少量のデータとして扱うための指標。標本から導かれる全ての量は統計量といわれるが、代表的なものとして、確率変数の代表的な値を示す、平均値(または期待値)、モード(最頻値:ある1つの変量の分布中で最も生起する頻度の多い値)、メディアン(中央値:データを大きさの順に並べた時にちょうど中央にくる値)や、ばらつきの程度を示す、分散、標準偏差、変動係数などがある。

◎矢島 啓

凍結検知器 [とうけつけんちき] freezing detector 雪氷 地盤 路面凍結の有無をリアルタイムで検知したり、路面上の水分(塩分を含む)の凍結温度を予測するために用いられる検知器。検知器には、気温・路面温度測定を主にした簡単なものから、水分、雪氷の検知、路面温度や塩分濃度などの測定機能を組み合わせたものがある。水分、雪氷検知には路面に照射した光の乱反射光量を測定する非接触の光電式、路面に埋設した電極間の電気抵抗や誘電率の測定による接触方式によるものなどがある。一般に、検知器は幹線道路や橋梁区間などに設置され、収集された路面情報は道路気象情報システムで処理されて、道路情報標示、凍結予測、凍結防止剤散布判別などの道路雪氷管理に利用されている。

◎武市 靖

凍結指数 [とうけつしすう] freezing index 雪氷 地盤 冬期間に気温が0℃以下になると、地面は凍結し凍土が形成され、気温の低下に伴って次第に土の凍結深は増大する。春期になり気温が0℃以上になると、凍土は表面から急速に融解し始め、やがて凍土は消滅する。この期間の0℃以下の温度の低下の大きさと継続期間の積を凍結指数と呼ぶ。この数値の計算法は、日平均気温を漸次積算した時間曲線における秋期の最大ピーク点から、春期の最小点との間の ℃・day の数値から求める。積算寒度と同様な数値をとるが、その年の最大値を凍結指数と呼ぶことになっている。

◎土谷富士夫

凍結深 [とうけつしん] frost depth / depth of frost

■ 史跡・薬師堂石仏 石造文化財劣化の主要因の一つは石中に含まれる水分の凍結融解で起こる

penetration 雪氷 地盤 凍結地面の地表から凍結線までの距離をいう。すなわち、凍土の厚さに相当する。凍結深は主として土質、土中水分、0℃以下の気温程度によって大きく影響を受けるが、積雪や植生など地表面の状態によっても変化する。凍結深は実測によって求める方法と計算で求める方法がある。実測はメチレンブール溶液を入れた透明チューブ型の凍結深度計が利用されている。計算法ではステフン式、修正ベルグレン式(Aldrich らが開発)などが使用されている。

◎土谷富士夫

凍結粉砕 [とうけつふんさい] frost shattering 雪氷 地盤 岩石中の間隙や割れ目の中の水が凍結、融解を繰り返すことにより、岩石を破壊する過程をいう。大谷石など多孔質な岩石においては、割れ目がなくても、凍上現象により、岩石中に氷晶(アイスレンズ)が析出し岩石が破壊される。この過程も凍結粉砕と呼ぶ。石造文化財として知られる磨崖仏は大谷石など軟岩に彫られていることが多い。冬季に、表面が凍結することによって表層が徐々に削られていくことは、文化財の保存にとって大きな問題となっている(写真)。凍結風化(frost weathering)とも呼ばれる。

◎石崎武志

凍結予測 [とうけつよそく] prediction of freezing 雪氷 地盤 物質中の水分が凍結する時刻を予測すること。通常は、土壌水分や道路、滑走路などの舗装面上水分の凍結に対して使用されることが多い。

◎松田益義

統合河川整備事業 [とうごうかせんせいびじぎょう] integrated river management works 河川 第二次地方分権推進計画(1999年3月閣議決定)に基づき、補助事業について、地方公共団体に裁量的に施行させるため、国が箇所付けをせずに、二級河川において、水系全体の治水上などの影響が小さい河川工事または修繕事業を対象にし、創意、工夫を活かした個性的な地域づくりを推進するため、以下のような仕組みを持つ事業を2000年度から実施している。①国が策定する公共事業に係る長期計画に対応して地方公共団体が策定する中期の事業計画などをもとに、国がその年度における地方公共団体毎の配分枠(金額等のみ。具体の事業箇所・内容を示さない)を定める。②①の配分枠の範囲内で、地方公共団体が当該年度において実施

すべき具体の事業箇所・内容等を定めた上で，補助金を申請する（国は，申請に基づき，補助金を交付決定）。③交付決定後の事業箇所・内容などの変更は，事業計画等に適合している限り，国の関与を極力要しないものとする。

◎平井秀輝

統合操作　［とうごうそうさ］　integrated reservoir operation　[河川]　同一水系内の複数のダムを有機的に連携させることにより，個々のダムを単独で操作した場合よりも高い洪水・渇水調節機能を発揮させること。現在，多くのダムは個別に設けられた操作規則に基づいて操作されているが，利根川，淀川など12の河川では統合操作を目的とした統合管理事務所が置かれている。統合操作を行うためには，きめ細かい気象・水象情報の収集・集中管理システム，精度の高い雨量や流量の予測，短時間で最適放流量系列を導くシステムが必要になる。

◎堀　智晴

唐山地震復興計画　［とうざんじしんふっこうけいかく］　Tanshang reconstruction plan after the earthquake of 1976　[復旧][地震]　⇨唐山地震復興計画［タンシァンじしんふっこうけいかく］

同時多発火災　［どうじたはつかさい］　simultaneous multiple fire　[火災・爆発][被害想定]　主として大規模地震後の比較的短い時間に，市街地内の各所で多数出火した火災をいう。大規模地震時に消火栓からの水確保が困難なことなど消火に必要な水利が不足したり，建築物の倒壊などによって道路が閉塞し，現場への駆けつけが遅れたりするために消防が十分効果を発揮できない場合や消防力を上回る多数の火災が発生した場合には，広域火災に至る場合もある。また，強風時には火災域から発生した火の粉が風下に数多く飛散して，新たな出火点となって，同時多発火災と同様の現象を生ずることがあるが，近年ではその危険性は極めて少なくなった。→地震火災

◎糸井川栄一

同時通報用無線　［どうじつうほうようむせん］　multicasting radio communication system　[行政][情報]　防災行政無線の一つで，市町村から住民へのお知らせなど情報の伝達・通報手段として利用されているものをいう。親局（通常，市役所および町村役場内に設置）と子局（屋外に設置するスピーカーおよび家庭に設置する戸別受信機）で構成され，一度に2以上の子局へ同一内容の通信を行うことができるため，災害など緊急を要する情報を住民に知らせる手段の一つとして用いられている。「同報無線」と通称される。

◎井野盛夫

凍上　［とうじょう］　frost heaving　[雪氷][地盤]　地盤が凍結する際に水が凍結面へ吸い寄せられて凍結面で氷晶（アイスレンズ）として析出し地盤が膨張することをいう（写真）。凍上現象は多孔質体中で液体が凍結する際に生ずる一般的な現象であり，多孔質ガラス中の液体ヘリウムの凝固，土中のニトロベンゼンの凝固などにおいても凍上現象が見られている。凍上現象には，寒さ，土質，水分の3

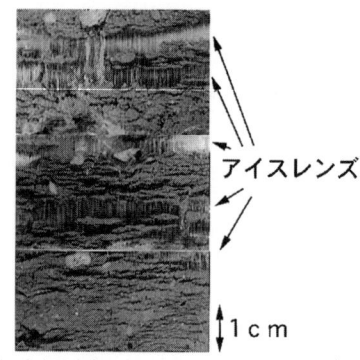

■ 凍上性の火山灰土中に生じたアイスレンズ

つの条件が必要である。土質に関しては，砂や粘土より，粒度が中間のシルトの方が凍上性が大きい。また，水分は十分供給された方が凍上力は大きくなる。凍上現象により，寒冷地のパイプラインの杭が持ち上げられたり，建造物が傾いたり，道路表面が持ち上がるなど凍害（凍上害）が生ずる。

◎石崎武志

凍上災害　［とうじょうさいがい］　frost-action damage　[雪氷][地盤]　冷気によって地盤が凍結する際に生ずる災害。土壌が凍結する過程で未凍結側の水が凍結面に吸い寄せられて氷が析出する現象がある。この現象（霜柱）による土壌の体積膨張や地盤隆起を凍上現象という。地中でこの現象が局部的に起こることによって路盤，鉄道などの構築物や地中のガス管などの埋設物が破壊や変形を受けて被害が発生する。この自然災害は毎冬期繰り返され，緩慢であるが破壊の程度や変形が蓄積されていく点に特徴がある。

◎矢作　裕

東消式97　［とうしょうしききゅうなな］　Tokyo Fire Department's Formula-97　[被害想定][火災・爆発][地震]　阪神・淡路大震災後，「東消式」や「東消拡張式」をもとに，東京消防庁によって開発された延焼速度式。阪神・淡路大震災時の木造市街地の火災拡大状況から，木造建築物の倒壊など，地震による物理的損傷によって建築物の延焼性状が大きく異なることが考えられたため，木造建築物の倒壊，防火造建築物の外壁損傷による防火性能の低下，火災の成長による遠方建物の予備加熱などが延焼速度に及ぼす効果について検討を行った結果を式として表した。建物一棟一棟の延焼拡大シミュレーションに使用する式と，市街地状況などのマクロデータから延焼速度を計算する式の2種類がある。2001年3月には，準耐火建築物や耐火建築物内での延焼も考慮した「東消式2001」が開発されている。

◎糸井川栄一

東消式2001　［とうしょうしきにせんいち］　Tokyo Fire Department's Formula-2001　[被害想定][火災・爆発][地震]　「東消式97」の開発後，「東消式」「東消拡張式」「東消式97」をもとに，東京消防庁によって開発された地震被害を受けた耐火造建築物などの影響も加味した延焼速度式。「東消式97」が木造・防火造建築物の倒壊などの影響を考

慮した延焼速度式であるのに対して，「東消式2001」はこの影響に加えて，地震被害を受けた耐火造建築物などの延焼拡大危険を解明するために，準耐火・耐火建築物の，開口部の損傷，壁の崩落（準耐火の場合），防火区画・防火戸の損傷が延焼速度に与える影響を定量的に検討し，式として表した。「東消式97」と同様，建物一棟一棟の延焼拡大シミュレーションに使用する式と，市街地状況などのマクロデータから延焼速度を計算する式の2種類がある。
◎糸井川栄一

凍上対策 ［とうじょうたいさく］ countermeasure for frost heave 雪氷 地盤　寒冷地で起こる凍上災害を防止するには，凍上しにくい砂利などによる置き換え（置換），セメントなどの混入（安定処理），断熱材による凍結防止（断熱），地下からの吸水の遮断（遮水）などの方法がある。道路，鉄道，空港において，かつて置換が主流であったが，最近では環境保全の面から良質な砂利や砕石の採取が難しくなり，断熱や各種材料の混入などが積極的に検討されている。なお，不整凍上によるレールの浮き上がりには，ハサミ木で対処している。地盤凍結工法では，重要構造物と凍土壁の間の地盤を抜き取ったり，加熱管で凍着を防止する場合もある。また LNG 地下貯蔵タンクのように，余分な凍土の増加を温水を循環した管で抑制する方法もとられている。
◎伊豆田久雄

凍上力 ［とうじょうりょく］ frost heaving pressure 雪氷 地盤　凍上力とは地盤が凍結する際に生ずる氷晶の析出により生ずる力のことをいう。凍土中には不凍水と呼ばれる0℃以下でも凍結しない水が存在し，土が凍結する際に水が不凍水膜を通って0℃より低い温度の部分で氷晶（アイスレンズ）が析出する。この氷晶の析出する温度が低いほど凍上力は大きくなる。不凍水量は，一般に粒度が小さくなると大きくなるので，粘土の凍上力が一番大きい。凍上力は，拘束された場合に，土質，温度条件によっては，非常に大きくなるので注意が必要である。
◎石崎武志

透水係数 ［とうすいけいすう］ hydraulic conductivity / permeability 地盤 海岸　地盤の中を水が浸透する際の抵抗係数である。土の中を水が浸透する時の速度（v）は土の中の両端の水頭差（Δh）を浸透距離（L）で除した値である動水勾配（i）に比例する。すなわち，$v=k\Delta h/L=ki$ となる。この時の比例定数（k）が透水係数である。単位は速度と同じ単位を持つ。この透水係数の値は礫では1.0×10^0 cm/s 程度であり，粘性土で 1.0×10^{-6} ないし 10^{-8} cm/s と地盤の土質によって極めて広い範囲に変化する。同じ土であっても，その間隙比が小さくなる程小さくなる。当然，土の中を流れる流体の粘性によっても変化する。従って，温度が高くなる程透水係数の値は大きくなる。15℃の時の透水係数を基準にしている。土の中の飽和度によっても変化し，飽和度が小さい程小さくなる。
◎西垣　誠

統制の場 ［とうせいのば］ locus of control 情報　行動を決定する要因が自己の内部，外部のどちらにあるとするのかに関する性格特性の個人差の概念で，ロッター（Rotter, J.B., 1966）が提唱，統制の所在ともいわれる。自分の能力や努力が行動の決定因であるとする人は内的統制（internal-control），運や偶然や他者の影響が決定因とする人は外的統制（external-control）とされている。この個人差を測定するには，ロッターのI－E尺度，レーベンソン（Levenson, H., 1981）の三次元尺度がある。
◎岩淵千明

投雪 ［とうせつ］ snow throwing / snow blowing 雪氷　雪を遠くに投げること。除雪機械（ロータリ）で雪を遠方に投棄する作業を指すこともある。また，除雪作業における排雪，雪捨てと同じ意味で使われることもある。
◎松田益義

凍着防止 ［とうちゃくぼうし］ prevention of adfreeze 雪氷 地盤　寒冷地に設置された杭（建物基礎）や管（マンホール，電柱，消火栓）は，凍上性の強い凍土と凍着すると持ち上げられ，基礎としての支持力を失ったり損傷することがある。この災害を防止するためには，根入れを長くする，構造物と地盤の隙間に流動材を充填する，管の継ぎ手部を変位吸収構造にする，地盤を非凍上性材料で置換するなどの方法がとられている。また，この他に構造物の表面を凍着しにくいプラスチックで被覆したり，根入れ部を逆テーパーにするなども試みられている。
◎伊豆田久雄

導通確率 ［どうつうかくりつ］ probability of connectivity 被害想定　交通システムなどのライフラインの機能上の耐震性を検討するための最も単純な方法として，システムを単純に節点とリンクからなるネットワークにモデル化する方法がある。地震時の節点またはリンクの破壊が確率的であると考え，ラインの最も基本的な性質である連続－連結を耐震性評価の尺度とする。この場合，連結，非連結は節点ペアによって異なるから，その耐震性は節点ペアそれぞれに対し確率で与えられる。節点ペア間に1つ以上のパスが存在する場合，そのペアが連結であると定義し，その確率を導通確率または連結確率と呼び，耐震性を表す値としている。
◎川上英二

動的応答解析 ［どうてきおうとうかいせき］ dynamic response analysis 地震　電算機を用いて地震などの動的外力に対する構造物の揺れ（応答）を計算する手法のことである。電算機の普及と強震記録の蓄積により，30年位前から行われるようになってきた。構造物のモデル化や履歴特性の決め方に不明な点が残されているものの，特定の強震記録に対する構造物の時々刻々の応答を求めることができる点が特色である。静的震度法に代わる方法として，構造物の設計用地震力や設計用応力の算定に用いられたり，設計された後の構造物の耐震安全性評価のために利用されている。
◎芳村　学

動的相互作用 ［どうてきそうごさよう］ soil-structure interaction ［地震］［地盤］　地盤と構造物は振動時に，それぞれの存在がお互いの振動性状に影響を及ぼす。このことを動的相互作用という。動的相互作用によって，地盤上の構造物の卓越周期は，その構造物が岩盤上にある場合に比べて長周期化し，また減衰力が大きくなり構造物の振動は抑制される。長周期化するのは地盤がバネ効果を発揮し，減衰力が大きくなるのは地盤を通して構造物の振動が地中に逸散していくからである。動的相互作用を考慮することによって減衰力が増大するため，構造物に作用する設計外力が低減でき，経済的な設計ができると考えられがちである。しかし，系が長周期化したことによって入力地震動の卓越周期に近づき，共振といった現象が発生することもあり，その効果を一概に論ずることはできない。　◎田蔵 隆

凍土 ［とうど］ frozen ground ［雪氷］［地盤］　地盤や土が0℃以下まで冷却され，凍結した状態が凍土である。また凍土は，土粒子，氷，空気，不凍水で構成され，温度低下とともに不凍水の割合が減少する。土中に多くの水分を含んだ状態の凍土は，その力学的強度が大きくなり，岩石に等しくなることもある。凍土の構造は初期の含水状態，構成する土質，冷却の過程などに依存している。砂質土が高含水率で急速に凍結した場合には，微小の氷が分散して形成され，その力学的強度は，凍結前の数百倍に増加する。粘土質土の場合には，0℃以下でも液体状態の水(不凍水)が存在し，その力学的強度も砂質凍土より低い。シルト質土が地表面からゆっくりと凍結する場合には，凍上現象のため，凍土内に厚さ数mmのレンズ状の氷が水平に連続的に形成される。　◎福田正己，松岡憲知

倒伏 ［とうふく］ falling ［雪氷］　樹上の冠雪荷重(crowned snow load)，または地上の積雪荷重(snow load)を含む雪圧(snow pressure)によって，立木が直立から地面までの範囲に傾倒される被害形態。被害程度によって，樹幹が地面まで完全に倒されれば倒伏，その途中まで倒されれば傾幹と呼ぶことが多い。傾幹にも，程度と回復状態によってさらに細区分される場合がある。樹幹に柔軟性を保持する幼齢木は，倒伏されても生育期の立ち直りが早いが，柔軟性を欠く若齢木では根系の一部または全体に損傷を受ける場合が多いため立ち直りが悪く，やがて除伐されることが多い。傾幹の程度が小さければ幹のたわみは小さいが，傾幹の程度が大きい場合にはたわみによる樹幹内部のひび割れ被害が重く，木材としての利用面で著しい損害となる。　◎塚原初男

導流堤 ［どうりゅうてい］ training dyke／training levee ［地盤］［河川］　河川合流点などで土砂堆積による河道の閉塞や局所洗掘を防ぎ，流れを導く堤防構造物。土石流，泥流などが流下する扇頂部などでは流れの分散を防ぎ，流れを安全な方向に変更するために設けられる。通常は盛土，石材，コンクリートブロック，コンクリートなどを用い，透過性を持たせることもある。急勾配区間では堤防を分割・分離させた霞堤とすることがある。　◎安養寺信夫

道路啓開 ［どうろけいかい］ opening roads by removing debris caused by disaster ［復旧］　大規模な災害時には道路が通行不能となることが少なくない。平面道路が通行不能となる主な原因は，路面陥没や法面崩壊のように道路自体の損傷によるものと，市街地においては沿道に立地する建物などの倒壊による閉塞がある。このような道路被害は，円滑な救助・救急活動あるいは緊急物資の輸送の大きな支障となる。そこで，道路上の障害物などの除去や応急的な道路補修により，緊急時における必要最小限の道路交通機能を回復させる道路啓開が必要となる。全面的に通行不能となる道路は地震の規模，沿道建物の状況などによって大きく異なるが，阪神・淡路大震災における経験によれば，震度7を記録した地域では，12m以上の幅員を有する平面道路は不通になることはほとんどなかったが，8m以下では閉塞した道路が少なくなかった。→一般道路の被害想定，緊急輸送路　◎塚口博司

道路の復旧 ［どうろのふっきゅう］ restoration of roads ［復旧］　緊急車両の通行を始め，各避難所への救援物資輸送ルートなどを確保するために，特に幹線道路においては通行障害物を除去し，速やかに応急復旧することが必要である。この段階において，残存機能を有する道路を有効に活用しつつ，容量が大幅に低下した道路網を効率的に活用することが必要であるから，緊急交通路，緊急物資輸送ルートなどとなっている道路においては，平常時にも増して交通管理の徹底が不可欠となる。また大震災時には鉄道施設が甚大な被害を受けることが多いから，代替バスの導入空間を確保するためにも，災害時の交通管理は重要である。道路は膨大なストックを有しているから本復旧にはかなりの期間を要するが，耐震性向上，リダンダンシー，景観への配慮などの視点が必要であろう。→一般道路の被害想定　◎塚口博司

道路橋の耐震規準 ［どうろばしのたいしんきじゅん］ seismic design specification of road bridge ［地震］　わが国における道路橋の最初の耐震設計示法書は1939年に定められ，設計水平震度0.2，鉛直震度0.1を標準とし，架橋地点の地震活動度や地盤条件を考慮して，この値を増減する規定が設けられた。1956年の改訂では架橋地点の特性を明確にするために，地震の水平震度を0.1～0.35とし，地盤種別を3種類に分類し9種類の地震荷重が設定された。1971年の改訂では新潟地震による被害を契機として，地域，地盤，重要度，構造特性に応じた設計震度が設定され，高さ25m以上の高い橋脚や長周期の構造に対して修正震度法の概念が導入された。さらに，液状化判定法や落橋防止構造が導入された。また，この改訂から鉛直震度が考慮されなくなった。1980年の改訂ではRC橋脚の被害経験をもとに，鉄筋段落し部の設計方法の改訂，液状化に対する判

定法の高度化と地盤定数の低減方法が導入された。また，修正震度法の適用が橋脚高15m以上を対象とすることになった。さらに，従前の設計震度の1.3倍の地震力に対して，構造物の変形性能を照査する規定が設けられた。1990年の改訂では，関東地震クラスの地震に対する設計法として，構造物の弾性最大応答値が1Gになることを想定した，RC橋脚の地震時保有水平耐力照査法が明文化された。1995年の兵庫県南部地震における強震記録の分析や被災原因の分析に基づいて，1996年に改訂された示方書では，構造物の弾性応答値が2Gになることを想定するように，地震力の引き上げが行われた。また，液状化地盤の流動化に伴う流動圧を杭基礎の設計に考慮することとなった。

◎佐藤忠信

特定非常災害被災者権利利益特別措置法 [とくていひじょうさいがいひさいしゃけんりりえきとくべつそちほう] Special Action Law for Preservation of Sufferer's Right and Interests from Severe Disaster 復旧 行政 阪神・淡路大震災では，大量の応急仮設住宅が供与されたが，住宅完成日から2年間に全ての応急仮設住宅居住者に恒久住宅を供給することは困難であった。そのため，1996年6月14日に，応急仮設住宅の供与期間の延長を含む被災者の権利利益の保全等を図る特例法(特定非常災害の被害者の権利利益の保全等を図るための特別措置に関する法律)が公布され，同日施行された。この法律では，特に被災者用の住宅が不足し，安全上，防火上，衛生上支障がない場合は，第7条では，災害救助法で最大2年間と規定して運用されてきた応急仮設住宅の供与期間について1年間の範囲内で延長を認めることとなった。再延長が必要な場合も同様の扱いとなり，結果的に阪神・淡路大震災では震災から最長5年間の利用がなされた。

◎中林一樹

特定優良賃貸住宅 [とくていゆうりょうちんたいじゅうたく] high quality rental housing 復旧 特定優良賃貸住宅供給促進法に基づき1993年に創設された事業制度により，民間の土地所有者等の供給する良質な賃貸住宅に対して，国および地方公共団体が助成(建設費補助，家賃減額補助，利子補給)を行うこと等により，主に，中堅所得層の居住の用に供するファミリータイプの賃貸住宅供給促進制度のことである。大都市に限らず全国で適用可能である。阪神・淡路大震災では，失われた大量の住宅を早期に再生し，良質な賃貸住宅を供給するため，震災で激しく被災した地域を対象に助成枠の拡大が図られた。

◎後藤祐介

特別豪雪地帯 [とくべつごうせつちたい] heavy snowfall area 雪氷 行政 豪雪地帯対策特別措置法(1962年法律第73号)に基づいて指定された地域のことで，1970年に制度化された。豪雪地帯のうち，過去20年間の累年平均積雪積算値(積雪の深さと積雪の期間の両者を一つに表したものであり，ある観測地点につき毎日の平均の積雪の値，例えば1月1日の毎年毎年の積雪の深さを30年以上平均した値，を積雪が始まる秋の終わりから積雪が終わる翌年の春の初めまで，日を追って順次加え合わせた値)が1万5000cm・日以上の地域が半分以上である市町村で，かつ積雪による自動車交通等が途絶するなど，住民の生活支障度が著しい市町村が指定されている。1999年4月1日現在，280市町村(37市，243町村)が指定されており，面積で国土総面積の20%を占める。→豪雪地帯

◎小林俊市

特別避難階段 [とくべつひなんかいだん] special escape stairs 火災・爆発 避難階段の一種であるが，階段室への火煙の侵入を防ぐ上での性能を高めるため付室やバルコニーを設け，付室には排煙設備を設けた避難用の階段。特に高層ビルの避難階段に対しては特別避難階段とすることが法規で求められる。階段室，付室，およびバルコニーの床面積は，その階の居室面積に基づいて一定の広さが要求されるので，避難者の一時的な滞留場所として利用することができる。また，長時間の安全性が確保されるため，消防活動上も重要な動線の一つと考えられている。

◎萩原一郎

床固工 [とこがためこう] groundsel 地盤 河川 渓流において流水による渓岸，渓床の侵食を防止するとともに，護岸などの工作物の基礎保護を図る目的で設置される砂防設備。床固工は高さ5m以下の落差工であり渓流を横断して設けられる横工である。渓床勾配の緩和により流れの減勢，掃流力の低減を図り，乱流を規制するために通常は階段状に連続して設置される。本体の下流部には洗掘を防止するために水叩きなどが設けられる場合が多い。

◎石川芳治

床止め [とこどめ] ground sill 地盤 河川 河川において河床低下の防止，河床の安定，河川の縦断および横断形状の維持を目的に設置される河川横断構造物である。本体とその直下流の洗掘防止のために設けられる水叩きおよび護床工からなる。落差のあるものを落差工，落差のないものを帯工と呼ぶ。落差工の落差は通常2m以内である。本体下流法勾配が5分(1:0.5)より急な直壁型と1:10程度よりも緩くした緩傾斜型がある。

◎石川芳治

土砂流 [どさりゅう] immature debris flow 地盤 土石流と掃流砂との中間の土砂の輸送現象。掃流状集合流動とも呼ばれる。おおよそ河床勾配2〜10°の区間で現れる。土石流の場合砂礫は流れの表面まで高濃度に存在するが，土砂流では流れの表面(上層)は流水で覆われ土砂は下層部を高濃度で運ばれるいわゆる2層流となっている。勾配が緩くなるに従い下層の土砂移動層厚は小さくなり流れが運びうる土砂濃度(輸送濃度)も小さくなる。

◎宮本邦明

都市火災危険度 [としかさいきけんど] urban fire risk 火災・爆発 被害想定 一般に都市火災危険度は，「火災危険度」=「出火危険度」×「延焼危険度」の形で表される。日常的な都市火災危険度の評価は，合理的な火災保険料率の算定や，自治体の消防計画などに活用される。また，特定の

地震に対する都市火災危険度は，▶地域防災計画において，出火件数や焼失面積などの被害想定として実施され，災害予防計画や災害応急対策計画の基礎となっている。阪神・淡路大震災以降，行政と住民の協働による防災都市づくりの推進のため，住民への公表を前提とした災害危険度判定(都市レベルでは，都市全体の燃えやすさと広域避難の困難性を評価指標として設定)が提案されている。　◎山田剛司

都市ガス供給施設の被害想定　[としガスきょうきゅうしせつのひがいそうてい]　damage estimation of city gas supply systems　被害想定　物的被害に関しては，製造施設，整圧所，高圧導管網は対象外とされ，主に地下埋設管(中圧・低圧導管)の折損や継手離脱などの予測が行われる。ガス地震対策検討会(1996)によると，▶SI値が30カインを超えると導管網に被害が出始め，60〜80カイン以上ではネジ継手鋼管の被害率は1(箇所/km)を超える。こうした傾向に基づいて被害関数が求められ被害件数が集計，予測される。被災時には▶緊急措置ブロックごとに供給が遮断されるため，機能的被害に関しては，供給停止ブロック内の需要家数を集計してガス停止戸数が推定される。ガス導管の復旧作業は，ブロック化，閉栓作業，テスト昇圧，漏洩調査，気密テスト，エアパージ，点火確認，開栓作業といった保安手順からなり，復旧人数と作業効率を勘案して，復旧曲線と復旧完了日数が予測される。　◎能島暢呂

都市型豪雨災害　[としがたごううさいがい]　heavy rainfall disaster in urban area　河川　気象　豪雨災害のうち，主に都市部で発生し，従来の災害とはやや異なる特徴を持つ災害をいい，いくつかのパターンがある。早くから注目されたのは，都市近郊の新興住宅地などで，流域の貯溜能力の減少や流出率の増大によって浸水被害が目立つようになったもので，1958年狩野川台風の際に，東京・横浜付近で発生した浸水災害がその最初の顕著な事例とされている。また，新興開発地が山地斜面に近いところまで接近したことにより，直接土砂災害を被るようになったことも都市型豪雨災害といえ，1999年6月の広島付近での豪雨災害などが代表的である。この他，都市中心部での地下街への浸水による災害の危険性が以前から指摘されていたが，1999年に初めて福岡と東京でそれぞれ1名の犠牲者を生じた。今後も人間活動の変化により，新たな形態の豪雨災害が発生することが懸念される。様々な場面での災害の危険性を想定することが重要である。　◎牛山素行

都市化地域の耐震診断事業　[としかちいきのたいしんしんだんじぎょう]　risk assessment tools for diagnosis of urban areas against seismic disaster (RADIUS)　海外　地震　国連の国際防災の10年計画に沿って国連人道問題調整局が実施している技術協力事業。世界の地震帯に立地する開発途上国で都市化が進む地域を選定して耐震診断を行い政治家・行政官ならびに市民の防災意識を高めて事業の成果を減災のための行政に活かすことを狙っている。現地調査の対象には，アディスアベバ(エチオピア)，グアヤキル(エクアドル)，タシケント(ウズベキスタン)，ティファナ(メキシコ)，ツィゴン(中国)，アントファガスタ(チリ)，バンドン(インドネシア)，イズミル(トルコ)，スコピエ(マケドニア)の9都市が選ばれている。費用総額250万ドルの約60％を日本政府が拠出している。　◎渡辺正幸

都市基盤整備　[としきばんせいび]　improvement (development) of city infrastructure facilities　復旧　市街地には各種の都市施設が整っている必要がある(都市計画法第11条)。とりわけ，道路(下水・排水施設も含む)と公園は必須のもので，この2つが一般的市街地での都市基盤整備の主対象となっている。土地区画整理事業，市街地再開発事業，あるいは開発行為等が行われた市街地は，法の規定によってある程度の水準が確保されるが，近代以前からの歴史的市街地あるいはスプロール的に形成された市街地の道路や公園の整備水準は低く，災害発生時はもとより日常生活での利便性や快適性を欠いている。既存のコミュニティを維持しながらこれらの整備をいかに行うかが，わが国を含め，都市形成の文脈に類似点のあるアジア諸都市に共通する都市計画上の課題といえよう。　◎高見沢邦郎

都市計画基礎調査　[としけいかくきそちょうさ]　basic survey for city planning　復旧　都市を計画する前提として，関係する情報を入手し，分析することが必要である。そのため，都市計画法は第6条「都市計画に関する基礎調査」において，都市計画区域について概ね5年毎に，人口，産業分類別の就業人口，土地利用，交通量などを調査するように都道府県知事に求めている。近年は▶GISの進歩などによって基礎調査の方法や成果物の表現も新たな段階に入ろうとしており，地方分権の時代を迎え，地方の特徴的な事項を情報として把握する必要も生じてきている。また，この基礎調査は，災害復興都市計画の検討にも重要な情報となるものである。　◎高見沢邦郎

都市計画決定　[としけいかくけってい]　designation of city planning　復旧　都市の健全な発展と秩序ある整備を図るための土地利用，都市施設の整備，および市街地開発事業に関する計画を都市計画法の定める手続により決定すること。具体的には，市街化区域および市街化調整区域，地域地区，都市施設，市街地開発事業，地区計画など7種類がある。決定は計画の規模などに応じて原則として都道府県知事または市町村が定めるが，国土交通大臣が定める場合もある。都市計画決定により都市計画制限が働き，関係権利者などへの権利制限が加えられる。阪神・淡路大震災では建築基準法84条による建築制限の期限が終わる2カ月後に，復興土地区画整理事業などの都市計画決定が，被災地の混乱の中で行われた。➡建築制限　◎日端康雄

都市計画公園　[としけいかくこうえん]　city planning park　復旧　公園は防災上重要な施設であるが，都市計画公園とは都市計画施設である営造物公園で，国または地

方公共団体が設置するものを指す。また，設置される位置については都市計画区域の内外は問わない。都市計画公園の種類は，①近隣住区を基礎とする誘致距離や都市の規模に応じて整備される基幹公園，②風致公園，歴史公園など特殊な用途を持つ特殊公園，③市町村の行政区分を超えた需要に対応する大規模公園，④都道府県の区域を超える利用に供し，国が設置する国営公園，の4種類に大別される。

◎中瀬 勲

都市計画事業決定［としけいかくじぎょうけってい］ designation of city planning project ［復旧］　都市計画決定の対象の一部が，将来における都市施設の整備や市街地開発などの事業を行うことについての計画である場合，都市計画決定に対して都市計画事業決定とは，それらを具体的に実現させていくための事業の決定を行うことである。これが行われると，一般に，都市施設に関する都市計画事業および新住宅市街地開発事業などには，土地収用権の賦与，事業地区の土地の区画形質変更制限，建築物の建築といった行為制限が加えられ，都市計画税をその事業費に充てることもできる。阪神・淡路大震災では，都市計画決定後にまちづくり協議会との協議を重ね，具体的な事業計画を決定していく二段階都市計画方式が行われた。

◎日端康雄

都市計画審議会［としけいかくしんぎかい］ city planning council ［復旧］　都市計画に関する調査審議や関係行政機関に建議を行う組織。1999年の地方分権一括法に関連する都市計画法改正により，都市計画地方審議会が都道府県都市計画審議会に改められ，新たに市町村都市計画審議会が法定化された。後者の設置は市町村にとって義務ではないが，従来から大多数の市町村で任意の組織が設置されていた。この制度に基づき都市計画決定に議会，学識経験専門家，市民代表の3つの領域の意見が反映される。阪神・淡路大震災では，震災2カ月目の3月17日に一斉に被災各自治体で都市計画審議会が開発され，復興都市計画を審議した。

◎日端康雄

都市計画道路［としけいかくどうろ］ city planning road ［復旧］　都市計画区域内の主要な道路として，起点，終点，位置，幅員などが都市計画決定された道路のことである。補助金の関係もあり，通常は12m，あるいは16m以上の幅員のものとして決定されている。決定後予定地内では，2階建の木造など移転，除去が容易なもの以外の建築は禁止される。都市計画道路の実現には長い年月と膨大な費用がかかるので，東京都を例にとれば，決定された都市計画道路の半分程度が未完成というのが現実である。阪神・淡路大震災では，都市計画決定されていた道路などを都市復興事業として実現したものもあるが，その賛否をめぐって様々な議論もある。

◎高見沢邦郎

都市計画法［としけいかくほう］ City Planning Law ［復旧］　都市計画の内容，決定手続，都市計画制限，都市計画事業などを定めた法律で，現行法は1968年に制定されたが，1919年に定められた旧都市計画法を引き継いでいる。現行法では都市計画の基本理念として，「農林漁業との健全な調和を図りつつ，健康で文化的な都市生活，機能的な都市活動を確保すべきこと，このためには適正な制限のもとに土地の合理的な利用が図られるべきこと」と定めている。また，法によると都市計画は3つの都市計画，つまり，都市の健全な発展と秩序ある整備を図るための土地利用に関する都市計画（地域地区，地区計画他），都市施設の整備に関する都市計画（道路・公園など），市街地開発事業に関する都市計画（土地区画整理や市街地再開発など）を統合したものとしている。なお，阪神・淡路大震災後，避難地・避難路の確保・整備，都市の不燃化，建築物の耐震基準の強化，既存建築物の耐震診断・耐震改修，ライフラインの耐震化，防災拠点の整備を柱として，都市計画において都市防災化のいっそうの推進が図られている。→地域地区制度，地区計画

◎日端康雄，井野盛夫

都市計画マスタープラン［としけいかくマスタープラン］ basic policy (master plan) for city planning ［復旧］　都市の土地利用，交通，生活関連施設，公園・緑地，都市防災などを主題にする計画で，総合性，長期性，実行性，広域性，構想性が求められ，自治体の諸計画の中でも，基本に位置する計画である。都市基本計画（urban general plan），都市総合計画（urban comprehensive plan）ともいわれるが，ほぼ同義である。わが国では，都市計画法に基づく都道府県や市町村の都市計画の基本方針が，都市計画マスタープランと呼ばれている。ただし，地方自治法に基づく基本構想，総合計画は行政全体に及ぶ基本計画であり区別される。都市計画マスタープランの策定には高度の専門性も要求されるが，地方分権後は情報公開，市民参加などにより幅広い合意形成を求めて創意工夫が図られている。→整備開発又は保全の方針

◎日端康雄

都市計画緑地［としけいかくりょくち］ city planning green space ［復旧］　都市計画施設である地域制公園で，国または地方公共団体が設置するものを指す。また，設置される位置については都市計画区域の内外は問わない。都市計画緑地の種類は，①公害や災害の防止，緩和に資する緩衝緑地，②都市の自然的環境の保全や都市景観の向上に資する都市緑地，③動植物の生息地として保護する都市林，④近隣住区を連絡し，都市生活の安全性や快適性を担保する緑道，の4種類に大別される。

◎中瀬 勲

都市災害［としさいがい］ urban disaster ［共通］　都市で発生する災害は，都市化の進行に沿って都市化災害（urbanizing disaster），都市型災害（urbanized disaster），都市災害（urban isaster）に区分される。これらの災害の違いは，→災害の項目で用いた表を参照すればわかるが，現在においてもマスメディア関係者のみならず災害研究者にもこれらの用語の混同が目立つ。都市災害の特徴

■ 都市災害の特徴
① 素因と誘因の因果関係が不明
② 低頻度巨大外力に無防備
③ 都市化による災害無経験住民の増加
④ 歴史的に災害脆弱性が増加
⑤ 高人口密度と大人口による被災増幅
⑥ 地域的に防災力が不均衡
　（近代施設とスラム，インナーシティ問題）
⑦ 被害の広域化，常在化，長期化

は，表にまとめて示したように，高度化・複雑化した都市空間が素因となっており，わが国では，都市震災のみならず都市水害も都市災害となる危険性を年々増加しているといえる。これらの都市の災害の本質的な相違を理解しなければ，比較防災学の視点の根底が崩れることになる。その好例が1994年アメリカ・ノースリッジ地震災害と1995年阪神・淡路大震災の比較である。前者は都市型災害，後者は都市災害で，その差は属する災害のカテゴリーの違いに大部分起因するものであり，決してそれらが日米の差に直結しない。むしろ2001年9月11日にアメリカに起きた同時多発テロ事件は都市災害であるから，これと阪神・淡路大震災を比較するほうが本質的である。 ◎河田惠昭

都市再開発法 ［としさいかいはつほう］ Urban Redevelopment Law ［復旧］ 1969年に制定された事業法で，1954年に制定された土地区画整理法，1961年に制定され，都市再開発法制定とともに廃止・吸収された防災建築街区造成法，および公共施設の整備に関する市街地の改造に関する法律（市街地改造法）が継承されている。つまり，区画整理の立体換地，市街地改造事業の超過収用，収用（買収）と現物保障（代物弁済），防災建築街区造成事業での街区単位の防火区画造成である。この法では，「都市における土地の合理的かつ健全な高度利用と都市機能の更新を図る」ため，市街地の計画的な再開発として市街地再開発事業が施行される。この事業は建築物および建築敷地の整備ならびにこれに付帯する事業と定義され，権利変換方式（第一種），全面買収（または管理処分）方式（第二種）の2種類がある。施行区域要件は，都市計画的には高度利用地区内にあることと同時に，第一種市街地再開発事業では非耐火の家屋による低度利用のまま放置されていることである。→**市街地再開発事業** ◎日端康雄

都市再開発方針 ［としさいかいはつほうしん］ policies for urban redevelopment project ［復旧］ 1980年の都市再開発法，都市計画法改正で導入されたもので，都市計画法の「整備開発または保全の方針」の一つとして位置付けられたが，2000年の法改正でこの位置付けが解除された。都市再開発方針は，人口集中の特に著しい一定の大都市（全国で22都市）における都市再開発の長期的かつ総合的な基本計画とされ，法律に基づいて，計画的な再開発が必要な市街地における再開発の目標，土地の合理的かつ健全な高度利用および都市機能の更新に関する方針，特に一体的かつ総合的に再開発を促進すべき地区（促進地区）の整備または開発の計画の概要を定めることとされている。国および地方公共団体は，この促進地区における再開発の促進を図る義務がある。なお，阪神・淡路大震災における復興計画において，神戸市は従前の都市再開発方針をもとに**重点復興地域**の検討を行っている。 ◎日端康雄

都市再開発マスタープラン ［としさいかいはつマスタープラン］ urban redevelopment master plan ［復旧］ 都市の改造，修復，保全に関するマスタープランである。欧米各国およびわが国の都市再開発は，戦前はスラムクリアランスや不良住宅地区の除却や再建であったが，戦後，地区再開発（スクラップ・アンド・ビルド）や地区修復，地区保全に拡大され，都市の既成市街地全体の若返り（アーバン・リニューアル）として，総合的，長期的あるいは戦略的な基本計画を立てて取り組むようになった。特に，アメリカの各都市で策定されたCRP（Community Renewal Program）は，再開発を課題として都市マスタープランの一つのモデルとなり，各国に影響を与えた。わが国では，都市再開発法による都市再開発方針を，都市再開発マスタープランと呼ぶ場合がある。 ◎日端康雄

都市施設の復旧 ［とししせつのふっきゅう］ restoration of urban facilities ［復旧］ 交通施設，ライフラインなどの都市施設は地域住民の日常生活を支える必要不可欠な施設であるから，復旧作業の緊急性は非常に高い。従って，残存する施設を効果的に活用しながら，一定限の機能が確保できるように応急復旧し，その後に本復旧を図ることが必要である。本復旧にあたっては，被災地区の復興のためにも一刻も早い復旧を図るとともに，将来の大規模災害に堪えられる構造とする視点が重要であろう。また多種類の都市施設が広範囲に分布するから，都市施設の復旧にあたっては，構造ならびに機能の両面から被害状況を的確に把握することが緊要である。被害状況は通常事業主体毎に調査されることが多く，阪神・淡路大震災時の調査も，後日，振り返ってみれば非効率さが目立つことも少なくなかった。各都市施設の効率的復旧のためには独自の調査なども必要ではあるが，共通して利用できる調査項目も少なくないから，各事業主体が実施した調査結果を集約して，効率的に全体の状況把握が可能な体制を整えることが重要である。このためには平常時から可能な限り災害調査のベースとなるシステムを構築しておくことが望ましい。
◎塚口博司

都市水害 ［としすいがい］ urban flooding ［河川］ 都市化の進展に伴う降雨流出特性の変化と都市域の場の特性が結びついて生じる水害である。都市を含む近郊域の土地利用の変化のために流域の保水・遊水機能が低下し，流出量の増大，流出時間の短縮が洪水の発生をもたらし，かつ低平地や急傾斜地のような洪水危険区域が宅地化された

ことにより，第二次大戦後，都市域での水害が増加してきた。低平地の都市域で自然排水が困難でポンプ排水が不十分な場合に生じる内水(ないすい)氾濫(雨水を排除できずに生じる氾濫)は都市水害の典型である。さらに市内河川が溢れて生じる大規模氾濫の場合には，地下空間を含む複雑な都市構造のため氾濫域は拡がり，ライフライン被害，▶間接被害をもたらし被害が甚大化する。

◎戸田圭一

都市雪害 [としせつがい] urban snow damage
雪氷 都市 　降雪，積雪，低温などの雪氷現象によって，都市部で起こる，交通障害，建物損壊，除雪作業中の人的被害などの直接被害，および派生して生じる物流・公共サービスへの影響などの間接被害の総称。短期的，突発的に生じる他の自然災害と異なり，長期的，広域的に発生するため，その被害内容は多岐にわたる。その歴史は浅く，戦後の経済発展と交通網の整備に伴って顕在化してきた。雪寒道路法(1956年制定)および豪雪法(1962年制定)によって行政面での対応が本格化し，交通運輸関係の対策は大きく前進したものの，最近では，利便性，快適性の阻害が新たな問題となっている。また，国土のシームレス化に伴い，非雪国への影響も増しており，広域化，多様化の傾向が強まっている。除雪作業中の転落，つるつる路面上での歩行者の転倒などによる人的被害も毎年100人以上を数え，対策が急がれている。

◎上村靖司

都市大火 [としたいか] urban fire 復旧 火災・爆発
密集した集団の建築物が広い範囲にわたり延焼する火災をいう。集団火災，都市火災，市街地火災などともいう。厳密な量的定義がないが，消防白書では"建物の焼損面積が3万3000m²以上"の火災を"大火"として記録に載せている。また，棟数が50以上，床面積が3300m²以上を焼失した火災を"大火"として数えているものもある。都市大火となるのは，昭和30年代まで地方都市に多く発生した強風下の火災と，関東大震災，福井地震，阪神・淡路大震災などに見られる同時多発性の地震火災に分類される。

◎糸井川栄一

土質柱状図 [どしつちゅうじょうず] soil borehole log
被害想定 地盤 　土質柱状図は地盤をボーリングすることにより得られる。土質柱状図には地盤の各深さにおける土質区分(区分としては礫，砂，シルト，粘土)，および，深度1m毎における▶N値が記載されている。N値とは土の硬さや強度を簡略的に表す指標で建設実務において広く活用されている。N値はボーリングの各深さ段階において，孔底に設置されたコーンを重さ6.35kgの重錘の落下により地中に貫入させ，その貫入の度合いによって決定される。→液状化の推定，標準貫入試験

◎濱田政則

都市内貯留 [としないちょりゅう] water storage in urban area 河川 　近年の都市部における浸水による被害などに対応するため，河川，下水道と連携を図りつつ貯留，浸透などの流出抑制策が進められている。単に雨水の流出量を減少させるだけでなく，地下水涵養による水循環の再生や貯留水の再利用，雨天時の汚濁流出の抑制などの多面的な効果をあわせ持つ。公園貯留，校庭貯留，広場貯留，駐車場貯留，棟間貯留，各戸貯留などの雨水の降った場所で貯留するオンサイト貯留と，地下河川，地下貯水池(地下調節池)，多目的遊水池などの流出した雨水を別の場所で貯留するオフサイト貯留とがある。これらを総称するものである。

◎播田一雄

都市復興 [としふっこう] urban reconstruction 復旧
都市復興とは，被災した都市における街路等の都市基盤施設，ライフライン等の都市機能施設，その他の都市施設や建築施設を，単に従前の状態に復旧・再建することではなく，被災した市街地に内在していた脆弱性や住環境上の問題を改善して，新しい都市構造を創造するための取り組みをいう。市民の生活や経済活動などの分野ではなく，その舞台となる都市空間構造の復興である。阪神・淡路大震災からの神戸市の都市復興は，震災復興整備条例によって，計画的な都市復興を行う震災復興促進区域(5887ha)を指定するとともに，3年間の時限で重点的に計画復興を行うべき区域として重点復興地域(1225ha)を指定した。この重点復興地域のうち，土地区画整理事業や市街地再開発事業による新しい都市空間構造を創造的かつ面的に復興する区域について，被災市街地復興特別措置法および都市計画法による被災市街地復興推進区域(150ha)を，建築基準法84条建築制限が失効する3月17日に都市計画決定した。その周辺の重点復興地域では地区計画，住宅地区改良事業，密集住宅市街地整備促進事業，住宅市街地整備総合支援事業などを活用して面的ではないが市街地の計画的復興を促進した。その他の大部分の被災地域では，基本的に被災家屋の個別再建による都市復興を行った。加えて，復興街路事業としての立体化整備や，工場跡地の再開発である東部新都心土地区画整理事業(75ha)などのリーディングプロジェクトも都市復興事業として推進した。

◎中林一樹，池田浩敬

都市復興計画 [としふっこうけいかく] urban reconstruction plan 復旧 情報 　総合的な復興マスタープランである総合復興計画に対し，都市復興の個別マスタープランとして街路や公園などの都市基盤施設，都市機能施設，都市施設等の計画的復興を行うために策定されるのが，都市復興計画である。阪神・淡路大震災における都市復興計画の策定過程では，復興本部の設置から間もなく復興方針を公表して，復興計画づくりに取り組んだが，被災状況と市街地の基盤施設整備状況などから都市計画事業を行うべき区域が先に検討され，その後にそれらを集大成するかたちで都市復興計画が策定されている。同時に，都市復興計画の策定にあたっては，従前の都市計画に関する基本計画や個別マスタープランを基礎として検討されることになる。つまり，従前に都市計画決定されていた都市計画事業

を，都市復興計画として位置付けし直すことがある一方で，新たに決定される都市計画事業もある。これらの都市復興計画は，建築基準法84条の建築制限の期限である発災から2カ月以内，あるいは被災市街地復興特別措置法による推進区域の指定による最長2年間の期間以内に都市計画決定しなければならない。そのため，基本構想やマスタープラン，整備実施計画，事業計画という平時における計画策定順序ではなく，むしろ逆に都市計画事業決定，その他の整備事業計画，全体のマスタープランという計画策定順序になりがちである。　　　　　　　　　　◎中林一樹，池田浩敬

都市復興マニュアル　[としふっこうマニュアル]　urban reconstruction planning manual　復旧　情報　災害により市街地に甚大な被害が生じた場合は，単なる原状復旧ではなく，被災の教訓を踏まえた安全で快適な市街地に復興していく必要がある。被災者が避難所などに待避しているような非常事態の中で，速やかに復興計画を作成し，円滑に復興事業を推進することが求められるため，事前にどのように復興計画を策定していくべきかを検討しておくことが有効であるとの考えから，東京都は1997年に都市復興マニュアルを策定し公表した。東京都都市復興マニュアルとは，阪神・淡路大震災における都市復興において，計画立案から都市計画の法定手続および事業実施に至るまでの復興過程における諸課題を教訓として，東京都の被害想定を前提に事前復興計画として策定されたもので，都市復興を行う際の組織・体制や行動手順，計画立案の指針，参考となる資料などを整理し，事前の教育・訓練のテキストおよび災害時の行動指針となるように，東京都が独自にとりまとめたマニュアルである。また，この東京都のマニュアルに対応して，世田谷区など都市復興マニュアルを策定する基礎自治体が増えてきつつある。◎中林一樹，池田浩敬

都市不燃化　[としふねんか]　progress of urban fireproofing　火災・爆発　都市内の燃焼物を排除し，燃えにくい材料，構造とするとともに，空間を設けて延焼拡大を阻止する都市計画的防火対策。わが国では，江戸期から▶火除け地や火除堤，広小路の設置などの伝統があったが，明治以降，近代的な都市不燃化対策がとられ始めた。戦後の都市不燃化は，建築基準法により建築物の各部分の防火性能を規制するとともに，防火地域制の展開，官公庁・学校・公共集合住宅等公共建物の耐火化，市街地の再開発などの手法で進められた。その結果，通常火災による▶都市大火は激減したが，依然として地震時の大火の危険性が懸念されており，特に，阪神・淡路大震災を契機として，密集市街地対策が課題となっている。　　　　　　◎山田剛司

都市防火区画計画　[としぼうかくかくけいかく]　urban fire prevention plot plan　火災・爆発　木造家屋が密集する市街地大火の危険性の高い地域に延焼遮断帯のネットワークを形成することにより，多数の区画に分割し，大地震時に同時多発火災が発生した場合でも，延焼被害を最小限にくい止めるための都市防火対策手法。一つの都市防火区画の面積は60～100 ha程度とし，区画の外縁は，火災の輻射熱，熱気流などの影響を軽減させ延焼遮断帯となり得る幹線道路，河川，鉄道，▶耐火建築帯，空き地，緑地などで構成される。▶延焼遮断帯の幅員は，風速や市街地状況により異なるが，空地の場合60～100 m，耐火建築帯と合わせた場合45～60 m程度が必要とされる。
　　　　　　　　　　　　　　　　　　◎山田剛司

都市防火対策　[としぼうかたいさく]　urban fire prevention measures　火災・爆発　復旧　市街地が広範囲に連担し，施設が高密度に集積・複合化している都市において，広域的な延焼を防ぎ大火の発生を抑える延焼防止対策，および安全避難の確保を図り人命の保全を図る避難対策。延焼防止対策は，(1)消防的対策(消防力の運用による鎮圧)，(2)都市計画的対策(都市防火区画の形成による局限，都市不燃化の達成による抑止)に分けられている。都市計画的対策には，①防火地域や準防火地域指定などの構造規制，②建物の高さや容積などの形態規制，③安全隣棟間隔の確保や石油コンビナートなどに対する密度規制，④消防施設や避難施設，公共オープンスペースなどの施設整備，⑤防火的視点からの土地利用の規制などがある。避難対策は，(1)広域避難地や避難路などの避難施設の充実と，(2)避難誘導体制の確立や教育訓練の実施による避難行動の円滑化がある。　　　　　　　　　　　　　　　　　◎山田剛司

都市防災推進事業　[としぼうさいすいしんじぎょう]　promotion project for urban disaster prevention　復旧　市街地の防災性の向上等を図ることを目的とする国土交通省(旧建設省)が所管する都市防災関連事業制度の一つである。住民等のまちづくり活動の活性化とともに多様な都市整備事業との連携を図りつつ，これらを重層的に実施するなど総合的な施策を講じることにより，都市の防災構造化や住民の防災に対する意識向上を推進する補助事業で，1997年度に創設された(1997年度当時は都市防災構造化推進事業と称した)。主な補助対象事業は，市街地の災害危険度判定調査(補助率1/3)，地区住民等に対する啓発活動やまちづくり協議会活動に対する助成である住民等のまちづくり活動支援(補助率1/3)，地区内の道路・公園等の地区公共施設や防災まちづくり拠点施設等の整備に関わる地区公共施設等整備(補助率1/2，用地費は2/3の補助対象率を乗じる)，避難地・避難路周辺等の建築物の不燃化を推進するための都市防災不燃化促進(補助率：調査1/3，事業1/2)で，都道府県，市町村，防災街区整備推進機構などが事業主体となる。→防災まちづくり事業　◎糸井川栄一

都市防災不燃化促進事業　[としぼうさいふねんかそくしんじぎょう]　fireproof promotion project for urban disaster prevention　復旧　火災・爆発　避難地・避難路，延焼遮断帯等の周辺において建築物の不燃化・難燃化を促進することにより，大規模な地震等に伴い発生する都市大火に対して，住民の避難の安全性の確保と市街地における大

規模な延焼の遮断・遅延を図ることを目的とした，国土交通省(前建設省)が所管する都市防災推進事業による補助事業項目の一つである。1980年度に都市防災不燃化促進事業として創設され，1997年度に都市防災構造化推進事業の一項目として，さらに2000年度に都市防災推進事業の一項目として拡充された。避難地，避難路，延焼遮断帯周辺等の指定区域(不燃化促進区域)において，一定の基準を満たす耐火建築物(特定地区防災施設周辺においては準耐火建築物も含む)を建築する者に対して事業主体(都道府県市)が助成を行った場合，国が事業主体に対して1/2を補助する。また，上記事業を行うために必要な調査(不燃化促進調査)に対しても調査に要した費用の1/3を補助する。対象地域は，大規模地震発生の可能性の高い地域(人口等の規定あり)，三大都市圏の既成市街地等，政令指定市，県庁所在地(中核市)である。国の事業を補完するために，都府県および区市が独自に制度化している事業もある。
◎糸井川栄一

土砂崩れ ［どしゃくずれ］ soil failure ［地盤］ 山地や人工斜面を構成する土砂が，重力により急激に落下する現象のことをいう。その原因は降雨，融雪，地下水や地震などである。土砂崩れは規模，材料，崩壊メカニズムの違いなどにより，様々な形態が出現する。一般に移動速度の遅い(1日数cm程度)ものは地すべり(landslide)と呼ばれ，急激な移動速度で突発的に現れるものは崩壊(failure)と呼ばれている。前者は規模が大きくすべり面の深さは数10 mに達する。一方後者は小さく1 m前後が多い。土砂崩れのメカニズムは空中を落下する崩落(fall)，すべり面が平坦な平面すべり(slide)，すべり面が円弧もしくは曲線を示す曲面すべり(slump)，斜面上のブロックが転倒するように落ちる転倒破壊(toppling)および土砂が流体のように流れる流動(flow)に分類される。土砂崩れの材料は，土砂，自然斜面の▶表土層や基岩を含むものまで存在する。これらの土砂災害の発生件数は，1991年から2000年までの10年間の平均で，崩壊632件/年，地すべり131件/年，土石流195件/年であり，これらによる死者・行方不明者は42名/年にも達しており，毎年梅雨の末期や台風による豪雨時に出現している。
◎沖村 孝

土砂災害 ［どしゃさいがい］ debris hazards / soil and water disaster ［地盤］ 通常的土砂災害は豪雨時などに，荒廃山地，荒廃渓流および地すべり常襲地などにおいて発生する。前者は渓床上昇に伴う氾濫，また土石流に基づく場合が多い。水土砂混合流体の流動特性についてはレオロジー解析により進められている。さらに，火山，地震などに伴う巨大土体流動については，粉体気体の粉体流(ドライ・アバランシェ)として流下するが，これについては未解明の部分が多い。荒廃地での土砂災害は，山斜面または渓床に常時蓄積された不安定土砂が豪雨時クイック・サンド現象を発生し，多量に一気に流下する場合がある。また，風化粘土鉱物の生成地では混合流体が種々の流動特性を示すが，特にクリープ性地すべり地ではクイック・クレー現象により徐々に土のせん断抵抗が低下し，限界以下になって急激に活動し土砂災害を発生する場合もある。
◎山口伊佐夫

土砂災害危険区域図 ［どしゃさいがいきけんくいきず］ geological hazard map ［地盤］［情報］ 土砂災害を大別すると，斜面崩壊，土石流，地すべりがある。斜面崩壊の危険性は急傾斜地崩壊危険区域図として示される。国土交通省の調査では，傾斜30°以上，高さ5 m以上，人家5戸以上もしくは公共的施設が存在する斜面が抽出されている。土石流については，土石流危険渓流が示される。土石流は，勾配が15°以上で，渓床堆積物が多量にある渓流で発生しやすい。地すべりは第三紀層地すべり，温泉地すべりなど地質条件により支配される。滑落崖の存在やスプーン状の地形など，地すべり地独特の地形条件から図化される。土砂災害では土砂がどこまで到達するかが問題で，豪雨に起因する場合のほうが，地震に起因する場合より，はるかに遠くまで流下する。
◎松田磐余

土砂収支 ［どしゃしゅうし］ sediment budgets ［地盤］ 砂防のように長期間にわたる土砂のコントロールを行うためには，年間の流域土砂生産，土砂の堆積ならびに海に流れる土砂量を明らかにして，それに対処できる砂防ダムなどを建設する必要がある。ある地点を対象として，流域内で発生する土砂量の生産，堆積，流失を算定した結果を土砂収支という。土砂生産には風化，侵食，マスムーブメントなどが関連するため地形，地質，植生，気候条件が重要となり，堆積や流失には河川の流量・流速，土粒子形状や扇状地，氾濫原などの水文地形条件が重要となる。
◎沖村 孝

土砂生産 ［どしゃせいさん］ sediment yield ［地盤］ 流域内に存在している土砂礫が外力の作用によって移動したり，あるいは移動しやすい状態になることをいう。また，生産された土砂礫が，流域内のある地点を通過する時，その量をその地点での流出土砂量と呼び，その現象を土砂流出という。しかし，実際には土砂生産と土砂流出とを明確に区分することは難しく，総称して土砂の生産・流出現象といわれる。土砂生産には自然的なもの(剥離・融解，崩壊地や裸地の表面侵食，崩壊・地すべり，土石流，河床・河道侵食，火山噴出など)と人為的なもの(農耕地の開発，道路建設，森林の伐採，宅地造成など)とがある。(吉川秀夫編著『流砂の水理学』丸善 p 345 より抜粋)
◎中川 一

土砂排除 ［どしゃはいじょ］ sediment removal works ［地盤］ 貯水池あるいは砂防ダム，遊砂地，砂溜工などに堆積した土砂を排除することをいう。貯水池へ堆積した土砂は浚渫・掘削によって排除されるのが一般的であるが，排砂門，排砂管および渦動排砂管によって排除されることもある。砂防分野では土砂排除を除石とも呼ぶ。土石流対

応の砂防ダムおよび遊砂地，砂溜工では，常に堆砂容量を確保しておく必要があり，土砂排除が必須である。このため，排除作業の便のため土砂搬出路などを計画しておく必要がある。
◎眞板秀二

土砂氾濫 [どしゃはんらん] sediment flooding 〔地盤〕
道路，宅地，農地などに外部から土砂が多量に流入し，氾濫・堆積する現象。外部から土砂が流入する原因として，①破堤氾濫：堤防決壊により堤体土砂だけでなく河道内の流送土砂や破堤口直下での洗掘により生産された土砂が堤内地に氾濫・堆積する場合，②崖崩れ：豪雨や地震により裏山の斜面や崖が崩れて土砂が氾濫・堆積する場合，③土石流：土石流や土砂流の流下により河道や流路工に土砂が堆積して河床が上昇したり，河床に土砂が堆積しない場合でも疎通能力を超える規模の土石流や土砂流の流下により，河岸を越流して土砂が氾濫・堆積する場合，④堤防からの越水：洪水時に堤防を越水した氾濫水により浮遊砂やウォッシュロードなどの微細土砂が氾濫・堆積する場合，などがある。
◎中川 一

土砂流出 [どしゃりゅうしゅつ] sediment outflow 〔地盤〕 山地で，豪雨などにより崩壊，土石流，地すべり，河岸(渓岸)崩壊や侵食，河床(渓床)侵食によって土砂が生産され，流水によって一部を残して下流に輸送される。ある断面で評価してこれを土砂流出と呼ぶ。輸送形態には掃流砂，浮遊砂，ウォッシュロードがある。土石流や崩壊土砂が直接流出する場合もある。土砂流出については，流出する土砂の移動形態，量，粒径，流出の発生頻度などが要素として考えられ，評価する期間，断面を明確にして議論する必要がある。
◎水山高久

土砂流出防備(保安)林 [どしゃりゅうしゅつぼうび(ほあん)りん] protection forest against soil erosion 〔地盤〕
森林法で決められている保安林には，17種類あるがそのうちの一つで，土砂流出を防止する目的で指定された森林。全保安林の68.1％を占める水源涵養林に次いで多く，面積約200万7000 ha，保安林の22.2％を占めている。国土保全上重要であって，施業要件は原則として択伐が指定されている。
◎北澤秋司

都市用水 [としようすい] city water 〔都市〕 都市生活を営む上で必要とされる用水のこと。一般に生活用水と工業用水から成る。このうち生活用水は，一般家庭の家事や家事兼営業用の一般家庭用と，官公署用，公衆用，学校用，病院用，事務所用，ホテル，レストランなどの業務営業用に用いられる水をいう。→工業用水
◎田中成尚

土石流 [どせきりゅう] debris flow 〔地盤〕 水と土砂・石礫の混合物が30％以上の高濃度で，高速流下・氾濫堆積する現象であり，水を含んだ山崩れ土塊のすべり運動による液状化，天然ダムの決壊，および15°以上の急勾配渓床に堆積した土砂が流水と一体となって流出するのが主な発生原因である。土石流は崖崩れと異なって，遠く離れた場所で発生し，突然居住地を襲う性質を持っている。その高い流動性は流れの中で粒子が分散して，抵抗が小さくなっていることに基づいている。粒子を分散させる機構は，構成材料の性質，流動深，粒子濃度などによって異なり，流れの様相もそれに応じて異なっている。石礫型土石流は巨礫を多量に含み，微細成分の少ないもので，先端に巨礫を押し立てて流下してくる。泥流型土石流は砂のような比較的小粒径成分を多量に含み，激しく乱れた流れである。粘性土石流はシルト・粘土の微細成分を多量に含み，先端を除けば，流動表面がなめらかな層流状態で流れる。→山津波，ラハール，デブリ，岩屑，岩屑なだれ
◎高橋 保

土石流監視システム [どせきりゅうかんしシステム] debris flow monitoring system 〔地盤〕〔情報〕 渓流に設置した各種の観測機器により観測されたデータをもとにパソコンなどを用いて土石流の発生を事前に予測したり，検知センサーにより土石流の発生を検知してそれらの情報を迅速に関係機関，関係者，住民に伝達し警戒・避難に役立て土石流による被害を防止，軽減するための防災システムである。観測機器としては一般に雨量計が，検知センサーとしてはワイヤーセンサー，振動計などが用いられる。
◎石川芳治

土石流危険渓流 [どせきりゅうきけんけいりゅう] rivers with a high danger of mud and debris flows 〔地盤〕 土石流の発生の可能性があり，土石流の流下，氾濫，堆積により1戸以上の人家(人家がなくても官公署・学校・病院および社会福祉施設などの災害弱者関連施設・駅・旅館・発電所などの公共施設のある場合を含む)に被害を生じる恐れがある渓流をいう。このうち保全対象人家が5戸以上あるいは公共施設がある場合は土石流危険渓流Ⅰ，保全対象人家が1戸以上5戸未満の場合には土石流危険渓流Ⅱに分類される。なお，土石流の発生の可能性があるが現在保全対象人家がなく将来住宅などが新築される可能性のある渓流は土石流危険渓流に準ずる渓流と呼ばれる。
◎石川芳治

土石流災害 [どせきりゅうさいがい] debris flow disaster 〔地盤〕 土石流による災害。崖崩れ，地すべりとともに土砂災害の代表的なもの。急勾配の谷の中に堆積している渓床堆積土砂や斜面上の土砂に，豪雨，融雪，火山噴火による火口湖の溢水，火砕流による氷河・雪氷の急激な融解などによって多量の水が与えられると土石流が発生し，流下して，谷の出口に形成されている土石流扇状地上の住宅，道路，農地などに被害を与える。活火山などを除けばそれぞれの谷での発生頻度は100年に1回程度よりも少ない場合が一般的である。一旦発生すると，谷の中に堆積していた土砂がほとんど流出し，扇状地上の集落が壊滅することもある。予知が難しいので人的損失を伴うことが多い。流下中に立ち木を取り込んで，流木を含む場合も多い。
◎水山高久

土石流対策　[どせきりゅうたいさく]　measures against debris flow　地盤　土石流災害を防止軽減する土石流対策は，ダムなど構造物によるハード対策と，避難など構造物によらないソフト対策に分けられる。どちらにしても，土石流が発生する危険性のある渓流を抽出し，土石流が発生した時に影響の及ぶ危険区域を推定する作業(ハザードマップの作成)が前提になる。ハード対策では，想定される規模の土石流をダムなどで捕捉するか，安全な方向に堤防などで導流するのが基本となる。平時の土砂やゴミでダムの貯砂容量が減少しないように，鋼管製の透過型ダムが採用される傾向にある。不透過型のダムでは除石を行って貯砂容量を維持するのが原則である。ソフト対策には，土石流の発生が予想される場合に警戒，避難を行うこと。危険な場所には住まないこと，安全な場所に移転することが含まれる。さらに，土石流が発生しても安全なように，ピロティー形式などの構造とすること，鉄筋コンクリート造りなど十分な強度を持つものにすることなど，建物の工夫も考えられる。　◎水山高久

土蔵造　[どぞうづくり]　dozoh / mud-walled structure　復旧　火災・爆発　建物の外壁を厚い大壁の土壁とし，開口部にも土戸を用いた防火建築。火事の際は，土戸を閉じ，隙間に土を充填した。古代の官衙，中世の質屋などは，防火建築として土倉を建てた。近世には，店舗までも土蔵造で建設するようになり，これを見世(店)蔵と呼ぶ。白漆喰で仕上げるのが一般的であるが，江戸および近郊では幕末に黒塗りが流行する。明治時代の東京にも防火線路の指定などに対応して多数建設され，川越(埼玉県)の街なみはこの流れを汲む。→伝統的都市防災，塗家造，焼家造　◎波多野純

土地区画整理事業の多様化　[とちくかくせいりじぎょうのたようか]　variation of land readjustment projects　復旧　土地区画整理事業を推進するために土地区画整理事業は制度手法的に多様化している。例えば，道路整備特別会計の補助事業では特定土地区画整理事業(三大都市圏で，補助などが優遇されるほか，共同住宅区や集合農地区を定められる)，段階土地区画整理事業(換地後に公共施設整備を行う地区に営農地を集約し，当面の農業経営を継続しながら段階的に市街地整備を行う)，都市改造型土地区画整理事業(都市再開発方針を定める大都市区域において，都市機能の更新や防災化のために，壁面後退によって幅員8mを確保する都市計画道路についても補助)がある。そのほか特色ある事業として，ふるさとの顔づくりモデル土地区画整理事業(地域の発意と創意に基づく地域経済活性化を目標とする個性的な都市空間の形成のために，デザインされた舗装や街灯などに補助)，敷地整序型土地区画整理事業(個人や組合による少数の敷地を対象に換地による交換分合によって不整形な敷地を整序し土地の有効利用を図る)などがある。また，一般会計による事業では多様な手法が1999年に整理統合され，都市再生区画整理事業が創設された。それには，安全市街地形成土地区画整理事業(1ha以上の木造密集市街地で地区内の基盤施設を整備)が安全市街地形成型に，街区高度利用土地区画整理事業(区画街路を再編して低未利用地を街区単位で高度利用化)が街区高度利用型に，街なか再生土地区画整理事業(地方都市の中心市街地の街区再編や低未利用地の集約化による再活性化)が街なか再生型に，緑住まちづくり推進事業による緑住区画整理事業(市街化区域内農地の計画的宅地化)が緑住まちづくり型等に多様化している。
→安全市街地形成土地区画整理事業，土地区画整理法，復興土地区画整理事業　◎中林一樹

土地区画整理法　[とちくかくせいりほう]　land readjustment act　復旧　土地区画整理事業は都市計画の母であるといわれるほど，日本の市街地開発や基盤整備手法として活用されてきた。2000年までに全国で約1万1000地区，約3770km²の区域で事業完了あるいは施工中である。そのうち，旧都市計画法による土地区画整理事業は1183地区，491km²で，関東大震災後の帝都復興計画，空襲都市の戦災復興計画で特別都市計画法による都市復興事業手法として土地区画整理事業が活用されたが，都市計画区域内の土地について公共施設の整備改善及び宅地の利用増進を図るために，土地所有者から土地の一部を提供してもらい(減歩)，土地の形を整えて交付(換地)し，同時に公共施設の整備等を行う土地区画整理事業の仕組みを拡充するために，1954年に土地区画整理法が制定された。現法によると，土地区画整理事業の施行者は個人・組合(民間施行)と都道府県・区市町村・国土交通大臣・都道府県知事・市町村長(公共団体施行)，および社会基盤整備公団・地域振興公団・住宅供給公社と定められている。災害復興や公共施設整備などを目的とする公共性の高い場合には公共団体施行が多く，その手順は土地区画整理事業の都市計画決定(都市計画法)のあと，土地区画整理法に基づいて事業計画の決定，土地区画整理審議会の設置，換地計画の決定，造成工事や移転工事の施行，換地処分となる。
→復興土地区画整理事業，土地区画整理事業の多様化　◎中林一樹

土地造成　[とちぞうせい]　land formation　地盤　切土と盛土により宅地などの土地を造成したり，海や湖沼を埋め立てて土地を造成すること。脆弱な風化岩やスレーキングを起こしやすい泥岩を用いて盛土を行う場合，長期にわたって沈下が継続し，結果として大きな沈下を生じることがある。これを防止するためには十分に破砕した材料を高密度に締め固めることが求められる。また，高含水比の粘性土で盛土を造成する場合や海底粘土地盤を埋め立てて土地を造成する場合にも長期にわたる地盤沈下が発生する。この防止には，排水を促進し早期に沈下を終えさせる必要がある。→造成地，宅地造成　◎建山和由

土地の劣化 [とちのれっか] land degradation 海外
土地の悪化あるいは劣化。広義の砂漠化(desertification)にも使われる。土地の悪化は、全世界的に見られる現象であるが、アジア、アフリカ、南米などの乾燥・半乾燥地(地球の陸地面積の約3分の1)に住む住民に深刻な影響を及ぼしている。中でもアフリカのサブ・サハラ地域では、過酷な自然条件と人間の活動(家畜の過放牧や薪の採取など)が組み合わさって砂漠化といわれるプロセスが急速に進行している。砂漠化以外の土地の悪化の典型例として、土壌の侵食や塩類集積化がある。前者は、森林の伐採や傾斜地での無理な土地利用によって加速化されている。後者は、ずさんな灌漑や排水事業により表土やその周辺に塩類が集積して耕作不能を招くことがよく知られている。土地の悪化は、人口の急速な増加、貧困、不適切な土地管理がめだつ開発途上国で、近年ますます経済や社会の側面にも悪影響をもたらしている。　　　　　　　　◎城殿 博

土中水 [どちゅうすい] soil water 地盤
広義には、飽和帯、不飽和帯の区別なく、地中に存在する水を総称して土中水あるいは地中水(subsurface water)と呼ばれることがあるが、一般には、飽和帯の水を地下水(groundwater)、不飽和帯の水を土中水として区別されている。土中水は土壌水と呼ばれることもあるが、農学の分野では、土壌水は植物の根が入り込む範囲の土中水に限られる。土中水は重力水と吸着水とに分けられる。空隙内で表面張力によって吊り下げられたかたちで存在する懸垂水(あるいは皮膜水)は、降水の浸透とともに移動するので重力水に入れられる。液体としての土中水はその場の温度、圧力の条件で水蒸気と平衡状態にある。土壌が乾燥する程、間隙水は土粒子の接触点付近に集まり、表面張力による曲率が大きくなる。その結果、土粒子間の結合性が増し、間隙水圧は負の方向で増す。　　　　◎北岡豪一

土地利用 [とちりよう] land use 地盤 気象 都市
人間の生活や生産などのために、自然状態もしくは既にある目的のために使用されている土地を利用すること。土地はこの利用状況に基づいて、農用地、森林、原野、水面、道路、住宅地、工業用地、公共用地などに分類される。これらは2万5000分の1の図面によって示されている。国土計画、都市計画においては限られた土地を適正かつ合理的に使用することが大切であるため、土地の利用や規制を誘導することを目的として計画が立案される。この計画においては、農用地、森林や原野などが人間の生活や産業のために利用されることが多く、このために流出量の増大や地球規模では炭酸ガスの増大に起因する温暖化などの問題が生じることになる。自然災害面からは、氾濫源や崩壊が多発する森林の山麓に人間生活や産業空間が出現することになり、被災ポテンシャルが増大することになる。　◎沖村 孝

土地利用制限 [とちりようせいげん] land use regulation 情報 復旧
地震による倒壊や火災による焼失などによって、面的に市街地が壊滅した時、街の再生を目指す新たな都市計画が必要となる。脆弱だったために災害を受けた場所を、この際、より安全で快適な都市空間に復興することが目標となる。そのため、無秩序な再建が進行しないように、まず被災区域に対し、通常自由な土地利用への制限がなされる。建築基準法84条に、市街地に災害が発生した場合の建築制限、禁止ができる規定があり、大きな災害を受けた被災市街地再建に適用されてきた。阪神・淡路大震災では、未曾有の規模で既成市街地が被災したことから、2年間の建築制限が可能な被災市街地復興特別措置法(1995年2月26日公布・施行)も定められた。　◎小林郁雄

突堤 [とってい] jetty 海岸
主に海岸侵食の防止のために設置される構造物で、沿岸漂砂を制御するために海岸から沖に向かって構築される。基本的に侵食傾向の海浜の静的安定をねらったものであり、従って通常は沿岸方向に複数基設置され、群として漂砂制御機能を発揮する。最近では、突堤のみでなく、▶養浜や▶サンドバイパス工法と併用して設置されるようになってきている。先端の形状により、直線型、T型、L型などに分類される。
　　　　　　　　　　　　　　　　◎水谷法美

突発性災害 [とっぱつせいさいがい] sudden disasters 海外
火山爆発や地すべりのような巨大な地形・地質現象、バッタや疫病のような生物学的現象、工業災害のように短時間に巨大なエネルギーあるいは物質を放出して人命、資産、環境に回復不能の損害をもたらす現象をいう。
➡ゆっくり起きる災害　　　　　　◎渡辺正幸

突風 [とっぷう] gust 気象 海岸
自然の風には絶えず不規則に変化する風の息といわれる現象があり、その中で一時的に強く吹く風を突風という。顕著な▶寒冷前線の通過、積乱雲中の下降気流による▶ダウンバースト、竜巻などに伴って短時間に強く吹く▶強風ばかりではなく、▶台風や強い▶温帯低気圧による強風時にさらに強く吹く風も突風という。また、建物や地物の影響により、瞬間的に強く吹く風も突風といわれる。このように突風の成因は様々である。突風の強さは▶最大瞬間風速の大きさで表され、その値と平均風速の比の値を▶突風率という。台風や低気圧に伴う地面近くの強風などに関して、風速変動が定常的である場合には、突風率が極値理論によって、確率的に扱われることがある。
　　　　　　　　　　　　　　　　◎岩谷祥美

突風前線 [とっぷうぜんせん] gust front 気象 ⇨ガストフロント

突風率 [とっぷうりつ] gust factor 気象
ガストファクターともいう。一定時間(通常10分間)内の▶最大瞬間風速とその間の▶平均風速の比の値で表す。突風率は風の乱れの強さと密接な関係があり、地表面粗度や地形などの影響を受ける。最大瞬間風速の測定値は風速計や記録計の応答速度に依存し、突風率は瞬間風速の平均化時間と関連付けて考える必要がある。気象官署の台風時の風速データ

でも，場所，時間によって突風率は変化しており，その値は2以上となることもある。　　　　　　　　◎岩谷祥美

ドップラーレーダー Doppler weather radar [気象]　受信信号のドップラーシフトから雨滴の水平方向の移動速度（水平風速）を算出する機能を備えたレーダー。1台のドップラーレーダーにより，レーダーのビーム方向の水平風速が得られる。この情報から，強風域とその移動，収束線や風速の急変域，▶ダウンバーストの発生域などを算出する。わが国では，航空機の安全運行を目的として，空港周辺の気流観測用に成田空港，関西空港，羽田空港に設置されており，さらに配備が進められている。また研究用に大学などが所有しており，複数台のドップラーレーダーを用いた風速場の観測とこれによるメソ気象現象の解明に用いられている。　　　　　　　　　　　　◎石川裕彦

トップリング toppling [地盤]　急峻な斜面がほぼ垂直に近い節理を持つ岩石から成る場合，その最上部が斜面下方へ向かって次第に傾き，その結果として回転を伴いつつ岩塊が転落する現象。溶岩や溶結凝灰岩の節理の作る垂直に近い岩壁や，受け盤から成る急峻な海食崖で発生することが多い。層雲峡や越前岬など，落石事故のかなりの部分はこれである。　　　　　　　　　　　◎平野昌繁

都道府県相互間地域防災計画 [とどうふけんそうごかんちいきぼうさいけいかく] prefectural local disaster prevention plan [行政]　旧称，指定地域都道府県防災計画。2以上の都道府県の区域の全部または一部にわたる地域につき，都道府県防災会議の協議会が作成するものである。都道府県防災会議の協議会は，防災基本計画に基づき，当該地域に係る都道府県相互間地域防災計画を作成し，および毎年都道府県相互間地域防災計画に検討を加え，必要があると認める時は，これを修正しなければならない。この場合において，当該都道府県相互間地域防災計画は，防災業務計画に抵触してはならない。都道府県防災会議の協議会は，都道府県相互間地域防災計画を作成し，または修正した時は，その要旨を公表しなければならない。なお，都道府県相互間地域防災計画およびそれを作成する都道府県防災会議の協議会は現在までその例がない。　　　　　　　　　　　　　　　　　　◎消防庁

都道府県防災行政無線 [とどうふけんぼうさいぎょうせいむせん] prefectural disaster prevention radio communications system [行政]　都道府県と県内の出先機関，市町村，消防本部，指定地方行政機関，指定地方公共機関等を結ぶ無線網である。地上系，衛星系または両方式を全都道府県で運用している。電話およびファクシミリによる相互通信，県から市町村および関係防災機関への一斉伝達が可能である。車両などの車載型無線機および可搬型無線機などとの移動通信も可能である。この他，河川の水位や雨量などの観測データを自動的に県庁などに送信するテレメータも整備している。　　　　　◎消防庁

土留め [どどめ] earth retaining [地盤]　斜面の崩壊や地盤の過大変形を防止するために，地山に擁壁，鉄筋，杭，アンカーなどを設置して土圧に対抗させることの総称。斜面安定工や地すべり対策工における抑止工と同じく，ブロック積工（石積工，蛇籠工などを含む）や擁壁工などの抗土圧工法，鉄筋挿入工法などの補強土工法，地すべり防止杭を代表とする杭・シャフト工法（深礎工を含む），アンカー工法（格子枠アンカー，土留めアンカー）が代表的工法である。　　　　　　　　　　　◎松井　保

飛び火 [とびひ] brand fire [火災・爆発]　火の粉の飛散・落下に起因して発生する火災。過去の▶市街地火災によると火の粉の飛散距離は数十mから数百mの範囲で，飛散角度は風速に依存して10〜40°の範囲にある。風速が大きくなると，飛び火距離が増大する傾向があるが，風速が10数m以上になると，火災気流が地面に沿って流れることから飛び火距離と飛散角度が共に小さくなる。飛び火火災は，瓦屋根の下や屋外に堆積された木材などに着火して発生する。飛び火火災が街区の中心で発生すると発見が遅れて飛び火は拡大することが多い。　　◎山下邦博

トラス truss [地震]　多数の直線部材を，通常は三角形の形状で集合させた構造部材ないし構造形式をいう。個々の直線部材の両端をピン接合として設計する場合が多く，この場合，各部材は主として軸力に抵抗する。平面構造として組み上げられるトラス梁，トラス柱は，建築の小屋組や橋梁に用いられる。また立体的ないしはシェル状に組み上げた立体トラスは，大スパン構造物の屋根構造として用いられる。トラス自体の耐荷能力を限界付ける要因は，個材の座屈や破断ならびに全体構造の不安定現象などであるが，実際の被災例としては，トラス支承部の被害が多い。　　　　　　　　　　　　　　　　　　◎大井謙一

トリアージ triage [被害想定][行政]　多数の患者がいる時，医療機関へ搬送する順序あるいは治療する順序を決定するために患者を緊急度で分別すること。一般的には，直ちに処置が必要な緊急治療群，2〜3時間処置を遅らせても悪化しない準緊急治療群，自力歩行可能で通院加療が可能な軽症群，死亡あるいは生存の可能性のない死亡群の4種類に分類する。緊急度は時間経過あるいは応急処置の結果に伴い変化するので，災害現場，搬送前，病院など様々な場所で頻繁にトリアージを行う必要がある。トリアージが終わった患者には，関係者全員がトリアージの結果を容易に理解できるように，緊急度の高い順に赤，黄，緑，黒の色識別が可能なタグを手足に付ける。　　◎甲斐達朗

取付管 [とりつけかん] lateral sewer [都市]　家庭や事業所内の汚水を集める汚水ます（通常は宅地境界に設置される）や，道路側溝から流れてくる雨水を集める雨水ますと下水本管を接続する管渠を指す。阪神・淡路大震災での取付管の被害は，破損45％（被害管数比），管突き出し16％，以下，浸入水，ズレの順となっている。　◎渡辺晴彦

取引 [とりひき] bargaining 〔情報〕 人が死に直面する時の過程と必要な援助の実際がキュブラー＝ロス(1971)によって明らかにされ，ターミナル・ケアやデス・エデュケーションに画期的な変革がもたらされた。彼女によれば，死という事実に向かう段階は，①そんなはずはないという否認や，それは私のことではないという乖離，②なぜ私なのだ？という怒り，③善い行いをする患者になれば，延命できるのではと期待し，そうしてしまう取引，④絶望感とうつ，⑤それらを繰り返しながら最終的に死を受容する，となる。→否認，抑うつ　　　　　◎羽下大信

TRMM [トリム] Tropical Rainfall Measuring Mission 〔河川〕〔気象〕 地球規模の気候変動の解明や環境変化のモニターに重要な熱帯地域の降雨強度やその分布に関わるデータを取得することを目的とする人工衛星。日本が開発した衛星搭載降雨レーダー(PR)と，アメリカのTRMMマイクロ波観測装置(TMI)，可視赤外観測装置(VIRS)，雲および地球放射エネルギー観測装置(CERES)，雷観測装置(LIS)の計5つのセンサーが，アメリカで開発された衛星に搭載され，日本のH-IIロケットで1997年11月28日に種子島宇宙センターより打ち上げられた。太陽非同期軌道をとることによって，南北緯度35°より低緯度帯を時間帯をずらしながら観測し，熱帯域特有の日周変化によるバイアスを低減した月平均的の降水量を観測することが可能である。　　　　　　　◎小池俊雄

トルネード tornado 〔気象〕 ▪竜巻

トンネル tunnel 〔都市〕〔地盤〕 山岳・地下あるいは海底に建設される内空断面2 m²以上の連続空間をいう。建設工法により，山岳トンネル工法，シールドトンネル工法，開削トンネル工法，沈埋トンネル工法，推進工法がある。常時には，火災に対する防災対策が必要である。耐震設計法としては，慣性力の影響が低く，地盤とほぼ同様に変形すると仮定した，変位法が使われている。兵庫県南部地震時には，地下鉄の中柱が地盤の強制変形に耐えられず崩壊した。変形性能のチェックが必要である。また，断層面を横切る場合には，特殊な配慮が必要である。
◎家村浩和

トンネル火災 [トンネルかさい] tunnel fire 〔火災・爆発〕 鉄道トンネルや自動車トンネルでは，通過する車両や積載可燃物あるいはトンネルのケーブル類などの固定設備が可燃物となる火災が発生している。トンネル空間の長大化や，通過交通の大量輸送化・高速化に伴い，一旦火災が発生するとトンネル内に熱気がこもりやすく，また消防隊の活動も煙の充満，進入経路が長くなるなど困難が伴うため，大きな被害をもたらす危険性が高い。代表的なトンネル火災としては，国内では，1974年の北陸トンネル火災(死者30名)，1979年の東名高速道路日本坂トンネル(死者6名，うち2名は衝突による)が，海外では1996年の英仏海峡トンネルにおける列車火災が挙げられる。　　　◎山田常圭

ナ行

ナ

内水氾濫災害［ないすいはんらんさいがい］flood disaster behind levees／flood disaster due to stormwater within a watershed 〔河川〕 堤防によって洪水や高潮から守られている堤防の内側の土地を堤内地と呼び，堤内地に降った雨水による流出を内水（ないすい）という。内水災害とは内水によって引き起こされる氾濫・湛水などによる洪水災害のことで，堤内地に降った雨水の排除不良のために発生する。近年，わが国では，河川改修の進展に伴って洪水時の破堤・溢水などによる被害額の割合が次第に減少しているが，内水災害による被害額の割合は増加している。→外水氾濫災害 ◎近森秀高

内装制限［ないそうせいげん］combustibility limitation of linings 〔火災・爆発〕 室の壁や天井の仕上げを容易に燃える材料で作ると，出火や火災拡大を助長する危険が生ずる。特に，壁の上部や天井については，仕上げ材料が露出状態で使われることが多いので，不燃性の材料で内装仕上げを行う。その目的は，①厨房などの日常火気使用部分からの出火防止，②居室からの避難中に内装材料が燃えて火災拡大を助長しないこと，③廊下，階段などの避難上重要な部分から出火しないことの3つに分けて考えることができる。建築基準法においては，一定以上の規模・用途の建築物の部分に応じて内装を制限している。 ◎原田和典

内部境界層［ないぶきょうかいそう］internal boundary layer 〔気象〕 粗度形状，すなわち植物や建物など地表面の凹凸の形状は一様であることが少ない。例えば，海から陸，郊外の田園地帯から市街地，また，市街地の中でも建物の高さや規模，密度などが変化する。この時，粗度形状の変化する地表面の上空には，各粗度形状に対応した境界層が発達する。すなわち，風上側の粗度に対応した境界層の内部に，風下側の粗度に対応した境界層が発達する。この風下側の境界層を内部境界層と呼ぶ。 ◎丸山 敬

内部摩擦角［ないぶまさつかく］internal friction angle 〔地盤〕 土のせん断抵抗は，一般に付着力成分（粘着力）と摩擦成分によって構成されるが，内部摩擦角とは摩擦成分を表す係数で，土粒子間の摩擦に起因するせん断抵抗角のことをいう。クーロンの破壊基準では，横軸に垂直応力 σ，縦軸にせん断強さ τ をとった時，いくつかのモール円を包絡する直線の傾きが，内部摩擦角となる。粒子が大きく，角張っているもの程内部摩擦角は大きくなり，一般に砂では20～35°，粘土では10°以下である。 ◎沖村 孝

内分泌攪乱化学物質［ないぶんぴつかくらんかがくぶっしつ］endocrine disrupting chemicals 〔河川〕 生物の体内に取り込まれた場合に，その生体内で営まれている正常な内分泌（ホルモン）作用に影響を与える外因性の物質を意味し，環境ホルモンとも呼ばれている。近年，環境中に存在する化学物質が，動物の体内のホルモン作用を攪乱することを通じて，生殖機能や免疫機能を阻害したり，悪性腫瘍を引き起こすなどの悪影響を及ぼしている可能性があるとの指摘がなされており，わが国の河川や湖沼，海域の水，底質，生物からも見つかっていることから，ヒトや野生生物への影響が懸念され始めている。 ◎田中宏明

中谷ダイヤグラム［なかやダイヤグラム］Nakaya diagram 〔雪氷〕 北海道大学教授の中谷宇吉郎（1900～1962）は，低温実験室で人工雪の研究を行い，雪の結晶形は温度と氷に対する過飽和度によって決まることを世界で最初に見出した。その関係を表した図が中谷ダイヤグラムと呼ばれる。空から降ってくる雪の結晶形を中谷ダイヤグラムと対比させることにより，▶雪結晶が成長するときの雲の中の気象条件が推定できることから，中谷は「雪は天から送られた手紙」と呼んだ。 ◎小林俊一

流れ型雪崩［ながれがたなだれ］flow snow avalanche 〔雪氷〕 雪崩の運動形態について記述する時の表現。運動が終末速度の段階で，雪煙を上げず，水流状となって雪面または地面に沿って流下する。湿雪雪崩の場合，多くは流れ型の運動をする。流下速度は除雪機械でゆっくり雪を押していく程度の遅い場合から速いもので20 m/sec程度が一般である。規模の大きな場合，流路に沿って雪堤を作り，雪崩が停止した終端に多くの堆積物を残す。 ◎川田邦夫

流れ盤［ながればん］cataclinal overdip 〔地盤〕 地盤を形成する岩石（堆積岩あるいは溶岩）の層理面が地表面のそれとほぼ平行している状態をいう。透水性の岩石から成る流れ盤は，緩やかな長い斜面になることが多い。第三紀層の泥岩や凝灰岩から成る流れ盤には地すべり地形がしばしば見られ，そのような斜面の基部が波浪や水流あるいは人工改変により削られると地すべりを起こしやすい。 ◎平野昌繁

流れ山［ながれやま］hummocky hill 〔火山〕 山体の崩壊に伴って発生した▶岩屑なだれ堆積物の表面地形としてしばしば見られる円形～長円形の小丘。岩屑なだれの堆積域である山麓に見られ，かつては泥流丘とも呼ばれて

いた．流れ山の直径と比高の範囲は広く，岩屑なだれの規模により変わる．一般に岩屑なだれ堆積物は元の山体構造を残している岩塊（岩屑なだれ岩塊）とそれを取り巻く粉粒体状の基質（岩屑なだれ基質）とから成るが，流れ山は破砕されずに残った大型の岩屑なだれ岩塊を核としていることが多い． ◎鎌田浩毅

雪崩 ［なだれ］ snow avalanche 雪氷 一旦，斜面上に積もった雪が，重力の作用により，肉眼で識別し得る程の速さで移動する現象をいう．雪崩の速度は全層雪崩では10～30 m/s，表層雪崩のうち湿雪の場合には5～30 m/s，乾雪の煙型は30～80 m/s，流れ型は30～50 m/sの範囲にあるとされている．なお，斜面に積もった雪が地面との境界で肉眼で識別し得ない程の速さですべる現象をグライドというが，この速度は1日に数mmから数cmである．積雪表面に残された雪崩の痕跡を雪崩跡という．典型的な雪崩跡は，発生区，走路，堆積区の3つに区分される．雪崩分類は雪崩跡を観測することによって判断されるが，破壊的な雪崩災害は，煙型の大規模な面発生乾雪表層雪崩によって発生する． ◎山田 穣

雪崩風 ［なだれかぜ］ snow avalanche wind 雪氷 雪崩の前面に発生するとされる強風．雪崩堆積物（デブリ）より前方にあった森林や建物が破壊された事例をもとに，その存在が指摘された．数値計算や密度流の室内実験による研究に加え，黒部峡谷では，超音波風向風速計により雪崩本体より約20 m先行し最大風速が雪崩先端部の速度に匹敵する風が実測されている．ただ雪崩速度に匹敵する強風下では雪面から多くの雪粒子が舞い上げられることから，デブリを残さない雪崩雪煙部との相違も含め，今後発生機構や内部構造の検討が必要とされる． ◎西村浩一

雪崩規模 ［なだれきぼ］ magnitude of snow avalanche 雪氷 雪崩の規模を数量的に表現するため次の2種類の階級が定義された．①質量階級（Mass Magnitude：$M.M.$）雪崩た雪の質量m（トン）で，雪崩の量的規模を表す階級．$M.M.=\log_{10} m$ ②ポテンシャル階級（Potential Magnitude：$P.M.$）雪崩た雪が，自己の位置エネルギーを消費してなした総仕事量を表す階級．雪崩雪の質量をm（トン），その重心落差をh（メートル），重力加速度をg（≒10m/s²）とすると，$P.M.=\log_{10} mgh$．これらを使うと，日本国内の最大記録雪崩（北海道日高札内川）は，$M.M.=5.6$, $P.M.=9.5$，世界最大記録雪崩（ペルー・ワスカラン山）は$M.M.=6.5$, $P.M.=11.3$である． ◎清水 弘

雪崩衝撃力 ［なだれしょうげきりょく］ impact force of snow avalanche 雪氷 雪崩が衝突する時に物体に及ぼす力．一般的には圧力で表す．雪崩の密度ρと速度vから，$c \times \rho \times v^2$で表されることが多い．ただしcは定数で1～3の範囲をとる．雪崩に含まれるスノーボールの大きさに比べて小さな被衝突物体では多数のスパイク状の衝撃波形となり，大きな被衝突物体ではなだらかな衝撃波形となる．また，雪崩の中に岩石や流木が含まれているとさらに大きな衝撃力が発生する． ◎阿部 修

雪崩制御 ［なだれせいぎょ］ snow avalanche control 雪氷 雪崩が発生する前に，予め人工的に雪崩を発生させたり，人為的に積雪を安定させたりして，雪崩災害の防止をする手法のことをいう．欧米では古くから雪崩砲や爆薬を使用するなどの方法を用いて雪崩を発生させ，道路，スキー場などを雪崩の被害から防いできた．わが国では，スキー場などで雪上圧雪車などで予め雪崩斜面を圧雪し安定させる方法や，人力または機械力を用いた道路の雪庇処理などの雪崩制御が行われてきた．最近ではガス爆発を利用したガゼックスと呼ばれる新しい人工雪崩発生装置も一部のスキー場などで使用され始めた． ◎上石 勲

雪崩デブリ ［なだれデブリ］ snow avalanche debris 雪氷 流下する雪崩によって運ばれ，堆積区にたまった雪や土砂をいう．普通，雪崩デブリは塊状の雪がまわりの自然積雪より高く堆積して硬いので，その範囲が特定できる．特に融雪期の全層雪崩のデブリは，土砂を多く含むので自然積雪との区別が容易である．一方，厳冬期の表層雪崩のデブリはそれらの特徴が少なく，その後の降雪ですぐ覆われてしまうので，積雪断面調査をしないと範囲の特定は難しい． ◎和泉 薫

雪崩分類 ［なだれぶんるい］ snow avalanche classification 雪氷 「日本雪氷学会の雪崩分類」（1998）では，雪崩の形態観察から，3種類の二者択一の接頭語を付けて分類する．これらの3種類の接頭語は，雪崩発生の形（点発生，面発生），雪崩層（始動積雪）の乾湿（乾雪，湿雪）ならびにすべり面の位置（表層，全層）であり，自由に組み合わせることができるので，雪崩の種類は全部で8種類あることになる．不明な接頭語がある場合などには，接頭語を省略することができる．例えば，雪崩発生の形と雪崩層の乾湿が不明な場合には，表層雪崩あるいは全層雪崩と分類すればよい．なお，この他の雪崩現象としてスラッシュ雪崩・雪泥流，氷河雪崩・氷雪崩，ブロック雪崩，法面雪崩，屋根雪崩がある．また，雪崩の運動形態には流れ型，煙型，混合型の3つがある．発生の引き金による分類としては，自然発生雪崩，スキーヤーなどの行動に起因する偶発的な誘発雪崩，雪崩制御のための意図的な人工雪崩がある． ◎山田 穣

雪崩防護工 ［なだれぼうごこう］ direct-protection structure for snow avalanche 雪氷 雪崩の走路や堆積区で，流下してきた雪崩の勢いを弱めたり，停止させ，道路や集落などの保全対象物を雪崩の被害から守る構造物の総称．防護工には，雪崩の速度を減勢させる雪崩減勢工，雪崩の流下方向を変化させる雪崩誘導工，雪崩を停止させる雪崩阻止工，屋根の上に雪崩を通過させるスノーシェッドがある．わが国では，雪崩防護擁壁，雪崩防護柵，スノーシェッドが道路の雪崩対策として多く使用されてきた

■ 雪崩防護柵

■ 雪崩予防柵

(写真)。また，最近は集落を雪崩の災害から守る施設として雪崩減勢柵なども設置されるようになった。防護工は，発生区が大面積で堆積スペースや対象物との間に距離が確保できる箇所に設置すると効果が大きい。構造物の設計では，積雪深や雪崩の厚さ，雪崩の衝撃力や雪圧が考慮される。　　　　　　　　　　　　　　　　　　　◎上石　勲

雪崩予測　[なだれよそく]　snow avalanche forecast　雪氷　雪崩の発生する時期や到達範囲を予測することをいう。雪崩災害防止には，雪崩予防工や雪崩防護工のようなハード対策と雪崩予測のソフト対策がある。雪崩の発生する時期や到達範囲は雪崩の種類によって異なる。乾雪表層雪崩は厳冬期に大量に降雪があり積雪の内部に弱層がある場合に発生しやすく，湿雪全層雪崩は融雪期に発生しやすい。雪崩の到達範囲は，雪崩の末端から発生区への見通し角や運動シミュレーションなどから推定される。欧米では実用的な雪崩予報や雪崩危険度マップが出されており，わが国では気象庁で雪崩予報が出されている。各機関で雪崩予測について研究されているが，発生時期と箇所を正確に予測するには，積雪内部の弱層形成過程を推定するなど今後の課題も多い。　　　　　　　　　　　　　◎上石　勲

雪崩予防工　[なだれよぼうこう]　supporting structure for snow avalanche　雪氷　雪崩の発生区に設置し，雪崩の発生を抑える構造物の総称。雪崩発生予防工と雪庇予防工がある。雪崩発生予防工には雪崩防止林，階段工，雪崩予防杭，雪崩予防柵，吊柵，吊枠，せり出し防止柵(道路対象)，グライド防止柵(集落対象)があり，雪庇予防工には吹き払い柵と吹きだめ柵がある。これらの対策工については，積雪深，雪崩の規模，雪崩の種類，地形，土質・地質などの条件と経済性・施工性などの比較から，最も適した対策工が選択される。わが国では雪崩予防柵(写真)や吊柵の施工例が多く，雪崩防護工と組み合わせる場合もある。構造物の設計では，積雪深，斜面雪圧，グライド係数，積雪密度などが考慮される。　　　　　　　　　　　◎上石　勲

夏渇水　[なつかっすい]　drought in summer　都市　河川　夏季に河川水量が減少し，需要量を満たせなくなる現象。自流取水の場合には，梅雨季から夏季の降雨が少ないことが原因であるが，ダムなどの貯水池により流量調節が行われている場合には，それ以前の冬季から春季にかけての降雪・降雨が少なく貯水量が満水に回復しないことが渇水の厳しさや期間を増加させる。国内の主な渇水では6～7月から渇水となる例が多く，秋霖や台風などの降雨があり農業用水需要が減少する9～10月に終了する場合と，それらの降雨が少ないため終了が冬季まで遅れ長期化する場合がある。　　　　　　　　　　　　　◎渡辺晴彦

斜め鉄筋　[ななめてっきん]　diagonal reinforcement　地震　材軸方向に斜めに配筋された補強鉄筋。開口隅角部の補強や部材のせん断補強に用いられる。せん断補強では，斜め鉄筋の引張り力成分で直接せん断力に抵抗する。正負のせん断力に抵抗させるためには，斜め鉄筋を組にしてX字型に配置する。これを曲げ降伏する部分に配置すると高い曲げ靭性が得られる。柱梁の全長にわたって対角線状に軸鉄筋を配置するものはX型配筋と呼ばれ，特にせん断力の大きな部分でせん断強度を高めるために用いられる。　　　　　　　　　　　　　　　　　　　◎塩原　等

波の打ち上げ　[なみのうちあげ]　wave run-up　海岸　海浜や緩傾斜護岸などに波が遡上する現象を波の打ち上げという(写真)。波の打ち上げによって海水が最も高くまで遡上した点の，基準面からの高さを波の打ち上げ高といい，護岸や，堤防の設計に必要な数値となる。護岸や堤防の天端高の設定にあたっては，必ずしも打ち上げ高より高くなるように設計する必要はなく，打ち上げにより越波した海水の量が許容値以下になるように設定すればよい。なめらかな不透水性の一様勾配斜面に対しては，高田によって示された算定公式を用いることができる。勾配が途中で変化する復断面斜面に対しては，「港湾の施設の技術上の基準・同解説(平成11年版)」にも示されているサビールの公式が適用できる。親水性護岸などでは傾斜が緩やかになっており，人の利用面から波の打ち上げ高さの算定をできるだけ正確に行うことが望ましく，波の不規則性を考慮して，できるだけ模型実験を実施したほうがよい。最近は，周期数

■ 緩傾斜護岸への波の打ち上げ(高知県下田海岸)

分の長周期波の発生が明らかになっており，外洋に面した斜面においては長周期波による水位上昇に波の打ち上げ高を加えて，波の最高遡上高さを推定しなければならない。

◎平石哲也

波のスペクトル ［なみのスペクトル］ wave spectrum
海岸　不規則な波の性質を詳細に表すひとつの方法であり，不規則な波を周波数が異なる無数の正弦波の和として考え，各正弦波(成分波)のエネルギーが周波数に対してどのように分布するかを記述したものを周波数スペクトル(一次元スペクトル)と呼ぶ。これに対して，各正弦波のエネルギーを周波数および波向に対する分布として表示したものを方向スペクトル(二次元スペクトル)という。

◎滝川清

軟弱地盤 ［なんじゃくじばん］ soft ground 地盤
軟弱地盤とは地盤上に構築される構造物を安全に支えることができない地盤をいう。しかし，構造物の規模・重さ・重要性などに影響を受けるので，地盤の持っている強さなどによって一義的に定義することは困難である。一般的には完新世(1万年前以降)に堆積した地盤をいうことが多い。軟弱な粘性土，有機質土，緩い砂質土で構成されている。また，人工的に埋め立てられた埋立地や盛土造成された地盤も該当するものが多い。完新世の地盤が軟弱なのは堆積後から日が浅いために地盤が十分に締め固まったり，固結していないからである。日本では大河川の沖積低地がほぼ軟弱地盤地帯を形成している。石狩川低地，新潟平野，東京低地，濃尾平野，大阪平野，児島湾干拓地，広島低地，佐賀平野など今でも地盤沈下に苦しんでいる地帯もある。軟弱地盤地帯では，地盤沈下，建築物の沈下・不等沈下・抜け上り，浸水問題など解決すべき課題が多い。しかし，軟弱地盤も地盤に合った適切な地盤改良を行うことによって良好な地盤としての利用が可能になる。

◎諏訪靖二

難燃化 ［なんねんか］ progress of fire resistance structures 復旧 火災・爆発　比較的防耐火性能の高い建築構造・部材による建築物の更新・新規建設や，空地・道路の整備，密度規制などによって，木造建築物の立地を許容しながらも，火災発生時に▶都市大火となる危険性を低減していく過程を指す。関東大震災以降の日本の都市大火対策の悲願である全面不燃化による地区整備が現実的には困難であることから，一般市街地における防災整備改善の今日的な課題は，一定の地区を単位として外部からの火災を外周部で阻止し，内部での火災は▶延焼拡大をある程度の範囲にくい止めるような市街地の形成が重要である。前者を延焼遮断帯によって実現するのに対して，後者を難燃化によって達成する計画手法が望まれている。→不燃化

◎糸井川栄一

難民 ［なんみん］ refugee 海外　1951年に締結された難民条約には難民を「人種や宗教または国籍あるいは政治的信条のいずれかを理由として迫害を受けたり迫害を受けるとの十分な根拠に根ざした恐怖を抱く人で，国籍を有する国の保護を受けられずに国外へ逃れたり，その国の保護を拒否して国籍を持つ国の外に暮らす人」と定義している。1996年1月現在のUNHCR(国連難民高等弁務官事務所)の援助対象難民数(単位：百万人)は，難民13.2，帰還民3.3，国内避難民4.7，その他4.9の合計26.1である。この他パレスチナ難民3がいる。1980年代以降には内戦，大規模な飢饉，政治的弾圧などの原因に加えて経済難民，環境難民など難民の概念が多様化して，様々な理由で「移住を強いられた人」という意味を持つようになった。1998年に中米諸国を襲ったハリケーン・ミッチは約50万人の災害難民を生み出している。

◎大井英臣，渡辺正幸

ニ

ニーズ調査 ［ニーズちょうさ］ needs research (for sufferers) 情報 被害想定　災害下では住民のニーズの質と量を時機に即して把握し供給態勢をとる。基本的ニーズは，水・食糧，排泄物処置と衛生・医療品，衣料と避難生活施設などである。災害の質と規模，発生の時刻や季節によってニーズは異なり，緊急対応期，避難生活期，復興期という推移によって変化する。インフラ復旧を見通したニーズ予測，文化的ニーズの掌握も必要である。調査主体は現場に密着した避難所リーダー，職員，ボランティアが主であり，調査結果を集約する系統性を確立し，把握されたニーズの優先順位について専門的な分析が必要となる。心の傷などの精神的ニーズは専門家による調査によって把握する。

◎岩崎信彦

二次圧密 ［にじあつみつ］ secondary consolidation 地盤　粘性土に荷重を加えると，透水性が低いため内部に過剰間隙水圧 Δu が発生し，Δu の消散とともに圧縮は徐々に進む。Terzaghiの圧密理論では，Δu が0になれば圧縮終了を意味するが，実際の土はそれ以後もだらだらと圧縮が進む。Δu が0になるまでのTerzaghiの圧密理論に従う圧縮部分を一次圧密(primary consolidation)というのに対し，これを超えて進行する圧縮部分を二次圧密という。理論では説明できない付加的な，二次的(secondary)な圧縮という意味。これは，土粒子骨格の粘性抵抗によるクリープ現象(一定荷重のもとで変形が進む現象)と考えられ，粘性土地盤の長期沈下予測の困難な要因とされ，二次圧密は時間の対数に対しほぼ直線的に進行することが多い。

◎安川郁夫

二次運用 ［にじうんよう］ secondary fire-fighting operations 被害想定　▷消防力の地震時二次運用

二重偏波レーダー ［にじゅうへんぱレーダー］ dual polarization radar 〖河川〗〖気象〗　通常の気象レーダーは水平偏波か垂直偏波どちらかの単一の偏波面の電磁波を送信するが，直交する水平・垂直の両偏波の交互のパルス送信を行い，各々の偏波による受信強度を独立して計測するようにした特殊レーダーをいう。大気中の水滴はその直径が大きい程，落下する時の空気抵抗で偏平な形状になる。このような偏平な水滴に電磁波が当たると，偏波面に応じた散乱をするため，散乱強度が水平・垂直の偏波によって異なることになる。この差は散乱体の形状に関する情報で，大気水象を，水滴か氷晶か雪片かといったように識別するために使われる。水滴の場合は大きな水滴程偏平になるので差が大きく，この偏平の度合いから降雨強度と関係付けて，降雨強度の観測精度を向上させることができる。

◎吉野文雄

二重ローン対策　[にじゅうローンたいさく]　double mortgages measures　〖復旧〗　震災時に住宅ローンが残っていて，新たに住宅を建築，または，購入，補修する場合に，住宅金融公庫などからの融資を受けやすくするため，利息の助成など一定の条件緩和をする対応策のことである。阪神・淡路大震災では，兵庫県が「住宅債務償還特別対策」制度を設け，震災時に一定額以上の住宅ローンの未返済元金がある場合で，住宅金融公庫の災害復興住宅資金貸付融資などの新規公的住宅融資を受けた場合に，借入残高に応じて5年間利子補給を行った。→住宅復興　◎後藤祐介

日常景観の復元　[にちじょうけいかんのふくげん]　restoration of townscape　〖復旧〗　阪神・淡路大震災の膨大な被災市街地の9割は，個々の敷地の自力再建が基本であった。その市街地再建で，街区や宅地割りなどの基盤空間構造はそのままではあるが，再建住宅や宅地の使い方は大きく変化し，震災前の風景を喪失した中で，新たな景観形成を進めるにも，頼るべき街並みはなかった。災害からの復興において，喪失した物理的環境の復元は，総体的な地域生活や地域活動の反映としての日常景観を形成する。しかし，それは被災後の変化した社会状況における日常景観であり，被災前の日常景観ではない。そのギャップに被災者，特に長くその従前の日常に慣れ親しんできた高齢被災者は生活喪失を感じることとなり，阪神・淡路大震災の復興における大きな課題の一つであった。　◎小林郁雄

日常受療困難者　[にちじょうじゅりょうこんなんしゃ]　difficulty of daily treatment　〖被害想定〗　災害発生前から医療施設に通院していた患者や，災害の発生により緊急性が低いため，診療を受けることが困難になる患者のことを指す。日常受療困難者数は，緊急医療により診療を阻害される患者数として，日常外来通院患者数，自宅療養の人工透析患者，難病患者などの総和で求められる。この中には，いわゆる持病で，投薬などで発病や悪化を抑制している患者や，自宅療養などが多い人工透析患者などが含まれる。また，軽度の症状の入院患者が含まれることもある。

◎高梨成子

日米地震シンポジウム　[にちべいじしんシンポジウム]　US-Japan earthquake policy symposium　〖行政〗〖地震〗　1995年，ハリファクス・サミットにおいて，村山首相(当時)により提案され，1996年，ワシントンで第1回，1997年，神戸で第2回が開催され，①地震現象に関する観測，研究等や情報の収集，対策への活用，②被害想定，地震に配慮した都市づくりおよび構造物の耐震化に関連した政策課題，③発災後の対応，復旧・復興などをテーマに討論を行い，日米地震防災政策会議(ハイレベル・フォーラム)の設置を決め，①リアルタイム地震情報システムの利用についての情報交換，②地震被害想定モデルの活用に関する知見の交換，③地震発生後の応急，復旧および将来の地震被害の予防についての知見の交換を具体的な検討テーマとして討論を行っている。成果については全世界に供給し，2000年には関心を持つ国々に対して日米共同で情報を提供できるようにしていくこととなった。　◎井野盛夫

日照不足　[にっしょうぶそく]　insufficiency of sunshine　〖気象〗　異常気象により日照時間が不足する現象を日照不足という。特に，北日本において夏季に低温・日照不足(少照)に陥ると水稲などでは生育不良・遅延，受精不良となるいわゆる冷害が発生する。近年では，1993年夏季に日本列島において梅雨前線の停滞と活発化，オホーツク高気圧による北東気流(ヤマセ)の流入，台風の上陸・接近という気象条件が重なり，広い範囲で低温・多雨・少照の年となり，水稲の収穫量は著しく低下した。　◎山本晴彦

鈍い物体　[にぶいぶったい]　bluff body　〖気象〗　流線型物体まわりの流れはスムーズで，時間的に変化しない，定常なものである。しかし，風の流れに関わる地形の凹凸，建物などの→構造物，梁や柱の構造部材の形状は非流線型がほとんどで，このような非流線型物体まわりの流れは，物体表面上に形成される薄い境界層が隅角部や表面のある点から剥がれて後方へ押し出されていく。こうした流れの→剥離が見られる物体を鈍い物体といい，代表的な基本断面形に円柱，長方形柱などがある。剥離した後，そのままの形で後方へ流れ去ることができず，結局分裂して渦の群れ(→カルマン渦もその一つ)となる。　◎宮田利雄

二方向避難　[にほうこうひなん]　alternative means of escape　〖火災・爆発〗　避難計画ではどこで火災が発生したとしても，避難者の存在する場所から最終避難場所までの避難経路を確保することが重要である。火災から発生する煙や熱により，一つの避難経路が使用できなくなった場合でも，別の独立した避難経路を確保するためには，異なる2つ以上の避難経路を用意することが基本とされている。これを二方向避難の原則という。しかし，実際には全ての場所から2方向避難を確保することは困難であるので，重複歩行距離により一定の範囲については一方向のみの避難経路が許容されている。→重複歩行距離　◎萩原一郎

日本活火山総覧 ［にほんかっかざんそうらん］ National Catalogue of the Active Volcanoes in Japan ［火山］ 気象庁が作成した日本の活火山のカタログ。1975年に日本活火山要覧が刊行され、1983年に日本活火山総覧初版、1996年に第2版が刊行された。各火山について、概要、火山活動の記録、火山観測体制、関係する気象官署および火山地質や火山観測研究に関する図版などが掲載されている。世界の火山のカタログとしてアメリカ・スミソニアン博物館の"Volcanoes of the World"がある。インドネシア等の火山国各国が同様の火山カタログを出版している。
◎石原和弘

日本統一土質分類法 ［にほんとういつどしつぶんるいほう］ Japanese unified soil classification system ［地盤］ ㈳地盤工学会基準として1973年に制定された土の工学的土質分類法である。分類の基本を粒度とコンシステンシーに置くアメリカの統一土質分類法を、日本の沖積粘土や火山灰質粘性土の分類に適合するように塑性図を一部修正し、新たに火山灰質土の表示を設けている。

分類基準は、大分類、簡易分類、中分類、詳細分類に分かれ、最終的に35種類に区分されている。1996年に「日本統一分類」として改正された。日本統一分類は、「日本統一土質分類法」を、土質材料の他に岩石質材料、廃棄物や改良土などの人工材料も包括的に加え、細粒分の分類を簡略化している。
◎正垣孝晴

入力地震波 ［にゅうりょくじしんは］ input earthquake motion ［地震］［被害想定］ 構造物などの耐震設計や安全照査のための応答解析において、作用させる地震動のこと。入力地震動ともいう。従来は、実際の地震で観測された強震記録や、それを定数倍するなどした波を用いることが多かった。しかし、近年では、地盤条件の影響を考慮するため、表層地盤の地震応答解析によって地震波を作成することも行われている。また、特定の地震を想定して、震源断層や大規模な地下構造の影響などを考慮した数値シミュレーションにより地震波を合成することも行われるようになってきている。➡有効入力地動
◎本田利器

ヌ

塗家造 ［ぬりやづくり］ nuriya-zukuri / Japanese traditional design of plaster-walled wooden houses ［復旧］ 江戸時代、享保の改革以降江戸で奨励された耐火建築造の一つで、外壁・軒裏のすべてを土壁塗りとする土蔵造に対して、同様に屋根を桟瓦葺きにするが、外周部のうち特に二階正面繋を土壁塗りにして、漆喰仕上げとし、その他は木造下見板張りという、いわば簡易耐火構造である。土蔵造に比べれば、その防火性能は大きく劣っていたが、通りに面した町並み形成には寄与していた。➡土蔵造、伝統的都市防災、焼家造
◎中林一樹

ぬるぬる地震 ［ぬるぬるじしん］ slow earthquake ［地震］ ➡津波地震

ネ

根入れ ［ねいれ］ embedment ［地震］［地盤］ 根入れとは、地中に構造物の基礎を埋め込むことをいう。構造物の耐震安全性の観点からは根入れは有効な手段であると考えられている。根入れがあると、構造物が地震で振動する際に周辺地盤が構造物の振動を抑制するというのが、その理由である。しかし、地盤が大きく振動する振動数域では、逆に構造物の振動を誘発することになる。すなわち、根入れは構造物の振動を抑制する効果と励起する効果の両方を有している。建設しようとする構造物の耐震性を検討する場合、根入れの効果を十分に確認することが重要である。
◎田蔵 隆

ネクトン nekton ［海岸］ 魚のように遊泳力があり、自身の位置を保ち、水の動きに逆らって動くことのできる遊泳動物で、プランクトン、ベントスと対比される。魚類、鯨類等の哺乳類、イカ等の軟体類、サクラエビ等の甲殻類、ウミガメ等の爬虫類などが含まれる。ハダカイワシやホウライエソなどの小型魚類、ナンキョクオキアミなどの小型のネクトンをマイクロネクトンと呼び、プランクトンとともに海洋生態系や富栄養化に関連し、水質保全にかかわる。➡青潮、赤潮
◎綿貫 啓

ねじれ振動 ［ねじれしんどう］ torsional oscillation ［地震］ 構造物の剛性や重量の偏在がある時に生じる振動で、並進成分に回転成分の混ざった動きとなる。従って解析にあたっての平面的な変形自由度は並進2成分に回転の加わった3となる。一般的には床を完全剛床と取り扱うことが多いが、床の剛性を考慮する場合には立体骨組として解析する必要がある。ねじれ剛性が小さい時にはこのねじれ振動が卓越し、建物端部は大きく振られることになり、ねじれ振動に起因する地震被害例は数多い。
◎西川孝夫

熱雲 ［ねつうん］ nuée ardente / glowing cloud ［火山］ 中小規模の➡火砕流と同義語で使われることが多い。斜面に沿って降下する火砕物や溶岩が破砕された際に高温の火山ガスと火山灰を噴出するため、あたかも斜面に沿って噴煙のカーテン（あるいは雲）が上空と下方へ延びていくように見える。火砕流が堆積物調査による名称であるのに対して、熱雲は実際に目撃される現象に即した名称である。熱雲は高温で空間的に拡大するため、火砕流本体

■ 高温となった鉄骨造架構の熱変形

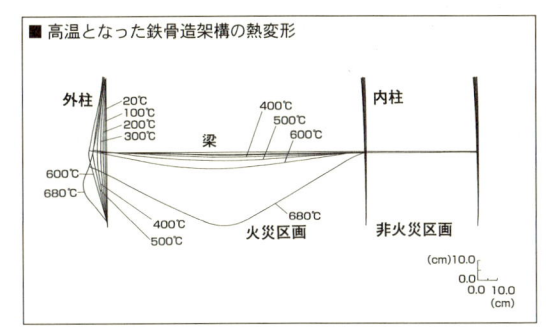

である溶岩など火砕物よりも危険である。　◎石原和弘

熱応力　[ねつおうりょく]　thermal stress　火災・爆発　火災による火熱が加えられた主要構造部は，熱膨張を起こすことから，建築物の架構は熱変形を生じ，これにより部材の内部に熱応力が生じる。図に，熱膨張を生じた鉄骨造架構の変形状況を示す。高温となった梁は外側に大きく伸び出し，柱を「く」の字に曲げる。鋼材の熱膨張係数は概ね$1.2×10^{-5}$であり，例えば15 mの梁が600℃の温度となると10 cmを超える伸び出しが生じる。

熱応力は，柱の上下端，梁の中央部および端部で発生し，ひずみが大きくなると塑性ヒンジが発生して架構が崩壊に到る場合がある。また，大きな変形を受けた柱が高温となり局部座屈で荷重を支持できなくなることもある。このようなことから，鉄骨造の架構では熱応力への配慮が必要で，耐火性能検証法では，柱，梁の熱変形に対する上限温度を，

$$T_{DP} = 20 + 18000/\sqrt{S}$$

で計算することとしている。この式において，T_{DP}およびSは，それぞれ次の数値を表すものとする。

　T_{DP}：柱，梁の熱変形に対する上限温度(℃)
　S：柱，梁が面する室の床面積(m^2)

柱，梁の部材温度をこの上限温度以下とすることで，梁の熱膨張による柱の部材角を概ね荷重支持能力を保持できる部材角50分の1以下とすることができる。　◎作本好文

熱可塑性材料　[ねつかそせいざいりょう]　thermoplastic substance　火災・爆発　熱的性質に着目した高分子材料の分類方法の一つであり，▶熱硬化性材料と対で用いられる。熱可塑性とは，高分子を適度の温度に加熱すると軟化し，その状態で力を加えると容易に変形させることができ，元の形には戻らない性質をいう。このため，熱可塑性材料は加工・成形性に優れている。ポリエチレン，ポリプロピレン，塩化ビニル樹脂，ポリスチレン，アクリル樹脂，ポリカーボネート，ナイロン，テフロンなどたくさんの熱可塑性材料がある。　◎斎藤直

熱感知器　[ねつかんちき]　thermal detector　火災・爆発　熱感知器は，火災で発生する熱気流からの熱を温度センサーにより感知し，火災報知設備の受信機へ火災信号を発信するものである。熱感知器には，温度センサーが一定の温度以上になった時に火災信号を発信する定温式と一定の温度上昇率以上になった時に火災信号を発信する差動式がある。最近では，真のアナログ信号を中継器または受信機に発信し，多段階的な信号により火災と判断するものもある。熱感知器の使用されている温度センサーには，空気管式，バイメタル式，熱電対式などがある。→煙感知器　◎渡部勇市

熱硬化性材料　[ねつこうかせいざいりょう]　thermosetting substance　火災・爆発　熱的性質に着目した高分子材料の分類方法の一つであり，▶熱可塑性材料と対で用いられる。熱硬化性とは，高分子を加熱すると隣り合う分子間で反応して架橋し，網状構造を形成するため，熱によって融けることがなく，力をかけても変形せず，また，溶剤にも融けなくなる性質をいう。熱硬化性材料はこのような高分子の性質を利用した材料で，尿素樹脂，フェノール樹脂，エポキシ樹脂，ウレタン樹脂，エボナイト，FRPなどがある。　◎斎藤直

熱水活動　[ねっすいかつどう]　hydrothermal activity　火山　地殻内を流動する高温の水を熱水と呼び，熱水貯留槽の形成，温泉の湧出，熱水の突出による噴火，熱水中の成分が沈積しての鉱床の生成(熱水鉱床)，熱水が岩石に侵入して起こす熱水交代作用(または熱水変成作用)，岩石との反応による岩石や鉱物の変質，2次鉱物の生成などを熱水活動と呼ぶ。熱水貯留槽は熱水だけでなく気体(火山ガス)が共存していることが多く，マグマからの火山ガスなどの供給量の増加による貯留槽の温度・圧力変化などが▶水蒸気爆発の原因の一つと考えられている。　◎平林順一

熱帯収束帯　[ねったいしゅうそくたい]　inter-tropical convergence zone　気象　太陽放射による加熱量が赤道領域で相対的に大きいために，この領域を中心とした直接循環(Hadley circulation)が形成される。この流れは北半球の大気下層で北から南へ，南半球は南から北へ，それぞれ赤道に向かう流れを形成する。この流れは地球自転の効果で赤道付近の北半球では北東風が，南半球で南東風が吹き(貿易風)，赤道付近で大気が収束する。これを熱帯収束帯という。赤道に収束する大気は相対的に寒冷・乾燥しているが，赤道に向かうにつれて水蒸気を取り込み潜在不安定な大気となり，収束域で発達した積雲群を形成する。これがまた直接循環を強化すると同時に対流圏大循環を駆動する熱源にもなっている。→モンスーン　◎渡辺明

熱帯低気圧　[ねったいていきあつ]　tropical cyclone　気象　熱帯や亜熱帯地域の海洋上で発生する前線を伴わない低気圧を熱帯低気圧といい，温帯低気圧と区別される。強く発達した熱帯低気圧は，北西太平洋ではタイフーン，北東太平洋と大西洋では▶ハリケーン，インド洋や南太平洋などでは▶サイクロンと呼ばれている。熱帯低気圧は主として緯度5〜20°で発生し，西〜北西(南半球では南西)方向に移動するが，やがて向きを北東(南半球では南東)に変える。これを転向といい，その位置を転向点という。→台風　◎藤井健

熱帯低気圧計画 ［ねったいていきあつけいかく］ Tropical Cyclone Program ［気象］　WMOの長期計画の1つ。国際協力により各国の台風被害を軽減しようとする計画で、WWW計画などの枠組の中で行われる。気象分野、水文分野、防災分野の3つの要素からなっている。この計画のもとに、地理的に同じような熱帯低気圧の影響を受ける国々が集まって、①ESCAP/WMO Typhoon Committee（台風委員会：1968～）、②WMO/ESCAP Panel on Tropical Cyclones（1973～）、③RAⅠ Tropical Cyclone Committee for the South-West Indian Ocean（1973～）、④RAⅣ Hurricane Committee（1977～）、⑤RAⅤ Tropical Cyclone Committee for the South Pacific（1985～）が作られている。→世界気象監視計画、台風委員会　　　　　　　　　　　　　　　　　　◎饒村曜

ネットワーク支障 ［ネットワークししょう］ disruption of network functions ［被害想定］　通信、輸送などネットワークの機能が低下、停止することによって生じる防災組織の活動上の支障。限定的に生じた被害や障害が多方面に波及する可能性を有する。通信および輸送については、阪神・淡路大震災を踏まえた定性的想定がなされている（東京都、1997）。この想定を通じて、施設および設備の耐震化、代替手段の確保などの対策が明らかにされる。　　◎黒田洋司

熱分解 ［ねつぶんかい］ thermal decomposition／pyrolysis ［火災・爆発］　物質の温度を高くすると、物質を構成している分子が熱の作用により小さな分子に分解することをいう。気体、液体、固体の無機物でも、有機物でも熱分解する。例えば、大理石は炭酸カルシウムを成分としているが、約900℃で熱分解し、酸化カルシウムと二酸化炭素に変化する。木材や、プラスチックなどの有機物は200～400℃で熱分解し、可燃性ガス、有毒ガス、あるいは炭化残渣を生成する。熱分解が盛んになる温度を、その物質の熱分解温度と呼び、熱天秤（ねってんびん）などの装置を用いて測定される。炭などの固体炭素を除き、固体可燃物が燃焼する場合には、燃焼に先立ち、熱分解により可燃性ガスが発生する。多くの固体可燃物が炎を上げて燃えるのは、このようにして発生した可燃性ガスが空気と混合して燃焼するためである。熱分解は工業的にも利用されている。石油工業では、大きな分子量の炭化水素を小さな分子量のものに改質するクラッキングが有名である。◎斎藤直

熱分解潜熱 ［ねつぶんかいせんねつ］ latent heat of thermal decomposition ［火災・爆発］　固体可燃物が燃焼する際、熱分解し可燃性ガスや炭化残渣などを生成している。すなわち、固体可燃物は燃焼する際に炎で加熱され、溶融、→熱分解などの過程を経て、有炎燃焼に必要な可燃性ガスを発生する。この過程において、固体可燃物の温度上昇に必要な熱量、溶融する時は融解熱、さらに熱分解するためには分解熱が必要となる。これらの熱エネルギーの総和を、蒸発潜熱にならって熱分解潜熱ということがあるが、正確な学術用語ではない。　　　　　　　　◎斎藤直

熱雷 ［ねつらい］ thermal thunderstorm ［気象］　夏の強い日射で地表面が熱せられてできる上昇気流によって発生した積乱雲の中で発現する雷。太平洋高気圧のような高温、多湿な気団の中で、夏期の午後から夕方にかけて発生することが多い。盆地や山地で発生しやすい。強いにわか雨や落雷、降ひょうを伴うことがある。夏の夕立は熱雷に起因するもので、雷雲の移動速度は30～40km/hである。熱雷は上空に強い寒気が流入すると発生する。◎根山芳晴

根(元)曲がり ［ね(もと)まがり］ curved stem base ［雪氷］［地盤］　積雪、土砂、刈り払われた下草などの荷重や圧力によって横倒しにされた樹幹は、成長期に立ち直ろうとするが、完全には元の垂直状態まで戻れないうちに形成される樹幹基部の曲がり。その大きさは、最初の根元から現在の根元までの根株化された幹の長さまたは水平長（根株長〈こんしゅちょう〉、length of rooted stem）と、現在の根元から幹軸までの水平距離（傾幹幅〈けいかんはば〉、horizontal distance to stem axis）に分割して測定される場合が多い。作用する圧力が大きく、根切れや根抜け被害を併発している場合には、成長期の樹幹の立ち直りは緩慢となり、根元曲がりは大きくなる。豪雪地に生存する大部分の林木はこのような根元曲がり被害を受けている。
　　　　　　　　　　　　　　　　　　　　　　◎塚原初男

根雪 ［ねゆき］ continuous snow cover ［雪氷］［気象］　冬期、連続して地面を覆う積雪のことで、通常はそのうち最長のものをいう。また、その存在期間を根雪期間という。積雪の影響の大きさは、量の多少だけではなく存在した期間の長短にもよるため、これも積雪の尺度として重要である。気象庁では「積雪の長期継続期間（長期積雪と略する）」を同様の意味で用いる。これは、積雪が30日以上継続した場合を対象としている。継続期間を計算する時に、10日以上の積雪期間が2つあり、その間の無積雪日の合計が5日以内であれば、積雪は連続したものとして扱う。
　　　　　　　　　　　　　　　　　　　　　　◎横山宏太郎

練石張工 ［ねりいしばりこう］ wet stone pitching works ［地盤］　河川や海岸の堤防などの護岸における法覆工の一つで、強度を増すために胴込めコンクリートで石を接合した石張工をいう。湧水や浸透水のある場合は、水抜き穴を設ける必要がある。石張工は河川の護岸では勾配が1：1より緩い法面で施工されることが多い。石張工、石積工は、施工の容易さからコンクリートブロック張工・積工などに取って代わられていたが、近年景観の観点から再認識されてきている。　　　　　　　　　◎眞板秀二

燃焼 ［ねんしょう］ combustion ［火災・爆発］　気体、液体、固体の各種の可燃物が、空気中の酸素などの酸化剤と熱や光を発生し反応することを燃焼という。可燃物が気体の場合には、可燃物と酸化剤が均一に混合した状態で燃える予混合燃焼と、拡散により混合してから燃える拡散燃焼

がある。液体および固体可燃物の燃焼は，多くの場合，蒸発あるいは熱分解により可燃性ガスを放出して燃える拡散燃焼となる。一般に，爆発は予混合燃焼で生じ，火災は拡散燃焼となる。　　　　　　　　　　　　　◎斎藤 直

燃焼性試験　[ねんしょうせいしけん]　flammability test　火災・爆発　燃焼性とは一般に，着火のしやすさ，燃焼を持続する能力，燃焼によって発生する熱量など，可燃物の燃焼特性を広く指す場合が多い。これらの特性を測定，観測する試験を燃焼性試験といっている。燃焼性試験法は，ブンゼンバーナーのような小さな加熱源による鉛筆程度の大きさの試験片の燃焼性状を測定するものから，数メートル四方の建築材料の燃え拡がりを測定するものまで多数のものがある。→着火性試験　　　　　　　　　◎吉田公一

燃焼生成物　[ねんしょうせいせいぶつ]　combustion product　火災・爆発　可燃性物質が燃焼し生成される各種の反応生成物を総称して燃焼生成物という。燃焼生成物は通常いくつかの化合物を含み，その組成は，可燃性物質の化学組成や，燃焼する時の可燃性物質の濃度，温度，圧力，空気との混合状態，高温に曝される時間などの多くの要因によって変化する。炭化水素燃料の燃焼では，主要な燃焼生成物は，二酸化炭素，水蒸気，および一酸化炭素である。可燃性物質が塩素，窒素，硫黄，重金属などを含む場合，それぞれ塩化水素，窒素酸化物，硫黄酸化物，フライアッシュなどの有害物質が燃焼生成物の成分として排出される。また，空気不足で不完全燃焼した場合には，高濃度の一酸化炭素や炭素の固まりのすすが大量に生成する。
→有毒ガス　　　　　　　　　　　　◎斎藤 直

燃焼速度　[ねんしょうそくど]　burning velocity / burning rate　火災・爆発　厳密には，可燃性ガスと空気などの酸化剤を混合し，静置されている→**可燃性混合気**に対する火炎の移動速度として定義される。可燃性混合気が流れている場合には，観測者が移動して火炎と観測者の位置が見かけ上固定する移動座標系を用いて燃焼速度を測定できる。流れが層流の場合には層流燃焼速度，乱流の場合には乱流燃焼速度と呼ばれる。層流燃焼速度は，未燃混合気の組成，温度，圧力を指定すれば一義的に決まる燃焼の基本特性の一つである。燃焼速度は火炎の燃え拡がる速度とは異なる。また，容器内の可燃性液体の燃焼により液面が降下する速度や，固体可燃物の燃焼による重量の減少速度に対し燃焼速度の用語を当てることがある。しかし，可燃性液体および固体可燃物の燃焼は拡散燃焼であるので，燃焼速度を定義できない。それらについて正しくは，それぞれ液面降下速度および質量減少速度(mass burning rate)と表現される。　　　　　　　　　　　◎斎藤 直

燃焼熱　[ねんしょうねつ]　heat of combustion　火災・爆発　単位質量の可燃性物質が完全燃焼した時に発生する熱量を燃焼熱という。一般に，温度25℃，気圧0.1 MPa(大気圧)の状態にある可燃性物質が完全燃焼式に従って反応し，同じ温度，圧力の状態で生成物を得る時に発生する熱量がとられる。完全燃焼式とは，例えば炭化水素燃料の場合，生成物は全てCO_2とH_2Oとする燃焼の化学反応式を意味する。燃焼熱は発熱量，あるいは燃焼エンタルピーとも呼ばれる。燃焼熱の単位は通常kJ/kgで表されることが多いが，分野によってはkJ/g，kJ/mol，kJ/Nm^3などが採用されることもある。ここで，Nm^3は温度0℃，気圧0.1 MPaの標準状態における体積1 m^3の気体を意味する。　　　　　　　　　　　　　◎斎藤 直

燃焼の3要素　[ねんしょうのさんようそ]　combustion triangle　火災・爆発　通常の燃料と酸化剤を室温で混合した場合，化学反応速度が小さく燃焼反応は進行しない。燃焼反応を進行させるためには，化学反応が開始し得るために十分なエネルギーを加える必要がある。燃料，酸化剤，着火源を燃焼の3要素と呼ぶ。　　　　◎鶴田 俊

燃焼範囲　[ねんしょうはんい]　flammability limits　火災・爆発　可燃性気体と空気などの支燃性気体の予混合気に火炎，電気火花，高温の熱面などの着火源を与えて燃焼させるためには，可燃性気体の濃度が一定の濃度範囲内にあることが必要である。この濃度範囲を燃焼範囲と呼ぶ。可燃性気体の低い側の限界濃度を燃焼下限界，高い側の限界濃度を燃焼上限界と呼ぶ。燃焼範囲は，可燃限界，爆発限界とも呼ばれる。燃焼下限界の低い可燃性気体は，空気中に漏洩した場合に燃焼範囲内の予混合気が容易に形成される。反面，燃焼上限界の高い可燃性気体は，可燃性気体中に空気が混入すると容易に燃焼範囲内の予混合気が形成される。→着火限界　　　　　　　　　◎鶴田 俊

燃焼法　[ねんしょうほう]　heating method　雪氷　春先に低温で作物体が被害を受ける(霜害)のを防ぐために，園地で燃料を燃やして放熱により作物体を温めると同時に放射冷却で形成された接地逆転層に対流を起こさせる。重油，灯油などを専用の容器(ヒーター)で自動点火により燃焼させる場合やおがくずに灯油を染み込ませてポリエチレンの袋などに入れたものを配置し，低温の襲来時に点火する。広範囲で対策を行わないと周辺から冷気が流入するので効果が少ない。　　　　　　　◎卜蔵建治

年代決定　[ねんだいけってい]　age determination　地震　地盤　火山　→年代測定

年代測定　[ねんだいそくてい]　age determination / dating　地震　地盤　火山　地球を取り巻く自然界で生じた現象の時間軸(時刻)を定めること。種々の測定法によって得られた数値から決定する数値年代(絶対年代)と化石や層序学的な方法でまとめられた地質年代と対比する年代(相対年代)の2通りがある。前者では，現象の起こった年代を平均太陽日を単位とし，放射性核種の壊変を用いて測定する放射年代測定が多く用いられる。放射年代測定には，放射性核種に応じて，対象とされる材料(鉱物，岩石，動植物，水など)，対象時間に違いがある。例えば，炭素14

法は数百年〜数万年前までの年代の動植物の遺体に用いられ，K-Ar法は岩石固化時にある温度を通過した後の年代を示す方法として主に1万年〜10億年の範囲で適用される。数十年以内の地下水の年代はトリチウム法によって求められる。放射年代を求めるための基本的考え方として，放射壊変定数が変わらないこと，宇宙線照射により生じる生成核種を用いる場合(例えば炭素14法など)は生成率がある環境下で一定であるなどの仮定や条件があること，年代測定試料が閉鎖系に置かれていること，現象の起点が明確にされていることなどが要請される。年代測定によって得られた年代測定数値はあくまでも分析値であり，対象現象の年代と対応していることの確認(測定値の評価からの年代決定)が必要である。　　　　　　　　　◎竹村恵二

燃料支配火災　[ねんりょうしはいかさい]　fuel-controlled fire　火災・爆発　可燃物量に比べて十分な大きさの開口を有する室では，内部の可燃物が全面的に燃焼しても十分な量の空気(酸素)が外部から供給されると同時に，燃焼で生じた熱は速やかに外部へ放出される。結果として，燃焼性状は個々の可燃物が屋外で燃える場合と大差ない。このタイプの火災を燃料支配型火災と呼ぶ。区画内の可燃物の露出表面積を A_{fuel} [m²]，換気因子を $A\sqrt{H}$ [m$^{5/2}$] とすると，概ね $A\sqrt{H}/A_{fuel} > 0.07 \sim 0.08$ となる場合には燃料支配火災，それ以下では換気支配火災となる。
　　　　　　　　　　　　　　　◎原田和典

ノ

農業共済　[のうぎょうきょうさい]　agricultural insurance　行政　気象　農業気象災害に対して共済制度(保険)を導入することにより農家の経営安定を図るものである。水稲，麦類，蚕，家畜，果樹，園芸施設や一部の畑作物が一定以上の被害を受けた場合共済金を交付する。農作物では6割，果樹や園芸施設では5割，家畜では5〜3割の資金を国が負担している。　　　　　◎卜蔵建治

農業災害補償制度　[のうぎょうさいがいほしょうせいど]　agricultural disaster compensation system　行政　農業災害補償法に基づき，農業者が不慮の災害に起因して受ける損失を補填し，農業経営の安定を図り，農業生産力の発展に資する目的で設けられた制度である。農業共済組合(一部では市町村)の組合員である農家が，共済掛金を拠出し，共同準備財産として積み立て，これを原資として共済金を支払う仕組みとなっているが，国が各種の助成措置や再保険措置を講じていることから，公的救済制度といえる。　　　　　　　　　　　　　　　◎井野盛夫

農業用水　[のうぎょうようすい]　agricultural water　都市　河川　水田，畑作，畜産などの農業に必要な水を人工的に補給する用水をいう。一般に，灌漑用水による供給が中心で，水田において水稲または転作作物の生育に必要な水を水田灌漑用水と呼び，畑地において野菜，果樹などの生育に必要な水を，畑地灌漑用水と呼ぶ。また，肉用牛，乳用牛，豚，鶏等の家畜飼養など，畜産に必要な水は畜産用水と呼ぶ。　　　　　　　　　　　◎田中成尚

農作物の干害　[のうさくぶつのかんがい]　drought　気象　干天が長く続くことによって生じる農作物の生育被害。基本的には農作物の生育被害を中心とする農業被害を指すが，広く植生や生活・生産の全般に生じる被害に対して用いられることもある。水稲の場合，出穂開花時の水不足が収量に大きな影響を及ぼすなど，被害の内容や程度は，干天の時期や程度・日数，農作物の種類や品種などによって異なる。また，貯水池を含めた灌漑施設の整備によって，軽減したり回避することができる。　◎渡辺紹裕

濃霧　[のうむ]　dense fog　気象　通常水平視程が200m以下程度の濃い霧。濃霧注意報の基準は海上では500m以下とされている。梅雨期に瀬戸内海沿岸に発生する前線霧とか，冬期山間部に発生する放射霧，北海道南東海上の海霧などは濃霧になりやすい。海上での濃霧はしばしば船舶の海難事故につながる。　　　　　◎根山芳晴

法面雪崩　[のりめんなだれ]　snow avalanche from the cutting slope　雪氷　鉄道や道路などで角度を一定にして切り取った人工斜面で発生する雪崩のことをいう。日本雪氷学会の雪崩分類(1998年改訂)では，その他の雪崩現象の一つとされている。法面は人工的に切り取った斜面であり，降雪中や融雪期に雪崩が発生しやすく，道路や鉄道の通行障害を与えることがある。法面雪崩を防止するために，階段工やせり出し防止柵などが設置されることがある。　　　　　　　　　　　　　　　　◎上石 勲

法枠工　[のりわくこう]　flame work on slope　地盤　土砂斜面の表層崩壊や侵食，岩盤斜面の風化，剝落や落石など，主として斜面表層を防護するための工法である。多くは鉄筋コンクリート製で，プレキャストと場所打ちの2種類がある。枠内には植生工，ブロックなどの張付工やコンクリート吹付工を併用するものが多い。法枠が小さいものは，その格子点に施工上の留め杭を施工するが，大きな法枠工では，ロックアンカーなどを併用して積極的に斜面の安定化を図るものもある。　　　　　◎岡田勝也

ノルウエー緊急救援機構　[ノルウエーきんきゅうきゅうえんきこう]　Norwegian Emergency Preparedness System (NOREPS)　海外　国連機関や関連NGOと協力して被災者が必要とする技術や資・機材ならびに物資を遅滞なく届けて救援することを任務としている。ノルウエーの他，ナイロビ，カンパラ，ルアンダ，エチオピアに救援物資の備蓄を持って24時間以内に必要とする地域に空輸できる体制をとっている。救援物資には，医療資材，食糧，通信

機材，太陽電池，水タンク，建設工具，テントなどがある。また，救援チームは72時間以内に被災地へ到着する体制を整えている。災害緊急・救援業務の先進的な組織である。

◎渡辺正幸

ハ行

ハ

パーソントリップ調査 ［パーソントリップちょうさ］ person trip survey 〔被害想定〕 ▶PT調査

波圧公式 ［はあつこうしき］ wave pressure formulae 〔海岸〕 壁面，特に直立壁に作用する波力を算定する波圧公式として，サンフルーの重複波圧式や廣井の砕波圧式が1970年代まで使われてきたが，現在では合田が1973年に発表した合田式が世界的に使われている。合田式は，重複波から砕波まで連続的に波圧を求めることができる式であり，有義波高ではなく最高波高を用いることと，重複波圧成分を表す係数 α_1 と砕波圧成分を表す α_2 から成ることが特徴である。合田式は，単に直立壁だけでなく傾斜壁や消波ブロックで被覆された壁などにも適用できるよう拡張されており，特殊な壁面に適合するよう種々の補正係数が提案されている。なお，合田式によっても，巻き波状の砕波が作用する時に発生する▶衝撃砕波圧が算定できるが，やや小さめの値を与えることがあり，高橋らが1992年に衝撃砕波力係数 α_I を導入し，α_2 と α_I の大きいほうを用いることを提案している。
◎高橋重雄

パートナーシップ partnership 〔復旧〕 本来は，異なる複数の主体が，ある特定された共通の目的の達成のために，互いの資源を持ち寄り，役割を分担した上で協力し合う関係のことで，公共と民間が共同出資して設立する第3セクターなどはその古典的な例である。しかし最近ではもう少し緩く，「行政と市民のパートナーシップ」のように，それぞれが対等の立場として，互いを尊重しつつ協力する理念を意味して用いられることが多い。→協働のまちづくり
◎中井検裕

バーム berm 〔海岸〕 後浜の一部で，幅広で平坦な頂部を有する部分の呼称。静穏時に比較的長周期で波高が小さい波が作用すると，沿岸砂州が次第に汀線側に移動して汀線に付着し，ついには後浜に乗り上げて堆積する。この堆積がバームである。バームの前縁は一般に急峻で（▶浜崖と呼ばれる），それより沖側には緩勾配の前浜が存在する。バームの形成機構には，波の遡上過程の特性と粒度分布に伴うソーティングが介在している。
◎後藤仁志

梅雨 ［ばいう］ baiu 〔気象〕 6月初めから7月中旬にかけて長江（揚子江）流域から日本に及ぶ地域で見られる長雨期をいう。平均的な梅雨入りは，南西諸島で5月11日頃，西日本で6月初めから10日頃，東日本では6月12日頃であり，7月中旬以降，太平洋高気圧の勢力が増すと，前線帯が一気に北上し，梅雨明けとなる。梅雨期には日本の南海上に前線が停滞し，北側からはオホーツク海高気圧が絶えず冷涼な空気を，南方からは太平洋高気圧が暖湿な空気を送り込む。前線の北側約300 kmまでが活発な雨域となる。梅雨末期には前線帯が北上し，その上を小低気圧が東進し，日本の各地で雷を伴う局地豪雨が起こりやすくなる。雨量は年々差が大きいが，一般的に西日本は東日本の2倍以上の雨量となる。特に，台風が日本南岸に接近する場合には，台風東面を巡る南風が暖湿な空気を前線に向かって送り込むため，集中豪雨が発生しやすいので注意が必要である。
◎成川二郎，石川裕彦

梅雨前線 ［ばいうぜんせん］ meiyu (baiu) front 〔河川〕〔気象〕 梅雨前線は，アジアモンスーンの一環として5月から7月にかけて中国大陸から日本上空に形成され，東西に伸びた雲帯と南北の大きな比湿傾度で特徴付けられる。北太平洋高気圧の西縁を回り込む南東風は大量の水蒸気を含んでおり，これが大陸上の乾燥した大気によって持ち上げられることにより降雨が形成される。さらに前線上ではメソ α スケールの擾乱が約1000kmの間隔で形成されて東進し，この擾乱によって一時的に強い雨が降る。
◎藤吉康志

排煙シャフト ［はいえんシャフト］ smoke (exhaust) shaft 〔火災・爆発〕 火災時に発生する煙を排出するための竪穴空間のこと。▶機械排煙においては水平，垂直方向共に排煙ダクトといわれ，各階の居室に設置された機械排煙口からの横引きダクトを接続して屋上などに設置され排煙ファンに導くための竪ダクトを収めている。自然排煙の原理を利用した排煙専用のシャフトをスモークタワーという。
◎松下敬幸

排煙ファン ［はいえんファン］ smoke exhaust fan 〔火災・爆発〕 火災時に発生する煙を機械的に排出するために用いる送風機で，通常換気用の送風機に比較して耐熱性が高めてあり普通400～500℃では支障なく運転可能である。ファンの吸い込み口では圧力が下がり，吐き出し口では外気よりも圧力が高くなる。ファンの前後に生じる圧力差と吸引量とは特性曲線といわれる関係で規定され，静圧または全圧と吸引量との関係が装置特性として明示される。排煙場所，排煙口，排煙ダクトの距離と形状に応じてファンの吸い込み口までの抵抗が決まると排出量が決定され，必要な排出量に応じて排煙ファンを選定する。
◎松下敬幸

排砂 ［はいしゃ］ sediment flushing 〔地盤〕 ダムの

貯水容量を回復させるために貯水池内に堆積した土砂を取り除くことであるが，貯水池内への土砂堆積を防止，軽減したり濁水の長期化を防止するために貯水池内への土砂の流入を防止する方法も含める。具体的にはダム本体に排砂ゲートを設置して貯水池内に堆積した土砂を流水とともに下流に排出する方法，ポンプ浚渫船で堆積土砂を浚渫する方法，貯水池上流に堰を設けて排砂バイパストンネルを設置し貯水池の外を迂回して洪水時の土砂を下流に流下させる方法などがある。 ◎石川芳治

背水 [はいすい] backwater 河川 河川の流れが常流の場合に生じる，下流側の水位変化が上流の水位に影響を及ぼす現象。例えばダムや堰などの構造物が建設された場合や本川水位が支川水位より高い場合，構造物地点の上流側および支川の水位は堰き上げられ，下流側の水位によって支配される。このように下流の高水位の影響を顕著に受ける区間を堰き上げ背水区間と呼ぶ（下流が低水位の場合は低下背水）。 ◎細田 尚

配水管 [はいすいかん] distribution pipe 都市 配水管は浄水を配水池から給水区域へ供給する管路で道路下に網上に設置されている。配水管は配水本管と配水支管から構成され，前者は管網の主要な構成管路で配水支管へ浄水を輸送するとともに，互いに相互に連結され，平常時，異常時の配水系統間の水量融通を行うものである。一方，後者は本管から受けた浄水を給水管に分岐する役目を持つ。配水本管はその機能から耐久性，耐震性の強化に十分配慮することとされている。 ◎田中成尚

排水機場 [はいすいきじょう] drainage pumping station / pump station 河川 堤内地の雨水（内水）を堤外の河川・湖沼・海へ強制的に排除するために設置されたポンプ場。堤内地の水位（内水位）よりも堤外の水位（外水位）が高い場合，内水災害を防ぐためにポンプによる強制的内水排除が必要になる。平時，外水位が内水位よりも低く自然排水による内水排除が可能であればポンプ排水は不要である。しかし，常に内水位よりも外水位のほうが高い干拓地のような地域では，平時でもポンプ排水が必要になる。 ◎近森秀高

排水工 [はいすいこう] drainage works 地盤 排水工には，地表水を集水排除する水路工と，降雨などの浸透水あるいは水路工からの漏れを防ぐ浸透防止工，そして降雨などの浸透水を速やかに排除するための暗渠工がある。掘削した溝の底部に浸透防止工としてアスファルト板やビニールなどを敷き，その上に蛇かご，多孔ヒューム管などを設置し，周囲を礫で間詰めし埋め戻すようにして暗渠工を行い，上部に水路工を設ける，いわゆる浸透防止工，暗渠工，水路工を組み合わせた明暗渠工の形をとることも多い。なお，排水工は地すべり対策工の応急対策工として用いられており，そのうち，明暗渠工は粘質土地すべりの恒久対策工としてもしばしば用いられている。 ◎守隨治雄

排水層 [はいすいそう] drainage layer 地盤 広義には，層厚の大小にかかわらず透水性が相対的に高い層（砂や礫）をいう。狭義には，その上または下に接する難透水性層の圧密解析において排水境界と見なせる層をいう。排水境界とは過剰間隙水圧が発生しても瞬時に消散すると仮定できる境界である。また，特に層厚が大きい場合，地下水利用の観点からは帯水層と呼ばれる。 ◎清水正喜

配水池 [はいすいち] service reservoir 都市 給水区域内の需要量の変動ならびに異常時への対応に対して適切な配水を行うために浄水を一時貯える池のこと。配水池の容量は計画一日最大給水量の8～12時間分が標準とされてきたが，新規に設置する場合は異常時の対応，ならびに将来の労働条件の変化を考慮し，地域の特性，水道施設の全般的配置などの総合的な観点を考慮し定めることとなっている。 ◎田中成尚

排雪 [はいせつ] snow disposal 雪氷 不要な雪を排除すること。通常は，一連の除雪作業（除雪→運搬→排雪）における最終段階の作業として，不要な雪を最終堆積地点に投棄する行為を指すことが多い。 ◎松田益義

排土工 [はいどこう] soil removal works 地盤 排土工は，地すべり対策工の中でも最も確実な効果を期待できる工法の一つで，地すべり頭部の土塊を排除する工法である。ただし，上方斜面に潜在性地すべりが分布している場合は，事前に十分な調査を必要とし，その規模が大きい場合には，排土工の適用を見合わせるべきである。排土工を計画する場合は，同じ土量を排土するのであれば，地形に平行に排土するのではなく，すべり面平均勾配の大きい地すべり頭部付近を水平に排土したほうが効果かつ経済的である。また，排土形状は元より，地すべりの運動履歴と地すべり移動土塊の性状（それにより，c，ϕが異なるため）を理解した上で，排土効果を期待すべきである。 ◎守隨治雄

パイピング piping 地盤 地下水が湧き出す地表面で，限界動水勾配に近くなると，水圧分布の不均一のため，土粒子が選択的に侵食されることがある（砂質土の場合に多い）。その結果地表面付近に穴を生じ，それが発達して管状の形態になった現象をパイピングという。地下水流の発生が間欠的であったり，その他の原因でパイピングがゆっくり進行する場合は，地中にソイルパイプと呼ばれる穴が発達し，地表面を陥没させたり，地盤をクリープさせたり，斜面崩壊を起こりやすくしたりする。しかし，パイピングが急激に発達して，短時間のうちに斜面崩壊に至ることも多いので，パイピングは斜面の赤信号と見なすべきである。 ◎奥西一夫

パイプ pipe 地震 流体，気体，粉体やそれらの混合物の輸送あるいはケーブルの鞘などに利用される管状の材料である。円形断面から成っているものが一般的であるが，多角形の断面形状のものもある。材質により，鋼管，

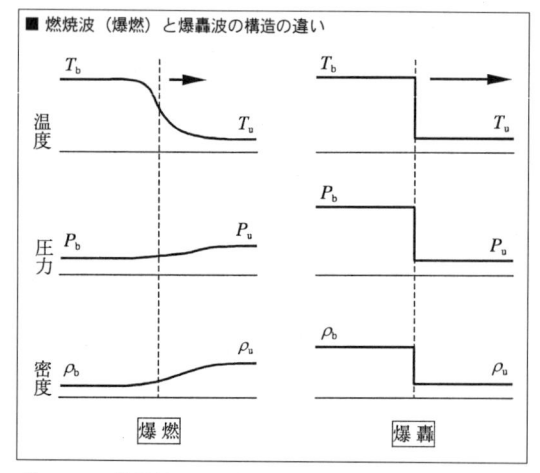

■ 燃焼波（爆燃）と爆轟波の構造の違い

（図：爆燃と爆轟における温度・圧力・密度の変化）

ダクタイル鋳鉄管，鋳鉄管，銅管，鉛管，ビニール管，ポリエチレン管，陶管，コンクリート管，鉄筋コンクリート管などがある。　　　　　　　　　　　　　　　◎佐藤忠信

ハイブリッド実験　[ハイブリッドじっけん]　hybrid testing　[地震]　複数の実験装置や実験方法，また実験と解析などを併用して行う実験手法を総称して，ハイブリッド実験と呼ぶ。この中には，コンピュータによる数値解析と準静的（ゆっくりとした）加力による構造実験を併用して，構造物の地震応答を再現する実験（▶擬似動的実験と呼ばれる），コンピュータによる数値解析と動的加力装置や振動台を併用した実験などが含まれる。複雑な挙動を呈する構造物，大規模構造物，地盤－構造物連成系のような，材料特性が著しく異なる複数の部分から成る構造物の地震応答を再現する手法として，地震工学・耐震工学分野において開発が進み，今後の展開が期待されている。　　　◎中島正愛

破壊荷重　[はかいかじゅう]　collapse load / breaking load　[地震]　構造物または物体に外力を加え，その大きさを徐々に増加させていくと構造物の一部または全体が著しく変形したり破断したりして，荷重を支持する能力や本来構造物が有している機能が損なわれることになる。破壊荷重とは，このような破壊現象を生じさせる限界荷重を指す。　　　　　　　　　　　　　　　　　　◎室野剛隆

破壊消防　[はかいしょうぼう]　fire fighting by destruction　[火災・爆発]　江戸時代に確立された消火方法の一つ。火消の組頭や名主などが，風の強さや風向きを考慮して，延焼の恐れのある風下の方角の一定領域の建物を，打ち壊して延焼防止帯を作り，そこで火勢を食い止める消火方法である。火消が屋根材をはがし，壁を破壊して大綱をかけ，一斉にゆすり倒して消火した。現在でもこの破壊消防の方法は，山林火災などの消火に活かされている。
　　　　　　　　　　　　　　　　　　◎高橋 太

爆轟　[ばくごう]　detonation　[火災・爆発]　衝撃波の背後に燃焼反応帯が形成され，両者が一体となって非常に高速で伝播する現象。予混合燃焼では，燃焼反応を起こしている火炎が混合気中を伝播していくが，通常の場合には火炎は高々数十 m/s 以下の速度で伝播し，形成される火炎前後にはほとんど圧力の変化がない。これは爆燃(deflagration)と呼ばれる。一方，燃焼反応帯が衝撃波と一体となった爆轟波を形成した場合には，火炎前後で不連続的な大きな圧力変化を伴い(左図)，その伝播速度は2000～3000 m/s 程度に達する。爆薬など液体や固体の燃焼においても，液相，固相を伝播する衝撃波が容易に形成され爆轟が生じる。この場合には伝播速度は3000～8000 m/sにも達する。爆燃の場合には，密閉空間でも圧力は初期圧の数倍程度にしか達しないのに対し，爆轟では爆轟波の通過により瞬間的に圧力が20倍程度に達する。そのため，事故時に爆轟が発生すると，金属容器が破裂するなど大きな被害が生じる。→爆発　　　　　　　　　◎土橋 律

白色雑音　[はくしょくざつおん]　white noise　[地震]　全ての周波数の波がランダムな位相で同じ割合で混じり合ったノイズ。白色雑音のスペクトルは，周波数に無関係に一定である。また，白色雑音の自己相関関数はデルタ関数となる。スペクトルの変化が急激な場合，既知のフィルタを適用してそのスペクトルを白色雑音に近づけておくと，平滑化をかたよりなく行うことができる。この操作を白色化と呼ぶ。もちろん，平滑化の後に復色の操作が必要である。　　　　　　　　　　　　　　　　　　◎澁谷拓郎

爆弾低気圧　[ばくだんていきあつ]　explosive cyclone / bomb　[気象]　温帯低気圧の中で急激に発達するものを言う。概ね，24時間の間に24hPa以上の急激な気圧低下を示すことが爆弾低気圧の目安となる。日本付近では秋から早春にかけての寒候期に主に発生する。1994年2月に発生した低気圧では，根室沖で中心気圧950hPaまで発達した。低気圧の通過に伴い，強風害，雪害，大雨などが発生するため特に警戒が必要である。
　　　　　　　　　　　　　　　　　　◎石川裕彦

爆発　[ばくはつ]　explosion　[火災・爆発]　急激な体積膨張や圧力上昇が発生する現象を呼ぶ。通常，音の発生(爆発音)を伴う。物理変化に基づく爆発(物理的爆発，過剰圧力による高圧容器の爆発など)と化学変化に基づく爆発(燃焼波の伝播によるガス爆発など)とがある。特に燃焼波が衝撃波と一体となり高速で伝播する現象は▶爆轟と呼ば

■ 爆発現象の分類

爆発現象の種類	体積膨張，圧力上昇の原因	例
気相爆発	燃焼波の伝播	ガス爆発 (爆燃)
	爆轟波の伝播	爆轟
	可燃性噴霧の燃焼	噴霧爆発
	可燃性粉塵の燃焼	粉塵爆発
	圧力の急激な開放	高圧容器の破裂
液体爆発	液体火薬類の分解あるいは燃焼反応	液体爆薬の爆発
	液体から気体への急激な相変化	蒸気爆発
固体爆発	固体火薬類の分解あるいは燃焼反応	固体爆薬の爆発

■ 爆風における圧力波形

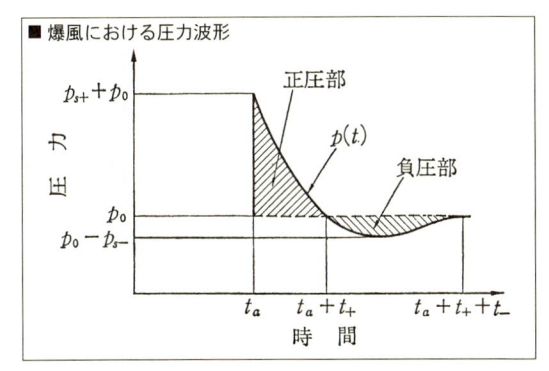

■ TNT爆発時の最大加圧力

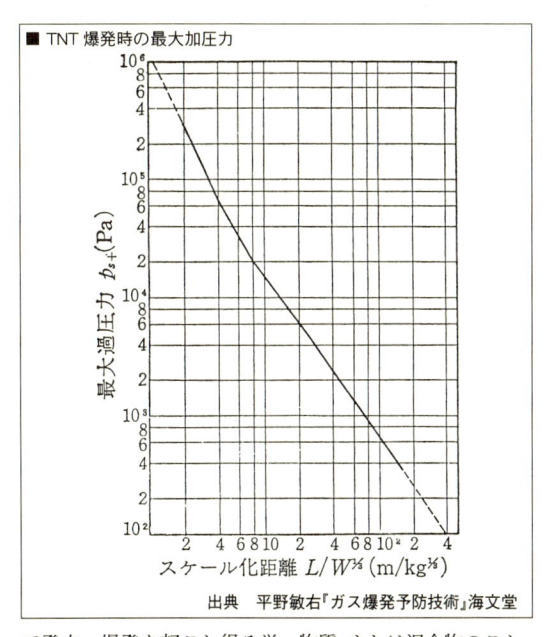

出典　平野敏右『ガス爆発予防技術』海文堂

れる。爆発が発生する相により，気相爆発，液体爆発，固体爆発に大別できる（前頁の表）。体積膨張や圧力上昇の発生原因により，気相爆発ではガス爆発，噴霧爆発，粉塵爆発などがあり，液体爆発，固体爆発では火薬，爆薬などの爆発，蒸気爆発などがある。爆発事故の被害は，圧力上昇，破片の飛散，圧力波(►爆風)の伝播などによるもの，および燃焼による焼損や火災の発生などがある。　◎土橋 律

爆発圧　[ばくはつあつ]　explosion pressure　火災・爆発
爆発時には空間内の圧力上昇が起こるが，その時の到達圧力のことをいう。密閉空間におけるガス爆発(爆燃)では，最大で初期圧の数倍まで圧力が上昇し，爆薬の爆発(►爆轟)では，衝撃波背後の圧力は初期圧の数万倍にも達する。密閉空間内でガス爆発が生じた場合には，最大到達圧力 p_{max} は，$p_{max}/p_0 = n_1 T_1/n_0 T_0$ の式から概算できる。ここに，p は圧力，n は混合気の分子数，T は絶対温度，添え字 max は最大値，0 は初期状態，1 は全て燃焼した最終状態を表す。この最大到達圧力と初期圧力の比 p_{max}/p_0 は，炭化水素/空気混合気で8程度，炭化水素/酸素混合気で16程度となる。実際には爆発の発生する空間が密閉状態を保つことはまれであり，強度の弱い部分(窓，扉など)が破壊され開口部がしばしば生じる。この場合には空間内の圧力は，燃焼による体積膨張速度と開口部からの気体の流出速度とのバランスによって決まることになり，燃焼による体積膨張速度が最大到達圧力に影響する。火炎に発生する乱れは，体積膨張速度を急激に増大させるため，到達圧力に重大な影響を与える要因となる。　◎土橋 律

爆発地震　[ばくはつじしん]　explosion earthquake　火山 地震　►火山性地震の一種で，爆発的噴火の発生に対応して火口直下で発生する地震。桜島や浅間山など強い爆発的噴火(ブルカノ式噴火)の場合，火口底の破裂に1～2秒先立ち，火口の直下0.5～2.5kmの火道中で発生することが知られている。通常の地震と異なり，S波成分に乏しく，数Hz以下の低周波の震動が卓越する。最近の研究によれば，震源域で最初は微小な膨張で始まり，引き続き顕著な収縮が起きていると推定されている。
◎石原和弘

爆発性物質　[ばくはつせいぶっしつ]　explosive material　火災・爆発　外部刺激(熱，火炎，打撃，摩擦)によって発火・爆発を起こし得る単一物質，または混合物のこと。衝撃波を伴った爆発(►爆轟)を起こした場合は，ガスの膨張による推進的作用と衝撃波による破壊作用を発生する。衝撃波を伴わない爆発(爆燃)を起こした場合には，ガスの膨張による推進的作用を発生する。これらの作用を効果的に利用すれば，爆発性物質を用いて推力を得たり破壊を行うことが可能となる。一方，予期せぬ爆発が発生した場合にはこれらの作用が災害の原因となる。単体の爆発性物質としては，不安定な N-O 結合(ニトロ化合物等)，N-N 結合(ジアゾ化合物等)，O-O 結合(有機過酸化物等)，O-ハロゲン結合(塩素酸エステル等)を持つ物質や酸化エチレンやアセチレンなどの分解爆発性ガスなどがある。また，混合物の爆発性物質は，混合火薬類のように酸化性物質と可燃性物質とを混合したものなどがある。　◎土橋 律

爆発物　[ばくはつぶつ]　explosive material　火災・爆発
□爆発性物質

爆風　[ばくふう]　blast wave　火災・爆発　爆発時に生じる圧力波のことをいう。爆発時に生じる急激な体積膨張のために前方の気体が圧縮されることにより，圧力波が形成される。爆発により内部圧力の上昇した容器や建屋が破壊される時にも発生する。爆風により，ガラス窓の破壊や人的被害が発生し，爆発の強度が強い場合には被害は広範囲に及ぶ。爆風の強度は，体積膨張の速度や，容器や建屋の破壊時の挙動に依存する。典型的な爆風(圧力波)の圧力波形は，左図に示すように急激に立ち上がる正圧部とそれに続く負圧部により構成される。爆風は，伝播するに従い減衰する。減衰の程度はしばしばスケール則により整理される。右図に TNT 爆発時に観測される圧力上昇(最大過圧力)を示す。爆発地点からの距離 L を薬量 W の3乗根で除した値(スケール化距離)を横軸にとると図のように両対数グラフ上でほぼ直線関係が得られる。すなわち，

爆風の強度は爆発地点に近いところではスケール化距離の－2乗に比例して減衰し，爆発地点から離れたところでは－1.5乗に比例して減衰する。爆風の威力は，しばしばTNT当量(反応により発生するエネルギーをTNT爆薬量に換算)やTNT収率(被害程度により換算)を用いて表される。　　　　　　　　　　　　　　　　　　　◎土橋　律

爆薬　[ばくやく]　explosive / high explosive　[火災・爆発]
火薬類の中で，→爆轟を起こすものをいう。火薬類取締法によれば，火薬類は火薬，爆薬，火工品に分類され，火薬は推進的爆発の用途に供せられるもの，爆薬は破壊的爆発の用途に供せられるもの，火工品は火薬，爆薬を使用して，ある目的に適するように加工したものとなっており，関連法規の中でそれぞれ名称が列挙されている。しかし，一般にはそれほど明確には区別されておらず，黒色火薬などの爆燃する物質を火薬，硝酸エステルや，ニトロ化合物などの爆轟する物質を爆薬と呼んでいる。爆薬の爆発の伝播速度は，3000〜9000 m/sにもなり，最大圧力は数万気圧以上にも達する。→火薬　　　　　　　　　　◎土橋　律

剝離【流れの】　[はくり]　separation of flow　[気象]
凹凸や角度を持ったり，急な曲面を持つ物体を鈍い物体といい，流線型物体と区別する。鈍い物体まわりの流れは，前縁の隅角部や曲面上のある点から剝がれて後方へ押し出されていくが，この現象を流れの剝離という。また，後方へ押し出された剝離流が物体の後ろ側のある部分に再び当たることがあるが，これを流れの再付着という。いずれも，物体まわりの流れを複雑にする。　　　　　　◎宮downloads利雄

爆裂火口　[ばくれつかこう]　explosion crater　[火山]
→水蒸気爆発や→マグマ水蒸気爆発などの爆発的な噴火により，既存の山体の一部が吹き飛んでできたすり鉢状の火口。大規模なもの(直径2 km以上)はカルデラと呼ばれる。一般に山頂，山腹のいずれにもでき，じょうご形の火口だけでなく馬蹄形火口に対しても用いられる。
　　　　　　　　　　　　　　　　　　　　◎鎌田浩毅

波群　[はぐん]　wave group　[海岸]　何波かの波高あるいは周期の揃った波を漠然と指す場合もあるが，通常は災害をもたらす可能性のある大きな波の集合を指す。現地波浪では連続する波の波高ならびに周期の時系列はマルコフ連鎖をなし，隣り合う波との間に波高，周期とも0.2〜0.3程度の相関があることが知られている。このため，波高の非常に大きな波は単独で現れることは少なく，数波の大きな波が連続する場合が多い。このような波群が構造物に作用した場合，同じ程度の高波が1波だけ単独で作用した場合より大きな災害をもたらす。また高波高の波群は継続時間が同程度の平均水位の低下を伴い，これが浮体の長周期動揺，湾水振動など周期が数十秒から数分の振動現象の原因となる。　　　　　　　　　　◎木村　晃

波候　[はこう]　wave climate　[海岸]　気候に対応した言葉であり，時間オーダーから年単位の時間スケールでの波浪状況変化を有義波の波高，周期および波向の変化によって表示したもの。これらの短期統計量の諸性質を扱う長期統計が波候統計であり，常時波浪統計とも呼ばれる。波候統計は波浪状況の地域性や季節性を知るのに有用なだけでなく，防災対策や海上工事の作業可能日数などの算定に必要な高波または静穏な海況の継続時間の統計的評価に用いられる。　　　　　　　　　　　　　　◎安田孝志

ハザード情報　[ハザードじょうほう]　hazard information　[情報]　ハザードとは，加害要因としての個々の自然現象，あるいはそれらの総体を指す。ハザード情報は，ハザードの種類，規模，強度，メカニズム，発生履歴，発生頻度，被害予測などについての情報である。ハザード情報の表現方法としては，様々なハザード情報を地図上に示したハザードマップ，ハザードの発生から終息までを時間軸に沿ってシミュレートした災害シナリオ，コミュニティの被る被害の種類と程度を予測した被害想定などがある。
　　　　　　　　　　　　　　　　　　　　◎小山真人

ハザード認識　[ハザードにんしき]　hazard recognition　[情報]　個々の人間あるいはコミュニティが，ハザード情報を得て，それを自らの知識体系中に位置付けることがハザード認識である。一般に，発生頻度ならびに予測される被害規模が大きいほどハザードは強く認識される。ハザードの発生頻度と被害規模の積(つまり，ハザードの期待値)を，リスクと呼んで区別する。大きな被害を伴う災害の直後に同種のハザード認識の程度は飛躍的に高まるが，やがて時間とともに指数関数的に減少する。　　◎小山真人

ハザードマップ　hazard map　[地盤][行政]　災害予測地図とも呼ばれ，災害の原因となる現象の影響が及ぶと推定される領域と，災害を引き起こすインパクトの大きさなどを示す地図。例えば，火山災害予測地図には，降灰が及ぶ範囲とその程度，溶岩流や火砕流，あるいは火山泥流が流れる経路とその影響範囲などが色を分けて描かれる。災害対策にハザードマップは欠かせないが，ハザードマップができたからといって，人的被害を軽減できるとは限らない。ハザードマップが公表され，行政と住民がその意味を理解し，日頃から災害に備えていない限り，その効果は期待できないが，2000年3月の有珠山噴火災害時においては，訓練等によってハザードマップが住民に周知されていたため，迅速な避難活動が可能となった。災害予測地図に，万一の場合の避難方法など，災害への対応方法について具体的に説明したものが地方自治体レベルで整備されるようになった。このような地図を防災地図という。自主防災組織単位での自主防災マップ作りを，自治体が支援して，住民の防災意識を高める努力をしている所もある。一方，災害の原因となる現象の規模や強度を仮定し，土地利用と時間帯別の人口分布を考慮して，ひとたび災害が都市を襲うと，想定被害がどのようになるかを示すような地図が用意されていることもある。このような地図を→リスク

マップと呼ぶ。なお，洪水ハザードマップについては2001年7月の水防法の改正によって，市町村にその作成が義務付けられた。→避難情報，洪水危険度マップ，アボイドマップ
◎諏訪 浩，内閣府

ハザード理解　[ハザードりかい]　hazard understanding　[情報]　ハザード認識よりも一歩進んで，ハザードを自然の理の一部として正しく理解することが，ハザード理解である。瞬間的には人間や社会に大きな痛手を負わせるハザードであっても，長期的な視野に立てば人間社会に大きな利益をもたらしてきた例が多い。ハザードだけでなく，それと表裏一体の自然のベネフィットについても相応に理解することが真のハザード理解の鍵となるが，そのような視点は従来の防災教育において十分ではなかった。
◎小山真人

破砕帯　[はさいたい]　crush zone　[地盤]　機械的に破砕された岩石から成る帯。断層に伴うものが多く，これらは断層破砕帯と呼ばれる。断層破砕帯は，割れ目の発達した岩石，断層角礫，断層粘土（ガウジ）から成る層構造をなすことが一般的である。これらのうち，断層粘土は不透水性であるので，一般的に，破砕帯を横断する方向の透水性は小さく，それに沿う方向の透水性は大きい。破砕帯は造構運動によって形成されるだけでなく，重力による変形，すなわち岩盤クリープや地すべりによっても形成される。英語では crush zone が断層角礫と断層ガウジの分布する帯とされているので日本語の破砕帯に最も近い。類似の英語として shear zone と shatter zone がある。
◎千木良雅弘

破砕帯地すべり　[はさいたいじすべり]　landslide in fracture zone　[地盤]　小出による地すべりの地質分類の一つであり，歪力を受けた地質体の岩石が破砕されて発生した地すべりである。破砕帯は断層運動など地殻変動に伴って形成され，主として西南日本の外帯の結晶片岩類や中・古生界に発生する地すべりがこれに相当する。近年，この地域の地すべりが必ずしも岩石の破砕に原因があるのではなく，層理面や層面片理面などの面構造に規制されているという見解が出されるなど，破砕帯地すべりに批判がある。
◎藤田 崇

パスセット【信頼性解析】　path set　[都市]　グラフあるいはネットワーク上で任意のノード間が連結されるための必要にして十分なリンクの集合のこと。ミニマル(minimal)・パスセットともいう。ノード間を最短で連結する経路のみでなく大回りやジグザグの経路も含んでいることに留意する必要がある。要するに，同一リンク（あるいはアーク）を2回通ったり，同一ノードを2回通過（ループが形成される）するパスを排除できていればよい。信頼性解析で連結信頼度を計算する際に用いられる概念である。信頼性解析は複数の代替経路が重要となるため，通常最短のルートが使用不能となると次短など，n 番目最短経路が意味を持ってくる。また，通信や電力ライフラインでは経路の抵抗がそれほど大きくないため，相当大回りな経路が許容されるが，交通ライフラインでは大回りの経路が使用される可能性が少ないので，ライフラインの種類によってパスセットの範囲を限定して考える必要がある。→タイセット，カットセット
◎若林拓史

波線理論　[はせんりろん]　ray theory　[地震]　地震波は，その高周波近似（周波数＝無限大，波長＝ゼロ）において，スネルの法則により決定される波線経路に沿って局所的な速度で伝播すると見なすことができる。また，その振幅は震源での射出と観測点までの波線の幾何減衰によって決まる。このような波線理論は，実体波の走時解析や振幅解析において有用であるが，現実の地震波は有限の波長を持っているので，その限界に注意して適用することが必要となる。
◎澁谷拓郎

発火　[はっか]　ignition　[火災・爆発]　可燃性ガスの燃焼では燃焼反応が開始し，継続するようになる過程を発火と呼ぶ。▶着火，点火と同義である。可燃性個体の燃焼では，固体が熱を受けて着火する際に着火源を与えられなくても自己の温度上昇で自然に燃焼が開始する場合をいう。
◎鶴田 俊

バックアップシステム　backup system　[都市][情報]　事故や災害などにより，あるシステムの機能が損なわれた時に，その機能を補完するシステム。ライフライン施設は，電気，ガス，通信，水道，下水道など他のライフライン施設のサービスに依存して運転管理がなされている。このため，他のライフライン施設の被災によるサービスの低下に緊急に対応できるように予備能力を備えておく必要がある。下水道では，予備の井戸や自家発電設備，予備燃料の備蓄とともに，復旧資材の分散備蓄および共通仕様化，施設図面などの分散管理が求められる。また，ライフライン施設自体の機能低下を軽減するために，設備の多重系統化，余裕能力の確保などが行われる。バックアップシステムの整備は，システムの冗長性を高めることになるが，通常は使用しないシステムを保有することになり，効率性の面で低下することにもなるため，バックアップシステムの平常時における活用を考慮した導入規模のあり方が課題となる。
◎渡辺晴彦

バックドラフト　backdraft　[火災・爆発]　比較的気密性の高い建物などでの火災時に発生する爆発的な燃焼現象。Burklin らの定義は「蓄積した未燃ガスで満たされた区画への酸素（空気）の導入に続く急速な爆燃(deflagration)」である。▶フラッシュオーバーとの区別は，空気導入の有無と爆燃によって建物の外部に生じる▶ファイヤーボールの有無によりなされるが，後者によって区別することはよほど大きなファイヤーボールが形成されない限り困難である。フラッシュオーバー発生は建物内部の温度上昇である程度予知できるが，バックドラフトでは，未燃ガスの蓄積

が消炎時に行われ，この期間，建物内部の温度が下がるため，予知は難しく，人的被害が生じやすくなる。

◎早坂洋史

発光現象 ［はっこうげんしょう］ luminescence 地震
古くから大地震の際に，空が赤・青・白色などに光る現象がしばしば目撃されている。1930年北伊豆地震（$M\,7.3$）の時に武者金吉によって系統的に資料が集められている。1995年の兵庫県南部地震の際にも多数の目撃者の証言が弘原海清によって蒐集されている。地震と同時に目撃される発光は高圧線のショートなどによる可能性が高いが，地震の数日前や直前に目撃されるものについては，原因はまだ特定されていない。原因の一つとして，震源付近の岩石に強い地殻応力が作用し，花崗岩帯などではピエゾ電気（圧電気）が発生し，ある種の放電が起きたとも考えられている。

◎住友則彦

発震機構 ［はっしんきこう］ focal mechanism 地震
P波やS波の放射パターンを規定する震源の力学モデルをいう。ふつうダブルカップルやその一般化であるモーメントテンソル解を指す。P波初動の押し引き分布や波形インバージョンによって求められる。ダブルカップルは面を境とした食い違い（断層）と等価であり，P波初動は2つの直交する面を節面とする4象限型押し引き分布を示す。1つの節面は断層面，他方はすべり方向に垂直な面を表す。この場合，モーメントテンソルの固有値は $M_0, 0, -M_0$ の形に与えられ，対応する主軸はT軸，B軸，P軸と呼ばれる。モーメントテンソルの固有値の比が $1:-1/2:-1/2$ の震源は CLVD（Compensated Linear Vector Dipole）と呼ばれ，P波は円錐形の節面を持った押し引き分布を示す。これは，マグマ貫入型の発震機構と考えられている。これらモーメントテンソル解以外に，地すべりや火山噴火に伴う地震の発震機構として単一の力（single force）が用いられる。

◎菊地正幸

バッタの食害 ［ばったのしょくがい］ crop consumption by locust 海外
動物の幼齢死亡率を支配する環境条件が変化することによる帰結は，生産性が低い乾燥地域から半乾燥地域でバッタが異常発生した場合に見ることができる。通常は砂漠に孤立して生息しているバッタ（Schistocerca gregaria）は異常に多い降雨があった場合には突然群生する。地中に産み付けられたバッタの卵は湿り気で孵化率が大きくなる。大量に孵化したバッタは羽のない幼虫の時代に植物を餌として大量に消費する。羽化した後は，降雨があった土地を求めて，時には，1週間以上の時間をかけて数千kmの距離を移動して植物を大量に消費する。農作物が襲われると収穫が激減するので飢饉になる可能性が大きいうえ，その後の降雨が少なければ植生の再生力は失われ，環境が悪化して人間の居住が不可能となる。防災は，人力による生息密度の調査をもとに早期予報を行って殺虫剤を大量に散布する手法で行われているが，1回あたり1000万ドル以上の資金を必要とし，その大部分を先進国の援助に拠っているので，費用対効果が明かでないこともあって，対策の効果は明確であるとはいえない。

◎渡辺正幸

発電所 ［はつでんしょ］ power generation plant 都市
わが国において発電の対象となっている主なエネルギー源は，火力，原子力，水力である。これらを電力へ変換する施設を発電所という。電力施設は，発電所から需要家に至るまでの供給ライフラインを形成している。供給源である発電所に災害が生じると電力供給に大きな影響を及ぼす。発電所の扱う燃料には高い可燃性や放射性があって，災害時にこれらが敷地外に大きな影響を及ぼす可能性がある。これらのため，電力施設の中でも発電施設には十分な防災対策が必要とされている。発電施設自体ではないものの，東海村の核燃料加工施設の臨界事故は原子力災害の点で重要な問題を提起した。また，1999年台湾・集集地震において貯水池の堰が決壊したこともダムの安全性の再検討を迫っている。小規模分散型（燃料電池，超小型原子炉など）発電の開発動向は，これまでの大規模発電施設の防災問題とは異なる対応を必要とするであろう。 ◎当麻純一

発電用水 ［はつでんようすい］ water for hydropower generation 都市
水力発電のために人工的に利用する用水をいう。水力発電は一般水力発電と揚水式発電の2つに大別され，前者は河川の自然流量を利用する発電方式であり，後者は，夜間の電力需要低下時に火力や原子力発電の余力を利用して，下流の貯水池を上流の貯水池に貯留し，電力需要の大きい昼間に発電を行う方式である。一般水力発電は，その運用方法により，流れ込み発電，調節池式発電および貯水池式発電の3種類に大別される。

◎田中成尚

発熱速度 ［はつねつそくど］ heat release rate 火災・爆発
発熱速度は燃焼により発生する単位時間当たりの熱量で国際単位標準 kW で表現する。木材などの単一材料の発熱速度は，燃焼発熱量がわかっていれば，重量減少速度から推定できる。複数の材料から構成される家具などのような場合には，酸素消費法による発熱速度測定装置を使って計測する。この方法では集煙フードの下で家具などを燃やし，家具などの重量減少速度を測定するとともに，集煙フードに接続された排煙ダクト部で，煙中の酸素濃度，流量などを計測し，これらの計測値をもとに，酸素消費速度から発熱速度を推測する。

◎早坂洋史

発熱量 ［はつねつりょう］ heat of combustion 火災・爆発
単位量の可燃物が燃焼した時に発生する熱量のこと。試料をボンプ形熱量計内で燃焼させ，内筒水量と上昇温度の測定値を用いて求められる。

◎鶴田俊

破堤 ［はてい］ levee breach 河川 地盤 降雨，洪水，地震などの外力により生じる堤防の全面的な破壊のことで，河川水位が高い場合，外水が大量に堤内地に流れ込

み甚大な被害が生じる。破堤の原因として主に，①洪水時の越流による流失，②降雨，河川水の堤体への浸透，漏水による法すべりやパイピング，③流水による河岸侵食の進行，④地震時の液状化による地盤と堤体の沈下と崩壊が考えられる。①②に関し，わが国では河川水位上昇前の降雨の影響(堤体の飽和度の上昇に伴う強度の低下，透水性の増大)の重要性が指摘されている。また洪水時には，上記原因に対応した積み土のう工，月の輪工などの水防工法を用いた水防活動が行われる。近年，超過洪水対策の一環として天端幅を極めて広くとった高規格堤防(スーパー堤防)の建設が進められている。

◎細田 尚

ハドソン式 [ハドソンしき] Hudson's formula 海岸 海岸構造物などには捨石を用いたり，それを保護する被覆材や消波材として異形コンクリートブロックが用いられることが多い。ハドソンは，1959年に捨石防波堤の被覆石の安定重量算定式を提案しているが，現在ではハドソン式が捨石やブロックなどの被覆材の安定質量 M を求める基本式として用いられている。すなわち，$M=\rho_r H^3/[N_s^3(S_r-1)]^3$ ここに，ρ_r は被覆材の密度，H は設計波高，S_r は被覆材の水に対する比重である。また，N_s は安定数と呼ばれ，被覆材の種類や形状などで決まる重要な係数である。安定数については種々の研究があり，最近ではファンデルメーヤが捨石について，被害の程度(被害率)や作用する波数などを考慮した安定数算定式を提案している。なお，ハドソンは安定数 N_s を斜面の勾配 $\cot\beta$ と別の係数(K_D値)との積として表し，安定数の代わりに K_D 値を捨石などについて求めている。

◎高橋重雄

パニック行動 [パニックこうどう] panic behavior 情報 火災・爆発 被害想定 パニックには，個人のレベルでの心理パニック(psychological panic)と，人々の集合レベルでの集合パニック(collective panic)がある。心理パニックは，例えば喘息発作が発生した場合のように，個人にとって危険や不利益が発生していることが認識されながら，それに対して自分にはなすすべがないと感じられた場合に起きるものである。一方，集合パニックは，危機や不利益を認識した個人が同じ対応行動を一斉にとり，環境側のサービス提供能力を超える行動の集中が起こった場合に起きるものである。火災などの際の避難口への殺到，銀行の取り付けや買いだめ，といった場合に行動の集中が起きた事例は実際にある。サービス提供能力を超えた行動の集中という意味では，災害直後の電話回線の輻輳はほとんどの災害時に起きている。

◎林 春男，吉田公一，大西一嘉

場の風 [ばのかぜ] general wind of the synoptic field 海岸 気象 台風に伴う高波浪や高潮の数値シミュレーションにおいて，台風周辺の風速分布を計算する際に，気圧分布から計算される円対称な風の場と，台風自身の進行を促す一般風の場との和として表すことが多い。この一般風の場を場の風と呼ぶ。一般風の場は，台風の中心付近では台風の移動速度に一致させ，中心から離れるに従い指数関数的に減少させることが多い。→モデル台風

◎鈴木善光

破びん率 [はびんりつ] broken rate of chemical bottles 被害想定 わが国の主な地震火災では化学薬品による出火が2～3割と大きく，その多くが薬品びんの破損による。破びんの主な原因として，薬品棚からの落下，棚の転倒，棚内での衝突などによる衝撃が挙げられる。振動実験によってびんの落下率を分析した結果，500 gal では最大4割，1000 gal では最大9割程度の広い範囲に分布したとの報告がある。破びんの防止には，棚内のびんの移動・衝突の阻止，棚の転倒防止が有効である。→化学薬品の地震時出火想定

◎佐藤研二

バフェティング buffeting 気象 本来上流側にある物体の後流によって生ずる下流側物体の不規則振動を指す。また，接近流としての風に乱れが存在することで不規則振動する場合も同様であるが，この場合はガスト応答と呼んで区別している。自らの後流の影響で不規則振動する場合にはセルフバフェティングと呼ぶ。いずれの場合も風速が時間的，空間的に変動することに起因した不規則振動である。この不規則振動を解析的に取り扱う際に考慮すべきは，風速の変動性を示すパワースペクトル，風速を力に変換するための空力アドミッタンスを求めるとともに，振動系の特性としての周波数応答関数(伝達関数)の評価が必要になる。

◎宮崎正男

パホエホエ溶岩 [パホエホエようがん] pahoehoe lava 火山 溶岩流の形態の一種で，粘性の低い流動的な▶玄武岩質溶岩に見られる。語源はポリネシア語に由来。溶岩の表面は平滑で，急冷しガラス質であることが多い。形態は扁平な袋状，薄い板状，円筒状などを示す。また表面が縄をよったような構造を示す場合があり，特に縄状溶岩(ropy lava)と呼ぶ。溶岩流の平均の厚さは0.1～数 m と薄い。パホエホエ溶岩と対照的に流動性の悪い溶岩流はアア溶岩。流下速度はアア溶岩よりも速く，最大時速40km以上。

◎鎌田浩毅

浜崖 [はまがけ] scarp 海岸 海岸の背後に形成される崖状の砂浜地形。浜崖が形成されている海岸では，その浜崖からの崩落土砂がその海岸を構成する土砂の供給源の一つになっていることが多い沿岸漂砂の遮断などにより他からの土砂の供給量が減少している海岸では，海浜を構成する土砂の供給源が背後地へと移行することがある。そのため，▶海岸侵食が進行している海岸などでしばしば見られる。

◎三島豊秋

浜田式 [はまだしき] Hamada's formula 被害想定 火災・爆発 ▶市街地火災時の延焼拡大の速度(延焼速度)を数学的に計算する最初の方法として，1950年代に提案された。それまでの市街地大火事例に第二次世界大戦中に行われた実大木造家屋の火災実験結果を加えて，火元建物

から隣棟に着火するまでの時間を，風速，隣棟間隔，家屋の大きさなどをパラメータとして表す式がいわゆる「浜田式」の原型である．その後，市街地火災を対象とした研究上の利便性向上や，関数の時間的連続化のために，新たな補正係数を導入して若干の修正をしたものが，現在利用されている浜田式である．この式は気象条件の他，市街地の木造，防火造，耐火造建築物の構成比や密度など都市構造との関係を明示したものとして応用可能性が高く，現在でも延焼の想定を行う場合には多くの地方自治体で活用されているが，現実の市街地火災に比較して，延焼速度が速くなる傾向にある．また，経験式的な性格が強く，木造モルタル造の係数を新たに提案した故堀内三郎博士を除けば，近年の多様な建築工法に対応した新たな係数の設定は難しい．→延焼速度式　　　　　　　　　　　　　◎糸井川栄一

バリアフリー barrier free [復旧] 一般的には高齢者や障害者などの行動の妨げになる障壁（バリア）を除去することをいう．このような物理的な障壁に限らず，広く心理的なものや社会的な障壁を含めていうこともある．災害時，災害弱者といわれる高齢者や障害者などには，通常の場合とは異なる生活環境下で数多くのバリアが存在する．特定の人についてのバリアフリーに限らず，より多くの人を対象とし，日常から災害時にわたって安全で快適な環境の実現を図る必要がある．日常のバリアフリーは災害時にも有効だからである．→災害弱者　　◎田中直人

ハリケーン hurricane [海岸] [海外] [気象] カリブ海やメキシコ湾などの北大西洋，北太平洋東部および東経180°以東の南太平洋で発生する熱帯低気圧のうち，最大風速が32.7m/s以上のものをハリケーンという．また，最大風速が17.2～32.7m/sのものは tropical storm という．年間発生数は北大西洋のものは年平均約5個，北太平洋のものは約6個である．性質は台風と同様で，北半球で発生するものは9月を中心に8～10月に多く発生する．北大西洋で発生するものは西インド諸島，中央アメリカ，北アメリカのメキシコ湾岸地方をしばしば襲い，強風や大雨，さらに土石流によって人命や家屋，農作物，道路などに大きな被害をもたらす．最近では1992年8月にバハマ諸島やアメリカ南部を襲ったハリケーン・アンドリュー，1998年9月にカリブ海沿岸諸国を襲ったジョージス，10月に中米諸国を襲ったミッチがその顕著なものである．
→サイクロン，台風　　　　　◎鈴木善光，饒村曜

梁間 [はりま] span [地震] ▶スパン

波浪強制力 [はろうきょうせいりょく] wave exciting force [海岸] 波浪中に静止している物体に作用する波力で，物体を運動させようとする力である．通常，浮体運動を解析する時に，浮体に作用する波浪外力として，浮体が静止していると仮定した状態における作用波力を波浪強制力と呼んでいる．波浪強制力は，波高に比例する線形波力と波高の2乗に比例する非線形波力とからなる．非線形波力は抗力と呼ばれ，物体の径と波長の比が非常に小さい時に卓越する．この比が0.2より大きくなると，線形波力が卓越して，抗力は無視することができる．線形波力は，回折波理論を用いて解析することができ，入射波による波力と散乱波による波力とに分けることができる．前者の波力をフルードクリロフ力と呼んでいる．　　◎高山知司

波浪推算 [はろうすいさん] wave forecasting (hindcasting) [海岸] 波浪の情報を気象条件などから推定することをいい，未来の波浪を予測する波浪予測 (wave forecasting) と，過去の波浪を推算する波浪追算 (wave hindcasting) とがある．波浪推算法は有義波法とスペクトル法とに大別される．有義波法は，風速，吹送距離，吹送時間から有義波諸元を推算するものであり，一定の風が吹き続き，吹送距離が限定されるなどの単純な条件下では実用上十分な精度を持つ．一方，スペクトル法は波の発生，発達，減衰をスペクトルの概念を用いて推算するもので，エネルギー平衡方程式を数値的に解いて波浪のスペクトルの時間的・空間的変動を求める．現在では，コンピュータの急速な発達により，スペクトル法が主流となっている．
◎橋本典明

波浪漂流力 [はろうひょうりゅうりょく] wave drift force [海岸] 浮体に波浪が作用すると，浮体は周期的な運動をしながら，波浪の作用方向に徐々に流されて行く．このような浮体の漂流を起こす力が波浪漂流力である．浮体の主要な運動は入射する波と同じ周期の運動であり，波浪による漂流は二次的な運動である．通常，波浪漂流力は反射波の2乗に比例するが，言い換えれば，入射波の2乗に比例するともいえる．海の波は不規則波であるから，波浪漂流力は入射波高が大きい時に大きく，小さい時には小さくなり，入射波高の連なりによって変化する．その結果，波の連なり状況に対応したゆっくりした運動を起こす．この現象をスロードリフトオスシレーションと呼んでおり，浮体の係留では常に考慮しなければならない要素である．
◎高山知司

波浪変形 [はろうへんけい] wave transformation [海岸] 風によって発生・発達した波が，沿岸に伝播する過程で，海底地形，流れ，風，構造物など種々の原因によって波高，波長，波向きなどが変化する現象を総じて波浪変形という．海底地形による波浪変形には浅水変形，屈折，屈折・回折，砕波および反射，流れによる波浪変形には屈折，屈折・回折，砕波および反射，風による変形には波高増加と砕波，構造物による波浪変形には反射，回折，屈折および砕波がある．また，内部粘性，海底摩擦，浸透によって波のエネルギーが消費され，波が減衰する波浪変形がある．高潮・高波災害対策にあたっては，沖から来襲する波がどのように変形して沿岸に到達するかを算定する必要がある．現在では，沖波設計波を与えれば，かなりの精度で沿岸域における波浪変形を理論的に計算できる

ようになってきている。　　　　　　　　◎間瀬肇

パワースペクトル【変動風速の】 power spectrum
[気象]　風の持つ運動エネルギーは風速の2乗に比例する。その平均値は平均風速の2乗と変動風速の2乗の時間平均に関する2つの成分の和で表され，後者を乱流エネルギーという。乱流エネルギーは広い周波数帯の変動にわたって連続的に分布しており，それを周波数 $[n]$ の関数として表したものをパワースペクトル $[S(n)]$ という。その高周波数帯には，慣性小領域と呼ばれる n の $-5/3$ 乗に比例する領域があり，自然風の $S(n)$ に関して，数多くの経験式が提案されている。また，$nS(n)$ を $\log n$ の関数として表したものを対数スペクトルといい，それが最大となる周波数をピーク周波数という。平均風速をピーク周波数で割った値で乱れのスケールを表すこともある。　◎岩谷祥美

半壊　[はんかい]　half collapse　[被害想定][地震]　→全壊・半壊・一部損壊

バングラデシュ洪水対策実施計画　[バングラデシュこうずいたいさくじっしけいかく]　Bangladesh Flood Action Plan　[海外]　FAPと略称されるこの計画はバングラデシュの国家総合治水計画で，日本を含む14の国・国際機関が参加する広範な国際協力によって作成された。その背景には国土の60％が冠水した1987年，1988年の連年の大洪水災害が国際的な同情を集めたことがある。1987年の国連のバングラデシュ支援特別会合に続いて，1989年7月にはG7パリサミットで宣言が出された。FAPは単なる技術計画ではなく総合的なアプローチがとられていることに特徴がある。全国をカバーする計画立案に加えて基礎的な調査，研究ならびに実地検証のためのパイロットプロジェクトを含めて，合計26のコンポーネントがある。FAPの作成過程ではNGOなどからの批判を受けて住民参加，環境を重視する内容に計画が変化している。FAPの作業は1995年に概ね完了し，その成果をもとにして2001年の完成を目標に長期的な国家水計画(national water plan)を作成中である。　　　　　　　　　　　　　　　　◎大井英臣

反射　[はんしゃ]　wave reflection　[海岸]　防波堤や岸壁といった構造物によって波の伝播が強制的に遮られ，伝播方向と反対に跳ね返る現象をいう。構造物によって波が反射されると，その前面では波の擾乱が著しくなる。波の反射に伴う重複波の形成は，構造物基礎部における洗掘の原因となる。また，港内の岸壁による波の反射は，その水域の静穏度を悪化させる。そのため，波の反射はできるだけ小さくなるようにするのが望ましい。構造物による直接的な反射の他に，流れや海底地形の凹凸による反射がある。→地震波の反射　　　　　　　　　　◎間瀬肇

阪神・淡路大震災復興計画　[はんしん・あわじだいしんさいふっこうけいかく]　master plan for reconstruction from the Great Hanshin-Awaji Earthquake　[復旧][地震][情報]　阪神・淡路大震災の被災地全体として，この名称で統合された復興計画が存在するわけではないが，兵庫県や神戸市を始めとする8市2町では，震災後の緊急復旧に取り組むとともに本格復興のための復興計画を策定し，震災半年後，ほぼ一斉に発表した。これらの復興計画は，国の設置した阪神・淡路復興委員会による提言「復興10カ年計画」に対応すべく策定されたものであり，兵庫県および神戸市を始めとする各市の計画は，いずれも都市基盤，住宅，保健・医療・福祉，生活・教育・文化，産業・雇用などを総合する計画となっていて，分野別に事業計画（プロジェクト）が提示されている。しかし一方で，各部門別には，緊急対応を要する復興事業について，個別に国との検討・協議が並行して進められ実施されている。例えば市街地復興については，震災後2カ月の時点で既に土地区画整理事業や市街地再開発事業の都市計画決定手続が行われた。→創造的復興　　　　　　　　　◎安田丑作

番水　[ばんすい]　rotational irrigation / water supply　[気象][河川]　灌漑地域をいくつかの区域に分けて，区域毎に順番に用水を供給する灌漑用水の配分様式のこと。限られた用水を公平に配分するために実施され，輪番灌漑と呼ばれることもある。日本の河川を水源とする水田用水では，通常は全地域に対して同時一斉に用水が送配水されるが，干ばつ時など用水不足が生じた時に，地域を2〜3の区域に分けて2〜3日に1日だけ用水を供給するなど，応急的危機回避策としてこの方式がとられることがある。また，利用できる水量が厳しく制限される溜め池を水源とする水田用水においては，日常的に番水が行われることが多い。海外でも，乾燥地域などで，限られた用水を配分する方法として用いられることも多い。　◎渡辺紹裕

盤ぶくれ　[ばんぶくれ]　heaving　[地盤]　トンネル掘削や根切り工事において，応力開放，地盤の強度不足，地下水の揚圧力，岩や土の吸水膨張などによって掘削底面の地盤がふくれあがる現象をいう。対象地盤が岩盤の場合には，頁岩や蛇紋岩の吸水膨張によることが多く，トンネルなどを著しく変形させることがある。対策としては，早期にロックボルトで締め付けるとか，吹き付けコンクリートでの遮断が有効である。沖積地盤や洪積地盤では，上載荷重の除去や地下水の揚圧力に原因することが多い。地下水の揚圧力対策は予め地下水位を低下させることで対処できるが，上載荷重除去による盤ぶくれ対策は困難な場合がある。特に，洪積地盤での根切り工事における盤ぶくれは注意を要する。　　　　　　　　　　　◎中澤重一

氾濫軽減方式　[はんらんけいげんほうしき]　flood proofing　[河川]　洪水を穏やかに氾濫させたり，氾濫を許容した土地利用を行うことにより氾濫被害を軽減する高水処理方式。氾濫しても家屋など主要な資産が水没せず，人命が失われなければ被害が受忍の範囲にとどまると考えるものである。また，樹林帯などによって氾濫流の流速が弱められると，流送土砂が沈殿することとあいまって氾濫

被害が軽減される。さらに，洪水予報など情報提供によって人命を始め氾濫被害を軽減させるなど，多様な対策がとられる。環境を大きく改変しない方式とされるが，土地利用を将来にわたって制約し，さらに日常の活動・生活に不便をきたすこともありうる。　　　　　　　　　◎中尾忠彦

氾濫形態　[はんらんけいたい]　flood inundation type　河川　破堤または河川の溢水による氾濫水の拡がり方は，氾濫原の地形特性および洪水規模によって変化するが，大きく3つのタイプに分類される。すなわち，河川沿いに氾濫水が流下していく流下型氾濫，破堤規模および河川水位の上昇に対応して浸水深は上昇するが浸水区域はさほど変化しない貯留型氾濫，および氾濫水が四方に拡散する拡散型氾濫の3種類である。氾濫形態により浸水被害の特性が変化することに注意が必要である。　　　　◎戸田圭一

氾濫原管理　[はんらんげんかんり]　floodplain management　河川　洪水氾濫が起こった際に氾濫水が拡がる領域の，洪水被害防止・軽減策の総称である。ダム貯水池，河道整備，堤防強化などのハード的施策と，土地利用規制，建物規制，家屋の耐水化，洪水予警報システム，避難システム，水害保険などのソフト的施策からなる。これらの施策の実施により近年，特に重要視されるようになった「流域環境」の保全，創出も可能となることが期待される。人口，資産が集中する大都市を有する氾濫原では，万一の大規模洪水氾濫を想定した危機管理策として，広域的な氾濫情報の提供システムの確立，広域水防活動体制の整備，氾濫原内での氾濫流制御，および広域的な避難誘導体制の確立が重要となってきている。　　　　◎戸田圭一

ヒ

被圧地下水　[ひあつちかすい]　confined groundwater / artesian groundwater　地盤　帯水層の上部と下部が粘土層などの不透水性の地層によって挟まれ，加圧されている地下水をいう。従って，その水頭(水位)は上部の不圧地下水(unconfined groundwater)の水位(地下水面)と無関係であり，それが地面よりも高い場合にはこの層まで掘り抜かれた井戸は自噴する。被圧地下水は，上流側の標高の高い涵養地域の不圧地下水とつながっており，水圧が連続しているためにこのような現象が起こる。流域規模の地下水流動系の視点から見ると，その流出域にあたる低地部では，地下水の水位が深さとともに高まるような水理的ポテンシャル場が形成されているので，不圧地下水よりも下の地層は一般に被圧地下水で満たされている。そのような所では，水は難透水層を介して上向きに層から層へと浸出する部分がある。透水層と不透水層が幾重にも厚く発達した平地部の深部には，往古より閉じ込められている深層地下水が貯留されていることが多い。なお，厚い粘土層に挟まれた被圧帯水層で地下水が過剰に揚水されると，その水圧低下によって粘土層から水が搾り出されて粘土層が圧密され，地盤沈下を起こすことがある。被圧地下水をある程度の規模で開発する場合には，自然の供給量に見合う範囲内で取水すべきであり，そのための水文調査は不可欠である。　　　　　　　　　　　　　　◎北岡豪一

PL値　[ピーエルち]　PL (Index of Liquefaction Potential) value　被害想定　地震　PL値はFL値を深さ方向に積分することに定義される値で，液状化による地盤全体の軟化度や，地割れと噴砂など地表面での変状の度合いを表す指標として用いられる。液状化指数。既往地震における事例調査によれば，PL値が15以上になると地表面に液状化による変状が数多く観察されるようになる。一方，PL値が5以下の場合は地表面に変状が発生しないとされ，構造物や施設の耐震設計において液状化の影響を考えなくてもよいとされている。→液状化の推定，FL値
　　　　　　　　　　　　　　　　　　　　◎濱田政則

POD解析　[ピーオーディーかいせき]　Proper Orthogonal Decomposition　気象　POD解析は，因子分析の確率的表現であるKarhunen-Loeve展開の一種であり，ランダムな場に隠されている組織的構造を見出すのに有効である。ランダム場の空間相関マトリクスの固有値問題を解けば，個々の現象を観測するのに最も効率的な座標(規準座標)が見つかる。固有ベクトルが規準座標の方向，固有値が規準座標の分散を表し，固有値の和はランダム場の分散の和と等しい。低次の規準座標のみで場の情報の大半を表せることも多く，効率のよい情報蓄積が可能である。
　　　　　　　　　　　　　　　　　　　　◎田村幸雄

b値　[ビーち]　b value　地震　規模(マグニチュード)の大きな地震ほど数が少なく，小さな地震程，数が多い。観測網の検知能力よりも大きな地震について横軸にマグニチュード，縦軸に地震の頻度の対数をとると，負の傾きを持つ直線になる。この負の傾きを表す値をb値と呼び，一般に1前後の値をとることが多い。b値は，ある特定の時空間範囲内の地震活動を特徴付ける基本的なパラメータである。b値の時間変化は周辺の地殻活動状況を反映すると考えられる。　　　　　　　　　　　　　　　◎片尾浩

PTSD　[ピーティーエスディー]　post-traumatic stress disorder　情報　▶心的外傷ストレス障害

PT調査　[ピーティーちょうさ]　person trip survey　被害想定　パーソントリップ調査のこと。交通計画を立案するための基礎となる資料を得るために，数府県にまたがる広域都市圏の住民を対象として，個人の1日の行動トリップについて行うアンケート調査である。この調査ではトリップの目的，出発地・目的地，出発時刻・到着時刻，利用交通機関などを尋ねているので，この調査票からある特

定の時刻に特定の地域にいる個人を見出して集計すれば，当該時刻における一時滞留者数を求めることができる。
→一時的滞留者，交通機関利用者数　　　　　　◎辻 正矩

P-Δ効果　[ピーデルタこうか]　P-Δ effect　[地震]　先端に鉛直力Pと水平力Hを受ける長さlの片持ち柱を例にとると，固定支点に生じる曲げモーメントMの大きさは，先端で水平変位Δが生じた変形後の状態では$M=Hl+P\Delta$となって，変形を無視して求めた$M=Hl$より大きくなる。このように圧縮と曲げを受ける部材において，材の変形によって曲げモーメントの値が増幅される現象をP-Δ効果，モーメントの増分をP-Δモーメントといい，高層骨組では無視できない。　　　　　　　　　　　◎森野捷輔

ヒートアイランド　heat island　[気象]　都市が周囲よりも高温である状態。高温の理由としては，人為的な熱排出，市街地の蒸発抑制効果(舗装などのため蒸発・蒸散が少なく，気化熱による冷却が抑制される)，建物による放射冷却の阻害などが挙げられる。ヒートアイランドの構造は大気安定度や風速に依存して変化する。都市内外の気温差は晴れて風の弱い夜に大きく，大都市では数℃，小集落でも1～2℃に達する。一方，昼間は混合層内に熱が拡散されるため気温差は小さいが，高温域は上空1 kmぐらいまで及ぶ。こうした気温差によって，郊外から都市へ向かう風が吹く。この風は昼間に強い傾向があり，大都市では1 m/s程度に達するものと見られる。　　　　　　◎藤部文昭

P波　[ピーは]　P wave　[地震]　体積変化の波で振動方向が伝播方向に平行な縦波。S波や表面波よりも伝播速度が大きく，一番早く到着する波なので，primary waveからP波と呼ばれるようになった。地殻内に発生した近地地震の場合，P波とS波の伝播経路はほぼ同じで，それらの伝播速度の比もほぼ一定なので，S波とP波の到着時刻の差(秒)に8を乗じて，震源距離(km)を簡単に見積もることができる。　　　　　　　　　◎澁谷拓郎

B-β法　[ビーベータほう]　B-β method　[河川]　降雨強度をR，降雨レーダーによって観測されるレーダー反射因子をZとして，両者の間に$Z=B\times R^\beta$という関係が近似的に成り立つことを利用し，レーダー観測に基づき広域の降雨強度分布を推定する手法。理論的にはBとβは雨滴粒径分布が降雨強度にどのように依存するかから説明されるが，現実には同時に観測したZとRなどから経験的に推定されることも多い。対流性か層状性かといった降雨タイプ，あるいは雲の発達過程やその雨滴の起源の位置などによってB，βが大きく変化することが知られているが，きちんと電力的に較正されたレーダーでは，平均的には$B=200$，$\beta=1.6$という値があてはまるとされ，広く用いられている。→層別平均法　　　　　　　　◎沖 大幹

被害　[ひがい]　damage and losses　[共通]　災害により生じた人的，物的な損害の総称。災害対策基本法では，災害の定義を暴風，豪雨，豪雪，洪水，高潮，地震，津波，噴火などの異常な自然現象と，大規模な火事，爆発，放射線，船舶遭難などによる被害としている。同法では市町村，都道府県，指定公共機関(NTT，日本銀行，日本赤十字社，NHKなど)，指定行政機関(港湾，土地改良区，電気，ガス，輸送，通信など)に対し，被害状況の報告を義務付けている。関連する政令では，被害の項目として，死者，行方不明者，重軽傷者などの人的被害，住家の全半壊，一部損傷，床上床下浸水などの被害，田畑の流失，埋没，冠水の面積，道路決壊，橋梁流失，堤防決壊，鉄道不通などの箇所数，罹災者数とともに公共施設の物的被害，復旧に係る費用，農作物等の被害の概算額などが指定されている。これらの直接被害の他に，経済活動の低下や住民の虚脱感など間接被害がある。→直接被害，間接被害　　　　　　　　　　　　　　　　　　◎渡辺晴彦

被害確率マトリクス　[ひがいかくりつマトリクス]　damage probability matrix　[都市][地震]　構造物に作用する外力と損傷状態の生起確率との関係を表し，地震被害予測のための基礎資料として用いられるものである。地震動強度が連続量として表されている場合には→フラジリティーカーブと呼ばれる曲線で表現されるのに対して，地震動強度が，気象庁震度階や，強度指標(最大加速度，最大速度，SI値など)をランク分けした離散量で表されている場合，損傷確率が行列状の数表として得られるため，被害確率マトリクスと呼ばれる。被災データの統計処理による統計的手法，専門家の意見に基づく経験的方法，数値シミュレーションによる解析的方法，実験的方法などによって算出される。　　　　　　　　　　　　　　◎能島暢呂

被害危険度　[ひがいきけんど]　risk　[共通]　加害性の現象が発生しても作用領域に人間が活動していなければリスクはない。加害力の作用領域で，日常生活から被害危険度を完全に除去することは不可能である。加害性の現象に無関係なリスクがある。先進国では心臓疾患，ガン，循環器病で死因の90％を占めており，アメリカにおける自然災害死の人口比0.01％と圧倒的な差になっている。要因は喫煙である。「危険度」は「安全度」に対置され，経済力，政治的な意思，技術力と加害力のバランスで決まる。危険度はまた，受容限度によっても決まるが，受容限度のレベルはそのレベルでだれが利益を得るか，そのレベルを保つ費用をだれが負担するかなどの問題があり，その決定には困難な決断がいる。人命の損傷を評価する場合に「得べかりし利益」という経済の概念を用いるが，これだけでは同じ人間であっても労働機会のない人には適用できないという致命的な欠陥を持つ。　　　　　◎渡辺正幸

被害軽減　[ひがいけいげん]　preparedness　[共通]　加害力が作用した場合，被害の発生は避けられないものの，その質と量を災害前の対策と災害後の対応を合わせて最小限に軽減しようとする努力をいう。加害力の作用頻度が大きいが強度が相対的に小さい場合，構造物の機能を利

用して脆弱性を小さくしたり加害力を変質あるいは減勢することによって達成されるが，加害力の強度が大きくなると作用頻度が小さくても被害が大きくなる可能性が高い。そのような場合には，リスクの評価をもとにした土地利用規制や予警報による避難など構造物の機能に頼らない方法を組み合わせる。加害力が作用して災害に転化する過程とその原理が明らかにされていることと加害力のモニタリングが精度よく実行され，加害力が作用する地域の住民が災害の知識を持っていることが必要である。→減災，災害回復力，被害抑止
◎渡辺正幸，大井英臣

被害の増幅効果 [ひがいのぞうふくこうか] magnification [共通] 災害の形態や現象の規模は社会の変化とともに変化していることが認められる。形態的な変化については河田(1991)が田園災害，都市化災害，都市型災害，都市災害という4分類を提唱して単一の加害現象の影響が面的に拡大し，かつ，社会のネットワーク機能を連鎖反応的に阻害していく実態を説明している。都市災害では，阪神・淡路大震災の事例に見られたように，地震がライフラインや交通網を破壊し生活や都市機能をマヒさせただけでなく，火災を誘発させて被害が増大した。地震によって山地や都市の斜面上の土砂が移動しやすくなって地すべりや土石流が発生する可能性が大きくなる。貧困や戦争で森林の伐採がすすんだ流域では流出状況が変化して洪水の際には通常の営力による変化を超える現象が起きて影響を受ける地域や人口が大きくなる。
◎渡辺正幸

被害評価 [ひがいひょうか] damage evaluation [情報] →地震被害推定

被害抑止 [ひがいよくし] disaster mitigation [共通] 災害の外力を構造物の耐力で対抗し，被害を防止しようとする防災の考え方。人命の損傷，生活水準の低下，物的損害を減らすために取りうる手段を総称するもの。人や社会の加害力に対する脆弱性を小さくすること，加害力を減勢し変質させることも含まれる。加害力の強度が比較的小さく，構造物による対処が可能で無被害も期待できる場合に有効な概念である。一般に災害対策には，被害抑止，被害軽減，応急対応，復旧・復興の4つのフェーズが存在し，一つのサイクルを構成している。これまでわが国では，できるだけ丈夫な構造物を造ることによる対策，すなわち被害抑止が，防災対策の中心であった。しかし，阪神・淡路大震災のような低頻度巨大災害の教訓として，これら4つのフェーズそれぞれに独自の対策が必要との認識が高まり，現在その研究が進められている。具体的な手段としては，建築物の加害力に対する強度増加，開発事業を実施する場合には防災を機能として含むように事業のコンポーネントを構成する，特定の加害力で容易に全滅するような産業構造を避け，効率やスケール・メリットを多少犠牲にしても，産業や製品の品種や完成あるいは収穫時期を多様化することによって全滅しないで生き残ることができる生産構造を作ることが挙げられる。→減災，災害抵抗力，被害軽減
◎田中 聡，渡辺正幸

干潟 [ひがた] tidal flat [海岸] 満潮時に水没し，干潮時には干上がる砂泥質の平坦な場所。河口周辺部や湾の奥に発達しやすい。干潟では太陽光と豊富な栄養塩により，生物の生産性が極めて高い。植物プランクトン，動物プランクトン，二枚貝，ゴカイ類など多様な生物が見られるところであり，これらを餌とする水鳥の飛来地としても認識されている。また，これらの食物連鎖を通して栄養塩を系外に排出し水質を浄化する上でも大切な場所となっている。埋立などにより干潟は減少する傾向にあるが，最近では干潟の消失を人工的に作られた干潟によって代替することも試みられている。
◎岡安章夫

光ケーブル網 [ひかりケーブルもう] optical fiber network [都市] 光ケーブルは，心線に光ファイバーを用いているため低損失で広帯域な伝送媒体であり，メタルケーブルに比較し大容量で経済的なかつ多彩なサービスが可能である。また，外部からの電磁誘導がないことから高品質の通信が可能である。さらに光ファイバーの主成分は地球上に多くある石英であり，省資源化にもつながる。このような光ファイバーの情報通信ケーブルへの適用については，国内では市外系と市内系への導入がある。光ケーブル網は市外系から導入され，順次市内(アクセス)系へと拡大される。市内系の光化は，事業所などへは直接引き込むことはあるが，当面は，まず一般家庭に通信センターから配線点(き線点)まで光ファイバーを敷設し，引込線は従来のメタルケーブルを用いる。光ケーブルは，通信事業者(国際事業者も含む)だけでなく電力系会社や自治体でも敷設されており，情報化社会において大きな役割を占めるものと思われる。
◎中野雅弘

火消 [ひけし] fire fighter [火災・爆発] 江戸の初期には消防組織がなく，江戸城に火災が生じた時のみ，老中・若年寄が，番方の旗本を指揮して消火にあたり，人数が不足する時は，老中奉書をもって小大名に応援を求めるかたちがとられていた。武家屋敷の火災は大名・旗本が各自で消火にあたり，町家の火災は町人自身の消火活動に任せるという方針が基本であった。しかし，明暦の大火は幕府に消防体制の不備を痛感させ，その翌年の1658年「江戸中定火之番(えどじゅうじょうびのばん)」すなわち「定火消の制」を創設させ，さらに享保年間「町火消の制」が整えられるに至り，江戸の消防組織は確立した。
◎高橋 太

飛砂 [ひさ] blown sand [海岸] 砂浜および砂丘地帯などで起こる風による砂の輸送現象もしくは輸送されている砂そのもの。水流による砂の輸送現象である漂砂や流砂における砂の移動機構との大きな相違は，飛砂にはサーフェイス・クリープと呼ばれる移動機構が存在することである。この移動機構は運動している砂粒が砂表面に衝突する時の衝撃力によって生じていると考えられている。こ

れは，風による砂の輸送現象である飛砂は水流の場合に比べ砂の**慣性力**の影響が強く現れる現象であるためである。また，飛砂には流動開始移動限界および衝突移動開始限界の2種類の**移動限界**があり，前者は風により砂が移動開始する時の移動限界である。後者は移動している砂が砂表面に停止する時の移動限界であり，流体力としては前者より小さな値となる。これは，砂の慣性力の影響が強く現れる飛砂では，一旦運動を開始した砂は停止し難いためである。

◎三島豊秋

被災建築物の応急危険度判定 [ひさいけんちくぶつのおうきゅうきけんどはんてい] quick inspection of damaged buildings 行政 地震　余震などによる被災建築物の倒壊や部材の落下などにより生じる二次災害から住民の安全を確保するため，建築物の被害の状況を調査し，二次災害発生の危険の程度を判定・表示(赤：危険，黄：要注意，青：調査済)するものである。調査を行う応急危険度判定士は，都道府県知事が認定登録する建築技術者のボランティアである。

◎国土交通省

被災市街地復興推進地域 [ひさいしがいちふっこうすいしんちいき] promotional area of urban reconstruction 復旧　被災市街地復興特別措置法に基づき，都市計画決定の手続により定められる発災後の初動期対応の都市計画の一つである。大規模な災害により相当数の建築物が倒壊，焼失し，放置すると不良な市街地が再生される恐れがあるため，面的な整備のための事業実施が必要な区域を被災市街地復興推進地域に定める。本地域内においては，最長2年間にわたって建築行為などに制限がかかるとともに，市町村は緊急復興方針に従い，土地区画整理事業の実施，地区計画の決定など必要な措置を講じなければならない。

◎林　孝二郎

被災市街地復興特別措置法 [ひさいしがいちふっこうとくべつそちほう] Law concerning Promotion of Disaster Prevention in Densely Built-up Areas 復旧　阪神・淡路大震災の復興対策を契機として，大規模な災害が発生した市街地の復興に資するため1995年2月に制定された法律で，阪神・淡路大震災の被災地に限定したものでなく，大規模な災害を受けた市街地に対して一般的に適用される法律である。従来の都市計画制度を補完する性格を持ち，激甚な被害を受けた市街地特有の問題に対処する「非常時における都市計画」として，緊急事態に応じた機動性と時間の観念を強く意識した制度となっている。主な内容として，被災市街地復興推進地域に関する都市計画および同地域内における市町村の責務と建築制限等に関する事項，被災市街地復興土地区画整理事業等の市街地開発事業に関する特例，住宅の供給等に関する特例などが含まれている。→復興共同住宅区，復興土地区画整理事業

◎林　孝二郎

被災事業所 [ひさいじぎょうしょ] damaged enterprise 復旧　罹災のため焼失・倒壊など，その活動に支障をきたしている事業所のこと。例えば，阪神・淡路大震災では多くの中小企業が工場を失ったが，こうした事態に対応するためこれまで前例のない仮設工場が建設された。これは，「災害復旧高度化資金融資制度」を仮設工場建設に適用できるよう特例措置が講じられたことによって可能となった。この他，被災事業所には融資，利子補給，助成など様々な支援措置が実施・検討されることになる。罹災による直接被害が軽微でも被災事業所の下請けなどで間接被害を被った事業所も，被災事業所として認定されることがある。

◎加藤恵正

被災しなかった人の行動 [ひさいしなかったひとのこうどう] psychological impacts on people in non-damaged areas 情報 被害想定　大きな震災は身体，建造物，収入など，多岐にわたって損害を与える。メディアによって流された悲惨な実態が恐怖感を与え，被災しなかった人は自らが被災地の外に位置することを自覚する。ここから，救援活動，ボランティア活動などの目的で被災地に向かう行動と被災地外にとどまる行動の2種類が生まれ，その間で葛藤が生じる。この葛藤は個人的に処理するよりも，被災地・非被災地間の交流によって解消することが心理的には望ましい。

◎藤田　正

被災しやすい環境 [ひさいしやすいかんきょう] unsafe conditions 海外　脆弱性が増大していく過程で，加害力が容易に災害に転化するところまで社会が脆弱になった状態をいう。河岸段丘や地すべり地の住宅，低所得のために被災すれば生存が不可能になる生活レベルあるいは災害で簡単に職が失われる社会，相互助け合いの伝統や制度がない地域社会，伝染病流行地域などでは軽度の災害が地域社会の滅亡をもたらす。

◎渡辺正幸

被災者生活再建支援法 [ひさいしゃせいかつさいけんしえんほう] Act Concerning Support for Reconstructing Livelihoods of Disaster Victims 行政 復旧　阪神・淡路大震災を教訓として，1998年5月に成立した法律。地震などの自然災害の発生により被災した者に，生活基盤を再建するための最低限の資金を給付し，もって，被災者の自立復興を支援することを目的としている。なお，被災者への資金給付の原資は，都道府県の共同出資による基金(国は2分の1補助)で，全国一律の水準による最高100万円の被災者生活再建支援金を支給することにより被災者への給付が確保されることになった。

◎内閣府，井野盛夫

被災者総合相談所 [ひさいしゃそうごうそうだんじょ] general recovery information and consultation center 復旧　被災者は，様々な生活上の不安や問題を抱えて災害からの復旧復興に取り組むが，被災者の状況に応じて，様々な公的支援が必要となる。そのため，従来は行政各部署ではそれぞれに所管する分野について各窓口での相談業務が開設されていた。しかし，ノースリッジ地震で

は，緊急対応のための現地本部に総合的な相談体制を開設し，多様な被災者の相談に総合的に対応した。それらの教訓から，阪神・淡路大震災では各自治体でも総合的な相談業務に努めたが，東京都は「生活復興マニュアル(1998年)」において，「被災者総合相談所」の設置を位置付けた。それによると，被災後2週間以内に，法律，土地・建物，住宅，労働，年金・保険，消費生活，こころの相談，福祉・高齢者，教育，税務，医療，外国人，その他の必要な相談を総合的に開設する体制を講じる他，必要に応じて弁護士会，税理士会，建築士会などの専門家団体に専門家の派遣を要請するとしている。 ◎中林一樹

被災者ニーズの想定 [ひさいしゃニーズのそうてい] estimation of sufferers' needs [被害想定][情報]
被災者の被災後における生活支障は，新たな生活ニーズの発生であるが，その内容は極めて多様である。被災程度や性，年齢など被災者の個人属性によって，住まいや衣服など生活支障の状況が異なり，ミルクや生理用品など生活の維持，復旧のためのニーズは異なる。また，被災後の時間経過とともに，被災者の生活に必要なニーズは変化していく。阪神・淡路大震災では，被災者の生活ニーズの把握のために，避難所や応急仮設住宅などで被災者に対する聞き取り調査などを行ってニーズを把握し，対応していった。しかし，こうした被災者ニーズを事前に想定し，生活物資やサービス供給体制などを準備しておくことは重要ではあるが，その定量的想定手法の確立が待たれる。 ◎中林一樹

被災者の怒り [ひさいしゃのいかり] anger [情報]
怒りは主観的経験としての情緒の一つで，フラストレーション事態で引き起こされ，しばしば攻撃行動に結びつく。震災時はまさに日常時の目標への道が閉ざされたフラストレーション事態だが，怒りは外部と内部の双方に向かう。被災地と非被災地との間の格差(温度差としばしば表現される)への怒りは外部に向かったもので，自らの力不足への腹立ちは内部に向かったものであるが，怒りの共有が従来の枠組み・考えを変える大きな力であることは間違いない。 ◎藤田 正

被災者の移住 [ひさいしゃのいじゅう] resettlement [海外]
被災者が所有あるいは占有していた土地が消失した場合(例えば洪水によって失われた段丘あるいは地すべり末端部分)や危険地域に指定されて立ち退きが強制された場合(地震や火山災害)，生存者は移住を余儀なくされるが，移転補償金が支払われることはほとんどない。政府が移転地と家屋を準備する事例はあるが，被災者が農民である場合には農耕地の準備がないので緊急事態が過ぎれば元の土地に戻ることになる。元の土地が消失した場合は，外国の援助と不定期の農業賃労働に頼って地縁，血縁を維持しつつ生存限界の生活を続けるが，さらに窮乏するとスラムやより危険な土地を求めて移住することになる。 ◎渡辺正幸

被災者復興支援会議 [ひさいしゃふっこうしえんかいぎ] Hyogo Forum for Advocating Individual Recovery [情報][復旧]
阪神・淡路大震災から半年後に発足した第三者組織である。兵庫県知事の呼び掛けに応じた12人の各分野の専門家からなり，アウトリーチとアドボカシーを特徴とする。被災者やその支援団体と行政との間に立って，前者に7割方重点を置き，双方へ呼び掛けや政策提言を行ってきた。当初の設立趣旨に沿って，積極的に関与を続けた行政職員の貢献は不可欠であった。非常時に設けられた組織を平常時にどう活用するかが，今後の課題である。 ◎小西康生

被災住宅の応急修理 [ひさいじゅうたくのおうきゅうしゅうり] quick repair of damaged houses [復旧]
災害により被災した住宅に対し，居住のための最小限度の部分を応急的に補修すること。災害救助法を根拠とし，応急修理を行う資力のない者に対し，都道府県知事(権限を委任した場合は，市区町村長)が建設業者を派遣して修理を実施する。応急修理の対象数は半焼および半壊世帯数の3割以内，修理費用は1世帯当たり43.2万円以内，修理期間は災害発生後1ヵ月以内と定められている。修理対象数，修理期間については必要に応じて引き上げ，延長が可能である。阪神・淡路大震災では，神戸市内におけるこの規定に基づいた修理実施件数は577件にとどまったものの，今後の大都市災害においてはその重要性に留意し，制度のいっそうの充実と柔軟な運用が望まれる。 ◎濱田甚三郎

被災商店街復興事業 [ひさいしょうてんがいふっこうじぎょう] reconstruction project of shopping street [復旧]
災害により店舗や共同施設(アーケード，舗装，アーチ，共同店舗，組合事務所など)が全壊，半壊，損壊などの被害を受けた商店街で，それらの施設の復旧，復興を進める中小企業者に対する支援策をいう。阪神・淡路大震災では，商店街振興組合，事業協同組合などの所有する共同施設の再建に対しては国庫補助制度(工事費の3/4)が設けられた。また，中小企業総合事業団の災害復旧高度化融資制度を適用する場合には，貸付条件その他の特例措置(事業費の90％を無利子融資)が講じられた。 ◎北條蓮英

被災する可能性・脆弱性 [ひさいするかのうせい・ぜいじゃくせい] exposure to hazard [共通]
災害は加害力に時間的，空間的に曝されること(physical exposure to hazard)と人間が脆弱性を持っている(human vulnerability to hazards)という条件が同時に満たされて起きるものである。自然現象によってエネルギーや噴出物質が短時間に放出されることで加害力の大きさが決まる。加害力が作用するのはおおよそ定まった地域であり，そこでは地震，火山，津波，熱帯低気圧などの加害力が発生する。急峻で地殻変動が激しい地域の山地に大きな降雨がありその下に広大な氾濫原や海岸低地があるという地域に加害力が作用することにより災害が発生する。加害力が作用する地域で

人口集中が進んでいる100の地域で世界の人口の1割という大きな人口が収容され，うち50の都市は途上国にある。「加害力が作用すれば，貧困層がより多く被災する」というのは公理である。→脆弱性
◎渡辺正幸

被災地芸術文化活動 ［ひさいちげいじゅつぶんかかつどう］ art and culture movement in affected districts
復旧　災害などの非常事態になると平時の芸術文化活動が止まることがある。戦時体制下の状況がそれをよく示し，災害時での対応も瞬間的には同じ状況になる。「アート・エイド・神戸」はそんな阪神・淡路大震災において，被災1カ月後から，島田誠らによって始められた運動である。「芸術で神戸が救えるの？」と聞かれ，「それは無理や。でも人は空気だけでも，水だけでも生きられへん。」と答え，「心」の問題はどんな状況においても最も重要なことだと述べている。5年間で約8000万円の基金を集め，被災芸術家の緊急支援，チャリティ美術展やコンサート，詩集など出版物刊行，仮囲い壁画制作といった活動が展開された。
→文化復興
◎小林郁雄

被災地情報ネットワーク ［ひさいちじょうほうネットワーク］ disaster area information network　都市　情報　被災地での情報は，被災者の必要とする情報の集積・流通面から考えることが重要である。必要な情報を迅速にかつ的確に整理し伝達する仕組みを構築する必要がある。そのためにはまず，マルチメディア時代に対応した通信媒体を利用したシステムとして，通信回線，情報端末，LAN機能を活用する被災地情報ネットワークがある。被災地，自治体，病院等間の情報を共有するための情報プラットホームを構築することにより関係者間での情報共有・連携が実現する。また，多様なアクセス手段の利用と電子掲示板の活用がある。携帯端末などを広く活用するとともに電話番号を活用した所在地登録などの利用が考えられる。さらに，人材およびノウハウの提供として各地のボランティアが，情報ネットワークを介して関係情報のデータベース作成を支援する。
◎中野雅弘

被災度区分判定 ［ひさいどくぶんはんてい］ damage assessment　復旧　情報　地震などの災害で被害を受けた建築物について，その建築物の補修や除却の必要性の有無を判断するために，被災状況を詳細に調査し，その結果に基づいて被災度を軽微，小破，中破，大破，倒壊の5区分に判定するものである。被災度区分判定は応急危険度判定の後に行われる一連の作業として開発された応急危険度判定が人命に関わる公共性の高い業務として公的に実施されるのに対し，被災度区分判定は建築物の所有者が設計事務所に依頼して実施するものとされているが，この判定も応急危険度判定同様に応急危険度判定士が実施する場合もある。この判定は罹災証明における被災程度の判定のひとつの根拠となっている。
◎小川雄二郎

被災離職者 ［ひさいりしょくしゃ］ jobless victims　復旧　災害による勤務先の倒産や経営悪化のため仕事を失った者。こうした被災離職者に対する生活支援は短期的な課題として被災地に顕在化するため，雇用保険制度の適用など機動的な対応が求められる。阪神・淡路大震災では，労働省の通達により失業給付要件の緩和などの特例措置がとられた。兵庫県事業として離職者生活安定資金貸付制度なども創設された。また，再就職のための支援措置として，求人情報の提供，職業訓練の拡大などが必要となるが，空間的に限定された被災地における労働市場の急変は，年齢，職種などの需給ミスマッチが発生する可能性が強い。適切な対応が求められるところである。
◎加藤恵正

飛散物 ［ひさんぶつ］ wind-borne missile　気象　強風が発生すると，強固に固定されていないものが飛散し，それが構造物に衝突して被害を生ずることが少なくない。瓦などの外装材の一部が飛散する場合もある。固定されていない日本瓦では35m/s程度の風速で飛散するといわれている。防水押さえに砂利が用いられ，その飛散により周辺の建物のガラス面に多くの被害を発生させた例もある（1983年8月18日ヒューストン）。角材などが飛散すると，ガラス面のみならず，コンクリートブロックやサイディングも貫通する場合がある。飛散物による被害低減は，飛散しないように配慮をすることと，飛散した物体から構造物を保護することの両面を考える必要がある。
◎神田順

微小クラック ［びしょうクラック］ microcrack　地震
■微小破壊

非常災害 ［ひじょうさいがい］ major disaster　行政　大規模な災害であって都道府県の段階では十分な災害対策を講じることができないような災害をいい，具体的には，死者，行方不明者などの罹災者数，被災家屋数などの被害の程度や災害の態様から判断することとなるが，諸般の事情を斟酌する必要があるため，一律の基準を示すことは行われていない。
◎内閣府

非常災害対策本部 ［ひじょうさいがいたいさくほんぶ］ headquarters for major disaster control　行政　非常災害が発生した場合において，災害の規模その他の状況により，国として総合的な災害応急対策を効果的に実施するため，特別の必要があると認める時に，臨時に内閣府に設置される組織。本部長は国務大臣をもって充てる（災害対策基本法24条）。
◎内閣府

微小地震 ［びしょうじしん］ microearthquake　地震　マグニチュード（M）に従って地震を分類する場合の，$1 \leq M < 3$の地震をいう。地震は規模の小さいもの程数が多いため，微小地震を観測することにより短い期間である地域の地震活動が把握できると考えられ，微小地震活動が詳細に研究されたが，長期間の大・中地震の分布と，短期間の微小地震の分布を比較すると，大局的には重なるものの，違っている部分があることなどがわかってきた。
◎三上直也

微小振幅波 [びしょうしんぷくは] small amplitude wave 〔海岸〕　エアリーによって提案された微小振幅波理論によって記述される波。微小振幅波理論は流体が非粘性・非圧縮性で、振幅が微小であると仮定して導かれた波の理論のことである。すなわち非線形項を無視して線形化した力学的境界条件、運動学的境界条件を用いて解が求められる。このため線形理論と呼ばれたり、研究者の名前をとってエアリー波理論と呼ばれることもある。この理論は深海から浅海に至る波の性質を統一的に表すことが可能であり、振幅微小の仮定にもかかわらず比較的波高の大きな波の特性に対しても非常によい適合性を持つ。また、不規則波を微小振幅波が無数に重なり合ったものとして取り扱うモデルも不規則波の統一的な取り扱いを可能にし、良好な適合性を持つ。
◎木村 晃

微小破壊 [びしょうはかい] microfracture 〔地震〕　転位(dislocation)とともに固体物質中に存在する重要な欠陥(defect)の一つで、数μm～数mmの大きさの微視的なクラックのこと。実際の固体物質の破壊現象を支配する重要な要因である。岩石のような脆性(brittle)物質の破壊は、応力の増加につれて、既存の微小クラックの進展や新たなものの生成・合体によって最終的な巨視的破壊が生じると考えられている。微小クラックの生成はAE(acoustic emission)と呼ばれる高周波数の弾性波動現象を伴い、しばしば自然地震のアナロジーあるいはごく微小な地震として取り扱われる。
◎島田充彦

非常用エレベータ [ひじょうようエレベータ] fire elevator / emergency elevator 〔火災・爆発〕　高さが31mを超える高層建物において消防隊による救助・消火活動を円滑に進める目的で設置されるエレベータ。一般乗降用のエレベータとは異なり、非常用電源での運転が可能で、容積・積載荷重の規格も拡充されている。非常用エレベータの乗降ロビーは、特別避難階段の付室と同様、給排気のための換気設備あるいは有効な外気に開放可能な自然換気口が設けられ、煙の侵入防止対策が講じられ、また消防活動のため一定以上の面積が確保されている点が大きな特徴である。安全上、特別避難階段の付室と兼用されることが多い。
◎山田常圭

非常用照明 [ひじょうようしょうめい] emergency lighting 〔火災・爆発〕　火災など、非常時に常用電源が停止した場合においても、在館者の避難に支障が生じないように、避難経路を一定の明るさに保つための照明設備。通常時は点灯しなくてもいいが、停電時には自動的に点灯するよう、バッテリーが内蔵されている場合と、通常電源とは別な予備(非常用)電源に接続されている場合がある。→消防設備
◎山田常圭

非常用電源 [ひじょうようでんげん] emergency power 〔火災・爆発〕　火災など、非常時に常用電源が停止した場合においても、各種防災設備(非常用の照明設備、非常用エレベータ、誘導灯屋内消火栓設備、スプリンクラー設備など)が一定の期間、稼働できるようにするための電源供給設備。非常電源専用設備(別系統商用配電)、自家発電設備および蓄電池設備の3種類に分けられる。このうち、自家発電設備と蓄電池設備は、商用電力とは別に建物毎に独立して電源を確保するものであり、停電時に瞬間的に電源が切り替わり電力の供給が可能となる。→消防設備
◎山田常圭

ヒストグラム histogram 〔共通〕　度数分布を表す図。データをある範囲毎の階級に区分し、それぞれの区分に相当するデータの数(度数)を、度数に比例した面積を持つ長方形で表したもの。データの最小値と最大値の間を、スタージェスの公式(階級数=$1+\log_2 n$、nはデータ数)から得られる階級数(に近い整数)で分割すると、見やすいヒストグラムができる。確率変数である統計的データから得られたヒストグラムを、総面積が1になるように正規化したものは頻度図と呼ぶ。
◎矢島 啓

ひずみエネルギー strain energy 〔地震〕　外力によって物体が変形する時、外力の作用点は物体の変形に応じて移動するので、物体に対して仕事をする。これを外力仕事と呼ぶ。外力仕事は、変形しない状態に対する位置エネルギーの変化を意味し、このエネルギーは物体内に蓄えられるが、これをひずみエネルギーと呼ぶ。弾性変形によって蓄えられるエネルギーは、弾性エネルギーとも呼ばれる。
◎中島正愛

飛雪空間密度 [ひせつくうかんみつど] snow drift density 〔雪氷〕　吹雪の時に単位体積の空気中に存在する飛雪粒子の質量で、吹雪の強さを表す。吹雪計で測定した吹雪輸送量を風速で除して求められる。雪面に近いほど大きく、雪面から離れるにつれ小さくなる。雪面に近い跳躍運動の卓越する層では、運動学的な理論により、また、雪面から離れ浮遊運動が卓越する層では乱流拡散理論により定式化されている。吹雪時の視程は、飛雪空間密度と風速の積である吹雪輸送量の増加とともに悪くなる。
◎佐藤 威

飛雪粒子 [ひせつりゅうし] drifting snow particles 〔雪氷〕　吹雪の時に、雪面から舞い上がり空気中を飛んでいる雪の粒子のこと。降雪の雪片とは区別する。樹枝状などの雪の結晶が壊れた複雑なものから、丸みを帯びたものまで形状は様々である。直径は数十～数百μm程度で雪面に近い程、大きな粒子が多く、雪面から離れる程、小さな粒子が増す。飛雪粒子の運動は、雪面に近いところでは転動、跳躍が卓越し、雪面から離れるにつれ浮遊が卓越する。
◎佐藤 威

非定常空気力 [ひていじょうくうきりょく] unsteady aerodynamic force 〔気象〕　広い意味では、時間とともに変化する空気力を意味するが、多くの場合、振動断面に作用する、その振動数と一致した変動空気力成分を意味する。破壊的な空力振動である曲げねじれフラッターを議論する

場合，曲げ変位，曲げ変位速度，ねじれ変位，ねじれ変位速度に比例する揚力，ピッチングモーメントに関する計8個の非定常空気力が定義でき，それぞれ無次元係数として表され，一般にはそれらは flutter derivatives と呼ばれ，非連成項と連成項からなる．薄翼や薄平板の場合，1930年代，Theodorsen あるいは Karman が別個にそれらの flutter derivatives をポテンシャル理論より Theodorsen 関数と呼ばれる関数で求めている．Scanlan は，翼理論で求められたこれら8個の flutter derivatives を用いた非定常揚力，非定常ピッチングモーメントの表現が，同様に各種構造断面を有する長大橋の桁の曲げねじれフラッター問題に適用できるものとして，実験的(自由振動法実験)による断面固有の flutter derivatives を求める方法とそのいくつかの実験結果を示した．また，翼断面の非定常空気力係数あるいは flutter derivatives を曲げあるいはねじれの強制振動法を用いて，各種構造断面別に強制振動法で求めることもできる．さらに，ある風速のもとで曲げねじれ2自由度振動系の曲げやねじれの減衰波形，(発散波形も含め) 振動数，曲げねじれの振幅比などに，同定手法を適用してこれら8個の非定常空気力係数を求める試みもなされている．特にこれらの非定常空気力係数のうち，たわみ速度とねじれ速度に比例するピッチングモーメントと，ねじれ変位に比例する揚力の3つの非定常空気力係数がフラッターに極めて重要な役割を果たすことが知られており，その安定化のためには，これらの空気力係数の適切な制御が必要となる．　　　　　　　　　　　　　　　◎松本 勝

人と防災未来センター [ひととぼうさいみらいセンター] Disaster Reduction and Human Renovation Institution 行政　阪神・淡路大震災の経験・教訓を全世界の共有財産として継承し，国内外の地震災害による被害の軽減に貢献するとともに，いのちの尊さや共生の大切さなどを世界に発信することを目的に，兵庫県が，国の支援を受けて神戸市内に整備を進めている施設．このセンターでは，大規模地震発生時に，震災対策に関する幅広い知識と豊富な災害対応の経験を有する専門家を迅速に被災地へ派遣し，被害状況調査や災害対策本部への助言などの支援を行う他，震災対策の実戦を重視した人材育成，総合的な調査研究や国内外の防災関係機関などとの交流・ネットワーク構築を推進する．さらに，阪神・淡路大震災の被害の実態や体験，教訓を展示する他，いのちの尊さ，共に生きていることのすばらしさを考え，体験できる場を提供している．2002年4月1期施設がオープン，2003年春に2期施設完成予定．　　　　　　　　　　　　　　　　◎齋藤富雄

避難 [ひなん] evacuation and sheltering 情報　難を避けることが避難である．危険性の高い場所を離れて，安全な場所にとどまることが避難であるといいかえることもできる．前半の危険性の高い場所を離れることを強調した場合の避難が evacuation である．屋内火災の際の屋外への避難，延焼火災の際の広域避難地への避難，洪水・高潮・津波からの避難，土砂災害の危険地からの避難などはどれも evacuation 型の避難である．そこでは避難路や避難地の選定，避難勧告の発令基準などが防災上の課題となる．一方，居住地が災害のために使用できなくなったために一時的に公共施設等で生活することも避難である．収容避難 sheltering と呼ばれることもある．1977年有珠山噴火災害，1986年伊豆大島全島避難，1991年からの雲仙普賢岳噴火災害，1995年阪神・淡路大震災，2000年からの三宅島全島避難など，地震災害や火山災害の避難はこの場合が多い．→群集流動，見透し距離　　　　　　　◎林 春男

escape / evacuation / egress 火災・爆発　火災が発生した場合，建物内の在館者が火災からの影響を避けるために，屋外などの安全な場所へ移動しようとする行為．建物の用途や在館者の属性などにより，避難の性状は大きく変化するため，現実に想定される火災のシナリオに基づいた避難計画を作成し，避難施設を適切に配置することが重要である．避難計画では，どこで火災が発生したとしても，避難者の存在する場所から避難場所まで，常に利用可能な避難経路を用意することが基本である．避難経路は，災害の影響が及ぶおそれのあるところからできるだけ遠ざかる方向に用意し，徐々に安全性が増すように計画する．最終避難場所は，公道とするのが通常であるが，超高層ビルなどのように，地上までの避難が困難な場合には，建物内に一時的な避難場所を設けることもある．また，自力での避難が困難な障害者などに対しては，一時避難場所を避難経路の近くに設けて，外部からの救助を計画することも必要である．→見透し距離　　　　　　　　　　　◎萩原一郎

避難階段 [ひなんかいだん] escape stairs 火災・爆発　火煙の侵入を防止し，避難に有効に利用できる直接地上に通じた階段．屋内避難階段と屋外避難階段の2種類がある．屋内避難階段は，階段室を耐火構造の壁で囲み，出入口は自動閉鎖式の防火設備とする．出入口以外の開口部は厳しく制限され，屋外への開口を設ける場合には，周囲の窓などから一定の距離を離して煙の影響を受けないようにする．また，屋外避難階段は，常時外気に開放され，煙の影響を受けないように周囲の開口部は制限される．→特別避難階段，避難経路　　　　　　　　　◎萩原一郎

避難勧告と避難指示 [ひなんかんこくとひなんしじ] evacuation counsel for disaster and order of evacuation 行政 情報　災害対策基本法第60条では次のように市町村長の避難の指示などが規定されている．「災害が発生し，又は発生するおそれがある場合において，人の生命又は身体を災害から保護し，その他災害の拡大を防止するため特に必要があると認めるときは，市町村長は，必要と認める地域の居住者，滞在者その他の者に対し，避難のための立退きを勧告し，及び急を要すると認めるときは，これらの者に対し，避難のための立退きを指示することが

できる」。「勧告」とは，その地域の居住者などを拘束するものではないが，居住者などがその勧告を尊重することを期待して，避難のための立ち退きを勧めまたは促す行為である。これに対し「指示」とは，被害の危険が目の前に切迫している場合などに発せられ，勧告よりも拘束力が強く，居住者などを避難のため立ち退かせるためのものである。
◎消防庁

避難空間 [ひなんくうかん] escape space 被害想定
◘避難場所

避難経路 [ひなんけいろ] escape route 火災・爆発
火煙の侵入を一定程度防止し，避難に有効に利用できる居室から最終避難場所に至るまでの廊下や階段など。居室から廊下，階段室の付室，階段室というように，避難方向に沿って段階的に安全性が高く，最後まで連続していなければならない。出火の危険性がある室や，途中に鍵のあるドアを通過する経路を避難経路としてはならない。また，避難経路の途中で過度の滞留が生じることがないように，通過人数にふさわしい幅を確保することも重要である。→避難階段
◎萩原一郎

避難港 [ひなんこう] port of refuge 行政 暴風雨に際し小型船舶が避難のために停泊することを主たる目的とし，通常は貨物の積み降ろしや旅客の乗降の用に供しない港湾で，港湾法施行令第1条で定めるものを指す。平成12年4月1日現在，全国で35港が指定されている。
◎国土交通省

避難行動 [ひなんこうどう] evacuation 情報 海外
現在の場所では加害力による死傷や破壊が避けられない場合に，人命や財産を加害力の作用から守りやすい所か加害力の作用圏外へ移すことをいう。避難は事前に計画されていることが望ましい。旅行者が旅先で避難するような場合を除いて，避難行動が効果的に行われて避難途上の安全と避難先での生存と生活を維持するには，まず避難の必要性を認識して避難を嫌がらないこと，次いで限られた時間に必要な作業を実行する手順があり，手順通りに実行するためには訓練が必要であるからである。特に非健常者の場合は健常者による介護と支援や治療のための資機材を必要とする。さらに避難所での非日常的な生活では平常時とは異なった役割分担や秩序を必要とする。このような非日常性は訓練で体験することによってかなり克服することができる。→火災時の避難，地震時の避難
◎渡辺正幸

避難行動シミュレーション [ひなんこうどうシミュレーション] refuge simulation 河川 災害時の住民避難の様子を計算機で再現し，情報の提供時期や手段，誘導方法を分析する方法。氾濫水挙動や情報伝達といった外的要因に対して住民が反応する過程をどのように表現するかによって，想定避難人数を用いるもの，現地調査結果から避難人数を表す関数を作成するもの，住民が危険を感じる過程を人工知能技術を用いて表現するものなどに分けられる。また，情報伝達のモデルには，同心円状拡大型，伝達確率型，情報入手率とルール表現を用いる型などがある。
◎堀智晴

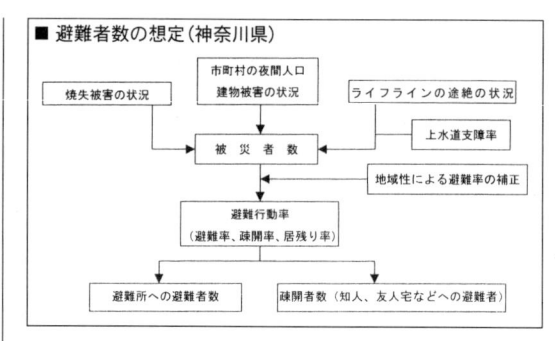

避難時間 [ひなんじかん] escape time 火災・爆発
出火から避難者が安全な場所まで避難するのに要する時間。大きくは出火から避難を開始するまでの避難開始時間と，移動に要する避難行動時間の合計である。避難開始時間は，さらに火災を覚知するまでの覚知時間，火災を覚知してから避難を始めるまでの初期対応時間からなる。避難行動時間は，基本的には避難者の歩行速度と歩行距離だけで決まる場合と，→避難経路上のネックとなる部分に発生する滞留の解消時間が追加される場合がある。滞留の解消時間は，滞留人数とネックの幅，流動係数から求めることができる。海外では，通過人数に基づいて避難経路の必要幅を規定していることが多いが，これは標準的な避難時間として約2.5～3.5分程度を仮定していることになる。
→避難速度
◎萩原一郎

避難指示 [ひなんしじ] order of evacuation 行政 情報 ◘避難勧告と避難指示

避難施設機能支障 [ひなんしせつきのうししょう] functional disruption of refuge facilities 被害想定 小・中学校，コミュニティ施設，集会所，寺院教会，公園などが避難所に充てられる。官民を問わず不特定多数の施設は，耐震改修促進法によって診断，補強を行うことになっているものの，電気，水，通信の機能支障が集団生活の運営上の問題を引き起こすため，代替手段の確保状況がポイントである。太陽光発電，井戸水の確保，優先電話設置などの他に，発電機，投光器，濾過器，テント，簡易トイレなどは備蓄，配給計画と連動する。
◎大西一嘉

避難者数の想定 [ひなんしゃすうのそうてい] estimation of refugees 被害想定 罹災者，居住継続困難者，帰宅困難者，疎開者などに分けられるが，被災者の避難行動特性を踏まえながら類型毎の避難者数を推計する。罹災者については建物被害と人口データをもとに，家屋倒壊や焼失により居住の場を失った罹災者を被害程度別にそれぞれの被害量の重なりを考慮して算出する。大都市でも古くからの地域や，中小都市，町村部では近隣協力や，近親者協力が期待できるため避難者数は抑制される。従って地域性を考慮しておく。避難先としては，公的避難所を始め，

アドホックに成立する私的避難所，さらに親戚，知人宅への疎開避難といった形態がある。(前頁の図参照)
◎大西一嘉

避難所　[ひなんじょ]　shelter　行政　情報　災害のため現に被害を受け，または受ける恐れのある者で，避難しなければならない者を，一時的に収容し保護することを目的とする学校，福祉センター，公民館その他の既設の建物または仮設物などをいう。→避難所の選択
◎厚生労働省

避難情報　[ひなんじょうほう]　information for evacuation activities　河川　情報　災害関連情報は予知情報，発生要因情報，被害情報，避難情報，安否情報，救援情報などに分類される。避難情報としては，市町村長が出す避難勧告，避難指示などがある。避難勧告は避難のための立ち退きを勧め，または促す行為で，避難指示は被害の危険が目前に迫っている場合に発令されるものである。避難情報の伝達にあたっては，正確な情報を迅速に収集，伝達することが重要である。そのためには避難情報を発令するタイミングと伝達手段に注意しなければならない。避難情報の発令の際には市町村独自の判断基準を持つことが必要で，例えば洪水の場合，大雨・洪水警報が発令されたり，洪水位が警戒水位を突破した場合に発令するのはもちろんのことであるが，上流域で被害が発生したり，氾濫原特性や河道特性から見て被害が発生する危険性がある場合にも，その危険性を判断して発令の準備を行うべきである。災害の発生に関しては空振りは許されても，見逃しは許されない。また，避難情報の伝達手段としては，行政機関間では防災行政無線，電話，FAX，行政機関から住民へは広報車，口頭連絡により行われている場合が多い。過去の災害における成功事例を見ると，住民への伝達手段としては防災行政無線(各戸受信方式)および広報車を組み合わせた方式が有効である。ただし，災害の緊急性が迫っていることを納得できるような情報を伝達しないと，その有効性が半減してしまう。災害時には情報が錯綜するため，平常時にも避難のための情報を住民に伝えておくことが防災に非常に役立つ。例えば，1993年に宮崎県延岡市の五ヶ瀬川水系では計画高水位を突破する洪水が発生したが，市役所，消防署，警察署が情報を共有化するとともに，連携して行動をとったため，避難勧告が発令された30分後に5000人以上の住民が避難を完了した。この地域では，毎年市内全世帯に避難所一覧表が配布されている他，洪水時には避難所への誘導のために一覧表を再度配布したことが，効果を発揮したと考えられている。
◎末次忠司

避難所人口の想定　[ひなんじょじんこうのそうてい]　estimation of refugees to emergency shelters　被害想定　全壊，半壊，一部損壊，焼失といった建物被害別に，あるいは建物構造別(木造，非木造)に避難行動パターンには明確な違いが見られる。そこで建物構造別避難率，被害程度別避難率を設定し，算定する。居住継続困難の理由としては，半壊で余震への恐怖が続いたり，ライフライン停止による影響がある。特に断水の影響は大きく深刻な生活支障をもたらすため断水率補正を加える。停電によりエレベータが利用できなくなった高層階居住者などにも，避難行動が見られる。
◎大西一嘉

避難所の選択　[ひなんじょのせんたく]　selection of evacuation center and shelter　情報　日本語の▶避難所という言葉は，①生命の安全を守るための場所(Evacuation Center)，②一時的な居住場所(shelter)としての場所という2つの意味を持っている。阪神・淡路大震災では様々な場所が避難所として利用された。生命の安全を守るための場所(地震発生当日から5日間)として利用されたのは，行政が指定した避難所以外にも車・テント，血縁者宅，友人・近所の家があり，一時的な居住場所(2〜4日後から半年)として利用されたのは，勤務先の施設，血縁者の家，避難先として借りたマンション，アパートであった。
◎牧 紀男

避難スペース　[ひなんスペース]　escape space　被害想定　□避難場所

避難速度　[ひなんそくど]　escape speed　火災・爆発　避難時における歩行速度は，歩行者の条件および空間の条件により大きく左右される。周囲に別の避難者が少ない場合は自分の自由な歩行ができるが，混雑した状況では周囲の避難者と干渉し合うことにより，歩行速度が制限される。群集密度の上昇により歩行速度が低下する傾向については，実験・観察データから様々な提案がなされている。歩行者の条件としては，高齢者や障害者，幼児など，個人の行動能力による違いや，建物内の位置や経路を熟知しているかどうかによっても差がある。空間の条件としては，水平な通路，階段の上り下りなどにより歩行速度に違いが見られる。なお，避難計算では，不特定多数の利用する用途の場合，歩行速度として水平部分1.0 m/sec，階段部分0.5 m/secを標準的に用いている。(下図参照)→避難時間
◎萩原一郎

避難地・避難路　[ひなんち・ひなんろ]　evacuation site and evacuation road　行政　地震　水害等の災害を対象としている場合もあるが，主として，大規模地震時

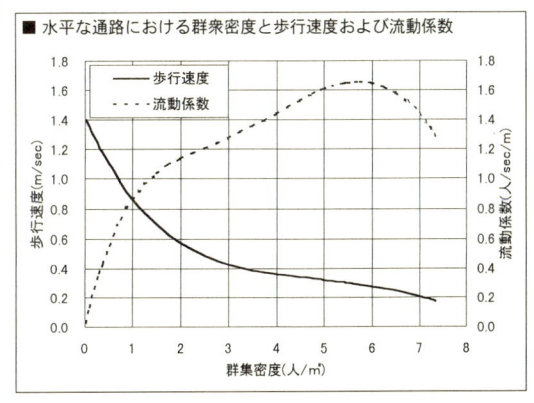

■水平な通路における群衆密度と歩行速度および流動係数

の市街地大火から人命を守るための施設。避難地は市街地大火からの輻射熱が人命に影響しない面積・形状を有していること，避難路は避難中の住民の安全を確保するために一定幅員以上の道路を指定する必要がある。国土交通省では，大規模地震対策特別措置法に基づき，著しい地震災害が発生する恐れのある既成市街地の区域（①人口密度100人/ha以上，②非耐火建物建蔽率20％以上，③沖積層の厚さ10m以上のいずれか2つ以上に該当する区域）における概ね面積10ha以上の公園・緑地・広場・その他の公共空地を避難地，幅員15m以上の道路または幅員10m以上の緑道を避難路の基準としている。→避難場所

◎国土交通省，熊谷良雄

避難出口 ［ひなんでぐち］ exit ［火災・爆発］ 火災など非常時に，避難に有効に利用できる居室，階，建物からの出口。特に，非常時のみ利用できるものは非常口と呼ぶこともある。多くの国の建築法規などでは，2方向避難を確保するために，規模または収容人数が一定以上の居室に対して，2つ以上の避難出口が要求されるのが一般的である。また，不特定多数が利用するような場所では，避難時の混乱を防止するため，出口の扉を内開きとしてはならないことが定められている。

◎萩原一郎

避難出口の流動係数 ［ひなんでぐちのりゅうどうけいすう］ flow rate at exit ［火災・爆発］ 出入口など避難経路上のネックとなる部分において，単位時間，単位幅当たりに避難者が通過できる人数を示す数値。建築物の避難安全性を確認するための避難計算では標準値として出口1.5人/m/sec，階段1.3人/m/secが用いられている。

◎萩原一郎

避難場所 ［ひなんばしょ］ refuge base ［火災・爆発］ 東京都が，区部を対象に策定している「大震火災時における避難場所及び地区割当計画」で指定している大規模公園，緑地等のオープンスペース。1968年に42カ所の避難場所（当時は広域避難地と呼称）を東京都地域防災計画で指定した後，1971年以降は東京都震災予防条例（現東京都震災対策条例）に基づいて東京都知事が指定し，2000年6月には5カ所の地区内残留地区を含んで172カ所の避難場所が指定されている（うち1カ所は区部外）。公園整備や不燃化の進展を踏まえて，概ね5年毎に改訂されており，①周辺市街地大火による輻射熱（2050Kcal/m²・h）に対して安全な有効面積が確保可能，②内部に震災時に避難者の安全を著しく損なう恐れのある施設がない，③有効面積は，建物，道路，池などを除いた利用可能な避難空間として1m²/人を確保，の3つの基準によって指定している。従って，各避難場所には避難可能な人口の上限があるため，夜間人口と昼間人口と比較して多い人口をもとに，避難場所毎に避難すべき地域が定められている（地区割当計画）。
→避難地・避難路，一時集合場所，広域避難計画

◎熊谷良雄

避難誘導 ［ひなんゆうどう］ evacuation guidance ［火災・爆発］ 火災など非常時に建物在館者が速やかに安全な場所に避難できるように誘導すること。建物の避難誘導では，安全確保上，ハード・ソフト両面からの対策が講じられている。ハードな対策としては，早期に火災など異常事態を覚知して，在館者の避難開始を促すための自動火災報知設備と，的確な情報を伝達し安全な方向への誘導を行うための非常用放送設備，その他避難者の経路選択を容易にし円滑な避難を促すための誘導灯（標識）がある。また新しい避難誘導設備として，誘導灯に音声や点滅走行を組み込んだ機器も開発されてきている。一方，ソフト面では消防計画において避難誘導責任者を予め定め，消防訓練によって実効性を高める対策も消防法令で規定されている。

◎山田常圭

避難誘導法 ［ひなんゆうどうほう］ refuge inducement method ［河川］ 避難誘導には，避難場所表示やハザードマップの公表など平時から基礎情報を提示しておくものと，避難指示の発令や現地での支援など災害時に実時間で行うものとがある。効果的な誘導を行うためには，情報の伝達方式や避難時のリーダーの存在が重要であるといわれている。また，地下街などの閉鎖領域からの避難では，誘導者が避難者と一緒に動く吸着誘導法が優れているという報告がある。

◎堀 智晴

否認 ［ひにん］ denial ［情報］ ある大きな出来事がショックに対応する個人の能力を突破してしまうと，個人はなんとかその事態に対応しようとして，その時の記憶の一部，あるいは全部を思い出せなくなったり，無感覚，無感情になって何も感じなくなったり，日常経験から距離をとり，外の世界が遠くに感じるようになるといった，「否認」と「麻痺」に陥る。しかし。これも，耐え難い事態を切り抜けようとする努力の一つでもある。→取引，抑うつ

◎羽下大信

火の始末率 ［ひのしまつりつ］ fire instruments turn off rate ［被害想定］［火災・爆発］ 地震発生時に使用中の火気器具などについて，使用者が火を消す（火の始末をする）割合である。火の始末は，地震時の出火防止対策として非常に有効な手段であり，地震時の出火を想定する際の重要な要因の一つである。火の始末率は，下の式に示すように，過去の大規模地震時におけるアンケート調査結果をもとに設定され，地震の揺れが大きくなればなる程，人間行動が制約されることから，震度が大きくなるに従って減少する。

推定震度4.8未満　$y=100$
推定震度4.8以上　$y=100-75\times(I-4.8)$
ただし，y：火の始末率(%)，I：推定震度

◎川村達彦

ひび割れ ［ひびわれ］ crack ［地震］［地盤］ 物体に生じる内部応力が物体の強度を超えた時に発生する比較的小さな割れ目の総称。乾燥・収縮によるモルタルやコンク

リートの亀裂，微小な曲げひび割れなどがこれに当たる。

◎藤原悌三

被服廠跡［ひふくしょうあと］former army clothing depot in Kanto Earthquake ［火災・爆発］　1922年以前，元陸軍の被服廠があった場所で，現在は「東京都横網町公園」または「被服廠跡」とも呼ばれている。この呼び名を有名にしたのが，1923年9月1日午前11時58分に発生した関東大地震に伴う大火災であり，当時，陸軍被服廠の移転に伴い，公園造成中であったこの地は空き地になっており，数万人が避難してきた。その時，大旋風が巻き起こり，運び込まれた家財道具に飛び火し，あたり一面が火の海と化して，3万8000人が焼死するという大惨事となった。現在，この災禍を後世に伝え，遭難者の霊を供養するため，また，東京を復興させた大事業を記念するため，東京都慰霊堂，復興記念館が建っている。　◎高橋　太

樋門［ひもん］sluiceway ［河川］　堤内地の排水または取水のために堤防を横断して作られる管渠のうち，断面の大きいものを樋門，小さいものを樋管と呼ぶが，両者に明確な区別はない。堤防内に鉄筋コンクリート構造物を設けるため，水みちの形成など堤防の弱点とならないように，施工，管理に細心の注意が必要とされる。　◎細田　尚

ビューフォート風力階級［ビューフォートふうりょくかいきゅう］Beaufort wind scale ［気象］　イギリスのF.ボーフォート（人名としての発音）が1805年に考案した風の強さを定量的に表す尺度。帆で走る軍艦に及ぼす風の効果を基準にして，風の強さを0から12までの風力階級で表した。1873年の国際気象会議で採用され，国際的に用いられるようになった。20世紀になると風力の判定が海面の状態によって行われるようになり，さらに，陸上での風によって生ずる現象との対応も調べられ，陸上でも用いられるようになった。ビューフォート（日本での呼び方）風力階級は，経験的に作り上げられたもので，物理的な風力とは直接的な関係はない。国際気象会議のもとで，風力階級と風速との対応関係が調べられ，1946年の会議でビューフォート数Bと相当風速(Vm/s：地上10mでの平均風速)との関係が定義された。両者の関係を表す経験式として，$V=0.836B^{\frac{3}{2}}$が採用されている。現在は，1964年の世界気象機関の会議で改定されたものが国際的に用いられている。→風力階級

◎森　征洋

雹［ひょう］hail ［雪氷］［気象］　多くは外形が球形の氷の塊である。断面構造は同心球の殻の繰り返しになっていて中心の氷球から何層かで成長したことを示している。積乱雲の中の上昇域で落下できずに浮遊し，過冷却の雨滴混じりの上昇流中で，それらが付着凍結を繰り返して成長し，層の数だけ上昇下降を繰り返したことを示す。日本の梅干大からアメリカの野球ボール大まであるが，後者は大陸規模の積雲による為雲の高さや勢力が壮大であり，上昇気流も強いことによる。　◎遠藤辰雄

病院選択における受診者心理［びょういんせんたくにおけるじゅしんしゃしんり］motivation for hospital selection ［情報］［被害想定］　受診者の病院選択の基準は，症状の程度，種類の他，通院のしやすさとして距離や交通の便などが考えられるが，災害時には身近な場所が大きな要素となると思われる。兵庫県南部地震による負傷者に対する調査結果によれば，医療機関の選択理由としては，「一番近い医療機関であったから」が最も多く，次いで「日頃から利用しているので」となっている。ただし，何らかの理由により最初の医療機関で治療が受けられなかった場合の次の選択においては，他からの情報に依存するところが大きかった。→医療サービス需給　◎宮野道雄

氷河［ひょうが］glacier ［雪氷］［海外］　陸上に存在する氷の大きな集塊。広義の氷河は，氷床，氷冠も含めるので大陸氷と同義であり，狭義の氷河は山岳地の氷河を指す。氷河であるための必要条件は，①降雪に起因する氷雪塊であること，②陸上に存在すること，③流動していること，の3つである。氷河は，冬期に積もる雪の総量が夏期に融ける量より多い場所に発達する。気候が変化し降雪量や気温などが変わると，氷河の規模が拡大し氷河末端は前進，あるいは規模が縮小し末端は後退する。　◎成瀬廉二

雹害［ひょうがい］hail damage ［気象］［雪氷］　降雹によりもたらされる被害。食葉作物の被害，ビニールハウスの破損などの農業被害，屋根瓦の破損などの建築物被害などがある。大粒の雹に直撃され，人や家畜が負傷する場合もある。一般的に，降雹の継続時間は5～10分程度で，降雹の生じる範囲も比較的狭い範囲に限られ，積乱雲の移動に伴った帯状の領域である場合が多い。　◎石川裕彦

氷河湖［ひょうがこ］glacial lake / glacier lake ［雪氷］［海外］　氷河の削剝作用でできた凹地形や氷河底のくぼみを満たした，あるいは氷河の融解によって氷河上や氷河中にできた，あるいは前進する氷河による支流河川などの堰き止めでできた，比較的規模の大きな水溜まりを氷河湖という（写真）。これら氷河湖のうち▶モレーンによる

■ ネパールヒマラヤ東部，ロールワリン・ヒマールのトラカルディン氷河末端に形成されているツォーロルパ氷河湖 1950年代に誕生し現在も拡大を続けている。モレーンで堰き止められた氷河湖の典型で，決壊防止のため1999年から2000年にわたって湖水位を低下させる工事が実施された（1994年11月撮影）。

堰止め湖と氷河による堰止め湖が，主に災害を引き起こすので災害科学上重要である。近年，アジアの氷河地帯では，長さ数 km，深さ100 m 前後，貯水量数千万トンに及ぶモレーンの堰止め湖が多数形成され発達している。小氷期に形成された高さ100 m 規模の不安定なモレーンで堰き止められているため，その崩壊による氷河湖決壊洪水が近年頻発し，深刻な自然災害となっている。
◎山田知充

氷河湖決壊洪水［ひょうがこけっかいこうずい］ Glacier Lake Outburst Flood (GLOF) 海外 雪氷 　氷河湖の決壊によって発生する洪水。アイスランドでは，地熱による融解で氷河底にできた湖が氷河を破って周期的に発生する洪水，Jakulhlaup が古くから知られてきた。近年アジアの氷河地帯でモレーンによって堰き止められた氷河湖の決壊による洪水が多発するようになり，用語が定着した。一旦決壊すると湖水は数時間のうちに溢れ出すため，激しい洪水が下流を襲う。ネパールヒマラヤを例にとると，1950年代から氷河湖の形成が始まり，1960年代から3年に1度以上の頻度で GLOF の発生が始まった。モレーンの弱体化による自発的な決壊は少なく，多量の氷や積雪，土石が一気に氷河湖へ落下することによって発生した波が，モレーンを乗り越える際にモレーンを破壊して氷河湖を決壊させる。アラスカや北欧では，頻度は少ないが，氷河に堰き止められた氷河湖の決壊が見られる。しかし，湖水は氷河底から数日にわたって流出するため，洪水は比較的穏やかである。
◎山田知充

漂砂［ひょうさ］ littoral sediment transport 海岸 　海岸付近では海岸地形を構成している砂が大量に，しかも最大で 1 m/s 程度の速度で移動している。これらの砂の供給源には，川によって上流から河口に運ばれたもの，▶海食崖が侵食されたものなどがある。これらの砂は，押し寄せる波と波によって引き起こされる海浜流によって運ばれる。波の進行方向あるいはその逆方向に運ばれる現象を岸沖漂砂と呼び，海浜流の方向に運ばれる現象を沿岸漂砂と呼ぶ。この分類は砂の動きをその起動力から分けたものである。また，海底に沿って運ばれるものを掃流漂砂，水中に浮かんで運ばれるものを浮遊漂砂と呼ぶ。砂の移動現象は，海浜の侵食現象を説明するために詳しく調べられており，▶海浜変形を予測するための数値シミュレーションモデルがある。砂浜を維持する観点から，漂砂を供給源の流域全体を含めて管理する試みが行われている。
◎柴山知也

漂砂源［ひょうさげん］ source of beach sediments 海岸 　海浜を形成している土砂の根本的な供給源。海浜の形成は，陸上から沿岸へ供給された土砂が漂砂となり周辺の海岸に拡散堆積することで形成される。この時の沿岸への土砂の供給源を漂砂源という。漂砂源としては，河川以外に▶海食崖などの背後地がなる場合もある。このため，河川改修やダム建設に加え，海浜での護岸整備も漂砂源からの土砂供給の減少要因として想定する必要がある。
◎三島豊秋

氷山［ひょうざん］ iceberg 雪氷 海外 　氷河，氷床，棚氷が割れて海に流れ出た氷で，水面上の高さが 5 m 以上のものをいう。浮いていても，座礁していてもよい。巨大な氷山は，水面上の高さで100 m，長径で100 km，喫水で500 m を超える例が記録されている。融解しつつある氷山では，水面下の部分が喫水線から水平に500 m 近くも張りだすことがある。水面下に隠れたこの突出部は氷山の氷衝角と呼ばれ，近くを航行する船舶は小さな氷山でも十分に注意する必要がある。
◎小野延雄

氷筍［ひょうじゅん］ ice-stalagmite 雪氷 　トンネルの出入り口や洞窟などで氷点下の寒気と水滴の供給のあるところに発生し，床から真上に伸びていく氷で，高さは通常0.5 m 以下であるが高いものでは大人の背丈程にも達する。天井など上で染み出たり，したたり落ちる水滴が間欠的に供給される時に発生する。氷筍の先端に衝突してうっすら先端を解かしながら拡がり，直後に凍ることを繰り返す時は透明で断面全体をひとつの結晶が占めるような巨大結晶粒となることもある。
◎対馬勝年

標準貫入試験［ひょうじゅんかんにゅうしけん］ standard penetration test 地盤 　原位置試験のサウンディング（ロッド先端に取り付けた抵抗体をロッドなどで地中に挿入し，貫入，回転，引き抜きなどの抵抗から土層の性状を調査する方法）の一つで，地盤のN値を求めるための試験（図）。所定の深さまでボーリングされた孔を利用し，ロッドの先端に標準貫入試験用サンプラー（外径5.1 cm，内径3.5 cm，長さ81 cm）を付けたものを，重さ63.5 kg のハンマーを75 cm の高さから自由落下させ，サンプラーを30 cm 貫入させるのに要するハンマーの落下回数(N)を測定する。測定された回数Nをその深さの土層のN値とする。測定はふつう，深さ 1 m 毎に行う。サンプラー内には乱されているが，N値測定深さの試料も採取できることから，概略調査においては標準的な試験といえる程，一般的に用いられている。→貫入試験，サウンディング，土質柱状図
◎安川郁夫

■ 標準貫入試験の図

滑車
ハンマー(63.5 kg)
ハンマー巻上げ用引綱
やぐら
ノッキングヘッド
ボーリング機械
コーンプーリー
約5 m
落下高 75 cm
ドライブパイプまたはケーシング
ボーリングロッド
ボーリング孔径 66～116 mm 程度
標準貫入試験用サンプラー（外径5.1 cm，内径 3.5 cm）
孔底
予備打ち 15 cm，本打ち 30 cm

標準最小二乗基準［ひょうじゅんさいしょうにじょうきじゅん］standard least-square criterion ［共通］　確率変数と見なせる一群のデータに確率分布を当てはめた時，理論曲線(分布関数)と観測データとの乖離の度合いを客観的に示す指標としてよく用いられている．理論曲線とデータの誤差を標準変量(reduced variate)の領域において平均二乗誤差で評価し，それを超過確率0.01と0.99の標準変量の差で標準化したもので，SLSCと略称される．SLSCの値が小さい程，適合度がよいことになる．SLSC＜0.02であれば十分な適合度を，SLSC＜0.04でかなりよい適合度を示す．　　　　　　　　　　　　　　　　　　　　　　◎宝 馨

氷床［ひょうしょう］ice sheet ［雪氷］［海外］　10^6 km²以上の広大な面積を厚い雪氷で覆った氷河を氷床という．現在の地球上では南極大陸とグリーンランドとに存在する．氷床には岩盤の上に存在する氷床に加えて海水に浮かんだ棚氷を含めることもある．面積が約5万km²以下の岩盤の上に存在する氷床を氷冠と呼ぶ．南極氷床は地球上に存在する氷の体積の約90％を占める．最終氷期には北米大陸にローレンタイド氷床，北ヨーロッパにはスカンジナビア氷床が存在した．　　　　　　　　　　　◎西尾文彦

表層地盤［ひょうそうじばん］surface ground ［地震］［被害想定］［地盤］　地表近くに分布する地層あるいは岩石の総称．一般に構造物の基礎を設置するため，支持力の観点から見る場合に使われ，基盤面から上層の比較的軟質の堆積層によって構成される層を指すことが多い．基盤層としては地盤のせん断弾性波速度300～500(m/s)，N値にして砂質地盤では50，粘性土で30以上の層が，ある広がりを持って連続する層が設定される．表層が洪積層の場合，支持力的には問題は少ないが，粘性土などの軟弱な沖積層は注意を要する．　　　　　　　　　　　　　　◎西村昭彦

表層地盤による増幅率(増幅度)［ひょうそうじばんによるぞうふくりつ(ぞうふくど)］amplification rate (extent) in surface layers ［被害想定］［地震］　増幅特性における個々のピーク値を増幅率(増幅度)と呼ぶ．この増幅率は，基盤層に対する地表面での波動の増幅倍率を示すものであるが，基盤面に入射する上昇波を基準にとるか，基盤面における上昇波と下降波の和を基準にとるかで，およそ2倍の差が生じるので注意が肝要である．地盤の非線形性を考慮した場合には，地盤の歪レベルの増大とともに地盤内部の減衰が大きくなって増幅率は小さくなる傾向にある．また，地中と地表面とで同時観測された地震動記録を用いて，時刻歴上での最大振幅の比をもって増幅率と定義することもあるが，各々の最大振幅に直接の因果関係は存在しないので推奨できない．　　　　　　　　　◎瀬尾和大

表層地盤の増幅特性［ひょうそうじばんのぞうふくとくせい］amplification characteristic of surface layers ［被害想定］［地震］　基盤層から上位の地盤を表層地盤と呼び，基盤層に到達した地震波はこの表層地盤の内部を重複反射しつつ伝播する過程で増幅変調され，その結果，地表面の地震動は表層地盤の特性を反映したものとなる．通常は基盤層からのS波入射を考えるので，これを表層地盤によるS波の増幅特性と称し，表層地盤の伝達関数，周波数特性と同義である．この増幅特性は，表層地盤と基盤層を構成する各地層のS波伝播速度，密度，層厚，内部減衰を既知量として，マトリクス法を応用したハスケルの方法によって求められるが，基盤層の層厚は無限大とせざるを得ないので，基盤層をどの位置に設定するかが極めて重要となる．表層地盤各層の歪レベル増大に伴う剛性低下(S波伝播速度の低下)と減衰量増加を土質試験などで確認できれば，表層地盤の非線形性を評価することも可能である．また，地表面と地中のある位置で地震動の同時記録が得られている場合には，それらの周期(周波数)領域でのスペクトル比をもって，その区間の地盤の増幅特性と呼んでも差し支えない．　　　　　　　　　　　◎瀬尾和大

表層地盤の卓越周期［ひょうそうじばんのたくえつしゅうき］predominant period of surface layers ［被害想定］［地震］　表層地盤の増幅特性は周期または周波数を横軸に，基盤入射波に対する地表面の増幅率(増幅度)を縦軸にとって表現される．増幅率がピークとなる周期を表層地盤の卓越周期と呼び，固有周期と同義である．ふつう卓越周期は複数存在するので，それらを周期の長い順に1次，2次と識別することがある．また，増幅特性の複数のピーク周期のうち最も増幅率の大きなピークを卓越周期と呼ぶこともある．地盤の非線形性を考慮した場合には，地盤の歪レベルの増大とともに地盤に剛性低下が生じ，卓越周期は長周期側に移行する．なお，地表面で観測された地震動や微動の記録を周波数分析して得られるスペクトル上のピーク周期も卓越周期には違いないが，表層地盤の特性を反映した卓越周期であるかどうかはそれのみでは判断できない．　　　　　　　　　　　　　　　　　　　◎瀬尾和大

表層雪崩［ひょうそうなだれ］surface snow avalanche ［雪氷］　積雪内部にすべり面が位置し，その上の雪層のみが崩落する雪崩．点発生や湿雪の表層雪崩の規模は小さいが，面発生乾雪表層雪崩は広い面積の雪が動き出すため大規模になることが多く，雪煙を伴い数kmも流下することがある．気温が低く多量な降雪の最中や直後に発生することが多い．顕著な前兆現象がないため予測が難しく大きな災害をもたらすことがある．表層雪崩の末端から発生点を見通した角度(見通し角)は18°が最小といわれている．　　　　　　　　　　　　　　　　　　◎和泉 薫

表土層［ひょうどそう］surface soil layer / topsoil / regolith ［地盤］［被害想定］　地盤や斜面の最上部に存在する土層のことをいう．通常，動物の遺体や植物の腐植，母岩の風化，斜面上流からの運搬物によって形成された物から成る．土壌学では土の断面は通常表面からA層，B層，C層と定義することが多いが，この場合の表土はA層に

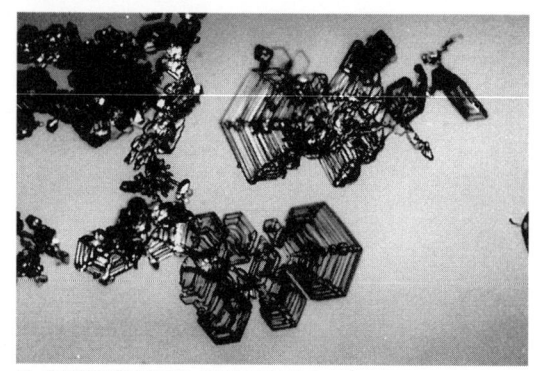

■ 表面霜の顕微鏡写真（写真の幅は約 8 mm）

相当する。そこでは腐植が進み，組織は軟らかく，暗色ないしは黒色を呈する。一方，地形学では風化層あるいは未固結堆積物から成る土壌化した土層を指すことがある。この場合は，A 層と B 層にほぼ相当する。B 層は漸移層とも呼ばれ，基岩と腐植層との間に位置し，色は茶褐色もしくは黄褐色を呈することが多い。花崗岩で発生する表層崩壊は，後者の土層が崩壊する。この表土層は，「簡易貫入試験」などにより定義される。　　　　　　　　　　　　◎沖村 孝

費用便益分析［ひようべんえきぶんせき］cost-benefit analysis ［共通］　事業の効率性，透明性を明らかにするためには事業の経済的妥当性を客観的な指標を用いて示す必要がある。事業の経済的効果は事業に伴う便益(B)と投資された費用(C)より，B/Cまたは$B-C$で表される。費用便益分析はフランスの土木技術者 J. Dupuit が河川堤防を事例として効用を測定したのが嚆矢で，その後アメリカの河川・港湾法(1902年)に取り入れられるなど，公共投資増大の中で発達した。日本では国土総合開発法(1951年)の制定に伴い，総合開発事業の経済効果測定方式が決定された。例えば，治水事業に関しては，建設省が水害区域資産調査要綱と水害区域資産調査実施要領を1970年に「治水経済調査要綱」として一本化し，費用便益分析に活用してきた。しかし，建築様式・ライフスタイルの変化，多様な電気製品の開発など，社会・経済情勢の変化に対して，治水経済調査手法は資産項目，被害率，営業停止損失算定法の見直しが行われるとともに，家庭および事業所における応急対策費用が加えられた。見直しの結果は1999年に「治水経済調査マニュアル(案)」としてとりまとめられ(2000年に改訂)，新たな治水経済評価基準となっている。

このマニュアル(案)では氾濫原を氾濫特性，中小河川，線盛土などの地形要因に従って分割し，分割したブロック毎に破堤(溢水)に伴う被害額を算定することとしている。被害額は洪水の年平均超過確率(6 ケース程度)毎に求め，区間確率に区間平均被害額を乗じ，計画対象規模までの累計被害額を求めることにより，事業に伴う年平均被害軽減期待額(便益)を算定する。なお，費用便益分析にあたっては，便益および費用を同一時点で評価するために，現在価値へ変換する必要がある。変換には割引率を用いるが，旧建設省の「社会資本整備に係わる費用対効果分析に関する統一的運用指針」では 4 ％を用いることとしている。
　　　　　　　　　　　　　　　　　　　　◎末次忠司

標本［ひようほん］sample ［共通］　母集団より得られた実現値。通常，真の母集団は知ることができない。得られた標本を統計処理することにより母集団の性質を推定する。標本の数が多ければ多いほど，信頼度の高い推定が可能になる。水文量の場合，過去に観測された資料が標本となるが，資料の数は限られており数少ない標本から母集団の性質を推定しなければならない。　　　　◎鈴木正人

氷霧［ひようむ］ice fog ［雪氷］　地上気温が氷点下15℃以下になると，過冷却した液相の霧粒の中に凍結して氷の小さな結晶(固体相)になるものが出現するが，この液相と固体相が共存すると，飽和蒸気圧の差で結晶が著しく成長し，小粒の霧粒が逆に消失してしまう。この成長した結晶がキラキラと輝く様子を細氷現象とかダイヤモンドダストと称し，これら冬季の霧を総称して氷霧と呼ぶ。
　　　　　　　　　　　　　　　　　　　　◎遠藤辰雄

表面霜［ひようめんしも］surface hoar ［雪氷］　積雪表面にできる霜の結晶で典型的な弱層の一つ。晴れた日の夜間に積雪表面が放射冷却で冷やされると，空気中の水蒸気が積雪表面に昇華凝結してできる。表面霜は扇状やシダの葉状で上方に向かって成長し，大きなものは長さ 1 cm に達する。太陽の光が当たるときらきら輝く。強い放射冷却と水蒸気の供給が十分あると，一晩で厚さ 1 cm 程度の霜の層ができる。弱風下で水蒸気の供給が多いので霜の発達が著しく，霜は真上ではなく風上に向かって成長する。この層の強度は非常に小さい。斜面に表面霜ができ，その後大量の降雪があると，表面霜は埋まり弱層となる。表面の積雪が丈夫でもその下に表面霜の弱層がある時は表層雪崩の危険が大きい。(写真参照)　　　　　　◎秋田谷英次

表面侵食［ひようめんしんしよく］surface erosion ［地盤］　地表付近で起こる侵食の総称。降雨時の表面流出に伴い発生する様々な侵食現象が代表的である。裸地斜面の上方では，雨滴衝撃により土壌粒子が跳ね上げられる雨滴侵食(rain splash)，膜状流による侵食(sheet flow erosion)が発生する。これらを合わせて，リル間地侵食(inter-rill erosion)と呼ぶ。表面流が流速を増すと，リル(小溝)を形成するリル侵食(rill erosion)が発生し，さらに下流では，より深い溝状侵食であるガリ侵食(gully erosion)となる。その他に，緩慢な表面の土壌移動である土壌匍行(creep)，崩壊，地すべり，崩落など，ほとんどの侵食現象がこれにあたる。　　　　　　　　　　　◎恩田裕一

表面波［ひようめんは］surface wave ［地震］　地表に沿って伝播する弾性波。地表に垂直な面内で振動するレイリー波と平行な面内で振動するラブ波がある。基本モードでは，振幅は深さ方向に減衰する。周期が長い表面波は短いものに比べて，振幅の深さ方向の減衰が小さいため，

より深い場所の影響を受ける。このため，表面波では周期が長い波程，伝播速度が大きい。これを分散と呼ぶ。

◎澁谷拓郎

表面流 [ひょうめんりゅう] surface flow 河川 地表面や水路，河川など流域の表面を流れる雨水の流れのこと。水路，河川の流れについては，洪水追跡の項を参照。豪雨による出水では，流出の主成分は表面流による。舗装面の上の薄層表面流，山地でも踏み地，裸地などの難浸透面の上で浸透能を上回る雨水の補給によって起こる薄層表面流は，Horton 型表面流といい，流れを定常，等流と仮定して，Manning の平均流速公式を運動式とし，連続式と組み合わせた kinematic wave model でモデル化される。透水性の高い山腹表層内の横方向の流れ(中間流)が山腹表層内だけでは流れきれずに表面に出てくる流れ(復帰流と呼ばれることもある)は飽和表面流と呼ばれ，中間流と一緒に解析する必要がある。

◎椎葉充晴

表面流出 [ひょうめんりゅうしゅつ] surface runoff 地盤 河川 降雨のうち土壌中に浸透しない水が，そのまま地表面を流下すること。ホートン地表流(Hortonean overlandflow)と同義語。土壌表面の浸透能は，森林では一般的には降雨強度より遥かに大きいため，表面流出は発生しないが，畑地，裸地，山火事跡地，火山灰降下地などでは，しばしば降雨強度が浸透能を上回ることがあり，表面流出が発生する。表面流出の発生には，ソイルクラスト形成が関わっていることが多い。近年放置人工林において，下層植生の焼失のため表面流出が発生している事例が多く報告されている。表面流出が発生すると，河道到達時間が短いため，洪水が発生することが多く，土壌侵食，土石流などの土砂災害の直接的な原因となりやすい。

◎恩田裕一

氷紋 [ひょうもん] surface patterns on ice cover 雪氷 湖や池の結氷表面で，雪と水と氷が関与して描かれる模様のこと(写真)。氷紋には，放射状氷紋，同心円氷紋，懸濁氷紋の主な3種類があり，いずれも氷板の上に雪が積もっている時，氷板に穴が開き，氷板の下の水が氷板の上に噴出して生じる。噴出した水は雪を融かし，水路を作りながら氷板の上の雪の中を拡散する。そして，この時，放射状氷紋ができる。噴出水の温度は0.5〜3℃程度であり，クモヒトデ状の水路を形成し得ることが確かめられている。同心円氷紋は放射状氷紋に同心円が付随したもので，この同心円は積雪板が吸水した時，その重みで陥没することによって生じる。陥没は同一間隔をおいて多重に起こることが，実験的に確かめられた。懸濁氷紋は，噴出水が懸濁粒子などを含んでいる時にできる。その粒子は氷紋の水路を放射状に流れて先端に達し，そこで雪にこし取られて沈積するため，枝の先端が丸く見えるのが特徴で，墨絵の世界における松や桜のような見事なものが出現し，見る人を驚かせる。また，微細な気泡が懸濁粒子と同一の役割を

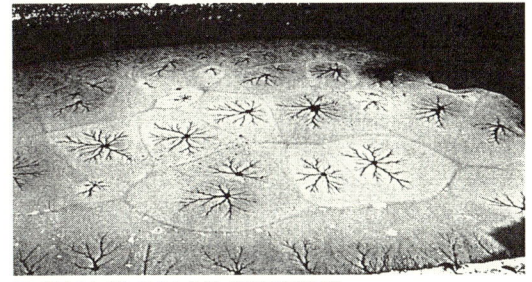

■ 皇居のお壕にできた氷紋 (岡崎務氏撮影)

演じ，放射状の先端に蓄積する場合も，同一の氷紋になると考えられるが，人工製作実験に成功しておらず，いまだ仮説の段階である。東京でも，皇居のお壕や公園の池が凍りその上に雪が積もった時に出現し，空中写真の編集時に気づかれ，その形態の奇妙さから大きな話題になることがある。以上の他，氷紋という言葉は，俳句や小説など文学の世界で，例えば窓霜の紋様のように，氷自体が示す模様に対しても用いられる。

◎東海林明雄

火除け地 [ひよけち] hiyokechi / protection zone against fire 火災・爆発 復旧 火事が発生した時に，延焼を防ぐ目的で設けられた空き地をいう。特に明暦三年(1657年)の大火後と，享保期の火消制度が整備された時期に多く設けられた。火除け地としては，火事で消失した大名屋敷や寺社の跡地を空き地として設けたり，町々が焼けた跡地を幕府が召し上げ，そこを空き地にした所が多いが，町人の家々を積極的に移転させて空き地にした所もある。

◎高橋 太

比流出土砂量 [ひりゅうしゅつどしゃりょう] specific sediment discharge 地盤 ある河道基準点における年間の流出土砂量をその基準点での流域面積で除したもので，流域での土砂生産・流出の大きさを知る指標となる。通常 $m^3/km^2/year$ の単位で表す。一般に水文観測点では水位や流量が計測されているが，流出土砂量は観測されていないため，流出土砂量はダム堆砂資料をもとに算定される。ダム貯水池に堆砂している土砂量(m^3)をダム地点での流域面積(km^2)と堆砂期間(年)で除した値を比堆砂量と呼んでおり，ダム流域での土砂の生産・流出の大きさが知れる。中部山岳地域での比流出土砂量が大きい。1995年現在，全国平均で418 $m^3/km^2/year$ の土砂が生産・流出されていることがダム堆砂資料から得られている。

◎中川 一

ビル風 [ビルかぜ] building-induced winds 気象 わが国初の本格的高層建築物が霞が関に出現すると(1968年，156 m)，同建物周辺では，従来に比べて遥かに強い風が吹くようになり，社会的な話題となった。この強風は建物に遮られた風が剥離流や下降流となって建物周辺を流れ過ぎるために生じたもので，このように，風の流れが建物によって変えられることによって作り出される強風を，総称してビル風と呼ぶ。住宅街に中高層マンションが建設され，日常生活に風害が現れるとともに，ビル風という言葉

も定着するようになってきた。同時に，ビル建設に際し，建物周辺の風環境の変化を予測し，ビル風害を未然に防止しようとする努力も次第になされるようになってきた。ビル風は，言葉の誕生の経緯から，日常生活的側面において関心が持たれることが多いが，周辺の建物や地物に与える影響の増大ということで，暴風時の防災という観点からも十分注意しなくてはならない。　　　　　　　◎大熊武司

広小路　[ひろこうじ]　hirokoji / broadway against fire　火災・爆発　復旧　江戸市中に造られた広い道路をいい，江戸城を始めとして，寺社や町屋の防火，類焼防止など火災の延焼防止を目的として造られたものである。特に明暦の大火後には，江戸市中の各所に広小路(幅員十間)が造成され，火除け地としての役割が与えられた。広小路の中には，風向に対してほぼ直角に設置されることで有効な**火除け地**としての役目を負っていたものや，広小路の確保のため，木戸や矢来を設置して管理していた所もあった。　　　　　　　　　　　　　　　　◎高橋　太

広戸風　[ひろとかぜ]　hirotokaze　気象　局地風の一種で，岡山県勝田郡那岐山の南麓に吹きおりてくる北寄りの強風。四国沖を台風や発達した低気圧が東進するとき，日本原平原に20〜30m/s以上の局地的強風として吹きおりてくるため，農作物に重大な災害をもたらす。5〜6月のタバコ，クワ，7〜8月のリンゴ，スイカ，9〜10月の水稲などが主な被害の対象となる。→局地風　◎根山芳晴

貧困ライン　[ひんこんライン]　poverty line　海外　栄養上最低必要とされる食事と，食料以外の最低限必要なものが購入できなくなる所得水準をいう。この最低の生活水準は所得の最低基準で捉えられることが多い。世界銀行の1990年「世界開発報告」では1985年の購買力平価を基準に370ドル以下の収入の世帯は「貧困である」と規定されている。この絶対的貧困ライン以下で生活している絶対的貧困人口は，アジアで7億7000万人，ラテンアメリカで1億9000万人，アフリカで3億9000万人，総計で14億5000万人にのぼるとされる。なお，前出の世銀報告では絶対貧困を「人間としての条件に関するどのような妥協的な定義に照らしても，ほど遠い栄養不良，非識字率，疾病，高い乳幼児死亡率，短い平均寿命の水準を脱却できない状態」としている。貧困や飢餓に関しては Amartya Sen が，資源が少ないからではなく配分が不平等だからだと解釈し，さらに所得の大きさを尺度とする貧困だけでなく，健康を保ち，安全な出産ができ，教育を受けて知識を得る能力が損なわれる状況を貧困として提案し，国連開発計画の分析に利用されている。　　　　　　　　　　　　　　◎渡辺正幸

貧酸素水塊　[ひんさんそすいかい]　anoxic water　海岸　湖沼や沿岸海域で魚介類の生息に適当でない程，溶存酸素量が低下している湖水や海水のこと。閉鎖性水域で夏季に安定な成層が形成されると鉛直混合が妨げられ，大気からの酸素供給は深層まで届かなくなる。特に水質汚濁が進んだ水域では有機物の分解などにより酸素が大量に消費されて溶存酸素濃度が低下し，貧酸素水塊が出現する。わが国では霞ヶ浦などの湖沼の他，東京湾・伊勢湾などの内湾でしばしば観測されている。　　　　　◎中野　晋

ピンポン球雪崩　[ピンポンだまなだれ]　ping-pong ball avalanche　雪氷　雪崩を「粒子の集団が，空気や底面それに粒子間で相互作用しながら斜面上を流れ下る現象」として捉えた模型実験。ピンポン球は空気中で重力落下する終速度が小さく，短時間で空気抵抗とバランスした定常状態に到達することができる。このため秒速8m程度のピンポン球雪崩実験は，50m/sで4km以上流れ下った大規模な煙型雪崩に匹敵することが相似則から導かれる。スキーのジャンプ台などを利用して最大55万個のピンポン球を流下させるというこれまでの実験からは，雪崩の3次元粒子流モデルの構築に不可欠な速度や密度分布構造が測定された他，雪崩などの大規模崩壊現象に共通するクリアーな頭部と尾部構造などの形態的特徴やその形成過程，さらには一定の波長を持った内部波動の存在などが確認されている。　　　　　　　　　　　　　　　◎西村浩一

フ

ファイヤーボール　fire ball　火災・爆発　ファイヤーボールは，石油産業などの工場において，事故のため高圧の液化ガス，または沸点以上に加熱された燃料などの大量の可燃性液体が急激に放出されて燃料蒸気雲を形成し，着火，爆発する際に出現する燃焼現象の一つである。燃料蒸気雲の爆発では，初めに速い火炎が燃え拡がり，その後，燃え残った大量の可燃性物質が火玉状(ファイヤーボール)となって燃える。ファイヤーボールの持続時間は比較的長く，強い放射熱を伴うため，二次的な火災を発生させる。燃料の性質や大気との混合状態の影響を受けるためおおよそであるが，ファイヤーボールの直径と持続時間は，放出された燃料重量のそれぞれ3分の1乗，および6分の1乗に比例することが知られている。　　　　　◎斎藤　直

負圧　[ふあつ]　negative pressure　気象　構造物に作用する風圧力には，正圧と負圧がある。正圧は構造物の表面を押すように働くのに対して，負圧は構造物を引張るように働く。建物に風が当たる場合，風上面では正圧となり，側面や背面では負圧が働く。強風時の屋根の飛散は，屋根に働く負圧，特に屋根の妻付近に作用する大きな局部負圧が原因とされている。なお，圧力は一般に正の値のみをとる物理量であるが，構造物に作用する風圧力は，静圧のような基準となる圧力の差として生じるため，場合によっては，負の圧力が構造物に作用する。　　◎河井宏允

不安定取水　[ふあんていしゅすい]　unstable water intake　都市　河川　水資源開発には長期間が必要で，急激な都市化による都市用水の需要増加に対処できなくなり，施設が未完成のまま，やむを得ず取水する場合がある。これが，不安定取水と呼ばれるもので，暫定豊水水利権として与えられる。将来，水資源施設の建設計画が予定されている場合，公益性と緊急性より期限付きで許可される。1998年都市用水の不安定取水は全国で22億 m³/年で，全都市用水の約7％である。琵琶湖開発事業，霞ヶ浦開発事業により淀川水系，利根川水系の不安定取水はほぼ解消されたが，他の大都市近郊では，人口増加，都市化により新たな不安定取水が発生している。　◎小尻利治

FEMA　[フィーマ]　Federal Emergency Management Agency　海外　■米国連邦緊急事態管理庁

フィルタ　filter　共通　雑音に乱された信号から，その中に含まれている意味のある信号を抽出することをフィルタリングというが，そのために用いられるろ過装置のことをフィルタという。現時刻までの物理過程を観測して得られる時系列信号をもとにして，未来の信号を予測する問題，観測された信号から現時刻の最適推定値を求める（ろ波）問題，過去の信号に対する最適推定値を求める（平滑）問題を実行する装置がフィルタである。フィルタの概念を理解しそれを応用するためにはデジタルフィルタ理論の専門書を参考にすればよい。　◎佐藤忠信

封圧　[ふうあつ]　confining pressure　地震　3軸試験(triaxial testing)において，3個の主応力のうち2個が等しい場合の応力を封圧という。3軸試験機では，封圧は一般に円筒状の試料に周囲から半径方向に，ガス圧，液圧あるいは固体圧力媒体によって加えられる。軸方向には封圧に加えて一軸的に応力が加えられる。その場合，その応力と封圧の差を差応力(differential stress)あるいは軸応力(axial stress)という。一般に，封圧は500 MPaまでの装置が多いが，4 GPaまで発生する装置もある。➡岩石破壊実験　◎島田充彦

風圧力　[ふうあつりょく]　wind pressure　気象　海岸　風に曝された物体の表面から垂直に作用する圧力をいい，通常は，物体表面上の静圧と物体の影響を受けない遠方での静圧との圧力差を風圧力という。この風圧力を遠方での速度圧で除して無次元化したものを風圧係数という。図は，物体まわりの時間平均的な流線の例である。正面の淀み点で流れが左右に分岐し，隅角部で剝離し，後流に死水領域を形成する。側面や背面のように流線が物体の外側に向かって凸になっている部分では負圧となり，風上面では逆に正圧となる。風圧力を物体表面全体で積分したものが風力であり，図の例では風方向に抗力が生じる。内部空間を有する建築物では，外表面から作用する風圧力を外圧，室内面からの圧力を内圧と呼んで区別している。なお，風圧力は時空間的に複雑に変動し，建築物の軒先や隅

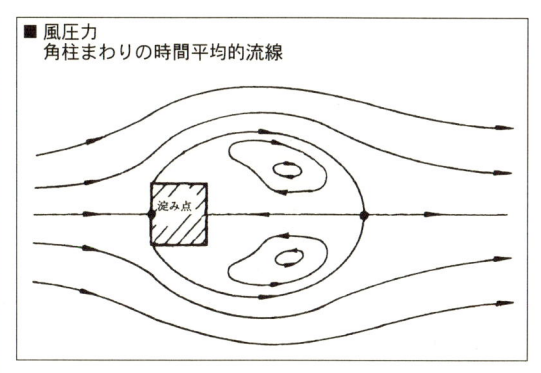

■風圧力
角柱まわりの時間平均的流線

角部付近では，局所的に大きな負圧が生じる場合がある。これを局部風圧と呼び，外装材などの風荷重評価では最も重要な要素となる。　◎田村幸雄

風化　[ふうか]　weathering　地盤　岩石が地表で，その位置を変えることなく(in situ)，地表からの影響により変質すること。物理的風化・化学的風化・生物風化に分類される。物理的風化は機械的風化とも呼ばれ，温度変化や氷や塩類の結晶化などにより岩石を徐々に細かく破壊する。化学的風化は，岩石中の化学成分と空気，雨水，浸透水との化学的反応であり，その結果，岩石の色の変化，造岩鉱物の変質，あるいは化学的な分解などが引き起こされる。生物風化の例としては，バクテリアによる硫黄・鉄などの酸化，藻類・鮮苔類による鉱物の変質などがある。これらの風化は単独で作用するよりは，複合して起こることが多いので，上記の分類はあくまで便宜的なものである。ある場所でどのような風化が卓越するかを決める要因は，風化を受けるものとしての岩石の特性(岩石物性)と，風化を働きかけるものとしての風化環境(温度・湿度変化や水分供給量など)とがある。固結した岩石は風化によって弛緩し，力学的強度を失い，容易に侵食を受けるようになる。従って，風化は，侵食(削剥)され得る物質の準備・生産過程として極めて重要である。➡石屑　◎松倉公憲

風化【記憶】　[ふうか]　Forgetting　情報　被災者はいつまでも災害の体験を鮮明に記憶している。50年以上前の災害体験でも，その光景があたかも目の前に広がるかのように語る。それに対して，マスコミを通して災害を知った人は時間経過とともに報道が減少するにつれ，災害に対する関心を急速に失い，記憶すら失われる可能性が高い。これを災害の風化と呼ぶ。阪神・淡路大震災の時には，被災地とそれ以外の地域の「温度差」という言葉で表現された。　◎林　春男

風害　[ふうがい]　wind damage　気象　風によって生じる自然災害の総称。一般的には，台風，低気圧，前線，竜巻，雷雨などの気象擾乱によって生じる強風，季節風の吹き出し，地形の影響による局地風に伴う風などによって発生するものを指すが，強風と他の気象要素や物質が相乗的に作用して発生する複合型風害も含む。複合型風害としては，台風の通過の際に海岸に沿う地域での海からの潮風

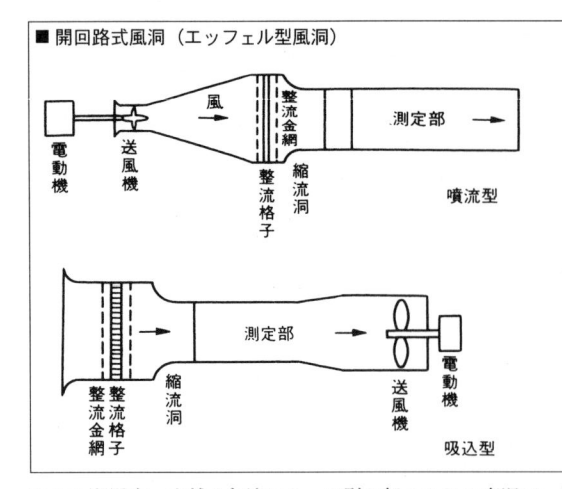

■ 開回路式風洞（エッフェル型風洞）　噴流型

■ 回流式風洞（ゲッチンゲン型風洞）

吸込型

による潮風害，山越え気流によって引き起こされる高温で乾燥したフェーン現象によってもたらされる乾熱風害，冬季季節風の吹き出しによる寒風害，強風による積雪と積雪が移動，飛散して被害となる吹雪害，強風による地表面土粒子の移動，飛散によって生じる風食害，東北地方や北海道で多く発生する北東または東から吹く冷湿な風（やませ）による冷風害，冷気流によって発生する農作物の低温による冷気流害あるいは大気汚染物質が気流によって移動し被害を与える汚染気流害がある。このように風害は種々の形で被害を発生させるが，風害を軽減するにはまず加害要因である風の力を弱める必要がある。一般に，強風地帯では，防風施設（防風林，防風垣）を造成し被害軽減に努めている（風力減殺法）。農作物の軽減対策としては，風の強いところには作物や施設の設置を避けたり，生育期の異なる品種を作付けし，一度に被害に遭う危険を分散したり（風害回避法），風に強い品種や栽培の仕立てを行って風害に対する抵抗力を増強したりする。　　　　　　　　　◎早川誠而

風成雪［ふうせいせつ］wind-packed snow 雪氷
降雪や積雪が強風のもとで運搬された後に堆積したもの。雪面や粒子相互間の衝突に伴う破壊や昇華など輸送の過程で消耗が進むため，雪粒子の粒径は小さく，かつ密に充填された硬度の大きいウィンドクラストやウィンドスラブが形成される。密度は400 kg/m³ 以上に達する場合もある。斜面の風下側などでは局地的に多量の風成雪（スラブ）が形成され，面発生乾雪表層雪崩を引き起こす原因となることがある。　　　　　　　　　　　　　　　◎西村浩一

風速鉛直分布［ふうそくえんちょくぶんぷ］wind profile 気象　地表面付近を風が吹く時，空気の流れは地表面の影響を受けてその風速分布や気流性状が変化する。この地表面の影響を直接受ける層を境界層と呼ぶが，通常陸上では植物や建物などの凹凸があるので，それらによる抵抗を受けて気流の乱れた乱流境界層となっている。この抵抗は地表面の凹凸の形状，すなわち粗度形状によって異なり，草原よりも住宅地，住宅地よりも市街地というように，凹凸が大きくなるに従って増加する。この時，植物や建物よりも上層で平均風速の鉛直方向の分布形状は▶対数法則や▶べき法則を用いて近似することができ，地面からの抵抗や乱れの大きい市街地では平均風速の鉛直方向の変化は草原に比べて小さく，また，地表面の影響を受ける範囲も高くなる。　　　　　　　　　　　　　　　◎丸山　敬

風洞［ふうどう］wind tunnel 気象　風洞は風を人工的に吹送する装置で，コンピュータシミュレーションが実用的な手法になりつつある現在においても，防災・環境問題における風の影響評価には不可欠な装置である。風洞は対象とする風速の範囲や風路の形式，測定部の状態によって分類される。まず，風速がマッハ数にして約0.7以下か以上かによって低速風洞と高速風洞に分かれる。防災・環境問題では，一般に前者の低速風洞が用いられる。風路の形式には，開回路式のエッフェル型と回流式のゲッチンゲン型の2通りがある（図）。また，測定部の状況では，測定部を壁で囲むか否かによって，密閉型と開放型に分かれる。自然風を模擬した風を作り出すのに適した▶境界層風洞は密閉型である。風洞の性能の基本は，測定部に精度のよい一様流が吹送されることで，実際，測定部の風速分布は，断面内の平均風速からの偏りが0.2〜1.5％程度，乱れの強さが0.1〜1％程度の値となっている。この他，測定部内の静圧が一様であることも大切な基本性能である。
◎大熊武司

風洞実験［ふうどうじっけん］wind tunnel testing 気象　風洞を利用した実験の総称で，構造物の耐風性に関しては，①構造物や特殊な地形の周辺における風の性状，②構造物に加わる風力・風圧力，③構造物の風による振動を評価する実験に大別される。風洞実験は，一般には，縮尺模型を使って実際現象もしくはそれに関わる基本現象を風洞内に再現し，測定する実験である（次頁写真）。従って，その成否は，いかなるモデルを用いるか，▶相似則をいかに達成させるかにかかっている。しかし，相似すべき内容は，①幾何学的相似（対象建築物や周辺の地形・地物の形態の相似），②運動学的相似（対象地域に吹く強風の平均像の相似），③力学的相似（現象に関わる各種の力の相似）の多岐

■ 風洞内に置かれたビル群の模型

にわたり，しかもそれらのいずれをとっても完全に満足させることは難しい。従って，実験者は高度な判断力を求められることになる。加えて，風洞実験は相似則に基づく実験であるから，測定についても，データのサンプリングルールの明確化，それを達成するにふさわしい測定器の性能確認が強く求められる。　　　　　　　　　　◎大熊武司

風倒木　［ふうとうぼく］　tree lodging due to wind
気象　台風のような強烈な風によって，樹木が揺さぶられ，その力に耐えられず倒伏したもの(根がめくれて，樹木が地上に横伏したもの)を指すが，広義には，湾曲木(根元からの傾きとともに樹幹が曲がったもの)，折損木(樹幹の中途から折れ損じたもの)などや折損によって林地に散在堆積している枝条付材など山地崩壊や土砂流出によって，土木流となって二次災害を起こす危険性が高いものも含む場合もある。立ち木にかかる風の力は，樹冠部が受ける風圧力と，樹全体が受ける風圧の中心点までの地上からの高さの積で表す。これは根元にかかる曲げモーメントといわれ，これが大きい程，樹は倒れやすくなる。1991年の台風19号の猛烈な風によって森林被害材積は1000 m³に達し，日田を中心とした九州北部ではスギ，ヒノキ人工林が面積にして約3万ha，材積にして全国被害の約80％の800万m³，本数にして1500万本以上に達した。最近，台風通過時の強風により，神社仏閣の庭に聳え立つ樹木が強風で倒れ，国宝の建物や仏像などに多大な被害を発生させているが，これも強風による曲げモーメントが大きくなって発生する被害である。風倒木対策としては，曲げモーメントを小さくするように樹を仕立てるか，その力に耐え得るように根元を太くしたり，さらにその樹を支えるための支柱を付けたり，地盤を強固にしたりする。　　　　　　◎早川誠而

風波　［ふうは］　wind waves　海岸　気象　⇨風波［かざなみ］

風力階級　［ふうりょくかいきゅう］　wind force scale
気象　風の強さを階級に分けて表現したもの。日本では，陸上では，7階級(風力0から6まで)，海上ではビューフォートの13階級を用いていた時代もあったが，1947年以降，陸上および海上ともビューフォート風力階級表を気象庁風力階級表として採用している。風力階級表には各風力毎に，相当風速の範囲，海上および陸上で風によって生ずる現象の説明が記載されている。風速計がない時，あるいは風速計が故障している時など，目視による風の観測に用いられる。また風の強さの尺度として新聞天気図やラジオの気象通報にも用いられている。→ビューフォート風力階級　　　　　　　　　　　　　　　　　◎森　征洋

富栄養　［ふえいよう］　eutrophy　海岸　湖沼，河川，海域などの水域の食物連鎖の中で全ての生物活動のもととなるのは，付着藻類や植物プランクトンである。これらの植物は無機物から有機物を合成できる基本的な生物であり，一次生産者と呼ばれている。植物プランクトンが増殖するためには無機栄養塩類が必要である。特に，環境中に含まれる濃度が相対的に少ない無機の窒素(アンモニアや硝酸塩類)かリン酸が重要である。このような窒素Nやリン Pが過剰に水域に供給されることを富栄養化と呼ぶ。富栄養化した水域では植物プランクトンが異常に増殖し，天然の魚介類や養殖魚を窒息死させたり，発癌性のある物質を放出したり，かび臭を発生したりする。死滅した植物プランクトンは底泥に堆積し，特に夏季に好気性微生物分解を受けて酸素が消費され，底層で貧酸素化が進行しやすくなる。　　　　　　　　　　　　　　　　◎鶴谷広一

フェーン現象　［フェーンげんしょう］　foehn phenomena
気象　暖湿な気流が山岳を越える時，山岳風下側の平地で高温乾燥な状態が発生する現象。山岳風上側では，暖湿な大気は地形障壁の影響で上昇する。上昇に伴い周囲気圧が下がると空気は膨張冷却し，雲を形成して降水をもたらす。この時，水蒸気の凝結に伴う潜熱が放出され大気が加熱される。山岳風下側では，下降に伴い周囲気圧が上昇して空気は圧縮され気温が上昇する。風上側と風下側とを比べると，風下側では水蒸気の凝結により放出された熱量分だけ，気温が上昇している。また，山岳の頂上付近に逆転層がある場合には，山越気流が逆転層上部の暖かい空気を強制的に山岳風下側に吹き降ろす場合があり，このような作用によっても山岳風下側で高温が生じる場合がある。フェーン現象が発生している時は，火災に対する注意が必要である。　　　　　　　　　　　　　　　　◎石川裕彦

フェリーブリッジ冷却塔の崩壊　［フェリーブリッジれいきゃくとうのほうかい］　failure of Ferry Bridge cooling tower
気象　イギリス中部のフェリーブリッジ火力発電所の8基の冷却塔のうち3基が塔頂部の推定最大瞬間風速44 m/sの強風により倒壊・破損した(1965年11月1日)。冷却塔は基部直径91m，高さ114mの円形断面で双曲放物面を構成する鉄筋コンクリートシェル(厚さ120mm)であり，既に実績のある構造物であった。原因としては複数配置による風の収束効果により部分的に大きな風荷重が作用したこと，許容応力度設計で想定されるより大きな荷重が作用した時に引張り応力に対する配慮が十分でなかったことなどが指摘されており，その後の耐風設計の見直しの契機となった。　　　　　　　　　　　　　　　　　　◎神田　順

フォッサマグナ Fossa Magna [地盤] 日本列島の中央部を南北に横断する大構造帯で，そこには，主として第三系と第四系が分布する。Naumannの命名。その西縁は糸魚川―静岡構造線で，その西側には中・古生層や花崗岩が分布する。東縁は第四紀火山噴出物に覆われて不明瞭である。フォッサマグナのうち，諏訪から松本を経て北東に続く地帯は，中央隆起帯と呼ばれ，フォッサマグナは，そこを境に北部フォッサマグナと南部フォッサマグナとに分かれる。北部フォッサマグナは新潟地域に連なる地域で，そこには，厚い火山噴出物や砕屑岩が分布し，褶曲や断層が発達する。南部フォッサマグナでは丹沢山地を中心に中新世に著しい火山活動があった。→中央構造線
◎千木良雅弘

深井戸 [ふかいど] deep well [地震][地盤] 地下水を帯水層から採水する井戸の中で，一般的に深い井戸を深井戸と称する。普通，民家の採水井戸は浅井戸，工業用水などとして大量に採水される井戸は深井戸と呼ばれることもある。手掘りの限界から7m以上を深井戸と呼ぶ場合があるが，30m以上の深さの井戸を深井戸と呼ぶこともあり，便宜的で厳密な定義はない。
◎尾上謙介

深井戸工法 [ふかいどこうほう] deep well works [地盤] 地盤の掘削工事に際しては，地下水の処理は工事の是非を支配する重要な要因である。掘削には地表からの開削形式と，トンネルや推進管の施工のように暗渠掘削に分かれる。後者では湧水対策は種々の掘削工毎に工夫されている。前者の開削では，地表から深い井戸を掘り揚水して，掘削部の安定を図れるまでに地下水圧を低下させる深井戸工法が対策工として採用される。地下水位面より深い地層までの掘削では，地下水による掘削底部地盤の安定，特にクイックサンド，ヒービングなどの大変危険な現象を起こさせない工夫が必要で，鉛直方向の動水勾配がテルツアーギの限界動水勾配より小さく，安全率2～3で除した値以下にする必要がある。
◎宇野尚雄

付加質量 [ふかしつりょう] added mass [海岸] 物体が運動する時に受ける外力，または運動を維持するために必要な力は，ニュートンの運動の第2法則により，質量と加速度の積で与えられる。しかし，流れの中に置かれた物体や静止流体中を運動する物体は，流体の存在により，本来持っている質量に加えて，あたかもその物体を流体で置き換えた分だけ質量が増加したかのような慣性力を受ける。この増加した質量は付加質量，全体の質量は仮想質量と呼ばれている。
◎筒井茂明

深水管理 [ふかみずかんり] deep flood irrigation [雪氷][気象] 障害型冷害を防ぐために低温襲来時に一時的に水田に水を深く入れて気温より高温の水で稲の幼穂部を保護する。水稲の生育期間中の平均的な水深は5cm前後であるが，幼穂を保護するためには15cm以上の水深が必要となる。短期間に広域でこの冷害対策技術を実施しようとすると水不足が生じるので，コンピュータシステムを導入した広域にわたる農業用水の把握，配分が求められる。
◎卜蔵建治

吹きだまり [ふきだまり] snow drift [雪氷] 地表の樹木や構造物などは風の流れを変える障害物になる。これらの風上では風速が減少する。その結果，吹雪，地吹雪の跳躍粒子を発生させ運動を持続させる雪面に作用するせん断応力が小さくなり跳躍粒子が運動を停止し堆積する。また風下にできる乱流渦の中では浮遊粒子が沈降し堆積する。このようにして，飛雪粒子が小山のように堆積したものが吹きだまりである。交通の支障になるが，人工的に作ったものは水資源として利用されることもある。
◎竹内政夫

復元力特性 [ふくげんりょくとくせい] restoring force characteristic [地震] 部材に加えられた力と変形の関係を表現するものであり，バイリニアーモデル，トリリニアーモデル，ランバーグオスグッドモデルなど各種の関係式が提案されている。実験的に単調載荷試験の力と変形の関係を骨格曲線として，メーシング則に基づいて履歴特性を表現することもよく行われる。しかし，部材に作用する外力は一次元的なものではなく三次元的なものが一般的であるので，応力とひずみを規定する構成式に基づいて復元力特性をモデル化するのが汎用的である。よく用いられる構成式には，粘弾性モデル，粘弾塑性モデル，移動硬化を考慮した粘弾塑性モデル，ノンパラメトリックモデルなどがある。単一材質から構成されている部材では，構成式のモデル化を行うことでその復元力特性を表現することが可能であるが，複数の材質が混合された部材（複合材料）を対象とする場合には，材質の空間的な配置を有限要素法でモデル化し，構成式は各々独自のものを用いて数値解析的に部材の復元力特性をモデル化することも行われている。材質の配合が均質化されているような場合には，ホモジナイゼーションの技法が有効になる。
◎佐藤忠信

複合災害 [ふくごうさいがい] compound disaster events [海外] 災害を特定された単一の表現で示すことは次第に困難になってきている。その理由は，田園災害―都市化災害―都市型災害―都市災害というように進化することによる。ことに都市災害の場合には，阪神・淡路大震災で経験した通り地震がきっかけになって大火災となった。停電を復旧させるための努力が火災の原因になるという逆説的な事実もあった。また，サイクロンの豪雨が地すべりを発生させ，地すべりが天然ダムを形成し河道を閉塞させて洪水を起こした後，天然ダムが決壊したことによる段波がさらに下流流域で洪水を起こすという事例は珍しくない。このような連続的に発生した個々の災害過程で犠牲者が出た場合には犠牲の原因は特定し難くなって災害統計に混乱をきたす。単一の加害力が別種の災害を派生させる可能性を考慮した対策が必要である。
◎渡辺正幸

■防火被覆された鋼材の断面

鉄骨部材　防火被覆材　中空部

■藤田スケール

スケール	程度	風速(m/s)（平均時間秒）	木造住家の被害状況
F0	微弱	17–32　（15）	ちょっとした被害
F1	弱い	33–49　（10）	瓦が飛ぶ
F2	強い	50–69　（7）	屋根を剥ぎとる
F3	強烈	70–92　（5）	倒壊する
F4	激烈	93–116　（4）	分解してバラバラになる
F5	想像を絶する	117–142　（3）	跡形もなく吹き飛ぶ

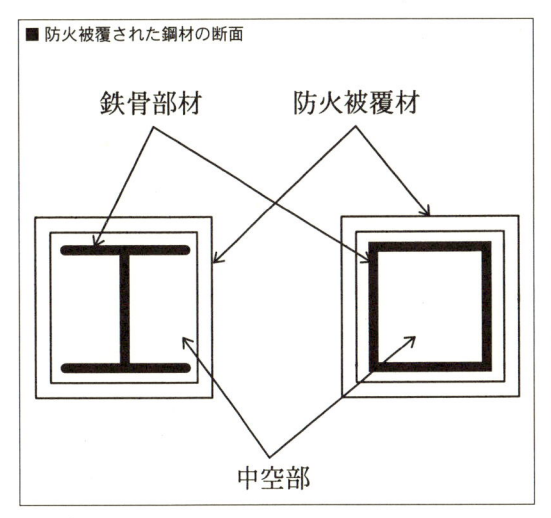

輻射延焼　[ふくしゃえんしょう]　fire spread due to thermal radiation　火災・爆発　乱流拡散火炎の温度は800〜900℃，火盛り期の火災区画の温度は1000℃を超えることが少なくない。一般に物体から放射される輻射熱はステファン・ボルツマンの法則に従い絶対温度の4乗に比例するので，このような高温の火炎や区画火災での輻射熱は100〜200［kW/m²］となる。周囲の物体が受ける輻射熱は輻射源から遠い程小さくなるが，可燃物は10〜15［kW/m²］以上の熱を受けると着火する危険が出てくる。火炎や火災区画に近接する可燃物や建物の輻射熱での延焼を輻射延焼といい，火災による延焼の典型的メカニズムの一つとなっている。→延焼火災，乱流火炎　　　　　　　　　　◎田中哮義

副振動　[ふくしんどう]　secondary undulation of tides　海岸　検潮記録（潮位曲線）に潮汐振動の他に数分から数十分の振動が重なっている場合があるが，こうした長周期の振動は潮汐に対する二次的な振幅の意味で副振動と呼ばれている。台風や低気圧，津波やうねりなどが原因となって，外洋から長周期の波が進入し，湾内水面の共振を引き起こすために生じると考えられており，その周期は湾に固有の1つか2つの周期帯に集中することが多いようである。　　　　　　　　　　　　　　　　　　◎滝川　清

輻輳　[ふくそう]　telephone traffic congestion　被害想定　災害発生後，安否確認や見舞いの電話が被災地に殺到してトラヒック（通信量）が通信設備容量を上回り，電話がつながりにくくなる現象。1995年兵庫県南部地震では，全国から神戸への着信が急増し，1月17日には短時間ピーク値で通常の約50倍（1時間平均で約20倍），翌18日にも約20倍（同7倍）を記録し，22日まで輻輳が続いた。輻輳対策としては，→通話規制による発着信の制限，交換機間の回線増設，全国利用型伝言ダイヤル（ボイスメール）などがある。　　　　　　　　　　　　　　　　　◎能島暢呂

部材温度上昇係数　[ぶざいおんどじょうしょうけいすう]　temperature rise factor　火災・爆発　主要構造部，例えば鉄骨造柱の部材温度上昇係数は，①防火被覆材の種別（吹付けロックウール，繊維混入ケイ酸カルシウム板など），加熱周長，断面積，②鋼材の断面の形状（H型鋼，角型鋼管または円形鋼管）により計算する。左図に，防火被覆された鉄骨柱の例を示す。火災による火熱を受ける部材の温度上昇は，防火被覆材の種別と諸元（厚さ，周長など）とともに，鋼材の断面の形状に依存する。解放断面であるH型鋼は，閉鎖断面である角型鋼管または円形鋼管と比べて火熱を受ける面積が大きいことから，温度上昇は速くなる。
　　　　　　　　　　　　　　　　　　　　　◎作本好文

藤田スケール　[ふじたスケール]　Fujita scale　気象　シカゴ大学の藤田哲也博士が作成したトルネードの強さを表すスケールである（上表）。熱帯低気圧からハリケーンに格上げされるのに必要な風速32.7 m/s（ビューフォート風力階級12）をF1とし，F12が音速であるマッハ1に一致させている。事実上はF5までで全ての竜巻が表現され，F6以上の風速を持つ竜巻は現在のところ，世界のどこでも発生していない。藤田スケールの判定は，あくまでも風速が基準になるが実際には被害状況から推定することも多い。その対応を表に示す。→竜巻　　　　　　　　　　◎林　泰一

付室加圧　[ふしつかあつ]　vestibule pressurization smoke control of vestibule　火災・爆発　階段室を火災時の煙から保護するために設けられた付室へ，新鮮空気を機械的に供給して圧力を高めることにより，火災時に付室および階段への煙の侵入を防止する→煙制御方法である。付室加圧は日本で主として採用され，アメリカ，カナダでは主として→階段加圧が用いられる。2000年6月の建築基準法改正以前は加圧法が認められていなかったために，建築基準法第38条に基づく建設大臣の認可制度を通じて採用されていた。付室加圧の給気量は扉や窓などの開閉状態に支配されるため，火災初期や盛期火災など，火災の各段階における開口状態での遮煙条件や階段などへの漏気量を考慮して決定される。→煙制御　　　　　　　　◎松下敬幸

負傷者数の想定　[ふしょうしゃすうのそうてい]　estimation of injured persons　被害想定　地域防災対策を図る目的で，想定する地震，洪水，津波，火山活動などに対する人的被害，特に負傷者の数と分布を算定する作業。対策

条件による人的被害低減効果を評価して合理的な事前対策実施に役立て，また災害の具体的シナリオに基づく負傷者の救護，トリアージ，搬送，救急医療活動の実行計画を準備するために重要である。地震の場合は，推定地震動に基づき構造物被害を算定し，構造物被害と死傷率の相関関係から負傷率を算定する方法，地震動強さから直接負傷率を算定する方法，人命危険要因を分類してイベントツリーに確率を与え負傷者数を算定する方法などが利用されている。生き埋め救出の負傷者には筋肉が挫滅して組織が血液中に溶出して腎不全を起こす挫滅症候群(crush syndrome)発生の恐れが高い。家屋建物倒壊による死者の少ない地震でも，近年は家具什器の転倒落下など室内被害による負傷者が増大しており，事前の室内安全対策が大切である。　　　　　　　　　　　　　　◎村上ひとみ

負傷者の広域搬送［ふしょうしゃのこういきはんそう］wide-area transportation of injured person ［被害想定］　地震災害などライフラインに影響を与える災害では，被災地内の医療機関は機能低下に陥り，重症負傷者を十分に治療することは困難である。そのため，救急医療体制が機能している被災地外の医療機関へ負傷者を広域に搬送する必要がある。災害時は，陸上搬送が交通渋滞などのために困難な場合が多く，空路や海路も利用する必要がある。日頃の救急搬送業務は，消防が市町村単位で行っているので広域搬送の体制構築が急務である。　　　　　◎甲斐達朗

不信［ふしん］distrust ［情報］　情報源が信頼されないこと。災害情報において不信が生じるのは，その情報源が災害の専門家でないと見なされる場合と，誠実に情報を伝えていないと見なされる場合の2つがある。後者には，情報の隠蔽があると疑われる場合も含まれる。ことに，行政のような公式な情報源に対して不信があると，人々はうわさや他の不確かな情報源に情報を求めるようになるので，災害情報においては，全ての情報を開示することが重要である。　　　　　　　　　　　　　　　◎吉川肇子

不浸透域［ふしんとういき］impervious area ［河川］　雨水が浸透しない領域をいい，アスファルト，コンクリートなどに覆われた舗装道路，建物などがこれにあたる。流域の都市化に伴って道路，建物などの不浸透域の面積が増大すると，雨水浸透が減少して直接流出が増大するため，流域の洪水危険度が高まる。また，雨水浸透の減少はそのまま地下水涵養量の減少につながるため，流域における不浸透域の拡大は丘陵地での地下水枯渇や低平地における地盤沈下の一因となる。　　　　　　　　◎近森秀高

不静定構造物［ふせいていこうぞうぶつ］indeterminate structure ［地震］　力の釣合条件だけで構造物を構成する部材の弾性応力が求められる構造を静定構造物といい，そうでないものを不静定構造物という。ただし，靱性部材で構成される構造物の塑性崩壊荷重の算定に静定・不静定の区別は特にない。静定構造物ではどこか1カ所が破

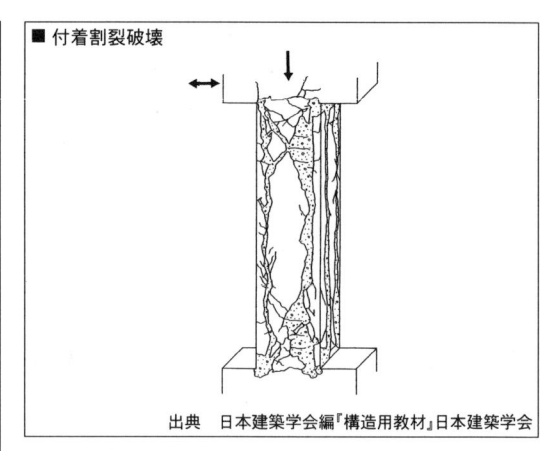

■ 付着割裂破壊

出典　日本建築学会編『構造用教材』日本建築学会

壊(例えば塑性ヒンジの形成)すると構造物全体の崩壊につながるが，不静定構造物の場合には，複数個の塑性ヒンジが形成されなければ崩壊状態にはならない。◎井上一朗

不整凍上［ふせいとうじょう］nonuniform frost heave ［雪氷］［地盤］　地盤が凍結する時，凍上は熱の流れの方向に発生する。この時，地盤の土質，土の水分分布，載荷重，地温の分布などが一様でない時，凍上量が場所によって異なって発生する。この場所による不均質な凍上をいう。舗装道路などでは，切土や盛土断面の接合部などの条件が急変するような場所，建物の地盤の日射量が異なる地点などに多く見られ，表面が波打つために車両の走行の悪さや構造物の基礎の破壊の原因となっている。◎土谷富士夫

伏工［ふせこう］covering works ［地盤］　積苗工，筋工などの階段工間の斜面を粗朶，藁などで面状に被覆することで，降雨，凍上，霜柱，風などによる地表面の土砂の移動を防止するとともに，植生の生育環境を改善するために行う工事である。使用する資材によって，粗朶伏工，藁伏工，網伏工などに分類されるが，現在では，木質繊維あるいは化学繊維に肥料と種子および侵食防止剤などを張り付けた多種多様の二次製品があり，これらを伏工の材料として使うことが多い。　　　　　　　　　◎眞板秀二

不足％・日［ふそくぱーせんと・にち］percent-day criterion for water deficit ［都市］［河川］　渇水の規模または大きさあるいは渇水被害の評価指標としてしばしば用いられるもので，計画確保流量Dを実際の流量Qが下回った場合，その不足割合(節水率)$(D-Q)/D$の百分率(不足％)と対象期間内の水不足日数(取水制限日数)を掛け合わせたものである。渇水被害は不足割合が増大するにつれて激増することから，不足割合の2乗と日数を掛け合わせたもの(不足％2乗・日)を，渇水の厳しさを評価する指標として用いることも多い。　　　　　　　◎寶　馨

付着破壊［ふちゃくはかい］bond failure ［地震］　鉄筋コンクリート部材の破壊形式の一種(図)。RC部材はコンクリートと鉄筋という異なる性質の材料の特徴を利用した複合部材のため，それぞれが負担する力を他方へ伝達して一体の構造体を形成することが基本である。従って，そ

■ 阪神・淡路大震災におけるガスの復旧曲線
（参考 ガス地震対策検討会編『ガス地震対策検討会報告書』）

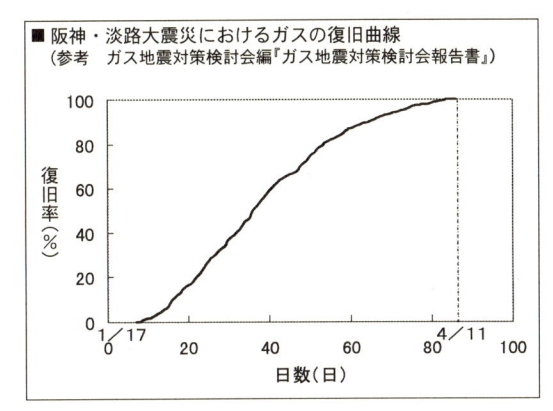

の複合効果が健全であるためには，鉄筋とコンクリートの界面における付着力の影響が大きく，力の伝達が十分に行われることが要求される。付着力が付着強度を超えると鉄筋に沿ってクラックが生じ，鉄筋がすべり出し破壊する。付着破壊機構の一つである付着割裂破壊は，コンクリートのかぶり厚さが不十分な場合にひび割れを誘発してコンクリートが剥離し，破壊に至る。→**曲げ破壊，せん断破壊，圧縮破壊**

◎藤原悌三

復旧 ［ふっきゅう］ recovery and restoration 復旧
復旧とは，被害や障害を修復して従前の状態や機能を回復することをいう。災害復旧は，道路，橋梁，上水道管，通電施設，住宅など被災した施設や建築物を物理的に修復したり原状に再建するとともに，施設の被災により失われた機能に対して暫定措置を講じて必要な機能を確保し，人々の生活や経済活動を維持することも復旧の概念に含まれる。給水などの代替措置によって必要な機能を確保することを回復と表現することもある。また，原状ではなく新たな施設や市街地の形成を示す「復興」とは対比的な概念である。被災地において人々の生活や活動を維持するために，暫定的であれ被災施設の迅速な復旧を目的とする場合を「応急復旧」あるいは「暫定復旧」という。他方，十分な強度と機能を確保した本格的な修復や再建によって被災施設を従前の状態に再建することを「恒久復旧」という。被災地での生活や活動に不可欠で緊急を要する施設については，応急復旧の後，恒久復旧あるいは復興を実施するなどの2段階方式をとることが多い。→**復興**

◎中林一樹，池田浩敬

復旧曲線 ［ふっきゅうきょくせん］ recovery progress curve 都市 横軸に日数，縦軸にシステムの復旧率をとった曲線のこと。阪神・淡路大震災におけるガスの復旧曲線を図に示す（縦軸の復旧率は復旧完了戸数/ガス供給停止戸数を表している）。交通システムの場合には，縦軸に，通行止め区間（距離）の割合などをとる場合が多い。早期復旧を実現するには当然，復旧率100％に要する日数を短縮することが必要になるが，さらに復旧曲線をできる限り上に凸の形状を示すようにすることも重要である。

◎小川安雄，田中聡

復旧戦略 ［ふっきゅうせんりゃく］ restoration strategy
都市 被災後の復旧過程には，被害の把握と二次災害防止措置を行う緊急措置段階，システムの応急的な機能再開に向けた応急復旧段階，システムの再構築などを含む本復旧段階の3段階に分けられる。復旧戦略は，それぞれの段階において，システムの機能停止時間，復旧に要する人材，資材，費用を最小限に抑えながら，最大の効果を上げるように策定されることが望ましい。例えば，ガス施設の場合には，復旧すべき顧客数の掌握，復旧対象エリアの建物・ガス管の被害分布状況，道路閉塞状況，復旧従事要員，体制，復旧基地の位置，基地数，資機材集積基地などのガス供給のソースとなる導管などの情報，データに基づいて復旧の基本計画を立案することが重要である。円滑かつ効率的な復旧作業を行うため，予め定めてある復旧の基本計画をベースに復旧ブロックのガス送出源となる中圧導管などの被害の有無およびブロック内の需要家の被害程度を調査し，両者を照合することにより早期復旧のための復旧ブロックの優先順位付けを行う。また，ガス停止となった地域の復旧計画の立案を行うにあたって，効率的な被害調査を行えるように予め調査箇所，調査項目，整理方法などを整備しておき，地震発生後には，被害調査結果などに基づき，地区別の復旧優先順位を検討し，必要に応じて事前に設定してある復旧ブロックや要員などの計画の見直しを行う。→**復興戦略**

◎田中聡，小川安雄

復興 ［ふっこう］ reconstruction / restoration 復旧
災害によって激甚な被害を被った都市や地域では，単に従前の状況に復旧するのではなく，長期的展望に基づき，市街地構造や住宅形態のみならず社会経済を含めた地域の総合的な構造を抜本的に見直し，新しい市街地や地域の創出を図る場合がある。軽微な被害にとどまった場合に原状回復を目指す「復旧」に対して，こうした新しい地域や社会の創造を目指すことを「復興」という。阪神・淡路大震災では，こうした考え方を一歩進め，▶**創造的復興**を基本方針としている。復興は，新たな価値を地域や社会に創造するものであり，計画的に実行される必要がある。平時の計画行政では，一般に基本構想・長期／総合計画・部門別マスタープラン・実施計画の順序で計画が策定され，行政運営されるが，復興にあたって産業経済など緊急を要する復旧対策を迅速に実施することが不可避であったり，都市復興部門のように，住宅復興や経済復興との関連を総合的に計画する必要があるにもかかわらず建築制限などの仕組みから緊急に決定されてしまう部門もあり，復興計画の立案は平時の逆になる場合が多い。阪神・淡路大震災でも，復興都市計画の基本枠組みは地震から2カ月目に法定決定しているが，総合的な復興計画については，2カ月後までに基本方針を公表し，6カ月後を目標に総合復興計画の策定に取り組んだ。また，創造的復興とはいえ，神戸市でも従前の総合計画や再開発方針などの部門別マスタープランを

無視して計画立案されたものではない。災害によって被害を被った自治体では，被害の程度と被災地域の状況によって，どのような復旧あるいは復興を目指すかが検討される。その際，公共施設に関しては激甚法による復興が基本となるが，その他に関しては，被災自治体と被害部門を所管する省庁との調整を前提に，補助金など復興事業規模の設定も重要な要件となる。さらに，阪神・淡路大震災では，従前の法制度では不十分な点も多く，地震から1カ月後に公布された被災市街地復興特別措置法を始め，多数の法制度が創設されている。その中には，時限的な法制度も少なくなかった。→復旧

◎中林一樹

復興アセスメント ［ふっこうアセスメント］ assessment of reconstruction projects ［復旧］ 阪神・淡路大震災の被災実態および復旧復興実態を教訓として分析し，とりまとめた74項目の日本建築学会第3次提言の一つである。迅速性が求められる復興計画の実施にあたって，迅速な事業の実施とともにその効果をモニタリングし，市街地全体の復興期における動向を定期的に点検して，その進行がもたらす事態を事前評価することによって，より有効な復興事業の実現を図るべきであるという考え方である。関東大震災からの帝都復興計画において，東京の都心区域での計画的整備を進める一方で，その周辺地域に無計画な密集市街地を形成し，それが現在の東京の木造密集市街地の起源となっていることや，計画的復興と個別的復興との齟齬発生など，復興事業がもたらす事態の進行を事前に評価して，計画の必要な修正を行うなどすべきであるという発想に基づいた提案である。

◎中林一樹

復興イベント ［ふっこうイベント］ memorial event as recovery and construction ［復旧］ 阪神・淡路大震災6年目で新たな世紀を迎え，神戸市は「ひと・まち・みらい KOBE2001」という神戸21世紀・復興記念事業を2001年1月17日～9月31日に，兵庫県は阪神・淡路の復興を国内外に発信する「See 阪神・淡路キャンペーン」を2000年7月～2002年3月まで開催した。1906年のサンフランシスコ大地震では7年後に，1923年の関東大震災では9年後に，いずれも震災復興祭が行われている。他方，市民団体が毎年行うイベントも阪神・淡路大震災では多い。神戸市中心の東遊園地で行っている竹筒にロウソクを灯す「市民のつどい1.17」や，長田から三宮までのボランティア・ウォーク「こうべiウォーク」といった全市民的復興イベントがあるが，様々な被災地区ではそれぞれに慰霊祭が行われている。1996年11月，長田区野田北部・鷹取地区で3日間行われた「第1回世界鷹取祭」は鎮魂とともに，世界の草の根ネットワークによって，復興まちづくりへの決意を示し，市民・行政・専門家が協働して開催した。

◎小林郁雄

復興期の閉塞感 ［ふっこうきのへいそくかん］ "No Exit" feeling during recovery ［情報］ 日常生活の回復が復興期を基本的に支える。被災者はそのための生活必需品の確保に腐心する。が，被災地外との格差や被災以前に持っていた目標・希望への道を回復することの困難さの実感は「取り残され感」「立ち止まり感」をもたらす。日常生活の見通しが全く立たない時よりも，ある程度立ち始めた時にこの2つの感情が重なり合って閉塞感を生じる。それ故に，被災地外からの交流・支援が必要な時期といえる。

◎藤田 正

復興共同住宅区 ［ふっこうきょうどうじゅうたくく］ rehabilitation joint housing district ［復旧］ 阪神・淡路大震災の▶復興土地区画整理事業において共同住宅建設を目的に定められた特別な区域のことをいう。所有者の申出により，事業計画で「復興共同住宅区」を定め，一定規模以上の宅地をその区内に換地する。大都市法「共同住宅区」をベースにした特例制度として設けられた。共同住宅建設を義務付け，申出の際に建設予定の共同住宅の概略などの提出が必要。阪神・淡路大震災において，被災者の早期生活再建，国の被災自治体への財政的支援の観点から，震災復興土地区画整理事業に住宅整備とを結合するものとして制度化された。実際には，事業区域内の所有者の申出により集約換地が行われ，共同住宅が建設されたが，1例を除いて，いずれも「復興共同住宅区」の設定は行われず，任意の飛び換地として処理された。→被災市街地復興特別措置法

◎森崎輝行

復興計画 ［ふっこうけいかく］ recovery and reconstruction plan ［復旧］ 災害によって甚大な被害を受けた地域では，どのように復旧・復興を進めるべきかを計画する必要がある。単に被害を修復して従前の状態に戻すという原状復旧を目指すだけでなく，被災の教訓を踏まえて，地域の防災性の向上や，被災をきっかけとする新たな長期的展望に基づく復興を行うことが求められる。市街地や住宅の復興のみならず，産業経済，生活文化など，総合的な復興対策を計画的に行っていくためには，地方公共団体は，基本的な考え方や方針，あらゆる分野の復興施策を網羅した総合的な復興計画が必要であると同時に，必要に応じ，各分野毎の具体的な復興施策の実施計画としての分野別の復興計画を策定することになる。平時の計画策定と同様に住民参加や住民への十分な情報公開が求められるとともに，その策定にあたっては，災害以前の既定の総合計画や長期計画との関係に配慮しつつ，被災者の不安を軽減し，迅速かつ計画的な復興を図っていくためにも，被災後速やかに策定することが重要である。阪神・淡路大震災では，住宅や都市復興など復興が急がれる分野については，分野毎の復興計画が先に立案され，総合的復興計画がその後で策定されている。

◎中林一樹，池田浩敬

復興戦略 ［ふっこうせんりゃく］ reconstruction strategy ［復旧］ 大規模な災害や事故，環境破壊，戦争などから，被災した都市や地域を復興するにあたって，どのような理念と方針に基づき，どのような手法と手続で復興を

進めるかは重要課題である。復興には長期間を要するが、被災直後から復興への取り組みを開始しなければならない。そのために、災害対策本部と並行して復興対策本部を設置し、復興への戦略的な取り組みが必要である。阪神・淡路大震災では、政府は震災の1カ月後に「阪神・淡路復興対策本部（5年間設置）」および「阪神・淡路復興委員会（1年間設置）」を設置して、関連施策を総合的に調整しつつ、「阪神・淡路大震災復興の基本方針および組織に関する法律」を制定し、①国と地方公共団体が役割分担かつ協働して、地域住民の意向を尊重しつつ生活の復興、経済の復興、安全な地域づくりを推進し、②活力ある関西圏の再生を実現することを目指した。被災自治体でも震災の1週間後に復興対策本部を設置し、国、兵庫県、被災市町村が連携しつつ復興に戦略的に取り組んだ。→創造的復興、復旧戦略

◎中林一樹

復興対策本部［ふっこうたいさくほんぶ］headquarters for recovery and reconstruction ［復旧］　災害が発生すると、被災自治体では緊急の応急対策対応のために災害対策本部を設置して取り組むが、計画的な復興が必要な被災状況が生じていると判断した時に設置するのが、復興対策本部である。それは、国・地方公共団体などが計画的かつ総合的に災害復興に取り組むために、既存の組織の枠組みを超えた総合的な推進体制の構築を目的として、一時的に設置するものである。同本部は、関係する複数の部局などによって構成され、復興対策に関する政策の決定、部局・組織間の調整などを行うとともに、国・都道府県あるいは市町村との連絡調整も重要な業務である。時期的には、直後に設置される災害対策本部と数カ月にわたって併設される場合が多い。阪神・淡路大震災では、地震発生当日に災害対策本部が設置されたが、9日後に神戸市が「神戸市震災復興本部」を、2週間後に兵庫県が「兵庫県南部震災復興本部」（後に「阪神・淡路大震災復興本部」を新たに設置）を、5週間後には国が「阪神・淡路復興対策本部」をそれぞれ設置した。

◎中林一樹、池田浩敬

復興土地区画整理事業［ふっことちくかくせいりじぎょう］land readjustment project for reconstruction ［復旧］　基盤未整備のまま形成され、新たな都市基盤整備が必要な既成市街地が災害によって大きな被害を被った時、被災市街地の都市基盤を面的に整備して新市街地を復興する都市計画手法として復興土地区画整理事業がある。関東大震災後の東京・横浜や福井地震後の福井などで震災復興や、第二次世界大戦の空襲都市の戦災復興では特別都市計画法によって復興土地区画整理事業が実施された。その他、戦前戦後の函館、能代、飯田、鳥取など多くの都市大火からの市街地復興でも土地区画整理事業が多用され、1954年の土地区画整理法制定後も、酒田大火や福光大火では復興土地区画整理事業が実施された。阪神・淡路大震災では13地区（20事業地区）256haで復興土地区画整理事業が実施された。その手順は、酒田大火の復興事業と同様で建築基準法第84条による建築制限区域を指定した後、制限期間の2カ月間に説明会や縦覧など都市計画法による決定手続きをすすめ、復興市街地再開発事業（6地区〈14事業地区〉38ha）とともに都市計画決定した。しかし、被災市街地では説明会の開催も容易ではなく、被災者からの反対意見も多く提出されたため、特別都市計画法ともいうべき被災市街地復興特別措置法が2月に制定された。建築制限などの制度は適用されなかったが、復興土地区画整理事業については特別措置法で創設された復興共同住宅区や清算金に変わる住宅棟の給付などの特例措置などが活用された。同時に、阪神・淡路大震災復興計画では、被害が集中したのが住宅密集地域で早期の生活再建を図る必要から住宅施策が盛り込まれるとともに、関係権利者との十分な話し合いと合意形成を目指して事業施行区域毎に組織されたまちづくり協議会と連携をとって事業計画内容を具体化する、2段階都市計画方式で事業を進めた点に特徴がある。→土地区画整理法、被災市街地復興特別措置法、土地区画整理事業の多様化

◎森崎輝行、山田剛司、中林一樹

復興まちづくり［ふっこうまちづくり］community-based recovery movement ［復旧］　災害からの「まち」の復旧・復興において、主に住民・市民の自律的・継続的な環境改善運動を総括的に示す言葉として用いられる。道路や鉄道、水道や電気などのような都市の基幹施設の復旧整備がハード部分とすれば、住まい・暮らしなどソフトな部分の復興が「まちづくり」の中心となる。大都市密集居住地域を直撃した阪神・淡路大震災でも、いち早く都市基盤の復興が進められたが、かつての下町の多くの住宅密集地区ではコミュニティを基礎にした生活再建が遅れた。土地区画整理や市街地再開発など都市計画事業として行政主導で進められた面的地区再整備においても、「復興まちづくり」の重要性が確認された。→街づくり／まちづくり、防災まちづくり、まちづくり復興基金、街並み・まちづくり総合支援事業

◎小林郁雄

復興まちづくり協議会［ふっこうまちづくりきょうぎかい］community-based recovery organization ［復旧］　地域において「復興まちづくり」を自律的・継続的に進めていくための組織。通常、町内会や商店会など旧来からの地域自治組織を基本に、非常時には災害復興を目指した緊急の災害対策本部として始まる。一般に「まちづくり協議会」とは、地域環境改善整備（細街路や小公園などのハード整備、高齢者福祉や安全安心などのソフト整備とも）を目的とした定常的なまちづくり運動のための市民協議組織である。平常時のこうした「まち協」活動の蓄積が、より多くの地域住民の参画のもとに、いち早く非常時における「復興まち協」を立ち上げ、円滑円満に復興まちづくりを進めたことは、阪神・淡路大震災における最重要な教訓である。→まちづくり協議会

◎小林郁雄

復興まちづくり支援事業 ［ふっこうまちづくりしえんじぎょう］ community-based recovery movement supporting system ［復旧］　阪神・淡路復興基金による「復興まちづくり支援事業」では，①まちづくりアドバイザーの派遣，②まちづくりコンサルタントの派遣，③まちづくり活動への助成，④空地の環境整備への助成，⑤バザール設置への助成，の5支援事業がある。専門家の派遣を中心にした，市民などによる自律的な復興まちづくりを支援するこの事業は，自律と連帯を旗印とする市民まちづくりという阪神・淡路大震災からの復興まちづくりにおいて最も重要な場面での貴重な役割を果たしている。兵庫県はこうした経験をもとに，平常時からのまちづくりを支援する「まちづくり基本条例」を1999年に全国の都道府県に先駆けて策定した。　　　　　　　　　　　　　　　　◎小林郁雄

復興まちづくりニュース ［ふっこうまちづくりニュース］ newsletter of community-based recovery movement ［復旧］　住民・商店主・地域企業など多くの地域構成員の総合的で統括的な意向集約が市民参加のまちづくりには重要であり，その基本はまちづくり情報の共有化にある。まちづくり協議会の活動や行政との交渉経緯などを記録し広報する「まちづくりニュース」の発行は，そのための必要不可欠な活動であり，最も重要な情報ツールである。通常の状況以上に，災害緊急対応時には「復興まちづくりニュース」の重要性は高い。　　　　　　　◎小林郁雄

物的脆弱性 ［ぶってきぜいじゃくせい］ physical vulnerability ［海外］　物的脆弱性は建造物，公共施設，農業施設などに関して適用される概念である。建造物の脆弱性は立地，設計，形状ならびに用いられた材料や建設技術ならびに維持管理や他の建造物との接近の度合いによって異なる。→脆弱性　　　　　　　　　　　　　◎渡辺正幸

物理探査(法) ［ぶつりたんさ(ほう)］ geophysical exploration (method) ［地盤］　地下の構造・状態を知るために地球物理学的手法を用いて行う調査(法)。地下を反映する人為的または自然的現象を測定・解析する。利用する物理量に応じて，地震，電気，磁気，電磁波，重力，放射能，地温探査がある。地表，空中，海上探査などがあるが，測定が孔井内で行われる場合は検層という。当初，鉱物資源探査が中心で物理探鉱と呼ばれたが，近年は建設・防災分野などに多用され，物理探査と呼ばれるほうがふつうになった。　　　　　　　　　　　　　　◎小林芳正

不動産活用型高齢者特別融資制度 ［ふどうさんかつようがたこうれいしゃとくべつゆうしせいど］ real estate equity special loan system for the elderly ［復旧］　一般に，土地は所有しているが収入の少ない高齢者が土地を活用し，生活資金とする制度である。阪神・淡路大震災では，住宅を失った高齢者が自ら居住するための住宅を建設，または，取得するために必要な資金を融資する制度として導入した。兵庫県ではこの融資に対する利子補給を行って促進した。これまで，年齢要件などで他の融資制度を利用できなかった高齢者の住宅再建を支援する制度で，万一，借受人が死亡するなど返済ができなくなった場合，対象不動産を処分して償還する。→住宅復興，シルバーハウジング事業制度　　　　　　　　　　　　　　　◎後藤祐介

浮動人口 ［ふどうじんこう］ travelers and other non-residents ［被害想定］［復旧］　➡一時的滞留者

不透水層 ［ふとうすいそう］ impermeable layer ［地盤］　砂や礫(レキ)などから成る地層のように，水をよく通し帯水層となり得る透水層(permeable layer)に対して，粘土や緻密な岩盤から成る地層は水をほとんど通さないので不透水層と呼ばれる。粘土混じりの砂層やシルト層のように，ある程度水を通す場合には半透水層(semi-permeable layer / aquitard)，また通しにくい地層は難透水層(aquiclude)などと呼ばれることがある。このような区別は透水性のよさを表す透水係数(permeability)の大きさによってなされるが，その区切りには厳密さを欠く面がある。一般に，透水係数の値が10^{-5}cm/s以下の地層は事実上水を通さないと見なされ，不透水層として取り扱われる。なお，透水性は土粒子の粒度組成や間隙率(porosity)と密接に関係し，粒径の小さい土粒子を多く含む地層程，透水性が悪くなる。粘土層は比較的高い間隙率を有するが，間隙水(pore water)の大部分が比表面積の大きい粘土粒子との相互作用(吸着など)によって自由に移動しないため，不透水層として機能する。　　　　　　　◎北岡豪一

不同沈下 ［ふどうちんか］ differential settlement ［地盤］　地盤の非一様な沈下によって地表面に不陸が生じる現象を指す。不等沈下ともいう。不同沈下の要因としては，基礎地盤の不均質性，偏載荷重による局所的な塑性変形，地盤の側方流動などがある。不同沈下は，舗装面の平坦性を強く求められる道路盛土や空港滑走路では供用上の問題を，建築物やタンク基礎では有害な2次応力の発生という問題を引き起こすので，その評価と対策が絶対沈下量に対するものよりも重要となることがある。しかしながら，不同沈下は上述した諸要因が複合して発生するので定量的予測は極めて難しく，通常は絶対沈下量で規定されることが多い。従って，最初から不同沈下の発生が予測される地盤上の構造物にはジャッキアップシステムなどの構造的対応する設備を予め組み込んでおくこともある。
　　　　　　　　　　　　　　　　◎三村　衛

不等流計算 ［ふとうりゅうけいさん］ non-uniform flow analysis ［河川］　断面形が流れ方向に一様でない水路や河川で，水面形などに時間的に変化がない開水路流れを不等流という。流入，流出がない場合，断面を通過する流量は一定となる。1次元解析法を適用して導かれるエネルギー式または運動量式を用いて，設定した流量と粗度係数のもとで上流または下流方向に水面形を追跡し，水位縦断分布を求めることを不等流計算という。流量に対して水位が

定められる断面が支配断面で，水面形追跡の出発点となる。

◎細田 尚

不燃化　[ふねんか]　progress of fireproof structures
復旧　火災・爆発　建築材料に見られる不燃材料や難燃材料のような厳密な定義はないが，耐火建築物による建築物の更新・新規建設や，空地・道路などの整備によって，火災発生時に隣棟への延焼危険性を低減させ，火災からその地域を守り，または火災の拡大を堰き止める機能を市街地に付加していく過程を指す。都市の不燃化については，戦後間もない1948年に耐火建築促進法による助成制度があったが採算性などから適地が限られた。また，防火地域も耐火造建築物へのコストがかかるため経済的負担を与えるとして，市街地再開発事業などの制度が適用可能な限られた地区を除いて，戦前からの悲願である都市の不燃化には有効な手だてがなかったが，建設省(現国土交通省)は1980年度に都市防災不燃化促進事業を創設，1997年度にこれを都市防災構造化推進事業に，2000年度には都市防災推進事業に拡充し，不燃化の促進に努めている。→難燃化

◎糸井川栄一

不燃領域率　[ふねんりょういきりつ]　rate of non-flammable area　被害想定　復旧　火災・爆発　市街地面積に対する一定の広さ，幅員の空地，道路の面積と耐火建築物の建築面積の合計の比。建設省(現国土交通省)で実施された総合技術開発プロジェクト「都市防火対策手法の開発(1977〜1981年度)」でのひとつの成果として示された指標であり，次式で定義される。

$$F = S + (1-S)c$$

ここで，S：空地率(短辺もしくは直径40m以上で，かつ面積が1500m²以上の水面，鉄道敷，公園，運動場，学校，一団地の施設などの面積，および幅員6m以上の道路面積の合計の対象市街地面積に対する比)，c：耐火造率(耐火造建築面積の全建物建築面積に対する比)。

不燃領域率はある程度高密度な市街地での適用を前提としているため，密度の指標が組み込まれていない。可燃空間，不燃空間(空地，耐火建築物)をランダムに格子状に並べた仮想的な市街地に対して行った延焼シミュレーション実験の結果(延焼速度式として浜田式を使用)，不燃領域率が60〜70％を超えるとほとんど延焼が拡大しないことが明らかとなり，市街地大火の危険性がある地区の抽出のために利用されている(図)。阪神・淡路大震災以降東京都が，より狭小な空地を対象とするとともに準耐火建築物も加味した新たな算定方法を導入し，防災都市づくり推進計画の中で地区整備の目標水準指標として活用している。

◎糸井川栄一

吹雪　[ふぶき]　blowing / drifting snow　雪氷　雪粒子が風によって空中に舞う現象を吹雪という。降雪を伴わない時の吹雪は地吹雪とも呼ばれる。いずれの場合も，雪粒子の空間密度と輸送量は雪面近傍(粒子跳躍層)で大

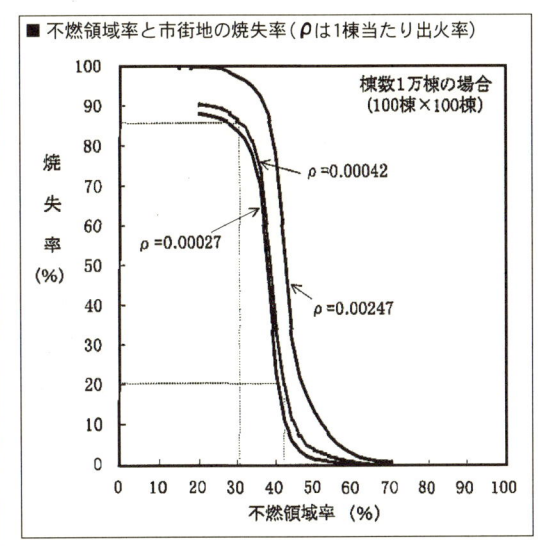

■不燃領域率と市街地の焼失率(ρは1棟当たり出火率)

(棟数1万棟の場合 (100棟×100棟))

$\rho = 0.00042$
$\rho = 0.00027$
$\rho = 0.00247$

横軸：不燃領域率(％)　縦軸：焼失率(％)

きく，高さとともに減少する(粒子浮遊層)。雪粒子の運動形態は，便宜上，転がり，跳躍，浮遊の3種類に分けられることが多い。吹雪は視程を悪化させるだけでなく，吹きだまりや雪庇を形成し，交通障害や雪崩発生の原因となる。しかし，北アメリカやシベリアでは，吹雪による吹きだまりは重要な水資源となる。

◎前野紀一

吹雪計　[ふぶきけい]　blowing snow gauge / snow drift gauge　雪氷　吹雪の強さを測定する計測器。吹雪輸送量を測定するものには，飛雪粒子を捕集するネット式，サイクロン式などの吹雪計があるが，捕集容量に応じて定期的に交換し，捕集した飛雪粒子の重量を測定する必要がある。また，光学的に飛雪粒子の大きさと個数を自動計測し吹雪輸送量を算出するスノー・パーティクル・カウンター(SPC)も使われるようになってきた。吹雪量を測定するものとしては，雪面へ埋め込んで使用する箱形吹雪計がある。

◎佐藤 威

吹雪の視程　[ふぶきのしてい]　visibility of blowing snow　雪氷　目標物を肉眼により認識できる最大距離。通常は視線を水平にして測る。視程は晴天時には大気の混濁の程度に依存する。視程を大きく悪化させる自然現象には霧，降雨，降雪，吹雪などがある。視程が50〜100m未満になると道路交通に障害が生じることが多い。吹雪による視程障害は浮遊する雪粒子が原因となるが，視程の時間変動が非常に大きいことが特徴である。瞬時に視界が全く利かなくなることもあり，高速道路交通においては特に注意が必要とされる。

◎小杉健二

吹雪量　[ふぶきりょう]　snow drift transport rate
雪氷　吹雪によって，風向に直角な単位長さを単位時間に横切り移動する飛雪粒子の全質量で，吹雪の強さを表す。高さによって変化する吹雪輸送量を高さ方向に積分した量に等しい。風速とともに大きくなるが，気温や雪質の他，吹雪の発生点からの吹送距離にも依存する。このため，これまでに提案されている吹雪量と風速の経験式はかなりば

らついている。吹雪量に最も寄与するのは，雪面付近で跳躍運動をする飛雪粒子である。　　　　　　◎佐藤　威

浮遊構造物　［ふゆうこうぞうぶつ］ floating structure
海岸　構造物の一部に浮力体を有し，水面あるいは水中に浮遊する形式の構造物をいい，船はその代表的なものである。大規模な海洋構造物としては，外洋での石油掘削に用いられるセミサブやテンションレグプラットホームなどがあり，沿岸域で用いられるものとしては，浮遊防波堤，浮桟橋，ブイ，養殖いけすなどが挙げられる。浮遊構造物の特徴としては，ある程度動揺を許すことによって構造物が受ける外力を低減できること，水深の大きな水域で用いる構造物としては経済的に有利であることなどが挙げられる。浮遊構造物の漂流を防ぎ平面位置を保持するために，通常は係留索(鎖)によって海底のアンカーや係留杭などの固定構造物に係留される場合が多いが，動力を用いて位置保持される場合(ダイナミック・ポジショニング)もある。浮遊構造物を設計する上での注意点としては，浮体そのものの静的な安定性はもちろんであるが，動揺の固有周波数が波などの外力の卓越周波数に近くならないように配慮することが重要である。　　　　　　　　◎青木伸一

浮遊砂　［ふゆうしゃ］ suspended load 河川 海岸
河床付近の上昇流によって河床から浮上した後，流水の乱れの作用を受けながら上昇，下降を繰り返し流水中を移動する砂粒子のこと。浮遊砂は摩擦速度と砂粒子の沈降速度の比が1より大きくなると発生し始める。浮遊砂濃度分布の解析方法には決定論的方法と確率論的方法があるが，一般的には前者の方法の一つである拡散方程式が用いられる。平衡状態の濃度分布式として Rouse 分布が著名である。　　　　　　　　　　　　　　　　◎藤田正治

浮遊生物　［ふゆうせいぶつ］ plankton 海岸 ⇨プランクトン

冬渇水　［ふゆかっすい］ drought in winter 都市
秋から冬季にかけて河川水量が減少し，需要量(特に都市用水)が満たせなくなる現象。台風上陸がなかった1984年には，淀川，木曾川などで10月から翌年3月までの渇水となった。年間を通じて降雨の少ない冬季において都市用水の需要が増加していることにより，秋霖，台風など秋季の降雨が不足すると冬渇水になる危険性が高く，春季の降雨が少ないと夏渇水と連続する通年渇水となる。◎渡辺晴彦

ブライトバンド　bright band 河川 気象　レーダー画像上で通常は同心円的に発生する受信強度の強い部分をいう。大気水象はある高度以上では氷晶となっている。このような層を挟んでレーダーによる探査を行うと，0℃層の上空では氷の結晶であったものが落下中に表面が融解し，内部が氷晶であるような状態が発生する。このような層に電磁波が当たると，相対的に大きな散乱を生じ，レーダー画像上で散乱強度が強く現れることになる。春や秋の成層をなす降水現象時に発生しやすい。　　　◎吉野文雄

フラジリティーカーブ　fragility curve 都市 地震
被害想定　損傷状態をいくつかの被災度にランク分けし，各被災度ランクを超過する確率を地震動強度の関数としてプロットして得られる単調増加の曲線のことをいう。つまり構造物に作用する外力と損傷状態の生起確率との関係を表す曲線であり，地震被害予測のための基礎資料として用いられる。わが国では，道路橋梁やガス導管，配水管，木造家屋などに関するものが提案されている。既往地震による被害データに基づいて，地震動強度指標(最大加速度，最大速度，SI値など)を説明変数として，損傷確率を対数正規分布などの確率分布にフィッティングさせ，モデルパラメータを同定する統計的手法が一般的に用いられる。被害データが十分でない場合には，専門家の意見に基づく経験的方法や，数値シミュレーションによる解析的方法，実験的方法などが補足的に適用される。なお地震動強度が離散量である場合には，損傷確率が行列状の数表となるので，▶被害確率マトリクスという。　　◎能島暢呂

フラッシュオーバー　flashover 火災・爆発　建物の室内で火災が生じると，最初室内の一部で家具などが部分的に燃焼しているように見えるが，ある段階になると室内の可燃物が次々と連鎖的に着火して燃焼が急激に拡大し，一気に室内全体が火に包まれて窓からは猛然と火炎が噴出するフラッシュオーバーと呼ばれる現象が頻繁に見られる。建物の室のように可燃物が多い囲われた空間で特有の燃焼形態である。➡バックドラフト，区画火災　◎田中哮義

フラッシュバック　flashback 情報　トラウマ体験となり得るような事態に遭遇すると，人はその体験の認知，感覚，感情を「凍結」して切り抜けようとする。が，日常の偶発的な出来事をきっかけにその体験は意識に再登場し，個人を脅かす。フラッシュバックもその一つで，例えば，金属の触れ合う音を聞いて，震災の時の，ものが壊れる音と情景をまざまざと思い出してしまい，パニックに陥るといったもので，本人の意図とは無関係に，しかも繰り返し登場する「侵入性」と「反復性」を特徴とする。
➡心的外傷ストレス障害　　　　　　　　◎羽下大信

フラッター　flutter 気象　フラッターは多くの場合極めて破壊的な振動であって，振動の発生は構造物全体の破壊に直結する。フラッターは振動特性からさらに3つのタイプに分類できる。すなわち，曲げ1自由度振動としてのギャロッピングとねじれ1自由度振動としてのねじれフラッター，それに曲げとねじれが連成した連成フラッターである。ギャロッピングは雪氷が着氷した送電線や塔状構造物，あるいは非流線型橋桁や構造部材に発現する風向直角方向の発散振動である。ねじれフラッターは長径間吊橋や斜張橋の桁に生じるねじれの発散的な振動であり，▶タコマ橋崩壊の原因となった振動でもある。連成フラッターは飛行機の翼のようにスレンダーな断面を有する構造物に発生する。明石海峡大橋や2000mを超えるような超長径間

吊橋に発生する連成フラッターでは，曲げとねじれの他，横たわみの振動モードの連成が認められ，抗力方向の非定常空気力が考慮されている。　　　　　　　◎宮崎正男

プランクトン　plankton　[海岸]　遊泳力がないか，あっても非常に弱く，水の動きに逆らえずに浮遊する生物。バクテリオプランクトン(細菌)，植物・動物プランクトン，ウィルスプランクトンに分類され，顕微鏡サイズからクラゲのような大型動物まで含む。植物プランクトンは光合成を行い，無機から有機物を合成するので，基礎生産者の役割が大きい。藍藻，渦鞭毛藻，珪藻，ラフィド藻など，様々な種類がある。動物プランクトンは，カイアシ類やアミ類などの甲殻類，有孔虫，放散虫，クラゲおよび海洋生物の卵や幼生も含まれる。植物プランクトンの異常発生は赤潮と呼ばれ，シャットネラやヘテロカプサなどの毒性を持つ鞭毛藻の赤潮は魚介類の大量斃死を招き，漁業被害を起こしている。　　　　　　　　　　　　◎綿貫 啓

プリニー式噴火　[プリニーしきふんか]　Plinian eruption　[火山]　大量の軽石，火山灰など火砕物が火口から空高く噴出され巨大な噴煙柱が形成され，それらが降下火砕物として風下に降下するような噴火。火口からの火砕物の噴出率が高いので，火砕物が溢れ出て火砕流や軽石流の発生を伴うことが多い。ベスビオ火山の西暦79年の噴火がその例であり，この噴火を観察したプリニウスにちなんだ名称である。最近の例では，1991年6月のピナツボ火山の噴火がある。　　　　　　　　　　◎石原和弘

プリペアドネス　preparedness　[共通]　▶被害軽減

浮力流れ　[ふりょくながれ]　buoyancy flow　[火災・爆発]　流体，特に気体が，部分的に温度上昇すると周囲の流体に比較し密度が小さくなるため浮力を生じる。浮力の大きさは密度差を$\Delta\rho$，重力加速度をgとして単位体積当たり$\Delta\rho g$である。火災においてはこの浮力を駆動力として種々の流れが引き起こされる。▶火災プリュームや▶堅穴区画シャフトの煙突効果はその代表例である。　◎田中哮義

ふるい分け　[ふるいわけ]　sediment sorting　[海岸]　河川や海食崖などの▶漂砂源から海岸域に供給された土砂は，波や流れの作用により輸送されるとともにふるい分けが進み，徐々に粒径が揃った底質が集団を形成するようになる。底質のふるい分けは，沿岸方向と岸沖方向の両方で進行する。沿岸方向には，河口などの土砂供給源付近では様々な粒径の底質が見られるが，河口から離れるにつれて徐々に粒径が細かくなり，粒度が揃った淘汰のよい底質が見られるようになる。岸沖方向には，汀線付近と砕波点付近に粗い粒径の底質が集中し，砕波点から沖合いは徐々に細かな底質で覆われるようになる。養浜工の実施では，様々な粒径の土砂が投入されるが，徐々にふるい分けが進み，投入地点から土砂が流出していくことになるため，ふるい分け作用の定量的な把握が重要となる。
◎佐藤慎司

ブルカノ式噴火　[ブルカノしきふんか]　Vulcanian eruption　[火山]　火口から突発的に岩塊，火山弾を吹き飛ばし，キノコ状の噴煙を上げる爆発的噴火。強い空振，爆発音の発生を伴い，時として岩塊が秒速250m以上で放出され，火口から3km以上の距離に落下することがある。浅間山，桜島など安山岩質火山でよく発生する。火道中のマグマから分離したガスが火口底の下に蓄積されてできたガス溜まりの急激な破裂によって生じると考えられる。イタリアのブルカノ火山にちなんだ名称。　◎石原和弘

ブレース　bracing　[地震]　▶筋かい

プレート間地震　[プレートかんじしん]　interplate earthquake　[地震]　プレートとプレートの間(プレート境界)で発生する地震の総称で，マグニチュード8を超える巨大地震の多くはこのプレート間地震に属する。プレートが生まれる海嶺で発生するもの，カリフォルニアのサンアンドレアス断層のようにプレートがすれ違うトランスフォーム断層で発生するもの，またプレートが沈み込む海溝付近で発生するものがある。日本付近では，日本海溝沿いに太平洋プレートが10 cm/年程度の速度で東北日本下に，また南海トラフ沿いにフィリピン海プレートが4～6 cm/年の速度で西南日本下に沈み込み，▶逆断層型のプレート間巨大地震がそれぞれ数十年および100年程度で繰り返し発生し，津波と広範囲に及ぶ強い揺れ(強震動)を引き起こし，大きな被害をもたらしている。日本で唯一その発生予測が期待されている東海地震もこのプレート間地震である。(図参照)　→海溝型地震　　　　◎平原和朗

プレート内地震　[プレートないじしん]　intraplate earthquake　[地震]　プレート内で発生する地震の総称(図)で，陸側プレート内部で発生する内陸地震はこの地震に属し，▶活断層によって引き起こされる。1995年兵庫県南部地震(M 7.2)もプレート内地震で，プレート間巨大地震に比べ規模は小さいが，内陸で発生するため都市に大きな被害をもたらす。東北日本では▶逆断層型，西南日本では横ずれ型の内陸地震が発生する。これらの地震の発生間隔は1000年以上でプレート間巨大地震の発生間隔に比べ長い。また，沈み込む海洋プレート内部でも地震は発生し(この場合スラブ内地震と呼ばれる)，日本付近では古くは1993年

三陸地震($M 8.1$)が有名である。海溝に発生する地震の多くはプレート間地震であると思われていたが，地震観測網の充実に伴い，多くのスラブ内地震が発見され，最近では1994年北海道東方沖($M 8.1$)や2001年芸予地震($M 6.4$)が挙げられる。

◎平原和朗

プレストレストコンクリート構造 [プレストレストコンクリートこうぞう] prestressed concrete structure 地震 鉄筋コンクリート構造の一種で，引張りに弱いコンクリートの弱点を克服するために，引張り力が生じる部分に予め圧縮力(プレストレスと呼ぶ)を与えておくことによって，見かけ上の引張り強度を増加させるものである。プレストレスを与えるために，高い引張り強度を持つPC鋼線を用いる。コンクリートを打設する前にPC鋼線を緊張しておき，コンクリートが十分硬化した後で緊張を緩め，PC鋼線とコンクリートの付着によってコンクリートに圧縮プレストレスを与える方法(プレテンション法)と，PC鋼線がコンクリートと付着しないように予めコンクリートに孔を空けておき，コンクリートが十分に硬化した後，この孔に通したPC鋼線を緊張する方法(ポストテンション法)がある。

◎中島正愛

不連続面 [ふれんぞくめん] discontinuity / discontinuous plane 地盤 岩盤中にある様々な種類・規模の弱面(基質部に比較して強度が劣る部分や異なる岩種の境界面など)を総称して不連続面という。一般に岩盤不連続面には，微細亀裂，シーム，層理，葉理，片理，節理，地質境界面などの他に，地殻応力による破壊面，すなわち断層や破砕帯，大規模な構造線などがある。これらは地質的な形成過程がそれぞれ異なっていて，分布状態，規模，あるいはその力学的性質に特徴がある。一方，工学的には，地質や形成年代，形成過程・成因に関係なく，方向性(走向，傾斜)，大きさ，頻度，表面形状，充填物などで具体的に特性が表現できる面構造を不連続面と呼称し，岩盤の強度，変形性，透水性などの工学的性質が強く影響を受ける。

◎大西有三

ブロッキング現象 [ブロッキングげんしょう] blocking phenomena 気象 対流圏中・高層の偏西風帯のジェット気流が南北に大きく蛇行あるいは分流するようなときには，閉じた高気圧や低気圧が形成されて，南北方向に並ぶような特異な高度(気圧)分布が出現することがある。このような分布が特定の場所で生じて持続する時には，小規模の移動性の高・低気圧の東進を妨げて(ブロックして)迂回させるようにもなるのでブロッキングと称される。この状態が長く続くと，同じ天候が持続することになり，異常気象の原因にもなる。大規模な海陸分布・熱源分布などが生成要因とされており，いくつかの理論的モデルや解釈・説明がなされている。しかしながら，その発生と持続期間などの予測は，まだまだ困難な状況にある。

◎岩嶋樹也

ブロック化【ライフライン】 [ブロックか] segmentation of a lifeline network 都市 被害想定 面的に広がるライフラインネットワークをいくつかのセグメントに分けて運用する方法。ガスシステムでは，供給圧力によって供給エリアが多くのブロックに細分化されており，それぞれのブロック毎に，ガス供給遮断，再開などの運用が可能となっている。災害発生時においては，被害の拡大防止や，復旧時間の短縮に大きな効果がある。→緊急措置ブロック

◎田中 聡

ブロック雪崩 [ブロックなだれ] snow block avalanche 雪氷 崩落した雪が細かく粉砕されずブロック状の雪塊のまま流下する雪崩をいう。厳冬期の板状雪崩や雪庇崩落も落下した雪がブロック状のことがあるが，一般的には，雪渓の一部が崩落し高密度の塊状の雪が，転動あるいは跳躍しながら流下する現象を指す。これまで雪渓を使って沢登りする登山者がこの雪崩に遭う事故が多かったが，最近は雪渓付近に入り込む山菜取り(またはその遭難救助隊)がこの雪崩に遭う事例がめだつ。

◎和泉 薫

ブロック塀などによる死傷者 [ブロックべいなどによるししょうしゃ] casualties caused by block fences 被害想定 宮城県地震による被害データに基づき，ブロック塀などの倒壊と死者数，負傷者数との関係式を求め，これにブロック塀などの被害想定値を当てはめて死傷者数を想定することが多い。1984年の静岡県の被害想定では，死者数$=0.003\times$(ブロック塀の倒壊件数+石塀の倒壊件数)としたが，ブロック塀，石塀の被害想定が道路に面する側のみであったため，敷地側に倒れた場合も考慮するため倒壊件数想定値の1.5倍の値を用いている。さらに，負傷者数$=0.043\times$揺れによる全負傷者数として求めている。なお，1997年の東京都の被害想定では，ブロック塀などの転倒による死者数$=0.00116\times$ブロック塀等被害件数×(区市町村別夕方6時屋外人口密度/1978年仙台市屋外人口密度)の推定式を用いている。→塀の被害想定

◎宮野道雄

プロティング・ポジション plotting position 共通 確率分布の適合度を視覚的に捉える方法の一つとして，確率紙を用いる方法がある。この場合には，確率紙上に各データの大きさx_iとその非超過確率$F(x_i)$(超過確率の場合もある)をプロットする必要がある。この確率をプロティング・ポジションという。一般的には，プロットした点が直線上に並ぶような確率紙を選び，それによって確率分布形を定める。目視や最小二乗法などにより，それらの点を平分する直線を描けば，その直線によってxの分布関数が得られる。プロティング・ポジションを与える公式としては，ワイブル公式，ヘイズン公式，グリンゴルデン公式，カナン公式などが挙げられ，これらの公式は$F(x_i)=(i-\alpha)/(N+1-2\alpha)$の式形で表される。ここに，$N$は資料数，$i$は小さいほうからの順位であり，$\alpha$は公式により異なる定数でワイブル公式では0.0，ヘイズン公式では0.5，グリン

ゴルデン公式では0.44，カナン公式では0.4となる。
◎栗田秀明

噴火エネルギー ［ふんかエネルギー］ energy of volcanic eruption ［火山］　火山噴火によって物質が地表・大気中へ放出される時のエネルギーをいう。マグマが地表に現れるまでのエネルギーとして，火道やマグマ溜まりから地表に噴出するまでの重力に対する仕事や地殻変動に費やされる仕事がある。地表に噴出した後の噴火エネルギーの配分は噴火の様式によって異なる。溶岩を流出する噴火のエネルギーはほとんどが熱エネルギーである。熱エネルギーは大気温度に戻るまでの熱量として計算される。一方，低温の水蒸気爆発の場合には噴出物の運動エネルギーが大きい。ブルカノ式噴火の場合のエネルギー配分は，一般に，熱エネルギー＞運動エネルギー＞空気振動エネルギー＞爆発地震エネルギーとなり，それぞれの間に1～2桁の違いがある。
◎石原和弘

噴火規模 ［ふんかきぼ］ scale (magnitude) of volcanic eruption ［火山］　火山噴火の大きさ。噴出した溶岩，火砕物などの総量や噴火の総エネルギー量で表す。津屋(1955)は，噴出物量の桁によって10段階の噴火強度階を定義した。噴気活動を0とし，$10^4 m^3$ 未満をIとして $10^{11} m^3$ 以上をIXとした。噴出物量と合わせて噴煙柱高度を考慮した噴火規模の表現としてよく使われるものに，火山爆発指数(VEI)がある。噴出物量について見ると，噴火強度階とVEIの対応関係は，Iが0，IIおよびIIIが1，IV～IXが2～7となる。1990年からの雲仙普賢岳噴火の噴出溶岩は $2 \times 10^8 m^3$ であるので噴火強度階ではIV(10^8～$10^9 m^3$)，噴出物量ではVEIで4に相当するが，噴煙柱高度が低かったのでVEIでは3に区分されることになる。
◎石原和弘

噴火現象 ［ふんかげんしょう］ eruption phenomenon ［火山］　噴火は地下深部で生成されたマグマが地表近くまで上昇し，マグマが様々な形態の噴出物として地表や大気中に放出される現象である。マグマそのものは地上に現れず，マグマから分離した火山ガスやマグマと接触した地下水から生成した水蒸気などが地表付近に堆積した岩石・土砂，あるいは火山体の一部を吹き飛ばす場合もある。噴火現象には，爆発的噴火による火山弾・岩塊の放出と空振の発生，火山灰・軽石などが火山ガスとともに吹き上げられ成長する噴煙，割れ目火口から高温溶岩がガスとともに噴出する溶岩噴泉の他，比較的穏やかなマグマ物質の噴出である溶岩流・溶岩湖の形成・溶岩ドームの上昇，また，火砕流や火山体崩壊・岩屑流などがある。一般に，一連の噴火ではこれらの現象が組み合わさって現れる。その組み合わせは，マグマの性質や噴出率，噴火直前の火道内の圧力などいくつかの要素に依存するので，活動の推移とともに変化する。
◎石原和弘

文化財の修復 ［ぶんかざいのしゅうふく］ repair of cultural heritage ［復旧］　災害により損傷を被った文化財建造物の修復にあたっては，その歴史的・文化的価値の保全を第一とし，同時に周辺の状況や人的被害の危険度などを総合的に判断する必要がある。構造補強には，伝統的な構法や材料による付加的補強から，煉瓦造を鉄筋コンクリート造に変更するなどの現代的な構法や材料による構造形式の変更を含む置換的補強まで，様々な手法がある。阪神・淡路大震災で全壊した旧神戸居留地十五番館(重要文化財)においては，建築当初の仕様の変更を最小限にとどめ，損壊した当初材を極力再使用するとともに，公開施設として建築基準法に適合する耐震性を確保するよう修復計画が検討され，地盤改良と免震構造が採用された。→歴史的建造物の保存修復
◎波多野 純

文化財の被害 ［ぶんかざいのひがい］ damage of cultural heritage ［復旧］［被害想定］　災害や事故によって多くの文化財が失われてきた。日本における文化財被害として重要なのは1949年の法隆寺金堂焼失で，これを教訓に翌年，文化財保護法が制定された。一方，地震による被害としては，1923年の関東大震災で円覚寺舎利殿が，1948年の福井地震で丸岡城天守が倒壊している。最近では，1991年の台風による厳島神社社殿の倒壊，1995年の阪神・淡路大震災による旧神戸居留地十五番館の全壊などの大規模な被害，1998年の台風による室生寺五重塔の損壊などがある。このような災害以外にも，列島改造ブームや阪神・淡路大震災後の復興の中で，国宝や重要文化財ではないが歴史的価値の高い建造物が大量に取り壊され，その傾向は今も継続している。
◎波多野 純

文化財の防災 ［ぶんかざいのぼうさい］ disaster prevention of cultural heritage ［復旧］［火災・爆発］　文化財建造物であっても，人命尊重を第一に防災計画を立案すべきことは言うまでもない。同時に，歴史的・文化的価値は一度失われてしまえば再生不能であり，その保全に努める必要がある。防災計画では，建物の価値を正確に把握し，災害時における周囲への影響を予測し，建物の利用状況などから人的被害の程度を判断する必要がある。日本に多い木造の文化財にとって最も恐ろしいのは，火災である。地震や強風による倒壊であれば，部材が残り再生が可能であるが，火災ではその全てを失う。防火設備の基本は，避雷設備，自動火災報知設備，消火設備である。1897年の古社寺保存法制定時に法隆寺金堂に避雷設備が設置され，1912年の東大寺大仏殿解体修理においては，避雷設備に加えてドレンチャー設備が設置された。耐震補強は，戦前にはH型鋼など洋風技術による補強がなされ，古材の滅失や構造システムの不整合といった問題を残した。近年の木造文化財建造物の保存修復では，構造補強においても伝統的構法を基本とするが，1977年の東福寺山門修理では，旧来の構造を傷つけずに鋼のフレームで補強する方法が採用された。一方，煉瓦造については，バットレスの付加など積極的な補強がなされている。
◎波多野 純

噴火史 [ふんかし] history of volcanic eruption 火山　噴火記録を個々の火山またはある地域について編纂したもの。日本では，大森房吉(1918)による『日本噴火志』，気象庁(1983, 1996)による『日本活火山総覧』などがある。世界の噴火史をまとめたものとして，Simkinら(1981, 1994)による "Volcanoes of the World" がある。歴史時代の噴火については，古文書，絵図などの解読が出発点となる。前駆現象の記載は噴火予知に重要な情報である。しかし，その内容は必ずしも噴火の全貌を伝えるものとは限らない。噴火地点，噴火様式，規模，活動の推移などの噴火活動の全貌を把握するには，地形学的，地質学・岩石学的調査検討を必要とする。有史以前や記録にない噴火については，野外における噴出物の層序，分布，性質の調査が特に有効である。噴火の年代推定には噴出物や炭化木の各種年代測定法が用いられる。個々の火山の噴火史が明らかにすることは，噴火予知，噴火災害予測図，避難計画作成にとって重要である。◎石原和弘

噴火前駆現象 [ふんかぜんくげんしょう] precursors of volcanic eruption 火山　噴火が間近に迫った時，火山で観察あるいは観測される現象。顕著な噴火のいくつかでは，噴火発生直前に，有感地震発生，井戸・温泉の水位や温度の異常などが観察されたことが，古文書などの記録から知られている。有珠山，伊豆大島，阿蘇山，雲仙岳，桜島など精密な火山観測がなされている火山では，火山直下での地震・微動の多発や地震のタイプの変化，地下での圧力増大による微小な地盤の隆起膨張，地下の温度上昇による微小な地磁気変化や火山ガスの成分・温度の変化などが前駆現象として捉えられている。噴火直前の前駆現象の現れ方は，マグマの性質，噴火の規模，活動休止期間，噴火地点によって異なる。一般に，既存の火口以外で発生する噴火，規模の大きい噴火，活動休止期間の長い火山では前駆現象が顕著に現れる。また，粘性の低い玄武岩質マグマによる噴火は，粘性のより高い安山岩質やデイサイト質マグマの噴火より前駆現象の期間が短い。◎石原和弘

文化復興 [ぶんかふっこう] rebuilding of arts and culture / cultural restoration 復旧　災害が破壊するものは，物理的な施設や環境だけではなく，精神的な社会への影響も大きい。ハードな物理環境の再生よりも，ソフトな精神社会の回復のほうが，課題は複雑で長期的影響への対応が必要である。文化復興とはそうした物理環境と精神社会の回復の接点にある。阪神・淡路大震災では，兵庫県が1999年度に行った震災対策国際総合検証事業において，歴史遺産の復旧などの地域文化復興のテーマで端信行は，①指定外文化財も含めた行政支援制度の充実，②まちづくりにおける文化財利活用や地域文化コーディネーターの育成，③芸術文化振興におけるNPO等の育成，④地域文化施設等の連携強化，といった提言をしている。→被災地芸術文化活動　◎小林郁雄

噴火様式 [ふんかようしき] eruption type 火山　火山噴火の様相は，噴火場所，マグマの性質，規模などの違いにより多様であるので，統一的な様式の分類は確立し難い。噴火発生地点の違いからは，中心噴火(▶山頂噴火)と，▶側噴火(山腹噴火)に区分される。側噴火の場合には割れ目が形成され，それに沿って噴火口が並ぶ場合が多い。噴出物に新鮮なマグマ物質を含むか否かで，マグマ性噴火と水蒸気爆発という区分が使われる。一般に使われる噴火様式は，特徴的な噴火が生じた火山にちなんだものが多い。例えば，流動性に富む溶岩流で特徴付けられるハワイ式噴火，スコリア(黒っぽい軽石)を連続的に噴出する▶ストロンボリ式噴火，爆発的噴火により岩塊放出とキノコ状の噴煙柱を伴う▶ブルカノ式噴火，溶岩ドームが爆発を起こし火砕流を発生するプレー式噴火，成層圏まで達する巨大な噴煙柱が形成され，風下に大量の軽石降下と山腹での火砕流発生を伴う▶プリニー式噴火などである。◎石原和弘

噴火予知 [ふんかよち] prediction of volcanic eruption 火山　噴火発生の場所，時期，規模，様式および活動の推移の5要素を火山活動史および火山観測データをもとに予測すること。長期予測には，過去の活動に関するデータ(マグマの性質，噴出物量，噴火様式など)を必要とする。1977年の有珠山噴火の4年前には，噴火発生時期を含む長期予測が公表されていて，予測内容がほぼ妥当であったことが現実に検証された。短期・直前予測には，地震・地殻変動，地磁気，火山ガスなどの総合的観測が不可欠である。例えば，1991年5月雲仙普賢岳の溶岩ドーム出現の約1週間前から火口近傍で群発地震発生，地磁気変化，地殻変動が観測され，▶火山噴火予知連絡会により溶岩流出の危険性があるという見解が示され，火山情報として発表された。なお，雲仙普賢岳の活動のように，小規模水蒸気爆発から大規模な噴火に発展することがよくあるので，噴火開始以降も噴出物調査を含めた火山観測を強化して活動の推移を見守ることが必要である。◎石原和弘

噴気孔 [ふんきこう] fumarole 火山　水蒸気を主成分とし，HCl, SO_2, H_2S, CO_2, H_2, N_2 などを含む火山ガスが噴出する孔のこと。噴出する主要なガス成分が水蒸気の場合は水蒸気孔(steam fumarole)，二酸化硫黄や硫化水素の場合は硫気孔(solfatara)，二酸化炭素の場合は炭酸孔(mofette)などと区別して呼ぶこともあるが，火山ガスの主成分は水蒸気であるので水蒸気孔との区別はつきにくく，水蒸気孔は最近ではあまり用いられない。噴気孔周辺には黄色のイオウ，金属の酸化物や塩化物，火山ガス凝縮水と岩石・土壌との反応で生成する硫酸塩などの火山昇華物が生成していることが多い。◎平林順一

噴気地帯 [ふんきちたい] fumarolic field 火山　火山ガスが集中あるいは点在して噴出している地域を噴気地帯と呼ぶ。噴気地帯はガスに含まれる HCl, SO_2 などの

酸性ガス成分，酸性の火山ガス凝縮水によって岩石中の鉄，アルミニウム，カルシウム，マグネシウムなどの金属イオンが溶脱するため，白色や灰色を呈することが多い。また，噴気地帯は暖かいため近づいたキツネなどの小動物が，滞留している硫化水素や二酸化炭素ガスによって死んでいるのがしばしば見られる。
◎平林順一

噴砂 ［ふんさ］ sand boil ［地震］　地震時の液状化によって，地下に堆積した砂質土が地下水と一緒に噴き上がる現象。地震後しばらく経つと火山状の砂の山が残る。噴砂の山を見つけることによって，その場所が液状化したと判断することが一般的に行われている。しかし，液状化層が薄かったり，液状化層上の地盤が厚い場合には，地表面で噴砂が観察されない場合もある。このような場合には，その場所で液状化が発生しなかったと判断されてしまう場合もある。→液状化
◎八嶋　厚

分散性波動 ［ぶんさんせいはどう］ dispersive wave ［地震］　深さ方向に速度が変化する媒質を伝播する表面波のように，伝播速度が周期(波長)に依存する波動。波長の長い波が早く到着する場合を正分散，逆の場合を逆分散と呼ぶ。位相速度または群速度を周期の関数として表したものを分散曲線といい，地球内部構造の解析に用いられる。分散曲線において，ある周期に群速度の極小値が存在する場合，その周期の波は大きな振幅を持つ。これをエアリー相と呼び，陸パスを通る短周期の表面波では20秒付近に，マントルにエネルギーを持つ長周期の表面波では200秒付近に見られる。また，海パスを通るラブ波の群速度の分散曲線は20秒から100秒の周期帯でほとんど平坦であるため，この波は分散をほとんど示さず，通常，大きな振幅を持つ孤立した波として地震波形に現れる。上述のように表面波の分散は地球内部構造と密接に関係しているので，表面波の分散を解析することにより地球内部構造を推定することができる。
◎澁谷拓郎

粉塵爆発 ［ふんじんばくはつ］ dust explosion ［火災・爆発］　トウモロコシ，小麦，砂糖，石炭，黒鉛などの粉塵が空気中に分散し，着火源によって着火し，発生する爆発を粉塵爆発という。着火源としては，静電気による電気火花，粉塵の摩擦熱などがある。トウモロコシや小麦の穀物エレベータと船舶などの間で積み替える作業で空気圧を用いた輸送方法を用いると摩擦などによって生じた粉塵が舞い上がり爆発を起こす事例が知られている。◎鶴田　俊

分水路 ［ぶんすいろ］ diversion channel ［河川］　放水路と同義に使われる。区別する場合は，放水路と同じ目的のため河川の途中から分岐して新川を開削し再び元の本川に連結する水路を指す。
◎細田　尚

噴石 ［ふんせき］ cinder ［火山］　爆発的噴火によって放出されたスコリア，火山礫，火山弾などの総称。噴石は火山礫の大きさに粒径を限定して用いる場合と，限定せずにスコリアなどの多孔質でガラス質の粗粒の火山砕屑物全般を指す場合がある。この他，玄武岩質の多孔質な火砕物が火口付近に堆積しているものに対しても用いられる。
◎鎌田浩毅

噴石丘 ［ふんせききゅう］ cinder cone ［火山］　噴石が火口付近に堆積した結果できた円錐形の丘(火山砕屑丘)。スコリアなどの多孔質でガラス質の火山砕屑物から成る場合が多い。爆発的噴火によって生じ，一般に頂上に火口を持つ。噴石丘は玄武岩質の火山砕屑物から成ることが多い。
◎鎌田浩毅

分布型流出モデル ［ぶんぷがたりゅうしゅつモデル］ distributed runoff model ［河川］　降水や，地形・地質・植生といった流域の物理特性，流量や水深などの水文量など，雨水流動に関係する諸量の空間的分布を考慮したかたちで流出過程をシミュレートするモデルのこと。一般には，水文量が時空間的に変動する物理機構を微分方程式で記述する形式になっているものが多く，近年では，降水の空間分布を詳細に捉えるためにレーダー雨量データを用いたり，流域の流出特性に大きく影響する流域地形形状や土地利用状況をモデルに取り入れるため各種数値地理データを利用してモデルを構成する試みも多くなされている。分布型流出モデルは，流域の改変による流出特性の変化を予測したり，ある水文事象をシミュレートすることによってその現象をより詳細に理解できるなどの利点を有するが，その一方で，モデルの基礎式と対象とする現象のスケールが一致していない，空間的に分布するパラメータ値を適切に与える方法が確立されていないなどの問題点も指摘されている。
◎市川　温

分流方式 ［ぶんりゅうほうしき］ diversion ［河川］　ある区間の河道改修が過大になるのを防ぐため，その上流から洪水流量の一部または全部を分派させる高水処理方式。分派させた洪水流量を海や湖に直接流入させたり，別の河川に導くのを放水路(分水路)といい，同じ河川であるが改修困難な区間または改修延長が長くなる区間を避けて流下させ，下流で再び合流させるのを捷水路という。信濃川大河津分水は流量の大部分を，狩野川放水路は計画高水流量の増加分を新設水路に流す例である。当該区間として抜本的な改修となるが，河道の安定性，自然環境に対する影響，社会的な影響などについて広範な検討を必要とする。
◎中尾忠彦

へ

平均二乗誤差 ［へいきんにじょうごさ］ mean square error (MSE) ［共通］　モデルから出力される推定値や予測値の精度を評価するのによく用いられる指標の一つで

あり，この値が小さい程，精度がよいと判断される。例えば，あるモデルから出力される河川流量の予測値を $Q_f(k)$，k は時点で $k=1, 2, …, n$ とし，同じ期間の実測値を $Q_o(k)$ とすると，平均二乗誤差 MSE は次式で計算される。

$$\text{MSE}=\frac{1}{n}\sum_{k=1}^{n}[Q_f(k)-Q_o(k)]^2$$

また，モデルに含まれるパラメータを最適に推定する場合にも，平均二乗誤差を最小にするように推定されることが多い。 ◎河村 明

平均風速 ［へいきんふうそく］ mean wind velocity 〔気象〕 普通に用いる平均風速という言葉はある空間の1点に据えられた風速計から得られる風速の時系列データを入力とするローパスフィルタの出力を指す。この時フィルターのカーネル幅が平均時間，その重心位置までの間隔が遅れとなる。カーネルの形を箱形にすれば，それを通る時系列データは重みなしの算術的移動平均となる。気象庁で用いられる平均風速は箱形カーネルで幅が10分間，出力を正時10分毎に読み出したものに相当する。→風の変動性，最大瞬間風速，突風率 ◎桂 順治

平衡断面海浜 ［へいこうだんめんかいひん］ equilibrium beach 〔海岸〕 砂浜の断面は波の作用によって常に変化している。ただし一定の波を当て続けると海浜の大部分で地形の変化が観測されないようになる場合がある。このような海浜断面のことを平衡断面という。平衡断面においても砂の移動はあるが，移動量の場所的な変化がなければその断面では地形は変化しない。 ◎柴山知也

米国災害援助局 ［べいこくさいがいえんじょきょく］ Office of Foreign Disaster Assistance (OFDA) 〔海外〕 1978年に大統領直属の機関として設定された米国海外開発庁 (USAID) の一部局で，海外の災害に関連する援助を担当している。援助内容は早期警報，防災制度ならびに行政の強化などの事前対応から被災直後の緊急救援に及んでいる。近年の援助の傾向として救援物資の供与より防災・減災のための協力である「開発指向緊急援助」を重視している。また，近年は自然災害よりも紛争関連の援助が増加している。 ◎大井英臣

米国大統領による災害宣言 ［べいこくだいとうりょうによるさいがいせんげん］ disaster declaration by the US President 〔情報〕 わが国の場合，災害による被災者支援は災害救助法を根拠としている。災害救助法の適応は住家および非住家被害の規模を目安として定められており，いわば一定の災害規模に達すれば災害救助法が自動的に発動する仕組みができている。対してアメリカでは，災害救助に行政が踏みきる基準を画一的には決めていない。そのため，地方自治体，州，連邦政府はそれぞれ首長が災害事態宣言をすることによって，災害救助が開始されることになっている。連邦緊急事態管理庁 (FEMA) が災害対策に踏みきるためには大統領による災害事態宣言が必要とされる。 ◎林 春男

米国連邦緊急事態管理庁 ［べいこくれんぽうきんきゅうじたいかんりちょう］ Federal Emergency Management Agency (FEMA) 〔海外〕 アメリカ国民の生命財産，重要インフラに対する災害による被害を軽減するため，災害発生後の緊急活動から復旧ならびに防災事前対応にわたる災害実務の全ての側面で活動する大統領直属の組織で，1979年に設立された。緊急活動および復旧は大統領の「連邦政府救援指令」が発令される大災害の場合にのみ実施される。通常規模の災害については地方自治体または州政府が対応する。防災では氾濫原管理規則の制定，建築の設計施工基準の改善，研修・訓練などで関係機関に協力している。 ◎大井英臣

閉塞氷 ［へいそくごおり］ ice jamming 〔雪氷〕〔河川〕 融氷期に日射が強まり，気温が上昇して完全結氷していた氷板が劣化し，融雪や降雨などで河川が増水すると厚く張りつめていた氷板が一気に破壊される。大小の氷片が大量に流下する途中で河川の屈曲部や狭窄部などを起点に詰まり始めると閉塞氷が発生する。閉塞氷は流れの断面を急激に閉塞し流水を妨げるため水位は大幅に上昇する。閉塞氷による洪水は気温の低い時期に発生するため長期化して大きな災害に結びつきやすい。 ◎平山健一

閉塞前線 ［へいそくぜんせん］ occluded front 〔気象〕
→前線

塀の被害想定 ［へいのひがいそうてい］ damage estimation of block fences 〔被害想定〕 1978年宮城県沖地震によってブロック塀，石塀が多数倒壊し，16名の死者が生じたことから1985年に東京都防災会議によって公表された「多摩地域における地震被害の想定に関する報告書」において，この項目が含まれるところとなった。木造住宅棟数とブロック，石，コンクリートなどの塀の件数との間に強い相関があることから，木造住宅棟数を説明変数とする推定式を作成し，各種の塀の存在件数を算出する。被害件数の算定は宮城県沖地震における被害調査結果に基づいて作成された地表加速度から塀の大被害率を求める下記の想定式を用いて行うことが多い。

　ブロック塀：$Y_1=-12.6+0.070X$
　石塀：$Y_2=-26.6+0.168X$
　ここに，X：地表加速度 (gal)，Y_1：ブロック塀の大被害率，Y_2：石塀の大被害率
→ブロック塀などによる死傷者 ◎宮野道雄

平方根指数型最大値分布 ［へいほうこんしすうがたさいだいちぶんぷ］ square-root exponential-type distribution of maximum 〔河川〕 治水計画では洪水のように極端に大きな流量の確率評価が問題となる。そのため確率分布形のあてはめには全般的な分布の適合度とともに，分布両端における形状特性や適合度が重用視される。以上の観点から，江藤らは総雨量の年最大値の確率分布関数とし

て次式を提案している。$F(x)=\exp[-a(1+\sqrt{bx})\exp(-\sqrt{bx})]$，ここに，$a$ と b は母数。この分布は他の分布に比べ右裾部が長く尾を引くため，大雨の超過確率が大きく評価される性質を有している。

◎栗田秀明

平面2次元流計算 ［へいめんにじげんりゅうけいさん］ plane 2-D depth-averaged flow analysis ［河川］　河道内の流れ，破堤後の洪水氾濫水の挙動，浅い湖や湾内の流動など，水深に比べて平面的広がりが大きい流れを水平方向に2次元的に数値解析し，水工計画上の基礎資料を得ること。3次元の連続式，運動方程式を水面と路床の境界条件を考慮して水深方向に積分することにより導かれる平面2次元の連続式，運動量式が基礎式となる。その際，流速分布の一様性と静水圧分布を仮定することが多いが，目的に応じてブシネスク方程式などの高次理論が用いられる。河川流の場合，河道形状に適合した一般座標系での基礎式に変換して計算が行われることが多い。また，洪水氾濫予想区域図は詳細には本解析法を適用して作成される。有限体積法，差分法や有限要素法に基づいた数値解析法が多数提案されている。

◎細田 尚

ベースシア係数 ［ベースシアけいすう］ base shear coefficient ［地震］　地震時に建物の基部(1階)に作用する層せん断力と建物の基部から上の全重量との比。建築基準法では，i 層の設計用せん断力 Q_i は，i 層のせん断力係数 C_i とその層が支えている重量 W_i の積で与えられる。すなわち，$Q_i=C_i \cdot W_i$，$C_i=ZR_tA_iC_0$ ここに，Z：地域特性係数，R_t：振動特性係数，A_i：地震層せん断力の高さ方向分布を表す係数，C_0：標準せん断力係数であり，建物の耐用年限中に数度発生する可能性のある中地震に対しては $C_0=0.2$ として許容応力度設計を行い，想定される最大級の地震に対しては $C_0=1.0$ として終局耐力設計を行うのが基本である。超高層建物の場合，固有周期(振動特性係数)の影響により，応答せん断力係数は0.2より小さくなる場合が多い。

◎藤原悌三

べき法則 ［べきほうそく］ power law ［気象］　平均風速の鉛直方向の分布形状を近似する方法の一つで，地面からの高さ z(m) における平均風速を $U(z)$(m/s)，基準高さ(10mとすることが多い)を z_r(m) とすると，$U(z)=U(z_r)\left(\dfrac{z}{z_r}\right)^\alpha$ と表せる。ここで，α はべき指数と呼ばれ，海などなめらかな平面上で約7分の1，市街地で約3分の1〜5分の1，大都市で約3分の1〜2.5分の1の値をとる。これらの値は強風中立状態の乱流境界層における値であるが，大気の安定度によっても，べき指数の値は変化する。

→設計風速

◎丸山 敬

壁面線 ［へきめんせん］ wall surface line ［火災・爆発］［復旧］　街区内における建築物の位置を整えてその環境の向上を図るため，建築物の壁面の位置の限界を設定した線。建築基準法46〜47条に基づく場合には，利害関係者の出頭を求めて公開による聴聞を行った上，建築審査会の同意を得てから特定行政庁が壁面線の指定を行う。壁面線が指定されると，建築物の壁・柱などはこれを越えて建築してはならないこととされている。壁面線の指定は，地区計画や建築協定などで，まちづくりのための一般的な手法の一つとして位置付けられており，細い街路が多くなかなか道路拡幅のできない木造密集市街地では，交通空間確保ならびに火災危険性防除のための重要な手法になっている。

◎糸井川栄一

ペットボトル PET bottle ［都市］　プラスチックの一種であるペット(PET=ポリエチレンテレフタレート)を原料とする容器。無臭で軽くて丈夫な材質であるために，ミネラルウオーターや清涼飲料水の容器として急速に普及している。ミネラルウォーターの普及とともにペットボトルのリサイクルも重要な社会的問題となってきた。また災害時の備えのためにペットボトルを予め備蓄しておいたり，コンビニエンスストアなどと予め協定を結んでおいて被災コミュニティに配給したりする対策などが現実的な防災対策となりつつある。

◎細井由彦，岡田憲夫

ヘッドランド工法 ［ヘッドランドこうほう］ headland defense control works ［海岸］　沿岸漂砂の卓越する直線的な長い海岸を，構造物(ヘッドランド)で1km程度の間隔に区切り，海浜の長期安定化を図る工法。構造物として設置される離岸堤や突堤は，沿岸漂砂量を相当の割合で阻止できるように規模が大きい。沿岸漂砂が止まると，連続するヘッドランド間の海浜は中央が湾曲した静的に安定な汀線形状となる。規模がやや小さいと，ヘッドランドの沖側を下手側に回り込む沿岸漂砂が残った状態で，動的な安定形状になる。沿岸方向の設置間隔が長いことから，海岸域の利用および景観などの自然環境に与える影響が軽減でき，侵食対策施設あるいは養浜の補助施設として用いられる。

◎加藤一正

偏角 ［へんかく］ yawing angle of wind ［気象］　風の流れと物体の姿勢，位置の関係は，鉛直面内には傾斜角，あるいは迎角で表される。これに対し，水平面内については風向，あるいは偏角で表される。風向は風の吹いてくる方位を表し，入射する流れを物体側から見た場合の表し方であり，偏角は逆に流れの側から物体を見た場合の表し方といえる。ビル風の強風域は45°程度の偏角の時が最も広くなるといわれている。

◎宮田利雄

変換波 ［へんかんは］ converted wave ［地震］　地球内部には地震波速度や密度が不連続に変化する面が存在する。このような面を不連続面と呼ぶ。地殻とマントルの境界であるモホロビチッチ不連続面(モホ面)や地表面はその例である。不連続面に地震波が入射する時，P波がS波に，S波がP波に変換する。このような波を変換波と呼ぶ。変換波と直達波の時間差や振幅比から，不連続面の深さや不連続面での速度や密度の増加量などを推定することができる。

◎澁谷拓郎

変質作用 ［へんしつさよう］ alteration 〔地盤〕 岩石が主として水の作用によってその鉱物組成や化学組成を変化させ，それによって力学的性質も変化させる現象をいう。地表あるいは浅所に存在する岩石は，その生成時に比べて低温・低圧の条件にあるので，熱力学的に不安定な状態にある。それが循環水の存在のもとで加水分解を起こし，さらに二酸化炭素や二酸化硫黄などのガス成分の供給を受けると水一岩石の間で化学反応が進み，粘土鉱物などの含水鉱物を主成分とする岩石に変質する。変質作用は，母岩の鉱物組成や化学組成の他に，温度，圧力，水の移動速度，水の化学組成によって進行の速度が異なる。地すべり現象は粘土鉱物の生成量とそれによる水の流れ場の変化と関連している場合が多い。地すべり地などからの湧水の化学成分を分析することにより，その水がどのような風化過程を経てきたものであるのか，また湧出量を測定することによって風化の速度をある程度推定することが可能である。なお，変質作用は，風化変質作用，熱水変質作用，続成変質作用に分けられる。
◎北岡豪一

偏心 ［へんしん］ eccentricity 〔地震〕 力の作用方向が断面の図心からずれている状態を指し，力の作用点と図心との距離を偏心距離という。偏心があると断面には軸方向力に加えて，作用力と偏心距離の積に等しいモーメントが作用する。偏心は構造物全体に対しても定義され，耐震設計における重要な指標である。構造物において断面の図心に相当する点は剛心と呼ばれ，剛心位置が構造物に作用する地震合力の作用点からずれる場合を偏心という。偏心があると構造物は水平方向に変形すると同時にねじれる。耐震設計においては偏心をできるだけ少なくするように工夫することが求められ，また偏心が避けられない場合には偏心によるねじれを考慮しなければならない。
◎中島正愛

変成作用 ［へんせいさよう］ metamorphism 〔地盤〕 地殻の深い所(一般に数～数十km)において，通常300℃位から600℃位までの高温で岩石が固体のまま再結晶して，元の岩石とは鉱物組成や結晶組織を異にする作用のこと。石灰岩がマグマと接触した部分では大理石となることがよく知られており，CO_2が逸出して残留するCaOが隣接する岩石中のSiO_2と結合したものである。このように火成岩や堆積岩が変成作用を受けてできるものが変成岩であり，構成鉱物として粘土鉱物はほとんど含まれない。
◎嘉門雅史

変電所 ［へんでんしょ］ electric substation 〔都市〕 変電所を構成する電気設備は，碍子型機器に代表されるように，電気絶縁性から材料や構造が決まる。その結果，耐震的に理想とされる粘り強い構造にはなりにくく，国内外の大地震時において，変電機器の電気的故障や構造的損傷が停電事故の主な要因を占めている。変電機器には，母線，変圧器，開閉装置(遮断器，断路器)，避雷器などがあり，これらの耐震設計指針(日本電気協会，JEAG5003)が制定されている。1995年兵庫県南部地震では，この指針に適合した設備には停電の要因となる被害がなかった。その一方で，この指針を満たさない旧式の設備に多大な被害があったので，こうした既設設備の効率的な耐震補強が重要な課題となった。1999年台湾・集集地震では中枢の開閉所が被災して，広域かつ長時間の停電があった。電力ライフラインの防災対策は変電所の配置計画に強く依存することが広く再認識された。
◎当麻純一

変動風荷重 ［へんどうかぜかじゅう］ fluctuating wind load 〔気象〕〔海岸〕 時空間的に変動する風力，あるいはその設計値をいう。原因は，風の乱れ，構造物後流に発生する渦，構造物の振動と流れの相互作用などである。変動風荷重は構造物に動的効果をもたらし，振動を発生させる。風の乱れによる変動風荷重は，準静的成分と共振成分に分けられる。準静的成分は，主として風力の低周波数成分によるもので静的な荷重効果をもたらす。構造物の規模が増大すると，風力の空間的非同時性を反映する規模効果によって，準静的成分による最大荷重効果が事実上低下する。共振成分は，構造物の高層・長大化に伴う固有振動数や減衰定数の低下，あるいは設計風速の増加によって一般に増大する。渦や振動と流れの相互作用による変動風荷重は周期性が高く，風直角方向やねじれの振動を誘起する。
◎田村幸雄

ベントス benthos 〔海岸〕 水底に接して生活している生物の総称。植物では，海藻・海草類，付着珪藻類が該当する。動物では，イソギンチャクやフジツボのように固着生活する種，ナマコやヒトデのようにわずかに移動能力のある種，移動能力が高く，水底に接する時間の長いカレイなどの種が含まれる。また，水底の表面に生息する表生生物と砂や泥の底質内で生活する内生動物にも分けられる。▶青潮などの貧酸素水塊が発生すると，ベントスは大量斃死する。
◎綿貫 啓

ホ

ポアソン比 ［ポアソンひ］ Poisson's ratio 〔地震〕 ある一方向の垂直応力によって生じる縦ひずみ(ε)に直交する横ひずみ(ε_t)の割合は，フックの法則が成立する範囲においては一定であり，この比をポアソン比(ν)と呼ぶ。縦ひずみが正(引張り)であるなら，横ひずみは負(圧縮)となり，ポアソン比は次式で表される。$\nu = -\varepsilon_t/\varepsilon$ この量は無次元量であり，ポアソン比の逆数をポアソン数と呼ぶ。材料によって一定の値を持ち，例えば鋼の場合νは約0.3である。
◎中島正愛

ボイルオーバー boilover [火災・爆発] 石油などに水が含まれていると，燃焼した時に温度上昇によって突然，水蒸気となって気化し，このため石油などが泡立ち容器の外側へ溢れ出しながら燃える現象を生ずる。これをボイルオーバーと呼ぶ。大型石油タンクで発生するとタンク周囲に火の着いた大量の石油を吹き出すことになり，極めて危険な状況に至る。大型石油タンクでは，定期的にタンク底部から水を取り除いているが，完全に除去することは困難である。海外の石油タンクでは，底板に傾斜を設け排水するものもある。
◎鶴田 俊

包囲可能火面周長 [ほういかのうかめんしゅうちょう] encirclable fire front [被害想定] 延焼の想定において拡大した火災を消防力によって消火可能かどうかを判定する場合に，消防隊もしくは消防団が到着し放水を開始する時間における火面周長(延焼力)と，消防隊，消防団がホースによって包囲可能な周長を比較して，包囲可能であれば消火が成功するとしていることが一般的である。このホースによって包囲可能な周長を包囲可能火面周長と呼ぶ。なお，ホース1口当たりの担当火面周長は10mとされており，また，火面周長のうち実際に炎上している部分の長さは，対象地域の建蔽率によって低減係数を乗じている。
◎糸井川栄一

包囲消火活動 [ほういしょうかかつどう] encircling fire-fighting [火災・爆発] [被害想定] ▶消防力の地震時二次運用(包囲消火活動)

防煙区画 [ぼうえんくかく] smoke partition / smoke barrier [火災・爆発] 煙を閉じ込めるために必要な性能を有する壁や垂れ壁で一定面積以内に区画された空間または区画するための部材のことである。通常建築基準法では500m²以内に防煙区画を設けることが求められるが，天井が高い大空間においてはより大きな区画が許容される場合がある。防煙垂れ壁と呼ばれる天井から50cm程度下った平板などで区画されるものも防煙区画とされているが，これは適切に配置された▶機械排煙の排煙口と組み合わせることで煙拡大速度を抑制する効果を狙ったものである。
◎松下敬幸

放火 [ほうか] arson [火災・爆発] 意図的に建物その他の財産に火を放ち焼損させる犯罪。自らの建物や財産を焼損させる場合も含まれる。放火による火災件数は，日本では既に全出火件数の中の20％弱の出火原因になっているが，諸外国でも増加傾向にあり，▶出火原因のうちの上位を占めるようになっている。
◎吉田公一

防火管理者 [ぼうかかんりしゃ] fire protection manager [行政] [火災・爆発] 多数の者が出入りし，勤務し，または居住する特定の防火対象物において一定の資格を有する者のうちから当該防火対象物の管理について権原を有する者によって選任され，防火管理上必要な業務を行う者。その出入りし，勤務し，または居住する者の数が30人以上または50人以上の防火対象物の管理について権原を有する者は，当該防火対象物について防火管理者を定めなければならず，その選任および解任には届出が必要で，届出をしない者は刑罰に処せられる。それにもかかわらず防火管理者が定められていないと認める時は消防長(消防本部を置かない市町村においては，市町村長)または消防署長は，防火管理者を定めるべきことを命ずることができ，この命令に違反した者は刑罰に処せられる(消法8・43Ⅰ①・44⑥)。なお，高層建築物，地下街などで共同防火管理を行う際は，統括防火管理者を選任し，その権原を定める(消法8の2，規則4の2③)。この場合，分任統括防火管理者を置くこともある。
◎消防庁

防火規定 [ぼうかきてい] fire prevention regulations [復旧] 主として建築基準法によって，建築物の用途，規模，立地などに応じて定められた防火対策の技術基準規定を指す。その内容は，①建築物の倒壊を防止し内部火災の拡大を抑制するための建築物の主要構造部の制限，②建築物内部の火災拡大を防止する▶防火区画の設置，③建築物内部の火災の発生・成長を抑制する内装の制限，④隣棟建物や周辺市街地への延焼拡大防止を目的とする建築物の外部仕様の制限，により構成される。建築基準法の防火に関する技術基準規定は，この防火規定の他に避難規定があり，これらが"両輪"となって火災時の安全対策を規定している。
◎糸井川栄一

防火区画 [ぼうかくかく] fire compartment [火災・爆発] 建物内を耐火構造の壁，床または防火戸により区画し，火災による延焼を防いで被害を局部的なものに抑える目的の▶面積区画と異種用途区画および煙の伝播を防ぎ避難上の安全性を確保する目的も有する▶竪穴区画がある。面積区画とは，耐火建築物で床面積が1500m²以内毎に区画するのが基本だが，31mを超す高層階ではより小さい面積に制限される。一方，内装の不燃化やスプリンクラーの設置により面積の一部拡大が認められる。竪穴区画は，階段，ダクトスペース，吹き抜けなど垂直方向に通じている空間とその他の部分とを区画することである。
◎吉田正友

防火構造 [ぼうかこうぞう] fire protective construction [火災・爆発] 建築基準法上，延焼を防止する性能を有したわが国独自の構造のことである。元来，燃焼しやすい木造建築物を周辺の火災から守るために一定の性能を有するもので，軒裏や外壁の延焼の恐れのある部分に要求されている構造。その仕様については，①鉄網モルタル塗壁，しっくい塗壁など，政令で定める防火性能を有する仕様と，②耐火試験によってその性能を確認し，国土交通大臣の指定を受けた仕様がある。国土交通大臣の指定を受けた代表的な例として，繊維混入セメント押出成形板張外壁や繊維混入ケイ酸カルシウム板張外壁などが挙げられる。
◎吉田正友

防火材料 [ぼうかざいりょう] fire protective material 〔火災・爆発〕　建築材料は建物火災の燃焼性状を大きく左右するため、その材料が使用される用途または部位により出火危険の低減、火災により生じる熱や煙の抑制、火災の延焼防止などの性能が要求される。また、有害ガスの発生を抑える必要もある。建築基準法において建築材料のうち、難燃性のあるものについていくつかのグレード（不燃・準不燃・難燃など）に級別を行っている。これらの級別された材料を総称して「防火材料」と呼んでいる。防火材料の持つべき性能およびその試験方法などは建築基準法などで詳細に述べられている。不燃材料は、通常火災の火熱により燃焼しない材料のことで、コンクリート、レンガなどが該当する。準不燃材料は、通常火災の火熱により容易に燃焼しない不燃材料に準ずる材料のことで、木毛セメント板、石膏ボードなどが該当する。難燃材料は通常火災時の初期の火熱により急速に燃焼拡大しない材料のことで、難燃合板、難燃繊維板などが該当する。　◎吉田正友

防火水槽 [ぼうかすいそう] fire cistern 〔火災・爆発〕　消防水利の一つ。消防用水の貯留を目的として建造された長方形または円筒形の鉄筋コンクリート造で無蓋と有蓋があり、空き地、道路脇、道路下などに設置されている。構造はポンプで取水できる水深を有し、必要量の貯水および給水ができるもの。1590年江戸の上水道設置によって、水道路線に沿い溜枡、溜井戸を設け消防用水として管理したのが始まり。市中の用水桶への変遷を経て、1940年、現在の形の防火水槽となる。　◎高橋 太

防火地域 [ぼうかちいき] fireproof district 〔復旧〕〔火災・爆発〕　都市計画法第8条に定める地域地区の一つであり、準防火地域とともに同法第9条において"市街地における火災の危険を除却するため定める地域"とされ、都市防火における都市計画的対策の一つである構造的規制対策として位置付けられる。防火地域に指定されると、その地域では建築基準法61条により、建築物の地階を除く階数が3以上であり、または延べ面積が100m²を超える建築物は耐火建築物とし、その他の建築物は耐火建築物または準耐火建築物としなければならない。ただし、50m²以内の平家建の付属建築物など、一定の基準に合致したものはこの限りではない。都心業務地区や幹線道路沿いなど高度利用を図る地区において、高い容積率と連動して指定されることが多いが、国土交通省（旧建設省）が所管する都市防災関連事業制度の一つである都市防災推進事業による補助事業項目の一つである都市防災不燃化促進では、避難地・避難路、延焼遮断帯整備のために特別に指定されることがある。その地域の建築物をほぼ完璧に不燃化し、火災からその地域を守り抜き、または火災の拡大を堰き止める都市計画制度である。　◎糸井川栄一

防火戸 [ぼうかど] fire door 〔火災・爆発〕　火災の延焼や拡大を防ぐために開口部に設置される戸や窓のことで、火災拡大防止に加えて延焼防止のため開口部に設けられる防火設備の代表的なものの一つである。政令で定める構造に適合する仕様の他、耐火試験によりその性能を確認し、国土交通大臣の指定を受けたものがある。1990年に、防火戸の試験方法の告示が改正され、木製、木質系や耐熱ガラス入り防火戸の開発が進み、意匠性や機能性に富んだ防火戸も生まれている。最近では、不燃性の不織布を用いた防火シャッターも開発されている。　◎吉田正友

防火壁 [ぼうかへき] fire wall 〔火災・爆発〕　建築基準法第26条で、延べ面積が1000m²を超える大規模な木造建築物などの火災の拡大防止や*延焼防止を目的として設置される壁体で火災時にも自立性を保って倒壊しない構造のものをいう。以前は木造校舎などによく見られたが、最近は大規模木造建築が少なくなったので減少している。建築基準法施行令第113条で構造、形状および開口部について仕様が規定されている。1995年に発生した阪神・淡路大震災では、防火壁（特に、ガソリンスタンドの隣地境界）が、延焼阻止の焼け止まりとして役立った例も報告されている。　◎吉田正友

防火木造 [ぼうかもくぞう] fire preventive wooden structure 〔火災・爆発〕　木造建物の外壁、屋根、軒裏などを防火構造にすることによって、周囲の建物からの延焼を受けにくくしたもので、家屋の密度が高い市街地に指定される*防火地域や準防火地域に多く建てられる。以前はラスモルタルで覆うものが多かったが、近年は種々の防火的外壁サイディングを用いたものが増加している。
　◎田中哮義

防舷材 [ぼうげんざい] fender 〔海岸〕　船舶接岸エネルギーを吸収し接岸力を和らげる目的で用いられるもので、古くは木材が用いられていたが、今日では高性能のゴム式および空気式のものが用いられる。ゴム式の多くは中空部を有し、この部分の形状変化を利用して定反力部と大きなヒステリシスを示す。空気式は双曲線状の変位復元力特性を有する。近年、洋上備蓄基地施設などの浮体構造物の係留にゴム防舷材が用いられている。　◎上田 茂

防災 [ぼうさい] disaster reduction 〔共通〕　自然加害力が社会の防災力を上回る場合に、災害は発生する。自然加害力の発生頻度や大きさは確率的に分布するから、あらゆる災害から被害をシャットアウトできないことは自明である。1995年阪神・淡路大震災はその好例であり、震度7の揺れから被害をゼロにすることは不可能である。したがって、「防災」の代わりに「減災」という言葉を多用するようになってきており、防災を意味する英語もdisaster preventionとは言わず表記のようになってきている。通常、自然加害力は人為的にはコントロールできないので、減災はもっぱら社会の防災力を大きくすることによってもたらされる。減災を実現するには、自然加害力がある大きさまでは、構造物によって対処する方法が一般的であ

■ 災害の模式図

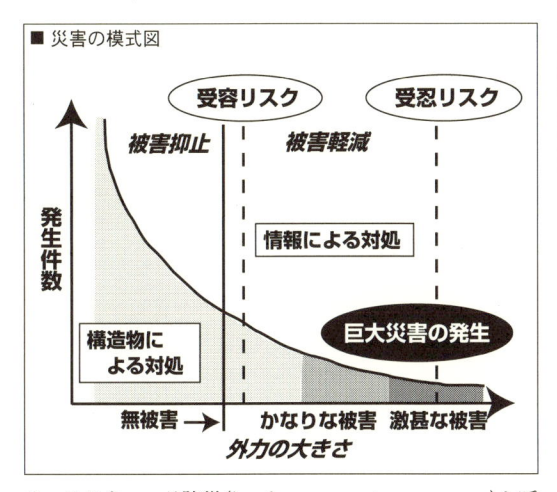

受容リスク　受忍リスク
被害抑止　被害軽減
発生件数
情報による対処
構造物による対処
巨大災害の発生
無被害→　かなりな被害　激甚な被害
外力の大きさ

る。これをハード防災（hardware countermeasures）と呼び，わが国が地震災害ごとに耐震基準を改定してきたことはこの例である。自然加害力が土木構造物や建築物の設計外力を上回らなければ，被害抑止（mitigation）は実現し，この領域では「防災」という言葉の意味が実現する。わが国ではこれをエンジニアリング的対応によって実現してきたとも言える。一方，自然加害力が設計外力を上回った場合，被害の発生をシャットアウトできない。この場合は次善の策として被害軽減（preparedness）を目指す必要がある。ここでは災害情報が鍵を握るので，防災教育や避難訓練の実施，ハザードマップの作成などを内容とするソフト防災（software countermeaures）が主力となり，「減災」が実現する。成熟社会に入ったわが国では，防災事業に対しても，これまでの重点投資から選択的集中投資への政策転換が図られている。そこにおいて重要なことは，国民がある程度の被害発生を容認できる受容リスク（acceptable risk）と，絶対認めることができない受忍リスク（tolerable risk）をどのレベルに設定できるかということである。2000年東海豪雨水害のような異常な集中豪雨に見舞われた場合，現状の治水水準では全国のどこにおいても水害の発生は避けられないことがわかっている。この場合，道路冠水や床下浸水を災害と見なさず，被害が出ないように自助，共助，公助を適切に組み合わせることがこれからの社会の課題である。もちろん地下空間に浸水が発生すれば未曾有の人的・物的被害が発生する危険性があるので，この発生を阻止することと受忍リスクのレベルは一致する。これらの関係を模式図に示した。
◎河田惠昭

防災安全街区　[ぼうさいあんぜんがいく]　disaster-resistant safety block renewal project　復旧　防災安全街区とは，道路，公園などの都市基盤の整備と合わせて，医療・福祉・行政・避難・備蓄・エネルギー供給などの機能を有する公共公益施設を集中整備し，その相互連携により，被災した市街地にあっても最低限の都市機能を維持して地域の防災活動の拠点となる街区のことである。阪神・淡路大震災における木造密集市街地の壊滅的な被害状況とその後の活動の困難さを反省して，1995年4月に建設省（当時）が「震災に強いまちづくり構想」として提起した施策の一つである。整備の推進にあたっては，安全市街地形成土地区画整理事業や市街地再開発事業など面的整備事業手法を活用することとしている。平時には安心で快適なまちとして，非常時には危機管理を可能とするまちの拠点として整備することを目的とする街区である。
◎中林一樹，池田浩敬

防災意識　[ぼうさいいしき]　disaster awareness　情報　災害に備えようとする意識。個人の意識のみならず，コミュニティや社会の集合意識も含まれる。「災害は忘れた頃にやってくる」といわれるように，防災意識は風化しやすく，それをどのように維持するかが重要である。しかし，災害のような非日常的記憶を長期にわたって維持することは容易ではない。学校教育やマスメディアによる防災意識の維持も必要であるが，同時に，居住地域の環境問題，ライフラインなどをテーマとする日常的なコミュニティ活動を活性化し，「防災とはいわない防災活動」を継続することも必要である。
◎杉万俊夫

防災援助　[ぼうさいえんじょ]　disaster relief／disaster assistance　海外　加害力に対する抵抗力のない開発途上国あるいは被災した国や地域に対して抵抗力を大きくするために，あるいは生存の危機に瀕した被災者を救援するために人材，物資，技術，サービス，現金などの援助が平常時，事前，事後緊急，事後など様々なタイミングで実施される。援助が円滑に無駄なく行われるようになったのは1970年以降で，国連と国際赤十字・赤新月社連盟の役割が大きい。1990年以降に実行された国連の防災の10年計画で，災害の社会的・経済的ならびに心理的な側面も重視されるようになった。国際機関や政府機関に加えて非政府機関の役割が重視され活発になっている。「災害は復旧よりも防災だ（prevention better than cure）」といわれるが，開発途上国や経済的に貧しい社会では政治や事業に長期的な展望が持てないため，防災事業の優先度は常に低く援助に頼る傾向が強い。防災事業が持続的な社会・経済開発の起爆材になることが望ましい。
◎渡辺正幸

防災会議　[ぼうさいかいぎ]　disaster prevention council　行政　→中央防災会議，地方防災会議

防災街区整備組合　[ぼうさいがいくせいびくみあい]　disaster-proof block development cooperation　復旧　防災街区整備地区計画の区域内で実際の整備事業を行う場合の事業主体として，▶密集市街地整備法に規定されたものである。法人格を有し，土地の区画形質の変更や公共施設の整備，耐火あるいは準耐火建物の建築や賃貸，管理，譲渡，これらに付帯する事業などを行う。法定の土地区画整理事業と第一種市街地再開発事業を行うことができるが，個人施行者の立場となるため，税制面での特例措置はごく限られている。
◎髙見澤実

防災街区整備推進機構　［ぼうさいがいくせいびすいしんきこう］　disaster-proof block development promotional organization　復旧　▶密集市街地整備法に規定された様々なメニューを用いて実際の整備を行おうとすると，それを推進・支援する強力な主体が不可欠になる。そうした主体の一つとして密集市街地整備法で規定されたもの。市区町村長は，第三セクターなどの公益法人の申請によって，それらを推進機構として指定することができる。推進機構に指定されても補助事業などの施行主体にはなれないが，実質的な事業推進の主体になることが期待される。また，土地取得に関する税制上の特例措置を受けられるなどのメリットがある。東京都の場合，各区のまちづくり公社などがこうした機能を担い得るものと想定されている。
◎髙見澤実

防災街区整備地区計画　［ぼうさいがいくせいびちくけいかく］　district plan for disaster-proof block development　復旧　地区レベルの地区施設や建物用途・形態などを誘導的に整備しようとする地区計画の一つで，防災性能の高い街区を形成するために，▶密集市街地整備法に規定された。制度構成はかなり複雑だが，運用方法を大別すると，特定地区防災施設として沿道建物の防火構造制限まで含めた整備内容を規定する使い方と，一般的な地区防災施設として防災上有効な公園や道路を整備計画に規定する使い方がある。どのような運用がよいかは，市街地の道路整備状況や不燃化の程度などによって異なる。適用第1号である神戸市長田東部地区の場合は，密集した街区内部が震災被害を受け，その復興に6 m幅員の区画道路と小公園を地区防災施設として計画している。
◎髙見澤実

防災学習　［ぼうさいがくしゅう］　disaster education in educational programs　情報　防災に関する学習は，学校防災教育のひとつの領域であり，防災に関する基礎的・基本的な内容を系統的に理解し，思考力，判断力を高め働かせることによって，意志決定や適切な行動選択ができるようにすることをねらいとして行われる。具体的には，社会科・理科・保健体育科などの関連教科や道徳，学級（ホームルーム）活動・学校行事などの特別活動の他，学校の判断で課題が選べる総合的な学習の時間での防災に関する学習などがある。
◎戸田芳雄

防災活動　［ぼうさいかつどう］　intervention for disaster preparedness　海外　失業・犯罪・インフレといった日々の生活に密着した問題と比べると災害の問題には切迫性が小さく，政治家や行政官の意識の中にあることはまれであるというのが実態である。従って，防災のためには住居の移転が最善だとしても受け入れられない。加害力に対して許容限度が小さい家屋，脆弱性が大きい環境に生きているという逆説が常にある。防災活動はこの日常性とともに人口圧力やアクセスといったroot causesの双方に着目して計画され実施されなくてはならない。この観点から，防災活動の基本は，生活レベル向上のための支援と教育・啓発であることがわかる。防災力が小さい段階では緊急事態には避難させ避難のために利用しやすい施設と仕組みを供与するところから始める。避難施設も予警報の仕組みもないままにテキストを配布して避難の研修をしても防災活動にはならない。
◎渡辺正幸

防災緩衝緑地　［ぼうさいかんしょうりょくち］　buffer green areas as preventional means of disasters　行政　石油コンビナート等災害防止法に基づき，石油コンビナート等特別防災区域における災害がその背後の市街地に及ぶことを防止するための緩衝地帯として設置する緑地その他これに類するものである。盛土，防火・防風樹林などにより連続した遮断帯となるよう計画する。
◎国土交通省

防災基本計画　［ぼうさいきほんけいかく］　basic plan for disaster prevention　行政　災害対策基本法第2条第1項第8号に規定されている，中央防災会議が作成する防災に関する基本的な計画をいう。わが国における防災行政の基本となるべき計画で，1963年6月14日に作成され，その後阪神・淡路大震災や原子力災害対策特別措置法などの社会情勢の変化に伴い，修正されている。
◎内閣府

防災教育【幼稚園】　［ぼうさいきょういく］　disaster education at kindergartens　情報　幼稚園では，園生活全般を通して，災害から自分の命を守るために必要な生活習慣や態度の形成に重点が置かれている。幼稚園教育要領の各領域での関連内容としては，「危険な場所，危険な遊び方，災害時などの行動の仕方が分かり，安全に気を付けて行動する」（領域「健康」），「友達と楽しく生活する中できまりの大切さに気付き，守ろうとする」（領域「人間関係」），「人の話を注意して聞き，相手にわかるように話す」（領域「言語」）などが挙げられる。幼児は心身が未熟であるので，発達特性を押さえ，生活の中心が遊びであることを踏まえ，様々な災害状況を想定して具体的，計画的に防災訓練を行うことが必要である。それは，教員自身が状況を把握，理解し，判断し，連携して行動できるようになるための訓練でもある。
◎桶田ゆかり

防災教育【小学校】　［ぼうさいきょういく］　disaster education at elementary schools　情報　「体育・健康に関する指導」（小学校学習指導要領総則第1の3）に位置付けられる。具体的には，特別活動の学級活動や学校行事（健康安全・体育的行事）を中心に，体育や理科などの関連する教科，道徳，総合的な学習の時間などを含めた学校の教育活動全体を通じて行う（次頁の表）。
◎矢崎良明

防災教育【中学校】　［ぼうさいきょういく］　disaster education at junior high schools　情報　中学校における防災教育は，各教科・道徳での安全に関する学習，特別活動，総合的な学習の時間など中学校の教育活動全体を通じて，様々な機会を捉えて行われる。特に，「子ども時代を卒業した存在」としての中学生は，「生きる力」の育成を

■ 低・中・高学年別の目標	
低学年	安全のための決まりや約束を守る。身のまわりの危険に気づく。災害発生時は，近くの大人に連絡し，指示に従う。
中学年	様々な危険の原因や事故の防止について理解し，危険に気づくことができる。自ら安全な行動をとることができる。
高学年	危険を予測し，積極的に安全な行動ができるようにする。身近な人々にも気配りができる。簡単な応急手当ができる。
■ 防災教育の内容	
火災	安全な避難の仕方。 火災を起こさないための日頃の心得。
地震と津波	落下物や建物の崩壊から身を守る方法。 津波の時の行動の仕方。 地震への備え。
火山	噴火によって起こる災害の種類。 噴石や火山ガスなどの災害から身を守る方法。
風水害	台風や大雨の情報による危険回避の仕方。 洪水などからの避難の仕方。
雷	落雷から身を守る。危険な場所，安全な場所がある。
心のケア	災害を体験した後の心の傷や体の不調のケア。

目指し，自他の生命を守り安全な行動をとることの理由を明確に示し理解させることが大切である。例えば，警戒宣言発令時における帰宅訓練を見ても，小学校の引き取り訓練から，中学校においては集団下校訓練となり，自ら考え判断する資質や能力を育成することがねらいとなる。また，人を思いやる心，生命や人権を尊重する心，ボランティア精神や豊かな人間性を育てることなどを通して，地域の一員としての自覚を育て，災害発生時における救援活動などに積極的に参加する意識や態度を培うことも大切である。 ◎中村宗嗣

防災教育【高等学校】［ぼうさいきょういく］ disaster education at senior high schools 情報 高等学校での防災教育は，自らの安全の確保はもとより，友人や家族，地域社会の人々の安全にも貢献し，地域の社会の人々の安全にも貢献しようとする態度や応急手当の技能などを身につけ，地域の防災活動や災害時のボランティア活動にも積極的に参加できるようにすることを重点としている。具体的には，関連教科，ホームルーム活動，避難（防災）訓練などの学校行事の他，総合的な学習の時間での学習などでも防災教育が可能である。 ◎戸田芳雄

防災教育【地域】［ぼうさいきょういく］ disaster education in communities 情報 地域での防災教育は，子どもたちが地域で学校以外の関わりを多く持つことで，「自分たちのまちは自分たちで守る」といった精神を育むことである。それには，子どもたちが地域の活動（祭りやまちの大掃除，防災訓練など）に参加することを通して，自分の住んでいるまちをよく知ることが効果的である。また，まちの成り立ち（地形・気候・歴史・産業など）を調べたり，自分のまちが過去に受けた災害の教訓を伝承することによって，まちが抱える課題や心配される災害を学ぶことも大切である。 ◎青野文江

防災教育ツール［ぼうさいきょういくツール］ tools for disaster education 情報 学校防災に限らず，従来の防災教育全般に用いられてきた教材や手法には型通りの地味なものが多く，あまたの刺激的な娯楽メディアに慣らされた現代の児童生徒の興味を引きつけにくくなっている。自然現象の負の面（災害の恐怖）を伝え，それを動機とした防災行動を期待するという従来の画一的考え自体も，教育内容の魅力を削ぐ足かせとなっている。よりよい防災教育のために，ハザード理解に基づく教育内容の本質的改善と，効果的な演出の2つが重要。前者については，災害と不可分の関係にある自然の長期的な恵みも説くことが，より深い災害理解をもたらし，さらには教育内容に深みと魅力をもたらし得る。後者については，災害をテーマとした芸術・文学作品の活用，芸術家・文学者・防災専門家・マスメディア・地域社会などと連携した教材開発，ゲーム形式の導入，インターネット上の災害関連情報を利用した仮想体験などが実例となり得るだろう。 ◎小山真人

防災教育のカリキュラム［ぼうさいきょういくのカリキュラム］ curriculum development for disaster education at educational institutions 情報 防災教育は学校教育の場のみならず，家庭や地域社会が連携して行われるべきものである。このうち学校で行われる防災教育は大きく分けて，理科，社会，保健体育などの教科で教えられるもの，道徳で教えられるもの，学級活動や学校行事などの特別活動で行われるものがあり，それぞれに整合性を持たせたカリキュラムを組むことでより教育効果が上がるものとなる。また防災教育も他の教科と同様に，児童・生徒の「発達段階」と「発達課題」に即したカリキュラムを検討することが重要であり，それに沿って教育目標と教育内容を検討する。教育目標は，①から③に向けての3段階とし，①災害から自分の身の安全を守る，②お互いが協力しながら皆の安全を守り合う，③どのような事態が起こっても危険を回避することができる普遍的な災害対応能力を養うことに置く。また教育内容は，①地震，台風，火山，大雨，火災など，災害のきっかけとなる外力を正しく理解する，②地震時の身の守り方や消火器の使い方，応急救護の方法など被害を少なくするための対応を知る，③地震に備え家具の転倒防止策を講じるなど，いざという時に被害を起こさないための予防策を知るために必要な知識や技術を身につけるものとする。 ◎重川希志依

防災業務計画［ぼうさいぎょうむけいかく］ operational plan for disaster prevention 行政 災害対策基本法第2条第1項第9号に規定されている，指定行政機関の長または指定公共機関が防災基本計画に基づき，その所掌事

務または業務について作成する防災に関する計画をいう。
◎内閣府

防災拠点 [ぼうさいきょてん] disaster prevention base 〔火災・爆発〕〔行政〕 広域的，地域的に災害時の防災活動の拠点となる災害対策活動機能，避難機能，情報機能，備蓄機能，物資集積機能などを有する施設。阪神・淡路大震災の復興計画では，①広域防災拠点(被災地外から被災地への要員や物資搬入など救援・復旧の前線基地)，②コミュニティ防災拠点(市街地内の防災ブロック内における緊急時の地区住民の避難地，住民主体による地区の防災活動拠点)の整備を図ることとしている。
◎山田剛司

防災訓練 [ぼうさいくんれん] disaster drill and training 〔情報〕 防災教育の目標は，災害を正しく理解し，人や社会の防災力を高め，災害時の被害を最小限にとどめることにある。防災訓練は，私たちの防災力を高めるためのひとつの方法であり，訓練という形式をとることでより有効な教育効果が得られる項目を，防災教育の中から抽出し，子どもの発達段階に応じて訓練の内容を進化させていく。学校における防災訓練の代表的なものは，地震や火災を想定した避難訓練であるが，全ての児童生徒に等しい知識を授けることができる学校教育の場においては，さらに訓練内容を工夫し，様々な知識を得られるように努力する必要がある。例えば，第1段階として火災や地震などの災害からわが身の安全を守ることを学び，第2段階として仲間と協力してお互いの安全を守り合うことを学ぶなど，防災知識の発達段階に合わせて訓練内容を進化させていくことが望まれる。また，自宅や学校周辺を歩きながら危ないところをチェックしたり，その結果を地図に書き込みながら解決策を考えさせるなど，身体訓練ではない頭の訓練もひとつの訓練方法として提案できる。
◎重川希志依

〔行政〕 大規模地震などの災害が発生し，または発生する恐れがある場合において，政府，地方公共団体，防災関係機関および地域住民等が緊密な連携と協力のもと，各種の防災を迅速かつ適切に実施する必要がある。このため，「防災の日」および「防災週間」についての閣議了解(昭和57年5月11日)を受け，9月1日の「防災の日」を中心に政府における総合防災訓練を始め，各自治体などにおいても，地域の特性などを考慮しつつ，年度を通して，より実践的な訓練を実施している。
◎内閣府

〔海外〕 多くの災害事例から学んだ教訓は，「防災は日常生活の延長上にある」ことである。災害が起きた時に初めて動くような装置や組織が期待するように稼働するわけがない。普段にやっていることしかできない。また，災害は進化するものであるが，「過去の経験をもとに地域社会が団結して行動することが生死を分ける」ことに洋の東西はない。「最悪のなかの最善」を選択するにしても，動員，役割の認識，仕事の優先度，協力体制，機材などの準備があるかどうかで成果が大きく変わってくる。防災のための援助の重要項目の一つである。
◎渡辺正幸

防災計画 [ぼうさいけいかく] disaster prevention plan 〔行政〕 災害対策基本法第2条第1項第7号に規定されている，防災基本計画および防災業務計画ならびに地域防災計画の総称。災害対策基本法では，国，公共機関，地方公共団体が災害の発生を予防しまたは災害の発生の場合にその被害をできる限り軽減するため平時から周到な防災計画を作成し，関係機関，団体の緊密な連絡調整を確保し，適時適切な対策を講ずることができる防災計画の全国ネットワークを形成し，これに基づいて総合的かつ計画的な災害対策を実施できることとしている。
◎内閣府

disaster reduction plan 〔海外〕 防災計画は加害力の作用前，作用時，作用後の3段階における指針を与える業務計画と地域の実態に基づいて重点を置くべき事項を示す地域計画とからなる。過去の被災経験や研究成果を取り入れた防災計画がある場合とない場合では結果は自ずから異なる。計画には，明確な目標，担当者の統制ならびに実行責任，業務の相互関連性ならびに連携，担当者の熟練，利用できる機材，フィードバック機能，関係者や住民の役割周知が盛り込まれていなければならない。計画は制度，組織，資金，熟練の裏付けを持つもので，記述されていることが行動に移されなければ意味がない。しかし，災害の規模や態様が計画で想定したものと異なった場合は，情報の流れが絶たれたり不足したり，組織や人材が損なわれたり，資金や熟練の限界を超えて混乱状態になって記述した通りに機能しないことがありうる。防災計画の目的と目標の理解ならびに計画策定の技術は防災のための援助の重要な項目である。
◎渡辺正幸

防災建築街区 [ぼうさいけんちくがいく] disaster-resistant building block 〔火災・爆発〕 1961年6月に制定された防災建築街区造成法に基づく，不燃建築物の共同化，面開発を促進するための区域。従来，1952年に制定された耐火建築促進法に基づく防火建築帯造成事業が大火復興や戦災復興に合わせて実施されたが，広幅員道路の後背地や小敷地での不燃化促進が課題となってきた。防災建築街区造成事業は，防火地域内または災害危険区域内に防災建築街区を指定し，施行主体となる組合を設立，補助などを受けながら任意事業のかたちで共同建築物の建築などを行う仕組みであった。同法は，住宅地区改良法，市街地改造法と合わせ再開発三法と呼ばれた。その後，同法が廃止されるまでに全国で824街区，約109 haの事業が進められたが，都市の高度利用化の進展とともに，防災建築街区造成法，市街地改造法は統合整理され，1969年6月，今日の市街地再開発事業の仕組みとなる都市再開発法が制定された。
◎山田剛司

防災公園 [ぼうさいこうえん] parks as preventional means of disasters 〔行政〕 震災時に，市街地大火から避難者の生命の安全を確保する避難地の役割を果たす都市

公園をいう。防災公園は，緊急性，重要性から昭和53年度に創設され，用地取得に対する国庫補助対象率を一般の都市公園より引き上げ，目的の早期達成が図られている。

◎国土交通省

防災行動の循環性 [ぼうさいこうどうのじゅんかんせい] disaster (management) cycle 海外

災害・防災に関連して集団で対応する際にとられる行動を一般化したもので，警報を出す時点から災害後の復旧・復興までを含む循環構造をいう。加害力の作用—緊急対応行動—復旧—復興—発展—抑止手段の実行—減災施策の実行—事前対応という項目で構成されるのが一般的である。この考え方には，たとえ一般化したものとはいえ，致命的な欠陥・見落としがある。それはこの循環性の概念が復元力を持つ工業化社会をもとにして作られていることである。生存限界に近い生活レベルの社会においては災害すなわち死，あるいは生き残ったとしても，生存基盤の喪失であり生存権を無視された状態になる。経済余剰のない状況での生活は「死の順番待ち」となる。

◎渡辺正幸

防災再開発促進地区 [ぼうさいさいかいはつそくしんちく] disaster-proof redevelopment promotion district 復旧

密集市街地の整備促進を図るためには，ときには除却勧告のように個人の財産権や居住権に直接影響を与えるような強力な措置が必要になる。また逆に，建物所有者や一般住民がメリットを感じて，整備促進に主体的に参加するようなインセンティブも高める必要がある。そうした趣旨で密集市街地整備法に規定された地区指定である。具体的には，都市再開発の方針に防災再開発促進地区を定めることによって各種制度事業の効果が引き出せる。

◎高見沢実

防災指導 [ぼうさいしどう] disaster guidance at schools 情報

防災に関する指導は，学校防災教育のひとつの領域であり，防災に関して児童生徒等が現在および近い将来当面するであろう課題を中心に，実践的な資質や能力を育てることをねらいとしている。指導を行う際には，児童生徒等の実態や地域における災害の経験や特性を十分考慮し，参加，体験を促進するなどの工夫を行う必要がある。具体的には，学級活動・学校行事などの特別活動での防災に関する指導，課外や日常生活での個別指導などがある。

◎戸田芳雄

防災週間 [ぼうさいしゅうかん] disaster prevention week 行政

広く国民が，台風，地震などの災害についての認識を深めるとともに，これに対する備えを充実強化することにより，災害の未然防止と被害の軽減に資することを目的に，昭和57年5月11日の閣議了解によって，「防災の日」（9月1日）および「防災週間」（8月30日から9月5日まで）が設けられた。この週間においては，防災知識の普及のための展示会や防災訓練などの行事を全国的に実施することとしている。

◎内閣府

防災集団移転促進事業 [ぼうさいしゅうだんいてんそくしんじぎょう] group removal promotion project for disaster prevention 行政

防災集団移転促進事業は，「防災のための集団移転促進事業に係る国の財政上の特別措置等に関する法律」に基づいて行われるものであり，異常な自然現象による被災地域または建築基準法による災害危険区域のうち，住民の居住に適当でないと認められる区域（「移転促進区域」という）内に居住する住民の住居の集団移転を促進するため，市町村が移転先の住宅団地を整備する場合に，国がその経費の一部を補助（補助率4分の3）するものである。

◎国土交通省

防災生活圏【東京都】 [ぼうさいせいかつけん] disaster-proof living zones 復旧

防災生活圏とは，東京都における防災都市づくりの計画コンセプトとして，1980年に東京都の「マイタウン構想懇談会」において提案され，その後「延焼遮断帯の整備」および「防災生活圏モデル事業」（その後「防災生活圏促進事業」）として事業化された計画概念である。広大な木造密集市街地が広がる東京区部を延焼遮断帯で区画化し，ひとつの区画を防災都市づくりの単位として設定したものである。延焼遮断帯は，都市計画道路と沿道の不燃化を中心に，河川や鉄道など帯状の都市施設を活用して構築する「防災都市施設整備計画」によって設定され，その延焼遮断帯で囲まれた平均70ha（中学校区）程度の区域を防災生活圏として設定した。この区画を，日常的な生活圏域であると同時に災害時も安全な住区の単位として，密集市街地の細街路や小広場の整備，建物の不燃化など修復型街づくりを促進するとともに，防災市民組織の育成なども推進し，「火を出さない」と同時に「火をもらわない」ブロックを形成し，「逃げないですむまち」を目指そうという計画概念である。→安心生活圏

◎中林一樹，池田浩敬

防災生活圏促進事業【東京都】 [ぼうさいせいかつけんそくしんじぎょう] promotional project of disaster-proof living zones 復旧

防災生活圏の形成を具体的に推進するためには，防災生活圏の外郭となる延焼遮断帯の整備と，これに囲まれた区域内での生活環境の改善や防災市民組織の育成など，総合的な防災まちづくりを促進する事業手法が必要である。そのため，東京都は，区が主体となって進める総合的な防災まちづくりの計画策定や事業推進方策などに東京都が独自に助成する新しい事業手法として，1985年に防災生活圏整備モデル事業が創設され3地区で事業が開始された。1991年からはいっそうの促進を図るために防災生活圏促進事業に改められた。1997年に策定された「東京都防災都市づくり推進計画」では，6000haに及ぶ重点整備地域での事業実施が図られている。

◎中林一樹

防災センター [ぼうさいセンター] disaster prevention center 行政

住民を災害から守る活動拠点として，ま

た住民の防災意識の高揚，地域住民のコミュニティ活動の助長のための施設である。防災センターは，近年，コミュニティレベルでの研修などに活用される防災センターから，日ごろから防災意識を高めるための災害を体験できる高度なシミュレーション装置や地方公共団体の災害対策本部のバックアップ機能を備えた中核的な防災センターまであり，多様な防災センターの整備が進められている。

◎消防庁

防災対策事業【消防】［ぼうさいたいさくじぎょう］disaster prevention program 行政　災害に強い安全なまちづくりを推進するために，地方公共団体が実施する事業で，国（総務省）から財政措置がなされている。防災システムのIT化など，防災基盤の整備を図る「防災基盤整備事業」と，公共施設の耐震化を重点的に実施する「公共施設耐震化事業」からなる。2002年度から2004年度までの3年間に開始する事業を対象としている。◎消防庁

防災都市計画［ぼうさいとしけいかく］disaster-proofing urban planning 復旧　災害基本法に基づいて地方自治体は地域防災計画を策定し，災害時に対処すべき業務やその準備のための予防対策，防災施設の新設や改良，応急対応対策，復旧復興対策などを定めているが，災害時の被害を減らし，災害から市民の生命財産を守り，都市機能を維持するためには防災性能の向上を理念とする都市計画の取り組みが求められる。それは，都市の危険な地区を改善したり再開発し，あるいは都市防災機能の向上に資する基盤施設を整備したり，安全な土地利用を誘導したり規制措置を講じる，防災都市計画である。防災都市計画は，都市の災害時の脆弱性の評価に基づいて，都市の防災性能の向上を目標とする都市レベルの広域的な都市計画と地区レベルの街づくり計画を内容とする。その計画の理念と目標は，都市計画法に基づく整備，開発，保全の方針，および市区町村の都市計画の基本方針（マスタープラン）に位置付けられ，市街地再開発事業，各種土地区画整理事業，各種密集市街地整備関連事業，防災公園等各種基盤整備事業などを重層的に展開して，脆弱な市街地を改善するとともに，防火地域の指定などを通して市街地全体の安全性向上を推進するものである。◎中林一樹

防災とボランティア週間［ぼうさいとボランティアしゅうかん］disaster prevention and volunteer week 行政　広く国民が，災害時におけるボランティア活動および自主的な防災活動についての認識を深めるとともに災害への備えの充実強化を図ることを目的に，平成7年12月15日の閣議了解によって，「防災とボランティアの日」（1月17日）および「防災とボランティア週間」（1月15日から1月21日まで）が設けられた。この週間においては，災害時のボランティア活動および自主的な防災活動の普及のための講演会や展示会などの行事を全国的に実施することとしている。→災害ボランティア　◎内閣府

防災非政府組織活動【日本】［ぼうさいひせいふそしきかつどう］Non-Governmental Organization (NGO), Non-Profit Organization (NPO) for disaster reduction 海外 復旧　非政府組織または民間非営利団体は，非営利の活動を目的とするもので，企業や政党は含まれない。NPOは市民運動の意味を持つ。国連の経済社会理事会は審査を経たNGOを「国連NGO」として協議参加資格を与えて意見を発表することを認めている。日本のNGOの国際的な救援活動は，1938年に中国における戦争難民の救済のためにキリスト教系の医療団が活動した記録があるのみである。第二次大戦後は1960年から海外協力活動が開始され，1970年のインドシナ難民支援などアジア諸国に対する活動を主体に1980年代になって設立数が増大した。その後NGOの活動を支援する動きが高まり，外務省の「NGO事業補助金」（1989），郵政省の「国際ボランティア貯金」（1991年），経団連の「フィランソロピー支援」（1990）などの制度ができた。1995年の阪神・淡路大震災で「災害ボランティア」が重要な役割を果たして以来NGOの大衆化が進み，市民の社会貢献活動を促す特定非営利活動推進法（NPO法）が1998年3月に制定された。
→NPO, NGO　◎渡辺正幸

防災フェア［ぼうさいフェア］disaster prevention fair 行政　防災をテーマに，博覧会形式で防災技術展やワークショップ・セミナーを集中して開催すること。例えば，阪神・淡路大震災から6年目にあたる2001年1月には，震災記念日前後に神戸で2日間にわたり，防災，救援，復旧に関する技術，製品の展示や危機管理実地訓練，地方自治体の震災対策の現状報告が行われた。これと同時に，地元自治体，学会，大学，防災関係協会，ボランティアグループなどの主催による，防災とボランティアワークショップ，比較防災学ワークショップ，地域防災シンポジウムin神戸，「安全と安心のために」シンポジウム，フォーラム「技術士の災害対応について」，メモリアルカンファレンスイン神戸Ⅵが同一会場もしくは近隣で開催され，参加者に総合的な防災に関する知識の啓発を行った。この種のフェアで最近めだつ現象は，市民や住民の積極的参加である。しかし，一方で出展企業数が景気の動向に左右されがちで，かつ継続的な試みが年々減少するという悩みをいずれの防災フェアも持っている。◎河田恵昭

防災福祉コミュニティ【神戸市】［ぼうさいふくしコミュニティ］disaster preventive welfare communities 復旧　地域福祉などの日常コミュニティ活動で育まれた市民相互の助け合いのきずなを，災害発生時の初期消火や救出救護などの災害対応活動に活かせるよう，平常時から福祉や防災活動などに積極的に取り組むコミュニティづくりのことである。神戸市では阪神・淡路大震災の災害を教訓として，平成7年度から防災福祉コミュニティ事業に取り組み，特に地域の防災力の向上を目指した①良好なコミュニ

ティづくり，②市民防災リーダーの育成，③防災資機材の配備，などを重視している。→安心生活圏　　　　◎田中直人

防災副読本　[ぼうさいふくどくほん]　booklets for disaster awareness promotion　[情報]　防災教育の資料として活用する副読本は，写真などの視覚情報を掲載して，児童生徒が災害の特性についての理解を深められる工夫が必要である。また，児童生徒が自らの生命・身体の安全を確保するための適切な判断や行動を考えられるよう情報を整理しておくことも重要である。そして，災害発生時には，進んで他の人や地域社会に協力していく意識を育てていく資料構成も大切なことである。　　　　◎長谷川純一

防災まちづくり　[ぼうさいまちづくり]　community development for disaster prevention　[復旧][地震]　地震，火災，水害などの災害に対して安全なまちをつくるためのまちづくりの試みを総称していう。個別建物の安全性の向上から都市全体を対象とした広域避難場所の整備に至るまで，防災まちづくりは多様なスケールで取り組まれており，またその内容も，建物の不燃化や延焼遮断帯に代表される安全な空間づくりという物的な側面にとどまらず，防災組織体制や防災意識・活動の向上など非物的な側面も含んでいる。地震が多く，延焼火災の危険性の高いわが国の都市においては，防災まちづくりの必要性は今後とも極めて高い。これまではどちらかというと行政主導で取り組まれてきたが，今後は住民主導の防災まちづくりを考えていく必要がある。→復興まちづくり　　　　◎中井検裕

防災まちづくり事業　[ぼうさいまちづくりじぎょう]　disaster prevention town development program　[行政][復旧]　都市防火区画や避難地・避難路整備などの都市レベルの対策や，災害危険度の判定・公表，市民の防災まちづくり活動を踏まえた地区レベルの対策などを，公民が協力して実施し，都市の防災性の向上を目指す事業。「防災都市づくり」ともいう。防災まちづくり事業は，災害から住民生活の安全を確保するため，地方の実情に応じた災害に強い安全なまちづくりを支援する地方単独事業である。この事業については3カ年度を期間とするローリング方式により策定される「防災まちづくり事業計画」に基づいて一般単独事業債の地域総合整備事業債が充当される。昭和61年度に創設され，対象事業としては，防災センター，コミュニティ消防センター，防火水槽，消防防災無線施設等の消防防災施設整備，避難路，避難地等の防災基盤整備ならびに震災対策特別事業として拠点避難地整備などがある。充当率起債の充当率は，原則75%であるが，防災まちづくりのための公共施設の整備事業のうち特に重要なものとして別に定められるものについては，概ね95%(特別分の充当率は概ね85%，差額は一般分を上乗せして充当)を充当する。また，広域再編に伴い行う消防庁舎の新・改築に係るものは概ね90%(一般分のみ)，避難路，避難地などに係るものは概ね75%(特別分のみ)を充当する。交付税措置特別分に係る元利償還金については，後年度，財政力指数に応じその30〜55%が地方交付税の基準財政需要額に算入される。なお，▶防災対策事業の創設に伴い，2002年3月31日をもって本事業は廃止された。→都市防災推進事業，街づくり/まちづくり　　　　◎消防庁，国土交通省

防災力　[ぼうさいりょく]　disaster reduction capacity　[海外]　防災力は，加害力に対する許容範囲の大きさで表せる。大きな防災力を持つ社会では加害力が作用しても災害にはならない。干ばつはアフリカだけでなく北アメリカやオーストラリアでも起きる。アフリカでは100万人単位の餓死者が出たが他では死者はいない。大きな防災力を持つ社会では加害力に対抗できる構造物を作る経済力に加えてその作用を回避する技術や制度があり，仮に損害が発生しても社会に補償機能があるからである。防災力は平均寿命の関数であることが明らかにされたが，経済的に豊かな社会が大きな防災力を持ち得るというのは公理である。問題はしかし，災害のroot causesの削減を学際的に考察した上でその成果を政策化して防災事業に高い優先度を与える社会の成熟度にある。→社会の防災力　　　　◎渡辺正幸

防災林　[ぼうさいりん]　disaster prevention forest　[気象][行政]　森林の公益性の中に，自然災害を防ぐ機能があり，これらの防災機能が期待される森林を総称して防災林という。森林は，風害，すなわち強風害，潮風害，乾熱風害，寒風害，風倒害，風雪害，移流霧害，冷気流害，汚染気流害およびその他の気象災害を防止する効果があり，また，防火，防音や景観をよくするなどの環境保全的効果を持っている。機能効果の面から防風林(垣・網)，防潮林，防砂林，防雪林，防霧林，防霜林，土砂かん止(防止)林などに区別される。各種防災林は主として災害防止対策用として便宜的に呼ばれるため，災害が複合要因として発生する場合には呼び名が混同することがあるが，主として何を対象とした防風施設であるかによって区別される。防災林を作る場合や更新する場合には，新しい防災林が気象条件によって生育が不良となったり，育たなくなったりするのを防ぐために，仮設的な防風林やネットで保護する場合があり，これを保護育成，または，育成防風施設という。また，山地の水源涵養，防砂，防風，風致保存の目的で森林法に基づいた森林を保安林といい，防風林も指定の対象となる。森林の防災機能を発揮させるため，森林法第25条において保安林制度を規定している。また同法第41条に基づいて，海岸防災林，防風林，雪崩防止林，土砂流出防止林などを造成する保安施設事業を実施している。　　　　◎早川誠而，農林水産省

放射霧　[ほうしゃぎり]　radiation fog　[気象]　地面付近の放射冷却により，相対湿度の高い空気の下層の水蒸気が凝結してできる霧。放射冷却により地上100m付近のところに接地逆転ができ，その下層で発生する。夜間晴れて風の弱い気象条件の時に発生しやすく，川が流れ込んで

いる盆地では「霧海」と呼ばれる有名な霧が発生する。その他，瀬戸内海ではよく晴れた早朝，局地的に放射霧が発生し，海難事故を引き起こしている。
◎根山芳晴

膨潤性岩石　［ぼうじゅんせいがんせき］　swelling rocks　地盤　吸水により体積が膨張する岩石。スメクタイトや膨潤性クロライトなどの膨潤性粘土の含有が高い場合には体積膨張の度合いが大きい。これらの粘土鉱物の層間にある交換性イオンの水和により，水が層間に侵入し，層間に定配列を示す水分子層が逐次形成されていくためである。またこれらの粘土鉱物の比表面積が大きいことも吸水を促進し膨潤に寄与する。このような岩石を水に浸すと，膨潤し崩壊（スレーキング）する。第三系泥岩，風化したハンレイ岩や蛇紋岩などでこの性質を持つものが多い。この性質を持つ岩石から成る地域では，トンネル掘削時の盤膨れ，地すべりなどの災害が起こりやすい。
◎松倉公憲

放水路　［ほうすいろ］　diversion channel / floodway　河川　洪水を流下させる能力が不足している場合，現河道の大幅な拡幅を避け，また改修延長を短縮するために，河川の途中から分岐して新川を開削し，流量の全部または一部を直接海または他の河川に放流するための水路。分水路と呼ばれることもある。江戸時代に建設された放水路として岡山藩の旭川の百間川放水路がある。わが国の代表的な放水路として新潟県信濃川の大河津分水路が挙げられるが，広島の太田川放水路，大阪の新淀川，東京の荒川，中川，江戸川の各放水路など全国に多くの事例がある。最近では都市の治水安全度向上のため，首都圏外郭放水路，寝屋川北部・南部地下河川のように地下に大規模な放水路を建設する事例が増えてきている。
◎細田 尚

防雪柵　［ぼうせつさく］　snow fence　雪氷　道路や鉄道などの防雪対象を，吹雪から守るための施設で，吹きだめ柵，吹き止め柵，吹き払い柵の3種類がある。吹きだめ柵は，柵の前後に飛雪を吹きだまりとして捕捉し風下の防雪対象を守る。吹き払い柵は主に道路で使われるが，柵で風を堰き止め，地表との間にもうけた柵下部の隙間から強い風を吹き出し，路面の雪を吹き払うものである。吹き止め柵は，吹きだめ柵の一種であるが，特に風上に飛雪を捕捉する構造にしたものである。
◎竹内政夫

防雪林　［ぼうせつりん］　snow break forest　雪氷　鉄道や道路を吹雪や吹きだまりから守るために植栽された樹林帯。林帯の風上と林内に飛雪を捕捉し吹きだまりや視程障害を防止する。日本では鉄道で最初に採用されたが，鉄道防雪林は，線路の吹きだまり防止のために広い林帯が必要であった。道路防雪林は狭い林帯のものが多いが，狭い林帯でも視程障害や交通事故の誘因となる視程の変動を緩和し，ドライバーの視線誘導効果もあることから採用されるようになった。
◎竹内政夫

防霜垣　［ぼうそうがき］　frost fence / frost hedge　雪氷　農作物や苗木などの霜害を予防するための垣根。冬季の日照を遮り，耐凍性の高まりや休眠を早め，出芽を遅らせるのに有効である。葦簾（よしず）や防霜ネットを張る場合の他，秋から翌春までの期間だけ南側または全周に耐寒性の強いマツ類などを生垣状に植栽する予防法がある。苗木は地面に近い根元が最も凍害に弱いので，根元へ冬季だけの土寄せ（土盛り，掘り掛け）を併用すればさらに有効である。
◎塚原初男

防霜ファン　［ぼうそうファン］　frost fan　雪氷　霜による凍害発生の原因となる地上の低温気団に風を送り，霜の発生を軽減するための送風設備。放射冷却の前日からの作動や，低温になりやすい凹地形，平坦地，斜面下部に常設しておくと有効である。動力源の得られない野外では，予め上木を残しておくか，耐凍性の高い種，品種などの植栽材料を選ぶべきである。
◎塚原初男

防潮堤　［ぼうちょうてい］　storm surge embankment　海岸　▶高潮は，台風など強風を伴う気象擾乱により発生しやすく，これによる浸水災害などを防ぐための堤防，護岸，胸壁など主に水際に設ける施設を総称して防潮堤と呼ぶことが多い。設計対象の高潮は，主に高潮偏差で定義され，既往の最大潮位偏差などをもとにしてその値が推定される。オランダのデルタ計画では，重力式の堤防に代わり，水門方式の防潮施設(storm surge barrier)が採用されており，その設置水深は45 mにも達するものがある。
◎中村孝幸

暴動　［ぼうどう］　riot　情報　不特定多数の人々による暴力的行為の全般を指す場合もあるが，一般には，計画的・作為的なものではなく自然発生的に起こる集団による暴力的または攻撃的行為，行動を意味する。例えば，大規模な政変に伴う民衆の破壊的行動や幕末の「ええじゃないか」，「打ちこわし」のように，世の中に不安や不満がある場合に，その気持ちを発散するために起こす集団による暴力的な行為や，不安や不満の原因とされる対象について集団で攻撃したり排除したりする行為などが挙げられる。
◎中森広道

防波堤　［ぼうはてい］　breakwater　海岸　防波堤としては，重力式防波堤に分類される捨石堤と直立堤，その両者を混合した混成堤が著名である。捨石堤は，砕波が作用するような海域で用いられ，砕波堤とも呼ばれる。一方，直立堤は，設置水深が深くて非砕波の海域で利用されるのが一般的である。わが国では，港内水域の有効利用などのため，下部に捨石マウンド，上部に直立堤を設ける混成堤が主流であり，耐波安定性の向上や反射波の低減を目的として，直立堤の前面をブロックで被覆する形式も知られている。近年では，耐波安定性の向上や効果的な反射波の低減などを目的として，各種の新形式防波堤の開発も進められている。非重力式の防波堤としては，杭式防波堤や▶浮防波堤などがあり，これらはいずれも比較的静穏な海域で利用される。水面付近のみをカーテン壁で遮断するカ

ーテン式防波堤は杭式防波堤の代表例である。　◎中村孝幸

暴風海浜　［ぼうふうかいひん］storm beach　海岸
比較的細かい底質の海岸で，比較的高波浪が入射した場合に，離岸方向の漂砂移動によって形成されるバーを有する海浜断面形状を暴風海浜という。最近はバー型海浜と呼ばれることが多い。バー地形が形成される限界については，波形勾配，底質粒径と波高あるいは波長の比などとの関係で，いくつかの経験式が提案されている。

入射波の特性が変化し，入射波周期，底質粒径，海底勾配との関係で決定される限界値以下の波高となると，向岸方向の漂砂移動によりバーが消失し，正常海浜に移行する場合がある。→正常海浜　◎出口一郎

防風施設　［ぼうふうしせつ］windbreak　雪氷　気象
強風，冷風，寒風の勢いを弱める垣根，柵，塀，ネットなどの人工的施設や**防風林**がある。農作物や林木に影響を及ぼす風害には，季節風，海陸風，山谷風，偏西風による常風害，猛烈な台風，発達した温帯低気圧などによる暴風害など風そのものによって生じる機械的な被害と，海水飛沫の吹き付けによる塩風害や乾燥した寒冷の風の吹き付けによる寒風害などの生理的な被害がある。暴風林帯には暴風に強い樹種の植栽，針葉樹林よりも広葉樹林や針広混交林の造成，弱度間伐の繰り返し，林縁木の枝打ちは行わないなど個々の林木の耐風力を高める。防風林による風速の減少する範囲は，林帯幅，樹種，遮蔽度によって異なるが，風向に直角方向の林帯の場合，風上側が樹高の約5倍，風下側は10〜25倍の距離までとされている。
◎塚原初男

防風フェンス　［ぼうふうフェンス］windbreak fence　気象　ビル風を遮断してビル風害を防ぐことを目的として設置されたフェンスあるいは植栽を，防風フェンスあるいは防風植栽という。防風の効果はフェンスや植栽の高さ，幅，たわみやすさ，充実率などによって異なる。植栽やフェンスの規模は，ビルなどによる剝離流や下降気流を遮断する程度に幅広く，高くすることが原則であるが，ある程度風を通過させたほうが，風速の低下率は小さくても，効果の及ぶ範囲は広くなる。植栽についてはこの他，風下方向の厚み，高木と低木の混栽に留意する必要がある。対策の要否，方法などは一般には風洞実験によって検討されるが，模型の樹木などと実際の樹木などの相似性はよくわかっていないので，対策の具体化には慎重な検討が必要である。　◎大熊武司

防風林　［ぼうふうりん］windbreak forest　気象　雪氷
強風を遮断する樹林帯で，防風林帯の風に対する抵抗によって，風向を変え，風の運動エネルギーを吸収する効果がある。防風林は，海岸防風林と内陸防風林に分けられ，内陸防風林は耕地防風林を指すこともあるが，山地にある防風林を含めての呼称である。海岸防風林は，強風，潮風，風食防止を目的とした防風施設で，高く，長く，厚い大規模なものが必要である。耕地防風林は，農耕地内に造成するもので，減風，風食防止，冷気遮断などを目的とするもので，農作物，農業構造物を保護する防風施設で，一般に海岸防風林より小規模で，防風林は1〜3列が多く，海岸防風林より減風効果が小さい。樹種は，マツ，スギ，ヒノキ，アカシア，ツバキなどが用いられる。林帯の風に対する抵抗は，密閉度と深く関わっており，密閉度が60〜70％（樹列数3〜5）の時，最も効果範囲が大きくなる。多くの観測例によると，減風効果が顕著に現れるのは，風上側は樹高に直して3〜5倍，風下には15〜20倍ぐらいである。
→防風施設　◎早川誠而

防霧林　［ぼうむりん］fog prevention forest　気象
霧の侵入を防ぐために作られた防風林で，北海道東部・南部太平洋沿岸および青森県・岩手県の太平洋側の沿岸に耕地への海霧の侵入を防ぐため配置されている。防霧林の機能については，①雲粒捕捉作用，②霧を沈降・落下させる降霧作用，③乱流を起こし霧を蒸発させたり逆転層を破壊させたりの昇温効果などが挙げられる。観測によれば，風上側の雲水量を100％とすると，風下側90 mで46％，170 mで60％となり，効果範囲は約6 H（Hは防霧林の樹高，m）で防風範囲よりやや狭い。樹種としては，ナラ，ダケカンバ，ハンノキ，トドマツの自然林が多いが，次第にトドマツ，アカエゾマツの人工林に変わりつつある。
◎早川誠而

飽和度　［ほうわど］degree of saturation　地盤
土の間隙中に存在する水の体積と間隙全体の体積の比をパーセントで表したもの。完全な飽和土では100％に，完全な乾燥土では0％になる。砂質土でも不飽和状態ではサクションによる見かけの粘着力が存在する。この大きさは飽和度により変化し，飽和状態ではゼロとなる。降雨により斜面崩壊が発生する最も大きな原因は雨水浸透で地盤が飽和状態に近づくからである。従って，飽和度は降雨による斜面災害を考える場合に重要なパラメータである。
◎八木則男

ボーリング　boring　地盤　地盤調査，建設工事，地下資源調査などの目的で，地盤に機械器具を用いて孔を開けること。孔の掘削には各種の方法があるが，地盤調査では先端にビットを着けたロッドを回転し，泥水などを循環させてスライムを搬出するロータリー式が主として用いられている。ボーリングで採取した試料は観察し，試験に供する。ボーリング孔は原位置試験に利用し，その結果はボーリング柱状図に記載し，報告される。　◎西垣好彦

ホールドオーバータイム　holdover-time　雪氷
航空機の機体などに凍結防止剤を散布した際に，通常の気象条件下で散布効果が期待できる持続時間。　◎松田益義

補強　［ほきょう］reinforcement　地震　→耐震補強

補強土工法　［ほきょうどこうほう］earth reinforcement technique　地盤　降雨，地震など自然の営力に対して

地盤や土構造物の安定性を向上させ，また，載荷や自重による地盤の変形・沈下を抑止するために，斜面，基礎地盤，盛土などを補強・強化する技術であり，地盤災害の防止・軽減に効果的な対策工である．この工法では，ジオシンセティックなど高分子系材料や鋼材などの補強材を地盤や土構造物の中に敷設，挿入し，主に土と補強材の摩擦抵抗と補強材の引張り抵抗によって，土塊全体の変形抵抗を力学的に改善，向上させる．施工が容易，基礎地盤処理が簡易，環境・景観にも対応できるなどの特徴があり，自然斜面・切土斜面など地山の補強，盛土や構造物などの基礎地盤の補強，盛土本体の補強，鉛直な盛土の構築など，広範囲に利用されている． ◎落合英俊

ポケットビーチ pocket beach ［海岸］ 隣接する2つの岬の間に形成される小規模な海浜のことをいう．汀線形状は卓越波向と密接な関係を持ち特有の形状を呈する．ポケットビーチは比較的安定しているので，その形状特性を侵食防止対策工法へ取り込む試みがなされている．小さなポケットビーチは，丹後半島に数多く見られる．比較的安定した汀線形状を呈するポケットビーチも，海岸構造物の築造によって汀線形状が変化するという事例もある． ◎伊福 誠

保護者への引き渡し ［ほごしゃへのひきわたし］ discharge of pupils and students to their guardians ［情報］ 災害の発生が予測される時，または現に災害が起こった時に，児童・生徒を確実に，安全に，迅速に保護者に引き渡すことが必要である．ただし，災害の発生が間近に迫り保護者に引き渡すことがかえって危険な場合には，危険が去るまで学校で児童・生徒を保護しておくことが必要な場合もある．東海地震の警戒宣言発令時における引き渡しについては，年度の早い時期に保護者への引き渡し訓練を実施し，予め学校に届け出がなされている保護者または代理人に引き渡すことと定められている．災害発生時の引き渡しについては，学校での引き渡し，避難場所での引き渡しなどが考えられるが，学級担任は引き渡しの際には必ず名簿でチェックをし，確実に引き渡しを行う．学級担任不在の場合には，学年主任などがこれを代行する．いずれの場合も引き渡しの際には確認用の名簿が不可欠となるため，教員は避難する際には必ず名簿を携帯することが必要である．また災害による被害が甚大な場合には，当日中に保護者が引き取りに来られないこともありうるため，学校において児童・生徒を保護しておくための体制が整えられ，最低限の水，食料，寝具の備蓄などが行われていることが望ましい． ◎重川希志依，中村和夫

保護対策の優先度 ［ほごたいさくのゆうせんど］ priorities of protection ［海外］ 災害を発生させる自然現象は免れ得ないが，被害を少しでも免れ，あるいは軽減するために対策(保護)をすることが必要である．この場合，どのような優先度で対策を施すかは，災害を受ける可能性がある人や施設が重要かどうか，あるいは影響を受ける数量や度合いが大きいかどうかと，対策がしやすいかどうか，または経済性や対策の効果が高いかどうかなどの判断による．一方，災害の発生頻度が高いかどうか，その影響の範囲や度合いの大きさなど発生側について考えるべき要素がある．このように発生する側と受ける側の双方の条件を考慮して対策の優先度が決められる． ◎R.K.Shaw

母数推定 ［ぼすうすいてい］ parameter estimation ［共通］ 対象とする観測データが従うと思われる確率分布の母数を所与の一群のデータ(標本)を用いて推定すること．母数推定の方法には，母分布の理論積率とデータによって得られる標本積率を一致させるように母数を決める積率法，尤度(ゆうど)関数を最大にする最尤推定法，エントロピーを最大にする最大エントロピー法，理論曲線(分布関数)とデータの誤差二乗和を最小にする最小二乗法などがある．適切な母数推定法は，確率分布によって，また，標本サイズによって異なる． ◎寶 馨

捕捉率 ［ほそくりつ］ errors in rainfall measurement ［河川］ 雨量観測の際には，種々の観測誤差が生じる．正確な(あるいは理想的な観測手法で求めた)降水量を基準にして，それぞれの雨量計が観測した値の比．影響要因としては，①雨量計周辺に生じる気流(風)，②周囲の地物による遮蔽，③転倒ます式雨量計のますからの蒸発やますからの取りこぼし，④地表からのはねかえりなどがあり，この中では④以外は捕捉率減少の原因となる．理想的な雨量観測所は現実にはほとんど存在しないので，複数地点の観測値を用いるなどして，異常データの検出に気を配ることが重要である． ◎牛山素行

骨組構造物 ［ほねぐみこうぞうぶつ］ framed structure ［地震］ 棒部材を用いて構成される構造物のことをいう．三角形を基本構成とする構造物をトラスといい，これは部材の軸力によって外力に抵抗する．一方，例えば柱と梁を剛接合し，主に部材の曲げ抵抗によって外力を支持する構造をラーメンという．この構成部材には，軸力・せん断力・曲げモーメントが作用する．ラーメンが地震荷重や風荷重を受けると柱梁接合部に大きな曲げモーメントが発生し，大地震が起きるとこの部分に被害が集中する． ◎井上一朗

母分布 ［ぼぶんぷ］ parent distribution ［河川］ 母集団が従っている確率分布．標本値は母分布に従って出現するので，得られた標本から母分布を推定することが統計処理の目的である．水文量の場合，正規分布，対数正規分布，極値分布などを母分布の候補モデルとして用いることが多い．各確率分布のパラメータ(母数)を推定し，得られた確率分布の適否を判断することで母分布を推定する． ◎鈴木正人

保有水平耐力 ［ほゆうすいへいたいりょく］ horizontal seismic capacity ［地震］ 地震力などの水平荷重を受け

■一般的な軸力作用下での鉄筋コンクリート部材の荷重－変位関係の包絡線

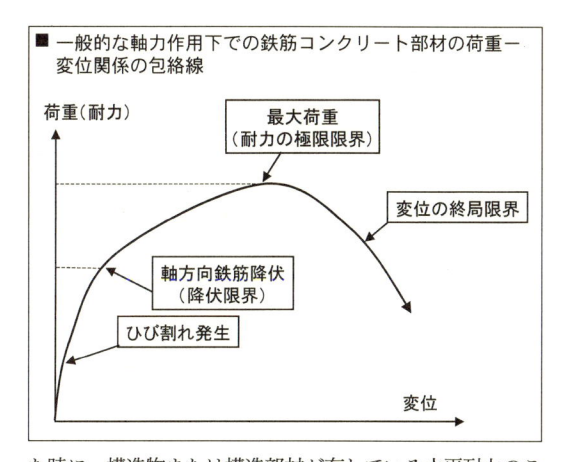

[図：荷重(耐力)-変位グラフ。ひび割れ発生、軸方向鉄筋降伏(降伏限界)、最大荷重(耐力の極限限界)、変位の終局限界の各点が示されている]

た時に，構造物または構造部材が有している水平耐力のことを保有水平耐力という。例えば，鉄筋コンクリート橋脚を例にすると，保有水平耐力は破壊形態によって異なる。一般的な軸圧縮力の作用下で，破壊モードが曲げ破壊となる場合は，水平荷重－水平変位関係の包絡線は図のようになる。コンクリートのひび割れ，軸方向鉄筋の降伏，最大荷重に達し，水平耐力が低下し始め，コアコンクリートの圧壊や軸方向鉄筋の座屈・破断により終局状態に至る。このようにねばりのある部材には，部材はある程度損傷をしても，靱性(変形性能)に応じて降伏耐力以上の大きな保有水平耐力を見込むことができる。しかし，破壊モードがせん断破壊の場合には，靱性を考慮することができず，せん断力が保有水平耐力になる。保有水平耐力が作用地震荷重以上であることを確認することにより，構造物の安全性を照査する設計方法を地震時保有水平耐力法と呼ぶ。

◎室野剛隆

ボラ bora [気象] 元々ユーゴスラビアのアドリア海沿岸で，ロシア側から山脈を越えて吹き下りる強い風に名付けられ他地域の同種の風にも用いられる。その風の特徴は山越え気流で断熱昇温するにもかかわらず，そこに以前からたまっていた空気よりも冷たく感ずる。一般的には山脈のかげの広い盆地などに寒気が蓄積し，何らかの原因で流れ出てボラとなるといわれている。→局地風

◎根山芳晴

ボランティア volunteer [情報] →災害ボランティア

ボランティア・コーディネーション volunteer coordination [情報] ボランティア活動希望者とボランティアの応援を求める人(組織)とを対等の立場，すなわち双方が活かし合えるような関係でつなぐこと。ボランティア活動は，一人一人の自発的な意志によって始められるものである。従って，機動性があり多種多様な活動が期待される一方，被災地の状況や人々のニーズにうまく合致しなければ，烏合の衆となりかねない。そこで両者の情報を把握し，的確につなぐプロセスが重要となる。

◎筒井のり子

ボランティア・コーディネーター volunteer coordinator [情報] ボランティア・コーディネーションを行う人。ボランティアセンターなどにおける「仲介型」，施設・病院・NPO/NGO・避難所などにおける「受け入れ型」，学校・企業などにおける「送り出し型」の3類型がある。いずれも専門性が必要であり，平常時はそれぞれの組織の有給スタッフが行っているが，災害時はボランティアも被災地のニーズも共に膨大になるため，訓練を受けたボランティア・スタッフの協力が必要となる。

◎筒井のり子

ボランティアの5特性 [ボランティアのごとくせい] five characteristics of volunteers [情報] ボランティアの特性は，その語源(wolo ウオロ＝意志する)からもわかるように，まず「自主性」が挙げられる。同時に，自分や身内のためだけでなく他者へ広がりを持つという意味で「社会性」が挙げられる。この2つの基本特性から展開して，前例や慣習に囚われずに行動する「創造性」(または先駆性)や，労働対価などの見返りを求めないという「無償性」が生まれた。また偶発的な行為と区別する意味で，「継続性」が挙げられる。

◎筒井のり子

ポリエチレン管 [ポリエチレンかん] polyethylene pipes [都市][被害想定] 埋設管として必要な剛性を有する一方，伸びが大きく，可撓性に優れているため不等沈下や地震による地盤変位にもよく追随する。地震時に被害の多い接合部においても，主に材料を溶かし圧着する融着という方法が用いられ鋼管の溶接の場合と同様に，接合部での強度低下がなく，接合方法も確実で容易である。また，電気的腐食の心配が全くなく，科学的に安定しており，対薬品性も極めて良好で対腐食性に優れた材料である。ポリエチレン管材料は，単位長さ当たりの重量が鋼管，鋳鉄管に比較して軽量で，可撓性もあり，復元性に優れており，作業性にも優れている。阪神・淡路大震災においても全く被害がなく震災以降，低圧のガス導管として全面的に使用されるようになっている。

◎小川安雄

ホワイトアウト whiteout [雪氷] 激しい吹雪や濃霧などにより，まわりが真っ白に見えるほど視程が著しく悪化した状態。交通障害の原因となる。また，広大な雪原上において薄い雲に覆われた時，日射の反射，散乱により，周囲が一様に白く見える状態を指す場合にも用いられる。天地の区別が付かなくなり，方向感覚が失われる。

◎小杉健二

本質物質 [ほんしつぶっしつ] essential material [火山] 火山噴火による堆積物の中で，噴火を起こしたマグマに直接由来する物質。本質物質である証拠としては，噴火後堆積するまでの間に溶融しているか何らかの流動性を示していること，発泡し水和していないガラスから成ること，などによって確かめられる。これに対する用語として，類質物質(噴火時の高温マグマと直接関係しないが，関連する火山性物質であるもの)と異質物質(噴火時のマグマと全く関係がなく，しばしば火山岩以外の基盤岩から成るもの)がある。

◎鎌田浩毅

本震 [ほんしん] main shock [地震]　主震ともいう。時空間的に集中して起こった一連の地震のうち，特に抜きん出て大きい地震を本震といい，それ以前の地震が前震，後の地震が余震である。特に大きい地震がない時は，群発地震と呼ぶ。大規模な本震の震源断層では複数の破壊面が時間を追って形成され，全体として広い範囲の多重震源断層面となっており，その全面から強い地震波が発生するので，地表では震央付近のみならず，震源断層面に沿う広い範囲で強震動が発生する。　　　　　　◎尾池和夫

ポンプ施設 [ポンプしせつ] pumping station [都市]　下水をポンプ揚水する目的のポンプ，配管，弁，補機類，制御装置などを含む施設の総体。目的に応じて中継ポンプ場，雨水ポンプ場がある。下水管渠は自然流下を原則とするため，一定の勾配を保つ必要があり，地形的勾配がないと埋設深さは次第に深くなることから，施工や管理の面から中継ポンプ場が設けられる。合流式あるいは分流式雨水管渠で雨水を公共用水域へ放流するための施設が雨水ポンプ場である。阪神・淡路大震災においては，放流渠のズレ，ポンプの芯ズレ，配管などの損傷が見られ，放流渠から排水が逆流し浸水した。機能停止に至ると汚水の溢水，雨水の浸水の二次被害につながるため，施設は想定した地震動による地盤変位，応力に対応できる構造とするとともに2条管化を図り，機械・電気設備については水道，電気などのバックアップを確保しておく必要がある。　◎渡辺晴彦

マ行

マ

マイクロゾーニング micro-zoning [地震] [被害想定]
マイクロゾーニングは，サイスミックゾーニングより詳細な区分けをしようとするものである。地震動は，地震基盤地震動およびゾーニング地点の増幅特性によって異なる。地震基盤での地震動は，地震断層の特性と断層からの距離により，増幅特性は，軟弱地盤のような表層地質地盤特性や盆地端部などの深部構造によるとされている。マイクロゾーニングにおいては，断層位置，地形，地質，地盤，地下構造などの自然条件，地域の社会条件を詳細に区分けして表現しようとするものである。例えば，予想される地震の規模と断層からの距離の関係から予想地震基盤地震動，メッシュ地点の常時微動やボーリングがデータベース化された地盤情報に基づいた地盤増幅特性，液状化に対するゾーニングなどがある。また，地形地質特性などから斜面安定性の予測や，現存する構造物などの耐震性との組み合わせで，地域の耐震脆弱度のマイクロゾーニングもある。
→地震危険度　　　　　　　　　　　　　◎岩崎好規

マイクロバースト microburst [気象]　ダウンバーストの中で，水平スケールが4 km未満の小型のものをいう。それより大きいものはマクロバーストと呼ぶ。マイクロバーストは，一般にマクロバーストに比べると風速が大きい。水平スケールが小さいため風のシアーは大きく，寿命も数分以下の短さである。その探知はマクロバーストより困難であり，航空機の安全運行，特に離着陸時に与える影響は大きい。この現象の監視にはドップラーレーダーが利用されている。　　　　　　　　　　◎林　泰一

マイクロ波放射計 [マイクロはほうしゃけい] microwave radiometer [河川]　絶対温度が0 K以上のすべての物質は，その物理温度に応じた熱放射により電磁波を放射しており，このうち波長が1 mm～1 mのマイクロ波帯の電磁波をアンテナで受け，特定の波長，帯域幅の電力(放射輝度)を計測するセンサー。ただし，センサー自体の放射による雑音があるため，S/Nを高くする工夫が必要である。水や水蒸気自体のマイクロ波放射や，地表面から放射されるエネルギーの散乱効果を計測することにより，降雨，水蒸気，土壌水分，積雪などを観測する手法が開発されている。　　　　　　　　　　　　　　　◎小池俊雄

マイコンメーター automatic shut-off gas meter [都市] [被害想定]　マイクロコンピュータや遮断弁などを組み込むことによって流れるガス流量を監視し，異常と判断した場合，あらかじめ設定された流量をもとに，使用時間などとの比較によって自動的にガスを遮断するとともに，感震遮断機能なども備えているガスメーター。遮断機能は，異常長時間使用，ガス栓の誤開放や灯内管(ガスメーターからガス器具までのガス管。ガスメーターまでは灯外管という)破断等による異常な大量使用，ガス圧力の低下，震度5弱など一定以上の感震等があるが，ガス不使用時には感震機能が作動しないタイプもある。遮断後の復帰は，指定されたボタンを押すだけであるが，復帰後一定時間内にガス漏れなどによる異常なガス流出を検知した場合には，再遮断する。阪神・淡路大震災発生時の神戸市域には，ガス不使用時には作動しないタイプが用いられており，その普及率は約72%であったが，既に，ガス不使用時にも作動するタイプがほぼ100%普及している。阪神・淡路大震災では，電気による発熱体が発火源となった火災が60%以上であったが，発震当日の出火の約23%は着火物がガス類(都市ガスおよびプロパンガス)であった(特定された発火源：205件，もしくは，着火源：138件に対する比率)。
　　　　　　　　　　　　　　◎小川安雄，能島暢呂

埋設構造物 [まいせつこうぞうぶつ] buried structure [地震]　水道管やガス管，あるいはマンホールなどの地中に埋設された構造物。それらの地震時挙動は地盤挙動に支配される。地盤が地震力によって，圧縮または引張り状態にあると，それに伴い埋設構造物に圧縮力や引張り力が作用する。その力が埋設構造物の耐力以上であると，埋設構造物は破損する(写真)。埋設構造物は，開削された地盤に埋設された後，砂質土で埋め戻されることが多く，砂質土が地下水で飽和された状態にあると，強震時に埋め戻し土が液状化し，見かけ上の単位体積重量が小さい埋設構造物は浮上するという被害を受けることがある。　◎田蔵　隆

■ 埋設構造物の破損
1964年新潟地震による埋設管の被害(小柳武夫氏提供)

(非)毎年値系列 [(ひ)まいねんちけいれつ] annual maximum series / partial duration series, peaks over threshold, censored data [河川]　毎年値系列は，頻度解析を行う際に，連続した時系列から各年の最大値を取り出したデータ(資料)系列であり，標本サイズは統計期間の年数に等しい。一方，閾値以上の独立な極値を全て取り出した資料を非毎年値系列という。非毎年値系列の標本サイズが観測年数の1.65倍以上の場合，毎年値系列より精度の高い推定値を与えるといわれている。毎年値系列は古くから用いられているが，渇水年のように洪水と呼べない年最大値を含むなどの課題がある。非毎年値系列は閾値の設定方法が課題として残されているものの毎年値系列の有する課題がないこと，観測期間が連続しない資料に適用できる方法であるなどの利点を有している。　◎田中茂信

埋没谷 [まいぼつこく] buried valley [地盤]　過去の河谷が新しい堆積物によって埋積されて，地下に埋没している谷であり，化石谷ともいう。臨海低地では，氷期の海水準低下期に形成された河谷が後氷期の海水準上昇で沈水して溺れ谷(入江：drowned valley)となり，それが河成堆積物(いわゆる沖積層)によって埋積された埋没谷が多い(例：東京下町低地の古利根川の埋没谷)。その堆積物は海に近い程厚く，最大厚さが70mに達することがある。山地・火山・丘陵・段丘を刻む河谷が，厚い河成堆積物や熔岩流，火砕流，火山泥流，地すべり，土石流などによって埋積されて生じた埋没谷も多い。急傾斜面や段丘崖では，埋没谷の旧地表面を境に，その堆積物が地震や豪雨に起因して崩落することがある(例：1984年長野県西部地震による崩落や地すべり)。河成堆積段丘や谷側積載段丘の埋没谷には地下水が集中する。　◎鈴木隆介

前浜 [まえはま] foreshore / beach face [海岸]　▶砂浜海岸の図に見られるように，浜は前浜と▶後浜に区分される。前浜は平均干潮面から後述の径浜の海側端までをいい，平常時に波が打ち上がったり引いたりする部分である。ここで砂を輸送させる外力は，主に遡上・降下する波であるが，地下水位との相対関係で砂浜内への浸透流・砂浜からの滲出流の影響が無視できない場合がある。地形的にはほぼ一様な勾配の斜面となっている。前浜部から陸側にはほぼ平坦な後浜部となり，背後の崖や▶砂丘に続く。後浜部の波の作用によって砂が堆積した平坦部分を径浜(beachberm)と呼ぶ。径浜は浜によっては存在しなかったり，いくつか存在する場合がある。　◎浅野敏之

巻き垂れ [まきだれ] cantilevered snow / ice curl [雪氷]　傾斜した屋根，例えば切妻屋根などの屋根からはみ出した雪が重力の作用によって，軒先から垂れ下がり，壁側に巻き込むような形になる現象である。発達すると建物の窓や壁を破損する恐れがある。先端につららを伴う場合も多い。軒下の通行障害にもなる場合があり，屋根雪荷重とともに防雪対策として巻き垂れを考慮する必要がある。　◎三橋博巳

膜構造 [まくこうぞう] membrane structure [地震]　主として大空間を覆う構造物に用いられるが，形式としては空気膜形式と，立体骨組と組み合わせたハイブリッド形式がある。前者は軽量で地震時耐力には全く問題がないが，インフレートを維持するための機器稼働が動力源の確保を含めて重要となる。ハイブリッド形式は立体骨組構造の耐震性が設計上のポイントである。当該構造が受けた大地震は兵庫県南部地震が最初といえるが，無被害であった。天井吊り下げ物など非構造材の落下防止が安全上重要である。　◎國枝治郎

マグニチュード magnitude [地震]　地震の規模(大きさ)を表す数値で，通常は M の記号で表す。元々は，リヒターが1935年に南カリフォルニア地方の地震に対して，震央距離100 kmに置かれたウッドアンダーソン式地震計(固有周期0.8秒，減衰定数0.8，倍率2800倍)の水平動最大振幅を μm 単位で測りその常用対数をとったものと定義した。その後，他の地域の地震や，広域の地震観測網のデータにも使えるよう拡張が試みられ，多くの種類のマグニチュードが定義された。代表的なものとして，表面波マグニチュードは，周期20秒の表面波の最大振幅を用いるもので，浅い震源の地震に適用される。深い地震にも適用できるものとして，実体波マグニチュードと呼ばれるものがあり，P波の振幅と周期を用いる。日本では，気象庁がマグニチュードを決めて発表している。この気象庁マグニチュードは，中周期地震計の最大振幅から求めるのが基本で，短周期速度型地震計の振幅を用いる方法を併用している。近年，地震の断層運動としての大きさを表す地震モーメントから換算するモーメントマグニチュードが広く使われるようになってきた。各種マグニチュードは，その決定に用いる地震波の周期などが異なるため，それぞれ意味するものが違っており，同一の地震に対して求まる値は一致しない。　◎三上直也

マグマ magma [火山]　岩石が地下で高温の溶融状態にあるもので，しばしば中に結晶やガスを含む。語源はギリシャ語の「濃い液体をこねる」に由来し，岩漿(がんしょう)ともいう。噴火によって地上に出て冷却固結したものが火山岩，火成岩。地下でマグマが蓄積される場所をマグマ溜まりという。一般的にマグマは高温のケイ酸塩溶融体からなるが，まれに炭酸塩や硫黄の溶融体の場合もある。ケイ酸塩溶融体からなるマグマの温度は約1300〜700°Cの範囲にあり，通例 H_2O・CO_2・HCl・H_2S などの揮発性成分を数%程度含む。マグマの粘性は温度降下によって急激に上昇し，また水などの揮発性成分を多く含むと粘性は減少する。マグマの圧力が低下すると，マグマ中の揮発性成分が気相として分離し発泡を起こす。発泡によってマグマの体積が急激に増大することにより，火山爆発や噴火が起きる。　◎鎌田浩毅

マグマ貫入　[マグマかんにゅう]　magmatic intrusion / intrusion of magma　[火山]　地下の高温マグマが移動上昇して，周囲の岩石を押しのけたり，溶かしたりしながら，置き換わること。活火山で顕著なマグマ貫入が起きると，地震の多発，地面の変形，重力や地磁気の微小変化などが観測される。例えば，キラウエア火山では，山頂カルデラ直下のマグマ溜まりから数十km先までマグマがほぼ水平に貫入する時，これに対応した震源の移動や地殻変動が観測される。また，1977年からの有珠山の活動では，溶岩ドームの貫入(上昇)に対応した地震と地殻変動が約5年間続いた。粘性の低い玄武岩質マグマの場合には，活動衰退期にマグマが地下へ後退(drain-back)することがある。例えば，1986年伊豆大島の噴火終了後に生じた。
◎石原和弘

マグマ水蒸気爆発　[マグマすいじょうきばくはつ]　phreatomagmatic explosion　[火山]　高温のマグマが火山体内部の地下水や地表水，海水と接触した結果，瞬時に水が水蒸気となって膨張・爆発する現象である。海底噴火，火口湖や海岸付近での噴火の場合に生じる。例えば，1983年の三宅島の割れ目噴火では，南部の海岸線付近で溶岩・マグマが海水と接触してマグマ水蒸気爆発を起こし，火砕丘を作った。このように，粘性の低い玄武岩質溶岩でも水と接触すると爆発的噴火を起こすので防災上注意を要する。
◎石原和弘

マグマ性噴火　[マグマせいふんか]　magmatic eruption　[火山]　水蒸気爆発と異なり，放出された物質の多くが，新たに上昇してきたマグマから生じた噴出物(溶岩流，溶岩ドーム，スコリア，軽石など)である噴火。顕著な噴火のほとんどが，活動初期を除けば，マグマ性噴火である。1990年水蒸気爆発で始まり半年後に溶岩ドームが出現した雲仙普賢岳噴火のように，水蒸気爆発からマグマ性噴火へ時間をかけて移行する間に，噴出火山灰の中に少量の新鮮なマグマ物質が含まれることもある。
◎石原和弘

マグマ溜まり　[マグマだまり]　magma reservoir / magma chamber / magma storage　[火山]　火山地帯の地下で多量のマグマが蓄積される場所。種々の火山現象や噴出物の岩石学的研究からその存在が推定されていたが，地殻変動や地震波の減衰など異常伝播の研究によりいくつかの火山でマグマ溜まりが存在する領域が明らかになってきた。現在活動中の火山の直下にあるとは限らず，例えば，桜島の場合は姶良カルデラ中央部の地下約10kmに，雲仙岳では普賢岳西方約5kmの地下約10kmに主たるマグマ溜まりが存在すると推定されている。また，活動火口の直下数kmにも小規模なマグマ溜まりが存在することが種々の観測でわかってきた。一般に，火山性地震はマグマ溜まりより上方，あるいは周辺で発生する。マグマ溜まりに蓄積したマグマの量を地殻変動など種々の観測や過去の噴出物の調査から評価することが，噴火の規模・活動推移を予測する上で最も重要である。マグマ溜まりの具体的形態については未知の部分が多い。
◎石原和弘

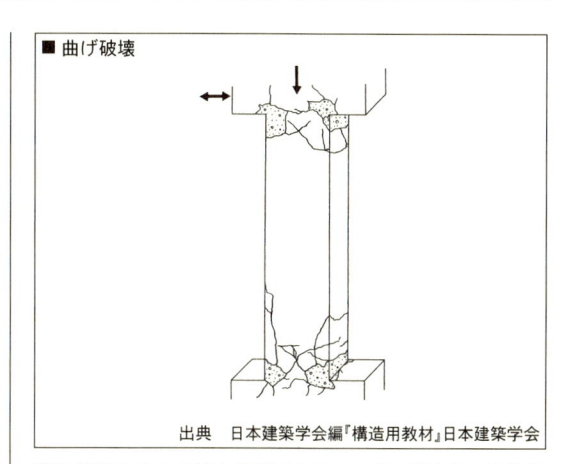

マグマ発散物　[マグマはっさんぶつ]　magmatic emanation　[火山]　マグマ中に含まれる揮発性成分が発泡・分離して地上に噴出する火山ガス，火山ガスが地下で凝縮して生成した熱水，あるいは火山ガスが地下水と接触し溶解しやすいガス成分が地下水に溶解移行して生成した熱水などが，地表に噴出する温泉水や鉱泉水，噴気孔周辺に析出する火山昇華物などマグマ物質を含み地表にもたらされるものの総称。最近ではあまり用いられない。
◎平林順一

曲げ破壊　[まげはかい]　bending failure / flexural failure　[地震]　鉄筋コンクリート部材の破壊形式の一種であり，曲げモーメントが作用して引張り鉄筋が降伏するとともに材軸直交方向に曲げひび割れが発生するが，鉄筋の延性が大きいため変形能力が高く，曲げ破壊を先行させる設計法が推奨されている。(図参照)→付着破壊，せん断破壊，圧縮破壊
◎藤原悌三

■ 曲げ破壊

出典　日本建築学会編『構造用教材』日本建築学会

摩擦速度　[まさつそくど]　shear velocity　[地盤][河川][海岸][気象]　河川などの土砂流送の支配パラメータである，開水路や管路における流れの壁面せん断応力を流体の密度で割った量の平方根をいう。せん断応力(摩擦力)が力学的量であるのに対して速度の次元を持つ運動学的量であるので，速度場に及ぼす摩擦力の影響指標としての意味を持つことが命名の由来となっている。乱流場では，レイノルズ応力を密度で割った量，すなわち，乱れ速度の平均相関量の平方根であるので，乱れ強度の指標でもある。
◎藤田裕一郎

まさ土　[まさど]　decomposed granite soil　[地盤]　まさ土とは，花崗岩質岩石(花崗岩，花崗せん緑岩，石英せん緑岩などの結晶性深成岩)および同質の片麻岩が風化してその場所に残留している残積土(residual soil)である。風化しても，母岩の組織を残しているものをまさ土に含める場合，風化残積土と呼ばれることもある。従って，まさ土は岩石に近いものから土壌化したものまで幅広い物理・力学的性質を示す材料であり，一般に不均質なことが多く，土の構造や土粒子が脆弱で外的作用力で破砕しやすく，水

理学的にも不安定なことが特徴である。そして，ある場合は砂質土の，またある場合には粘性土のように挙動する。特に，斜面において降雨の浸透を受けると崩壊しやすく，植生が困難なので特殊土の一つとされている。　◎西田一彦

マスウェスティング　mass wasting　[地盤]　侵食・削剝作用の一種で，斜面プロセスの範疇に属し，流水・氷河・風などの移動媒体によらない岩盤・岩屑・土壌・凍土などの移動現象を指す。この移動を引き起こす誘因には，降雨，融雪，凍結・融解，水分・温度変化，地震ならびに火山活動などがある。素因には，節理や弱線の有無・風化の程度・地層の傾斜などの物質の性質，ならびに傾斜角・斜面長・斜面基部の状態などの地形条件がある。移動様式には上昇・沈下，流動，滑動，落下，陥没などがある。それぞれの移動様式は，岩盤・土壌などの物質の種類，水分の程度ならびに回転運動を伴うか否かなどによって細分される。移動は単独の様式で生じることもあるが，移動とともに移動様式は変化することも多い。移動速度は，最も遅い土壌匍行の年数㎜から，災害を引き起こす土石流・岩石なだれのような毎秒数十ｍに達する移動まで，広範囲にわたっている。類似語としてマスムーブメントが用いられることがある。この用語は，地すべり・山崩れ・土石流などのような大きな塊の移動現象に対して用いられるべきであり，落石のような一度に一個というような移動現象に用いるべきではないという考えもある。　◎石井孝行

マスムーブメント　mass movement　[地盤]　斜面構成物質の削剝・移動現象の一つ。地すべり，崩壊，土石流，落石などの現象の総称。A. Penck (1894)は削剝・移動現象をマストランスポート (mass transport)とマスムーブメントに二分した。前者は物質が水・氷・風などの運搬手段によって受動的に運ばれる現象で，後者は物質が自重によって自動的に斜面を移動する現象。両者は自然界では漸移関係にある。マスムーブメントの分類は，運動形式を基本として物質の種類，速度など種々の基準が組み合わされる。運動形式には，匍行 (creep)，流動 (flow)，滑動 (slide)，落下 (fall)の4つがある。これらの運動形式は相互に漸移的で，また，1つのマスムーブメントでいくつかの運動が複合することも多い。一般にマスウェスティング (mass wasting)も同義に使用されるが，一部でマスムーブメントを，地すべりのような，地塊運動に限定する見方もある。この場合は，マスムーブメントとマスウェスティング (Penckが規定したマスムーブメントの内容)が区別される。　◎高浜信行

マスメディア　mass media　[情報]　メディア (mediumの複数形)の中でも大衆向け (大量)伝達媒体をいい，一般的には，新聞社，出版社，ラジオ局，テレビ局などを指す。災害時におけるマスメディアの機能は一様ではなく，テレビは主に災害情報を被災地域外の不特定多数に向けて発信し，被災状況や被災者への救援活動を訴求するメディアとして有効である。ラジオはその機動性，地域密着性という特性から被災者への生活情報や直接的な救助活動に役立った実績をもつ。放送メディアは，とりわけ，放送法第6条の2によって災害発生の予防と被害軽減のために役立つ放送をすることが責務とされている。新聞社などにはそうした法的規定はないが，危機における防災機関として，災害速報や被災者救援活動の記録性，世論形成力が期待されている。また，災害現場における取材のあり方やインターネットやパソコン通信などの有効な活用法など，今後の課題も多い。　◎津金澤聰廣

街づくり/まちづくり　[まちづくり]　community development / community improvement　[復旧]　1970年代から，都市計画に対して「街づくり/まちづくり」という概念が用いられ始めた。地方分権，住民参加の動向のもとで，現在では各地で多様な取り組みが見られる。一般に「街づくり」は地区の施設整備や土地利用の整序など物的な整備を主目的とする場合に，「まちづくり」は，地区の福祉や防災など市民活動も含めた総合的な取り組みの場合に用いられる傾向がある。→復興まちづくり，防災まちづくり
　◎中林一樹

まちづくり協議会　[まちづくりきょうぎかい]　community development association　[復旧]　一般に，ある地区を対象として，その地区のまちづくりという特定の目的のために設立される住民組織を指し，地区のまちづくりの主体としての役割が期待されている。重要な役割としては，個々の住民のまちづくりに対する意向を集約し，地域の総意を形成することや，地域を代表する組織として行政や事業者と協議することなどがある。阪神・淡路大震災からの復興時には，重点復興地域を中心に100余りものまちづくり協議会が設立され，復興まちづくりにおいて大きな役割を担った。→復興まちづくり協議会　◎中井検裕

街づくり協定　[まちづくりきょうてい]　community agreement　[復旧]　全員同意であるかどうかにかかわらず，地域の住民によって主体的に決められた任意の約束事を明文化したものを広く指していう。その形式は様々であり，住民同士の取り決め，申し合わせというかたちをとる場合が多いが，街づくり協議会と自治体との間で締結するような場合もある。協定の内容は，建築のあり方などの物的なものから，生活上のルールのような非物的なものまで幅広く含めることが可能であり，街づくり条例において，街づくりの実効手段として規定されていることも少なくない。住民の意識を高める効果を持ち，街づくりのための柔軟な手段の一つというメリットがある一方で，基本的にはあくまでも法に基づかない任意の紳士協定であるから，地区計画などと比較すると第三者に対する強制性は乏しいというデメリットがある。→街づくり条例　◎中井検裕

まちづくり集落整備事業【奥尻町】　[まちづくりしゅうらくせいびじぎょう]　community environment improvement project in Okushiri town ［復旧］ 北海道南西沖地震により，壊滅的な被害を受けた奥尻町青苗地区では，防災対策のみならず，まちづくりと一体化した復興整備が行われた。青苗岬周辺は，「→防災集団移転促進事業」により，全戸が高台の新団地に移転し，跡地には公園が整備された。漁港背後の低地部には，防潮堤が建設され，「→**漁業集落環境整備事業**」により，集落道，下水道の整備および盛土による宅地造成が行われた。事業期間は，1994～1996年度であった。また，同様に津波によって壊滅的な被害を受けた奥尻町初松前地区では，町の単独事業として災害復旧事業による防潮堤の建設にあわせ，集落の再整備が実施された。整備内容は，町道，簡易水道，防火水槽，街路灯の整備など宅地基盤整備の他に高台への避難路の整備である。事業期間は，1994～1996年度で，事業費負担は町が73％である。→奥尻町復興計画　　　　　　　　　　　◎南 慎一

街づくり条例　［まちづくりじょうれい］ ordinance for community development ［復旧］ 自治体が自主的に定める条例のうち，自治体の基本的な街づくりのあり方と方法を定めた条例を，街づくり条例と呼ぶことが多い。景観，環境，土地利用，防災，福祉など，街づくりの特定のテーマを対象としたものや，住民参加や専門家支援など街づくりの手続を定めたもの，あるいはこれらを組み合わせたものなど，内容は自治体によって極めて多岐にわたるが，何らかのかたちで住民の関与する街づくりを対象としているという点は，多くの街づくり条例に共通している。近年，街づくり条例を制定する自治体が全国で急速に増加しており，地方分権の時代にあって，地域の実情に即した街づくりを推進するための中心的な道具として期待されている。→街づくり協定　　　　　　　　　　　◎中井検裕

まちづくり復興基金　［まちづくりふっこうききん］ community restoration-aid fund ［復旧］ 既存の事業制度では対応できない自主的で多様な市民による復興まちづくりの取り組みを支援するために，阪神・淡路大震災では4種類のまちづくり復興基金が創設された。民間によるものとしては「阪神・淡路ルネッサンスファンド(HAR基金)」「阪神・淡路コミュニティ基金(HAC基金)」「神戸まちづくり六甲アイランド基金」が，公共のものとしては「阪神・淡路大震災復興基金」がある。これらの基金が，多様な市民による復興まちづくり活動や，前例のない多様な補助事業を可能にしてきた。このような基金活動は，1999年台湾集集地震における復興でも重要な役割を担っている。→復興まちづくり　　　　　　　　　　　◎中林一樹

街なみ環境整備事業　［まちなみかんきょうせいびじぎょう］ townscape and environment improvement project ［復旧］ 1993年に地区住環境総合整備事業と街なみ整備促進事業とを統合し，事業内容を充実して創設された補助事業である。住宅が密集し，生活道路等が未整備で公園が不足し，景観形成を図る必要がある地区で，ゆとりとうるおいのある住宅地区の形成を目指して，地区施設，住宅，生活環境施設の整備など，住環境の整備改善を行う地方公共団体あるいは土地所有者等に必要な助成を行うものである。この事業は，地区住民による街づくり協定の締結が事業要件で，基幹施設整備は公共が，街なみ形成や地区施設の管理などは住民が行うなど，公民の役割分担を明確にしている。　　　　　　　　　　　　◎中林一樹，池田浩敬

街並み・まちづくり総合支援事業　［まちなみ・まちづくりそうごうしえんじぎょう］ comprehensive promotional project for good quality townscape and residential development ［復旧］ 1994年に都市拠点整備事業，多機能交流拠点整備事業，商業地域振興整備事業，市街地空間総合整備事業，都市再開発関連公共施設整備促進事業などが統合されて創設された事業制度で，市街地再開発事業，優良建築物等整備事業などの基幹的事業の実施に合わせ，地区計画等を活用し，地域が主導して，個性豊かな街並み形成と地域の創意工夫を活かしたまちづくりを推進するため，施設の整備やまちづくり活動等を総合的に支援する事業である。事業の適用には，①基幹的公共施設，地区施設および建築物等に関する総合的かつ一体的な整備に関する計画が市町村により策定されている，②地区の全部もしくは枢要部分を含む相当の区域について，地区計画その他の規制・誘導措置が講じられる，または講じられることが確実と見込まれる，などが条件となる。道路・公園・下水道等の公共施設の重点整備や，駐車場・多目的広場・備蓄倉庫・耐震性貯水槽等の地域生活基盤施設，地域交流センター，人工地盤等高次都市施設などへの補助がある。阪神・淡路大震災の復興事業でも活用された。→復興まちづくり　　　　　　　　　　◎中林一樹，池田浩敬

招かざるリスク　［まねかざるリスク］ involuntary risks ［海外］ 好んで負いたくないリスクをいう。この種のリスクを生み出す加害力の生起確率は小さいが，社会に与えるインパクトは大きい。通常の生活状態ではそのようなリスクがあることを実感することはないが，実感したところでリスクを小さくすることが容易にできるわけではない。自然災害の原因になる加害力のほとんどはこのリスクを生み出す範疇に属していて，加害力が容易に災害に転化する，地形や気象のような特定の環境条件があることが知られている。→自覚できるリスク　　　　　　　　　◎渡辺正幸

マルチセルストーム　multi cell storm ［河川］［気象］ 多数の対流セル(積乱雲)の集合体で構成される積乱雲群のことで，スーパーセルストームと対比した言葉で，組織化されたマルチセルストームと組織化されていないマルチセルストームとがある。ニンジン型あるいはバックビルディング型と呼ばれるストームは，組織化されたマルチセルストームの典型であり，古い対流セルの雲底下からの冷気外出流により環境場の湿った暖気が押し上げられ新しい対流セルが次々に風上に発生することによって形成される。

このタイプは強い降雨域が長時間停滞する場合が多く，集中豪雨になりやすい．一方，組織化されないマルチセルストームは，一般風の鉛直シアーが弱い環境場で見られる場合が多く，比較的寿命が短い．→スーパーセルストーム

◎藤吉康志

マンション建替え [マンションたてかえ] rebuilding of condominium 復旧　マンションのうち，分譲マンションは区分所有法に基づく管理が義務付けられている．分譲マンションの建替えは，区分所有法に基づく管理組合のもとに関係権利者の合意が必要である．しかし，関係権利者の合意形成は容易ではなく，日常的にもマンション建替えは困難な事業である．阪神・淡路大震災では，マンションの被災も多く，被災マンションの建替えあるいは修理をめぐって，関係権利者による合意形成への話し合いは，被災地においていっそう困難な状況にあり，裁判に持ち込まれた事例もある．被災マンションの建替えでは，既存不適格，合意形成，再建資金，抵当権の処理，事業協力者・専門家の参加など多様な課題に直面し，阪神・淡路大震災では，補修・建替相談登録センターの設置，コンサルタント派遣，被災建物の公費解体，建設費補助制度，震災復興型総合設計制度等の建築基準法の特例措置などの支援事業制度が準備され，活用された．→住宅復興

◎中林一樹

マントル mantle 地震　地球内部の地殻と核の間，すなわちモホと深さ2900 kmまでをマントルという．マントルは地球の体積の80％を占めており，地球の動力学的な振舞いの源はここにある．主に，カンラン石，輝石，ザクロ石，およびそれらの高圧相と鉄，マグネシウム，ケイ素の酸化物から成ると考えられている．大きくは，深さ410 kmまでの地震波速度や密度が比較的単調に増加する上部マントル，それらが段階的に急増する410～670 kmの遷移層，および再び単調に増加する下部マントルの3部分に分けられる．遷移層では構成物質が種々の相転移をして地震波速度や密度の急増をもたらし，下部マントルにつながる．最下部は核との物質交換など複雑な物質境界・熱境界層を成している．上部マントルの特徴は低地震波速度層の存在である．これは，そこでの物質が相対的に柔らかいことを意味している．地殻とマントル最上部のプレートを構成する固い部分をリソスフェア，その下の相対的に柔らかい部分をアセノスフェアと呼ぶ．→地球の内部構造，モホロヴィチッチ不連続面

◎島田充彦

万年雪 [まんねんゆき] perennial snow patch 雪氷　近年では多年性雪渓の同義語として用いられることが一般的であり，消耗期間が過ぎても溶けきらず複数年にわたって残存し続ける雪氷全体を指す．万年雪渓と呼ばれることもある．古くは，万年雪をフィルンの同義語として解釈し，越年した高密度の雪を意味する用語として使われたこともあるので注意を要する．文字から想像すると万年雪は何万年も前からの雪氷を含んでいるように思われるが，日本の万年雪の多くはたかだか数十年前の雪氷で構成されているにすぎない．

◎河島克久

マンホール manhole 都市　管渠の清掃，点検，接合，喚気，採水などを目的として設けられる施設のこと．一般に管渠が接続する箇所，管径が変化する箇所，維持管理上必要な箇所に設置される．直線部においては，清掃を考慮したマンホール設置間隔がとられる．阪神・淡路大震災では，破損や横方向ズレなどの被害を受けたが，流下機能を損なうまでには至らなかった．

◎渡辺晴彦

ミ

水循環 [みずじゅんかん] water cycle 地盤 気象 河川　海洋から蒸発した水は，降雨となって陸上，海上にもたらされる．陸地に降った降雨は，一部は植物体の表面に付着しそのまま蒸発する（遮断）．地面に到達した水は，土壌から地下へ浸透する成分と，そのまま表面を流下する成分（表面流出）に分かれる．一般に，森林地では，ほとんどの水が地下に浸透するが，裸地，畑地，都市地域などでは，表面流出が発生することが多い．地下に浸透した水の内，かなりの部分が植物の呼吸（蒸散）や土壌水分の蒸発（あわせて蒸発散）により再び気圏へと戻り，残りの部分が土壌内や岩盤内をゆっくりと移動する．地下に入った水の挙動は，その場の地下の状態に大きく左右されるため，地質，起伏などによって流動経路，滞留時間は大きく異なるが，最終的には，主に湧水として河川へ供給され，海へと戻る．土砂災害は，この水循環の一過程により引き起こされることが多いため，その原因解明には，水循環過程の理解が重要となる．

◎恩田裕一

水野式 [みずのしき] Mizuno's formula 被害想定 火災・爆発　水野弘之博士が提案した地震時出火率と住家全壊世帯率との関係式．関東大震災以降1974年伊豆半島沖地震までの13地震で出火のあった市区町村をサンプルとし，住家からの対数化した全出火率と炎上出火率を，既存資料によって予め設定した「地震発生時刻の係数」および「地震発生季節の係数」を用いて，対数化された住家全壊世帯率の一次関数として示した式．地震時出火率の推定に発生季節および時刻を組み込んだ点は高く評価されるが，河角式と同様に，出火または木造建築物倒壊がなかった市区町村をサンプルから除外せざるを得ないため，統計的には正しくなく，過大な推定となる．→神奈川式，河角式，総プロ式，全出火，炎上出火，季節係数，時刻係数

◎熊谷良雄

水みち [みずみち] water path / water passage / water pipe 地盤 河川　[1] 地下において水が集中し

て流れる部分。地質構造的に地中に谷地形が存在している箇所やパイプ状の粗大孔隙が存在する箇所では多量の地下水が周辺よりも大きな速度で流れる。後者を流れる地中流はパイプ流とも呼ばれ地下水の移動に重要な働きをなし、斜面崩壊の発生に大きな影響を与える。[2] 地表において水が集まり流れる部分。通常は河川や渓流の最深部がこれに当たる。
◎石川芳治

密集市街地 [みっしゅうしがいち] densely-inhabited district [行政] [復旧] 狭小な敷地の上に老朽化した木造の建築物が密集し、幹線道路や都市公園のみならず、生活道路等も不足している市街地をいう。→木造住宅密集市街地
◎国土交通省

密集市街地整備法 [みっしゅうしがいちせいびほう] densely built-up area improvement act [復旧] [行政] 木造住宅密集市街地を改善するための法定事業には、住宅地区改良法に基づく住宅地区改良事業、都市再開発法に基づく市街地再開発事業などがあるが、いずれも適用地区は限定される。また、任意事業として1980年代に新設された木密事業(略称)には強制力がないなどの理由から、大きな成果を上げられなかった。こうした経緯のもとに、阪神・淡路大震災をきっかけとして成立したのが、密集市街地整備法(密集市街地における防災街区の整備の促進に関する法律、密集法とも略される)である。この法律は防災性の向上が公共の福祉の一部であるとの観点から制度設計され、法定事業として防災上問題のある木造建物の除却勧告、防災街区整備地区計画や防災街区整備組合などのメニューの活用による整備の促進を目的としている。
◎髙見澤 実

密集住宅市街地整備促進事業 [みっしゅうじゅうたくしがいちせいびそくしんじぎょう] densely-inhabited areas improvement program for safe and comfortable environment [復旧] 1994年に市街地住宅密集地区再生事業と木造賃貸住宅密集地区整備事業を統合し、1995年に総合住環境整備事業(1993年までのコミュニティ住環境整備事業、商店街再生プロジェクト、特定住宅地区活性化事業)を加えて統合された事業である。本事業は、大都市地域内の老朽住宅の密集地区において、地方公共団体などが事業主体となって、防災性の向上、良質な住宅の供給、居住環境等の整備を促進するため、老朽建築物等の除去、建替え、従前居住者用住宅の建設および地区施設の整備等を総合的に行う事業である。具体的には、区市町村が整備計画に基づいて行う老朽建築物の買収除去などへの助成、従前居住者用賃貸住宅の建設・購入、従前居住者用住宅(借上げ賃貸住宅)の家賃対策、地区公共施設・生活環境施設・公開空地の整備、仮設住宅の設置などに対し、国庫からの補助がある。阪神・淡路大震災の都市復興にも活用された。
◎中林一樹、池田浩敬

ミティゲーション mitigation [共通] →被害抑止

見透し距離 [みとおしきょり] visibility [火災・爆発] 煙の中でのものの見え方を表す指標の一つで、視認できる距離のこと。誘導灯のような発光型標識と、外部の光によって視認される反射型標識とでは同じ煙の濃さでも視認性が異なる。煙の濃度は減光係数$[l/m]$で表され、見透し距離＝C/減光係数の関係がある。Cは定数で、標識の大きさ・発光形式により異なり、発光型標識で5～10、反射式で2～4とされる。また、煙の種類によっても異なり、同一の減光係数でも、白煙のように眼への刺激性のある煙では、黒煙に比べ見透し距離が減じることが明らかになっている。→避難
◎山田常圭

南関東地域直下の地震対策に関する大綱 [みなみかんとうちいきちょっかのじしんたいさくにかんするたいこう] General Principles relating to Countermeasures for Earthquakes Directly Below the Southern Kanto Region [行政] [地震] 人口やわが国の中枢機能が著しく集積した南関東地域においては、マグニチュード7クラスの直下地震の発生の切迫性が指摘されている。このような大規模地震が発生した際には、多数の人的・経済的被害を及ぼすだけでなく、被災地域を超えた国民生活や経済の混乱が予想される。この直下地震による被害の防止・軽減を図るために行うべき対策の進め方を示したのが「南関東地域直下の地震対策に関する大綱」(1992)であり、この大綱に基づいて防災関係機関等が緊密に連携した対策を行っている。
◎内閣府

脈動 [みゃくどう] microseisms [地震] 地震がなくとも常時見られる特定の振動源によらない微小な揺れのうち、自然現象による地動である。脈動の周期は1～2秒より長周期である場合が多い。主な振動源は海岸近くでの波浪であり、常時微動に比べて振幅の時間変化は緩慢である。脈動の主成分は表面波であると考えられており、振幅は波浪の強さだけでなく、伝播経路の地下構造にも依存し、堆積層が厚い平野部では大きくなる。脈動のアレイ観測から表面波の位相速度を求め、地下構造を探査することもできる。
◎山中浩明

ム

無次元風速 [むじげんふうそく] reduced wind velocity [気象] 風により誘起される振動の性状は、物体の固有振動数fn、代表長D、風速Uに大きく依存する。風速に関して振動性状を表示する場合、無次元量$Ur=U/(fn\cdot D)$を導入する。このUrを無次元風速または換算風速と呼ぶ。無次元化する際fn、Dは現象に応じて、それぞれ曲げまたはねじれの固有振動数や断面の見付幅または奥行長さが用いられる。また、→渦励振の発生する無次元風速は→ス

トローハル数の逆数で近似的に与えられる。　◎宮崎正男

無雪都市宣言　［むせつとしせんげん］　Declaration of a Snow-Free City　雪氷　都市　　新潟県長岡市では，1963年1月の38豪雪により全市域で大きな被害を受けた。当時は除雪機械も少なく，除雪はもっぱら人力に依存していた。しかし，1961年に同市で開発された地下水利用の消雪パイプが38豪雪時にも一部地域で威力を発揮したことから，消雪パイプを道路や住宅の屋根に積極的に設置することにより全市の無雪化を目指して，1963年10月9日に無雪都市宣言を行った。　◎小林俊市

霧氷　［むひょう］　air hoar / rime　雪氷　　樹木や物体の表面で成長する着氷の一種である。水蒸気の昇華凝結により氷結晶の成長する樹霜と，過冷却した微水滴が次々と付着して凍結する樹氷，粗氷に分けられる。　◎佐藤篤司

メ

メカニカル継手　［メカニカルつぎて］　mechanical joint　都市　　主として鋳鉄管または口径80 mm以下の小口径の鋼管の接合に使用される。接合に当たっては，管の中心線を正しく合わせ，適切に管理されたシール用のゴム輪を用いるとともに，接合材料を基準通り，正しい順序で装着し，トルクレンチなどを使用して，片締めにならないように，全周にわたり規定のトルクで均等に締め付ける。継手のシール機構としては，ボルトナットあるいはねじ接合の締め付け力によってシール用のリング状ゴム，パッキンに面圧を発生させシールする。また通常，機械式の継手抜出し阻止機構を有している。抜出し阻止機構を有するメカニカル継手は高い変位吸収能力を有し，阪神・淡路大震災においても被害は極めて軽微であった。　◎小川安雄

メソスケール　mesoscale　河川　気象　　気象学では，水平規模が数kmから数百kmの大気現象をメソスケールと呼ぶ。このスケールはさらにメソα，メソβ，メソγスケールと細分される。メソαスケールは水平スケールが数百〜数千kmの現象で梅雨前線上に発達する小低気圧や台風，メソβスケールは水平スケールが数十〜数百kmの現象で組織化された積乱雲群やクラウドクラスター，メソγスケールは水平スケールが数kmから数十kmの現象で孤立した積乱雲がこれにあてはまる。　◎藤吉康志

メソスケールモデル　mesoscale model　河川　気象　気象で使われている数値モデルの内，局地天気予報やメソスケールの現象を対象とした数値実験に用いられるもので，水平格子間隔が数百mから数十kmの高分解能のモデルを指す。このうち静力学平衡という条件を取り除いたモデルを特に非静力学モデル，雲水や降水の生成過程を組み込んだモデルを雲解像モデルと呼ぶ。メソスケールモデルは，局地的な豪雨の再現実験や予報を目的として作られているが，豪雨などの現象は非線形性が強く，その予報精度は初期値の正確さに大きく依存する。このため観測などからいかに正確な初期値をモデルに与えるかが，予報の精度向上の上で重要な課題である。　◎藤吉康志

メタンハイドレート　methane hydrate　地盤　　メタン分子が水分子に取り囲まれた形のシャーベット状の固体。低温高圧で安定。海底音波探査で明瞭な反射面として捉えられることが多く，高緯度の海底下の地盤内に大量にあることが確認されている。メタン資源として有望視されている。海水準の低下によって不安定になり，メタンガスと水に分離し，間隙流体圧の急上昇を引き起こし，巨大な海底地すべりを発生させると考えられている。◎千木良雅弘

メラピ型火砕流　［メラピがたかさいりゅう］　pyroclastic flow of Merapi type　火山　　▶火砕流は爆発的噴火に伴って噴出した火砕物によって発生するもののほか，既に山頂火口など地表に現れた溶岩ドームが部分的に崩落して発生する場合がある。メラピ型火砕流は後者であり，数世紀にわたり頻繁にこのタイプの火砕流が発生したジャワ島のメラピ火山にちなんだ名称である。1991年以降の雲仙普賢岳で発生した火砕流のほとんどはこのタイプに分類される。新たな溶岩の貫入や斜面上の溶岩ドームの不安定性などが発生の引き金と考えられる。前兆を伴わない場合が多いが，溶岩ドームの形状や成長方向から危険性のある流下方向はある程度予想することができるので，防災上，▶溶岩ドームの観察が不可欠である。　◎石原和弘

免震構造　［めんしんこうぞう］　base isolated structure　地震　　構造物の下部と基礎との間に柔らかい水平バネやすべり材などの免震装置を用いた構造。構造物全体の水平周期を延ばして地震動の作用を弱め，同時にダンパーでエネルギー吸収を図る。免震装置には構造物の支持性能（支承），変形性能，復元性能および減衰性能（ダンパー）が必要で，単体でこれらを満たす装置以外では組み合わせて用いる。免震支承には天然ゴム系積層ゴム支承，減衰性能も有する鉛入り積層ゴム支承および高減衰積層ゴム支承の他，すべり型支承，転がり型支承など，ダンパーには鋼材，鉛材の他，オイルダンパー，粘性体ダンパーなどがある。
◎井上豊

面積区画　［めんせきくかく］　compartmentation by area　火災・爆発　　火災を局限化し，人命・財産の損失危険を低減し，また避難や消防活動を容易にすることを目的として建築空間を一定規模の面積以内毎に耐火性のある壁などで▶防火区画すること。一般的に1500 m²（スプリンクラーが設置されている場合は，3000 m²）毎に耐火構造の床・壁，および開口部は耐火性のあるシャッターや防火戸の構成部材で囲う防火区画構造とする。また，31 mを超す高さの階では面積の制限が厳しくなり，内装が不燃の場合でも

■ 火炎領域と気流性状

領　　域	$z/Q^{2/5}$ の範囲	上昇温度 ΔT_0	流速 w_0
連続火炎領域	$z/Q^{2/5} < 0.08$	$\Delta T_0 = $ 一定	$w_0 \propto z^{1/2}$
間歇火炎領域	$0.08 < z/Q^{2/5} < 0.2$	$\Delta T_0 \propto z^{-1}$	$w_0 = $ 一定
浮力プルーム領域	$0.2 < z/Q^{2/5}$	$\Delta T_0 \propto z^{-5/3}$	$w_0 \propto z^{-1/3}$

500 m²（スプリンクラーが設置されている時1000m²）以内で防火上の区画を行うことが，建築基準法令で定められている。→竪穴区画　　　　　　　　　　　　　　　◎山田常圭

メンタルヘルスケア　mental health care　[復旧] [情報]
→災害カウンセリング

面的防護　[めんてきぼうご]　integrated shore protection system　[海岸]　昭和20年代から30年代前半にかけては巨大台風による海岸災害が頻発し，陸域への海水の侵入を防止するために堤防や護岸が建設された。これらは暴風暴浪時の海水面の上昇から▶越波を直接的に防止するものであったが，徐々に進行する海岸侵食には効果を発揮せず，堤防の前面が深く掘れるなどの問題が生じる場合もあった。これに対し昭和50年代以降，離岸堤や人工リーフなどの沖合の消波施設と緩傾斜護岸や養浜工などの複数の施設により海浜を平面的に保全しようとする防護方法が積極的に導入されるようになった。このような防護工法は，海岸線に堤防や護岸を設置して背後地を守る線的防護に対して，面的防護工法と呼ばれ，海岸侵食に対して効果があるばかりでなく，波の静穏な海域が広くとれるため，海岸利用や生態系の保全にも効果がある。　　　　◎佐藤愼司

面熱源上の火災プルーム　[めんねつげんじょうのかさいプルーム]　fire plume above heat source with finite area　[火災・爆発]　実際の火災における火源は必ず有限の大きさを持ち，その上には通常乱流拡散火炎ができる。乱流拡散火炎に関しては火源からの高さにより，①連続火炎領域，②間歇火炎領域，③浮力プルーム領域の3領域が認められるのが普遍的な特徴である。この火源上の3領域では，それぞれに気流の性状に特徴的な差が認められるが，各領域の範囲は火源の発熱速度が異なっても，$z/Q^{2/5}$ を共通の指標として分類でき，中心軸上の上昇温度 ΔT_0 および流速 w_0 は高さに関して上表に示すような依存をする。なお浮力プルーム領域の性状は，▶点熱源上の火災プルームの性状と同じになる。→火災プルーム　　◎須川修身

モ

毛管水　[もうかんすい]　capillary water　[地盤] [河川]
土壌水は，その性質やそれに働く作用に基づいていくつかに分類される。結合水，懸垂水，毛管水，重力水などである。毛管水は地下水面上で毛管力により土壌中の間隙に保持されている水で，土粒子との相互作用は無視できる程小さい。降雨浸透や地下水面の上下移動による圧力変化の影響を受けて移動する。　　　　　　　　　　◎佐倉保夫

燃えつき症候群　[もえつきしょうこうぐん]　burn out syndrome　[情報]　援助者は被害者と会い，また被災地に立ち入ることで，その災害から大きな影響を受け，二次被害者にもなり得る。緊迫した状況，援助者間のディスコミュニケーション，被害者からやり場のない怒りをぶつけられるなどのストレスの中で，それを軽減しないまま活動を続けると，重い疲労感，ショック，無力感・無能感や自責感，不眠などに陥る。これが燃えつき症候群である。それを防ぐための援助者ストレスのチェック・リスト，守るべき3原則，などが工夫されている(Romo, D. 1995)。
　　　　　　　　　　　　　　　　　　　　　　◎羽下大信

モーダルアナリシス　modal analysis　[地震]　入力地震動を受ける構造物の線形範囲の揺れ，弾性地震応答を，その揺れに特徴的な型，固有モードの重ね合わせにより求める方法。構造物の弾性範囲の揺れは，構造物の固有周期と対応する固有モードにより規定され，それらは，構造物の質量と剛性分布により決まる固有値問題を解くことにより求められる。一般に，構造物にはその自由度に等しい数だけの固有の揺れの周期があり，これらを1次，2次，……n次固有周期といい，対応する揺れの型をモードという。モーダルアナリシスは，弾性地震応答を求めるための解析法であるが，弾塑性領域の地震応答の大きさが決まれば，対応する低下した剛性と固有周期・固有モードが求められ，この領域の地震応答にもモーダルアナリシスが適用される。その場合には，最大応答と対応する非線形領域の低下した剛性・等価剛性がペアで決まり，その意味で繰り返し計算が必要となる。　　　　　　　　　　◎浅野幸一郎

模擬地震動　[もぎじしんどう]　simulated ground motion　[地震]　重要構造物の耐震設計においては動的応答解析が行われる。その際に構造物へ入力される地震動の時刻歴が必要とされ，過去に得られた代表的な強震記録が用いられる場合が多い。しかし，過去の記録がそのまま，将来対象地点で起こり得る地震動の一般的なモデルと見なせるとは限らない。そこで，想定する地震や対象地点の地盤条件などの設計条件に適合した性質を持つ地震動の時刻歴が人工的に作成される場合がある。これを模擬地震動と呼

ぶ。この作成方法としては，設計用応答スペクトルを設定し，これに適合する時刻歴を発生させるものが一般的であるが，最近では震源モデルに基づいて直接，時刻歴を計算する方法も用いられている。　　　　　　　　◎翠川三郎

木造家屋の火災　[もくぞうかおくのかさい]　wooden house fire　火災・爆発　建物火災の性状に関係する重要な因子の一つに換気による建物内への空気の供給がある。外壁が火災で崩壊しない耐火的な建物では空気の供給は窓などの開口からの換気に制限され，これによって建物内部での燃焼による発熱が抑制される。一方外壁の耐火性が低い木造家屋では，火災の継続とともに外壁が燃え抜けて新たな空気の供給経路が発生するために耐火的建物に比較して極めて激しい火災性状がもたらされ，一時的には1200°C以上もの温度になることがある。一方火災が激しくなると可燃物も速やかに燃え尽きるから，火災の継続時間はそれだけ短くなる。→建物火災　　　　　　　　◎田中哮義

木造建築　[もくぞうけんちく]　wooden building　地震　主体構造(柱や梁など建物全体を支える構造)が，木または木質構造材料(木を2次加工した材料)でできている建築の総称。神社，寺院，民家など日本古来の建築は，ほとんど全て木造建築であり，しかも，柱と梁で構成される軸組構法であった。明治以降，西洋の影響を受けて変化してきているが，現在在来構法と呼ばれているものは，これらの伝統構法の流れを汲むものである。昭和30年代の中頃までは，役所や学校などもこの在来構法で建てられ，地震や台風の被害を被ってきたが，それ以降は新築されることがなくなっていた。しかし，昭和の末頃から集成材など木質構造材料による中規模・大規模の木造建築が再び建てられるようになってきている。これに対し，木造の戸建て住宅は在来構法が今も大きなシェアを占めてはいるが，ツーバイフォー構法やプレファブ構法が普及してきている。阪神・淡路大震災では，古い在来構法の木造住宅に大きな被害が生じた。　　　　　　　　　　　　　　　　◎坂本 功

木造住宅密集市街地　[もくぞうじゅうたくみっしゅうしがいち]　wooden house congested area　復旧　日本の市街地は古くから木造建物を主体として形成され，それらが集積して都市をつくってきた。特に，自動車が発達する以前に形成された1960年頃までの市街地は，木造建物が連担しており，道路も狭いため延焼の危険の高い市街地である。大都市部ではさらに建物密度も人口密度も高いことから危険度が高くなっている。このような市街地の不燃化を図ることは古くから日本の都市計画の大きな課題であったが，建築コスト高や財産権の制限を伴うなどの理由から抜本的な面的整備ができないまま今日に至っている。阪神・淡路大震災ではこうした木造住宅密集市街地に被害が集中し，延焼のみならず倒壊の危険性も高いことが明らかになった。→密集市街地　　　　　　　　　　　◎高見沢実

木造住宅密集地域整備促進事業【東京都】　[もくぞうじゅうたくみっしゅうちいきせいびそくしんじぎょう]　promotional project for improvement of wooden house congested districts　復旧　老朽住宅の密集地区において，防災性の向上，良質な住宅の供給，居住環境などの整備を促進するため，国の要綱による密集住宅市街地整備促進事業の指定を受けることを前提に，その上乗せ施策として，東京都が1989年より実施している補助事業である。区市町村が事業主体となり，国の密集住宅市街地整備促進事業に関する老朽建築物等の除去，建替え，従前居住者用住宅の建設および地区施設の整備等の他，民間賃貸住宅経営者の建替え計画に対するコンサルタント派遣，建替え資金の利子補給などを対象に，東京都が独自に必要な助成を上乗せするものである。　　　　　　　　◎中林一樹，池田浩敬

木造の被害　[もくぞうのひがい]　damage of wooden structure　被害想定　地震　木造建物は，体育館などの比較的大きな建物と，住宅などの小規模な建物に分けることができる。前者は，大断面の集成材を用いたものが多く，また1スパンのものが大部分を占める。これらは，比較的大きな変形まで弾性挙動を示し，また，部材の断面が長期の許容応力度で決定されることが多いため，過去の地震で大きな被害を受けたものはほとんどない。

住宅などの建物は，軸組構造とツーバイフォー工法など壁式構造に分けられる。前者は，現代的な設計法が整備される以前に建設された建物が数多くストックされていることから，常に地震被害の大部分を占めてきた。現代的な住宅は，耐力壁という概念が定着し，一定量以上の耐力壁を配置することが励行されるようになったこと，居室の個室化に伴って壁の多い間取りが普及したこと，などにより，水平抵抗力が格段に向上した。また，合板や石膏ボードなどの普及により，水平変形について，靭性に富む挙動を示すことから，総じて，地震被害は小さくなっている。壁式構造の建物は，合板などの面材を抵抗要素とし，靭性に富む挙動を示す。また，一般に，開口が小さく壁量が多いことから，地震被害は小さい。　　　　　　　　◎大橋好光

モデル台風　[モデルたいふう]　model typhoon　気象　台風災害の防災対策を立てるために用いる仮想的な台風のことをいう。過去の事例を統計処理して，中心気圧と気圧分布，最大風速半径，進行速度，進行方向などをモデル化する。これらの情報から地上風速を計算し，これをもとに耐風設計，波浪推算，高潮推算などを行い，防災施策実施の基礎資料とする。→場の風　　　　　　　　◎石川裕彦

戻り流れ　[もどりながれ]　return flow/undertow　海岸　波動のみによって生ずる水粒子速度は，水深方向に積分し，時間平均をとる操作を行うと0となる。しかし，任意の水深における時間平均水粒子速度は，必ずしも0にはならない。通常，波動によって水位変動が生ずる範囲では波進行方向時間平均流(質量輸送流れ)が生じ，底部ではその質量輸送を補償する沖向きの流れが生ずる。この沖

向きの流れを戻り流れという。特に砕波点以浅の波高・水深比の大きな領域では，水表面の岸向き流れが大きくなり，それを補償する戻り流れの流速も大きくなる。　◎出口一郎

モニタリング　monitoring　[都市]　作動中の機械やシステムの状態を監視すること。ライフライン施設の場合，地震などの外的な条件変化や施設の老朽化などの内的な条件変化によるサービスの中断や質的低下を軽減させることを目的として行われる。監視する対象は，システムの入力，システムを構成する施設，システムの出力に分けることができる。水道を例にとると，システムの入力としては水源水量，水質の監視を通して渇水や水質事故といった異常を検知し，速やかな事後対策の実施につなげている。システムを構成する施設としては，水道管の老朽化状況や浄水場における機器の処理効率を監視し，補修や更新への計画情報としている。また，システム出力としては，給水水質や配水圧を監視し，施設の異常を検知するとともに必要に応じて断水などの対策につなげている。外的・内的条件の変化が直ちにサービスの低下につながる異常に対しては，自動監視装置など時間的に連続なモニタリングが必要であり，そうでない場合には巡回点検など定期的なモニタリングが行われる。　◎渡辺晴彦

モホロヴィチッチ不連続面　[モホロヴィチッチふれんぞくめん]　Mohorovičić discontinuity　[地震]　モホロヴィチッチ，A. は，1909年にクロアチアのザグレブ付近に起こった地震の地震波の解析から，震央距離200 km位の所に走時曲線の折れ曲がりがあることを見つけ，地下数十 kmの深さに地震波速度が急増する不連続境界が存在することを指摘した。その後，この不連続は汎世界的に存在することが認められた。その不連続の深さは，大陸の下では30〜50 km，海洋の下では10 km程度で，それを境に上部では地震波縦波速度は6〜7 km/secで下部では8 km/sec程度である。この不連続は，モホロヴィチッチ不連続面あるいは単にモホと呼ばれる。モホを境に上部は地殻，下部はマントルと呼ばれる。→地球の内部構造，地殻構造，マントル　◎島田充彦

モリソン式　[モリソンしき]　Morison's formula　[海岸]　水中の物体，特に円柱など波長に比して小さい部材などに作用する波力は，モリソンらが1950年に発表したモリソン式によって算定できる。モリソン式では，波によって運動する水粒子の速度 u と加速度 a から波力を求めることができ，波力 F は流速の自乗に比例する抗力成分 F_D と加速度に比例する慣性力成分 F_M からなる。すなわち，$F=F_D+F_M=0.5C_D\rho u^2 A+C_M\rho aV$ ここに，A と V は物体の投影面積と体積であり，ρ は水の密度である。C_D と C_M は，物体の形状による抗力係数と慣性力係数である。モリソン式によって波力を正確に算定するためには，波の場(速度や加速度，波峰高など)を精度よく算定する必要があり，また，抗力係数や慣性力係数として，レイノルズ数やKC数を考慮した適切な値を用いる必要がある。　◎高橋重雄

盛土　[もりど]　earth fill / banking / embankment　[地盤][地震]　盛土は，河川堤防，溜め池・フィルダム，宅地・産業施設の敷地，道路・鉄道盛土などとして建設されるが，共通して要求される機能と使用目的によって要求が異なる機能がある。共通して要求される機能は，盛土の自重や死，活荷重，豪雨，地震などの外力に対して安定であることである。また，上記の構造物種別の順序で，盛土の変位に対する制限が厳しくなる。特に，杭基礎で支持された鉄筋コンクリート橋台の裏の盛土では，許容沈下量が小さい。安定で変形が少ない盛土を建設するには，次の3つの基本的条件を満たす必要がある。

①盛土の乾燥密度が高い。そのためには，均等係数が大きいが細粒分の含有率が低いことにより透水性がよくて締め固めやすい材料を用いて，30 cm程度以下のなるべく小さな締固め層厚で，なるべく高い締固めエネルギーを用いて，その締固めエネルギーに対して乾燥密度が最大になる含水比で締め固める必要がある。上記の条件が全て満足できれば，高さ30 mを超える盛土でも沈下量が非常に少なくなり安定化する。しかし，盛土建設は基本的に経済的である必要があり，トンネル工事や斜面掘削工事で現場発生した材料を使用する場合が多く，その場合は盛土材料を選べない。

②建設中と供用開始後，盛土内部は一般に不飽和状態で負の間隙水圧(サクション)が作用しており，正の間隙水圧が発生しても高い値にならない。盛土内部の有効拘束圧を高く保つことにより盛土のせん断強度と剛性を高く保つことができる。そのためには，盛土内に雨水がなるべく浸透せず，浸透した雨水を速やかに排水できる必要がある。特に，水が集積する谷部に盛土をする場合には，上記の配慮は必須である。

③盛土の剛性が高く安定であるように構造的に配慮されている。高い締固め度に加えて，プレロードにより盛土の剛性が高まる。橋桁を受けるような盛土では，このような工法がとられることがある。

また他の条件が同一であれば，盛土の法面勾配が緩いほど盛土は安定になる。しかし，盛土勾配を緩くすれば盛土断面が大きくなり土工量が増加し，占有敷地面積が増加し，また山間部では自然斜面を破壊するなど，問題が多くなる。そのために，盛土斜面の下部に擁壁を設けることがあるが，従来形式の重力式やL型擁壁は下端で支持された片持ち梁なので，擁壁が10 m以上高くなると急激に不経済になる。これに対して，上記とは異なる原理である「水平に配置したジオテキスタイルなどの引張り補強材で盛土を補強する補強土壁工法」は，壁高さが大きくなるほど従来式擁壁よりも経済的になる。河川盛土や道路・鉄道盛土では，所定の締固めエネルギーに対して前もって測定しておいた最大乾燥密度の例えば90％以上が現場で実現するように，

■ モンスーンと熱帯収束帯の分布

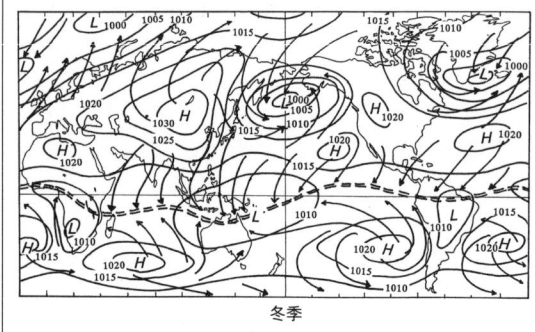

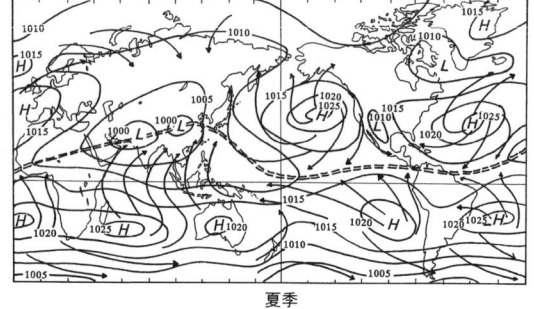

冬季　　　　　　　　　　　　　夏季

H：高気圧　L：低気圧　→：風系　-----：熱帯収束帯　数値は気圧(hPa)を示す

現場の締固め工事を管理する。その一方で，a)盛土の法面勾配(単位鉛直距離に対して水平距離)が例えば1：2.5(いわゆる2割5分の勾配)になるように決めて建設する。b)また，必要に応じて盛土材料の種類によって盛土材料の内部摩擦角度を例えば35°と推定して，円弧すべり安定解析法で盛土のすべり破壊に対する安定性を検討する。これらのa)とb)の方法では，盛土の締固め後の乾燥密度の大きさが設計に反映されていない。従って，精度が高い安定解析を行う必要がある場合は，盛土の締固め後の乾燥密度の大きさを考慮する必要がある。その他，盛土斜面を雨水が流下することによる斜面の侵食の問題があるが，これは適切な緑化工や盛土内に水平方向に補強材を配置したり，コンクリート型枠などを設置することにより防げる。

➡宅地造成　　　　　　　　　　　　◎龍岡文夫，沖村 孝

モレーン　moraine　[地盤][雪氷]　➤氷河によって運搬された岩石が形成した堆積地形をいうが，氷河によって運搬されつつある岩石もしくは運搬された岩石そのものを指す場合もある。堆石，氷堆石ともいう。岩石は，氷河による運搬の際に摩擦による擦痕を伴うことが多く，堆積地形は大小様々な大きさの岩石が雑然と堆積するのが特徴である。
◎中川 一

モンスーン　monsoon　[気象]　➤季節風を意味し，その語源はアラビア海で吹く6カ月周期の南西風と北東風を指し，この規則性は古くから航海者に利用されていた。主に，大陸と海洋の熱的作用の差異で生じる季節変動の循環である。相対的に暖められやすい陸地では，夏季にその上空の大気を暖めて低圧部を形成し，海域では高圧部になる。このため，海域から陸域に向かう風が卓越する。一方，冬季には逆に相対的に冷やされやすい陸域で大気が冷却され，高圧部を形成し，低圧部になった海域へ向かう風が卓越する。このため風向が季節によって正反対になる(図)。東南アジアモンスーンは，風系が南西風と北東風に顕著に変化する。南西風によって開始される雨季そのものをモンスーンという場合もある。東アジア地域は，大きなユーラシア大陸と太平洋，インド洋などの熱的効果の差異によってモンスーンが顕著に発達している領域である。ユーラシア大陸に向かう流れと(夏季)，ユーラシア大陸から流出する大気(冬季)に地球自転効果を考慮すると，このアジアモンスーンの卓越風は基本的に理解される。しかし，アジアモンスーンの季節変動は，単なる海陸間の熱的差異だけではなく，➤熱帯収束帯や赤道偏東風などの変動とも密接に関連し出現する。
◎渡辺 明

モンテカルロ実験　[モンテカルロじっけん]　Monte Carlo simulation　[共通]　乱数すなわちある指定された確率分布を持つ数列を使って，一般に確率的要素を含む現象を，さらには確率的要素を含まない決定論的事象を模擬的に再現し，数値実験により出力の確率分布を推定し，普遍性のある原則を求めようとする実験数学的手法のことである。確からしい結論を得るためには，一般に，非常に多くの試行回数が必要となり，通常コンピュータで模擬的に乱数を発生させ，その乱数を何度も繰り返し用いて実験を行うこととなる。本実験の長所は，ある事象が多くの因子の影響を受け，解析的方法が容易に見つからない場合でも，そのモデルを作成し，数値実験によりそれと同等の答えを引き出すことができる点にある。本実験の名前は，フランス南東端の小国モナコの賭博で有名な地区の名前モンテカルロに由来している。ライフラインの地震被害予測においては，地震動強度の面的分布とネットワーク要素の➤フラジリティーカーブを組み合わせて得られるリンク被害確率に基づいて，モンテカルロ・シミュレーションによって多数のランダムな被災パターンを生成し，節点連結信頼性や機能信頼性などを評価する手法として用いられている。被害予測に関連する様々な不確定要因をランダム化して取り扱うことにより，システム挙動の範囲を概略的にカバーできるところに特徴がある。モンテカルロ・シミュレーションの推定精度は，標本数の平方根に比例する。
◎河村 明，能島暢呂

ヤ行

ヤ

夜間人口 ［やかんじんこう］ nighttime population 〔被害想定〕 人口学では，特定の地域に夜間（たとえば午前零時）に現在する人口（滞留人口），または居住する人口（居住人口）と定義されるが，実際には国勢調査による常住人口や住民基本台帳の登録人口が用いられる。常住人口は，調査日に対象地域の居住施設に3カ月以上継続して住んでいる者のことであり，ホテルや旅館などに一時的に滞在している者は含まれない。居住人口は月や年によって変化するが，滞留人口は曜日によって大きく変化する。
◎辻 正矩

焼家造 ［やきやづくり］ yakiya-zukuri / ancient wooden raw house with wooden roofs 〔復旧〕 たびたび大火を被っていた江戸時代の都市では，土蔵造や塗家造などの耐火に配慮した建築が奨励されたが，多くの庶民の居住する裏長屋は，屋根も板葺き，外壁のすべてが下見板張り，戸には紙障子という，粗末な構造であった。このように全く耐火の工夫をしない町屋が，火事のたびによく燃えるので「焼家造」といわれた。→土蔵造，塗家造，伝統的都市防災
◎中林一樹

焼家の思想 ［やきやのしそう］ thinking way of yakiya-zukuri 〔復旧〕 度重なる耐火にもかかわらず，江戸時代を通して，板葺きの粗末な町屋はなくならなかった。ロンドン大火(1666)の復興計画で木造建物を全面的に禁止し，裏通りに面した建物も煉瓦積構造としたこととは対照的である。粗末な木造住宅は，復興費用も少なく，大火の後の再建も早い。しかし，土蔵造のような不燃化建替えは多大な費用が必要となる。家主としては，数年後に再び火災で焼けてしまうと考えれば，むしろ建築費用としての投資額をなるべく低くすることがコストベネフィットが高くなると考えることができる。このような災害への諦観から，防災の努力を行わないことを「焼家の思想」と，表することがある。→焼家造，伝統的都市防災，ロンドン大火復興計画
◎中林一樹

薬品混触 ［やくひんこんしょく］ contact of chemicals 〔被害想定〕 複数の種類の化学薬品が接触混合すること。地震時では，教育機関や研究機関の実験室などでの発生が目立つ。混触によってより危険な状態になることを混合危険性といい，その種類には，①反応して発火する（混触発火），②爆発性混合物ができる，③爆発性化合物ができるなどがある。混触発火は，薬品の組み合わせ，薬品の量，温度，湿度などの影響を受ける。地震による混触発火の予防対策としては，びんなどの破損防止と混触発火する薬品の分離保管があげられる。→化学薬品の地震時出火想定
◎佐藤研二

■ 屋根雪崩

屋根雪崩 ［やねなだれ］ snow slide on roof 〔雪氷〕 傾斜した屋根に積もった雪が目に見える速度で連続的にすべり落ちる現象（写真）。雪と屋根面の境界に水分があるとすべりやすくなるので，気温が氷点下から0℃以上に上昇する時に起こることが多い。この時屋根が長く傾斜が急だと屋根雪は庇から勢いよく飛び出すことがある。高い庇から落下する屋根雪により近くの建造物が壊されたり，大量の屋根雪により人が埋まると身動きがとれなくなり凍死に至る事故が発生する場合がある。
◎阿部 修

屋根雪 ［やねゆき］ snow on roof 〔雪氷〕 降雪により建物の屋根に積もる雪をいう。屋根雪の形成は気象状況や地形，周辺環境，屋根形状や屋根仕上げ材料，利用状況により影響を受ける。風速の強い地域での吹きだまりの影響は大きく，屋根雪の積雪偏分布，局部的な積雪などによる建物の災害や，雪おろし，落雪や融雪などによる落下，側圧などによる災害も考慮しなければならない。また，屋根雪処理の問題もある。防災対策上屋根雪の性状を把握する必要がある。
◎三橋博巳

屋根雪荷重 ［やねゆきかじゅう］ snow load on roof 〔雪氷〕 屋根に積雪する荷重で，建築物の構造設計における耐雪設計に用いられる荷重。設計用屋根上積雪荷重の設定に用いられている。建築物の設計用屋根雪荷重は，地上積雪深や屋根形状係数，また再現期間や単位積雪重量，周辺の環境などを考慮して設定している。屋根雪荷重は風速や屋根の形状，屋根葺材料などの影響による偏分布荷重や屋根雪の滑動による落下，また局部的な荷重，屋根上の突起物等による吹きだまりや軒先やけらば部分の巻き垂れや，雪庇，つらら，着雪，積雪の沈降による荷重なども考慮しなければならない。
◎三橋博巳

山崩れ [やまくずれ] landslide (on a mountain slope) 地盤 地震　山地斜面に発生した崩壊をいう。このうち主に表層土壌が崩壊したものは表層崩壊と呼ばれ、その崩壊面の深さは1m以下で、規模も小さいが1回の誘因による発生箇所数は著しく多い。他の山崩れは崩壊面が深く、厚い崩積土・斜面堆積層、風化岩などの岩体が崩壊するものであり、山腹斜面特に尾根状・凸形斜面や谷頭に発生し、1回の誘因による発生箇所数は少ない。規模の大きいもの(体積10^6 m³以上)は大規模崩壊と呼ばれる。誘因は降雨、地下水、地震、火山作用などである。発生場所を規制する地質条件は、層理面、節理、断層などの不連続面の存在、風化の進行などである。山崩れで発生した土砂は流動の途中で土石流を誘発しやすい。　　　◎大八木規夫

山越気流 [やまごえきりゅう] wind flow over mountains 気象　気流が山岳などの地形障壁を越えること。山越気流に伴い、山岳上空ではレンズ雲や吊し雲が、また山の風下側では山に平行な雲列が観測される場合がある。山の風下側では、だしやおろしなどの強風が発生する。フェーン現象も山越気流に伴って発生する。　　◎石川裕彦

やまじ yamaji 気象　愛媛県の燧灘(ひうちなだ)に面する海岸平野に、南側の四国山地を越えて吹き降りてくる強い南よりの局地風。台風や発達した低気圧が日本海を通る時に出現する。山頂から海岸に向かう地形の中で特に谷間のような所で顕著に現れ、狭い地域で20〜30m/sの強風が吹くため、宇摩地方では3月頃から9月頃にかけて農作物が被害を受ける。→局地風　　◎根山芳晴

やませ yamase 気象　やませは東北地方に冷害をもたらす主因といわれている。オホーツク海高気圧から吹き出す冷湿な偏東風である。オホーツク海気団は初夏の頃から親潮海域で形成される寒冷気団である。気団の規模は水平方向への拡がりが1000 km位で、冷湿な気流の厚さは約1kmで地形の影響を受けやすい。接地面での熱の影響を受け日変化があることなどから、やませは局地的な現象と捉えられやすい。しかし、オホーツク海高気圧の形成は北半球規模のものであり、その出現は日本付近の夏季の気圧配置としてかなり普遍的なものである。この高気圧から吹き出す海洋性寒冷気流(やませ)により冷害が発生するのは水稲の生育時期とオホーツク海高気圧の出現時期、停滞期間により決まる。→局地風　　◎卜蔵建治

山津波 [やまつなみ] yama-tsunami 地盤 地震 河川　わが国において用いられてきた土石流の俗称。比較的規模が大きい土石流に対して用いられた。マスコミなどでは1960年代まで、この用語が使われることがあったが、最近ではあまり目にしない。近年は"土石流"または"泥流"が用いられている。土石流の先頭部は多量の岩塊や流木を集めて大きく盛り上がり、泥しぶきを上げながら流れ下ってくる。さらに土石流はこのような段波が一度だけで終わることは少なく、何度も繰り返すように流下してくるのがふつうである。このような状況は津波が襲いかかってくる様に似ているといえなくもない。極めてふさわしい表現である。土石流に対する俗称は地方によって様々である。土石流のことを、例えば木曽では"蛇抜け"、山陰では"ホヤ"と呼ぶ地域がある。1923年の関東大震災の際に、地震で発生した山津波が、神奈川県小田原市の南方、根府川を襲い、大災害を引き起こしたことが知られている(小林、1979)。→泥流災害　　◎諏訪浩

ヤング係数 [ヤングけいすう] Young's modulus 地震　弾性体の応力度とひずみ度の関係を表す比例係数の一つで、縦弾性係数、縦弾性率、ヤング率とも呼ぶ。垂直応力度(σ)、縦ひずみ度(ε)、ヤング係数(E)との間には、$E=\sigma/\varepsilon$の関係がある。ヤング係数は、$(W \times L^{-2})$の次元を持つ。ここでWは重力単位系の重さ、Lは長さを表す。　　◎中島正愛

ユ

遊泳動物 [ゆうえいどうぶつ] nekton 海岸　➡ネクトン

融解再凍結 [ゆうかいさいとうけつ] thawing and refreezing 雪氷 地盤　永久凍土の表層を覆う植生が攪乱されると、地表面での熱収支のバランスが失われ、凍土表面から融解が進行する。この過程で凍土中の氷が融解して凍土体積が減少し、地面が沈下して凹地が形成される。そこに融解水が貯留し、さらに融解が進行する。こうして永久凍土地域に融解湖(サーモカルスト湖)が形成する。やがて湖水が排出されたり、蒸発することで干上がる。湖底は再び再凍結が始まる。この時に下部の融解層から凍結面に水分が移動し、凍上現象によって巨大な地下氷を形成する。こうして再凍結した地表には円錐状の隆起地形(ピンゴ)が出現する。　　◎福田正己

有感地震 [ゆうかんじしん] felt earthquake 地震　人間が地震動を感じる地震。気象庁の震度階では1以上に対応する。震央距離による最大有感半径によって地震の大きさを大まかに区別し、100 km未満を局発地震、100 km以上200 km未満を小区域地震、200 km以上300 km未満をやや顕著地震、300 km以上を顕著地震とする地震の分類がある。有感地震数は、水戸、宇都宮、和歌山などで多く、ばらつきは大きいが、年平均60〜90回に達する。中国・四国地方では年平均10回以下である。　　◎伊藤潔

有機的連帯 [ゆうきてきれんたい] organic solidarity 情報　デュルケムの『社会分業論』(1893)における用語。近代の分業によって生み出される個人間の差異を相互に補完しあう連帯。しかし自律的人格と個性をもった諸個人が

連帯することは難しい。個人の欲望が肥大化して社会の共同規範を解体するアノミー(無規制)状態も生じる。災害下では機械的連帯の後に個人欲求と自我が再び強まる時期を迎えるが，それをアノミーではなく有機的連帯に導いていく必要がある。→機械的連帯
◎岩崎信彦

有義波 [ゆうぎは] significant wave 海岸 様々な波高，周期，進行方向を持つ無数の成分波が重なった海の波を表す場合，波高や周期などを代表する単一のパラメータで表すと便利である。有義波はそのようなパラメータの一つである。計測して得られた全波数の内，波高の大きなものから3分の1の波を抽出し，それらの波高を平均したものは有義波高と呼ばれる。有義波周期はそれら3分の1の波の周期の平均値である。有義波高は目視観測で推定される波高に近い値を示す。港湾構造物の設計などにおいては有義波が使われることが多い。個々の波高の頻度分布がレーリー分布になると仮定し，他の波浪諸元との関係が理論的に得られる。例えば，有義波高($H_{1/3}$)と平均波高(H_m)，1/10最大波高($H_{1/10}$)，最高波高(H_{max})との関係は，$H_{1/3}=1.60 H_m$, $H_{1/10}=1.27 H_{1/3}$, $H_{max}=(1.6〜2.0)H_{1/3}$で表される。また，有義波高は$H_{1/3}=4\sqrt{E}$ (Eは全スペクトルエネルギー)を用いてスペクトルからも計算できる。
◎橋本典明

有限振幅波 [ゆうげんしんぷくは] finite amplitude wave 海岸 →微小振幅波理論が波の振幅が微小という仮定の下に導かれるのに対して，これを仮定せずに導く波の理論を総称して有限振幅波理論と呼ぶ。有限振幅波はこの理論で記述される波のことである。代表的なものとしてトロコイド波理論，ストークス波理論，クノイド波理論，流れ関数法などがある。これらの理論では変動量を微小パラメータを用いたべき級数に展開し，これを非線形な境界条件に代入することで条件を線形化して解を求める。この理論では波形の上下非対象性や水粒子の残差流などが説明できるが，使用する微小パラメータにより固有の適用限界を持つようになる。例えば深海条件ではクノイド波理論が，超浅海域ではストークス波理論が適用範囲外となる。
◎木村 晃

有効応力 [ゆうこうおうりょく] effective stress 地盤 飽和している砂や粘土などの粒状性材料を連続体として考え，そこに応力(全応力)σが作用した時，間隙部分に等方的な間隙水圧uが発生する。この時の全応力σと間隙水圧uの差を有効応力σ'と呼び，飽和土では($σ'=σ-u$)が成り立つ。この式はTerzaghiによって提唱されたもので有効応力式という。この有効応力は間隙以外の固体部分(土粒子間)の伝達力を連続体として取り扱ったものに相当しており，土粒子の集合体と考えられる地盤材料の変形や破壊はこの有効応力によって規定される。従って，有効応力抜きには地盤の変形や破壊を論理的に考えられない。また，排水による間隙水圧の減少などで有効応力を大きくすることは，土粒子間の接触力を大きくし地盤の安定性を増すことになる。
◎中井照夫

有効径 [ゆうこうけい] effective grain size 地盤 土の粒度特性を求める粒度分析から得られた粒径加積曲線において，通過質量百分率が10％に相当する粒径を指す。10％粒径ともいい，D_{10}(単位はmm)と書き，土試料に含まれている細かい粒子の大きさの程度を表す。特に粗粒土ではこの有効径が土の透水性とも関係が深く，その推定に有効であることからこの名が付けられた。また，この値は粗粒土の分類に用いられる均等係数や曲率係数を求める場合にも使われる。
◎大西有三

有効降雨 [ゆうこうこう] effective rainfall 河川 地盤 流域に降った雨が流出を作り出すが，そのうち，直接流出成分に寄与する雨量のことを有効降雨と呼ぶ。河川流量ハイドログラフから基底流量(地下水流出にほぼ相当する)を分離した直接流出成分を求め，それに対応する量として有効降雨が求められる。総降雨量と有効降雨の差は損失降雨と呼ばれ，遮断貯留，窪地貯留，蒸発散，地中への浸透など，直接すぐには流出しない成分の量に相当する。降雨初期に損失を多くとる方法，降雨期間中損失が一定比であるとする方法など，いくつかの有効降雨の算定方法がある。
◎寶 馨，佐倉保夫

有効入力地動 [ゆうこうにゅうりょくちどう] effective input ground motion 被害想定 地震 近年，地震動は自由地盤上や建物に設置された計測器を用いて広く観測・記録されるようになってきている。建物への入力地動と考えられる地震動，すなわち建物の基礎部分で記録された地震動のレベルは，建物—地盤の相互作用の影響を受け，近傍の自由地盤上で記録されたものよりも一般に低減される傾向にあることが報告されている。この低減された地震動は建物を振動させるために作用した実質的な地震動という意味で有効入力地動と呼ばれることがある。想定される地震動レベルと建物の耐震性能の比較に基づき被害想定を行う場合は，建物への入力地動に基づくべきであり，従って有効入力地動を適切に評価することが被害の過大評価を回避する一つの重要な条件となる。→入力地震波 ◎中埜良昭

湧水 [ゆうすい] spring 地盤 一般に，地下水面下は水で飽和されており圧力水頭は正である。大気圧で圧力水頭は0であるため，地下水面が地表面を切る所では地下水が流出する。このように地表面から地下水が流出する現象を湧水という。湧水の存在は逆に地下水面を知ることにもなり，地下水の露頭とも呼ばれる。地質や地形に支配されにじみ出る漏出タイプ，泉を形成して自噴する被圧水タイプ，割れ目から湧出する割れ目タイプなどの湧水がある。
◎佐倉保夫

遊水地(池) [ゆうすいち] retarding basin 河川 洪水時の河川下流部におけるピーク流量の低減を目的として，河川中流部で河道幅の一部を拡大して雨水の一部を滞

■ 融雪地すべり

留させる治水施設。河道と完全には分離せず河道の自然滞留機能を利用したり横堤を設けて流水を滞留させる河道遊水池と，越流堤や水門によって河道と完全に分離されている洪水調節池の2つの形式がある。近年は，平時は公園緑地や運動公園として利用できる多目的遊水池も設置されている。
◎近森秀高

融雪 [ゆうせつ] snowmelt 雪氷 河川 積雪を構成する氷が融けて液体の水になること。融雪は積雪の内部や下面でも生じるが雪面での融雪量が最も大きい。融雪量を知る方法には大きく分けて3通りある。第1は積雪水量の時間変化を測定し融雪量を見積もる方法，第2は融雪の結果生じた融雪水の流出量を測定して融雪量を見積もる方法である。第3は雪面熱収支の結果，融雪が生じると考え，測定した熱収支各成分の残差として間接的に融雪量を算出する方法である。簡略して気温のみを用いる→融雪係数法もある。いずれの方法でも融雪量を厳密に測定するのは難しく，目的に応じて測定誤差をいかに許容範囲内に収めるかが課題となる。→積算気温
◎竹内由香里

融雪機構 [ゆうせつきこう] snowmelt mechanism 雪氷 融雪が生じるしくみ。積雪層での熱交換過程から知ることができる。積雪層での熱交換は様々な形態をとり，日射，反射，大気放射，地球放射の放射収支，乱流による顕熱伝達と潜熱伝達，降雨に伴う伝達熱，雪中伝導熱，日射の透過，地中伝導熱が挙げられる。融雪は主として雪面において生じるので，雪面の熱収支が重要となる。融雪に寄与する熱収支成分の割合は天候や地域の気候特性を反映する。一般に晴天日には放射が最大の要因になるが，風速が強く，気温や湿度が高い地域や時期の融雪には顕熱や潜熱伝達が主要因となることもある。
◎竹内由香里

融雪係数 [ゆうせつけいすう] snow melting coefficient / degree day factor 雪氷 ある期間の融雪量 M (mm) を日平均気温 T (℃) の積算気温 ΣT (℃・day) だけで推定する時の式，$M=C\Sigma T$，の次元をもつ比例係数 C (mm/℃) のこと。→積算気温
◎小林俊一

融雪災害 [ゆうせつさいがい] snowmelt disaster 雪氷 地盤 河川 急激な融雪によって引き起こされる河川の増水，地すべり，土石流などによって生じる災害。それぞれ，融雪洪水，融雪地すべりなどと呼ばれる。水だけではなく，水で飽和した積雪そのものが流下することによって生じる災害も見られ，それらは特に雪泥流 (slushflow) 災害と呼ばれる。

融雪災害の典型的な例としては，1975年の4月下旬から5月にかけて北海道網走湖周辺で起きた浸水・高波害や，1978年5月18日に新潟県妙高高原町で起きた融雪地すべりなどが挙げられる。最近では1996年12月6日に長野県小谷村で起きた土石流で，14名が行方不明，8名が重軽傷を負うという被害が出ている。これは前日に相当量 (小谷で47 mm) の降水があったことに加えて，日本海を発達しながら北東進する低気圧による昇温で融雪も進んだことが原因である。
◎小南靖弘

融雪地すべり [ゆうせつじすべり] landslide caused by snow melting 地盤 雪氷 融雪水の斜面土層への浸透が直接の誘因となって生じる地すべり（写真）。地すべり地は全国で約1万箇所に及ぶが，特に豪雪地帯である日本海側の北陸から東北地方にかけて多数分布している。豪雪地域では，融雪期の3月末から5月初頭にかけて地すべりが多発する。融雪最盛期には，連日多量の融雪水が地下水として斜面土層内に浸透し，すべり面に作用する間隙水圧が増大し，土層のせん断抵抗力が減少することが原因と考えられる。一般的には，最大積雪深と地すべり発生件数に相関関係があるとされる。気象データの実測に基づく融雪ならびに融雪水の地下浸透機構の解明が課題である。
◎丸井英明

融雪出水 [ゆうせつしゅっすい] snowmelt runoff 雪氷 河川 融雪水が河川に流出すること。融雪流出。融雪水は積雪表面で生じ，積雪内を浸透の後，土壌を経て河川に到達する。積雪内浸透に要する時間のため，融雪流出の応答時間は降雨に比べ大きい。晴天日には融雪は正午頃最大になるが，河川流量が最大になるのは夕刻から夜間である。春期は，連日20〜30 mm 以上の融雪が起こるので河川は高流量が続き，時には洪水災害を引き起こすことがある。特に降雨が重なると危険である。
◎竹内由香里

融雪槽 ［ゆうせつそう］ snow melting reservoir 雪氷
不要な雪を強制的に融解する機能を有する容器。容器の大きさは，家庭用から大都市の市街地の雪処理用まで様々あり，大型のものの多くは，下水処理施設や焼却施設に併置され，その廃熱を融雪の熱源に有効利用している。
◎松田益義

融雪促進 ［ゆうせつそくしん］ acceleration of snow melting 雪氷　日射や気温などの自然のエネルギーを利用して，人為的に融雪速度を速めること。農地などの広い面積の雪を消すために行われることが多い。粉末状のカーボンなどを散布して雪面の日射吸収率を上げる雪面黒化法と，トラクターなどを用いて雪面に凹凸を作り，顕熱交換を促進する雪面畝立て法とがある。どちらの方法も処理後にまとまった降雪があると効果がなくなるので，実施時期を選ぶことが肝要である。
◎小南靖弘

融雪流出 ［ゆうせつりゅうしゅつ］ snowmelt runoff 河川 雪氷　雪融け水が蒸発，浸透などの過程を経て河川へ流入する成分である。北陸の豪雪地帯では，融雪流出による出水が年最大洪水となるケースもあり，洪水災害を引き起こすこともある。近年の河道整備などにより，大規模な洪水災害は減ったものの，鉄砲水や土石流などの局所的な災害が依然各地で発生している。雪で堰き止められている河道にたまった融雪水が"雪ダム"の崩壊とともに急激に流れ出ることが多い。融雪水が原因で，積雪層および地盤が緩み，雪崩や地すべりが起こることもある。また，融雪期でなくても，気候条件などで，融雪が他の要因，例えば降雨と重なり，災害を引き起こすこともありうる。姫川支川の長野県小谷村蒲原沢において1996年12月6日に発生し，死者14人，負傷者9人を出した蒲原沢土石流がその一例である。融雪水量がほぼ降水量と同程度となり，この土石流の最も重要な要因の一つとして挙げられている。
◎陸旻皎

誘導灯 ［ゆうどうとう］ exit sign / emergency sign 火災・爆発　非常時に安全な場所への▶避難を円滑にする目的で建物内に設置される避難用照明器具の総称で，通路誘導灯と避難口誘導灯に大別される。前者は廊下などの避難経路に避難口の方向を示す目的で，後者は外部や階段などの安全な空間への出入り口を示すためその上部に設置される。これらの大きさ・輝度・配置間隔などの技術規準は，避難時に十分な視認性が確保できるよう消防法令で定められ，停電時でもバッテリーなどによって20分以上点灯できる構造となっている。誘導灯の表示には，ISO規格となっている扉から脱出する人を模擬したピクトグラフが用いられている。なお，同一の目的で誘導灯以外に蛍光灯を内蔵しない誘導標識と呼ばれる表示板が用いられる場合もある。
◎山田常圭

有毒ガス【燃焼で生成する】 ［ゆうどくガス］ toxic gas 火災・爆発　生物に損傷，機能障害あるいは死亡などの有害な影響をもたらすガス。火災などの燃焼では，空気の供給状況，温度およびその他の周囲状況によって，物質と酸素の反応過程で一酸化炭素，二酸化炭素，およびその他の様々なガスが発生する。これらのガスは人を含む生物に有害な影響を与えることが多い。火災における死因はこれらの有毒ガスによる場合が多い。生体への有害な作用を及ぼすガスには大別して一酸化炭素やシアンガスのような化学的窒息性ガス，塩化水素やアンモニアのような粘膜を刺激，または破壊するガスなどがある。これらの作用には即座に起こる急性毒性と，長い間に徐々に起こる緩性毒性がある。→燃焼生成物
◎吉田公一

誘発地震 ［ゆうはつじしん］ induced earthquake 地震　人為的な作用によって地震が発生することがある。例えば，大規模なダムの建築，深いボーリング孔への大量の注水，核爆発などによって，自然地震が発生することがある。また，鉱山においては坑道の掘削によって小規模な地震が発生することがある。さらに，降雨，地球潮汐，気温変化などによっても地震が誘発されるとの報告もある。
◎伊藤潔

融氷剤 ［ゆうひょうざい］ deicing chemicals 雪氷
氷の融解温度を化学的に降下させて，氷の融解を人工的に促進させる薬剤。道路では塩素系のナトリウム，カルシウム，マグネシウム，空港では尿素が多用されてきたが，近年は周辺環境への影響がより少ないとされる酢酸系のカルシウムとマグネシウム(CMA)の採用が増えつつある。
◎松田益義

床上浸水対策 ［ゆかうえしんすいたいさく］ measures against inundation above floor level 河川　過去20年間(1979年～1998年)で見ると，水害に伴う床上浸水家屋数は全国で年平均約2万棟で，総被災家屋数の約2割を占めている。近年ICを利用した電気製品などの普及に伴い，床上浸水すると買い替えなければならない家庭用品が増えており，大きな被害額となる。床上浸水は規模の大きな氾濫で発生する他，閉鎖性流域や浸水深が高くなりやすい地形特性の氾濫原において多く発生している。こうした床上浸水の頻発地域の内，特に対策を促進する必要がある河川について，慢性的な床上浸水を解消するため，緊急的かつ総合的に治水対策を促進する「床上浸水対策特別緊急事業」が1995年度より実施されている。この事業の採択基準は国土交通省管理区間の一級河川の改良工事の内，床上浸水被害を解消する事業で，過去概ね10年間の河川の氾濫による被害が，①延べ床上浸水家屋数が50戸以上，または地下鉄，地下街，発電所，変電所が浸水により，その機能を停止したもの②延べ浸水家屋数が200戸以上③床上浸水回数が2回以上，に該当するものである。なお，地方自治体が管理している一級河川または二級河川についても同様の採択基準がある。この事業における対策としては河道改修の他，▶遊水地・調節池の整備，排水機場の整備，水門の設置など

が重点的に行われている。　　　　　　　　◎末次忠司

雪　[ゆき]　snow　雪氷　水分子が，大気中で浮遊している核の上で結晶化したもの。ふつう，雪といえば，降ってくる雪の，あるいは積もった雪のいずれかを指す。また，その時の状況で，狭義にも広義にも使い分ける。結晶学的には，雪粒子は氷の結晶である。雪の結晶は国際分類では，角板，星状結晶，角柱，針状，立体樹枝，鼓形，不規則，雪あられの8種に分ける。積雪の基礎的分類は，新雪，しまり雪，ざらめ雪，しもざらめ雪である。◎中村　勉

雪えくぼ　[ゆきえくぼ]　snow dimple　雪氷　雪面に現れるえくぼ状の無数のくぼみからなる空間パターン。雨水や融雪水の積雪内浸透による帯水層の形成とともに雪えくぼが現れてくる。くぼみの直下には帯水層を通ってきた水が集中し，下方への水みちが形成される。それぞれのくぼみは互いに近づき過ぎないように分布し，代表的な波長が存在する。この波長は雪えくぼが発生する時の雪によって異なり，小さいものは数cmから大きいものは数mまで存在することが知られている。　　　　　　◎納口恭明

雪形　[ゆきがた]　yukigata　雪氷　春になり雪融けが進むと，山の斜面には黒い山肌と白い残雪がおりなす複雑な模様が現れる。この模様を人や動物，文字などの形に見立てたのが雪形である。雪形は地形に起因する不均一な積雪分布により形成されるもので，雪崩地や地すべり地に出現する雪形も多い。雪形には，白い残雪部分を形としてみる白いタイプと黒い山肌の部分を形としてみる黒いタイプがある。白いタイプには蝶ヶ岳の「蝶」，黒いタイプには白馬岳の「代馬(しろうま)」等があり，全国では300以上の雪形が知られている。従来，雪形の多くは農耕や漁獲の時期などを知る目安として使用されてきたが，現在は春の風物詩，景観資源，自然観察素材として利用されている。白馬岳の「代馬」は田に馬を入れて代かきをする目安と言われている。　　　　　　　　　　　　◎遠藤八十一

雪結晶　[ゆきけっしょう]　snow crystal / snowflake　雪氷　氷点下の雲の中で生成され，六方対称が発達した形で代表される降水粒子。過冷却した雲粒に凍結核が作用することで，微小な氷晶が生成される。氷晶は，雲の中を落下しながら周囲の過飽和水蒸気を取り込んで成長し，直径0.1mm以上になると雪結晶となる。雪結晶の基本形は軸比が1に近い六角柱であるが，成長に伴って温度と過飽和度の条件に応じて様々な成長形へと発展する。中谷宇吉郎は，人工雪の実験により雪結晶の成長形が温度と過飽和度によりどのように変化するかを明らかにし，中谷ダイヤグラムにまとめた。一方，雪結晶の多くは2個以上の単結晶が一定の法則で結合した双晶となっていることが知られている。また，落下途中で多数の雪結晶が併合したものが雪片である。　　　　　　　　　　　　　◎古川義純

雪質　[ゆきしつ]　snow type / grain shape　雪氷　雪の性質が本来の意味であるが，わが国では積雪の分類名称として用いられている。日本雪氷学会で定めた新しい積雪分類(1998)によると新雪，こしまり雪，しまり雪，ざらめ雪，こしもざらめ雪，しもざらめ雪，氷板，表面霜，クラストの9つの雪質に分類した。この分類は国際分類(1990)とほぼ一致している。国際分類では雪質に相当する英語として grain shape を用いている。例えば日本のしまり雪に相当する雪を英語では rounded grain と呼び粒子の形を表現している。しかし，しもざらめ雪は depth hoar と呼び粒子の形によっていない。日本では各々の雪に固有名詞(雪質)をつけ，欧米では固有名詞もあるが粒子の形(grain shape)で呼称するものが多い。　◎秋田谷英次

雪尺　[ゆきじゃく]　snow stake　雪氷　積雪の深さを測るための目盛りを付けた角や丸の柱。気象庁では，1cm刻みの目盛りを付けた7.5cm角の白い柱で，目盛り部分の長さが3mのものを標準の雪尺としている。雪尺はできるだけ建物，樹木などから離れた開けた平坦地に，目盛りのゼロを地表面に合わせ鉛直に設置する。融雪期には雪尺のまわりの雪面がくぼむので，雪尺から離れた平らな雪面の高さを読みとるようにする。　　　　　　◎和泉　薫

雪代　[ゆきしろ]　slush lahar　雪氷　富士山麓で古くから恐れられている雪融けによる洪水，泥流，土石流の総称。雪汁(源平盛衰記34)が訛ったものといわれるが，初出は妙法寺記天文14(1545)年の項「……2月11日富士山ヨリ雪シロ水オシテ吉田ヘオシカケ人馬共押流シ申……」。初冬型と春～初夏型がある。凍結し不透水化した裸地斜面上に積もった雪に，多量の水(融雪水や豪雨)が供給され雪層内浸透圧で滑動を始める。このスラッシュ雪崩こそが雪代の初源である。雪崩は扇状に拡大し，速度を増しながら谷状地に向かって流下するが次々，凍結層上面にある融解土層を薄く削り，斜面下部では薄くなった凍結層を突き破り深いガリー侵食を起こして多量の土砂を取り込む。雪，水，火山礫よりなる混合流体は段波となって谷を流下し山麓の村落を襲う。西麓の富士大沢では，直径数m以上の巨礫を多量に含む土石流段波が数時間にわたり流下し，数十万m³の土砂を押し出すこともある(1997)。大規模な雪代は，天文・永禄年間に富士山北麓の富士吉田付近をたびたび襲い，江戸時代末期の天保5(1834)年には，富士吉田のみならず西麓の富士宮付近にも多大な被害を与えている。気候変動期に強調して発現される災害の一つである。　◎安間　荘

雪しわ　[ゆきしわ]　fold of snow cover　雪氷　斜面積雪のグライドが進行することによって斜面の圧縮領域に生ずる積雪のしわ。大きなものは高さ1～2mの波状になる。雪しわの形成や斜面上方の引張り領域に入るクラックの開口，およびそれらの変化によって全層雪崩の発生はある程度予測できる。　　　　　　　　　　　◎和泉　薫

雪捨場　[ゆきすてば]　snow disposal field　雪氷　復旧　大雪または豪雪時に排雪を行う時の雪捨て場所であり，排雪場ともいう。河川敷や遊休地が多く使われる。グラウン

ドや公園なども雪捨場となることがあるが，泥や夾雑物のため事後の復旧が大変である。民間の手による排雪も行われつつあり，雪捨場の確保とともに，そこへのアクセスをよくすることが重要である。雪捨場の巨大な雪の山が春遅くまで残り，周辺の温度低下が生じて農作物への影響が問題になることもある。
◎杉森正義

雪の圧縮性 [ゆきのあっしゅくせい] compressibility of snow 〖雪氷〗 積雪は氷の微細粒がつながりあった三次元網目構造を作っており，極めて空隙の多い物質である。降ったばかりの新雪は密度が7～100 kg/m³程度で，空隙率(単位体積中の空気の割合)は90%以上である。このため小さな力でも雪粒の結合部が破壊やクリープを起こし，積雪は圧縮または伸張変形を容易に起こす。圧縮強度，引張り強度は密度の増加，すなわち空隙率の減少とともに大きくなる。自然積雪では次々に降る降雪による加重のため，下部ほど大きな圧縮を受け密度を増していく。極地の氷河，氷床では，数百～数十万年もの間，降雪，圧密を繰り返して積雪から氷にまで圧縮され，巨大な氷河，氷床を形成している。
◎佐藤篤司

雪の熱伝導率 [ゆきのねつでんどうりつ] heat conductivity of snow 〖雪氷〗 雪の中に温度差があると温度勾配に比例した熱量が高温部から低温部に伝達される。この時の比例定数が熱伝導率である。非常に熱を伝えにくい空気を多く含むので，密度の小さな雪の熱伝導率は小さく (例：密度110 kg/m³の雪で0.11 W/m·K)，密度が大きくなって氷の実質部分が増えると熱伝導率も増加する(例：密度450 kg/m³の雪で0.57 W/m·K)。ただし，雪の熱伝導率は単に密度だけでは決まらず，雪の内部構造にも依存して変わる。雪は熱伝導率が小さな物質なので，積雪表面が放射冷却などで低温になってもその影響は積雪下層まで及ばず，積雪下の大地や植物は凍結害から守られる。
◎和泉 薫

雪の変態 [ゆきのへんたい] metamorphism of snow 〖雪氷〗 地面に積もった雪は，温度や日射，水分，さらにその上に積もった雪の荷重で，粒子の形や大きさ，および結合状態が変化する。このような積雪の形態変化を変態という。積雪は変態により物理的性質が変化する。変態を起こす主な物理的要因は圧密，焼結，昇華蒸発・凝結，融解・凍結である。わが国をはじめ，世界の積雪分類は変態過程をもとに作られている。0℃以下での変態を寒冷変態，水が関与した変態を温暖変態ということもある。北海道は寒冷変態が，北陸は温暖変態が，東北は両者が混在しているので，積雪には地域特性がある。従って，各種の積雪による災害にも地域特性がある。
◎秋田谷英次

雪の誘電率 [ゆきのゆうでんりつ] dielectric constant of snow 〖雪氷〗 雪(積雪)も誘電性，すなわち，電場によって分極する性質を持つ。交流電場を加えると誘電分散(電場の振動数によって誘電率が変わること)を示す。それゆえ，雪の誘電率は複素数で表される。氷の誘電率のCole-Coleプロット(誘電率の実数部をx軸に，虚数部をy軸に図示したもの)は，ほぼきれいな半円を描くが，積雪のそれは高周波側では半円上にあるが，低周波側ではこの半円上部の方へ大きくずれる。積雪のCole-Cole図の直径は積雪密度の増加とともに氷の値に近づく。積雪の誘電率に対する氷や水分の役割は空気に比して大きい。高周波領域における湿雪の誘電率は，積雪の含水率の増加に比例して増える。最近は，誘電式含水率計がほぼ実用化された。
◎中村 勉

雪捲り [ゆきまくり] snow roller 〖雪氷〗 平地の雪面上にできる俵状の雪の塊で，俵雪(たわらゆき)ともいう。大きなものは直径，長さとも数十cmになる。新雪が積もった後，気温が上昇して表層が濡れ，さらに突風が吹くとできる。突風で表面の濡れた雪がめくれ，転がり始める。濡れ雪は粘着力が大きいので，転がると雪だるまのように大きくなる。雪捲りは豊作の兆しといわれ，俵雪の名がついた。斜面を転がりながら発達するスノーボールとは区別されるが，同義語として使われることもある。
◎秋田谷英次

雪粒子のサルテーション [ゆきりゅうしのサルテーション] saltation of snow particles 〖雪氷〗 吹雪において雪粒子が，空中での風による加速と雪面への衝突，跳ね返りを繰り返す運動形態。跳躍運動。跳躍の高さは，風速，気温，雪質等の条件により異なるが，数十cm以下である。吹雪による質量輸送の多くの割合はサルテーションによる。吹雪における雪粒子の運動形態は他に浮遊(suspension)と転動(creep)がある。
◎小杉健二

雪割り [ゆきわり] cutting of deposited snow 〖雪氷〗〖復旧〗 春先になって，道路上の踏み固められた雪や家の周辺，庭などに堆積した硬い雪をスコップやつるはしで割り，取り除いたり，融けやすくしたりすること。雪消えの遅い地方では少しでも早く農作業を始めるため，雪割りをして苗代を作る。また，川や排水溝が雪で覆われていると，融雪出水で氾濫することがあるため，これらの雪を取り除く作業も雪割りという。
◎遠藤八十一

ゆっくり起きる災害 [ゆっくりおきるさいがい] slow-onset disasters 〖海外〗 人間の経済活動の結果起きる森林伐採，砂漠化，海岸侵食，オゾン層の破壊，温暖化，海面上昇のように進行過程に危機感を持ちにくい災害をいう。現象が進行するのに時間がかかり，因果関係が曖昧で地球規模の広がりを持って人類を脅かすが突然死者が出るわけではない。しかし，温暖化が永久凍土を融かして山腹斜面の土砂を動きやすくし，氷河の融解を進めていることは明らかであり，氷河湖決壊のような突発性災害は時間の問題になっている。少雨化の傾向は開発途上国の生産・経済構造を破壊し政治構造の破壊に進むというように影響は確実であり被災地域は拡大しつつある。→災害，突発性災害
◎渡辺正幸

ヨ

溶岩 [ようがん] lava 〔火山〕　火山噴火によりマグマが地上に噴出した場合に，ひとかたまりの溶融状態で流動したり，噴火口に溜まっている溶けた岩石。lavaの語源はイタリア語方言の洪水に由来し，火山砕屑物からなる▶テフラと対をなす語。溶岩が重力により地上を流れ下るものが溶岩流。冷却・固結した岩石も溶岩と呼び，結晶を含むことが多い。岩石の溶融物質が地下にある場合にはマグマと呼ぶが，溶岩はマグマから水などの揮発性成分が抜けたものにほぼ等しい。一般に溶岩はケイ酸塩の溶融体からなるが，まれに炭酸塩の溶融体の場合もある。
◎鎌田浩毅

溶岩湖 [ようがんこ] lava lake 〔火山〕　玄武岩質火山など粘性が低い溶岩を流出する火山で火口内に液体状溶岩が湖水のように蓄積しているもの。溶岩湖表面からの熱の放出を地下からの溶岩上昇による熱量供給が上回る場合には，長期間安定して溶岩湖が存在する。溶岩が火口いっぱいになり溢れ出る前に，山腹斜面の割れ目等から短時間の内に多量の溶岩を山麓に流出し災害を引き起こす場合がある（1977年ニーラゴンゴ火山）。
◎石原和弘

溶岩台地 [ようがんだいち] lava plateau 〔火山〕　溶岩流が作る上面の平坦な台地。非常に多くの薄い溶岩流がほぼ水平に累重する場合と，1枚から数枚の厚い溶岩流から構成される場合とがある。前者は通例粘性の低い玄武岩質の溶岩流が割れ目火口などから大量にかつ急速に流出して形成され，数百kmの範囲に広大な溶岩台地を作る。インドのデカン高原・北米のコロンビア川台地が代表例。後者はほぼ単一の火口から流紋岩質などの厚い溶岩流がゆっくりと流れ出て，比較的小規模な台地を作る。
◎鎌田浩毅

溶岩ドーム [ようがんドーム] lava dome 〔火山〕　溶岩の噴出によってできた火山体で，火口上にまんじゅう形の丘を形成し比較的急傾斜の側面を持つもの。溶岩円頂丘，鐘状火山，トロイデともいう。一般に粘性の大きな溶岩が噴出した場合に形成され，比高数百m以下で安山岩，デイサイト，流紋岩などからなる。溶岩ドームを構成する溶岩には流理構造が発達することが多い。溶岩の流出により内側から順次膨らんだものは内成溶岩ドーム，溶岩がロープをつくり外側へ重なって成長したものは外成溶岩ドームと呼ばれる。溶岩の粘性が極めて大きい場合にはプラグドームや火山岩尖となる。一方，マグマが地表を貫通することなく地盤を隆起させると潜在円頂丘となる。
◎鎌田浩毅

溶岩流制御 [ようがんりゅうせいぎょ] lava diversion 〔火山〕　ある区域に溶岩流が流れ込まないようにする対策。溶岩流は重力に従って下方へ流下し，温度が低下すると停止する。玄武岩質溶岩流に対する制御が試みられた。ハワイのマウナロア火山，エトナ火山では爆弾投下や人工的な溝を作り流路を変更することで市街地を守ることに成功した。三宅島，伊豆大島では，溶岩流の先端部に海水をかけ冷却を早めることが試みられた。厚みが数十mに達する安山岩質溶岩の制御の試みはなされていない。
◎石原和弘

揚水 [ようすい] pumping 〔地盤〕　降雨や地表水から地盤内に浸透した水は地下水として地盤内の帯水層の中を浸透している。この地下水は利水として極めて有効で，帯水層に揚水井を掘削して工場用水や生活用水として利用されている。地下水からの可能な揚水流量は帯水層の透水係数や帯水層の厚さに依存する。無論，涵養流量にも依存する。涵養流量より揚水流量が増加すると，全体の地下水位が低下し，徐々に可能揚水流量も減少する。多層地盤で軟弱な粘性土層のある所の帯水層で過剰揚水を実施すると，地盤沈下現象が生じる。海岸付近の地下水では，過剰揚水により地下水の塩水化も生じる。地盤の地震時の液状化防止には，適切な揚水による地下水位の制御も考えられる。
◎西垣　誠

用水補給 [ようすいほきゅう] additional water supply 〔都市〕〔河川〕　必要な用水を他目的の用水から振り替えて補給し利用すること。具体的には，災害などで水道の供給が停止した場合，応急用井戸から水道用に補給したり，川から原水を汲み上げて水道原水とするなどの事例がある。阪神・淡路大震災においては，折からの渇水もあり神戸市千苅浄水場の原水が不足し，許可を得て武庫川本川から緊急取水し，急場をしのぐことができた。また淀川においても緊急取水が認められ，工業用水の管路を利用して上水道用の原水を確保した。また，工業用水の送水管が被災したため，緊急的に上水道から工業用水道に用水補給した例，六甲アイランドの中水道が機能停止し上水道から用水補給した例などがある。
◎松下　眞

容積率 [ようせきりつ] capacity ratio / total floor area ratio 〔復旧〕　建築基準法に基づく集団規定で，建蔽率や斜線制限とともに建築物の形態制限のひとつである。とくに建築物の規模（容積）を，敷地面積に対する延べ床面積の割合（％）で示すものである。延べ床面積の算定には，現在では集合住宅の共用部分や住宅の地下部分，車庫等で一定の基準を満たす部分を除くことができる。都市計画法(1968)の制定で建築物の絶対高さ制限に代わって採用された容積率制限は，都市計画の基礎となる人口フレームをコントロールし，道路，鉄道，上下水道などの都市基盤施設の整備や計画の基礎となる重要な制度である。最高1000％までの容積率制度の採用によって超高層建築物が可能となったが，容積率制度が採用されたときすでに存在していた建物で指定された容積率を上回っている建物は，容積率に関する既存不適格建築物といわれる。阪神・淡路大震

災では，既存不適格建築物の再建にあたって，総合設計制度を利用して震災前の容積率を上限とする再建が特例的に認められた。→建蔽率，単体規定，用途地域　◎中林一樹

溶存酸素　[ようぞんさんそ]　dissolved oxygen　海岸
水に溶解している酸素を溶存酸素という。水中生物の生存に重要であるため，水の環境を表す基本的な水質要因として測定されることが多い。底層に堆積した有機物は，底生動物やバクテリアなどによって分解されるが，この時に大量の酸素が消費される。湖沼や海域の底層では，夏期成層期には鉛直混合が抑制され，表層からの酸素供給が絶たれて貧酸素状態となり，生物が生息できなくなることがある。閉鎖性海域である東京湾や大阪湾では，初秋に吹く陸風の影響で底層の硫化物を多く含んだ無酸素水塊が湧昇して海域生物に致命的影響を与える青潮が発生することがある。溶存酸素の測定には，従来からウインクラー・アジ化ナトリウム変法が主として用いられてきた。最近では，隔膜電極法による溶存酸素計が市販され，連続測定も可能となったため広く使用されている。　◎鶴谷広一

溶脱　[ようだつ]　eluviation　地盤　土壌を構成する成分が，ある部分から溶液あるいは懸濁状態で下層へ移動すること。この点では，土壌化(特に化学的風化)に伴い岩石構成成分が流出する「洗脱(leaching)」と同義であるが，「溶脱」は，溶脱したものが下層で沈積する「集積」の過程をも含んだ概念である。降水量が多く蒸発散の少ない地域ほど溶脱の量は多くなる。溶脱の例としては，ポドゾル地域における，腐植と酸化鉄，アルミナの複合体が移動するポドゾル化作用や，森林褐色土地域における，粘土と有機物が分解されることなく移動するレシベ作用などがある。　◎松倉公憲

要転院患者　[ようてんいんかんじゃ]　patients requiring transfer to other hospitals　被害想定　病院の医療機能支障や，大量の患者受入れ不能，手術や高度医療への対処不能な場合などに，重症者の一部を適切な処置が可能な後方医療機関へ転院する必要がある。要転院患者数は，病院間転院患者数であり，→後方医療の需要数であると同時に，公的救急隊による要搬送患者数でもある。阪神・淡路大震災時は，入院患者(重症者)のうちの約6割が転院しており，うち約半数は複数の病院を転院していた。転院先は，周辺地区や大阪府が多いが，ヘリコプター搬送でも，40 km圏程度までとなっていた。　◎高梨成子

用途地域　[ようちいき]　building usage regulation zone system　復旧　都市の将来像を想定した上で，都市内における住居，商業，工業その他の用途を適切に配分することにより，機能的な都市活動の推進，良好な都市環境の形成などを図るため，土地利用上の区分を行い，建築物の用途，密度，形態などを制限する制度である。具体的制限としては，建築物の用途，建築物の延べ面積の敷地面積に対する割合(→容積率)，建築物の建築面積の敷地面積に対する割合(→建蔽率)，高さ制限，外壁の後退距離および敷地面積の最低限度に関する制限を，用途地域の種別に応じて一定のメニューの中から選択し，都市計画で定める。また，用途地域の種別に応じて日影規制，斜線制限などの形態制限があわせて適用される。現在，第1種低層住居専用地域，第2種低層住居専用地域，準住居地域，近隣商業地域，商業地域，工業地域，工業専用地域など，市街地の大まかな類型に対応して，12種類の用途地域がある。　◎松谷春敏

養浜　[ようひん]　beach nourishment　海岸　人為的に海岸に土砂を投入することにより海浜の保全を図る工法。海水浴などの利用の増進を目的とするものと，海岸侵食対策として実施されるものがある。海岸利用の増進を主目的とするものでは，突堤や防波堤などの流出防止施設で囲まれた海域に施工されることが多いのに対し，侵食対策として施工されるものは，海岸における土砂移動の連続性を維持するように将来とも継続して実施されることになる。投入する土砂は，海岸環境への影響を配慮すると現地海岸の底質と同様の色や鉱物組成を持つものが望ましいが，海浜の安定性を考えると，現地海岸のものよりやや粗めの粒径の土砂を用いることが望まれる。港の防波堤や河口の導流堤の上手側に過剰に堆積した土砂を利用して侵食が進んだ下手側への養浜を行うのがサンドバイパス，沿岸漂砂の最も下手側で堆積した土砂を上手海岸へ運搬して養浜するのがサンドリサイクルであり，これらは海岸環境の変化を最小に抑える優れた工法であるため，侵食対策として徐々に普及しつつある。　◎佐藤慎司

擁壁　[ようへき]　retaining wall　地盤　被害想定　切土や盛土の斜面部の崩壊を防止するために設置される壁体構造物である。基本的には壁体の自重や曲げで土圧に抵抗し斜面を支えるが，土の内部に引張り補強材を配置して土塊の自立性を高める補強土壁も含まれる。擁壁はその形状や抵抗メカニズムから，もたれ式擁壁，重力式擁壁，片持ち式擁壁，控え壁式擁壁，U型擁壁などの抗土圧型と補強土壁擁壁に分類されている。これらは用地条件，荷重条件，地盤条件などを考慮して選択されているが，後者の補強土形式は地盤への応力集中が少なく変形に対する追随性，耐震性に優れるなどから適用例が増加している。切土部や盛土部の斜面防護の他に，護岸や橋台，貯炭や土状材料の集積場にも利用されている。　◎中澤重一

擁壁などの被害想定　[ようへきなどのひがいそうてい]　estimation of retaining wall damages　被害想定　地盤
人工改変が進んでいる斜面では，その造成形態や斜面の管理要素が崩壊に対する脆弱性と深く関連する。斜面の小規模な(ほぼ1筆毎)切土と盛土(切り盛り)を交互に行い，幅の狭い宅地を階段状に造成しているタイプが最も危険である。このタイプは造成年代が古く，擁壁も堅固なものが少ない。最近の造成地では，かなり大規模に切り盛りをする

例が多く，縁辺部に比高の大きな崖や擁壁が残される．擁壁の種類では石積み工法のものが最も被害事例が多い．また，裏込めコンクリートが十分でない練り積み擁壁も被害を受けやすい．造成年代が古く，孕み出しや亀裂が入るなどの変形が見られる擁壁は崩壊するものとみなす方がよい．擁壁の崩壊は，擁壁の下や，擁壁の上端部に建てられている家屋の被害と直結する．なお，地すべり地と知らずに造成している場合には，造成された地域全体が滑り出した事例がいくつもある．
◎松田磐余

揚力 ［ようりょく］ lift force ［気象］　物体に働く▸空気力は空間座標軸上で表すと，軸方向の空気力と軸まわりのモーメントの6成分に分けられ，風直角水平方向の風力または鉛直方向の風力は一般に揚力と呼ばれる．揚力は時間平均成分と変動成分に分けられる．静止物体に作用する変動揚力は接近流の乱れ成分と，物体から放出される渦の成分を持ち，風直角方向に振動する物体にはさらに振動に伴う付加的な変動揚力が作用する．また，回転する物体にはマグナス効果によって揚力が発生する．→3分力
◎西村宏昭

抑うつ ［よくうつ］ depression ［情報］　抑うつを特徴づける感情は孤立無援感，自分の無能力感，自分の存在の無意味感である．この感情は，慢性的で輪郭不鮮明，せいぜい，「なにかよくわからないけど，うっとうしい感じ」として経験されるにとどまる．意識的，直接的な体験よりは，身体の不調やイライラといった，捉えやすいかたちに変換されて体験されることが多い．災害によって，自分の大切な人やものが突然失われる時，その理不尽さは，私たちが普段維持している「自分という感覚」の全一性，連続性，統一性，つまり昨日の続きが今日で，今日の続きにまた明日があるという感じを激しく揺さぶり，脅かす．これは先程挙げた感情に触れ，抑うつを引き出す．「自分だけが生き残ってしまった後ろめたさ」（▸生存者が抱く罪悪感）はその一部である．→否認，取引
◎羽下大信

抑止工 ［よくしこう］ restraint works ［地盤］　地すべり地において，すべり面に人工的な抵抗力を加えることによって，すべり土塊の移動を直接抑止しようとする工法である．すべり面を貫いて基岩に固定することで，すべろうとする力に対抗するパイル工（杭打工）やシャフト工，また基岩に定着部を持ち，その引抜き耐力とアンカー頭部からの緊張力によってすべり土塊の移動を抑止するアンカー工がある．その他擁壁工も抑止工として実施されることがある．なお，抑止工に先行して抑制工を施工するのが一般的である．
◎眞板秀二

抑制工 ［よくせいこう］ control works ［地盤］　地すべり対策工を大別すると，抑制工と抑止工に分けることができる．抑止工は抑止構造物によって，地すべり滑動の一部，または全部を抑止するのに対し，抑制工は，地すべり地形，地下水状況などの自然条件を変化させることによって，地すべり滑動を停止，または緩和させることを目的としている．抑制工の主な工種としては，①排土工，押さえ盛土工，②地表水排除工（排水工），③地下水排除工（横ボーリング工，集水井工，排水トンネル工）があり，それらを組み合わせた工法とするのが一般的である．その内，①では押さえ盛土工，②では水路工（排水工の内の一つ），③では横ボーリング工が応急対策工として頻繁に用いられている．
◎守隨治雄

余効的変動 ［よこうてきへんどう］ post-seismic deformation ［地震］　地震時の急激な地盤変動の後，数日から数年の長期間にわたって継続して見られる地殻の変動をいう．変動は時間とともに漸減するが時定数はいろいろであり，数十年に及ぶ余効変動が知られている海溝型巨大地震に比べ，内陸地震の方が短い場合が多い．1995年の兵庫県南部地震ではGPS観測により50日の時定数の余効変動が検出された．メカニズムとして地殻・上部マントルの粘弾性的緩和，断層の余効的滑り，震源破壊の周囲への拡大などが考えられている．
◎古澤 保

予混合火炎 ［よこんごうかえん］ premixed flame ［火災・爆発］　可燃性気体と酸化剤があらかじめ適当な割合（可燃範囲）で混合されて燃える時の火炎．この火炎は，厚さが薄く，予熱帯と反応帯から成り立ち，予混合気中を反応物質を消費しながら相対的にある速さで伝わる．つまり，火炎を挟み未燃側と既燃側に分かれ，火炎に相対的な流れは未燃側から火炎を通過する．ガス爆発では伝播する火炎となり，燃焼器具では定在火炎となる．燃料過剰時の火炎の下流を空気で囲むと拡散火炎の外炎が包む．→火災，可燃性ガスの燃焼，拡散火炎
◎佐藤研二

余震 ［よしん］ aftershock ［地震］　▸本震に続いて起こる地震．「揺りもどし」「揺りかえし」ともいう．余震は本震より小さく，最大の余震でも本震よりマグニチュードで1程度小さいが，本震で一部が破壊して弱くなった構造物が余震でさらに破壊するので，震災の救助活動などに際して注意が必要．本震が大きいほど余震の数が多く，長く続く．余震は本震の直後に多く，次第に減少する．減り方は改良大森公式で表される．余震は本震の震源断層面近くに分布する．空間的に離れていても本震で誘発された地震を広義の余震という場合がある．
◎尾池和夫

予測可能性 ［よそくかのうせい］ predictability ［気象］　数値天気予報の誤差は，予報値とその時刻での観測値（客観解析値）の差で表すことができる．一般に，数値予報誤差は時間とともに増大する傾向があり，やがて，予報の情報価値がなくなってしまう．数値予報で誤差が生じる原因としては，①予報モデルが不完全である，②予報モデルは完全であっても，大気循環のカオス的な性質により初期値に含まれる誤差が増大する，の2つがある．後者に起因するのが予測可能性の問題であり，カオス発見者の一人であるE. N. ロレンツによって提起された．数値予報誤差の増大率

は，大気循環の変動とも関連して時間変動している。予報誤差が前もってわかればその情報価値が増すので，予報誤差の予測が試みられている。　　　　　　　　◎余田成男

淀み点　[よどみてん]　stagnation point　気象　流体中の物体表面では，前面のある点で流れが堰き止められ，そこから両側に流れが分かれる。その点を淀み点といい，淀み点では運動エネルギーが全て圧力に変わり，圧力は最大値を持つ。また，後流域で時間平均的な流線を考えたとき，流れの分岐点が定義でき，この点を後方淀み点というが，単に淀み点という時には物体前面の淀み点をいう。▶剥離を伴う物体においては，後流域に生じる渦の生成と放出の影響を受けて，物体周りの流れは時間とともに変動しており，淀み点もまた変動している。▶カルマン渦の放出が明確である物体においては，淀み点は▶ストローハル数成分で変動していることが知られている。　　　◎西村宏昭

予備放流　[よびほうりゅう]　anticipatory release operation against floods　河川　ダムの貯水容量をより有効に活用するため，平常時の貯水位を高く保持し，洪水の発生が予測される時にその都度貯水位を低下させる放流を行って洪水調節容量を確保する方式を予備放流方式といい，このときの放流を予備放流という。治水計画上の洪水調節容量を確保するためには，ダム貯水池への流入量が洪水調節開始流量に達する前に貯水位低下を完了する必要があるが，そのための放流には時間を要する場合が多い。この方式においては，気象の急激な変化などにより十分に貯水位を低下させることができず所定の洪水調節容量を確保できなかったり，予想した程の降雨がなく低下させた貯水位を回復できず水利用に影響を与えたりする可能性がある。　　　　　　　　　　　　　　　　◎箱石憲昭

予報および警報の標識　[よほうおよびけいほうのひょうしき]　sign of forecast and warning　行政　情報　気象，地象，津波，高潮，波浪または洪水についての予報事項または警報事項を発表，伝達する際に用いられる旗，吹き流し，円筒，色燈，鐘音，サイレン音のこと。　　◎気象庁

余裕高　[よゆうだか]　freeboard　河川　堤防高さと計画高水位との間に確保される余裕の最小値。堤防は一般に土砂で築造され越流が許容されないので，洪水時の風浪，うねり，跳水などによる一時的な水位上昇に対する堤防構造上の安全を確保する必要があり，また，洪水時の巡視・水防活動の安全確保，流下物への対応等を考慮して，計画高水位に一定の高さを加えて堤防高とする必要がある。河川管理施設等構造令では，計画高水流量に応じて必要高さ(0.6～2.0 m)が規定されており，治水計画上の余裕を示すものではない。　　　　　　　　　◎角　哲也

ラ行

ラ

ラーメン frame / rigid frame [地震]　梁および柱などの部材が各節点で剛に接合された骨組構造で，ドイツ語のRahmenから来ている．各部材の曲げ耐力，せん断耐力，軸方向耐力によって外力に抵抗する．鉄骨構造，鉄筋コンクリート構造，鉄骨鉄筋コンクリート構造，コンクリート充塡鋼管構造など，構造種別を問わず適用でき，高層建築の基本的な構造形式である．水平方向の剛性，耐力を増すために筋かいを入れた筋かい付ラーメンと，筋かいのない純ラーメンとがある．
◎森野捷輔

雷雨 [らいう] thunderstorm [気象] [河川]　成層が不安定になると，大気中には積雲や積乱雲などの対流雲が発生する．積乱雲が発達し，雲内に氷晶やあられが形成される高さまで到達すると，これらの粒子の衝突などにより電荷分離が起こり，雲内に電荷が蓄積されて，ついには大気中で放電すなわち雷が起こる他，激しい風雨や降ひょうが生ずるようになる．「雷雨」というと，文字通りは「雷を伴う雨」であるが，気象学的には英語のthunderstormの和訳であり，1個の積乱雲あるいは数個の積乱雲からなっていて，激しい風雨や降ひょう，落雷，時には▶竜巻や▶ダウンバーストなどを引き起こす大気擾乱の意味で用いる．1個の積乱雲からなる雷雨は，単一セルと呼ばれ，通常1時間程度でその寿命を終わる．これに対して，数個の積乱雲からなる雷雨は，マルチセル(multi cell)と呼ばれ，システム内の個々の積乱雲は1時間程度で寿命を終わるものの，システム全体としてはそれぞれの積乱雲が系統的に世代交代を行うために長時間長続きし，豪雨や降ひょうなどの災害を引き起こす原因となる．また，単一セルながら長時間長続きして，竜巻などを生ずる特殊な雷雨としてスーパーセルがある．→スーパーセルストーム，マルチセルストーム
◎新野宏

雷災 [らいさい] thunderstroke [気象]　落雷または雲放電による人体および器物への被害をいう．人体への影響は，人体表面に沿う沿面電流による火傷，体内電流による呼吸停止や心臓停止がある．人体への落雷を避けるには，建築物や車の中に逃げるのがよい．開放地では，背の高い物体から離れなるべく背を低くかがめることが大切である．器物への被害としては，送電系への落雷による停電，建築物への落雷とこれに伴う火災が典型である．また各種電子機器は，落雷の直撃を受けなくとも，近くの落雷に伴う誘電により，破損または誤動作を生じる場合がある．これは，避雷針に落雷した場合でも生じることがあるため，重要な電子機器は十分な誘電対策を施しておく必要がある．
◎石川裕彦

ライフスポット life spot base for survival [復旧]　電気・ガス・水道・電話など都市生活を支える▶ライフラインネットワークは，災害によりその一部が寸断されると広範囲にわたり都市の機能が麻痺する可能性がある．わが国では都市のこうした事態が宮城県沖地震(1978年)によって発生し，都市型災害として注目された．阪神・淡路大震災(1995年)では，長期にわたってライフラインが途絶え，市民生活に大きな影響を与えた．こうした教訓を踏まえ，1995年に当時の近畿通商産業局が防災対策についての緊急検討を行い，ライフラインが途絶えた場合でも，自力的生活単位となる小規模な地域(コミュニティ)において，人々の生活に必要とされる上水・中水・食糧・エネルギー・医療機能・情報機能などを備え，自立的に機能する防災拠点としてライフスポットの整備を提言した．この自立性を高めるまちづくりは，コンパクト・シティの提案に展開している．
◎中林一樹，池田浩敬

ライフライン解析技法 [ライフラインかいせきぎほう] techniques for lifeline analysis [都市] [地震] [被害想定]　ライフラインネットワークの地震時性能評価に関する解析手法の総称．構成要素の信頼性評価および物理的被害予測，ネットワークシステムの連結性・機能性評価，物理的・機能的復旧過程の予測とその最適化，耐震投資計画など，その内容は多岐にわたり，地震工学，システム信頼性理論，グラフ理論，オペレーションズリサーチなど，学際的背景をもつ分野である．不確定性の扱いの相違により▶確率論的解析と▶決定論的解析に大別される．▶フラジリティーカーブや▶被害確率マトリクスを用いて，▶想定地震に伴うネットワーク構成要素の被害確率が評価されたのち，ミニマル・カットセット，タイセット，イベントツリー，モンテカルロ実験などの解析的・数値実験的手法を用いた機能評価が行われる．解析ツールとして▶GISが活用されることが多い．また耐震投資計画の策定には，費用便益分析を応用したリスクマネジメント手法が取り入れられつつある．
◎能島暢呂

ライフラインネットワーク lifeline network [都市] [地震] [被害想定]　水道・下水道・ガス・電力・鉄道・道路のような供給・処理，通信，交通施設など，都市をネットワークで覆い，それを通してサービスを提供する都市に不可欠の基幹施設である．従って，ネットワーク系を形成

■ 阪神・淡路大震災におけるライフラインの復旧過程
（各社公表資料をもとに日本環境技研㈱作成）

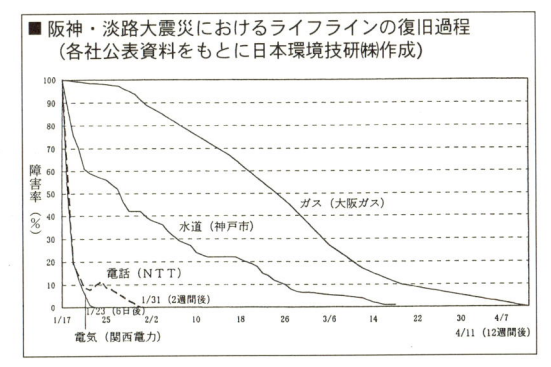

■ 既往地震におけるライフライン施設の復旧曲線
（『下水道の地震対策マニュアル』㈳日本下水道協会より作成）

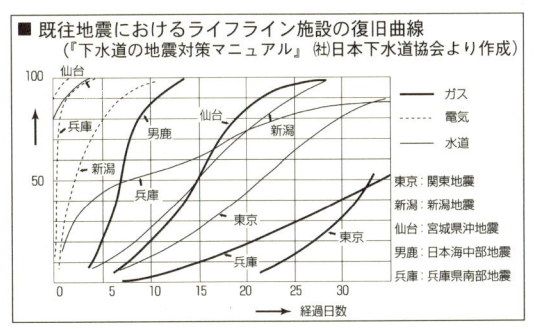

することがライフラインの基本的特性である。その特徴として，水道やガス管路に見られるように幹線から末端管路まで，多段階の階層構造をもつこと，ネットワークの構成の仕方により，システム全体の性能が支配されること，といった事項が挙げられる。こうした特徴を踏まえ，ライフラインネットワークの地震対策として，①基幹施設は耐震的に強固にする，②ネットワークの冗長性（リダンダンシー：連結管を入れて余裕度をもたせることなど）を向上させる，③被災した時の被害波及を局所的にとどめるためのブロック化，④緊急遮断弁などによるバックアップシステムの導入などの多様な方法がとられる。 ◎亀田弘行

ライフラインの被害想定 ［ライフラインのひがいそうてい］ damage estimation of lifeline systems 被害想定 地震
ライフライン施設の被害は時空間的に波及しやすく都市機能に多大な影響を与えることから，その被害想定は，建物被害，火災被害，人的被害などと並んで必須の検討項目であり，地方自治体が地域防災計画の基礎資料作りの一環として行う場合と，事業者がシステム診断のために行う場合がある。前者では被害概況の把握に力点が置かれるため末端施設が中心となるのに対して，後者では拠点施設の耐震診断を含めて専門的見地から検討がなされる。被害想定は，物的被害想定（被害発生率，被害箇所数および分布），機能的被害想定（機能支障率，影響を受ける需要家数および分布），復旧予測（復旧効率，復旧日数，復旧曲線）の3段階からなる。末端施設は延長距離が長いため，ネットワーク・データと地震動分布を重ね合わせ，フラジリティーカーブや被害確率マトリクスを用いて物的被害件数が算定される。メッシュ単位に集計する方法，行政界単位で集計する方法，集計せずに管路をそのまま扱う方法などがある。
→継手 ◎能島暢呂

ライフラインの復旧 ［ライフラインのふっきゅう］ recovery of lifeline systems 復旧 地震 日常生活の維持に欠かせない水供給処理，エネルギー供給，情報伝達機能などのライフラインは被災後の緊急対応による被害拡大の抑制，速やかな復旧・復興への移行を行う上でその早期復旧が重要である。ライフラインの復旧に要する時間は種類によって異なり，通常，電気，電話の復旧は比較的早く，上下水道，ガスの復旧には時間がかかる。阪神・淡路大震災で全面復旧までに要した日数は電気が6日，電話が2週間，水道・ガスは2〜3カ月であった（左図）。復旧までの間，応急的な供給が行われ，復旧作業は他地域の自治体や事業者も協力して進められた。同震災以後は，各地で応援協定の締結が進んだ。都市域ではライフラインが道路下に錯綜しているために上下水道管の破損による水漏れでガス管に水が入って復旧作業を阻害したり，動力源や制御などに使われている電力の供給が停止すると，水道，電話などの他のライフライン機能の停止につながるなど，ライフライン相互の影響も考慮することが防災上重要な課題である。
◎佐土原聡

ライフラインの復旧曲線 ［ライフラインのふっきゅうきょくせん］ restoration curve of lifeline system 都市 復旧
ライフライン施設が物理的被害を受けると，その機能が停止するが，復旧作業によって機能が回復する時間的過程を表したものを復旧曲線（右図）という。通常，横軸には地震発生からの経過日数，縦軸にはその期日までに機能が回復した顧客戸数を機能停止した全顧客戸数で除した値（復旧率％）で表現する。復旧曲線と縦軸および復旧率100％の横線との囲む面積が最小となるような復旧作業が理想とされる。しかし，過去の震災の例では，兵庫県南部地震，関東地震など大都市部での烈震において，復旧に1カ月以上を要している。一般に電気の復旧は比較的早いのに対して，ガスの場合はガス漏れがないことを点検調査しつつ復旧工事を進める必要があり，水道の場合には通水しつつ漏水を調査し復旧工事を進めるなど長期化するのが普通である。復旧戦略としては，復旧に要する資材，人員の制約と対象地域内の公平性の観点から，曲線のなだらかな上昇と急激な上昇のいずれを選択するかという問題に直面する。
◎高田至郎，渡辺晴彦

ライフラインマネジメント management for lifelines 都市 地震 震災後のライフラインを運用する能力は，その後の供給再開や復旧進展に多大の影響を与える。マン・マシンシステムから成り立っているライフラインは発災直後にはライフライン運用に関わる人の意思決定が重要である。日常からの訓練と意思決定をサポートするコンピュータシステムの開発が望まれる。また，都市ライフラインはそれぞれ異なる監督官庁，事業主体によって運営されていたために，市町または県の地震対策本部が都市ライフ

ラインの被災と復旧の状況を一元的に把握することが困難で，ライフラインの相互影響を容易に解消することが難しい。被災・復旧情報を一元的に管理するためのライフライン災害情報システムの設置が望まれている。また，震災後，神戸市では，同じ道路下に埋設されたライフラインの被災状況を把握したり，復旧の進捗度を相互に情報交換できるシステムとしてライフライン復旧連絡協議会の設置を決めている。　　　　　　　　　　　　　　　　　◎高田至郎

落差工　［らくさこう］　drop works　地盤 河川　流水の流下エネルギーを河床と水通し天端との落差によって減殺させ，またこの落差によって河床勾配を緩和し流水の洗掘力を軽減させて河道の安定を図ろうとする河川および渓流の横断工作物である。落差工には，河川工事における床止め，砂防工事における床固めがある。エネルギー減殺という意味では高落差が有利であるが，落差が大きすぎると直下流の河床の安定が問題となり，一般に，床止め工による河床の落差は 2 m 以内，床固め工による落差は 5 m 以内で計画される。　　　　　　　　　　　　◎眞板秀二

落石　［らくせき］　rock fall / fallen rock　地盤　石礫が斜面から落下する現象を指す (rock fall)。また，落下して静止している石礫を落石 (fallen rock) という。「落石注意」という交通標識は，ふつう道路上の fallen rock に注意せよとの意味である。集合的で規模が大きい落石の多くは岩盤崩落あるいは岩盤崩壊と呼ばれる。岩盤崩壊は悲惨な災害を引き起こしがちである。道路わきの岩盤が崩落して通行中の車両が遭難するという災害が繰り返されている。例えば，1989年7月16日の越前海岸落石災害では，岩盤崩壊のために国道にかかるロックシェッドが潰れ，通行中のマイクロバスがその下敷きになって15名全員が死亡した。1996年2月10日の北海道豊浜トンネル岩盤崩壊災害では，トンネル入り口そばの岩盤が大きく崩れてトンネルが潰れ，路線バスや乗用車がその下敷きになり，バスの乗客ら20名が死亡した。斜面崩壊や崖崩れが起きる場合には，その直前の数分ないし数時間にわたり，規模の小さな落石が間欠的に生じることが知られている。落石は地震や豪雨が引き金となって起きることもあるが，誘因が特定できない場合のほうが多い。そのような例では，長年にわたる岩盤の風化や斜面侵食の影響が累積していて，問題の石は既に安定限界に達している。そして取り立てて明瞭な原因がないにもかかわらず，斜面から離脱することによって落石が発生する。侵食の累積効果は，河川の水流や海岸での波食による斜面下部の侵食 (undercutting) で特に著しい。寒冷地では落石は斜面の凍結融解のプロセスと関連して起こることも多い。凍結融解に関連して起こる落石は，時期的には1月から4月，特に10時から13時の時間帯に集中することが知られている。通行中の車が落石の被害に遭う，裏山からの落石で住宅が被災する，登山中に落石に遭って死亡するなどの災害事例が後を絶たない。例えば，1980年8月14日に富士山の，通称，砂走りと呼ばれる斜面で規模の大きな落石があり，登山客43名が遭難し，内12名が死亡している。→浮き石，転石，岩盤崩壊，斜面崩壊　◎諏訪 浩

落石防止工　［らくせきぼうしこう］　rockfall countermeasure works / rockfall protection works　地盤　落石の発生を抑えることを目的とするものを落石予防工という。予防工には2つの方法がある。一つは落石の原因となる浮き石，転石，あるいは亀裂が発達して剥離しやすくなった岩盤の一部を予め除去する方法である。この方法を除去工という。もう一つは，ロックアンカー工，ロックボルト工，根固め工，モルタル吹き付け工，コンクリート枠工，開口亀裂充填工あるいは開口亀裂接着工などによって落石の原因材料が動かないようにしてしまうものである。これに対し，落下してくる石礫のために事故や災害が起こるのを未然に防ごうとするものを落石防護工という。道路や鉄路に沿って施行される落石覆工 (ロックシェッドとも呼ばれる)，落石防止擁壁工，落石防止網工 (落石防止ネット工) などがそれである。落石防止柵や落石防止ネットに落石感知センサーを組み込んで，落石災害の防止をさらに徹底させようとしている場合もある。道路上の落石災害の多くは，既に何らかの落石防止工が施工されている所で起こっている。施工済みの落石防止工を過信したため，日頃の安全点検が結果的に不十分となり，落石災害を防げなかったという例もある。→落石　　　　　　　　　◎諏訪 浩

落雪　［らくせつ］　snow avalanche from roof　雪氷　屋根などに積もった雪が自然落下する現象。屋根の雪下ろし作業中に雪と一緒に落ちる場合や，軒下で雪の処理をしている人や通行人が落雪に埋まり，発見が遅れて死亡することも多い。このような事故を防ぐため，最近では，屋根の勾配を急にして大量の雪が積もる前に自然に雪が落ちる自然落雪屋根，屋根の上で雪を融かす融雪屋根，大雪でも雪下ろしをしなくてもよいように丈夫に設計された耐雪住宅などが建築されている。　　　　　　　◎上石 勲

ラジエーション応力　［ラジエーションおうりょく］　radiation stress　海岸　流体中の任意断面を通過する運動量フラックスは，その断面に働く応力を表す。波運動の場合には，波の非線形効果のため過剰な運動量フラックスが存在し，これをラジエーション応力と呼んでいる。波が一定水深を変化することなしに伝播する時は，特別な作用を及ぼさないが，水深の減少，→砕波や→屈折によって波高が場所的に変化するとラジエーション応力も変化し，その勾配によって平均水位が変化し，沿岸流などが発生する。　◎滝川 清

らせん筋　［らせんきん］　spiral hoop　地震　柱の主筋をらせん状に連結する帯筋の一種で，スパイラルフープとも呼ばれる。らせん筋に囲まれたコンクリートを拘束することによって，コンクリートの圧縮強度を確保するとともに，柱に作用するせん断力に対して抵抗する働きを持つ。
　　　　　　　　　　　　　　　　　◎中島正愛

落下物・倒壊物の防止策【学校】 ［らっかぶつ・とうかいぶつのぼうしさく］ preventive measures for falling objects ［情報］　地震により落下物や倒壊物が発生すると，児童・生徒・教職員が大けがをしたり，死亡したりすることがある。またその後の避難の際には障害ともなるため，これらの防止策をとっておくことは，学校の地震対策の中で最も重要なことである。施設内を見まわり，落下・転倒の恐れのあるものにはL字形金具などを用い，ガラスについては飛散防止フィルムを貼るなどの防止策を施す。また，ピアノや什器など重量のあるものも，地震の揺れによって移動する可能性があるので，ストッパーを用いるなどの対策を施す。児童生徒が使用する部屋はもちろん，教職員の安全確保や，地震後の学校がいち早く地域拠点として活動を開始するためにも，校長室，職員室，保健室などの部屋も対策を徹底する。
　　　　　　　　　　　　　　　　　　◎青野文江

落下物による死傷者 ［らっかぶつによるししょうしゃ］ casualties caused by falling objects ［被害想定］　主に強い揺れにより建築物の非構造部材や看板などの付属物が破損，落下した場合に生ずる人的被害を指す。具体的な想定にあたっては，過去の地震で落下物により死者を生じた事例がほとんどなく，統計的に推定することが困難であるため，▶落下物の想定により求めた落下率に屋外人口を乗じた数値を「落下物による人的被害量」として表し，相対的な危険度評価とすることがある。静岡県による1984年の被害想定では宮城県沖地震における死者，負傷者のうち落下物による死者，負傷者の占める割合に基づき，死者数＝0.2×揺れによる全死者数，および負傷者数＝0.05×揺れによる全負傷者数として算定している。
　　　　　　　　　　　　　　　　　　◎宮野道雄

落下物の想定 ［らっかぶつのそうてい］ damage estimation of falling objects ［被害想定］　地震時の落下物は飛散物（窓ガラスのように飛散するもの）と非飛散物（看板などのように飛散しないもの）とに分けられる。東京都では，3階建て以上の非木造建物を対象とした落下物調査が実施されているが，その結果からビル落下物の発生危険度は建物の建築年代に大きく依存し，古い建物ほど危険な落下物を有する比率が高いことが明らかになった。したがって，想定に当たっては建物の建築年代別に，飛散物と非飛散物とに分けて落下危険のある落下物を有する建物棟数比率を算定する。最終的に全壊，半壊建物からの落下物のダブルカウントを防ぐために下式により落下物が想定される建物棟数を算出する。

　　落下が想定される建物棟数＝(揺れにより全壊，半壊する建物棟数)＋(揺れにより全壊，半壊しない建物棟数)×(落下危険のある落下物を保有する建物棟数比率)

→落下物による死傷者　　　　　　　　◎宮野道雄

RADIUS ［ラディウス］ risk assessment tools for diagnosis of urban areas against seismic disaster ［海外］ ▶都市化地域の耐震診断事業

ラドン濃度変化 ［ラドンのうどへんか］ change in radon concentration ［地震］ →地球化学的地震先行現象

ラハール lahar ［地盤］［火山］　インドネシアでは，火山に発生する土石流や泥流をラハールと呼ぶ。また，アメリカを中心に欧米では，火山で発生する土石流，泥流，土砂流の総称としてラハールという用語が使われている。この場合，噴火に起因するか否かは問わない。日本ではラハールという言葉はあまり使われず，火山泥流，あるいは単に泥流と呼ばれることが多い。火山泥流は，火山噴火に起因して発生する土石流を指す。それらには，火山噴出物が火山斜面の氷雪を溶かして水と混ざり合い，斜面を流れ下るうちに土石流になるもの（1926年十勝岳の泥流，1985年ルイス火山の土石流など），噴火によって火口湖の水が溢れて土石流となるもの（インドネシアのクルー火山など），水蒸気爆発で山体が崩壊して岩屑なだれが起こり，さらにその一部が流れ下る内に土石流に転化するもの（1980年セントヘレンズ火山噴火の際の泥流など）などがある。いずれも噴火後待ったなしで規模の大きな土石流が麓の集落を襲い，大きな災害を引き起こすことが多い。→火山泥流，土石流，泥流災害
　　　　　　　　　　　　　　　　　　◎諏訪 浩

乱気流 ［らんきりゅう］ air turbulence ［気象］　大気の乱流のうち，航空機の運航に影響を与えるものをいう。積乱雲内の上昇，下降気流，上空の前線やジェット気流付近での風の鉛直シヤーが強い領域に発生する晴天乱流(CAT)，山岳の風下における大気の波動やハイドロリックジャンプ（はね水現象），海風前線の境界面における乱流などがある。航空機にとっては機体と同じ程度の大きさの渦による乱気流が危険である。1966年3月5日の富士山上空でのBOAC機の墜落は乱気流による事故例である。
　　　　　　　　　　　　　　　　　　◎石原正仁

乱泥流 ［らんでいりゅう］ turbidity current / sediment induced density current ［地盤］［河川］　水や海水が微細砂を高濃度に含むと，それは周囲水よりも密度が大きくなるために密度流を形成して湖底や海底に沿って流れる。これが乱泥流である。乱泥流は，微細砂を高濃度に含む河川水が湖やダム貯水池に流入する場合や，海底土石流の場合と同じ原因で発生する。海洋で発生する乱泥流は密度流として流れるため，海底土石流とは異なり，平坦な所でもかなり遠くまで流れる。過去に西インド諸島の海底ケーブルが乱泥流によって次々と切断された事例が報告されている。
　　　　　　　　　　　　　　　　　　◎江頭進治

乱流 ［らんりゅう］ turbulent flow ［気象］［海岸］［河川］　規則的で秩序をもった流れを層流というのに対し，時間的，空間的に極めて不規則な流速変動をする流れを乱流という。このような不規則性を特徴づける量は統計的な期待値以外にはなく，乱流を支配する法則は確率的なものとなる。▶大気境界層における，空間的には1km以下，時間的

には数十分以下のスケールを持つ風速変動の多くは乱流である。自然風の乱流は地表面や地物などの影響により生成される機械的乱流と，熱的な不安定成層により生成される対流性の乱流がある。強風時には機械的乱流が卓越する。瞬間風速から▶平均風速を差し引いた値を変動風速といい，強風時の変動風速の頻度分布は正規分布で近似できる。乱流強度(乱れの強さ)は変動風速の標準偏差を平均風速で割った値で表される。自然風の乱流には連続した広い周波数帯の変動が含まれ，これらの特徴を表すために，自己相関，空間▶相関，▶パワースペクトル，クロススペクトルなどが用いられる。 ➡層流 ◎岩谷祥美

乱流火炎 [らんりゅうかえん] turbulent flame 〔火災・爆発〕 乱流中に形成される火炎。気体や液体の流れは，流速が小さく安定な時には整然とした流れ(層流)であるが，流速が増すことなどによって不安定になると時間的に不規則な運動をする乱流となる。瞬間的に見た乱流火炎の反応帯表面は湾曲した複雑な形になっている。湾曲により反応帯の表面積が大きくなるので，表面積に対応する発熱速度が▶層流火炎に比べ大きい。乱流火炎は，火炎に到達する前の可燃性気体と酸化剤の混合の有無で乱流予混合火炎と乱流拡散火炎に分けられ，乱流拡散火炎では乱れが物質や熱の輸送にも影響する。通常，火災や爆発では，ごく小さな火炎を除き，程度の差はあれ乱流火炎となっている。
◎佐藤研二

乱流境界層 [らんりゅうきょうかいそう] turbulent boundary layer 〔気象〕〔海岸〕〔河川〕 物体に沿った流れでは，流体と物体表面の摩擦により，物体表面と垂直方向に流速が変化する領域が形成される。この領域を境界層と呼び，層流境界層と乱流境界層に大別される。層流境界層は▶レイノルズ数が小さい流れの場合に形成される境界層で，境界層内の流れに乱れがない。他方，乱流境界層はレイノルズ数が大きい流れの場合に形成され，流速が時間的，空間的に変化する。ただし，レイノルズ数が小さくても，物体表面の粗度がある程度以上大きければ乱流境界層が形成される。地表付近の風(地表風)は地球表面に形成された乱流境界層で，大気乱流境界層とも呼ばれる。境界層内の流速分布や流速変動の特性(乱れ強さ，乱れのスケール，▶パワースペクトル密度，クロススペクトル密度など)は境界面の粗度と密接に関係している。 ◎大熊武司

乱流モデル [らんりゅうモデル] turbulence model 〔気象〕〔海岸〕〔河川〕 気象災害の要因となる▶強風を対象とする▶数値風洞では，流れの支配方程式として非圧縮性ナビエ・ストークス方程式が用いられる。実際の風においては乱れ(風の息)が存在し，また構造物の空力特性が乱れによって大きく変化することから，数値風洞においても乱れの再現が重要な課題となる。しかし，乱れの計算は細かい分解能が要求され，その負荷は甚大になる。乱流モデルとは，こうした乱れの効果を別の形で置き換えて方程式に組み入れ，計算を実現するものである。モデルを導くには，まず支配方程式の変数を平均値と変動分に分離し，方程式を平均操作する。こうして導かれたレイノルズ方程式には新しくレイノルズ応力が含まれるが，変数が増えてこのままでは解けない。これを解決するのがモデル化で，レイノルズ応力を流速勾配と係数の積といった分子粘性と同じ形で表す渦粘性モデルが一般的である。渦粘性係数をどのように表すかで様々な乱流モデルが存在する。 ◎田村哲郎

リ

リーダーシップ行動 [リーダーシップこうどう] leadership behavior 〔情報〕 集団や組織に共有された目標の達成や，新たなる目標の創出に寄与する行動。リーダーシップ行動は，特定の人物によって担われる場合もあるが，複数のメンバー，あるいは，メンバー全員によって担われる場合もある。災害という緊急事態では，平常時とは異なるリーダーシップ行動が求められるとともに，とりわけ，行政・企業組織などでは，平常モードから緊急モードへの切り替えをいかに行うかが防災計画の重要な要素となる。
◎杉万俊夫

離岸堤 [りがんてい] detached breakwater 〔海岸〕 捨石あるいは異形消波ブロックで構築される島状の透過性防波堤で，水底勾配によるが，岸からほぼ100 m以内の海域に設置される。単体で用いられることは少なく，複数基の群体として設置されるのが一般的である。離岸堤は海岸侵食や越波の防止を目的とするもので，特に堤体背後の海岸には波の回折変形により舌状砂州あるいはトンボロが形成されることが知られている。しかしながら，海浜形状は平面的に凸凹になりやすいことや海面上に突出する構造体であることから，沿岸域の景観を阻害するなどの欠点もある。
◎中村孝幸

離岸流 [りがんりゅう] rip current 〔海岸〕 汀線から沖に向かう海浜流の一部を離岸流という。離岸流は幅の狭い局所的な流れで，砕波帯を抜けて水深の深い領域に達すると離岸流頭を形成し，運動量を逸散する。このような離岸流が，数十～数百m間隔で対をなして発生する例が数多く報告されている。しかし，離岸流の発生位置は必ずしも一定せず，短時間で変化する場合もあることが報告されている。離岸流は，海岸地形，入射波浪の沿岸方向不均一性といった外因的な強制流として発生するもの以外にも，沿岸流のせん断不安定あるいは海浜力学系の固有値として発生する可能性が指摘されている。 ➡海浜流 ◎出口一郎

罹災証明 [りさいしょうめい] certificate of sufferer and damage 〔復旧〕 災害時の市区町村の行政証明事務

として，罹災状況を証明するものである．災害時は市区町村長が，火災時は消防署長が，発行する．証明の範囲は，災害対策基本法第2条第1号に規定する災害で，住家については全壊・全焼，流失，半壊・半焼，床上浸水，床下浸水，人については死亡，行方不明，負傷である．発行には，行政による調査に基づいて被災者台帳を備え，その台帳により確認し，被災者の申請により発行するものであるが，台帳によって確認できない場合は，申請者の立証資料により発行することができる．被災程度について異論がある場合は現地で再確認することがある．阪神・淡路大震災では，建物被災調査による被害棟数と罹災証明による被害棟数は一致していない．なお，罹災証明は，発行手数料は免除され，各種被災者支援対策の受給資格の証明となるものである．→罹災届 ◎中林一樹

罹災都市借地借家臨時措置法 [りさいとしじゃくちしゃっかりんじそちほう] Temporary Modulation Law for rights of Leased Lands and Rental Houses in Stricken Area by disaster 復旧 本法律は，関東大震災による借地借家紛争を処理し震災復興を促すための特例法が起源で，終戦直前に戦時特例法となり，戦後復興時の借地借家関係の調整を図るものであったが，災害が激発した終戦直後の状況から，1947年の改正で一般の災害にも適用されることとなった．戦災の全国における膨大な住宅不足状況下で，罹災建物の再建にあたって借地権者および借家権者の優先権を保護する主旨の法律であった．借地権・借家権の登記がなくても法適用から5年間の借地権の対抗ができる(10条)，借地権の残存期間10年未満の時の10年間までの延長(11条)，2年以内の申し出による借地利用の優先借地権の制度(2条)，借家人の借地権優先譲受権の制度(3条)，再建建物への優先入居を認める優先借家権の制度(14条)，借地権を優先的に受けた後1年以内に土地利用を開始しない時の解除権(7条)などを設けている．阪神・淡路大震災でも，この法律が適用されたが，借家が再建できなければ優先権も適用されないこと，借家が新築されても家賃負担が不可能な場合には優先権も行使できないこと，優先借家権の行使を嫌って借家の再建を回避する事態の発生など，現状に適合しない問題が多く指摘され，現状における法律の有効性についての疑問も多い． ◎中林一樹

罹災届 [りさいとどけ] application of sufferer and damage 復旧 被災者は，見舞金や義援金の配分，その他各種の復旧復興支援の受給資格を証明する罹災証明を得るために，災害時にあっては被災した市区町村に対して，被災程度を届け出て，罹災証明書の発行を申請する．市区町村は被災者台帳を備えて罹災状況を確認するが，確認できない時は，申請者が立証資料を準備しなければならない． ◎中林一樹

リサンプリング法 [リサンプリングほう] resampling method 河川 標本(一群のデータ)の特性を記述するのに，その標本内の全てのデータを用いて種々の統計量が求められる．この場合，その統計量の推定値に偏りがあったり，推定精度が不明であったりする．リサンプリング法は，このような偏りの補正，推定精度の評価のために用いられる方法である．乱数発生により，対象とする標本から新しい標本を多数生成して，統計量の偏りや精度を求めることができる．Jackknife法やbootstrap法などがよく用いられる． ◎寶 馨

利水安全度 [りすいあんぜんど] degree of safety for securing normal discharge 都市 河川 計画上設定された開発施設規模，開発水量(確保流量)のもとで計画通りの利水が可能となる確からしさを利水安全度という．現行では利水安全度1/10がとられている．施設規模については，当該河川の計画対象年(基準渇水年)を定め，その計画対象年における計画地点の河川流況をもとに，当該河川において占用されている既得権益を損なわない範囲で新規水資源開発可能量が設定される．この計画対象年の決め方としては，至近10カ年あるいは20カ年の第1位あるいは第2位相当渇水年の計画地点の流況に基づいて利水基準地点における確保流量に対する貯水池よりの補給運用を試行し，補給のために必要な貯水池容量が最大になる年を採用することを原則としている．よく用いられる指標は，①渇水発生頻度(再現期間や信頼度)，②渇水継続長さ，③渇水の規模または大きさ(不足％・日)，④渇水の厳しさ(深刻度，たとえば不足％2乗・日)，⑤レジリエンシー(回復度)，⑥渇水による経済的被害，などである．これらは水資源システムの性能評価の指標とみなすこともできる． ◎池淵周一，寶 馨

利水計画 [りすいけいかく] water utilization planning 都市 河川 水資源計画において計画，管理の目的を利水においた計画のこと．利水計画は，地域の生活者がその営みを維持するために必要とする，都市用水(生活用水・工業用水)，農業用水，発電用水，さらに，舟運や漁業などを可能とする水量を確保するために，河川水，地下水などの水資源を時間的・空間的に有効に供給することを目的とした計画である．利水計画の立案のためには，生活者の現在および将来の水需要量や需要構造を適切に把握または予測する必要がある．また，現行の利水計画は，10年に1回発生するような少流量年の河川流況を対象として取水が確保できるよう，ダムなどによる水供給を計画している．水需要量に見合った供給量が確保できない場合や計画安全度を超える渇水に対しては，安定した水資源の確保，需要管理，節水型社会システムの形成など供給サイドと需要サイドを合わせた総合的な対策が必要である． ◎萩原良巳

利水調整 [りすいちょうせい] water use coordination 都市 河川 河川の流量が異常に低くなって，水利使用が困難となった場合における取水制限などの水利使用者相互の水利使用についての調整をいい，狭義には，河川法規

定による渇水時の水利使用の調整手続を指す。河川法第53条では，異常渇水の時は，水利使用の許可を受けた者が相互に他の水利使用を尊重してその水利使用の調整について必要な協議に努めることとし，また，この協議が不成立の場合において，当事者から申請があった時，または緊急に水利使用の調整を行わなければ公共の利益に重大な支障を及ぼす恐れがある時は，河川管理者は水利使用の調整に関して必要な斡旋，または調停を行うことができるとされている。利水者とは水利使用の許可を受けた者をいい，水道用水，工業用水，農業用水，発電用水などがある。

◎松下 眞

利水容量 [りすいようりょう] capacity for water utilization [都市][河川] ダムの建設目的には，利水，治水，生態系の保全目的がある。利水目的とは，都市用水，農業用水，発電用水などの確保である。都市用水は生活用水や工業用水を，農業用水は灌漑用水や畜産用水を含む。ダムなどの多目的施設の建設により，これらは10年に1回の割合で生じる少流量年でも河川からの取水が可能となるように計画される。貯水池には，容量が割り当てられるが，これらを合わせて利水容量という。建設のために負担する費用もこの容量によって異なる。

◎萩原良巳

リスク risk [共通] リスクとは，一般的には何らかの不確実な状況のもとで，場合によっては好ましくない結果(例えば災害や事故，事業の失敗，環境汚染による健康の損傷など)が生じ得ることを明示化した上で，その可能性の大きさとその起こり得る被害(損失)の程度をひとまとめにして，指す場合に使われる。人間が生きる過程でリスクを完全に排除することは不可能であり，唯一できることはわざわざ被害を大きくするような行動をとらないことである。しかし，リスクには「受け入れるリスク」と「望まないリスク」がある。スポーツや喫煙に伴うリスクは前者でありこれらは個人の自覚で避けられる。災害は後者であり現象の規模は個人の能力を超える。リスクを科学的に定義する仕方は多様にあるが，好ましくない結果(事象)の発生確率とその被害の程度の積集合や和集合としてリスクを定量化する考え方も一般的によく用いられる。その場合は，その事象が確率分布として定式化，定量化できることがリスク概念を導入する大前提とされる。またリスクはある意味で，意思決定や行動の可能性とその善し悪しを規定する要因であるともいえる。これに対して，可能性の大きさはあくまで何らかの想像可能なものであれば，定性的なものであってもかまわないとする広義のリスクの定義の仕方も，リスクマネジメントのシステム科学ではよく行われる。→リスクマネジメント，リスク評価，リスク分析

◎岡田憲夫，渡辺正幸

リスク管理 [リスクかんり] risk management [海外] ◘リスクマネジメント

リスクコミュニケーション risk communication [情報] リスクについての利害関係者間における情報交流の過程を指す。科学者や行政などのリスク専門家が一般市民へリスク情報を一方向的に伝えることは，リスクメッセージといわれリスクコミュニケーションの一部分をなすにすぎない。情報交流という意味は，科学者から一般市民へ，一般市民から行政へなど，情報が多方向にやりとりされるということである。リスクコミュニケーションでは，社会全体としてリスク情報を共有することによってリスクを民主的に管理し，リスクを回避ないし削減することが目指されている。災害分野においては，災害前の教育・啓蒙活動が中心課題となる。これに対してクライシスコミュニケーションでは，災害後の情報伝達が中心課題となっている。民主主義的な価値観の浸透を背景にして生まれ，リスクに対する考え方を重視するリスクコミュニケーションに対し，クライシスコミュニケーションでは危機を回避する技術そのものに関心がある。→クライシスコミュニケーション

◎吉川肇子

リスク評価 [リスクひょうか] risk evaluation [共通] リスクマネジメントの循環的な問題解決過程を構成するもので，認識されたリスク(例えば災害や事故などのリスク)を考慮して，関与する主体(ステークホルダー)が多様な対応の仕方と起こり得る結果について分析した上で，総合的に考えて最も適切と判断される対応の仕方を評価・選択する行為とその場合に用いられる多様な基準の設定を指して，リスク評価という。また，その際に用いられる科学的な技法やモデルをリスク分析手法と呼ぶ。→リスク，リスク分析

◎岡田憲夫

リスク分析 [リスクぶんせき] risk assessment [共通] リスク分析は数学的な手法である確率論とリスクを生み出す現象の発達過程とその最終結果である災害との科学的因果関係が明らかにされることによって初めて可能になる。リスク分析は通常次の4つの段階を踏む。①加害現象の生起可能性の認識，②加害現象の生起確率の推定，③加害力が作用することによって生み出される社会的な損失の推定，④リスクの評価を何に役立てるかの検討。リスク評価の成果を用いて災害の影響の程度や分布が判断できる。成果を地図に表示してわかりやすくすることができるし，脆弱性(加害力の大きさに対する被災対象物の強度)のより深い分析に活用して災害対策を正確かつ効率的に進めるための根拠とすることができる。→リスク，リスク評価

◎R.K.Shaw

リスクマップ risk map [共通] 防災学においては，リスクは人的・物的被害の定量的な大きさを指している。従って，リスクマップは災害原因毎，あるいは可能性のある複数の災害による地域のリスク分布を地図上に示したものであり，実情が視覚的に把握できるために対策計画の策定や実施の際に有効である。リスクマップ作成のためには，まず災害原因となる自然現象の程度・影響範囲が地図上に

示される必要がある(→ハザードマップ)。次いで，これに地域の家屋分布，人口分布などの情報を重ね，ハザードの程度と被害の程度を結びつける評価方法に従って，リスクマップが作成される。ハザードマップの段階で，各種の可能性の積み重ねの形で表現したものや，過去の実績など特定のシナリオに基づくものなどがあるが，リスクマップでは，事象の発生確率を勘案して，確率評価付きのリスク分布を求める視点が重要である。このようなリスクマップは，信頼性の向上と許容できるリスクに対する合意のもとに，都市計画や災害対策に活かされなければならない。

◎高橋 保，R.K. Shaw

リスクマネジメント risk management [共通]　災害や事故，事業の失敗などのリスクが想定される状況のもとで，それが置かれている社会的・文化的文脈を踏まえ，リスクを認識し，多様な対応の仕方と起こり得る結果について分析し，総合的に考えて最も適切と判断される対応の仕方を評価，選択するとともに，それを実行し，その結果を自己責任のもとで甘受し，事後の推移を観察し，必要に応じて，元に戻って上記の過程を繰り返すような，リスク問題のシステマチックな解決過程とそのアプローチ(方法論)を指してリスクマネジメントという。現実には，そのような意思決定と実行に関与する主体(ステークホルダー)が複数いるのが普通で，その意味で，リスクマネジメントは不確実性のもとでの複数主体の多様なリスクの調整や分担などを必要とすることが多い。→リスク　◎岡田憲夫

リチャードソン数 [リチャードソンすう] Richardson number [河川][気象][海岸]　成層流体中の，静的安定度と鉛直シアーによる不安定度とを比較した無次元数で，乱流が発達するか否かを示す指標となる。この値が大きいほどこの成層シアー流は安定であると考えられ，理論による安定条件は $Ri>1/4$ である。実際の対流圏では，ほぼ100程度である。また，気象学では，ゾンデデータからこの値を計算することが多く，その場合には，ある厚さの層の平均的な値という意味で，バルクリチャードソン数と呼ぶ。

◎藤吉康志

立体格子ダム [りったいこうしダム] spatial grid dam [地盤]　透過型砂防ダムの一種である。通常は直径約60cmの鋼管を立体格子状に組み合わせた鋼製構造物であり，土石流および流木を捕捉する目的で設置する。基礎部および袖部はコンクリートにより作られる。平常時に流下する細粒の土砂は格子間を通過し上流への土砂堆積が進まないためダムの捕捉容量の維持が可能であり，河床縦断の連続が阻害されないため魚類の移動にも有利である。

◎石川芳治

リニアメント lineament [地震]　一般に地表に認められる線状の構造を指すが，自然物では地層・岩石中の構造を反映した直線的な地形を指すことが多い。断層，節理，地層境界などの存在が原因となる直線状の谷や急崖，鞍部列などがその例で，地質調査の予察的考察の際に考慮される。活断層の認定作業でも，リニアメントの判読がその基礎的作業となるが，明瞭でシャープなリニアメントが必ずしも最近の地質時代の活動を示さない例が多いことには注意が必要である。

◎中田 高

罹病・病状悪化 [りびょう・びょうじょうあっか] spread of diseases [被害想定]　阪神・淡路大震災では長引く避難所生活や生活環境の悪化，過度のストレスなどで病気にかかったり，病状を悪化させる人が数多く発生した。特に体力の弱った高齢者や病人，幼児などいわゆる災害弱者といわれる人々が大きな影響を受けた。一般には，震災後の疲労，睡眠不足，栄養不良，寒さ(暑さ)などによる体力の低下，衰弱，肺炎，インフルエンザ，心疾患などの発病，持病の悪化によって死亡，入院，通院する人が発生することが考えられる。

◎池田浩敬

リモートセンシング remote sensing [共通]　陸上や水面の状況を，そのものに接触せずに遠隔地点から計測する計測手法。通常は，航空機や人工衛星を用い，上空から光学的に計測する手法を指すことが多い。地表面や水表面の可視光・赤外線などの反射の状況から，地上の植生や土地利用状況，水面近くの濁りや植物プランクトン量などを，面的に同時観測する。画像処理技術，信号処理技術の向上につれ解像度も上昇し，種々の分野での応用が可能となってきている。さらに，短波レーダーや超短波レーダーなどによる水面の波や流れの広域計測技術の開発が進んでいる。

◎細川恭史

流域地形モデル [りゅういきちけいモデル] watershed topographic model [河川]　キネマティックウェーブ法などの分布型流出モデルを適用する際には，流れの場である流域地形を合理的にモデル化する必要がある。この流出場のモデルを流域地形モデルという。流域地形モデルは，電子計算機で流域地形を取り扱うことができるように設計された数値地形モデル(DEM：Digital Elevation Model)をもとに構成されることが多い。DEMとは，ある規則に基づいて離散的に与えられる標高データを用いて流域地形を表現する手法であり，グリッドモデル，等高線図モデル，三角形網モデルがある。流出モデルの目的に応じてDEMを選択し，それをもとに流域地形モデルを構成する。一般に，DEMは，縦横に区切った格子点での標高を用いて流域地形を表現するグリッドモデルを用いて整備・公開されることが多い。このデータ形式を持つ地形データは電子計算機による加工が容易であることもあって，グリッドモデルを基本とした流域地形モデルが構成され，それをもとにした分布型流出モデルがよく構築される。

◎立川康人

隆起 [りゅうき] uplifting [地震]　地球表層における突然の上昇やゆっくりとした上方への移動をいう。水平方向の運動はほとんどない。運動は，速度や大きさ，地域に限定されない。その原因はゆっくりとした地殻の変形，活

断層運動などの自然の地質学的過程が考えられる。地殻の広い範囲における現象として，海溝型地震時や火山活動に伴う地盤上昇運動や氷河後退に伴うアイソスタティックな地盤上昇も認められる。変位の基準面(海水面，標高など)が必要で，それに対して現象の前後で相対的に上昇することを意味する。
◎竹村恵二

硫気孔 [りゅうきこう] solfatara [火山] 噴気孔の呼び方の1つで，噴出する火山ガスは水蒸気の他，硫化水素や二酸化硫黄を多く含む。硫気孔からのガスには硫黄ガス成分とともに二酸化炭素も多く含まれていることが普通である。日本の火山地帯の噴気孔はこのタイプが多い。硫気孔の周辺にはイオウの析出が見られ，周辺の岩石は変質し，灰色～白色を呈している。
◎平林順一

流況曲線 [りゅうきょうきょくせん] discharge-duration curve [河川] 河川の1年間の日流量を大きなものから順に並べ，横軸を順位(日数)，縦軸を日流量とする図上で表した曲線を流況曲線という。わが国では95番目の日流量を豊水流量，185番目を平水流量，275番目を低水流量，355番目を渇水流量と定めている。また，最大流量と最小流量の比を河状(あるいは流況)係数といい，流域における降水の長期保水力の尺度となる。この係数が大きいほど治水面・利水面とも扱いがたい川といえる。→渇水流量
◎栗田秀明

流況調整河川 [りゅうきょうちょうせいかせん] channels for adjustment of different river flow regimes [河川] 複数の河川を連絡して導水することにより流況調整を行うための人工河川で，洪水防御，内水排除，河川維持流量の確保，水質浄化を図るとともに新規の水資源開発を行うことを目的とする。流量不足の期間に別河川の余剰水を導水することにより河川維持流量の確保，水質浄化および新規の水資源開発を行い，洪水を他河川に導水することにより洪水防御を，流況調整河川に内水を受けて他河川に排水することにより内水排除を行う。
◎箱石憲昭

流言 [りゅうげん] rumor [情報] 事実的根拠のないうわさ。大災害が発生した後には，しばしば，流言が発生する。流言のタイプとしては，災害の前兆・予言に関するもの，災害・被害の原因に関するもの，被災地で広まる災禍直後の混乱に関するもの，被災地周辺・外部で広まる被災状況に関するもの，災害再発予測に関するものなどがある。流言の基盤には，制度的チャンネルからの情報供給を上回る情報需要を，私的チャンネルを通じて満たそうとする欲求がある。→うわさ
◎杉万俊夫

粒子破砕 [りゅうしはさい] particle breakage / grain crushing [地盤] 地盤を構成する土粒子が受けた圧力によって砕かれること。基礎杭の支持力問題や土構造物などの変形・沈下の問題などと関連して重要である。まさ土やしらすなどは粒子破砕を生じやすく，堅固なロック材や砂礫なども高圧力下で破砕する。粒子破砕の程度を示す指標として，破砕前後の粒径分布に準拠して求まる細粒分の増加，残留率の変化，粒径加積曲線間の図形上の面積，土粒子表面積の増加などが，工学的判断のために用いられる。
◎福本武明

流砂量 [りゅうしゃりょう] sediment transport rate [河川] 流れによって単位時間当たりに輸送される砂礫の量(通常実質の体積)のこと。流砂形態には掃流砂や浮遊砂などがあり，それぞれの輸送量を算定する計算式が種々提案されている。また，掃流砂と浮遊砂を区別せずに両者の合計を計算する方法もある。一般に浮遊砂量や掃流砂量を計算するためには，流速，水深，掃流力などの水理条件と河床材料の粒度分布が必要である。また，河床波の存在は流砂量に大きな影響を与え，そのときには河床波による形状抵抗を考慮した有効掃流力を用いなければならない。その他，急勾配の場合，横断方向に傾斜している河床の場合にもそれぞれに適した流砂量式を用いなければならない。
◎藤田正治

流砂量観測 [りゅうしゃりょうかんそく] sediment load observation [河川] 掃流砂観測には，流砂をトラップする採砂機を用いる直接的方法と，河床波の波高・波長と移動速度を音響測深機で測定する間接的方法がある。Wash loadおよび鉛直方向の濃度差が小さい浮遊砂の観測には，採水によって土砂濃度を測定する直接的方法と土砂濃度と濁度の相関関係を整理した上で洪水流の濁度を測定する間接的方法がある。鉛直方向の濃度差が大きい浮遊砂を観測する場合には，河床近傍を含めた複数の地点の土砂濃度を測定する必要がある。各種観測方法にはそれぞれ限界があることから，観測地点の河道特性や物理的条件を踏まえ，観測目的と対象とする土砂の流送形態に応じて適切な方法を組み合わせることが重要である。
◎諏訪義雄

流出土砂量 [りゅうしゅつどしゃりょう] sediment discharge [地盤][河川] ある地点を，ある期間に通過する土砂の量または，砂防ダムや，貯水池にある期間に堆積する土砂の量をいう。過去の大きな土砂災害については，航空写真の判読などから，上流の崩壊土砂などの生産土砂量と河道内などに堆積している土砂を求め，その差からそれぞれの出水の流出土砂が推定されている。貯水池や砂防ダムでは測量結果から流出土砂量が推定される。最近では，積極的な土砂管理を目指して，瞬間の流出土砂量を求めようとする試みがなされている。浮遊砂は採水や，濁度からの推定が可能であるが，掃流砂については容易ではない。国外では掃流砂サンプラーによる観測が行われている。
◎水山高久

流出率 [りゅうしゅつりつ] runoff ratio [河川] ある一定期間に流域から流出した河川流量の総量とその間に流域に降った総雨量との比を流出率という。水収支の観点からいえば1水文年を考えて流出率を算定するのが望ましい。一連の雨とそれによる流出を考える場合には，直接流

出量(すなわち有効降雨量)と総雨量との比となる。ちなみに，流出係数(runoff coefficient)とは，ある時間間隔に降った雨のうち流出する割合をいい，一雨の中で変化しうるものである。降雨期間中損失が一定比だとすると，流出率と流出係数は一致する。
◎寶 馨

流雪溝 [りゅうせつこう] snow removing ditch / channel [雪氷][都市][復旧] 鉄道線路や道路の側溝に流水し，除雪された雪を投入して処理する水路をいう。流雪溝は昭和初年に鉄道で使われはじめた。56豪雪後の昭和57(1982)年度から流雪溝の面的整備が「▶雪寒(道路)法」で進められ，北陸から北海道まで急速に普及した。普及にはまず水源の確保が必要であり，水利権者の協力が求められる。管理面では限られた水量の有効利用と水路が雪で閉塞することによる溢水防止が重要であり，水配分計画とそれを実行する地域の協力体制が不可欠である。このことは，ほとんど行政側で実施している機械除雪や消融雪と違った特質である。溢水防止の方策では，壁面への塗装，流路の屈曲部での角度のとりかた，複断面水路の方法がある。
◎杉森正義

流程 [りゅうてい] stream path [気象] ある方向と流速，すなわち速度ベクトルの時系列データがあるとする。そしてある物体がその速度ベクトルで示されるのとは逆方向に静止流体中を運動するものとして，物体が描く空間曲線をさらに逆方向に見たものを流程という。
◎桂 順治

流程座標 [りゅうていざひょう] co-ordinate on stream path [気象] ▶流程に沿って目盛られた座標を時系列の時間座標に対して流程座標という。この流程座標は $ds=V(t)dt$ (s：距離，$V(t)$：流速のスカラー，t：時間)の関係式で結ばれ，距離と時間が1対1対応するため，すべての時系列データは距離を変数とするデータに変換できる。この時距離の単位を物体の代表長さに選べば，流れに関する物理現象のスケールによる違いなどを議論する上で便利であり，最初に自然風中における非定常の風圧解析に用いられた。
◎桂 順治

粒度分布 [りゅうどぶんぷ] grain size distribution [地盤] 地盤を構成する土粒子の粒径別の分布状態のこと。土の工学的諸性質と深く関連して重要であり，また堆積土の堆積環境の推定や残積土の風化の程度などを知る上からも有効な手がかりとなる。通常，粒度分布は粒度試験により求められ，粒径加積曲線で表される。粒度分布の特性を示す指標として，この粒径加積曲線上から読みとって求める有効径，平均粒径，均等係数，曲率係数などが，土の分類や工学的判断のためによく用いられる。
◎福本武明

流氷 [りゅうひょう] drift ice [雪氷][海岸] 岸から離れて流れ動く氷。流氷は，水面の傾斜や，風や海流の応力を受けて漂流するが，動き始めると地球自転の転向力や氷盤が相互に及ぼす力が働く。沿岸海域では岸の影響も加わって，風向によって接岸と離岸とを繰り返す。流氷は速い時には時速2～3 kmの動きを見せるから，一晩の移動距離が海岸からの視野範囲を上回り，青海原が一夜にして一面の流氷野に変わっていたり，見渡す限りの流氷野が翌朝には姿を消していたりする。広域の流氷野に働く風の応力が，流氷野に閉じ込められた船を潰したり，海岸構造物に被害を与えたりする。1952年の十勝沖地震では，霧多布の沖合の流氷が津波で陸上に運ばれて，家屋を損傷する事例を残した。
◎小野延雄

流木 [りゅうぼく] woody debris [地盤][河川] 崩壊，土石流の発生時には，斜面，渓岸にある立木が土砂とともに移動し，これが流路に達すると流木となる。昔は木製の橋梁が多く，出水時にこれが流されて流木となることも多かった。土石流の場合，取り込まれた流木は流れの先頭部に集まる傾向があり，橋や，カルバートを閉塞させて氾濫のきっかけを与えるため流木対策が必要となる。下流河川でも，出水時に多くの流木があり，やはり橋げたにひっかかって水位を上昇させ，氾濫の危険性を増加させている。風倒木発生後の出水では，流木ダムの形成，決壊もあって問題が大きくなる。また，出水後の流木の処理も問題である。
◎水山高久

流木止め [りゅうぼくどめ] woody debris trap [地盤] 流木を捕捉するための構造物。鋼製の柵状の構造物が多い。流木柵，流木対策ダムと呼ばれることもある。土石流の流下する区域では，土石流対策の透過型ダムが流木止めを兼ねる。通常の不透過型の砂防ダムにも流木捕捉効果があるが，流れを堰き上げない透過型の柵のほうが捕捉効果は大きい。貯水池では水面に浮かせて設置された施設で流木を捕捉している。
◎水山高久

流量観測 [りゅうりょうかんそく] discharge measurement [河川] 河川の流量を測る方法には，ある時点の断面積と流速を測ってこの積を流量として求める方法がとられる。流速測定方法は，回転式などの可搬式流速計による方法と浮子による方法に大別される。浮子による方法は，洪水時に流速が大きいなどの理由のため可搬式流速計による計測が不可能な場合に用いられ，浮子を一定区間流下させ，その区間を流れるのに要する時間を観測して流速を求める。これらの観測方法以外に堰などに限界水深を発生させ，水位から計算により流量を求める方法がある。流量は連続観測が困難なため，観測された流量と水位の関係をあらかじめ求めておき，この関係を用いて時々刻々の水位を流量に変換して連続的に観測する方法がとられている。
◎三輪準二

流路工 [りゅうろこう] channel works [地盤] 渓流の下流扇状地などにおいて洪水などにより渓岸，渓床が侵食されるのを防止するとともに，洪水・土砂の氾濫を防止する目的で設置される砂防設備。通常は，護岸工，床固工，帯工などが組み合わせられて用いられる。上流からの土砂流出により流路工が埋塞されて氾濫が生じる場合があるた

め，上流からの土砂の流出を防止することが重要である。最近この名称は用いられなくなりつつある。

◎石川芳治

リル rill ［地盤］　小溝・細溝と呼ばれる最も小さい谷。リルは，豪雨時に発生する表流水によって，盛土のような未固結物質から成る斜面で容易に形成される。多くのリルは直線状で，短命であり，次の豪雨で規模・形態を変化させやすい。リルの末端は斜面の途中で消失することもある。また，リルの一部は，成長して成層火山で見られるようなガリー（涸れ谷）へと発達することもある。リル侵食は，布状洪水侵食とともに斜面における卓越した表面侵食と考えられている。さらに，リル侵食は畑地・未固結物質から成る裸地における土壌侵食にとって重要な役割を演じる。

◎石井孝行

履歴曲線 ［りれききょくせん］ hysteresis curve ［地震］　構造材料・部材・構造物が繰り返し強制変形を受けた時の抵抗力と変形の関係の総称である。構造材料・部材・構造物がその降伏限界を超えて強制変形を受ける時，抵抗力と変形の関係は非線形となり，また正負に繰り返し強制変形を受けると，履歴曲線は時計回りに膨らみを持つ形状を呈する。降伏限界を超える領域における抵抗力の推移は構造材料，部材，構造物が持つ塑性変形能力を，また履歴曲線に囲まれた面積はこれらが持つエネルギー消費能力を測る指標になるなど，履歴曲線は耐震設計における基礎情報を与える。

◎中島正愛

隣棟延焼 ［りんとうえんしょう］ fire spreading to neighboring building ［火災・爆発］　一棟の建築物が火災になって他の建物へ火災が拡大することを一般的には類焼というが，ここでは隣棟への類焼をいう。延焼という用語は単一の建物内部において火災が広がる現象を指すこともあるが，→市街地火災の分野では建物から建物への火災の拡大に対して用いられている。類焼は市街地火災に至る前の建物間延焼の初期段階をいう。隣棟延焼の機構上からは，火元建物からの飛び火，接炎（熱気流の接触），放射加熱という加害要因と，これらを受ける側の建物の受害防止性能の要因に分けて考えることが必要である。平時の火災統計では，隣棟間隔2m以内の類焼事例が多い。

◎糸井川栄一

林野火災 ［りんやかさい］ wildland and forest fire ［火災・爆発］　森林，原野または牧野で発生する火災。林野火災は落雷などの自然現象により発生するものもあるが，ほとんどの火災は，煙草の投げ捨て，たき火の不始末，野焼きなどの人為的な原因で起こる。また，林野火災の発生，延焼拡大は気象条件の影響を強く受ける。全国の林野火災の発生件数を見ると1974年頃をピークとしてその年以降やや減少傾向にあるものの，毎年約3200件の林野火災が発生している。年間では2月から5月にかけて乾燥・強風の日が続いた年には火災件数は増大する。林野火災による被害額は建物火災に比較して少ないが，火災が一旦発生すると拡大し，その燃焼は長時間に及び，集落へ接近するなどの社会的な不安を引き起こす。都市近郊において住宅が山地に伸びてきていることから，一度，林野火災が発生すれば住宅に接近し，火災に囲まれる危険性が高い。

◎山下邦博

林野火災特別地域 ［りんやかさいとくべつちいき］ special forest fire management area ［行政］［火災・爆発］　林野火災特別地域対策事業は，消防庁と林野庁が共同して推進している事業であり，林野占有面積が広く，林野火災の危険度が高い地域において，関係市町村が共同して事業計画を樹立し，①防火思想の普及宣伝，巡視・監視等による林野火災の予防，②火災予防の見地からの林野管理，③消防施設等の整備，④火災防御訓練，⑤その他林野火災の防止等を総合的に行おうとする事業である。林野火災特別地域対策事業を実施する地域を「林野火災特別地域」といい，当該地域における林野面積，その経済的比重，林野火災の危険度等にかんがみ，次のいずれかの要件に該当する区域内の関係市町村が都道府県と協議して決定するものである。

ア：市町村における林野占有率が70%以上，林野面積が5000ha以上および人口林率が30%以上の市町村

イ：過去5年間における林野火災による焼損面積が300ha以上の市町村または過去5年間における林野火災の出火件数が20件以上の市町村

ウ：上記以外の市町村で，特に林野火災特別地域対策事業を実施する必要があると認められる市町村

◎消防庁

林野火災の延焼速度 ［りんやかさいのえんしょうそくど］ spread rate of wildland and forest fire ［火災・爆発］　林野火災の延焼拡大する速度。無風下において，平坦地にある十分に乾燥した落葉が火災になった場合には延焼速度は20～30 m/h程度であり，歩行速度に比較して小さい。しかし，ススキ草原のように可燃物量が多く，地表に可燃物が林立している林地では火勢が強くなり，延焼速度は増大する。さらに，傾斜地で発生した火災は角度に応じて延焼速度が加速度的に増大する。無風下でも可燃物の燃焼によって傾斜地を吹き上げる→火事場風が起こり，この風の影響を強く受けて拡大することから延焼速度は予想以上に大きくなる。→地中火，地表火

◎山下邦博

林野火災の飛び火 ［りんやかさいのとびひ］ spot fire near wildland fire ［火災・爆発］　林野火災で発生する飛び火火災。林野火災においては可燃物が露出しており，加えて樹木が燃えることから無数の火の粉が発生する。これらの火の粉は風に煽られて風下方向に拡散して地表に落下して飛び火火災を起こす。飛び火距離は，地形や風速で異なるが，数百mから1kmにも及ぶ。たき火によって生じた火の粉により火災が発生することが多い。飛び火火災は，火の粉が大きく，しかもその表面温度が高く，加えて強風が吹いている時に起こりやすい。→樹冠火

◎山下邦博

ル

累計降雪量 [るいけいこうせつりょう] accumulated amount of snowfall 雪氷　ある期間内の日降雪量を合計したもの。気象官署では1辺50cmの白い四角板(雪板)を雪面に置き，09，15，21時の1日3回降雪量を測定し合計値を日降雪量としている(測定毎に板上の雪は払う)。この値は1日1回のみ測定した日降雪量よりも大きい。なぜなら，降り積もった雪は，その後の降雪の重みで圧縮されたり，表面や底面で融けたりするからである。従って，一冬の累計降雪量はその冬の最大積雪深の何倍もの値になる。　◎和泉　薫

類焼 [るいしょう] fire spreading to neighboring building　火災・爆発　→隣棟延焼

ループ化 [ループか] looping　都市　ライフライン施設によるサービス供給地点から需要地点までの系統の多重化を図ること。厳密には，同じ供給地点から複数化する場合に輪(ループ)が形成されるが，異なる供給地点から複数化する場合も含むことが多い。水道においては配水管網として1つの需要地点に複数方向から供給できる仕組みが形成されている。また，給水区域をいくつかの配水管網にブロック化しそれらを結ぶ緊急用の連絡管を配置することにより，平常時におけるブロック内の効率的水運用を図るとともに災害時の供給源を確保する対策も図られている。下水道管渠においては樹枝状のネットワークとなりループ化されていないが，重要な区間の二重管化や緊急用の連絡管(バイパス管と呼ばれる)を設置するなどの対策がとられる。また，処理場間を連絡する管を設置することにより，災害時の対策とする他に処理水の再利用区域の拡大や更新時の対応の目的を兼ねることもある。　◎渡辺晴彦

ルジオン値 [ルジオンち] Lugeon value / Lugeon unit　地盤　ルジオン値(Lu)は，ボーリング孔をパッカーで区切り，一試験区間長を原則5mとして水を注入する試験(いわゆるルジオンテスト)によって求められる，主として岩盤の透水性を評価する指標である。圧力1 MP_a(≒10 kgf/cm^2)，孔長1m，時間1分当たりの補給水量(l)で表し，1 l/min/mの水が入った時を1ルジオン(≒1×10^{-5} cm/s)と称する。ダム基礎岩盤におけるカーテングラウチングの目標値は，2〜5ルジオン程度が多い。　◎大西有三

レ

レイアウト規制 [レイアウトきせい] layout's regulation　行政　石油コンビナート等を形成する個々の事業所内の施設については，消防法，高圧ガス保安法等により，すでに各種の規制が行われているところであるが，コンビナート災害を防止するには，事業所を一体として捉え，新設および変更の段階から，各施設地区の配置等について規制を加えることが有効である。このため石油コンビナート等災害防止法では，第2章に事業所の新設および変更に係る届出，指示等一連の手続に関する規定を置いているが，これがいわゆるレイアウト規制と呼ばれるものである。この手続により，個別法による規制との調整を図りながら，事業所内の各施設地区の配置等の面で事業所全体について一元的な防災上の規制を実施している。　◎消防庁

冷夏 [れいか] cool summer　気象　気温が平年より低い夏をいう。発生する気象状況としては大きく2通りある。一つはオホーツク海高気圧型(第1種冷夏)で，オホーツク海にブロッキング高気圧が停滞して，北東の冷涼な風(やませ)が吹く。この風は霧・層雲を伴って陸地に侵入するため，日照不足となる。また太平洋高気圧は南に偏り，全国的な冷夏となる。もう一つは北冷西暑型(第2種冷夏)で，オホーツク海に低気圧があり大陸からの冷涼な北西風が吹き込む場合で，北日本だけが冷夏となる。太平洋高気圧は西に偏って張り出し西日本は猛暑となることが多い。　◎横山宏太郎

冷害 [れいがい] cool summer damage　雪氷　気象　夏作物の栽培期間である夏季の天候が著しく冷涼(冷夏)で，作物に生育不良，減収が発生することをいう。低温だけでなく寡照，多雨を伴う場合が多い。特に稲に被害が多いが他の作物でも発生する。北海道，東北に発生が多い。冷害の主因となる霧や層雲を伴う冷涼な北東風を東北地方では「やませ」と呼ぶ。主要作物である水稲の冷害は，発生の様相から以下のように分類されている。水稲の生育の重要な段階は出穂と登熟である。生育前半の低温によって生育，出穂が遅れ，登熟が秋の気温が低下する時期にずれ込むために登熟不良となる「遅延型」，出穂直前の低温で生殖能力が低下するために不稔籾が多くなって減収する「障害型」，両方の原因による「混合型」がある。出穂直前の低温は，短期間であっても障害型冷害を引き起こすことに注意が必要である。耐冷性品種の育成普及，栽培技術の進歩などにより冷害対策は進展したが，農業構造の変化も関わって，なお冷害を完全に防止することは難しい。　◎横山宏太郎

冷気流 [れいきりゅう] cold air drainage　雪氷　気象　傾斜地において，夜間，放射冷却で冷やされた地表付近の空気が，周囲より密度が大きくなるために重力によって斜面を流下する気流をいう。このため，斜面下端が盆地や低地となっている場合はそこに冷気湖が形成される。また林や土盛りなどがあるとそこに冷気がたまる。このため，作

物や果樹，茶樹などが被害を受けることがある。

◎横山宏太郎

冷水害 [れいすいがい] cool water damage [雪氷]
[気象] 水温の低い農業用水を利用することにより水稲の生育が遅れ不稔や登熟障害が生じる。雪解け水が直接流れ込む山間地の水田やザル田といわれるような減水深の大きい漏水田(減水深30 mm/日以上)で常習的に発生する。被害は用水の取り入れ口付近に集中するため水口障害と呼ばれることがある。温水施設の導入により被害は解消される。

◎卜蔵建治

レイノルズ数 [レイノルズすう] Reynolds number
[気象][海岸][河川] 流体の持つ粘性の効果を表す量で，流体の慣性力($\rho U^2 D^2$)と粘性力(μUD)の比で定義される相似則の一つである。$Re=\rho UD/\mu = UD/\nu$ となる。ここで，U は流速，D は物体の代表長，ρ は密度，$\nu=\mu/\rho$ は動粘性係数(15℃，標準気圧の空気は1.46×10^{-5} m²/s)である。強風下の細い部材で $Re \fallingdotseq 10^5$ 程度，大きい構造体では10^7 以上というオーダーとなる。

◎宮田利雄

冷風害 [れいふうがい] cool wind damage [雪氷]
[気象] 冷風による作物の被害をいう。主に，東北地方の太平洋側や北海道東部で，オホーツク海方面からの冷風によって起こる夏作物の冷害をいうことが多い。この霧や層雲を伴う冷風の高さは1000 m程度で，内陸に侵入する時には地形の影響を受け，河口から川筋に沿って侵入する。しかし東北地方では脊梁山脈を越えることは少なく，従って日本海側の被害は小さくなる。

◎横山宏太郎

レインバンド rain band [河川][気象] レーダー観測画面上で線状に並んだ雨域をいう。気象衛星による観測画像で線状に並んだ雲はクラウドバンドと呼ばれる。直線状のものもあるし，台風に伴う場合のように螺旋状のものもある。ほとんどが線状に並んだ積乱雲によって降雨がもたらされる場合である。また，寒冷前線，スコールラインや台風に伴う大規模なものから，▶線状対流系に伴う小規模なものまで存在する。

◎中北英一

レーダーアメダス雨量合成図 [レーダーアメダスうりょうごうせいず] radar-AMeDAS composite chart [気象]
気象レーダーでは空間的に高密度なデータが得られるが，Z-R関係と呼ばれる半経験式を用いて反射強度を降水量に変換するため絶対精度はあまりよくない。一方，アメダス観測点は，正確な値は得られるが，その分布は平均すると17km四方に1カ所程度である。そこで，レーダーで観測される降水分布を，アメダス観測網で観測された実測雨量で較正して作成されたものがレーダーアメダス雨量合成図である。

◎石川裕彦

レーダー雨量計 [レーダーうりょうけい] radar rain-gauge [河川] 気象レーダーにより観測される大気中の水滴からの散乱波をレーダーアンテナで受信し，その強度を雨量強度に換算して1〜3 km四方の空間毎に5分間隔で表示できるようにしたもの。デジタルレーダーともいう。レーダーから5 cmの波長の電波を毎秒260パルス送信する。各パルスの送信後，同じアンテナで水滴から散乱される電波の強さとその受信時間を計測する。パルスの送信から受信までの時間で散乱体の存在する位置を知る。アンテナは5〜10回転/秒で空間を探査し，同一場所からの散乱波を5分間積算して，その強度をA-D変換でデジタルの強度に変換(8〜10段階)，表示する。表示の単位は通常，時間的には5分間，空間的には3 km四方の大きさであるが，空間はより細分化したものもある。降雨強度への換算はレーダー方程式を介して行われる。

◎吉野文雄

レーダー降雨量推定 [レーダーこううりょうすいてい] radar rainfall estimate [河川] 波長3〜10 cm程度のマイクロ波をパルスで照射し，雨滴で反射されて戻ってくる電力強度に基づいて降雨量を推定する手法。反射波が観測されるまでの時間から得られる距離とレーダーの方位とから対象降雨の位置，分布がわかる。雨滴粒径分布に起因するアルゴリズム的エラーやアンテナパターンなどのシステムエラー以外にも，特に波長が短い場合に深刻な経路途中でのマイクロ波の減衰や，地形など降雨以外からの反射，上空の雪片が融解する層ではあたかも大きな雨粒が存在するかのように観測されるブライトバンド，雨量計と比較する場合には観測体積の違いなど様々な観測誤差要因が存在するが，広域の降雨分布を即時に観測できることから河川災害をもたらすような豪雨のナウキャストには非常に有効である。単体での観測精度を補うためには地上雨量計との実時間較正などが行われる。

◎沖 大幹

レーダーネットワーク radar network [河川][気象]
複数の気象レーダーの受信画像をつなぎ合わせて広域的に気象状態を監視できるようにしたもの。わが国には気象庁による気象レーダー網や国土交通省によるレーダー雨量計のネットワークが構成されているし，西欧では国境を越えた気象レーダー監視網(COST Project)や，アメリカのNOAAによるNEXRAD Projectが実施されている。複数のレーダーによる受信信号を滑らかにつなぎ合わせることが技術的な課題である。

◎吉野文雄

レーダー反射因子 [レーダーはんしゃいんし] radar reflectivity factor [河川] レーダー方程式に含まれる定数で，散乱体からの反射強度を表すものである。降水粒子を例にすると，その後方散乱断面積は降水粒子の直径Dが波長に対し十分小さい時にはレイリー散乱で表され，直径Dの6乗を雨滴の個数について総和したもので表される。これをレーダー反射因子Zと呼ぶ。Zと降雨強度の関係から，受信電力を降雨強度に換算する。

◎吉野文雄

レーダー方程式 [レーダーほうていしき] radar equation [河川] レーダーで受信される電波強度を表現する式。電磁波は大気中の水滴による散乱を受け，後方に散乱されたものが同じアンテナで受信される。この後方散乱受

信電力はレーダーシステムの諸定数による変換を受けて，最終的には単位体積当たりの後方散乱断面積と関係付けられる。降水粒子の後方散乱断面積はその直径 D が波長に対し十分小さい時にはレイリー散乱で表され，直径 D の6乗を雨滴の個数について総和したもので表される。これをレーダー反射因子 Z と呼ぶ。Z と降雨強度 R の間の関係を調べて降雨強度に変換する。さらに電磁波の減衰を考慮して最終的なレーダー方程式が定義されている。

$$P_r = \frac{CFZ}{r^2} 10^{-0.2\int_0^r (Ka+k_r R^a)dr}$$

ここに，P_r は受信電力強度(mW)，r は目標までの距離(km)，C はレーダー定数，F はシステム補正係数，Z はレーダー反射因子，Ka は大気ガスによる減衰係数，k_r, α は途中降雨による減衰係数，R は降雨強度(mm/hr)である。

◎吉野文雄

レオロジー rheology [地震] [地盤]　自然界に存在する物質は固体と流体に大別され，固体の応力一変形の関係は弾性理論および塑性理論によって，流体のそれは粘性理論および渦の理論によって解明されてきている。しかし，多くの物質は応力条件，ひずみ条件によって，固体，あるいは流体のように挙動することがある。防災上は，地盤構成物質や人工構造物が，常時は固体として挙動するが，大きい応力がかかると流動的な挙動をすることに注意を払う必要がある。固体と流体の両方の領域にまたがる応力一変形関係を扱う力学の分野はレオロジーと呼ばれ，高分子化合物の物性の解明に大きな役割を果たした他，地盤物質や人工構造物の破壊過程の解明に役立っている。　◎奥西一夫

歴史地震 [れきしじしん] historical earthquake [地震]　地震の器械観測が始まるよりも以前の地震を総じて歴史地震あるいは古地震などと呼ぶ。器械観測の歴史に比して地震の再来間隔は大変長く，その理解のためには器械観測以前の地震の調査が重要である。歴史地震調査は，史料の蒐集解読，遺跡や断層の発掘等の現地調査などによって行われる。調査結果には，それぞれの時代における人口分布，史料数の多寡などを反映したバイアスが現れることがあるので，慎重な解釈が必要である。　◎大見士朗

歴史的建造物の保存修復 [れきしてきけんぞうぶつのほぞんしゅうふく] conservation and repair of historical buildings [復旧]　日本の文化財保護政策は，国民共有の歴史的遺産を守ることを目的に，強い規制と厚い助成を基本としてきた。阪神・淡路大震災においても，国の重要文化財に指定されている建物などには，的確な緊急対応がなされた。一方，町のランドマークとして親しまれながら文化財指定がなされていなかった歴史的建造物の中には，公費負担の瓦礫処理などと連動して，被災後短期間に取り壊された例が少なくない。地震による直接被害よりも，その後の取り壊しにより消失してしまった歴史的建造物のほうがはるかに多いとの指摘もある。1995年に制定された登録文化財制度は，助成がわずかであるが規制も緩く，親しめる文化財を目指した新たな制度である。この制度などを活用し，減価償却した建物に対して新たな価値を付与し，歴史的建造物および都市景観の保全に努める必要がある。
→文化財の修復　　◎波多野純

レジーム則 [レジームそく] river regime [河川]　安定した河道の川幅，水深などの形状パラメータとその他の水理量(特に流量)の関係を示す経験則の総称。多くの実河川の資料から導かれ，安定流路を設計するための指針とされる。多くの外国河川の資料から，川幅は河岸満杯流量のほぼ1/2乗に比例することが知られている。一方，山本晃一は『沖積河川学』(山海堂刊)で，わが国河川の場合，流量がほぼ同一でも河床勾配が異なると川幅が大きく異なることから，一級河川の平均年最大流量時の無次元掃流力，流速係数と河床材料代表粒径の関係に基づいた，レジーム則に対応する経験則を提案している。　◎細田尚

レジリエンシー resiliency [都市]　回復度と訳されることもある。t 期に失敗 F であったシステムの状態 X が，$t+1$ 期に成功 S の状態に戻る確率として数学的に定義される。すなわち $\gamma = Pr[X_{t+1} \in S \mid X_t \in F]$。一旦失敗が起こってしまった時に失敗からいかに迅速に回復する(立ち直る)かを表すシステム評価の指標である。例えば，水不足を失敗の状態ととらえれば，水資源システムの利水安全度の指標(渇水状態からいかに回復しやすいか)として用いることができる。いったん水不足に陥った時になかなか渇水状態から回復できないとすれば，そのような水資源システムのレジリエンシーは低いということになる。
◎寶馨

レス loess [地盤]　黄土のことであり，均質で細砂混りのシルトが主体である。ヨーロッパ，中国北部，北アメリカ，ニュージーランドなどに広く分布する風積土である。春期に日本で見られる黄砂は黄土が砂塵となって中国北西部から飛来したものである。土粒子は多孔質であり，粒子破壊を生じやすい。鉱物組成は，石英が50～70％を占め，少量の粘土鉱物，長石，雲母，角閃石，輝石などを伴う。
◎北村良介

裂罅水 [れっかすい] fissure water [地盤]　岩石中の割れ目，節理，断層，空洞などを満たす地下水を指す。これに対して粒状の土粒子から成る未固結地層の間隙を満たす水は地層水(stratum water)と呼ばれる。従来の地下水学は地層水を対象にして発達してきており，地下水・温泉の開発や治水・利水対策に貢献してきた。近年，大規模深部掘削や大規模トンネル掘削がしばしば行われるようになり，掘削中の大量湧水など，岩盤中の裂罅水に遭遇する機会が増えているが，裂罅水がどのような貯留・流動の状態にあるのかを定量的に取り扱う方法論はまだ完成されているとはいえないのが実情である。岩盤中の裂罅水が地表あるいは地層中に浸出する過程は，山岳地の河川への流出の主要部を占め，また，山岳地域の斜面の安定性や地すべ

り現象にも密接に関連している場合が多い。さらに，深所高温部の裂罅水は地震の発震過程に深く関係しているとされている。地熱を始めとする深部地下資源の探査・開発や深部地盤の有効利用のためにも，岩盤内部の裂罅水について研究の進展が望まれている。　　　　　　　　◎北岡豪一

煉瓦構造　［れんがこうぞう］　brick structure　[地震]　被害地震が多発する発展途上国で，建築材料として使用されている大多数の煉瓦は「粘土焼成れんが」で，それらは空洞煉瓦と中実煉瓦に大別される。これらの煉瓦を主要な建築材料とした建築物に採用されている構造形式は①無補強組積造，②補強（枠組）組積造，③鉄筋コンクリート造柱・梁骨組と煉瓦壁を組み合わせた工法に大別される。大地震が発生する度に，これらの建築物に被害が集中するため，有効な耐震補強法の開発と実施が望まれる。　◎吉村浩二

連結性能　［れんけつせいのう］　connectivity　[都市]　ネットワーク上のいずれかのルートを経て2点間（供給点と需要点，出発地と目的地など）が結ばれている状態を連結性があるという。連結性能は，ライフラインネットワークなどにおいて，災害時などの過酷な条件下でも連結性を保持する性能をいう。連結性能以外に，所定の機能水準（水道の水圧・推量，交通の交通容量など）を評価する機能性能が用いられる。　　　　　　　　　　　　　　　◎亀田弘行

連結送水管　［れんけつそうすいかん］　fire department stand pipe　[火災・爆発]　連結送水管は，中高層の建築物の3階以上の階，地下街等消防隊が建築物の外部から有効な消火活動ができない建築物などに配管を設けて，外部から消防ポンプ自動車によって水を内部に送り込み，消防隊員がホースを接続して有効な消火活動が行うことを目的とした設備である。送水口，配管，放水口および各種の弁などで構成されている。→消火設備　　　　　　　◎島田耕一

連帯　［れんたい］　solidarity　[情報]　[復旧]　阪神・淡路大震災の被災地では，家族や近所の助け合いによって多くの命は救われた。避難所ではみんな列を作って炊き出しに並んだ。人は誰も自分一人では生きていけない。でも人と人とがつながることによって生き延びることはとてもたやすくなる。災害後に生まれた愛他的な助け合いの気風は，次第に他者との和を重視する連帯の精神を被災地社会にもたらした。そして，自律とならんで阪神・淡路大震災後の被災地社会での市民意識（市民力）の高まりを説明する中核の概念となった。被災地の復興を長期的視点から継続的に追跡調査する被災地パネル調査からも，市民の生活復興感を高める要因として連帯の重要性が確認されている。
　　　　　　　　　　　　　　　　　　　　　◎立木茂雄

連邦危機管理庁　［れんぽうききかんりちょう］　Federal Emergency Management Agency（FEMA）　[海外]　⇨米国連邦緊急事態管理庁

ろ

漏洩ガスによる地震時出火想定　［ろうえいガスによるじしんじしゅっかそうてい］　estimation of earthquake fires due to leaked gas　[被害想定]　都市ガスの漏洩による地震時出火は，火気器具の裸火，電気火花などの火源により引火するものであり，兵庫県南部地震において10数件発生している。想定にあたっては，低圧ガス管を対象に，兵庫県南部地震の都市ガス被害データなどから，マイコンメータの作動率を加味し，建物の全壊と半壊以下別に出火率を推定することが一般的である。　　　　　◎川村達彦

路面積雪　［ろめんせきせつ］　snow and ice on roads　[雪氷]　[都市]　道路上に降り積もった雪。車両その他の通

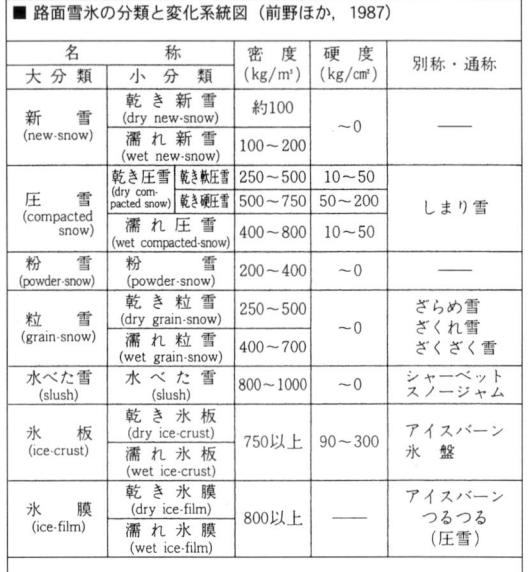

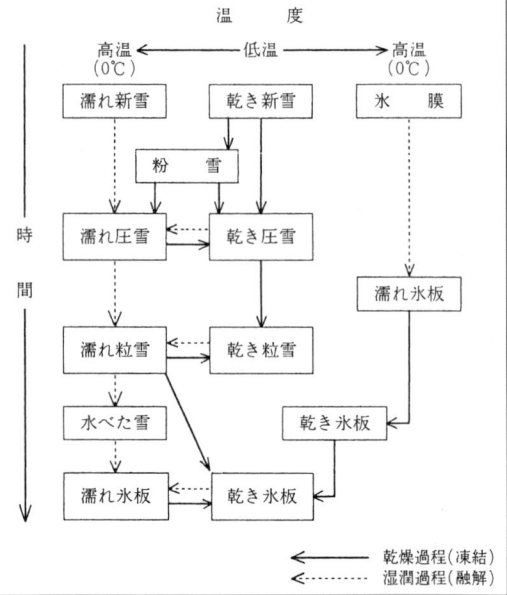

■ 路面雪氷の分類と変化系統図（前野ほか，1987）

名　　称		密度 (kg/m³)	硬度 (kg/cm²)	別称・通称
大分類	小分類			
新雪 (new-snow)	乾き新雪 (dry new-snow)	約100	～0	―
	濡れ新雪 (wet new-snow)	100～200		
圧雪 (compacted snow)	乾き圧雪 (dry compacted snow)	250～500	10～50	しまり雪
	乾き硬圧雪	500～750	50～200	
	濡れ圧雪 (wet compacted snow)	400～800	10～50	
粉雪 (powder-snow)	粉雪 (powder-snow)	200～400	～0	―
粒雪 (grain-snow)	乾き粒雪 (dry grain-snow)	250～500	～0	ざらめ雪 ざくれ雪 ざくざく雪
	濡れ粒雪 (wet grain-snow)	400～700		
水べた雪 (slush)	水べた雪 (slush)	800～1000	～0	シャーベット スノージャム
氷板 (ice-crust)	乾き氷板 (dry ice-crust)	750以上	90～300	アイスバーン 氷盤
	濡れ氷板 (wet ice-crust)			
氷膜 (ice-film)	乾き氷膜 (dry ice-film)	800以上	―	アイスバーン つるつる（圧雪）
	濡れ氷膜 (wet ice-film)			

温　度
高温(0℃)　←　低温　→　高温(0℃)

時間↓

濡れ新雪　←　乾き新雪　　　　　氷膜
　　　　↓　　↓
　　　　粉　雪
　　　　↓　　↓
濡れ圧雪　⇄　乾き圧雪
　　　　↓　　↓
　　　　　　　　　　　　濡れ氷板
濡れ粒雪　⇄　乾き粒雪
　　　　↓　　↓
水べた雪　　　乾き氷板
　　　　↓　　↓
濡れ氷板　⇄　乾き氷板

←――― 乾燥過程（凍結）
＜･････ 湿潤過程（融解）

行や，除雪，排雪のために，路面積雪の構造は自然積雪とはかなり異なる。おおまかには，「新雪(降ったばかりの雪)」「圧雪(圧密され雪粒同士に結合が生じた雪)」「粉雪(車両通行で舞い上がる細かな雪)」「粒雪(車両通行では舞い上がらない大粒の雪)」「水べた雪(融解した雪,通称シャーベット)」「氷板(水を含んだ圧雪や粒雪が凍結したもの,通称アイスバーン)」，および「氷膜(厚さ1mm程の薄い氷の板，直接路面や圧雪表面に生じ，通称ブラックアイス，つるつる路面)」の7種類に分類される。「水べた雪」「粉雪」以外の5種類は，さらに「乾き」および「濡れ」の2種類に小分類される(前頁の図表参照)。なお，路面には土壌粒子や煤塵，あるいは凍結防止剤が散布されることも多いため，実際の路面積雪はそれらとの混合物となる。

◎前野紀一

路面凍結 ［ろめんとうけつ］ freezing of road surface
雪氷 都市 道路や橋梁などの路面上で水分が氷結する現象。日中における路面積雪の融解水が夜間に冷却されて路面上で氷膜，氷板を形成したり，大気中の水分が冷えた路面に接触して霜や氷膜として凝結したり，または，過冷却の雨が降って路面で瞬時に氷結する場合などに発生する。広い意味では，道路気象条件の他に，走行車両のタイヤによる路面積雪の締固めや摩擦作用などの繰り返しで，その表面が磨かれたり氷膜が形成されたりして，非常にすべりやすい圧雪，氷膜，氷板を含む硬圧雪路面が形成された状態を指す場合もある。

◎武市 靖

ロンドン大火復興計画 ［ロンドンたいかふっこうけいかく］
London reconstruction plan after the Great Fire of 1666
復旧 火災・爆発 1666年9月1日(土)の深夜,ロンドン市中東部のパン屋から出火した火災は，折からの東風にあおられて，残暑下の乾燥しきった密集市街地の西方へ延焼拡大した。セントポール寺院も罹災し，焼失面積は436エーカーに及んだ。当時の市街地は，3～5階建ての木造建築の店舗併用住宅や賃貸住宅が，狭い街路を挟んで超過密の状態で，消防力も弱く，火災は1週間近く続いた。当時の大都市は，無秩序に過密化し，公共下水道もなく，大火の前年1665年にペストが大流行していた。そのため大都市の整備について社会的関心が高く，ロンドンの汚さに失望していた有識者たちが素早くそれぞれの復興計画を提案した。国王は天文学者クリストファー・レン(Christopher Wren)の案が気に入っていたが，新興資本家たちの勢力は無視できず，より現実に即した計画をレンを中心とする6人の再建委員に託した。翌年1667年2月に火災関連紛争処理法(Fire Court Act)と再建法(Re-building Act)が議会に提出され，1657年の共和国法(Commonwealth Act)の復活で，レンガ造で建設することを厳守し，不燃都市ロンドンが生まれた。ピューリタン的順法精神で，道路の拡幅や，街角広場の形成，建物の耐火化については外装材の規定まで厳密に守りながら実施するという実現可能な実務的プランが採用された。→焼家の思想

◎村上處直

ワ行

ワ

ワイヤーセンサー wire trap sensor [地盤]　土石流発生検知器の一種。土石流発生源に近い渓流を横断する導線が併設された鋼線を張り，微弱な電流を流しておく。通過する土石流がこれを切断すると，電流が切られるのでその信号を監視局に送信して，土石流の通過を伝える。直接センサーの代表例で，焼岳，桜島，雲仙，有珠山など土石流災害の頻発地で多くの設置事例がある。ワイヤーが別の原因で切断されたり，張り替えが必要なため連続発生を検知できないなどの問題もある。　　　　　　　　◎安養寺信夫

輪中堤 [わじゅうてい] ring levee [河川]　ある特定の区域を洪水の氾濫から防止するため，その周囲を囲んで設けられる堤防。河川下流部において広域的な河川改修が行われる前には，集落や田畑を河川の氾濫から守るために各地域の住民が独自に周囲を囲んで築造し，洪水災害からの自衛手段とした。輪中堤は，江戸時代に造られたものが多く，緩流部のデルタ性河川で発達し，木曽三川下流の濃尾平野の輪中が有名である。　　　　　　　　◎角　哲也

わりを食いたくない心理（相対的剝奪） [わりをくいたくないしんり] relative deprivation [情報]　生命の危険を脱した被災者が次の段階で強く感じること。大きな災害の直後には，ライフラインや交通通信といった社会のフローシステムが停止することが多い。そのため水や食料の確保といった通常では何事もなしにできることが被災者にとって解決すべき重要課題となる。こうした状態の被災者は一種の原始共産制にあるともいえ，だれもが公平に扱われることが彼らにとって非常に重要な価値観となる。いいかえれば，他の人が特別に扱われること，自分だけが損を被ることに対して激しい反発を示す。応急対策として行われる避難所などの運営にあたっては十分注意する必要がある。　　　　　　　　◎林　春男

割れ目噴火 [われめふんか] fissure eruption [火山]　割れ目状の火口列から生じる噴火。典型的な例は，ハワイやアイスランドの火山など，玄武岩質火山で見られる。1983年の三宅島や1986年の伊豆大島噴火もその例である。活動初期には火のカーテンといわれる直線状の溶岩噴泉で始まり，溶岩流出に移行することが多い。安山岩質火山でも顕著な山腹噴火の場合も直線状の亀裂ができ，それに沿っていくつかの噴火口ができることがある。1914年の桜島の噴火がその例である。　　　　　　　　◎石原和弘

湾水振動 [わんすいしんどう] harbor oscillation [海岸]　外海に面した湾および港湾における長周期海面変動をいう。起因力としては，静振の場合と類似しており，気圧変動，風の変動などがある。しかし，外海に面していることから，潮汐，うねり性の波群，津波，陸棚波や海流の変動などによっても引き起こされる。長崎港のアビキは潮汐が起因力として働き，その波高は実に3mに達する。最近では，波群によって引き起こされる港湾内の振動やリーフ海岸における▶**長周期波**が問題となっている。ときに数mの波高に達する湾水振動は港湾における荷役作業や船舶の係留などへ大きな影響を及ぼす場合もある。→**静振動**　　　　　　　　◎仲座栄三

分野別項目リスト

- 海外の災害 408
- 海岸災害 409
- 火災・爆発災害 411
- 火山災害 413
- 河川災害 414
- 気象災害 417
- 災害情報 419
- 災害復旧 421
- 地震災害 423
- 地盤災害 426
- 雪氷災害 429
- 都市災害 431
- 被害想定 432
- 防災行政 434
- 共通項目 436

分野別項目リスト

海外の災害

アイルランドのポテト飢饉
アクセス
安全性のレベル
NGO
エルニーニョ現象
援助依存症
援助疲れ
援助物資の供与作業
エンパワーメント
涎流氷
オックスファム
オランダの飢餓
階層震動
開発援助委員会
加害現象
加害力
加害力に対する脆弱性の悪循環
加害力の評価
加害力を災害に換える圧力
加害力を災害に結びつける
　社会経済的な圧力
神のなせる業
環境悪化
環境災害要因
間接被害
干ばつ
飢餓
飢餓早期警報
危険の受容レベル
緊急救援
緊急事態
草の根
警戒レベル
経済的脆弱性
警報発令から加害力が作用するまでの
　時間
減災
公式救援要請
後発開発途上国
氷雪崩
国際協力事業団
国際緊急援助
国際緊急援助隊
国際ケア機構

国際赤十字・赤新月社連盟
国際防災の10年
国際連合災害救援調整官事務所
国際連合児童基金
国際連合食糧農業機関
国連・FAO 世界食糧計画
国連開発計画
国連災害救援現状報告
国境なき医師団
コミュニティ防災
災害
災害救援常駐調整官
災害救援調整官
災害救助犬
災害情報
災害対策法制
災害のきっかけ
災害の根本原因
災害の天譴論・運命論
災害防疫研究センター
災害要因
災害抑止
災害連鎖
サイクロン
サイクロン・シェルター
サスティナビリティ
砂漠化
サヘル地域の飢餓
参加型開発
産業災害
ジェンダー
自覚できるリスク
地震被害推定
持続可能性
死の順番待ち
シミュレーション
市民の自覚
市民防衛
社会的弱者
社会的脆弱性
受容できるリスク
情報量基準(赤池の——)
食糧・農業早期予測
人為災害
人道問題調整事務所
信頼性解析

スイス災害救援隊
性差
脆弱性
脆弱性診断
生存有資格者
政府開発援助
生物的危険
セーブ・ザ・チルドレン
世界気象監視計画
世界気象機関
世界保健機関
赤新月社
全米災害救援ボランティア機関
相関
総合防災計画
損失期待値
対数正規分布
台風委員会
太平洋台風センター
大陸氷
出しっぱなしの警報
多変量解析
多変量確率分布
地域区分
地域に特有の防災の知恵
地形・地質災害要因
地方分権推進計画【第2次】
中国東北部の飢饉
直接被害
適合度
統計量
都市化地域の耐震診断事業
都市災害
土地の劣化
突発性災害
難民
ノルウエー緊急救援機構
バッタの食害
ハリケーン
バングラデシュ洪水対策実施計画
被害
被害危険度
被害軽減
被害の増幅効果
被害抑止
被災しやすい環境

被災者の移住
被災する可能性・脆弱性
ヒストグラム
避難行動
氷河
氷河湖
氷河湖決壊洪水
氷山
標準最小二乗基準
氷床
費用便益分析
標本
貧困ライン
FEMA
フィルタ
複合災害
物的脆弱性
プリペアドネス
プロティング・ポジション
平均二乗誤差
米国災害援助局
米国連邦緊急事態管理庁
防災
防災援助
防災活動
防災訓練
防災計画
防災行動の循環性
防災非政府組織活動【日本】
防災力
保護対策の優先度
母数推定
招かざるリスク
ミティゲーション
モンテカルロ実験
ゆっくり起きる災害
RADIUS
リスク
リスク管理
リスク評価
リスク分析
リスクマップ
リスクマネジメント
リモートセンシング
連邦危機管理庁

海岸災害

青潮
赤潮
浅瀬
後浜
安全率
異形ブロック
異常潮位
異常波浪
磯焼け
移動限界
ウェーブセットアップ
浮防波堤
うねり
栄養塩
液状化
液状化に伴う地盤の流動
液状化による構造物の被害
越波
越波対策
越波モデル
沿岸砂州
沿岸漂砂
沿岸流
沖波
親潮
温帯低気圧
海岸決壊
海岸侵食
海岸侵食制御工法
海岸堤防
海岸法
海岸保全
海岸保全施設
海上空港
海食崖
海水交換
回折
海底底質
海氷
海浜安定化工法
海浜過程
海浜変形
海浜流
海面上昇
海洋汚染
海洋構造物
海洋鉱物資源
海洋生物資源
海流
拡散
確率波
河口閉塞
河口密度流
風波
カスプ
環境アセスメント
緩傾斜護岸
慣性力
岩石海岸
間接被害
感潮区域
岸壁
岸沖漂砂
気象潮
極値
極値統計
許容越波流量
切れ波
屈折
黒潮
群速度
群波
計画潮位
減災
懸濁物質
港内埋没
抗力
航路
港湾
港湾構造物
護岸
国連海洋法条約
サーフビート
災害
サイクロン
再現期間
最高波
砕波
砕波限界
砕波帯
最尤推定法
砂丘
砂嘴
砂州
砂堆
サルテーション
砂礫海岸
砂れん
サンドウェーブ
サンドバイパス
散乱
シートフロー
地震被害推定

質量輸送
シミュレーション
重金属汚染
衝撃砕波圧
消波工
消波構造物
情報量基準(赤池の――)
シルテーション
深海波
人工海浜
人工リーフ
侵食海岸
親水性防波堤
信頼性解析
水質汚濁
水質改善
水質保全
砂浜海岸
正常海浜
静振動
積率
設計潮位
設計波
設計波力
ゼロメートル地帯
浅海波
洗掘
浅水変形
せん断応力
潜堤
相関
相似則
造波抵抗力
掃流漂砂
遡上
外浜
対数正規分布
対数(法)則【風速】
堆積海岸
台風
耐用年数
高潮
高潮数値モデル
高潮対策
高潮氾濫
高潮被害
濁度
多変量解析
多変量確率分布
多方向不規則波

段波
地球温暖化
地方分権推進計画【第2次】
着底構造物
潮位偏差
潮間帯
長周期波
長波
重複波圧
潮流
直接被害
津波
津波対策
津波の数値モデル
津波の増幅
津波の遡上
底生生物
汀線後退
汀線測量
堤防
適合度
天文潮
統計量
透水係数
都市災害
突堤
突風
波の打ち上げ
波のスペクトル
ネクトン
波圧公式
バーム
波群
波候
ハドソン式
場の風
浜崖
ハリケーン
波浪強制力
波浪推算
波浪漂流力
波浪変形
反射
被害
被害危険度
被害軽減
被害の増幅効果
被害抑止
干潟
飛砂

被災する可能性・脆弱性
微小振幅波
ヒストグラム
漂砂
漂砂源
標準最小二乗基準
費用便益分析
標本
貧酸素水塊
フィルタ
風圧力
風波
富栄養
付加質量
副振動
浮遊構造物
浮遊砂
浮遊生物
プランクトン
プリペアドネス
ふるい分け
プロティング・ポジション
平均二乗誤差
平衡断面海浜
ヘッドランド工法
変動風荷重
ベントス
防舷材
防災
防潮堤
防波堤
暴風海浜
ポケットビーチ
母数推定
前浜
摩擦速度
ミティゲーション
面的防護
戻り流れ
モリソン式
モンテカルロ実験
遊泳動物
有義波
有限振幅波
溶存酸素
養浜
ラジエーション応力
乱流
乱流境界層
乱流モデル

離岸堤
離岸流
リスク
リスク評価
リスク分析
リスクマップ
リスクマネジメント
リチャードソン数
リモートセンシング
流氷
レイノルズ数
湾水振動

火災・爆発災害

圧力差分布
圧力制御
飯田大火復興計画
引火
卯建／宇立
液面燃焼
mn比
延焼拡大
延焼火災
延焼限界距離
延焼遮断効果
延焼遮断帯
延焼出火
炎上出火
延焼速度式
延焼阻止線活動
延焼中の死傷者
延焼動態図
延焼の想定
延焼不拡大火災
延焼防止
延焼予測
煙突効果
屋上制限令
加圧防煙
開口噴出火炎
開口噴出熱気流
開口噴流
開口流量
階段加圧
火炎
火炎高さ
火炎伝播
火炎長さ
火炎輻射
化学プラント火災

火気器具(石油・ガス)からの
　地震時出火想定
火気器具(電熱機器)の地震時出火想定
火気器具保有率
火気使用率
拡散火炎
火災
火災温度
火災温度因子
火災荷重
火災感知
火災気流
火災継続時間
火災警報
火災時の避難
火災旋風
火災損害
火災注意報
火災統計
火災プリューム
火災報告
火災報知設備
火事場風
ガス爆発
仮想点熱源
可燃性液体
可燃性液体の燃焼
可燃性ガス
可燃性ガスの燃焼
可燃性固体の燃焼
可燃性混合気
可燃物
火薬
河角式
換気因子
換気支配火災
間接被害
機械排煙
危険物
給気シャフト
共同防火管理
強風大火
銀座煉瓦街
空気連行
空襲火災
空中消火
区画火災
口火着火
群集避難
群集流動

煙
煙感知器
煙制御
煙層
減災
建蔽率
高圧ガス
高圧ガス施設の地震時出火想定
広域避難
広域避難計画
広域避難場所
高温時耐力
高温における構造安定性
航空機火災
固体可燃物
災害
最大歩行距離
酒田大火復興計画
産業火災
サンフランシスコ大地震復興計画
市街地火災
市街地火災気流
地震火災
地震火災の被害想定
地震時出火件数の想定
地震時の出火地点想定
地震時の消防活動の想定
地震時の避難
地震被害推定
自然着火
自然排煙
自動車の地震時出火想定
シミュレーション
市民消火隊
遮煙
遮炎性
車両火災
住民消防組織
樹幹火
樹冠火
出火原因
出火件数
出火直後の死傷者
出火率
準防火地域
上階延焼
消火設備
消火栓
焼損面積
消防

分野別項目リスト

消防学校	多変量確率分布	燃焼の3要素
消防危険物	炭化	燃焼範囲
消防警戒区域	炭素残渣	燃料支配火災
消防計画【市町村】	地域防火計画	排煙シャフト
消防自動車	地中火	排煙ファン
消防信号	地表火	破壊消防
消防設備	地方分権推進計画【第2次】	爆轟
消防戦術	着火	爆発
消防装備	着火温度	爆発圧
消防組織法	着火源	爆発性物質
消防隊	着火限界	爆発物
消防団	着火時間	爆風
消防団の地震時消火活動の想定	着火性試験	爆薬
消防同意	中性帯	発火
消防法	重複歩行距離	バックドラフト
消防防災無線	直接被害	発熱速度
消防用ホース	適合度	発熱量
情報量基準（赤池の——）	天井ジェット	パニック行動
消防力の基準	天井面流れ	浜田式
消防力の地震時二次運用 　（延焼阻止線活動）	伝統的都市防災	被害
	点熱源上の火災プリューム	被害危険度
消防力の地震時二次運用 　（包囲消火活動）	統計量	被害軽減
	同時多発火災	被害の増幅効果
初期火災	東消式97	被害抑止
初期消火活動	東消式2001	火消
初期消火率	特別避難階段	被災する可能性・脆弱性
人体の受認限界	都市火災危険度	非常用エレベータ
信頼性解析	都市災害	非常用照明
森林火災	都市大火	非常用電源
スプリンクラー設備	都市不燃化	ヒストグラム
盛期火災	都市防火区画計画	避難
石油タンク火災	都市防火対策	避難階段
設計火源	都市防災不燃化促進事業	避難経路
全出火	土蔵造	避難時間
線熱源上の火災プリューム	飛び火	避難速度
船舶火災	トンネル火災	避難出口
相関	内装制限	避難出口の流動係数
総プロ式	難燃化	避難場所
層流火炎	二方向避難	避難誘導
大火	熱応力	火の始末率
耐火建築帯	熱可塑性材料	被服廠跡
耐火建築物	熱感知器	標準最小二乗基準
耐火構造	熱硬化性材料	費用便益分析
耐火時間	熱分解	標本
耐火性能試験	熱分解潜熱	火除け地
対数正規分布	燃焼	広小路
竪穴区画	燃焼性試験	ファイヤーボール
建物火災	燃焼生成物	フィルタ
建物内煙流動	燃焼速度	輻射延焼
多変量解析	燃焼熱	部材温度上昇係数

付室加圧
不燃化
不燃領域率
フラッシュオーバー
プリペアドネス
浮力流れ
プロテイング・ポジション
文化財の防災
粉塵爆発
平均二乗誤差
壁面線
ボイルオーバー
包囲消火活動
防煙区画
放火
防火管理者
防火区画
防火構造
防火材料
防火水槽
防火地域
防火戸
防火壁
防火木造
防災
防災拠点
防災建築街区
母数推定
水野式
ミティゲーション
見透し距離
面積区画
面熱源上の火災プリューム
木造家屋の火災
モンテカルロ実験
誘導灯
有毒ガス【燃焼で生成する】
予混合火炎
乱流火炎
リスク
リスク評価
リスク分析
リスクマップ
リスクマネジメント
リモートセンシング
隣棟延焼
林野火災
林野火災特別地域
林野火災の延焼速度
林野火災の飛び火

類焼
連結送水管
ロンドン大火復興計画

火山災害

アア溶岩
アイソパックマップ
安山岩
温泉
温泉沈殿物
階段ダイアグラム
海底火山
海底噴火
外輪山
火砕サージ
火砕流
火山ガス
火山活動
火山岩尖
火山観測
火山基本地形図
火山構造性陥没地
火山砂
火山災害
火山災害危険区域予測図
火山災害評価
火山砕屑物
火山昇華物
火山情報
火山性地震
火山性地殻変動
火山性微動
火山弾
火山地質図
火山泥流
火山灰
火山灰流
火山爆発指数
火山フロント
火山噴火予知計画
火山噴火予知連絡会
火山噴出物
火山鳴動
火山雷
活火山
活火山集中総合観測
火道
軽石噴火
軽石流
カルデラ

岩屑なだれ
間接被害
関東ローム
休火山
巨大噴火
空振
傾斜計
減災
玄武岩
降灰
光波測量
古地磁気
災害
砂防
砂防施設
砂防ダム
酸性雨
山体崩壊
山頂噴火
GPS
死火山
地震計
地震被害推定
市町村相互間地域防災計画
地鳴り
地熱
地熱活動
シミュレーション
集塊岩
情報量基準（赤池の———）
除灰
シラス
伸縮計
信頼性解析
水準測量
水蒸気爆発
スコリア
スコリア流
ストロンボリ式噴火
精密海底火山地形図
潜在円頂丘
相関
側噴火
対数正規分布
多変量解析
多変量確率分布
地質学
地電流
地熱
地方分権推進計画【第2次】

直接被害
デイサイト
泥流災害
適合度
テフラ
デブリ
テフロクロノロジー
電気探査
統計量
都市災害
流れ山
日本活火山総覧
熱雲
熱水活動
年代決定
年代測定
爆発地震
爆裂火口
パホエホエ溶岩
被害
被害危険度
被害軽減
被害の増幅効果
被害抑止
被災する可能性・脆弱性
ヒストグラム
標準最小二乗基準
費用便益分析
標本
フィルタ
プリニー式噴火
プリペアドネス
ブルカノ式噴火
プロティング・ポジション
噴火エネルギー
噴火規模
噴火現象
噴火史
噴火前駆現象
噴火様式
噴火予知
噴気孔
噴気地帯
噴石
噴石丘
平均二乗誤差
防災
母数推定
本質物質
マグマ

マグマ貫入
マグマ水蒸気爆発
マグマ性噴火
マグマ溜まり
マグマ発散物
ミティゲーション
メラピ型火砕流
モンテカルロ実験
溶岩
溶岩湖
溶岩台地
溶岩ドーム
溶岩流制御
ラハール
リスク
リスク評価
リスク分析
リスクマップ
リスクマネジメント
リモートセンシング
硫気孔
割れ目噴火

河川災害

アーマーレビュー
アーマリング
暖かい雨
雨水
暗渠
安全度
安定河道
錨氷
一級河川
一定率一定量放流方式
一定量放流方式
一般化極値分布
一般化パレート分布
ウインドプロファイラー
ウォッシュロード
雨水貯留
雨滴粒径分布
雨量計
運動学的手法
越流堤
MUレーダー
堰堤
エントロピー
遠方操作
大雪
外水氾濫災害

概念モデルを用いた手法
河岸侵食
河岸段丘
河岸満杯流量
河況係数
拡散
確率降雨強度曲線
確率紙
確率水文量
河口密度流
河状係数
河床低下
河床変動解析
霞堤
河川管理施設
河川管理施設等構造令
河川区域
河川激甚災害対策特別緊急事業
河川構造物の地震被害
河川砂防技術基準
河川敷地占用許可準則
河川情報データベース
河川整備基本方針
河川整備計画
河川伝統工法
河川トンネル
河川法
河川防災ステーション
河川水辺の国勢調査
河川立体区域
渇水
渇水期間
渇水再現期間
渇水対策
渇水対策ダム
渇水対策本部
渇水対策容量
渇水調整
渇水調整協議会
渇水年
渇水被害
渇水リスク
渇水流量
可動堰
河道方式
河道遊水池
可能最大洪水
可能最大降水量
灌漑用水
環境アセスメント

河川災害

間接被害	洪水比流量曲線	人工知能操作
ガンマ分布	洪水予測	浸水実績図
危機管理対策	洪水予報	浸水予想区域図
危険水位	降水レーダー	信頼性解析
気象レーダー	洪積層	水害訴訟
木流し工	合理式	水害地形分類図
キネマティックウェーブ法	谷底平野	水源の多様化
基本高水	護床工	水質汚濁
逆調整池	サーチャージ水位	水質保全
CAPPI	災害	水制
境界層レーダー	災害情報伝達システム	水防管理団体
強度-継続時間-頻度曲線	再現期間	水防警報
極値	最適操作	水防工法
極値統計	再度災害防止対策	水防団
許容湛水深	最尤推定法	水防法
クオンタイル法	砂堆	水門
グループ・ダイナミックス	砂防	水文観測
警戒区域	砂防施設	水文頻度解析
計画降雨	砂防ダム	スーパー堤防
計画高水位	砂防調査	正常流量
計画高水流量	砂防林	堰
渓床勾配	三角州	積率
渓床堆積物	暫定水利権	セグメント
経年貯留ダム	シアー	雪泥流
渓畔林	シーダー・フィーダー機構	瀬と淵
CAPE	GPS	ゼロメートル地帯
警報設備	GPV	背割堤
激甚災害	事業評価	洗掘
減災	時系列解析	潜在不安定
健全な水循環系	自己回帰モデル	線状対流系
広域導水	自主防災組織	扇状地
広域避難場所	地震水害による建築物被害	せん断応力
降雨域の伝播	地震被害推定	相関
豪雨災害	自然調節方式	総合治水対策
降雨セル	自然堤防	総合的渇水対策
豪雨の階層構造	実時間災害情報ネットワーク	操作支援システム
高規格堤防	シミュレーション	相似則
公共土木施設災害復旧事業	社会資本整備審議会河川分科会	層状性降雨と対流性降雨
更新統	蛇籠	層別平均法
洪水危険度マップ	砂利採取	掃流砂
洪水期制限水位	住宅移転制度	側刻
洪水調整方式	集中豪雨	粗度係数
洪水調節池	重要水防箇所	ダイオキシン対策
洪水調節容量	需要管理【水】	大渇水年
洪水追跡	少雨現象	堆砂
洪水到達時間	小規模河床形態	対数正規分布
洪水吐	常時満水位	台風による豪雨
洪水ハザードマップ	捷水路	耐用年数
洪水氾濫解析	情報量基準（赤池の——）	対流不安定
洪水氾濫危険区域図	新規利水容量	濁度

多自然型川づくり
ただし書き操作【ダム】
多変量解析
多変量確率分布
ダム決壊
ダム操作規則
ダム貯水池
多目的ダム
単位図法
短期予報
短時間降雨予測
短時間予報
段波
地域総合化
地下河川
地下空間洪水対策
地下水流
地形と豪雨
治山・治水
治山治水緊急措置法
治水特別会計
地方分権推進計画【第2次】
中間流
中規模河床形態
沖積層
超過確率
超過洪水
直接被害
貯水池
貯水池堆砂
貯留関数法
冷たい雨
DAD解析
堤防
適合度
テレメータ
天井川
等価粗度
等危険度線
統計量
統合河川整備事業
統合操作
導流堤
床固工
床止め
都市型豪雨災害
都市災害
都市水害
都市内貯留
TRMM

内水氾濫災害
内分泌攪乱化学物質
夏渇水
二重偏波レーダー
農業用水
梅雨前線
背水
排水機場
破堤
番水
氾濫軽減方式
氾濫形態
氾濫原管理
B-β法
被害
被害危険度
被害軽減
被害の増幅効果
被害抑止
被災する可能性・脆弱性
ヒストグラム
避難行動シミュレーション
避難情報
避難誘導法
樋門
標準最小二乗基準
費用便益分析
標本
表面流
表面流出
不安定取水
フィルタ
不浸透域
不足％・日
不等流計算
浮遊砂
ブライトバンド
プリペアドネス
プロティング・ポジション
分水路
分布型流出モデル
分流方式
平均二乗誤差
閉塞氷
平方根指数型最大値分布
平面2次元流計算
防災
放水路
母数推定
捕捉率

母分布
マイクロ波放射計
(非)毎年値系列
摩擦速度
マルチセルストーム
水循環
水みち
ミティゲーション
メソスケール
メソスケールモデル
毛管水
モンテカルロ実験
山津波
有効降雨
遊水地(池)
融雪
融雪災害
融雪出水
融雪流出
床上浸水対策
用水補給
予備放流
余裕高
雷雨
落差工
乱泥流
乱流
乱流境界層
乱流モデル
リサンプリング法
利水安全度
利水計画
利水調整
利水容量
リスク
リスク評価
リスク分析
リスクマップ
リスクマネジメント
リチャードソン数
リモートセンシング
流域地形モデル
流況曲線
流況調整河川
流砂量
流砂量観測
流出土砂量
流出率
流木
流量観測

レイノルズ数
レインバンド
レーダー雨量計
レーダー降雨量推定
レーダーネットワーク
レーダー反射因子
レーダー方程式
レジーム則
輪中堤

気象災害

暖かい雨
アメダス
あられ
異常乾燥
異常気象
一様流
一般化風力
イモチ冷害
ウインドプロファイラー
ウェーブレット変換
渦
渦励振
雨滴粒径分布
雨氷
雨量計
エアロゾル
MUレーダー
エルニーニョ現象
塩害
煙霧
大雪
オゾンホール
オバリング
おろし
温室効果
温室効果ガス
温水施設
温帯低気圧
温暖前線
音波レーダー
海上警報
海上予報
外装材
界雷
拡散
火災旋風
風波
ガスト影響係数
ガストフロント

風荷重
風工学
風の変動性
下層ジェット気流
可能最大降水量
雷
カルマン渦
干害
寒害
環境アセスメント
寒候期予報
間接被害
寒波
干ばつ
寒風害
寒冷渦
寒冷前線
気圧傾度
気圧の谷
気圧の峰
気温減率
危険半円
気候変動
気象衛星
気象改変
気象官署
気象業務法
気象警報
気象注意報
気象データ
気象統計
気象レーダー
季節風
季節予報
逆転層
CAPPI
ギャロッピング
境界層風洞
境界層レーダー
強風
強風災害
極値
局地気象
極値統計
局地風
局部風圧
空気力
空力アドミッタンス
空力減衰
空力不安定振動

迎角
傾度風
CAPE
減災
厳冬
降雨域の伝播
豪雨災害
降雨セル
豪雨の階層構造
光化学オキシダント
光化学スモッグ
航空気象学
黄砂
降水確率
降水強度
降水レーダー
降雪
豪雪
降雪雲
降雪強度
降雪検知器
豪雪発生機構
降ひょう抑制
抗力
サーマルマッピング
災害
サイクロン
再現期間
最大瞬間風速
再付着【流れの】
最尤推定法
山岳波
酸性雨
酸性霧
酸性沈着
酸性雪
3分力
シアー
シアーライン
GPS
GPV
ジェット気流
地震被害推定
湿害
実効湿度
湿舌
室内圧
実物測定
視程障害
シミュレーション

分野別項目リスト

気象災害　417

霜	ダイバージェンス【流体振動】	二重偏波レーダー
週間天気予報	台風	日照不足
充実率	台風委員会	鈍い物体
収束線	耐風設計	熱帯収束帯
集中豪雨	台風による豪雨	熱帯低気圧
準定常理論	太平洋台風センター	熱帯低気圧計画
障害型冷害	対流不安定	熱雷
情報量基準(赤池の――)	ダウンバースト	根雪
植栽	高潮	農業共済
人工霧法	タコマ橋崩壊	農作物の干害
人工降雪	だし	濃霧
振動【強風による】	竜巻	梅雨
信頼性解析	多変量解析	梅雨前線
数値天気予報	多変量確率分布	爆弾低気圧
数値風洞	短期予報	剥離【流れの】
スーパーセルストーム	暖候期予報	場の風
スクルートン数	短時間予報	バフェティング
スコールライン	暖冬	ハリケーン
ストリップ理論	遅延型冷害	パワースペクトル【変動風速の】
ストローハル数	地球温暖化	番水
スペクトルモーダル法	地形性降水	POD 解析
静圧	地形と豪雨	ヒートアイランド
制振	地表風	被害
制振対策	地方分権推進計画【第2次】	被害危険度
世界気象監視計画	長期予報	被害軽減
世界気象機関	直接被害	被害の増幅効果
積雲・積乱雲	冷たい雨	被害抑止
積算気温	低温気流	被災する可能性・脆弱性
設計風速	低温障害	飛散物
接地逆転(層)	テイ橋崩落	ヒストグラム
潜在不安定	ディグリデー	非定常空気力
線状対流系	定常流	ビューフォート風力階級
前線	停滞前線	雷
船体着氷	適合度	雷害
霜害	鉄道の自然災害	標準最小二乗基準
相関	鉄道防災	費用便益分析
相互作用【建物間】	転倒モーメント	標本
相似則	投影面積	ビル風
層状性降雨と対流性降雨	同期現象	広戸風
送風法	統計量	負圧
層流	都市型豪雨災害	フィルタ
速度圧	都市災害	風圧力
粗度区分	土地利用	風害
粗度係数	突風	風速鉛直分布
大気汚染	突風前線	風洞
大気拡散	突風率	風洞実験
大気境界層	ドップラーレーダー	風倒木
大気大循環	TRMM	風波
対数正規分布	トルネード	風力階級
対数(法)則【風速】	内部境界層	フェーン現象

フェリーブリッジ冷却塔の崩壊
深水管理
藤田スケール
ブライトバンド
フラッター
プリペアドネス
ブロッキング現象
プロティング・ポジション
平均二乗誤差
平均風速
閉塞前線
べき法則
偏角
変動風荷重
防災
防災林
放射霧
防風施設
防風フェンス
防風林
防霧林
母数推定
ボラ
マイクロバースト
摩擦速度
マルチセルストーム
水循環
ミティゲーション
無次元風速
メソスケール
メソスケールモデル
モデル台風
モンスーン
モンテカルロ実験
山越気流
やまじ
やませ
揚力
予測可能性
淀み点
雷雨
雷災
乱気流
乱流
乱流境界層
乱流モデル
リスク
リスク評価
リスク分析
リスクマップ

リスクマネジメント
リチャードソン数
リモートセンシング
流程
流程座標
冷夏
冷害
冷気流
冷水害
レイノルズ数
冷風害
レインバンド
レーダーアメダス雨量合成図
レーダーネットワーク

災害情報

ICS
アウトリーチ
アマチュア無線
一般ボランティア
うわさ
運命統制
NGO
NPO
援助行動
狼少年症候群
階上への避難
火災時の避難
学校安全組織活動
学校種別毎の防災教育の重点
学校での安否確認
学校での心のケア
学校での避難（防災）訓練
学校と避難所
学校における防災教育
学校の安全点検【災害時】
学校の災害共済給付
学校防災活動
学校防災管理
学校防災計画
学校防災と校長の権限
学校防災と情報
学校防災の領域と構造
家庭防災教育
瓦礫撤去
間接的な被災者
間接被害
機械的連帯
危機管理
危機管理センター

危機管理対策
危機の限定化
危機の発見
危機の予防・回避
危機予測
危険物の安全管理【学校】
気象情報
機能被害
緊急対応期
緊急対応機関
クライシスコミュニケーション
クライシスマネジメント
経済被害
警報
警報の信頼性
減災
広域応援体制
洪水保険
行動統制
行動の収斂
公費解体
高齢単身者
コーピング行動
心のケア
子ども PTSD
誤報
コミュニティの連帯
災害
災害医療体制
災害回復力
災害カウンセリング
災害過程
災害救助
災害時における
　　子どものメンタルヘルス
災害時の意思決定
災害時の保険
災害症候群
災害情報システム
災害心理学
災害神話
災害ストレス
災害対応計画
災害対応者のストレス
災害抵抗力
災害難民
災害による身体の変調
災害による心の変調
災害文化
災害ボランティア

分野別項目リスト

災害ボランティアコーディネーター	相対的剥奪	被災者復興支援会議
災害ボランティアセンター	創発集団	被災する可能性・脆弱性
災害ユートピア	創発リーダー	被災地情報ネットワーク
GIS	疎開児童生徒への対応	被災度区分判定
CBO	対数正規分布	ヒストグラム
自主避難	多変量解析	避難
地震時の避難	多変量確率分布	避難勧告と避難指示
地震被害推定	短期予報	避難行動
地震被害推定システム【政府機関】	短時間降雨予測	避難指示
地震被害推定システム【地方自治体】	短時間予報	避難所
地震防災情報システム（DIS）	地域組織	避難情報
シミュレーション	地域と連携した防災教育【学校】	避難所の選択
市民の自覚	地域防災計画と学校	否認
社会参加	地方分権推進計画【第2次】	病院選択における受診者心理
社会の防災力	注意報	標準最小二乗基準
集合ストレス	直接被害	費用便益分析
授業再開	地理情報システム	標本
受容できるリスク	通学路の安全点検	フィルタ
巡回相談	通信施設の耐震	風化【記憶】
情報機能支障	通話規制	不信
消防信号	DIS	復興期の閉塞感
情報通信施設	ディブリーフィング	フラッシュバック
情報通信施設の応急復旧	適合度	プリペアドネス
情報通信施設の復旧戦略	統計量	プロティング・ポジション
情報ネットワークの復旧曲線	同時通報用無線	平均二乗誤差
消防防災通信ネットワークと防災行政無線	統制の場	米国大統領による災害宣言
	都市災害	防災
消防防災無線	都市復興計画	防災意識
情報量基準（赤池の──）	都市復興マニュアル	防災学習
初期消火活動	土砂災害危険区域図	防災教育【幼稚園】
自律	土石流監視システム	防災教育【小学校】
信号システム	土地利用制限	防災教育【中学校】
人工知能操作	取引	防災教育【高等学校】
心的外傷ストレス障害	ニーズ調査	防災教育【地域】
人的被害	ハザード情報	防災教育ツール
人命救助	ハザード認識	防災教育のカリキュラム
信頼性解析	ハザード理解	防災訓練
水防警報	バックアップシステム	防災指導
数値天気予報	パニック行動	防災副読本
スケープゴート	阪神・淡路大震災復興計画	暴動
生活支障の想定	PTSD	保護者への引き渡し
生活復興	被害	母数推定
生活復興マニュアル	被害危険度	ボランティア
生活保護	被害軽減	ボランティア・コーディネーション
正常化の偏見	被害の増幅効果	ボランティア・コーディネーター
生存者が抱く罪悪感	被害評価	ボランティアの5特性
セルフエンパワーメント	被害抑止	マスメディア
全米災害救援ボランティア機関	被災しなかった人の行動	ミティゲーション
専門ボランティア	被災者ニーズの想定	メンタルヘルスケア
相関	被災者の怒り	燃えつき症候群

モンテカルロ実験
有機的連帯
抑うつ
予報および警報の標識
落下物・倒壊物の防止策【学校】
リーダーシップ行動
リスク
リスクコミュニケーション
リスク評価
リスク分析
リスクマップ
リスクマネジメント
リモートセンシング
流言
連帯
わりを食いたくない心理（相対的剥奪）

災害復旧

アウトリーチ
アボイドマップ
安心生活圏【神戸市】
安全市街地形成土地区画整理事業
飯田大火復興計画
一時集合場所
一時提供住宅
一時的滞留者
一時入所
一時集合場所
受皿住宅
卯建／宇立
雲仙普賢岳噴火災害復興計画
NGO
NPO
延焼遮断帯
応急仮設住宅
応急仮設住宅共同施設
応急危険度判定
屋上制限令
奥尻町復興計画
街区再建
家屋被害概況調査
家屋被害状況調査
ガスの復旧
仮設建築物
仮設工場
仮設診療所
仮設店舗
瓦礫仮置場
瓦礫撤去
間接被害

既存不適格建築物
既存不適格建築物再建支援事業
狭あい道路拡幅整備
協調建替え（協調化）
共同仮設工場
共同仮設店舗
共同建替え（共同化）
協働のまちづくり
漁業集落環境整備事業
緊急復興方針
緊急木造住宅密集地域防災対策事業
銀座煉瓦街
区分所有法
グリーンオアシス整備事業
グループ入居制度
激甚災害
下水道施設
下水道の応急戦略
下水道の復旧
下水道の復旧戦略
減災
建築確認
建築制限
建築制限【建築基準法第84条】
建築制限
　【被災市街地復興特別措置法第7条】
減歩
建蔽率
公園の復旧
公共土木施設災害復旧事業
公費解体
神戸住宅復興メッセ
高齢単身者
港湾施設の復旧
コミュニティ放送
雇用状況調査
雇用調整助成金制度
コレクティブハウス
コンパクト・シティ
災害
災害医療体制
災害援護資金
災害回復力
災害関連事業
災害義援金
災害義援品
災害救助法
災害査定
災害弱者
災害時要援護者

災害弔慰金
災害廃棄物
災害廃棄物処理
災害復旧高度化事業
災害復旧資金融資
災害復興公営住宅
災害復興住宅資金貸付融資制度
災害復興ボランティア
酒田大火復興計画
産業復興
産業復興会議
産業復興計画
サンフランシスコ大地震復興計画
市街地再開発事業
事業用仮設工場
事業用仮設住宅
事業用仮設店舗
地震被害推定
地震保険制度
事前復興計画
持続可能性
自動車専用道路の復旧
シミュレーション
市民参加
社会的支障の想定
住宅市街地整備総合支援事業
住宅地区改良事業
住宅復興
住宅復興計画
集団規定
重点復興地域
住民参加
授業再開
巡回相談
上水道の復旧
商店街共同仮設店舗整備事業
情報ネットワークの復旧曲線
情報量基準（赤池の――）
除却勧告
自力仮設工場
自力仮設住宅
自力仮設店舗
シルバーハウジング事業制度
新幹線の復旧
新交通システムの復旧
震災復興緊急整備条例
震災復興促進区域
新耐震設計法
信頼性解析
心理的被害

水道の応急戦略	都市計画審議会	広小路
水道の復旧曲線	都市計画道路	フィルタ
水道の復旧戦略	都市計画法	復旧
生活復興	都市計画マスタープラン	復興
生活復興マニュアル	都市計画緑地	復興アセスメント
生活保護	都市災害	復興イベント
整備開発又は保全の方針	都市再開発法	復興共同住宅区
接道義務	都市再開発方針	復興計画
セルフエンパワーメント	都市再開発マスタープラン	復興戦略
専門家派遣制度	都市施設の復旧	復興対策本部
相関	都市大火	復興土地区画整理事業
掃雪	都市復興	復興まちづくり
創造的復興	都市復興計画	復興まちづくり協議会
耐火建築帯	都市復興マニュアル	復興まちづくり支援事業
耐震改修	都市防火対策	復興まちづくりニュース
耐震規定	都市防災推進事業	不動産活用型高齢者特別融資制度
耐震診断	都市防災不燃化促進事業	浮動人口
耐震補強	土蔵造	不燃化
対数正規分布	土地区画整理事業の多様化	不燃領域率
立入検査・措置命令	土地区画整理法	プリペアドネス
多変量解析	土地利用制限	プロティング・ポジション
多変量確率分布	難燃化	文化財の修復
唐山地震復興計画	二重ローン対策	文化財の被害
単体規定	日常景観の復元	文化財の防災
地域型応急仮設住宅	塗家造	文化復興
地域地区制度	パートナーシップ	平均二乗誤差
地下鉄の復旧	バリアフリー	壁面線
地区計画	阪神・淡路大震災復興計画	防火規定
地方分権推進計画【第2次】	被害	防火地域
直接被害	被害危険度	防災
積出基地	被害軽減	防災安全街区
定期借地権	被害の増幅効果	防災街区整備組合
適合度	被害抑止	防災街区整備推進機構
鉄道の復旧	被災市街地復興推進地域	防災街区整備地区計画
伝統的建造物群の防災	被災市街地復興特別措置法	防災再開発促進地区
伝統的都市防災	被災事業所	防災生活圏【東京都】
電力の復旧	被災者生活再建支援法	防災生活圏促進事業【東京都】
電話の復旧	被災者総合相談所	防災都市計画
統計量	被災者復興支援会議	防災非政府組織活動【日本】
唐山地震復興計画	被災住宅の応急修理	防災福祉コミュニティ【神戸市】
道路啓開	被災商店街復興事業	防災まちづくり
道路の復旧	被災する可能性・脆弱性	防災まちづくり事業
特定非常災害被災者権利利益特別措置法	被災地芸術文化活動	母数推定
	被災度区分判定	街づくり／まちづくり
特定優良賃貸住宅	被災離職者	まちづくり協議会
都市基盤整備	ヒストグラム	街づくり協定
都市計画基礎調査	標準最小二乗基準	まちづくり集落整備事業【奥尻町】
都市計画決定	費用便益分析	街づくり条例
都市計画公園	標本	まちづくり復興基金
都市計画事業決定	火除け地	街なみ環境整備事業

街並み・まちづくり総合支援事業
マンション建替え
密集市街地
密集市街地整備法
密集住宅市街地整備促進事業
ミティゲーション
メンタルヘルスケア
木造住宅密集市街地
木造住宅密集地域整備促進事業【東京都】
モンテカルロ実験
焼家造
焼家の思想
雪捨場
雪割り
容積率
用途地域
ライフスポット
ライフラインの復旧
ライフラインの復旧曲線
罹災証明
罹災都市借地借家臨時措置法
罹災届
リスク
リスク評価
リスク分析
リスクマップ
リスクマネジメント
リモートセンシング
流雪溝
歴史的建造物の保存修復
連帯
ロンドン大火復興計画

地震災害

RC造の被害
アイソスタシー
圧縮破壊
肋筋
アルプス造山運動
アルプスヒマラヤ地震帯
アンカー
安全係数
安全率
異常震域
位相速度
インバージョン法
インピーダンス
永年変化
液状化

液状化に伴う地盤の流動
液状化による構造物の被害
液状化の推定
SRC造
S造の被害
S波
N値
FL値
遠地地震
応答スペクトル
応答変位法
応力集中
応力歪曲線
帯筋
海溝型地震
海底地震観測
海底地震計
家屋耐用年限
確率論的解析
火山性地震
火山性微動
ガス施設
河川構造物の地震被害
学校建築
活断層
神奈川式
壁構造
壁率
河角式
岩石破壊実験
間接被害
観測強化地域・特定観測地域
環太平洋地震帯
岩盤
危険性物質の地震被害想定
危険性物質の地震被害想定【貯蔵施設】
危険性物質の地震被害想定【輸送中】
擬似動的実験
気象庁震度への換算
起震車
基礎
既存不適格建築物再建支援事業
基盤地震動の推定
基盤層
逆断層
共振
強震観測
強震記録
強震動予測
強度

共同溝
橋梁
橋梁構造物の地震被害
局地地震
巨大地震
許容応力
許容応力度設計法
緊急遮断弁
緊急措置ブロック
杭
屈折波
繰り返し荷重
群速度
群発地震
傾斜計
K-ネット
下水道施設の耐震基準
下水道施設の被害想定
桁行
減災
減衰
減衰定数
建築学
建築基準法
建築構造
建築物
建築物の構造的被害
建築物の地震被害
建築物の被害想定
高圧ガス施設の地震時出火想定
広域避難地
剛構造物
硬質地盤
剛性率
構造運動
構造計算基準
構造工学
構造部材
構造物
光波測量
降伏点
港湾構造物
港湾構造物の地震災害
古地磁気
固有振動数
コンビナート
災害
サイスミシティ
サイスミックゾーニング
最大加速度

分野別項目リスト

座屈	地震被害想定の種類	震害率
三角測量	地震被害想定の目的	震源
サンフランシスコ大地震復興計画	地震被害想定の利活用	震源域
散乱波	地震被害想定の歴史	震源移動現象
シェル構造	地震被害調査	震源過程
時空間分布	地震被害の想定期間	震源スペクトル
地震エネルギー	地震被害のリアルタイム推計	人工地震
地震火災	地震防災応急計画	伸縮計
地震火災の被害想定	地震防災基本計画	伸縮継手
地震活動空白域	地震防災強化計画	靭性
地震活動度	地震防災緊急事業五箇年計画	新耐震設計法
地震活動様式	地震防災情報システム（DIS）	震度
地震観測	地震防災対策強化地域	振動台実験
地震観測網	地震防災対策強化地域判定会	震度階
地震危険度	地震防災対策特別措置法	深発地震
地震記象	地震防災派遣	信頼性解析
地震基盤	地震保険制度	水準測量
地震計	地震保険の再保険制度	推定断層
地震工学	地震モーメント	筋かい
地震財特法	地震予知	スチフナー
地震再保険制度	地震予知関連機関	スパン
地震時出火件数の想定	地震予知計画	スペクトル強さ
地震時の出火地点想定	地震予知連絡会	制震
地震時の消防活動の想定	地震リスク	制振
地震時の避難	地震力	脆性破壊
地震史料	システム解析	正断層
地震水害による死傷者	時代係数	静的震度法
地震水害の想定	自動車の地震時出火想定	性能設計
地震前兆現象	地鳴り	設計震度
地震帯	地盤—構造物系	全壊・半壊・一部損壊
地震対策緊急整備事業計画	地盤種別	線形振動
地震断層	地盤建物相互作用	前震
地震調査研究推進本部	シミュレーション	せん断応力
地震動の想定	住家	せん断質点系
地震に関する地域危険度測定	終局耐力	せん断破壊
地震のカタログ	柔構造物	浅発地震
地震の再来周期	自由振動	相関
地震の分類	自由度系	造構造運動
地震波	周波数特性	造構（造）応力
地震ハザード	重力異常	造山運動
地震波速度	主筋	走時
地震波速度変化	常時微動	相似地震
地震波の反射	上水道施設の被害想定	造成地
地震被害推定	上水道の耐震基準	想定地震
地震被害推定システム【地方自治体】	上部マントル	想定地震の諸元
地震被害推定システム【民間】	情報量基準（赤池の―――）	測地測量
地震被害想定項目の選定	自励振動	塑性
地震被害想定における想定地震	地割れ	大規模地震対策特別措置法
地震被害想定の公表	震央	耐震改修
地震被害想定の実施体制	震央距離	耐震壁

耐震規定
耐震計画
耐震診断
耐震設計
耐震継手
大震法
耐震補強
対数正規分布
体積ひずみ計
大都市震災対策専門委員会提言
大破・中破
耐用年数
ダイレイタンシー
卓越周期
ダクティリティ
ダクト
多重反射
棚などの転倒率
多変量解析
多変量確率分布
ダムの地震被害
唐山地震復興計画
弾性
弾性限界
弾性地震応答
弾性波
弾性反発
断層
断層崖
断層地形
断層パラメータ
弾塑性地震応答
短柱
地域地震情報センター
地下街の被害想定
地殻応力
地殻構造
地殻変動
地下構造物の地震被害
地下鉄道の被害想定
地球化学的地震先行（前兆）現象
地球潮汐
地球電磁気
地球の核
地球の内部構造
地形学
地磁気
地質学
地質構造
地電流

地表面地震動の推定
地方分権推進計画【第2次】
中央構造線
沖積層
中波
超高層建築
重複反射
直接被害
直下型地震
沈降
通信施設の耐震
継手
土構造物の地震被害
津波地震
津波による建築物被害
DIS
低速度層
適合度
鉄筋コンクリート
鉄筋コンクリート構造
鉄筋コンクリート造の被害
鉄骨構造
鉄骨造の被害
鉄骨建物
鉄骨鉄筋コンクリート構造
鉄道施設の被害想定
鉄道の耐震基準
デブリ
電気探査
電気伝導率
電気配線による地震時出火想定
電磁気的先行現象
伝達関数
転倒
電力設備の耐震基準
倒壊
統計量
東消式97
東消式2001
動的応答解析
動的相互作用
道路橋の耐震規準
都市化地域の耐震診断事業
都市災害
トラス
斜め鉄筋
日米地震シンポジウム
入力地震波
ぬるぬる地震
根入れ

ねじれ振動
年代決定
年代測定
パイプ
ハイブリッド実験
破壊荷重
白色雑音
爆発地震
波線理論
発光現象
発震機構
梁間
半壊
阪神・淡路大震災復興計画
PL値
b値
P-Δ効果
P波
被害
被害確率マトリクス
被害危険度
被害軽減
被害の増幅効果
被害抑止
被災建築物の応急危険度判定
被災する可能性・脆弱性
微小クラック
微小地震
微小破壊
ヒストグラム
ひずみエネルギー
避難地・避難路
ひび割れ
標準最小二乗基準
表層地盤
表層地盤による増幅率（増幅度）
表層地盤の増幅特性
表層地盤の卓越周期
費用便益分析
標本
表面波
フィルタ
封圧
深井戸
復元力特性
不静定構造物
付着破壊
フラジリティーカーブ
プリペアドネス
ブレース

分野別項目リスト

プレート間地震
プレート内地震
プレストレストコンクリート構造
プロティング・ポジション
噴砂
分散性波動
平均二乗誤差
ベースシア係数
変換波
偏心
ポアソン比
防災
防災まちづくり
補強
母数推定
骨組構造物
保有水平耐力
本震
マイクロゾーニング
埋設構造物
膜構造
マグニチュード
曲げ破壊
マントル
ミティゲーション
南関東地域直下の地震対策に関する大綱
脈動
免震構造
モーダルアナリシス
模擬地震動
木造建築
木造の被害
モホロヴィチッチ不連続面
盛土
モンテカルロ実験
山崩れ
山津波
ヤング係数
有感地震
有効入力地動
誘発地震
余効的変動
余震
ラーメン
ライフライン解析技法
ライフラインネットワーク
ライフラインの被害想定
ライフラインの復旧
ライフラインマネジメント

らせん筋
ラドン濃度変化
リスク
リスク評価
リスク分析
リスクマップ
リスクマネジメント
リニアメント
リモートセンシング
隆起
履歴曲線
レオロジー
歴史地震
煉瓦構造

地盤災害

アコースティック・エミッション
圧縮強さ
圧密沈下
アンカー工
安全係数
安全率
安息角
安定解析
EPS工法
一軸圧縮強さ
浮き石
受け盤
埋立
永久凍土
鋭敏粘土
液状化
液状化に伴う地盤の流動
液状化による構造物の被害
液状化の推定
液性指数
N値
円弧すべり
遠心模型実験
堰堤
塩類風化
応答変位法
応力集中
応力歪曲線
押え盛土
帯工
温泉変質作用
過圧密
海岸堤防
海上空港

海食崖
崖錐
階段工
海底地すべり
海底底質
海底土石流
鏡肌
崖崩れ
崖崩れによる死傷者
河川構造物の地震被害
活断層
滑落崖
河畔林
空石張り
簡易貫入試験
間隙水圧
間隙比
含水比
岩屑
岩屑なだれ
間接被害
関東ローム
貫入試験
岩盤崩壊
季節凍土
基礎
木流し工
急傾斜地
急傾斜地崩壊危険区域
急傾斜地崩壊対策
強度
許容応力度
許容応力度設計法
許容沈下量
切土
均等係数
杭
杭工
グラウト工法
クラック
クリープ
クリープ型地すべり
群杭
傾斜計
渓床勾配
渓床堆積物
渓畔林
原位置試験
原位置透水試験
限界動水勾配

地盤災害

減災	地盤侵食	セメント注入
広域地下水	地盤建物相互作用	0次谷
高規格堤防	地盤沈下	ゼロメートル地帯
硬質地盤	地盤凍結工法	遷急点
更新統	地盤の密度	洗掘
洪積層	シミュレーション	線状凹地
構造地形	締固め工	扇状地
交通荷重	蛇籠	せん断応力
荒廃渓流	斜面形状	せん断強さ
荒廃山地	斜面災害	ソイルクラスト
護岸	斜面侵食	相関
護床工	斜面崩壊	造山運動
コンシステンシー	斜面崩壊の素因	相対密度
災害	斜面崩壊の想定	層理(面)
再活動型地すべり	斜面崩壊の誘因	掃流
砕屑堆積物	斜面緑化工	掃流砂
最大凍結深	砂利採取	掃流状集合流動
サウンディング	集水井	即時沈下
砂丘	周氷河現象	塑性図
柵工	重力水	塑性変形
サクション	情報量基準(赤池の──)	粗朶伏工
砂嘴	植栽工	側刻
砂州	除石工	粗度係数
砂防	シラス	ソリフラクション
砂防施設	人工凍土	第三紀層地すべり
砂防ダム	伸縮計	堆砂
砂防調査	侵食	帯水層
砂防林	深層風化	対数正規分布
三角州	深礎杭工	堆積
残積土	伸張節理	ダイレイタンシー
山体崩壊	振動	宅地造成
山地災害	浸透施設	多重山稜
山腹工	振動センサー	谷密度
サンプリング	信頼性解析	多変量解析
残留沈下	水浸による沈下	多変量確率分布
残留強さ	水理地質図	段丘
シーティング	水路工	断層
シーム	スーパー堤防	断層崖
ジオシンセティック	スクリーンダム	断層地形
地震被害推定	スコリア	断層粘土
地すべり	筋工	段波
地すべり対策工	捨石工	断裂
地すべり地形	砂溜工	地塊
地すべり調査	スランプ	地殻構造
地すべり防止区域	スリットダム	地下構造物の地震被害
実効雨量	スレーキング	地下侵食
実播緑化工	正規圧密	地下水
地盤改良	堰	地形学
地盤災害	積算気温	地形図
地盤種別	節理	地形・地質災害要因

分野別項目リスト

地盤災害

分野別項目リスト

地形調査	都市災害	ヒストグラム
地形発達	土質柱状図	ひび割れ
地形分類	土砂崩れ	標準貫入試験
地形面	土砂災害	標準最小二乗基準
地溝	土砂災害危険区域図	表層地盤
地向斜	土砂収支	表土層
治山ダム	土砂生産	費用便益分析
治山・治水	土砂排除	標本
地質学	土砂氾濫	表面侵食
地質構造	土砂流出	表面流出
地質図	土砂流出防備(保安)林	比流出土砂量
地質調査	土石流	フィルタ
地方分権推進計画【第2次】	土石流監視システム	風化
沖積層	土石流危険渓流	フォッサマグナ
調節土砂量	土石流災害	深井戸
直接被害	土石流対策	深井戸工法
貯水池堆砂	土地造成	不整凍上
地塁	土中水	伏工
沈下抑止工	土地利用	物理探査(法)
沈砂池	トップリング	不透水層
土構造物の地震被害	土留め	不同沈下
ディグリーデー	トンネル	プリペアドネス
堤防	内部摩擦角	不連続面
泥流災害	流れ盤	プロティング・ポジション
適合度	軟弱地盤	平均二乗誤差
鉄筋挿入(補強土)工法	二次圧密	変質作用
鉄砲水	日本統一土質分類法	変成作用
電気探査	根入れ	防災
転石	根(元)曲がり	膨潤性岩石
天然ダム	練石張工	飽和度
凍害	年代決定	ボーリング
等価摩擦係数	年代測定	補強土工法
統計量	法枠工	母数推定
凍結検知器	排砂	埋没谷
凍結指数	排水工	摩擦速度
凍結深	排水層	まさ土
凍結粉砕	排土工	マスウェスティング
凍結予測	パイピング	マスムーブメント
凍上	ハザードマップ	水循環
凍上災害	破砕帯	水みち
凍上対策	破砕帯地すべり	ミティゲーション
凍上力	破堤	メタンハイドレート
透水係数	盤ぶくれ	毛管水
凍着防止	被圧地下水	盛土
動的相互作用	被害	モレーン
凍土	被害危険度	モンテカルロ実験
導流堤	被害軽減	山崩れ
床固工	被害の増幅効果	山津波
床止め	被害抑止	融解再凍結
土砂流	被災する可能性・脆弱性	有効応力

有効径
有効降雨
湧水
融雪災害
融雪地すべり
揚水
溶脱
擁壁
擁壁などの被害想定
抑止工
抑制工
落差工
落石
落石防止工
ラハール
乱泥流
リスク
リスク評価
リスク分析
リスクマップ
リスクマネジメント
立体格子ダム
リモートセンシング
粒子破砕
流出土砂量
粒度分布
流木
流木止め
流路工
リル
ルジオン値
レオロジー
レス
裂罅水
ワイヤーセンサー

雪氷災害

アイスオーガー
アイスレーダ
あられ
錨氷
イモチ冷害
雨氷
永久凍土
涎流氷
大雪
温水施設
海氷
寡雪
寒害

冠雪
冠雪害
乾雪雪崩
間接被害
寒波
寒風害
季節凍土
結氷
煙型雪崩
減災
厳冬
降雪
豪雪
降雪雲
降雪強度
降雪検知器
豪雪地帯
豪雪発生機構
交通雪害
降ひょう抑制
氷
氷雪崩
氷の焼結
氷の摩擦係数
氷薄片
湖氷
サーマルマッピング
災害
最深積雪深
最大積雪水量
最大凍結深
サスツルギー
ざらめ雪
酸性雪
地震被害推定
湿雪雪崩
視程障害
地盤凍結工法
しぶき着氷
地吹雪
地吹雪輸送量
地吹雪予測
しまり雪
シミュレーション
霜
しもざらめ雪
弱層
弱層テスト
斜面積雪の移動圧
斜面積雪のグライド

周氷河現象
樹霜
樹氷
障害型冷害
消雪
少雪年
晶氷
情報量基準（赤池の——）
除雪
人工霧法
人工降雪
人工凍土
人工雪崩
新雪
新雪深
深層霜
信頼性解析
眇漏り
スタッドレスタイヤ
スノーサンプラー
スノーシェッド
スノータイヤ
スノーポール
スパイクタイヤ
スラッシュ
スラッシュ雪崩
積算寒度
積算気温
積雪
積雪荷重
積雪含水率
積雪空隙率
積雪硬度
積雪重量計
積雪深
積雪深計
積雪水量
積雪調査
積雪沈降力
積雪内の水みち
積雪のクラック
積雪のクリープ
積雪の衝撃波
積雪の通気度
積雪の透水係数
積雪の破壊強度
積雪の摩擦係数
積雪薄片
積雪比表面積
積雪密度

分野別項目リスト

雪温	鉄道の雪害対策	氷河湖
雪害	鉄道の雪氷害	氷河湖決壊洪水
雪害度	デブリ	氷山
雪寒法	電線着氷雪	氷筍
雪渓	凍害	標準最小二乗基準
雪線	統計量	氷床
雪堤	凍結検知器	表層雪崩
雪泥流	凍結指数	費用便益分析
雪庇	凍結深	標本
雪氷学	凍結粉砕	氷霧
雪氷圏	凍結予測	表面霜
雪氷研究	凍上	氷紋
雪氷混相流	凍上災害	ピンポン球雪崩
雪氷測器	凍上対策	フィルタ
雪氷防災	凍上力	風成雪
雪片	投雪	深水管理
雪面温度	凍着防止	吹きだまり
雪面の熱収支	凍土	不整凍上
全層雪崩	倒伏	吹雪
船体着氷	特別豪雪地帯	吹雪計
霜害	都市災害	吹雪の視程
相関	都市雪害	吹雪量
掃雪	中谷ダイヤグラム	プリペアドネス
送風法	流れ型雪崩	ブロック雪崩
粗氷	雪崩	プロティング・ポジション
対数正規分布	雪崩風	平均二乗誤差
耐凍性	雪崩規模	閉塞氷
タイヤチェーン	雪崩衝撃力	防災
大陸氷	雪崩制御	防雪柵
耐冷性品種	雪崩デブリ	防雪林
多結晶氷	雪崩分類	防霜垣
多雪年	雪崩防護工	防霜ファン
多年性雪渓	雪崩予測	防風施設
多変量解析	雪崩予防工	防風林
多変量確率分布	根(元)曲がり	ホールドオーバータイム
単結晶氷	根雪	母数推定
暖冬	燃焼法	ホワイトアウト
遅延型冷害	法面雪崩	巻き垂れ
地方分権推進計画【第2次】	排雪	万年雪
着雪	被害	ミティゲーション
着雪荷重	被害危険度	無雪都市宣言
着霜	被害軽減	霧氷
着氷	被害の増幅効果	モレーン
着氷雪予測	被害抑止	モンテカルロ実験
直接被害	被災する可能性・脆弱性	屋根雪崩
つらら	ヒストグラム	屋根雪
低温気流	飛雪空間密度	屋根雪荷重
低温障害	飛雪粒子	融解再凍結
ディグリデー	雹	融雪
適合度	氷河	融雪機構

都市災害 431

融雪係数	確率論的解析	サーキットブレーカー
融雪災害	ガス施設	災害
融雪地すべり	ガス製造所	再現期間
融雪出水	ガスホルダー	再利用【水】
融雪槽	渇水	産業被害【渇水】
融雪促進	渇水期間	暫定水利権
融雪流出	渇水再現期間	GIS
融氷剤	渇水持続曲線	時間給水
雪	渇水対策	地震被害推定
雪えくぼ	渇水対策ダム	システム信頼性
雪形	渇水対策本部	シミュレーション
雪結晶	渇水対策容量	取水制限
雪質	渇水調整	需要管理【水】
雪尺	渇水調整協議会	少雨現象
雪代	渇水年	浄水施設
雪しわ	渇水被害	上水道施設
雪捨場	渇水リスク	情報通信施設
雪の圧縮性	渇水流量	情報通信施設の応急復旧
雪の熱伝導率	カットセット	情報通信施設の復旧戦略
雪の変態	ガバナー	情報ネットワークの復旧曲線
雪の誘電率	灌漑用水	情報量基準(赤池の——)
雪捲り	管渠	処理場
雪粒子のサルテーション	間接被害	新規利水容量
雪割り	干ばつ	信号システム
落雪	軌道設備	信頼性解析
リスク	機能性能	心理的被害
リスク評価	給水車	水源の多様化
リスク分析	給水制限	水道の応急戦略
リスクマップ	給水制限率	水道の多点配水システム
リスクマネジメント	給水装置	水道の復旧曲線
リモートセンシング	供給エリア	水道の復旧戦略
流雪溝	共同溝	水道用水
流氷	橋梁	水道料金
累計降雪量	緊急衛星通信システム	水利権の移転
冷害	緊急遮断弁	整圧器
冷気流	経済被害	生活被害【水】
冷水害	経年貯留ダム	石綿セメント管
冷風害	下水道施設	雪害
路面積雪	下水道の応急戦略	雪害度
路面凍結	下水道の復旧戦略	節水
	決定論的解析	節水意識

都市災害

	減圧給水	節水型社会
雨水	減災	節水キャンペーン
イベントツリー	広域導水	節水行動
雨水利用	広域避難場所	節水コマ
応急井戸	高架橋	相関
応急戦略	工業用水	相互連関【ライフライン】
応急ポンプ	硬質塩化ビニル管	送水施設
価格弾力性【水需要】	交通施設	想定地震
確率降雨	交通雪害	送電線

分野別項目リスト

分野別項目リスト

大渇水年
耐震継手
対数正規分布
タイセット【信頼性解析】
タイヤチェーン
ダクタイル鋳鉄管
多変量解析
多変量確率分布
ダム開発
ため置き【水】
断水
淡水化
地下配線
地方分権推進計画【第2次】
中水道
鋳鉄管
直接被害
貯水池
地理情報システム
継手
適合度
電力系統
電力施設
電力施設の応急戦略
電力施設の復旧曲線
電力施設の復旧戦略
統計量
都市災害
都市雪害
都市用水
土地利用
取付管
トンネル
夏渇水
農業用水
配水管
配水池
パスセット【信頼性解析】
バックアップシステム
発電所
発電用水
被害
被害確率マトリクス
被害危険度
被害軽減
被害の増幅効果
被害抑止
光ケーブル網
被災する可能性・脆弱性
被災地情報ネットワーク

ヒストグラム
標準最小二乗基準
費用便益分析
標本
不安定取水
フィルタ
不足％・日
復旧曲線
復旧戦略
冬渇水
フラジリティーカーブ
プリペアドネス
ブロック化【ライフライン】
プロティング・ポジション
平均二乗誤差
ペットボトル
変電所
防災
母数推定
ポリエチレン管
ポンプ施設
マイコンメーター
マンホール
ミティゲーション
無雪都市宣言
メカニカル継手
モニタリング
モンテカルロ実験
用水補給
ライフライン解析技法
ライフラインネットワーク
ライフラインの復旧曲線
ライフラインマネジメント
利水安全度
利水計画
利水調整
利水容量
リスク
リスク評価
リスク分析
リスクマップ
リスクマネジメント
リモートセンシング
流雪溝
ループ化
レジリエンシー
連結性能
路面積雪
路面凍結

被害想定

RC 造の被害
Is 指標
生き埋め
一次運用
一時的滞留者
一次被害の想定
一部損壊
一般道路の被害想定
イベントツリー
イベントツリー解析
医療機能の被害想定
医療サービス需給
飲料水の需給
埋立
液状化
液状化に伴う地盤の流動
液状化による構造物の被害
液状化の推定
SI 値
S 造の被害
S 波
NHK 生活時間調査
N 値
FL 値
mn 比
LP ガスボンベの地震時出火想定
延焼火災
延焼遮断帯
延焼出火
炎上出火
延焼速度式
延焼中の死傷者
延焼動態図
延焼の想定
延焼不拡大火災
延焼ユニット
延焼予測
応急救護活動
応答スペクトル
屋内収容物による死傷者
屋内収容物の震動による挙動
海溝型地震
化学薬品の地震時出火想定
火気器具(石油・ガス)からの地震時出火想定
火気器具(電熱機器)の地震時出火想定
火気器具保有率
火気使用率

被害想定

崖崩れ	交通渋滞の想定	シナリオ型被害想定
崖崩れによる死傷者	後方医療	地盤─構造物系
火災旋風	港湾構造物	地盤種別
火事場風	港湾構造物の地震災害	地盤の密度
河川構造物の地震被害	港湾の被害想定	シミュレーション
神奈川式	心のケア	市民消火隊
ガバナー	子どものPTSD	社会的支障の想定
壁率	災害	斜面災害
河角式	災害弱者	斜面崩壊
間接的な被災者	災害時要援護者	斜面崩壊による建築物被害
間接被害	細街路の通行可能性	斜面崩壊の想定
危険性物質の地震被害想定	サイスミックゾーニング	住機能支障【短期的・中長期的】
危険性物質の地震被害想定【貯蔵施設】	挫滅症候群	就業機能支障
危険性物質の地震被害想定【輸送中】	GIS	住民消防組織
気象庁震度への換算	時刻係数	出火直後の死傷者
季節係数	自主防災組織	上水道施設
帰宅困難者数の想定	自主防災組織の地震時消火活動想定	上水道施設の被害想定
機能被害	地震火災	情報機能支障
基盤地震動の推定	地震火災の被害想定	消防団
基盤層	地震危険度	消防団の地震時消火活動の想定
急傾斜地	地震基盤	情報量基準(赤池の──)
急傾斜地崩壊危険区域	地震時出火件数の想定	消防力の地震時一次運用
救出活動	地震時の出火地点想定	消防力の地震時二次運用（延焼阻止線活動）
教育機能支障	地震時の消防活動の想定	消防力の地震時二次運用（包囲消火活動）
供給エリア	地震水害による建築物被害	
橋梁構造物の地震被害	地震水害による死傷者	初期消火活動
緊急遮断弁	地震水害の想定	初期消火率
緊急措置ブロック	地震動の想定	職員参集
緊急対応機関	地震に関する地域危険度測定	食料の需給
緊急対応機能の想定	地震の再来周期	震害率
クラッシュ症候群	地震被害推定	震災関連死
群集流動	地震被害推定システム【政府機関】	震災時使用可能水利
経済被害	地震被害推定システム【地方自治体】	人的支障の想定
下水道施設	地震被害推定システム【民間】	人的被害
下水道施設の被害想定	地震被害想定項目の選定	人的被害の発生要因
減災	地震被害想定調査	震度階
建築物の機能的被害	地震被害想定における想定地震	人命救助
建築物の構造的被害	地震被害想定の公表	信頼性解析
建築物の被害想定	地震被害想定の実施体制	整圧器
建築物被害による死傷者	地震被害想定の種類	生活支障の想定
建蔽率	地震被害想定の目的	精神的ダメージ
高圧ガス	地震被害想定の利活用	清掃衛生機能支障
高圧ガス施設の地震時出火想定	地震被害想定の歴史	全壊・半壊・一部損壊
広域応援体制	地震被害の想定期間	全出火
広域防災応援協定	地震被害のリアルタイム推計	相関
工業炉の地震時出火想定	地すべり	想定地震の諸元
高速道路の被害想定	地すべり防止区域	想定人口の設定
交通機関利用者数	施設機能	総プロ式
交通事故による死傷者	時代係数	疎開人口の想定
交通施設の被害想定	自動車の地震時出火想定	

分野別項目リスト

第一次地盤分類
対震自動消火装置
対数正規分布
大破・中破
卓越周期
ダクタイル鋳鉄管
棚などの転倒率
多変量解析
多変量確率分布
地下街の被害想定
地下構造物の地震被害
地下鉄道の被害想定
地形分類
地表面地震動の推定
地方分権推進計画【第2次】
昼間人口
鋳鉄管
中波
直接被害
直下型地震
地理情報システム
通話規制
土構造物の地震被害
津波による建築物被害
津波による死傷者
津波の想定
適合度
鉄筋コンクリート造の被害
鉄骨造の被害
鉄道施設の被害想定
鉄道車両の被害想定
鉄道被害による死傷者
電気配線による地震時出火想定
電力施設
電力施設の被害想定
電話施設の被害想定
統計量
同時多発火災
東消式97
東消式2001
導通確率
都市火災危険度
都市ガス供給施設の被害想定
都市災害
土質柱状図
トリアージ
ニーズ調査
二次運用
日常受療困難者
入力地震波

ネットワーク支障
パーソントリップ調査
パニック行動
破びん率
浜田式
半壊
PL値
PT調査
被害
被害危険度
被害軽減
被害の増幅効果
被害抑止
被災しなかった人の行動
被災者ニーズの想定
被災する可能性・脆弱性
ヒストグラム
避難空間
避難施設機能支障
避難者数の想定
避難所人口の想定
避難スペース
火の始末率
病院選択における受診者心理
標準最小二乗基準
表層地盤
表層地盤による増幅率(増幅度)
表層地盤の増幅特性
表層地盤の卓越周期
表土層
費用便益分析
標本
フィルタ
輻輳
負傷者数の想定
負傷者の広域搬送
浮動人口
不燃領域率
フラジリティーカーブ
プリペアドネス
ブロック化【ライフライン】
ブロック塀などによる死傷者
プロティング・ポジション
文化財の被害
平均二乗誤差
塀の被害想定
包囲可能火面周長
包囲消火活動
防災
母数推定

ポリエチレン管
マイクロゾーニング
マイコンメーター
水野式
ミティゲーション
木造の被害
モンテカルロ実験
夜間人口
薬品混触
有効入力地動
要転院患者
擁壁
擁壁などの被害想定
ライフライン解析技法
ライフラインネットワーク
ライフラインの被害想定
落下物による死傷者
落下物の想定
リスク
リスク評価
リスク分析
リスクマップ
リスクマネジメント
罹病・病状悪化
リモートセンシング
漏洩ガスによる地震時出火想定

防災行政

アジア防災政策会議
委託
援助
応急仮設住宅
海岸高潮対策
海岸保全施設
火山噴火予知連絡会
河川管理施設
河川激甚災害対策特別緊急事業
関係省庁連絡会議
間接被害
観測強化地域・特定観測地域
危険物取扱者
起震車
救急救命士
急傾斜地崩壊危険区域
急傾斜地崩壊対策
救護
救護所
救助
共同防火管理
局地激甚災害制度

緊急警報放送・緊急警報受信機	地震防災派遣	地域防災拠点施設
緊急災害対策本部	地震保険制度	地域防災計画
緊急消防援助隊	地震保険の再保険制度	治山・治水
緊急防災基盤整備事業	地震予知	地方分権推進計画【第2次】
緊急輸送	地震予知連絡会	地方防災会議
緊急輸送路	市町村相互間地域防災計画	中央防災会議
警戒区域	市町村防災行政無線	中央防災無線網
警戒宣言	指定行政機関	直接被害
激甚災害	指定公共機関	DIS
減災	指定地方行政機関	適合度
原子力委員会	指定地方公共機関	統計量
広域避難地	自動通報システム	同時通報用無線
広域防災応援協定	シミュレーション	特定非常災害被災者権利利益特別措置法
降灰	消防	
豪雪地帯	消防学校	特別豪雪地帯
後方医療支援	消防基金	都市災害
国際消防救助隊	消防警戒区域	都道府県相互間地域防災計画
国際防災協力	消防計画【市町村】	都道府県防災行政無線
国際防災の10年	消防計画【防火対象物】	トリアージ
災害	消防信号	日米地震シンポジウム
災害援護資金	消防水利の基準	農業共済
災害応急対策	消防設備士	農業災害補償制度
災害関連事業	消防相互応援協定	ハザードマップ
災害危険区域	消防組織法	被害
災害救助法	消防隊	被害危険度
災害査定	消防団	被害軽減
災害弱者	消防同意	被害の増幅効果
災害時要援護者	消防法	被害抑止
災害障害見舞金	消防防災通信ネットワークと防災行政無線	被災建築物の応急危険度判定
災害対策基本法		被災者生活再建支援法
災害対策法制	消防防災無線	被災する可能性・脆弱性
災害対策本部	情報量基準(赤池の――)	非常災害
災害弔慰金	消防力の基準	非常災害対策本部
災害派遣【自衛隊】	初動体制	ヒストグラム
自己認証	信頼性解析	人と防災未来センター
自主防災組織	水防	避難勧告と避難指示
地震財特法	石油コンビナート等特別防災区域	避難港
地震再保険制度	石油コンビナート等防災計画	避難指示
地震対策緊急整備事業計画	雪寒法	避難所
地震調査研究推進本部	相関	避難地・避難路
地震被害推定	相互応援協定	標準最小二乗基準
地震被害想定調査	措置命令	費用便益分析
地震防災応急計画	大規模地震対策特別措置法	標本
地震防災基本計画	大震法	フィルタ
地震防災強化計画	対数正規分布	プリペアドネス
地震防災緊急事業五箇年計画	大都市震災対策専門委員会提言	プロティング・ポジション
地震防災情報システム(DIS)	立入検査・措置命令	平均二乗誤差
地震防災対策強化地域	多変量解析	防火管理者
地震防災対策強化地域判定会	多変量確率分布	防災
地震防災対策特別措置法	地域地震情報センター	防災会議

防災緩衝緑地
防災基本計画
防災業務計画
防災拠点
防災訓練
防災計画
防災公園
防災週間
防災集団移転促進事業
防災センター
防災対策事業【消防】
防災とボランティア週間
防災フェア
防災まちづくり事業
防災林
母数推定
密集市街地
密集市街地整備法
ミティゲーション
南関東地域直下の地震対策に関する大綱
モンテカルロ実験
予報および警報の標識
リスク
リスク評価

リスク分析
リスクマップ
リスクマネジメント
リモートセンシング
林野火災特別地域
レイアウト規制

共通項目

間接被害
減災
災害
地震被害推定
シミュレーション
情報量基準（赤池の──）
信頼性解析
相関
対数正規分布
多変量解析
多変量確率分布
地方分権推進計画【第2次】
直接被害
適合度
統計量
都市災害
被害

被害危険度
被害軽減
被害の増幅効果
被害抑止
被災する可能性・脆弱性
ヒストグラム
標準最小二乗基準
費用便益分析
標本
フィルタ
プリペアドネス
プロティング・ポジション
平均二乗誤差
防災
母数推定
ミティゲーション
モンテカルロ実験
リスク
リスク評価
リスク分析
リスクマップ
リスクマネジメント
リモートセンシング

英語索引

英語索引

A

aa lava ... 1
abnormal dry weather ... 7
acceleration of snow melting ... 383
acceptable level of risk ... 74
acceptable risk ... 178
access ... 2
accumulated air temperature ... 213
accumulated amount of snowfall ... 401
accumulated freezing temperature ... 213
acid (acidic) deposition ... 141
acid (acidic) fog ... 141
acid rain ... 141
acid snow ... 141
acoustic emission ... 3
acoustic sounder / sodar ... 29
Act Concerning Support for Reconstructing Livelihoods of Disaster Victims ... 319
active fault ... 61
active volcano ... 56
act of god syndrome ... 65
added mass ... 336
additional water supply ... 386
advisory ... 261
aerodynamic admittance ... 90
aerodynamic damping ... 90
aerodynamic force ... 89
aeroelastic instability ... 91
aerosol ... 15
affordable house for local resident ... 13
afterbay reservoir / compensation reservoir ... 79
aftershock ... 388
age determination / dating ... 303
agglomerate ... 173
aggregates / snowflakes ... 221
agricultural disaster compensation system ... 304
agricultural insurance ... 304
agricultural water ... 304
aid ... 20, 80
aid dependency ... 20
aid fatigue ... 22
aircraft fire ... 107
air entrainment ... 90
air fire fighting ... 90
air hoar ... 178
air hoar / rime ... 374
air permeability of deposited snow ... 216
air pollution ... 236
air-raid fire ... 90
air shock ... 90
air supply shaft ... 80
air turbulence ... 393
Akaike's Information Criterion (AIC) ... 186
alert level ... 95
allowable flooding depth ... 86
allowable overtopping rate ... 86
allowable settlement ... 87
allowable stress ... 86
allowable stress design methods ... 86
alluvium ... 263
Alpine orogeny ... 4
Alps-Himalayas seismic zone ... 4
alteration ... 352
alternative means of escape ... 299
AMeDAS ... 4
amenity-oriented breakwater ... 193
amount of snow damage on urbanized area ... 218
amplification characteristic of surface layers ... 329
amplification of tsunami ... 268
amplification rate (extent) in surface layers ... 329
anaclinal overdip ... 13
anchor ... 5
anchor ice ... 7
anchor works ... 5
andesite ... 5
anger ... 320
angle of attack ... 95
angle of repose ... 6
announcement of earthquake damage estimation ... 154
annual maximum series / partial duration series, peaks over threshold, censored data ... 368
anoxia / milky water / blue tide ... 2
anoxic water ... 332
anticipatory release operation against floods ... 389
anti-seismic automatically put-off device ... 237
API (antecedent precipitation index) ... 164
application of earthquake damage estimation ... 156
application of sufferer and damage ... 395
aquifer ... 238
architecture ... 101
area of special observation ... 70

areas under intensified measure against earthquake disasters	159
area to be guarded against fire	182
armoring	1
armor levee	1
arson	353
art and culture movement in affected districts	321
artificial beach	191
artificial earthquake	191
artificial frozen soil	192
artificial ground freezing method	168
artificial reef	192
artificial snow	191
artificial snow avalanche	192
asbestos cement pipe	216
ash fall	113
ash flow	48
Asian Natural Disaster Reduction Conference	3
assembling of staff	187
assessment of reconstruction projects	340
assumption of medical functions	12
astronomical tide	276
atmospheric boundary layer / planetary boundary layer	236
atmospheric diffusion	236
atmospheric general circulation	236
Atomic Energy Committee	100
attenuation of seismic waves	100
automatic alarm system	166
automatic shut-off gas meter	367
automobile fire	173
autonomous disaster prevention organization	148
autoregressive (AR) model	147
available water resources during earthquake disaster	192
aviation meteorology	107

B

backdraft	311
backshore	4
backup system	311
backwater	307
baiu	306
Bangladesh Flood Action Plan	315
banked space for emergency rehabilitation and flood fighting activities	55
bank erosion	40
bank full discharge	40
bargaining	294
barrier free	314

basalt	103
base isolated structure	374
basement layer	79
base of shipment	269
base shear coefficient	351
basic act for disaster countermeasures	129
basic plan for disaster prevention	356
basic plan for earthquake disaster prevention	158
basic policy (master plan) for city planning	285
basic survey for city planning	284
bathymetric chart of submarine volcanoes	212
beach change	35
beach erosion	30
beach erosion control works	30
beach nourishment	387
Beaufort wind scale	327
bed degradation	50
bedding / stratification (bedding plane)	231
bed load	232
bed-load / bed-load transportation	231
bed load by waves	232
bedrock	71
bed sediment / stream bed sediment	96
behavior control	113
behavior of household items and furnishings cause by seismic wave	26
bending failure / flexural failure	369
benthos	270, 352
Bergeron-Findeisen rain	269
berm	306
biological hazard	212
blast wave	309
blighted residential area renewal project	175
blocking phenomena	346
block / massif	252
block reconstruction	31
blowing / drifting snow	343
blowing snow forecast	168
blowing snow gauge / snow drift gauge	343
blown sand	318
bluff body	299
B-β method	317
boilover	353
bond failure	338
booklets for disaster awareness promotion	361
bora	365
boring	363
bottom-seated structure	260
boulder	275
boundary layer radar / wind profiler	82

boundary layer wind tunnel 81
bounty for employment adjustment 122
boxed wall construction 65
bracing 345
brand fire 293
breaker zone / surf zone 136
breaking criteria / breaking limit 136
breakwater 362
brick buildings street in Ginza 89
brick structure 404
bridge 84
bright band 344
brittle failure 211
broken rate of chemical bottles 313
buckling 138
buffer green areas as preventional means of disasters 356
buffeting 313
building 102
building coverage ratio 103
building damage caused by earthquake flood 151
building damages caused by slope failure 172
building damages caused by tsunami 267
building fire 244
building-induced winds 331
building restriction 102
building restriction according to article 7 of special act urban reconstruction of damaged built-up area 102
building restriction according to article 84 of building standard law 102
building standard law 101
building standards for harmonizing environment 175
building standards for structure and healthy condition 250
building structure 102
building usage regulation zone system 387
buoyancy flow 345
buried alive 7
buried structure 367
buried valley 368
burned area 181
burning velocity / burning rate 303
burn out syndrome 375
b value 316

C

cabinet order concerning structural standards for river management facilities 53
calamity obstacle solatia 128
calamity support fund 125
caldera 66
cantilevered snow / ice curl 368
capacity allocated for drought / drought capacity 61
capacity for water utilization 396
capacity ratio / total floor area ratio 386
capillary water 375
care for evacuated pupils and students 232
cast-iron pipe 263
casualties caused by block fences 346
casualties caused by building damages 103
casualties caused by earthquake floods 151
casualties caused by falling objects 393
casualties caused by fire breakouts 178
casualties caused by household items and furnishings 26
casualties caused by landslip 42
casualties caused by railway damages 273
casualties caused by spreading fires 21
casualties caused by traffic accidents 112
casualties caused by tsunami 268
casualty 195
cataclinal overdip 295
catalogue of earthquakes 152
causes of human damage 195
ceiling jet 274
cement grouting 222
Center for Research on the Epidemiology of Disasters (CRED) 132
Central Disaster Prevention Council 262
central disaster prevention radio communication network 262
centrifuge model test 23
certificate of sufferer and damage 394
change in radon concentration 393
channel improvement 62
channels for adjustment of different river flow regimes 398
channel works 204, 399
charring 247
chart of fire spreading 22
check dam 257
chemical plant fire 39
cinder 349
cinder cone 349
circuit breaker 124
circular slide 20
circum-Pacific seismic zone 70
citizens band 4
city gas governor 65
city planning council 285

city planning green space	285
City Planning Law	285
city planning park	284
city planning road	285
city water	290
civic organization for disaster prevention	176
civil defense	169
civil organization for fire-fighting	169
cladding	33
class A river	9
classification of earthquakes	153
classquake	33
climate change	75
coastal current / longshore current	20
coastal destruction	30
coastal dike	31
coastal processes	35
coastal protection	31
coastal protection facilities	31
coefficient of river regime	41, 50
cold air drainage	401
cold damage	67
cold front	72
cold vortex	72
cold wave	71
cold wind damage	71
collapse	200, 278
collapse load / breaking load	308
collective house	122
collective stress	174
combustibility limitation of linings	295
combustible material(s)	64
combustible mixture	64
combustion	302
combustion of flammable gas	63
combustion of liquid combustible	63
combustion of solid combustible	64
combustion product	303
combustion triangle	303
common path of travel	265
communication network for fire fighting and disaster prevention	185
community agreement	370
community-based organization	145, 251
community-based recovery movement	341
community-based recovery movement supporting system	342
community-based recovery organization	341
community-based temporary houses	251
community development association	370
community development / community improvement	370
community development for disaster prevention	361
community development with partnership spirit	83
community environment improvement project in Okushiri town	370
community preparedness	122
community restoration-aid fund	371
community solidarity	121
compact city	122
compacted snow / fine-grained old snow	168
compartmentation by area	374
compartment fire	91
complete collapse, half collapse and partial collapse	222
compound disaster events	336
comprehensive countermeasures against drought	227
comprehensive disaster management plan	227
comprehensive flood disaster prevention measures	227
comprehensive improvement promotion project for urban residential district	175
comprehensive promotional project for good quality townscape and residential development	371
compressibility of snow	385
compression failure	3
compressive strength	3
concrete block	7
confined groundwater / artesian groundwater	316
confining pressure	333
conflagration under high wind	84
connectivity	404
consent to building permit	185
conservation and repair of historical buildings	403
consistency	122
consolidation settlement	3
Constant Altitude Plane Position Indicator	80
constant discharge method	10
constant rate and constant discharge method	10
construction project of temporary complex stores for damage shopping street	181
contact of chemicals	379
continental ice	241
continuous snow cover	302
contribution / reduction of housing lot	103
controlled sediment	264
control works	388
convective available potential energy	97
convective instability	241
convergence line	174

convergence of behavior among people ··················113
conversion to JMA seismic intensity ·······················77
converted wave ···351
cool summer ··401
cool summer damage ··401
cool summer damage due to blast ··························12
cool summer damage due to delayed growth ··········252
cool summer damage due to floral impotency ········179
cool water damage ··402
cool weather resistance variety ····························241
cool wind damage ···402
cooperative fire prevention management ·················83
Cooperative for American Relief Everywhere
 (CARE International) ····································118
cooperative rebuilding / cooperative housing
 project ···82
co-ordinate on stream path ·································399
Coordinating Committee for the Prediction of
 Volcanic Eruptions ···49
coordinating meeting of the disaster-related
 ministries and agencies ··································68
Coordination Committee for Earthquake
 Prediction ··160
coping behavior ··116
correlation ··226
cost-benefit analysis ··330
council for drought management ···························61
countermeasure against land subsidence ···············266
countermeasure against storm surge ····················242
countermeasure against wave overtopping ··············18
countermeasure for frost heave ···························281
countermeasures against tsunami ························267
countermeasures to prevent a second disaster ········135
covering works ··338
crack ···92, 326
crack of snow cover ··215
creative reconstruction ······································230
creep ··93
creep of snow cover ··215
creep type landslide ··93
crisis communication ··92
crisis management ··92
critical distance of fire spread ······························21
critical hydraulic gradient ··································100
crop consumption by locust ································312
crowd movement ··94
crown fire ···177
crown snow damage ··69
crown snow / snow capped ···································69
crush syndrome ··92, 139

crush zone ···311
crustal movements / crustal deformation ···············253
crustal stress ···253
crustal structure ···253
cryosphere ··220
cryptodome ···223
culvert / conduit ··5
cumulus・cumulonimbus ···································213
curriculum development for disaster education at
 educational institutions ·································357
curved stem base ···302
cusp ··51
cut / excavation ···87
cut-off ···181
cut set ···62
cutting of deposited snow ··································385
cyclone ··133
cyclone shelter ···134

D

dacite ··270
daily activity survey by NHK ································18
dam ··23
dam / barrage / weir ···213
damage and losses ··317
damage assessment ··321
damaged enterprise ··319
damage estimation of block fences ······················350
damage estimation of city gas supply systems ········284
damage estimation of electric power supply
 facilities ··277
damage estimation of falling objects ····················393
damage estimation of highways ··························112
damage estimation of lifeline systems ··················391
damage estimation of port facilities ·····················116
damage estimation of sewage systems ····················98
damage estimation of streets ·······························11
damage estimation of telecommunication systems ···277
damage estimation of transportation facilities ········113
damage estimation of underground shopping
 centers ··252
damage estimation of water supply systems ··········180
damage estimation to railway systems ··················272
damage evaluation ··318
damage of cultural heritage ································347
damage of wooden structure ······························376
damage probability matrix ·································317
damage to daily life ··209
damage to reinforced concrete buildings ·········1, 271
damage to steel buildings ····························17, 272

damage to structures due to liquefaction	16	density current in river mouth	42
damage to underground railways	254	density of ground	168
dam failure	246	deposited sediment	237
dam operation rules	246	depositional coast	239
dam operation when a flood exceeds the design inflow	244	depression	388
		depth-area-duration analysis	269
damping factor	100	depth hoar	169, 194
dam reservoir	246	desalting	248
dam reservoir storing water over years	96	desertification	138
dam reservoir with drought capacity	60	designated administrative organs	165
dangerous semicircle	75	designated local administrative organs	165
dangerous water stage	74	designated local public corporations	165
dashi wind	243	designated public corporations	165
daytime population	262	designation of city planning	284
debris	69, 273	designation of city planning project	285
debris exclude works	188	designation system of extreme-severity disaster in local area	85
debris flow	290		
debris flow disaster	290	design fire source	218
debris flow monitoring system	290	design flood discharge	95
debris hazards / soil and water disaster	289	design rainfall	41
debris removal	66	design sea level	95
decision making for disaster response	127	design seismic coefficient	218
Declaration of a Snow-Free City	374	design storm	95
decomposed granite soil	369	design water level	218
deep earthquake	196	design water stage	95
deep flood irrigation	336	design wave	218
deep water wave	190	design wave force	219
deepwater waves / offshore waves	26	design wind speed	219
deep weathering	194	detached breakwater	394
deep well	336	detached rock / loose rock	13
deep well works	336	detailed survey of building damages	38
degree day	269	detention facility	13
degree of earthquake damage	190	determinism	131
degree-of-freedom system	176	deterministic analysis	99
degree of safety	6	detonation	308
degree of safety for securing normal discharge	395	detrital sediments / clastic sediments	135
		devastation slope land	114
degree of saturation	363	Development Assistance Committee (DAC)	35
deicing chemicals	383	development of dam reservoirs	245
delimitation of crisis	73	diagonal bracing	205
delta	140	diagonal reinforcement	297
demand and supply of drinking water	12	dielectric constant of snow	385
demand and supply of foods	187	differential settlement	342
demand control	178	difficulty of daily treatment	299
demand elasticity of water price	39	diffusion	41
denial	326	diffusion flame	41
dense fog	304	dilatancy	241
densely built-up area improvement act	373	Diluvium	110
densely-inhabited areas improvement program for safe and comfortable environment	373	dioxin control	235
		direct damage	265
densely-inhabited district	373		

direct green planting	165
direct-protection structure for snow avalanche	296
disappearance of snow cover	181
disaster	125
disaster area information network	321
disaster assessment	127
disaster awareness	355
disaster condolence money	130
disaster continuum	133
disaster counseling	126
disaster declaration by the US President	350
disaster donation of goods	126
disaster donation of money	126
disaster drill and training	358
disaster drills at schools	57
disaster education at elementary schools	356
disaster education at home	62
disaster education at junior high schools	356
disaster education at kindergartens	356
disaster education at schools	58
disaster education at senior high schools	357
disaster education in collaboration with local communities	251
disaster education in communities	357
disaster education in educational programs	356
disaster emergency response	126
disaster guidance at schools	359
disaster information communication systems	128
disaster information inquiry at schools	57
Disaster Information System (DIS)	159, 269
disaster legislation	130
disaster management activities at schools	58
disaster management at schools	59
disaster (management) cycle	359
disaster management plans at schools	59
disaster medical system	125
disaster mental health for children	127
disaster mitigation	318
disaster mutual benefits program	58
disaster myth	129
disaster of extreme severity	97
disaster prevention and volunteer week	360
disaster prevention base	358
disaster prevention center	359
disaster prevention council	355
disaster prevention fair	360
disaster prevention forest	361
disaster prevention of cultural heritage	347
disaster prevention of historical buildings and townscape	275
disaster prevention plan	358
disaster prevention plan for petroleum industrial complexes and other petroleum facilities	217
disaster prevention program	360
disaster prevention town development program	361
disaster prevention week	359
disaster preventive welfare communities	360
disaster process	126
disaster-proof block development cooperation	355
disaster-proof block development promotional organization	356
disaster-proofing urban planning	360
disaster-proof living zones	359
disaster-proof redevelopment promotion district	359
disaster recovery volunteer	132
disaster reduction	100, 354
Disaster Reduction and Human Renovation Institution	323
disaster reduction capacity	361
disaster reduction plan	358
disaster relief	127
disaster relief coordinator / emergency relief coordinator	127
disaster relief / disaster assistance	355
disaster relief dispatch	131
disaster relief law	127
disaster resilience	126
disaster resistance	130
disaster-resistant building block	358
disaster-resistant safety block renewal project	355
disaster response plan	129
disaster restoration works of public works facilities	107
disaster risk area	126
disasters in and around a mountainous region	142
disaster stress	129
disaster subculture	132
disaster syndrome	128
disaster threat / hazards	133
disaster utopia	133
disaster waste	131
discharge control	109
discharge-duration curve	398
discharge measurement	399
discharge of pupils and students to their guardians	364
discontinuity / discontinuous plane	346
discovery of risk	74
Dispatch for Earthquake Disaster Prevention	159

dispatch system of town planning consultants	226
dispersive wave	349
disposal actions of disaster waste	131
disruption of clearing and sanitation functions	211
disruption of communication functions	182
disruption of educational services	81
disruption of employment and working conditions	173
disruption of living functions	173
disruption of network functions	302
dissolved oxygen	387
distant earthquake / teleseism	23
distributed runoff model	349
distribution of pressure difference	3
distribution pipe	307
district plan	256
district plan for disaster-proof block development	356
distrust	338
divergence	239
diversification of water source	199
diversion	349
diversion channel	349
diversion channel / floodway	362
divided property rights law	92
domain of disaster management at schools	60
Doppler weather radar	293
dormant volcano	80
double mortgages measures	299
downburst	241
dozoh / mud-walled structure	291
drag force	115
drainage layer	307
drainage pumping station / pump station	307
drainage works	307
drift ice	399
drifting snow / blowing snow	168
drifting snow particles	322
(drifting) snow transport rate	168
drop works	392
drought	304
drought damage	61
drought duration curve	60
drought injury	66
drought in summer	297
drought in winter	344
drought management	60
drought management / water shortage management	61
drought period	60
drought risk	61
drought river discharge	61
drought / water famine	71
drought / water shortage	60
drought year	61
dry snow avalanche	69
dual polarization radar	298
duct	242
ductile iron pipe	242
ductility	194, 242
durable period / working lifetime	38
dust explosion	349
Dutch famine	27
dwelling house	173
dynamic pressure	39
dynamic response analysis	281

E

earth current	259
earth fill / banking / embankment	377
earthquake area vulnerability assessment	152
Earthquake Assessment Committee for the Areas under Intensified Measures against Earthquake Disasters (EAC)	159
earthquake belt / seismic zone	152
earthquake damage estimation	153
earthquake damage estimation for emergency response evaluation	166
earthquake damage estimation for hazardous materials (hazmat)	74
earthquake damage estimation for hazardous materials (hazmat) in transit	74
earthquake damage estimation for hazardous materials (hazmat) stored in facilities	74
earthquake damage to bridge structures	84
earthquake damage to buildings	102
earthquake damage to dams	246
earthquake damage to port structures	116
earthquake damage to railway vehicles	272
earthquake damage to river embankment and structures	53
earthquake disaster of soil structures	267
Earthquake Disaster Prevention Special Act	159
earthquake fault	152
earthquake force	161
earthquake insurance system	159
earthquake observation	149
earthquake precursor	151
earthquake prediction	160
earthquake prediction plan	160
earthquake-proofing telecommunications facilities	266
earthquake recurrence period	153

earthquake reinsurance system ············150, 159
earthquake-resistant design ··············238
earthquake-resistant joint ················238
earthquake-resistant standards for sewage system ······98
earthquake-resistant standards for water supply system ············180
earthquake restoration housing loan system ············132
earthquake restoration promotion area ············192
earthquake scenario for the earthquake damage estimation ············154
earthquake simulation van ············77
earthquake source process ············190
earthquake source spectrum ············191
earthquake strong motion records ············82
earthquake swarm ············94
earthquakes with similar wave form / earthquake family ············228
earth reinforcement technique ············363
earth retaining ············293
earth's core ············255
earth tides ············255
eccentricity ············352
economic damages ············96
economic vulnerability ············95
effective grain size ············381
effective humidity ············164
effective input ground motion ············381
effective rainfall ············381
effective stress ············381
elastic earthquake response ············249
elasticity ············248
elastic limit ············248
elastic rebound ············249
elastic wave ············249
elasto-plastic earthquake response ············250
electrical exploration ············274
electric conductivity ············274
electricity recovery ············277
electric power supply facilities ············276
electric power system ············276
electric substation ············352
electric transmission line ············230
electromagnetic precursor ············274
electro-optical distance measurement ············114
elevated viaduct ············106
El Niño ············19
eluviation ············387
embedment ············300
emergency alarm broadcasting / emergency alarm receiver ············87

emergency bank protection with cut trees ············79
emergency city ordinance for earthquake restoration ············192
emergency damage assessment ············24
emergency disaster prevention base development program ············88
emergency fire fighting aid units ············88
emergency lighting ············322
emergency management ············73
emergency management center ············73
emergency plan for earthquake disaster prevention ············158
emergency power ············322
emergency pump ············25
emergency relief activities ············25
emergency response / emergency relief ············87
emergency response of electric power supply facilities ············276
emergency response on initial stage ············188
emergency response organization ············88
emergency response phase ············88
emergency response strategy ············25
emergency restoration for telecommunications facilities ············185
emergency shutoff valve ············87
emergency strategy for sewage system ············98
emergency strategy for water supply system ············201
emergency telecommunications satellite system ············87
emergency transportation ············89
emergency transport road ············89
emergency well ············24
emergent group ············230
emergent leader ············231
emergent restoration works for extremely severe river disasters ············53
employment survey ············122
empowerment / community empowerment ············23
encirclable fire front ············353
encircling fire-fighting ············353
endocrine disrupting chemicals ············295
energy of volcanic eruption ············347
engineering seismology / earthquake engineering ············150
entitlement ············211
entropy ············23
entry for inspection ············244
enveloping curve for regional specific maximum discharge ············110
environmental degradation ············68
environmental hazards ············68
environmental impact assessment ············67

epicenter	189
epicentral distance	189
equilibrium beach	350
equi-risk line	278
equivalent coefficient of friction	278
equivalent roughness	278
eroded coast	193
erosion	193
erosion and flood control emergency measures law	258
erosion control and flood control	258
errors in rainfall measurement	364
eruption phenomenon	347
eruption type	348
escape / evacuation / egress	323
escape route	324
escape space	324, 325
escape speed	325
escape stairs	323
escape time	324
essential material	365
estimated period of earthquake damage	158
estimation of building damage	103
estimation of direct damages	9
estimation of earthquake fire damage	148
estimation of earthquake fires due to leaked gas	404
estimation of earthquake fires from automobiles	166
estimation of earthquake fires from electrical wiring	274
estimation of earthquake fires from electric heating instruments	40
estimation of earthquake fires from fire instruments (with kerosene or gas)	40
estimation of earthquake fires from furnaces	107
estimation of earthquake fires from high-pressure gas facilities	104
estimation of earthquake fires from LP (liquid petroleum) gas cylinders	19
estimation of earthquake flood	151
estimation of earthquake ground motion	152
estimation of earthquake motion on bedrock	79
estimation of earthquake motion on ground surface	260
estimation of emergency responses	88
estimation of evacuated population	232
estimation of fire breakout points in earthquake	150
estimation of fire-fighting in earthquake	150
estimation of fire spreading	22
estimation of human damages	195
estimation of injured persons	337
estimation of liquefaction	17
estimation of living disruption	208
estimation of number of earthquake fires	150
estimation of population	230
estimation of refugees	324
estimation of refugees to emergency shelters	325
estimation of retaining wall damages	387
estimation of slope failures	172
estimation of social disruptions	170
estimation of sufferers' needs	320
estimation of the fire-fighting activities by neighborhood disaster organizations	148
estimation of the fire-fighting activities by volunteer fire corps in earthquakes	184
estimation of traffic congestion	113
estimation of tsunami hazard	268
estimation of victims unable to return home	78
estuary closing	42
eutrophy	335
evacuation	324
evacuation and sheltering	323
evacuation counsel for disaster and order of evacuation	323
evacuation guidance	326
evacuation in case of earthquake	151
evacuation in case of fire	43
evacuation site and evacuation road	325
evacuation site for wide area	105
evacuation to upstairs	33
event tree	11
event tree analysis	11
exceedance probability	263
excessive flood	263
existing buildings of non-conformity	78
exit	326
exit sign / emergency sign	383
expanded polystyrene construction method	7
expansion joint	193
expected losses	234
explosion	308
explosion crater	310
explosion earthquake	309
explosion pressure	309
explosive cyclone / bomb	308
explosive / gun powder	65
explosive / high explosive	310
explosive material	309
exposure to hazard	320
extension joint	195
extensometer	192

extinct volcano ································· 146
extratropical cyclone ·························· 28
extreme statistics ······························· 85
extreme value ···································· 84
extreme wave······································· 8
extruded ice······································· 24

F

failure of Ferry Bridge cooling tower ······· 335
failure of the Tacoma Narrows Bridge ······ 243
fall countermeasures of steep slopes ········· 80
falling ··· 282
fall risk area of steep slopes···················· 80
fall wind ··· 27
famine early warning ···························· 73
famine / hunger ·································· 72
famine in northern China ······················ 263
famine in Sahel region ························· 138
fan ··· 224
FAO global information and early warning system on food and agriculture (GIEWS) ······················· 187
fatalities related to earthquake disaster ····· 192
fate control ·· 15
fault ··· 249
fault clay / gouge ······························· 249
fault parameter ·································· 250
fault scarp ·· 249
FDMA'S disaster prevention radio communications system ································· 186
Federal Emergency Management Agency (FEMA) ································· 333, 350, 404
felt earthquake ··································· 380
fence works ······································ 137
fender ··· 354
filter ··· 333
financial support for recovery of business ··· 131
fine detection and alarm system················ 45
finite amplitude wave···························· 381
fire·· 42
fire action plan ·································· 182
fire advisory ······································ 44
fire ball ··· 332
fire-break belt····································· 21
fire break buildings ····························· 235
fire-breaking effect ······························· 21
fire breakout from chemicals ··················· 40
fire brigade ······································ 184
fire cause··· 178
fire cistern ······································· 354
fire compartment ································ 353

Fire Defense Organization Law ··············· 184
fire department stand pipe ···················· 404
fire detection ····································· 43
fire door ·· 354
fire duration ······································ 43
fire elevator / emergency elevator ············ 322
fire engine / fire truck·························· 183
fire equipment ··································· 184
fire extinguishing system ······················ 179
fire fighter ······································· 318
fire fighting ······································ 182
fire-fighting along fire break belt ·············· 21
fire fighting by destruction ···················· 308
fire fighting fund ································ 182
fire fighting school ······························ 182
fire fighting signal······························· 183
fire fighting tactics ····························· 183
fire hazardous material ························ 182
fire hose ·· 186
fire hydrant ······································ 179
fire incidence rate ······························· 178
fire incident report ······························· 44
fire induced flow ································· 43
fire induced wind ································ 49
fire instruments turn off rate ·················· 326
fire instruments usage rate ······················ 40
fire load··· 43
fire loss ·· 44
fire over the ground ···························· 259
fire plume ··· 44
fire plume above a point heat source ········ 275
fire plume above heat source with finite area ···· 375
fire plume above line heat source ············ 225
fire prevention regulations ···················· 353
fire preventive wooden structure ·············· 354
fireproof district ································· 354
fire-proofing building and roof regulation order ······ 26
fireproof promotion project for urban disaster prevention··························· 288
fire protection engineer ························ 183
fire protection equipment······················· 183
fire protection manager························· 353
fire protective construction ···················· 353
fire protective material ························· 354
fire resistance test ······························· 236
fire resistance time ····························· 235
fire resistant building ·························· 235
fire resistant structure ························· 235
Fire Service Law ································ 185
fire spread due to thermal radiation ········· 337

fire spreading	20
fire spreading to neighboring building	400, 401
fire spreading unit	22
fire statistics	44
fire temperature	42
fire temperature factor	43
fire wall	354
fire warning	43
fire whirl	44
first-aid station	80
fishing community environment improvement projects	84
fissure eruption	406
fissure water	403
five characteristics of volunteers	365
five-year plan for emergency earthquake disaster prevention projects	158
flame	37
flame height	37
flame length	38
flame radiation	38
flame spread	37
flame work on slope	304
flammability limits	303
flammability test	303
flammable gas	63
flashback	344
flash flood / rapid flood	273
flashover	344
flexible structure	174
FL (factor of liquefaction resistance) value	19
floating breakwater	13
floating structure	344
flood concentration time	109
flood control reservoir	109
Flood Control Special Accounting Act	259
flood disaster behind levees / flood disaster due to stormwater within a watershed	295
flood disaster due to river water	33
Flood Fighting Act	202
flood fighting administrative bodies	201
flood fighting corps	202
flood-fighting / levee protection	201
flood fighting methods	202
flood forecasting and warning / flood advisory	110
flood forecasting / flood prediction	109, 110
flood hazard map	110
flood insurance	110
flood inundation analysis	109
flood inundation type	316
floodplain management	316
flood proofing	315
flood risk map	108
flood routing	109
flood vulnerable area map	193
flow rate at exit	326
flow snow avalanche	295
fluctuating wind load	352
flutter	344
focal mechanism	312
foehn phenomena	335
fogging method	191
fog prevention forest	363
fold of snow cover	384
Food and Agriculture Organization (FAO)	119
foreshock	224
foreshore / beach face	368
forest fire	198
Forgetting	333
former army clothing depot in Kanto Earthquake	327
formula of fire spreading velocity	21
Fossa Magna	336
foundation	78
fracture	251
fragility curve	344
framed earthquake fires	21
framed structure	364
frame / rigid frame	390
frazil ice	182
freeboard	389
free vibration	174
freezing detector	279
freezing / freeze over	99
freezing index	279
freezing of road surface	405
frequency characteristics	176
friction coefficient of deposited snow	216
friction coefficient of ice	117
front	224
frontal thunderstorm	37
frost-action damage	280
frost damage / frost injury	278
frost damage (injury)	226
frost depth / depth of frost penetration	279
frost fan	362
frost fence / frost hedge	362
frost heaving	280
frost heaving pressure	281
frosting / hoarfrost formation	260

frost resistance / freezing hardiness······239
frost shattering ······279
frozen ground ······282
fuel-control led fire ······304
Fujita scale ······337
full-depth snow avalanche ······224
full-scale measurement ······165
fully developed fires ······209
fumarole ······348
fumarolic field ······348
functional damage of buildings ······102
functional disruption of refuge facilities ······324
functional performance ······79
function failure ······79
functions of facilities ······162
fundamental river management plan ······54

G

gabion / wire cylinder ······170
galloping ······80
gamma distribution ······72
gas explosion ······51
gas facility ······50
gas holder ······51
gas recovery ······51
gathering space for regional evacuation ······9, 10
gender ······145, 209
generalized extreme-value (GEV) distribution······10
generalized Pareto (GP) distribution······10
generalized wind force ······11
General Principles relating to Countermeasures for Earthquakes Directly Below the Southern Kanto Region ······373
general recovery information and consultation center ······319
general wind of the synoptic field ······313
gentle slope-type revetment ······68
geochemical precursor of earthquake ······255
geodetic survey ······232
geo-disaster ······167
geographical information system ······144, 266
geological hazard map ······289
geological hazards ······256
geological map ······259
geological structure ······258
geological survey ······259
geologic map of volcano ······48
geology ······258
geomagnetism ······258
geomagnetism / geoelectricity ······255

geomorphic development ······257
geomorphic surface ······257
geomorphological survey ······256
geomorphological survey map showing classification of flood-stricken areas ······199
geomorphology ······256
geophysical exploration (method) ······342
geosyncline ······257
geosynthetic ······146
geothermal activity ······166
geothermal energy ······166, 259
gigantic eruption ······86
gigantic landslide / catastrophic rockslide avalanche ······141
glacial lake / glacier lake ······327
glacier ······327
Glacier Lake Outburst Flood (GLOF) ······328
glaciology / science of snow and ice ······220
glaze ······14
glide of snow cover on slope ······171
global positioning system ······145
global warming ······255
goals of disaster education at schools ······57
goodness of fit ······271
governmental subsidiary for collapsed housing ······114
graben ······257
gradient wind ······96
grain size distribution ······399
granular snow / coarse-grained old snow ······139
grassroots ······91
graupel / soft hail ······4
gravel taken / gravel mining ······173
gravitational water ······177
gravity anomaly ······177
great earthquake ······86
great fire / big fire / conflagration ······235
greenhouse effect ······27
greenhouse gases ······28
green oasis development project ······93
grid point value ······145
groin / spur dike ······200
ground classification / ground type ······167
ground fissure / ground crack ······189
ground improvement ······166
groundsel ······283
ground sill ······283
ground water ······254
groundwater flow ······254
ground water in the basin ······104
group dynamics ······93

group evacuation · 94
group removal promotion project for disaster prevention · 359
group transfer system · 93
group velocity · 94
grouting · 92
gust · 292
gust factor · 292
gust front · 50, 292
gust response factor · 50

H

hail · 327
hail damage · 327
hailfall control · 114
half collapse · 315
Hamada's formula · 314
harbor oscillation · 406
hard ground · 108
hardness of snow cover · 214
hard PVC pipe · 108
hard rime · 234
hazard assessment · 39
hazard information · 310
hazard map · 310
hazardous event · 38
hazardous materials · 75
hazardous materials management · 75
hazard recognition · 310
hazards · 38
hazard understanding · 311
haze · 24
headland defense control works · 351
headquarters for disaster countermeasures · 130
headquarters for drought management · 60
Headquarters for Earthquake Research Promotion · 152
headquarters for emergency disaster control · 87
headquarters for major disaster control · 321
headquarters for recovery and reconstruction · 341
heat balance of snow surface · 221
heat conductivity of snow · 385
heating method · 303
heat island · 317
heat of combustion · 303, 312
heat release rate · 312
heaving · 315
heavy metal contamination · 173
heavy rainfall by typhoon · 240
heavy rainfall disaster · 105
heavy rainfall disaster in urban area · 284
heavy snowfall · 26, 110
heavy snowfall area · 111, 283
heavy snow year · 244
helping behavior · 22
hierarchical structure of heavy precipitation · 105
highest wave · 134
high pressure gas · 104
high-priority disaster-proofing improvement program for densely-inhabited wooden houses district · 89
high quality rental housing · 283
high wind · 83
high wind disasters · 84
hillside works · 142
hillslope erosion · 171
hirokoji / broadway against fire · 332
hirotokaze · 332
histogram · 322
historical earthquake · 403
historical parameter · 164
history of the earthquake damage estimation · 156
history of volcanic eruption · 348
hiyokechi / protection zone against fire · 331
hoarfrost · 169
holding rate of fire instruments · 40
holdover-time · 363
hoop · 27
horizontal seismic capacity · 364
horst · 266
hot spring · 28
hour parameter · 147
houses for temporary dwelling · 9
housing recovery / house reconstruction · 175
housing recovery plan / house reconstruction plan · 175
Hudson's formula · 313
human-made disasters · 189
hummocky hill · 295
hurricane · 314
hybrid testing · 308
hydraulic conductivity / permeability · 281
hydrogeological map · 204
hydrological frequency analysis · 203
hydrological observation · 203
hydrothermal activity · 301
Hyogo Forum for Advocating Individual Recovery · 320
hypocenter / focus · 190
hypocentral region / focal region · 190
hysteresis curve · 400

I

ice	117
ice and snow accretion on power lines	275
ice auger	1
ice avalanche	117
iceberg	328
ice fog	330
ice jamming	350
ice sheet	329
ice sintering	117
ice-stalagmite	328
icicle	269
icing / ice accretion	261
ignitability test	261
ignition	12, 261, 311
ignition limit	261
ignition source	261
ignition temperature	261
ignition time	261
immature debris flow	232, 283
impact force of snow avalanche	296
impedance	12
impermeable layer	342
impervious area	338
important section for flood fighting activities	176
improved land	229
improvement (development) of city infrastructure facilities	284
improvement of narrow road	81
improvement order	233
improving restoration work	126
impulsive breaking wave pressure	180
inattention due to false alarms	26
Incident Command System	1
inclinometer	96
indeterminate structure	338
Indigenous Knowledge System (IKS)	251
indirect damage	70
indirect psychological impact	69
induced earthquake	383
industrial complex	122
industrial damage / damage to industries	140
industrial fire	140
industrial restoration	140
industrial restoration committee	141
industrial restoration plan	141
industrial water	107
inertia force	69
inferred fault / assumed fault	200
information for disaster management at schools	59
information for evacuation activities	325
information report	128
information system for disaster management	128
initial fire fighting activities	187
initial fire fighting rate	187
initial stage of fire	187
initiation of motion	11
input earthquake motion	300
inshore / nearshore	234
in situ permeability test	100
in situ test	100
instant settlement	232
institution for relocation of houses in hazardous areas	174
insufficiency of sunshine	299
insurance for disaster losses	128
intake control	178
integrated reservoir operation	280
integrated river management works	279
integrated shore protection system	375
integrity	170
intelligent operation	191
intensified plan for earthquake disaster prevention	158
intensity-duration-frequency curve	41, 83
interaction (between two buildings)	228
internal boundary layer	295
internal friction angle	295
internal pressure	165
international appeal	107
International cooperation for disaster prevention	119
International Decade for Natural Disaster Reduction (IDNDR)	119
international emergency aid	118
International Federation of Red Cross and Red Crescent Societies (IFRC)	118
International rescue team of Japanese fire-service	118
interplate earthquake	345
intertidal zone	264
inter-tropical convergence zone	301
intervention for disaster preparedness	356
intraplate earthquake	345
inundation by storm surge	242
inversion	12, 79
involuntary risks	371
Irish potato famine	2
irrigation water	67
Is index	1
isopach map	2
isostasy	2

isoyake / seaweeds withering phenomenon of a beach ... 8

J

Japan Community Broadcasting ... 122
Japan Disaster Relief team (JDR) ... 118
Japanese unified soil classification system ... 300
Japan International Cooperation Agency (JICA) ... 117
jet stream ... 145
jetty ... 292
jobless victims ... 321
joint ... 221, 267
joint observation of active volcanoes ... 56
joint rebuilding / joint housing project ... 83

K

Kanagawa Prefecture's formula ... 63
Kanto loam ... 70
Karman vortex ... 66
kasumitei levee / discontinuous levee ... 51
Kawasumi's formula ... 66
kinds of earthquake damage estimation ... 156
kinematic wave method ... 79
kinetic method ... 15
K-net ... 96
knick point ... 223
Kobe Housing Exposition ... 114
kuroshio ... 94

L

lahar ... 393
lahar / mud flow ... 48
lake ice ... 121
laminar flame ... 231
laminar flow ... 231
land degradation ... 292
land formation ... 291
landform classification ... 257
land readjustment act ... 291
land readjustment project for reconstruction ... 341
land readjustment project for safe and disaster-proof environment ... 5
land reclamation ... 242
landslide ... 161
landslide caused by snow melting ... 382
landslide in fracture zone ... 311
landslide in tertiary strata ... 237
landslide investigations ... 162
landslide landform ... 162
landslide (on a mountain slope) ... 380
landslide scarp ... 62
landslide-threatened area ... 162
landslip ... 42
land subsidence ... 168
land use ... 292
land use regulation ... 292
large diameter cast-in-place pile works ... 194
Large-Scale Earthquake Countermeasures Act ... 236, 238
largest drought year ... 236
latent heat of thermal decomposition ... 302
latent instability ... 223
lateral erosion ... 233
lateral eruption ... 232
lateral sewer ... 293
lava ... 386
lava diversion ... 386
lava dome ... 386
lava lake ... 386
lava plateau ... 386
Law concerning Promotion of Disaster Prevention in Densely Built-up Areas ... 319
law of government policies / procedures for cold and snowy districts ... 218
layer-averaging method ... 231
layout's regulation ... 401
leadership behavior ... 394
Least Developed Countries (LDC) ... 114
legal confirmation of building design code ... 101
less snow ... 51
less snow year ... 181
levee ... 270
levee breach ... 312
leveling ... 200
levels of safety ... 5
lifeline network ... 390
life person for first aid ... 80
life spot base for survival ... 390
lifetime ... 241
lift force ... 388
lineament ... 397
linear depression ... 223
linear vibration / linear oscillation ... 223
line type convective system / squall-line ... 223
liquefaction ... 16
liquefaction-induced flow ... 16
liquid combustible ... 63
liquidity index ... 17
liquid-water content of snow cover ... 214
littoral sediment transport ... 328

livelihood and economic recovery planning
  manual ⋯⋯⋯⋯⋯⋯⋯⋯⋯⋯⋯⋯⋯⋯⋯⋯⋯⋯209
livelihood recovery and rehabilitation ⋯⋯⋯⋯⋯209
LNG terminal ⋯⋯⋯⋯⋯⋯⋯⋯⋯⋯⋯⋯⋯⋯⋯⋯⋯50
loading berm ⋯⋯⋯⋯⋯⋯⋯⋯⋯⋯⋯⋯⋯⋯⋯⋯⋯26
load of snow accretion ⋯⋯⋯⋯⋯⋯⋯⋯⋯⋯⋯⋯260
local disaster prevention base facility ⋯⋯⋯⋯⋯252
local disaster prevention council ⋯⋯⋯⋯⋯⋯⋯⋯260
local earthquake ⋯⋯⋯⋯⋯⋯⋯⋯⋯⋯⋯⋯⋯⋯⋯⋯85
local heavy rainfall ⋯⋯⋯⋯⋯⋯⋯⋯⋯⋯⋯⋯⋯⋯175
local plan for disaster prevention ⋯⋯⋯⋯⋯⋯⋯252
local weather / local meteorological phenomena ⋯⋯⋯85
local wind ⋯⋯⋯⋯⋯⋯⋯⋯⋯⋯⋯⋯⋯⋯⋯⋯⋯⋯85
local wind pressure ⋯⋯⋯⋯⋯⋯⋯⋯⋯⋯⋯⋯⋯⋯86
lock-in phenomenon ⋯⋯⋯⋯⋯⋯⋯⋯⋯⋯⋯⋯⋯278
locus of control ⋯⋯⋯⋯⋯⋯⋯⋯⋯⋯⋯⋯⋯⋯⋯281
loess ⋯⋯⋯⋯⋯⋯⋯⋯⋯⋯⋯⋯⋯⋯⋯⋯⋯⋯⋯⋯403
logarithmic law ⋯⋯⋯⋯⋯⋯⋯⋯⋯⋯⋯⋯⋯⋯⋯239
logarithmic normal distribution ⋯⋯⋯⋯⋯⋯⋯⋯238
logistics for disaster medical system ⋯⋯⋯⋯⋯⋯115
logistics for disaster relief ⋯⋯⋯⋯⋯⋯⋯⋯⋯⋯⋯23
London reconstruction plan after the Great Fire
  of 1666 ⋯⋯⋯⋯⋯⋯⋯⋯⋯⋯⋯⋯⋯⋯⋯⋯⋯⋯⋯405
long period wave ⋯⋯⋯⋯⋯⋯⋯⋯⋯⋯⋯⋯⋯⋯264
long-range forecast ⋯⋯⋯⋯⋯⋯⋯⋯⋯⋯⋯⋯⋯⋯264
longshore bar ⋯⋯⋯⋯⋯⋯⋯⋯⋯⋯⋯⋯⋯⋯⋯⋯20
longshore sediment transport ⋯⋯⋯⋯⋯⋯⋯⋯⋯⋯20
long wave ⋯⋯⋯⋯⋯⋯⋯⋯⋯⋯⋯⋯⋯⋯⋯⋯⋯264
looping ⋯⋯⋯⋯⋯⋯⋯⋯⋯⋯⋯⋯⋯⋯⋯⋯⋯⋯⋯401
low level jet ⋯⋯⋯⋯⋯⋯⋯⋯⋯⋯⋯⋯⋯⋯⋯⋯⋯55
low rate public house for sufferer's dwelling /
  disaster recovery public housing ⋯⋯⋯⋯⋯⋯⋯132
low temperature air current ⋯⋯⋯⋯⋯⋯⋯⋯⋯⋯269
low temperature injury ⋯⋯⋯⋯⋯⋯⋯⋯⋯⋯⋯⋯269
low velocity layer ⋯⋯⋯⋯⋯⋯⋯⋯⋯⋯⋯⋯⋯⋯270
Lugeon value / Lugeon unit ⋯⋯⋯⋯⋯⋯⋯⋯⋯⋯401
luminescence ⋯⋯⋯⋯⋯⋯⋯⋯⋯⋯⋯⋯⋯⋯⋯⋯312
lumped mass shear system ⋯⋯⋯⋯⋯⋯⋯⋯⋯⋯225

M

magma ⋯⋯⋯⋯⋯⋯⋯⋯⋯⋯⋯⋯⋯⋯⋯⋯⋯⋯⋯368
magma reservoir / magma chamber / magma storage
  ⋯⋯⋯⋯⋯⋯⋯⋯⋯⋯⋯⋯⋯⋯⋯⋯⋯⋯⋯⋯⋯⋯369
magmatic emanation ⋯⋯⋯⋯⋯⋯⋯⋯⋯⋯⋯⋯⋯369
magmatic eruption ⋯⋯⋯⋯⋯⋯⋯⋯⋯⋯⋯⋯⋯⋯369
magmatic intrusion / intrusion of magma ⋯⋯⋯⋯369
magnification ⋯⋯⋯⋯⋯⋯⋯⋯⋯⋯⋯⋯⋯⋯⋯⋯318
magnitude ⋯⋯⋯⋯⋯⋯⋯⋯⋯⋯⋯⋯⋯⋯⋯⋯⋯368
magnitude of snow avalanche ⋯⋯⋯⋯⋯⋯⋯⋯⋯296

main reinforcement / longitudinal reinforcement /
  flexural reinforcement ⋯⋯⋯⋯⋯⋯⋯⋯⋯⋯⋯178
main shock ⋯⋯⋯⋯⋯⋯⋯⋯⋯⋯⋯⋯⋯⋯⋯⋯⋯366
major damage, minor damage ⋯⋯⋯⋯⋯⋯⋯⋯⋯240
major disaster ⋯⋯⋯⋯⋯⋯⋯⋯⋯⋯⋯⋯⋯⋯⋯⋯321
management for lifelines ⋯⋯⋯⋯⋯⋯⋯⋯⋯⋯⋯391
managers for hazardous materials ⋯⋯⋯⋯⋯⋯⋯⋯75
manhole ⋯⋯⋯⋯⋯⋯⋯⋯⋯⋯⋯⋯⋯⋯⋯⋯⋯⋯372
mantle ⋯⋯⋯⋯⋯⋯⋯⋯⋯⋯⋯⋯⋯⋯⋯⋯⋯⋯⋯372
map for avoiding natural disaster ⋯⋯⋯⋯⋯⋯⋯⋯⋯4
marine forecast ⋯⋯⋯⋯⋯⋯⋯⋯⋯⋯⋯⋯⋯⋯⋯⋯33
marine pollution ⋯⋯⋯⋯⋯⋯⋯⋯⋯⋯⋯⋯⋯⋯⋯36
marine warning ⋯⋯⋯⋯⋯⋯⋯⋯⋯⋯⋯⋯⋯⋯⋯⋯32
mass media ⋯⋯⋯⋯⋯⋯⋯⋯⋯⋯⋯⋯⋯⋯⋯⋯⋯370
mass movement ⋯⋯⋯⋯⋯⋯⋯⋯⋯⋯⋯⋯⋯⋯⋯370
mass transport ⋯⋯⋯⋯⋯⋯⋯⋯⋯⋯⋯⋯⋯⋯⋯165
mass wasting ⋯⋯⋯⋯⋯⋯⋯⋯⋯⋯⋯⋯⋯⋯⋯⋯370
master plan for reconstruction from the Great
  Hanshin-Awaji Earthquake ⋯⋯⋯⋯⋯⋯⋯⋯⋯315
master plan of urban improvement / development
  and conservation ⋯⋯⋯⋯⋯⋯⋯⋯⋯⋯⋯⋯⋯212
maximum depth of snow cover ⋯⋯⋯⋯⋯⋯⋯⋯134
maximum frost depth ⋯⋯⋯⋯⋯⋯⋯⋯⋯⋯⋯⋯135
maximum instantaneous wind speed / peak gust ⋯⋯⋯135
maximum travel distance ⋯⋯⋯⋯⋯⋯⋯⋯⋯⋯⋯135
maximum water equivalent of snow cover ⋯⋯⋯⋯135
mean square error (MSE) ⋯⋯⋯⋯⋯⋯⋯⋯⋯⋯⋯349
mean wind velocity ⋯⋯⋯⋯⋯⋯⋯⋯⋯⋯⋯⋯⋯350
measures against debris flow ⋯⋯⋯⋯⋯⋯⋯⋯⋯291
measures against inundation above floor level ⋯⋯⋯383
measures for disaster management ⋯⋯⋯⋯⋯⋯⋯⋯73
measures of railways against snow damage ⋯⋯⋯272
measuring instrument of snow and ice ⋯⋯⋯⋯⋯221
mechanical joint ⋯⋯⋯⋯⋯⋯⋯⋯⋯⋯⋯⋯⋯⋯374
mechanical smoke venting ⋯⋯⋯⋯⋯⋯⋯⋯⋯⋯⋯73
mechanical solidarity ⋯⋯⋯⋯⋯⋯⋯⋯⋯⋯⋯⋯⋯72
mechanism of heavy snowfall ⋯⋯⋯⋯⋯⋯⋯⋯⋯111
median tectonic line ⋯⋯⋯⋯⋯⋯⋯⋯⋯⋯⋯⋯⋯261
medical services outside of stricken area ⋯⋯⋯⋯115
Médecins sans frontièrer ⋯⋯⋯⋯⋯⋯⋯⋯⋯⋯⋯121
meiyu (baiu) front ⋯⋯⋯⋯⋯⋯⋯⋯⋯⋯⋯⋯⋯306
membrane structure ⋯⋯⋯⋯⋯⋯⋯⋯⋯⋯⋯⋯⋯368
memorial event as recovery and construction ⋯⋯⋯340
mental health care ⋯⋯⋯⋯⋯⋯⋯⋯⋯⋯⋯⋯⋯⋯375
mesoscale ⋯⋯⋯⋯⋯⋯⋯⋯⋯⋯⋯⋯⋯⋯⋯⋯⋯374
meso scale bed configuration ⋯⋯⋯⋯⋯⋯⋯⋯⋯262
mesoscale model ⋯⋯⋯⋯⋯⋯⋯⋯⋯⋯⋯⋯⋯⋯374
metamorphism ⋯⋯⋯⋯⋯⋯⋯⋯⋯⋯⋯⋯⋯⋯⋯352
metamorphism of snow ⋯⋯⋯⋯⋯⋯⋯⋯⋯⋯⋯385
meteorological data ⋯⋯⋯⋯⋯⋯⋯⋯⋯⋯⋯⋯⋯⋯77

meteorological information	76
meteorological office	76
meteorological satellite	76
meteorological service law	76
meteorological statistics	77
meteorological tide	77
methane hydrate	374
method of maximum likelihood	137
method of quantiles	91
method with conceptual model	35
microburst	367
microcrack	321
microearthquake	321
microfracture	322
micro scale bed configuration	179
microseisms	373
microtremors	180
microwave radiometer	367
micro-zoning	367
Middle and Upper radar	19
midwinter	103
migration of earthquake sources	190
minor damage	263
mitigation	373
mitigation and prevention of disasters due to snow and ice	221
mixed-phase snow / ice flow	221
Mizuno's formula	372
m-n ratio	19
modal analysis	375
modeling of scenario earthquakes	230
model typhoon	376
Mohorovičić discontinuity	377
moments	217
monitoring	377
monsoon	78, 378
Monte Carlo simulation	378
moraine	378
Morison's formula	377
motivation for hospital selection	327
mountain streamside forest	97
mountain wave	140
movable weir	62
muddy debris flow disaster	270
multicasting radio communication system	280
multi cell storm	371
multi-directional random waves	245
multi municipal disaster prevention plan	164
multiple-point distribution system	201
multiple reflection	243, 264
multiple ridges	243
multipurpose dam	247
multi-story river zone	55
multivariate probability distribution	245
multivariate statistical analysis	245
municipal disaster prevention radio communications system	164
municipal water	201
mutual aid agreement on fire protection	183
mutual aid system among local governments	104
mutual assistance agreement	227

N

Nakaya diagram	295
National Catalogue of the Active Volcanoes in Japan	300
national census of river environment	55
national project for prediction of volcanic eruptions	49
National Voluntary Organizations Active in Disaster (NVOAD)	226
natural dam / landslide dam / debris dam	276
natural disasters impacts on railway	272
natural frequency	122
natural levee	163
natural smoke venting	163
near field earthquake	265
nearshore currents	36
needs research (for sufferers)	298
negative pressure	332
nekton	300, 380
neutral plane	263
newly developed water capacity	190
new seismic design method	194
newsletter of community-based recovery movement	342
new snow depth / depth of newly fallen snow / depth of fresh snow	194
new snow / newly fallen snow	194
nighttime population	379
"No Exit" feeling during recovery	340
non-governmental organization	18
Non-Governmental Organization (NGO), Non-Profit Organization (NPO) for disaster reduction	360
non-profit organization	18
non-spreading earthquake fires	22
non-uniform flow analysis	342
nonuniform frost heave	338
normal beach	210
normal consolidation / normally consolidated	209

normalcy bias ··210
normal discharge ···210
normal fault ··211
normal top water level for flood season ···············108
normal water level ···180
Norwegian Emergency Preparedness System
　(NOREPS) ···304
nuée ardente / glowing cloud ····························300
number of fire incidents ····································178
numerical modeling of wave overtopping ··········18
numerical model of tsunami ······························268
numerical weather prediction ····························204
numerical wind tunnel ·······································204
nuriya-zukuri / Japanese traditional design of
　plaster-walled wooden houses ······················300
nutrients ···16
N-value ···18

O

occluded front ··350
ocean biological resources ···································37
ocean bottom seismograph ··································34
ocean bottom seismological observation ············34
ocean current ···37
ocean mineral resources ······································36
Office for the Co-ordination of Humanitarian
　Affairs (OCHA) ··196
Office of Foreign Disaster Assistance (OFDA) ········350
Office of the United Nations Disaster Relief
　co-Ordinator (UNDRO) ·································119
Official Development Assistance (ODA) ···········212
offshore airport ··32
offshore structures ···36
oil tank fire ··217
old wooden houses demolition counsel ············187
one week forecast ··173
on-offshore sediment transport ···························75
on-site water storage ···246
opening flow rate ··32
opening jet ···32
opening jet plume ··32
opening roads by removing debris caused by
　disaster ··282
operational plan for disaster prevention ··········357
operation (management) support system ·········228
optical fiber network ···318
optimal reservoir operation ·······························135
order of evacuation ···324
ordinance for community development ············371
organic solidarity ···380

organizational activities for disaster management
　at schools ···56
organization of earthquake damage estimation
　survey ··156
Organizations for Earthquake Prediction ··········160
orogenic movement / orogeny ··························228
orographic precipitation ····································256
outreach ···2, 179
ovalling oscillation ···27
over-consolidation / over-consolidated ················30
overflow levee ··18
overturning ··275
overturning moment ···275
Oxford Committee for Famine Relief ·················27
Oyashio ···27
ozone hole ···26

P

pahoehoe lava ··313
paleomagnetism ···121
panic behavior ···313
parameter estimation ···364
parent distribution ···364
parks as preventional means of disasters ·········358
partial collapse ···9
participatory development ·································140
particle breakage / grain crushing ····················398
partnership ··306
passable rate of narrow streets ·························133
past inundation area map ·································193
path set ··311
patients requiring transfer to other hospitals ···········387
pattern of seismic activity ·································149
peak acceleration ···135
peat soil fire ···259
P-Δ effect ···317
penetration testing ···71
people living with the constant threat of death ········166
percent-day criterion for water deficit ·············338
percolation facility ···196
perennial snow patch ································245, 372
performance design ···211
periglacial phenomena ·······································176
period lease ownership of land ·························269
permafrost ··16
person trip survey ·····································306, 316
PET bottle ··351
phase velocity ···8
photochemical oxidants ·····································106
photochemical smog ··106

phreatic explosion / steam explosion	200
phreatomagmatic explosion	369
physical disorders following disasters	130
physical vulnerability	342
pile	89
pile group	94
pile works	89
pilot ignition	91
ping-pong ball avalanche	332
pipe	67, 307
piping	307
plane 2-D depth-averaged flow analysis	351
plan for projects for urgent improvement of earthquake countermeasures	152
plankton	344, 345
planting works	187
plastic deformation	233
plasticity	233
plasticity chart	233
Pleistocene (series)	108
PL (Index of Liquefaction Potential) value	316
Plinian eruption	345
plotting position	346
pocket beach	364
Poisson's ratio	352
policies for urban redevelopment project	286
polycrystalline ice	243
polyethylene pipes	365
pool burning	17
poor visibility	165
pore water pressure	68
porosity of snow cover	214
port / harbor	115
port of refuge	324
port structures	116
post-earthquake fire	148
post-seismic deformation	388
post-traumatic stress disorder (PTSD)	195, 316
poverty line	332
powder snow avalanche	99
power generation plant	312
power law	351
power spectrum	315
precipitation intensity	109
precipitation radar / rain radar	110
precursors of volcanic eruption	348
predictability	388
prediction of fire spreading	22
prediction of freezing	279
prediction of snow or ice accretion	261
prediction of strong ground motion	82
prediction of volcanic eruption	348
predominant period	242
predominant period of surface layers	329
prefectural disaster prevention radio communications system	293
prefectural local disaster prevention plan	293
premixed flame	388
preparedness	317, 345
preparedness plan for urban recovery and reconstruction	163
pressure by moving snow on slope	171
pressure control	4
pressure gradient	72
pressure model	39
pressure regulator	208
pressure ridge	72
pressure trough	72
pressurization smoke control	30
pressurized smoke control of stairwell	34
prestressed concrete structure	346
prevention / mitigation	133
prevention of adfreeze	281
prevention of fire spread	22
prevention work against landslide	162
preventive measures for falling objects	393
price of municipal water supply	201
primary classification of ground	235
primary fire-fighting operations	9, 186
principal policy of recovery and reconstruction	88
priorities of protection	364
priority restoration promotion district	176
probabilistic analysis	42
probabilistic values of hydrological variable	41
probability of connectivity	281
probability of precipitation	108
probability paper	41
probable maximum flood (PMF)	64
probable maximum precipitation (PMP)	64
progress of fireproof structures	343
progress of fire resistance structures	298
progress of urban fireproofing	288
projected area	278
project evaluation	146
promotional area of urban reconstruction	319
promotional project for improvement of wooden house congested districts	376
promotional project of disaster-proof living zones	359
promotion project for urban disaster prevention	288
Proper Orthogonal Decomposition	316

Proposal by the Central Disaster Prevention Council's Expert Committee on Earthquake Countermeasures for Large Cities 239
protection forest against soil erosion 290
pseudo dynamic test 75
psychological damage 198, 210
psychological debriefing 270
psychological disorder following disasters 130
psychological impacts on people in non-damaged areas 319
psychological research on disaster 129
psychosocial stress care 120
psychosocial stress care for children at schools 57
PTSD in children 121
public awareness 169
public facility for temporary houses 24
public involvement 169
pumice eruption 65
pumice flow 66
pumping 386
pumping station 366
purpose of the earthquake damage estimation 154
P wave 317
pyroclastic flow 45
pyroclastic flow of Merapi type 374
pyroclastic material 47
pyroclastic surge 43

Q

quasi-fireproof district 179
quasi-steady theory 179
quay / quay wall 71
quick inspection of damaged buildings 319
quick repair of damaged houses 320
quick survey of building damages 38

R

radar-AMeDAS composite chart 402
radar equation 402
radar network 402
radar rainfall estimate 402
radar raingauge 402
radar reflectivity factor 402
radiation fog 361
radiation stress 392
radio-echo sounder / ice radar 1
railway disaster prevention against natural hazards 273
rain band 402
rain cell 105
rain drop size distribution 14
rain gauge 15
raised bed river 274
rate of nonflammable area 343
rational formula 115
ray theory 311
re-activated landslide 133
real estate equity special loan system for the elderly 342
real-time assessment system of earthquake damage 158
real time disaster information network 164
reattachment 137
rebuilding of arts and culture / cultural restoration 348
rebuilding of condominium 372
rebuilding support systems for non-conforming buildings 78
reclamation 14
reconstruction plan of Okushiri town 26
reconstruction plan of Shimabara after volcanic disaster of Mt. Fugen in Unzen 15
reconstruction project of shopping street 320
reconstruction / restoration 339
reconstruction strategy 340
record of historical earthquakes 151
recovery and reconstruction plan 340
recovery and restoration 339
recovery of lifeline systems 391
recovery of water supply systems / public water recovery 181
recovery progress curve 339
Red Crescent Societies 213
red tide 2
reduced pressure supply / water supply in reduced pressure 99
reduced wind velocity 373
reflection of seismic waves 153
refracted wave 91
refuge base 326
refuge base for urban fire 105
refugees 130, 298
refuge inducement method 326
refuge simulation 324
regional earthquake information center 251
regionalization 251
regional plan for fire prevention 252
regional water conveyance 104
region of anomalous seismic intensity 8
rehabilitation joint housing district 340
reinforced concrete 271

reinforced concrete structure	271
reinforced earth method by steel bar installation	271
reinforcement	363
relative density	230
relative deprivation	230, 406
reliability analysis	198
reliability of warning	97
relief	81
remote operation	24
remote sensing	397
removal of volcanic ash	188
repair of cultural heritage	347
repeated load	93
resampling method	395
rescue dog	127
research on estimating earthquake damage	154
reservoir	265
reservoir sedimentation	265
resettlement	320
resident coordinator / humanitarian coordinator	127
resident participation / public involvement	176
residual char	250
residual settlement	143
residual soil	141
residual strength	144
resiliency	403
resonance	82
response spectrum	25
restoration curve of electric power supply facilities	277
restoration curve of lifeline system	391
restoration curve of water supply systems	201
restoration of motorways	165
restoration of new transit systems	191
restoration of parks	105
restoration of port facilities	116
restoration of railways	273
restoration of roads	282
restoration of Shinkansen (super express railway)	190
restoration of subways	254
restoration of townscape	299
restoration of urban facilities	286
restoration process curve for information network	185
restoration strategy	339
restoration strategy for sewage system	98
restoration strategy for telecommunications facilities	185
restoration strategy for water supply systems	201
restoration strategy of electric power supply facilities	277
restoring force characteristic	336
restraint works	388
resumption of school programs	177
retaining wall	387
retarding basin	381
retarding basin in stream	63
retreat of shoreline	270
return flow／undertow	376
return period	134
return period of droughts	60
reverse fault	79
Reynolds number	402
rheology	403
Richardson number	397
riffle and pool	222
rigid direction	99
rigid structure	107
rill	400
ring levee	406
riot	362
rip current	394
riprap works	206
risk	317, 396
risk assessment	396
risk assessment tools for diagnosis of urban areas against seismic disaster (RADIUS)	284, 393
risk communication	396
risk evaluation	396
risk management	396, 397
risk map	396
risk prediction	74
risk prevention and avoidance	74
river bed girdle	27
river bed protection	120
riverbed variation analysis	50
river improvement plan	54
river information database	54
river law	55
river management facilities	52
river regime	403
river restoration projects	243
rivers with a high danger of mud and debris flows	290
river terrace / fluvial terrace	40
river tunnel	54
river zone	53
road contact requirement of building site	220
rock avalanche / debris avalanche	70
rock cover protector	65
rock fall	71

rockfall countermeasure works / rockfall protection works ········· 392
rock fall / fallen rock ········· 392
rock fracture experiment ········· 69
rocky coast ········· 69
role of schools in local plan for disaster prevention ········· 252
roles of school principal for emergency management ········· 59
root causes of disaster ········· 131
rotational irrigation / water supply ········· 315
roughness coefficient ········· 234
RSMC Tokyo-Typhoon Center ········· 240
rule of permission for occupancy of land within the river area ········· 53
rumor ········· 15, 398
runoff ratio ········· 398
run up ········· 233
run-up of tsunami ········· 268

S

sabo ········· 138
sabo dam ········· 139
sabo forest ········· 139
sabo investigation ········· 139
sabo structures ········· 139
safety check of commuting routes around schools ········· 266
safety coefficient ········· 5
safety factor ········· 6
safety inspection at schools in case of disaster ········· 58
safety-living spheres ········· 5
saltation ········· 139
saltation of snow particles ········· 385
salt injury / salt damage ········· 19
salt weathering / salt fretting ········· 24
sample ········· 330
sampling ········· 143
sand and gravel beach ········· 139
sand bar / bar ········· 138
sand boil ········· 349
sand bypassing ········· 142
sand catching works ········· 206
sand dune ········· 137
sand dune / dune ········· 138
sand leak ········· 204
sand ripples ········· 139
sand spit ········· 138
sand wave ········· 142
sandy beach ········· 206

San Francisco reconstruction plan after the Great Earthquake of 1906 ········· 142
sastrugi ········· 138
Save the Children ········· 212
scale (magnitude) of volcanic eruption ········· 347
scapegoat ········· 205
scarcity of rainfall ········· 179
scarp ········· 313
scattering of seismic waves ········· 143
scenario earthquake ········· 230
school building ········· 57
schools and shelter ········· 57
scoria ········· 205
scoria flow ········· 205
scouring ········· 223
screen dam ········· 205
Scruton number ········· 205
sea bed material ········· 34
sea cliff ········· 33
Seacoast Law ········· 31
sea ice ········· 35
sea level rise ········· 36
seam ········· 145
search and rescue ········· 198
search and rescue activities ········· 80
seasonal frozen ground ········· 77
seasonal parameter ········· 77
seasonal weather forecasting ········· 78
seawall / revetment ········· 117
secondary consolidation ········· 298
secondary fire-fighting operations ········· 298
secondary fire-fighting operations (encircling fire-fighting) ········· 186
secondary fire-fighting operations (fire-fighting along fire break belt) ········· 186
secondary undulation of tides ········· 337
second plan for the promotion of decentralization ········· 260
secular variation ········· 16
sedimentation ········· 239
sediment budgets ········· 289
sediment discharge ········· 398
sediment flooding ········· 290
sediment flushing ········· 306
sediment load observation ········· 398
sediment outflow ········· 290
sediment pond ········· 266
sediment removal works ········· 289
sediment sorting ········· 345
sediment transport rate ········· 398
sediment yield ········· 289

seeder-feeder process	144
segment	217
segmentation of a lifeline network	346
seiche	211
seismic activity	149
seismic bedrock	150
seismic damage to underground structures	253
seismic deformation method	25
seismic design codes for electric power supply systems	277
seismic design specification of road bridge	282
seismic energy	148
seismic evaluation	238
seismic gap / seismic quiescence	149
seismic hazard / seismic risk	149, 153
seismic intensity	195
seismic intensity scale / seismic intensity / earthquake intensity	196
seismicity	134
seismic moment	159
seismic observation network	149
seismic planning	237
seismic provisions	237
seismic response control of structures	210
seismic retrofit	238
seismic retrofit / rehabilitation	237
seismic risk	161
seismic standard for railway structures	273
seismic waves	153
seismic wave velocity	153
seismic zoning	134
seismogram	150
seismograph / seismometer	150
selection of evacuation center and shelter	325
selection of items for earthquake damage estimation	154
self-built temporary factory	188
self-built temporary house	188
self-built temporary store	189
self-certification of conformation to technical standards	148
self-empowerment	222
self-excited oscillation	189
self-governance / autonomy	188
sensitive clay	16
separation levee	222
separation of flow	310
service reservoir	307
settlement force of snow cover	215
sewage recovery	98
sewage system	97
shaft compartmentation	244
shaking table test	196
shallow earthquake	226
shallow water wave / waves in transitional depth	222
shear	144
shear failure	225
shear line	144
shear strength	225
shear stress	224
shear velocity	369
sheet flow	145
sheeting	144
shell construction	145
shelter	325
ship fire	225
ship icing	224
shirasu / nonwelded pyroclastic flow deposits	188
shoal	3
shoaling of harbor	113
shockwave in snow cover	215
shoreline surveying	270
shore stabilization method	35
short column	250
short-crested waves	87
short-term rainfall prediction / short-term rainfall forecast	248
significant wave	381
sign of forecast and warning	389
silkenside	40
siltation	189
silver housing project system	189
similarity law	228
simple terracing work	205
simplified penetration test	66
simulated ground motion	375
simulation	169
simultaneous multiple fire	280
single crystal of ice	247
single household elderly	115
sinter	28
SI value	17
slaking	208
slit dam	208
slope disaster	171
slope failure	172
slope form	171
slope revegetation	172
slow earthquake	300
slow-onset disasters	385

sluiceway	327
slump	208
slush	208
slush avalanche	208
slushflow	220
slush lahar	384
small amplitude wave	322
smoke	99
smoke control	99
smoke detector	99
smoke exhaust fan	306
smoke (exhaust) shaft	306
smoke layer	99
smoke movement in building	244
smoke partition / smoke barrier	353
smoke stop	169
snow	384
snow accretion	260
snow and ice on roads	404
snow avalanche	296
snow avalanche classification	296
snow avalanche control	296
snow avalanche debris	296
snow avalanche forecast	297
snow avalanche from roof	392
snow avalanche from the cutting slope	304
snow avalanche wind	296
snow ball	207
snow block avalanche	346
snow break forest	362
snow cloud	111
snow cornice	220
snow cover deposited snow	213
snow crystal / snowflake	384
snow damage	218
snow damage to railways	273
snow damage to traffic	113
snow density	216
snow depth / depth of snow cover	214
snow depth meter	214
snow dimple	384
snow disposal	307
snow disposal field	384
snow drift	336
snow drift density	322
snow drift transport rate	343
snowfall	110
snowfall detector	111
snowfall intensity	111
snow fence	362
snow line	220
snow load	214
snow load on roof	379
snow meeting coefficient / degree day factor	382
snowmelt	382
snowmelt disaster	382
snow melting reservoir	383
snowmelt mechanism	382
snowmelt runoff	382, 383
snow on roof	379
snow patch	218
snow pile	220
snow removal	188
snow removing ditch / channel	399
snow roller	385
snow sampler	206
snow shed	207
snow slide on roof	379
snow stake	384
snow surface temperature	221
snow survey	214
snow sweeping	229
snow temperature	217
snow throwing / snow blowing	281
snow tire	207
snow type / grain shape	384
snow weight meter	214
social capital council river subcommittee	170
socially disadvantaged groups	170
social participation	170
social security / public assistance	209
social vulnerability	170
soft ground	298
soft rime	178
soil borehole log	287
soil compaction works	169
soil crust	226
soil erosion	167
soil failure	289
soil removal works	307
soil-structure interaction	167, 282
soil-structure system	167
soil water	292
solfatara	398
solfataric alteration / hydrothermal alteration	28
solidarity	404
solid combustible	121
solidity ratio	174
solifluction	234
somma	37

Sopuro's formula	231
sounding	137
sound water cycle system	101
source of beach sediments	328
span	207, 314
spatial grid dam	397
Special Action Law for Preservation of Sufferer's Right and Interests from Severe Disaster	283
special disaster prevention area for petroleum industrial complexes and other petroleum facilities	216
special escape stairs	283
Special Fiscal Measures Act for Urgent Improvement Projects for Earthquake Countermeasures in Areas under Intensified Measures against Earthquake Disaster	150
special forest fire management area	400
specific area of snow cover	216
specific sediment discharge	331
spectrum intensity	207
spectrum modal method	207
spillway	109
spiral hoop	392
spontaneous evacuation	148
spontaneous ignition	163
spot fire near wildland fire	400
spray icing	168
spreading earthquake fires	21
spreading fire after fire fighting	20
spread of diseases	397
spread rate of wildland and forest fire	400
spring	381
sprinkler system	207
squall line	205
square-root exponential-type distribution of maximum	350
stability analysis	6
stable channel	6
stack effect / chimney effect	23
stagnation point	389
standard for structural calculation	111
standard least-square criterion	329
standard of fire defense capabilities	186
standard of fire department water source	183
standard penetration test	328
standing wave pressure	264
state of emergency	87
static pressure	208
static seismic coefficient method	211
stationary front	270
statistics	279
steady flow	270
steel building structure	272
steel framed reinforced concrete structure	17, 272
steel structure	271
steep slopes	80
stepdiagram	34
stepped dams / terracing	34
stiffener	205
stirrup	4
storage capacity for flood control	109
storage function method	266
storm beach	363
storm propagation	105
storm surge	241
storm surge countermeasures	31
storm surge damage	242
storm surge deviator	263
storm surge embankment	362
storm surge numerical estimation model	241
storm-water	4
storm-water utilization	13
story stiffness ratio	110
strain energy	322
stratiform precipitation and convective precipitation	229
stream bed slope	96
stream path	399
streamside forest	65
strength	82
strength at elevated temperature	105
strength of deposited snow	216
strength test of weak layer	171
stress concentration	25
stress held by disaster responders	129
stress-strain curve	25
strip theory	206
Strombolian eruption	206
strong motion observation	82
Strouhal number	206
structural damage of buildings	102
structural engineering	111
structural landform / tectonic landform	112
structural member	112
structural response control	210
structural stability at elevated temperature	106
structural wall	237
structure	112
structure of the earth's interior	255
studded tire	207
studies on snow and ice	220

studless tire	205
submarine debris flow	35
submarine eruption	35
submarine landslide	34
submarine volcano	34
submerged breakwater	225
subsidence	266
subsurface flow	262
subterranean rumbling	166
suction	137
sudden disasters	292
suit for flood disaster	198
summer half year forecast	247
summit eruption	142
supercell storm	204
super high-rise buildings	264
super levees / high-standard levees	106, 204
supply and demand of medical services	12
supply area	82
supply control	81
supply control rate	81
supporting structure for snow avalanche	297
suppression methods of wind-induced vibrations	210
surcharge water level	124
surface erosion	330
surface flow	331
surface ground	329
surface hoar	330
surface inversion	220
surface patterns on ice cover	331
surface runoff	331
surface snow avalanche	329
surface soil layer / topsoil / regolith	329
surface wave	330
surface wind	259
surfbeat	124
surge / hydraulic bore	250
survey of earthquake damage	156
survivor's guilt	211
suspended load	344
suspended solids	101
sustainability	138, 163
S wave	17
swell	14
swelling rocks	362
Swiss Disaster Relief unit (SDR)	200
system analysis	161
system for earthquake damage assessment in central government	154
system for earthquake damage assessment in local government	154
system for earthquake damage assessment in private sector	373
system interaction	228
system reliability	161

T

talus cone	33
Tanshang reconstruction plan after the earthquake of 1976	247, 280
Tay bridge collapse	269
technical standards for river works	53
techniques for lifeline analysis	390
technological hazards	140
tectonic landform	249
tectonic movement	111, 227
tectonic stress	226
telecommunications facilities	184
telemeter	274
telephone communication control	267
telephone service recovery	278
telephone traffic congestion	337
temperature lapse rate	72
temperature rise factor	337
temporal variation of seismic velocity	153
temporary accommodation at social welfare facilities	9
temporary building	52
temporary complex factories	82
temporary complex stores	83
temporary factories	52
temporary factory for urban redevelopment project	147
temporary house / prefab	24
temporary houses for urban redevelopment project	147
temporary medical clinics located near temporary housing units	52
Temporary Modulation Law for rights of Leased Lands and Rental Houses in Stricken Area by disaster	395
temporary place for disaster waste	66
temporary shops and store-houses	52
temporary store for urban redevelopment project	147
temporary water right	142
tephra	274
tephrochronology	274
terrace	247
terrain categories	233

thawing and refreezing	380
thermal decomposition / pyrolysis	302
thermal detector	301
thermal mapping	124
thermal stress	301
thermal thunderstorm	302
thermoplastic substance	301
thermosetting substance	301
thinking way of yakiya-zukuri	379
thin section of ice	117
thin section of snow cover	216
three components of forces	143
thunder	65
thunderstorm	390
thunderstroke	390
tidal area	70
tidal current	265
tidal flat	318
tie set	239
tiltmeter	96
time-limited water supply / water supply for limited hours	146
time series analysis	147
time-space distribution	147
tire chain	241
Tokyo Fire Department's Formula-2001	280
Tokyo Fire Department's Formula-97	280
tolerable limit of human body	194
tools for disaster education	357
topographic map	256
topographic map of active volcanoes	46
topography and heavy rainfall	257
toppling	293
tornado	294
tornado / waterspout / funnel-aloft	244
torrent stream	114
torsional oscillation	300
townscape and environment improvement project	371
toxic gas	383
track facility	78
traditional river works method	54
traditional urban disaster-resistant technologies	275
traffic facility / transportation facility	112
traffic load	112
traffic signal system	191
training dyke / training levee	282
transfer function	275
transfer of water right	204
travelers and other non-residents	9, 342
travel time	228
treatment plant	188
tree belts	187
tree lodging due to wind	335
trench type earthquake	32
triage	293
triangulation	140
trigger events	130
triggering factor / provoking cause	172
tropical cyclone	301
Tropical Cyclone Program	302
Tropical Rainfall Measuring Mission	294
trunk fire	177
truss	293
trust	8
tsunami	267
tsunami earthquake	267
tunnel	294
tunnel fire	294
turbidity	242
turbidity current / sediment induced density current	393
turbulence model	394
turbulent boundary layer	394
turbulent flame	394
turbulent flow	393
turnover rate of shelves	244
typhoon	240
typhoon committee	240

U

udatsu / Japanese traditional style of gable wall	14
ultimate strength	173
underground erosion / subsurface erosion	254
underground inundation counter measures	253
underground subscriber facilities	254
underground tunnel system	252
UN・FAO World Food Program (WFP)	120
ungated control method	163
uniaxial compressive strength	9
uniform flow	9
uniformity coefficient	89
(unimpaired) design flood hydrograph	79
United Nations Children's Fund (UNICEF)	119
United Nations Convention on the Law of the Sea	120
United Nations Development Program (UNDP)	120
United Nations disaster situation report	120
unit hydrograph method	247
unsafe conditions	319
unstable factor	172

unstable water intake ⋯⋯⋯⋯⋯⋯⋯⋯⋯⋯333
unsteady aerodynamic force ⋯⋯⋯⋯⋯⋯323
unusual tide ⋯⋯⋯⋯⋯⋯⋯⋯⋯⋯⋯⋯⋯⋯⋯⋯8
unusual weather ⋯⋯⋯⋯⋯⋯⋯⋯⋯⋯⋯⋯⋯⋯7
up-grading reconstruction project for small
 business ⋯⋯⋯⋯⋯⋯⋯⋯⋯⋯⋯⋯⋯⋯⋯⋯131
uplifting ⋯⋯⋯⋯⋯⋯⋯⋯⋯⋯⋯⋯⋯⋯⋯⋯⋯397
upper floor fire spread ⋯⋯⋯⋯⋯⋯⋯⋯⋯179
upper mantle ⋯⋯⋯⋯⋯⋯⋯⋯⋯⋯⋯⋯⋯⋯182
urban disaster ⋯⋯⋯⋯⋯⋯⋯⋯⋯⋯⋯⋯⋯⋯285
urban fire ⋯⋯⋯⋯⋯⋯⋯⋯⋯⋯⋯⋯⋯146, 287
urban fire induced flow ⋯⋯⋯⋯⋯⋯⋯⋯146
urban fire prevention measures ⋯⋯⋯⋯288
urban fire prevention plot plan ⋯⋯⋯⋯288
urban fire risk ⋯⋯⋯⋯⋯⋯⋯⋯⋯⋯⋯⋯⋯283
urban flooding ⋯⋯⋯⋯⋯⋯⋯⋯⋯⋯⋯⋯⋯286
urban reconstruction ⋯⋯⋯⋯⋯⋯⋯⋯⋯⋯287
urban reconstruction plan ⋯⋯⋯⋯⋯⋯⋯287
urban reconstruction plan after the Iida city fire ⋯⋯⋯⋯7
urban reconstruction plan after the Sakata city fire
 ⋯⋯⋯⋯⋯⋯⋯⋯⋯⋯⋯⋯⋯⋯⋯⋯⋯⋯⋯⋯137
urban reconstruction planning manual ⋯⋯⋯⋯288
Urban Redevelopment Law ⋯⋯⋯⋯⋯⋯⋯286
urban redevelopment master plan ⋯⋯⋯286
urban redevelopment project ⋯⋯⋯⋯⋯⋯146
urban snow damage ⋯⋯⋯⋯⋯⋯⋯⋯⋯⋯287
users in transportation system ⋯⋯⋯⋯⋯112
US-Japan earthquake policy symposium ⋯⋯299
utility tunnel ⋯⋯⋯⋯⋯⋯⋯⋯⋯⋯⋯⋯⋯⋯83

V

valley density ⋯⋯⋯⋯⋯⋯⋯⋯⋯⋯⋯⋯⋯245
valley plain ⋯⋯⋯⋯⋯⋯⋯⋯⋯⋯⋯⋯⋯⋯119
variability of wind ⋯⋯⋯⋯⋯⋯⋯⋯⋯⋯⋯52
variation of land readjustment projects ⋯⋯291
velocity pressure ⋯⋯⋯⋯⋯⋯⋯⋯⋯⋯⋯⋯232
ventilation control led fire ⋯⋯⋯⋯⋯⋯⋯67
ventilation factor ⋯⋯⋯⋯⋯⋯⋯⋯⋯⋯⋯⋯67
very-short-range forecast ⋯⋯⋯⋯⋯⋯⋯247
very-short-range weather forecast ⋯⋯⋯248
vestibule pressurization smoke control of
 vestibule ⋯⋯⋯⋯⋯⋯⋯⋯⋯⋯⋯⋯⋯⋯337
vibration ⋯⋯⋯⋯⋯⋯⋯⋯⋯⋯⋯⋯⋯⋯⋯⋯196
vibration sensor / geophone ⋯⋯⋯⋯⋯⋯196
vicious cycle of vulnerability ⋯⋯⋯⋯⋯⋯39
virtual point heat source / a virtual origin of fire ⋯⋯55
visibility ⋯⋯⋯⋯⋯⋯⋯⋯⋯⋯⋯⋯⋯⋯⋯⋯373
visibility of blowing snow ⋯⋯⋯⋯⋯⋯⋯343
void ratio ⋯⋯⋯⋯⋯⋯⋯⋯⋯⋯⋯⋯⋯⋯⋯⋯68
volcanic activity ⋯⋯⋯⋯⋯⋯⋯⋯⋯⋯⋯⋯⋯45

volcanic ash ⋯⋯⋯⋯⋯⋯⋯⋯⋯⋯⋯⋯⋯48, 106
volcanic bomb ⋯⋯⋯⋯⋯⋯⋯⋯⋯⋯⋯⋯⋯⋯48
volcanic crustal (ground) deformation ⋯⋯48
volcanic disasters ⋯⋯⋯⋯⋯⋯⋯⋯⋯⋯⋯⋯46
volcanic earthquake ⋯⋯⋯⋯⋯⋯⋯⋯⋯⋯⋯47
volcanic explosivity index / VEI ⋯⋯⋯⋯48
volcanic front ⋯⋯⋯⋯⋯⋯⋯⋯⋯⋯⋯⋯⋯⋯49
volcanic gas ⋯⋯⋯⋯⋯⋯⋯⋯⋯⋯⋯⋯⋯⋯⋯45
volcanic hazard map ⋯⋯⋯⋯⋯⋯⋯⋯⋯⋯46
volcanic information ⋯⋯⋯⋯⋯⋯⋯⋯⋯⋯47
volcanic (magma) conduit ⋯⋯⋯⋯⋯⋯⋯62
volcanic product ⋯⋯⋯⋯⋯⋯⋯⋯⋯⋯⋯⋯49
volcanic rumbling ⋯⋯⋯⋯⋯⋯⋯⋯⋯⋯⋯⋯49
volcanic sand ⋯⋯⋯⋯⋯⋯⋯⋯⋯⋯⋯⋯⋯⋯46
volcanic spine ⋯⋯⋯⋯⋯⋯⋯⋯⋯⋯⋯⋯⋯⋯45
volcanic sublimate ⋯⋯⋯⋯⋯⋯⋯⋯⋯⋯⋯47
volcanic thunder / volcanic lightning ⋯⋯⋯49
volcanic tremor ⋯⋯⋯⋯⋯⋯⋯⋯⋯⋯⋯⋯⋯48
volcano hazard assessment ⋯⋯⋯⋯⋯⋯⋯46
volcano observation / volcano monitoring ⋯⋯46
volcano-tectonic depression ⋯⋯⋯⋯⋯⋯⋯46
volume strainmeter ⋯⋯⋯⋯⋯⋯⋯⋯⋯⋯239
voluntary risks ⋯⋯⋯⋯⋯⋯⋯⋯⋯⋯⋯⋯⋯146
volunteer ⋯⋯⋯⋯⋯⋯⋯⋯⋯⋯⋯⋯⋯⋯⋯⋯365
volunteer activity in disaster ⋯⋯⋯⋯⋯⋯132
volunteer center in disaster ⋯⋯⋯⋯⋯⋯133
volunteer coordination ⋯⋯⋯⋯⋯⋯⋯⋯⋯365
volunteer coordinator ⋯⋯⋯⋯⋯⋯⋯⋯⋯365
volunteer coordinator in disaster ⋯⋯⋯⋯132
volunteer fire corps ⋯⋯⋯⋯⋯⋯⋯⋯⋯⋯184
volunteer without special skills ⋯⋯⋯⋯⋯11
volunteer with special skills ⋯⋯⋯⋯⋯⋯226
vortex ⋯⋯⋯⋯⋯⋯⋯⋯⋯⋯⋯⋯⋯⋯⋯⋯⋯⋯13
vortex induced vibration ⋯⋯⋯⋯⋯⋯⋯⋯14
Vulcanian eruption ⋯⋯⋯⋯⋯⋯⋯⋯⋯⋯⋯345
vulnerability ⋯⋯⋯⋯⋯⋯⋯⋯⋯⋯⋯⋯⋯⋯209
vulnerability analysis ⋯⋯⋯⋯⋯⋯⋯⋯⋯210
vulnerability of the society against disasters ⋯⋯170
vulnerable people to disasters ⋯⋯⋯⋯⋯128

W

wall ratio ⋯⋯⋯⋯⋯⋯⋯⋯⋯⋯⋯⋯⋯⋯⋯⋯65
wall surface line ⋯⋯⋯⋯⋯⋯⋯⋯⋯⋯⋯⋯351
warm front ⋯⋯⋯⋯⋯⋯⋯⋯⋯⋯⋯⋯⋯⋯⋯29
warm rain ⋯⋯⋯⋯⋯⋯⋯⋯⋯⋯⋯⋯⋯⋯⋯⋯3
warm winter ⋯⋯⋯⋯⋯⋯⋯⋯⋯⋯⋯⋯⋯⋯250
warning ⋯⋯⋯⋯⋯⋯⋯⋯⋯⋯⋯⋯⋯⋯⋯⋯⋯97
warning area ⋯⋯⋯⋯⋯⋯⋯⋯⋯⋯⋯⋯⋯⋯94
warning facility ⋯⋯⋯⋯⋯⋯⋯⋯⋯⋯⋯⋯⋯97
warning for flood fighting ⋯⋯⋯⋯⋯⋯⋯202

warning lead-time	97	wave pressure formulae	306
warning overkill	243	wave reflection	315
warning statement	95	wave refraction	91
wash load	13	wave run-up	297
wastewater reuse system / water supply system for miscellaneous use	263	wave scattering	143
		wave setup	13
water catchment well	174	wave shoaling	224
water-channel in snow cover	215	wave spectrum	298
water content / moisture content	68	wave transformation	314
water cycle	372	wave with a return period of N years	41
water equivalent of snow cover	214	weak layer	171
water exchange	33	weather advisory	77
water for hydropower generation	312	weathering	333
water gate / sluice	203	weather modification	76
water path / water passage / water pipe	372	weather radar	77
water permeability of snow cover	216	weather warning	76
water pollution	199	wet injury	164
water purification facility	180	wet snow avalanche	164
water quality conservation	200	wet stone pitching works	302
water quality improvement	199	wet tongue	164
water reuse	137	white noise	308
water saving	219	whiteout	365
water-saving activity	219	whole of earthquake fires	223
water-saving awareness	219	wicker work	233
water-saving campaign	219	wide area evacuation	104
water-saving packing in a water faucet	219	wide area evacuation plan	104
water-saving society	219	wide area mutual aid agreement for disaster prevention	105
watershed topographic model	397		
water storage in urban area	287	wide-area transportation of injured person	338
water supply equipment	81	wildland and forest fire	400
water supply facility	180	wind-borne missile	321
water supply suspension	248	windbreak	363
water tank truck / water wagon	81	windbreak fence	363
water transmission facilities	229	windbreak forest	363
water use coordination	395	wind damage	333
water utilization planning	395	wind engineering	51
water warming facilities	28	wind flow over mountains	380
waterway	115	wind force scale	335
wave absorbing structure	181	wind induced vibration	196
wave-absorbing works	181	wind load	51
wave breaking / wave breaker	136	wind machine method	231
wave climate	310	window flames	32
wave diffraction	33	wind-packed snow	334
wave drift force	314	wind pressure	333
wave exciting force	314	wind profile	334
wave forecasting (hindcasting)	314	wind profiler	13
wave group	94, 310	wind resistant design	240
wavelet transform	13	wind tunnel	334
wave-making resistant force	231	wind tunnel testing	334
wave overtopping	17	wind waves	45, 335

winter half year forecasting ···68
wire trap sensor ··406
wooden building ··376
wooden house congested area ·································376
wooden house fire ··376
woody debris ···399
woody debris trap ··399
World Health Organization (WHO) ························213
World Meteorological Organization (WMO) ···········213
world weather watch program ·································212
wrong information / false report / false warning ······121

Y

yakiya-zukuri / ancient wooden raw house with wooden roofs ···379
yamaji ··380
yamase ···380
yama-tsunami ···380
yawing angle of wind ···351
yellow sand dust / Asian duststorm ·······················107
yield point ··114
Young's modulus ···380
yukigata ···384

Z

zero meter area ···222
zero-order valley / hollow ·····································222
zoning blocks for emergency shutoff ·······················88
zoning regulation system ······································251
zoning / zonation ···251

巻末資料

自然災害に関する事例（作成者：河田惠昭）
 江戸時代以前の自然災害 …………………………………………………… 470
 明治時代の自然災害 ………………………………………………………… 471
 大正時代の自然災害 ………………………………………………………… 472
 昭和時代（1927年から1945年8月まで）の自然災害 …………………… 473
 昭和時代（1945年8月から1946年まで）の風水害 ……………………… 474
 1945年から1985年までの地震・噴火・火災災害 ………………………… 480
 1986年以降の自然災害 ……………………………………………………… 481

明治以降の災害対策関連法の推移（作成者：熊谷良雄）……………………… 482

東京を中心とした防火関連条例の変遷（作成者：熊谷良雄）………………… 483

災害対策関係法律の概要 ………………………………………………………… 484

災害対策基本法 …………………………………………………………………… 486

災害救助法 ………………………………………………………………………… 526

執筆者一覧 ………………………………………………………………………… 537

自然災害に関する事例

江戸時代以前の自然災害

発生年	災害名	特記事項
684	南海地震・津波	$M8.4$，日本書紀に記述
800	延暦の富士山噴火	貞観，宝永と並ぶ三大噴火の一つ
864	貞観の富士山噴火	青木ヶ原樹海形成，河口湖・西湖・精進湖に分断
869	三陸大津波	約1,000人が溺死
887	南海地震・津波	北海道，東北以外で被害，津波被害が大
989	畿内風水害	大阪湾の高潮，賀茂川洪水
1096	東海地震・津波	$M8.4$，駿河・伊勢被害大
1099	南海地震・津波	$M8.0$，南海道被害大
1180-81	治承・養和の飢饉	京都の餓死者4.2万人
1185	京都大地震	震源地：琵琶湖付近，京都の被害大
1281	弘安の暴風雨	弘安の役
1293	鎌倉大地震	死者数千人から2万人
1361	南海地震・津波	奈良の社寺の被害大
1408-10	応永那須岳噴火	泥流発生140人死亡
1471-76	文明桜島噴火	応仁の乱の最中の噴火
1498	明応東海地震・津波	死者数万
1586	畿内・東海〜北陸地震	飛騨・越中に被害集中
1596	大分地震・津波	瓜生島水没，死者約千人
1596	伏見大地震	伏見城の天守閣大破
1605	慶長東海・南海地震・津波	東海・南海地震の同時発生，死者2,500人以上
1611	慶長三陸津波	死者6,800人
1643	寛永三宅島噴火	阿古村全戸焼失
1662	畿内・丹後・東海西部地震	比良もしくは花折断層による地震
1662	日向・大隅地震・津波	日向灘沿岸約31kmが陥没し7ヶ村水没
1666	越後高田地震	死者1,500人余
1674	延宝の飢饉	各地で洪水頻発，全国的大飢饉
1703	元禄地震・津波	死者約5,200人，家屋倒壊約2万戸
1707	宝永地震・津波	東海・南海地震の同時発生，死者4,900人
		家屋倒壊約3万戸
1707	宝永富士山噴火	宝永地震から約1.5ヶ月後，総噴出物量約8億立米
1732	享保の飢饉	死者100万人弱
1741	渡島大島噴火・津波	死者約1,500人
1742	関東水害	利根川決壊，江戸市中水浸し
1751	越後・越中地震	死者・行方不明1,130人

1755	宝暦の飢饉	東北大冷害，5万人餓死
1771	八重山地震津波	1.2万人死亡，高さ40mの津波（石垣島）
1777-79	伊豆大島三原山噴火	現在の山体の半分形成
1779	安永桜島噴火	死者153人，前兆現象記録
1783	天明浅間山噴火	死者1,152人（噴火の一次災害ではわが国最大）
1782-86	天明の飢饉	東北中心で全国に及ぶ，人口約92万人減少
1785	伊豆・青ヶ島噴火	死者140人余
1786	天明関東大洪水	浅間山噴火による利根川の河床上昇原因
1792	雲仙岳噴火（島原大変）	噴火・地震・津波で1.5万人死亡
1802	大阪の洪水・高潮氾濫	淀川氾濫
1828	北九州暴風雨	福岡・佐賀・長崎などで死者1.5万人
1828	越後三条地震	死者1,443人
1833-38	天保の飢饉	東北地方中心，各地で一揆頻発
1846	関東地方洪水	利根川，荒川，中川氾濫
1847	善光寺地震	死者8,600人
1854	安政東海・南海地震・津波	死者約2万人
1855	安政江戸地震	死者4,000人余

明治以降の災害において，番号のあるものは，欄外にその災害が契機となって整備された防災対策の事例を示した。

明治時代の自然災害

西暦年	風水害（水害，台風，高潮，土砂）	地震（津波）	噴火
1868	水害（近畿，中部，関東，東北）死者840人		
1869	台風（近畿，関東）死者約700人		
1871	台風（四国，中国，近畿）死者約1,000人		
1872		浜田地震（岩見，出雲）死者552人	
1874	台風（九州）死者多数，漁船被害		三宅島
1875	水害（東北）	（地震観測開始）	
1877	水害（近畿，中部）	チリ地震（三陸，房総で津波被害）	伊豆大島
1878	水害（関東）多摩川，荒川氾濫		
1880	台風（近畿，関東）死者100人以上	（日本地震学会創立）	
1882	台風（中部，関東，東北）		
1883	台風（九州）死者約100人⑤		
1884	台風（四国，中国，関東）死者約2,000人 台風（中部，関東）隅田川氾濫⑥		
1885	水害（西日本）淀川氾濫 台風（全国）淀川，木曽川，利根川氾濫，死者多数		
1887	水害（九州）筑後川氾濫		

西暦年	風水害	地震（津波）	噴火
1888			磐梯山（死者471人）④
1889	台風（四国，近畿）和歌山，奈良の被害大，死者約1,500人 台風（近畿，中部，関東）死者多数	熊本地震（死者20人）	
1890		長野県北部地震	
1891	台風（九州，中国，中部，関東，東北）	濃尾地震（死者約7,200人）②	
1893	台風（西日本）死者2,000人以上		吾妻山
1894		庄内地震（死者726人）	
1895	台風（西日本）死者300人以上	茨城県南部地震	蔵王山，霧島山
1896	台風（中部，関東，東北）木曽川， 台風（近畿，中部）伊勢湾高潮災害 台風（西日本，関東）死者500人以上①	明治三陸津波（死者約22,000人）③ 陸羽地震（死者209人）	
1897	（砂防法，森林法が成立）		
1898	台風（東日本，北海道）死者約350人		
1899	台風（四国，中国）死者約1,200人 別子銅山で土石流発生 台風（近畿以東）高潮		霧島山，安達太良山
1900			安達太良山
1901	水害（北九州） 水害（九州）		
1902	台風（西日本，関東） 台風（関東，東北）		鳥島（島民125名全員死亡）⑦
1903	水害（近畿，中部）死者約50名		
1905	台風（九州）死者約400名	芸予地震（広島：死者11名）	
1906	台風（九州，中国）死者約1,500名		
1907	台風（近畿，関東，東北）死者約600名		
1909	台風（九州，四国）死者100人以上	姉川地震（死者41名）	
1910	強風（全国）漁船被害，漁師約750名死亡 台風（中部，関東，東北）死者約1,400名⑨		有珠山（明治新山）
1911	台風（中部，関東，東北）約100名死亡 土石流（霧島温泉）死者約50名	南西諸島地震（死者12名）	浅間山⑧
1912	水害（中部以東）		

①河川法の制定　②潜伏断層（根尾谷断層の出現）　震災予防調査会発足（1892年）　③津波地震（ぬるぬる地震）　④火山性地震観測開始　⑤暴風警報の制定　⑥天気予報の開始　⑦わが国の火山観測開始の契機　⑧観測所設置（震災予防調査会）　⑨臨時治水調査会設置

大正時代の自然災害

西暦年	風水害	地震（津波）	噴火
1912	台風（四国以東）		
1912	台風（九州，四国）死者約150名		
1914	台風（中部，関東）死者115名 台風（関東以西）	鹿児島地方地震（死者22名） 秋田県南部地震（死者94名）	桜島（58名死亡）

西暦年	風水害（水害，台風，高潮，土砂）	地震（津波）	噴火
1915	台風（九州，四国，中国） 台風（中部以西）		焼岳
1917	台風（近畿から東北）死者1,300名以上		
1918	台風（西日本）死者約100名 台風（西日本）死者約250名		
1919	台風（九州，四国）		
1920	台風（関東，東北）死者約150名		浅間山
1921	台風（中国，近畿，中部） 死者約700名		
1922	台風（中部，関東，東北）	島原地震（死者26名）	
1923		関東大震災（死者14万3千名）①	
1924	台風（西日本）死者100名以上②	神奈川県西部地震（死者10名）	
1925	（ラジオによる天気予報の放送）	北但馬地震（死者428名）	十勝岳（死者144名）
1926	台風（近畿，中部，関東） 死者221名		

①耐震基準（1924）　設計水平震度＝0.1　　②新聞に天気図を掲載

昭和時代（1927から1945年8月まで）の自然災害

西暦年	風水害（水害，台風，高潮，土砂）	地震（津波）	噴火
1927	台風（九州，関東）死者439名	北丹後地震（死者2,925名）	
1929			北海道駒ヶ岳
1930	台風（九州，中国）死者88名	北伊豆地震（死者272名）	浅間山
1931		西埼玉地震（死者16名）	浅間山
1932	台風（中部，関東，東北）死者257名		白根山，阿蘇山
1933	台風（西日本）死者116名	昭和三陸津波（死者3,064名）③	口永良部島
1934	水害（中部）死者143名 台風（室戸台風）死者3,036名①		
1935	水害（西日本）死者156名 水害（東北）死者201名 台風（全国）死者73名 台風（全国）死者377名④		
1936		河内大和地震（死者9名）	浅間山
1937	台風（全国）死者84名 土砂（群馬，小串硫黄鉱山）死者300名		
1938	水・土砂害（阪神大水害）死者925名② 台風（東日本）死者245名 台風（四国，近畿）死者104名 台風（九州）死者467名 雪崩（黒部渓谷）死者83名		浅間山
1939	台風（西日本）死者99名	男鹿地震（死者27名）	鳥島
1940		積丹半島沖地震（死者10名）	三宅島

年	台風・風水害	地震	その他
1941	台風（西日本）死者112名 台風（関東，東北）死者98名 台風（西日本）死者210名 竜巻（豊橋）死者13名⑤	長野県北部地震（死者5名） 九州地方地震（死者2名）	
1942	台風（西日本，とくに山口）死者1,158名		
1943	台風（西日本）死者240名 台風（西日本）死者970名	鳥取地震（死者1,083名）	
1944	水害（中部，東北）死者88名 台風（四国，近畿，中部，関東，東北）死者103名	東南海地震（死者1,251名）	有珠山（昭和新山）
1945	台風（枕崎台風）死者3,756名 台風（阿久根台風）死者451名	三河地震（死者1,961名）	

①気象警報，特報（注意報）の分離　気象観測体制の充実　②治山・治水の開始　③高地移転，津波防波堤建設（田老町）　三陸地方の津波警報組織が発足（1941年）　④水害防止協議会発足　⑤戦争による気象管制（一般への発表中止）

昭和時代（1945年8月から1946年まで）の風水害

年月日	災害名称	被害発生地域	死亡	不明	負傷	全壊	半壊	床上浸水	床下浸水	流失
1945.9.17	16号枕崎	全国（除北海道）	2,084	1,046	2,295	113,945		109,616	105,824	2,546
1945.10.10	20号阿久根	全国	351	70	184	2,188	2,093	150,429		1,312
1945年		小計	2,435	1,116	2,479	118,226		365,869		3,858
1946.7.29	9号	西日本	26	13	11	309	854	2,446	7,680	47
1946年		小計	26	13	11	309	854	2,446	7,680	47
1947.6.24	3号キャロル	九州	19	—	—	21	18	569	4,073	21
1947.9.15	9号カスリン⑦	関東，東北，甲信越	1,077	853	1,547	5,301	記述なし	384,743	記述なし	3,997
1947年		小計	1,096	853	1,547	5,322	18	385,312	4,073	4,018
1948.9.11	低気圧水害	九州，近畿	121	126	317	295	872	246	2,026	96
1948.9.16	21号アイオン	関東，東北，甲信越	512	326	1,956	4,577	12,127	44,867	75,168	1,313
1948.11.18	34号アグネス	九州，東海	8	3	2	16	121	921	1,981	1
1948年		小計	641	455	2,275	4,888	13,120	46,034	79,175	1,410
1949.6.18	2号デラ	全国（除北海道）	252	216	367	1,293	4,005	4,627	52,927	103
1949.7.4	低気圧（山崩れ等）	九州，近畿	7	3	28	69	99	2,246	6,936	11
1949.7.16	4号フェイ	九州	29	17	12	124	247	2,054	4,666	1
1949.7.28	6号ヘスター	近畿，四国，中国	22	12	33	45	175	2,323	12,324	1
1949.8.13	9号ジュディス	九州，四国	154	25	213	388	1,966	33,680	68,314	181
1949.8.31	10号キティ	東北，関東，中部	135	25	479	3,027	13,470	51,889	92,161	685
1949.9.22	低気圧	北海道，中部，近畿	23	16	107	11	88	4,909	16,301	39
1949.10.27	12号パトリシア	関東	8	4	25	65	982	104	5,655	4
1949年		小計	630	318	1,264	5,022	21,032	101,832	259,284	1,025
1950.1.10	風害	九州，関東	11	109	—	43	56	—	—	—
1950.1.30	低気圧	全国	11	20	27	56	635	113	301	727
1950.5.1	低気圧	四国	3	1	—	3	—	40	127	

年月日	災害名称	被害発生地域	死亡	不明	負傷	全壊	半壊	床上浸水	床下浸水	流失
1950.5.26	低気圧	東北, 四国	3	—	—	16	3	1,344	343	—
1950.6.9	水害(山崩れ)	東日本	1	58	2	6	1	—	25	—
1950.6.23	エルシー	宮古島	25	10	139	1,000	—	—	—	—
1950.7.17	7号フロシー, 8号グレース	九州	11	1	20	89	421	196	1,655	2
1950.8.3	12号台風	東日本	40	59	764	31	90	10,958	21,335	255
1950.9.3	28号ジェーン①	全国(除九州)	398	141	26,062	17,062	101,792	93,116	308,960	2,069
1950.9.13	29号キジア	西日本, 北海道	51	12	303	1,157	5,786	31,927	125,800	260
1950.9.14	水害, 山崩れ	山口県	6	1	16	44	51	833	1,097	41
1950年	小計		560	412	27,333	19,507	108,835	138,527	459,643	3,354
1951.7.2	6号ケイト	西日本	4	2	28	47	94	4,518	20,735	40
1951.7.7	梅雨前線豪雨	西日本	162	144	358	411	727	13,532	89,766	219
1951.7.20	梅雨前線豪雨	秋田, 青森	5	2	1	10	4	2,239	3,837	21
1951.8.17	11号マージ	九州, 四国	3	1	11	23	40	37	585	1
1951.10.13	15号ルース	全国	572	371	2,644	21,527	47,948	30,110	108,165	3,178
1951年	小計		746	520	3,042	22,018	48,813	50,436	223,088	3,459
1952.6.22	2号ダイナ	関東以西	65	70	28	52	89	4,020	35,692	21
1952.6.29	梅雨前線豪雨	西日本	19	5	116	49	158	7,815	44,762	9
1952.7.10	梅雨前線豪雨	西日本	67	73	101	62	237	20,710	140,317	292
1952.7.27	前線豪雨	中国, 新潟	11	—	20	6	9	189	1,401	5
1952.9.8	不連続線豪雨	九州	8	16	8	14	22	874	5,846	—
1952.10.22	低気圧風害	北海道	43	—	2	—	19	—	—	—
1952年	小計		213	164	275	183	534	33,608	228,018	327
1953.6.4	台風2号	西日本	37	17	56	128	135	1,810	31,830	19
1953.6.23	梅雨前線豪雨	九州, 四国, 中国	748	265	2,720	3,231	11,671	199,975	254,664	2,468
1953.7.3	梅雨前線豪雨	中国, 近畿, 北陸	17	—	13	34	61	1,502	12,644	1
1953.7.7	低気圧豪雨	北海道	1	2	1	17	62	3,301		8
1953.7.16	梅雨前線豪雨	全国	713	411	5,819	3,431	2,125	20,277	66,203	4,273
1953.8.2	不連続線豪雨	北海道	4	—	8	3	109	3,531	8,061	43
1953.8.11	不連続線豪雨	東北, 関西	290	140	994	424	765	6,222	18,849	469
1953.8.17	不連続線豪雨	本州, 九州	4	4	15	8	34	4,789	7,410	22
1953.9.12	不連続線豪雨	東海	12	1	15	15	18	55	783	—
1953.9.22	13号テス	全国	393	85	2,559	5,989	17,467	144,300	351,575	2,615
1953年 (テレビによる天気予報放送開始)			2,219	925	12,200	13,280	32,447		635,356	9,918
1954.5.8	低気圧災害	北海道, 東北	31	330	57	603	1,470	—	21	1
1954.5.24	低気圧災害	九州	4	1	3	2	4	90	624	—
1954.6.6	梅雨前線豪雨	九州	5	3	2	4	11	76	419	—
1954.6.22	梅雨前線豪雨	関東以西	29	9	27	46	68	1,976	6,334	10
1954.6.28	梅雨前線豪雨	関東以西	13	12	25	61	93	3,841	70,164	14
1954.7.4	梅雨前線豪雨	近畿, 中国, 四国	33	12	65	77	144	3,369	29,276	12
1954.7.8	梅雨前線豪雨	九州	15	1	16	12	47	388	2,335	

巻末資料

自然災害に関する事例

年月日	災害名称	被害発生地域	死亡	不明	負傷	全壊	半壊	床上浸水	床下浸水	流失
1954.7.16	梅雨前線豪雨	九州, 四国	1	8	3	6	18	407	4,612	—
1954.7.26	不連続線豪雨	九州	11	—	4	24	37	144	1,388	1
1954.7.29	不連続線豪雨	西日本, 群馬	2	3	3	18	88	3,091	12,959	1
1954.8.17	台風5号	関東以西	30	33	77	332	1,321	3,797	28,597	29
1954.9.7	台風13号	九州, 四国, 中国	6	26	19	167	187	77	1,700	—
1954.9.10	台風12号	全国(除東北)	107	37	311	1,648	5,749	45,040	136,756	514
1954.9.16	台風14号	全国(除九州, 北海道)	36	24	59	92	141	6,057	38,445	27
1954.9.24	台風15号(洞爺丸)	全国(連絡船の沈没を伴う)	*1,361	400	1,601	8,005	21,771	17,569	85,964	391
1954.11.28	低気圧豪雨	関東	10	19	4	108	392	97	458	
1954年	小計		1,694	918	2,276	11,205	31,541	86,019	420,052	
1955.2.19	季節風	全国	16	104	18	42	100	77	219	—
1955.3.19	不連続線風水害	東北, 北海道	2	1	4	20	21	890	2,431	6
1955.4.14	不連続線豪雨	西日本	91	4	34	41	42	3,024	15,445	1
1955.5.29	低気圧風水害	東北, 北海道	3	1	3	6	9	147	1,862	3
1955.6.18	梅雨前線豪雨	九州, 四国	5	4	18	27	32	62	2,378	3
1955.6.24	梅雨前線豪雨	東北	7	6	3	6	18	6,307	15,269	19
1955.7.3	梅雨前線豪雨	北海道	12	32	36	11	43	6,907	7,677	94
1955.7.6	梅雨前線豪雨	九州	5	—	4	12	4	2,356	13,278	—
1955.7.16	台風8号	宮古島	1	4	5	1,414	1,522	—	—	
1955.8.17	不連続線豪雨	北海道, 東北	9	2	—	6	13	2,777	4,584	12
1955.8.27	不連続線豪雨	北海道, 関東	2	3	6	13	11	1,234	5,605	3
1955.9.6	不連続線豪雨	北日本, 長崎	4	—	9	11	9	432	1,354	—
1955.10.1	台風22号	全国	54	14	314	6,269	13,046	10,184	41,110	136
1955.10.3	台風23号	四国, 中国	2	—	4	26	56	1,050	4,244	3
1955.10.10	台風25号	東海, 関東以北	8	1	9	24	17	186	1,439	8
1955.10.20	台風26号	関東以西	6	7	32	85	236	153	2,233	2
1955.12.26	低気圧風害	東北, 北海道	4	12	3	26	51	238	347	63
1955年	小計		231	195	502	8,039	15,230	36,024	119,475	353

*1956年災以降の( )内の数は沖縄の被害(外数)

年月日	災害名称	被害発生地域	死亡	不明	負傷	全壊	半壊	床上浸水	床下浸水	流失
1956.4.17	低気圧風水害	北海道	15	43	—	2	10	1,087	1,320	—
1956.6.26	梅雨前線豪雨	九州, 中国	2	—	6	7	11	118	1,993	1
1956.7.14	梅雨前線豪雨	北陸, 東北	50	10	37	65	134	8,775	22,291	95
1956.8.16	台風9号	全国	33	3	213	1,864	3,116	1,946	8,485	51
1956.8.26	不連続線豪雨	九州, 石川	2	1	8	14	24	1,473	12,991	17
1956.9.7	台風12号	全国	(2)37	2	(59)193	(2,785)2,533	(3,959)4,159	(1,252)1,610	(723)7,904	103
1956.9.25	台風15号	全国	20	11	41	(307)489	(648)653	3,158	44,362	10
1956.10.30	不連続線豪雨	太平洋岸	23	47	22	47	51	671	4,702	35
1956年	小計		82	117	315	6,161	9,470	6,691	57,691	312

年月日	災害名称	被害発生地域	死亡	不明	負傷	全壊	半壊	床上浸水	床下浸水	流失
1957.6.27	台風5号	関東以西	30	23	33	62	127	24,163	105,510	46
1957.7.2	不連続線豪雨	九州，中国，東北	18	4	11	44	51	2,063	18,039	—
1957.7.25	梅雨前線豪雨	九州中西部	856	136	3,860	985	2,802	24,046	48,519	579
1957.8.5	不連続線豪雨	中部以東	6	—	7	23	14	4,153	28,029	3
1957.8.18	台風7号	九州，四国	10	16	26	102	208	109	1,200	3
1957.8.28	不連続線豪雨	東北，北海道	2	1	4	7	4	466	2,050	—
1957.9.4	台風10号	全国	13	14	31	1,116	1,457	2,528	18,287	27
1957.10.6	低気圧豪雨	関東南部	9	1	9	6	9	231	3,936	—
1957.12.13	低気圧風水害	全国	14	29	156	255	964	80	1,996	1
1957年	小計		958	224	4,137	2,600	5,636	57,839	227,566	659
1958.1.26	低気圧風浪害	本州南岸（主に船舶遭難）	174	38	8	—	—	—	6	—
1958.4.21	低気圧豪雨	全国	9	6	10	9	19	867	4,343	3
1958.7.1	梅雨前線豪雨	主に島根	—	—	130	16	14	3,090	3,074	3
1958.7.22	台風11号	関東，東海	26	14	64	106	159	5,525	40,718	33
1958.7.23	不連続線豪雨	中国，中部，東北	22	8	51	84	146	8,984	31,890	61
1958.8.25	台風17号	中国，近畿，中部	15	30	39	86	534	2,200	15,441	40
1958.9.18	台風21号	関東，東北	25	47	111	264	526	8,934	39,766	126
1958.9.26	台風22号（狩野川）	近畿以東	888	381	1,138	1,289	2,157	132,227	389,488	829
1958.12.25	低気圧風水害	東北，山陰	10	25	11	16	27	161,827	918	—
1958年	小計		1,169	549	1,562	1,870	3,582	323,654	525,644	1,095
1959.4.4	不連続線風害	西日本，北海道（主に北海道の船舶遭難）	91	7	44	24	6	—	85	—
1959.7.1	梅雨前線豪雨	信越，東北	4	1	3	1	12	562	2,834	4
1959.7.6	梅雨前線豪雨	九州	6	3	9	3	3	158	4,066	3
1959.7.13	梅雨前線豪雨	九州，中国，近畿	44	16	77	144	182	8,539	68,749	49
1959.8.7	台風6号	九州，四国，東北	13	3	12	32	77	1,484	10,330	9
1959.8.12	台風7号	近畿，中部，関東	188	47	1,528	3,322	10,139	32,298	116,309	767
1959.8.22	不連続線豪雨	山陰，信越	61	6	715	194	806	13,269	35,883	150
1959.9.15	台風14号	西日本，北海道	47	53	508	3,745	7,888	5,174	13,413	141
1959.9.26	台風15号（伊勢湾）②	全国（除九州）	4,697	401	38,921	36,135	113,052	157,858	205,753	4,703
1959.10.16	台風18号	沖縄，九州南部	46	8	18	291	786	63	749	—
1959年	小計		5,197	545	41,835	43,891	132,951	219,405	458,171	5,826
1960.8.12	台風12号	近畿，東日本	28	7	21	54	169	5,618	—	100
1960.8.29	台風16号	全国	50	11	145	163	384	8,166	—	96
1960年	小計		78	18	166	217	553	13,784	—	196
1961.6.24	6，7月豪雨	全国	345	62	1,558	1,421	2,972	79,819	384,993	785
1961.9.15	台風18号（第2室戸）	全国	194	8	4,972	14,681	46,663	123,103	261,017	—
1961.6下旬	6〜7月豪雨	西日本	121	7	115	226	285	16,113	92,448	42
1961年	小計		660	77	6,645	16,328	49,920	219,035	738,458	827
1962.8.3	台風9，10号	北海道	29	8	38	123	712	17,618	34,632	328

年月日	災害名称	被害発生地域	死亡	不明	負傷	全壊	半壊	床上浸水	床下浸水	流失
1962年		小計	29	8	38	123	712	17,618	34,632	328
1963.1.16	38豪雪	東北, 北陸, 山陰	228	3	356	753	982	640	6,388	—
1963.6.29	梅雨前線豪雨	九州	30	6	37	37	96	9,989	29,091	36
1963.7.10	梅雨前線豪雨	西日本（除四国）	14	4	14	10	111	5,324	14,137	27
1963.8.9	台風9号等	九州, 四国, 中国	47	9	80	182	282	11,613	25,951	248
1963年		小計	319	22	487	982	1,471	27,566	75,567	311
1964.7.2	山陰, 北陸豪雨	山陰, 北陸	123	5	291	699	802	9,918	57,599	48
1964.9.24	台風20号	全国（除北海道）	49	3	540	3,256	7,338	8,314	34,972	90
1964年③		小計	172	8	831	3,955	8,140	18,232	92,571	138
1965.6.19	6, 7月豪雨	中部以西	72	4	73	187	931	13,111	52,835	121
1965.8.5	台風15号	中国, 九州	28	—	368	3,202	5,192	788	4,928	3
1965.9.10	台風23, 24, 25号	全国（除九州）	159	13	1,206	1,610	3,530	50,781	248,155	269
1965年		小計	259	17	1,647	4,999	9,653	64,680	305,918	393
1966.6.28	台風4号	全国（除北海道）86	86	6	192	193	225	35,773	188,884	5
1966	8月豪雨, 台風13号	九州, 四国, 近畿	36	3	22	17	22	3,043	16,099	4
1966	台風24, 26号	中部, 関東, 東北	275	43	976	2,493	9,168	9,331	44,270	73
1966年		小計	397	52	1,190	2,703	9,415	48,147	249,253	82
1967.6.19	6, 7月豪雨	全国	368	6	623	910	1,380	51,789	258,798	175
1967.8.26	8月豪雨	新潟, 福島, 山形	113	33	190	458	806	23,949	45,270	320
1967年		小計	481	39	813	1,368	2,186	75,738	304,068	495
1968.8.18	飛騨川バス転落事故	岐阜④	104							
1968.8.29	台風10号	四国, 近畿, 中部	25	2	68	68	88	2,004	22,382	19
1968.9.24	台風16号	九州, 四国, 近畿	8	—	70	106	254	2,970	12,352	—
1968年		小計	33	2	138	174	342	4,974	34,734	19
1969.2.4~9	豪雪	北陸～北海道	62	—	82					
1969.6.20	6, 7月豪雨	関東以西	81	8	184	237	275	11,229	53,161	9
1969.7.27	7, 8月豪雨, 台風7号	中部, 北陸, 東北	48	15	103	173	254	15,527	27,046	71
1969.8.22	台風9号	九州, 関東, 東北	6	1	219	137	325	7,004	10,086	9
1969年		小計	135	24	506	547	854	33,760	90,293	89
1970.6.10	6,7月豪雨, 台風2号	全国（除北海道）	42	4	119	121	244	4,077	25,603	8
1970.8.14	台風9, 10号	九州, 四国, 中国	34	5	882	2,053	6,039	29,930	41,947	48
1970年		小計	76	9	1,001	2,174	6,283	34,007	67,550	56
1971.1.30	暴風雨	北海道, 東北, 関東	19	7	50	53	158	986	3,852	—
1971.6.2	6, 7月豪雨	全国（除北海道）	72	6	172	156	246	12,125	56,355	43
1971.8.5	台風19号	九州, 四国, 中国	70	—	204	266	318	6,628	12,306	53
1971.8.29	台風23, 25, 26号	四国, 中部, 関東	137	4	204	358	420	17,740	137,590	38
1971年		小計	298	17	630	833	1142	37,479	210,103	134
1972.6.7	6, 7月豪雨⑧	全国	428	30	605	1,319	1,410	51,547	176,777	445
1972.9.6	台風20号	全国（除九州）	64	7	186	166	566	14,415	78,911	11
1972年		小計	492	37	791	1,485	1,976	65,962	255,688	456

年月日	災害名称	被害発生地域	死亡	不明	負傷	全壊	半壊	床上浸水	床下浸水	流失
1973.7.30	豪雨	福岡, 長崎	24	5	10	62	47	9,263	28,501	—
1973.9.23	青函豪雨	北海道, 青森	16	7	14	109	93	5,167	3,196	8
1973年	小計		40	12	24	171	140	14,430	31,697	8

*1974年5月29日以降の「全壊」欄には「流失」も含む。

年月日	災害名称	被害発生地域	死亡	不明	負傷	全壊	半壊	床上浸水	床下浸水	流失
1974.1.8	49豪雪	東北, 北陸	58	—	99	22	22	52	240	—
S49.7.3	豪雨及び台風8号(七夕水害) ⑤	全国	130	2	223	658	1,137	77,260	325,185	
1974年	小計		188	2	322	680	1,159	77,312	325,425	
1975.6.3	豪雨	全国	20	1	41	106	159	6,013	63,813	
1975.8.5	豪雨及び台風5, 6号	全国	135	7	270	1,085	1,965	29,132	138,135	
1975年	小計		155	8	311	1,191	2,124	35,145	201,948	
1976.5.21	豪雨及び台風9号	全国	57	1	140	178	262	3,902	13,097	
1976.8.1	豪雨	全国	3	1	40	87	189	2,996	24,606	
1976.9.7	豪雨及び台風17号	全国	167	8	602	1,695	3,860	102,313	434,305	
1976.12.下旬	52豪雪	北海道, 東北, 北陸, 山陰	101	—	785	54	82	172	1,356	
1976年	小計		328	10	1,567	2,014	4,393	109,383	473,364	
1977.5.29	豪雨	全国	11	—	20	22	12	1,068	12,706	
1977.8.4	豪雨	東海以北	18	—	35	45	128	5,681	31,783	
1977.9.7	豪雨及び台風9号	関東以西 (特に鹿児島)	1	—	142	1,351	1,553	1,536	5,086	
1977年	小計		30		197	1,418	1,693	8,285	49,575	
1978.6.10	豪雨	全国	19	1	29	52	35	4,746	24,020	
1978.9.15	台風18号	近畿以西	10	—	471	54	523	698	13,932	
1978年	小計		29	1	500	106	558	5,444	37,952	
1979.6.16	豪雨	全国	35	3	90	122	163	9,941	94,121	
1979.9.24	豪雨及び台風16号	全国	11	1	129	86	541	9,649	74,686	
1979.10.17	台風20号	全国	110	5	543	139	1,287	8,156	47,943	
1979年	小計		156	9	762	347	1,991	27,746	216,750	
1980.6.2	豪雨	全国	16	—	51	56	78	1,336	26,860	
1980.8.21	豪雨	九州, 中国中心	27	3	81	195	242	11,614	65,086	
2下旬〜1下旬	56豪雪	北陸, 東北中心	134	19	2,144	149	282	730	6,892	
1980年	小計		177	22	2,276	400	602	13,680	98,838	
1981.6.22	豪雨	全国	21	2	90	84	172	4,988	26,855	
1981.8.3	北海道豪雨	北海道	8	—	14	52	47	6,115	20,986	
1981.8.21	台風15号	東日本, 北海道	41	1	208	57	351	7,512	29,910	
1981年	小計		70	3	312	193	570	18,615	77,751	
1982.7.5	豪雨及び台風10号(長崎豪雨) ⑨	全国	427	12	1,175	1,120	1,919	45,367	166,473	
1982.8.25	台風13号	九州, 四国	5	1	33	17	48	711	3,158	
1982.9.10	豪雨及び台風18号	東北, 関東, 中部	32	3	194	130	146	38,566	122,769	
1982年	小計		464	16	1,402	1,267	2,113	84,644	292,400	

自然災害に関する事例

年月日	災害名称	被害発生地域	死亡	不明	負傷	全壊	半壊	床上浸水	床下浸水	流失
1983.5.24	豪雨（島根豪雨）	中国, 関東	112	5	193	1,098	2,040	7,484	11,264	
1983.9.25	台風10号	関東以西	41	3	132	153	229	11,176	57,999	
1983.12.中旬	59豪雪	北陸以北	121	—	733	47	79	70	717	
1983年	小計		274	8	1,058	1,298	2,348	18,730	69,980	
1984.6.29	熊本県五木村の山崩れ	熊本	15	1	2	5	—	31	547	
1984.12	60雪害	北陸以北	88	—	665	4	9	36	546	
1984年	小計		103	1	667	9	9	67	1,093	
1985.2.15	新潟県青梅町工砂災害	新潟	10	—	4	5	—	—	—	
1985.5.27	梅雨前線豪雨及び台風6号	全国	40	—	130	90	365	5,448	54,080	
1985.7.26	長野市地附山地すべり	長野	26	—	4	47	4	—	—	
1985.8.28	台風12, 13, 14号	九州, 北海道中心	33	—	381	78	408	893	2,773	
1985.12	61雪害		90	—	678	15	13	35	422	
1985年	小計		199		1,197	235	790	6,376	57,275	
	合計		23,539	7,746	126,531	191,700	651,238	3,059,241	8,354,052	35,175
			31,285		842,938			11,413,293		

①高潮対策恒久事業開始（大阪）　②計画高潮導入　災害対策基本法施行（1961年）　激甚災害措置法　③昭和の河川法改正（多目的ダム）　④短時間雨量予測の開始　⑤総合的な治水対策（1977年）　⑦水防法制定　⑧災害弔慰金の支給開始　⑨車水害，都市型水害

1945年から1985年までの地震・噴火・火災災害

発生年月日	災害名	地震マグニチュード	死者・行方不明者数	防災対策
1946.12.21.	南海地震	8.0	1,432	災害救助法の制定
1948.6.28.	福井地震	7.1	3,895	建築基準法の制定（1950年）設計水平震度＝0.2
1949.12.26.	今市地震	6.2, 6.4	10	
1952.3.4.	十勝沖地震	8.2	33	建築基準法の改定（せん断補強の強化）
1958.6.24.	阿蘇山噴火		12	
1960.5.23.	チリ地震津波	8.5	139	太平洋津波警報センターの設置，津波防波堤建設（大船渡）
1961.8.19.	北美濃地震	7.0	8	
1964.6.16.	新潟地震	7.5	26	地盤の液状化対策，コンビナート対策，地震保険制度の創設
1965.4.1.				地震予知計画が開始
1968.2.21.	えびの地震	6.1	3	
1968.5.16.	十勝沖地震	7.9	52	RC造の耐震基準制定，耐震自動消火装置の義務づけ
1970.4.8.	大阪・天六ガス爆発		79	都市地下空間（地下鉄駅）工事中のガス爆発事故
1974.4.1.				火山噴火予知計画が開始
1974.5.9.	伊豆半島沖地震	6.9	30	
1976.8.1.	東海地震説			大規模地震対策措置法の制定（1978年）
1976.10.29.	酒田大火			商店街のアーケード規制
1978.1.14.	伊豆大島近海地震	7.0	25	

1978.6.12.	宮城県沖地震	7.4	28	わが国初の都市型災害，新耐震設計法の導入（1981年）
1980.8.16.	静岡・ゴールデン街のガス爆発		15	地下街規制
1983.5.26.	日本海中部地震	7.7	104	津波警報の迅速化
1984.9.14.	長野県西部地震	6.8	29	

1986年以降の自然災害

西暦年	風水害（水害，台風，高潮，土砂）	地震（津波）	噴火
1986	水害（鹿児島，京都）死者31人 台風（関東，東北，10号）死者20人		伊豆大島（全島避難）
1987	台風（全国，5号）死者10人 台風（全国，19号）死者10人	千葉県東方沖地震（死者2人）	
1988	水害（西日本）死者31人		十勝岳
1989	水害（全国）死者16人 台風（全国，11，12，13号）死者31人 水害（全国）死者20人		
1990	水害（全国，とくに九州）死者32人 台風（西日本，19号）死者44人		雲仙普賢岳（死者44人）
1991	台風（全国，17，18，19号）死者86人		
1993	水害（全国，鹿児島豪雨）死者93人 風水害（全国，台風13号）死者48人	釧路沖地震（死者2人） 北海道南西沖地震・津波⑦ （死者230人）	
1994		三陸はるか沖地震（死者3人）	
1995		阪神・淡路大震災（死者6,430人）③	
1996	土砂災害（蒲原沢）死者14人		
1997	土砂災害（出水市・針原川）死者21人⑥		
1998	水害（関東，東北，那須豪雨）死者24人 台風（近畿，中部，7，8号）死者19人 台風（中国，10号）死者13人		
1999	土砂災害（広島ほか）死者32名① 台風（西日本，18号）死者27名②	⑤	
2000	東海豪雨災害（愛知ほか）死者9名	鳥取県西部地震⑧	有珠山④ 三宅島・雄山⑨

①土砂災害防止法の制定（2001年）　②高潮防災情報の高度化と普及　地下空間における緊急的な浸水対策の実施　③性能設計の導入　災害対策基本法の改正　地震防災対策特別措置法など　④事前避難の成功　⑤津波の量的予報導入　⑥平成の河川法改正（治水，利水，環境）　⑦津波予報の迅速化　⑧住宅再建支援策（鳥取県単独事業）の採択　⑨有毒ガスの放出による全島避難の長期化

明治以降の災害対策関連法の推移

年代	災害予防 - 自然災害の予防	災害予防 - 災害の予防	災害応急対策	災害復旧・復興 - 災害復旧事業	災害復旧・復興 - 被災者支援・融資等
昭和十年代まで	河川法 (1896) ─1964全面改正─ 砂防法 (1897) 森林法 (1897) ─1951全面改正─		行旅病人及行旅死亡人取扱法 (1899) 水難救護法 (1899) 水害予防組合法 (1908)	伝染病予防法 (1897) 災害準備基金特別会計法 (1899) ─1911廃止─ 府県災害土木費国庫補助ニ関スル法律 (1911)	窮民一時救助規則 (1875) 備荒儲蓄法 (1880) ─1899廃止─ 罹災者救助基金法 (1899) 商工組合中央金庫法 (1936) 森林国営保険法 (1937)
昭和二十年代	土地改良法 (1949) 漁港法 (1950) 港湾法 (1950) 森林法改正 (1951) 特殊土壌地帯災害防除及び振興臨時措置法 (1952) 道路法 (1952) 保安林整備臨時措置法 (1954)	港則法 (1948) 鉱山保安法 (1949) 火薬類取締法 (1950) 建築基準法 (1950) 毒物及び劇物取締法 (1950) 高圧ガス取締法 (1951)	災害救助法 (1947) 消防組織法 (1947) 警察官職務執行法 (1948) 消防法 (1948) 水防法 (1949) 海上運送法 (1949) 電波法 (1950) 放送法 (1950) 土地収用法 (1951) 道路運送法 (1951) 気象業務法 (1952) 公衆電気通信法 (1953) 有線電気通信法 (1953) 警察法 (1954) 自衛隊法 (1954)	生活保護法 (1950) 農林水産施設災害復旧事業費国庫補助の暫定措置に関する法律 (1950) 地方交付税法 (1950) 昭和25年度における災害復旧事業国庫負担の特例に関する法律 (1950) 公共土木施設災害復旧事業費国庫負担法 (1951) 公営住宅法 (1951) 臨時石炭鉱害復旧法 (1952) 公立学校施設災害復旧事業費国庫負担法 (1953) 空港整備法 (1953) 地方鉄道軌道整備法 (1953)	災害被害者に対する租税の減免徴収猶予等に関する法律 (1947) 農業災害補償法 (1947) 所得税法 (1947) 国民金融公庫法 (1949) 住宅金融公庫法 (1950) 中小企業信用保険法 (1950) 漁船損害等補償法 (1952) 農業共済基金法 (1952) 農林漁業金融公庫法 (1952) 中小企業金融公庫法 (1953) 産業労働者住宅資金融通法 (1953)
昭和三十年代	積雪寒冷特別地域における道路交通の確保に関する特別措置法 (1956) 海岸法 (1956) 特定多目的ダム法 (1957) 地すべり等防止法 (1958) 台風常襲地帯における災害の防除に関する特別措置法 (1958) 治山治水緊急措置法 (1960) 港湾整備緊急措置法 (1961) 豪雪地帯対策特別措置法 (1962) 河川法改正 (1964)	核原料物質、核燃料物質及び原子炉の規制に関する法律 (1957) 放射性同位元素等による放射線障害の防止に関する法律 (1957) 宅地造成等規制法 (1961) 建築物用地下水の採取の規制に関する法律 (1962)	水道法 (1957) 下水道法 (1958) 道路交通法 (1960) 災害対策基本法 (1961) 母子及び寡婦福祉法 (1964)	激甚災害に対処するための特別の財政援助等に関する法律 (1962)	天災による被害農林漁業者等に対する資金の融通に関する暫定措置法 (1955) 自作農維持資金融通法 (1955) 医療金融公庫法 (1960) 漁業災害補償法 (1964)
昭和四十年代	山村振興法 (1965) 急傾斜地の崩壊による災害の防止に関する法律 (1969) 防災のための集団移転促進事業に係る国の財政上の特別措置等に関する法律 (1972) 活動火山対策特別措置法 (1973) 水源地域対策特別措置法 (1973)	液化石油ガスの保安の確保及び取引の適正化に関する法律 (1967) 海洋汚染及び海上災害の防止に関する法律 (1970)	廃棄物の処理及び清掃に関する法律 (1970)		地震保険に関する法律 (1966) 地震再保険特別会計法 (1966) 環境衛生金融公庫法 (1967) 漁船積荷保険臨時措置法 (1973) 災害弔慰金の支給等に関する法律 (1973)
昭和五・六十年代	大規模地震対策特別措置法 (1978) 地震防災対策強化地域における地震対策緊急整備事業に係る国の財政上の特別措置に関する法律 (1980)	石油コンビナート等災害防止法 (1975)			森林組合法 (1978)
平成十年まで	地震防災対策特別措置法 (19950616)	災害対策基本法改正 [災害時の緊急通行確保] (19950607) 建築物の耐震改修の促進に関する法律 (19951027) 災害対策基本法改正 [防災体制全般の見直し] (19951201) 密集市街地における防災街区の整備の促進に関する法律 (19970509)		被災市街地復興特別措置法 (19950226) 被災区分所有建物の再建等に関する特別措置法 (19950324) 特定非常災害の被害者の権利利益の保全等を図るための特別措置に関する法律 (19960614)	被災者生活再建支援法 (19980515)

東京を中心とした防火関連条例の変遷

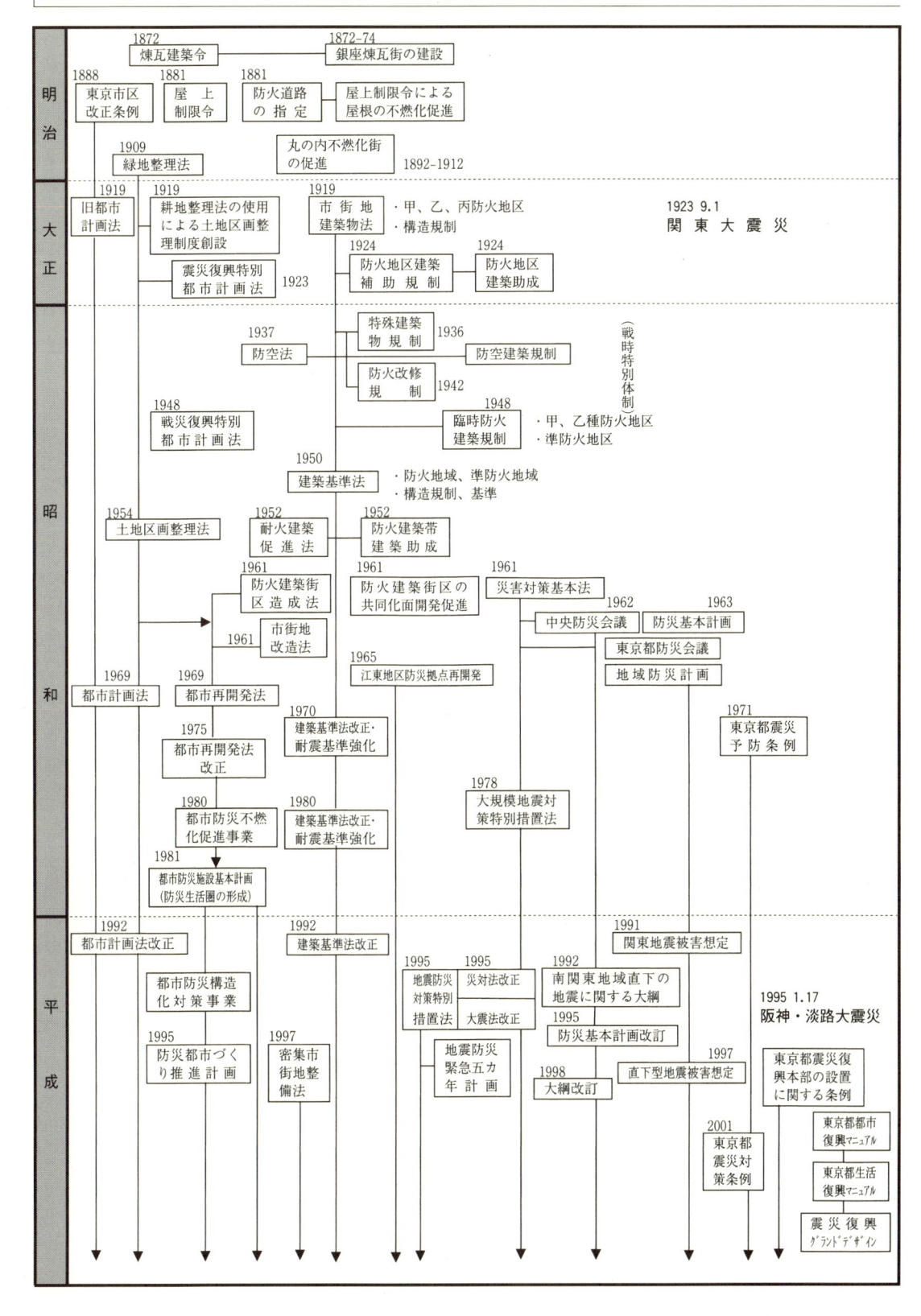

明治	1872	煉瓦建築令
	1872-74	銀座煉瓦街の建設
	1881	屋上制限令
	1881	防火道路の指定
		屋上制限令による屋根の不燃化促進
	1888	東京市区改正条例
	1909	緑地整理法
	1892-1912	丸の内不燃化街の促進
大正	1919	旧都市計画法
	1919	耕地整理法の使用による土地区画整理制度創設
	1919	市街地建築物法 ・甲、乙、丙防火地区 ・構造規制
	1923	震災復興特別都市計画法
	1923.9.1	関東大震災
	1924	防火地区建築補助規制
	1924	防火地区建築助成
昭和	1937	防空法
	1936	特殊建築物規制
	1936	防空建築規制
	1942	防火改修規制
		（戦時特別体制）
	1948	戦災復興特別都市計画法
	1948	臨時防火建築規制 ・甲、乙種防火地区 ・準防火地区
	1950	建築基準法 ・防火地域、準防火地域 ・構造規制、基準
	1954	土地区画整理法
	1952	耐火建築促進法
	1952	防火建築帯建築助成
	1961	防火建築街区造成法
	1961	防火建築街区の共同化面開発促進
	1961	災害対策基本法
	1961	中央防災会議
	1962	防災基本計画
	1963	東京都防災会議
		地域防災計画
	1961	市街地改造法
	1965	江東地区防災拠点再開発
	1969	都市計画法
	1969	都市再開発法
	1970	建築基準法改正・耐震基準強化
	1971	東京都震災予防条例
	1975	都市再開発法改正
	1978	大規模地震対策特別措置法
	1980	都市防災不燃化促進事業
	1980	建築基準法改正・耐震基準強化
	1981	都市防災施設基本計画（防災生活圏の形成）
平成	1992	都市計画法改正
	1992	建築基準法改正
	1991	関東地震被害想定
		都市防災構造化対策事業
	1995	地震防災対策特別措置法
	1995	災対法改正 大震法改正
	1992	南関東地直下の地震に関する大綱
	1995.1.17	阪神・淡路大震災
	1995	防災都市づくり推進計画
	1997	密集市街地整備法
		地震防災緊急五カ年計画
	1998	大綱改訂
	1995	防災基本計画改訂
	1997	直下型地震被害想定
		東京都震災復興本部の設置に関する条例
	2001	東京都震災対策条例
		東京都都市復興マニュアル
		東京都生活復興マニュアル
		震災復興グランドデザイン

巻末資料

災害対策関係法律の概要（2001年4月現在）

基本法関係

1. 災害対策基本法（内閣府，消防庁）
2. 大規模地震対策特別措置法（内閣府，消防庁）
3. 原子力災害対策特別措置法（文部科学省，経済産業省，国土交通省）
4. 石油コンビナート等災害防止法（消防庁，経済産業省）
5. 海洋汚染及び海上災害の防止に関する法律（海上保安庁，環境省）
6. 建築基準法（国土交通省）

災害予防関係

1. 河川法（国土交通省）
2. 海岸法（農林水産省，国土交通省）
3. 砂防法（国土交通省）
4. 地すべり等防止法（農林水産省，国土交通省）
5. 急傾斜地の崩壊による災害の防止に関する法律（国土交通省）
6. 森林法（農林水産省）
7. 特殊土じょう地帯災害防除及び振興臨時措置法（総務省，農林水産省，国土交通省）
8. 土砂災害警戒区域等における土砂災害防止対策の推進に関する法律（国土交通省）
9. 活動火山対策特別措置法（内閣府，農林水産省）
10. 豪雪地帯対策特別措置法（総務省，農林水産省，国土交通省）
11. 地震防災対策特別措置法（内閣府，文部科学省）
12. 台風常襲地帯における災害の防除に関する特別措置法（内閣府）
13. 建築物の耐震改修の促進に関する法律（国土交通省）
14. 密集市街地における防災街区の整備の促進に関する法律（国土交通省）　➡密集整備法
15. 気象業務法（気象庁）

災害応急対策関係

1. 消防法（消防庁）
2. 水防法（国土交通省）
3. 災害救助法（厚生労働省）

災害復旧・復興，財政金融措置関係

1. 激甚災害に対処するための特別の財政援助等に関する法律（内閣府）　➡激甚災害法
2. 防災のための集団移転促進事業に係る国の財政上の特別措置に関する法律（国土交通省）
3. 公共土木施設災害復旧事業費国庫負担法（農林水産省，国土交通省）
4. 農林水産業施設災害復旧事業費国庫補助の暫定措置に関する法律（農林水産省）
5. 公立学校施設災害復旧費国庫負担法（文部科学省）
6. 公営住宅法（国土交通省）
7. 天災による被害農林漁業者等に対する資金の融通に関する暫定措置法（農林水産省）
8. 地震防災対策強化地域における地震対策緊急整備事業に係る国の財政上の特別措置に関する法律（内閣府）　➡地震財特法

9. 鉄道軌道整備法（国土交通省）
10. 空港整備法（国土交通省）
11. **被災市街地復興特別措置法**（国土交通省）
12. 被災区分所有建物の再建等に関する特別措置法（法務省）
13. 特定非常災害の被害者の権利利益の保全等を図るための特別措置に関する法律（内閣府，総務省，法務省，国土交通省）▶特定非常災害被害者権利利益特別措置法
14. **被災者生活再建支援法**（内閣府）
15. 農林漁業金融公庫法（農林水産省）
16. 農業災害補償法（農林水産省）
17. 森林国営保険法（農林水産省）
18. 漁業災害補償法（農林水産省）
19. 漁船損害等補償法（農林水産省）
20. 中小企業信用保険法（中小企業庁）
21. 小規模企業者等設備資金助成法（中小企業庁）
22. 住宅金融公庫法（国土交通省）
23. 地震保険に関する法律（財務省）
24. 災害弔慰金の支給等に関する法律（厚生労働省）

組織関係

1. 消防組織法（消防庁）
2. 海上保安庁法（海上保安庁）
3. 自衛隊法（防衛庁）
4. 日本赤十字社法（厚生労働省）

太字のものは，事典内に項目があることを示す。

内閣府防災部門 HP より

災害対策基本法

（昭和三十六年十一月十五日法律第二百二十三号）
最終改正：平成一二年五月三一日法律第九九号

　　第一章　総則（第一条―第十条）
　　第二章　防災に関する組織
　　　　　　第一節　中央防災会議（第十一条―第十三条）
　　　　　　第二節　地方防災会議（第十四条―第二十三条）
　　　　　　第三節　非常災害対策本部及び緊急災害対策本部（第二十四条―第二十八条の六）
　　　　　　第四節　災害時における職員の派遣（第二十九条―第三十三条）
　　第三章　防災計画（第三十四条―第四十五条）
　　第四章　災害予防（第四十六条―第四十九条）
　　第五章　災害応急対策
　　　　　　第一節　通則（第五十条―第五十三条）
　　　　　　第二節　警報の伝達等（第五十四条―第五十七条）
　　　　　　第三節　事前措置及び避難（第五十八条―第六十一条）
　　　　　　第四節　応急措置（第六十二条―第八十六条）
　　第六章　災害復旧（第八十七条―第九十条）
　　第七章　財政金融措置（第九十一条―第百四条）
　　第八章　災害緊急事態（第百五条―第百九条の二）
　　第九章　雑則（第百十条―第百十二条）
　　第十章　罰則（第百十三条―第百十七条）
　　附則

第一章　総則

（目的）
第一条　この法律は，国土並びに国民の生命，身体及び財産を災害から保護するため，防災に関し，国，地方公共団体及びその他の公共機関を通じて必要な体制を確立し，責任の所在を明確にするとともに，防災計画の作成，災害予防，災害応急対策，災害復旧及び防災に関する財政金融措置その他必要な災害対策の基本を定めることにより，総合的かつ計画的な防災行政の整備及び推進を図り，もつて社会の秩序の維持と公共の福祉の確保に資することを目的とする。

（定義）
第二条　この法律において，次の各号に掲げる用語の意義は，それぞれ当該各号に定めるところによる。
　一　災害　暴風，豪雨，豪雪，洪水，高潮，地震，津波，噴火その他の異常な自然現象又は大規模な火事若しくは爆発その他その及ぼす被害の程度においてこれらに類する政令で定める原因により生ずる被害をいう。
　二　防災　災害を未然に防止し，災害が発生した場合における被害の拡大を防ぎ，及び災害の復旧を図ることをいう。
　三　指定行政機関　次に掲げる機関で内閣総理大臣が指定するものをいう。
　　　イ　内閣府，宮内庁並びに内閣府設置法（平成十一年法律第八十九号）第四十九条第一項及

び第二項に規定する機関並びに国家行政組織法（昭和二十三年法律第百二十号）第三条第二項に規定する機関
- ロ 内閣府設置法第三十七条及び第五十四条並びに宮内庁法（昭和二十二年法律第七十号）第十六条第一項並びに国家行政組織法第八条に規定する機関
- ハ 内閣府設置法第三十九条及び第五十五条並びに宮内庁法第十六条第二項並びに国家行政組織法第八条の二に規定する機関
- ニ 内閣府設置法第四十条及び第五十六条並びに国家行政組織法第八条の三に規定する機関

四　指定地方行政機関　指定行政機関の地方支分部局（内閣府設置法第四十三条及び第五十七条（宮内庁法第十八条第一項において準用する場合を含む。）並びに宮内庁法第十七条第一項並びに国家行政組織法第九条の地方支分部局をいう。）その他の国の地方行政機関で，内閣総理大臣が指定するものをいう。

五　指定公共機関　独立行政法人（独立行政法人通則法（平成十一年法律第百三号）第二条第一項に規定する独立行政法人をいう。），日本銀行，日本赤十字社，日本放送協会その他の公共的機関及び電気，ガス，輸送，通信その他の公益的事業を営む法人で，内閣総理大臣が指定するものをいう。

六　指定地方公共機関　港湾法（昭和二十五年法律第二百十八号）第四条第一項の港務局，土地改良法（昭和二十四年法律第百九十五号）第五条第一項の土地改良区その他の公共的施設の管理者及び都道府県の地域において電気，ガス，輸送，通信その他の公益的事業を営む法人で，当該都道府県の知事が指定するものをいう。

七　防災計画　防災基本計画及び防災業務計画並びに地域防災計画をいう。

八　防災基本計画　中央防災会議が作成する防災に関する基本的な計画をいう。

九　防災業務計画　指定行政機関の長（当該指定行政機関が内閣府設置法第四十九条第一項若しくは第二項若しくは国家行政組織法第三条第二項の委員会若しくは第三号ロに掲げる機関又は同号ニに掲げる機関のうち合議制のものである場合にあつては，当該指定行政機関。第十二条第八項，第二十八条の三第六項第三号及び第二十八条の六第二項を除き，以下同じ。）又は指定公共機関（指定行政機関の長又は指定公共機関から委任された事務又は業務については，当該委任を受けた指定地方行政機関の長又は指定地方公共機関）が防災基本計画に基づきその所掌事務又は業務について作成する防災に関する計画をいう。

十　地域防災計画　一定地域に係る防災に関する計画で，次に掲げるものをいう。
- イ 都道府県地域防災計画　都道府県の地域につき，当該都道府県の都道府県防災会議が作成するもの
- ロ 市町村地域防災計画　市町村の地域につき，当該市町村の市町村防災会議又は市町村長が作成するもの
- ハ 都道府県相互間地域防災計画　二以上の都道府県の区域の全部又は一部にわたる地域につき，都道府県防災会議の協議会が作成するもの
- ニ 市町村相互間地域防災計画　二以上の市町村の区域の全部又は一部にわたる地域につき，市町村防災会議の協議会が作成するもの

（国の責務）

第三条　国は，国土並びに国民の生命，身体及び財産を災害から保護する使命を有することにかんがみ，組織及び機能のすべてをあげて防災に関し万全の措置を講ずる責務を有する。

　2　国は，前項の責務を遂行するため，災害予防，災害応急対策及び災害復旧の基本となるべき計画を作成し，及び法令に基づきこれを実施するとともに，地方公共団体，指定公共機関，指定地方公共機関等が処理する防災に関する事務又は業務の実施の推進とその総合調整を行ない，及び災害に係る経費負担の適正化を図らなければならない。

3　指定行政機関及び指定地方行政機関は，その所掌事務を遂行するにあたつては，第一項に規定する国の責務が十分に果たされることとなるように，相互に協力しなければならない。
　　4　指定行政機関の長及び指定地方行政機関の長は，この法律の規定による都道府県及び市町村の地域防災計画の作成及び実施が円滑に行なわれるように，その所掌事務について，当該都道府県又は市町村に対し，勧告し，指導し，助言し，その他適切な措置をとらなければならない。

(都道府県の責務)
第四条　都道府県は，当該都道府県の地域並びに当該都道府県の住民の生命，身体及び財産を災害から保護するため，関係機関及び他の地方公共団体の協力を得て，当該都道府県の地域に係る防災に関する計画を作成し，及び法令に基づきこれを実施するとともに，その区域内の市町村及び指定地方公共機関が処理する防災に関する事務又は業務の実施を助け，かつ，その総合調整を行なう責務を有する。
　　2　都道府県の機関は，その所掌事務を遂行するにあたつては，前項に規定する都道府県の責務が十分に果たされることとなるように，相互に協力しなければならない。

(市町村の責務)
第五条　市町村は，基礎的な地方公共団体として，当該市町村の地域並びに当該市町村の住民の生命，身体及び財産を災害から保護するため，関係機関及び他の地方公共団体の協力を得て，当該市町村の地域に係る防災に関する計画を作成し，及び法令に基づきこれを実施する責務を有する。
　　2　市町村長は，前項の責務を遂行するため，消防機関，水防団等の組織の整備並びに当該市町村の区域内の公共的団体等の防災に関する組織及び住民の隣保協同の精神に基づく自発的な防災組織（第八条第二項において「自主防災組織」という。）の充実を図り，市町村の有するすべての機能を十分に発揮するように努めなければならない。
　　3　消防機関，水防団その他市町村の機関は，その所掌事務を遂行するにあたつては，第一項に規定する市町村の責務が十分に果たされることとなるように，相互に協力しなければならない。

(地方公共団体相互の協力)
第五条の二　地方公共団体は，第四条第一項及び前条第一項に規定する責務を十分に果たすため必要があるときは，相互に協力するように努めなければならない。

(指定公共機関及び指定地方公共機関の責務)
第六条　指定公共機関及び指定地方公共機関は，その業務に係る防災に関する計画を作成し，及び法令に基づきこれを実施するとともに，この法律の規定による国，都道府県及び市町村の防災計画の作成及び実施が円滑に行なわれるように，その業務について，当該都道府県又は市町村に対し，協力する責務を有する。
　　2　指定公共機関及び指定地方公共機関は，その業務の公共性又は公益性にかんがみ，それぞれその業務を通じて防災に寄与しなければならない。

(住民等の責務)
第七条　地方公共団体の区域内の公共的団体，防災上重要な施設の管理者その他法令の規定による防災に関する責務を有する者は，法令又は地域防災計画の定めるところにより，誠実にその責務を果たさなければならない。
　　2　前項に規定するもののほか，地方公共団体の住民は，自ら災害に備えるための手段を講ずるとともに，自発的な防災活動に参加する等防災に寄与するように努めなければならない。

（施策における防災上の配慮等）
第八条　国及び地方公共団体は，その施策が，直接的なものであると間接的なものであるとを問わず，一体として国土並びに国民の生命，身体及び財産の災害をなくすることに寄与することとなるように意を用いなければならない。
　2　国及び地方公共団体は，災害の発生を予防し，又は災害の拡大を防止するため，特に次に掲げる事項の実施に努めなければならない。
　　一　災害及び災害の防止に関する科学的研究とその成果の実現に関する事項
　　二　治山，治水その他の国土の保全に関する事項
　　三　建物の不燃堅牢化その他都市の防災構造の改善に関する事項
　　四　交通，情報通信等の都市機能の集積に対する防災対策に関する事項
　　五　防災上必要な気象，地象及び水象の観測，予報，情報その他の業務に関する施設及び組織並びに防災上必要な通信に関する施設及び組織の整備に関する事項
　　六　災害の予報及び警報の改善に関する事項
　　七　地震予知情報（大規模地震対策特別措置法（昭和五十三年法律第七十三号）第二条第三号の地震予知情報をいう。）を周知させるための方法の改善に関する事項
　　八　気象観測網の充実についての国際的協力に関する事項
　　九　台風に対する人為的調節その他防災上必要な研究，観測及び情報交換についての国際的協力に関する事項
　　十　火山現象等による長期的災害に対する対策に関する事項
　　十一　水防，消防，救助その他災害応急措置に関する施設及び組織の整備に関する事項
　　十二　地方公共団体の相互応援に関する協定の締結に関する事項
　　十三　自主防災組織の育成，ボランティアによる防災活動の環境の整備その他国民の自発的な防災活動の促進に関する事項
　　十四　高齢者，障害者，乳幼児等特に配慮を要する者に対する防災上必要な措置に関する事項
　　十五　海外からの防災に関する支援の受入れに関する事項
　　十六　被災者に対する的確な情報提供に関する事項
　　十七　防災上必要な教育及び訓練に関する事項
　　十八　防災思想の普及に関する事項
　3　国及び地方公共団体は，災害が発生したときは，すみやかに，施設の復旧と被災者の援護を図り，災害からの復興に努めなければならない。

（政府の措置及び国会に対する報告）
第九条　政府は，この法律の目的を達成するため必要な法制上，財政上及び金融上の措置を講じなければならない。
　2　政府は，毎年，政令で定めるところにより，防災に関する計画及び防災に関してとつた措置の概況を国会に報告しなければならない。

（他の法律との関係）
第十条　防災に関する事務の処理については，他の法律に特別の定めがある場合を除くほか，この法律の定めるところによる。

第二章　防災に関する組織

第一節　中央防災会議

（中央防災会議の設置及び所掌事務）
第十一条　内閣府に，中央防災会議を置く。
　　2　中央防災会議は，次に掲げる事務をつかさどる。
　　　一　防災基本計画を作成し，及びその実施を推進すること。
　　　二　非常災害に際し，緊急措置に関する計画を作成し，及びその実施を推進すること。
　　　三　内閣総理大臣の諮問に応じて防災に関する重要事項を審議すること。
　　　四　前号に規定する重要事項に関し，内閣総理大臣に意見を述べること。
　　　五　内閣府設置法第九条第一項に規定する特命担当大臣（同項の規定により命を受けて同法第四条第一項第七号又は第八号に掲げる事項に関する事務及びこれに関連する同条第三項に規定する事務を掌理するものに限る。以下「防災担当大臣」という。）がその掌理する事務について行う諮問に応じて防災に関する重要事項を審議すること。
　　　六　防災担当大臣が命を受けて掌理する事務に係る前号の重要事項に関し，当該防災担当大臣に意見を述べること。
　　　七　前各号に掲げるもののほか，法令の規定によりその権限に属する事務
　　3　前項第五号の防災担当大臣の諮問に応じて中央防災会議が行う答申は，当該諮問事項に係る事務を掌理する防災担当大臣に対し行うものとし，当該防災担当大臣が置かれていないときは，内閣総理大臣に対し行うものとする。
　　4　内閣総理大臣は，次に掲げる事項については，中央防災会議に諮問しなければならない。
　　　一　防災の基本方針
　　　二　防災に関する施策の総合調整で重要なもの
　　　三　非常災害に際し一時的に必要とする緊急措置の大綱
　　　四　災害緊急事態の布告
　　　五　その他内閣総理大臣が必要と認める防災に関する重要事項

（中央防災会議の組織）
第十二条　中央防災会議は，会長及び委員をもつて組織する。
　　2　会長は，内閣総理大臣をもつて充てる。
　　3　会長は，会務を総理する。
　　4　会長に事故があるときは，あらかじめその指名する委員がその職務を代理する。
　　5　委員は，次に掲げる者をもつて充てる。
　　　一　防災担当大臣
　　　二　防災担当大臣以外の国務大臣，指定公共機関の代表者及び学識経験のある者のうちから，内閣総理大臣が任命する者
　　6　中央防災会議に，専門の事項を調査させるため，専門委員を置くことができる。
　　7　専門委員は，関係行政機関及び指定公共機関の職員並びに学識経験のある者のうちから，内閣総理大臣が任命する。
　　8　中央防災会議に，幹事を置き，内閣官房の職員又は指定行政機関の長（国務大臣を除く。）若しくはその職員のうちから，内閣総理大臣が任命する。
　　9　幹事は，中央防災会議の所掌事務について，会長及び委員を助ける。
　　10　前各項に定めるもののほか，中央防災会議の組織及び運営に関し必要な事項は，政令で定める。

(関係行政機関等に対する協力要求等)
第十三条　中央防災会議は，その所掌事務に関し，関係行政機関の長及び関係地方行政機関の長，地方公共団体の長その他の執行機関，指定公共機関及び指定地方公共機関並びにその他の関係者に対し，資料の提出，意見の開陳その他必要な協力を求めることができる。
　　2　中央防災会議は，その所掌事務の遂行について，地方防災会議（都道府県防災会議又は市町村防災会議をいう。以下同じ。）又は地方防災会議の協議会（都道府県防災会議の協議会又は市町村防災会議の協議会をいう。以下同じ。）に対し，必要な勧告をすることができる。

第二節　地方防災会議

(都道府県防災会議の設置及び所掌事務)
第十四条　都道府県に，都道府県防災会議を置く。
　　2　都道府県防災会議は，次の各号に掲げる事務をつかさどる。
　　　一　都道府県地域防災計画を作成し，及びその実施を推進すること。
　　　二　当該都道府県の地域に係る災害が発生した場合において，当該災害に関する情報を収集すること。
　　　三　当該都道府県の地域に係る災害が発生した場合において，当該災害に係る災害応急対策及び災害復旧に関し，当該都道府県並びに関係指定地方行政機関，関係市町村，関係指定公共機関及び関係指定地方公共機関相互間の連絡調整を図ること。
　　　四　非常災害に際し，緊急措置に関する計画を作成し，かつ，その実施を推進すること。
　　　五　前各号に掲げるもののほか，法律又はこれに基づく政令によりその権限に属する事務

(都道府県防災会議の組織)
第十五条　都道府県防災会議は，会長及び委員をもって組織する。
　　2　会長は，当該都道府県の知事をもって充てる。
　　3　会長は，会務を総理する。
　　4　会長に事故があるときは，あらかじめその指名する委員がその職務を代理する。
　　5　委員は，次の各号に掲げる者をもって充てる。
　　　一　当該都道府県の区域の全部又は一部を管轄する指定地方行政機関の長又はその指名する職員
　　　二　当該都道府県を警備区域とする陸上自衛隊の方面総監又はその指名する部隊若しくは機関の長
　　　三　当該都道府県の教育委員会の教育長
　　　四　警視総監又は当該道府県の道府県警察本部長
　　　五　当該都道府県の知事がその部内の職員のうちから指名する者
　　　六　当該都道府県の区域内の市町村の市町村長及び消防機関の長のうちから当該都道府県の知事が任命する者
　　　七　当該都道府県の地域において業務を行なう指定公共機関又は指定地方公共機関の役員又は職員のうちから当該都道府県の知事が任命する者
　　6　都道府県防災会議に，専門の事項を調査させるため，専門委員を置くことができる。
　　7　専門委員は，関係地方行政機関の職員，当該都道府県の職員，当該都道府県の区域内の市町村の職員，関係指定公共機関の職員，関係指定地方公共機関の職員及び学識経験のある者のうちから，当該都道府県の知事が任命する。
　　8　前各項に定めるもののほか，都道府県防災会議の組織及び運営に関し必要な事項は，政令で定める基準に従い，当該都道府県の条例で定める。

（市町村防災会議）
第十六条　市町村に，当該市町村の地域に係る地域防災計画の作成及びその実施の推進のため，市町村防災会議を置く。
　　2　前項に規定するもののほか，市町村は，協議により規約を定め，共同して市町村防災会議を設置することができる。
　　3　市町村は，前項の規定により市町村防災会議を共同して設置したときその他市町村防災会議を設置することが不適当又は困難であるときは，第一項の規定にかかわらず，市町村防災会議を設置しないことができる。
　　4　市町村は，前項の規定により市町村防災会議を設置しないこととするとき（第二項の規定により市町村防災会議を共同して設置したときを除く。）は，都道府県知事に協議しなければならない。
　　5　都道府県知事は，前項の規定による協議に際しては，当該都道府県防災会議の意見を聴かなければならない。
　　6　市町村防災会議の組織及び所掌事務は，都道府県防災会議の組織及び所掌事務の例に準じて，当該市町村の条例（第二項の規定により設置された市町村防災会議にあつては，規約）で定める。

（地方防災会議の協議会）
第十七条　都道府県相互の間又は市町村相互の間において，当該都道府県又は市町村の区域の全部又は一部にわたり都道府県相互間地域防災計画又は市町村相互間地域防災計画を作成することが必要かつ効果的であると認めるときは，当該都道府県又は市町村は，協議により規約を定め，都道府県防災会議の協議会又は市町村防災会議の協議会を設置することができる。
　　2　前項の規定により協議会を設置したときは，都道府県防災会議の協議会にあつては内閣総理大臣に，市町村防災会議の協議会にあつては都道府県知事にそれぞれ届け出なければならない。

（削除）
第十八条　削除

（削除）
第十九条　削除

（政令への委任）
第二十条　第十七条に規定するもののほか，地方防災会議の協議会に関し必要な事項は，政令で定める。

（関係行政機関等に対する協力要求）
第二十一条　都道府県防災会議及び市町村防災会議（地方防災会議の協議会を含む。以下次条において「地方防災会議等」という。）は，その所掌事務を遂行するため必要があると認めるときは，関係行政機関の長及び関係地方行政機関の長，地方公共団体の長その他の執行機関，指定公共機関及び指定地方公共機関並びにその他の関係者に対し，資料又は情報の提供，意見の開陳その他必要な協力を求めることができる。

（地方防災会議等相互の関係）
第二十二条　地方防災会議等は，それぞれその所掌事務の遂行について相互に協力しなければならな

い。
　2　都道府県防災会議は，その所掌事務の遂行について，市町村防災会議に対し，必要な勧告をすることができる。

（災害対策本部）
第二十三条　都道府県又は市町村の地域について災害が発生し，又は災害が発生するおそれがある場合において，防災の推進を図るため必要があると認めるときは，都道府県知事又は市町村長は，都道府県地域防災計画又は市町村地域防災計画の定めるところにより，災害対策本部を設置することができる。
　2　災害対策本部の長は，災害対策本部長とし，都道府県知事又は市町村長をもつて充てる。
　3　災害対策本部に，災害対策副本部長，災害対策本部員その他の職員を置き，当該都道府県又は市町村の職員のうちから，当該都道府県の知事又は当該市町村の市町村長が任命する。
　4　災害対策本部は，地方防災会議と緊密な連絡のもとに，当該都道府県地域防災計画又は市町村地域防災計画の定めるところにより，当該都道府県又は市町村の地域に係る災害予防及び災害応急対策を実施するものとする。
　5　都道府県知事又は市町村長は，都道府県地域防災計画又は市町村地域防災計画の定めるところにより，災害対策本部に，災害地にあつて当該災害対策本部の事務の一部を行う組織として，現地災害対策本部を置くことができる。
　6　都道府県の災害対策本部長は当該都道府県警察又は当該都道府県の教育委員会に対し，市町村の災害対策本部長は当該市町村の教育委員会に対し，それぞれ当該都道府県又は市町村の地域に係る災害予防又は災害応急対策を実施するため必要な限度において，必要な指示をすることができる。
　7　前各項に規定するもののほか，災害対策本部に関し必要な事項は，都道府県又は市町村の条例で定める。

第三節　非常災害対策本部及び緊急災害対策本部

（非常災害対策本部の設置）
第二十四条　非常災害が発生した場合において，当該災害の規模その他の状況により当該災害に係る災害応急対策を推進するため特別の必要があると認めるときは，内閣総理大臣は，内閣府設置法第四十条第二項の規定にかかわらず，臨時に内閣府に非常災害対策本部を設置することができる。
　2　内閣総理大臣は，非常災害対策本部を置いたときは当該本部の名称，所管区域並びに設置の場所及び期間を，当該本部を廃止したときはその旨を，直ちに，告示しなければならない。

（非常災害対策本部の組織）
第二十五条　非常災害対策本部の長は，非常災害対策本部長とし，国務大臣をもつて充てる。
　2　非常災害対策本部長は，非常災害対策本部の事務を総括し，所部の職員を指揮監督する。
　3　非常災害対策本部に，非常災害対策副本部長，非常災害対策本部員その他の職員を置く。
　4　非常災害対策副本部長は，非常災害対策本部長を助け，非常災害対策本部長に事故があるときは，その職務を代理する。非常災害対策副本部長が二人以上置かれている場合にあつては，あらかじめ非常災害対策本部長が定めた順序で，その職務を代理する。
　5　非常災害対策副本部長，非常災害対策本部員その他の職員は，内閣官房若しくは指定行政機関の職員又は指定地方行政機関の長若しくはその職員のうちから，内閣総理大臣が任

　　　　　命する。
　　　6　非常災害対策本部に，当該非常災害対策本部の所管区域にあつて当該非常災害対策本部長の定めるところにより当該非常災害対策本部の事務の一部を行う組織として，非常災害現地対策本部を置くことができる。この場合においては，地方自治法（昭和二十二年法律第六十七号）第百五十六条第四項の規定は，適用しない。
　　　7　内閣総理大臣は，前項の規定により非常災害現地対策本部を置いたときは，これを国会に報告しなければならない。
　　　8　前条第二項の規定は，非常災害現地対策本部について準用する。
　　　9　非常災害現地対策本部に，非常災害現地対策本部長及び非常災害現地対策本部員その他の職員を置く。
　　10　非常災害現地対策本部長は，非常災害対策本部長の命を受け，非常災害現地対策本部の事務を掌理する。
　　11　非常災害現地対策本部長及び非常災害現地対策本部員その他の職員は，非常災害対策本副本部長，非常災害対策本部員その他の職員のうちから，非常災害対策本部長が指名する者をもつて充てる。

（非常災害対策本部の所掌事務）
第二十六条　非常災害対策本部は，次の各号に掲げる事務をつかさどる。
　　　一　所管区域において指定行政機関の長，指定地方行政機関の長，地方公共団体の長その他の執行機関，指定公共機関及び指定地方公共機関が防災計画に基づいて実施する災害応急対策の総合調整に関すること。
　　　二　非常災害に際し作成される緊急措置に関する計画の実施に関すること。
　　　三　第二十八条の規定により非常災害対策本部長の権限に属する事務
　　　四　前各号に掲げるもののほか，法令の規定によりその権限に属する事務

（指定行政機関の長の権限の委任）
第二十七条　指定行政機関の長は，非常災害対策本部が設置されたときは，災害応急対策に必要な権限の全部又は一部を当該非常災害対策本部員である当該指定行政機関の職員又は当該指定地方行政機関の長若しくはその職員に委任することができる。
　　　2　指定行政機関の長は，前項の規定による委任をしたときは，直ちに，その旨を告示しなければならない。

（非常災害対策本部長の権限）
第二十八条　非常災害対策本部長は，前条の規定により権限を委任された職員の当該非常災害対策本部の所管区域における権限の行使について調整をすることができる。
　　　2　非常災害対策本部長は，当該非常災害対策本部の所管区域における災害応急対策を的確かつ迅速に実施するため特に必要があると認めるときは，その必要な限度において，関係指定地方行政機関の長，地方公共団体の長その他の執行機関並びに指定公共機関及び指定地方公共機関に対し，必要な指示をすることができる。
　　　3　非常災害対策本部長は，非常災害現地対策本部が置かれたときは，前二項の規定による権限の一部を非常災害現地対策本部長に委任することができる。
　　　4　非常災害対策本部長は，前項の規定による委任をしたときは，直ちに，その旨を告示しなければならない。

（緊急災害対策本部の設置）

第二十八条の二　著しく異常かつ激甚な非常災害が発生した場合において，当該災害に係る災害応急対策を推進するため特別の必要があると認めるときは，内閣総理大臣は，内閣府設置法第四十条第二項の規定にかかわらず，閣議にかけて，臨時に内閣府に緊急災害対策本部を設置することができる。
　　2　第二十四条第二項の規定は，緊急災害対策本部について準用する。
　　3　第一項の規定により緊急災害対策本部が設置された場合において，当該災害に係る非常災害対策本部が既に設置されているときは，当該非常災害対策本部は廃止されるものとし，緊急災害対策本部が当該非常災害対策本部の所掌事務を承継するものとする。

（緊急災害対策本部の組織）
第二十八条の三　緊急災害対策本部の長は，緊急災害対策本部長とし，内閣総理大臣（内閣総理大臣に事故があるときは，そのあらかじめ指名する国務大臣）をもって充てる。
　　2　緊急災害対策本部長は，緊急災害対策本部の事務を総括し，所部の職員を指揮監督する。
　　3　緊急災害対策本部に，緊急災害対策副本部長，緊急災害対策本部員その他の職員を置く。
　　4　緊急災害対策副本部長は，国務大臣をもって充てる。
　　5　緊急災害対策副本部長は，緊急災害対策本部長を助け，緊急災害対策本部長に事故があるときは，その職務を代理する。緊急災害対策副本部長が二人以上置かれている場合にあつては，あらかじめ緊急災害対策本部長が定めた順序で，その職務を代理する。
　　6　緊急災害対策本部員は，次に掲げる者をもって充てる。
　　　一　緊急災害対策本部長及び緊急災害対策副本部長以外のすべての国務大臣
　　　二　内閣危機管理監
　　　三　副大臣又は国務大臣以外の指定行政機関の長のうちから，内閣総理大臣が任命する者
　　7　緊急災害対策副本部長及び緊急災害対策本部員以外の緊急災害対策本部の職員は，内閣官房若しくは指定行政機関の職員又は指定地方行政機関の長若しくはその職員のうちから，内閣総理大臣が任命する。
　　8　緊急災害対策本部に，当該緊急災害対策本部の所管区域にあつて当該緊急災害対策本部長の定めるところにより当該緊急災害対策本部の事務の一部を行う組織として，閣議にかけて，緊急災害現地対策本部を置くことができる。
　　9　第二十五条第六項後段，第七項及び第八項の規定は，緊急災害現地対策本部について準用する。
　　10　緊急災害現地対策本部に，緊急災害現地対策本部長及び緊急災害現地対策本部員その他の職員を置く。
　　11　緊急災害現地対策本部長は，緊急災害対策本部長の命を受け，緊急災害現地対策本部の事務を掌理する。
　　12　緊急災害現地対策本部長及び緊急災害現地対策本部員その他の職員は，緊急災害対策副本部長，緊急災害対策本部員その他の職員のうちから，緊急災害対策本部長が指名する者をもって充てる。

（緊急災害対策本部の所掌事務）
第二十八条の四　緊急災害対策本部は，次に掲げる事務をつかさどる。

　　　　一　所管区域において指定行政機関の長，指定地方行政機関の長，地方公共団体の長その他の執行機関，指定公共機関及び指定地方公共機関が防災計画に基づいて実施する災害応急対策の総合調整に関すること。
　　　　二　非常災害に際し作成される緊急措置に関する計画の実施に関すること。
　　　　三　第二十八条の六の規定により緊急災害対策本部長の権限に属する事務
　　　　四　前三号に掲げるもののほか，法令の規定によりその権限に属する事務

（指定行政機関の長の権限の委任）
第二十八条の五　指定行政機関の長は，緊急災害対策本部が設置されたときは，災害応急対策に必要な権限の全部又は一部を当該緊急災害対策本部の職員である当該指定行政機関の職員又は当該指定地方行政機関の長若しくはその職員に委任することができる。
　　２　指定行政機関の長は，前項の規定による委任をしたときは，直ちに，その旨を告示しなければならない。

（緊急災害対策本部長の権限）
第二十八条の六　緊急災害対策本部長は，前条の規定により権限を委任された職員の当該緊急災害対策本部の所管区域における権限の行使について調整をすることができる。
　　２　緊急災害対策本部長は，当該緊急災害対策本部の所管区域における災害応急対策を的確かつ迅速に実施するため特に必要があると認めるときは，その必要な限度において，関係指定行政機関の長及び関係指定地方行政機関の長並びに前条の規定により権限を委任された当該指定行政機関の職員及び当該指定地方行政機関の職員，地方公共団体の長その他の執行機関並びに指定公共機関及び指定地方公共機関に対し，必要な指示をすることができる。
　　３　緊急災害対策本部長は，前二項の規定による権限の全部又は一部を緊急災害対策副本部長に委任することができる。
　　４　緊急災害対策本部長は，緊急災害現地対策本部が置かれたときは，第一項又は第二項の規定による権限（同項の規定による関係指定行政機関の長に対する指示を除く。）の一部を緊急災害現地対策本部長に委任することができる。
　　５　緊急災害対策本部長は，前二項の規定による委任をしたときは，直ちに，その旨を告示しなければならない。

第四節　災害時における職員の派遣

（職員の派遣の要請）
第二十九条　都道府県知事又は都道府県の委員会若しくは委員（以下「都道府県知事等」という。）は，災害応急対策又は災害復旧のため必要があるときは，政令で定めるところにより，指定行政機関の長，指定地方行政機関の長又は指定公共機関（独立行政法人通則法第二条第二項に規定する特定独立行政法人に限る。以下この節において同じ。）に対し，当該指定行政機関，指定地方行政機関又は指定公共機関の職員の派遣を要請することができる。
　　２　市町村長又は市町村の委員会若しくは委員（以下「市町村長等」という。）は，災害応急対策又は災害復旧のため必要があるときは，政令で定めるところにより，指定地方行政機関の長又は指定公共機関（その業務の内容その他の事情を勘案して市町村の地域に係る災害応急対策又は災害復旧に特に寄与するものとしてそれぞれ地域を限つて内閣総理大臣が指定するものに限る。次条において「特定公共機関」という。）に対し，当該指定地方行政機関又は指定公共機関の職員の派遣を要請することができる。
　　３　都道府県又は市町村の委員会又は委員は，前二項の規定により職員の派遣を要請しよう

とするときは，あらかじめ，当該都道府県の知事又は当該市町村の市町村長に協議しなければならない。

(職員の派遣のあつせん)
第三十条　都道府県知事等又は市町村長等は，災害応急対策又は災害復旧のため必要があるときは，政令で定めるところにより，内閣総理大臣又は都道府県知事に対し，それぞれ，指定行政機関，指定地方行政機関若しくは指定公共機関又は指定地方行政機関若しくは特定公共機関の職員の派遣についてあつせんを求めることができる。
　　2　都道府県知事等又は市町村長等は，災害応急対策又は災害復旧のため必要があるときは，政令で定めるところにより，内閣総理大臣又は都道府県知事に対し，地方自治法第二百五十二条の十七の規定による職員の派遣についてあつせんを求めることができる。
　　3　前条第三項の規定は，前二項の規定によりあつせんを求めようとする場合について準用する。

(職員の派遣義務)
第三十一条　指定行政機関の長及び指定地方行政機関の長，都道府県知事等及び市町村長等並びに指定公共機関は，前二条の規定による要請又はあつせんがあつたときは，その所掌事務又は業務の遂行に著しい支障のない限り，適任と認める職員を派遣をしなければならない。

(派遣職員の身分取扱い)
第三十二条　都道府県又は市町村は，前条又は他の法律の規定により災害応急対策又は災害復旧のため派遣された職員に対し，政令で定めるところにより，災害派遣手当を支給することができる。
　　2　前項に規定するもののほか，前条の規定により指定行政機関，指定地方行政機関又は指定公共機関から派遣された職員の身分取扱いに関し必要な事項は，政令で定める。

(派遣職員に関する資料の提出等)
第三十三条　指定行政機関の長若しくは指定地方行政機関の長，都道府県知事又は指定公共機関は，内閣総理大臣に対し，第三十一条の規定による職員の派遣が円滑に行われるよう，定期的に，災害応急対策又は災害復旧に必要な技術，知識又は経験を有する職員の職種別現員数及びこれらの者の技術，知識又は経験の程度を記載した資料を提出するとともに，当該資料を相互に交換しなければならない。

第三章　防災計画

(防災基本計画の作成及び公表等)
第三十四条　中央防災会議は，防災基本計画を作成するとともに，災害及び災害の防止に関する科学的研究の成果並びに発生した災害の状況及びこれに対して行なわれた災害応急対策の効果を勘案して毎年防災基本計画に検討を加え，必要があると認めるときは，これを修正しなければならない。
　　2　中央防災会議は，前項の規定により防災基本計画を作成し，又は修正したときは，すみやかにこれを内閣総理大臣に報告し，並びに指定行政機関の長，都道府県知事及び指定公共機関に通知するとともに，その要旨を公表しなければならない。

第三十五条　防災基本計画は，次の各号に掲げる事項について定めるものとする。
　　一　防災に関する総合的かつ長期的な計画

　　　　二　防災業務計画及び地域防災計画において重点をおくべき事項
　　　　三　前各号に掲げるもののほか，防災業務計画及び地域防災計画の作成の基準となるべき事項で，中央防災会議が必要と認めるもの
　　2　防災基本計画には，次に掲げる事項に関する資料を添付しなければならない。
　　　　一　国土の現況及び気象の概況
　　　　二　防災上必要な施設及び設備の整備の概況
　　　　三　防災業務に従事する人員の状況
　　　　四　防災上必要な物資の需給の状況
　　　　五　防災上必要な運輸又は通信の状況
　　　　六　前各号に掲げるもののほか，防災に関し中央防災会議が必要と認める事項

(指定行政機関の防災業務計画)
第三十六条　指定行政機関の長は，防災基本計画に基づき，その所掌事務に関し，防災業務計画を作成し，及び毎年防災業務計画に検討を加え，必要があると認めるときは，これを修正しなければならない。
　　2　指定行政機関の長は，前項の規定により防災業務計画を作成し，又は修正したときは，すみやかにこれを内閣総理大臣に報告し，並びに都道府県知事及び関係指定公共機関に通知するとともに，その要旨を公表しなければならない。
　　3　第二十一条の規定は，指定行政機関の長が第一項の規定により防災業務計画を作成し，又は修正する場合について準用する。

第三十七条　防災業務計画は，次に掲げる事項について定めるものとする。
　　　　一　所掌事務について，防災に関しとるべき措置
　　　　二　前号に掲げるもののほか，所掌事務に関し地域防災計画の作成の基準となるべき事項
　　2　指定行政機関の長は，防災業務計画の作成及び実施にあたつては，他の指定行政機関の長が作成する防災業務計画との間に調整を図り，防災業務計画が一体的かつ有機的に作成され，及び実施されるように努めなければならない。

(他の法令に基づく計画との関係)
第三十八条　指定行政機関の長が他の法令の規定に基づいて作成する次の各号に掲げる防災に関連する計画の防災に関する部分は，防災基本計画及び防災業務計画と矛盾し，又は抵触するものであつてはならない。
　　　　一　国土総合開発法(昭和二十五年法律第二百五号)第二条第三項に規定する全国総合開発計画
　　　　二　森林法(昭和二十六年法律第二百四十九号)第四条第一項に規定する全国森林計画
　　　　三　特殊土じよう地帯災害防除及び振興臨時措置法(昭和二十七年法律第九十六号)第三条第一項に規定する災害防除に関する事業計画
　　　　四　電源開発促進法(昭和二十七年法律第二百八十三号)第三条第一項に規定する電源開発基本計画
　　　　五　保安林整備臨時措置法(昭和二十九年法律第八十四号)第二条第一項に規定する保安林整備計画
　　　　六　首都圏整備法(昭和三十一年法律第八十三号)第二条第二項に規定する首都圏整備計画
　　　　七　特定多目的ダム法(昭和三十二年法律第三十五号)第四条第一項に規定する多目的

　　　　　ダムの建設に関する基本計画
　　　八　台風常襲地帯における災害の防除に関する特別措置法（昭和三十三年法律第七十二号）第二条第二項に規定する災害防除事業五箇年計画
　　　九　治山治水緊急措置法（昭和三十五年法律第二十一号）第三条第一項に規定する治山事業に関する計画及び治水事業に関する計画
　　　十　豪雪地帯対策特別措置法（昭和三十七年法律第七十三号）第三条第一項に規定する豪雪地帯対策基本計画
　　　十一　近畿圏整備法（昭和三十八年法律第百二十九号）第二条第二項に規定する近畿圏整備計画
　　　十二　中部圏開発整備法（昭和四十一年法律第百二号）第二条第二項に規定する中部圏開発整備計画
　　　十三　海洋汚染及び海上災害の防止に関する法律（昭和四十五年法律第百三十六号）第四十三条の二第一項に規定する排出油の防除に関する計画
　　　十四　前各号に掲げるもののほか，政令で定める計画

（指定公共機関の防災業務計画）
第三十九条　指定公共機関は，防災基本計画に基づき，その業務に関し，防災業務計画を作成し，及び毎年防災業務計画に検討を加え，必要があると認めるときは，これを修正しなければならない。
　　２　指定公共機関は，前項の規定により防災業務計画を作成し，又は修正したときは，速やかに当該指定公共機関を所管する大臣を経由して内閣総理大臣に報告し，及び関係都道府県知事に通知するとともに，その要旨を公表しなければならない。
　　３　第二十一条の規定は，指定公共機関が第一項の規定により防災業務計画を作成し，又は修正する場合について準用する。

（都道府県地域防災計画）
第四十条　都道府県防災会議は，防災基本計画に基づき，当該都道府県の地域に係る都道府県地域防災計画を作成し，及び毎年都道府県地域防災計画に検討を加え，必要があると認めるときは，これを修正しなければならない。この場合において，当該都道府県地域防災計画は，防災業務計画に抵触するものであつてはならない。
　　２　都道府県地域防災計画は，次の各号に掲げる事項について定めるものとする。
　　　一　当該都道府県の地域に係る防災に関し，当該都道府県の区域の全部又は一部を管轄する指定地方行政機関，当該都道府県，当該都道府県の区域内の市町村，指定公共機関，指定地方公共機関及び当該都道府県の区域内の公共的団体その他防災上重要な施設の管理者の処理すべき事務又は業務の大綱
　　　二　当該都道府県の地域に係る防災施設の新設又は改良，防災のための調査研究，教育及び訓練その他の災害予防，情報の収集及び伝達，災害に関する予報又は警報の発令及び伝達，避難，消火，水防，救難，救助，衛生その他の災害応急対策並びに災害復旧に関する事項別の計画
　　　三　当該都道府県の地域に係る災害に関する前号に掲げる措置に要する労務，施設，設備，物資，資金等の整備，備蓄，調達，配分，輸送，通信等に関する計画
　　　四　前各号に掲げるもののほか，当該都道府県の地域に係る防災に関し都道府県防災会議が必要と認める事項
　　３　都道府県防災会議は，第一項の規定により都道府県地域防災計画を作成し，又は修正しようとするときは，あらかじめ，内閣総理大臣に協議しなければならない。この場合において，

内閣総理大臣は，中央防災会議の意見をきかなければならない。
4　都道府県防災会議は，第一項の規定により都道府県地域防災計画を作成し，又は修正したときは，その要旨を公表しなければならない。

第四十一条　都道府県が他の法令の規定に基づいて作成し，又は協議する次の各号に掲げる防災に関する計画の防災に関する部分は，防災基本計画，防災業務計画又は都道府県地域防災計画と矛盾し，又は抵触するものであつてはならない。
　　一　水防法（昭和二十四年法律第百九十三号）第七条第一項及び第二項に規定する都道府県の水防計画並びに同法第二十五条に規定する指定管理団体の水防計画
　　二　国土総合開発法第二条第四項に規定する都府県総合開発計画，同条第五項に規定する地方総合開発計画及び同条第六項に規定する特定地域総合開発計画
　　三　離島振興法（昭和二十八年法律第七十二号）第三条第一項に規定する離島振興計画
　　四　海岸法（昭和三十一年法律第百一号）第二条の三第一項の海岸保全基本計画
　　五　地すべり等防止法（昭和三十三年法律第三十号）第九条に規定する地すべり防止工事に関する基本計画
　　六　活動火山対策特別措置法（昭和四十八年法律第六十一号）第三条第一項に規定する避難施設緊急整備計画並びに同法第八条第一項に規定する防災営農施設整備計画，同条第二項に規定する防災林業経営施設整備計画及び同条第三項に規定する防災漁業経営施設整備計画
　　七　地震防災対策強化地域における地震対策緊急整備事業に係る国の財政上の特別措置に関する法律（昭和五十五年法律第六十三号）第二条第一項に規定する地震対策緊急整備事業計画
　　八　前各号に掲げるもののほか，政令で定める計画

（市町村地域防災計画）
第四十二条　市町村防災会議（市町村防災会議を設置しない市町村にあつては，当該市町村の市町村長。以下この条において同じ。）は，防災基本計画に基づき，当該市町村の地域に係る市町村地域防災計画を作成し，及び毎年市町村地域防災計画に検討を加え，必要があると認めるときは，これを修正しなければならない。この場合において，当該市町村地域防災計画は，防災業務計画又は当該市町村を包括する都道府県の都道府県地域防災計画に抵触するものであつてはならない。
　2　市町村地域防災計画は，次の各号に掲げる事項について定めるものとする。
　　一　当該市町村の地域に係る防災に関し，当該市町村及び当該市町村の区域内の公共的団体その他防災上重要な施設の管理者の処理すべき事務又は業務の大綱
　　二　当該市町村の地域に係る防災施設の新設又は改良，防災のための調査研究，教育及び訓練その他の災害予防，情報の収集及び伝達，災害に関する予報又は警報の発令及び伝達，避難，消火，水防，救難，救助，衛生その他の災害応急対策並びに災害復旧に関する事項別の計画
　　三　当該市町村の地域に係る災害に関する前号に掲げる措置に要する労務，施設，設備，物資，資金等の整備，備蓄，調達，配分，輸送，通信等に関する計画
　　四　前各号に掲げるもののほか，当該市町村の地域に係る防災に関し市町村防災会議が必要と認める事項
　3　市町村防災会議は，第一項の規定により市町村地域防災計画を作成し，又は修正しようとするときは，あらかじめ，都道府県知事に協議しなければならない。この場合において，都道府県知事は，都道府県防災会議の意見をきかなければならない。

4　市町村防災会議は，第一項の規定により市町村地域防災計画を作成し，又は修正したときは，その要旨を公表しなければならない。
　5　第二十一条の規定は，市町村長が第一項の規定により市町村地域防災計画を作成し，又は修正する場合について準用する。

（都道府県相互間地域防災計画）
第四十三条　都道府県防災会議の協議会は，防災基本計画に基づき，当該地域に係る都道府県相互間地域防災計画を作成し，及び毎年都道府県相互間地域防災計画に検討を加え，必要があると認めるときは，これを修正しなければならない。この場合において，当該都道府県相互間地域防災計画は，防災業務計画に抵触するものであつてはならない。
　2　都道府県相互間地域防災計画は，第四十条第二項各号に掲げる事項の全部又は一部について定めるものとする。
　3　第四十条第三項の規定は，第一項の規定により都道府県防災会議の協議会が，都道府県相互間地域防災計画を作成し，又は修正しようとする場合について準用する。
　4　都道府県防災会議の協議会は，第一項の規定により都道府県相互間地域防災計画を作成し，又は修正したときは，その要旨を公表しなければならない。

（市町村相互間地域防災計画）
第四十四条　市町村防災会議の協議会は，防災基本計画に基づき，当該地域に係る市町村相互間地域防災計画を作成し，及び毎年市町村相互間地域防災計画に検討を加え，必要があると認めるときは，これを修正しなければならない。この場合において，当該市町村互間地域防災計画は，防災業務計画又は当該市町村を包括する都道府県の都道府県地域防災計画に抵触するものであつてはならない。
　2　市町村相互間地域防災計画は，第四十二条第二項各号に掲げる事項の全部又は一部について定めるものとする。
　3　第四十二条第三項の規定は，第一項の規定により市町村防災会議の協議会が，市町村相互間地域防災計画を作成し，又は修正しようとする場合について準用する。
　4　市町村防災会議の協議会は，第一項の規定により市町村相互間地域防災計画を作成し，又は修正したときは，その要旨を公表しなければならない。

（地域防災計画の実施の推進のための要請等）
第四十五条　地方防災会議の会長又は地方防災会議の協議会の代表者は，地域防災計画の的確かつ円滑な実施を推進するため必要があると認めるときは，都道府県防災会議又はその協議会にあつては当該都道府県の区域の全部又は一部を管轄する指定地方行政機関の長，当該都道府県及びその区域内の市町村の長その他の執行機関，指定地方公共機関，公共的団体並びに防災上重要な施設の管理者その他の関係者に対し，市町村防災会議又はその協議会にあつては当該市町村の長その他の執行機関及び当該市町村の区域内の公共的団体並びに防災上重要な施設の管理者その他の関係者に対し，これらの者が当該防災計画に基づき処理すべき事務又は業務について，それぞれ，必要な要請，勧告又は指示をすることができる。
　2　地方防災会議の会長又は地方防災会議の協議会の代表者は，都道府県防災会議又はその協議会にあつては当該都道府県の区域の全部又は一部を管轄する指定地方行政機関の長，当該都道府県及びその区域内の市町村の長その他の執行機関，指定地方公共機関，公共的団体並びに防災上重要な施設の管理者その他の関係者に対し，市町村防災会議又はその協議会にあつては当該市町村の長その他の執行機関及び当該市町村の区域内の公共的団体並びに防災上重要な施設の管理者その他の関係者に対し，それぞれ，地域防災計画の実施状

況について，報告又は資料の提出を求めることができる。

第四章　災害予防

(災害予防及びその実施責任)
第四十六条　災害予防は，次の各号に掲げる事項について，災害の発生を未然に防止する等のために行なうものとする。
　　　一　防災に関する組織の整備に関する事項
　　　二　防災に関する訓練に関する事項
　　　三　防災に関する物資及び資材の備蓄，整備及び点検に関する事項
　　　四　防災に関する施設及び設備の整備及び点検に関する事項
　　　五　前各号に掲げるもののほか，災害が発生した場合における災害応急対策の実施の支障となるべき状態等の改善に関する事項
　　2　指定行政機関の長及び指定地方行政機関の長，地方公共団体の長その他の執行機関，指定公共機関及び指定地方公共機関その他法令の規定により災害予防の実施について責任を有する者は，法令又は防災計画の定めるところにより，災害予防を実施しなければならない。

(防災に関する組織の整備義務)
第四十七条　指定行政機関の長及び指定地方行政機関の長，地方公共団体の長その他の執行機関，指定公共機関及び指定地方公共機関，公共的団体並びに防災上重要な施設の管理者(以下この章において「災害予防責任者」という。)は，法令又は防災計画の定めるところにより，それぞれ，その所掌事務又は業務について，災害を予測し，予報し，又は災害に関する情報を迅速に伝達するため必要な組織を整備するとともに，絶えずその改善に努めなければならない。
　　2　前項に規定するもののほか，災害予防責任者は，法令又は防災計画の定めるところにより，それぞれ，防災業務計画又は地域防災計画を的確かつ円滑に実施するため，防災に関する組織を整備するとともに，防災に関する事務又は業務に従事する職員の配置及び服務の基準を定めなければならない。

(防災訓練義務)
第四十八条　災害予防責任者は，法令又は防災計画の定めるところにより，それぞれ又は他の災害予防責任者と共同して，防災訓練を行なわなければならない。
　　2　都道府県公安委員会は，前項の防災訓練の効果的な実施を図るため特に必要があると認めるときは，政令で定めるところにより，当該防災訓練の実施に必要な限度で，区域又は道路の区間を指定して，歩行者又は車両の道路における通行を禁止し，又は制限することができる。
　　3　災害予防責任者の属する機関の職員その他の従業員又は災害予防責任者の使用人その他の従業者は，防災計画及び災害予防者の定めるところにより，第一項の防災訓練に参加しなければならない。
　　4　災害予防責任者は，第一項の防災訓練を行おうとするときは，住民その他関係のある公私の団体に協力を求めることができる。

(防災に必要な物資及び資材の備蓄等の義務)
第四十九条　災害予防責任者は，法令又は防災計画の定めるところにより，その所掌事務又は業務に係る災害応急対策又は災害復旧に必要な物資及び資材を備蓄し，整備し，若しくは点検し，

又はその管理に属する防災に関する施設及び設備を整備し，若しくは点検しなければならない。

第五章　災害応急対策

第一節　通則

（災害応急対策及びその実施責任）
第五十条　災害応急対策は，次の各号に掲げる事項について，災害が発生し，又は発生するおそれがある場合に災害の発生を防禦し，又は応急的救助を行なう等災害の拡大を防止するために行なうものとする。
　　一　警報の発令及び伝達並びに避難の勧告又は指示に関する事項
　　二　消防，水防その他の応急措置に関する事項
　　三　被災者の救難，救助その他保護に関する事項
　　四　災害を受けた児童及び生徒の応急の教育に関する事項
　　五　施設及び設備の応急の復旧に関する事項
　　六　清掃，防疫その他の保健衛生に関する事項
　　七　犯罪の予防，交通の規制その他災害地における社会秩序の維持に関する事項
　　八　緊急輸送の確保に関する事項
　　九　前各号に掲げるもののほか，災害の発生の防禦又は拡大の防止のための措置に関する事項
　2　指定行政機関の長及び指定地方行政機関の長，地方公共団体の長その他の執行機関，指定公共機関及び指定地方公共機関その他法令の規定により災害応急対策の実施の責任を有する者は，法令又は防災計画の定めるところにより，災害応急対策を実施しなければならない。

（情報の収集及び伝達）
第五十一条　指定行政機関の長及び指定地方行政機関の長，地方公共団体の長その他の執行機関，指定公共機関及び指定地方公共機関，公共的団体並びに防災上重要な施設の管理者（以下第五十八条において「災害応急対策責任者」という。）は，法令又は防災計画の定めるところにより，災害に関する情報の収集及び伝達に努めなければならない。

（防災信号）
第五十二条　市町村長が災害に関する警報の発令及び伝達，警告並びに避難の勧告及び指示のため使用する防災に関する信号の種類，内容及び様式又は方法については，他の法令に特別の定めがある場合を除くほか，内閣府令で定める。
　2　何人も，みだりに前項の信号又はこれに類似する信号を使用してはならない。

（被害状況等の報告）
第五十三条　市町村は，当該市町村の区域内に災害が発生したときは，政令で定めるところにより，速やかに，当該災害の状況及びこれに対して執られた措置の概要を都道府県（都道府県に報告ができない場合にあつては，内閣総理大臣）に報告しなければならない。
　2　都道府県は，当該都道府県の区域内に災害が発生したときは，政令で定めるところにより，速やかに，当該災害の状況及びこれに対して執られた措置の概要を内閣総理大臣に報告しなければならない。
　3　指定公共機関の代表者は，その業務に係る災害が発生したときは，政令で定めるところにより，すみやかに，当該災害の状況及びこれに対してとられた措置の概要を内閣総理大

臣に報告しなければならない。
4　指定行政機関の長は、その所掌事務に係る災害が発生したときは、政令で定めるところにより、すみやかに、当該災害の状況及びこれに対してとられた措置の概要を内閣総理大臣に報告しなければならない。
5　第一項から前項までの規定による報告に係る災害が非常災害であると認められるときは、市町村、都道府県、指定公共機関の代表者又は指定行政機関の長は、当該非常災害の規模の把握のため必要な情報の収集に特に意を用いなければならない。
6　内閣総理大臣は、第一項から第四項までの規定による報告を受けたときは、当該報告に係る事項を中央防災会議に通報するものとする。

第二節　警報の伝達等

（発見者の通報義務等）
第五十四条　災害が発生するおそれがある異常な現象を発見した者は、遅滞なく、その旨を市町村長又は警察官若しくは海上保安官に通報しなければならない。
2　何人も、前項の通報が最も迅速に到達するように協力しなければならない。
3　第一項の通報を受けた警察官又は海上保安官は、その旨をすみやかに市町村長に通報しなければならない。
4　第一項又は前項の通報を受けた市町村長は、地域防災計画の定めるところにより、その旨を気象庁その他の関係機関に通報しなければならない。

（都道府県知事の通知等）
第五十五条　都道府県知事は、法令の規定により、気象庁その他の国の機関から災害に関する予報若しくは警報の通知を受けたとき、又は自ら災害に関する警報をしたときは、法令又は地域防災計画の定めるところにより、予想される災害の事態及びこれに対してとるべき措置について、関係指定地方行政機関の長、指定地方公共機関、市町村長その他の関係者に対し、必要な通知又は要請をするものとする。

（市町村長の警報の伝達及び警告）
第五十六条　市町村長は、法令の規定により災害に関する予報若しくは警報の通知を受けたとき、自ら災害に関する予報若しくは警報を知つたとき、法令の規定により自ら災害に関する警報をしたとき、又は前条の通知を受けたときは、地域防災計画の定めるところにより、当該予報若しくは警報又は通知に係る事項を関係機関及び住民その他関係のある公私の団体に伝達しなければならない。この場合において、必要があると認めるときは、市町村長は、住民その他関係のある公私の団体に対し、予想される災害の事態及びこれに対してとるべき措置について、必要な通知又は警告をすることができる。

（通信設備の優先利用等）
第五十七条　前二条の規定による通知、要請、伝達又は警告が緊急を要するものである場合において、その通信のため特別の必要があるときは、都道府県知事又は市町村長は、他の法律に特別の定めがある場合を除くほか、政令で定めるところにより、電気通信事業法（昭和五十九年法律第八十六号）第二条第五号に規定する電気通信事業者がその事業の用に供する電気通信設備を優先的に利用し、若しくは有線電気通信法（昭和二十八年法律第九十六号）第三条第四項第三号に掲げる者が設置する有線電気通信設備若しくは無線設備を使用し、又は放送法（昭和二十五年法律第百三十二号）第二条第三号の二に規定する放送事業者（同条第三号の四に規定する受託放送事業者（以下「受託放送事業者」という。）を除く。）に

放送を行うこと（同条第三号の五に規定する委託放送事業者にあつては，受託放送事業者に委託して放送を行わせること）を求めることができる。

第三節　事前措置及び避難

（市町村長の出動命令等）
第五十八条　市町村長は，災害が発生するおそれがあるときは，法令又は市町村地域防災計画の定めるところにより，消防機関若しくは水防団に出動の準備をさせ，若しくは出動を命じ，又は警察官若しくは海上保安官の出動を求める等災害応急対策責任者に対し，応急措置の実施に必要な準備をすることを要請し，若しくは求めならればならない。

（市町村長の事前措置等）
第五十九条　市町村長は，災害が発生するおそれがあるときは，災害が発生した場合においてその災害を拡大させるおそれがあると認められる設備又は物件の占有者，所有者又は管理者に対し，災害の拡大を防止するため必要な限度において，当該設備又は物件の除去，保安その他必要な措置をとることを指示することができる。
　　2　警察署長又は政令で定める管区海上保安本部の事務所の長（以下この項，第六十四条及び第六十六条において「警察署長等」という。）は，市町村長から要求があつたときは，前項に規定する指示を行なうことができる。この場合において，同項に規定する指示を行なつたときは，警察署長等は，直ちに，その旨を市町村長に通知しなければならない。

（市町村長の避難の指示等）
第六十条　災害が発生し，又は発生するおそれがある場合において，人の生命又は身体を災害から保護し，その他災害の拡大を防止するため特に必要があると認めるときは，市町村長は，必要と認める地域の居住者，滞在者その他の者に対し，避難のための立退きを勧告し，及び急を要すると認めるときは，これらの者に対し，避難のための立退きを指示することができる。
　　2　前項の規定により避難のための立退きを勧告し，又は指示する場合において，必要があると認めるときは，市町村長は，その立退き先きを指示することができる。
　　3　市町村長は，第一項の規定により避難のための立退きを勧告し，若しくは指示し，又は立退き先を指示したときは，すみやかに，その旨を都道府県知事に報告しなければならない。
　　4　市町村長は，避難の必要がなくなつたときは，直ちに，その旨を公示しなければならない。前項の規定は，この場合について準用する。
　　5　都道府県知事は，当該都道府県の地域に係る災害が発生した場合において，当該災害の発生により市町村がその全部又は大部分の事務を行うことができなくなつたときは，当該市町村の市町村長が第一項，第二項及び前項前段の規定により実施すべき措置の全部又は一部を当該市町村長に代わつて実施しなければならない。
　　6　都道府県知事は，前項の規定により市町村長の事務の代行を開始し，又は終了したときは，その旨を公示しなければならない。
　　7　第五項の規定による都道府県知事の代行に関し必要な事項は，政令で定める。

（警察官等の避難の指示）
第六十一条　前条第一項の場合において，市町村長が同項に規定する避難のための立退きを指示することができないと認めるとき，又は市町村長から要求があつたときは，警察官又は海上保安官は，必要と認める地域の居住者，滞在者その他の者に対し，避難のための立退きを指示することができる。前条第二項の規定は，この場合について準用する。
　　2　警察官又は海上保安官は，前項の規定により避難のための立退きを指示したときは，直

ちに，その旨を市町村長に通知しなければならない。
　　3　前条第三項及び第四項の規定は，前項の通知を受けた市町村長について準用する。

第四節　応急措置

(市町村の応急措置)
第六十二条　市町村長は，当該市町村の地域に係る災害が発生し，又はまさに発生しようとしているときは，法令又は地域防災計画の定めるところにより，消防，水防，救助その他災害の発生を防禦し，又は災害の拡大を防止するために必要な応急措置（以下「応急措置」という。）をすみやかに実施しなければならない。
　　2　市町村の委員会又は委員，市町村の区域内の公共的団体及び防災上重要な施設の管理者その他法令の規定により応急措置の実施の責任を有する者は，当該市町村の地域に係る災害が発生し，又はまさに発生しようとしているときは，地域防災計画の定めるところにより，市町村長の所轄の下にその所掌事務若しくは所掌業務に係る応急措置を実施し，又は市町村長の実施する応急措置に協力しなければならない。

(市町村長の警戒区域設定権等)
第六十三条　災害が発生し，又はまさに発生しようとしている場合において，人の生命又は身体に対する危険を防止するため特に必要があると認めるときは，市町村長は，警戒区域を設定し，災害応急対策に従事する者以外の者に対して当該区域への立入りを制限し，若しくは禁止し，又は当該区域からの退去を命ずることができる。
　　2　前項の場合において，市町村長若しくはその委任を受けて同項に規定する市町村長の職権を行なう市町村の吏員が現場にいないとき，又はこれらの者から要求があつたときは，警察官又は海上保安官は，同項に規定する市町村長の職権を行なうことができる。この場合において，同項に規定する市町村長の職権を行なつたときは，警察官又は海上保安官は，直ちに，その旨を市町村長に通知しなければならない。
　　3　第一項の規定は，市町村長その他同項に規定する市町村長の職権を行うことができる者がその場にいない場合に限り，自衛隊法（昭和二十九年法律第百六十五号）第八十三条第二項の規定により派遣を命ぜられた同法第八条に規定する部隊等の自衛官（以下「災害派遣を命ぜられた部隊等の自衛官」という。）の職務の執行について準用する。この場合において，第一項に規定する措置をとつたときは，当該災害派遣を命ぜられた部隊等の自衛官は，直ちに，その旨を市町村長に通知しなければならない。

(応急公用負担等)
第六十四条　市町村長は，当該市町村の地域に係る災害が発生し，又はまさに発生しようとしている場合において，応急措置を実施するため緊急の必要があると認めるときは，政令で定めるところにより，当該市町村の区域内の他人の土地，建物その他の工作物を一時使用し，又は土石，竹木その他の物件を使用し，若しくは収用することができる。
　　2　市町村長は，当該市町村の地域に係る災害が発生し，又はまさに発生しようとしている場合において，応急措置を実施するため緊急の必要があると認めるときは，現場の災害を受けた工作物又は物件で当該応急措置の実施の支障となるもの（以下この条において「工作物等」という。）の除去その他必要な措置をとることができる。この場合において，工作物等を除去したときは，市町村長は，当該工作物等を保管しなければならない。
　　3　市町村長は，前項後段の規定により工作物等を保管したときは，当該工作物等の占有者，所有者その他当該工作物等について権原を有する者（以下この条において「占有者等」という。）に対し当該工作物等を返還するため，政令で定めるところにより，政令で定める

事項を公示しなければならない。
　　4　市町村長は，第二項後段の規定により保管した工作物等が滅失し，若しくは破損するおそれがあるとき，又はその保管に不相当な費用若しくは手数を要するときは，政令で定めるところにより，当該工作物等を売却し，その売却した代金を保管することができる。
　　5　前三項に規定する工作物等の保管，売却，公示等に要した費用は，当該工作物等の返還を受けるべき占有者等の負担とし，その費用の徴収については，行政代執行法（昭和二十三年法律第四十三号）第五条及び第六条の規定を準用する。
　　6　第三項に規定する公示の日から起算して六月を経過してもなお第二項後段の規定により保管した工作物等（第四項の規定により売却した代金を含む。以下この項において同じ。）を返還することができないときは，当該工作物等の所有権は，当該市町村長の統轄する市町村に帰属する。
　　7　前条第二項の規定は，第一項及び第二項前段の場合について準用する。
　　8　第一項及び第二項前段の規定は，市町村長その他第一項又は第二項前段に規定する市町村長の職権を行うことができる者がその場にいない場合に限り，災害派遣を命ぜられた部隊等の自衛官の職務の執行について準用する。この場合において，第一項又は第二項前段に規定する措置をとつたときは，当該災害派遣を命ぜられた部隊等の自衛官は，直ちに，その旨を市町村長に通知しなければならない。
　　9　警察官，海上保安官又は災害派遣を命ぜられた部隊等の自衛官は，第七項において準用する前条第二項又は前項において準用する第二項前段の規定により工作物等を除去したときは，当該工作物等を当該工作物等が設置されていた場所を管轄する警察署長等又は内閣府令で定める自衛隊法第八条に規定する部隊等の長（以下この条において「自衛隊の部隊等の長」という。）に差し出さなければならない。この場合において，警察署長等又は自衛隊の部隊等の長は，当該工作物等を保管しなければならない。
　　10　前項の規定により警察署長等又は自衛隊の部隊等の長が行う工作物等の保管については，第三項から第六項までの規定の例によるものとする。ただし，第三項の規定の例により公示した日から起算して六月を経過してもなお返還することができない工作物等の所有権は，警察署長が保管する工作物等にあつては当該警察署の属する都道府県に，政令で定める管区海上保安本部の事務所の長又は自衛隊の部隊等の長が保管する工作物等にあつては国に，それぞれ帰属するものとする。

第六十五条　市町村長は，当該市町村の地域に係る災害が発生し，又はまさに発生しようとしている場合において，応急措置を実施するため緊急の必要があると認めるときは，当該市町村の区域内の住民又は当該応急措置を実施すべき現場にある者を当該応急措置の業務に従事させることができる。
　　2　第六十三条第二項の規定は，前項の場合について準用する。
　　3　第一項の規定は，市町村長その他同項に規定する市町村長の職権を行うことができる者がその場にいない場合に限り，災害派遣を命ぜられた部隊等の自衛官の職務の執行について準用する。この場合において，同項に規定する措置をとつたときは，当該災害派遣を命ぜられた部隊等の自衛官は，直ちに，その旨を市町村長に通知しなければならない。

（災害時における漂流物等の処理の特例）
第六十六条　災害が発生した場合において，水難救護法（明治三十二年法律第九十五号）第二十九条第一項に規定する漂流物又は沈没品を取り除いたときは，警察署長等は，同項の規定にかかわらず，当該物件を保管することができる。
　　2　水難救護法第二章の規定は，警察署長等が前項の規定により漂流物又は沈没品を保管し

た場合について準用する。

（他の市町村長等に対する応援の要求）
第六十七条　市町村長等は，当該市町村の地域に係る災害が発生した場合において，応急措置を実施するため必要があると認めるときは，他の市町村の市町村長等に対し，応援を求めることができる。この場合において，応援を求められた市町村長等は，正当な理由がない限り，応援を拒んではならない。
　　2　前項の応援に従事する者は，応急措置の実施については，当該応援を求めた市町村長等の指揮の下に行動するものとする。

（都道府県知事等に対する応援の要求等）
第六十八条　市町村長等は，当該市町村の地域に係る災害が発生した場合において，応急措置を実施するため必要があると認めるときは，都道府県知事等に対し，応援を求め，又は応急措置の実施を要請することができる。
　　2　前条第一項後段の規定は，前項の場合について準用する。

（災害派遣の要請の要求等）
第六十八条の二　市町村長は，当該市町村の地域に係る災害が発生し，又はまさに発生しようとしている場合において，応急措置を実施するため必要があると認めるときは，都道府県知事に対し，自衛隊法第八十三条第一項の規定による要請（次項において「要請」という。）をするよう求めることができる。
　　2　市町村長は，前項の要求ができない場合には，その旨及び当該市町村の地域に係る災害の状況を防衛庁長官又はその指定する者に通知することができる。この場合において，当該通知を受けた防衛庁長官又はその指定する者は，その事態に照らし特に緊急を要し，要請を待ついとまがないと認められるときは，人命又は財産の保護のため，要請を待たないで，自衛隊法第八条に規定する部隊等を派遣することができる。
　　3　市町村長は，前項の通知をしたときは，速やかに，その旨を都道府県知事に通知しなければならない。

（災害時における事務の委託の手続の特例）
第六十九条　市町村は，当該市町村の地域に係る災害が発生した場合において，応急措置を実施するため必要があると認めるときは，地方自治法第二百五十二条の十四及び第二百五十二条の十五の規定にかかわらず，政令で定めるところにより，その事務又は市町村長等の権限に属する事務の一部を他の地方公共団体に委託して，当該地方公共団体の長その他の執行機関にこれを管理し，及び執行させることができる。

（都道府県の応急措置）
第七十条　都道府県知事は，当該都道府県の地域に係る災害が発生し，又はまさに発生しようとしているときは，法令又は地域防災計画の定めるところにより，その所掌事務に係る応急措置をすみやかに実施しなければならない。この場合において，都道府県知事は，その区域内の市町村の実施する応急措置が的確かつ円滑に行なわれることとなるように努めなければならない。
　　2　都道府県の委員会又は委員は，当該都道府県の地域に係る災害が発生し，又はまさに発生しようとしているときは，法令又は地域防災計画の定めるところにより，都道府県知事の所轄の下にその所掌事務に係る応急措置を実施しなければならない。

3　第一項の場合において，応急措置を実施するため，又はその区域内の市町村の実施する応急措置が的確かつ円滑に行なわれるようにするため必要があると認めるときは，都道府県知事は，指定行政機関の長若しくは指定地方行政機関の長又は当該都道府県の他の執行機関，指定公共機関若しくは指定地方公共機関に対し，応急措置の実施を要請し，又は求めることができる。

（都道府県知事の従事命令等）
第七十一条　都道府県知事は，当該都道府県の地域に係る災害が発生した場合において，第五十条第一項第四号から第九号までに掲げる事項について応急措置を実施するため特に必要があると認めるときは，災害救助法（昭和二十二年法律第百十八号）第二十四条から第二十七条までの規定の例により，従事命令，協力命令若しくは保管命令を発し，施設，土地，家屋若しくは物資を管理し，使用し，若しくは収用し，又はその職員に施設，土地，家屋若しくは物資の所在する場所若しくは物資を保管させる場所に立ち入り検査をさせ，若しくは物資を保管させた者から必要な報告を取ることができる。
　2　前項の規定による都道府県知事の権限に属する事務は，政令で定めるところにより，その一部を市町村長が行うこととすることができる。

（都道府県知事の指示）
第七十二条　都道府県知事は，当該都道府県の区域内の市町村の実施する応急措置が的確かつ円滑に行なわれるようにするため特に必要があると認めるときは，市町村長に対し，応急措置の実施について必要な指示をし，又は他の市町村長を応援すべきことを指示することができる。
　2　前項の規定による都道府県知事の指示に係る応援に従事する者は，応急措置の実施については，当該応援を受ける市町村長の指揮の下に行動するものとする。

（都道府県知事による応急措置の代行）
第七十三条　都道府県知事は，当該都道府県の地域に係る災害が発生した場合において，当該災害の発生により市町村がその全部又は大部分の事務を行なうことができなくなつたときは，当該市町村の市町村長が第六十三条第一項，第六十四条第一項及び第二項並びに第六十五条第一項の規定により実施すべき応急措置の全部又は一部を当該市町村長に代わつて実施しなければならない。
　2　都道府県知事は，前項の規定により市町村長の事務の代行を開始し，又は終了したときは，その旨を公示しなければならない。
　3　第一項の規定による都道府県知事の代行に関し必要な事項は，政令で定める。

（都道府県知事等に対する応援の要求）
第七十四条　都道府県知事等は，当該都道府県の地域に係る災害が発生した場合において，応急措置を実施するため必要があると認めるときは，他の都道府県の都道府県知事等に対し，応援を求めることができる。この場合において，応援を求められた都道府県知事等は，正当な理由がない限り，応援を拒んではならない。
　2　前項の応援に従事する者は，応急措置の実施については，当該応援を求めた都道府県知事等の指揮の下に行動するものとする。この場合において，警察官にあつては，当該応援を求めた都道府県の公安委員会の管理の下にその職権を行なうものとする。

（災害時における事務の委託の手続の特例）

第七十五条　都道府県は，当該都道府県の地域に係る災害が発生した場合において，応急措置を実施するため必要があると認めるときは，地方自治法第二百五十二条の十四及び第二百五十二条の十五の規定にかかわらず，政令で定めるところにより，その事務又は都道府県知事等の権限に属する事務の一部を他の都道府県に委託して，当該都道府県の都道府県知事等にこれを管理し，及び執行させることができる。

（災害時における交通の規制等）
第七十六条　都道府県公安委員会は，当該都道府県又はこれに隣接し若しくは近接する都道府県の地域に係る災害が発生し，又はまさに発生しようとしている場合において，災害応急対策が的確かつ円滑に行われるようにするため緊急の必要があると認めるときは，政令で定めるところにより，道路の区間（災害が発生し，又はまさに発生しようとしている場所及びこれらの周辺の地域にあつては，区域又は道路の区間）を指定して，緊急通行車両（道路交通法（昭和三十五年法律第百五号）第三十九条第一項の緊急自動車その他の車両で災害応急対策の的確かつ円滑な実施のためその通行を確保することが特に必要なものとして政令で定めるものをいう。次条及び第七十六条の三において同じ。）以外の車両の道路における通行を禁止し，又は制限することができる。
　2　前項の規定による通行の禁止又は制限（以下この項，次条第一項及び第二項並びに第七十六条の四において「通行禁止等」という。）が行われたときは，当該通行禁止等を行つた都道府県公安委員会及び当該都道府県公安委員会と管轄区域が隣接し又は近接する都道府県公安委員会は，直ちに，それぞれの都道府県の区域内に在る者に対し，通行禁止等に係る区域又は道路の区間（次条及び第七十六条の三において「通行禁止区域等」という。）その他必要な事項を周知させる措置をとらなければならない。

第七十六条の二　道路の区間に係る通行禁止等が行われたときは，当該道路の区間に在る通行禁止等の対象とされる車両の運転者は，速やかに，当該車両を当該道路の区間以外の場所へ移動しなければならない。この場合において，当該車両を速やかに当該道路の区間以外の場所へ移動することが困難なときは，当該車両をできる限り道路の左側端に沿つて駐車する等緊急通行車両の通行の妨害とならない方法により駐車しなければならない。
　　2　区域に係る通行禁止等が行われたときは，当該区域に在る通行禁止等の対象とされる車両の運転者は，速やかに，当該車両を道路外の場所へ移動しなければならない。この場合において，当該車両を速やかに道路外の場所へ移動することが困難なときは，当該車両をできる限り道路の左側端に沿つて駐車する等緊急通行車両の通行の妨害とならない方法により駐車しなければならない。
　　3　前二項の規定による駐車については，道路交通法第三章第九節及び第七十五条の八の規定は，適用しない。
　　4　第一項及び第二項の規定にかかわらず，通行禁止区域等に在る車両の運転者は，警察官の指示を受けたときは，その指示に従つて車両を移動し，又は駐車しなければならない。
　　5　第一項，第二項又は前項の規定による車両の移動又は駐車については，前条第一項の規定による車両の通行の禁止及び制限は，適用しない。

第七十六条の三　警察官は，通行禁止区域等において，車両その他の物件が緊急通行車両の通行の妨害となることにより災害応急対策の実施に著しい支障が生じるおそれがあると認めるときは，当該車両その他の物件の占有者，所有者又は管理者に対し，当該車両その他

の物件を付近の道路外の場所へ移動することその他当該通行禁止区域等における緊急通行車両の円滑な通行を確保するため必要な措置をとることを命ずることができる。

2　前項の場合において，同項の規定による措置をとることを命ぜられた者が当該措置をとらないとき又はその命令の相手方が現場にいないために当該措置をとることを命ずることができないときは，警察官は，自ら当該措置をとることができる。この場合において，警察官は，当該措置をとるためやむを得ない限度において，当該措置に係る車両その他の物件を破損することができる。

3　前二項の規定は，警察官がその場にいない場合に限り，災害派遣を命ぜられた部隊等の自衛官の職務の執行について準用する。この場合において，第一項中「緊急通行車両の通行」とあるのは「自衛隊用緊急通行車両（自衛隊の使用する緊急通行車両で災害応急対策の実施のため運転中のものをいう。以下この項において同じ。）の通行」と，「緊急通行車両の円滑な通行」とあるのは「自衛隊用緊急通行車両の円滑な通行」と読み替えるものとする。

4　第一項及び第二項の規定は，警察官がその場にいない場合に限り，消防吏員の職務の執行について準用する。この場合において，第一項中「緊急通行車両の通行」とあるのは「消防用緊急通行車両（消防機関の使用する緊急通行車両で災害応急対策の実施のため運転中のものをいう。以下この項において同じ。）の通行」と，「緊急通行車両の円滑な通行」とあるのは「消防用緊急通行車両の円滑な通行」と読み替えるものとする。

5　第一項（前二項において準用する場合を含む。）の規定による命令に従つて行う措置及び第二項（前二項において準用する場合を含む。）の規定により行う措置については，第七十六条第一項の規定による車両の通行の禁止及び制限並びに前条第一項，第二項及び第四項の規定は，適用しない。

6　災害派遣を命ぜられた部隊等の自衛官又は消防吏員は，第三項若しくは第四項において準用する第一項の規定による命令をし，又は第三項若しくは第四項において準用する第二項の規定による措置をとつたときは，直ちに，その旨を，当該命令をし，又は措置をとつた場所を管轄する警察署長に通知しなければならない。

第七十六条の四　国家公安委員会は，災害応急対策が的確かつ円滑に行われるようにするため特に必要があると認めるときは，政令で定めるところにより，関係都道府県公安委員会に対し，通行禁止等に関する事項について指示することができる。

（指定行政機関の長等の応急措置）
第七十七条　指定行政機関の長及び指定地方行政機関の長は，災害が発生し，又はまさに発生しようとしているときは，法令又は防災計画の定めるところにより，その所掌事務に係る応急措置をすみやかに実施するとともに，都道府県及び市町村の実施する応急措置が的確かつ円滑に行なわれるようにするため，必要な施策を講じなければならない。

2　前項の場合において，応急措置を実施するため必要があると認めるときは，指定行政機関の長及び指定地方行政機関の長は，都道府県知事，市町村長又は指定公共機関若しくは指定地方公共機関に対し，応急措置の実施を要請し，又は指示することができる。

（指定行政機関の長等の収用等）
第七十八条　災害が発生した場合において，第五十条第一項第四号から第九号までに掲げる事項について応急措置を実施するため特に必要があると認めるときは，指定行政機関の長及び指定地方行政機関の長は，防災業務計画の定めるところにより，当該応急措置の実施に必要な

物資の生産，集荷，販売，配給，保管若しくは輸送を業とする者に対し，その取り扱う物資の保管を命じ，又は当該応急措置の実施に必要な物資を収用することができる。
2　指定行政機関の長及び指定地方行政機関の長は，前項の規定により物資の保管を命じ，又は物資を収用するため必要があると認めるときは，その職員に物資を保管させる場所又は物資の所在する場所に立ち入り検査をさせることができる。
3　指定行政機関の長及び指定地方行政機関の長は，第一項の規定により物資を保管させた者から，必要な報告を取り，又はその職員に当該物資を保管させてある場所に立ち入り検査をさせることができる。

（通信設備の優先使用権）
第七十九条　災害が発生した場合において，その応急措置の実施に必要な通信のため緊急かつ特別の必要があるときは，指定行政機関の長若しくは指定地方行政機関の長又は都道府県知事若しくは市町村長は，他の法律に特別の定めがある場合を除くほか，電気通信事業法第二条第五号に規定する電気通信事業者がその事業の用に供する電気通信設備を優先的に利用し，又は有線電気通信法第三条第四項第三号に掲げる者が設置する有線電気通信設備若しくは無線設備を使用することができる。

（指定公共機関等の応急措置）
第八十条　指定公共機関及び指定地方公共機関は，災害が発生し，又はまさに発生しようとしているときは，法令又は防災計画の定めるところにより，その所掌業務に係る応急措置をすみやかに実施するとともに，指定地方行政機関の長，都道府県知事等及び市町村長等の実施する応急措置が的確かつ円滑に行なわれるようにするため，必要な措置を講じなければならない。
2　指定公共機関及び指定地方公共機関は，その所掌業務に係る応急措置を実施するため特に必要があると認めるときは，法令又は防災計画の定めるところにより，指定行政機関の長若しくは指定地方行政機関の長又は都道府県知事若しくは市町村長に対し，労務，施設，設備又は物資の確保について応援を求めることができる。この場合において，応援を求められた指定行政機関の長若しくは指定地方行政機関の長又は都道府県知事若しくは市町村長は，正当な理由がない限り応援を拒んではならない。

（公用令書の交付）
第八十一条　第七十一条又は第七十八条第一項の規定による処分については，都道府県知事若しくは市町村長又は指定行政機関の長若しくは指定地方行政機関の長は，それぞれ公用令書を交付して行なわなければならない。
2　前項の公用令書には，次の各号に掲げる事項を記載しなければならない。
一　公用令書の交付を受ける者の氏名及び住所（法人にあつては，その名称及び主たる事務所の所在地）
二　当該処分の根拠となつた法律の規定
三　従事命令にあつては従事すべき業務，場所及び期間，保管命令にあつては保管すべき物資の種類，数量，保管場所及び期間，施設等の管理，使用又は収用にあつては管理，使用又は収用する施設等の所在する場所及び当該処分に係る期間又は期日
3　前二項に規定するもののほか，公用令書の様式その他公用令書について必要な事項は，政令で定める。

（損失補償等）
第八十二条　国又は地方公共団体は，第六十四条第一項（同条第八項において準用する場合を含む。），

同条第七項において同条第一項の場合について準用する第六十三条第二項，第七十一条，第七十六条の三第二項後段（同条第三項及び第四項において準用する場合を含む。）又は第七十八条第一項の規定による処分が行われたときは，それぞれ，当該処分により通常生ずべき損失を補償しなければならない。
  2　都道府県は，第七十一条の規定による従事命令により応急措置の業務に従事した者に対して，政令で定める基準に従い，その実費を弁償しなければならない。

（立入りの要件）
第八十三条　第七十一条の規定により都道府県若しくは市町村の職員が立ち入る場合又は第七十八条第二項若しくは第三項の規定により指定行政機関若しくは指定地方行政機関の職員が立ち入る場合においては，当該職員は，あらかじめ，その旨をその場所の管理者に通知しなければならない。
  2　前項の場合においては，その職員は，その身分を示す証票を携帯し，かつ，関係人の請求があるときは，これを提示しなければならない。

（応急措置の業務に従事した者に対する損害補償）
第八十四条　市町村長又は警察官，海上保安官若しくは災害派遣を命ぜられた部隊等の自衛官が，第六十五条第一項（同条第三項において準用する場合を含む。）の規定又は同条第二項において準用する第六十三条第二項の規定により，当該市町村の区域内の住民又は応急措置を実施すべき現場にある者を応急措置の業務に従事させた場合において，当該業務に従事した者がそのため死亡し，負傷し，若しくは疾病にかかり，又は障害の状態となつたときは，当該市町村は，政令で定める基準に従い，条例で定めるところにより，その者又はその者の遺族若しくは被扶養者がこれらの原因によつて受ける損害を補償しなければならない。
  2　都道府県は，第七十一条の規定による従事命令により応急措置の業務に従事した者がそのため死亡し，負傷し，若しくは疾病にかかり，又は障害の状態となつたときは，政令で定める基準に従い，条例で定めるところにより，その者又はその者の遺族若しくは被扶養者がこれらの原因によつて受ける損害を補償しなければならない。

（被災者の公的徴収金の減免等）
第八十五条　国は，別に法律で定めるところにより，被災者の国税その他国の徴収金について，軽減若しくは免除又は徴収猶予その他必要な措置をとることができる。
  2　地方公共団体は，別に法律で定めるところにより，又は当該地方公共団体の条例で定めるところにより，被災者の地方税その他地方公共団体の徴収金について，軽減若しくは免除又は徴収猶予その他必要な措置をとることができる。

（国有財産等の貸付け等の特例）
第八十六条　国は，災害が発生した場合における応急措置を実施するため必要があると認める場合において，国有財産又は国有の物品を貸し付け，又は使用させるときは，別に法律で定めるところにより，その貸付け又は使用の対価を無償とし，若しくは時価より低く定めることができる。
  2　地方公共団体は，災害が発生した場合における応急措置を実施するため必要があると認める場合において，その所有に属する財産又は物品を貸し付け，又は使用させるときは，別に法律で定めるところにより，その貸付け又は使用の対価を無償とし，若しくは時価より低く定めることができる。

第六章　災害復旧

(災害復旧の実施責任)

第八十七条　指定行政機関の長及び指定地方行政機関の長，地方公共団体の長その他の執行機関，指定公共機関及び指定地方公共機関その他法令の規定により災害復旧の実施について責任を有する者は，法令又は防災計画の定めるところにより，災害復旧を実施しなければならない。

(災害復旧事業費の決定)

第八十八条　国がその費用の全部又は一部を負担し，又は補助する災害復旧事業について当該事業に関する主務大臣が行う災害復旧事業費の決定は，都道府県知事の報告その他地方公共団体が提出する資料及び実地調査の結果等に基づき，適正かつ速やかにしなければならない。
　　２　前項の規定による災害復旧事業費を決定するに当たつては，当該事業に関する主務大臣は，再度災害の防止のため災害復旧事業と併せて施行することを必要とする施設の新設又は改良に関する事業が円滑に実施されるように十分の配慮をしなければならない。

(防災会議への報告)

第八十九条　災害復旧事業に関する主務大臣は，災害復旧事業費の決定を行つたとき，又は災害復旧事業の実施に関する基準を定めたときは，政令で定めるところにより，それらの概要を中央防災会議に報告しなければならない。

(国の負担金又は補助金の早期交付等)

第九十条　国は，地方公共団体又はその機関が実施する災害復旧事業の円滑な施行を図るため必要があると認めるときは，地方交付税の早期交付を行なうほか，政令で定めるところにより，当該災害復旧事業に係る国の負担金若しくは補助金を早期に交付し，又は所要の資金を融通し，若しくは融通のあつせんをするものとする。

第七章　財政金融措置

(災害予防等に要する費用の負担)

第九十一条　法令に特別の定めがある場合又は予算の範囲内において特別の措置を講じている場合を除くほか，災害予防及び災害応急対策に要する費用その他この法律の施行に要する費用は，その実施の責めに任ずる者が負担するものとする。

(他の地方公共団体の長等の応援を受けた場合の応急措置に要する費用の負担)

第九十二条　第六十七条第一項，第六十八条第一項又は第七十四条第一項の規定により他の地方公共団体の長又は委員会若しくは委員（以下この条において「地方公共団体の長等」という。）の応援を受けた地方公共団体の長等の属する地方公共団体は，当該応援に要した費用を負担しなければならない。
　　２　前項の場合において，当該応援を受けた地方公共団体の長等の属する地方公共団体が当該費用を支弁するいとまがないときは，当該地方公共団体は，当該応援をする他の地方公共団体の長等の属する地方公共団体に対し，当該費用の一時繰替え支弁を求めることができる。

(市町村が実施する応急措置に要する経費の都道府県の負担)

第九十三条　第七十二条第一項の規定による都道府県知事の指示に基づいて市町村長が実施した応急

措置のために要した費用及び応援のために要した費用のうち，当該指示又は応援を受けた市町村長の統轄する市町村に負担させることが困難又は不適当なもので政令で定めるものについては，次条の規定により国がその一部を負担する費用を除き，政令で定めるところにより，当該都道府県知事の統轄する都道府県がその全部又は一部を負担する。
2 前項の場合においては，都道府県は，当該市町村に対し，前項の費用を一時繰替え支弁させることができる。

（災害応急対策に要する費用に対する国の負担又は補助）
第九十四条 災害応急対策に要する費用は，別に法令で定めるところにより，又は予算の範囲内において，国がその全部又は一部を負担し，又は補助することができる。

第九十五条 前条に定めるもののほか，第二十八条第二項の規定による非常災害対策本部長の指示又は第二十八条の六第二項の規定による緊急災害対策本部長の指示に基づいて，地方公共団体の長が実施した応急措置のために要した費用のうち，当該地方公共団体に負担させることが困難又は不適当なもので政令で定めるものについては，政令で定めるところにより，国は，その全部又は一部を補助することができる。

（災害復旧事業費等に対する国の負担及び補助）
第九十六条 災害復旧事業その他災害に関連して行なわれる事業に要する費用は，別に法令で定めるところにより，又は予算の範囲内において，国がその全部又は一部を負担し，又は補助することができる。

（激甚災害の応急措置及び災害復旧に関する経費の負担区分等）
第九十七条 政府は，著しく激甚である災害（以下「激甚災害」という。）が発生したときは，別に法律で定めるところにより，応急措置及び災害復旧が迅速かつ適切に行なわれるよう措置するとともに，激甚災害を受けた地方公共団体等の経費の負担の適正を図るため，又は被災者の災害復興の意欲を振作するため，必要な施策を講ずるものとする。

第九十八条 前条に規定する法律は，できる限り激甚災害の発生のつどこれを制定することを避け，また，災害に伴う国の負担に係る制度の合理化を図り，激甚災害に対する前条の施策が円滑に講ぜられるようなものでなければならない。

第九十九条 第九十七条に規定する法律は，次の各号に掲げる事項について規定するものとする。
　一 激甚災害のための施策として，特別の財政援助及び助成措置を必要とする場合の基準
　二 激甚災害の復旧事業その他当該災害に関連して行なわれる事業が適切に実施されるための地方公共団体に対する国の特別の財政援助
　三 激甚災害の発生に伴う被災者に対する特別の助成

（災害に対処するための国の財政上の措置）
第百条 政府は，災害が発生した場合において，国の円滑な財政運営をそこなうことなく災害に対処するため，必要な財政上の措置を講ずるように努めなければならない。
2 政府は，前項の目的を達成するため，予備費又は国庫債務負担行為（財政法（昭和二十二年法律第三十四号）第十五条第二項に規定する国庫債務負担行為をいう。）の計上等の措置について，十分な配慮をするものとする。

(地方公共団体の災害対策基金)
第百一条　地方公共団体は，別に法令で定めるところにより，災害対策に要する臨時的経費に充てるため，災害対策基金を積み立てなければならない。

(起債の特例)
第百二条　次の各号に掲げる場合においては，政令で定める地方公共団体は，政令で定める災害の発生した日の属する年度に限り，地方財政法(昭和二十三年法律第百九号)第五条の規定にかかわらず，地方債をもつてその財源とすることができる。
　　一　地方税，使用料，手数料その他の徴収金で総務省令で定めるものの当該災害のための減免で，その程度及び範囲が被害の状況に照らし相当と認められるものによつて生ずる財政収入の不足を補う場合
　　二　災害予防，災害応急対策又は災害復旧で総務省令で定めるものに通常要する費用で，当該地方公共団体の負担に属するものの財源とする場合
　2　前項の地方債は，資金事情の許す限り，国が財政融資資金，郵便貯金特別会計の郵便貯金資金又は簡易生命保険特別会計の積立金(以下この条において「政府資金」という。)をもつて引き受けるものとする。
　3　第一項の規定による地方債を政府資金で引き受けた場合における当該地方債の利息の定率，償還の方法その他地方債に関し必要な事項は，政令で定める。

(国の補助を伴わない災害復旧事業に対する措置)
第百三条　国及び地方公共団体は，激甚災害の復旧事業費のうち，国の補助を伴わないものについての当該地方公共団体等の負担が著しく過重であると認めるときは，別に法律で定めるところにより，当該復旧事業費の財源に充てるため特別の措置を講ずることができる。

(災害融資)
第百四条　政府関係金融機関その他これに準ずる政令で定める金融機関は，政令で定める災害が発生したときは，災害に関する特別な金融を行ない，償還期限又はすえ置き期間の延長，旧債の借換え，必要がある場合における利率の低減等実情に応じ適切な措置をとるように努めるものとする。

第八章　災害緊急事態

(災害緊急事態の布告)
第百五条　非常災害が発生し，かつ，当該災害が国の経済及び公共の福祉に重大な影響を及ぼすべき異常かつ激甚なものである場合において，当該災害に係る災害応急対策を推進するため特別の必要があると認めるときは，内閣総理大臣は，閣議にかけて，関係地域の全部又は一部について災害緊急事態の布告を発することができる。
　2　前項の布告には，その区域，布告を必要とする事態の概要及び布告の効力を発する日時を明示しなければならない。

(国会の承認及び布告の廃止)
第百六条　内閣総理大臣は，前条の規定により災害緊急事態の布告を発したときは，これを発した日から二十日以内に国会に付議して，その布告を発したことについて承認を求めなければならない。ただし，国会が閉会中の場合又は衆議院が解散されている場合は，その後最初に召集される国会において，すみやかに，その承認を求めなければならない。
　2　内閣総理大臣は，前項の場合において不承認の議決があつたとき，国会が災害緊急事態の

布告の廃止を議決したとき，又は当該布告の必要がなくなつたときは，すみやかに，当該布告を廃止しなければならない。

(災害緊急事態における緊急災害対策本部の設置)
第百七条　内閣総理大臣は，第百五条の規定による災害緊急事態の布告があつたときは，当該災害に係る緊急災害対策本部が既に設置されている場合を除き，第二十八条の二の規定により，当該災害緊急事態の布告に係る地域を所管区域とする緊急災害対策本部を設置するものとする。

第百八条　削除

(緊急措置)
第百九条　災害緊急事態に際し国の経済の秩序を維持し，及び公共の福祉を確保するため緊急の必要がある場合において，国会が閉会中又は衆議院が解散中であり，かつ，臨時会の召集を決定し，又は参議院の緊急集会を求めてその措置をまついとまがないときは，内閣は，次の各号に掲げる事項について必要な措置をとるため，政令を制定することができる。
　　一　その供給が特に不足している生活必需物資の配給又は譲渡若しくは引渡しの制限若しくは禁止
　　二　災害応急対策若しくは災害復旧又は国民生活の安定のため必要な物の価格又は役務その他の給付の対価の最高額の決定
　　三　金銭債務の支払（賃金，災害補償の給付金その他の労働関係に基づく金銭債務の支払及びその支払のためにする銀行その他の金融機関の預金等の支払を除く。）の延期及び権利の保存期間の延長
2　前項の規定により制定される政令には，その政令の規定に違反した者に対して二年以下の懲役若しくは禁錮，十万円以下の罰金，拘留，科料若しくは没収の刑を科し，又はこれを併科する旨の規定，法人の代表者又は法人若しくは人の代理人，使用人その他の従業者がその法人又は人の業務に関してその政令の違反行為をした場合に，その行為者を罰するほか，その法人又は人に対して各本条の罰金，科料又は没収の刑を科する旨の規定及び没収すべき物件の全部又は一部を没収することができない場合にその価額を追徴する旨の規定を設けることができる。
3　内閣は，第一項の規定により政令を制定した場合において，その必要がなくなつたときは，直ちに，これを廃止しなければならない。
4　内閣は，第一項の規定により政令を制定したときは，直ちに，国会の臨時会の召集を決定し，又は参議院の緊急集会を求め，かつ，そのとつた措置をなお継続すべき場合には，その政令に代わる法律が制定される措置をとり，その他の場合には，その政令を制定したことについて承認を求めなければならない。
5　第一項の規定により制定された政令は，既に廃止され，又はその有効期間が終了したものを除き，前項の国会の臨時会又は参議院の緊急集会においてその政令に代わる法律が制定されたときは，その法律の施行と同時に，その臨時会又は緊急集会においてその法律が制定されないこととなつたときは，制定されないこととなつた時に，その効力を失う。
6　前項の場合を除くほか，第一項の規定により制定された政令は，既に廃止され，又はその有効期間が終了したものを除き，第四項の国会の臨時会が開かれた日から起算して二十日を経過した時若しくはその臨時会の会期が終了した時のいずれか早い時に，又は同項の参議院の緊急集会が開かれた日から起算して十日を経過した時若しくはその緊急集会が終了した時のいずれか早い時にその効力を失う。
7　内閣は，前二項の規定により政令がその効力を失つたときは，直ちに，その旨を告示しな

けれはならない。
8 第一項の規定により制定された政令に罰則が設けられたときは，その政令が効力を有する間に行なわれた行為に対する罰則の適用については，その政令が廃止され，若しくはその有効期間が終了し，又は第五項若しくは第六項の規定によりその効力を失つた後においても，なお従前の例による。

第百九条の二 災害緊急事態に際し法律の規定によつては被災者の救助に係る海外からの支援を緊急かつ円滑に受け入れることができない場合において，国会が閉会中又は衆議院が解散中であり，かつ，臨時会の召集を決定し，又は参議院の緊急集会を求めてその措置を待ついとまがないときは，内閣は，当該受入れについて必要な措置をとるため，政令を制定することができる。
2 前条第三項から第七項までの規定は，前項の場合について準用する。

第九章 雑則

（特別区についてのこの法律の適用）
第百十条 この法律の適用については，特別区は，市とみなす。

（防災功労者表彰）
第百十一条 内閣総理大臣及び各省大臣は，防災に従事した者で，防災に関し著しい功労があると認められるものに対し，それぞれ内閣府令又は省令で定めるところにより，表彰を行うことができる。

（政令への委任）
第百十二条 この法律に特別の定めがあるものを除くほか，この法律の実施のための手続その他この法律の施行に関し必要な事項は政令で定める。

第十章 罰則

（罰則）
第百十三条 次の各号のいずれかに該当する者は，六月以下の懲役又は三十万円以下の罰金に処する。
一 第七十一条第一項の規定による都道府県知事（同条第二項の規定により権限に属する事務の一部を行う市町村長を含む。）の従事命令，協力命令又は保管命令に従わなかつた者
二 第七十八条第一項の規定による指定行政機関の長又は指定地方行政機関の長（第二十七条第一項又は第二十八条の五第一項の規定により権限の委任を受けた職員を含む。）の保管命令に従わなかつた者

第百十四条 第七十六条第一項の規定による都道府県公安委員会の禁止又は制限に従わなかつた車両の運転者は，三月以下の懲役又は二十万円以下の罰金に処する。

第百十五条 次の各号のいずれかに該当する者は，二十万円以下の罰金に処する。
一 第七十一条第一項（同条第二項の規定により権限に属する事務の一部を行う場合を含む。以下この条において同じ。），第七十八条第二項（第二十七条第一項又は第二十八条の五第一項の規定により権限に属する事務の一部を行う場合を含む。）又は第七十八条第三項（第二十七条第一項又は第二十八条の五第一項の規定により権限に属する事務の一部を行う場合を含む。以下この条において同じ。）の規定による立入検査

を拒み，妨げ，又は忌避した者
二　第七十一条第一項又は第七十八条第三項の規定による報告をせず，又は虚偽の報告をした者

第百十六条　次の各号のいずれかに該当する者は，十万円以下の罰金又は拘留に処する。
一　第五十二条第一項の規定に基づく内閣府令によつて定められた防災に関する信号をみだりに使用し，又はこれと類似する信号を使用した者
二　第六十三条第一項の規定による市町村長（第七十三条第一項の規定により市町村長の事務を代行する都道府県知事を含む。）の，第六十三条第二項の規定による警察官若しくは海上保安官の又は同条第三項において準用する同条第一項の規定による災害派遣を命ぜられた部隊等の自衛官の禁止若しくは制限又は退去命令に従わなかつた者

第百十七条　法人の代表者又は法人若しくは人の代理人，使用人その他の従業者が，その法人又は人の業務に関し，第百十三条又は第百十五条の違反行為をしたときは，行為者を罰するほか，その法人又は人に対しても，各本条の罰金刑を科する。

附則

　この法律は，公布の日から起算して一年をこえない範囲内において政令で定める日から施行する。

附則　（昭和三七年四月四日法律第六八号）　抄

（施行期日）
第一条　この法律は，公布の日から起算して九十日をこえない範囲内で政令で定める日から施行する。

附則　（昭和三七年四月五日法律第七三号）　抄

（施行期日）
1　この法律は，公布の日から施行する。

附則　（昭和三七年五月八日法律第一〇九号）　抄

1　この法律は，災害対策基本法の施行の日から施行する。
2　この法律の施行前にした行為に対する罰則の適用については，なお従前の例による。

附則　（昭和四三年五月一七日法律第五一号）　抄

（施行期日）
第一条　この法律は，公布の日から起算して三月をこえない範囲内において政令で定める日から施行する。

附則　（昭和四四年六月三日法律第三八号）　抄

（施行期日）
第一条　この法律は，都市計画法の施行の日から施行する。

附則　（昭和四八年七月二四日法律第六一号）　抄

（施行期日）
1　この法律は，公布の日から施行する。

附則　（昭和四九年六月一日法律第七一号）　抄

（施行期日）
第一条　この法律は，公布の日から施行する。ただし，第二百八十一条，第二百八十一条の三，第二百八十二条第二項，第二百八十二条の二第二項及び第二百八十三条第二項の改正規定，附則第十七条から第十九条までに係る改正規定並びに附則第二条，附則第七条から第十一条まで及び附則第十三条から第二十四条までの規定（以下「特別区に関する改正規定」という。）は，昭和五十年四月一日から施行する。

附則　（昭和五一年六月一日法律第四七号）　抄

（施行期日）
第一条　この法律は，公布の日から起算して六月を超えない範囲内において政令で定める日から施行する。

附則　（昭和五三年四月二六日法律第二九号）　抄

（施行期日等）
1　この法律は，公布の日から施行する。

附則　（昭和五三年六月一五日法律第七三号）　抄

（施行期日）
第一条　この法律は，公布の日から起算して六月を超えない範囲内において政令で定める日から施行する。

附則　（昭和五五年五月二八日法律第六三号）　抄

（施行期日等）
第一条　この法律は，公布の日から施行する。

附則　（昭和五七年七月一六日法律第六六号）

　この法律は，昭和五十七年十月一日から施行する。

附則　（昭和五八年一二月二日法律第七八号）

1　この法律（第一条を除く。）は，昭和五十九年七月一日から施行する。
2　この法律の施行の日の前日において法律の規定により置かれている機関等で，この法律の施行の日以後は国家行政組織法又はこの法律による改正後の関係法律の規定に基づく政令（以下「関係政令」という。）の規定により置かれることとなるものに関し必要となる経過措置その他この法律の施行に伴う関係政令の制定又は改廃に関し必要となる経過措置は，政令で定めることができる。

附則　（昭和五八年一二月二日法律第八〇号）　抄

（施行期日）
1　この法律は，総務庁設置法（昭和五十八年法律第七十九号）の施行の日から施行する。

附則　（昭和五九年八月一〇日法律第七一号）　抄

（施行期日）
第一条　この法律は，昭和六十年四月一日から施行する。

附則　（昭和五九年一二月二五日法律第八七号）　抄

（施行期日）
第一条　この法律は，昭和六十年四月一日から施行する。

（政令への委任）
第二十八条　附則第二条から前条までに定めるもののほか，この法律の施行に関し必要な事項は，政令で定める。

附則　（昭和六一年一二月四日法律第九三号）　抄

（施行期日）
第一条　この法律は，昭和六十二年四月一日から施行する。

（政令への委任）
第四十二条　附則第二条から前条までに定めるもののほか，この法律の施行に関し必要な事項は，政令で定める。

附則　（昭和六一年一二月二六日法律第一〇九号）　抄

（施行期日）
第一条　この法律は，公布の日から施行する。

附則　（平成元年六月二八日法律第五五号）　抄

（施行期日等）
1　この法律は，平成元年十月一日から施行する。

附則　（平成二年六月二七日法律第五〇号）　抄

（施行期日）
第一条　この法律は，平成三年四月一日から施行する。

附則　（平成七年六月一六日法律第一一〇号）　抄

（施行期日）
第一条　この法律は，公布の日から起算して三月を超えない範囲内において政令で定める日から施行する。

附則　（平成七年一二月八日法律第一三二号）　抄

（施行期日）
第一条　この法律は，公布の日から施行する。ただし，第一条中災害対策基本法第四十八条，第五十三条，第六十条，第六十三条から第六十五条まで，第七十六条の三，第八十二条及び第八十四条の改正規定，同法第百十三条の改正規定（「五万円」を「三十万円」に改める部分に限る。），同法第百十四条の改正規定，同法第百十五条の改正規定（「三万円」を「二十万円」に改める部分に限る。）並びに同法第百十六条の改正規定，第二条中大規模地震対策特別措置法第二十六条の改正規定，同法第三十六条の改正規定（「二十万円」を「三十万円」に改める部分に限る。），同法第三十七条の改正規定，同法第三十八条の改正規定（「十万円」を「二十万円」に改める部分に限る。）及び同法第三十九条の改正規定並びに次条の規定は，公布の日から三月を超えない範囲内において政令で定める日から施行する。

附則　（平成九年六月二〇日法律第九八号）　抄

(施行期日)
第一条　この法律は，公布の日から起算して二年六月を超えない範囲内において政令で定める日から施行する。

附則　（平成一一年五月二八日法律第五四号）　抄

(施行期日)
第一条　この法律は，公布の日から起算して一年を超えない範囲内において政令で定める日から施行する。

附則　（平成一一年七月一六日法律第八七号）　抄

(施行期日)
第一条　この法律は，平成十二年四月一日から施行する。ただし，次の各号に掲げる規定は，当該各号に定める日から施行する。
　　一　第一条中地方自治法第二百五十条の次に五条，節名並びに二款及び款名を加える改正規定（同法第二百五十条の九第一項に係る部分（両議院の同意を得ることに係る部分に限る。）に限る。），第四十条中自然公園法附則第九項及び第十項の改正規定（同法附則第十項に係る部分に限る。），第二百四十四条の規定（農業改良助長法第十四条の三の改正規定に係る部分を除く。）並びに第四百七十二条の規定（市町村の合併の特例に関する法律第六条，第八条及び第十七条の改正規定に係る部分を除く。）並びに附則第七条，第十条，第十二条，第五十九条ただし書，第六十条第四項及び第五項，第七十三条，第七十七条，第百五十七条第四項から第六項まで，第百六十条，第百六十三条，第百六十四条並びに第二百二条の規定　公布の日

(災害対策基本法の一部改正に伴う経過措置)
第三十一条　施行日前に第六十六条の規定による改正前の災害対策基本法（以下この条において「旧災害対策基本法」という。）第十六条第三項の規定によりされた承認又はこの法律の施行の際現に同項の規定によりされている承認の申請は，それぞれ第六十六条の規定による改正後の災害対策基本法（以下この条において「新災害対策基本法」という。）第十六条第四項の規定により市町村防災会議を設置しないことについてされた協議又は当該協議の申出とみなす。
　2　施行日前に旧災害対策基本法第四十三条第一項の規定により作成された指定地域都道府県防災計画若しくは旧災害対策基本法第四十四条第一項の規定により作成された指定地域市町村防災計画又はこの法律の施行の際現に旧災害対策基本法第四十三条第三項において準用する旧災害対策基本法第四十条第三項若しくは旧災害対策基本法第四十四条第三項において準用する旧災害対策基本法第四十二条第三項の規定によりされている協議の申出は，それぞれ新災害対策基本法第四十三条第一項の規定により作成された都道府県相互間地域防災計画若しくは新災害対策基本法第四十四条第一項の規定により作成された市町村相互間地域防災計画又は新災害対策基本法第四十三条第三項において準用する新災害対策基本法第四十条第三項若しくは新災害対策基本法第四十四条第三項において準用する新災害対策基本法第四十二条第三項の規定によりされた協議の申出とみなす。
　3　この法律の施行の際現に旧災害対策基本法第七十一条第二項の規定により都道府県知事の権限の一部を委任されて市町村長が行っている事務は，新災害対策基本法第七十一条第二項の規定により市町村長が行うこととされた事務とみなす。

(国等の事務)
第百五十九条　この法律による改正前のそれぞれの法律に規定するもののほか，この法律の施行前において，地方公共団体の機関が法律又はこれに基づく政令により管理し又は執行する国，他の地方公共団体その他公共団体の事務（附則第百六十一条において「国等の事務」という。）は，この法律の施行後は，地方公共団体が法律又はこれに基づく政令により当該地方公共団体の事務として処理するものとする。

(処分，申請等に関する経過措置)
第百六十条　この法律（附則第一条各号に掲げる規定については，当該各規定。以下この条及び附則第百六十三条において同じ。）の施行前に改正前のそれぞれの法律の規定によりされた許可等の処分その他の行為（以下この条において「処分等の行為」という。）又はこの法律の施行の際現に改正前のそれぞれの法律の規定によりされている許可等の申請その他の行為（以下この条において「申請等の行為」という。）で，この法律の施行の日においてこれらの行為に係る行政事務を行うべき者が異なることとなるものは，附則第二条から前条までの規定又は改正後のそれぞれの法律（これに基づく命令を含む。）の経過措置に関する規定に定めるものを除き，この法律の施行の日以後における改正後のそれぞれの法律の適用については，改正後のそれぞれの法律の相当規定によりされた処分等の行為又は申請等の行為とみなす。
　2　この法律の施行前に改正前のそれぞれの法律の規定により国又は地方公共団体の機関に対し報告，届出，提出その他の手続をしなければならない事項で，この法律の施行の日前にその手続がされていないものについては，この法律及びこれに基づく政令に別段の定めがあるもののほか，これを，改正後のそれぞれの法律の相当規定により国又は地方公共団体の相当の機関に対して報告，届出，提出その他の手続をしなければならない事項についてその手続がされていないものとみなして，この法律による改正後のそれぞれの法律の規定を適用する。

(不服申立てに関する経過措置)
第百六十一条　施行日前にされた国等の事務に係る処分であって，当該処分をした行政庁（以下この条において「処分庁」という。）に施行日前に行政不服審査法に規定する上級行政庁（以下この条において「上級行政庁」という。）があったものについての同法による不服申立てについては，施行日以後においても，当該処分庁に引き続き上級行政庁があるものとみなして，行政不服審査法の規定を適用する。この場合において，当該処分庁の上級行政庁とみなされる行政庁は，施行日前に当該処分庁の上級行政庁であった行政庁とする。
　2　前項の場合において，上級行政庁とみなされる行政庁が地方公共団体の機関であるときは，当該機関が行政不服審査法の規定により処理することとされる事務は，新地方自治法第二条第九項第一号に規定する第一号法定受託事務とする。

(手数料に関する経過措置)
第百六十二条　施行日前においてこの法律による改正前のそれぞれの法律（これに基づく命令を含む。）の規定により納付すべきであった手数料については，この法律及びこれに基づく政令に別段の定めがあるもののほか，なお従前の例による。

(罰則に関する経過措置)
第百六十三条　この法律の施行前にした行為に対する罰則の適用については，なお従前の例による。

(その他の経過措置の政令への委任)
第百六十四条　この附則に規定するもののほか，この法律の施行に伴い必要な経過措置（罰則に関する経過措置を含む。）は，政令で定める。
　　　　2　附則第十八条，第五十一条及び第百八十四条の規定の適用に関して必要な事項は，政令で定める。

(検討)
第二百五十条　新地方自治法第二条第九項第一号に規定する第一号法定受託事務については，できる限り新たに設けることのないようにするとともに，新地方自治法別表第一に掲げるもの及び新地方自治法に基づく政令に示すものについては，地方分権を推進する観点から検討を加え，適宜，適切な見直しを行うものとする。

第二百五十一条　政府は，地方公共団体が事務及び事業を自主的かつ自立的に執行できるよう，国と地方公共団体との役割分担に応じた地方税財源の充実確保の方途について，経済情勢の推移等を勘案しつつ検討し，その結果に基づいて必要な措置を講ずるものとする。

第二百五十二条　政府は，医療保険制度，年金制度等の改革に伴い，社会保険の事務処理の体制，これに従事する職員の在り方等について，被保険者等の利便性の確保，事務処理の効率化等の視点に立って，検討し，必要があると認めるときは，その結果に基づいて所要の措置を講ずるものとする。

附則　（平成一一年七月一六日法律第一〇二号）　抄

(施行期日)
第一条　この法律は，内閣法の一部を改正する法律（平成十一年法律第八十八号）の施行の日から施行する。ただし，次の各号に掲げる規定は，当該各号に定める日から施行する。
　　　　二　附則第十条第一項及び第五項，第十四条第三項，第二十三条，第二十八条並びに第三十条の規定　公布の日

(職員の身分引継ぎ)
第三条　この法律の施行の際現に従前の総理府，法務省，外務省，大蔵省，文部省，厚生省，農林水産省，通商産業省，運輸省，郵政省，労働省，建設省又は自治省（以下この条において「従前の府省」という。）の職員（国家行政組織法（昭和二十三年法律第百二十号）第八条の審議会等の会長又は委員長及び委員，中央防災会議の委員，日本工業標準調査会の会長及び委員並びにこれらに類する者として政令で定めるものを除く。）である者は，別に辞令を発せられない限り，同一の勤務条件をもって，この法律の施行後の内閣府，総務省，法務省，外務省，財務省，文部科学省，厚生労働省，農林水産省，経済産業省，国土交通省若しくは環境省（以下この条において「新府省」という。）又はこれに置かれる部局若しくは機関のうち，この法律の施行の際現に当該職員が属する従前の府省又はこれに置かれる部局若しくは機関の相当の新府省又はこれに置かれる部局若しくは機関として政令で定めるものの相当の職員となるものとする。

(別に定める経過措置)
第三十条　第二条から前条までに規定するもののほか，この法律の施行に伴い必要となる経過措置は，別に法律で定める。

附則　（平成一一年一二月二二日法律第一六〇号）　抄

（施行期日）
第一条　この法律（第二条及び第三条を除く。）は，平成十三年一月六日から施行する。

附則　（平成一一年一二月二二日法律第二二〇号）　抄

（施行期日）
第一条　この法律（第一条を除く。）は，平成十三年一月六日から施行する。

（政令への委任）
第四条　前二条に定めるもののほか，この法律の施行に関し必要な事項は，政令で定める。

附則　（平成一二年五月三一日法律第九八号）　抄

（施行期日）
第一条　この法律は，平成十三年四月一日から施行する。

附則　（平成一二年五月三一日法律第九九号）　抄

（施行期日）
第一条　この法律は，平成十三年四月一日から施行する。

災害救助法

(昭和二十二年十月十八日法律第百十八号)
最終改正:平成一二年五月三一日法律第九九号

第一章　総則

第一条　この法律は,災害に際して,国が地方公共団体,日本赤十字社その他の団体及び国民の協力の下に,応急的に,必要な救助を行い,災害にかかつた者の保護と社会の秩序の保全を図ることを目的とする。

第二条　この法律による救助(以下「救助」という。)は,都道府県知事が,政令で定める程度の災害が発生した市町村(特別区を含む。)の区域(地方自治法(昭和二十二年法律第六十七号)第二百五十二条の十九第一項の指定都市にあつては,当該市の区域又は当該市の区の区域とする。)内において当該災害にかかり,現に救助を必要とする者に対して,これを行なう。

第三条から第二十一条まで　削除

第二章　救助

第二十二条　都道府県知事は,救助の万全を期するため,常に,必要な計画の樹立,強力な救助組織の確立並びに労務,施設,設備,物資及び資金の整備に努めなければならない。

第二十三条　救助の種類は,次のとおりとする。
　　　　　一　収容施設(応急仮設住宅を含む。)の供与
　　　　　二　炊出しその他による食品の給与及び飲料水の供給
　　　　　三　被服,寝具その他生活必需品の給与又は貸与
　　　　　四　医療及び助産
　　　　　五　災害にかかつた者の救出
　　　　　六　災害にかかつた住宅の応急修理
　　　　　七　生業に必要な資金,器具又は資料の給与又は貸与
　　　　　八　学用品の給与
　　　　　九　埋葬
　　　　　十　前各号に規定するもののほか,政令で定めるもの
　2　救助は,都道府県知事が必要があると認めた場合においては,前項の規定にかかわらず,救助を要する者(埋葬については埋葬を行う者)に対し,金銭を支給してこれをなすことができる。
　3　救助の程度,方法及び期間に関し必要な事項は,政令でこれを定める。

第二十三条の二　指定行政機関の長(災害対策基本法(昭和三十六年法律第二百二十三号)第二条第三号に規定する指定行政機関の長をいい,当該指定行政機関が内閣府設置法(平成十一年法律第八十九号)第四十九条第一項若しくは第二項若しくは国家行政組織法(昭和二十三年法律第百二十号)第三条第二項の委員会若しくは災害対策基本法第二条第三号ロに掲げる機関又は同号ニに掲げる機関のうち合議制のものである場合にあつて

は，当該指定行政機関とする。次条において同じ。）及び指定地方行政機関の長（同法第二条第四号に規定する指定地方行政機関の長をいう。次条において同じ。）は，防災業務計画（同法同条第九号に規定する防災業務計画をいう。）の定めるところにより，救助を行うため特に必要があると認めるときは，救助に必要な物資の生産，集荷，販売，配給，保管若しくは輸送を業とする者に対して，その取り扱う物資の保管を命じ，又は救助に必要な物資を収用することができる。

2　前項の場合においては，公用令書を交付しなければならない。

3　第一項の処分を行なう場合においては，その処分により通常生ずべき損失を補償しなければならない。

第二十三条の三　前条第一項の規定により物資の保管を命じ，又は物資を収用するため，必要があるときは，指定行政機関の長及び指定地方行政機関の長は，当該官吏に物資を保管させる場所又は物資の所在する場所に立ち入り検査をさせることができる。

2　指定行政機関の長及び指定地方行政機関の長は，前条第一項の規定により物資を保管させた者から，必要な報告を取り，又は当該官吏に当該物資を保管させてある場所に立ち入り検査をさせることができる。

3　前二項の規定により立ち入る場合においては，あらかじめその旨をその場所の管理者に通知しなければならない。

4　当該官吏が第一項又は第二項の規定により立ち入る場合は，その身分を示す証票を携帯しなければならない。

第二十四条　都道府県知事は，救助を行うため，特に必要があると認めるときは，医療，土木建築工事又は輸送関係者を，第三十一条の規定に基く厚生労働大臣の指示を実施するため，必要があると認めるときは，医療又は土木建築工事関係者を，救助に関する業務に従事させることができる。

2　地方運輸局長（海運監理部長を含む。）は，都道府県知事が第三十一条の規定に基く厚生労働大臣の指示を実施するため，必要があると認めて要求したときは，輸送関係者を救助に関する業務に従事させることができる。

3　第一項及び第二項に規定する医療，土木建築工事及び輸送関係者の範囲は，政令でこれを定める。

4　第二十三条の二第二項の規定は，第一項及び第二項の場合に，これを準用する。

5　第一項又は第二項の規定により救助に従事させる場合においては，その実費を弁償しなければならない。

第二十五条　都道府県知事は，救助を要する者及びその近隣の者を救助に関する業務に協力させることができる。

第二十六条　都道府県知事は，救助を行うため，特に必要があると認めるとき，又は第三十一条の規定に基く厚生労働大臣の指示を実施するため，必要があると認めるときは，病院，診療所，旅館その他政令で定める施設を管理し，土地，家屋若しくは物資を使用し，物資の生産，集荷，販売，配給，保管若しくは輸送を業とする者に対して，その取り扱う物資の保管を命じ，又は物資を収用することができる。

2　第二十三条の二第二項及び第三項の規定は，前項の場合に，これを準用する。

第二十七条　前条第一項の規定により施設を管理し，土地，家屋若しくは物資を使用し，物資の保管

を命じ，又は物資を収用するため必要があるときは，都道府県知事は，当該吏員に施設，土地，家屋，物資の所在する場所又は物資を保管させる場所に立ち入り検査をさせることができる。
2　都道府県知事は，前条第一項の規定により物資を保管させた者から，必要な報告を取り，又は当該吏員に当該物資を保管させてある場所に立ち入り検査をさせることができる。
3　前二項の規定により立ち入る場合においては，予めその旨をその施設，土地，家屋又は場所の管理者に通知しなければならない。
4　当該吏員が第一項又は第二項の規定により立ち入る場合は，その身分を示す証票を携帯しなければならない。

第二十八条　厚生労働大臣，都道府県知事，第三十条第一項の規定により救助の実施に関する都道府県知事の権限に属する事務の一部を行う市町村長（特別区の区長を含む。以下同じ。）又はこれらの者の命を受けた者は，非常災害が発生し，現に応急的な救助を行う必要がある場合には，その業務に関し緊急を要する通信のため，電気通信事業法（昭和五十九年法律第八十六号）第二条第五号に規定する電気通信事業者がその事業の用に供する電気通信設備を優先的に利用し，又は有線電気通信法（昭和二十八年法律第九十六号）第三条第四項第三号に掲げる者が設置する有線電気通信設備若しくは無線設備を使用することができる。

第二十九条　第二十四条又は第二十五条の規定により，救助に関する業務に従事し，又は協力する者が，これがため負傷し，疾病にかかり，又は死亡した場合においては，政令の定めるところにより扶助金を支給する。

第三十条　都道府県知事は，救助を迅速に行うため必要があると認めるときは，政令で定めるところにより，その権限に属する救助の実施に関する事務の一部を市町村長が行うこととすることができる。
2　前項の規定により市町村長が行う事務を除くほか，市町村長は，都道府県知事が行う救助を補助するものとする。

第三十一条　厚生労働大臣は，都道府県知事が行う救助につき，他の都道府県知事に対して，応援をなすべきことを指示することができる。

第三十一条の二　日本赤十字社は，その使命にかんがみ，救助に協力しなければならない。
2　政府は，日本赤十字社に，政府の指揮監督の下に，救助に関し地方公共団体以外の団体又は個人がする協力（第二十五条の規定による協力を除く。）の連絡調整を行なわせることができる。

第三十二条　都道府県知事は，救助又はその応援の実施に関して必要な事項を日本赤十字社に委託することができる。

第三十二条の二　第二条，第二十三条第二項，第二十四条第一項及び第二項，同条第四項において準用する第二十三条の二第二項，第二十四条第五項，第二十五条，第二十六条第一項，同条第二項において準用する第二十三条の二第二項及び第三項，第二十七条第一項から第三項まで，第二十八条，第二十九条，第三十条第一項並びに第三十一条の規定により都道府県が処理することとされている事務は，地方自治法第二条第九項第一号に規定する第一号法定受託事務とする。

2　第三十条第二項の規定により市町村が処理することとされている事務は，地方自治法第二条第九項第一号に規定する第一号法定受託事務とする。

第三章　費用

第三十三条　第二十三条の規定による救助に要する費用（救助の事務を行うのに必要な費用を含む。）は，救助の行われた地の都道府県が，これを支弁する。

　　　2　第二十四条第五項の規定による実費弁償及び第二十九条の規定による扶助金の支給で，第二十四条第一項の規定による従事命令又は第二十五条の規定による協力命令によって救助に関する業務に従事し，又は協力した者に係るものに要する費用は，その従事命令又は協力命令を発した都道府県知事の統轄する都道府県が，第二十四条第二項の規定による従事命令によって救助に関する業務に従事した者に係るものに要する費用は，同項の規定による要求をなした都道府県知事の統轄する都道府県が，これを支弁する。

　　　3　第二十六条第二項の規定により準用する第二十三条の二第三項の規定による損失補償に要する費用は，管理，使用若しくは収用を行い，又は保管を命じた都道府県知事の統轄する都道府県が，これを支弁する。

第三十四条　都道府県は，当該都道府県知事が第三十二条の規定により委託した事項を実施するため，日本赤十字社が支弁した費用に対し，その費用のための寄附金その他の収入を控除した額を補償する。

第三十五条　都道府県は，他の都道府県において行われた救助につきなした応援のため支弁した費用について，救助の行われた地の都道府県に対して，求償することができる。

第三十六条　国庫は，都道府県が第三十三条の規定により支弁した費用及び第三十四条の規定による補償に要した費用（前条の規定により求償することができるものを除く。）並びに前条の規定による求償に対する支払に要した費用の合計額が政令で定める額以上となる場合において，当該合計額が，地方税法（昭和二十五年法律第二百二十六号）に定める当該都道府県の普通税（法定外普通税を除く。以下同じ。）について同法第一条第一項第五号にいう標準税率（標準税率の定めのない地方税については，同法に定める税率とする。）をもつて算定した当該年度の収入見込額（以下この条において「収入見込額」という。）の百分の二以下であるときにあつては当該合計額についてその百分の五十を負担するものとし，収入見込額の百分の二をこえるときにあつては左の区分に従つて負担するものとする。この場合において，収入見込額の算定方法については，地方交付税法（昭和二十五年法律第二百十一号）第十四条の定めるところによるものとする。
　　　一　収入見込額の百分の二以下の部分については，その額の百分の五十
　　　二　収入見込額の百分の二をこえ，百分の四以下の部分については，その額の百分の八十
　　　三　収入見込額の百分の四をこえる部分については，その額の百分の九十

第三十七条　都道府県は，前条に規定する費用の支弁の財源に充てるため，災害救助基金を積み立てて置かなければならない。

第三十八条　災害救助基金の各年度における最少額は当該都道府県の当該年度の前年度の前三年間における地方税法に定める普通税の収入額の決算額の平均年額の千分の五に相当する額とし，災害救助基金がその最少額に達していない場合は，都道府県は，政令で定める金額を，当

該年度において，積み立てなければならない。
2 　前項の規定により算定した各年度における災害救助基金の最少額が五百万円に満たないときは，当該年度における災害救助基金の最少額は，五百万円とする。

第三十九条　災害救助基金から生ずる収入は，すべて災害救助基金に繰り入れなければならない。

第四十条　第三十六条の規定による国庫の負担額が，同条に規定する費用を支弁するために災害救助基金以外の財源から支出された額を超過するときは，その超過額は，これを災害救助基金に繰り入れなければならない。

第四十一条　災害救助基金の運用は，左の方法によらなければならない。
　　一　財政融資資金への預託又は確実な銀行への預金
　　二　国債証券，地方債証券，勧業債券その他確実な債券の応募又は買入
　　三　第二十三条第一項に規定する給与品の事前購入

第四十二条　災害救助基金の管理に要する費用は，災害救助基金から，これを支出することができる。

第四十三条　災害救助基金が第三十八条の規定による最少額以上積み立てられている都道府県は，区域内の市町村（特別区を含む。以下同じ。）が災害救助の資金を貯蓄しているときは，同条の規定による最少額を超える部分の金額の範囲内において，災害救助基金から補助することができる。

第四十四条　都道府県知事は，第三十条第一項の規定により救助の実施に関するその権限に属する事務の一部を市町村長が行うこととした場合又は都道府県が救助に要する費用を支弁する暇がない場合においては，救助を必要とする者の現在地の市町村に，救助の実施に要する費用を一時繰替支弁させることができる。

第四章　罰則

第四十五条　左の各号の一に該当する者は，これを六箇月以下の懲役又は五万円以下の罰金に処する。
　　一　第二十四条第一項又は第二項の規定による従事命令に従わない者
　　二　第二十三条の二第一項又は第二十六条第一項の規定による保管命令に従わない者

第四十六条　詐偽その他不正の手段により救助を受け，又は受けさせた者は，これを六箇月以下の懲戒又は五万円以下の罰金に処する。その刑法に正条があるものは，刑法による。

第四十七条　第二十三条の三第一項，第二項若しくは第二十七条第一項，第二項の規定による当該官吏若しくは吏員の立入検査を拒み，妨げ，若しくは忌避し，又は第二十三条の三第二項若しくは第二十七条第二項の規定による報告をなさず，若しくは虚偽の報告をなした者は，これを三万円以下の罰金に処する。

第四十八条　法人の代表者又は法人若しくは人の代理人，使用人その他の従業員がその法人又は人の業務に関し第四十五条又は前条の違反行為をなしたときは，行為者を罰するの外，その法人又は人に対し，各本条の罰金刑を科する。

附則　抄

1　この法律は，昭和二十二年十月二十日から，これを施行する。
2　罹災救助基金法は，これを廃止する。
3　この法律施行の際，現に存する旧法による罹災救助基金は，この法律による災害救助基金とする。

附則　（昭和二四年五月三一日法律第一五七号）　抄

（施行期日）
1　この法律は，昭和二十四年六月一日から施行する。

附則　（昭和二四年五月三一日法律第一六八号）　抄

　この法律は，公布の日から施行する。

附則　（昭和二六年三月三一日法律第一〇二号）

　この法律は，資金運用部資金法（昭和二十六年法律第百号）施行の日から施行する。

附則　（昭和二八年八月三日法律第一六六号）　抄

1　この法律は，公布の日から施行する。但し，第三十三条及び第三十六条の改正規定は，昭和二十八年四月一日から適用する。

附則　（昭和三七年五月八日法律第一〇九号）

1　この法律は，災害対策基本法の施行の日から施行する。ただし，第三条中災害救助法第三十六条の改正規定は，公布の日から施行し，昭和三十七年度分の国庫負担金から適用する。
2　この法律の施行前にした行為に対する罰則の適用については，なお従前の例による。

附則　（昭和五五年一一月一九日法律第八五号）　抄

（施行期日）
第一条　この法律は，昭和五十六年四月一日から施行する。

（経過措置）
第二十条　この法律の施行前にしたこの法律による改正に係る国の機関の法律若しくはこれに基づく命令の規定による許可，認可その他の処分又は契約その他の行為（以下この条において「処分等」という。）は，政令で定めるところにより，この法律による改正後のそれぞれの法律若しくはこれに基づく命令の規定により又はこれらの規定に基づく所掌事務の区分に応じ，相当の国の機関のした処分等とみなす。

附則　（昭和五九年五月八日法律第二五号）　抄

（施行期日）
第一条　この法律は，昭和五十九年七月一日から施行する。

（経過措置）
第二十三条　この法律の施行前に海運局長，海運監理部長，海運局若しくは海運監理部の支局その他の地方機関の長（以下「支局長等」という。）又は陸運局長が法律若しくはこれに基づく命令の規定によりした許可，認可その他の処分又は契約その他の行為（以下この条において「処分等」という。）は，政令（支局長等がした処分等にあつては，運輸省令）で定め

るところにより，この法律による改正後のそれぞれの法律若しくはこれに基づく命令の規定により相当の地方運輸局長，海運監理部長又は地方運輸局若しくは海運監理部の海運支局その他の地方機関の長（以下「海運支局長等」という。）がした処分等とみなす。

第二十四条　この法律の施行前に海運局長，海運監理部長，支局長等又は陸運局長に対してした申請，届出その他の行為（以下この条において「申請等」という。）は，政令（支局長等に対してした申請等にあつては，運輸省令）で定めるところにより，この法律による改正後のそれぞれの法律若しくはこれに基づく命令の規定により相当の地方運輸局長，海運監理部長又は海運支局長等に対してした申請等とみなす。

第二十五条　この法律の施行前にした行為に対する罰則の適用については，なお従前の例による。

附則　（昭和五九年一二月二五日法律第八七号）　抄

（施行期日）
第一条　この法律は，昭和六十年四月一日から施行する。

（政令への委任）
第二十八条　附則第二条から前条までに定めるもののほか，この法律の施行に関し必要な事項は，政令で定める。

附則　（平成一一年七月一六日法律第八七号）　抄

（施行期日）
第一条　この法律は，平成十二年四月一日から施行する。ただし，次の各号に掲げる規定は，当該各号に定める日から施行する。
　一　第一条中地方自治法第二百五十条の次に五条，節名並びに二款及び款名を加える改正規定（同法第二百五十条の九第一項に係る部分（両議院の同意を得ることに係る部分に限る。）に限る。），第四十条中自然公園法附則第九項及び第十項の改正規定（同法附則第十項に係る部分に限る。），第二百四十四条の規定（農業改良助長法第十四条の三の改正規定に係る部分を除く。）並びに第四百七十二条の規定（市町村の合併の特例に関する法律第六条，第八条及び第十七条の改正規定に係る部分を除く。）並びに附則第七条，第十条，第十二条，第五十九条ただし書，第六十条第四項及び第五項，第七十三条，第七十七条，第百五十七条第四項から第六項まで，第百六十条，第百六十三条，第百六十四条並びに第二百二条の規定　公布の日

（災害救助法の一部改正に伴う経過措置）
第六十三条　この法律の施行の際現に第百四十八条の規定による改正前の災害救助法第三十条の規定により都道府県知事の職権の一部を委任されて市町村長が行っている救助は，第百四十八条の規定による改正後の同法第三十条第一項の規定により市町村長が行うこととされた救助とみなす。

第六十四条　施行日前に第百四十八条の規定による改正前の災害救助法第三十一条の規定によってなされた命令は，第百四十八条の規定による改正後の同法第三十一条の規定によってなされた指示とみなす。

（従前の例による事務等に関する経過措置）

第六十九条　国民年金法等の一部を改正する法律（昭和六十年法律第三十四号）附則第三十二条第一項，第七十八条第一項並びに第八十七条第一項及び第十三項の規定によりなお従前の例によることとされた事項に係る都道府県知事の事務，権限又は職権（以下この条において「事務等」という。）については，この法律による改正後の国民年金法，厚生年金保険法及び船員保険法又はこれらの法律に基づく命令の規定により当該事務等に相当する事務又は権限を行うこととされた厚生大臣若しくは社会保険庁長官又はこれらの者から委任を受けた地方社会保険事務局長若しくはその地方社会保険事務局長から委任を受けた社会保険事務所長の事務又は権限とする。

（新地方自治法第百五十六条第四項の適用の特例）
第七十条　第百六十六条の規定による改正後の厚生省設置法第十四条の地方社会保険事務局及び社会保険事務所であって，この法律の施行の際旧地方自治法附則第八条の事務を処理するための都道府県の機関（社会保険関係事務を取り扱うものに限る。）の位置と同一の位置に設けられるもの（地方社会保険事務局にあっては，都道府県庁の置かれている市（特別区を含む。）に設けられるものに限る。）については，新地方自治法第百五十六条第四項の規定は，適用しない。

（社会保険関係地方事務官に関する経過措置）
第七十一条　この法律の施行の際現に旧地方自治法附則第八条に規定する職員（厚生大臣又はその委任を受けた者により任命された者に限る。附則第百五十八条において「社会保険関係地方事務官」という。）である者は，別に辞令が発せられない限り，相当の地方社会保険事務局又は社会保険事務所の職員となるものとする。

（地方社会保険医療協議会に関する経過措置）
第七十二条　第百六十九条の規定による改正前の社会保険医療協議会法の規定による地方社会保険医療協議会並びにその会長，委員及び専門委員は，相当の地方社会保険事務局の地方社会保険医療協議会並びにその会長，委員及び専門委員となり，同一性をもって存続するものとする。

（準備行為）
第七十三条　第二百条の規定による改正後の国民年金法第九十二条の三第一項第二号の規定による指定及び同条第二項の規定による公示は，第二百条の規定の施行前においても行うことができる。

（厚生大臣に対する再審査請求に係る経過措置）
第七十四条　施行日前にされた行政庁の処分に係る第百四十九条から第百五十一条まで，第百五十七条，第百五十八条，第百六十五条，第百六十八条，第百七十条，第百七十二条，第百七十三条，第百七十五条，第百七十六条，第百八十三条，第百八十八条，第百九十五条，第二百一条，第二百八条，第二百十四条，第二百十九条から第二百二十一条まで，第二百二十九条又は第二百三十八条の規定による改正前の児童福祉法第五十九条の四第二項，あん摩マツサージ指圧師，はり師，きゆう師等に関する法律第十二条の四，食品衛生法第二十九条の四，旅館業法第九条の三，公衆浴場法第七条の三，医療法第七十一条の三，身体障害者福祉法第四十三条の二第二項，精神保健及び精神障害者福祉に関する法律第五十一条の十二第二項，クリーニング業法第十四条の二第二項，狂犬病予防法第二十五条の二，社会福祉事業法第八十三条の二第二項，結核予防法第六十九条，と畜場法第二十条，歯科技工

士法第二十七条の二，臨床検査技師，衛生検査技師等に関する法律第二十条の八の二，知的障害者福祉法第三十条第二項，老人福祉法第三十四条第二項，母子保健法第二十六条第二項，柔道整復師法第二十三条，建築物における衛生的環境の確保に関する法律第十四条第二項，廃棄物の処理及び清掃に関する法律第二十四条，食鳥処理の事業の規制及び食鳥検査に関する法律第四十一条第三項又は感染症の予防及び感染症の患者に対する医療に関する法律第六十五条の規定に基づく再審査請求については，なお従前の例による。

（厚生大臣又は都道府県知事その他の地方公共団体の機関がした事業の停止命令その他の処分に関する経過措置）
第七十五条　この法律による改正前の児童福祉法第四十六条第四項若しくは第五十九条第一項若しくは第三項，あん摩マツサージ指圧師，はり師，きゆう師等に関する法律第八条第一項（同法第十二条の二第二項において準用する場合を含む。），食品衛生法第二十二条，医療法第五条第二項若しくは第二十五条第一項，毒物及び劇物取締法第十七条第一項（同法第二十二条第四項及び第五項で準用する場合を含む。），厚生年金保険法第百条第一項，水道法第三十九条第一項，国民年金法第百六条第一項，薬事法第六十九条第一項若しくは第七十二条又は柔道整復師法第十八条第一項の規定により厚生大臣又は都道府県知事その他の地方公共団体の機関がした事業の停止命令その他の処分は，それぞれ，この法律による改正後の児童福祉法第四十六条第四項若しくは第五十九条第一項若しくは第三項，あん摩マツサージ指圧師，はり師，きゆう師等に関する法律第八条第一項（同法第十二条の二第二項において準用する場合を含む。），食品衛生法第二十二条若しくは第二十三条，医療法第五条第二項若しくは第二十五条第一項，毒物及び劇物取締法第十七条第一項若しくは第二項（同法第二十二条第四項及び第五項で準用する場合を含む。），厚生年金保険法第百条第一項，水道法第三十九条第一項若しくは第二項，国民年金法第百六条第一項，薬事法第六十九条第一項若しくは第二項若しくは第七十二条第二項又は柔道整復師法第十八条第一項の規定により厚生大臣又は地方公共団体がした事業の停止命令その他の処分とみなす。

（国等の事務）
第百五十九条　この法律による改正前のそれぞれの法律に規定するもののほか，この法律の施行前において，地方公共団体の機関が法律又はこれに基づく政令により管理し又は執行する国，他の地方公共団体その他公共団体の事務（附則第百六十一条において「国等の事務」という。）は，この法律の施行後は，地方公共団体が法律又はこれに基づく政令により当該地方公共団体の事務として処理するものとする。

（処分，申請等に関する経過措置）
第百六十条　この法律（附則第一条各号に掲げる規定については，当該各規定。以下この条及び附則第百六十三条において同じ。）の施行前に改正前のそれぞれの法律の規定によりされた許可等の処分その他の行為（以下この条において「処分等の行為」という。）又はこの法律の施行の際現に改正前のそれぞれの法律の規定によりされている許可等の申請その他の行為（以下この条において「申請等の行為」という。）で，この法律の施行の日においてこれらの行為に係る行政事務を行うべき者が異なることとなるものは，附則第二条から前条までの規定又は改正後のそれぞれの法律（これに基づく命令を含む。）の経過措置に関する規定に定めるものを除き，この法律の施行の日以後における改正後のそれぞれの法律の適用については，改正後のそれぞれの法律の相当規定によりされた処分等の行為又は申請等の行為とみなす。
　2　この法律の施行前に改正前のそれぞれの法律の規定により国又は地方公共団体の機関に

対し報告，届出，提出その他の手続をしなければならない事項で，この法律の施行の日前にその手続がされていないものについては，この法律及びこれに基づく政令に別段の定めがあるもののほか，これを，改正後のそれぞれの法律の相当規定により国又は地方公共団体の相当の機関に対して報告，届出，提出その他の手続をしなければならない事項についてその手続がされていないものとみなして，この法律による改正後のそれぞれの法律の規定を適用する。

（不服申立てに関する経過措置）
第百六十一条　施行日前にされた国等の事務に係る処分であって，当該処分をした行政庁（以下この条において「処分庁」という。）に施行日前に行政不服審査法に規定する上級行政庁（以下この条において「上級行政庁」という。）があったものについての同法による不服申立てについては，施行日以後においても，当該処分庁に引き続き上級行政庁があるものとみなして，行政不服審査法の規定を適用する。この場合において，当該処分庁の上級行政庁とみなされる行政庁は，施行日前に当該処分庁の上級行政庁であった行政庁とする。
　　２　前項の場合において，上級行政庁とみなされる行政庁が地方公共団体の機関であるときは，当該機関が行政不服審査法の規定により処理することとされる事務は，新地方自治法第二条第九項第一号に規定する第一号法定受託事務とする。

（手数料に関する経過措置）
第百六十二条　施行日前においてこの法律による改正前のそれぞれの法律（これに基づく命令を含む。）の規定により納付すべきであった手数料については，この法律及びこれに基づく政令に別段の定めがあるもののほか，なお従前の例による。

（罰則に関する経過措置）
第百六十三条　この法律の施行前にした行為に対する罰則の適用については，なお従前の例による。

（その他の経過措置の政令への委任）
第百六十四条　この附則に規定するもののほか，この法律の施行に伴い必要な経過措置（罰則に関する経過措置を含む。）は，政令で定める。
　　２　附則第十八条，第五十一条及び第百八十四条の規定の適用に関して必要な事項は，政令で定める。

（検討）
第二百五十条　新地方自治法第二条第九項第一号に規定する第一号法定受託事務については，できる限り新たに設けることのないようにするとともに，新地方自治法別表第一に掲げるもの及び新地方自治法に基づく政令に示すものについては，地方分権を推進する観点から検討を加え，適宜，適切な見直しを行うものとする。

第二百五十一条　政府は，地方公共団体が事務及び事業を自主的かつ自立的に執行できるよう，国と地方公共団体との役割分担に応じた地方税財源の充実確保の方途について，経済情勢の推移等を勘案しつつ検討し，その結果に基づいて必要な措置を講ずるものとする。

第二百五十二条　政府は，医療保険制度，年金制度等の改革に伴い，社会保険の事務処理の体制，これに従事する職員の在り方等について，被保険者等の利便性の確保，事務処理の効率

化等の視点に立って，検討し，必要があると認めるときは，その結果に基づいて所要の措置を講ずるものとする。

附則　（平成一一年一二月二二日法律第一六〇号）　抄

（施行期日）
第一条　この法律（第二条及び第三条を除く。）は，平成十三年一月六日から施行する。

附則　（平成一二年五月三一日法律第九九号）　抄

（施行期日）
第一条　この法律は，平成十三年四月一日から施行する。

執筆者一覧

海外の災害

青木　利通
牛木　久雄
大井　英臣
岡本　仁宏
小野　延雄
川端真理子
倉田　聡子
小林　俊一
城殿　　博
鈴木　善光
田中由美子
対馬　勝年
成瀬　廉二
西尾　文彦
饒村　　曜
山田　知充
渡辺　正幸
Ester Trippel Ngai
P. Bucher
Andreas GOETZ
R.K. Shaw

海岸災害

青木　伸一
浅野　敏之
荒生　公雄
泉宮　尊司
一井　康二
井野　盛夫
伊福　　誠
岩谷　祥美
上田　　茂
江頭　進治
大熊　武司
大津　光孝
岡安　章夫
小野　延雄
角野　昇八
加藤　一正
河田　惠昭
神田　　順
木村　　晃
後藤　仁志
佐藤　愼司
柴山　知也
澁谷　拓郎
鈴木　正人
鈴木　善光
角　　哲也
諏訪　靖二
高橋　重雄
高山　知司
滝川　　清
田中　茂信
田中　　仁
田村　幸雄
田村　哲郎
筒井　茂明
鶴谷　広一
出口　一郎
友杉　邦雄
永井　紀彦
仲座　栄三
中野　　晋
中村　孝幸
西垣　　誠
饒村　　曜
橋本　典明
濱田　政則
平石　哲也
藤井　　健
藤田　正治
藤田裕一郎
藤吉　康志
星　　　清
細川　恭史
間瀬　　肇
松本　　勝
真野　　明
丸山　　敬
三島　豊秋
水谷　法美
宮田　利雄
安田　　進
安田　孝志
山下　隆男
山元龍三郎
吉岡　　洋
吉田　　隆
綿貫　　啓

火災・爆発災害

青野　文江
糸井川栄一
井野　盛夫
川村　達彦
熊谷　良雄
古積　　博
斎藤　　直
作本　好文
佐藤　研二
島田　耕一
消防庁
須川　修身
関沢　　愛
高橋　　太
田中　哮義
鶴田　　俊
土橋　　律
中野　孝雄
中林　一樹
萩原　一郎
波多野　純
早坂　洋史
原田　和典
松下　敬幸
宮野　道雄
村上　處直
山下　邦博
山田　剛司
山田　常圭
吉川　　仁
吉田　公一
吉田　正友
渡部　勇市

火山災害

石原　和弘
岩松　　暉
植田　洋匡
大石　　哲
大志万直人
大八木規夫
尾上　謙介
片尾　　浩
鎌田　浩毅

嘉門　雅史
熊谷　良雄
小林　芳正
住友　則彦
諏訪　　浩
竹村　恵二
成瀬　廉二
平林　順一
古澤　　保
宮本　邦明
渡辺　邦彦

河川災害

安養寺信夫
池淵　周一
石川　裕彦
石川　芳治
市川　　温
伊藤　一正
井野　盛夫
井上　素行
岩谷　祥美
牛山　素行
江頭　進治
遠藤　辰雄
大石　　哲
大熊　武司
大矢　雅彦
岡田　憲夫
岡安　章夫
沖　　大幹
沖村　　孝
恩田　裕一
金木　　誠
河田　惠昭
河村　　明
栗田　秀明
小池　俊雄
小尻　利治
小林　俊一
小南　靖弘
佐倉　保夫
佐藤　忠信
里深　好文
寒川　典昭
椎葉　充晴
島谷　幸宏
末次　忠司
杉万　俊夫
鈴木　正人

鈴木　隆介
角　　哲也
諏訪　靖二
諏訪　　浩
諏訪　義雄
高橋　和雄
高橋　　保
寶　　　馨
竹内由香里
立川　康人
田中　茂信
田中　成尚
田中　宏明
田村　哲郎
近森　秀高
鶴谷　広一
戸田　圭一
友杉　邦雄
中尾　忠彦
中北　英一
永末　博幸
中野　　晋
新野　　宏
野崎　　保
萩原　良巳
箱石　憲昭
端野　道夫
林　　泰一
播田　一雄
平井　秀輝
平山　健一
深見　和彦
藤田　正治
藤田裕一郎
藤吉　康志
星　　　清
細田　　尚
堀　　智晴
眞板　秀二
益倉　克成
増本　隆夫
松下　　眞
松田　磐余
松本　　勝
水野　　量
水山　高久
宮田　利雄
宮本　邦明
三輪　準二
村中　　明

矢島　　啓
安田　孝志
吉岡　　洋
吉谷　純一
吉野　文雄
陸　　旻皎
渡辺　紹裕
綿貫　　啓

気象災害

荒生　公雄
池淵　周一
石川　裕彦
石坂　雅昭
石原　正仁
岩嶋　樹也
岩谷　祥美
植田　洋匡
牛木　久雄
牛山　素行
遠藤　辰雄
大石　　哲
大熊　武司
沖　　大幹
沖村　　孝
恩田　裕一
桂　　順治
河井　宏允
神田　　順
小池　俊雄
小林　俊一
佐藤　篤司
佐藤　和秀
鈴木　正人
鈴木　善光
竹内　政夫
田中　茂信
谷池　義人
谷口　徹郎
田村　幸雄
田村　哲郎
田村　盛彰
塚原　初男
筒井　茂明
鶴谷　広一
友杉　邦雄
永井　紀彦
中北　英一
成川　二郎
新野　　宏

西谷　　章
西村　宏昭
饒村　　曜
根山　芳晴
農林水産省
橋本　典明
長谷美達雄
早川　誠而
林　　泰一
藤井　　健
藤井　俊茂
藤田裕一郎
藤部　文昭
藤吉　康志
古川　義純
卜蔵　建治
細田　　尚
松田　益義
松本　　勝
丸山　　敬
水野　　量
宮崎　正男
宮田　利雄
村中　　明
森　　征洋
矢島　　啓
安田　孝志
山下　邦博
山本　晴彦
山元龍三郎
山本　良三
横山宏太郎
吉野　文雄
余田　成男
渡辺　　明
渡辺　紹裕

災害情報

青野　文江
渥美　公秀
家村　浩和
池田　浩敬
石川　芳治
伊藤　一正
伊永つとむ
井野　盛夫
岩切　玲子
岩崎　信彦
岩淵　千明
大井　英臣

岡本　仁宏
小川雄二郎
桶田ゆかり
甲斐　達朗
片田　敏孝
勝見　　武
鴨下　　馨
河田　惠昭
気象庁
吉川　肇子
黒田　洋司
厚生労働省
小西　康生
小林　郁雄
小村　隆史
小山　真人
重川希志依
篠原　　昇
清水　　豊
消防庁
末次　忠司
杉万　俊夫
田尾　雅夫
高木　　修
多々納裕一
立木　茂雄
田中　　聡
津金澤聰廣
筒井のり子
戸田　芳雄
内閣府
中北　英一
中野　雅弘
中林　一樹
中村　和夫
中村　宗嗣
中森　広道
日本損害保険協会
能島　暢呂
野田　　隆
羽下　大信
長谷川純一
林　　春男
広常　秀人
深見　和彦
藤田　綾子
藤田　　正
藤原　武弘
牧　　紀男
松田　磐余

宮野　道雄
宮本　英治
村中　　明
矢崎　良明
安田　丑作
余田　成男
米山　和道
渡辺　晴彦
渡辺　正幸

災害復旧

池田　浩敬
糸井川栄一
井野　盛夫
岡本　仁宏
小川雄二郎
甲斐　達朗
勝見　　武
加藤　恵正
北山　和宏
厚生労働省
国土交通省
児玉　善郎
後藤　祐介
小西　康生
小林　郁雄
佐土原　聡
塩崎　賢明
重川希志依
消防庁
城殿　　博
杉森　正義
高田　至郎
高橋　和雄
高橋　　太
高見沢邦郎
高見沢　実
多々納裕一
立木　茂雄
田中　直人
塚口　博司
内閣府
中井　検裕
中島　正愛
中瀬　　勲
中野　雅弘
中林　一樹
中村　和夫
波多野　純
濱田甚三郎

林　孝二郎
林　　春男
日端　康雄
平井　秀輝
藤田　綾子
北條　蓮英
松田　磐余
松田　益義
松谷　春敏
南　　慎一
村上　處直
森崎　輝行
安田　丑作
山田　剛司
吉川　　仁
渡辺　晴彦
渡辺　正幸
渡辺　　実

地震災害

青野　文江
秋山　　宏
浅野幸一郎
安中　　正
井口　正人
石原　和弘
一井　康二
糸井川栄一
伊藤　　潔
井野　盛夫
井上　一朗
井上　　豊
岩崎　好規
上谷　宏二
尾池　和夫
大井　謙一
大志万直人
大橋　好光
大見　士朗
大八木規夫
岡田　篤正
岡田　義光
小川　安雄
沖村　　孝
奥西　一夫
小野　徹郎
尾上　謙介
香川　敬生
片尾　　浩
亀田　弘行

川上　英二
川瀬　　博
河田　惠昭
川村　達彦
神田　　順
菊地　正幸
気象庁
北山　和宏
清野　純史
國枝　治郎
熊谷　良雄
小泉　尚嗣
国土交通省
小谷　俊介
小長井一男
小林　芳正
坂本　　功
佐藤　研二
佐藤　忠信
佐土原聡
澤田　純男
塩原　　等
志知　龍一
柴田　明徳
澁谷　拓郎
島田　充彦
杉戸　真太
鈴木　祥之
住友　則彦
諏訪　　浩
瀬尾　和大
高田　至郎
高田　毅士
高梨　晃一
滝澤　春男
竹村　惠二
田蔵　　隆
龍岡　文夫
田中　　聡
田中　寅夫
田中　成尚
千木良雅弘
勅使川原正臣
内閣府
中井　検裕
中島　正愛
中田　　高
中野　雅弘
中埜　良昭
中林　一樹

成瀬　廉二
西上　欽也
西川　孝夫
西谷　　章
西村　昭彦
能島　暢呂
野田　　茂
橋本　　学
濱田　政則
平原　和朗
福山　英一
藤井　　栄
藤原　悌三
古澤　　保
細田　　尚
本田　利器
松島　　豊
松田　磐余
松波　孝治
三浦　房紀
三上　直也
溝上　　恵
翠川　三郎
宮野　道雄
宮本　英治
村上　處直
村上　雅也
室野　剛隆
森野　捷輔
文部科学省
八嶋　　厚
安川　郁夫
安田　　進
安田　丑作
山崎　文雄
山下　隆男
山中　浩明
吉田　　望
吉村　浩二
芳村　　学
渡辺　邦彦
渡辺　正幸

地盤災害

浅岡　　顕
浅野　敏之
安養寺信夫
家村　浩和
石井　孝行
石川　芳治

石崎　武志	諏訪　　浩	丸井　英明
伊豆田久雄	諏訪　義雄	三浦　房紀
泉宮　尊司	瀬尾　和大	水谷　法美
井野　盛夫	関口　秀雄	水山　高久
伊福　　誠	高田　直俊	三村　　衛
今村　遼平	高橋　　保	宮野　道雄
岩橋　純子	高浜　信行	宮本　邦明
岩松　　暉	寶　　　馨	室野　剛隆
宇野　尚雄	武市　　靖	門間　敬一
江頭　進治	竹村　恵二	八木　則男
大西　有三	田蔵　　隆	八嶋　　厚
大森　博雄	龍岡　文夫	安川　郁夫
大矢　雅彦	建山　和由	安田　　進
大八木規夫	田中　洋行	矢作　　裕
岡　　二三生	田中　泰雄	山口伊佐夫
岡田　勝也	谷　　　誠	山下　隆男
岡安　章夫	千木良雅弘	渡辺　正幸
沖村　　孝	塚原　初男	
奥園　誠之	土谷富士夫	**雪氷災害**
奥西　一夫	綱木　亮介	秋田谷英次
落合　英俊	勅使川原正臣	阿部　　修
尾上　謙介	内閣府	安間　　荘
恩田　裕一	中井　照夫	石川　裕彦
角野　昇八	中川　　一	石坂　雅昭
釜井　俊孝	中澤　重一	石崎　武志
鎌田　浩毅	中島　正愛	石本　敬志
嘉門　雅史	中田　　高	伊豆田久雄
河田　惠昭	中村　浩之	和泉　　薫
神田　　順	西垣　　誠	遠藤　辰雄
北岡　豪一	西垣　好彦	遠藤八十一
北澤　秋司	西田　一彦	大山　　晋
北村　良介	西村　昭彦	小野　延雄
木村　　亮	野崎　　保	上石　　勲
清野　純史	濱田　政則	上村　靖司
後藤　仁志	平野　昌繁	河島　克久
小長井一男	福田　正己	川田　邦夫
小林　俊一	福本　武明	小杉　健二
小林　芳正	藤田　　崇	小林　俊一
小南　靖弘	藤田　正治	小林　俊市
佐倉　保夫	藤田裕一郎	小南　靖弘
佐々　恭二	藤原　悌三	佐藤　　威
佐藤　忠信	古谷　尊彦	佐藤　篤司
島田　充彦	細田　　尚	佐藤　和秀
清水　正喜	眞板　秀二	清水　　弘
守随　治雄	巻内　勝彦	東海林明雄
正垣　孝晴	松井　　保	杉森　正義
末峯　　章	松岡　憲知	武市　　靖
鈴木　隆介	松倉　公憲	竹内　政夫
角　　哲也	松田　磐余	竹内由香里
諏訪　靖二	松田　益義	田村　盛彰

塚原　初男
対馬　勝年
土谷富士夫
中川　　一
中村　　勉
成田　英器
成瀬　廉二
西尾　文彦
西村　浩一
沼野　夏生
納口　恭明
長谷美達雄
早川　誠而
平山　健一
福田　正己
藤井　俊茂
古川　義純
卜蔵　建治
前野　紀一
松岡　憲知
松田　益義
丸井　英明
三橋　博巳
矢作　　裕
山田　知充
山田　　穣
横山宏太郎
陸　　旻皎
若濱　五郎

都市災害

家村　浩和
池淵　周一
石本　敬志
岡田　憲夫
小川　安雄
沖村　　孝
上村　靖司
亀田　弘行
小尻　利治
小林　俊市
杉森　正義
高田　至郎
寶　　　馨
武市　　靖
竹内　邦良
多々納裕一
田中　　聡
田中　成尚
当麻　純一

友杉　邦雄
中野　雅弘
沼野　夏生
能島　暢呂
萩原　良巳
細井　由彦
前野　紀一
松下　　眞
吉川　耕司
若林　拓史
渡辺　晴彦

被害想定

青野　文江
安中　　正
池田　浩敬
一井　康二
糸井川栄一
伊藤　　潔
井野　盛夫
岩崎　信彦
岩崎　好規
岩橋　純子
大西　一嘉
大橋　好光
大八木規夫
岡田　義光
小川　安雄
沖村　　孝
奥西　一夫
甲斐　達朗
亀田　弘行
川上　英二
川瀬　　博
川村　達彦
清野　純史
熊谷　良雄
黒田　洋司
小村　隆史
齋藤　富雄
佐々　恭二
佐藤　研二
佐藤　忠信
澁谷　拓郎
杉戸　真太
鈴木　祥之
瀬尾　和大
高梨　成子
田蔵　　隆
多々納裕一

龍岡　文夫
立木　茂雄
田中　　聡
田中　成尚
辻　　正矩
綱木　亮介
鶴田　　俊
当麻　純一
内閣府
中澤　重一
中島　正愛
中野　孝雄
中埜　良昭
中林　一樹
西村　昭彦
能島　暢呂
波多野　純
濱田　政則
広常　秀人
藤田　　正
本田　利器
牧　　紀男
松田　磐余
三村　　衛
宮野　道雄
宮本　英治
村上ひとみ
室野　剛隆
安川　郁夫
安田　　進
山崎　文雄
山下　邦博
山下　隆男
山田　剛司
吉井　博明
吉川　耕司
若林　拓史
渡辺　晴彦

防災行政

糸井川栄一
井野　盛夫
大西　一嘉
沖村　　孝
甲斐　達朗
河田　惠昭
気象庁
熊谷　良雄
厚生労働省
国土交通省

小林　俊市
齋藤　富雄
消防庁
末次　忠司
杉森　正義
諏訪　浩
髙橋　和雄
髙見沢　実
内閣府
中野　孝雄
中林　一樹
中村　勉
日本損害保険協会
農林水産省
平井　秀輝

卜蔵　建治
溝上　恵
文部科学省
山田　剛司
横山　昭司
渡辺　正幸

共通項目

大井　英臣
岡田　憲夫
河田　惠昭
河村　明
栗田　秀明
佐藤　忠信
寒川　典昭

末次　忠司
鈴木　正人
髙田　毅士
髙橋　保
寶　馨
田中　聡
能島　暢呂
端野　道夫
林　春男
平井　秀輝
細川　恭史
矢島　啓
渡辺　晴彦
渡辺　正幸
R.K. Shaw

防災事典
2002年7月29日初版発行

[監修] 日本自然災害学会
[発行者] 土井二郎
[発行所] 築地書館株式会社
　　　　 東京都中央区築地7-4-4-201　〒104-0045
　　　　 ☎03-3542-3731　FAX 03-3541-5799
　　　　 http://www.tsukiji-shokan.co.jp/
[印刷] 明和印刷株式会社
[製本] 株式会社積信堂
[製函] 株式会社岡山紙器所
[ブック・デザイン] 中垣信夫+吉野愛+川口利文

©JAPAN SOCIETY FOR NATURAL DISASTER SCIENCE　2002
Printed in Japan
ISBN 4-8067-1233-7 C0500
本書の複写・複製(コピー)を禁じます。